Kostenrechnung

Kostenrechnung

von

Prof. Dr. Gunther Friedl
Technische Universität München

Prof. Dr. Christian Hofmann
Ludwig-Maximilians-Universität München

Prof. Dr. Burkhard Pedell
Universität Stuttgart

2., überarbeitete Auflage

Verlag Franz Vahlen München

Prof. Dr. Gunther Friedl ist Inhaber des Lehrstuhls für Controlling an der TU München.

Prof. Dr. Christian Hofmann leitet das Institut für Unternehmensrechnung und Controlling an der LMU in München.

Prof. Dr. Burkhard Pedell ist Inhaber des Lehrstuhls für ABWL und Controlling an der Universität Stuttgart.

Leider war es nicht in allen Fällen möglich, die Inhaber der Bildrechte zu ermitteln.
Wir bitten deshalb gegebenenfalls um Mitteilung.

Der Verlag ist bereit, berechtigte Ansprüche abzugelten.

ISBN 978 3 8006 4660 9

© 2013 Verlag Franz Vahlen GmbH
Wilhelmstr. 9, 80801 München
Satz: Fotosatz H. Buck
Zweikirchener Str. 7, 84036 Kumhausen
Druck und Bindung: Offizin Andersen Nexö Leipzig GmbH
Spengleralle 26–30, 04442 Zwenkau
Umschlaggestaltung: Ralph Zimmermann – Bureau Parapluie
Bildnachweis: © Nadya Lukic - istockphoto.com
Gedruckt auf säurefreiem, alterungsbeständigem Papier
(hergestellt aus chlorfrei gebleichtem Zellstoff)

Vorwort

Die Kostenrechnung als betriebswirtschaftliche Kerndisziplin gehört in allen wirtschaftswissenschaftlichen Studiengängen zu den wichtigsten Grundlagenveranstaltungen. Das hat einen guten Grund. Für den unternehmerischen Erfolg sind die Analyse und das Management von Kosten von entscheidender Bedeutung. Ohne Verständnis für die eigenen Kosten können Industrie- und Dienstleistungs- sowie Non-Profit-Unternehmen langfristig nicht erfolgreich sein. Konzepte der Kostenrechnung werden auch in zahlreichen anderen betriebswirtschaftlichen Bereichen benötigt. Dies gilt vor allem für das Controlling, aber auch für Marketing, Produktion und Strategie.

Besonderheiten dieses Lehrbuches

Unser Buch hebt sich in mehrerer Hinsicht von anderen Lehrbüchern zur Kostenrechnung ab:

Fokus auf unternehmerische Entscheidungen

Es gibt kaum eine unternehmerische Entscheidung, die ohne das Verständnis von Kostenrechnungsinformationen auskommt. Wir erklären in unserem Buch daher nicht nur, wie die einzelnen Verfahren aufgebaut sind, sondern zeigen insbesondere, wie die Kostenrechnung unternehmerische Entscheidungen unterstützen kann. Studierende lernen somit neben der Technik auch, mit der Vielfalt von Entscheidungssituationen umzugehen und die jeweils geeignete Kostenrechnungsmethode auszuwählen und anzuwenden.

Betrachtung von Industrie-, Dienstleistungs- und Non-Profit-Unternehmen

Unser Lehrbuch konzentriert sich nicht nur auf Industriebetriebe, sondern deckt auch das Dienstleistungsgewerbe und Non-Profit-Organisationen ab. Beide Sektoren gewinnen weltweit stark an Bedeutung. Wir behandeln diese Sektoren mithilfe von zahlreichen Beispielen und erläutern die speziellen Anwendungsvoraussetzungen von kostenrechnerischen Konzepten in allen Sektoren.

Excel-Unterstützung der verwendeten Beispiele

Kostenrechnung ist ohne IT-Unterstützung beinahe undenkbar. Daher präsentieren wir zahlreiche Beispiele mithilfe von Tabellenkalkulationen in Excel. In allen Kapiteln stellen wir den Zusammenhang zur IT heraus. Auf die verwendeten Lösungsverfahren gehen wir ausführlich ein, indem wir die einzelnen Zelleneinträge erläutern. So können die Beispiele vom Leser leicht nachvollzogen werden.

Vorwort

Optisch ansprechende Gestaltung und leichte Lesbarkeit

Wir haben das Buch optisch und inhaltlich so gestaltet, dass man es gerne in die Hand nimmt und darin liest. Jedes Kapitel beginnt mit einem anschaulichen Beispiel, das in den jeweiligen Themenschwerpunkt einführt. Darin schildern wir eine konkrete Situation in einem Unternehmen. Interessante Praxisbeispiele aus der ganzen Welt zeigen, wie sich die Kostenrechnungskonzepte in der Unternehmenspraxis umsetzen lassen.

Thematisierung von Vereinfachungen in der Kostenrechnung

Die Kostenrechnung kann das komplexe Unternehmensgeschehen nur unvollständig abbilden. Studierende lernen, welche Vereinfachungen in der Kostenrechnung vorgenommen werden und wo diese Vereinfachungen in der Anwendungspraxis berücksichtigt werden müssen.

Online-Ressourcen

Den Einsatz des Buches in der Lehre unterstützen wir mit zahlreichen Online-Ressourcen. Auf der Webseite zu diesem Buch unter www.vahlen.de sind zu allen Kapiteln Folien zum Download verfügbar. Für die Übungsaufgaben am Ende der einzelnen Kapitel finden sich auf der Webseite Lösungen zum Download. Zudem stellen wir zu einigen Beispielen Excel-Dateien online bereit, mit denen diese Beispiele einfach nachvollziehbar sind und nachgerechnet werden können.

Zielgruppe des Buchs

Das Lehrbuch „Kostenrechnung" ist für den Einsatz in Lehrveranstaltungen an Hochschulen gedacht. Die Zielgruppe sind insbesondere Lehrende und Studierende von Bachelor-Studiengängen. Nicht zuletzt wegen des starken Praxisbezugs lässt sich das Buch aber auch in Masterstudiengängen sehr gut einsetzen.

Einsatz in der Lehre

Das Buch besteht aus 15 Kapiteln, die jeweils in ein bis zwei Veranstaltungsdoppelstunden behandelt werden können. Dadurch erlaubt das Buch eine Schwerpunktsetzung bei den Themen. Der Stoff des Buches deckt den Umfang einer einführenden sowie zusätzlich einer weiterführenden Lehrveranstaltung im Bereich Kostenrechnung ab.

Für einen **einführenden Kurs zur Kostenrechnung**, der insgesamt 14 Termine à 90 Minuten umfasst, haben wir mit folgenden Inhalten bereits gute Erfahrungen gesammelt:

Termin	Inhalt	Kapitel
1	Kosten- und Erlösrechnung als Teilbereich der Unternehmensrechnung	1
2	Grundbegriffe der Kosten- und Erlösrechnung	2
3	Kalkulation (Teil 1)	3
4	Kalkulation (Teil 2)	3
5	Kostenstellenrechnung (Teil 1)	4
6	Kostenstellenrechnung (Teil 2)	4
7	Kostenartenrechnung (Teil 1)	5
8	Kostenartenrechnung (Teil 2)	5
9	Kostenverläufe und Ermittlung von Kostenfunktionen	6
10	Erfolgsrechnung	7
11	Break-Even-Analysen	8
12	Kosten- und Erlösinformationen für operative Entscheidungen (Teil 1)	9
13	Kosten- und Erlösinformationen für operative Entscheidungen (Teil 2)	9
14	Frage- und Antwort-Sitzung	

Die Kapitel 3 bis 5 lassen sich ohne Weiteres auch in umgekehrter Reihenfolge behandeln, wenn man die klassische Reihenfolge bevorzugt. Möchte man in einer einführenden Veranstaltung bereits einzelne Systeme der Kostenrechnung wie beispielsweise die Grenzplankostenrechnung oder die Prozesskostenrechnung behandeln, bietet es sich an, die Kostenstellen- und die Kostenartenrechnung etwas weniger umfangreich zu behandeln.

Im Rahmen eines **weiterführenden Kurses zur Kostenrechnung** lässt sich das Buch auch gut nutzen, um einen vertiefenden Einblick in die praktische Anwendung der Kostenrechnung zu vermitteln. Für eine solche weiterführende Veranstaltung bietet es sich an, Case Studies beispielsweise der Harvard Business School (HBS) zu integrieren. Während sich die Studierenden dabei den Stoff im Selbststudium aneignen bzw. bereits Gehörtes auffrischen, beschränkt sich die Veranstaltung auf die Bearbeitung der Case Studies. Die einzelnen Kapitel bilden hierfür eine Diskussionsgrundlage. Durch die Integration von Case Studies lassen sich die Inhalte interaktiv vermitteln und die Implikationen für das Management intensiv diskutieren. Folgender Ablauf deckt den Stoff eines Semesters ab:

Vorwort

Termin	Inhalt	Kapitel/HBS case
1	*Management Accounting – Themen und Konzepte*	
	Kosten- und Erlösrechnung als Teilbereich der Unternehmensrechnung	1
	Grundbegriffe der Kosten- und Erlösrechnung	2
	John S. Hammond – Learning by the Case Method	9-376-241
	Precision Worldwide, Inc.	9-197-103
2	*Traditionelle Kalkulation*	
	Kostenverläufe und Ermittlung von Kostenfunktionen	6
	Break-Even-Analysen	8
	Bridgeton Industries: Automotive Component & Fabrication Plant	9-190-085
3	*Kostenallokation und Kostentreiber*	
	Kalkulation	3
	Seligram, Inc.: Eletronic Testing Operations	9-189-084
4	*Moderne Formen der Kalkulation*	
	Kostenstellenrechnung	4
	Kostenartenrechnung	5
	Grenzplankostenrechnung	11
	John Deere Component Works (A)	9-187-107
	John Deere Component Works (B)	9-187-108
5	*Activity-Based Management*	
	Prozesskostenrechnung	12
	Using ABC to Manage Customer Mix and Relationships	9-197-094
	Owens & Minor, Inc.	9-100-055
6	*Preisentscheidungen*	
	Kosten- und Erlösinformationen für operative Entscheidungen	9
	Target Costing	13
	Toyota Motor Corp.: Target Costing System	9-197-031
7	*Kosten, Organisation und Strategie*	
	Mueller-Lehmkuhl GmbH	9-187-048
8	*Unternehmensplanung und -kontrolle*	
	Budgetierung	14
	Codman & Shurtleff, Inc: Planning and Control System	9-187-081
	Nordstrom: Dissension in the Ranks? (A)	9-191-002
9	*Unternehmens- und Bereichserfolg*	
	Erfolgsrechnungen	7
	Barrows Consumer Products (A) (University of Michigan Case)	
10	*Performancemessung und Abweichungsanalyse*	
	Standardkostenrechnung und Abweichungsanalyse	10
	Software Associates	9-101-038
11	*Anreiz- und Steuerungsmechanismen – Verrechnungspreise*	
	Verrechnungspreise	15
	Chemical Bank: Allocation of Profits	9-184-047
	Del Norte Paper Company (A)	9-177-034
12	*Performancemessung und Unternehmensstrategie*	
	Polysar Limited	9-187-098

Danksagung

Viele Menschen haben uns dabei unterstützt, dieses Projekt zu verwirklichen. Unser Dank gilt vor allem all den Kollegen und Praktikern, die uns in vielen Diskussionen geholfen haben, unser Wissen über die Kostenrechnung zu erweitern und zu vertiefen. Stellvertretend für diese Menschen möchten wir Prof. Dr. Dr. h.c. Hans-Ulrich Küpper danken, der unser Verständnis von Kostenrechnung wesentlich geprägt hat.

Zudem danken wir unseren derzeitigen und früheren Mitarbeitern, die uns bei der Überarbeitung und Korrektur des Manuskripts, bei der Suche und Entwicklung von Beispielen und bei der Erstellung der Übungsaufgaben unterstützt haben. Unser Dank geht vor allem an Björn Anton, Martin Arnegger, Debbi Claassen, Dirk Denker, Thorsten Döscher, Dennis Fehrenbacher, Daniel Fischer, Carola Hammer, Markus Haupenthal, Alexander Hercher, Stefan Hübner, Katrin Hummel, Tim Kettenring, Jochen Kopitzke, Konrad Lang, Jan Michalski, Christian Multerer, Helmut Niesner, Sara Pohlmann, Steffen Reichmann, Anna Rohlfing, Peter Rötzel, Ann Tank, Kevin Tappe, Roy Tondock und Susanne Winkel.

Darüber hinaus bedanken wir uns bei den anonymen Gutachtern, die uns in einer frühen Phase der Entstehung des Buches geholfen haben, Inhalte und Struktur zu verbessern.

Bedanken möchten wir uns auch für die vielen positiven Rückmeldungen zur ersten Auflage unseres Lehrbuchs. Besonders gefreut haben wir uns über die Auszeichnung des Verbands der Hochschullehrer für Betriebswirtschaft mit dem Lehrbuchpreis und die ehrenvolle Laudatio unserer Kollegin Prof. Dr. Barbara E. Weißenberger. Wir haben viele wertvolle Anregungen erhalten, die uns geholfen haben, unser Lehrbuch weiter zu verbessern. Stellvertretend für die vielen Rückmeldungen bedanken wir uns bei Prof. Dr. Christoph Binder, Prof. Dr. Bert Kaminski, Prof. Dr. Werner Neus, Dr. Christian Nitzl, Prof. Dr. Uwe Nölte, Dr. Florian Sahling, Markus Schindler und Prof. Dr. Roman Stoi sowie für die zahlreichen Rezensionen bei Joachim Bahler, Björn Baltzer und Robert Ebner, Alfred Biel, Dr. Christian Faupel, Dr. Thomas Hermann, Prof. Dr. Bernd W. Müller-Hedrich, Prof. Dr. Harald Wilde und Dr. Maximilian Wolf.

Ein großer Dank gilt dem Verlag Vahlen für seine Bereitschaft, unsere Ideen umzusetzen. Dabei haben wir von Dennis Brunotte in besonderer Weise Unterstützung erfahren. Er begleitete den gesamten Entstehungsprozess des Buches an jeder Stelle mit hilfreichen Ratschlägen und vorausschauendem Blick.

Danksagung

Besonders dankbar sind wir all denjenigen, die das Buch in ihren Lehrveranstaltungen einsetzen und uns darüber Rückmeldung geben. Ihre Kommentare und Verbesserungsvorschläge sind uns jederzeit sehr willkommen.

Gunther Friedl
Christian Hofmann
Burkhard Pedell

Inhaltsübersicht

Kapitel 1 Kosten- und Erlösrechnung als Teilbereich der Unternehmensrechnung 1

Kapitel 2 Grundbegriffe der Kosten- und Erlösrechnung 33

Kapitel 3 Kalkulation 71

Kapitel 4 Kostenstellenrechnung 113

Kapitel 5 Kostenartenrechnung 155

Kapitel 6 Kostenverläufe und Ermittlung von Kostenfunktionen 197

Kapitel 7 Erfolgsrechnung 241

Kapitel 8 Break-Even-Analysen 275

Kapitel 9 Kosten- und Erlösinformationen für operative Entscheidungen 301

Kapitel 10 Standardkostenrechnung und Abweichungsanalyse 347

Kapitel 11 Grenzplankostenrechnung 393

Kapitel 12 Prozesskostenrechnung 429

Kapitel 13 Target Costing 469

Kapitel 14 Budgetierung 511

Kapitel 15 Verrechnungspreise 543

Inhaltsverzeichnis

Vorwort V
Danksagung IX

Kapitel 1 Kosten- und Erlösrechnung als Teilbereich der Unternehmensrechnung

Kapitelüberblick 1
Lernziele dieses Kapitels 1
1.1 Beitrag der Kosten- und Erlösrechnung zur Unternehmensführung .. 2
    Führungsaufgaben in Unternehmen 2
    Zwecke der Kostenrechnung: Informationen für Führungsaufgaben 3
1.2 Stellung der Kosten- und Erlösrechnung in der Unternehmensrechnung 6
    Internes vs. externes Rechnungswesen 6
    Kosten- und Erlösrechnung vs. Investitionsrechnung 10
    Nicht-monetäre Kennzahlen 10
1.3 Ausgestaltung der Kosten- und Erlösrechnung 12
    Ausgestaltung auf Basis von Kosten-Nutzen-Abwägungen 12
    Entscheidungsunterstützende und entscheidungsbeeinflussende Informationen 14
    Verhaltenswirkungen von Informationen 16
    Wettbewerbsstrategien und Wertschöpfungskette 17
    Industrie- und Dienstleistungsunternehmen 20
    Komplexität und Vereinfachungen 21
1.4 Systeme der Kosten- und Erlösrechnung 24
Literatur 27
Verständnisfragen 27
Fallbeispiel: Microsoft Corp. 27
Übungsaufgaben 29

Kapitel 2 Grundbegriffe der Kosten- und Erlösrechnung

Kapitelüberblick 33
Lernziele dieses Kapitels 33
2.1 Rechengrößen der Kosten- und Erlösrechnung 34
    Kennzeichnung von Kosten und Erlösen 34
    Abgrenzung der Kosten und Erlöse von anderen Rechengrößen 36
    Abgrenzung von Auszahlungen, Aufwendungen und Kosten .. 38
    Abgrenzung von Einzahlungen, Erträgen und Erlösen 42
2.2 Kostenbegriffe und ihre Bedeutung 43
    Gesamtkosten und Stückkosten 43

	Einzelkosten und Gemeinkosten	45
	Variable Kosten und Fixe Kosten	47
	Zusammenhang zwischen Zurechenbarkeit und Beschäftigungsabhängigkeit von Kosten	55
	Stand-Alone-Kosten und Inkrementalkosten	56
	Produktkosten und Periodenkosten	58
	Relevante Kosten	59
	Opportunitätskosten und Versunkene Kosten	60
2.3	Überblick über die Teilbereiche der Kosten- und Erlösrechnung und ihre Aufgaben	62
Literatur		65
Verständnisfragen		65
Fallbeispiel: AirAsia		66
Übungsaufgaben		67

Kapitel 3 Kalkulation

Kapitelüberblick		71
Lernziele dieses Kapitels		71
3.1	Aufgaben und Ausgestaltung der Kalkulation	72
	Aufgaben der Kalkulation	72
	Abgrenzung und Gliederung von Kostenträgern	75
	Zusammenhang Programmtyp, Produkteigenschaften und Kalkulationsverfahren	76
3.2	Kalkulation und Kostenverrechnung bei Einzel- und Serienfertigung	78
	Ausgangspunkt der Zuschlagskalkulation	78
	Zuschlagskalkulation mit mehreren Zuschlagssätzen	81
	Maschinensatzrechnung	86
	Zeitpunkte und Formen der Zuschlagskalkulation	89
	Betriebsbuchhaltung bei Einzel- und Serienfertigung	92
3.3	Kalkulation und Kostenverrechnung bei Massen- und Sortenfertigung	94
	Einstufige Divisionsrechnung	95
	Mehrstufige Divisionsrechnung	96
	Äquivalenzziffernrechnung	99
	Kalkulation von Kuppelprodukten	101
	Betriebsbuchhaltung bei Massen- und Sortenfertigung	103
Literatur		103
Verständnisfragen		103
Fallbeispiel: KWM Metallurgie		104
Übungsaufgaben		107

Kapitel 4 Kostenstellenrechnung

Kapitelüberblick	113
Lernziele dieses Kapitels	113
4.1 Aufgaben und Probleme der Kostenstellenrechnung	114
Aufgaben der Kostenstellenrechnung	114
Gliederung der Kostenstellen	115
Probleme der Kostenzurechnung und Kostenverteilung	121
4.2 Aufbau des Betriebsabrechnungsbogens	122
4.3 Verteilung der Gemeinkosten auf die Kostenstellen	124
4.4 Verfahren der innerbetrieblichen Leistungsverrechnung	127
Gleichungsverfahren	128
Durchführung des Gleichungsverfahrens mit Excel	130
Darstellung in Kontenform	132
Iteratives Verfahren	133
Gutschrift-Lastschrift-Verfahren	136
Treppenumlage	137
Blockumlage	139
Auswahl eines geeigneten Verfahrens für die innerbetriebliche Leistungsverrechnung	140
4.5 Ermittlung von Zuschlagssätzen für die Kalkulation	145
Literatur	146
Anhang: Gleichungssystem der innerbetrieblichen Leistungsverrechnung mit den Gesamtkosten als Unbekannte	146
Verständnisfragen	147
Fallbeispiel: Treppenumlageverfahren bei der Johannes Gutenberg-Universität Mainz	148
Übungsaufgaben	151

Kapitel 5 Kostenartenrechnung

Kapitelüberblick	155
Lernziele dieses Kapitels	155
5.1 Aufgaben der Kostenartenrechnung	156
5.2 Kostenartenrechnung und Finanzbuchhaltung	158
Kostenarten in der Unternehmenspraxis	160
5.3 Materialkosten	161
Wichtige Arten von Materialien	161
Erfassung des Materialverbrauchs	162
Bewertung des Materialverbrauchs	164
5.4 Personalkosten	169
5.5 Anlagenkosten	173
Arten von Anlagenkosten	173
Arten und Ursachen von Abschreibungen	173
Abschreibungsverfahren	174
Zinskosten	181

5.6	Weitere Kostenarten	189
	Kalkulatorischer Unternehmerlohn und kalkulatorische Mieten	189
	Kalkulatorische Wagniskosten	189
	Sonstige Kosten	190
Literatur		191
Verständnisfragen		191
Fallbeispiel: Kostenartenrechnung bei einer Wirtschaftlichkeitsbetrachtung eines Braunkohlekraftwerks		191
Übungsaufgaben		194

Kapitel 6 Kostenverläufe und Ermittlung von Kostenfunktionen

Kapitelüberblick		197
Lernziele dieses Kapitels		197
6.1	Kennzeichnung bedeutender Kostenverläufe	198
	Elementare Kostenverläufe	198
	Mischungen	202
	Kostenfunktion, Kosteneinflussgrößen und Fristigkeit ...	206
6.2	Verfahren zur Ermittlung von Kostenfunktionen	211
	Vereinfachungen des Kostenverlaufs und relevanter Bereich ...	211
	Analytische Verfahren	214
	Statistische Verfahren	216
	Ermittlung von Kostenfunktionen über die lineare Regression mit Excel	220
	Beurteilung linearer Regressionen	222
	Voraussetzungen für den Einsatz statistischer Verfahren ..	223
	Anwendungsbereiche analytischer und statistischer Verfahren .	226
6.3	Dokumentation von Kostenprognosen	226
	Kostenstellenblätter	227
	Differenzierter Ausweis von fixen und variablen Kosten .	229
	Stufenpläne	230
	Variator	230
Literatur		233
Anhang: Regressionsanalyse		233
Verständnisfragen		235
Fallbeispiel: Empirische Ermittlung von Kostenfunktionen bei der Deutschen Lufthansa AG		235
Übungsaufgaben		237

Kapitel 7 Erfolgsrechnung

Kapitelüberblick		241
Lernziele dieses Kapitels		241
7.1	Aufgaben der Erfolgsrechnung	242
	Verknüpfung von Kosten und Erlösen	242

	Stückerfolg	243
	Periodenerfolg	243
7.2	Verfahren der Periodenerfolgsrechnung	244
	Gesamtkostenverfahren	244
	Umsatzkostenverfahren	247
7.3	Voll- und Teilkosten in der Periodenerfolgsrechnung	250
	Unterschiede im Betriebsergebnis nach Voll- und Teilkosten	250
	Mehrperiodiger Vergleich der Betriebsergebnisse	254
	Fehlanreize zum Lageraufbau bei Vollkostenbetrachtung	256
7.4	Deckungsbeitragsrechnung	259
	Einstufige Deckungsbeitragsrechnung	259
	Mehrstufige Deckungsbeitragsrechnung	262
Literatur		263
Verständnisfragen		263
Fallbeispiel: Nachhaltige Veränderung der Kostenstruktur bei der Bauer+König Beton GmbH & Co. KG		264
Übungsaufgaben		272

Kapitel 8 Break-Even-Analysen

Kapitelüberblick		275
Lernziele dieses Kapitels		275
8.1	Zielsetzung und Annahmen von Break-Even-Analysen	276
8.2	Break-Even-Analysen bei einem Produkt	278
	Ausgangsgleichung für Gewinn und Deckungsbeitrag	278
	Bestimmung der Gewinnschwelle	278
	Zielgewinn	281
	Berücksichtigung von Steuern	282
	Grenzen der Break-Even-Analyse	283
8.3	Break-Even-Analysen bei mehreren Produkten	284
	Vom Break-Even-Punkt zur Break-Even-Gerade	284
	Konstantes Verhältnis der verkauften Produktmengen	285
	Break-Even-Analysen mit Excel	286
8.4	Analyse der Unsicherheit	288
	Sensitivitätsanalysen	288
	Sicherheitskoeffizient	291
	Approximationen der Kostenrechnung	291
8.5	Break-Even-Analysen zur Flexibilisierung von Kostenstrukturen	292
	Insourcing versus Outsourcing	292
	Kostenstrukturrisiko und Operating Leverage	294
Literatur		296
Verständnisfragen		296
Fallbeispiel: RFID-Etiketten		297
Übungsaufgaben		298

Kapitel 9 Kosten- und Erlösinformationen für operative Entscheidungen

Kapitelüberblick	301
Lernziele dieses Kapitels	301
9.1 Kennzeichnung des Entscheidungsprozesses operativer Entscheidungen	302
Entscheidungsprozess	302
Planungsgegenstände, -horizont, -ziele und -restriktionen	303
Quantitative und qualitative Informationen	306
Merkmale von Entscheidungen bei Unsicherheit	307
9.2 Relevante Kosten operativer Entscheidungen	308
Relevante, genaue und aktuelle Informationen	308
Sunk Costs und operative Entscheidungen	309
Opportunitätskosten und operative Entscheidungen	311
Entscheidungswirkungen von Vollkosteninformationen	312
9.3 Entscheidungen über die Leistungserstellung	315
Bestimmung des optimalen Produktionsprogramms	316
Make-or-Buy-Entscheidungen	323
Operative Entscheidungen bei Kuppelproduktion	329
9.4 Preisentscheidungen	331
Preissetzer versus Preisnehmer	331
Preisuntergrenzen für Verhandlungen und Ausschreibungen	332
Langfristige Preisentscheidungen	336
Literatur	337
Verständnisfragen	337
Fallbeispiel: Bestimmung des deckungsbeitragsmaximalen Anbauprogramms für einen Marktfruchtbaubetrieb	338
Übungsaufgaben	341

Kapitel 10 Standardkostenrechnung und Abweichungsanalyse

Kapitelüberblick	347
Lernziele dieses Kapitels	347
10.1 Grundlagen der Standardkostenrechnung	348
Kostenkontrolle auf Basis von Standardkosten	348
Produktkalkulation mit Standardkosten	350
Aufgaben der Abweichungsanalyse	350
10.2 Abweichungsanalyse bei starren und flexiblen Rechnungen	352
Prognosekostenrechnung	352
Ableitung von Standardkosten	356
Starre Standardkostenrechnung	359
Flexible Standardkostenrechnung	361
Budgetbezogene Plan-Ist-Abweichung und Soll-Ist-Abweichung	362
10.3 Analyse der Abweichungen von Einzelkosten	364
Materialeinzelkosten	365

Fertigungseinzelkosten	368
Verantwortung für relevante Kostenabweichungen	370
Erfassung von Standardeinzelkosten in der Betriebsbuchhaltung	373
10.4 Analyse der Abweichungen von Gemeinkosten	375
Standards für Gemeinkosten	375
Variable Gemeinkosten	376
Erfassung variabler Standardgemeinkosten in der Betriebsbuchhaltung	379
Fixe Gemeinkosten	379
Flexible Standardkostenrechnung auf Vollkostenbasis	381
Verantwortung für Abweichungen höherer Ordnung	383
Fallbeispiel: Software AG	386
Literatur	386
Verständnisfragen	386
Übungsaufgaben	389

Kapitel 11 Grenzplankostenrechnung

Kapitelüberblick	393
Lernziele dieses Kapitels	393
11.1 Zielsetzung und Merkmale der Grenzplankostenrechnung	394
11.2 Grundlegende Struktur der Grenzplankostenrechnung	396
11.3 Planung der Kosten in der Grenzplankostenrechnung	397
Auflösung in fixe und variable Kosten	397
Planung der Einzelkosten	398
Vorgehensweise bei der Planung der Gemeinkosten	400
Planung von Abschreibungen und Zinsen	406
11.4 Kostenkontrolle und Abweichungsanalyse	413
Gemeinkostencontrolling	414
Auswertung von Abweichungsursachen	414
11.5 Entscheidungsunterstützung durch die Grenzplankostenrechnung	415
Deckungsbeitrag als Instrument zur Entscheidung über die Annahme eines Zusatzauftrags	415
Mehrstufige Deckungsbeitragsrechnung zur Analyse der Profitabilität von Unternehmensbereichen	417
Mehrdimensionale Deckungsbeitragsrechnung zur Analyse der Profitabilität von Kunden, Regionen und Produkten	420
Literatur	422
Verständnisfragen	422
Fallbeispiel: Berechnung und Aufteilung der Abschreibungen in eine variable und eine fixe Komponente bei der Werner GmbH	423
Übungsaufgaben	425

Kapitel 12 Prozesskostenrechnung

Kapitelüberblick 429
Lernziele dieses Kapitels 429
12.1 Ausgangspunkt, Kennzeichnung und Zielsetzungen der Prozesskostenrechnung 430
      Gründe für die Entwicklung der Prozesskostenrechnung 430
      Kennzeichnung der Prozesskostenrechnung 435
      Zielsetzungen der Prozesskostenrechnung 440
12.2 Verrechnung der Kosten auf Prozesse 440
      Tätigkeitsanalyse und Bildung von Teilprozessen 441
      Ermittlung der Teilprozesskostensätze 442
      Aggregation der Teilprozesse zu Hauptprozessen 444
      Bestimmung der Prozesskostensätze 446
12.3 Prozesskostenbasierte Kalkulation 446
12.4 Prozesskostenbasierte Kundenerfolgsrechnung 449
12.5 Entscheidungsunterstützung durch die Prozesskostenrechnung . . 451
      Grundlegende Effekte der Prozesskostenrechnung 451
      Fundierung einzelner Entscheidungen durch die Prozesskostenrechnung 455
12.6 Beurteilung der Prozesskostenrechnung 459
Literatur 461
Verständnisfragen 461
Fallbeispiel: Vertrieb der Rasselstein GmbH 462
Übungsaufgaben 464

Kapitel 13 Target Costing

Kapitelüberblick 469
Lernziele dieses Kapitels 469
13.1 Kennzeichnung des Target Costing 470
      Marktorientierte Vorgabe von Zielkosten 472
      Frühzeitige Beeinflussung der Kosten im Produktentwicklungsprozess 474
      Weitere Merkmale des Target Costing 476
      Vorgehensweise des Target Costing 476
13.2 Ermittlung von produktbezogenen Kostenobergrenzen 477
      Verfahren zur Ermittlung von produktbezogenen Kostenobergrenzen 477
      Marktorientierter Ansatz zur Ermittlung der Zielkosten 478
13.3 Zielkostenspaltung in Produktfunktionen und -komponenten 481
      Funktionsgewichte 483
      Komponentengewichte 484
      Kostenanteile der Komponenten 487
      Zielkosten und Kostenanpassungsbedarf je Komponente 487

13.4 Kostenkontrolle im Target Costing 489
13.5 Maßnahmen zur Zielkostenerreichung 491
13.6 Beurteilung des Target Costing 493
13.7 Lebenszyklusrechnung 495
Literatur 501
Verständnisfragen 501
Fallbeispiel: Target Costing für Investitionsgüter bei Operating Panels
    Industry 502
Übungsaufgaben 506

Kapitel 14 Budgetierung

Kapitelüberblick 511
Lernziele dieses Kapitels 511
14.1 Aufgaben der Budgetierung 512
        Zusammenhang zwischen Planung und Budgetierung 512
        Zwecke von Budgets 512
14.2 Wichtige Verfahren der Budgetierung 514
        Entwicklung eines Gesamtbudgets im Rahmen der
            Ergebnisplanung 514
        Activity-Based Budgeting 521
        Fortschreibungsbudgetierung 522
        Gemeinkostenwertanalyse 524
        Zero-Base Budgeting 526
14.3 Budgetierung als Instrument der Leistungsmessung 528
        Budgetabweichungen 528
        Starre und flexible Budgets 529
        Better Budgeting und Beyond Budgeting 530
14.4 Verhaltenswirkungen von Budgets 531
        Partizipation in der Budgetierung 531
        Budgetmanipulation und wahrheitsgemäße Berichterstattung .. 533
Literatur 534
Verständnisfragen 534
Fallbeispiel: Erfolgssteuerung mittels Budgetierung im Krankenhaus
    Haimstetten GmbH 535
Übungsaufgaben 539

Kapitel 15 Verrechnungspreise

Kapitelüberblick 543
Lernziele dieses Kapitels 543
15.1 Kennzeichnung von Verrechnungspreisen und
        Verrechnungspreissystemen 545
        Kennzeichnung von Verrechnungspreisen 545
        Verrechnungspreise und dezentrale Organisationsstruktur 546

Responsibility Accounting	548
Idealtypischer Ansatz zur Bestimmung von Verrechnungspreisen	551
Bestandteile von Verrechnungspreissystemen	556
15.2 Funktionen von Verrechnungspreisen	558
15.3 Betriebswirtschaftliche Methoden zur Ermittlung von Verrechnungspreisen	561
Marktorientierte Verrechnungspreise	561
Kostenorientierte Verrechnungspreise	563
Grenzkosten bzw. variable Kosten	564
Verhandlungsbasierte Verrechnungspreise	569
15.4 Steuerliche Methoden zur Ermittlung von Verrechnungspreisen	571
15.5 Anzahl der verwendeten Verrechnungspreise	575
Literatur	576
Verständnisfragen	576
Fallbeispiel: Verrechnungspreisgestaltung im internationalen Produktionsverbund von TRUMPF	577
Übungsaufgaben	580
Literaturverzeichnis	583
Stichwortverzeichnis	589

Kapitel 1 Kosten- und Erlösrechnung als Teilbereich der Unternehmensrechnung

Kapitelüberblick

1.1 **Beitrag der Kosten- und Erlösrechnung zur Unternehmensführung**
   Führungsaufgaben in Unternehmen
   Zwecke der Kostenrechnung: Informationen für Führungsaufgaben

1.2 **Stellung der Kosten- und Erlösrechnung in der Unternehmensrechnung**
   Internes vs. externes Rechnungswesen
   Kosten- und Erlösrechnung vs. Investitionsrechnung
   Nicht-monetäre Kennzahlen

1.3 **Ausgestaltung der Kosten- und Erlösrechnung**
   Ausgestaltung auf Basis von Kosten-Nutzen-Abwägungen
   Entscheidungsbeeinflussende und entscheidungsunterstützende Informationen
   Verhaltenswirkungen von Informationen
   Wettbewerbsstrategien und Wertschöpfungsketten
   Industrie- und Dienstleistungsunternehmen
   Komplexität und Vereinfachungen

1.4 **Systeme der Kosten- und Erlösrechnung**

Lernziele dieses Kapitels

- Wie unterstützt die Kosten- und Erlösrechnung die Führungsaufgaben des Managements?

- Welche Besonderheiten zeichnen die Kosten- und Erlösrechnung als interne Rechnung aus?

- Auf Basis welcher Überlegungen entscheiden Kostenrechner und Manager über den Ausbau der Kosten- und Erlösrechnung?

- Wie intensiv nutzt die Unternehmenspraxis die Kosten- und Erlösrechnung?

- Wie beeinflusst die Wettbewerbsstrategie eines Unternehmens die Aufgaben der Kosten- und Erlösrechnung?

- Worin unterscheidet sich die Kosten- und Erlösrechnung in Industrieunternehmen von der in Dienstleistungsunternehmen?

- Wie kann ein Kostenrechner vereinfacht ein komplexes Unternehmensgeschehen abbilden?

Kapitel 1 — Kosten- und Erlösrechnung als Teilbereich der Unternehmensrechnung

> **Produktionskosten von Smoothies bei Brunnenthal**
>
> Der Getränkeproduzent Brunnenthal vertreibt seit mehreren Jahren erfolgreich Fruchtsäfte und alkoholische Getränke im süddeutschen Raum. Brunnenthal gliedert sich in die beiden Geschäftsbereiche „Softdrinks" und „Brauerei". Zudem existiert eine Stabsabteilung „Rechnungswesen", die u. a. für das interne und externe Rechnungswesen, die Berichterstattung an die Gesellschafter und die Ermittlung des zu versteuernden Gewinns zuständig ist. Für den Bereich „Softdrinks" ist Richard Schulze verantwortlich. Seit Jahresbeginn prüft er, ob Brunnenthal in den Verkauf von Ganzfruchtgetränken (so genannten Smoothies) einsteigen sollte. Markterhebungen zeigen, dass Brunnenthal einen großen Anteil an diesem schnell wachsenden Marktsegment erobern könnte. Sofern sich Schulze für den Einstieg in den Markt für Smoothies entscheidet, soll das Produkt unter dem Namen „BerryMix" angeboten werden. Offen ist jedoch die Frage, wie profitabel Herstellung und Vertrieb von Smoothies sind. Kern eines Memo an die Leiterin Rechnungswesen, Hannah Silberberg, ist deshalb die Frage: „Was würde uns die Produktion von Smoothies kosten?"

1.1 Beitrag der Kosten- und Erlösrechnung zur Unternehmensführung

Führungsaufgaben in Unternehmen

Die Kosten- und Erlösrechnung unterstützt das Management, indem es Informationen bereitstellt, die für das Führen des Unternehmens notwendig sind.

Die Kosten- und Erlösrechnung unterstützt das Management eines Unternehmens, indem es Informationen bereitstellt, die für das Führen des Gesamtunternehmens oder einzelner Bereiche erforderlich sind. Dies gilt für Industrieunternehmen wie BASF, Beiersdorf oder Daimler ebenso wie für Dienstleistungsunternehmen wie Allianz oder Lufthansa. Auch in Non-Profit-Unternehmen wie der Technischen Universität München oder der Deutschen Flugsicherung liefert die Kosten- und Erlösrechnung nützliche Informationen für das Management.

Das Führen eines Unternehmens oder Bereichs beinhaltet typischerweise die Aufgaben der Planung als Vorbereitung einer Entscheidung, des Treffens von Entscheidungen sowie der fortwährenden Steuerung und Kontrolle. Mit Plänen spielen Manager zukünftige Entwicklungen gedanklich durch. Als Steuerung bezeichnet man den Prozess, mit dem Manager diese Pläne durchsetzen. Dies kann technische Prozesse betreffen oder sich auf das Entscheidungsverhalten von Mitarbeitern beziehen. In beiden Fällen geben Kontrollen darüber Auskunft, ob vorgegebene Maßnahmen umgesetzt bzw. Planvorgaben erreicht wurden.

1.1 Beitrag der Kosten- und Erlösrechnung zur Unternehmensführung

Führungsaufgaben bei Brunnenthal

Bei Brunnenthal muss Bereichsleiter Schulze aktuell über die Ausweitung des Produktprogramms um Smoothies **entscheiden**. Neben dieser generellen Frage beschäftigt er sich auch damit, in welchen Variationen das neue Produkt BerryMix angeboten werden soll. Diese Variationen umfassen verschiedene Geschmacksrichtungen aber auch die Grundzutaten wie Joghurt, Milch oder Eiscreme.

Grundlage seiner Entscheidungen ist ein **Plan**, in dem Schulze die wirtschaftlichen Folgen des Angebots von Smoothies für Brunnenthal durchdenkt. Gegenstand des Plans sind die erwartete Marktentwicklung für Smoothies, der angestrebte Anteil an diesem Gesamtmarkt und die daraus erzielbaren Gewinne.

Nachdem er zu Beginn des zweiten Quartals die Aufnahme von BerryMix in das Produktprogramm beschlossen hat, erstellt Schulze einen verfeinerten Plan, der die einzelnen Schritte auf dem Weg zur Markteinführung festlegt. Mit diesem detaillierten Plan **steuert** Schulze seinen Bereich. Beispielsweise müssen seine Mitarbeiter laut Detailplan bis Ende Juni herausarbeiten, über welche Handelsketten das neue Produkt vertrieben werden soll.

Zum Ende des Jahres **kontrolliert** Schulze, ob sein Plan umgesetzt wurde und inwiefern die Vorgaben erreicht wurden. Dabei stellt er fest, dass Brunnenthal den angestrebten Umsatz verfehlt hat. Als Anpassungsmaßnahme schlägt er eine verstärkte Werbung für BerryMix vor.

Die Gesamtheit aller von einem Unternehmen angebotenen Produkte bezeichnet man als Produktprogramm oder Produktportfolio. In Dienstleistungsunternehmen spricht man auch von einem Dienstleistungs- oder Serviceprogramm.

Zwecke der Kostenrechnung: Informationen für Führungsaufgaben

Manager benötigen zahlreiche und vielfältige Informationen, um ihren Führungsaufgaben nachkommen zu können. Die Kosten- und Erlösrechnung unterstützt das Management bei diesen Aufgaben, indem sie über wichtige Sachverhalte informiert. Speziell stellt sie Informationen für

- Planung,
- Steuerung,
- Kontrolle und
- Dokumentation

bereit. Der Begriff **Rechnungszweck** umschreibt, für welchen Zweck ein Manager die Informationen benötigt.

In der angelsächsischen Literatur werden häufig nur zwei Rechnungszwecke unterschieden, die Entscheidungsunterstützung und die Entscheidungsbeeinflussung. Einerseits unterstützen Informationen Manager bei ihren Entscheidungen. Dies geht schwerpunktmäßig mit dem Rechnungszweck der Planung einher. Andererseits kann beispielsweise der erzielte Bereichsgewinn Hinweise auf die Effektivität der Entscheidungen eines Bereichsleiters liefern. Dies weiß der Manager und wird seine Entscheidungen daher danach ausrichten. Informationen beeinflussen also Manager in ihren Entscheidungen. In diesem Fall stehen die Rechnungszwecke der Steuerung und Kontrolle im Vordergrund.

Begriffsvielfalt

Kapitel 1 — Kosten- und Erlösrechnung als Teilbereich der Unternehmensrechnung

Abbildung 1.1: Rechnungszwecke: Planung, Steuerung, Kontrolle und Dokumentation

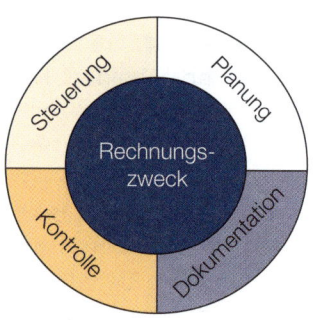

Mit dem Begriff „Unternehmensrechnung" bezeichnet man die Menge der Rechnungssysteme.

Informationen der Kosten- und Erlösrechnung sind eine wichtige Grundlage dafür, dass Manager ihren Aufgaben sinnvoll nachkommen können. Zur Führung greifen Manager aber auch auf Informationen anderer Teilsysteme der Unternehmensrechnung zurück. Hierzu zählen Bilanzrechnung, Investitions- und Finanzrechnung, aber auch Rechnungen, die die Zufriedenheit von Kunden oder die Qualität von Produkten und Produktionsprozessen abbilden.

Im Rahmen der **Planung** spielen Manager gedanklich zukünftige Entwicklungen durch. Bei Brunnenthal sind für Bereichsleiter Schulze Informationen über die erwarteten Absatzmengen und Verkaufspreise wichtiger Ausgangspunkt für die Planung der Markteinführung von BerryMix. Diese Werte erhält Bereichsleiter Schulze von der Marketingabteilung. Das Rechnungswesen informiert ihn über die Kosten, die mit Fertigung und Vertrieb von BerryMix verbunden sind. Mit den Erlösen und Kosten kann Schulze im Rahmen seiner Planung abschätzen, wie profitabel der Verkauf von Smoothies für Brunnenthal sein wird.

Die **Steuerung** dient der Plandurchsetzung bzw. der Verhaltensbeeinflussung von Mitarbeitern. Die Unternehmensrechnung stellt hierfür Orientierungsmaßstäbe bereit, an denen sich die täglichen Entscheidungen ausrichten können. Beispielsweise kann die Geschäftsleitung von Brunnenthal Richtlinien verabschieden, die Obergrenzen für Reise- und Übernachtungskosten bei Geschäftsreisen von Schulze festlegen. Innerhalb dieses Rahmens steht es seiner Sekretärin frei, Dienstreisen zu planen und geeignete Reiseverbindungen und Hotelübernachtungen zu buchen.

Die Verhaltensbeeinflussung wird relevant, wenn Manager eigene Ziele verfolgen, die von den Zielen der Unternehmenseigentümer abweichen. Beispielsweise könnte Schulze den Geschäftsbereich Softdrinks nur deshalb vergrößern wollen, da er hierdurch seine eigene Stellung bei Brunnenthal aufwerten kann. Aufgabe der Unternehmensrechnung ist es in diesem Fall, Schulze mit den bereitgestellten Informationen so zu motivieren, dass er seine Entscheidun-

1.1 Beitrag der Kosten- und Erlösrechnung zur Unternehmensführung

gen an den Zielen der Gesellschaft ausrichtet. Das lässt sich erreichen, indem sein Gehaltsbonus an den realisierten Bereichsgewinn gekoppelt wird. Sofern „richtige" Entscheidungen (aus Sicht von Brunnenthal) zu einem maximalen Bereichsgewinn und damit einem größtmöglichen Bonus führen, hat Schulze kein Interesse an anderen, „falschen" Entscheidungen.

Die Verhaltenssteuerung lässt sich durch **Kontrollen** unterstützen. Hierbei werden z. B. Planvorgaben mit realisierten Größen verglichen und mögliche Ursachen für Abweichungen herausgearbeitet. Beispielsweise bewilligt die Geschäftsleitung von Brunnenthal die Markteinführung von BerryMix, da sie sich davon Umsatz- und Gewinnsteigerungen verspricht. Um diese Steigerungen sicherzustellen, knüpft die Geschäftsleitung je 25 % von Schulzes Gehaltsbonus an das Erreichen von Umsatz- und Gewinnvorgaben. Aufgabe der Kosten- und Erlösrechnung ist es festzustellen, ob diese Vorgaben erreicht werden.

Damit die Unternehmensrechnung ihren verschiedenen Aufgaben nachkommen kann, ist eine umfangreiche **Dokumentation** bzw. Ermittlung von realisierten Größen erforderlich:
- Die für die Planung benötigte Information über die erwarteten Herstellkosten von BerryMix kann sich beispielsweise an den Kosten vergleichbarer Produkte orientieren. Deswegen müssen realisierte Kosten dokumentiert werden.
- Auch um die Einhaltung von Planvorgaben kontrollieren zu können, sind die realisierten Größen zu dokumentieren.
- In Industriebetrieben müssen für Zwecke der Bewertung der am Stichtag auf Lager befindlichen Halb- und Fertigerzeugnisse die Herstellkosten von unfertigen und fertigen Erzeugnissen dokumentiert werden.
- Sollte bei Brunnenthal eine Lagerhalle mitsamt den darin befindlichen Waren abbrennen, so besteht die Aufgabe der Unternehmensrechnung darin, für diesen Versicherungsfall die Schadenshöhe zu ermitteln.

Wie sorgfältig die Dokumentation erfolgt, variiert mit der Verwendung der dokumentierten Größen. Wird die Information lediglich für Prognosen verwendet, so ist eine einfache Speicherung in einer Datenbank ausreichend. Knüpft man hingegen an die Abweichung einer dokumentierten Größe von einer Vorgabe weitreichende Konsequenzen wie die Bonuszahlung an Mitarbeiter, so ist eine nachprüfbare Dokumentation sinnvoll, damit bei Streitigkeiten die Berechnungen gerichtsfest sind.

Kapitel 1   Kosten- und Erlösrechnung als Teilbereich der Unternehmensrechnung

1.2 Stellung der Kosten- und Erlösrechnung in der Unternehmensrechnung

Internes vs. externes Rechnungswesen

Kern der Unternehmensrechnung ist das Rechnungswesen. Zu diesem zählt man
- die Bilanzrechnung,
- die Finanzrechnung,
- die Investitionsrechnung sowie
- die Kosten- und Erlösrechnung.

Die Bilanzrechnung liefert eine stichtagsbezogene Übersicht über Vermögen und Verbindlichkeiten eines Unternehmens. Zu ihr gehören Handels- sowie Steuerbilanz. Im System der doppelten Buchführung erstellt das Rechnungswesen parallel zur Bilanz auch eine Gewinn- und Verlustrechnung, die über den Jahresüberschuss informiert. Die Finanzrechnung (Cashflow-Rechnung) betrachtet demgegenüber Ein- und Auszahlungen und informiert über die Liquidität des Unternehmens. Mit der Investitionsrechnung lassen sich schließlich langfristige Investitionsentscheidungen beurteilen.

Die Trennung in internes und externes Rechnungswesen orientiert sich an den Adressaten einer Rechnung.

Eine wichtige Gliederung ist die Trennung in internes Rechnungswesen (Managerial oder Management Accounting) und externes Rechnungswesen (Financial Accounting). Diese Trennung orientiert sich entsprechend Abbildung 1.2 an den **Adressaten der Rechnung**. Während das interne Rechnungswesen Informationen für Unternehmensangehörige (d. h. intern) bereitstellt, richten sich die Informationen des externen Rechnungswesens primär an unternehmensexterne Personen und Institutionen. Zu den Unternehmensangehörigen zählen Manager aller Hierarchieebenen, aber auch Sachbearbeiter, Maschinenbediener oder andere Arbeiter; Unternehmensexterne umfassen Aktionäre, Banken, Lieferanten, aber auch den Fiskus. Kern des internen Rechnungswesens ist die Kosten- und Erlösrechnung, während im Mittelpunkt des externen Rechnungswesens die Bilanzrechnung steht.

Die Gewichtung der **Rechnungszwecke** unterscheidet sich zwischen internem und externem Rechnungswesen. Das interne Rechnungswesen unterstützt das Management bei der Entscheidungsfindung und stellt Informationen für Planung, Steuerung und Kontrolle bereit. Das externe Rechnungswesen liefert hingegen Informationen für Unternehmensexterne über die Folgen der Entscheidungen, die von Managern und Mitarbeitern getroffen wurden. Hierzu stellt es die Vermögens-, Finanz- und Ertragslage des Unternehmens dar. Damit generiert es auch Anhaltspunkte für die Ausschüttung von Dividenden an Aktionäre und Informationen über die Steuerschuld des Unternehmens.

Ein zentraler Unterschied zwischen internem und externem Rechnungswesen betrifft die Frage, inwiefern **Vorgaben für die Ausgestaltung der Rechnung**

1.2 Stellung der Kosten- und Erlösrechnung in der Unternehmensrechnung

Abbildung 1.2: Schwerpunkte von internem und externem Rechnungswesen

	Internes Rechnungswesen	Externes Rechnungswesen
Adressaten der Informationen	Unternehmensangehörige (Vorstand, Geschäftsleitung, Bereichs- und Abteilungsleiter, Sachbearbeiter)	Unternehmensexterne (Aktionäre, Gläubiger, Finanzanalysten, Banken, Lieferanten, Gewerkschaften, Kunden, Fiskus, Öffentlichkeit)
Rechnungszweck	Informationen für Planung, Steuerung und Kontrolle sowie zur Entscheidungsfindung.	Darstellung der Vermögens-, Finanz- und Ertragslage; Ausschüttungs- und Steuerbemessung.
Vorgaben für die Ausgestaltung der Rechnung	Kaum Vorgaben; Ausgestaltung, so dass die Rechnungszwecke bestmöglich erreicht werden.	Ausgestaltung entsprechend den Vorgaben z. B. des Handelsgesetzbuches (§§ 238 ff. HGB), der International Financial Reporting Standards (IFRS) und des Steuerrechts (Einkommensteuergesetz, Abgabenordnung).
Abbildungsgegenstand	Disaggregierte Rechnung für Teile des Unternehmens wie Geschäftsbereiche oder Abteilungen, geographische Regionen, Produktgruppen oder einzelne Produkte sowie Kundengruppen oder einzelne Kunden.	Aggregierte Rechnung für Segmente und das Gesamtunternehmen.
Zeitlicher Rhythmus	Variabel (Tages-, Wochen-, Monats- oder Jahresberichte)	Fest (Jahres-, Halbjahres- und Quartalsberichte)
Zeitlicher Fokus	Zukunfts- und vergangenheitsorientiert (Plan- und Istrechnung)	Vergangenheitsorientiert (Istrechnung)

bestehen. Für das externe Rechnungswesen existieren Vorgaben des Handelsgesetzbuchs, internationaler Rechnungslegungsstandards wie den International Financial Reporting Standards (IFRS) und des Steuerrechts. Die für Unternehmensexterne bereitgestellten Informationen sollen primär zuverlässig, konsistent und überprüfbar sein. Es handelt sich um Istrechnungen, die in der Bilanz das vorhandene Vermögen und die bestehenden Verbindlichkeiten gegenüberstellen sowie in der Gewinn- und Verlustrechnung den Erfolg des abgelaufenen Jahres bestimmen. Da es für externe Informationsempfänger wichtig ist, ein vollständiges Bild der Vermögens-, Finanz- und Ertragslage zu erhalten, beziehen sich sowohl Bilanz als auch Gewinn- und Verlustrechnung auf das gesamte Unternehmen. Den Gewinn von einzelnen Produkten kann man hieraus jedoch nicht ablesen.

Für das externe Rechnungswesen existieren Vorgaben des HGB, internationaler Rechnungslegungsstandards wie den International Financial Reporting Standards (IFRS) und des Steuerrechts.

Kapitel 1 — Kosten- und Erlösrechnung als Teilbereich der Unternehmensrechnung

Für die Ausgestaltung des internen Rechnungswesens existieren nahezu keine Vorgaben.

Für das interne Rechnungswesen existieren demgegenüber nahezu keine Vorgaben. Das Management kann deshalb die internen Rechnungen so ausgestalten, dass die Rechnungszwecke bestmöglich erfüllt werden. Insbesondere können sich die Rechnungen an den individuellen Bedürfnissen der zu informierenden Manager orientieren. Wichtig ist, dass jeder Manager die für seine Zwecke relevanten Informationen erhält. Bei der Ausgestaltung ist dabei insbesondere zu beachten, dass Manager zumeist nur für Teilbereiche des Unternehmens zuständig sind. Die Rechnungen sind deshalb in der Regel disaggregiert und informieren beispielsweise über den Erfolg des Vertriebs in einer geographischen Region oder die Kosten der Fertigung eines Produktes. Wie häufig die Berichte erstellt werden, richtet sich nach der Handlungs- und Entscheidungsrhythmik der Adressaten und variiert zwischen Tages- und Jahresberichten. Schließlich kann es sich um eine interne Planrechnung handeln, die mit erwarteten Kosten und Erlösen Informationen zur Entscheidungsfindung bereitstellt, oder um eine interne Istrechnung, die mit realisierten Kosten und Erlösen Informationen für Kontrollzwecke erzeugt.

> **Internes und externes Rechnungswesen bei Brunnenthal**
>
> Bei dem Getränkeproduzenten Brunnenthal erhalten die Gesellschafter zum Ende des Geschäftsjahres eine Bilanz sowie eine Gewinn- und Verlustrechnung. Beide Rechnungen folgen den Vorgaben des HGB. Auf Basis des ausgewiesenen Bilanzgewinns entscheiden die Gesellschafter über die Höhe der auszuschüttenden Dividenden. Bereichsleiter Schulze liegt monatlich ein interner Bericht über den in seinem Bereich „Softdrinks" erwirtschafteten Gewinn vor. Zudem erstellt das Rechnungswesen für ihn verschiedene Sonderrechnungen, beispielsweise über die erwarteten Gewinne bei Aufnahme von BerryMix in das Produktprogramm.

Grundlage für das interne und externe Rechnungswesen ist die Erfassung von Geschäftsvorfällen in der Finanzbuchhaltung.

Gemeinsame Grundlage für das interne und externe Rechnungswesen ist die Erfassung von Geschäftsvorfällen in der Finanzbuchhaltung. Dort ordnet man fortlaufend die angefallenen Geschäftsvorfälle nach sachlichen sowie zeitlichen Kriterien und bucht sie auf Konten. Der Abschluss dieser Konten ergibt die Bilanz sowie die Gewinn- und Verlustrechnung. Dabei sind beispielsweise die dokumentierten Güterverbräuche eine wichtige Grundlage für die Kosten- und Erlösrechnung. Weitere Zusammenhänge bestehen bei der Kalkulation, d.h. der Bestimmung der Kosten eines Produktes: Die Information über die Kosten ist intern für Preisentscheidungen von Managern bedeutend und sie wird im externen Rechnungswesen zur Bewertung der Bestände an Halb- und Fertigerzeugnissen herangezogen.

Für viele kleinere Unternehmen rentiert es sich oftmals nicht, ein eigenes internes Rechnungswesen einzurichten. Das gilt insbesondere für Handwerksbetriebe. Bei diesen Unternehmen übernimmt dann vielfach der Steuerberater die Aufgabe des Kostenrechners. Dieser verwendet beispielsweise die mit der Software der DATEV eG, einer Genossenschaft für Steuerberater und

1.2 Stellung der Kosten- und Erlösrechnung in der Unternehmensrechnung — Kapitel 1

Wirtschaftsprüfer, erfassten Daten der Finanzbuchhaltung, um den steuerlichen Gewinn zu ermitteln. Er nutzt sie aber auch für betriebswirtschaftliche Auswertungen im Sinne des internen Rechnungswesens. Diese einfachen Auswertungen sind für die Entscheidungsfindung in kleineren Betrieben oft ausreichend. Da dort Probleme der Verhaltenssteuerung zudem durch direkte Beaufsichtigung der Mitarbeiter gelöst werden können, verzichten kleinere Unternehmen häufig auf das Einrichten eines internen Rechnungswesens.

Empirische Ergebnisse

> In Wissenschaft und Unternehmenspraxis werden seit einiger Zeit die Notwendigkeit einer Trennung zwischen internem und externem Rechnungswesen in Frage gestellt und die Vor- sowie Nachteile einer Harmonisierung beider Rechnungen diskutiert. Erstens fallen für die Einrichtung zweier getrennter Rechnungen beträchtliche Kosten an. Zweitens kann es für unternehmensinterne wie -externe Personen verwirrend sein, wenn zwischen den Ergebnissen der internen und der externen Rechnung große Unterschiede bestehen.
>
> Wegbereiter der Diskussion um die Harmonisierung von internem und externem Rechnungswesen war die Ankündigung von Siemens im Jahre 1992, das interne Rechnungswesen stark an der handelsrechtlichen Gewinn- und Verlustrechnung auszurichten. Weitere Unternehmen sind dem Vorbild von Siemens gefolgt. Nach einer empirischen Erhebung von Müller ist bei 19 % von 80 großen deutschen Unternehmen eine Harmonisierung von Anfang an gegeben, 48 % haben internes und externes Rechnungswesen harmonisiert und weitere 28 % führen aktuell eine Harmonisierung durch.
>
> **Quelle:** Ziegler, H.: Neuorientierung des internen Rechnungswesens für das Unternehmens-Controlling im Hause Siemens, in: Zeitschrift für betriebswirtschaftliche Forschung, 46. Jg., 1994, Heft 2, S. 175–188. Müller, Martin: Harmonisierung des externen und internen Rechnungswesens – Eine empirische Untersuchung, Deutscher Universitäts-Verlag, Wiesbaden 2006.

Infolge der unterschiedlichen Restriktionen für das externe und interne Rechnungswesen bestehen auch größere Differenzen in deren Schwerpunkten. Beim externen Rechnungswesen stehen die Erfassung von Geschäftsvorfällen in der Finanzbuchhaltung und die Anwendung der jeweils maßgebenden Rechnungslegungsstandards im Mittelpunkt. Beim internen Rechnungswesen werden demgegenüber verstärkt die Entscheidungen des Managements und dessen Informationsbedarf thematisiert. Da das interne Rechnungswesen unternehmensindividuell ausgestaltet ist, gibt es kein standardisiertes Vorgehen z. B. der Kalkulation, welches von allen Unternehmen gewählt wird. Vielmehr haben sich Gestaltungsempfehlungen für unterschiedliche Rechnungszwecke herausgebildet. Im internen Rechnungswesen werden deshalb beispielsweise verschiedene Kalkulationsmöglichkeiten und die mit ihnen verbundenen Vor- und Nachteile diskutiert (siehe Kapitel 3).

Kapitel 1 — Kosten- und Erlösrechnung als Teilbereich der Unternehmensrechnung

Kosten- und Erlösrechnung vs. Investitionsrechnung

Die Kosten- und Erlösrechnung unterscheidet sich von der Investitionsrechnung hinsichtlich der zeitlichen Reichweite der betrachteten Entscheidungen. Die **Kosten- und Erlösrechnung** informiert den Manager über Sachverhalte, die für operative Entscheidungen von Bedeutung sind. Kosten- und Erlöswirkungen werden deshalb häufig nur mit einer Reichweite von bis zu einem Jahr prognostiziert. Hierzu zählen beispielsweise die Kosten für die Fertigung eines Produktes während des nächsten Quartals.

Die **Investitionsrechnung** unterstützt hingegen längerfristig wirkende Entscheidungen wie die Anschaffung einer neuen Anlage, die über mehrere Jahre genutzt wird. Damit Manager gute Investitionsentscheidungen treffen können, benötigen sie Prognosen über die langfristigen Wirkungen dieser Entscheidungen.

> Zeitwert des Geldes = ein Euro, den man heute erhält, hat einen höheren Wert als ein Euro, den man erst in einem Jahr erhält.

Ein weiterer Unterschied betrifft die Frage, wie die Rechnungen den Zeitpunkt des Erfolgs berücksichtigen. Die langfristigen Erfolgswirkungen von Investitionen erstrecken sich über mehrere Jahre hinweg. Bei deren Zusammenfassung kommt dem genauen Zeitpunkt deshalb eine besondere Bedeutung zu. Hierbei ist der **Zeitwert des Geldes** zu beachten, d. h. bei der Zusammenfassung der Erfolgswirkungen berücksichtigt man, dass ein Euro, den man heute erhält, einen höheren Wert hat als ein Euro, den man erst in einem Jahr erhält.

Auch die Erfolgswirkungen operativer Entscheidungen beziehen sich auf unterschiedliche Zeitpunkte. Beispielsweise werden in Unternehmen des Anlagenbaus Maschinen über mehrere Monate hinweg gefertigt und Arbeitskräfte sowie Materialien fortwährend eingesetzt. Für solch kurze Zeiträume ist der Zeitwert des Geldes jedoch relativ stabil. Aus Vereinfachungsgründen vernachlässigt man in der Kosten- und Erlösrechnung diese geringen Unterschiede und addiert die Kosten für Personal oder Material einfach zu den Kosten für die Fertigung einer Anlage.

Nicht-monetäre Kennzahlen

Die Kosten- und Erlösrechnung informiert über die Kosten- und Erlöswirkungen von Entscheidungen. Für viele Manager ist das allerdings nicht ausreichend. Sie ziehen für operative Entscheidungen oder zur Kontrolle von Prozessen deshalb auch nicht-monetäre Kennzahlen heran. Beispielsweise werden Produktionsverfahren hinsichtlich ihrer Durchlaufzeiten oder der erzielbaren Auslastung von Anlagen bewertet. Um die Qualität der Entscheidungen von Mitarbeitern beurteilen zu können, nutzen Manager nicht-monetäre Kennzahlen wie den Anteil pünktlicher Lieferungen, die Kundenzufriedenheit, den Ausschuss im Produktionsprozess oder das Ausmaß an erforderlichen Nacharbeiten.

1.2 Stellung der Kosten- und Erlösrechnung in der Unternehmensrechnung — Kapitel 1

Praxisbeispiel: Balanced Scorecard

Eine Möglichkeit zur Systematisierung monetärer und nicht-monetärer Kennzahlen bietet die Balanced Scorecard. In Deutschland nutzen z. B. Siemens, Daimler, T-Systems oder die Deutsche Lufthansa eine Balanced Scorecard. Es handelt sich dabei um ein Instrument zur Unternehmenssteuerung, welches die Aktivitäten eines Unternehmens häufig aus vier Perspektiven betrachtet:

- Finanzielle Perspektive,
- Kundenperspektive,
- interne Prozessperspektive und
- Innovationsperspektive.

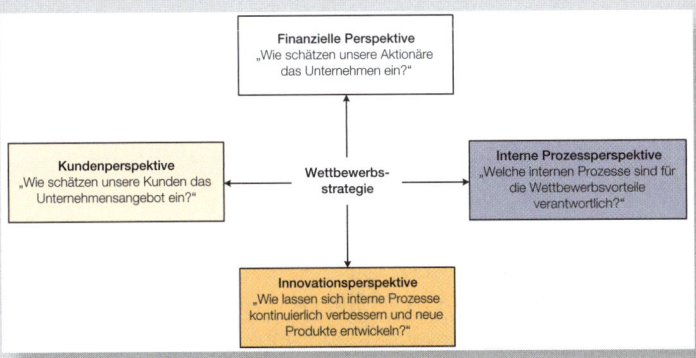

Die finanzielle Perspektive betrifft das externe und interne Rechnungswesen. Im Mittelpunkt steht die Frage, wie das Unternehmen von den Aktionären eingeschätzt wird. Für die Kundenperspektive sind die Zielkunden und -märkte zu identifizieren, die im Mittelpunkt der Unternehmensstrategie stehen. Zentral ist dabei die Frage, wie die Kunden die angebotenen Produkte einschätzen. Bei der internen Prozessperspektive geht es darum, welche internen Prozesse für die Wettbewerbsvorteile relevant sind. Die Innovationsperspektive betrachtet schließlich die Frage, wie sich interne Prozesse kontinuierlich verbessern und neue, innovative Produkte entwickeln lassen.

Für jede Perspektive legt das Management Ziele sowie Kennzahlen fest, anhand derer die Zielerreichung bestimmt werden soll. Zudem werden Maßnahmen formuliert, die angeben, wie die Ziele erreicht werden können.

Quelle: Kaplan, Robert S./Norton, David P.: The Balanced Scorecard: Measures That Drive Performance, in: Harvard Business Review, Vol. 70, 1992 (January-February), S. 71–79.

Solche nicht-monetären Kennzahlen werden verwendet, weil die Kosten- und Erlösrechnung lediglich über die kurzfristigen Erfolgswirkungen informiert. In einem dynamischen Marktumfeld sollte ein Unternehmen aber auch die langfristigen Wirkungen im Blick haben, wenn es dauerhaft erfolgreich sein möchte. Nicht-monetäre Kennzahlen können hierbei ein Indikator für den langfristigen Erfolg sein. Verweist ein Handelsunternehmen beispielsweise auf seinen erstklassigen Service als Wettbewerbsvorteil, dann kommt dem Anteil pünktlicher Lieferungen als Kennzahl eine zentrale Bedeutung zu. Mit dieser lässt sich erstens bestimmen, ob der angepriesene Vorteil tatsächlich besteht. Zweitens erhöht ein hoher Anteil pünktlicher Lieferungen die Wahrscheinlichkeit, dass die Kunden erneut von dem Handelsunternehmen Waren beziehen. Ein hoher Anteil nicht eingehaltener Terminzusagen ist andererseits ein Indikator für eine sinkende Kundenzufriedenheit, was sich auf zukünftige Bestellungen negativ auswirken dürfte.

> **Steuerung und Kontrolle über nicht-monetäre Größen bei Brunnenthal**
>
> Der Bekanntheitsgrad von BerryMix ist nach Einschätzung der Geschäftsleitung von zentraler Bedeutung für eine erfolgreiche Markteinführung. Vertriebsleiter Holger Müller soll durch das Schalten von Anzeigen und das Senden von Werbespots erreichen, dass mindestens 75 % der relevanten Zielgruppe BerryMix kennen. Zum Jahresende beauftragt die Geschäftsleitung ein Marktforschungsinstitut, die Bekanntheit des Produktes bei den Kunden festzustellen. Ein Teil der variablen Vergütung von Vertriebsleiter Müller bemisst sich daran, inwiefern er den vorgegebenen Bekanntheitsgrad erreichen konnte. Die Steuerung und Kontrolle beruht in diesem Fall auf nicht-monetären Größen.

1.3 Ausgestaltung der Kosten- und Erlösrechnung

Ausgestaltung auf Basis von Kosten-Nutzen-Abwägungen

Wie der Vergleich des internen mit dem externen Rechnungswesen zeigt, bestehen nahezu keine Restriktionen für die Ausgestaltung der Kosten- und Erlösrechnung. Die Rechnung wird vielmehr so gestaltet, dass die Rechnungszwecke bestmöglich erreicht werden. Dann stellt sich aber die Frage, auf Basis welcher Überlegungen die Entscheidung über die Ausgestaltung der Kosten- und Erlösrechnung getroffen werden sollte.

Informationen der Kosten- und Erlösrechnung sollten aktuell, genau und relevant sein.

Grundlage dieser Entscheidung ist die Überlegung, dass Informationen genauso wie Rohstoffe oder Maschinenleistungen ein Gut darstellen. Man kann zu viel oder zu wenig von dem Gut „Information" haben und das Gut kann eine hohe oder eine niedrige Qualität aufweisen. Ausgangspunkt für den

Ausbau der Kosten- und Erlösrechnung ist deshalb eine Kosten-Nutzen-Abwägung. Offensichtlich treffen Manager umso bessere Entscheidungen, je spezieller die Informationen an ihren Bedürfnissen ausgerichtet sind. Informationen der Kosten- und Erlösrechnung sollten demnach
- aktuell,
- genau und
- relevant sein.

Für das Bereitstellen aktueller, genauer und relevanter Informationen ist das Rechnungswesen auszubauen. Je genauer die Informationen beispielsweise sein sollen, desto mehr Auswertungen sind erforderlich. Hierfür sind zusätzliche Mitarbeiter im Rechnungswesen einzustellen bzw. weitere Geräte zur automatischen Betriebsdatenerfassung anzuschaffen. Dies verursacht Kosten, die bei der Kosten-Nutzen-Abwägung zu berücksichtigen sind.

Für den Ausbau ist maßgeblich, dass der Nutzen einer besseren Entscheidung bzw. Steuerung die Kosten der Erzeugung der zusätzlichen Informationen übersteigt. Abbildung 1.3 veranschaulicht schematisch diesen Zusammenhang und deutet an, dass es einen optimalen Ausbau der Kosten- und Erlösrechnung gibt. Für diesen Ausbaugrad ist die Differenz zwischen dem Nutzen und den Kosten des Ausbaus maximal.

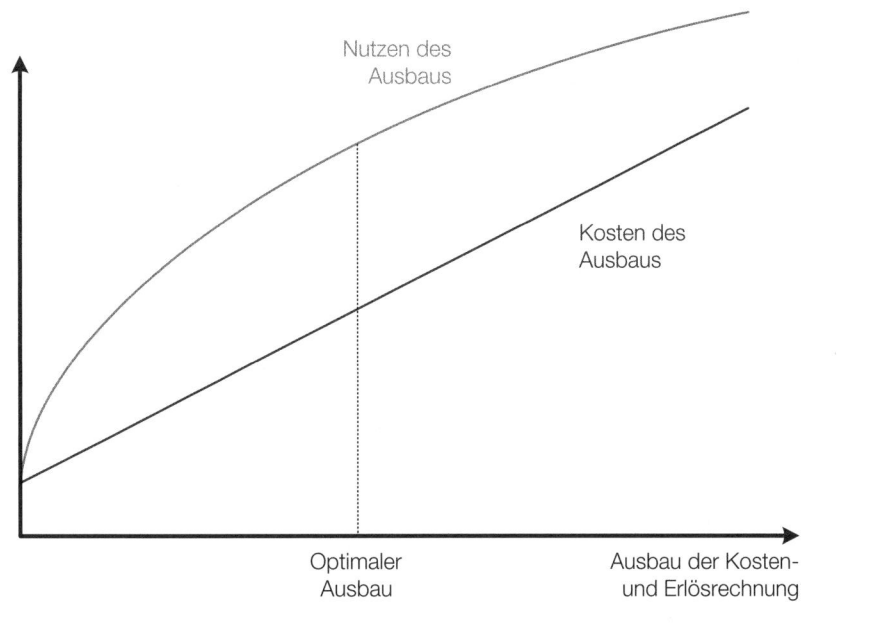

Abbildung 1.3: Optimaler Ausbau der Kosten- und Erlösrechnung

Manager eines Unternehmens haben unterschiedliche Informationsbedürfnisse. Somit hängt der Nutzen von Informationen von der Person ab, die sie verwendet. Andererseits ist davon auszugehen, dass die Kosten des Ausbaus mit dem Verantwortungsbereich eines Managers variieren. Speziell spielen

Kapitel 1   Kosten- und Erlösrechnung als Teilbereich der Unternehmensrechnung

hier die Produktionsprozesse, die eingesetzten Rohstoffe, Arbeitskräfte und Maschinen aber auch das Wettbewerbsumfeld eine wichtige Rolle. Aus den genannten Unterschieden folgt, dass die Kosten- und Erlösrechnung in der Regel unternehmensindividuell ausgebaut ist. Insbesondere ist das interne Rechnungswesen zweier Unternehmen nur eingeschränkt vergleichbar.

Für die Kosten- und Erlösrechnung impliziert dies, dass eine standardisierte Ausgestaltung nicht sinnvoll ist. Vielmehr hängt der optimale Ausbau von zahlreichen Einflussgrößen ab. Hierzu zählen

- alternative Informationsquellen,
- die verfolgten Rechnungszwecke,
- die Verhaltenswirkungen von Informationen,
- das Wettbewerbsumfeld mit der Wettbewerbsstrategie sowie
- die Komplexität und Unsicherheit der Produktionsprozesse in Industrie- oder Dienstleistungsunternehmen.

Der „Informationsgenerator" Kosten- und Erlösrechnung ist im Kontext der verschiedenen Teilsysteme der Unternehmensrechnung zu sehen. Zur Entscheidungsfindung, Planung oder Kontrolle nutzen Manager auch die anderen Teilsysteme. So werden nicht-monetäre Kennzahlen wie die Kundenzufriedenheit zur Steuerung verwandt. Je stärker sich das Management bei seinen Entscheidungen an nicht-monetären Maßen orientiert, desto weniger breit muss die Kosten- und Erlösrechnung ausgebaut werden. Andererseits bedient man sich zur Steuerung und Vergütungsbemessung häufig Größen des externen Rechnungswesens, da diese von unabhängigen Wirtschaftsprüfern kontrolliert werden. Auch in diesem Fall gilt: Je intensiver die Vergütungsbemessung auf Kennzahlen des externen Rechnungswesens beruht, desto weniger umfangreich muss die Kosten- und Erlösrechnung ausgebaut werden.

Entscheidungsunterstützende und entscheidungsbeeinflussende Informationen

Wie nützlich die Informationen der Kosten- und Erlösrechnung sind, ist von deren Verwendung abhängig. Für die Ausgestaltung sind dabei vor allem zwei Rechnungszwecke von Bedeutung:

- **Rechnungszweck der Planung:** Informationen sollen einen Manager bei seinen Entscheidungen unterstützen. Man spricht deshalb auch von „entscheidungsunterstützenden Informationen".
- **Rechnungszweck der Steuerung:** Bei der Informationsbereitstellung geht es auch darum, die Entscheidungen eines Managers im Sinne der Unternehmensziele zu beeinflussen. Für diese Aufgabe ist die Bezeichnung „entscheidungsbeeinflussende Information" gebräuchlich.

In der Unternehmenspraxis haben sich verschiedene Ausprägungen der Kosten- und Erlösrechnung für diese beiden Rechnungszwecke herausgebildet.

Marginalnote: Entscheidungsunterstützende Informationen sollen einen Manager bei seinen Entscheidungen unterstützen. Entscheidungsbeeinflussende Informationen beeinflussen die Entscheidungen eines Managers im Sinne der Unternehmensziele.

Der Unterschied zwischen beiden Aufgaben besteht insbesondere darin, dass unterstützende Informationen vor der Entscheidung bereitzustellen sind, während beeinflussende Informationen nach der Entscheidung erzeugt werden:

- Informationen müssen offensichtlich zum Zeitpunkt der Entscheidung vorliegen, wenn ein Manager sie berücksichtigen soll. Unterstützende Informationen beruhen demnach auf einer **Planrechnung**, welche die zukünftigen Erfolgswirkungen prognostiziert. Ein wichtiges Beispiel ist hierfür die Grenzplankostenrechnung (Kapitel 11). Da Prognosen häufig auf Beobachtungen der Vergangenheit basieren, wird die Planrechnung in der Regel durch eine Istrechnung ergänzt.
- Andererseits beeinflusst die Erwartung eines Managers, dass in Zukunft über seinen Verantwortungsbereich berichtet wird, seine Entscheidungen. Die Güte seiner Entscheidungen zeigt sich beispielsweise an dem Gewinn seines Bereichs für das abgelaufene Geschäftsjahr: Je höher der realisierte Gewinn, desto bessere Entscheidungen hat er wohl getroffen. Der mit einer **Istrechnung** bestimmte Bereichsgewinn erlaubt somit einen Rückschluss darauf, ob der Bereichsleiter richtige oder falsche Entscheidungen hinsichtlich des Bereichsergebnisses getroffen hat. Wegen dieses Rückschlusses kann eine Istrechnung das Verhalten von Managern beeinflussen. Istrechnungen zur Performancebewertung werden oft durch Vorgaberechnungen ergänzt, die einen Maßstab für den erwarteten Gewinn liefern. Die Performancebewertung orientiert sich dann häufig an den Abweichungen zwischen den Werten der Vorgaberechnung und den Werten der Istrechnung. Kapitel 10 behandelt derartige Standardkostenrechnungen.

> **Entscheidungsunterstützende und -beeinflussende Informationen bei Brunnenthal**
>
> Zur Unterstützung seiner Entscheidung über die Aufnahme des Ganzfruchtgetränks BerryMix in das Produktprogramm wird Bereichsleiter Schulze über das erwartete Marktvolumen, den erzielbaren Preis und die prognostizierten Fertigungskosten informiert. Die Unternehmensleitung will Schulze zudem dahingehend beeinflussen, dass er richtige Entscheidungen aus Sicht von Brunnenthal trifft. Deshalb orientiert sich die Höhe seines Jahresbonus an dem im Geschäftsjahr erzielten Bereichserfolg sowie dem Erreichen von Umsatz- und Gewinnvorgaben für BerryMix.

In Zielvereinbarungen von Managern werden häufig fünf bis sieben zu erreichende Ziele aufgenommen. Während eines Geschäftsjahres entscheiden Manager jedoch über deutlich mehr Sachverhalte. Für Steuerungszwecke muss die Istrechnung deshalb tendenziell eine geringere Anzahl an Größen bereitstellen als die Planrechnung für die Entscheidungsunterstützung.

Bonuszahlungen erfolgen häufig nur einmal jährlich und beziehen sich dabei auf das Ergebnis des vergangenen Jahres. Für Steuerungszwecke ist deshalb ein einziger Berichtszeitpunkt ausreichend, der nach dem Ende des Geschäftsjahres liegt. Anderseits treffen Manager fortlaufend Entscheidungen. Über neue Entwicklungen sind sie deshalb kontinuierlich zu informieren, zum Beispiel in Form von Monats- oder sogar Wochenberichten.

Im Ergebnis folgt damit, dass Istrechnungen für Steuerungszwecke tendenziell stärker aggregiert und weniger detailliert ausgebaut sind als Planrechnungen.

Abbildung 1.4: Charakteristika von entscheidungsunterstützenden und entscheidungsbeeinflussenden Informationen

	Rechnungszweck der Planung: Entscheidungsunterstützende Informationen	Rechnungszweck der Steuerung: Entscheidungsbeeinflussende Informationen
Aufgabe	Informationen unterstützen Manager bei ihren Entscheidungen.	Informationen beeinflussen die Entscheidungen von Managern im Sinne der Unternehmensziele.
Zeitpunkt der Informationsbereitstellung	Vor der Entscheidung	Nach der Entscheidung
Rechnungstyp	Schwerpunkt: Planrechnung Ergänzung: Istrechnung	Schwerpunkt: Istrechnung Ergänzung: Vorgaberechnung
Detaillierungsgrad der Informationen	Hoch detailliert	Weniger detailliert
Berichtszeitpunkt	Mehrere unterjährige Zeitpunkte	Nach Ende des Geschäftsjahres

Verhaltenswirkungen von Informationen

Die Kosten- und Erlösrechnung will mit den bereitgestellten Informationen Manager in die Lage versetzen, bessere Entscheidungen treffen zu können. Jedoch ist auch das bloße Bereitstellen von Informationen mit weiteren Verhaltenswirkungen über die Entscheidungsbeeinflussung hinaus verbunden.

Vielfach reagieren Manager und andere Entscheidungsträger nämlich auf das Messen bestimmter Sachverhalte. Verändern sich die gemessenen Sachverhalte, dann verändert sich auch das Verhalten der betroffenen Manager. Verlangt ein Vertriebsleiter etwa neuerdings detaillierte Informationen über die Zufriedenheit der Kunden in verschiedenen Verkaufsgebieten, dann dürften sich die Außendienstmitarbeiter schon allein wegen dieses Informationsbedarfs verstärkt um die Bedürfnisse ihrer Kunden kümmern und somit den Service verbessern. Zwar sind die Verhaltenswirkungen besonders ausgeprägt, wenn ein unmittelbarer Zusammenhang zwischen der Kundenzufriedenheit und der Bonushöhe besteht. Verhaltenswirkungen resultieren aber auch, wenn der Mitarbeiter vermutet, dass sich die Kundenzufriedenheit in seinem Verkaufs-

1.3 Ausgestaltung der Kosten- und Erlösrechnung

gebiet auf zukünftige Beförderungschancen auswirkt. Insbesondere wird er sich weniger um andere Sachverhalte wie die Anzahl an akquirierten Neukunden kümmern, die nicht speziell gemessen werden. Plakativ kann man deshalb festhalten: „What gets measured, gets done!"

Weiterhin ist bei Ausbau und Ausgestaltung der Kosten- und Erlösrechnung zu beachten, dass die kognitiven Fähigkeiten zur Informationsverarbeitung in der Regel beschränkt sind. Insbesondere kann eine Informationsüberflutung eintreten, wenn einem Manager zu viele Informationen zugehen. In diesem Fall kann er relevante nicht mehr von irrelevanten Informationen trennen, so dass Entscheidungen möglicherweise an Qualität verlieren.

Es ist Aufgabe des Managements, derartige Verhaltenswirkungen zu antizipieren und bei der Ausgestaltung der Kosten- und Erlösrechnung zu berücksichtigen. Je genauer das Management die Verhaltenswirkungen vorhersieht, desto effektiver kann es das Rechnungssystem ausgestalten.

Wettbewerbsstrategien und Wertschöpfungskette

Aufgaben und Ausgestaltung der Kosten- und Erlösrechnung hängen auch von der **Wettbewerbsstrategie** des Unternehmens ab, d.h. von dem Vorteil, den das Unternehmen gegenüber seinen Wettbewerbern am Markt zu erzielen versucht. Als idealtypische Wettbewerbsstrategien unterscheidet man zwischen
- Kostenführerschaft und
- Differenzierung.

Bei Kostenführerschaft setzen Unternehmen darauf, der kostengünstigste Anbieter zu sein. Erreichen lässt sich das Ziel dieser Strategie durch Standortvorteile, das Ausnutzen von Größeneffekten oder Prozessoptimierung. Bei der Differenzierungsstrategie zielen Unternehmen hingegen darauf ab, Güter anzubieten, die über einzigartige und für den Kunden wichtige Eigenschaften verfügen. Diese können auf den technischen Funktionen eines Produktes, seiner Qualität, dem angebotenen Service oder dem Vertriebsweg beruhen. Auch bei einer Differenzierungsstrategie müssen die Unternehmen versuchen, die Kosten zu kontrollieren.

> Bei Kostenführerschaft setzen Unternehmen darauf, der kostengünstigste Anbieter zu sein. Bei der Differenzierungsstrategie zielen Unternehmen hingegen auf ein einzigartiges Angebot ab, welches für den Kunden über wichtige Eigenschaften verfügt.

Die Unternehmensrechnung unterstützt das Management bei der Auswahl der Wettbewerbsstrategie. Hierzu werden etwa Informationen über Kunden, Konkurrenten und das Ausmaß der eigenen Wettbewerbsvorteile zusammengetragen. Auf deren Basis trifft das Management eine informierte Entscheidung über die angemessene Wettbewerbsstrategie.

Verfolgt ein Unternehmen die Strategie der Kostenführerschaft, so benötigt sein Management vor allem Informationen über die Kosten des Produktes, seiner Komponenten und einzelner Fertigungsschritte. Kostenkontrollen sichern auf allen Ebenen die Einhaltung von Kostenvorgaben. Damit der Wettbewerbs-

Praxisbeispiel: Strategien der Kostenführerschaft und Differenzierung

Foto: Apple

Eine Strategie der Kostenführerschaft verfolgen Fluglinien wie Ryanair oder Germanwings, Billighotels wie Etap oder Easyhotel sowie Discounter wie Aldi, Plus oder Norma. Gemeinsam ist diesen Unternehmen eine Niedrigpreisstrategie, auf die sie in ihrer Werbung verweisen. Die niedrigen Preise lassen sich dadurch realisieren, dass die Unternehmen Kostenvorteile im Vergleich zu ihren Wettbewerbern realisieren können, z. B. durch den Einkauf großer Mengen.

Unternehmen wie Apple, Bayer oder Mammut Sports Group nutzen demgegenüber eine Differenzierungsstrategie. Die Produkte dieser Unternehmen unterscheiden sich in wichtigen Eigenschaften von denen ihrer Wettbewerber, weshalb sich am Markt höhere Preise durchsetzen lassen. Diese Preisaufschläge sind erforderlich, um beispielsweise die höheren Entwicklungskosten im Vergleich zu den Wettbewerbern decken zu können.

vorteil erhalten bleibt, sind fortlaufend Rationalisierungen bzw. Kosteneinsparungen erforderlich. Diese können auf der Fremdvergabe eines Fertigungsschritts an einen kostengünstigeren Lieferanten beruhen. Ein Schwerpunkt liegt deshalb auf Kostenvergleichsrechnungen. Damit die zuständigen Manager schließlich ausreichend zur Beibehaltung der Kostenführerschaft motiviert werden, kommt der Einhaltung von Kostenvorgaben eine große Bedeutung für die Zahlung von Boni zu.

Orientiert sich ein Unternehmen hingegen an einer Differenzierungsstrategie, so benötigt sein Management in erster Linie Informationen über die Eigenschaften des Produktes und deren Bewertung durch die Kunden. Die Motivation zielt auf die Weiterentwicklung der Produkteigenschaften bzw. der Schaffung neuer, einzigartiger Eigenschaften ab. Die zentralen Ziele der Unternehmensrechnung betreffen deshalb vorrangig technische Produkteigenschaften, die Einhaltung hoher Qualitätsniveaus oder die Zufriedenheit der Kunden mit dem angebotenen Service. Bei einer Differenzierungsstrategie weist die Unternehmensrechnung somit einen anderen Schwerpunkt auf als bei einer Kostenführerschaftsstrategie.

Ein enger Zusammenhang existiert auch zwischen der Strategie eines Unternehmens und den zentralen Kennzahlen:
- Steht im Rahmen einer Differenzierungsstrategie beispielsweise das Angebot innovativer Produkte im Mittelpunkt, so werden tendenziell solche Kennzahlen verwendet, die Neuentwicklungen der Produkte und die dafür erforderliche Zeit erfassen. Dazu zählt der Umsatzanteil neuer Produkte am

1.3 Ausgestaltung der Kosten- und Erlösrechnung

Gesamtumsatz, die Anzahl an Produktinnovationen pro Mitarbeiter oder die Produkteinführungszeit.
- Zielt ein Unternehmen hingegen auf Qualitätsführerschaft ab, so spielen Größen wie Fehlerraten oder Produkttoleranzen eine wichtige Rolle. Diese Kennzahlen erfassen unterschiedliche Aspekte von Produkt- und Prozessqualität.
- Bei Unternehmen mit einer Kostenführerschaftsstrategie haben demgegenüber Kennzahlen wie Maschinenauslastung, Anzahl an Gleichteilen oder Anzahl an Lieferanten eine große Bedeutung. An diesen Größen lässt sich ablesen, in welchem Ausmaß Kosteneinsparungen möglich sind.

> In einer empirischen Erhebung von 700 deutschen Großunternehmen stellt Kajüter fest, dass die Zielsetzung der Kostenrechnung bei Unternehmen mit Kostenführerschaftsstrategie primär im Bereich der Kostensenkung liegt. Unternehmen mit Differenzierungsstrategie zielen demgegenüber mit der Kostenrechnung vor allem auf eine Stärkung des Kostenbewusstseins ab. Für 61 große australische Industrieunternehmen beobachten Mia und Clarke auf Basis strukturierter Interviews und Fragebögen, dass Manager von Geschäftsbereichen mit hoher Wettbewerbsintensität verstärkt Vergleichs- und Kontrollinformationen des Rechnungswesens nutzen. Die verstärkte Nutzung geht einher mit einer höheren Performance der Geschäftsbereiche.
>
> **Quellen:** Kajüter, Peter: Kostenmanagement in der deutschen Unternehmenspraxis – Empirische Befunde einer branchenübergreifenden Feldstudie, in: Zeitschrift für betriebswirtschaftliche Forschung, 57. Jg., 2005, Heft 1, S. 79–100. Mia, Lokman/Clarke, Brian: Market Competition, Management Accounting Systems and Business Unit Performance, in: Management Accounting Research, Vol. 10, 1999, No. 2, S. 137–158.

Empirische Ergebnisse

Die Wettbewerbsstrategie eines Unternehmens ist eng mit den Beziehungen zu seinen Lieferanten und Kunden verwoben. Demzufolge rücken **Wertschöpfungsketten** in den Mittelpunkt der Betrachtung: Die strategisch relevanten Tätigkeiten der innerbetrieblichen Wertschöpfungskette (Value Chain) sind im Kontext der unternehmensübergreifenden Wertschöpfungskette (Supply Chain) zu sehen.

In Anlehnung an Porter unterscheidet man bei der **innerbetrieblichen Wertschöpfungskette** primäre, auf Herstellung und Verkauf abzielende Aktivitäten und unterstützende Aktivitäten (Abbildung 1.5). Übersteigt nach dem Konzept der Value Chain der Kundennutzen einer Aktivität die bei deren Ausführung anfallenden Kosten, so resultiert das Potenzial für einen Unternehmensgewinn.

Wettbewerbsvorteile können bei allen neun Aktivitätstypen bestehen. Im Rahmen der strategischen Planung sind diese Wettbewerbsvorteile je Aktivitätstyp zu analysieren. Aufgabe der Unternehmensrechnung ist es, die für die Analyse erforderlichen Informationen bereitzustellen. Der Schwerpunkt der Analyse – und damit die benötigten Informationen – ist dabei typischerweise branchenabhängig. Beispielsweise wird ein Handelsunternehmen die Eingangs- und

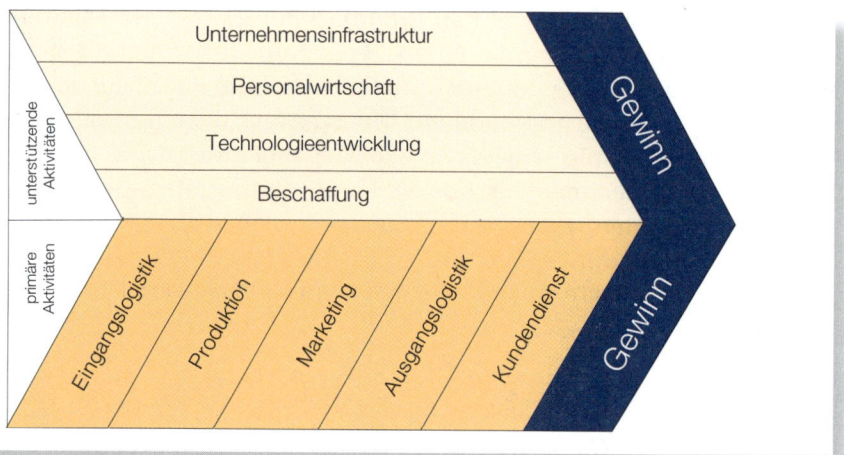

Abbildung 1.5: Modell einer innerbetrieblichen Wertschöpfungskette nach Porter.

Quelle: Michael E. Porter: Competitive Advantage, Free Press, New York 2004.

Ausgangslogistik besonders untersuchen, während ein Konsumgüterhersteller speziell die Produktion betrachtet.

Im Unterschied zur innerbetrieblichen Wertschöpfungskette erstreckt sich eine **unternehmensübergreifende Wertschöpfungskette** (Supply Chain) über mehrere Unternehmen. Steht der Erfolg dieser Lieferkette im Fokus, dann sind auch Lieferanten und Abnehmer in strategische Überlegungen einzubinden. Der Konsumgüterhersteller Procter & Gamble fertigt beispielsweise das Verpackungsmaterial zum Abpacken seiner Waschmittel (Ariel oder Dash) nicht selbst, sondern bezieht es von einem Lieferanten. Im Rahmen einer Analyse der unternehmensübergreifenden Wertschöpfungskette sind damit sowohl die Fertigung inkl. Verpackung der Waschmittel bei Procter & Gamble als auch die Herstellung von Verpackungsmaterialien beim Lieferanten zu betrachten. Ausgangspunkt einer derartigen Analyse können häufige Produktionsstillstände beim Abpacken von Waschmittel sein. Als Ergebnis der Analyse kann folgen, dass ein veränderter Zuschnitt des Verpackungsmaterials diese Stillstände verhindert und sogar den Durchsatz der gesamten Anlage erhöht. Mit der Betrachtung der unternehmensübergreifenden Wertschöpfungskette lässt sich somit der Erfolg der gesamten Lieferkette erhöhen. Aufgabe der Unternehmensrechnung ist es, derartige Einsparpotenziale zu quantifizieren, die einen Manager auf die Vorteile einer unternehmensübergreifenden Koordination aufmerksam machen.

Industrie- und Dienstleistungsunternehmen

Industrieunternehmen wie BMW, Siemens oder ThyssenKrupp fertigen oder bearbeiten materielle Güter. Sie zeichnen sich häufig durch ein hohes Maß an Mechanisierung und Automatisierung aus. Dienstleistungsunternehmen unterscheiden sich von Industrieunternehmen dadurch, dass Dienstleistungen nicht lagerfähig sind und unmittelbar von den Kunden konsumiert werden. Zudem sind Dienstleistungsprozesse vielfach arbeitsintensiver als die Fertigung von materiellen Gütern und Mitarbeiter eines Dienstleistungsunternehmens stehen häufig in einem intensiveren Kundenkontakt als die Mitarbeiter eines Industrieunternehmens. Banken und Versicherungen, Hotels und Gaststätten, Krankenhäuser sowie Wirtschaftsprüfungsgesellschaften sind typische Beispiele für Dienstleistungsunternehmen.

Die Trennung in Industrie- und Dienstleistungsunternehmen ist von Bedeutung, da viele Verfahren und Prinzipien der Kosten- und Erlösrechnung in bzw. für Industrieunternehmen entwickelt wurden. Die heutige Kosten- und Erlösrechnung wurde beispielsweise stark durch das **Konzept der wissenschaftlichen Betriebsführung** (Scientific Management) geprägt. Der US-amerikanische Ingenieur, Unternehmensberater und Wissenschaftler Frederick Winslow Taylor (1856 – 1915) entwickelte während seiner Tätigkeit bei verschiedenen Stahlwerken Verfahren zur Optimierung von Arbeitsprozessen. Unter Nutzung von Zeit- und Bewegungsstudien wurden detaillierte Vorgaben für Arbeits- und Maschinenzeiten sowie Materialverbräuche abgeleitet. Diese Vorgaben dienten einerseits als Maßstab für Bonussysteme bei einfachen Tätigkeiten. Andererseits ermöglichen sie die Bestimmung so genannter Standardkosten, welche einen Maßstab für Wirtschaftlichkeitskontrollen darstellen (vgl. Kapitel 10).

> Das von F.W. Taylor entwickelte Scientific Management leitet unter Nutzung von Zeitstudien Vorgaben für Arbeits- und Maschinenzeiten sowie Materialverbräuche ab.

Heutzutage haben Dienstleistungsunternehmen einen wichtigen Anteil an der Wertschöpfung einer Volkswirtschaft. Der Planung, Steuerung und Kontrolle dieser Unternehmen und dem Bereitstellen von Informationen für diese Zwecke kommt deshalb eine große Bedeutung zu. Die für Industriebetriebe entwickelten Verfahren der Kosten- und Erlösrechnung lassen sich grundsätzlich an die Besonderheiten von Dienstleistungsunternehmen und den dort ablaufenden Prozessen anpassen. Insofern werden zahlreiche Verfahren der Kosten- und Erlösrechnung in abgewandelter Form auch in Dienstleistungsunternehmen eingesetzt.

Komplexität und Vereinfachungen

In Unternehmen wird täglich eine Vielzahl von Entscheidungen getroffen. Für diese Entscheidungen benötigen Manager aktuelle, genaue und relevante Informationen über das betriebliche Geschehen. Die Kosten- und Erlösrechnung muss somit eine hohe Komplexität bewältigen, will sie über die relevanten Sachverhalte informieren. Dies wird in der Regel dadurch erleichtert, dass man im Rechnungssystem das Unternehmensgeschehen nur approximativ abbildet.

Die Kosten- und Erlösrechnung verwendet nach dieser Sichtweise eine vereinfachte Abbildung bzw. ein vereinfachtes Modell des Unternehmensgeschehens. Im Hinblick auf ihre Ausgestaltung haben Kostenrechner gemeinsam mit Managern die Aufgabe, angemessene Abbildungsregeln zu finden, die trotz einer vereinfachten Abbildung gute Entscheidungen des Managements ermöglichen. Entsprechend Abbildung 1.6 können sie hierzu auf folgende Prinzipien zurückgreifen:

Abbildung 1.6: Möglichkeiten und Beispiele einer vereinfachten Abbildung des Unternehmensgeschehens

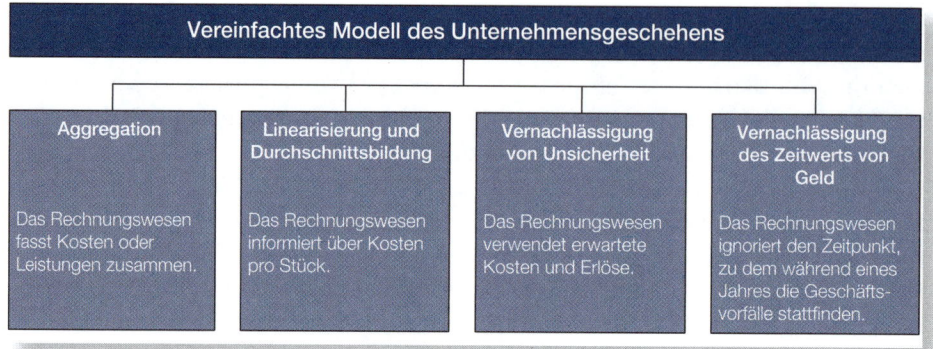

- Aggregation,
- Linearisierung und Durchschnittsbildung,
- Vernachlässigung von Unsicherheit und
- Vernachlässigung des Zeitwertes von Geld.

Eine erste Vereinfachung besteht in der aggregierten Abbildung des Unternehmensgeschehens. Dies kann sich auf eine
- Zusammenfassung von Kosten oder eine
- Zusammenfassung der erbrachten Leistungen

beziehen. Durch die **Aggregation** lässt sich die Anzahl zu erfassender und zu unterscheidender Sachverhalte reduzieren. Für die Akquisition von Kunden fallen beispielsweise Fahrt- und Übernachtungskosten, aber auch Bewirtungskosten oder Kosten für Werbegeschenke an. Zur Vereinfachung kann man diese zu einer Kategorie „Kundenakquisitionskosten" zusammenfassen. Die Zusammenfassung einer erbrachten Leistung lässt sich an der Abrechnung von Beratungsprojekten veranschaulichen: Diese Projekte werden typischerweise von mehreren Beratern durchgeführt. Für die Abrechnung des Projekts ist jedoch einzig relevant, wie viele Beratertage insgesamt abgerechnet werden, nicht welcher Berater speziell vor Ort an dem Projekt gearbeitet hat.

Aggregation in der Kosten- und Erlösrechnung bei Brunnenthal

Bei Brunnenthal werden alle Fahrt- und Übernachtungskosten der Außendienstmitarbeiter zur Kategorie Reisekosten aggregiert. Hierbei spielt es keine Rolle, ob ein Mitarbeiter mittels Bahn, Flugzeug oder Auto zum Handelspartner gefahren ist bzw. ob in einem Drei- oder Vier-Sterne-Hotel bzw. einer Frühstückspension übernachtet wurde.

Mit der Aggregation ist häufig eine vereinfachte Wiedergabe des Unternehmensgeschehens mittels **Linearisierung und Durchschnittsbildung** verbunden. Ein Kostenrechner ermittelt beispielsweise die Kosten je Stück, indem er die gesamten Kosten durch die Fertigungsmenge dividiert. Bei Kosten von 45.000 € und einer Fertigungsmenge von 90 Stück errechnen sich die Stückkosten in Abbildung 1.7 zu 500 €. Informiert das Rechnungswesen nur über die Stückkosten, so verwendet ein Manager diesen Betrag für Produktions- oder Preisentscheidungen und zwar unabhängig davon, ob 90 Stück, 150 Stück oder nur 40 Stück gefertigt werden. Der Manager geht somit vereinfacht von einer linearen Kostenfunktion aus und ignoriert, dass sich die Kosten ggf. anders verhalten. Fertigt das Unternehmen in dem Beispiel von Abbildung 1.7 mehr als 90 Stück, so steigen die Kosten pro Stück um deutlich mehr als 500 € an.

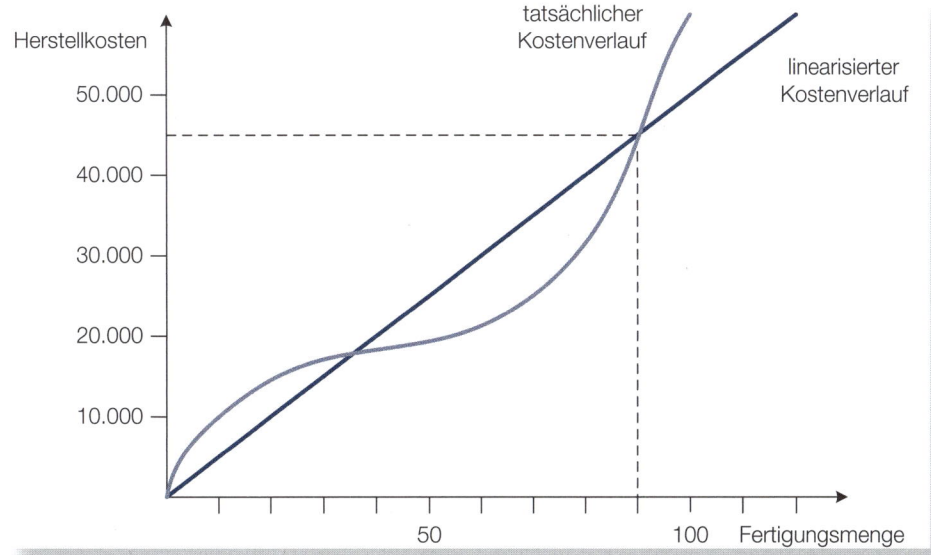

Abbildung 1.7: Linearisierung und Durchschnittsbildung in der Kosten- und Erlösrechnung

Linearisierung und Durchschnittsbildung in der Kosten- und Erlösrechnung bei Brunnenthal

Die Linearisierung zeigt sich bei Brunnenthal daran, dass pro Quartal die Reisekosten je Fahrt zu einem Handelspartner bestimmt werden. Für diese Kennzahl werden die gesamten Reisekosten durch die Anzahl an Kundenbesuchen dividiert, unabhängig davon, dass bei einzelnen Geschäftsreisen z. B. eine unterschiedliche Strecke zurückgelegt wurde.

Eine weitere Vereinfachung in der Kosten- und Erlösrechnung betrifft den Umstand, dass die **Unsicherheit** über zukünftig anfallende Kosten in der Regel unberücksichtigt bleibt. Vielmehr informiert das Rechnungswesen über die erwarteten Kosten bzw. Erlöse und vernachlässigt damit die Verteilung dieser Erfolgsgrößen.

> **Vernachlässigung der Unsicherheit in der Kosten- und Erlösrechnung von Brunnenthal**
>
> Die prognostizierten Reisekosten orientieren sich an den durchschnittlichen Beträgen der vergangenen Quartale. Kostenrechnerin Silberberg geht davon aus, dass die im Durchschnitt im letzten Quartal entstandenen Reisekosten je Fahrt ein guter Prognosewert für zukünftige Kosten je Geschäftsreise sind.

Dass die Kosten- und Erlösrechnung den Zeitwert des Geldes nicht berücksichtigt, haben wir bereits bei dem Vergleich der Kosten- und Erlösrechnung mit der Investitionsrechnung kennen gelernt. Demnach vernachlässigt man in der Kosten- und Erlösrechnung weitgehend die Tatsache, dass beispielsweise Material an unterschiedlichen Tagen während eines Jahres verbraucht oder Maschinen zeitlich wechselhaft genutzt werden. Begründen lässt sich diese Vereinfachung damit, dass bei einer zeitlichen Reichweite von nur einem Jahr Zinseffekte betragsmäßig vernachlässigbar sind.

Aus den genannten Prinzipien leiten sich generelle Eigenschaften der Kosten- und Erlösrechnung ab. Demnach handelt es sich um eine Rechnung, die das Unternehmensgeschehen aggregiert abbildet und dabei überwiegend von linearen Zusammenhängen ausgeht. Zinseffekte sowie Unsicherheiten sind weitgehend aus der Betrachtung ausgeklammert.

1.4 Systeme der Kosten- und Erlösrechnung

Die von Managern und anderen Entscheidungsträgern eines Unternehmens benötigten Informationen variieren mit dem Rechnungszweck. Plakativ wird dies im Englischen durch die Forderung „different costs for different purposes" zusammengefasst. Wie die obigen Ausführungen verdeutlichen, ist der Ausbau der Kosten- und Erlösrechnung eines Unternehmens zudem von seiner Einordnung als Industrie- oder Dienstleistungsunternehmen, den vorliegenden Produktionsprozessen oder der verfolgten Wettbewerbsstrategie abhängig. In Wissenschaft und Unternehmenspraxis haben sich dementsprechend im Laufe der Jahre verschiedene Systeme der Kosten- und Erlösrechnung entwickelt, die sich bei ihrer Ausgestaltung an speziellen Rechnungszwecken und Unternehmensbesonderheiten orientieren.

Die Klassifizierung dieser Systeme kann entsprechend Abbildung 1.8 anhand des wesentlichen Rechnungszwecks erfolgen, d.h. anhand der Frage, ob die Informationen für Dokumentation, Planung oder Steuerung bestimmt sind. Eine Kontrolle bezweckt in der Regel entweder die Überprüfung der Verträglichkeit und Umsetzung von Planvorgaben oder das Einhalten von Kostenvorgaben. Da somit eine enge Beziehung zu den Rechnungszwecken der Planung und Steuerung besteht, haben sich für die Kontrolle keine speziellen Rechnungssysteme

1.4 Systeme der Kosten- und Erlösrechnung

Abbildung 1.8: Wichtige Systeme der Kostenrechnung

	Information für Dokumentation	Information für Planung	Information für Steuerung
Vollkostenrechnung	Istkostenrechnung auf Vollkostenbasis	Normalkostenrechnung Prognosekostenrechnung auf Vollkostenbasis ■ starr ■ flexibel Prozesskostenrechnung	Standardkostenrechnung auf Vollkostenbasis Target Costing
Teilkostenrechnung	Istkostenrechnung auf Teilkostenbasis	Grenzplankosten- und Deckungsbeitragsrechnung	Standardkostenrechnung auf Teilkostenbasis

entwickelt. Vielmehr geht es bei ihr im Kern darum, den vorgegebenen bzw. geplanten Größen realisierte Werte gegenüberzustellen. Insofern lässt sich der Rechnungszweck der Kontrolle mithilfe von Informationen aus Ist-, Plan- und Sollrechnungen erreichen.

Weiterhin kann man die Systeme nach dem Umfang der Kostenverrechnung ordnen. Demnach ist zu unterscheiden, ob etwa die gesamten Kosten des Unternehmens vollständig auf die einzelnen Absatzprodukte verrechnet werden (Vollkostenrechnung) oder ob nur ein Teil verrechnet wird, der Rest jedoch nicht weiter aufgeschlüsselt wird (Teilkostenrechnung). Beispielsweise könnte letzteres bedeuten, dass man die Kosten für die Miete der Bürogebäude von Brunnenthal nicht auf die einzelne Getränkeflasche umlegt.

Werden die gesamten Kosten des Unternehmens vollständig auf die einzelnen Absatzprodukte verrechnet, so spricht man von Vollkostenrechnung. Die Teilkostenrechnung verrechnet dagegen nur einen Teil der Kosten; der Rest wird nicht weiter geschlüsselt.

In diesem Lehrbuch behandeln wir die Systeme der Kostenrechnung in verschiedenen Kapiteln:
- Kalkulation mit Ist-, Normal- und Prognosekosten in Kapitel 3,
- Deckungsbeitragsrechnung in Kapitel 7,
- Standardkostenrechnung auf Teil- und Vollkostenbasis in Kapitel 10,
- Grenzplankostenrechnung in Kapitel 11,
- Prozesskostenrechnung in Kapitel 12 und
- Target Costing in Kapitel 13.

Die in Abbildung 1.8 unterschiedenen Systeme der Kostenrechnung werden durchweg in der Unternehmenspraxis eingesetzt und fortlaufend an neuere Entwicklungen angepasst. Insbesondere verwenden Unternehmen typischerweise mehrere dieser Systeme und setzen sie somit auch kombiniert ein. Der oben behandelte Ausbau der Kosten- und Erlösrechnung zeigt sich auch daran, wie viele und welche der in Abbildung 1.8 genannten Systeme in einem Unternehmen eingerichtet sind.

Empirische Ergebnisse

In einer Erhebung bei 3.500 deutschen Unternehmen der chemischen Industrie, der Ernährungswirtschaft, des Maschinen- und Anlagenbaus sowie der Elektrotechnik haben Schäffer und Steiners die Nutzung verschiedener Teilsysteme der Kostenrechnung erfasst. Für das Jahr 2003 zeigt die Studie eine breite Nutzung der Systeme der Kosten- und Erlösrechnung:

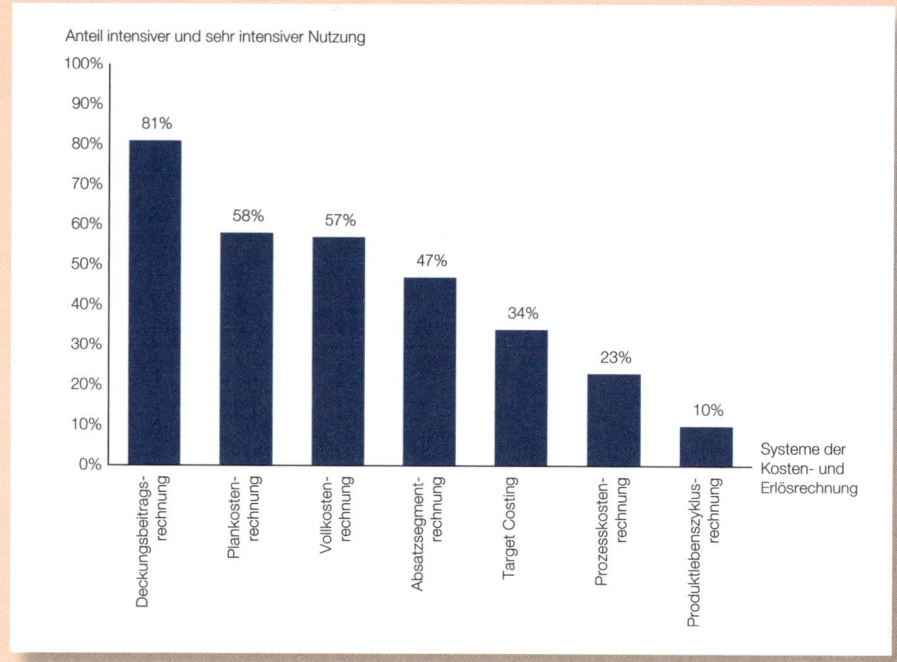

Die Studie verdeutlicht zudem, dass „moderne" Systeme wie Prozesskostenrechnung oder Target Costing intensiver in Unternehmen genutzt werden, die eine hohe Marktdynamik aufweisen. Das Wettbewerbsumfeld stellt somit eine bedeutende Einflussgröße auf den Ausbau der Kosten- und Erlösrechnung dar.

In einer vergleichbaren Studie für die Schweiz zeigt sich, dass auch schweizerische Unternehmen eine breite Palette an Systemen der Kosten- und Erlösrechnung einsetzen. Bei 50 % der antwortenden Unternehmen kommt eine Vollkostenrechnung und bei 17 % eine Teilkostenrechnung zum Einsatz. Immerhin 28 % verwenden eine Kombination aus Teil- und Vollkostenrechnung.

Quelle: Schäffer, Utz/Steiners, Daniel: Wie nutzen Geschäftsführer und Vorstände in deutschen Industrieunternehmen ihre Kostenrechnung?, in: Controlling, 17. Jg., 2005, Heft 6, S. 321–325. Schiller, Ulf/Keimer, Imke/Egle, Ulrich/Keune, Hugo: Kostenmanagement in der Schweiz – Eine empirische Studie, in: Controlling, 19. Jg., 2007, Heft 6, S. 301–307.

Literatur

Atkinson, Anthony A./Kaplan, Robert S./Matsumura, Ella Mae/Young, S. Mark: Management Accounting: Information for Decision-Making and Strategy Execution, 6. Auflage, Prentice-Hall, Upper Saddle River 2011, Kapitel 1.

Kaplan, Robert S./Norton, David P.: The Strategy-focused Organization: How Balanced Scorecard Companies Thrive in the New Business Environment, Harvard Business Press, Boston 2000.

Hilton, Ronald W./Platt, David E.: Managerial Accounting, 9. Auflage, McGraw-Hill, Boston et al. 2011, Kapitel 1.

Horngren, Charles, T./Datar, Srikant M./Rajan, Madhav: Cost Accounting – A Managerial Emphasis, 14. Auflage, Pearson Education, Upper Saddle River 2011, Kapitel 1.

Schweitzer, Marcell/Küpper, Hans-Ulrich: Systeme der Kosten- und Erlösrechnung, 10. Auflage, Vahlen, München 2011, Kapitel 1.

Verständnisfragen

a) Nennen Sie wichtige Führungsaufgaben und geben Sie jeweils ein Beispiel an.
b) Welchen Sachverhalt beschreibt der Rechnungszweck? Nennen Sie zwei Beispiele.
c) Kennzeichnen Sie die Wettbewerbsstrategie für ein selbst gewähltes Unternehmen und diskutieren Sie die Auswirkungen dieser Strategie auf die Kosten- und Erlösrechnung.
d) Vergleichen Sie systematisch das externe und das interne Rechnungswesen.
e) Beschreiben Sie den Aufbau der Balanced Scorecard und nennen Sie Beispiele für nicht-monetäre Kennzahlen.
f) Kennzeichnen Sie die Unterschiede von entscheidungsbeeinflussenden und entscheidungsunterstützenden Informationen.
g) Beschreiben Sie mögliche Verhaltenswirkungen von Informationen.
h) Nennen Sie verschiedene Möglichkeiten eines Kostenrechners, das Unternehmensgeschehen vereinfacht mit der Kosten- und Erlösrechnung abzubilden.
i) Geben Sie einen systematischen Überblick über die Systeme der Kosten- und Erlösrechnung.

Fallbeispiel: Microsoft Corp.

Microsoft Corp. ist ein internationaler Softwarehersteller mit einem Umsatz von 73,7 Milliarden US$ und einem Betriebsergebnis von 21,8 Milliarden US$ im Geschäftsjahr 2012. Das Unternehmen ist Marktführer bei Betriebssystemen und Office-Anwendungen. Es gliedert sich in die fünf Geschäftsbereiche „Windows und Windows Live Division", „Server and Tools", „Online Services Division", „Microsoft Business Division" und „Entertainment and Devices Division". Der Geschäftsbereich „Entertainment and

Devices" entwickelt Anwendungsprogramme für mobile Geräte wie PDAs sowie Computerspiele für die Spielkonsolen Xbox One und Xbox 360. Die erste Xbox wurde Ende 2001 in den USA eingeführt. Mittlerweile vertreibt Microsoft die Nachfolgemodelle Xbox 360 und Xbox One. Im Geschäftsjahr 2012 erzielte „Entertainment and Devices" einen Umsatz von 9,6 Milliarden US$, welcher insbesondere auf dem Verkauf der Xbox 360-Konsole beruhte.

Zu Beginn der Markteinführung wurde mit jeder verkauften Xbox bzw. Xbox 360 ein Verlust gemacht. Während die Aktionäre nur recht allgemeine Informationen über die genaue Höhe dieses Verlusts erhielten, dürfte das Management im Geschäftsbereich „Entertainment and Devices" über detailliertere Informationen des internen Rechnungswesens verfügt haben. Da diese Berichte nicht veröffentlicht wurden, können Unternehmensexterne den Verlust nur näherungsweise bestimmen. Der US-Analysedienst iSupply schätzte beispielsweise im Jahre 2005, dass die Bauteile der Xbox 360 einen Wert von 470$ haben. Rechnet man hierzu noch die Kosten für Netzteil und Kabel, so betragen die variablen Herstellkosten 525$ je Konsole. Bei einem Angebotspreis von 399$ errechnet sich demnach ein Verlust von 126$ je verkaufter Xbox 360.

Das interne Rechnungswesen versorgt das Management im Bereich „Entertainment and Devices" mit detaillierten Informationen über die Herstellkosten der angebotenen Produkte. Spezialauswertungen untersuchen die Erfolgswirkungen, welche mit einer Veränderung des Produktprogramms verbunden sind. Mit einer Investitionsrechnung lässt sich beispielsweise bestimmen, ob eine Ausweitung des Produktprogramms wirtschaftlich sinnvoll ist. In diese Rechnung fließen neben den jährlichen Zahlungsüberschüssen bzw. -defiziten auch die einmaligen Entwicklungskosten ein, welche bei dem Vorgängermodell Xbox über 12 Milliarden US$ betrugen.

Trotz des Verlusts je verkaufter Spielkonsole und der hohen Entwicklungskosten kann es aus Sicht von Microsoft dennoch eine gute Entscheidung gewesen sein, eine eigene Spielkonsole auf den Markt zu bringen. Mit den anderen Anbietern von Spielkonsolen wie Sony oder Nintendo herrscht ein intensiver Verdrängungswettbewerb. Das Management begründete seine Entscheidung deshalb ggf. mit der Erwartung, wie bei der Software im Laufe der Zeit den Marktanteil deutlich ausbauen zu können. Eine intensive Kostenkontrolle in Verbindung mit einer größeren Erfahrung in der Herstellung von Spielkonsolen könnte dann dazu führen, dass die Herstellkosten je Konsole deutlich sinken.

Generell lassen sich die Zukunftserwartungen, auf denen Entscheidungen wie Produktneueinführungen beruhen, nur eingeschränkt aus den veröffentlichten Informationen ableiten. Zudem ist bei neuen Produkten der Verlust eines Jahres nur bedingt ein Indikator für das Ergebnis über die gesamte Lebenszeit des Produktes. Für den Geschäftsbereich „Entertainment and Devices" gilt beispielsweise, dass in den Jahren 2006 und 2007 ein operativer Verlust in Höhe von 1,3 Milliarden US$ bzw. 2,0 Milliarden US$ erwirtschaftet wurde, gefolgt von einem operativen Gewinn in Höhe von

426 Millionen US$ im Jahre 2008. In 2012 betrug der operative Gewinn 364 Millionen US$. Dieser Gewinn wird nach Unternehmensangaben vor allem auf den Verkauf der Xbox 360 zurückgeführt.

Schließlich bleibt bei der obigen Diskussion vollkommen unberücksichtigt, dass die Hersteller von Spielkonsolen ihren Gewinn häufig aus dem Verkauf von Spielesoftware oder von Zusatzkomponenten bestreiten. Diese Erfolgswirkungen werden vernachlässigt, wenn man lediglich die Herstellkosten mit dem Verkaufspreis vergleicht. Berücksichtigt man jedoch die operativen Gewinne aus dem Verkauf von Spielesoftware und Zusatzkomponenten, so kann die Einführung einer eigenen Spielkonsole, trotz Verlustes bei Fertigung und Vertrieb der Konsole, eine insgesamt wirtschaftlich sinnvolle Entscheidung für Microsoft gewesen sein. Die Ergebnisse einzelner Rechnungen sind deshalb stets auch im Kontext der in der Rechnung ausgeklammerten Sachverhalte zu sehen.

Quelle: „Microsoft macht mit jeder Xbox Verlust", Handelsblatt vom 23.11.2005. Geschäftsbericht von Microsoft Corp.

Übungsaufgaben

1. Diskutieren Sie, inwiefern das interne Rechnungswesen durch die nachfolgenden Tätigkeiten das Management unterstützen kann. Beachten Sie, dass mehrere Formen der Unterstützung möglich sind.
   a) Vergleich der Stromkosten des aktuellen und des vergangenen Jahres.
   b) Bestimmung der Kosten für die Fertigung eines Autos im abgelaufenen Quartal.
   c) Prognose der Kosten für die Fertigung eines Autos im kommenden Quartal.
   d) Ermittlung des Gewinns des abgelaufenen Jahres für das gesamte Unternehmen sowie seine Geschäftsbereiche.
   e) Ermittlung der Kosteneinsparungen durch ein Qualitätsverbesserungsprogramm.
   f) Prognose der Kosten für die Nutzung zweier unterschiedlicher Druckertypen.

2. Geben Sie Beispiele für Informationen der Unternehmensrechnung, die Führungskräfte in den folgenden Entscheidungssituationen benötigen.
   a) Ein Vertriebsmanager kann für den Standort eines neuen Warenverteilzentrums zwischen drei Alternativen auswählen.
   b) Die Geschäftsleitung eines mittelständischen Unternehmens möchte einen ihrer Außendienstmitarbeiter zum Leiter des neu geschaffenen Bereiches „Marketing Asien" befördern.

c) Die Leiterin einer Forschungseinheit soll über die Ausstattung ihres Bereiches mit Druckern entscheiden. Für den Kauf steht ihr ein beschränktes Budget zur Verfügung.
d) Der Geschäftsführer eines Friseurstudios erstellt eine Personaleinsatzplanung für seine Mitarbeiterinnen.
e) Das Vergütungskomitee einer Aktiengesellschaft verhandelt mit dem Vorstand über die Ausgestaltung seiner Bezüge.

3. Die Meyer GmbH ist ein Zulieferunternehmen der Maschinenbauindustrie und bietet verschiedene Bauteile an. Durch eine kostengünstige Produktion ist es dem Unternehmen möglich, die Preise der Wettbewerber zu unterbieten. Zudem kann es wegen einer guten Bestell-, Produktions- und Lagerwirtschaft eingehende Aufträge in einer kürzeren Zeit ausliefern, als dies im Markt üblich ist. Aufgrund qualitativer Mängel werden allerdings ungewöhnlich viele ausgelieferte Waren von Kunden der Meyer GmbH reklamiert. Infolgedessen verzeichnet Meyers auf finanzielle Kennzahlen fokussiertes Berichtswesen einen Umsatzrückgang.
Eine Unternehmensberatung empfiehlt der Meyer GmbH der sinkenden Nachfrage durch Maßnahmen zur Qualitätserhöhung bei Beibehaltung der momentanen Wettbewerbsvorteile entgegenzutreten. Zudem solle die Berichterstattung des Unternehmens um nicht-finanzielle Kennzahlen erweitert werden. Die Berater empfehlen der Meyer GmbH die Veränderungen durch die Einführung einer Balanced Scorecard zu unterstützen.
a) Welche Wettbewerbsstrategie verfolgt die Meyer GmbH gegenwärtig und welche Strategie wird für die Zukunft empfohlen?
b) Warum kann ein ausschließlich auf finanzielle Kennzahlen fokussiertes Berichtswesen nachteilig sein?
c) Welche nicht-finanziellen Kennzahlen sollte das Unternehmen zum Erreichen der beabsichtigten Strategie heranziehen?
d) Welche Zusammenhänge bestehen zwischen den in c) identifizierten Kennzahlen?
e) Ordnen Sie die ermittelten Kennzahlen den Dimensionen der Balanced Scorecard zu und stellen Sie diese graphisch dar.
f) Wie lässt sich über die Balanced Scorecard der Erfolg der neuen Strategie sicherstellen?

4. Der Maschinenbauer Expert möchte seine Produktpalette erweitern und erwägt hierzu die Einrichtung einer zusätzlichen Fertigungsstraße. Die zuständige Bereichsleiterin Frau Kunze steht vor der Entscheidung, ob sie diese Investition tätigen soll. Hierzu muss sie neben den Anschaffungskosten und den jährlich anfallenden Instandhaltungs- und Abschreibungskosten der Fertigungsstraße Schulungskosten der Mitarbeiter zur Bedienung der neuen Anlage sowie die Kosten der Vermarktung des neuen Produkts berücksichtigen. Zur Vorbereitung dieser Entscheidung erhält sie folgende Prognosen für die anfallenden Kosten, die absetzbare Menge sowie die erwarteten Stückerlöse für das neue Produkt:

Jahr	Kosten	Menge	Stück-erlöse	Erlöse	Erfolgs-beitrag	Bonus-wirkung
2015	508.000 €	100	1.500 €	150.000 €	–358.000 €	–17.900 €
2016	176.000 €	120	2.000 €	240.000 €	+64.000 €	+3.200 €
2017	200.000 €	150	2.500 €	375.000 €	+175.000 €	+8.750 €
2018	224.000 €	180	2.500 €	450.000 €	+226.000 €	+11.300 €
2019	224.000 €	180	2.500 €	450.000 €	+226.000 €	+11.300 €
2020	224.000 €	180	2.500 €	450.000 €	+226.000 €	+11.300 €

Im ersten Jahr stehen den Erlösen, neben den operativen Kosten, relativ hohe Marketing- und Mitarbeiterschulungskosten gegenüber, welche zu einem negativen Erfolgsbeitrag führen. Erst ab dem zweiten Jahr können Erlöse generiert werden, die die jährlich anfallenden Kosten übersteigen.

Damit Frau Kunze gute Entscheidungen aus Unternehmenssicht trifft, erhält sie neben einem Festgehalt einen 5 %igen Bonus auf ihren Bereichserfolg. Die letzte Spalte zeigt die jährliche Bonuswirkung der Investitionsentscheidung.

a) Kennzeichnen Sie die entscheidungsunterstützenden Informationen des Beispiels. Welche Informationen lassen sich zur Entscheidungsbeeinflussung nutzen?
b) Welche Entscheidung trifft Frau Kunze, wenn sie in drei Jahren in Rente geht und keine variablen Bezüge während der Rentenzeit vereinbart wurden?
c) Um welche entscheidungsbeeinflussenden Informationen könnte das Informationssystem von Expert erweitert werden, um den Erfolg des Unternehmens in dem Fall des Austritts von Frau Kunze zu sichern?

Kapitel 2   Grundbegriffe der Kosten- und Erlösrechnung

Kapitelüberblick

2.1 Rechengrößen der Kosten- und Erlösrechnung
Kennzeichnung von Kosten und Erlösen
Abgrenzung der Kosten und Erlöse von anderen Rechengrößen
Abgrenzung von Auszahlungen, Aufwendungen und Kosten
Abgrenzung von Einzahlungen, Erträgen und Erlösen

2.2 Kostenbegriffe und ihre Bedeutung
Gesamtkosten und Stückkosten
Einzelkosten und Gemeinkosten
Variable Kosten und Fixe Kosten
Zusammenhang zwischen Zurechenbarkeit und Beschäftigungsabhängigkeit von Kosten
Stand Alone-Kosten und Inkrementalkosten
Produktkosten und Periodenkosten
Relevante Kosten
Opportunitätskosten und Versunkene Kosten

2.3 Überblick über die Teilbereiche der Kosten- und Erlösrechnung und ihre Aufgaben

Lernziele dieses Kapitels

■ Wie sind Kosten und Erlöse definiert und wie lassen sie sich von anderen Rechengrößen der Unternehmensrechnung abgrenzen?

■ Welche zentralen Kostenbegriffe gibt es und welche Bedeutung haben sie für die Kostenrechnung?

■ Welche Bedeutung hat die Zurechenbarkeit von Kosten?

■ Wie verändern sich die Kosten mit der Ausbringungsmenge eines Unternehmens?

■ Wie werden die für eine Entscheidung relevanten Kosten bestimmt?

■ Nach welchen Prinzipien können Kosten unterschiedlichen Kalkulationsobjekten zugeordnet werden?

■ Wie ist ein Kosten- und Erlösrechnungssystem aufgebaut und welche Aufgaben haben seine einzelnen Teilbereiche?

Kapitel 2 — Grundbegriffe der Kosten- und Erlösrechnung

> **Einführung einer Kostenrechnung bei PerfectDent**
>
> Michael Meier ist Inhaber und Geschäftsführer des vor wenigen Jahren gegründeten Dentallabors PerfectDent GmbH. Das Unternehmen erstellte in den ersten Jahren seiner Geschäftstätigkeit zwar einen bilanziellen Abschluss und verfügt auch über eine Finanzplanung, eine Kosten- und Erlösrechnung existiert jedoch bislang nicht. Michael Meier denkt nun über deren Einführung nach, da mit dem nächsten Wachstumsschritt der PerfectDent einige Entscheidungen über Produktprogramm, Produktionsverfahren und Wertschöpfungstiefe verbunden sein werden, bei denen er sich auf die Informationen einer Kosten- und Erlösrechnung stützen möchte.
>
> Er beauftragt daher seinen Assistenten Thomas Krüger zu klären, wie sich Kosten und Erlöse von den bislang eingeführten Rechengrößen unterscheiden, welche Kostenbegriffe die Verantwortlichen der PerfectDent bei der Einführung einer Kostenrechnung kennen sollten, wie die relevanten Kosten der anstehenden Entscheidungen bestimmt werden können und wie dabei die Zuordnung von Kosten auf unterschiedliche Bereiche und Produkte des Dentallabors sinnvoll vorgenommen werden kann. Er hat zwar ungefähre Vorstellungen von der Funktionsweise eines Kosten- und Erlösrechnungssystems, vor dessen möglicher Einführung möchte er jedoch das Zusammenspiel der einzelnen Komponenten und deren jeweilige Aufgaben genauer verstehen.

2.1 Rechengrößen der Kosten- und Erlösrechnung

Kennzeichnung von Kosten und Erlösen

Die grundlegenden Rechengrößen der Kosten- und Erlösrechnung sind – wie der Name bereits sagt – Kosten und Erlöse. Thomas Krüger erläutert seinem Chef Michael Meier zunächst anhand von Beispielen, was bei PerfectDent zu den Kosten und zu den Erlösen gehört und was nicht:

> **Beispiele für Kosten und Erlöse bei PerfectDent**
>
> Zu den Kosten des Dentallabors gehören unter anderem die Löhne und Gehälter der Mitarbeiter, der Wert der Materialien, die PerfectDent bei der Erstellung von Inlays, Kronen und anderen Produkten verbraucht, sowie die Miete für die Räume, in denen das Dentallabor untergebracht ist. PerfectDent hat neben diesen Räumen noch weitere Räume angemietet, weil Michael Meier davon ausgeht, dass das Unternehmen in Zukunft weiter wachsen wird, und er die Flexibilität haben möchte, ggf. schnell weitere Arbeitsplätze einzurichten. Zurzeit sind diese Räume an eine Immobilienmaklerin untervermietet. Die Miete, welche PerfectDent für diese Räume bezahlt, gehört nicht zu den Kosten des Dentallabors, da sie nicht unmittelbar mit dem Betriebszweck der PerfectDent zu tun haben.

2.1 Rechengrößen der Kosten- und Erlösrechnung

> Ein weiterer Bestandteil der Kosten ist der Wertverlust der für das Dentallabor benötigten Geräte, die PerfectDent kauft und jeweils über mehrere Jahre nutzt. Da die Geräte ihren vollen Wert nicht sofort beim Kauf verlieren, sondern erst nach und nach über ihre gesamte Nutzungsdauer, werden auch die Kosten über diesen Zeitraum verteilt. Dies geschieht mit so genannten Abschreibungen. Mit anderen Worten: Die Zahlungen für die Anschaffung der Geräte werden nicht gleich beim Kauf vollständig kostenwirksam.
> Zu den Erlösen gehören die Einnahmen aus der Produktion und dem Verkauf zahntechnischer Leistungen, die den Betriebszweck der PerfectDent darstellen. Bei den Mieteinnahmen aus der Untervermietung der Reserveräume handelt es sich dagegen nicht um Erlöse, da dieses Geschäft nicht unmittelbar dem Betriebszweck dient.

Mit dem Vorverständnis aus diesen Beispielen erschließen sich Michael Meier die folgenden Begriffsdefinitionen von Kosten und Erlösen relativ leicht: **Kosten** sind bewerteter, sachzielorientierter Güterverbrauch, **Erlöse** sind bewertete, sachzielorientierte Güterentstehung. Im Folgenden werfen wir einen näheren Blick auf die drei in der Definition von Kosten bzw. Erlösen enthaltenen Begriffselemente: (1) Sachzielorientierung, (2) Bewertung sowie (3) Güterverbrauch bzw. Güterentstehung:

Kosten sind bewerteter, sachzielorientierter Güterverbrauch. Erlöse sind bewertete, sachzielorientierte Güterentstehung.

(1) Sachzielorientierung: Die Kosten- und Erlösrechnung ist betriebsbezogen, stellt also auf den Erfolg ab, der mit dem Betriebszweck erreicht wird. Bei PerfectDent sind dies sämtliche Geschäftstätigkeiten, die sich auf zahntechnische Leistungen beziehen. Nicht dazu gehören Geschäftstätigkeiten außerhalb dieses Bereichs, etwa die Vermietung von zurzeit nicht benötigten Reserveflächen, Spekulationsgeschäfte mit Wertpapieren, die nicht im Zusammenhang mit dem Betrieb stehen, oder auch Spenden für gemeinnützige Zwecke. Kosten und Erlöse beziehen sich in der Konsequenz auf den Betriebszweck. Mit anderen Worten, sie orientieren sich am Sachziel des Unternehmens, bei PerfectDent die Erstellung und Verwertung von zahntechnischen Leistungen. Güter, die für betriebsfremde Zwecke eingesetzt werden oder daraus entstehen, sind *inhaltlich* von Kosten und Erlösen abzugrenzen.

(2) Bewertung: Kosten und Erlöse sind keine Mengengrößen, wie verbrauchtes Material in Stück, Gewicht oder Volumen sowie geleistete Arbeit in Stunden, sondern Wertgrößen, d. h., die Mengengrößen werden in Geldeinheiten bewertet. Dies ermöglicht es, unterschiedliche Arten von Kosten (z. B. Materialverbrauch und Arbeitsstunden) und Erlösen (z. B. für unterschiedliche Produkte) jeweils zu addieren sowie den Unterschiedsbetrag zwischen den Erlösen und den Kosten als Betriebsergebnis zu ermitteln.

(3) Güterverbrauch bzw. Güterentstehung: Güterverbrauch bedeutet nicht notwendigerweise, dass Ressourcen unmittelbar in ein Produkt eingehen (Rohstoffe, Teile und Hilfsstoffe, wie z. B. Schrauben, Nägel oder Lacke) oder bei der Fertigung anderweitig als eigene Güter untergehen (Betriebsstoffe, wie

Kapitel 2 — Grundbegriffe der Kosten- und Erlösrechnung

z. B. Kraftstoffe und Schmiermittel für Maschinen sowie Reinigungsmittel). Zum Güter*ver*brauch gehören auch die Abnutzung von Maschinen durch deren *Ge*brauch sowie entgangene Kapitalerträge auf das in den Betrieb investierte Eigenkapital. Kosten entstehen zum Zeitpunkt des Güterverbrauchs, Erlöse zum Zeitpunkt der Güterentstehung. Das bedeutet z. B., dass durch den Einkauf von Materialien noch keine Kosten entstehen, sondern erst wenn diese im Produktionsprozess eingesetzt werden. Umgekehrt entstehen durch die Anzahlung eines Kunden noch keine Erlöse, sondern erst durch die Erstellung der entsprechenden Leistung. Sachverhalte wie der Einkauf von Materialien und die Anzahlungen von Kunden sind daher *zeitlich* von Kosten und Erlösen abzugrenzen.

Begriffsvielfalt

> Nicht immer spricht man von Kosten- und Erlösrechnung, vielfach findet sich auch der Begriff der Kosten- und *Leistungs*rechnung. Der Begriff der Leistungen ist weiter gefasst als derjenige der Erlöse. Leistungen umfassen neben Absatzleistungen, durch die Umsatzerlöse entstehen, auch innerbetriebliche Leistungen, die nicht am Markt abgesetzt werden, sowie Lagerleistungen bei unfertigen Produkten und fertigen Produkten, die noch nicht am Markt abgesetzt wurden. Da es für diese Leistungen (noch) keine Erlöse gibt, werden sie mit Kosten bewertet. Schließlich gibt es auch eine Reihe von Bereichen, in denen Leistungen vielfach überhaupt nicht monetär bewertet werden, etwa im Bereich der Forschung und Lehre an Hochschulen. Hier werden Leistungen häufig mit Mengengrößen gemessen, in der Forschung zum Beispiel über die Anzahl der veröffentlichten Artikel, in der Lehre zum Beispiel über die Anzahl der Absolventen eines Studiengangs.

Abgrenzung der Kosten und Erlöse von anderen Rechengrößen

Die Finanzplanung der PerfectDent basiert auf Ein- und Auszahlungen als Rechengrößen. Zahlungsgrößen legt Michael Meier auch zugrunde, wenn er fallweise Rechnungen durchführt, um die Vorteilhaftigkeit von Investitionen in neue Geräte zu beurteilen. In der Bilanzrechnung wird dagegen mit Erträgen und Aufwendungen als Rechengrößen gearbeitet. Michael Meier bittet Thomas Krüger, ihm die Unterschiede zwischen diesen verschiedenen Rechengrößen sowie Kosten und Erlösen zu erläutern, wozu dieser die folgende Abbildung 2.1 verwendet.

Ein- und Auszahlungen sind Zuflüsse bzw. Abflüsse von Zahlungsmitteln.

Die Rechengrößen sind als Zu- bzw. Abströme der zugehörigen Bestandsgrößen definiert. So sind **Ein- und Auszahlungen** als Zuflüsse bzw. Abflüsse von Zahlungsmitteln definiert; zum Zahlungsmittelbestand gehören der Kassenbestand und jederzeit verfügbare Bankguthaben. Nimmt man zum Zahlungsmittelbestand noch alle übrigen Forderungen hinzu und zieht die Verbindlichkeiten ab, so erhält man das Nettogeldvermögen. Änderungen

2.1 Rechengrößen der Kosten- und Erlösrechnung

Rechengrößen (Flussgrößen)	Bestandsgrößen und ihre Komponenten	Teilsysteme des Rechnungswesens
Einzahlungen/ Auszahlungen	Kassenbestand + jederzeit verfügbare Bankguthaben = Zahlungsmittelbestand	Finanzrechnung Investitionsrechnung
Erträge/ Aufwendungen	Zahlungsmittelbestand + alle übrigen Forderungen − Verbindlichkeiten = Nettogeldvermögen + Sachvermögen = Reinvermögen	Bilanzrechnung
Erlöse/ Kosten	Reinvermögen − nicht betriebsnotwendiges bilanziertes Vermögen = betriebsnotwendiges bilanziertes Vermögen + nicht bilanziertes, betriebsnotwendiges Vermögen +/− Bewertungsunterschiede = Betriebsnotwendiges Vermögen (kalkulatorisch bewertet)	Kosten- und Erlösrechnung

Abbildung 2.1: Abgrenzung von Rechengrößen

des Nettogeldvermögens werden als Einnahmen und Ausgaben bezeichnet. Eine Lieferung von dentaltechnischen Produkten an einen Kunden, welche dieser erst nach Ablauf einer Zahlungsfrist bezahlt, führt zwar noch zu keiner Einzahlung, aber zu einer Einnahme, da der Forderungsbestand zunimmt. Da wir die Begriffe der Einnahmen und Ausgaben im Folgenden nicht verwenden, gehen wir auf deren Abgrenzung nicht näher ein.

Erträge und Aufwendungen bezeichnen Änderungen des Reinvermögens eines Unternehmens. Das Reinvermögen setzt sich aus dem Nettogeldvermögen und dem Sachvermögen zusammen. Seine Höhe entspricht dem Eigenkapital des Unternehmens in der Bilanzrechnung. Eine Nettozunahme des Reinvermögens bzw. Eigenkapitals wird als Gewinn, eine Nettoabnahme als Verlust bezeichnet (es sei denn, diese sind auf erfolgsneutrale Änderungen, z. B. eigentümerbezogene Transaktionen wie Kapitaleinlagen oder -entnahmen, zurückzuführen).

Erträge und Aufwendungen stellen Änderungen des Reinvermögens dar.

Erlöse und Kosten beziehen sich auf den Betriebszweck des Unternehmens. Die entsprechende Bestandgröße ist das betriebsnotwendige Vermögen. Zieht man vom Reinvermögen das nicht betriebsnotwendige bilanzierte Vermögen ab, so erhält man das betriebsnotwendige bilanzierte Vermögen. Im Eigentum des Unternehmens befindliche Reserveflächen oder auch zu Spekulationszwecken gehaltene Wertpapiere gehören beispielsweise nicht zum betriebsnotwendigen Vermögen, wohl aber zum Reinvermögen des Unternehmens. In einigen Fällen haben Unternehmen auch betriebsnotwendiges Vermögen, das zwar nicht bilanziert wird, für die Zwecke der Kosten- und Erlösrechnung aber im betriebsnotwendigen Vermögen berücksichtigt wird. Dies kann z. B. bei selbst erstellten Patenten der Fall sein. Darüber hinaus können Unterschiede zwischen der bilanziellen und der kostenrechnerischen Bewertung von Gütern bestehen, die in der Überleitung vom bilanzierten betriebsnotwendigen Vermögen auf das kalkulatorisch bewertete betriebsnotwendige Vermögen zu berücksichtigen sind.

Zur Verdeutlichung der Abgrenzung von Auszahlungen, Aufwendungen und Kosten einerseits sowie von Einzahlungen, Erträgen und Erlösen andererseits erläutert Thomas Krüger die einzelnen Unterschiede anhand von Abbildung 2.2 bzw. Abbildung 2.3 und veranschaulicht die Unterschiede mithilfe von Beispielen der PerfectDent.

Abgrenzung von Auszahlungen, Aufwendungen und Kosten

Abbildung 2.2 zeigt die Abgrenzung von Auszahlungen, Aufwendungen und Kosten. Zunächst geht Thomas Krüger auf die Unterschiede zwischen Auszahlungen und Aufwendungen ein. Erfolgswirksame Auszahlungen fallen für Güterverbrauch an und sind daher auch Aufwand. Erfolgsneutrale Auszahlungen mindern zwar den Zahlungsmittelbestand, nicht jedoch den bilanziellen Gewinn des Unternehmens. Sie sind daher keine Aufwendungen.

Abbildung 2.2: Abgrenzung von Auszahlungen, Aufwendungen und Kosten

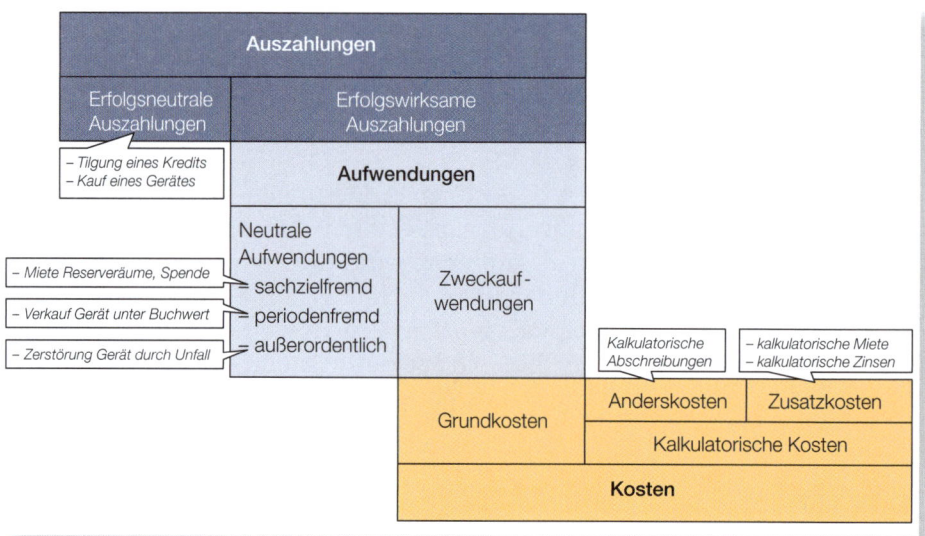

> **Auszahlungen und Aufwendungen bei PerfectDent**
>
> Bei der PerfectDent gehört zu den erfolgswirksamen Auszahlungen zum Beispiel der Kauf und Verbrauch von Materialien in der Fertigung. Zeitlich können erfolgswirksame Auszahlung und Aufwand allerdings auseinanderfallen. Werden im Juni Materialien verbraucht, die bereits im Mai bezahlt wurden (bzw. erst im Juli bezahlt werden), so liegt der Aufwand zeitlich nach (bzw. vor) der Auszahlung.
> Zu den erfolgsneutralen Auszahlungen gehören bei der PerfectDent zum Beispiel die Rückzahlung eines Kredits, der vor zwei Jahren für Investitionen in Geräte aufgenommen wurde, und die Auszahlung für ein neues Gerät, das in den kommenden 5 Jahren genutzt werden soll.

Dann erläutert Thomas Krüger die Abgrenzung von Aufwendungen und Kosten. Aufwand und Kosten sind zum Teil deckungsgleich; der so genannte **Zweckaufwand** entspricht den so genannten Grundkosten. Aufwand ist nur dann Zweckaufwand, wenn er gleichzeitig sachzielbezogen, periodenbezogen und im Hinblick auf seine Höhe nicht außerordentlich ist. Ist mindestens eines dieser drei Kriterien nicht erfüllt, so liegen neutrale Aufwendungen vor, die keine Kosten sind. Je nachdem, welches Kriterium nicht erfüllt ist, spricht man von **sachzielfremdem Aufwand**, **periodenfremdem Aufwand** und **außerordentlichem Aufwand**. Der neutrale Aufwand wird zwar in der Gewinn- und Verlustrechnung des externen Rechnungswesens erfasst, geht jedoch nicht in die Kostenrechnung und in die darauf basierende Periodenerfolgsrechnung ein.

Außerordentlicher Aufwand wird durch Geschehnisse verursacht, die im Rahmen der betrieblichen Tätigkeit normalerweise nicht oder zumindest nicht regelmäßig vorkommen. Dazu gehören zum Beispiel die Zerstörung von Anlagen durch Brand, Wasser, Unwetter oder Terroranschläge sowie der Diebstahl von Vermögensgegenständen. Ginge außerordentlicher Aufwand ‚ungeglättet' in die Kostenrechnung ein, so würde die Höhe der Kosten von Periode zu Periode unter Umständen sehr stark schwanken. Dies würde sich in der Konsequenz auch in einer stark schwankenden Höhe der kalkulierten Kosten der Produkte des Unternehmens niederschlagen. Es dürfte jedoch weder sinnvoll noch möglich sein, die Preise laufend an derartige Schwankungen anzupassen und am Markt durchzusetzen. Die Kostenrechnung geht daher den Weg einer Normalisierung der angesetzten Kosten, d.h., sie legt Kosten in der Höhe zugrunde, die ‚normalerweise' anfallen. Bei der PerfectDent könnte dann der Schadensbetrag als Kosten angesetzt werden, der im Durchschnitt pro Jahr an den Geräten auftritt.

> Außerordentlicher Aufwand wird durch Geschehnisse verursacht, die im Rahmen der betrieblichen Tätigkeit normalerweise nicht vorkommen.

Kapitel 2 — Grundbegriffe der Kosten- und Erlösrechnung

> **Neutrale Aufwendungen und Zweckaufwendungen/ Grundkosten bei PerfectDent**
>
> Zum Zweckaufwand bzw. zu den Grundkosten gehören bei der PerfectDent unter anderem die Gehälter für die Mitarbeiter, die Kosten für die Materialien sowie die Mieten für die Räume, in denen das Dentallabor untergebracht ist.
>
> Die Miete, die PerfectDent für diejenigen Räume bezahlt, die an eine Immobilienmaklerin untervermietet werden, dient dagegen nicht dem Betriebszweck der PerfectDent und gehört daher zu den sachzielneutralen Aufwendungen, wie auch eine jährliche Spende der PerfectDent an eine gemeinnützige Einrichtung. Periodenfremder Aufwand liegt vor, wenn Aufwendungen in einer anderen Periode anfallen als der Güterverbrauch. Dies war bei der PerfectDent im vergangenen Jahr der Fall, als ein drei Jahre altes Gerät unter seinem Restbuchwert verkauft wurde. Der Unterschiedsbetrag zwischen Verkaufspreis und Restbuchwert ging im vergangenen Jahr als Aufwand in die Gewinn- und Verlustrechnung ein. Der Wertverlust war jedoch in den gesamten drei Jahren davor aufgelaufen. Zudem wurden im vergangenen Monat als Folge eines Wasserrohrbruchs zwei Geräte, die nicht versichert waren, völlig zerstört, wodurch außerordentliche Aufwendungen entstanden sind.

Kalkulatorischen Kosten steht kein oder kein entsprechend hoher Aufwand gegenüber.

Zu den kalkulatorischen Kosten, denen kein oder kein entsprechend hoher Aufwand gegenübersteht, gehören Zusatzkosten und Anderskosten. Bei einer vom Aufwand abweichenden kalkulatorischen Bewertung des Güterverbrauchs in der Kostenrechnung liegen so genannte **Anderskosten** vor. Sie können höher oder niedriger als der entsprechende Aufwand sein. Anderskosten treten z. B. dann auf, wenn die kalkulatorische Abschreibung einer Anlage in der Kostenrechnung von der bilanziellen Abschreibung abweicht. Über die Anderskosten hinaus gibt es auch kalkulatorische Kosten für Güterverbrauch, der überhaupt nicht als Aufwand erfasst wird. Zu diesen so genannten **Zusatzkosten** gehören insbesondere der kalkulatorische Unternehmerlohn, die kalkulatorische Miete sowie kalkulatorische Zinsen auf das Eigenkapital.

Während für Fremdkapital Zinsen gezahlt werden, die in der Regel als aufwandsgleiche Kosten angesetzt werden, besteht keine entsprechende Zahlungsverpflichtung für das Eigenkapital. Nichtsdestotrotz erwartet ein Eigenkapitalgeber eine angemessene Verzinsung auf das von ihm eingesetzte Kapital, da er das Kapital ansonsten anderweitig investieren könnte. Daher werden in der Kostenrechnung kalkulatorische Eigenkapitalzinsen angesetzt, deren Höhe sich nach der besten vergleichbaren Anlagemöglichkeit richtet. Vergleichbarkeit bedeutet in diesem Zusammenhang insbesondere, dass das Risiko der alternativen Anlagemöglichkeit äquivalent ist. Den kalkulatorischen Kosten ist gemeinsam, dass ihnen keine Auszahlungen bzw. keine Auszahlungen in entsprechender Höhe gegenüberstehen. Sie werden vielmehr angesetzt bzw. mit einem anderen Wert angesetzt, um den Einsatz von eigenen Ressourcen zu erfassen, die alternativ für andere Zwecke außerhalb des Betriebs eingesetzt werden könnten.

Kalkulatorische Kosten bei PerfectDent

Die PerfectDent hat zu Jahresbeginn ein Gerät für 5.000,– € angeschafft. Sie schreibt dieses in der Bilanz mit einem Satz von 25 % auf den jeweiligen Restbuchwert ab. Die bilanzielle Abschreibung in diesem Jahr wird daher 1.250,– € betragen. Michael Meier geht von einer Nutzungsdauer von 5 Jahren für das Gerät aus. Da er erwartet, dass das Gerät seinen Wert in diesem Zeitraum annähernd gleichmäßig verlieren wird, schreibt er dieses in der Kostenrechnung gleichmäßig ab und kommt so auf eine kalkulatorische Abschreibung von 1.000,– € für dieses Jahr. Aufgrund der unterschiedlichen Höhe von bilanzieller Abschreibung und kostenrechnerischer Abschreibung handelt es sich um Anderskosten.

Michael Meier ist Geschäftsführer und alleiniger Eigner der PerfectDent. Da er das noch junge Unternehmen zunächst auf ein stabiles finanzielles Fundament stellen möchte, hat er für sich nur ein geringes Geschäftsführergehalt von 36.000,– € pro Jahr vorgesehen. Würde er als angestellter Zahntechnikermeister arbeiten, könnte er 70.000,– € pro Jahr verdienen. Er setzt daher in der Kostenrechnung die Differenz von 34.000,– € als kalkulatorischen Unternehmerlohn an. Der kalkulatorische Unternehmerlohn wird angesetzt, um den zeitlichen Einsatz des Unternehmers abzubilden, der alternativ ein Gehalt für den Einsatz seiner Arbeitskraft außerhalb des Unternehmens erwirtschaften könnte. Er entspricht dem höchsten Gehalt, das er für eine vergleichbare Tätigkeit verdienen könnte.

Kalkulatorische Miete wird angesetzt, wenn eigene Immobilien für die betriebliche Tätigkeit zur Verfügung gestellt werden. Die Höhe der kalkulatorischen Miete orientiert sich an dem Mietzins, der bei Vermietung der Immobilien erzielt werden könnte. Da die PerfectDent in gemieteten Räumen untergebracht ist, besteht nicht die Notwendigkeit, kalkulatorische Miete anzusetzen.

Michael Meier hat bei der Gründung der PerfectDent Kredite bei zwei Banken aufgenommen. Die Zinsen, die er für diese Kredite bezahlt, gehören zu den Zweckaufwendungen bzw. Grundkosten. Darüber hinaus hat er 150.000,– € eigenes Kapital investiert, für das er eine Rendite von mindestens 12 % erwartet. Bei einer niedrigeren Rendite würde er es vorziehen, die 150.000,– € am Kapitalmarkt anzulegen. Er setzt daher 18.000,– € als kalkulatorische Zinsen an.

Kalkulatorische Kosten fallen daher nicht unter die Kosten nach dem **pagatorischen Kostenbegriff**, der nur Kosten umfasst, denen entsprechende Auszahlungen gegenüberstehen. Kosten entsprechen daher nach dem pagatorischen Kostenbegriff den Auszahlungen für sachzielorientierten Güterverbrauch. Der **wertmäßige Kostenbegriff** zielt dagegen darauf ab, den Wert sämtlicher für die betriebliche Leistungserstellung und -verwertung eingesetzten Ressourcen einschließlich der kalkulatorischen Kosten abzubilden. Die Höhe der Kosten richtet sich nach dem Wert der Güter für das Unternehmen. Soweit nicht anders vermerkt, legen wir im Rahmen dieses Buches den wertmäßigen Kostenbegriff zugrunde.

Begriffsvielfalt

Kapitel 2 — Grundbegriffe der Kosten- und Erlösrechnung

Abgrenzung von Einzahlungen, Erträgen und Erlösen

Einzahlungen, Erträge und Erlöse werden analog zu Auszahlungen, Aufwendungen und Kosten abgegrenzt (vgl. Abbildung 2.3). Erfolgsneutrale Einzahlungen erhöhen zwar den Zahlungsmittelbestand, mehren jedoch nicht den Gewinn des Unternehmens. Beispiele hierfür sind Einzahlungen, die aus der Einlage von neuem Eigenkapital durch Michael Meier oder aus der Aufnahme eines weiteren Kredits resultieren, sowie eine Einzahlung aus dem Verkauf eines Geräts zu seinem Restbuchwert. Erfolgswirksamen Einzahlungen stehen dagegen Erträge aus der Entstehung von Gütern gegenüber. Bei der PerfectDent sind dies Erträge aus der Herstellung von zahntechnischen Produkten und aus der Vermietung der nicht benötigten Reserveräume. Darunter fallen z. B. auch Erträge aus der Anlage von nicht benötigten Finanzmitteln zu Spekulationszwecken. Erfolgswirksame Einzahlungen und Erträge können zeitlich auseinander fallen.

Neutrale Erträge gehen nicht in die Kosten- und Erlösrechnung ein und lassen sich in Analogie zu den neutralen Aufwendungen in sachzielfremden Ertrag, periodenfremden Ertrag und außerordentlichen Ertrag untergliedern.

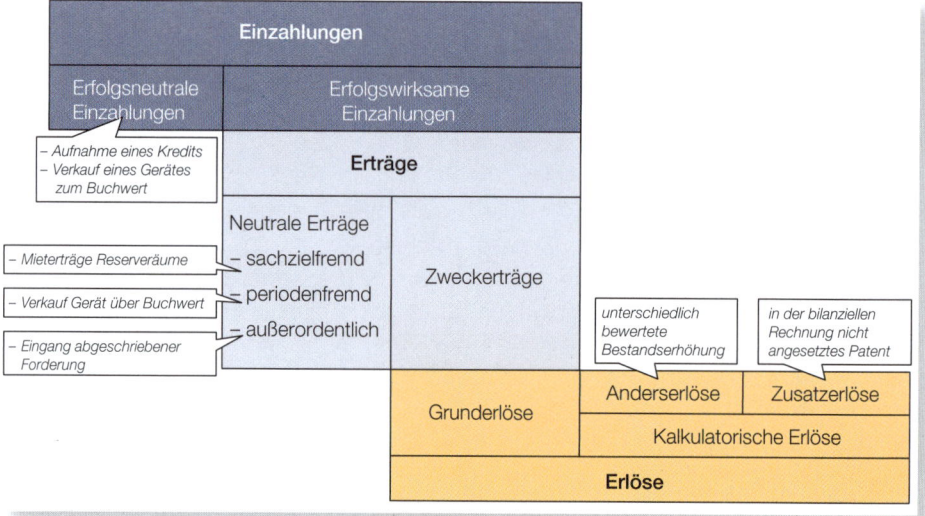

Abbildung 2.3: Abgrenzung von Einzahlungen, Erträgen und Erlösen

Neutrale Erträge, Zweckerträge/Grunderlöse und kalkulatorische Erlöse bei PerfectDent

Sachzielfremder Ertrag resultiert nicht aus der betrieblichen Kerntätigkeit des Unternehmens, sondern aus Nebengeschäften. Dazu gehören bei der PerfectDent zum Beispiel die Erträge aus der Untervermietung der Reserveräume. Darunter fallen auch Erträge aus der Anlage von Finanzmitteln zu Spekulationszwecken. Periodenfremde

> Erträge sind der Güterentstehung anderer Perioden zuzurechnen, etwa beim Verkauf eines Geräts über seinem Restbuchwert. Außerordentliche Erträge sind – wie außerordentliche Aufwendungen auch – auf Vorgänge zurückzuführen, die im Rahmen der betrieblichen Tätigkeit normalerweise nicht oder zumindest nicht regelmäßig vorkommen. Dazu gehört z. B. ein außerordentlicher Ertrag aus dem Eingang einer Forderung an einen Kunden, mit dem PerfectDent nicht mehr gerechnet hatte. Der Kunde hatte Insolvenz angemeldet, und PerfectDent hatte die Forderung daher bereits abgeschrieben.
>
> Anderserlöse entstehen, wenn Erträge in der Kosten- und Erlösrechnung anders bewertet werden als in der Bilanzrechnung. Dies kann beispielsweise dann auftreten, wenn Güter auf Lager produziert und mit Kosten bewertet werden, die für ihre Herstellung angefallen sind. In der bilanziellen Rechnung darf der Wertansatz für diese Güterentstehung in Form einer Lagerbestandserhöhung nur aufwandsgleiche Kosten umfassen, d. h., kalkulatorische Kosten dürfen nicht in sie eingehen. Die bilanzielle Rechnung verwendet hierfür den Begriff der Herstellungskosten. Bei der Bewertung der Bestandserhöhung mit ihren Herstellkosten in der Kosten- und Erlösrechnung finden dagegen auch kalkulatorische Kosten Berücksichtigung. Dieser Sachverhalt ist bei der PerfectDent allerdings von relativ geringer Bedeutung, da ausschließlich individuelle Produkte auf Bestellung produziert werden und somit kein Lager von Fertigerzeugnissen vorliegt. Anders ist dies beim Lieferanten CeramicDental, von dem PerfectDent die unbearbeiteten Keramik-Rohlinge für Kronen bezieht. Die Rohlinge sind nicht individuell und werden von CeramicDental daher auf Lager produziert.
>
> Zu den kalkulatorischen Erlösen gehören darüber hinaus Zusatzerlöse für Güterentstehung, die nicht als Ertrag erfasst wird. Dazu gehört z. B. der Wert eines selbst erstellten und genutzten Patents, sofern dieser in der bilanziellen Rechnung nicht angesetzt werden darf.

2.2 Kostenbegriffe und ihre Bedeutung

Um die Funktionsweise der Kostenrechnung zu verstehen und diese für Führungsaufgaben einzusetzen, ist es erforderlich, die verschiedenen existierenden Kostenbegriffe und ihre Bedeutung zu kennen. Manager, Kostenrechner, Geschäftspartner und Wissenschaftler benötigen ein einheitliches Begriffsverständnis; ansonsten ist die Gefahr sehr groß, dass es zu Missverständnissen in der Kommunikation kommt. Auch für Verträge und Gesetze, in denen Kostenbegriffe verwendet werden, ist ein eindeutiges Begriffsverständnis notwendig, um Streitigkeiten zu vermeiden.

Gesamtkosten und Stückkosten

Kosten können sich auf die Gesamtheit der innerhalb eines bestimmten Zeitraums hergestellten Güter beziehen, z. B. sämtliche zahntechnische Leistungen,

Kapitel 2 Grundbegriffe der Kosten- und Erlösrechnung

DAIMLER

Praxisbeispiel: Betriebsnotwendiges und nicht betriebsnotwendiges Vermögen bei der Daimler AG

Dem Geschäftsbericht der Daimler AG für das Jahr 2008 können wir folgende Anmerkung entnehmen: „Im Jahr 2006 wurden die Gebäude der ehemaligen Konzernzentrale in Stuttgart-Möhringen an IXIS Capital Partners Ltd. für 240 Mio. € in bar verkauft. Gleichzeitig wurden die veräußerten Objekte von Daimler über unkündbare Grundmietzeiten zwischen 10 und 15 Jahren zurückgemietet. Die Mietdauern für die einzelnen Objekte können von Daimler um maximal neun Jahre verlängert werden. Im Jahr 2006 veräußerte der Konzern zudem weitere, nicht mehr betriebsnotwendige Immobilien. Aus diesen Immobilienverkäufen ergab sich im Jahr 2006 ein Ertrag vor Zinsen und Steuern von 271 Mio. €."

Die Daimler AG veräußerte offensichtlich sowohl betriebsnotwendige Immobilien – worauf auch der Umstand hindeutet, dass die veräußerten Immobilien direkt wieder zurückgemietet wurden – als auch nicht mehr betriebsnotwendige Immobilien. Infolge des Verkaufs von nicht mehr betriebsnotwendigen Immobilien werden möglicherweise (neutrale) Erträge wegfallen, die mit diesen Immobilien in der Vergangenheit erzielt wurden. Auf die Erlöse dürfte dies jedoch keinen Einfluss haben, da Mietzahlungen aus nicht betriebsnotwendigen Immobilien nicht in die Erlöse eingehen.

Quelle: Daimler AG: Interaktiver Geschäftsbericht 2008 – Konzernanhang – Anmerkung 2 „Wesentliche Zu- und Abgänge von Unternehmensanteilen und sonstiger Vermögenswerte und Schulden" (http://ar2008.daimler.com/reports/daimler/annual/2008/gb/German/70701002/2_-wesentliche-zu--und-abgaenge-von-unternehmensanteilen-und-sonstiger-vermoegenswerte-und-schulden.html).

die während eines Monats erstellt wurden. In diesem Fall spricht man von **Gesamtkosten**. Die Kosten einer einzelnen Gütereinheit, z. B. einer einzelnen Zahnkrone oder eines einzelnen Zahninlays werden dagegen als **Stückkosten** bezeichnet.

Die Gesamtkosten einer Abrechnungsperiode lassen sich relativ einfach durch Addition sämtlicher in diesem Zeitraum angefallenen Kosten bestimmen. Für die Berechnung der Gesamtkosten können die Kostenpositionen bei den aufwandsgleichen Kosten wie z. B. Gehältern und Materialverbrauch direkt aus der Finanzbuchhaltung übernommen werden, die kalkulatorischen Kostenpositionen wie z. B. abweichende Abschreibungen für die Geräte der PerfectDent sind dagegen gesondert für die Kosten- und Erlösrechnung zu ermitteln.

Bei der **Kalkulation der Kosten für ein einzelnes Stück** treten zusätzliche Probleme der Kostenzuordnung auf. Es ist z. B. zu klären, ob und ggf. wie die Abschreibungen für die Geräte der PerfectDent einem einzelnen Inlay zugeordnet werden. Diese Frage der Zuordnung spielt bei der Trennung in Einzel- und Gemeinkosten die zentrale Rolle.

Einzelkosten und Gemeinkosten

Ein Hauptzweck der Kostenrechnung bei PerfectDent soll darin bestehen, die Kosten für einzelne zahntechnische Leistungen, z. B. ein Inlay, zu kalkulieren. Thomas Krüger überlegt daher, welche Kosten er einem Inlay direkt zurechnen kann und für welche Kosten er andere Wege der Kostenzuordnung finden muss. Kosten, die einem Kalkulationsobjekt direkt zurechenbar sind, werden als **Einzelkosten** bezeichnet, weil sie allein von diesem Kalkulationsobjekt verursacht worden sind. Bei den Kalkulationsobjekten kann es sich insbesondere um die betrieblichen Produkte bzw. Leistungen als so genannte Kostenträger handeln. Zu den Kostenträgereinzelkosten gehören die Kosten für Fertigungsmaterialien, die einer Produkteinheit zum Beispiel aufgrund von Stücklisten direkt zugerechnet werden können (Materialeinzelkosten). Bei PerfectDent sind dies unter anderem die Kosten für die Menge Gold, welche für ein bestimmtes Zahninlay benötigt wird. Zu den Kostenträgereinzelkosten gehören auch die Kosten für Löhne, die aufgrund von Arbeitsplänen direkt zugerechnet werden können (Fertigungseinzelkosten). Bei PerfectDent trifft dies z. B. auf den Lohn zu, der einem Angestellten für die Bearbeitung eines Inlays gezahlt wird.

Einzelkosten können einem Kalkulationsobjekt direkt zugerechnet werden, weil sie allein von diesem Kalkulationsobjekt verursacht worden sind.

Gemeinkosten können einem Kalkulationsobjekt dagegen nicht direkt zugerechnet werden, weil sie von mehreren Kalkulationsobjekten gemeinsam verursacht worden sind. Dazu gehören die Kosten für die Lagerung von Materialien (Materialgemeinkosten). Bei PerfectDent sind dies z. B. Kosten für die Administration der Lagerung von Zahngold. Zu den Gemeinkosten gehören des Weiteren die Kosten für eine Maschine, die in der Fertigung eingesetzt wird (Fertigungsgemeinkosten). Bei PerfectDent sind dies z. B. die Instrumente, die zur Herstellung von Inlays verwendet werden. Es handelt sich um Gemeinkosten, da sie gemeinsam von mehreren Erzeugniseinheiten verursacht werden. Die Unterscheidung von Einzelkosten und Gemeinkosten richtet sich also nach dem Kriterium der **Zurechenbarkeit** auf ein Kalkulationsobjekt.

Gemeinkosten können einem Kalkulationsobjekt dagegen nicht direkt zugerechnet werden, weil sie von mehreren Kalkulationsobjekten gemeinsam verursacht worden sind.

Darüber hinaus sind noch so genannte **unechte Gemeinkosten** zu unterscheiden; diese wären zwar prinzipiell dem einzelnen Kalkulationsobjekt direkt zurechenbar, die separate Zurechnung ist jedoch sehr aufwändig. Daher wird aus Wirtschaftlichkeitsgründen darauf verzichtet. Dies ist bei Hilfs- und Betriebsstoffen häufig der Fall. Bei PerfectDent handelt es sich bei den Kosten der Politurpasten für Inlays um unechte Gemeinkosten, auch wenn sich die für ein Inlay benötigte Menge an Politurpaste grundsätzlich messen ließe.

Kapitel 2 — Grundbegriffe der Kosten- und Erlösrechnung

Begriffsvielfalt

> Wenn im Zusammenhang mit Einzel- und Gemeinkosten das entsprechende Kalkulationsobjekt nicht explizit genannt wird, so bezieht sich die Unterscheidung auf die Ebene der Produkte als Kostenträger. Dabei ist zwischen Kosten zu unterscheiden, die sich auf ein einzelnes Stück zurechnen lassen, z. B. die Materialkosten für ein Inlay (unit level), und Kosten, die sich nur auf mehrere Stücke gemeinsam zurechnen lassen. Dazu gehören die Kosten für die Umrüstung einer Fräsmaschine, auf der nach einem Rüstvorgang jeweils Lose von 12 Inlays hintereinander bearbeitet werden (batch level).
>
> Die Unterscheidung in Einzel- und Gemeinkosten kann sich jedoch auch auf Kostenstellen (dies sind rechnungsmäßig abgegrenzte Verantwortungsbereiche in einem Unternehmen) beziehen. Die Kosten für eine Maschine, die einer Kostenstelle eindeutig zugeordnet ist, sind dann Kosten*träger*gemeinkosten und gleichzeitig Kosten*stellen*einzelkosten. Kostenstellengemeinkosten fallen wiederum für Ressourcen an, die von mehreren Kostenstellen gemeinsam genutzt werden.

Von der Zurechenbarkeit der Kosten hängt es ab, welche Form der Kostenverrechnung (cost assignment) möglich ist (vgl. Abbildung 2.4). Nur bei Einzelkosten ist eine Kosten*zurechnung* (cost tracing) auf ein Kalkulationsobjekt möglich, welches diese Kosten alleine verursacht. Bei Gemeinkosten muss dagegen auf mehr oder weniger plausible Formen der Kosten*schlüsselung* (cost allocation) zurückgegriffen werden, die sich z. B. an der Tragfähigkeit der Kalkulationsobjekte oder an Durchschnittswerten orientieren können. Verfahren der Kostenverrechnung werden insbesondere in den Kapiteln 3, 4 und 12 behandelt.

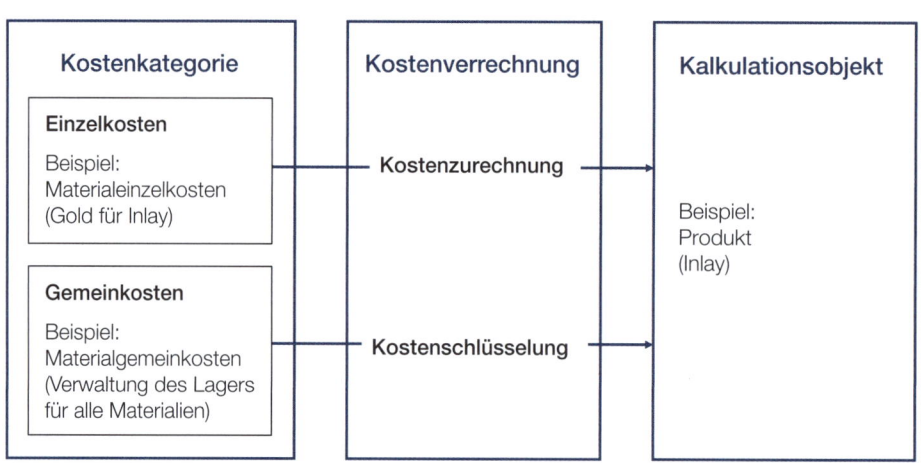

Abbildung 2.4: Kostenverrechnung, Kostenzurechnung und Kostenschlüsselung

> Anstelle des Begriffs ‚Kostenverrechnung' wird häufig auch der Begriff ‚Kostenzuordnung' verwendet, anstelle des Begriffs ‚Kostenschlüsselung' der Begriff 'Kostenverteilung'. Die verschiedenen Begriffe der Kostenverrechnung werden nicht immer ganz trennscharf verwendet. Daher ist es umso wichtiger, ihren grundlegenden inhaltlichen Unterschied zu kennen.

Begriffsvielfalt

Variable Kosten und Fixe Kosten

> **Veränderlichkeit von Kosten bei PerfectDent**
>
> Michael Meier erwartet von der Kostenrechnung der PerfectDent auch Informationen darüber, wie sich die Kosten verändern, wenn mehr oder weniger zahntechnische Leistungen, z. B. Inlays, erbracht werden. Er benötigt diese Informationen unter anderem, um die Wirkungen einer schwankenden Nachfrage zu prognostizieren und sich mit geeigneten Maßnahmen darauf einzustellen. Ihm ist klar, dass er für mehr Inlays auch mehr Materialien benötigt. Es handelt sich daher um variable Kosten. Solange die zusätzliche Nachfrage ein bestimmtes Niveau nicht überschreitet, reichen dagegen die vorhandenen Geräte und Arbeitsplätze aus, um auch die zusätzliche Nachfrage zu bedienen; die Kosten sind daher fix. Liegt die Nachfrage über diesem Niveau, so müsste er allerdings darüber nachdenken, die untervermieteten Reserveräume selbst zu nutzen und dort weitere Arbeitsplätze mit entsprechenden Geräten einzurichten.

Allgemein formuliert handelt es sich bei **variablen Kosten** um Kosten, deren Höhe sich bei Variation einer Kosteneinflussgröße ändert. **Fixe Kosten** sind dagegen Kosten, deren Höhe bei Variation einer **Kosteneinflussgröße** konstant bleibt. Im Beispiel von PerfectDent haben wir gerade den Output als Kosteneinflussgröße verwendet. Die Unterscheidung in variable Kosten und fixe Kosten richtet sich also nach dem Kriterium der Veränderlichkeit der Höhe der Kosten mit der Veränderung einer Kosteneinflussgröße. Die Kosteneinflussgröße wird mit einer Bezugsgröße gemessen, in unserem Beispiel die Anzahl der Inlays. Es gibt eine Vielzahl von Kosteneinflussgrößen, angefangen von der Auslastung des Leistungspotenzials eines Bereichs (der Beschäftigung) über Art, Umfang, Preise und Organisation der eingesetzten Ressourcen bis hin zum Fertigungsprogramm.

Variable Kosten sind Kosten, deren Höhe sich bei Variation einer Kosteneinflussgröße ändert. Fixe Kosten sind Kosten, deren Höhe bei Variation einer Kosteneinflussgröße konstant bleibt.

Um die angedeutete Komplexität der Kosteneinflussgrößen handhabbar zu halten, konzentriert sich die Kostenrechnung bei der Abbildung der Realität auf die wichtigste(n) Kosteneinflussgröße(n). Die zentrale Kosteneinflussgröße ist die Beschäftigung bzw. die Ausbringung eines Bereichs, die über unterschiedliche Bezugsgrößen direkt oder indirekt gemessen werden kann. **Direkte Bezugsgrößen** der Beschäftigung sind zum Beispiel die Menge der erbrachten Leistungen sowie die Fertigungszeit in einem Bereich. **Indirekte Bezugsgrößen** messen die Ausbringung dagegen nicht direkt, sondern indirekt, indem sie sich zum Beispiel auf andere Kostenbeträge beziehen. So kann beispielsweise als direkte Bezugsgröße für die Ausbringung der Kantine der PerfectDent die Anzahl der gekochten Gerichte herangezogen werden oder alternativ als indirekte Bezugsgröße die Summe der Lohn- und Gehaltskosten. Die Annahme im zweiten Fall ist, dass die Lohn- und Gehaltskosten die Anzahl der Mitarbeiter der PerfectDent und damit indirekt die Anzahl der Gerichte messen (auf die Unterscheidung zwischen direkten und indirekten Bezugsgrößen kommen wir in Kapitel 11 zurück).

Kostenfunktionen geben den funktionalen Zusammenhang zwischen einer (oder mehreren) Bezugsgröße(n) und der Kostenhöhe wieder. Wird die Abhängigkeit der Kostenhöhe von einer Bezugsgröße abgebildet, so liegt eine eindimensionale Kostenfunktion vor, bei mehreren Bezugsgrößen wird eine mehrdimensionale Kostenfunktion benötigt. Um die Komplexität handhabbar zu halten, wird in der Kostenrechnung vielfach mit eindimensionalen Kostenfunktionen gearbeitet. Bei einem Ein-Produkt-Unternehmen bietet sich dafür häufig die Ausbringungsmenge des Produkts an. Würde die PerfectDent ausschließlich Inlays herstellten, könnte sie z. B. eine eindimensionale Kostenfunktion in Abhängigkeit von der Anzahl der Inlays aufstellen. Da die PerfectDent jedoch mehrere Produkte herstellt (neben Inlays unter anderem noch Kronen und Implantate), hängen ihre Kosten von der Anzahl sämtlicher Produkte ab. Die Produktmengen können auch nicht einfach addiert werden, da Inlays, Kronen und Implantate in der Herstellung unterschiedlich aufwändig sind. Mehrere Produkte lassen sich allerdings über Bezugsgrößen wie Fertigungszeiten oder Maschinenzeiten aggregieren.

In Kapitel 6 werden unterschiedliche Kostenverläufe und die Ermittlung von Kostenfunktionen ausführlich behandelt, weshalb an dieser Stelle nur knapp zum Grundverständnis darauf eingegangen wird. Grundsätzlich sind die Kosten in Abhängigkeit von einer Kosteneinflussgröße (aus Gründen der Anschaulichkeit verwenden wir in der folgenden Erläuterung die Ausbringungsmenge als Kosteneinflussgröße) entweder variabel oder fix. Bei variablem Verlauf steigen die Kosten mit der Ausbringungsmenge entweder proportional, unterproportional oder überproportional an. Ein proportionaler Kostenverlauf ergibt sich zum Beispiel bei Stücklöhnen, wenn diese unabhängig von der Ausbringungsmenge stets in derselben Höhe gezahlt werden, oder auch bei den Materialkosten in der montierenden Fertigung (Montage), wenn ein Produkt immer aus denselben Bauteilen zusammengesetzt wird. Ein unterproportionaler Kostenanstieg kann zum Beispiel auf Rabatte für größere Mengen im Einkauf oder auf Lerneffekte in der Produktion zurückzuführen sein. Überproportionale Kostenanstiege treten zum Beispiel auf, wenn mit zunehmender Intensität der Nutzung einer Maschine, Verbrauchskosten (z. B. der Benzinverbrauch, wenn mit einem Kraftfahrzeug schneller gefahren wird) oder Verschleißkosten (z. B. der Reifenverschleiß bei schnellerer Fahrweise) überproportional ansteigen.

Die fixen Kosten ändern sich dagegen nicht mit der Ausbringungsmenge, z. B. die Kosten für die Räume und für die Steuern und Versicherungen der

Fahrzeuge von PerfectDent. Ein Großteil der fixen Kosten ist allerdings nur innerhalb einer gewissen Bandbreite der Ausbringungsmenge fix, da ab einer bestimmten Ausbringungsmenge die Kapazitäten nicht mehr ausreichen und zum Beispiel zusätzliche Räume oder Fahrzeuge benötigt werden. Dieser Kostenverlauf wird dann als sprung- oder intervallfix bezeichnet und die Kostenfunktion hat dann eine treppenförmige Gestalt.

In der Kostenrechnung unterstellt man häufig fixe Kosten in Form eines Fixkostensockels K_{fix} und variable Kosten mit proportionalem Verlauf in Abhängigkeit von der Ausbringungsmenge x. Die folgende Kostenfunktion mit konstanten variablen Kosten je Stück k_{var} hat dann den im linken Teil der Abbildung 2.5 dargestellten linearen Verlauf.

$$K_{gesamt} = K_{fix} + k_{var} \cdot x$$

Die durchschnittlichen Kosten je Stück, die im rechten Teil der Abbildung 2.5 in einem anderen Maßstab dargestellt sind, ergeben sich durch die Division der gesamten Kosten durch die gesamte Ausbringungsmenge und weisen dann einen fallenden Verlauf auf.

$$k_{Durchschnitt} = K_{gesamt} / x$$

Die variablen Kosten je Stück sind bei proportionalem Verlauf konstant. Die fixen Kosten verteilen sich jedoch mit steigender Ausbringungsmenge auf eine größere Stückzahl, was zu dem skizzierten fallenden Verlauf der durchschnittlichen Kosten je Stück bzw. allgemein je Ausbringungsmengeneinheit führt. Diesen Effekt bezeichnet man als Fixkostendegression. Umgekehrt führt eine zurückgehende Menge zu steigenden durchschnittlichen Kosten je Ausbringungsmengeneinheit. Wird z. B. in einem bestehenden Wassernetz weniger Wasser verbraucht, so führt dies dazu, dass sich die fixen Kosten des Netzes auf weniger Liter verteilen.

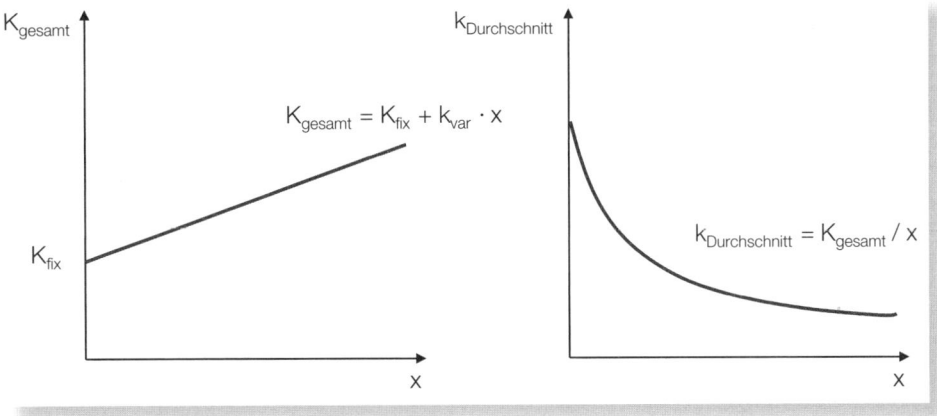

Abbildung 2.5: Gesamtkosten und Durchschnittskosten bei proportionalem Kostenverlauf

Kapitel 2 — Grundbegriffe der Kosten- und Erlösrechnung

Fixkostendegression bei PerfectDent

Thomas Krüger veranschaulicht seinem Chef den Effekt der Fixkostendegression und die Bedeutung einer großen Stückzahl für preisliche Spielräume der PerfectDent an einem numerischen Beispiel. Dabei überschlägt er, dass die monatlichen Fixkosten der Inlayfertigung 8.000,– € betragen und sich die variablen Kosten je Inlay auf 60,– € belaufen.

$$K_{gesamt} = 8.000{,}- + 60{,}- \cdot x$$

$$k_{Durchschnitt} = (8.000{,}- + 60{,}- \cdot x)/x$$

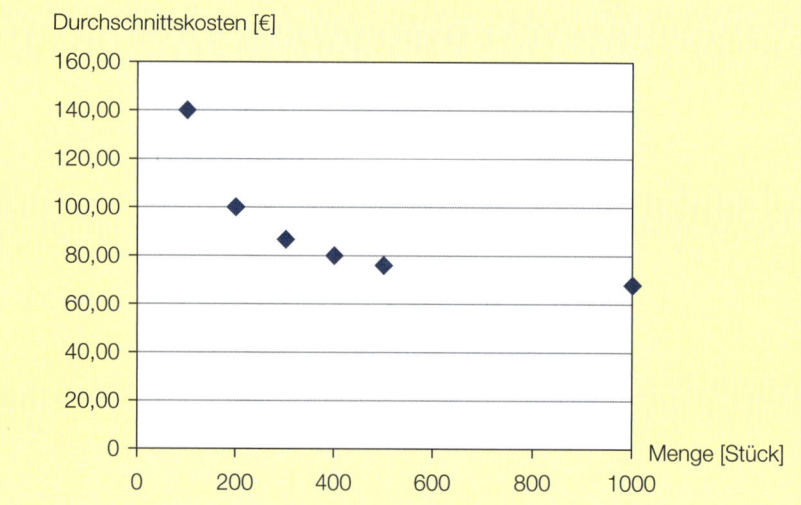

2.2 Kostenbegriffe und ihre Bedeutung — Kapitel 2

Praxisbeispiel: Durchschnittserlöse und Durchschnittskosten beim Vergleich von Audi, BMW und Mercedes

Durchschnittliche Erlöse und Kosten sowie andere Durchschnittsgrößen werden beispielsweise bei folgendem Vergleich von Audi, BMW und Mercedes herangezogen:

„Obwohl Mercedes im Jahr 2008 mit 37.527 Euro pro Fahrzeug 3.500 Euro mehr Umsatz erzielte als Audi, betrug der Gewinn pro Fahrzeug vor Berücksichtigung von Zinsen nur 1.663 Euro, bei Audi waren es 2.756 Euro. Grob kalkuliert macht also Audi mit geringerem Umsatz pro Fahrzeug doppelt so viel Gewinn als Daimler. Noch deutlicher wird dies im 1. Halbjahr 2009. Während Daimler bei der Sparte Mercedes im 1. Halbjahr 2009 pro Fahrzeug einen … Verlust pro Fahrzeug von 2.822 Euro aufwies, erwirtschaftete Audi trotz Weltwirtschaftskrise einen Gewinn von 1.766 Euro. Zudem arbeitet Mercedes mit zu vielen Mitarbeitern. Während ein Mercedes-Mitarbeiter im Jahr 2008 einen Umsatz von 490.961 Euro erwirtschaftete, erzielte ein Mitarbeiter bei BMW einen Umsatz von 524.967 Euro und bei Audi gar 594.372 Euro Umsatz. Eindrucksvoller kann man den Unterschied nicht zeigen." Derartige Aussagen sind stets mit Vorsicht zu interpretieren, geben jedoch einen guten ersten Anhaltspunkt für Vergleiche.

Quelle: Dudenhöffer, Ferdinand, Über den Rollenwechsel im Auto-Premiummarkt – Warum Mercedes so stark an Terrain verliert, HandelszeitungOnline vom 21.10.2009, abgerufen unter http://www.handelszeitung.ch/artikel/Unternehmen-Warum-Mercedes-so-stark-an-Terrain-verliert_624319.html am 19.11.2009.

Foto: Audi AG

Praxisbeispiel: Durchschnittskosten je Behandlungsfall und je Bett von Krankenhäusern in Deutschland

Auch in Dienstleistungsunternehmen wie Krankenhäusern können Durchschnittskosten ermittelt werden. Nachfolgend sind Durchschnittskosten je Behandlungsfall und je aufgestelltem Bett von Krankenhäusern in Deutschland dargestellt. Die Kostendarstellung erfolgt dabei nicht auf der Ebene eines bestimmten Krankenhauses, sondern als Durchschnitt über mehrere Krankenhäuser einer Kategorie (alle Krankenhäuser in Deutschland, differenziert nach Bundesländern sowie differenziert nach Trägerschaft). Die Differenzierung nach Kategorien ermöglicht Vergleiche nach Bundesland und Trägerschaft. So sieht man z. B., dass die Stadtstaaten Berlin, Bremen und Hamburg gemeinsam mit Baden-Württemberg

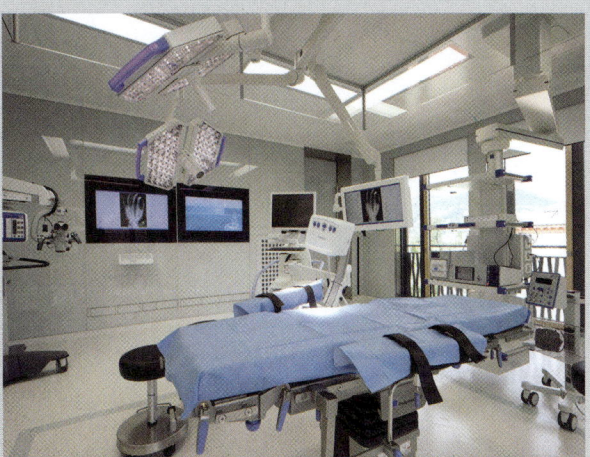

Foto: Bilderservice ETHIANUM, Klinik Heidelberg

Quelle: Gesundheitsberichterstattung des Bundes (http://www.gbe-bund.de/gbe10/i?i=592D); Statistisches Bundesamt, Kostennachweis der Krankenhäuser, Fachserie 12 Reihe 6.3 für 2010 und für 2011, Kennziffer 7.2.2 (https://www.destatis.de/DE/Publikationen/Thematisch/Gesundheit/ThemaGesundheit.html).

die höchsten durchschnittlichen Kosten je Behandlungsfall aufweisen und dass die durchschnittlichen Kosten je Behandlungsfall bei Krankenhäusern in öffentlicher Trägerschaft am höchsten sind. Auch diese durchschnittlichen Werte sind vorsichtig, jeweils unter Berücksichtigung der spezifischen Gegebenheiten einer Kategorie zu interpretieren.

	Brutto-Gesamtkosten je Behandlungsfall [€]	
	2010	2011
Deutschland (alle Krankenhäuser)	4.432	4.547
Bundesland		
Baden-Württemberg	4.995	5.081
Bayern	4.419	4.537
Berlin	4.767	5.021
Brandenburg	3.701	3.757
Bremen	4.531	4.671
Hamburg	5.440	5.625
Hessen	4.402	4.515
Mecklenburg-Vorpommern	3.979	4.052
Niedersachsen	4.462	4.574
Nordrhein-Westfalen	4.448	4.552
Rheinland-Pfalz	4.179	4.284
Saarland	4.690	4.652
Sachsen	3.780	3.959
Sachsen-Anhalt	3.870	3.999
Schleswig-Holstein	4.586	4.659
Thüringen	3.914	4.014
Trägerschaft		
Öffentliche Krankenhäuser	4.904	5.055
Freigemeinnützige Krankenhäuser	3.887	3.973
Private Krankenhäuser	4.134	4.219
	Brutto-Gesamtkosten je aufgestelltem Bett [€]	
	2010	2011
Deutschland (alle Krankenhäuser)	159.000	166.000

2.2 Kostenbegriffe und ihre Bedeutung

Durchschnittliche Kosten je Stück werden häufig zu Vergleichszwecken herangezogen. Bei der Verwendung von Durchschnittskosten für Entscheidungen ist jedoch Vorsicht geboten. Aus dieser Größe allein ist nicht ersichtlich, ob die Kosten fix oder variabel sind. Daher können leicht Fehlentscheidungen ausgelöst werden. Grundsätzlich ist es daher vorzuziehen, bei Entscheidungen die gesamte Kostenfunktion zu betrachten.

Einvariable lineare Kostenfunktionen weisen den Vorzug auf, dass sich mit ihnen relativ einfach rechnen lässt. Sie stellen jedoch in der Regel nur eine mehr oder weniger gute Approximation, also eine Annäherung an die realen Kostenverläufe dar. Wenn wir dennoch in der Kostenrechnung mit ihnen arbeiten, ist es daher umso wichtiger, dass wir uns bewusst sind, dass sowohl eine Reduktion auf die Ausbringung als einzige Bezugsgröße als auch die Unterstellung eines proportionalen Verlaufs Vereinfachungen gegenüber der Realität darstellen, die möglicherweise zu fehlerhaften Aussagen führen.

> Die Unterscheidung von variablen und fixen Kosten ist in der Unternehmenspraxis sehr weit verbreitet. So wurde in einer empirischen Studie bei den 250 größten deutschen Unternehmen festgestellt, dass 86,7 % der Unternehmen in ihrer Kostenrechnung eine Trennung zwischen variablen und fixen Kostenbestandteilen vornehmen.
>
> **Quelle:** Friedl, G./Frömberg, K./Hammer, C./Küpper, H.-U./Pedell, B.: Stand und Perspektiven der Kostenrechnung in deutschen Großunternehmen, in: Zeitschrift für Controlling und Management, 53. Jg., 2009, Heft 2, S. 111–116.

Empirische Ergebnisse

Grenzkosten sind die Kosten, die bei einer bestimmten Ausbringungsmenge für eine zusätzliche Ausbringungsmengeneinheit anfallen. Mathematisch lässt sich dies durch die erste Ableitung der Kostenfunktion an einer bestimmten Stelle ausdrücken. Bei nicht-linearem Kostenverlauf ändert sich die Höhe der Grenzkosten mit der Ausbringungsmenge. Hat die Kostenfunktion jedoch einen linearen Verlauf, wie im linken Teil von Abbildung 2.5 dargestellt, so bleiben die Höhe der Grenzkosten und damit die Steigung der Kostenfunktion über die gesamte Ausbringungsmenge unverändert.

Grenzkosten sind die Kosten, die bei einer bestimmten Ausbringungsmenge für eine zusätzliche Ausbringungsmengeneinheit anfallen.

> Im Laufe dieses Kapitels wurde bereits mehrfach Bezug auf **Grundprinzipien der Kostenverrechnung** genommen. Zu den zentralen Kostenverrechnungsprinzipien gehören unter anderem das Verursachungsprinzip, das Proportionalitätsprinzip, das Durchschnittsprinzip und das Tragfähigkeitsprinzip (vgl. Abbildung 2.6).
>
> Nach dem **Verursachungsprinzip** werden einem Bezugsobjekt diejenigen Kosten zugerechnet, die von diesem verursacht werden, also diejenigen Kosten, die wegfallen, wenn das Bezugsobjekt nicht erstellt wird. Bei einem

Begriffsvielfalt

Abbildung 2.6: Zentrale Kostenverrechnungsprinzipien

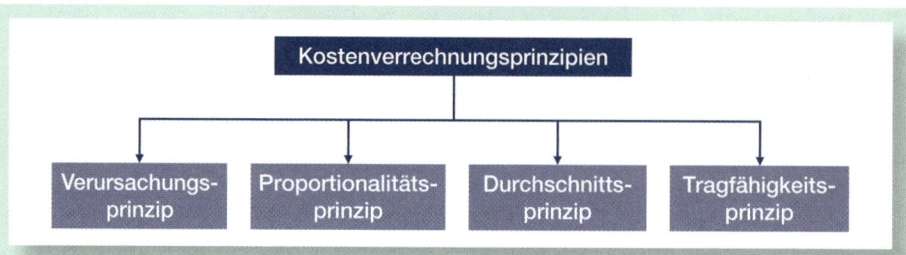

Zahninlay fallen z. B. die Kosten für die benötigten Materialien weg, wenn dieses nicht erstellt wird. Das Verursachungsprinzip deckt daher nur die Zurechnung von Einzelkosten ab.

Das **Proportionalitätsprinzip** ordnet Kosten proportional zu bestimmten Bezugsgrößen zu und strebt dabei eine verursachungsgerechte Kostenverrechnung an. Es findet bei der Verrechnung von Gemeinkosten auf Kostenstellen und Kostenträger Anwendung. Eine verursachungsgerechte Kostenverrechnung kann allerdings nur dann erreicht werden, wenn die Bezugsgrößen die Kosteneinflussgrößen richtig und vollständig erfassen, die Kostenfunktionen einen linearen Verlauf aufweisen und eventuell vorhandene fixe Kostenbeträge separiert werden. Übertragen auf obiges Beispiel der Inlayfertigung ist eine Kostenverrechnung nach dem Proportionalitätsprinzip nur dann verursachungsgerecht, wenn zunächst die fixen Kosten von 8.000,– € heraus gerechnet werden, die variablen Kosten je Inlay tatsächlich konstant bei 60,– € liegen (und nicht z. B. in einer Bandbreite zwischen 50,– € und 70,– € variieren) sowie die variablen Kosten tatsächlich nur von der Anzahl der produzierten Inlays abhängen.

Nach dem **Durchschnittsprinzip** werden Gemeinkosten durchschnittlich auf Ausbringungsmengeneinheiten oder andere Bezugsgrößen geschlüsselt. So können z. B. die 8.000,– € Fixkosten in der Inlayfertigung auf die gesamten hergestellten Inlays geschlüsselt werden.

Das **Tragfähigkeitsprinzip** schlüsselt Kosten nach dem Kriterium der Tragfähigkeit auf Bezugsobjekte. Häufig handelt es sich dabei um verschiedene Produkte. Die Tragfähigkeit der Bezugsobjekte wird dabei in der Regel an Erfolgsgrößen wie dem Deckungsbeitrag (Erlöse minus variable Kosten) gemessen. Je höher der Deckungsbeitrag eines Bezugsobjekts und damit dessen Tragfähigkeit ist, desto mehr Kosten werden ihm zugeordnet. Das Tragfähigkeitsprinzip lässt sich als eine besondere Form des Durchschnittsprinzips interpretieren. Als Beispiel betrachten wir ein Gerät der PerfectDent, das für die Herstellung sowohl von Kronen als auch von Inlays genutzt wird. Lässt sich für eine Krone am Markt aktuell ein doppelt so hoher Deckungsbeitrag als für ein Inlay erzielen, so könnte nach dem Tragfähigkeitsprinzip einer Krone auch ein doppelt so hoher Anteil an den Abschreibungen dieses Geräts zugeschlüsselt werden als einem Inlay. Das Durchschnitts- und das Tragfähigkeitsprinzip mögen zwar intuitiv plausibel erscheinen, es ist jedoch wichtig zu betonen, dass mit ihnen keine verursachungsgerechte Kostenzurechnung erreicht werden kann.

Zusammenhang zwischen Zurechenbarkeit und Beschäftigungsabhängigkeit von Kosten

Nachdem wir Einzelkosten und Gemeinkosten nach der Zurechenbarkeit sowie variable und fixe Kosten nach der Beschäftigungsabhängigkeit voneinander abgegrenzt haben, betrachten wir nun, wie diese beiden zentralen Abgrenzungskriterien von Kosten zusammenhängen. Abbildung 2.7 gibt einen Überblick über die Kombinationsmöglichkeiten mit entsprechenden Beispielen der PerfectDent. Als Kalkulationsobjekt werden hierbei die insgesamt produzierten Inlays betrachtet.

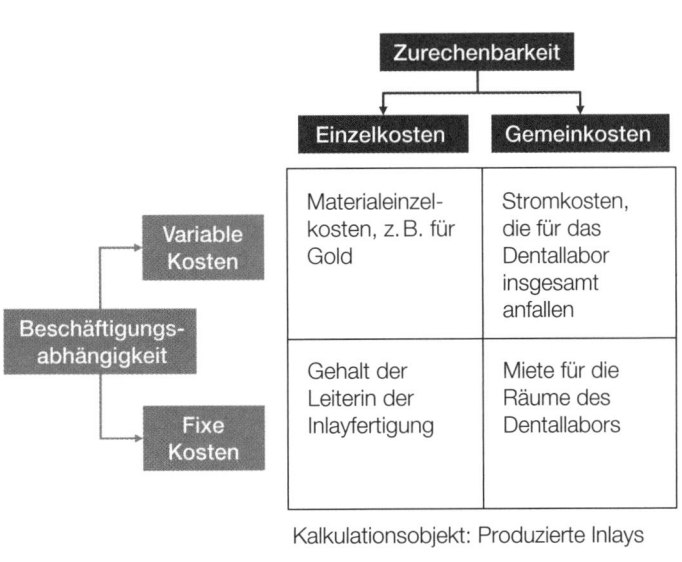

Abbildung 2.7: Zurechenbarkeit und Beschäftigungsabhängigkeit von Kosten

Die für ein Inlay benötigte Menge Gold kann diesem Inlay direkt zugerechnet werden, dies gilt dann auch für die gesamten produzierten Inlays. Das Gehalt der Leiterin des Bereichs, in dem ausschließlich Inlays gefertigt werden, ändert sich nicht mit der Anzahl der in ihrem Bereich produzierten Inlays, kann aber den gesamten produzierten Inlays als Kalkulationsobjekt zugerechnet werden. Die Stromkosten werden nur für das Dentallabor insgesamt erhoben, sie sind daher bezogen auf die produzierten Inlays Gemeinkosten, variieren aber mit der Menge der produzierten Inlays. Durch Installation von Stromzählern an den Geräten, die für die Produktion von Inlays eingesetzt werden, ließe sich jedoch ein Teil der Kosten direkt zurechnen. Die Miete für die Räume des Dentallabors fällt unabhängig von der Anzahl der gefertigten Inlays und für alle Bereiche gemeinsam an. Es handelt sich daher um fixe Gemeinkosten. Eine Zuordnung der Miete nach den von einzelnen Bereichen belegten Quadratmetern wäre keine Kosten*zurechnung*, sondern eine Kosten*schlüsselung*.

Betrachtet man als Kalkulationsobjekt nicht sämtliche produzierten Inlays, sondern ein einzelnes Inlay, dann gibt es keine fixen Einzelkosten. Das Gehalt der Leiterin der Inlayfertigung, welches bezogen auf die Gesamtheit der produzierten Inlays Einzelkosten darstellt, gehört bezogen auf ein einzelnes Inlay zu den fixen Gemeinkosten. Einzelkosten, z. B. für das Gold, welches für ein Inlay benötigt wird, lassen sich diesem Inlay direkt zurechnen. Wird ein zusätzliches Inlay erstellt, so fallen dafür weitere Materialeinzelkosten an. Einzelkosten, die sich auf eine Ausbringungsmengeneinheit beziehen, sind daher stets variabel.

Variable Gemeinkosten treten allgemein bei mehrdimensionalen Kostenfunktionen auf, wenn die Wirkung mehrerer Kosteneinflussgrößen voneinander abhängt. Der Energieverbrauch einer Maschine kann zum Beispiel gleichzeitig von der Maschinenlaufzeit und der Intensität ihres Gebrauchs abhängen. Eine bestimmte Ausbringungsmenge kann in der Regel mit unterschiedlichen Kombinationen aus Maschinenlaufzeit und Intensität hergestellt werden. Der Zusammenhang zwischen Ausbringungsmenge und Energiekosten ist dann zwar nicht mehr eindeutig, und die Kosten können daher den Kostenträgereinheiten nicht direkt zugerechnet werden. Die Energiekosten variieren jedoch mit der Ausbringungsmenge.

Variable Gemeinkosten fallen speziell auch bei so genannten **Kuppelproduktionsprozessen** an. Diese sind dadurch gekennzeichnet, dass der Output einer verbundenen Produktion zwangsläufig aus mehreren Produkten in festen oder nur bedingt variierbaren Mengenrelationen besteht. Dies ist zum Beispiel bei der Rohölraffinerie der Fall, bei der gemeinsam Benzin, Diesel sowie Heiz- und Schweröl erzeugt werden. Die Kosten für das Rohöl und dessen Raffinieren variieren mit der Ausbringungsmenge, lassen sich jedoch keinem der verschiedenen Produkte verursachungsgerecht zurechnen. Ihre Zuordnung auf die Produkte muss daher nach anderen Prinzipien, beispielsweise der Tragfähigkeit, vorgenommen werden. Die Kuppelproduktion kommt in vielen Branchen vor. Insbesondere in der chemischen Industrie ist sie sehr weit verbreitet. Andere Beispiele sind die Verarbeitung von Baumstämmen zu Balken, bei der auch Bretter und Sägemehl entstehen, oder Verfahren der Kraft-Wärme-Kopplung in der Stromproduktion. Auf die Kalkulation von Kuppelprodukten kommen wir in den Abschnitten 3.3 und 9.3 zurück.

Stand-Alone-Kosten und Inkrementalkosten

Zwei weitere Kostenbegriffe, die im Zusammenhang mit der Schlüsselung von Gemeinkosten eine Rolle spielen, sind Stand-Alone-Kosten und Inkrementalkosten. Stand-Alone-Kosten einer Leistung sind diejenigen Kosten, die anfallen, wenn die Leistung nicht im Verbund mit anderen Leistungen erstellt wird. Inkrementalkosten sind dagegen diejenigen Kosten einer Leistung, die *zusätzlich* anfallen, wenn diese Leistung im Verbund mit bestehenden anderen Leistungen erstellt wird.

2.2 Kostenbegriffe und ihre Bedeutung

Stand-Alone-Kosten und Inkrementalkosten bei PerfectDent

PerfectDent beschäftigt einen eigenen Kurier, der die fertigen dentaltechnischen Produkte zu den auftraggebenden Zahnarztpraxen fährt. Für den heutigen Nachmittag ist bereits eine Fahrt zu der Praxis von Frau Dr. Stein eingeplant, für die Kosten von 60 € kalkuliert sind. Kurzfristig soll nun auch noch eine Lieferung an die Praxis von Herrn Dr. Schwarz gehen. Eine Einzelzustellung an Dr. Schwarz wird mit 40 € kalkuliert. Werden die beiden Praxen hingegen in einer Tour gemeinsam beliefert, so belaufen sich die Kosten dafür auf 70 €. In diesem Fall belaufen sich die Stand-Alone-Kosten der Belieferung von Dr. Schwarz auf 40 €. Die inkrementellen Kosten für die zusätzliche Belieferung betragen dagegen lediglich 70 – 60 = 10 €.

In engem Zusammenhang mit diesen beiden Kostenbegriffen stehen die Stand-Alone-Kostenverteilungsmethode und die Inkrementalkostenverteilungsmethode für Gemeinkosten. Bei der **Stand-Alone-Kostenverteilungsmethode** werden die Anteile der jeweiligen Leistungen an den Gemeinkosten danach bemessen, wie hoch die eigenen Stand-Alone-Kosten in Relation zur Summe der Stand-Alone-Kosten sind. Die Inkrementalkostenverteilungsmethode bildet dagegen eine Reihenfolge der Leistungen und ordnet diesen jeweils diejenigen Kosten zu, die zusätzlich anfallen, wenn sie im Verbund mit bestehenden anderen Leistungen erbracht werden.

Stand-Alone-Kostenverteilungsmethode und Inkrementalkostenverteilungsmethode bei PerfectDent

Die Kosten für die Belieferung von Dr. Stein und Dr. Schwarz werden nach der Stand-Alone-Kostenverteilungsmethode wie folgt aufgeteilt:

Dr. Stein:	60/(60 + 40) · 70 = 42 €
Dr. Schwarz:	40/(60 + 40) · 70 = 28 €

Nach der Inkrementalkostenverteilungsmethode ergibt sich die folgende Aufteilung, wenn die Belieferung von Dr. Stein die Basis ist und diejenige von Dr. Schwarz das Inkrement bildet:

Dr. Stein:	60 €
Dr. Schwarz:	70 – 60 = 10 €

Betrachtet man dagegen die Belieferung von Dr. Stein als Inkrement, dann ergibt sich eine andere Aufteilung:

Dr. Schwarz:	40 €
Dr. Stein:	70 – 40 = 30 €

Die Höhe der Inkrementalkosten hängt also entscheidend von der Reihenfolge ab, in der die im Verbund erbrachten Leistungen angeordnet sind. Eine verursachungsgerechte Zurechnung der Kosten ist mit keiner der Methoden möglich, da es sich um Gemeinkosten handelt.

Produktkosten und Periodenkosten

Will man mit der Kosten- und Erlösrechnung ermitteln, welchen Erfolg ein Unternehmen in einer bestimmten Periode erwirtschaftet hat, so ist es erforderlich, die Kosten den einzelnen Perioden zuzuordnen. Dafür ist die Unterscheidung von Produktkosten und Periodenkosten relevant. Um diese Unterscheidung zu veranschaulichen, kommen wir noch einmal auf CeramicDental zurück, den Lieferanten, von dem PerfectDent unbearbeitete Keramik-Rohlinge bezieht.

> **Produktkosten und Periodenkosten bei CeramicDental**
>
> Die Menge der in einem bestimmten Monat hergestellten Keramik-Rohlinge entspricht bei CeramicDental in der Regel nicht der verkauften Menge. In einzelnen Monaten kommt es dadurch zu Erhöhungen (bzw. Minderungen) des Lagerbestands an Keramik-Rohlingen. CeramicDental will den Erfolg des Monats Juli ermitteln, in dem mehr Rohlinge hergestellt als verkauft wurden. Die Kosten für die Lagerbestandserhöhung sollen den Erfolg des Monats Juli nicht beeinflussen.
> **Produktkosten** werden den Keramik-Rohlingen zugeordnet. Die Produktkosten derjenigen Rohlinge, die im Juli auf Lager produziert wurden, gehen dadurch nicht in die Kosten des Monats Juli ein, sondern erst in die Kosten des Monats, in dem sie verkauft werden. In die Produktkosten werden ausschließlich herstellungsbezogene Kosten einbezogen. Nicht herstellungsbezogene Kosten, wie Kosten für Marketing, Vertrieb und Distribution, beziehen sich ohnehin auf die im jeweiligen Monat verkaufte Menge an Inlays.
> Über die Erfassung von Bestandsänderungen kommt es also zu einer Zuordnung von Produktkosten zu denjenigen Perioden, in denen die Inlays verkauft werden. Dies wird auch im externen Rechnungswesen so gehandhabt: Der Aufwand für die auf Lager produzierten Rohlinge soll erst in der Periode wirksam werden, in der die Rohlinge verkauft werden. Die Produktkosten von Lagerbestandserhöhungen werden daher zunächst in der Bilanz aktiviert und gehen erst später in die Gewinn- und Verlustrechnung ein.
> **Periodenkosten** sind dagegen nicht aktivierbar. Sie werden der Periode zugeordnet, in der sie anfallen, unabhängig davon, ob Bestandsveränderungen bei den Produkten auftreten. Bei der CeramicDental gehören dazu neben den Kosten für Marketing, Vertrieb und Distribution vor allem die Forschungs- und Entwicklungskosten. Die Kosten für Mitarbeiter im Bereich Forschung und Entwicklung, für Versuchsmaterialien und für den Wertverlust von Versuchsapparaturen, die im Juli angefallen sind, werden vollständig dem Juli zugeordnet. Dies gilt auch für die Gehälter der Vertriebsmitarbeiter und andere Vertriebskosten, die im Juli angefallen sind.

Relevante Kosten

Entscheidungsrelevant ist ein Sachverhalt immer dann, wenn er geeignet ist, die Rangfolge von Entscheidungsalternativen zu verändern. Eine Entscheidung wird unter Einbeziehung dieses Sachverhalts unter Umständen anders getroffen als ohne seine Einbeziehung. Diese allgemeine Definition lässt sich auch auf den Kostenbegriff übertragen, wobei Kosten in diesem Zusammenhang einen bestimmten Teil der Wirkungen von Entscheidungsalternativen messen: Relevante Kosten sind Kosten, die geeignet sind, die Rangfolge von Entscheidungsalternativen zu verändern.

> Relevante Kosten sind Kosten, die geeignet sind, die Rangfolge von Entscheidungsalternativen zu verändern.

Dies setzt voraus, dass die Kosten noch beeinflussbar sind, d. h., es muss sich um erwartete zukünftige Kosten handeln. Die Frage, welche Kosten für ein bestimmtes Entscheidungsproblem relevant sind, lässt sich nicht allgemein beantworten. Die Antwort hängt davon ab, welche Entscheidungsalternativen einbezogen werden, welche Ziele ein Manager verfolgt und durch welche Nebenbedingungen sein Handlungsspielraum eingegrenzt wird.

Relevante Kosten bei PerfectDent

PerfectDent lässt seine Keramikinlays bislang von dem Großlabor DentLab fräsen, da sich bei der bisherigen Nachfrage der Aufbau einer eigenen CAD/CAM-basierten Fräsanlage noch nicht gelohnt hat. Die vorgefrästen Inlays werden anschließend bei PerfectDent ausgearbeitet und poliert.

Vor diesem Hintergrund sind unterschiedliche Entscheidungssituationen denkbar. Zum einen könnte PerfectDent in Erwägung ziehen, von DentLab zu dem alternativen Anbieter GlobalDent zu wechseln, der in einem Low-Cost Country produziert und die vorgefrästen Inlays in derselben Qualität günstiger anbietet. Für diese Entscheidung sind dann lediglich die Kosten des Einkaufs bei den beiden Lieferanten relevant. Wäre das Risiko einer Lieferunterbrechung unterschiedlich hoch, so müsste dies in die Entscheidung mit einbezogen werden. Die Kosten des Ausarbeitens und Polierens der Inlays sind bei beiden Alternativen identisch und daher für diese Entscheidung nicht relevant.

Zieht PerfectDent dagegen auch den Aufbau einer eigenen CAD/CAM-Fräsanlage für Keramikinlays in Betracht, so werden auch die Kosten (und Risiken) dieser Alternative entscheidungsrelevant. Können bei dieser dritten Alternative die Inlays so gefräst werden, dass dabei die Kosten des Ausarbeitens und Polierens niedriger (oder höher) sind als beim Fremdbezug der vorgefrästen Inlays, so werden darüber hinaus auch die unterschiedlichen Kosten des Ausarbeitens und Polierens relevant und sind in die Entscheidung mit einzubeziehen.

Opportunitätskosten und Versunkene Kosten

Opportunitätskosten sind die durch die Wahl einer Entscheidungsalternative entgangenen Vorteile der besten verdrängten Alternative.

Opportunitätskosten bilden die durch die Wahl einer Entscheidungsalternative entgangenen Erfolge der besten verdrängten Alternative ab. Durch die Aufnahme eines Studiums verzichten Studierende beispielsweise darauf, eine bezahlte Vollzeittätigkeit aufzunehmen und dafür ein entsprechendes Arbeitseinkommen zu beziehen. Die Kosten eines Studiums setzen sich daher nicht nur aus Studienbeiträgen sowie Kosten für Bücher und andere Arbeitsmittel zusammen, sondern umfassen auch diese Opportunitätskosten in Form von entgangenem Arbeitseinkommen. Dabei ist das höchste Arbeitseinkommen anzusetzen, das während der Zeit, die für das Studium eingesetzt wird, verdient werden könnte.

Bei den Opportunitätskosten handelt es sich um Kosten, bei denen keine Zahlungen fließen. Sie unterschieden sich insofern von den Grundkosten, denen jeweils Zahlungen entsprechen (out-of-pocket costs). Das Opportunitätskostenprinzip steht hinter dem Ansatz von kalkulatorischen Kostenarten:
- Der kalkulatorische Unternehmerlohn bildet das entgangene Gehalt ab, welches der Unternehmer mit einer alternativen Tätigkeit verdienen könnte.
- Kalkulatorische Miete wird dafür angesetzt, dass dem Unternehmer durch die Nutzung einer eigenen Immobilie für die Geschäftstätigkeit Mieten aus der alternativen Vermietung entgehen.
- Kalkulatorische Zinsen auf das Eigenkapital werden dafür berechnet, dass dieses Eigenkapital nicht alternativ am Kapitalmarkt angelegt werden kann und den Kapitalgebern dadurch Zinsen entgehen.

Opportunitätskosten gehören zu den entscheidungsrelevanten Kosten. Sie bilden die Konsequenzen von Entscheidungsalternativen ab, die nicht Bestandteil des betrachteten Entscheidungsfelds sind. Bei der Beurteilung der Vorteilhaftigkeit einer Geschäftstätigkeit müssten eigentlich sämtliche Alternativen berücksichtigt werden. Durch den Ansatz von Opportunitätskosten kann jedoch darauf verzichtet werden, sämtliche Alternativen im Entscheidungsfeld aufzuführen, etwa die alternativen Verwendungen der eigenen Arbeitskraft, der eigenen Immobilie und des eigenen Kapitals. Die Berücksichtigung von Opportunitätskosten bei operativen Entscheidungen wird in Abschnitt 9.2 mit einem Zahlungsziel erläutert.

Auch wenn die Opportunitätskosten zu den entscheidungsrelevanten Kosten gehören, zeigen verhaltenswissenschaftliche Untersuchungen, dass Entscheidungsträger häufig dazu neigen, diese bei der Entscheidungsfindung, nicht oder zumindest nicht angemessen zu berücksichtigen (vgl. Abschnitt 9.2). Dem Kostenrechner kommt daher die Aufgabe zu, sämtliche Opportunitätskosten transparent zu machen und damit zu einer rationalen Entscheidungsfindung beizutragen.

> **Opportunitätskosten bei PerfectDent**
>
> Michael Meier überlegt, das Dentallabor im kommenden Jahr zu erweitern. Für die Einrichtung zusätzlicher Arbeitsplätze würde er die bislang untervermieteten Reserveräume benötigen. In diese Entscheidung muss Michael Meier die entgangenen Mieterträge als Opportunitätskosten einbeziehen. Die Laborerweiterung ist nur dann wirtschaftlich sinnvoll, wenn die damit erzielbaren zusätzlichen Erlöse nicht nur die zusätzlichen out-of-pocket costs (unter anderem für Materialien, Mitarbeiter, und Geräte), sondern auch die entgangenen Vorteile aus der Untervermietung der Räume decken.

Das Dilemma bei der Ermittlung von Opportunitätskosten besteht darin, dass zunächst sämtliche Alternativen verglichen werden müssten, um die richtige Höhe der Opportunitätskosten bestimmen zu können.

Versunkene Kosten, für die auch im deutschen Sprachraum vielfach die Bezeichnung Sunk Costs verwendet wird, sind Kosten, die in der Vergangenheit verursacht wurden und die sich durch Entscheidungen zum aktuellen Zeitpunkt nicht mehr vermeiden lassen. Die Kosten für eine Maschine, die speziell für ein Unternehmen gebaut wurde, um ein spezielles Produkt herzustellen, lassen sich auch durch Einstellen der Produktion nicht vermeiden, wenn sich diese Maschine auf dem Markt für gebrauchte Maschinen nicht mehr absetzen lässt. Dies ist dann der Fall, wenn außer dem Unternehmen, für das die Spezialmaschine gebaut wurde, niemand eine wirtschaftlich sinnvolle Verwendung für diese Maschine hat. Die Investition in die Spezialmaschine ist in diesem Fall vollständig irreversibel, man kann die Entscheidung also nicht rückgängig machen, indem man die Maschine verkauft.

In der Realität ist die Irreversibilität von Investitionen in aller Regel ein graduelles Phänomen. So lässt sich auch in obigem Beispiel einer Spezialmaschine meist noch ein Preis für den Schrottwert der Anlage erzielen, so dass die Investition nicht völlig irreversibel ist und die Kosten nur partiell versunken sind. Umgekehrt gibt es praktisch auch keine Investitionen, die völlig reversibel sind, da allein die Beschaffung einer Anlage mit Kosten verbunden ist.

Versunkene Kosten sind nicht entscheidungsrelevant, da sie unabhängig von der verfolgten Entscheidungsalternative anfallen und sich nicht vermeiden lassen. Empirisch lässt sich allerdings beobachten, dass Versunkene Kosten bei der Entscheidungsfindung häufig berücksichtigt werden (vgl. Abschnitt 9.2). Entscheidungsträger neigen offenbar dazu, einen in der Vergangenheit getroffenen Entscheidungspfad weiter zu verfolgen, selbst wenn sich dieser inzwischen als falsch herausgestellt hat. Die Bindung an in der Vergangenheit getroffene Entscheidungen ist häufig umso größer, je höher die Versunkenen Kosten sind. Dies kann dazu führen, dass ein erfolgloses Projekt fortgeführt statt abgebrochen wird und dabei noch weitere Mittel investiert werden (throwing good money after bad). Aufgabe des Kostenrechners ist es in diesem

---

Versunkene Kosten wurden in der Vergangenheit verursacht und lassen sich durch Entscheidungen zum aktuellen Zeitpunkt nicht mehr vermeiden.

Fall, die Entscheidungssituation transparent zu machen und dafür zu sorgen, dass Versunkene Kosten bei der Entscheidungsfindung nicht berücksichtigt werden. Abschnitt 9.2 geht auf Versunkene Kosten bei Entscheidungen mit einem Zahlenbeispiel näher ein.

Praxisbeispiel: Versunkene Kosten bei der Projektabbruchentscheidung für den Transrapid

Im März 2008 wurde das Projekt der Transrapid-Verbindung des Münchener Hauptbahnhofs mit dem ca. 40 Kilometer entfernten Flughafen München abgebrochen. Statt der in einer Machbarkeitsstudie aus dem Jahr 2002 veranschlagten 1,85 Mrd. €, rechnete die Industrie zum Schluss mit Kosten in Höhe von 3,2 bis 3,4 Mrd. €. Bis zum Projektabbruch waren bereits erhebliche Kosten angefallen, unter anderem für die Machbarkeitsstudie, für die Einrichtung und den Betrieb einer Vorbereitungsgesellschaft, für das Raumordnungsverfahren sowie für die Vorbereitung des Planfeststellungsverfahrens. Bei diesen Kosten handelte es sich zum Zeitpunkt des Projektabbruchs bereits um Versunkene Kosten, die nicht mehr entscheidungsrelevant waren.

Quelle der Daten: http://www.br-online.de/aktuell/transrapid-aus-DID1204797 267839/index.xml, abgerufen am 19.11.2009.

2.3 Überblick über die Teilbereiche der Kosten- und Erlösrechnung und ihre Aufgaben

Zum Abschluss dieses Kapitels wird ein Überblick über die Teilbereiche der Kosten- und Erlösrechnung und ihre Aufgaben gegeben, welcher zur Einordnung und zum Grundverständnis der folgenden Kapitel erforderlich ist. Abbildung 2.8 zeigt den Grundaufbau eines Kosten- und Erlösrechnungs-

Abbildung 2.8: Grundaufbau einer Kosten- und Erlösrechnung bei Vollkostenrechnung

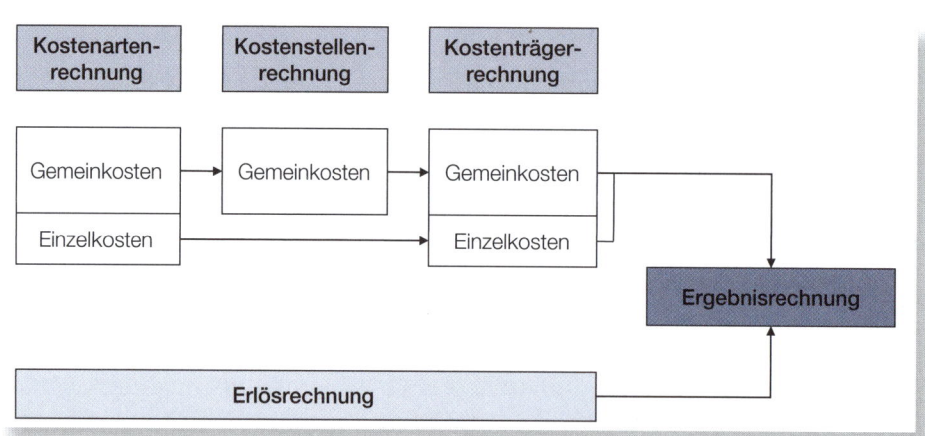

2.3 Überblick über die Teilbereiche der Kosten- und Erlösrechnung

systems. Die Kostenrechnung besteht aus den drei Säulen Kostenartenrechnung, Kostenstellenrechnung und Kostenträgerrechnung. Mit der Erlösrechnung wird die Kostenrechnung zu einer Ergebnisrechnung zusammengeführt.

In der **Kostenartenrechnung** wird untersucht, *welche* Kosten angefallen sind. Sie zeigt zum Beispiel wie hoch Materialkosten, Personalkosten, Mieten, Abschreibungen auf Anlagen, Zinsen und Kosten für andere Einsatzgüter sind. Die **Erfassung** der Kosten in der Kostenartenrechnung erfolgt zum Teil aus der Finanzbuchhaltung, zum Teil separat. Der Teil der Kosten, der gleichzeitig Aufwand ist (Grundkosten bzw. Zweckaufwand) kann aus der Finanzbuchhaltung übernommen werden. Kalkulatorische Kosten müssen dagegen gesondert erfasst werden. Die **Gliederung** der Kosten nach Kostenarten kann dabei nach unterschiedlichen Kriterien erfolgen, z. B. nach der Einsatzgüterart. Von zentraler Bedeutung ist insbesondere die Gliederung in Einzel- und Gemeinkosten nach dem Kriterium der Zurechenbarkeit auf die Kostenträger. Während die Einzelkosten direkt aus der Kostenartenrechnung verursachungsgerecht auf die einzelnen Kostenträger zugerechnet werden können, ist dies bei den Gemeinkosten nicht möglich, was eine Kostenschlüsselung erforderlich macht. Die Kostenartenrechnung wird in Kapitel 5 behandelt.

> In der Kostenartenrechnung wird untersucht, *welche* Kosten angefallen sind.

Um die Gemeinkosten nicht völlig undifferenziert auf die Kostenträger zu schlüsseln, kann für ihre Zuordnung eine **Kostenstellenrechnung** zwischen Kostenartenrechnung und Kostenträgerrechnung geschaltet werden. In der Kostenstellenrechnung werden rechnungsmäßig abgegrenzte Bereiche (Kostenstellen), zum Beispiel für innerbetriebliche Servicebereiche, für das Materiallager, für einzelne Fertigungsbereiche sowie für Verwaltung und Vertrieb betrachtet. Die Kostenstellenrechnung zeigt also, *wo* die Kosten angefallen sind; mit ihrer Hilfe soll eine möglichst differenzierte Verteilung der Gemeinkosten auf die Kostenträger erreicht werden. Darüber hinaus werden durch die Bildung von Kostenstellen abgegrenzte Verantwortungsbereiche geschaffen. Planung und Kontrolle von Kosten können dann segmentiert nach diesen Bereichen durchgeführt werden. Verfahren der Kostenstellenrechnung werden in Kapitel 4 erläutert.

> Die Kostenstellenrechnung zeigt, *wo* die Kosten angefallen sind.

In der **Kostenträgerrechnung** werden die Kosten für eine einzelne Kostenträgereinheit, z. B. ein Inlay, eine Krone oder ein Implantat, kalkuliert. Sie zeigt also, *wofür* Kosten angefallen sind. Einzel- und Gemeinkosten werden addiert. Die Einzelkosten werden dabei direkt aus der Kostenartenrechnung übernommen. Ist eine Kostenstellenrechnung vorhanden, so werden die Gemeinkosten differenziert nach der Inanspruchnahme der Kostenstelle durch den Kostenträger verteilt. Dies betrifft z. B. die Verteilung der Kosten für Materiallagerung, einzelne Fertigungsvorgänge, Verwaltung und Vertrieb. Diese stückbezogene Kostenträgerrechnung, die auch als Kalkulation bezeichnet wird, ist Gegenstand von Kapitel 3.

> Die Kostenträgerrechnung zeigt, *wofür* Kosten angefallen sind.

Neben der stückbezogenen Kostenträgerrechnung gibt es auch eine Kostenträger*zeit*rechnung, in der die Kosten sämtlicher Kostenträgereinheiten einer

Abrechnungsperiode ermittelt werden, z. B. die Kosten für sämtliche zahntechnische Leistungen, die innerhalb eines Monats erbracht wurden. Kombiniert man diese Kostenträgerzeitrechnung mit einer Erlösrechnung, so erhält man eine Ergebnisrechnung. In ihr wird der Betriebserfolg der Abrechnungsperiode ermittelt, indem die Kosten von den Erlösen abgezogen werden. Unterschiedliche Verfahren der Ergebnisrechnung werden in Kapitel 7 behandelt.

Damit wurde der Grundaufbau einer Kosten- und Erlösrechnung bei **Vollkostenrechnung** skizziert. Diese ist dadurch gekennzeichnet, dass sämtliche Kosten bis auf die Kostenträgereinheit zugeordnet werden. Im angelsächsischen Sprachraum wird dieser Ansatz als Full Costing oder Absorption Costing bezeichnet, da bildlich gesprochen sämtliche Kosten von den Kostenträgern absorbiert werden. Da bei einer Vollkostenrechnung unter Umständen stark vom Prinzip einer verursachungsgerechten Kostenzuordnung abgewichen wird und dadurch das Risiko von Fehlentscheidungen besteht, kann man stattdessen oder als Ergänzung Teilkostenrechnungen durchführen.

Teilkostenrechnungen zeichnen sich dadurch aus, dass nur ein Teil der gesamten Kosten bis auf die Kostenträgereinheit verrechnet wird. Im angelsächsischen Sprachraum wird dieser Ansatz als Variable Costing oder auch als Direct Costing bezeichnet. Der Grundaufbau einer Teilkostenrechnung, bei der lediglich die variablen Kosten auf die Kostenträgereinheit verrechnet werden, ist in Abbildung 2.9 dargestellt.

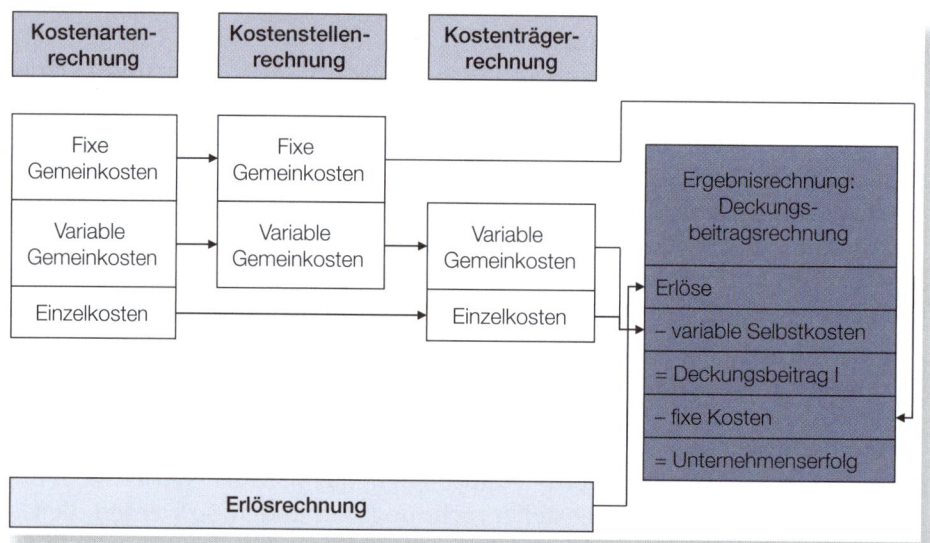

Abbildung 2.9: Grundaufbau einer Kosten- und Erlösrechnung bei Teilkostenrechnung

Der Unterschied zu einer Vollkostenrechnung besteht darin, dass die Gemeinkosten in fixe und variable Gemeinkosten differenziert und nur letztere auf die Kostenträgereinheit verteilt werden. In der Ergebnisrechnung werden von den Erlösen dann zunächst nur die variablen Selbstkosten subtrahiert, die sich aus den Einzelkosten und den variablen Gemeinkosten zusammensetzen. Dies ergibt den Deckungsbeitrag, der zur Deckung der fixen Kosten und zur Erwirtschaftung eines Unternehmenserfolgs zur Verfügung steht. Vom Deckungsbeitrag werden dann im nächsten Schritt die fixen Kosten abgezogen, die noch auf den Kostenstellen ‚liegen', woraus sich der Unternehmenserfolg ergibt.

Literatur

Hilton, Ronald W./Platt, David E., Managerial Accounting: Creating Value in a Global Business Environment, Global Edition, 9. Auflage, McGraw-Hill/Irwin, New York 2011, Kapitel 2.

Horngren, Charles T./Datar, Srikant M./Rajan, Madhav V.: Cost Accounting: A Managerial Emphasis, Global Edition, 14. Auflage, Pearson Education, Upper Saddle River 2012, Kapitel 2.

Schildbach, Thomas/Homburg, Carsten: Kosten- und Leistungsrechnung, 10. Auflage, Lucius&Lucius, Stuttgart 2009, Kapitel I.E.

Schweitzer, Marcell/Küpper, Hans-Ulrich: Systeme der Kosten- und Erlösrechnung, 10. Auflage, Vahlen, München 2010, Kapitel 1.A.II und 1.B.I.1–1.B.III.1.

Verständnisfragen

a) Durch welche drei Begriffselemente sind Kosten definiert? Welche Rolle spielen diese im Hinblick auf die inhaltliche und zeitliche Abgrenzung von Kosten?

b) Welche Kosten sind deckungsgleich mit entsprechenden Aufwendungen, welche Kosten unterscheiden sich der Höhe nach von den entsprechenden Aufwendungen und welchen Kosten stehen gar keine entsprechenden Aufwendungen gegenüber? Nennen Sie jeweils ein Beispiel.

c) Wie sind Gesamtkosten und Stückkosten definiert und welche Rolle spielen Kostenzuordnungsprobleme bei ihrer Ermittlung?

d) Wie werden Einzel- und Gemeinkosten unterschieden und welche Form der Kostenzuordnung ist bei ihnen jeweils möglich?

e) Wie unterscheiden sich variable und fixe Kosten und was versteht man unter Fixkostendegression?

f) Wie unterscheiden sich die Stand Alone-Kostenverteilungsmethode und die Inkrementalkostenverteilungsmethode? Welche Rolle spielt dabei die Reihenfolge, in der die Kosten auf mehrere Bezugsobjekte verteilt werden?

g) Welche Bedeutung haben Produktkosten für die Ermittlung des Erfolgs einer Periode?

h) Welche Kosten sind für eine Entscheidung relevant?

i) Wofür werden Opportunitätskosten angesetzt? Sind sie entscheidungsrelevant?

j) Wodurch werden Versunkene Kosten verursacht? Sind sie entscheidungsrelevant?

k) Welche Aufgaben haben die drei Teilbereiche der Kostenrechnung?

l) Wodurch unterscheidet sich die Zuordnung von Kosten in einer Teil- von derjenigen in einer Vollkostenrechnung?

Fallbeispiel: AirAsia

AirAsia wurde im Jahr 1993 gegründet. 1996 wurde es zur zweiten Landesfluggesellschaft von Malaysia. In der Anfangszeit flog AirAsia mit zwei Flugzeugen vier Destinationen in Malaysia an. 2001 wurde AirAsia von Tune Air übernommen und innerhalb von zwei Jahren zu einer erfolgreichen Billigfluggesellschaft mit 50 Flugzeugen ausgebaut. AirAsia war die erste Fluggesellschaft in Asien, welche die Strategie eines Low-Cost-Carriers verfolgt hat, die ursprünglich von Southwest Airlines in den USA angewandt und unter anderem von Ryanair und EasyJet übernommen wurde. Die Kosten niedrig zu halten, steht daher bei AirAsia im Fokus.

Eine wichtige Kennzahl für die Einordnung der Kostenposition einer Fluggesellschaft sind die Kosten pro verfügbaren Sitz-Kilometer (available seat kilometer – ASK). Die verfügbaren Sitz-Kilometer ergeben sich durch Multiplikation der gesamten Zahl verfügbarer Sitze auf eingeplanten Flügen mit der Anzahl der auf diesen Flügen geflogenen Kilometer.

$$\text{CASK (Cost of available seat kilometer)} = \text{Cost/ASK}$$

Dabei werden sämtliche Kosten einer Fluggesellschaft nach dem Durchschnittsprinzip auf die verfügbaren Sitz-Kilometer verteilt. CASK ist somit eine branchenspezifische Durchschnittskostengröße. Diese wird vor allem für Kostenvergleiche mit anderen Fluggesellschaften verwendet. AirAsia hatte einen im weltweiten Vergleich äußerst niedrigen CASK von 2,5 US-Cent. Für Entscheidungen ist diese Stückkostengröße weniger geeignet; diese sollten eher auf einer Betrachtung der gesamten relevanten Kosten von Entscheidungsalternativen, z. B. von verschiedenen anzufliegenden Destinationen, basieren.

Eine der Strategien, um niedrige Kosten zu erreichen, besteht in einer möglichst guten Ausnutzung der Kapazität von Flugzeugen. AirAsia baute z. B. in eine Boeing 737-300 zu den üblichen 132 Sitzen weitere 16 Sitze ein. Die inkrementellen Kosten dieser Kapazitätserweiterung waren relativ niedrig, so dass mit dieser Maßnahme die durchschnittlichen Kosten pro Sitz gesenkt werden konnten.

AirAsia verfolgte des Weiteren die Strategie, die Fixkosten durch Aushandeln niedriger Leasing-Raten für Flugzeuge, günstiger langfristiger Instandhaltungsverträge sowie niedriger Versicherungsprämien zu senken. Teilweise konnten Fixkosten durch variable Kosten ersetzt werden, indem die benötigte Software nicht gekauft, sondern auf jährlicher Basis gemietet wurde.

AirAsia misst der zielgruppengenauen Positionierung seiner Marke ein großes Gewicht bei und verwendet ungefähr 3 % seiner Erlöse für Marketingaktivitäten. Mit dieser Richtschnur wird also ein bestimmtes Verhältnis zwischen den Erlösen und einer bestimmten Kostenart angestrebt.

Neben der Senkung von Kosten ergreift AirAsia auch Maßnahmen, um die Erlöse zu erhöhen. Dazu gehören der Verkauf von Speisen und Getränken unter der Eigenmarke SnackAttack und das Angebot von Hotelzimmern im Rahmen einer Strategie des Cross-Sellings von weiteren Produkten an die Fluggäste. Auch die Mitnahme von Frachtgut gehört zu diesen Maßnahmen.

AirAsia verfolgt eine ausgeprägte Expansionsstrategie. Im Jahr 2005 stand das Unternehmen z. B. vor der Entscheidung, auch Ziele in Australien anzufliegen. Bei der Entscheidung über das Angebot von Destinationen können situativ ganz unterschiedliche Faktoren relevant sein. Verfügt das Unternehmen kurzfristig über keine freien Kapazitäten bei seinen Flugzeugen und muss daher für eine neue Destination eine bestehende Destination streichen, so sind für diese Entscheidung nicht nur die Kosten und Erlöse relevant, die von der neuen Destination erwartet werden, sondern auch die entgangenen Deckungsbeiträge (Erlöse minus variable Kosten) der gestrichenen Destination. Bei letzteren handelt es sich in dieser Situation um Opportunitätskosten. Auf mittlere oder längere Sicht kann das Entscheidungsproblem das Leasing oder den Kauf weiterer Flugzeuge umfassen, mit denen die Kapazitäten erweitert werden können. Dann muss durch eine neue Destination keine bestehende Destination verdrängt werden. In dieser Entscheidungssituation ist dann relevant, ob die Fluggesellschaft erwartet, dass sich die zusätzliche Destination über die Nutzungsdauer eines zusätzlich beschafften Flugzeugs bzw. über die Laufzeit eines entsprechenden Leasing-Vertrags rentiert.

Heute fliegt AirAsia mit einer Flotte von 72 Flugzeugen (Airbus A320 mit 180 Sitzen und Airbus A330 mit über 330 Sitzen) von Drehkreuzen in Malaysia, Thailand und Indonesien aus über 60 nationale und internationale Destinationen an, unter anderem London sowie mehrere Destinationen in China und Australien. AirAsia hat die Vision 'To be the largest low cost airline in Asia and serving the 3 billion people who are currently underserved with poor connectivity and high fares.'

Quelle: basierend auf Ahmad, Rizal/Neal, Mark: AirAsia: The Sky's the Limit, in: Asia Journal of Management Cases, Vol. 3, 2006, No. 1, S. 25–50. Ergänzende Angaben von der Website www.airasia.com.

Übungsaufgaben

1. Ein Hersteller von Spielzeugautos benötigt für die Produktion eines hochwertigen Liebhabermodells Metall im Wert von 3,– € sowie Plastikwerkstoffe im Wert von 0,50 € je Auto. Da die Montage des Modells sehr aufwändig ist, hat sich ein Facharbeiter darauf spezialisiert. Sein Monatsgehalt liegt bei 2.500,– €. Bei der Montage des Modells muss ein Hilfsarbeiter assistieren. Der Lohn eines Hilfsarbeiters wird mit 18,– € je Stunde veranschlagt. Durchschnittlich kann ein Auto in 40 Minuten fertiggestellt werden. Die für die Montage benötigten Akkuschrauber haben je nach Einsatzintensität einen

variierenden Strombedarf. Die Stromkosten beliefen sich im vergangenen Monat auf 500,– €.
Unter welche Kostenkategorien (Einzelkosten vs. Gemeinkosten, variable Kosten vs. fixe Kosten) fallen die genannten Kosten?

2. Ein Stahlproduzent benötigt für die Herstellung eines Stahlträgers Eisen im Wert von 500,– € sowie andere Werkstoffe je Träger im Wert von 50,– €. Da ein Abkühlen der Öfen und ein anschließendes Hochfahren erst bei Bedarf unverhältnismäßig teuer wären, bleiben die Öfen dauerhaft auf Betriebstemperatur. Dies verursacht Energiekosten von monatlich 21.000,– € je Ofen. Die Öfen werden rund um die Uhr im Dreischichtbetrieb betrieben. Je Ofen müssen je nach Bedarf zwei (normale Auslastung bei 210 bis 450 Stahlträgern täglich) bzw. drei (übernormale Auslastung bei maximal 600 Stahlträgern täglich) Arbeiter sowie ein Vorarbeiter anwesend sein. Eine Arbeiterstunde wird mit 45,– € veranschlagt, die eines Vorarbeiters mit 55,– €. Zudem ist ein Produktionsleiter für alle vier Öfen des Werks verantwortlich. Sein Monatsgehalt liegt bei 4.800,– €.
Erstellen Sie eine auf den Monat bezogene Kostenfunktion für einen Ofen bei normaler und übernormaler Auslastung (Annahme: 30 Arbeitstage im Monat).

3. Der Rennradhersteller RaceBike produziert die von ihm verwendeten High-End-Fahrradsättel bislang in Eigenfertigung. Folgende Kosten sind für die Produktion von 98 Fahrradsätteln im vergangenen Monat angefallen:
   - Schaumstoff: 100 kg zu 1,– €/kg
   - Leder: 5 Rollen zu 250,– €/Rolle
   - Spezialaluminium: 200 kg zu 2.000,– €/Tonne
   - Schraubensätze: 100 Stück zu 0,80 €/Stück
   - Löhne und Gehälter: 10.000,– €
   - Maschinenwartung und -abschreibung: 300,– €
   - Sonstige Gemeinkosten: 800,– €

   Berechnen Sie die Gesamt- und die Durchschnittskosten für die Herstellung der Fahrradsättel.

4. Ein Hersteller von Sanitäranlagen hat einen Teil der Produktion von Armaturengewinden nach Ungarn ausgelagert. In letzter Zeit stellen sich vermehrt Beschwerden von Kunden über undichte Gewinde ein. Der Hersteller steht vor der Wahl, einen Ingenieurdienstleister nach Ungarn zu schicken, um die Qualitätsmängel in der Fertigung zu beseitigen oder die Produktion der Gewinde wieder selbst zu übernehmen. Als Zeithorizont für diese Entscheidung werden zwei Jahre betrachtet, da durch Designinnovationen die Gewinde danach ohnehin ersetzt werden müssen. Der restliche Bedarf an Gewinden liegt in diesem Jahr bei 15.000 Stück, im kommenden Jahr bei 17.000 Stück. Zusätzlich müssen noch 3.000 Stück als Ersatzteile auf Lager produziert werden. Der Ingenieurdienstleister veranschlagt 80.000,– € für die Beseitigung der Qualitätsmängel. Zur Wiederaufnahme der eigenen Fertigung wären Kosten für die Personalakquise von 5.000,– € zu veranschla-

gen. Im Folgenden sind die Kosten pro Stück bei Eigenfertigung aufgelistet, die aus Vergangenheitswerten mit entsprechend angepassten Marktpreisen ermittelt wurden:
- Materialeinzelkosten: 1,30 €/Stück
- Lohneinzelkosten: 2,70 €/Stück
- Material- und Gehaltsgemeinkostenumlage: 0,52 €/Stück
  Hinweis: Es handelt sich um variable Gemeinkosten, die proportional von der Stückzahl abhängen.
- Abschreibungs- und Verwaltungsgemeinkostenumlage: 0,48 €/Stück
  Hinweis: Es handelt sich um fixe Gemeinkosten, die innerhalb des Zeithorizonts von zwei Jahren nicht abbaufähig sind.

a) Berechnen Sie die Gesamtkosten und die Durchschnittskosten für die Herstellung der Gewinde in Eigenfertigung über den relevanten Zeithorizont.

b) Berechnen Sie die Gesamtkosten und die Durchschnittskosten für den Bezug der Gewinde über den ungarischen Lieferanten bei einem Bezugspreis von 3,30 € je Stück.

c) Welche Kosten sind für die anstehende Entscheidung des Herstellers von Sanitäranlagen relevant?

5. Elektronikhändler Maximilian Müller hat Anfang des Jahres Elektronikartikel eingekauft. Unerwartet konnte Herr Müller bis Jahresende nur wenige seiner Artikel verkaufen. Herr Müller stellt am Jahresende folgende Überlegungen an: Er erwartet, für den Restbestand mit einem Einkaufswert von 15.000,– € Ende kommenden Jahres noch Verkaufserlöse von 12.000,– € erzielen zu können. Alternativ könnte er seinen Restbestand sofort für 10.000,– € an einen anderen Händler veräußern. Ihm liegt ein aktuelles Angebot von seiner örtlichen Bank für eine Geldanlage vor, das ihm bei einer Mindestanlage von 10.000,– € einen Garantiezins von 5,05 % pro Jahr bietet.

a) Erläutern Sie an diesem Beispiel den Begriff der Opportunitätskosten. Wie hoch sind die Opportunitätskosten von Herrn Müller, wenn er sich dafür entscheidet, den Restbestand zu behalten und im kommenden Jahr zu verkaufen?

b) Erläutern Sie an diesem Beispiel den Begriff der Versunkenen Kosten.

Kapitel 3 Kalkulation

Kapitelüberblick

3.1 **Aufgaben und Ausgestaltung der Kalkulation**
   Aufgaben der Kalkulation
   Abgrenzung und Gliederung von Kostenträgern
   Zusammenhang Programmtyp, Produkteigenschaften und Kalkulationsverfahren

3.2 **Kalkulation und Kostenverrechnung bei Einzel- und Serienfertigung**
   Ausgangspunkt der Zuschlagskalkulation
   Zuschlagskalkulation mit mehreren Zuschlagssätzen
   Maschinensatzrechnung
   Zeitpunkte und Formen der Zuschlagskalkulation
   Betriebsbuchhaltung bei Einzel- und Serienfertigung

3.3 **Kalkulation und Kostenverrechnung bei Massen- und Sortenfertigung**
   Einstufige Divisionsrechnung
   Mehrstufige Divisionsrechnung
   Äquivalenzziffernrechnung
   Kalkulation von Kuppelprodukten
   Betriebsbuchhaltung bei Massen- und Sortenfertigung

Lernziele dieses Kapitels

- Für welche Zwecke lassen sich Kalkulationsergebnisse verwenden?

- Welches Kalkulationsverfahren ist zweckmäßig für welchen Produktionsprozess und welchen Programmtyp?

- Welche Informationen sind für eine Zuschlagskalkulation erforderlich?

- Welche Auswirkungen hat eine detailliertere Zuschlagskalkulation auf die kalkulierten Selbstkosten?

- Wie werden Kalkulationsergebnisse in der Betriebsbuchhaltung abgebildet?

- Welche Annahmen werden getroffen, wenn man über die Äquivalenzziffernrechnung die Selbstkosten von Produktsorten kalkuliert?

- Welche Besonderheiten sind bei der Kalkulation von Kuppelprodukten zu beachten?

Kapitel 3 — Kalkulation

> **Genauere Kalkulationen bei Special Bikes**
>
> Jan Zobel ist Kostenrechner bei Special Bikes, einem kleinen mittelständischen Unternehmen, das sich auf die Fertigung von Rennrädern und Mountainbikes spezialisiert hat. Seit einiger Zeit macht sich Zobel Sorgen um den Bereich Rennräder: So ist er sich sicher, dass seit der Ernennung von Klaus Metzger zum Leiter der Rennrad-Produktion der früher einmal straff und wirtschaftlich geführte Bereich nur noch ein Schatten seiner selbst ist. Auch hat sich die sinkende Attraktivität des Profisports dramatisch auf die Nachfrage ausgewirkt, so dass alle Hersteller ihre Preise auf breiter Front zurückgenommen haben. Zobel vermutet deshalb seit langem, dass in der Vergangenheit auch unprofitable Aufträge angenommen wurden. Nach seiner Überzeugung müssen für die Zukunft die Kosten eines Auftrags genauer kalkuliert werden, um entweder unprofitable Aufträge nicht mehr anzunehmen oder die Preisforderungen in den Verhandlungen mit den Kunden zu erhöhen. Nach reiflicher Überlegung kommt Zobel zu dem Schluss, dass er sich zukünftig intensiver mit der Kalkulation auseinander setzen muss, um den Erfolg des Bereichs Rennräder zu steigern.

3.1 Aufgaben und Ausgestaltung der Kalkulation

Aufgaben der Kalkulation

In der Kalkulation werden die anfallenden Kosten erfasst und den Produkten des Unternehmens zugerechnet.

In der Kalkulation werden die im Produktionsprozess anfallenden Kosten erfasst und den Produkten des Unternehmens zugerechnet. Kostenrechner und Management benötigen die kalkulierten Kosten von Produkten in verschiedenen Situationen:

- Industrieunternehmen benötigen für die **Planung des Produktionsprogramms** Informationen über die Kosten, welche bei der Fertigung der Produkte anfallen.
- Handelsunternehmen benötigen die Kalkulationsergebnisse für **Beschaffungsentscheidungen**. Diese betreffen beispielsweise die Lieferantenauswahl oder das Aushandeln von Beschaffungspreisen.
- Oftmals werden **Absatz- bzw. Listenpreise** durch einen Gewinnaufschlag auf die Stückkosten ermittelt. Dies kommt beispielsweise bei öffentlichen Aufträgen vor, welche nach den so genannten „Leitsätzen für die Preisermittlung aufgrund von Selbstkosten (LSP)" zu kalkulieren sind. Versorgungsbetriebe wie Elektrizitäts- und Gaslieferanten, aber auch ehemalige Monopolisten in den Bereichen Telekommunikation, Post und Eisenbahnen können ihre Preise nicht frei festsetzen, sondern werden dabei von einer Regulierungsbehörde eingeschränkt. Regulierungsbehörden orientieren sich bei der Festlegung von Entgelten vielfach an den Kalkulationen über die mit der Fertigung der Produkte bzw. der Bereitstellung der Leistungen verbundenen Kosten.
- Kalkulationsergebnisse werden auch für Kontrollen genutzt: Zum Zwecke der **Kostenkontrolle** benötigt das Management Informationen über die

3.1 Aufgaben und Ausgestaltung der Kalkulation — Kapitel 3

Kosten der gefertigten Produkte. Damit kann es beispielsweise auf eine kontinuierliche Reduktion der Kosten hinwirken. Weiterhin wird so das Augenmerk des Managements auf außergewöhnliche Kostensteigerungen gerichtet, so dass es rechtzeitig eingreifen und gegensteuern kann.

- Mithilfe einer **Erfolgskontrolle** lernt das Management, ob Fertigung und Vertrieb eines bestimmten Produktes erfolgreich sind. Hierzu stellt es den erzielten Umsatzerlösen die Kosten für Fertigung und Vertrieb des Produktes gegenüber.
- Am Ende des Geschäftsjahres sind schließlich im Rahmen der **Bestandsbewertung** die gefertigten, aber noch nicht abgesetzten Produkte zu bewerten. Hierunter fallen sowohl Fertigerzeugnisse als auch halbfertige Erzeugnisse. Die kalkulierten Bestandswerte fließen dabei sowohl in das externe als auch das interne Rechnungswesen ein.

Praxisbeispiel: Kalkulationszwecke bei Industriegasherstellern

Industriegashersteller wie die Linde AG erzeugen Sauerstoff, Stickstoff, Argon, Kohlendioxid oder verschiedene Edelgase für industrielle sowie medizinische Zwecke. Zu den typischen Produktbereichen zählt das Geschäft mit Flüssig- und Flaschengasen für Automobilunternehmen, Groß- oder Einzelhändler und das On-site-Geschäft mit Luftzerlegungs-Anlagen direkt bei Stahl- oder Chemieunternehmen. Bei den Flüssig- und Flaschengasen benötigt das Management Kalkulationsergebnisse für Produktmix- und Preisentscheidungen, um auf Schwankungen in der Nachfrage oder das Verhalten von Wettbewerbern reagieren zu können. Im On-site-Geschäft hingegen sind die Produkte und Preise in der Regel durch langfristige Liefervereinbarungen fixiert. Hier benötigt das Management Kalkulationsergebnisse, um die Kosten der verschiedenen Luftzerlegungs-Anlagen vergleichen zu können.

Foto: The Linde Group

In den genannten Beispielen werden die Kalkulationsergebnisse für die Zwecke der Planung (Ermittlung von Produktionsprogramm, Beschaffungs- und Preispolitik), der Kontrolle (Kosten- und Erfolgskontrolle) sowie der Dokumentation (Bestandsbewertung) genutzt. Die Zeitpunkte der Kalkulation unterscheiden sich hierbei deutlich: Während die Kalkulation für Planungszwecke schon vor Beginn eines Geschäftsjahres erfolgen kann, lassen sich Bestandswerte erst zum Ende des Geschäftsjahres verlässlich kalkulieren. Für eine aktualisierte Planung und eine regelmäßige Kosten- sowie Erfolgskontrolle sind schließlich auch unterjährig Kalkulationen durchzuführen. Die unterschiedlichen Zeitpunkte wirken sich auf die verfügbaren Informationen und die damit zu treffenden Annahmen bei den Kalkulationsverfahren aus. Obwohl sich die so genannten **Rechnungszwecke der Kalkulation** deutlich unterscheiden, zeigen die weiteren Ausführungen, dass die Technik der jeweils eingesetzten Kalkulationsverfahren relativ ähnlich ist.

Kapitel 3 — Kalkulation

Als Ergebnis der Kalkulation unterscheidet man die Herstellkosten und die Selbstkosten. Die **Herstellkosten** bezeichnen die Kosten, die bei der Herstellung eines Produktes anfallen. Sie umfassen die Material- und die Fertigungskosten. Die **Selbstkosten** beinhalten neben den Herstellkosten auch Entwicklungs-, Verwaltungs- und Vertriebskosten:

```
  Materialkosten
+ Fertigungskosten
= Herstellkosten
+ Entwicklungskosten
+ Verwaltungskosten
+ Vertriebskosten
= Selbstkosten
```

Foto: ThyssenKrupp

Praxisbeispiel: Verkaufskalkulation in Industriebetrieben

Liegen die Selbstkosten je Stück eines Produktes als Kalkulationsergebnis vor, so kann man über Aufschläge für Gewinn, Skonto, Rabatt und Umsatzsteuer unmittelbar den Listenverkaufspreis bestimmen:

```
   Selbstkosten
 + Gewinnaufschlag (in % der Selbstkosten)
 = Barverkaufspreis
 + Skonto (in % des Zielverkaufspreises)
 = Zielverkaufspreis
 + Rabatt (in % vom Netto-Listenverkaufspreis)
 = Netto-Listenverkaufspreis
 + Umsatzsteuer (in % vom Netto-Listenverkaufspreis)
 = Brutto-Listenverkaufspreis
```

Foto: Media Markt

Praxisbeispiel: Bezugskalkulation in Handelsbetrieben

Handelsbetriebe des Groß- oder Einzelhandels wie Edeka und Media Markt kaufen Produkte auf eigene Rechnung ein und verkaufen sie ohne Bearbeitung weiter. Ausgehend vom Listenpreis des Lieferanten werden über die Bezugskalkulation die Einstandspreise ermittelt

3.1 Aufgaben und Ausgestaltung der Kalkulation

	Rechnungs- oder Listenpreis inkl. Umsatzsteuer
−	Umsatzsteuer (in % des Netto-Rechnungspreises)
=	Netto-Rechnungspreis
−	Rabatt (in % des Netto-Rechnungspreises)
=	Zieleinkaufspreis
−	Skonto (in % des Zieleinkaufpreises)
=	Bareinkaufspreis
+	Transportkosten (Frachten, Verpackungskosten)
+	Bezugsnebenkosten (Versicherung, Zollgebühren)
=	Einstandspreis

Der Einstandspreis wird zur Bewertung von Warenbeständen am Geschäftsjahresende genutzt. Auch für die Preispolitik ist er von Bedeutung: Durch das Gesetz gegen Wettbewerbsbeschränkungen (GWB) ist „Unternehmen mit gegenüber kleinen und mittleren Wettbewerbern überlegener Marktmacht" der Verkauf von Waren und gewerblichen Leistungen unter dem Einstandspreis ausdrücklich verboten.

Abgrenzung und Gliederung von Kostenträgern

In der Kalkulation rechnet man die Kosten den Leistungen (Gütern) eines Unternehmens zu. Da diese also die Kosten ihrer Erstellung zu „tragen" haben, bezeichnet man sie auch als Kostenträger. Abbildung 3.1 gibt einen Überblick über mögliche Gliederungen der Kostenträger von Unternehmen.

Klassifikationsmerkmal	Arten von Kostenträgern
Produktionsstufe	End- und Zwischenprodukte
Bestimmung	Absatz- und Wiedereinsatzgüter
Technische Verbundenheit	Unverbundene und Kuppelprodukte
Güterart	Materielle und immaterielle Güter

Abbildung 3.1: Gliederung der Kostenträger

Bei Endprodukten handelt es sich oftmals um Absatzgüter, während Zwischenprodukte vielfach Wiedereinsatzgüter sind. Das Zwischenprodukt eines chemischen Prozesses kann aber auch für den Absatzmarkt bestimmt sein. Während die Beratungsleistung einer Unternehmensberatung ein Absatzgut darstellt, handelt es sich bei der Leistung eines „Inhouse Consulting" um ein Wiedereinsatzgut. In zahlreichen Unternehmen ist die Fertigung einzelner Produkte relativ unabhängig voneinander, beispielsweise die Montage von PKWs und LKWs. Bei technischer Verbundenheit im Fertigungsprozess resultieren hingegen Kuppelprodukte, so dass die einzelnen Ausbringungsmengen nun nicht mehr unabhängig voneinander sind. Dies betrifft beispielsweise die Verarbeitung von Rohmilch in einer Molkerei: Der Prozess der Entrahmung liefert zwangsläufig Rahm und Milch in einem bestimmten Verhältnis. Ausbringungsgüter umfassen schließlich sowohl materielle als auch immaterielle Produkte wie PKWs bei einem Automobilhersteller oder Entwurfsprojekte bei einem Architekturbüro.

Praxisbeispiel: Dienstleistungen

Unternehmensberatungen wie McKinsey & Company oder The Boston Consulting Group beraten Unternehmen bei strategischen und operativen Fragestellungen. Unternehmen wie Bayer, Bosch oder Deutsche Bank betrauen konzerneigene Inhouse Consulting-Abteilungen mit Aufgaben der Unternehmensberatung. Der Kostenträger „Beratungsauftrag für eine strategische Neupositionierung" stellt dann entweder ein Absatz- oder ein Wiedereinsatzgut dar. Davon unabhängig fließen in die Kalkulation der Selbstkosten Informationen z. B. über die erwartete Anzahl an Beratertagen sowie extern zu beschaffende Güter wie Software ein.

Begriffsvielfalt

> Die Kalkulation wird wegen der Betrachtung von Kostenträgern häufig auch als **Kostenträgerstückrechnung** bezeichnet.
>
> Um die unterschiedlichen Kalkulationszeitpunkte hervorzuheben, differenziert man vielfach zwischen der **Vorkalkulation** (zur Planung von Produktionsprogramm, Beschaffungs- und Preispolitik), der **Zwischenkalkulation** (für die Kosten- und Erfolgskontrolle) sowie der **Nachkalkulation** (zur Bestandsbewertung sowie zur Kosten- und Erfolgskontrolle).
>
> Informationen über die Kosten der Herstellung eines Produktes werden in der Kosten- und Erlösrechnung im internen Rechnungswesen und in der Gewinn- und Verlustrechnung im externen Rechnungswesen benötigt. Da beide Rechnungen verschiedene Wertansätze nutzen, unterscheidet man zwischen den **Herstellkosten** (internes Rechnungswesen) und den **Herstellungskosten** (externes Rechnungswesen).

Zusammenhang Programmtyp, Produkteigenschaften und Kalkulationsverfahren

Das grundsätzliche Vorgehen zur Kalkulation von Herstell- und Selbstkosten orientiert sich an dem Programmtyp der Fertigung (Abb. 3.2).

Während bei Einzelfertigung keines der erzeugten Produkte einem anderen Produkt gleicht, liegen bei Serienfertigung homogene Produkte innerhalb einer Serie vor. Von einer Sortenfertigung spricht man, wenn nur noch geringfügige Unterschiede in Abmessung, Größe, Gestalt oder Format vorliegen, die Rohstoffe und Fertigungsprozesse hingegen einheitlich sind. Bei Massenfertigung

3.1 Aufgaben und Ausgestaltung der Kalkulation — Kapitel 3

Programmtyp	Beispiele	Unternehmensbeispiele	Kalkulationsverfahren
Einzelfertigung	Tanker, Großanlage, Maßkleidung, Spielfilm	HDW, Linde, Constantin Film	Zuschlagskalkulation, Maschinensatzkalkulation
Serienfertigung	Visitenkarten, Modelle einer Automarke, Wein, Stangenware	Daimler, Trigema	
Sortenfertigung	Zeitschrift, Chemikalien, Bier, Mikroprozessoren	Verlag Vahlen, BASF, Heineken, AMD	Divisionskalkulation, Äquivalenzziffernkalkulation
Massenfertigung	Strom, Zement, Bleistift	EnBW, Heidelberg Cement, Pelikan	

Abbildung 3.2: Programmtypen und Kalkulationsverfahren

(Einproduktfertigung) wird schließlich eine größere Menge eines homogenen Gutes hergestellt.

Auch Dienstleistungsunternehmen lassen sich anhand ihres Programmtyps charakterisieren. Beispielsweise entsprechen die Projekte von Unternehmensberatungen wie McKinsey & Company häufig einer Einzelfertigung. Hingegen ist die Abwicklung von Geldüberweisungen in Banken wie der Bayerischen Hypo- und Vereinsbank eher mit einer Massenfertigung vergleichbar. Wie in Abbildung 3.2 angedeutet, sind damit auch grundsätzliche Merkmale der Kalkulation beispielsweise der Selbstkosten eines Beratungsprojektes festgelegt.

Bei Einzel- sowie Serienfertigung liegt typischerweise vor Fertigungsbeginn ein Auftrag vor, der das zu fertigende Produkt näher kennzeichnet. Im Rahmen einer **Auftragskalkulation** betrachtet man den Auftrag als Kostenträger, dessen Kosten zu ermitteln sind. Die Stückkosten folgen dann aus der Relation von Auftragskosten und Auftragsvolumen:

$$\text{Stückkosten} = \text{Auftragskosten}/\text{Auftragsvolumen}.$$

Demgegenüber wird bei Sorten- und Massenfertigung in großen Stückzahlen für den anonymen Markt gefertigt. Da die Produkte der einzelnen Fertigungsaufträge weitgehend homogen sind, ist es nicht erforderlich, die Kosten je Fertigungsauftrag zu erfassen. Vielmehr rechnet man die Kosten einzelnen Bereichen zu und bestimmt die Kosten je Einheit über die Relation zur Fertigungsmenge:

Kosten je Einheit = Summe der Kosten je Fertigungsbereich/Fertigungsmenge.

Unterschiede im Kalkulationsverfahren bestehen auch zwischen Fertigungs- und Dienstleistungsunternehmen. Während Stahlwerke, Teppichfabriken und Porzellanmanufakturen materielle Güter bereitstellen, handelt es sich bei Fluggesellschaften, Speditionen und Universitäten um Erzeuger immaterieller Güter. Aus Sicht der Kostenrechnung besteht der zentrale Unterschied darin, dass immaterielle Güter nicht lagerfähig sind. Deshalb stellt sich beispielsweise bei Speditionen nicht die Frage nach der Bestandsbewertung von Transportleistungen. Damit sind die Herstellkosten der gefertigten immateriellen Güter stets gleich den Herstellkosten der abgesetzten Güter. Demgegenüber gilt bei Fertigung materieller Güter folgender Zusammenhang:

Bewertete Bestandsänderung = Herstellkosten der gefertigten Güter
– Herstellkosten der abgesetzten Güter.

3.2 Kalkulation und Kostenverrechnung bei Einzel- und Serienfertigung

Ausgangspunkt der Zuschlagskalkulation

Grundlage der Zuschlagskalkulation ist die Trennung in Einzel- und Gemeinkosten. Sowohl die Einzel- als auch die Serienfertigung ist stark an Kundenaufträgen ausgerichtet. Deswegen kann bei beiden Programmtypen das gleiche Kalkulationsverfahren eingesetzt werden.

Einzelkosten sind direkt einem einzelnen Auftrag zurechenbar.

Einzelkosten sind direkt einem einzelnen Auftrag zurechenbar. Diese Zurechenbarkeit folgt aus dem Umstand, dass je Auftrag spezifische Informationen vorliegen: Über die Auftragsspezifikation sind beispielsweise vor Bearbeitungsbeginn die notwendigen Arbeitsschritte sowie die erforderlichen Materialien und Rohstoffe bekannt. Zudem werden während der Bearbeitung der Verbrauch von Materialien über Materialentnahmescheine und der Einsatz von Mitarbeitern über die Zeiterfassung dokumentiert. Mithilfe dieser Informationen lassen sich die Kosten für den Verbrauch von Fertigungsmaterial und die Fertigungslöhne für die eingesetzten Mitarbeiter direkt dem einzelnen Auftrag zurechnen. Man spricht deshalb auch von Materialeinzelkosten bzw. Fertigungseinzelkosten.

Gemeinkosten lassen sich nicht direkt einem Auftrag zurechnen; sie werden über Bezugsgrößen den Aufträgen zugeschlüsselt.

Demgegenüber lassen sich **Gemeinkosten** nicht direkt einem einzelnen Auftrag zurechnen. Hierzu gehören beispielsweise die Kosten für Schmiermittel und Betriebsstoffe bei der Nutzung von Anlagen, Strom- und Heizkosten, Hilfslöhne, Gehälter in der Arbeitsvorbereitung, Abschreibungen auf Maschinen sowie die Grundsteuer. Obwohl beispielsweise Schmiermittel zwingend für die Fertigung mehrerer Aufträge erforderlich sind, lässt sich der Verbrauch an Schmiermitteln für einen einzelnen Auftrag oftmals nicht genau beziffern.

3.2 Kalkulation und Kostenverrechnung bei Einzel- und Serienfertigung — Kapitel 3

Im Rahmen der Kalkulation schlüsselt der Kostenrechner die Gemeinkosten auf die Aufträge. Hierzu schlägt er die Gemeinkosten den Einzelkosten der Aufträge über passende **Bezugsgrößen** zu. Im einfachsten Fall verwendet er dafür einen **Gesamtzuschlag**, d.h., die Summe der Gemeinkosten wird den Einzelkosten in einem Block zugeschlagen. Sollen die Zuschläge dabei Unterschiede der Aufträge im Verbrauch von Schmiermitteln, Betriebsstoffen etc. abbilden, so sind Zuschlagsgrundlagen bzw. Bezugsgrößen zu verwenden, die mit den Aufträgen variieren und für die auftragsbezogene Informationen vorliegen. Als derartige Auftragsmerkmale kommen die verbrauchten Materialmengen, die benötigten Fertigungs- und Maschinenzeiten oder die damit verbundenen Einzelkosten in Frage.

> **Kalkulation bei Special Bikes mit einem Gesamtzuschlag**
>
> Im gerade abgelaufenen Geschäftsjahr hat Special Bikes verschiedene Aufträge für Mountainbikes von einem süddeutschen Radsporthändler erhalten. Jan Zobel interessiert sich für die Selbstkosten des Auftrags A57 über 10 Stück. Für diesen wurde Material im Wert von 2.300 € dem Materiallager entnommen. Nach den Informationen der Zeiterfassung betrug die Fertigungszeit für den Auftrag insgesamt 175 Stunden; nach den Lohnscheinen entspricht dies Fertigungslöhnen in Höhe von 1.800 €. Für den Auftrag war zudem eine Lizenzgebühr in Höhe von 840 € fällig. Schließlich verursachte der Versand des fertiggestellten Auftrags Kosten in Höhe von 135 €. Beide Kosten lassen sich direkt Auftrag A57 zurechnen. Man bezeichnet sie als **Sondereinzelkosten der Fertigung** und **Sondereinzelkosten des Vertriebs**. Zobel entscheidet sich, die Fertigungszeit als Bezugsgröße für die Schlüsselung der Gemeinkosten zu verwenden. Aus den Aufzeichnungen kann er entnehmen, dass die jährliche Fertigungszeit 19.200 Stunden betrug. Die Gemeinkosten im abgelaufenen Jahr beliefen sich auf insgesamt 1.680.000 €.
>
> Der Fertigungsstundenzuschlag beträgt damit
>
> $$\frac{\text{Gemeinkosten}}{\text{Fertigungszeit (in Stunden)}} = \frac{1.680.000\ \text{€}}{19.200\ \text{Stunden}} = 87{,}50\ \text{€ pro Fertigungsstunde.}$$
>
> Damit errechnen sich die Selbstkosten von A57 zu:
>
> | | |
> |---|---:|
> | Fertigungsmaterial | 2.300,– |
> | Fertigungslohn | 1.800,– |
> | Sondereinzelkosten der Fertigung | 840,– |
> | Gemeinkosten (Zuschlag 87,50 € je Fertigungsstunde) | 87,50 · 175 h = 15.312,50 |
> | Sondereinzelkosten des Vertriebs | 135,– |
> | **Selbstkosten von A57** | **20.387,50 €** |
>
> Die Selbstkosten je Stück betragen 2.038,75 € (= 20.387,50 €/10 Stk).

Sondereinzelkosten der Fertigung bzw. des Vertriebs fallen häufig für einen ganzen Auftrag an. Hierzu zählen Kosten für Spezialwerkzeuge oder Patente bzw. Verpackungskosten, Zollkosten, Frachtkosten oder Vertreterprovisionen.

Die Kalkulation im Beispiel nutzt mit den Fertigungsstunden als Bezugsgröße einen **mengenmäßigen Gesamtzuschlagssatz** für die Schlüsselung der Gemeinkosten auf die Aufträge. Sie geht somit von einer einvariablichen Kostenfunktion mit den Fertigungsstunden x als mengenmäßiger Kosteneinflussgröße aus:

$$\text{Gemeinkosten} = 87{,}5 \cdot x.$$

Bei Anwendung dieser Funktion wird unterstellt, dass
- die Höhe der Gemeinkosten mit dem Fertigungsvolumen variiert,
- dieses Volumen über die Fertigungsstunden messbar ist, und
- es sich um variable Gemeinkosten handelt.

Die gewählte Bezugsgröße sollte sich vergleichbar zu den Gemeinkosten verändern. Sofern für die Bezugsgröße ein niedriger Wert vorliegt, sollten deshalb auch niedrige Gemeinkosten anfallen. Zudem sollten die Aufträge, die hohe Gemeinkosten verursachen, auch eine hohe Ausprägung der Bezugsgröße aufweisen. Im Vorfeld der Kalkulation ist deshalb zu untersuchen, zu welchen Bezugsgrößen sich die Gemeinkosten proportional verhalten.

Als Ergebnis dieser Überlegungen kommt Zobel beispielsweise zum Schluss, dass grundsätzlich Einzelkosten eine geeignetere Bezugsgröße darstellen, d. h., dass ein **wertmäßiger Gesamtzuschlag** zu verwenden ist. Dies kann die Materialeinzelkosten, die Fertigungseinzelkosten oder deren Summe betreffen. Dann erhält er einen Materialzuschlag, einen Lohnzuschlag oder einen Einzelkostenzuschlag. Der Zuschlagsprozentsatz folgt jeweils über:

$$\text{Zuschlagsprozentsatz} = \frac{\text{Summe der Gemeinkosten des gesamten Unternehmens}}{\text{Einzelkosten}} \cdot 100$$

Verwendet Zobel die Fertigungslöhne als Bezugsgröße, so kalkuliert er deutlich niedrigere Selbstkosten als bei den Fertigungsstunden. Dies folgt aus der Tatsache, dass der Anteil von Auftrag A57 an den gesamten Fertigungsstunden (0,9 % = 175h/19.200h) deutlich größer ist als der Anteil an den gesamten Fertigungslöhnen (0,5 % = 1.800 €/350.000 €). Beispielsweise wurde Auftrag A57 von eher gering qualifizierten Mitarbeitern mit niedrigem Stundenlohn bearbeitet.

Die Verwendung von wert- bzw. mengenmäßigen Gesamtzuschlagssätzen führt zu anderen Selbstkosten, wenn sich die Aufträge erheblich in ihren Eigenschaften unterscheiden. Das betrifft beispielsweise die Qualifikation der die Aufträge bearbeitenden Mitarbeiter. Während einfache Aufträge von Lehrlingen bearbeitet werden können, erfordern komplizierte Aufträge den Rückgriff auf erfahrene Gesellen oder Meister. Der Lohn eines Meisters dürfte deutlich über dem eines Lehrlings liegen. Bei komplizierteren Aufträgen wird deshalb der Anteil des Fertigungslohns an den über alle Aufträge angefallenen Fertigungslöhnen größer sein als der Anteil der Fertigungszeit des Auftrags

3.2 Kalkulation und Kostenverrechnung bei Einzel- und Serienfertigung — Kapitel 3

> **Fertigungslöhne als Bezugsgröße der Kalkulation bei Special Bikes**
>
> Anstelle der Fertigungsstunden will Zobel die Fertigungslöhne als Bezugsgröße verwenden. Im abgelaufenen Jahr fielen insgesamt 350.000 € an Fertigungslöhnen an. Der wertmäßige Lohnzuschlag bestimmt sich zu
>
> $$\frac{\text{Gemeinkosten}}{\text{Fertigungslohn}} \cdot 100 = \frac{1.680.000\ \text{€}}{350.000\ \text{€}} \cdot 100 = 480\%$$
>
> Je Euro Fertigungslohn sind somit 4,80 € Gemeinkosten anzusetzen. Damit errechnen sich die Selbstkosten von A57 zu:
>
> | | |
> |---|---:|
> | Fertigungsmaterial | 2.300,– |
> | Fertigungslohn | 1.800,– |
> | Sondereinzelkosten der Fertigung | 840,– |
> | Gemeinkosten (Lohnzuschlag 480 %) | 480/100 · 1.800 € = 8.640,– |
> | Sondereinzelkosten des Vertriebs | 135,– |
> | **Selbstkosten von A57** | **13.715 €** |
>
> Die Selbstkosten je Stück betragen bei dieser Kalkulation 1.371,50 € (= 13.715 €/10 Stk).

an der gesamten Fertigungszeit. Verwendet man einen wertmäßigen Gesamtzuschlagssatz, so wird dem komplizierten Auftrag ein größerer Anteil an den Gemeinkosten zugerechnet als dem einfachen Auftrag.

Zuschlagskalkulation mit mehreren Zuschlagssätzen

Das Beispiel verdeutlicht, dass das Kalkulationsergebnis stark von den getroffenen Annahmen abhängen kann. Dazu zählt die Wahl eines speziellen Mengen- oder Wertschlüssels als Bezugsgröße. Die obige Unterscheidung in einfache und komplizierte Aufträge weist aber auch darauf hin, dass der Kostenrechner bei der Kalkulation zwischen der gemeinsamen oder getrennten Betrachtung verschiedener Gemeinkostenarten zu entscheiden hat.

Eine differenziertere Betrachtung kann beispielsweise nach Kostenarten erfolgen. In diesem Fall sind für jede Kostenart (z. B. Stromkosten, Löhne von Meistern und Lehrlingen, Abschreibungen) eigene Bezugsgrößen zu wählen. Alternativ kann eine differenzierte Betrachtung sich auch an den Kostenstellen orientieren. Dann unterscheidet man Materialgemeinkosten, Fertigungsgemeinkosten sowie Verwaltungs- und Vertriebsgemeinkosten, für die jeweils eigene Bezugsgrößen festzulegen sind. Abbildung 3.3 zeigt exemplarische

Abbildung 3.3: Exemplarische Bezugsgrößen für verschiedene Kostenstellen

Kostenstelle	Bezugsgrößen	Zuschlagssatz oder Zuschlagsprozentsatz
Material	■ Menge des verbrauchten Materials (z. B. Stück, m, m^2, m^3, kg, l) ■ Materialeinzelkosten	■ Kostensatz je Einheit (Materialgemeinkosten je Stück bzw. je kg) ■ Zuschlagsprozentsatz auf die Materialkosten
Fertigung	■ Fertigungsstunden ■ Maschinenstunden ■ Menge der produzierten Leistung (z. B. Stück, m, m^2, m^3, kg, l) ■ Fertigungslöhne	■ Kostensatz je Stunde ■ Kostensatz je Einheit (Fertigungsgemeinkosten je Stück bzw. je kg) ■ Zuschlagsprozentsatz auf die Fertigungslöhne
Verwaltung	■ Arbeitsstunden in der Verwaltung ■ Menge der Verwaltungsleistungen (z. B. Anzahl Buchungen oder Bestellungen) ■ Fertigungskosten ■ Herstellkosten	■ Kostensatz je Stunde ■ Kostensatz je Einheit (Verwaltungsgemeinkosten je Buchung) ■ Zuschlagsprozentsatz auf die Fertigungskosten ■ Zuschlagsprozentsatz auf die Herstellkosten
Vertrieb	■ Fertigungskosten ■ Herstellkosten	■ Zuschlagsprozentsatz auf die Fertigungskosten ■ Zuschlagsprozentsatz auf die Herstellkosten

Bezugsgrößen für eine nach Kostenstellen differenzierte Gemeinkostenschlüsselung.

Die Gliederung der Gemeinkosten nach Kostenarten und/oder Kostenstellen ermöglicht eine genauere Schlüsselung der Gemeinkosten auf die Aufträge. Dem stehen allerdings höhere Anforderungen an das interne Rechnungswesen und die betriebliche Datenerfassung gegenüber. So sind erstens die Gemeinkosten differenziert zu erfassen. Zweitens müssen für die Anwendung unterschiedlicher Bezugsgrößen auch die entsprechenden Auftragsmerkmale dokumentiert werden. Dies betrifft beispielsweise die Fertigungs- und Maschinenzeiten der Aufträge in verschiedenen Kostenstellen, ihre physischen Eigenschaften oder die Intensität der Auftragsbearbeitung in der Verwaltung.

3.2 Kalkulation und Kostenverrechnung bei Einzel- und Serienfertigung

Praxisbeispiel: Zuschlagskalkulation in Industriebetrieben

In Industriebetrieben aus Branchen wie der metallverarbeitenden Industrie, dem Maschinen- und Anlagenbau, dem Schiffsbau oder der Elektroindustrie mit Unternehmen wie Linde oder Thyssen-Krupp Marine Systems ist das folgende Kalkulationsschema gebräuchlich:

Materialeinzelkosten	Material-kosten		
Materialgemeinkosten			
Fertigungslohn	Fertigungs-kosten	Herstell-kosten	Selbst-kosten
Fertigungsgemeinkosten			
Sondereinzelkosten der Fertigung			
Verwaltungsgemeinkosten			
Vertriebsgemeinkosten			
Sondereinzelkosten des Vertriebs			

Foto: The Linde Group

Abbildung 3.4: Schematischer Aufbau einer Zuschlagskalkulation

Das Schema geht von mindestens vier Kostenstellen (Material, Fertigung, Verwaltung, Vertrieb) und einer kostenstellenweisen Verteilung der Gemeinkosten aus. Die Materialgemeinkosten werden über einen Zuschlagsprozentsatz den Materialeinzelkosten zugerechnet. Die Fertigungsgemeinkosten schlägt man entweder über Fertigungs- bzw. Maschinenzeiten oder über die Fertigungslöhne zu. Bei den Verwaltungs- und Vertriebsgemeinkosten wird schließlich unterstellt, dass deren Höhe stark mit den Herstellkosten aller Aufträge variiert, weshalb man die Herstellkosten als Bezugsgröße verwendet.

Kapitel 3 — Kalkulation

Das Grundschema der Abbildung 3.4 wird typischerweise an firmenspezifische Besonderheiten angepasst. Bei der Fresenius Kabi Deutschland GmbH, einer auf die Therapie und Versorgung chronisch kranker Patienten spezialisierten Tochtergesellschaft der Fresenius SE, kalkuliert man die Selbstkosten von medizintechnischen Geräten beispielsweise nach folgendem Schema:

Rohmaterial
Verpackungsmaterial
Planmaterialverlust
Materialkosten
Werkstransport
Lohnfertigung
Personalkosten Fertigung
Sachkosten
Instandhaltung
Energieversorgung
Prüfkosten der Produkte
Fertigungskosten
Abschreibung der Produktionsanlagen
Herstellkosten
Abschreibung des Produktionsoverhead
Abschreibung des Werksoverhead
Produktionsoverhead
Werksoverhead
Overhead-Kosten
Transport zum Zentrallager
Selbstkosten

Quelle: Gabutti, Ricardo David/Kunz, Jennifer/Voigt, Carmen: Die Einführung einer mehrdimensionalen Kostenkalkulation am Beispiel der Fresenius Kabi – Betriebsstätten Clinico, in: Zeitschrift für Controlling & Management, 53. Jg., 2009, Heft 1, S. 57–61.

3.2 Kalkulation und Kostenverrechnung bei Einzel- und Serienfertigung Kapitel 3

Kalkulation bei Special Bikes mit mehreren Gesamtzuschlägen

Jan Zobel ist mit dem Ergebnis der einfachen Kalkulation unzufrieden. Nach längerer Überlegung entschließt er sich zu einer Gliederung der Gemeinkosten nach Kostenstellen. Hierzu trennt er zwischen den Kostenstellen Material, Gabelfertigung, Montage, Verwaltung und Vertrieb. An einem arbeitsreichen Januarwochenende verteilt er die Gemeinkosten des Vorjahres auf die Kostenstellen, überlegt sich passende Bezugsgrößen und ermittelt deren Ausprägung. Die Ergebnisse sind in folgender Tabelle zusammengefasst:

Gemeinkosten der Kostenstelle		Bezugsgröße		Zuschlags(prozent-)satz
Materialgemeinkosten	50.000 €	Fertigungsmaterial	320.000 €	15,63 %
Fertigungsgemeinkosten Gabelfertigung	425.000 €	Produktgewichte	12.500 kg	34,00 €/kg
Fertigungsgemeinkosten Montage	890.000 €	Fertigungsstunden	12.500 h	71,20 €/h
Verwaltungsgemeinkosten	102.350 €	Herstellkosten	2.047.000 €	5,0 %
Vertriebsgemeinkosten	212.650 €	Herstellkosten	2.047.000 €	10,39 %
Summe	1.680.000 €			

Die Gemeinkosten addieren sich wiederum zu 1.680.000 €. In die Herstellkosten fließen neben den Materialeinzel- und -gemeinkosten, Fertigungslöhnen und Fertigungsgemeinkosten auch Sondereinzelkosten der Fertigung in Höhe von 12.000 € ein. Die gesamten Fertigungsstunden von 19.200 h teilen sich in 6.700 h für die Gabelfertigung und 12.500 h für die Montage auf.

Neben diesen allgemeinen Informationen ermittelt Zobel auch noch folgende Merkmale von Auftrag A57: Der Auftrag über zehn Bikes hatte ein Gesamtgewicht von 125 kg. Die Montagezeit betrug insgesamt 54 h. Damit erhält Zobel die Selbstkosten zu:

Fertigungsmaterial	2.300,–	
Materialgemeinkosten (15,63 % von 2.300 €)	0,1563 · 2.300 = 359,49	
Materialkosten		**2.659,49**
Fertigungslohn	1.800,–	
Fertigungsgemeinkosten		
Gabelfertigung (34 €/kg)	34 €/kg · 125 kg = 4.250,–	
Montage (71,20 €/h)	71,20 €/h · 54 h = 3.844,80	
Sondereinzelkosten der Fertigung	840,–	
Fertigungskosten		**10.734,80**
Herstellkosten		**13.394,29**
Verwaltungsgemeinkosten (5 % von 13.394,29 €)	0,05 · 13.394,29 = 669,71	
Vertriebsgemeinkosten (10,39 % von 13.394,29 €)	0,1039 · 13.394,29 = 1.391,67	
Sondereinzelkosten des Vertriebs		135,–
Selbstkosten von A57		**15.590,67 €**

Mit dem differenzierten Ansatz betragen die Selbstkosten je Stück 1.559,07 € (= 15.590,67 €/10 Stk.).

Kapitel 3 — Kalkulation

Foto: Gravis

Praxisbeispiel: Zuschlagskalkulation in Handelsbetrieben

Die Selbstkosten einer Einheit eines Artikels bestimmt man in einem Handelsbetrieb, indem man dem Einstandspreis die Gemeinkosten für Einkauf und Lagerung, Verkauf und Verwaltung zuschlägt:

	Einstandspreis einer Einheit
+	Gemeinkosten für Einkauf und Lagerung
+	Verkaufsgemeinkosten
+	Verwaltungsgemeinkosten
=	Selbstkosten einer Einheit des Artikels

Die Zuschlagskalkulation kommt häufig auch bei solchen **Dienstleistungsunternehmen** zum Einsatz, bei denen die Dienstleistungsprozesse einer Einzel- oder Serienfertigung entsprechen. Bei Dienstleistungen sind dabei im Unterschied zu Industriebetrieben die Materialkosten vielfach vernachlässigbar. Das Gehalt eines auf Tagesbasis entlohnten freiberuflichen Unternehmensberaters ist ein Beispiel für die Einzelkosten eines Beratungsprojektes. Es lässt sich über die Tätigkeit des Beraters recht einfach einzelnen Projekten zurechnen. Für die Schlüsselung der Gemeinkosten zu den Projekten identifiziert man bei Dienstleistungen oftmals Prozesse und verteilt die Gemeinkosten über Prozessbezugsgrößen. Beispielsweise werden Spesen oder Fahrtkosten über Kilometerbeträge, Beträge je Beratertag oder einen prozentualen Aufschlag auf die Tagessätze den Einzelkosten zugeschlagen. Die Ausgestaltung einer solchen Prozesskostenrechnung ist Gegenstand von Kapitel 12.

Maschinensatzrechnung

Traditionelle Ansätze der Kalkulation nutzen insbesondere Fertigungslöhne und Fertigungszeiten als Bezugsgrößen zur Verteilung der Gemeinkosten. Mit zunehmender Automatisierung der Produktionsprozesse, der Installation flexibler Fertigungssysteme oder einer computer-integrierten Fertigung ist jedoch der Anteil der Fertigungslöhne an den Gesamtkosten zurückgegangen. Gleichzeitig sind die Gemeinkosten für die Fertigungsanlagen gestiegen. Als Ergebnis dieser beiden Trends eignen sich Fertigungslöhne und -zeiten weniger gut als Bezugsgrößen für die Gemeinkostenschlüsselung. Unternehmen nutzen deshalb heutzutage oftmals Maschinenzeiten, Durchlaufzeiten oder Bearbeitungszeiten als Bezugsgrößen.

Bei der Maschinensatzrechnung unterscheidet man auf Kostenstellenebene maschinenabhängige und -unabhängige Gemeinkosten.

Sofern allerdings in einer Kostenstelle mehrere verschiedenartige Maschinen eingesetzt werden, gibt eine aggregierte Betrachtung die Kostenverur-

3.2 Kalkulation und Kostenverrechnung bei Einzel- und Serienfertigung

sachung nicht richtig wieder. Beispielsweise können sich Maschinen in den Abschreibungen, Werkzeug-, Strom-, Instandhaltungs- und Reparaturkosten unterscheiden. So kann eine neuere Maschine einen höheren Wirkungsgrad als eine ältere Maschine aufweisen und deshalb niedrigere Stromkosten haben. Eine Aggregation zu einer Gruppe von Maschinen würde diese Unterschiede verwischen. Aus diesem Grund gliedert man in der Maschinensatzrechnung die maschinenabhängigen Gemeinkosten nach Maschinen und verteilt sie entsprechend der Maschinennutzung. Die Nutzung wird beispielsweise über die Maschinenzeit erfasst. Sofern in der Kostenstelle weitere Gemeinkosten anfallen, die nicht von der Maschinenzeit abhängig sind, werden diese entsprechend dem Vorgehen der Zuschlagskalkulation über andere Zuschlagssätze verrechnet. Die Maschinensatzrechnung ist somit eine spezifische Form einer Zuschlagskalkulation, bei der man auf Kostenstellenebene mehrere maschinenabhängige und -unabhängige Gemeinkostenarten unterscheidet.

Maschinensätze bei Special Bikes

Jan Zobel will die Genauigkeit der Kalkulation weiter erhöhen. Im Bereich Gabelfertigung werden zwei Typen von Schweißanlagen genutzt. Aus den Kaufverträgen und den technischen Handbüchern entnimmt er nachfolgende Informationen zu den beiden Anlagen:

	Schweißanlage FANUC	Schweißanlage KUKA
Anschaffungspreis	290.000 €	467.500 €
Wirtschaftliche Nutzungsdauer	8 Jahre	10 Jahre
Flächenbedarf	15 m²	23,2 m²
Scheinleistung[1]	16,45 kVA	19,8 kVA
Betriebskosten	7,45 €/Stunde	9,25 €/Stunde
Maschinenlaufzeit	6.520 Stunden/Jahr	5.875 Stunden/Jahr

Zobel verwendet eine lineare Abschreibung, die sich an der wirtschaftlichen Nutzungsdauer orientiert. Die kalkulatorischen Zinsen bestimmen sich aus dem über die Nutzungsdauer durchschnittlich gebundenen Kapital, bewertet mit einem Zinssatz von 12 % p.a. Pro Jahr fallen Instandhaltungskosten in Höhe von 2 % des Anschaffungspreises an. Für die Raumnutzungskosten legt Zobel einen monatlichen Verrechnungssatz von 22 €/m² zugrunde. Beide Schweißanlagen haben im Durchschnitt eine elektrische Wirkleistung von 70 % der als Scheinleistung angegebenen Belastungsgrenze. Der Preis je Kilowattstunde beträgt 0,18 €. Die Betriebskosten beinhalten u. a. den Verbrauch an Schweißmaterial.

---

[1] Die Scheinleistung beschreibt, auf welche Leistung elektrische Betriebsmittel wie Transformatoren ausgelegt sein müssen. Sie wird in Voltampere (Einheitenzeichen VA) gemessen (DIN 40110-1).

Kapitel 3 — Kalkulation

Mit nachfolgender Tabelle bestimmt Zobel zunächst die jährlichen Gemeinkosten der beiden Schweißanlagen:

	Schweißanlage FANUC	Schweißanlage KUKA
Abschreibungen	290.000/8 = 36.250,–	467.500/10 = 46.750,–
Kalk. Zinskosten	0,5 · 290.000 · 0,12 = 17.400,–	0,5 · 467.500 · 0,12 = 28.050,–
Instandhaltungskosten	0,02 · 290.000 = 5.800,–	0,02 · 467.500 = 9.350,–
Raumnutzungskosten	15 · 22 · 12 = 3.960,–	23,2 · 22 · 12 = 6.124,80
Stromkosten	16,45 · 0,7 · 0,18 · 6.520 = 13.514,–	19,8 · 0,7 · 0,18 · 5.875 = 14.656,95
Betriebskosten	7,45 · 6.520 = 48.574,–	9,25 · 5.875 = 54.343,75
Maschinenabhängige Gemeinkosten	**125.498,– €**	**159.275,50 €**

Die Maschinenstundensätze für die beiden Anlagen bestimmen sich damit zu:

$$\text{Maschinenstundensatz FANUC} = \frac{125.498\ \text{€}}{6.520\ \text{h}} = 19{,}25\ \text{€ je Maschinenstunde und}$$

$$\text{Maschinenstundensatz KUKA} = \frac{159.275{,}50\ \text{€}}{5.875\ \text{h}} = 27{,}11\ \text{€ je Maschinenstunde.}$$

In der Gabelfertigung fallen Gemeinkosten in Höhe von 425.000 € an, von denen 140.226,50 € (= 425.000 – 125.498 – 159.275,50) nicht laufzeitabhängig sind. Sie beinhalten beispielsweise Abschreibungen für weitere Maschinen, die unregelmäßig zum Einsatz gelangen. In der Kalkulation sollen sie über die Produktgewichte zugerechnet werden. Der Verrechnungssatz für diese Gemeinkosten beträgt 140.226,50/12.500 kg = 11,22 €/kg. Von Auftrag A57 weiß Zobel, dass die Rahmen ausschließlich auf der KUKA-Anlage geschweißt wurden. Insgesamt wurde diese Schweißanlage für den Auftrag mit 78 Stunden belegt. Die aktualisierte Kalkulation liefert:

Fertigungsmaterial		2.300,–
Materialgemeinkosten (15,63 % von 2.300 €)	0,1563 · 2.300 =	359,49
Materialkosten		**2.659,49**
Fertigungslohn		1.800,–
Fertigungsgemeinkosten		
Gabelfertigung (11,22 €/kg & 27,11 €/h KUKA)	11,22 €/kg · 125 kg = 1.402,50 27,11 €/h · 78 h = 2.114,58	
Montage (71,20 €/h)	71,20 €/h · 54 h = 3.844,80	
Sondereinzelkosten der Fertigung		840,–
Fertigungskosten		**10.041,88**
Herstellkosten		**12.701,37**
Verwaltungsgemeinkosten (5 % von 12.701,37 €)	0,05 · 12.701,37 =	635,07
Vertriebsgemeinkosten (10,39 % von 12.701,37 €)	0,1039 · 12.701,37 =	1.319,67
Sondereinzelkosten des Vertriebs		135,–
Selbstkosten von A57		**14.791,11 €**

Mit der Maschinensatzrechnung betragen die Selbstkosten je Stück 1.479,11 € (= 14.791,11 €/10 Stk).

3.2 Kalkulation und Kostenverrechnung bei Einzel- und Serienfertigung

Die vorgestellten Ansätze zur Kalkulation von Auftrag A57 liefern deutlich unterschiedliche Ergebnisse hinsichtlich der Selbstkosten je Stück:

- Fertigungszeit als mengenmäßiger Gesamtzuschlagssatz   2.038,75 € pro Stück
- Fertigungslohn als wertmäßiger Gesamtzuschlagssatz   1.371,50 € pro Stück
- Kostenstellenweise Zuschlagssätze   1.559,07 € pro Stück
- Maschinensatzkalkulation   1.479,11 € pro Stück

Die Stückselbstkosten variieren damit zwischen 1.371,50 € und 2.038,75 €. Einerseits liefert die Maschinensatzkalkulation den genauesten Wert. Andererseits ist dieses Verfahren auch am aufwändigsten und benötigt die meisten Informationen. Ob sich dieser Ermittlungsaufwand lohnt, ist abhängig davon, wie sensitiv beispielsweise Entscheidungen über das Produktionsprogramm oder die Annahme eines Zusatzauftrags auf das Kalkulationsergebnis reagieren.

Zeitpunkte und Formen der Zuschlagskalkulation

Bei den bisherigen Beispielen handelte es sich um **Nachkalkulationen** von Auftrag A57, die nach Ende der Rechnungsperiode erfolgen. Die Zuschlagskalkulation verwendet bei Nachkalkulationen Ist-Zuschlagssätze, die auf den realisierten Gemeinkosten und der realisierten Ausprägung der Bezugsgröße (z. B. Fertigungslöhne) basieren. Beispielsweise gilt bei Verwendung der Fertigungsstunden als Zuschlagsgrundlage:

$$\text{Ist-Fertigungsstundenzuschlag} = \frac{\text{Ist-Gemeinkosten}}{\text{Ist-Fertigungszeit (in Stunden)}}.$$

Die Ergebnisse der Nachkalkulation können für die Bestandsbewertung, für die Ermittlung des realisierten Auftragserfolges, die Entscheidung über die Beibehaltung des Produktprogramms in der nächsten Periode oder zur Kosten- bzw. Erfolgskontrolle herangezogen werden.

Eine Kostenkontrolle, die erst nach Ende der Rechnungsperiode durchgeführt wird, schränkt das Management jedoch stark in seinen Möglichkeiten ein, bei Kostenüberschreitungen rechtzeitig Gegenmaßnahmen zu ergreifen. Auch unterjährige Preisanpassungen, Entscheidungen über die Herausnahme eines Produktes aus dem Produktprogramm oder die Rechnungsstellung sind auf zeitnahe Informationen angewiesen. Für diese Zwecke sollten die Herstellkosten eines Auftrags unmittelbar mit Abschluss der Bearbeitung ermittelt werden. Dies kann allerdings nicht auf Basis der Ist-Gemeinkosten erfolgen, da diese die gesamte Rechnungsperiode betreffen und somit erst zu einem späteren Zeitpunkt bekannt sind.

Kapitel 3 — Kalkulation

Zeitnahe Informationen über die Herstellkosten eines Auftrags lassen sich durch die Verwendung von **Zuschlagssätzen für die erwarteten Gemeinkosten** bereitstellen. Die Erwartungen können dabei auf durchschnittlichen Werten der Vergangenheit oder auf Planwerten basieren. Im ersten Fall spricht man von Normal-Zuschlagssätzen (normalisierten Zuschlagssätzen), im zweiten Fall von Plan-Zuschlagssätzen. Bei Verwendung der Fertigungsstunden als Zuschlagsgrundlage bestimmt sich ersterer zu:

$$\text{Normal-Fertigungsstundenzuschlag} = \frac{\text{Durchschnittliche Gemeinkosten}}{\text{Durchschnittliche Fertigungszeit (in Stunden)}}.$$

Demgegenüber erhält man einen Plan-Zuschlagssatz über die Betrachtung von Planwerten, z. B.

$$\text{Plan-Fertigungsstundenzuschlag} = \frac{\text{Plan-Gemeinkosten}}{\text{Plan-Fertigungszeit (in Stunden)}}.$$

Zwischenkalkulationen werden zeitnah nach Abschluss des Auftrages, Vorkalkulationen vor Auftragsbeginn bzw. sogar vor Auftragserteilung durchgeführt.

Die **Zwischenkalkulation** wird zeitnah nach Abschluss des Auftrages durchgeführt. Sie zielt auf die laufende Kosten- und Erfolgskontrolle ab oder ist Grundlage für die Rechnungsstellung. Die Kalkulation der Selbstkosten beruht beispielsweise auf den Ist-Einzelkosten und den über Normal- oder Plan-Zuschlagssätze bestimmten Gemeinkosten. Ist-Einzelkosten können angesetzt werden, da konkrete Auftragsmerkmale vorliegen und über Materialentnahmescheine oder die Zeiterfassung die für den Auftrag verbrauchten Materialien und Rohstoffe sowie die Arbeitszeiten der Mitarbeiter bekannt sind. Gleichzeitig dienen diese Ist-Mengen zur Verteilung der Gemeinkosten des Auftrags.

Vorkalkulationen werden vor Auftragsbeginn bzw. sogar vor Auftragserteilung durchgeführt. Hier gilt es, die Selbstkosten eines Auftrags z. B. als Preisuntergrenze für die Verhandlung mit dem Auftraggeber oder als Kostenvorgabe für einen Auftragsverantwortlichen zu ermitteln. Im Unterschied zur Zwischenkalkulation sind bei der Vorkalkulation noch nicht alle Eigenschaften eines Auftrages endgültig festgelegt, so dass Plan-Einzelkosten anzusetzen sind. Mit Normal- sowie Plan-Zuschlagssätzen liegen schon mit Beginn der Rechnungsperiode zwei für die Gemeinkostenverteilung verwendbare Zuschlagssätze vor. Beide Zuschläge können deshalb für die Planung der erwarteten Gemeinkosten eines Auftrags verwandt werden. Sofern ein relativ stabiler Produktionsprozess und schwach schwankende Faktorpreise der Einsatzgüter vorliegen, dürfte die durchschnittliche Betrachtung vergangener Perioden eine verlässliche Prognose für die aktuelle Periode liefern. Dann können Normal-Zuschlagssätze in der Vorkalkulation herangezogen werden. Größere Strukturbrüche im Produktionsablauf (z. B. infolge von Umstrukturierungen des Produktionsprozesses) oder starke Preisschwankungen mit einem Trend sind demgegenüber bei der Prognose zu berücksichtigen, weshalb hier Plan-Gemeinkosten und Plan-Fertigungszeiten zum Einsatz gelangen.

3.2 Kalkulation und Kostenverrechnung bei Einzel- und Serienfertigung

Das gesamte Bild gestaltet sich somit wie folgt: Vor-, Zwischen- und Nachkalkulationen dienen unterschiedlichen Planungs-, Kontroll- und Dokumentationszwecken. Sie werden zu unterschiedlichen Zeitpunkten durchgeführt und können deshalb andere Informationen über die Auftragsmerkmale sowie die Einzel- und die Gemeinkosten nutzen. Abbildung 3.5 verdeutlicht diese Zeitpunkte und Kalkulationsformen.

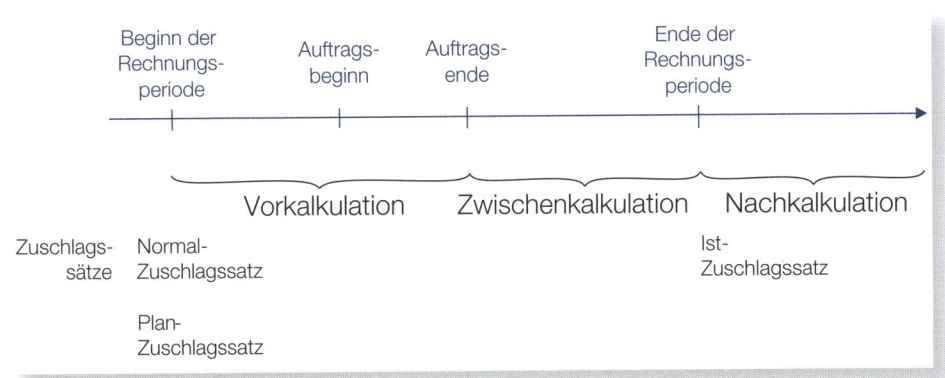

Abbildung 3.5: Zeitpunkte und Formen der Zuschlagskalkulation

Ungeachtet des Zeitpunkts und der verfügbaren Information wird jedoch die Struktur der Zuschlagskalkulation nicht durch die Verwendung von Ist-, Normal- oder Plan-Zuschlagssätzen beeinflusst. Dies veranschaulicht Abbildung 3.6 für den einfachen Fall der Verwendung eines mengenmäßigen Gesamtzuschlagssatzes:

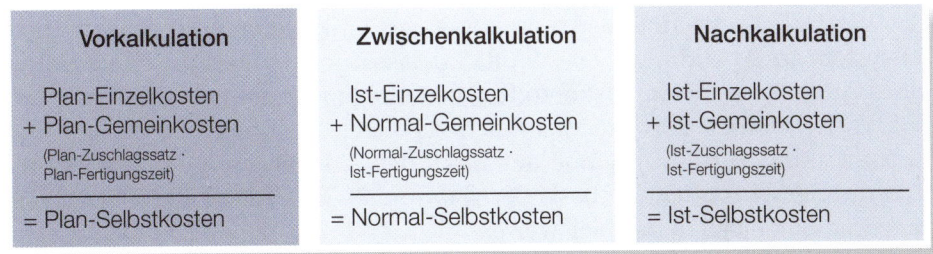

Abbildung 3.6: Aufbau von Vor-, Zwischen- und Nachkalkulation

Kalkulation bei Special Bikes mit normalisiertem Zuschlagssatz

Am 24. Januar liefert Special Bikes den Auftrag A03 aus. Für diesen wurde laut Materialscheinen Fertigungsmaterial im Wert von 5.720 € eingesetzt; mehrere Mitarbeiter haben insgesamt 274 Stunden an dem Auftrag gearbeitet. Bewertet mit den Stundenlöhnen der Mitarbeiter ergeben sich die Fertigungslöhne zu 2.960 €. Die Versandkosten für A03 belaufen sich auf 576 €.

Kapitel 3 — Kalkulation

Jan Zobel möchte möglichst zeitnah die Selbstkosten dieses Auftrags bestimmen. Hierzu verwendet er einen Normal-Zuschlagssatz. In den vergangenen vier Jahren wurden folgende Gemeinkosten und Fertigungszeiten beobachtet:

Jahr	−4	−3	−2	−1	Durchschnitt
Gemeinkosten	1.870.000 €	2.105.000 €	1.940.000 €	1.680.000 €	1.898.750 €
Fertigungszeit in h	20.750	21.210	18.750	19.200	19.977,50

Der Normal-Zuschlagssatz beträgt 95,04 €/h = 1.898.750/19.977,50. In seinem Monatsbericht Ende Januar erhält Zobel die Information, dass sich die Selbstkosten des Auftrags auf 35.296,96 € belaufen. Diese setzen sich folgendermaßen zusammen:

Fertigungsmaterial	5.720,-
Fertigungslohn	2.960,-
Gemeinkosten (Normal-Zuschlag 95,04 € je Fertigungsstunde)	95,04 · 274 h = 26.040,96
Sondereinzelkosten des Vertriebs	576,-
Normal-Selbstkosten von A03	**35.296,96 €**

Betriebsbuchhaltung bei Einzel- und Serienfertigung

Das betriebliche Rechnungswesen bildet die Kalkulationen in seinem Kontensystem ab. Abbildung 3.7 verdeutlicht, dass mit dem Start der Bearbeitung eines Auftrags ein Bestandskonto für das unfertige Erzeugnis eröffnet wird. Sukzessive werden dort die Materialeinzelkosten auf Basis der verbrauchten Rohstoffe, die Fertigungslöhne auf Basis der Arbeitszeiten der Mitarbeiter und die Gemeinkosten auf Basis der verwandten Zuschlagssätze erfasst. Die Buchungssätze lauten beispielsweise:

Unfertige Erzeugnisse	an	Rohstoffe
Unfertige Erzeugnisse	an	Löhne und Gehälter

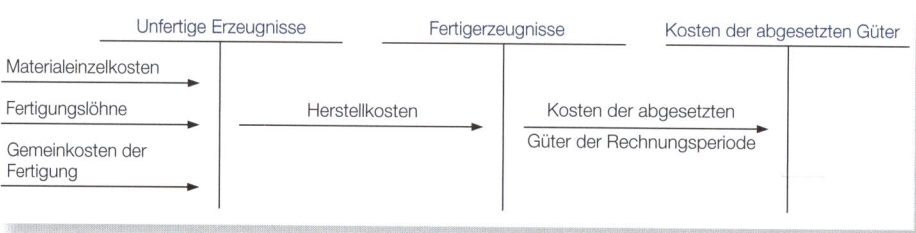

Abbildung 3.7: Schematischer Fluss der Herstellkosten

Mit Abschluss der Bearbeitung werden die Herstellkosten des fertigen Auftrags in ein Bestandskonto „Fertigerzeugnisse" gebucht. Bei Auslieferung des Auftrags bzw. Abschluss des Umsatzprozesses bucht man die Herstellkosten der abgesetzten Güter schließlich auf das Erfolgskonto „Kosten der abgesetzten Güter" bzw. „Umsatzkosten".

Die Habenbuchungen für die Materialeinzelkosten bzw. die Fertigungslöhne erfolgen in den Konten „Rohstoffe" bzw. „Löhne und Gehälter". Nutzt das Unternehmen Ist-Zuschlagssätze, so können auch die Habenbuchungen für die Gemeinkosten auf entsprechenden Konten wie „Stromkosten", „Abschreibungen" oder „Betriebsstoffe" erfolgen. Allerdings lassen sich die zur Bestimmung der jeweiligen Beträge erforderlichen Zuschlagssätze erst nach Ablauf der Rechnungsperiode ermitteln. Damit werden aber nicht nur die Kalkulationsergebnisse spät bereitgestellt, sondern auch das Rechnungswesen muss innerhalb einer relativ kurzen Zeit für eine Vielzahl an Aufträgen die jeweils zuzurechnenden Gemeinkosten bestimmen und diese kontenmäßig erfassen.

Um diesem geballt auftretenden Erfassungsaufwand entgegenzuwirken, greifen viele Unternehmen auf Normal-Zuschlagssätze zurück. Für Auftrag A03 werden die Gemeinkosten der Fertigung dann beispielsweise über die Buchung

> Auf dem Konto „verrechnete Fertigungsgemeinkosten" werden laufend die Fertigungsgemeinkosten der Aufträge erfasst.

„Auftrag A03   an   Verrechnete Fertigungsgemeinkosten   26.040,96 €"

erfasst. Der Buchungsbetrag resultiert wie oben beschrieben aus dem Produkt von Normal-Zuschlagssatz (95,04 € je Fertigungsstunde) und dem entsprechenden Merkmal des Auftrags (274 Fertigungsstunden).

Abbildung 3.8 verdeutlicht, dass während der Rechnungsperiode für alle bearbeiteten Aufträge Habenbuchungen auf dem Konto „Verrechnete Fertigungsgemeinkosten" erfolgen. Hierzu verwendet man durchweg den Normal-Zuschlagssatz. Dem stehen auf diesem Konto Sollbuchungen für die angefallenen Stromkosten, Abschreibungen, Versicherungen, Mietkosten und dergleichen gegenüber.

Am Ende der Rechnungsperiode kann die Summe der verrechneten Gemeinkosten der Summe der angefallenen Gemeinkosten entsprechen. In der Regel werden jedoch beide Beträge unterschiedlich sein. Dann liegt entweder eine Kostenüberdeckung oder eine Kostenunterdeckung vor. Während bei der Kostenüberdeckung mehr Gemeinkosten verrechnet wurden als tatsächlich angefallen sind, wurden bei Kostenunterdeckung nicht ausreichend Gemeinkosten verrechnet. In beiden Fällen gilt, dass ein hoher Saldo, d.h. eine große Differenz zwischen verrechneten und angefallenen Gemeinkosten, Indikator für eine notwendige Anpassung der Normal-Zuschlagssätze ist.

Für die Behandlung des Saldos ergeben sich zwei Möglichkeiten: Im einfachsten Fall a) wird das Konto „Verrechnete Gemeinkosten" über das Konto „Umsatzkos-

Abbildung 3.8: Schematische Erfassung der Gemeinkosten in der Betriebsbuchhaltung

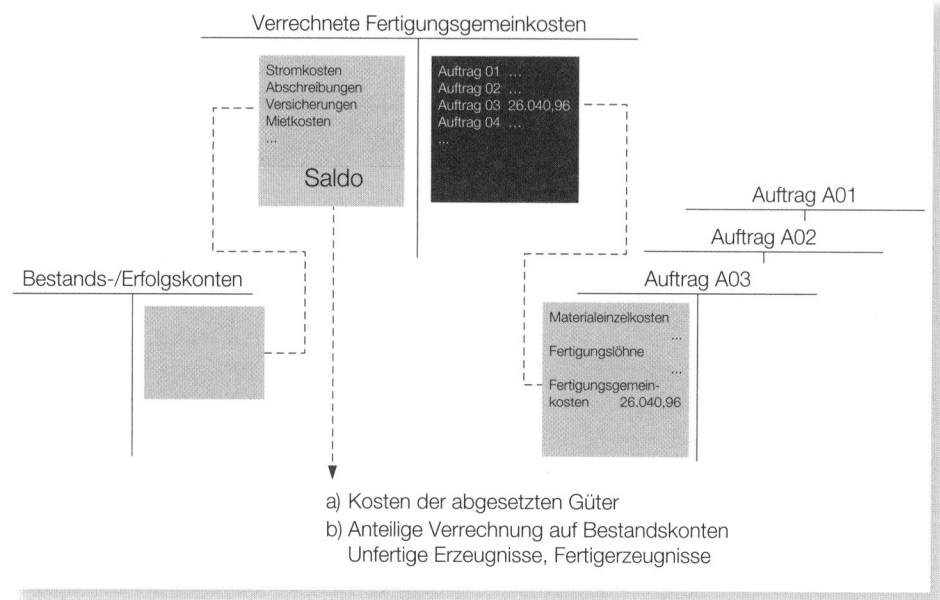

ten" abgeschlossen. Damit beeinflussen Kostenüber- und -unterdeckung vollständig das Betriebsergebnis. Alternativ kann man in Fall b) den Saldo anteilig auf die Bestandskonten „Unfertige Erzeugnisse" sowie „Fertigerzeugnisse" und das Erfolgskonto „Umsatzkosten" verteilen. Als Verteilungsschlüssel kann man die auf diesen Konten jeweils erfassten Gemeinkosten verwenden. Insbesondere bei öffentlichen Aufträgen sind Unternehmen angehalten, eine anteilige Korrektur vorzunehmen. Damit soll verhindert werden, dass durch das Ausnutzen von Gestaltungsspielräumen bei der Bestimmung von Normal-Zuschlagssätzen die Selbstkosten öffentlicher Aufträge „künstlich" erhöht werden.

3.3 Kalkulation und Kostenverrechnung bei Massen- und Sortenfertigung

Bei Massen- sowie Sortenfertigung werden entweder ein einziges Produkt oder mehrere, relativ homogene Produkte erzeugt. Beispiele für Massenfertigung (Einproduktfertigung) sind die Elektrizitäts-, Forst- und Wasserwirtschaft, Beispiele für Sortenfertigung die Bier-, Teppich- und chemische Industrie. Für die hier geeigneten Kalkulationsverfahren ist grundlegend, dass es sich infolge der Homogenität der Produkte erübrigt, die Kosten je Auftrag zu erfassen. Vielmehr sind die Kosten je Fertigungsbereich zu bestimmen und den erzeugten Mengen gegenüberzustellen.

Für die Auswahl des passenden Kalkulationsverfahrens sind folgende Fragen zu beantworten:
1. Handelt es sich um eine ein- oder mehrstufige Fertigung?

2. Treten bei mehrstufiger Fertigung Bestandsänderungen auf?
3. Weisen am Ende der Rechnungsperiode die gefertigten Produkte den gleichen Reifegrad auf?
4. Besteht ein proportionales Verhältnis zwischen den Kosten für die Erzeugung verschiedener Produkte?
5. Resultieren aus dem Produktionsprozess zwangsläufig mehrere Produkte?

Einstufige Divisionsrechnung

Bei der Divisionsrechnung erhält man die Selbstkosten je Einheit, indem man die gesamten Kosten der Periode durch die Herstellmenge dividiert. Im einfachsten Fall liegt dabei eine einstufige Fertigung vor. Das betrifft zum Beispiel Elektrizitäts-, Wasser- und Zementwerke oder die Forstwirtschaft.

Bei der Divisionsrechnung teilt man die Gesamtkosten der Periode durch die Herstellmenge.

Divisionskalkulation in einem Forstbetrieb

In einem Forstbetrieb sind im abgelaufenen Jahr die nachfolgenden Kosten angefallen:

Löhne und Gehälter	180.000,–
Betriebsstoffe/Werkzeuge	5.000,–
Abschreibungen Werk-/Fahrzeuge	15.000,–
Sonstige Verwaltungs- und Vertriebsgemeinkosten	25.000,–
Gesamte Kosten	225.000 €

Die Schlagmenge für das Jahr beträgt 18.750 fm Holz.[2] Die Stückkosten je fm Holz betragen:

$$\frac{\text{Gesamtkosten}}{\text{Herstellmenge}} = \frac{225.000\ \text{€}}{18.750\ \text{fm}} = 12\ \text{€ je Festmeter}$$

Für die Ausgestaltung der Divisionsrechnung ist unerheblich, ob es sich um eine Vor-, Zwischen- oder Nachkalkulation handelt. Während im Beispiel von Ist-Werten ausgegangen wird und es sich folglich um eine Nachkalkulation handelt, lässt sich das gleiche Verfahren auch bei prognostizierten Werten im Rahmen einer Vorkalkulation anwenden.

Sofern der Forstbetrieb überregional tätig ist und die Bewirtschaftung der Wälder unabhängig voneinander erfolgt, kann die einstufige Divisionsrechnung auch standortspezifisch durchgeführt werden. In diesem Fall lassen sich in der Kalkulation Unterschiede im Produktionsprozess berücksichtigen. Zum Beispiel kann sich die Bewirtschaftung verschiedener Flächen infolge geographischer Gegebenheiten stark unterscheiden, was Auswirkungen auf die Produktivität hat und letztlich zu gebietsabhängigen Stückkosten führt.

---

[2] 1 fm (Festmeter) Holz entspricht 1 m³ fester Holzmasse.

Mehrstufige Divisionsrechnung

Bei mehrstufiger Fertigung lässt sich die einstufige Divisionsrechnung einsetzen, wenn auf allen Fertigungsstufen die gleichen Mengen erzeugt werden. Sofern jedoch der Produktionsprozess verschiedenen Qualitätsstandards genügt, in unterschiedlichem Maße Bestandsänderungen vorliegen und sich der Reifegrad der erzeugten Produkte unterscheidet, ist auf die mehrstufige Divisionsrechnung zurückzugreifen.

Ausgangspunkt der mehrstufigen Divisionsrechnung ist der Mengenfluss. Exemplarisch sei eine Teppichproduktion betrachtet. Während es sich bei den Stufen I – III um Fertigungsstufen handelt, erfolgen in Stufe IV Verpackungs- und Vertriebsprozesse. In der abgelaufenen Rechnungsperiode wurde der folgende Mengenfluss (in 1.000 m^2) je Fertigungsstufe erfasst:

Bereich	Fertigung I	Fertigung II	Fertigung III	Verpackung & Vertrieb
Einsatzmenge		250	210	201
Ausschuss	0	5	12	0
Ausbringungsmenge	270	245	198	201
Wiedereinsatzmenge	250	210	201	–
Bestandsänderung	+ 20	+ 35	– 3	–

In Fertigungsstufe I wurden 270.000 m^2 Teppich erzeugt. Hiervon gelangten 250.000 m^2 in den nachfolgenden Produktionsprozess auf Stufe II, während 20.000 m^2 gelagert wurden. Der Produktionsprozess der Fertigungsstufen II und III erfüllte zudem nicht durchweg die Qualitätsanforderungen, so dass Ausschuss auftrat und sich die Ausbringungsmenge von der Einsatzmenge unterschied. Schließlich wich der Bedarf nachfolgender Stufen voneinander ab, so dass auf Fertigungsstufe II eine Bestandserhöhung und auf Stufe III eine Bestandsminderung vorlag.

Bei der Divisionsrechnung werden die Kosten bereichsweise erfasst. Infolge der mehrstufigen Fertigung werden diese auch als **primäre Stufenkosten** bezeichnet. Sie bestehen u. a. aus den Materialkosten und den Verarbeitungskosten. Die **Verarbeitungskosten** wiederum setzen sich aus den Fertigungslöhnen und den Gemeinkosten wie Stromkosten, Abschreibungen oder Betriebsstoffkosten zusammen. Die nachfolgende Tabelle zeigt die primären Stufenkosten für das Beispiel der Teppichproduktion.

Bei der mehrstufigen Divisionsrechnung ist je Stufe das Vorgehen der einstufigen Divisionsrechnung anzuwenden. Da das leicht unübersichtlich werden kann, bietet sich der Einsatz eines Tabellenkalkulationsprogramms an. Ab-

3.3 Kalkulation und Kostenverrechnung bei Massen- und Sortenfertigung

Bereich	Primäre Stufenkosten
Fertigung I	675.000 €
Fertigung II	1.942.600 €
Fertigung III	846.420 €
Verpackung & Vertrieb	136.680 €

bildung 3.9 zeigt für das Beispiel der Teppichproduktion eine mehrstufige Divisionsrechnung in einer Excel-Tabelle.

	A	B	C	D	E	F	G	H
1	Stufe	Bereich	Einsatzmenge in 1.000 m²	Ausbringungs-menge in 1.000 m²	Primäre Stufenkosten	Kosten der Vorprodukte	Gesamte Kosten je Stufe	Stufenbezogene Stückkosten je 1.000 m²
2	1	Fertigung I	0	270	675.000€		675.000€	2.500€
3	2	Fertigung II	250	245	1.942.600€	625.000€	2.567.600€	10.480€
4	3	Fertigung III	210	198	846.420€	2.200.800€	3.047.220€	15.390€
5	4	Verpackung & Vertrieb	201	201	136.680€	3.093.390€	3.230.070€	16.070€

Abbildung 3.9: Mehrstufige Divisionsrechnung mithilfe von Excel

Die Spalten C, D und E enthalten die stufenbezogenen Einsatz- bzw. Ausbringungsmengen sowie die primären Stufenkosten. Die Summe aus den primären Stufenkosten (Spalte E) und den Kosten der Vorprodukte (Spalte F) ergibt die gesamten Kosten je Stufe in Spalte G. Auf der ersten Stufe sind dabei noch keine Vorprodukte zu berücksichtigen. Die stufenbezogenen Stückkosten (je 1.000 m²) in Spalte H erhält man, indem man die gesamten Kosten je Stufe (Spalte G) durch die Ausbringungsmenge der Stufe (Spalte D) teilt. Multipliziert man schließlich die Einsatzmenge (Spalte C) mit den Stückkosten der Vorstufe (Spalte H), so erhält man in Spalte F die Kosten der Vorprodukte.

Charakteristisch für die mehrstufige Divisionsrechnung ist, dass die stufenbezogenen Stückkosten ansteigen. Während nach der Fertigungsstufe I die Stückkosten 2,5 €/m² betragen, belaufen sich die Stückkosten nach Abschluss von Fertigungsstufe III auf 15,39 €/m².

Das obige Beispiel der Teppichproduktion unterstellt, dass auf jeder Stufe die Fertigung vollständig abgeschlossen ist. Beispielsweise wird bei dem Mengenfluss nicht zwischen fertigen und unfertigen Zwischenprodukten unterschieden. Oftmals sind jedoch begonnene Fertigungsaufträge zum Ende einer Rechnungsperiode noch nicht vollständig abgeschlossen. Neben dem Beispiel der Teppichproduktion können derartige halbfertige Zwischenprodukte auch bei chemischen Prozessen auftreten, die über einen längeren Zeitraum andauern. In beiden Fällen sind die Unterschiede im Reifegrad der Produkte bei der Kalkulation zu berücksichtigen.

Kapitel 3 Kalkulation

Liegen am Ende einer Rechnungsperiode Zwischenprodukte mit unterschiedlichen Reifegraden vor, so ist bei der Kalkulation folgende Besonderheit zu beachten: Erstreckt sich die Produktion über einen längeren Zeitraum, sind Abweichungen beim Anfall von Material- und Verarbeitungskosten möglich. Beispielsweise werden bei chemischen Prozessen die Materialien gemäß der Rezeptur oftmals zu Beginn des Prozesses eingebracht, die mit der Bearbeitung verbundenen Kosten für Fertigungslöhne, Maschinennutzung oder Stromverbrauch fallen hingegen wegen der kontinuierlichen Fertigung über einen längeren Zeitraum an. Die unterschiedlich anfallenden Material- und Verarbeitungskosten wirken sich folgendermaßen auf die Kalkulationsergebnisse aus:

Eine genauere Untersuchung des obigen Mengenflusses verdeutlicht, dass Fertigungsstufe I 260.000 m^2 des fertigen Zwischenproduktes erzeugte, während sich 10.000 m^2 noch als unfertiges Zwischenprodukt in Bearbeitung befinden. Zudem setzen sich die Stufenkosten der Fertigungsstufe I aus 224.100 € Materialkosten sowie 450.900 € Verarbeitungskosten zusammen. Die Summen dieser Beträge ergeben die bei obiger Kalkulation angesetzte Ausbringungsmenge von 270.000 m^2 bei Stufenkosten von 675.000 €.

Die Analyse des Produktionsfortschritts zeigt, dass für das unfertige Zwischenprodukt das Material zu 100 % bereitgestellt wurde, während die Bearbeitung erst zu 70 % beendet ist. Rechnet man dies in äquivalente, fertiggestellte Einheiten des Zwischenproduktes um, so erhält man:

	Menge [1.000 m^2]	Fertigstellungsgrad	Äquivalente Einheiten Material	Verarbeitung
Fertiges Zwischenprodukt	260	100 %	260	260
Unfertiges Zwischenprodukt	10	70 %	10	7
Summe äquivalente Einheiten			270	267

Die Kalkulation der Stückkosten der Fertigungsstufe I liefert:

	Materialkosten	Verarbeitungskosten	Gesamtkosten
Kosten der Rechnungsperiode	224.100 €	450.900 €	675.000 €
Äquivalente Einheiten	270	267	
Kosten je äquivalenter Einheit	830,00 € = 224.100/270	1.688,76 € = 450.900/267	2.518,76 € = 830,00 + 1.688,76

3.3 Kalkulation und Kostenverrechnung bei Massen- und Sortenfertigung

Je äquivalenter Einheit (d. h. je 1.000 m² Teppich der Fertigungsstufe I) fallen somit 2.518,76 € an. Dieser Betrag ist höher als der in Abbildung 3.9 ausgewiesene Betrag (2.500 €), da bei gleichen Kosten mit der nicht vollständig abgeschlossenen Produktion eine geringere Leistung anzusetzen ist.

Die Berücksichtigung unfertiger Zwischenprodukte wirkt sich erstens auf die stufenbezogenen Stückkosten aller nachfolgenden Fertigungsstufen aus. Im Beispiel der Teppichproduktion sind nun 2.518,76 € für den Einsatz fertiger Zwischenprodukte in Stufe II anzusetzen. Zudem beeinflusst die Berücksichtigung unfertiger Zwischenprodukte die Kalkulation der Fertigungsstufe I in der nächsten Rechnungsperiode. Werden in dieser Rechnungsperiode die unfertigen Zwischenprodukte fertiggestellt, so erhöht dies die Ausbringungsmenge von Stufe I. Für die eingebrachten unfertigen Zwischenprodukte sind dabei folgende Kosten anzusetzen: 8.300 € Materialkosten (= 830,– · 10) sowie 11.821,32 € Verarbeitungskosten (= 1.688,76 · 7). Diese Kosten des unfertigen Zwischenproduktes sind zu den Kosten der neu begonnenen Fertigungsaufträge hinzuzuzählen.

Äquivalenzziffernrechnung

Mit der Äquivalenzziffernrechnung kann man die Kosten artverwandter Produkte, die auf vergleichbaren Fertigungseinrichtungen mit ähnlichen Rohstoffen erzeugt werden, bestimmen. Dies betrifft z. B. das Brauen mehrerer Biersorten in einer Brauerei, das Gießen ähnlicher Gussstücke oder die Schraubenfertigung. Die hergestellten Produkte können sich daher in den Produktionsabläufen oder den eingesetzten Rohstoffmengen durchaus unterscheiden. Ein Kostenrechner unterstellt bei Anwendung der Äquivalenzziffernrechnung jedoch, dass zwischen den Kosten der artverwandten Produkte ein festes Verhältnis besteht.

> Mit der Äquivalenzziffernrechnung kann man die Kosten artverwandter Produkte, die auf vergleichbaren Fertigungseinrichtungen mit ähnlichen Rohstoffen erzeugt werden, bestimmen.

Beispielsweise stelle eine Gießerei entsprechend Abbildung 3.10 Zahnräder unterschiedlicher Größe her. Die Baureihe 0 bezeichnet man auch als Grund-

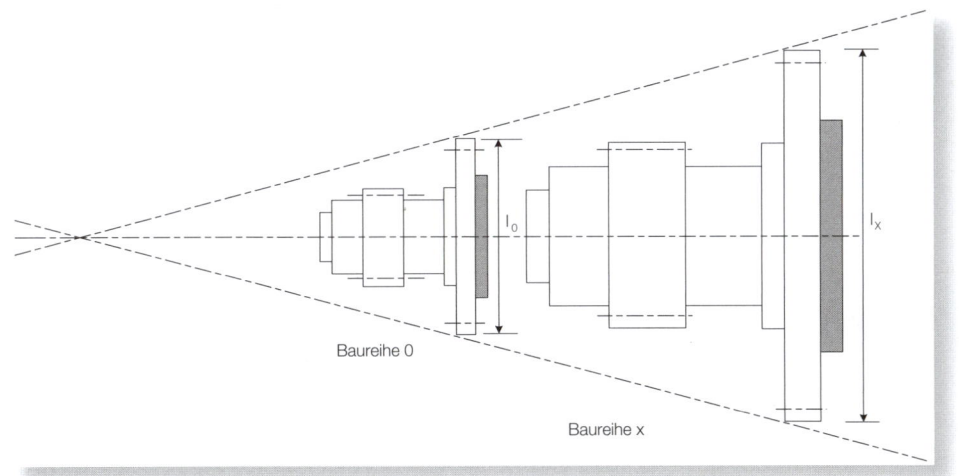

Abbildung 3.10: Äquivalenzziffernrechnung: Feste Relationen von Zahnrädern in einer Gussfertigung

sorte, von der Baureihe x eine Variante ist. Beide Baureihen lassen sich durch die Zahnraddurchmesser l_0 sowie l_x beschreiben. Normiert man die Baureihe 0 mit der Äquivalenzziffer 1, so repräsentiert das Verhältnis l_x/l_0 die Äquivalenzziffer der Baureihe x.

Bei der Äquivalenzziffernrechnung unterstellt man, dass infolge der weitgehend homogenen Gestalt die Herstellkosten je Einheit der Baureihe x in einem festen Verhältnis zu den Herstellkosten je Einheit Grundsorte stehen. Dieses Verhältnis entspricht dem Verhältnis der Äquivalenzziffern der beiden Baureihen:

$$\frac{\text{Herstellkosten je Einheit der Baureihe x}}{\text{Herstellkosten je Einheit Grundsorte}} = \frac{\text{Äquivalenzziffer der Baureihe x}}{\text{Äquivalenzziffer der Grundsorte}}.$$

Ist die Äquivalenzziffer der Grundsorte auf 1 normiert, so erhält man die Herstellkosten je Einheit der Baureihe x durch Multiplikation der Herstellkosten je Einheit Grundsorte mit der Äquivalenzziffer der Baureihe x. Bei der Gießerei entspricht letzteres dem Verhältnis der Zahnraddurchmesser (d. h. l_x/l_0).

Abbildung 3.11: Äquivalenzziffernrechnung mithilfe von Excel

Äquivalenzziffernkalkulation in einer Gießerei

Eine Gießerei fertigt 4 Zahnräder unterschiedlicher Baugrößen. Die Zahnraddurchmesser variieren zwischen 18,75 cm und 37,5 cm. Baureihe B0 weist als Grundsorte die normierte Äquivalenzziffer 1 auf, B1 hat eine Äquivalenzziffer von 0,75 (= 18,75/25), B2 eine Äquivalenzziffer in Höhe von 1,3 und B3 eine Äquivalenzziffer von 1,5. Die Gesamtkosten der Rechnungsperiode betragen 750.000 €. Die nachfolgende Excel-Tabelle zeigt die Kalkulation der Stückkosten je Baureihe.

	A	B	C	D	E	F	G
1	Baureihe	Zahnraddurchmesser in cm	Äquivalenzziffer	Produktionsmengen in Stück	äquivalente Einheiten	Herstellkosten pro Stück	Gesamtkosten der Baureihe
2	B0	25,00	1,00	4.500	4.500	61,52€	276.843,57€
3	B1	18,75	0,75	2.100	1.575	46,14€	96.895,25€
4	B2	32,50	1,30	2.570	3.341	79,98€	205.540,97€
5	B3	37,50	1,50	1.850	2.775	92,28€	170.720,20€
6	Summe				12.191		750.000,00€

Die Spalten A bis D zeigen die Ausgangsdaten des Beispiels. In Spalte E erfolgt eine Umrechnung in äquivalente Einheiten der Grundsorte (Baureihe B0). Hierzu werden die Produktionsmengen (Spalte D) mit den Äquivalenzziffern (Spalte C) multipliziert. Insgesamt wurden in der Rechnungsperiode 12.191 äquivalente Einheiten von Bau-

> reihe B0 erzeugt. Je äquivalenter Einheit der Baureihe B0 entspricht dies Kosten in Höhe von 61,52 € (= 750.000/12.191).
> Durch Multiplikation dieser Kosten je Einheit Grundsorte mit den Äquivalenzziffern (Spalte C) erhält man in Spalte F die Herstellkosten pro Stück der vier Baureihen. Beispielsweise belaufen sich die Herstellkosten von Baureihe 1 auf 46,14 € pro Stück (= 61,52 · 0,75). Das Verhältnis der Stückkosten entspricht wiederum dem Verhältnis der Äquivalenzziffern (z. B. erhält man für die Baureihen B3 und B1: 1,50/0,75 = 2 = 92,28 €/Stk/46,14 €/Stk). Letztlich resultieren die Gesamtkosten je Baureihe in Spalte G indem man die Stückkosten (Spalte F) mit den Produktionsmengen (Spalte D) multipliziert.

Äquivalenzziffern lassen sich alternativ zum Zahnraddurchmesser auch über die relativen Gewichte der Sorten, deren Volumen oder die erforderlichen Bearbeitungszeiten bestimmen. Für die Auswahl des Maßstabs gilt, dass er die relativen Kosten der Sorten relativ gut widerspiegeln sollte.

Kalkulation von Kuppelprodukten

Eine **Kuppelproduktion** liegt vor, wenn in einem Produktionsprozess gleichzeitig mehrere Produkte entstehen. Kuppelprozesse kommen in der Unternehmenspraxis häufig vor. Beispielsweise erhält man bei der Verarbeitung von Rohmilch gleichzeitig Rahm als auch Standardmilch. Die Mengen an Rahm und Standardmilch lassen sich nur in engen Grenzen variieren. Auch die Demontage asbestbelasteter Industrieanlagen ist eine Kuppelproduktion: Sie liefert einerseits wertvolle, weiterverwertbare Rohstoffe und andererseits – unvermeidbar – zu entsorgende Materialien. Den Punkt im Produktionsprozess, ab welchem zwangsweise mehrere Produkte vorliegen, bezeichnet man als **Entkoppelungspunkt**.

Von Kuppelproduktion spricht man, wenn in einem Produktionsprozess gleichzeitig mehrere Produkte entstehen.

Für die Kalkulation von Kuppelprodukten ist maßgebend, wie man die vor dem Entkoppelungspunkt anfallenden Kosten behandelt. Ein Unternehmen habe sich beispielsweise auf die Demontage von Altautos spezialisiert und kauft hierfür zu verschrottende Autos auf. Bei der Demontage fallen neben wertvollen Rohstoffen (z. B. verschiedene Metalle, Reifen) auch Altöl und andere, nicht-weiterverwertbare Materialien an. Im Rahmen der Kalkulation sind die Kosten der weiter veräußerbaren Rohstoffe zu ermitteln. Bedeutsam ist hierbei, dass die Materialkosten für den Erwerb der Altautos insgesamt anfallen und sich nicht direkt den einzelnen gewonnenen Rohstoffen zuordnen lassen. Insofern handelt es sich um Materialgemeinkosten.

Kapitel 3 — Kalkulation

Foto: Ralf Rolatschek

Praxisbeispiel: Kuppelproduktion

Für das Auffinden und Erschließen von Erdöl- und Erdgasvorkommen fallen in erheblichem Ausmaß Prospektions- und Erschließungskosten an. Bei der Förderung werden an der einzelnen Lagerstätte Erdöle und Erdgase unterschiedlicher Qualität sowie weitere Rohstoffe (z. B. Kohlenstoffdioxid) gewonnen. Hierbei handelt es sich um eine Kuppelproduktion, da die Rohstoffe technisch bedingt gemeinsam gefördert werden.

Ein weiteres Beispiel für eine Kuppelproduktion ist die Blutspende. Das Deutsche Rote Kreuz bietet pro Jahr über 43.000 Blutspendetermine an. Hierbei handelt es sich letztlich auch um eine Kuppelproduktion, da sich aus der einzelnen Spende mehrere Blutprodukte herstellen lassen. So werden in einem Blutspendezentrum die Spenden durch Zentrifugieren in ihre Komponenten Erythrozyten (rote Blutkörperchen), Leukozyten (weiße Blutkörperchen), Thrombozyten (Blutplättchen) sowie Blutplasma aufgetrennt und anschließend für unterschiedliche medizinische Zwecke eingesetzt.

Zur Kalkulation zieht die Unternehmenspraxis verschiedene Verfahren heran:

- Bei der so genannten **Restwertrechnung** teilt man die Produkte in Haupt- und Nebenprodukte auf. Die nach dem Entkopplungspunkt erzielten Überschüsse der Nebenprodukte werden von den Gesamtkosten vor dem Entkoppelungspunkt abgezogen. Der verbleibende Rest der Kosten vor dem Entkoppelungspunkt wird dann dem Hauptprodukt voll zugerechnet.
- Bei einer **Verteilungsrechnung nach Produktionsmengen** werden die Kosten vor dem Entkopplungspunkt den Kuppelprodukten entsprechend ihren Stückzahlen oder ihrem Gewicht zugeschlüsselt. Im Unterschied zur Restwertrechnung wird im Ergebnis für jedes Haupt- und Nebenprodukt ein Produkterfolg unter Berücksichtigung aller Kosten ausgewiesen.
- Bei einer **Verteilungsrechnung nach Marktwerten** rechnet man die Kosten vor dem Entkopplungspunkt den Kuppelprodukten entsprechend ihren Marktwerten zu. Dies entspricht dem Tragfähigkeitsprinzip, da Produkte mit einem höheren Marktwert annahmegemäß eher in der Lage sind, die Kosten vor dem Entkoppelungspunkt zu tragen.

Die mit einem der Verfahren gewonnenen Stückkosten lassen sich in erster Linie für die Bestandsbewertung heranziehen. Für Entscheidungsrechnungen sind hingegen Anpassungen bezüglich der Entscheidungsrelevanz der Kosten vor dem Entkoppelungspunkt vorzunehmen. Dies wird in Kapitel 9 thematisiert.

Betriebsbuchhaltung bei Massen- und Sortenfertigung

Die Verrechnung von Gemeinkosten bei Massen- und Sortenfertigung ist vergleichbar zur Verrechnung bei Einzel- und Serienfertigung. Insbesondere betrifft dies die Erfassung der Gemeinkosten in der Betriebsbuchhaltung. Durch den unterjährigen Ansatz von z. B. normalisierten Gemeinkosten kann es auch bei der buchhalterischen Abbildung der Massen- und Sortenfertigung am Ende der Rechnungsperiode zu Kostenüber- oder -unterdeckungen kommen. Diese sind genauso zu behandeln wie Kostenüber- bzw. -unterdeckungen bei Einzel- und Serienfertigung, d. h., es erfolgt entweder ein Abschluss über das Betriebsergebniskonto oder eine Korrektur über die Bestände an Halb- und Fertigfabrikaten.

Literatur

Demski, Joel S.: Managerial Uses of Accounting Information, 2. Auflage, Springer, New York 2008, S. 111–135.

Hilton, Ronald W./Platt, David E.: Managerial Accounting, 9. Auflage, McGraw-Hill, Boston et al. 2011, Kapitel 3 und 4.

McWatters, Cheryl S./Zimmerman, Jerold L./Morse, Dale C.: Management Accounting – Analysis and Interpretation, Pearson, Harlow 2008.

Schweitzer, Marcell/Küpper, Hans-Ulrich: Systeme der Kosten- und Erlösrechnung, 10. Auflage, Vahlen, München 2011, Kapitel 2 C.

Verständnisfragen

a) Kennzeichnen Sie die Aufgaben der Kalkulation. Veranschaulichen Sie Ihre Ausführungen an zweckmäßigen Beispielen.
b) Welcher Zusammenhang besteht zwischen der Produktkalkulation und dem Erstellen eines Jahresabschlusses?
c) Inwiefern ist die Produktkalkulation für die Preispolitik von Unternehmen von Bedeutung?
d) Nennen Sie jeweils zwei Kostenträger für die folgenden Unternehmen:
   a. Universität Mannheim
   b. Wissenschaftliche Hochschule für Unternehmensführung, Koblenz
   c. Caritas Stuttgart
   d. Städtischer Kindergarten, Stuttgart
   e. Städtisches Krankenhaus, München
   f. Lufthansa AG
   g. Deutsche Bundeswehr
   h. Deutsche Bahn AG
   i. Deutsche Post AG
   j. Deutsche Telekom AG
   k. Deutsche Bank AG

Kapitel 3 — Kalkulation

l. Deutsche Forschungsgemeinschaft
m. Deutsche Börse AG
n. Deutsches Museum München
o. Deutsche Messe AG

e) Grenzen Sie Massen-, Sorten-, Serien- und Einzelfertigung voneinander ab und nennen Sie je ein Beispiel. Welche Kalkulationsverfahren lassen sich jeweils einsetzen? Begründen Sie Ihre Aussage.
f) Beschreiben Sie den Aufbau einer Zuschlagskalkulation.
g) Erklären Sie den Unterschied von Normal- und Ist-Zuschlagssätzen. Veranschaulichen Sie Ihre Ausführungen an einem Beispiel.
h) Skizzieren Sie die Kalkulation eines Auftrages in einem Architekturbüro.
i) Diskutieren Sie, wie die Zuschlagskalkulation in einer Zahnarztpraxis genutzt werden kann.
j) Welche Voraussetzungen sollten für den Einsatz der Maschinensatzrechnung gegeben sein?
k) Erläutern Sie den Abschluss des Kontos „verrechnete Gemeinkosten" zum Ende der Rechnungsperiode
   a. bei Verwendung von Ist-Zuschlagssätzen.
   b. bei Verwendung normalisierter Zuschlagssätze.
l) Diskutieren Sie den Einsatz der Divisionskalkulation in Fertigungsbetrieben sowie in Dienstleistungsbetrieben. Welche Situationsbedingungen sollten im Allgemeinen gegeben sein? Veranschaulichen Sie Ihre Ausführungen anhand eines Beispiels.
m) Kennzeichnen Sie die Kuppelproduktion und veranschaulichen Sie Ihre Ausführungen an zwei Beispielen.

Fallbeispiel: KWM Metallurgie

Die KWM Metallurgie, ein Zulieferer der Automobilindustrie, beobachtet seit einiger Zeit sinkende Umsatzrenditen ihrer Produkte. Ursächlich hierfür ist der gestiegene Preisdruck ihrer Kunden. KWM fertigt in ihren Werken vier Produkte. Nach den jüngsten Vorgaben der Geschäftsleitung sollen alle Produkte mit einem negativen Stückerfolg eliminiert werden. Über die vier Produkte liegen folgende Informationen vor:

	Produkt			
	A	B	C	D
Fertigungsmenge [Stk]	10.000	8.000	6.000	4.000
Verkaufspreis [€/Stk]	15,00	18,00	20,00	22,00
Materialeinzelkosten [€/Stk]	4,00	5,00	6,00	7,00
Stückfertigungszeit [h/Stk]	0,24	0,18	0,12	0,08

Je Fertigungsstunde fallen Löhne in Höhe von 30 € an. Die gesamten Gemeinkosten belaufen sich auf 122.000 €. KWM nutzt für die Kalkulation einen Gesamtzuschlagssatz mit der Fertigungszeit als Bezugsgröße.

Die nachfolgende Excel-Tabelle zeigt die Kalkulation der vier Produkte. Die Zeilen 10 und 11 enthalten die Materialeinzelkosten sowie die Fertigungslöhne. Beispielsweise betragen die Materialeinzelkosten von Produkt A 40.000 € = 10.000 Stk · 4 €/Stk und die Fertigungslöhne belaufen sich auf 72.000 € = 10.000 Stk · 0,24 h/Stk · 30 €/h. Für die Gemeinkosten in Zeile 12 ist zunächst der Zuschlagssatz zu bestimmen. Hierzu sind die Fertigungszeiten je Produkt zu ermitteln (Zeile 7); diese folgen durch Multiplizieren der Fertigungsmenge (Zeile 3) mit der Stückfertigungszeit (Zeile 6). Insgesamt beträgt die Fertigungszeit 4.880 Stunden. Damit beläuft sich der Gesamtzuschlagssatz auf 122.000 €/4.880 h = 25 € je Fertigungsstunde (Zelle G7). Für das Produkt A betragen die Gemeinkosten somit 60.000 € = 25 €/h · 2.400 h.

	G7		f_x	=122000/F7			
	A	B	C	D	E	F	G
1		Produkt					
2		A	B	C	D	Summe	Zuschlagssatz
3	Fertigungsmenge	10.000	8.000	6.000	4.000		
4	Verkaufspreis	15€	18€	20€	22€		
5	Materialeinzelkosten je Stück	4€	5€	6€	7€		
6	Stückfertigungszeit	0,24	0,18	0,12	0,08		
7	Fertigungszeit	2.400	1.440	720	320	4.880	25€
8							
9	Zuschlagskalkulation						
10	Materialeinzelkosten	40.000€	40.000€	36.000€	28.000€		
11	Fertigungslöhne	72.000€	43.200€	21.600€	9.600€		
12	Gemeinkosten	60.000€	36.000€	18.000€	8.000€	122.000€	
13	Selbstkosten	172.000€	119.200€	75.600€	45.600€		
14							
15	Verkaufserlöse	150.000€	144.000€	120.000€	88.000€		
16	Produktergebnis	- 22.000€	24.800€	44.400€	42.400€	89.600€	

Stellt man den Selbstkosten die Verkaufserlöse gegenüber, so folgt in Zeile 16 das Produktergebnis. Mit Ausnahme von Produkt A weisen alle Produkte ein positives Ergebnis auf. Insgesamt beläuft sich das Betriebsergebnis auf 89.600 €. Wegen des negativen Ergebnisses von Produkt A erscheint es jedoch sinnvoll, dieses Produkt aus dem Produktprogramm zu eliminieren.

Die folgende Excel-Tabelle zeigt die Kalkulationsergebnisse für den Fall, dass das Produkt A eliminiert wurde. Hierbei ist unterstellt, dass die Gemeinkosten kurzfristig nicht veränderlich sind, während die Fertigungslöhne mit der Fertigungsmenge variieren.

Kapitel 3 — Kalkulation

	A	B	C	D	E	F	G
		Produkt					
1		A	B	C	D	Summe	Zuschlagssatz
3	Fertigungsmenge	-	8.000	6.000	4.000		
4	Verkaufserlös je Stück	-	18€	20€	22€		
5	Materialeinzelkosten je Stück	-	5€	6€	7€		
6	Stückfertigungszeit	-	0,18	0,12	0,08		
7	Fertigungszeit	-	1.440	720	320	2.480	49,19€
8							
9	Zuschlagskalkulation						
10	Materialeinzelkosten	-	40.000,00€	36.000,00€	28.000,00€		
11	Fertigungslöhne	-	43.200,00€	21.600,00€	9.600,00€		
12	Gemeinkosten	-	70.838,71€	35.419,35€	15.741,94€	122.000,00€	
13	Selbstkosten	-	154.038,71€	93.019,35€	53.341,94€		
14							
15	Verkaufserlöse	-	144.000,00€	120.000,00€	88.000,00€		
16	Produktergebnis	-	- 10.038,71€	26.980,65€	34.658,06€	51.600,00€	

Formel G7: =122000/F7

Durch die Elimination von Produkt A sinkt die gesamte Fertigungszeit auf 2.480 h. Bei gleichbleibenden Gemeinkosten steigt deshalb der Gesamtzuschlagssatz auf 49,19 € je Fertigungsstunde. Im Ergebnis erhöhen sich folglich die von den Produkten B, C und D zu tragenden Gemeinkosten. Dies führt insbesondere dazu, dass der Erfolg von Produkt B nun negativ wird. Zudem reduziert sich durch die Elimination von Produkt A das Betriebsergebnis auf 51.600 €.

Würde man im nächsten Schritt das unrentable Produkt B eliminieren und eine weitere Kalkulation durchführen, so würde das Produkt C als nicht gewinnsteigernd erscheinen. Außerdem geht infolge der Elimination von Produkt B das Betriebsergebnis weiter zurück. Diese Anbindung der Produktpolitik an die Kalkulationsergebnisse deutet eine für den Periodenerfolg abträgliche Spirale an („death spiral"), die sogar den Unternehmensfortbestand gefährden kann.

Ursächlich für dieses Ergebnis ist erstens die relativ grobe Schlüsselung der Gemeinkosten über einen einzigen Zuschlagssatz. Eine Gliederung der Gemeinkosten und ihre Verteilung über verschiedene Bezugsgrößen kann ein präziseres Bild der Stückkosten liefern. Zweitens wurde bei der Anbindung der Produktpolitik an die Kalkulationsergebnisse nicht berücksichtigt, dass die Gemeinkosten zumindest kurzfristig nicht abbaubar sind. Vor diesem Hintergrund stellt sich generell die Frage, ob es sinnvoll ist Gemeinkosten bei der Entscheidungsfindung zu berücksichtigen. Das wird vertiefend in Kapitel 9 behandelt.

Quelle: Das Fallbeispiel lehnt sich an den Harvard Business School Accounting Case – Bridgeton Industries: Automotive Component & Fabrication Plant (HBC 9-190-085) an. Vgl. auch Baxendale, Sidney J.: Activity-based Costing for the Small Business: A Primer, in: Business Horizons, Vol. 44, 2001, No. 1, S. 61–68 und Lexa, Frank James/Mehta, Tushar/Seidmann, Abraham: Managerial Accounting Applications in Radiology, in: Journal of the American College of Radiology, Vol. 2, 2005, No. 3, S. 262–270.

Übungsaufgaben

1. Ein Unternehmen der Metallindustrie fertigt Industrieschubkarren. Insgesamt werden drei Serien Schubkarren angeboten. Die Fertigung erfolgt in den Fertigungskostenstellen F1 – Biegerei, F2 – Schweißerei und F3 – Montage. Für das abgelaufene Jahr liegen die folgenden Daten vor:

	Material	F1	F2	F3	Verwaltung	Vertrieb
			Kostenstellen			
Materialeinzelkosten	186.470,– €					
Fertigungslohn		75.270,– €	50.825,– €	37.520,– €		
Gemeinkosten	46.617,50 €	29.857,10 €	29.269,– €	10.570,50 €	67.627,– €	37.311,– €

Als Bezugsgrößen für die Verrechnung der Materialgemeinkosten dienen die Materialeinzelkosten. Die Zurechnung der Fertigungslöhne auf die Produkte erfolgt über Maschinenstundensätze. Im abgelaufenen Jahr betrugen die Maschinenzeiten in der Biegerei 25.090 Maschinenminuten, in der Schweißerei 53.500 Maschinenminuten und in der Montage 26.800 Maschinenminuten. Die Fertigungsgemeinkosten werden unter Verwendung von Fertigungs- und Maschinenzeiten geschlüsselt. Bezugsgröße für die Verteilung der Fertigungsgemeinkosten von Biegerei und Schweißerei ist die jeweilige Maschinenzeit. In der Montage werden 6.264 € über die Fertigungszeit (17.400 Fertigungsminuten) und 4.306,50 € über die Maschinenzeit verteilt. Die Schlüsselung der Verwaltungs- und Vertriebsgemeinkosten erfolgt auf Basis der Herstellkosten.

a) Die Materialeinzelkosten von Produkt B betragen 15,25 €. Die Maschinenzeiten für die Fertigung einer Produkteinheit wurden in den Fertigungskostenstellen 1, 2, 3 mit 2, 3 sowie 4 Minuten gemessen; als Fertigungszeiten wurden 2, 1 sowie 3 Minuten ermittelt. Bestimmen Sie im Rahmen einer differenzierten Zuschlagskalkulation die Selbstkosten pro Stück von Produkt B.

b) Für eine differenziertere Kalkulation soll in der Kostenstelle Schweißerei eine Maschinensatzrechnung durchgeführt werden. Über die dort verfügbaren Anlagengruppen I und II liegen folgende Informationen vor:

	Anlagengruppe I	Anlagengruppe II
Anschaffungspreis	18.520,– €	14.600,– €
Wirtschaftliche Nutzungsdauer [Jahre]	4	5
Flächenbedarf [m²]	25,07	37
Stromverbrauch [kWh]	5,4	2,31
Werkzeugkosten [€/h]	11,99	6,85
Maschinenlaufzeit [h/Jahr]	380	511,67

- Der Abschreibungsbemessung liegt eine lineare Abschreibung über die Nutzungsdauer zu Grunde.
- Der kalkulatorische Zinssatz beträgt 12 % p.a. Bezugsgröße ist das durchschnittlich gebundene Kapital.
- Der jährliche Instandhaltungssatz liegt bei 30 % des Anschaffungspreises.
- Der monatliche Raumkosten-Verrechnungssatz beträgt 1,20 €/m².
- Das Unternehmen zahlt einen Strompreis von 0,26 €/kWh.

Bestimmen Sie die Zuschlagssätze für die beiden Anlagengruppen auf Stundenbasis.

c) Wie wirkt sich der Einsatz der Maschinensatzrechnung auf die Produktkalkulation aus? Verdeutlichen Sie Ihre Aussage an einem selbst gewählten Beispiel.

2. Der Rasenmäherhersteller Gudena aktualisiert seine Zuschlagssätze quartalsweise. Für das laufende Jahr prognostiziert Alf Schuller, Leiter Controlling, die folgenden Gemeinkosten sowie Fertigungseinzelkosten:

	Plan-Gemeinkosten	Plan-Fertigungseinzelkosten
1. Quartal	67.500,– €	45.000,– €
2. Quartal	98.000,– €	53.000,– €
3. Quartal	83.000,– €	55.000,– €
4. Quartal	79.000,– €	53.000,– €

a) Ermitteln Sie die quartalsbezogenen Gesamtzuschlagssätze auf die geplanten Fertigungseinzelkosten.
b) Für den Auftrag G17/0x prognostiziert Schuller 2.780 € Materialkosten sowie 1.420 € Fertigungseinzelkosten. Kalkulieren Sie die Selbstkosten, sofern G17/0x im März bzw. im April gefertigt wird. Vergleichen Sie die Werte mit den Selbstkosten, sofern Schuller einen jährlichen Zuschlagssatz nutzt.
c) Unterstellen Sie, dass nach Gudenas Preispolitik der Verkaufspreis aus einem 10 %igen Aufschlag auf die Selbstkosten folgt. Bestimmen Sie den Verkaufspreis von G17/0x differenziert nach dem Verkaufsquartal.

3. Ein mittelständisches Unternehmen stellt Spezialbohrmaschinen her. Helga König, Leiterin Rechnungswesen, hat für die Kalkulation nachfolgende Tabelle erstellen lassen. Darin sind die geplanten Einzel- und Gemeinkosten der Kostenstellen Einkauf, Dreherei, Endmontage, Verwaltung und Vertrieb aufgeführt. Mittels einer Analyse der Arbeitsprozesse hat sie zwei plausible Kombinationen an Bezugsgrößen (Ansätze A.I und A.II) für die Gemeinkosten der jeweiligen Kostenstelle identifiziert.

		Einkauf	Dreherei	Endmontage	Verwaltung	Vertrieb
Einzelkosten		3.270.000 €	1.800.000 €	1.130.000 €	–	–
Gemeinkosten		654.000 €	320.000 €	452.000 €	300.000 €	240.000 €
A.I	Bezugsgröße	Materialeinzelkosten	Fertigungsstunden	Fertigungsgewicht	Herstellkosten des Umsatzes	Herstellkosten des Umsatzes
	Planbezugsmenge	3.270.000 €	32.000 h	90.400 kg		
	Zuschlagssatz					
A.II	Bezugsgröße	Produktionsmenge	Fertigungslöhne	Produktionsmenge	Verkaufsmenge	Verkaufsmenge
	Planbezugsmenge	12.000	1.800.000 €	12.000	12.000	12.000
	Zuschlagssatz					

a) Bestimmen Sie die Plan-Zuschlagssätze. Unterstellen Sie dabei, dass in der betrachteten Periode 12.000 Bohrmaschinen gefertigt und verkauft werden sollen.

b) Das Unternehmen fertigt Spezialbohrer in zwei unterschiedlichen Ausführungen B1 und B2. Eine Marktstudie für das aktuelle Jahr prognostiziert einen Stückverkaufspreis von 1.200 € für Variante B1 und 600 € für Variante B2. Bei diesen Preisen wird ein Absatz von 4.000 Einheiten der Ausführung B1 und 8.000 Einheiten der Ausführung B2 erwartet.

Für beide Varianten liegen zusätzlich folgende Informationen vor:

	B1	B2
Materialkosten [€/Stk]	408,75	204,37
Fertigungslöhne Dreherei [€/Stk]	240	105
Fertigungsstunden Dreherei [h/Stk]	4	2
Fertigungsgewicht Endmontage [kg/Stk]	6	8,3
Fertigungslöhne Endmontage [€/Stk]	140	71,25

Kalkulieren Sie die geplanten Selbstkosten je Stück der Produktvarianten B1 und B2 für beide Bezugsgrößenkombinationen A.I und A.II.

c) Ermitteln Sie für beide Bezugsgrößenkombinationen die produktbezogenen und die gesamten Periodenerfolge der beiden Produkte. Nutzen Sie hierzu nachfolgende Informationen:

	Produkt	Verkaufspreis [€/Stk]	Verkaufsmenge [Stk]	Selbstkosten je Stück [€/Stk]	Stückerfolg [€/Stk]	Periodenerfolg [€]
A.I	B1	1.200	4.000			
	B2	600	8.000			
A.II	B1	1.200	4.000			
	B2	600	8.000			

d) Kurz vor Abschluss der Planungen wird Frau König auf eine aktuelle Marktstudie aufmerksam, die von einer aggressiven Preisstrategie einer großen Einzelhandelskette und dem Markteintritt eines Konkurrenten ausgeht. Als Reaktion auf die höhere Konkurrenz senkt der Vertrieb die Stückverkaufspreise auf 1.000 € für B1 und 525 € für B2. Mit diesen Preisanpassungen wird erwartet, dass die Absatzprognose beibehalten werden kann. Ermitteln Sie die Periodenerfolge aus Aufgabenteil c) auf Basis der neuen Marktstudie. Sollte das Unternehmen an seinem Produktionsplan festhalten?

	Produkt	Verkaufspreis [€/Stk]	Verkaufsmenge [Stk]	Selbstkosten je Stück [€/Stk]	Stückerfolg [€/Stk]	Periodenerfolg [€]
A.I	B1	1.000	4.000			
	B2	525	8.000			
A.II	B1	1.000	4.000			
	B2	525	8.000			

4. Die Interbrew braut drei verschiedene Sorten Bier. Die gesamten Kosten des abgelaufenen Monats belaufen sich auch 41.712 T€. Insgesamt wurden von den drei Biersorten 1.915 hl hergestellt. Durch eine Unachtsamkeit wurden wichtige Daten gelöscht. Rekonstruieren Sie die fehlenden Daten und kalkulieren Sie die Gesamtkosten je Sorte.

Sorte	Äquivalenzziffer	Produktionsmenge [hl]	Äquivalente Einheiten	Stückkosten je hl [€/hl]	Gesamtkosten je Sorte [€]
I					
II	1,8	440		28,8	
III	1	795			

5. Für ein Unternehmen der metallverarbeitenden Industrie liegen für den Monat Mai die folgenden Bestandsinformationen vor:

	1. Mai	31. Mai
Fertigerzeugnisse	75.000 €	70.000 €
unfertige Erzeugnisse	345.000 €	320.000 €
Rohstoffe	120.000 €	130.000 €

Im Mai wurden Rohstoffe im Wert von 150.000 € eingekauft, die Fertigungseinzelkosten betrugen 410.000 € und die Ist-Fertigungsgemeinkosten 220.000 €. Zudem wurde erstmals eine Normalkostenrechnung eingeführt. Der normalisierte Zuschlagssatz bestimmt sich aus dem Anteil der Fertigungsgemeinkosten an den Fertigungseinzelkosten des vorangegangenen Monats, d.h., es resultiert ein Zuschlagsprozentsatz von 50 % = 210.000/420.000 · 100 auf die Fertigungseinzelkosten.

a) Bestimmen Sie die Herstellkosten der gefertigten Güter und der abgesetzten Güter für den Monat Mai.
b) Erfassen Sie die Kontenbewegen des Monats Mai in T-Konten.
c) Tragen Sie die Buchungen sowie den Saldo in das Konto „verrechnete Fertigungsgemeinkosten" ein.

Kapitel 4 Kostenstellenrechnung

Kapitelüberblick

4.1 **Aufgaben und Probleme der Kostenstellenrechnung**
   Aufgaben der Kostenstellenrechnung
   Gliederung der Kostenstellen
   Probleme der Kostenzurechnung und Kostenverteilung

4.2 **Aufbau des Betriebsabrechnungsbogens**

4.3 **Verteilung der Gemeinkosten auf die Kostenstellen**

4.4 **Verfahren der innerbetrieblichen Leistungsverrechnung**
   Gleichungsverfahren
   Iteratives Verfahren
   Gutschrift-Lastschrift-Verfahren
   Treppenumlage
   Blockumlage
   Auswahl eines geeigneten Verfahrens für die innerbetriebliche
      Leistungsverrechnung

4.5 **Ermittlung von Zuschlagssätzen für die Kalkulation**

Lernziele dieses Kapitels

- Welche Aufgaben hat die Kostenstellenrechnung im Rahmen eines Kostenrechnungssystems?

- Was ist eine Kostenstelle und welche Arten von Kostenstellen lassen sich unterscheiden?

- Welche Probleme der Kostenverteilung bestehen in einer Kostenstellenrechnung?

- Was ist ein Betriebsabrechnungsbogen und wie ist dieser aufgebaut?

- Wie können Kosten auf die Kostenstellen verteilt werden?

- Wie werden Leistungen verrechnet, die eine Kostenstelle für eine andere Kostenstelle erbringt?

- Wie werden Kosten von den Kostenstellen auf die Kostenträger verrechnet?

Kapitel 4 Kostenstellenrechnung

> **Einführung einer Kostenstellenrechnung bei der Computer Assembly GmbH**
>
> Miriam Müller ist Geschäftsführerin der Computer Assembly GmbH, die unterschiedliche Computer von einfachen PCs über Notebooks bis hin zu Servern unterschiedlicher Marktsegmente montiert und direkt vertreibt. Aufgrund der Heterogenität des Produktspektrums der Computer Assembly GmbH hat sich Frau Müller dazu entschlossen, eine Zuschlagsrechnung einzuführen, um die Kosten der unterschiedlichen Produkte zu kalkulieren. Die Kostenstrukturen der Produkte weisen deutliche Unterschiede auf, da deren Herstellung und Vermarktung unterschiedlich material-, fertigungs- und vertriebskostenintensiv sind.
>
> Um in dieser Situation eine möglichst differenzierte Zuordnung der Gemeinkosten zu erreichen, beabsichtigt Frau Müller, in der Kalkulation mit mehreren, nach Kostenstellen differenzierten Zuschlagssätzen zu arbeiten und zu diesem Zweck eine Kostenstellenrechnung zu implementieren. Dabei schwebt ihr eine Differenzierung nach Material-, Fertigungs- und Vertriebsbereich vor. Von der Einrichtung einer transparenten Kostenstellenrechnung und der klaren Benennung von Kostenstellenverantwortlichen verspricht sie sich zudem eine bessere Planung und Kontrolle der Kosten und in der Folge eine Senkung der Kosten.

4.1 Aufgaben und Probleme der Kostenstellenrechnung

Aufgaben der Kostenstellenrechnung

Eine Kostenstelle ist ein rechnungsmäßig abgegrenzter Teilbereich des Unternehmens, der kostenrechnerisch selbstständig abgerechnet wird.

In der Kostenstellenrechnung wird das Unternehmen zu Abrechnungszwecken in mehrere Bereiche (Kostenstellen) aufgeteilt, die kostenrechnerisch selbstständig abgerechnet werden. Für eine Kostenstelle findet dementsprechend in der Regel eine selbstständige Planung, Erfassung und Kontrolle der Kosten statt. Die Kostenstellenrechnung soll Transparenz darüber schaffen, *wo*, d.h. in welchen Kostenstellen, die Kosten im Unternehmen entstanden sind (Ort der Kostenentstehung). Basierend auf diesem grundlegenden Zweck soll die Kostenstellenrechnung im Wesentlichen zwei Aufgaben erfüllen:
1. Kostenplanung und Kostenkontrolle differenziert nach Kostenstellen
2. Ermittlung von kostenstellenweisen Kalkulationssätzen für die Verrechnung von Gemeinkosten auf Kostenträger

Erstens soll die Bildung von Kostenstellen den Genauigkeitsgrad der Kostenplanung erhöhen und die Grundlage für die Kostenkontrolle von Verantwortungsbereichen schaffen. Die Kostenstellen sollen dabei so gebildet werden, dass die Kostenverursachung innerhalb einer Kostenstelle möglichst homogen ist, also möglichst gut mit einer Kostenfunktion erfasst werden kann (vgl. die Ausführungen zu Anforderungen an die Kostenstellenbildung im folgenden

Abschnitt). Durch eine kostenstellenweise Kostenauflösung in variable und fixe Kostenanteile und eine entsprechende Ermittlung von Kostenfunktionen (zur Ermittlung von Kostenfunktionen vgl. Kapitel 6) kann dann eine detaillierte Kostenplanung realisiert werden.

Kosteneinflussgrößen hängen vielfach nicht unmittelbar von Entscheidungen der Unternehmensleitung ab, sondern liegen im Einflussbereich der Kostenstellenleiter, an welche die entsprechenden Entscheidungen über Prozessabläufe und Maßnahmen in den Kostenstellen delegiert werden. Die kostenstellenweise Kostenkontrolle dient der Beurteilung der Wirtschaftlichkeit der Verantwortungsbereiche. Voraussetzung dafür ist eine klare Abgrenzung dieser Verantwortungsbereiche. Die Kostenkontrolle wird häufig in der Form vorgenommen, dass die Istkosten der Kostenstelle mit ihren Sollkosten verglichen werden (zur Ermittlung von Sollkosten und zur Abweichungsanalyse vgl. Kapitel 10). Der Kostenvergleich kann sich jedoch auch auf Vergangenheitswerte, auf andere Kostenstellen oder auch auf vergleichbare Bereiche anderer Unternehmen beziehen. Durch die kostenstellenweise Kontrolle sollen die Kostenstellen zu einem möglichst effizienten Wirtschaften angehalten werden.

Zweitens dient die Kostenstellenrechnung der nach Kostenstellen differenzierten Verrechnung von Gemeinkosten auf die Kostenträger. Sie ist damit das Bindeglied zwischen der Kostenarten- und der Kostenträgerrechnung (vgl. zur Kostenartenrechnung Kapitel 5 und zur Kostenträgerrechnung Kapitel 3). Eine nach Kostenstellen differenzierte Verrechnung von Gemeinkosten ist insbesondere dann wichtig, wenn die verschiedenen Kostenträger eines Unternehmens – wie im einführenden Beispiel dieses Kapitels – unterschiedliche Kostenstrukturen haben und die Leistungen der verschiedenen Kostenstellen in sehr unterschiedlichem Umfang in Anspruch nehmen. Eine pauschale, nicht nach Kostenstellen differenzierte Verrechnung der Gemeinkosten würde dann in der Kalkulation zu einer wenig realitätsnahen Abbildung der Inanspruchnahme von Ressourcen führen.

Gliederung der Kostenstellen

Grundüberlegungen zur Unterteilung der Computer Assembly GmbH in Kostenstellen

Ehe Miriam Müller mit der Verrechnung der Gemeinkosten beginnen kann, muss sie zunächst darüber entscheiden, wie die Computer Assembly GmbH in Kostenstellen unterteilt wird. Sie wägt grundsätzlich gegeneinander ab, wie einerseits die Aufgaben der Kostenstellenrechnung am besten erfüllt werden können und welcher Aufwand andererseits damit verbunden ist. Dabei bezieht sie eine Reihe von Anforderungen in ihre Überlegungen mit ein und benutzt den Kostenstellenplan des Bundesverbands der Deutschen Industrie als Vorlage.

Kapitel 4 — Kostenstellenrechnung

Um die Aufgaben der Kostenstellenrechnung möglichst gut erfüllen zu können, sind bereits bei der Abgrenzung von Kostenstellen folgende grundlegende Anforderungen zu beachten:

- **Homogenität der Kostenverursachung**: In einer Kostenstelle sollten nur Arbeitsplätze und Maschinen (oder ganz allgemein Ressourcen) zusammengefasst werden, die hinsichtlich ihrer Kostenverursachung ein hohes Maß an Übereinstimmung aufweisen. Das heißt, ihre Kosten werden maßgeblich von derselben Kosteneinflussgröße bestimmt, so dass sich relativ gut eine gemeinsame Kostenfunktion bestimmen lässt, die für die Kostenplanung herangezogen werden kann. Man spricht dann auch von einer homogenen Kostenverursachung.
- **Übereinstimmung von Kostenstelle und Verantwortungsbereich**: Kostenstellen und Verantwortungsbereiche sollten übereinstimmen, damit die Übernahme der Verantwortung und die Beeinflussbarkeit der Kosten durch die Kostenstellenleiter gewährleistet sind.
- **Vollständigkeit und Eindeutigkeit**: Die Abgrenzung der Kostenstellen sollte vollständig und eindeutig sein, damit es keine Bereiche im Unternehmen gibt, für deren Kosten niemand verantwortlich ist oder bei denen die Kostenverantwortung unklar zwischen mehreren Personen aufgeteilt ist.
- **Wirtschaftlichkeit**: Schließlich muss bei der Bildung von Kostenstellen – wie sonst auch in der Kostenrechnung – die Anforderung der Wirtschaftlichkeit beachtet werden. Die möglichen Vorteile einer feineren Untergliederung der Kostenstellen sind daher stets gegen den dadurch verursachten zusätzlichen Aufwand abzuwägen. Proportionale Kostenbeziehungen in einer Kostenstelle sind hierbei insofern von Vorteil, als sie mit linearen Kostenfunktionen abgebildet werden können.

Die Kostenstellen eines Unternehmens lassen sich nach mehreren Kriterien untergliedern: (1) nach betrieblichen Funktionen, (2) nach produktionstechnischen Aspekten und (3) nach rechentechnischen Aspekten. Diese Kriterien sollten bereits bei der Entscheidung über die Bildung von Kostenstellen einbezogen werden. Dafür ist es erforderlich, die Möglichkeiten der Untergliederung und ihre Bedeutung für die Kostenverrechnung zu kennen.

(1) Untergliederung nach betrieblichen Funktionen

Die Kostenstellen lassen sich nach den betrieblichen Funktionen untergliedern, denen sie zuzuordnen sind. Der Kostenstellenplan des Bundesverbands der Deutschen Industrie (BDI) folgt einer gängigen Einteilung; Abbildung 4.1 zeigt die oberen Ebenen des vom BDI empfohlenen Kostenstellenplans.

4.1 Aufgaben und Probleme der Kostenstellenrechnung — Kapitel 4

Praxisbeispiel: Kostenstellenplan des Bundesverbands der Deutschen Industrie

Kostenstellenplan des BDI

1. **Materialkostenstellen (Beschaffung)**
   - Einkauf
   - Warenannahme und -prüfung
   - Materialverwaltung
   - Materiallagerung und -ausgabe

2. **Fertigungskostenstellen (Fertigung)**
   a) Fertigungshilfsstellen
      - Fertigungsvorbereitung und -steuerung
      - Betriebsbüro
      - Betriebsmittelfertigung
      - Zwischenlager
      - Werkzeuglager
      - Qualitätssicherung
   b) Fertigungshauptstellen
      - Vorfertigung
      - Hauptfertigung
      - Montage
      - Sonderfertigung

3. **F&E-Kostenstellen (Entwicklung)**
   - Forschung und Entwicklung
   - Konstruktion
   - Versuche, Erprobung
   - Musterbau und -erprobung

4. **Verwaltungskostenstellen (Verwaltung)**
   - Unternehmensleitung
   - Personalverwaltung
   - Finanz- und Rechnungswesen
   - Spezielle Verwaltungsdienste
   - Allgemeine Verwaltung

5. **Vertriebskostenstellen (Vertrieb)**
   - Verkaufsvorbereitung
   - Akquisition/Verkauf
   - Auftragsabwicklung
   - Fertigwarenlager, Verpackung und Versand
   - Kundendienst

5. **Kostenstellen des Allgemeinen Bereichs**
   - Grundstücke und Gebäude
   - Energieversorgung
   - Transport
   - Instandhaltung
   - Allgemeiner Werksdienst
   - Sozialeinrichtungen

Abbildung 4.1: Kostenstellenplan des BDI

(**Quelle:** Bundesverband der Deutschen Industrie: Empfehlungen zur Kosten- und Leistungsrechnung, Band 1, 3. Aufl., Köln 1991, S. 49ff.)

- Materialstellen dienen der Beschaffung von Roh-, Hilfs- und Betriebsstoffen. Zu den Funktionen gehören z. B. Einkauf, Warenannahme und -prüfung sowie Materiallagerung und -ausgabe.
- Fertigungshauptstellen sind Stellen, in denen direkt an den Produkten des Unternehmens Tätigkeiten verrichtet werden, z. B. Dreherei, Fräserei und weitere Bereiche der Vor- und Hauptfertigung sowie die Montage.
- Fertigungshilfsstellen sind ebenfalls der Fertigung zuzuordnen. In ihnen wird jedoch nicht direkt an den Produkten gearbeitet, sondern es werden indirekte Leistungen für die Fertigung erbracht, wie Fertigungsvorbereitung, Betriebsmittelfertigung und Qualitätssicherung.
- Zu den Forschungs- und Entwicklungsstellen gehören neben der eigentlichen Forschung und Entwicklung auch Bereiche wie die Konstruktion und der Bau von Prototypen.
- Verwaltungsstellen üben dagegen administrative Funktionen aus, wie Unternehmensleitung, Personalverwaltung sowie Finanz- und Rechnungswesen.
- Vertriebsstellen beschäftigen sich mit dem Absatz der Produkte des Unternehmens. Dazu gehören z. B. Fertigwarenlager, Verkauf, Auftragsabwicklung und Versand.
- Allgemeine Stellen erbringen überwiegend Leistungen, die von den meisten anderen Kostenstellen benötigt werden, z. B. Grundstücke und Gebäude, Energieversorgung und Sozialeinrichtungen.

Hierbei handelt es sich nicht um eine abschließende Aufzählung. In sehr vielen Unternehmen gibt es beispielsweise auch Kostenstellen für die Entsorgung von Abfallprodukten.

> **Kostenstellen der Computer Assembly GmbH**
>
> Miriam Müller geht gedanklich die verschiedenen Tätigkeitsbereiche der Computer Assembly GmbH durch: Das Unternehmen besitzt betriebseigene Generatoren, welche Energie für alle anderen Bereiche bereitstellen. Diese Bereiche sind in einem Fabrikgebäude und in einem Verwaltungsgebäude untergebracht. Die Teile für die Computer werden von außen beschafft und in der Fertigung montiert. Von der betriebseigenen Instandhaltung werden Inspektions- und Reparaturleistungen für alle Bereiche erbracht. Der Vertrieb ist aufgrund seiner Bedeutung für das Unternehmen organisatorisch von den administrativen Funktionen getrennt.
>
> Nachdem Miriam Müller die oben angeführten Anforderungen an die Bildung von Kostenstellen geprüft und die Tätigkeiten der Computer Assembly GmbH mit dem Kostenstellenplan des BDI abgeglichen hat, entschließt sie sich dazu, folgende Abgrenzung der Kostenstellen vorzunehmen:
>
> | Energie | Gebäude | Instand-haltung | Material | Fertigung | Verwaltung | Vertrieb |
> |---|---|---|---|---|---|---|

(2) Untergliederung nach produktionstechnischen Aspekten

Nach produktionstechnischen Aspekten lassen sich Haupt-, Neben- und Hilfskostenstellen unterscheiden. In den Hauptkostenstellen werden diejenigen Produkte bearbeitet, die zum Produktionsprogramm des Unternehmens gehören. Sie werden daher auch als Hauptprodukte bezeichnet und sind für den Absatz an externe Kunden bestimmt. Hauptkostenstellen sind daher stets Fertigungskostenstellen, wobei Fertigung in diesem Zusammenhang weit zu interpretieren ist: Im verarbeitenden Gewerbe werden in den Hauptkostenstellen materielle Fertigprodukte hergestellt, im Dienstleistungsbereich werden Dienstleistungen für externe Kunden erstellt und im Handel wird Handelsware an Kunden verkauft.

In den Nebenkostenstellen werden dagegen so genannte Nebenprodukte bearbeitet, die nicht zum Schwerpunkt der Unternehmenstätigkeit gehören. Dabei kann es sich um Kuppelprodukte handeln, die im Produktionsprozess von anderen Produkten zwangsläufig mit entstehen (zur Kalkulation von Kuppelprodukten vgl. Abschnitt 3.3), oder auch um Abfallgüter. Hilfskostenstellen tragen dagegen nicht oder nur indirekt zur Produktion bei. Dazu gehören die Fertigungshilfsstellen und die Allgemeinen Kostenstellen sowie die Bereiche Material, Verwaltung und Vertrieb. In den meisten Unternehmen handelt es sich daher bei der überwiegenden Anzahl von Kostenstellen um Hilfskostenstellen.

4.1 Aufgaben und Probleme der Kostenstellenrechnung — Kapitel 4

Praxisbeispiel: Kostenstellen der Bibliothek einer Hochschule

Die Kostenstellen der Bibliothek einer Hochschule lassen sich beispielsweise nach produktionstechnischen Aspekten grob wie folgt gliedern: Die Hauptdienstleistungen, welche eine Bibliothek erbringt, sind die Mediennutzung im Lesesaal und außer Haus sowie Informations- und Recherchedienstleistungen. In einer Cafeteria werden Nebenprodukte angeboten, die nicht zum eigentlichen Produktionsprogramm der Bibliothek gehören, diese wird daher als Nebenkostenstelle eingeordnet. Erwerb, Katalogisierung und Buchbearbeitung sowie die Bibliotheksleitung sind nur indirekt an der Dienstleistungserstellung für die Bibliotheksnutzer beteiligt und werden daher als Hilfskostenstellen geführt.

Hauptkostenstellen	Nebenkostenstelle	Hilfskostenstellen
■ Mediennutzung im Lesesaal ■ Mediennutzung außer Haus ■ Informations- und Recherchedienst	■ Cafeteria	■ Erwerb ■ Katalogisierung ■ Buchbearbeitung ■ Bibliotheksleitung

(3) Untergliederung nach rechentechnischen Aspekten

Die Unterscheidung von Vor - und Endkostenstellen ist von zentraler Bedeutung für die Kostenverrechnung. Vorkostenstellen erbringen ihre Leistungen nicht direkt für die Endprodukte, sondern für andere (Vor- und End-)Kostenstellen. Ihre Kosten werden daher auf diejenigen Kostenstellen umgelegt, die Leistungen von ihnen in Anspruch nehmen. Die Kosten von Endkostenstellen werden dagegen auf die Kostenträger verrechnet, die ihre Leistungen beanspruchen. Hierzu gehören in aller Regel die Bereiche Material, Fertigung, Verwaltung und Vertrieb.

Empirische Ergebnisse

Unternehmen arbeiten mit einer sehr unterschiedlichen Anzahl von Kostenstellen. In einer empirischen Studie von Friedl u.a. (2009) bei den 250 größten deutschen Unternehmen betrug die durchschnittliche Anzahl der Kostenstellen 4.062. Die Bandbreite ist dabei sehr groß und reicht von 20 bis 100.000 Kostenstellen je Unternehmen. 90 % der Unternehmen haben allerdings 3.000 oder weniger Kostenstellen, der Median liegt bei 1.208 Kostenstellen. Über 80 % der Unternehmen geben dabei an, dass die Anzahl der Kostenstellen in den vergangenen zehn Jahren zugenommen hat. Die Anzahl der Kostenstellen ist positiv mit der Anzahl der Mitarbeiter eines Unternehmens korreliert. Im Durchschnitt über alle Unternehmen gehören 13 Mitarbeiter zu einer Kostenstelle, der Medianwert liegt bei fünf Mitarbeitern je Kostenstelle.

In einer weiteren empirischen Studie von Weber und Janke (2013) wurden neben Großunternehmen mit einem Umsatz von über 1 Mrd. € auch kleinere Unternehmen mit einem Umsatz unter 50 Mio. € befragt. Die teilnehmenden Unternehmen stammten größtenteils aus Deutschland, einige auch aus Österreich und der Schweiz. Auch in dieser Studie zeigt sich eine starke Streuung bei der Anzahl der unterschiedenen Kostenstellen: Während 20% der befragten Unternehmen über weniger als 20 Kostenstellen verfügen, liegt die größte Anzahl an Kostenstellen um das Hundertfache darüber. Kleine Unternehmen haben im Durchschnitt 10 Vor- und 25 Endkostenstellen, Großunternehmen dagegen durchschnittlich 100 Vor- und 230 Endkostenstellen.

Quellen: Friedl, G./Frömberg, K./Hammer, C./Küpper, H.-U./Pedell, B.: Stand und Perspektiven der Kostenrechnung in deutschen Großunternehmen, in: Zeitschrift für Controlling und Management Heft 2, 2009, S. 111–116; Weber, J./Janke, R.: Controlling in Zahlen, Wiley, Weinheim 2013.

Kostenstellengliederung der Computer Assembly GmbH

Nachdem sich Miriam Müller ausführlich mit den Untergliederungsmöglichkeiten von Kostenstellen nach produktions- und rechentechnischen Aspekten beschäftigt hat, nimmt sie folgende Einordnung der von ihr festgelegten Kostenstellen der Computer Assembly GmbH vor:

Vorkostenstellen			Endkostenstellen			
Energie	Gebäude	Instandhaltung	Material	Fertigung	Verwaltung	Vertrieb
Hilfskostenstellen				Hauptkostenstellen	Hilfskostenstellen	

Kostenstellen werden teilweise auch noch weiter in so genannte **Kostenplätze** unterteilt, insbesondere wenn die Kostenstrukturen innerhalb einer Kostenstelle relativ heterogen sind. Dies ist zum Beispiel der Fall, wenn in einer Kostenstelle eine voll automatisierte Maschine und eine sehr bedienungsintensive Maschine stehen. Um dennoch eine möglichst genaue Kostenzurechnung zu erreichen, wird in einem derartigen Fall häufig jeder der Maschinen ein eigener Kostenplatz zugewiesen, und für jeden dieser Kostenplätze werden die Kosten getrennt erfasst und ein eigener Maschinenstundensatz (vgl. Abschnitt 3.2) berechnet.

Umgekehrt lassen sich Kostenstellen im Rahmen einer **Kostenstellenhierarchie** auch zu Kostenstellengruppen verdichten. Durch die Kostenstellenhierarchie wird ein mehrstufiges Gemeinkostenmanagement möglich. Einen Überblick über die Kostenstellensystematisierung eines Unternehmens gibt ein **Kostenstellenplan**, wie wir ihn bereits am Beispiel des Kostenstellenplans des BDI in Abbildung 4.1 kennen gelernt haben. Ein derartiger Kostenstellenplan ist stets an den individuellen Bedürfnissen des einzelnen Unternehmens auszurichten. Dabei können unterschiedliche Kriterien, wie Produkte, Funktionsbereiche sowie Standorte und Regionen, für die Systematisierung herangezogen werden.

Probleme der Kostenzurechnung und Kostenverteilung

Eine zentrale Aufgabe der Kostenstellenrechnung besteht darin, die in der Kostenartenrechnung (vgl. Kapitel 5) ermittelten Gemeinkosten differenziert nach Kostenstellen auf die Kostenträger zu verrechnen. Um diese Brückenfunktion zwischen der Kostenartenrechnung und der Kalkulation erfüllen zu können, sind in der Kostenstellenrechnung drei Verrechnungsschritte erforderlich (vgl. Abbildung 4.2):

1. Zunächst werden die Gemeinkosten aus der Kostenartenrechnung auf die verschiedenen Kostenstellen – sowohl Vor- als auch Endkostenstellen – verteilt. Diese Kostenverteilung kann auf Basis unterschiedlicher Verteilungsschlüssel vorgenommen werden. So können Kosten für Heizung und Klimatisierung von Gebäuden z. B. nach den Quadrat- oder Kubikmetern verteilt werden, welche die einzelnen Kostenstellen belegen. Gehälter können z. B. nach Anzahl der Angestellten in den Kostenstellen oder nach geleisteten Arbeitsstunden verteilt werden.
2. In einem zweiten Schritt werden die Kosten der Vorkostenstellen auf diejenigen Endkostenstellen weiterverrechnet, die Leistungen von ihnen in Anspruch nehmen. Dies wird als innerbetriebliche Leistungsverrechnung bezeichnet (zu den unterschiedlichen Verfahren der innerbetrieblichen Leistungsverrechnung siehe Abschnitt 4.4). Die Kosten der Kostenstelle Energie können z. B. anteilig nach in Anspruch genommen kWh auf die anderen Kostenstellen verrechnet werden. Nach Abschluss der innerbetrieblichen Leistungsverrechnung ‚liegen' im Ergebnis sämtliche Gemeinkosten auf den Endkostenstellen und die Vorkostenstellen sind vollständig ‚entlastet' (Hinweis: bei einer Teilkostenrechnung liegen u. U. noch fixe Gemeinkosten auf den Vorkostenstellen, darauf gehen wir aber erst im Abschnitt zu den Verfahren der innerbetrieblichen Leistungsverrechnung näher ein).
3. Schließlich werden die Kosten von den Endkostenstellen mithilfe von Zuschlagssätzen auf die Kostenträger verrechnet. Für jede Endkostenstelle wird dabei (mindestens) ein Zuschlagssatz ermittelt. Der Zuschlagssatz für die Kostenstelle Material kann z. B. ermittelt werden, indem die auf der Kostenstelle Material liegenden Gemeinkosten durch die gesamten Materialeinzelkosten geteilt werden. Als Bezugsbasis für die Verrechnung von Gemeinkosten einer Kostenstelle werden häufig die entsprechenden Einzelkostenbeträge herangezogen. Alternativ können aber auch andere

Kapitel 4 — Kostenstellenrechnung

Abbildung 4.2: Verrechnungsschritte in der Kostenstellenrechnung

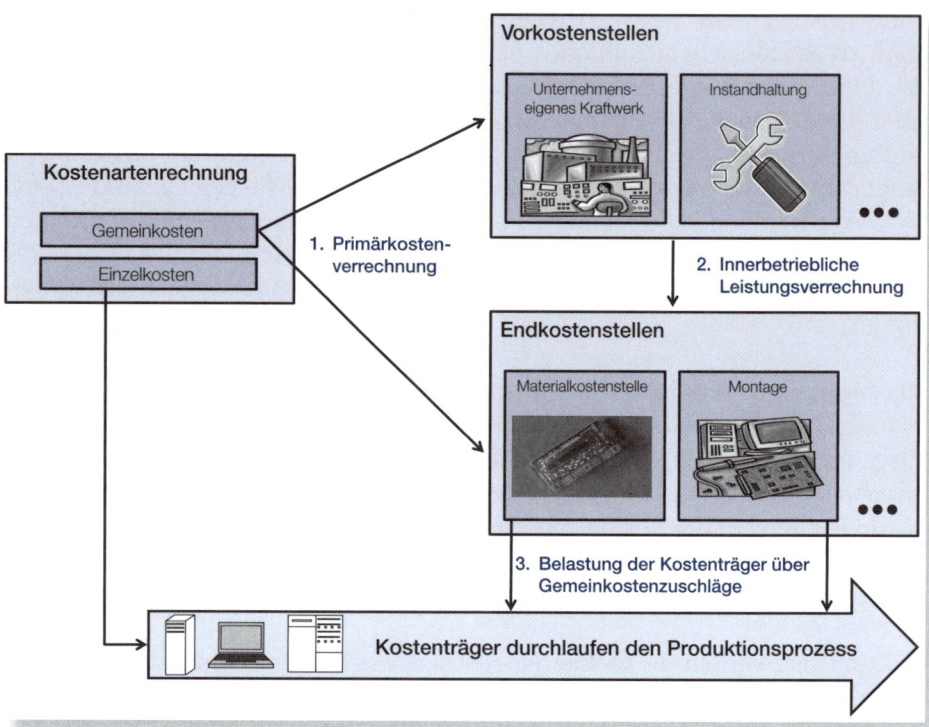

Bezugsbasen wie Fertigungsstunden für die Berechnung eines stundenbezogenen Zuschlagssatzes verwendet werden. Grundsätzlich können für die Verrechnung der Kosten einer Kostenstelle auch mehrere Zuschlagssätze mit unterschiedlichen Bezugsbasen zum Einsatz kommen. So kann z. B. ein Teil der Kosten nach Fertigungsstunden verrechnet werden und der Rest über einen Zuschlag auf die Fertigungseinzelkosten aufgeschlagen werden (zur Zuschlagskalkulation vgl. Abschnitt 3.2).

Für diese drei Verrechnungsschritte können jeweils unterschiedliche Verfahren eingesetzt werden, die in den folgenden Abschnitten ausführlich erläutert werden. Welche dieser Verfahren im Einzelfall zum Einsatz kommen und wie diese ausgestaltet werden, hängt von verschiedenen Einflussfaktoren ab. Dazu gehören unter anderem die Struktur der Leistungsbeziehungen zwischen den Kostenstellen, die verwendeten Verteilungsschlüssel und Verrechnungsbasen sowie die Frage, ob eine Voll- oder eine Teilkostenrechnung durchgeführt wird.

4.2 Aufbau des Betriebsabrechnungsbogens

Im Betriebsabrechnungsbogen werden alle drei Verrechnungsschritte einer Kostenstellenrechnung tabellarisch abgebildet.

Der Betriebsabrechnungsbogen (BAB) ist das zentrale Instrument der Kostenstellenrechnung. In ihm werden alle drei Verrechnungsschritte einer Kostenstellenrechnung tabellarisch abgebildet (vgl. Abbildung 4.3). Der BAB enthält zeilenweise die Kostenarten und spaltenweise die Kostenstellen des Unternehmens. Für die Brückenfunktion der Kostenstellenrechnung zwischen der Kostenartenrechnung und der Kalkulation der Kostenträger wäre es ausreichend, lediglich die Gemeinkosten aufzuführen, da die Einzelkosten den Kostenträgern ja ohnehin direkt zugerechnet werden können. Für die zweite zentrale Funktion der Kostenstellenrechnung, die kostenstellenweise Planung und Kontrolle der Kosten, ist es jedoch sinnvoll, auch die Einzelkosten in den BAB mit aufzunehmen, damit auch für diese transparent wird, welche Kostenstelle für sie verantwortlich ist. Der BAB enthält für jede Kostenart, z. B. Gehälter, Mieten, Brenn- und Treibstoffe, eine eigene Zeile, was in Abbildung 4.3 schematisch angedeutet ist.

Die Einzel- und Gemeinkosten werden im ersten Schritt, und zwar in den obersten Zeilen des BAB, auf die verschiedenen Kostenstellen verteilt. Die Gemeinkosten werden hier als primäre Gemeinkosten bezeichnet, da sie unmittelbar für von außen bezogene Ressourcen angefallen sind. Eine Verrechnung innerbetrieblicher Leistungen hat hier noch nicht stattgefunden.

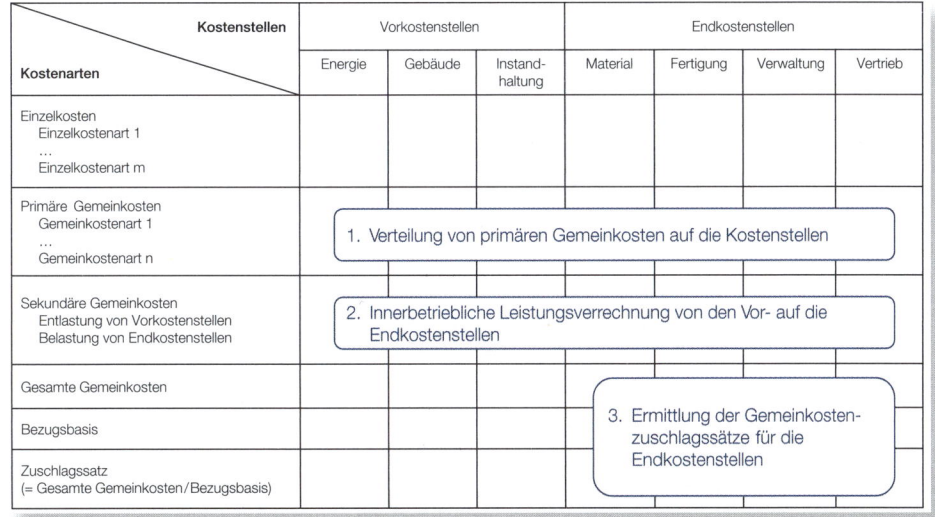

Abbildung 4.3: Grundaufbau eines Betriebsabrechnungsbogens

Diese Verrechnung erfolgt im zweiten Schritt und wird in den folgenden Zeilen des BAB erfasst. Im Rahmen der Stellenumlage werden die primären Gemeinkosten der Vorkostenstellen gemäß der anteiligen Leistungsinanspruchnahme auf die Endkostenstellen verrechnet. Die von den Vor- auf die Endkostenstellen verrechneten Gemeinkosten werden als sekundäre Gemeinkosten bezeichnet, da sie nicht unmittelbar für von außen bezogene Ressourcen, sondern für innerbetriebliche Leistungen angefallen sind. Die primären Gemeinkosten auf den Vorkostenstellen werden durch die Verrechnung zu sekundären Gemeinkosten auf den Endkostenstellen.

Für die gesamten Gemeinkosten, die nun ausschließlich auf den Endkostenstellen liegen, werden im dritten Schritt, nämlich in den untersten Zeilen des BAB, Bezugsbasen bestimmt, um die Zuschlagssätze auf diese Bezugsbasen zu ermitteln. Für die Gemeinkosten der Kostenstelle Material kann z. B. ein Zuschlagssatz auf die Bezugsbasis der gesamten Materialeinzelkosten gebildet werden. Wie wir in Kapitel 3 bereits gesehen haben, wird dieser Zuschlagssatz dann in der Kostenträgerrechnung für die Kalkulation der Materialgemeinkosten je Stück verwendet. Im Folgenden werden die gängigsten Verfahren erläutert, die bei den drei Verrechnungsschritten der Kostenstellenrechnung eingesetzt werden.

4.3 Verteilung der Gemeinkosten auf die Kostenstellen

Für die Verteilung der primären Gemeinkosten auf die Kostenstellen (Primärkostenverteilung) können unterschiedliche Verfahren eingesetzt werden, wobei eine möglichst verursachungsgerechte Verrechnung der Kosten angestrebt wird. In der Regel ist ein Teil dieser Kosten den Kostenstellen einzeln zurechenbar. Das Gehalt des Leiters des Materiallagers ist zum Beispiel der Kostenstelle Material einzeln zurechenbar. Die Abschreibungen für den Wertverlust einer Maschine, die in einer bestimmten Fertigungskostenstelle steht, sind dieser Fertigungskostenstelle ebenfalls einzeln zurechenbar. Aufgrund dieser eindeutigen Zurechenbarkeit auf Kostenstellenebene spricht man in diesen Fällen von Kosten*stelleneinzel*kosten (gleichzeitig handelt es sich um Kosten*trägergemein*kosten). Die verursachungsgerechte Zuordnung der Kostenstelleneinzelkosten setzt voraus, dass diese auf der Kostenartenebene nach Kostenstellen getrennt erfasst wurden. In einem integrierten System der Erfolgsrechnung wie SAP können hierfür Buchungen in der Finanzbuchhaltung bereits den einzelnen Kostenstellen zugeordnet werden. Verzichtet man bei einzelnen Kostenpositionen, die sich den Kostenstellen einzeln zurechnen ließen, aus Wirtschaftlichkeitsgründen auf diese Zurechnung, so handelt es sich um unechte Kostenstellengemeinkosten.

Echte Kostenstellengemeinkosten liegen vor, wenn keine eindeutige Zurechenbarkeit gegeben ist. Ist zum Beispiel der Angestellte, der das Materiallager leitet, gleichzeitig auch für die Produktionsvorbereitung verantwortlich, so lässt sich sein Gehalt den Kostenstellen Material und Produktionsvorbereitung nur gemeinsam zurechnen. Ebenso wenig ist eine eindeutige Zurechnung bei einer Maschine möglich, die von zwei verschiedenen Fertigungskostenstellen genutzt wird. Weitere Beispiele für Kostenstellengemeinkosten sind Heiz- und Energiekosten, wenn keine getrennten Zähler für den Verbrauch in den Kostenstellen vorhanden sind, die Beiträge für eine Betriebshaftpflichtversicherung sowie Zinsen für einen Betriebsmittelkredit.

Das Gehalt des Angestellten, der für das Materiallager und für die Produktionsvorbereitung verantwortlich ist, kann z. B. anteilig nach den für diese beiden Kostenstellen geleisteten Arbeitsstunden verteilt werden; mit anderen Worten, das Gehalt wird nach der Bezugsgröße Arbeitsstunden auf die Kostenstellen geschlüsselt. Bei dem Kostenschlüssel Arbeitsstunden handelt es sich

4.3 Verteilung der Gemeinkosten auf die Kostenstellen — Kapitel 4

Kostenart	Kostenschlüssel	Schlüsselart
Raumkosten	Quadratmeter oder Kubikmeter	Mengenschlüssel
Stromkosten	Kilowattstunden	
Kantinenkosten	Zahl der Beschäftigten	
Buchhaltungskosten	Zahl der Buchungen	
Fertigungskosten	Fertigungsstunden oder Maschinenstunden	
Transportkosten	Kilometer, Kubikmeter, Tonnen oder Kombination aus diesen Schlüsseln	
Reparaturkosten	Arbeitsstunden	
Zinsen	Betriebsnotwendiges Kapital	Wertschlüssel
Instandhaltungskosten	Anlagenwert	
Verwaltungskosten	Herstellkosten	
Vertriebskosten	Herstellkosten oder Umsatz	
Lagerkosten	Wareneingangswert	

Abbildung 4.4: Mengen- und Wertschlüssel für die Kostenverteilung

um einen so genannten Mengenschlüssel. Daneben gibt es auch Wertschlüssel, z. B. wenn die Zinsen für einen Betriebsmittelkredit des Unternehmens nach dem Wert der in den einzelnen Kostenstellen vorhandenen Betriebsmittel verteilt werden. Abbildung 4.4 zeigt einige Beispiele von Mengen- und Wertschlüsseln für die Kostenverteilung.

In der Regel wird für die Verteilung von Gemeinkosten auf die Kostenstellen je Kostenart nur ein Kostenschlüssel verwendet. Bei der Verteilung wird dabei meist ein proportionaler Zusammenhang zwischen dem Kostenschlüssel und der Kostenverursachung unterstellt, womit in der Regel nur eine mehr oder weniger gute Approximation der Realität erreicht wird. Werden z. B. Heizkosten nach Quadratmetern auf Kostenstellen verteilt, so wird implizit unterstellt, dass die Heizkosten proportional mit den Quadratmetern ansteigen. Die Heizkosten können aber auch von anderen Einflussgrößen wie der Raumhöhe oder der Nutzungsart der Flächen abhängen. Derartige Kostenschlüssel finden auch bei der innerbetrieblichen Leistungsverrechnung und bei der Bildung von Zuschlagssätzen Anwendung.

Primärkostenverteilung bei der Computer Assembly GmbH

Nach der Abgrenzung der Kostenstellen erstellt Miriam Müller zunächst eine Übersicht über die Gemeinkosten der Computer Assembly GmbH für den abgelaufenen Monat. Diese bestehen aus Gehältern, Hilfslöhnen, Abschreibungen und Zinsen. Zur Verteilung dieser Gemeinkosten auf die Kostenstellen stellt sie folgende Überlegun-

Kapitel 4 — Kostenstellenrechnung

gen an. Die Gehälter für die Angestellten sowie die Abschreibungen für Maschinen und Geräte sind den einzelnen Kostenstellen direkt zurechenbar. Die Hilfslöhne verteilt sie auf Basis der geleisteten Arbeitsstunden und die Zinsen gemäß dem Wert des in den einzelnen Kostenstellen investierten Kapitals.

Die nachfolgende Tabelle zeigt die Beträge und die Verteilungsbasen der Gemeinkosten der Computer Assembly GmbH.

Kostenart	Kostenbetrag [€]	Verteilungsbasis	Energie	Gebäude	Instandhaltung	Material	Fertigung	Verwaltung	Vertrieb	Gesamt
Gehälter	454.000	direkt zurechenbar	3.600	16.800	20.000	12.000	162.000	153.600	86.000	454.000
Hilfslöhne	196.000	Arbeitsstunden [h]	100	300	3.000	4.000	6.000	200	400	14.000
Abschreibungen	360.000	direkt zurechenbar	4.000	42.000	34.000	40.000	190.000	25.600	24.400	360.000
Zinsen	300.000	investiertes Kapital [€]	100.000	3.700.000	2.400.000	3.200.000	16.400.000	1.800.000	2.400.000	30.000.000

Für die Hilfslöhne und die Zinsen berechnet Frau Müller auf dieser Grundlage jeweils einen Verrechnungssatz:

Verrechnungssatz für Hilfslöhne = 196.000,– €/14.000 Arbeitsstunden
= 14,– € je Arbeitsstunde

Verrechnungssatz für Zinsen = 300.000,– €/30.000.000,– € investiertes Kapital
= 0,01 € Zinsen pro € investiertes Kapital

Daraus ergibt sich folgende Verteilung der primären Gemeinkosten auf die Kostenstellen der Computer Assembly GmbH:

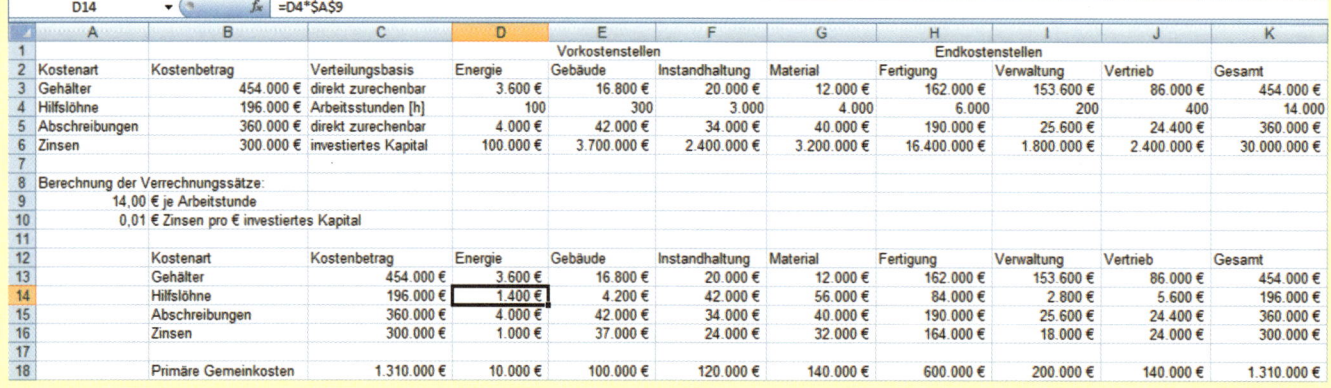

Der untere Teil dieser Tabelle entspricht dem Bereich der primären Gemeinkosten, wie er sich im BAB findet.

4.4 Verfahren der innerbetrieblichen Leistungsverrechnung

Nachdem die primären Gemeinkosten auf die Kostenstellen verteilt sind, werden im zweiten Verrechnungsschritt innerbetriebliche Leistungsverflechtungen zwischen den Kostenstellen abgebildet; mit anderen Worten, es werden diejenigen Leistungen verrechnet, die von einer Kostenstelle für eine andere Kostenstelle erbracht werden. Dabei kann es sich um ganz unterschiedliche Leistungen handeln, die als Vorleistungen für andere Kostenstellen erbracht werden. Beispiele dafür sind die Energie eines betriebseigenen Kraftwerks, selbst hergestellte Maschinen, die in der eigenen Fertigung wieder eingesetzt werden, Reparatur- und Instandhaltungsleistungen, zur Verfügung gestellte Flächen sowie Leistungen des Rechnungswesens oder einer internen Unternehmensberatung (Inhouse Consulting). In allen Fällen handelt es sich um Leistungen, die innerhalb des Unternehmens erbracht und dort auch wieder eingesetzt werden.

Abbildung 4.5 zeigt den Grundaufbau des Kontos einer Vorkostenstelle. Auf der Sollseite befinden sich die primären Gemeinkosten und die Belastungen aufgrund der Inanspruchnahme von Leistungen anderer Kostenstellen. Dem stehen auf der Habenseite die Entlastungen der Vorkostenstelle für Leistungsabgaben an andere Kostenstellen gegenüber.

Soll	Vorkostenstelle	Haben
Primäre Gemeinkosten		Entlastungen für Leistungsabgaben an andere Kostenstellen
Belastungen für Leistungsinanspruchnahmen von anderen Kostenstellen		

Abbildung 4.5: Konto einer Vorkostenstelle

Für die Verrechnung innerbetrieblicher Leistungen stehen unterschiedliche Verfahren zur Verfügung. Für die Durchführung sämtlicher Verfahren werden als Input-Daten die primären Gemeinkosten je Kostenstelle sowie das Mengengerüst der Leistungsbeziehungen zwischen den Kostenstellen benötigt.

> **Innerbetriebliche Leistungsverflechtung bei der Computer Assembly GmbH**
>
> Die primären Gemeinkosten der einzelnen Kostenstellen hat Miriam Müller bereits ermittelt. Um nun die innerbetriebliche Leistungsverrechnung durchführen zu können, lässt sie sich von den Leitern der Vorkostenstellen jeweils noch eine Aufstellung geben, für wen diese Leistungen erbracht werden. Die Vorkostenstellen Energie, Gebäude und Instandhaltung erbringen jeweils Leistungen für alle anderen Kostenstellen. Die nachfolgende Tabelle zeigt das Mengengerüst der innerbetrieb-

Kapitel 4 — Kostenstellenrechnung

lichen Leistungsbeziehungen der Computer Assembly GmbH. In der Tabelle wird ersichtlich, wie viele kWh jede der einzelnen Kostenstellen verbraucht hat, wie viele m² Fläche sie belegt und wie viele Stunden an Instandhaltungsmaßnahmen sie beansprucht hat.

	Vorkostenstellen			Endkostenstellen				Summe
	Energie	Gebäude	Instand-haltung	Material	Fertigung	Verwaltung	Vertrieb	
Primäre Gemeinkosten [€]	10.000	100.000	120.000	140.000	600.000	200.000	140.000	1.310.000
Innerbetriebliche Leistungen								
Energie [kWh]	0	3.000	2.000	20.000	88.000	4.000	3.000	120.000
Gebäude [m²]	500	400	500	1.000	3.000	600	400	6.400
Instandhaltung [h]	350	650	200	1.000	2.100	250	150	4.700

Bei den Kostenstellen Gebäude und Instandhaltung der Computer Assembly GmbH liegt auch ein so genannter Eigenverbrauch vor, weil die Mitarbeiter der Kostenstelle Gebäude selbst Flächen belegen und weil in der Instandhaltung auch deren eigene Werkzeuge und Maschinen instandgehalten werden.

Welches Verfahren der innerbetrieblichen Leistungsverrechnung zum Einsatz kommen sollte, hängt von der Art der innerbetrieblichen Leistungsverflechtung ab. Zunächst einmal ist danach zu unterscheiden, ob die Leistungsverflechtung einseitig oder gegenseitig ist. Eine einseitige Leistungsverflechtung besteht, wenn die Leistungsströme zwischen den Kostenstellen nur in eine Richtung erfolgen; bei einer gegenseitigen Leistungsverflechtung beliefern sich Kostenstellen gegenseitig, wie es bei den Vorkostenstellen der Computer Assembly GmbH der Fall ist. Die Vorkostenstelle Energie liefert z. B. 3.000 kWh an die Vorkostenstelle Gebäude und nimmt gleichzeitig 500 m² Gebäudefläche in Anspruch. Gegenseitigen Leistungsaustausch bilden die so genannten Kostenstellenausgleichsverfahren ab. Zu den Kostenstellenausgleichsverfahren gehört das Gleichungsverfahren, das eine exakte Lösung des innerbetrieblichen Verrechnungsproblems liefert und auch als mathematisches Verfahren oder simultanes Verfahren bezeichnet wird.

Gleichungsverfahren

Beim Gleichungsverfahren wird für jede Vorkostenstelle eine Gleichung aufgestellt, welche bewerteten Output und bewerteten Input der Kostenstelle gleichsetzt, so dass diese Kostenstellen nach Durchführung der innerbetrieblichen Leistungsverrechnung ‚auf Null stehen'. Die Kosten, mit denen die Kostenstelle belastet ist, werden durch die Entlastung, die sie für die von ihr erbrachten Leistungen erhält, gerade kompensiert. Im Gegenzug werden diejenigen Kostenstellen, welche die Leistungen in Anspruch nehmen, entsprechend belastet.

4.4 Verfahren der innerbetrieblichen Leistungsverrechnung

Die Gleichungen können auf zwei verschiedene Arten aufgestellt werden, mit den jeweiligen Verrechnungspreisen für die innerbetriebliche Leistung als Unbekannte oder mit den jeweiligen gesamten Kosten der Kostenstellen als Unbekannte. Verwendet man die Verrechnungspreise als Unbekannte, so haben die Gleichungen in allgemeiner Schreibweise folgende Form:

$$x_j \cdot k_j = PK_j + \sum_{i=1}^{n} x_{ij} \cdot k_i \qquad (j=1,\ldots,n)$$

unter der Bedingung

$$x_i = \sum_{j=1}^{n+m} x_{ij} \qquad (i=1,\ldots,n)$$

wobei

n Anzahl der Vorkostenstellen mit den Nummern $1,\ldots,n$

m Anzahl der Endkostenstellen mit den Nummern $n+1,\ldots,n+m$

i,j Indizes der Kostenstellen $(i,j=1,2,\ldots,n+m)$

PK_i primäre Gemeinkosten der Vorkostenstelle i

x_i gesamte Leistungsmenge der Vorkostenstelle i

x_{ij} von der Vorkostenstelle i an die Kostenstelle j abgegebene Leistungsmenge

k_i Verrechnungspreis der Vorkostenstelle i

Dabei wird vereinfachend unterstellt, dass bei innerbetrieblichen Leistungen keine Lagerbildung erfolgt und dass Endkostenstellen keine Leistungen für andere Kostenstellen erbringen.

Auf der rechten Seite der Gleichung steht der wertmäßige Input der Kostenstelle, der sich aus den primären Gemeinkosten der Vorkostenstelle und den von Kostenstellen bezogenen Leistungen (einschließlich eines etwaigen Eigenverbrauchs) bewertet mit den gesuchten Verrechnungspreisen zusammensetzt. Die Funktionen und die Ermittlung von Verrechnungspreisen werden in Kapitel 15 ausführlich behandelt. Auf der linken Seite steht der bewertete Output der Kostenstellen als Produkt aus der gesamten Leistungsmenge (wiederum einschließlich eines etwaigen Eigenverbrauchs) und dem gesuchten Verrechnungspreis für die Leistung der Kostenstelle. Durch das Gleichsetzen von linker und rechter Seite wird erreicht, dass nach Durchführung der innerbetrieblichen Leistungsverrechnung keine Kosten mehr auf der Vorkostenstelle liegen. Die Konten der Vorkostenstellen sind somit ausgeglichen. Stellt man für jede Vorkostenstelle eine Gleichung auf, so erhält man ein Gleichungssystem mit n Gleichungen und n unbekannten Verrechnungspreisen. Die gesuchten Verrechnungspreise als Lösung des Gleichungssystems stellen sicher, dass alle Vorkostenstellen nach der Durchführung der innerbetrieblichen Leistungsverrechnung ‚auf Null stehen'.

Innerbetriebliche Leistungsverrechnung bei der Computer Assembly GmbH mit dem Gleichungsverfahren

Nachdem Miriam Müller bereits die primären Gemeinkosten auf die Kostenstellen verteilt hat und ihr die Leiter der Vorkostenstellen über die abgegebenen Leistungen berichtet haben, liegen ihr alle benötigten Daten vor, um für die Vorkostenstellen der Computer Assembly GmbH das Gleichungssystem mit den Verrechnungspreisen als Unbekannte aufzustellen:

$$120.000\, k_1 = 10.000,- + 0 \cdot k_1 + 500 \cdot k_2 + 350 \cdot k_3$$
$$6.400\, k_2 = 100.000,- + 3.000 \cdot k_1 + 400 \cdot k_2 + 650 \cdot k_3$$
$$4.700\, k_3 = 120.000,- + 2.000 \cdot k_1 + 500 \cdot k_2 + 200 \cdot k_3$$

Als Lösung des Gleichungssystems erhält sie (durch Gleichsetzen oder Einsetzen) folgende Verrechnungspreise:

$$k_1 = 0{,}25\ \text{€/kWh}$$
$$k_2 = 19{,}93\ \text{€/m}^2$$
$$k_3 = 28{,}99\ \text{€/h}$$

Alternativ dazu lässt sich ein Gleichungssystem für die innerbetriebliche Leistungsverrechnung auch mit den jeweiligen gesamten Kosten der Vorkostenstellen als Unbekannte aufstellen. Die Vorgehensweise stimmt weitestgehend überein und wird im Anhang dieses Kapitels beschrieben. Es kann auch vorkommen, dass Endkostenstellen Leistungen für Vorkostenstellen erbringen. Dies ändert nichts an der methodischen Vorgehensweise, nur werden die betroffenen Endkostenstellen dann in das Gleichungssystem mit einbezogen.

Durchführung des Gleichungsverfahrens mit Excel

Abbildung 4.6 zeigt, wie das Gleichungsverfahren mit einer Matrizenrechnung in Excel durchgeführt werden kann. Die Zeilen 3 bis 9 der Tabelle enthalten die primären Gemeinkosten und die innerbetrieblichen Leistungsbeziehungen der Computer Assembly GmbH. Die Zeilen 16 bis 26 enthalten die innerbetriebliche Leistungsverrechnung mit einer Matrizenrechnung, die im Folgenden ausführlich erläutert wird. Die Zeilen 29 bis 37 zeigen schließlich die Entlastungen und die Belastungen der Kostenstellen im Rahmen der innerbetrieblichen Leistungsverrechnung; diese Zeilen entsprechen dem mittleren Teil des BAB. Auf den Vorkostenstellen befinden sich nach Durchführung der innerbetrieblichen Leistungsverrechnung keine Kosten mehr; sämtliche Gemeinkosten befinden sich nun auf den Endkostenstellen.

4.4 Verfahren der innerbetrieblichen Leistungsverrechnung

Abbildung 4.6: Gleichungsverfahren mit Excel

	Vorkostenstellen			Endkostenstellen				
	Energie	Gebäude	Instandhaltung	Material	Fertigung	Verwaltung	Vertrieb	Summe
Primäre Gemeinkosten	10.000,00 €	100.000,00 €	120.000,00 €	140.000,00 €	600.000,00 €	200.000,00 €	140.000,00 €	1.310.000,00 €
Innerbetriebliche Leistungen								
Energie [kWh]	0	3.000	2.000	20.000	88.000	4.000	3.000	120.000
Gebäude [m²]	500	400	500	1.000	3.000	600	400	6.400
Instandhaltung [h]	350	650	200	1.000	2.100	250	150	4.700

LÖSUNG ÜBER HÖHE DER VERRECHNUNGSPREISE

MATRIZENDARSTELLUNG

Matrix A			Vektor B	Vektor C
120.000	-500	-350	k1	10.000
-3.000	6.000	-650	k2	100.000
-2.000	-500	4.500	k3	120.000

LÖSUNG - VERRECHNUNGSPREISE

k1	0,25 €/kWh
k2	19,93 €/m²
k3	28,99 €/h

	Vorkostenstellen			Endkostenstellen				
	Energie	Gebäude	Instandhaltung	Material	Fertigung	Verwaltung	Vertrieb	Summe
Primäre Gemeinkosten	10.000,00 €	100.000,00 €	120.000,00 €	140.000,00 €	600.000,00 €	200.000,00 €	140.000,00 €	1.310.000,00 €
Sekundäre Gemeinkosten								
Energie	- 30.114,07 €	752,85 €	501,90 €	5.019,01 €	22.083,65 €	1.003,80 €	752,85 €	
Gebäude	9.966,52 €	- 119.598,29 €	9.966,52 €	19.933,05 €	59.799,15 €	11.959,83 €	7.973,22 €	
Instandhaltung	10.147,54 €	18.845,44 €	- 130.468,43 €	28.992,98 €	60.885,27 €	7.248,25 €	4.348,95 €	
Gesamte Gemeinkosten	- €	- €	- €	193.945,04 €	742.768,06 €	220.211,88 €	153.075,02 €	1.310.000,00 €

Die Lösung des Gleichungssystems mit der Matrizenrechnung wird folgendermaßen in Excel umgesetzt:

Schritt 1: Umformung der Ausgangsgleichung
Das Gleichungssystem der Computer Assembly GmbH mit den Verrechnungspreisen als Unbekannte lautet wie oben bereits erläutert:

$$120.000\, k_1 = 10.000,- + 0 \cdot k_1 + 500 \cdot k_2 + 350 \cdot k_3$$
$$6.400\, k_2 = 100.000,- + 3.000 \cdot k_1 + 400 \cdot k_2 + 650 \cdot k_3$$
$$4.700\, k_3 = 120.000,- + 2.000 \cdot k_1 + 500 \cdot k_2 + 200 \cdot k_3$$

Durch einfache Umformung ergibt sich daraus die folgende Darstellung:

$120.000 \cdot k_1$	$-500 \cdot k_2$	$-350 \cdot k_3$	$= 10.000$
$-3.000 \cdot k_1$	$6.000 \cdot k_2$	$-650 \cdot k_3$	$= 100.000$
$-2.000 \cdot k_1$	$-500 \cdot k_2$	$4.500 \cdot k_3$	$= 120.000$

Schritt 2: Matrizendarstellung
Die Matrizendarstellung für dieses Gleichungssystem sieht wie folgt aus:

Matrix A			Vektor B	Vektor C
+120.000	−500	−350	k_1	10.000
−3.000	+6.000	−650	k_2	100.000
−2.000	−500	+4.500	k_3	120.000

Dabei besteht zwischen den Matrizen die Beziehung:

$$\text{Matrix A} \cdot \text{Vektor B} = \text{Vektor C bzw. } A \cdot B = C$$

Vektor B gibt dabei die gesuchten Werte der Verrechnungspreise wieder. Um diese Werte zu ermitteln, muss die Matrizengleichung umgestellt werden:

$$B = A^{-1} \cdot C$$

A^{-1} stellt die Inverse der Matrix A dar.

Schritt 3: Lösung in Excel
Die Darstellung des Gleichungssystems in Matrixform wird wie folgt in Excel übertragen: Zuerst werden den Matrizen A und C Namen zugewiesen. Dazu werden die Bereiche B17 bis D19 und F17 bis F19 markiert und mit den Bezeichnungen „MatrixA" bzw. „VektorC" versehen. Hinweis: In der jeweiligen Bezeichnung darf kein Leerzeichen enthalten sein.

Zur Lösung des Gleichungssystems werden nun drei Zeilen einer beliebigen Spalte (hier der Bereich C24 bis C26) markiert und mit folgender Formel hinterlegt:

$$\text{=MMULT(MINV(MatrixA);VektorC)}$$

Hinweis: Die Formel muss durch gleichzeitiges Drücken von Umschalt-, Steuerungs- und Eingabetaste abgeschlossen werden. Dadurch erzeugt Excel automatisch geschwungene Klammern ({}), die nicht „von Hand" eingegeben werden können.

Darstellung in Kontenform

Der Ausgleich der Kostenstellen lässt sich besonders gut an den Konten der Kostenstellen nachvollziehen. In Abbildung 4.7 ist dies exemplarisch anhand der Vorkostenstelle Energie und der Endkostenstelle Material dargestellt. Nach Durchführung der Primärkostenverteilung liegen die primären Gemeinkosten von 10.000,– € respektive 140.000,– € auf den Konten der beiden Kostenstellen. Im Rahmen der innerbetrieblichen Leistungsverrechnung wird das Konto der Vorkostenstelle Energie zusätzlich mit Kosten für die Leistungsinanspruchnahme von Gebäuden und Instandhaltung belastet. Dem stehen auf der Habenseite des Kontos Belastungen auf die Kostenstellen gegenüber, die Energie in Anspruch genommen haben. Soll und Haben der Vorkostenstelle gleichen sich gerade aus, so dass sich ein Saldo von Null ergibt.

Die Belastung von Energie auf Material in Höhe von 5.019,01 €, die bei Energie im Haben steht, wird bei Material im Soll gegengebucht. Der Buchungssatz zu diesem Vorgang in der Betriebsbuchhaltung lautet: „Material an Energie

4.4 Verfahren der innerbetrieblichen Leistungsverrechnung

Soll	Vorkostenstelle Energie		Haben
Primäre Kosten	10.000,00	Belastung auf Gebäude	752,85
Belastung von Gebäude	9.966,52	Belastung auf Instandhaltung	501,90
Belastung von Instandhaltung	10.147,54	Belastung auf Material	5.019,01
		Belastung auf Fertigung	22.083,65
		Belastung auf Verwaltung	1.003,80
		Belastung auf Vertrieb	752,85
Gesamte Kosten	30.114,07		30.114,07

Soll	Endkostenstelle Material		Haben
Primäre Kosten	140.000,00	Belastung auf Kostenträger	193.945,04
Belastung von Energie	5.019,01		
Belastung von Gebäude	19.933,05		
Belastung von Instandhaltung	28.992,98		
Gesamte Kosten	193.945,04		193.945,04

Abbildung 4.7: Innerbetriebliche Leistungsverrechnung in Kontenform

5.019,01 €." Dazu kommen bei dieser Endkostenstelle weitere Belastungen für die Inanspruchnahme von Gebäude und Instandhaltung. Die Kosten der Endkostenstellen werden auf die Kostenträger verrechnet, was auf der Habenseite der Kostenstelle Material zu einer Entlastung führt.

Iteratives Verfahren

In praktischen Situationen kann die Bestimmung der Inversen einer Matrix so aufwändig sein, dass man auf die Anwendung des Gleichungsverfahrens verzichtet. Mit dem iterativen Verfahren kann man eine gute Näherung erreichen. Das iterative Verfahren gehört zu den Kostenstellenausgleichsverfahren, die gegenseitigen Leistungsaustausch abbilden, und ist relativ leicht in IT-Lösungen umsetzbar. Es approximiert die exakte Lösung des Gleichungsverfahrens durch eine wiederholte Umlage der Kosten für innerbetriebliche Leistungen in mehreren Schritten. Die Vorgehensweise des Verfahrens lässt sich am einfachsten am konkreten Beispiel der Computer Assembly GmbH erläutern.

Innerbetriebliche Leistungsverrechnung bei der Computer Assembly GmbH mit dem iterativen Verfahren

Miriam Müller legt bei diesem Verfahren zunächst die Kosten der Vorkostenstelle Energie auf alle Kostenstellen um, die Leistungen von dieser Kostenstelle in Anspruch genommen haben. Den Verrechnungssatz dieser Iteration bildet sie, indem sie die Kosten der Vorkostenstelle durch die gesamte Leistungsabgabe teilt. Ein etwaiger Eigenverbrauch wird somit nicht berücksichtigt.

$$VS_{Energie} = 10.000,- €/120.000 \text{ kWh} = 0{,}0833 \text{ €/kWh}$$

Diesen Verrechnungssatz multipliziert sie für die Ermittlung der Kosten, mit denen die anderen Kostenstellen belastet werden, jeweils mit der abgegebenen Leistungsmenge an die anderen Kostenstellen. Die Vorkostenstelle Energie ist damit zunächst vollständig entlastet.

Danach legt sie die bis dahin aufgelaufenen Kosten der nächsten Vorkostenstelle um. Im Beispiel ist dies die Kostenstelle Gebäude, auf der 100.000,- € primäre Gemeinkosten und 250,- € aus der bereits durchgeführten Kostenumlage der Kostenstelle Energie liegen (vgl. Abbildung 4.8). Den Verrechnungssatz dieser Iteration ermittelt Frau Müller wie folgt:

$$VS_{Gebäude} = 100.250,- €/6.000 \text{ m}^2 = 16{,}71 \text{ €/m}^2$$

Zu beachten ist, dass der Eigenverbrauch von 400 m^2 bei der Ermittlung des Verrechnungssatzes und bei der Umlage der Kosten nicht berücksichtigt wird. Durch die Kostenumlage wird die Kostenstelle Gebäude zunächst vollständig entlastet, auf der Kostenstelle Energie liegen jedoch wieder Kosten, da sie Leistungen von der nun abgerechneten Kostenstelle Gebäude empfängt.

Nach jedem Iterationsschritt prüft Frau Müller, wie viele Kosten noch auf den Vorkostenstellen liegen. Sie bricht das Verfahren ab, sobald die auf jeder Vorkostenstelle liegenden Kosten einen vorab definierten Betrag unterschreiten. Sie hat hierfür einen Betrag von 2 Cent festgelegt, um durch diese niedrige Schwelle eine sehr gute Approximation an die exakte Lösung zu erreichen. Wie der Vergleich von Abbildung 4.8 mit Abbildung 4.6 zeigt, erreicht sie dieses Ziel, denn die gesamten Kosten auf den Endkostenstellen stimmen in diesem Fall auf den Cent genau mit der exakten Lösung durch das Gleichungsverfahren überein.

Dies gilt auch für die Verrechnungspreise, die sich im iterativen Verfahren nach Durchlaufen sämtlicher Iterationen berechnen lassen. Miriam Müller addiert hierfür die für eine Vorkostenstelle auf allen Iterationsstufen anfallenden Kosten und teilt die Summe durch die Leistungsabgabe an andere Kostenstellen. Die Formel in Zelle B51 ergibt 0,25 €/kWh, und auch die anderen Verrechnungspreise stimmen mit der Lösung des Gleichungsverfahrens überein. Für die innerbetriebliche Leistungsverrechnung mittels iterativem Verfahren benötigt sie diese Verrechnungspreise zwar nicht mehr. Sie kann diese aber für andere Zwecke einsetzen, z. B. um sie mit den Verrechnungspreisen in früheren Perioden zu vergleichen oder auch um einen Vergleich mit möglicherweise vorhandenen Marktpreisen für gleichartige Leistungen anzustellen.

4.4 Verfahren der innerbetrieblichen Leistungsverrechnung

Abbildung 4.8: Iteratives Verfahren mit Excel

B51 fx =SUMME(B18;B24;B30;B36;B42)/I7

	A	B	C	D	E	F	G	H	I
1	LEISTUNGSBEZIEHUNGEN								
2									
3			Vorkostenstellen			Endkostenstellen			
4		Energie	Gebäude	Instandhaltung	Material	Fertigung	Verwaltung	Vertrieb	Summe
5	Primäre Gemeinkosten [I]	10.000,00	100.000,00	120.000,00	140.000,00	600.000,00	200.000,00	140.000,00	1.310.000,00
6	Innerbetriebliche Leistungen								
7	Energie [kWh]	0	3.000	2.000	20.000	88.000	4.000	3.000	120.000
8	Gebäude [m³]	500	400	500	1.000	3.000	600	400	6.400
9	Instandhaltung [h]	350	650	200	1.000	2.100	250	150	4.700
10									
11	ERGEBNIS DES ITERATIVEN VERFAHRENS								
12									
13			Vorkostenstellen			Endkostenstellen			
14		Energie	Gebäude	Instandhaltung	Material	Fertigung	Verwaltung	Vertrieb	Summe
15									
16	Primäre Gemeinkosten	10.000,00	100.000,00	120.000,00	140.000,00	600.000,00	200.000,00	140.000,00	1.310.000,00
17	Sekundäre Gemeinkosten								
18	1. Iteration	-10.000,00	250,00	166,67	1.666,67	7.333,33	333,33	250,00	0,00
19			0,00						
20	2. Iteration	8.354,17	-100.250,00	8.354,17	16.708,33	50.125,00	10.025,00	6.683,33	0,00
21				0,00					
22	3. Iteration	9.996,06	18.564,12	-128.520,83	28.560,19	59.976,39	7.140,05	4.284,03	0,00
23					0,00				
24	4. Iteration	-18.350,23	458,76	305,84	3.058,37	13.456,84	611,67	458,76	0,00
25			0,00						
26	5. Iteration	1.585,24	-19.022,88	1.585,24	3.170,48	9.511,44	1.902,29	1.268,19	0,00
27				0,00					
28	6. Iteration	147,08	273,16	-1.891,08	420,24	882,50	105,06	63,04	0,00
29					0,00				
30	7. Iteration	-1.732,32	43,31	28,87	288,72	1.270,37	57,74	43,31	0,00
31			0,00						
32	8. Iteration	26,37	-316,46	26,37	52,74	158,23	31,65	21,10	0,00
33				0,00					
34	9. Iteration	4,30	7,98	-55,24	12,28	25,78	3,07	1,84	0,00
35					0,00				
36	10. Iteration	-30,67	0,77	0,51	5,11	22,49	1,02	0,77	0,00
37			0,00						
38	11. Iteration	0,73	-8,75	0,73	1,46	4,37	0,87	0,58	0,00
39				0,00					
40	12. Iteration	0,10	0,18	-1,24	0,28	0,58	0,07	0,04	0,00
41					0,00				
42	13. Iteration	-0,83	0,02	0,01	0,14	0,61	0,03	0,02	0,00
43			0,00						
44	14. Iteration	0,02	-0,20	0,02	0,03	0,10	0,02	0,01	0,00
45				0,00					
46	15. Iteration	0,00	0,00	-0,03	0,01	0,01	0,00	0,00	0,00
47	Gesamte Gemeinkosten				0,00				
48		0,02	0,00	0,00	193.945,04	742.768,04	220.211,88	153.075,02	
49	VERRECHNUNGSPREISE								
50									
51	Energie	0,25							
52	Gebäude	19,93							
53	Instandhaltung	28,99							

Wird das iterative Verfahren bereits bei einem größerem Schwellenwert abgebrochen, z. B. 1,– € je Kostenstelle, dann verbleiben Cent-Beträge von Kosten auf den Vorkostenstellen (im Beispiel grau hinterlegt 83 Cent auf der Kostenstelle Energie und 18 Cent auf der Kostenstelle Gebäude) und die Approximation an die exakte Lösung ist dementsprechend weniger genau. Dies spielt bei der manuellen Berechnung eine Rolle, wenn der Rechenaufwand durch eine Verringerung der Iterationsschritte reduziert werden soll. Das iterative Verfahren hat den Vorteil, dass es sich recht einfach in IT-Lösungen für die Kostenrechnung umsetzen lässt, und kommt daher beispielsweise im Kostenrechnungsmodul von SAP zum Einsatz. Hier spielt die Anzahl der Iterationen nur eine sehr geringe Rolle, weshalb man die Schwelle für den Abbruch des Verfahrens bei einem sehr kleinen Betrag ansetzt, um eine möglichst gute Approximation an die exakte Lösung zu erreichen.

Gutschrift-Lastschrift-Verfahren

Auch das Gutschrift-Lastschrift-Verfahren berücksichtigt gegenseitige Leistungsbeziehungen zwischen Vorkostenstellen und gehört daher ebenfalls zu den Kostenstellenausgleichsverfahren. Das Gutschrift-Lastschrift-Verfahren geht davon aus, dass bereits Verrechnungspreise für die innerbetrieblichen Leistungen vorhanden sind, z. B. aus früheren Perioden, aus dem Vergleich mit gleichartigen am Markt gehandelten Leistungen und deren Preisen oder aus der Planung als Planverrechnungspreise. Diese bereits gegebenen Verrechnungspreise werden in aller Regel nicht mit den exakten Verrechnungspreisen der jeweiligen Periode übereinstimmen, die in der Istrechnung eine vollständige Entlastung sämtlicher Vorkostenstellen bewirken. Das Gutschrift-Lastschrift-Verfahren ist daher wie das iterative Verfahren ein Näherungsverfahren.

> **Innerbetriebliche Leistungsverrechnung bei der Computer Assembly GmbH mit dem Gutschrift-Lastschrift-Verfahren**
>
> Um die Verrechnungspreise nicht in jedem Abrechnungsmonat neu ermitteln zu müssen, hat sich Miriam Müller dazu entschlossen, die innerbetriebliche Leistungsverrechnung der Computer Assembly GmbH nun mit Verrechnungspreisen durchzuführen, die sie aus dem Durchschnitt früherer Perioden ermittelt hat und die in den Zellen J7, J8 und J9 der Excel-Tabelle in Abbildung 4.9 gegeben sind. Sie erhofft sich davon unter anderem, den Aufwand für die Kostenstellenrechnung zu reduzieren und ihren Kostenstellenleitern eine stabilere Planungsgrundlage zu geben. In den Zeilen 18 bis 20 werde die vorgegebenen Verrechnungspreise mit den Istleistungsmengen aus den Zeilen 7 bis 9 multipliziert. Bei der Saldobildung stellt Frau Müller fest, dass auf den Kostenstellen Energie und Gebäude nach diesem Schritt noch Kosten liegen, während die Entlastung der Kostenstelle Instandhaltung ihre Kosten übersteigt, so dass sich ein negativer Saldo ergibt. Vergleicht man die vorgegebenen Verrechnungspreise mit den exakten Verrechnungspreisen, die wir im Gleichungsverfahren ermittelt haben, so war dieses Ergebnis zu erwarten, da die vorgegebenen Verrechnungspreise bei den Kostenstellen Energie und Gebäude unter ihrem jeweiligen exakten Wert liegen, der vorgegebene Verrechnungspreis der Instandhaltung dagegen über seinem exakten Wert liegt.
>
> Um eine vollständige Entlastung der Vorkostenstellen um die verbleibenden Salden zu erreichen, nimmt Frau Müller im Gutschrift-Lastschrift-Verfahren einen weiteren Verrechnungsschritt vor, die so genannte Deckungsumlage. Dabei verteilt sie die Salden der Vorkostenstellen nach einer festgelegten Regel auf die Endkostenstellen. Wie in der Formel von Zelle G24 der Excel-Tabelle ersichtlich, hat sie sich dazu entschlossen, die Salden entsprechend dem Verhältnis der bis dahin auf den Endkostenstellen aufgelaufenen Kosten (Zeile 22 in der Excel-Tabelle) zu verteilen. Es werden aber auch andere Regeln eingesetzt, z. B. könnte man jeder der vier Endkostenstellen ein Viertel der Salden zuteilen.

4.4 Verfahren der innerbetrieblichen Leistungsverrechnung

Abbildung 4.9: Gutschrift-Lastschrift-Verfahren mit Excel

	A	B	C	D	E	F	G	H	I	J	K
		\$B22:\$D22)*G22/SUMME(\$E22:\$H22)									
1	LEISTUNGSBEZIEHUNGEN UND VERRECHNUNGSPREISE										
2											
3			Vorkostenstellen			Endkostenstellen					
4		Energie	Gebäude	Instandhaltung	Material	Fertigung	Verwaltung	Vertrieb	Summe	Verrechnungspreise	
5	Primäre Gemeinkosten	10.000,00 €	100.000,00 €	120.000,00 €	140.000,00 €	600.000,00 €	200.000,00 €	140.000,00 €	1.310.000,00 €		
6	Innerbetriebliche Leistungen										
7	Energie [kWh]	0	3.000	2.000	20.000	88.000	4.000	3.000	120.000	0,22	€/kWh
8	Gebäude [m²]	500	400	500	1.000	3.000	600	400	6.400	17,00	€/m²
9	Instandhaltung [h]	350	650	200	1.000	2.100	250	150	4.700	33,00	€/h
10											
11											
12	ERGEBNIS DES GUTSCHRIFT-LASTSCHRIFT-VERFAHRENS										
13											
14			Vorkostenstellen			Endkostenstellen					
15		Energie	Gebäude	Instandhaltung	Material	Fertigung	Verwaltung	Vertrieb	Summe		
16	Primäre Gemeinkosten	10.000,00 €	100.000,00 €	120.000,00 €	140.000,00 €	600.000,00 €	200.000,00 €	140.000,00 €	1.310.000,00 €		
17	Umlage										
18	Energie	- 26.400,00 €	660,00 €	440,00 €	4.400,00 €	19.360,00 €	880,00 €	660,00 €	- €		
19	Gebäude	8.500,00 €	- 102.000,00 €	8.500,00 €	17.000,00 €	51.000,00 €	10.200,00 €	6.800,00 €	- €		
20	Instandhaltung	11.550,00 €	21.450,00 €	- 148.500,00 €	33.000,00 €	69.300,00 €	8.250,00 €	4.950,00 €	- €		
21											
22	Saldo	3.650,00 €	20.110,00 €	- 19.560,00 €	194.400,00 €	739.660,00 €	219.330,00 €	152.410,00 €	1.310.000,00 €		
23											
24	Deckungsumlage	- 3.650,00 €	- 20.110,00 €	19.560,00 €	625,27 €	2.379,06 €	705,46 €	490,21 €	- €		
25											
26	Gesamte Gemeinkosten	- €	- €	- €	195.025,27 €	742.039,06 €	220.035,46 €	152.900,21 €	1.310.000,00 €		
27											

In der Unternehmenspraxis wird bei der innerbetrieblichen Leistungsverrechnung häufig mit jeweils für einen bestimmten Zeitraum vorgegebenen Verrechnungspreisen gearbeitet. Gründe dafür können sein, die Planungssicherheit für Kostenstellenleiter zu erhöhen, die Vergleichbarkeit über verschiedene Perioden zu verbessern oder auch einfach den Rechenaufwand für die innerbetriebliche Leistungsverrechnung zu reduzieren.

Treppenumlage

Neben den dargestellten Kostenstellenausgleichsverfahren gibt es auch Verfahren, die nur einen einseitigen Leistungsaustausch berücksichtigen. Diese werden als Kostenstellenumlageverfahren bezeichnet. Zu ihnen gehören das Treppenumlageverfahren und das Blockumlageverfahren. Bei der Treppenumlage, die auch als Stufenleiterverfahren bezeichnet wird, werden zwar Leistungsbeziehungen zwischen den Vorkostenstellen abgebildet, jedoch nur in eine Richtung.

Die Verrechnungspreise für innerbetriebliche Leistungen werden hierbei gebildet, indem zu den primären Gemeinkosten einer Vorkostenstelle die Kosten für die Inanspruchnahme von Leistungen von bereits abgerechneten Vorkostenstellen addiert werden und die sich ergebende Summe durch die Leistungsabgabe (in Mengeneinheiten) an die noch nicht abgerechneten Vorkostenstellen und die Endkostenstellen geteilt wird. Dieses Verfahren führt dann zu einem exakten Ergebnis, wenn keine Eigenverbräuche der Vorkostenstellen vorliegen und zwischen Vorkostenstellen nur Leistungsbeziehungen in eine Richtung bestehen. Sind diese Voraussetzungen nicht erfüllt, so werden vorhandene Leistungsbeziehungen durch die Anwendung des Treppenumlageverfahrens unterdrückt, d. h. nicht abgebildet, und das Verfahren führt nicht zur exakten Lösung.

Kapitel 4 — Kostenstellenrechnung

> **Innerbetriebliche Leistungsverrechnung bei der Computer Assembly GmbH mit dem Treppenumlageverfahren**
>
> Diese Erfahrung macht auch Miriam Müller (vgl. auch Abbildung 4.10): Den Verrechnungssatz der ersten abgerechneten Vorkostenstelle Energie erhält sie, indem sie deren primäre Gemeinkosten durch die Leistungsabgabe an nachfolgende Kostenstellen teilt. Bei dieser ersten Kostenstelle sind keine Kosten von bereits abgerechneten Kostenstellen zu berücksichtigen und keine Leistungsabgaben an bereits abgerechnete Kostenstellen heraus zu rechnen. Die Kostenstelle Energie hat in diesem Beispiel auch keinen Eigenverbrauch; läge ein Eigenverbrauch vor, so müsste dieser heraus gerechnet werden.
>
> $$k_1 = \frac{10.000 + 0}{120.000 - 0} = 0{,}0833 \text{ € pro kWh}$$
>
> Bei der zweiten abgerechneten Vorkostenstelle Gebäude muss Frau Müller dagegen die für die Leistungsabgabe der ersten abgerechneten Kostenstelle verrechneten Kosten in Höhe von 250,– € berücksichtigen und den Eigenverbrauch von 400 m² und die Leistungsabgabe an die bereits abgerechnete Kostenstelle Energie von 500 m² heraus rechnen:
>
> $$k_2 = \frac{100.000 + 250}{6.400 - 500 - 400} = 18{,}23 \text{ € pro m}^2$$
>
> Entsprechend verfährt sie bei der dritten abgerechneten Vorkostenstelle Instandhaltung:
>
> $$k_3 = \frac{120.000 + 167 + 9.114}{4.700 - 350 - 650 - 200} = 36{,}94 \text{ € pro h}$$
>
> Diese Verrechnungssätze stimmen nicht mit den exakten Verrechnungssätzen überein, die Frau Müller mit dem Gleichungsverfahren ermittelt hat. Dies leuchtet ihr unmittelbar ein, da sie bei der Berechnung ja einen Teil der Leistungsbeziehungen unterdrückt hat.

Bei der Umsetzung der Treppenumlage in Excel (vgl. Abbildung 4.10) werden Leistungsabgaben an bereits abgerechnete Kostenstellen und Eigenverbräuche gestrichen (Zellen B7, B8 und C8 sowie B9, C9 und D9 der Tabelle).

Das zentrale Problem beim Treppenumlageverfahren besteht in der Festlegung der Reihenfolge, in der die Vorkostenstellen abgerechnet werden. Diese sollte so gewählt werden, dass möglichst wenige wertmäßige Leistungsströme unterdrückt werden.

4.4 Verfahren der innerbetrieblichen Leistungsverrechnung — Kapitel 4

Abbildung 4.10: Treppenumlageverfahren mit Excel

	A	B	C	D	E	F	G	H	I
1	DURCH DIE TREPPENUMLAGE ZU BERÜCKSICHTIGENDE LEISTUNGSBEZIEHUNGEN								
2									
3			Vorkostenstellen			Endkostenstellen			
4		Energie	Gebäude	Instandhaltung	Material	Fertigung	Verwaltung	Vertrieb	Summe
5	Primäre Gemeinkosten [€]	10.000,00 €	100.000,00 €	120.000,00 €	140.000,00 €	600.000,00 €	200.000,00 €	140.000,00 €	1.310.000,00 €
6	Innerbetriebliche Leistungen								
7	Energie [kWh]	-	3.000	2.000	20.000	88.000	4.000	3.000	120.000
8	Gebäude [m²]	-	-	500	1.000	3.000	600	400	5.500
9	Instandhaltung [h]	-	-	-	1.000	2.100	250	150	3.500
10									
11									
12	ERGEBNIS DER TREPPENUMLAGE								
13									
14			Vorkostenstellen			Endkostenstellen			
15		Energie	Gebäude	Instandhaltung	Material	Fertigung	Verwaltung	Vertrieb	Summe
16	Primäre Gemeinkosten	10.000,00 €	100.000,00 €	120.000,00 €	140.000,00 €	600.000,00 €	200.000,00 €	140.000,00 €	1.310.000,00 €
17	Sekundäre Gemeinkosten								
18	Energie	- 10.000,00 €	250,00 €	166,67 €	1.666,67 €	7.333,33 €	333,33 €	250,00 €	- 0,00 €
19	Gebäude	-	- 100.250,00 €	9.113,64 €	18.227,27 €	54.681,82 €	10.936,36 €	7.290,91 €	- 0,00 €
20	Instandhaltung	-	-	- 129.280,30 €	36.937,23 €	77.568,18 €	9.234,31 €	5.540,58 €	- 0,00 €
21									
22	Gesamte Gemeinkosten	- €	- €	- €	196.831,17 €	739.583,33 €	220.504,00 €	153.081,49 €	1.310.000,00 €
23									
24									
25	VERRECHNUNGSPREISE								
26									
27	Energie	0,0833	€/kWh						
28	Gebäude	18,23	€/m²						
29	Instandhaltung	36,94	€/h						

Blockumlage

Das Blockumlageverfahren funktioniert ähnlich wie das Treppenumlageverfahren. Bei ihm werden jedoch keine Leistungsbeziehungen zwischen Vorkostenstellen berücksichtigt, d. h., die primären Gemeinkosten einer Vorkostenstelle werden durch ihre gesamte Leistungsmenge abzüglich der an sämtliche Vorkostenstellen abgegebenen Leistungsmengen (einschließlich Eigenverbrauch) geteilt. Das Blockumlageverfahren führt also nur dann zu einem exakten Ergebnis, wenn die Vorkostenstellen nur Leistungen an Endkostenstellen abgeben. Ist dies nicht der Fall, so werden durch das Blockumlageverfahren bestehende Leistungsströme unterdrückt und es führt nicht zur exakten Lösung.

> **Innerbetriebliche Leistungsverrechnung bei der Computer Assembly GmbH mit dem Blockumlageverfahren**
>
> Die Verrechnungssätze für die Vorkostenstellen der Computer Assembly GmbH berechnet Miriam Müller dementsprechend als:
>
> $$k_1 = \frac{10.000}{120.000 - 0 - 3.000 - 2.000} = 0{,}09 \text{ € pro kWh}$$
>
> $$k_2 = \frac{100.000}{6.400 - 500 - 400 - 500} = 20{,}00 \text{ € pro m}^2$$
>
> $$k_3 = \frac{120.000}{4.700 - 350 - 650 - 200} = 34{,}29 \text{ € pro h}$$

Bei der Durchführung des Blockumlageverfahrens in Excel (vgl. Abbildung 4.11) werden sämtliche Leistungsbeziehungen zwischen den Vorkostenstellen gestrichen (Zellen B7, C7, D7, B8, C8, D8, B9, C9 und D9 in der Tabelle).

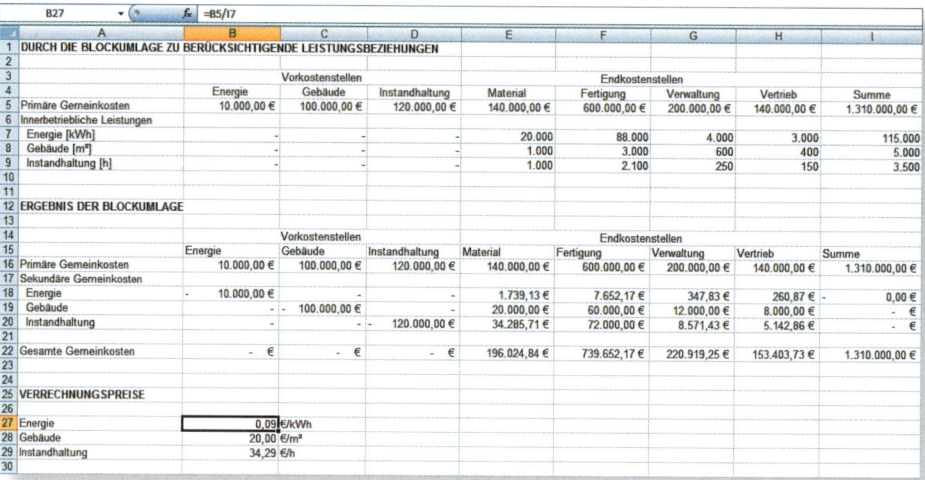

Abbildung 4.11: Blockumlageverfahren mit Excel

Kostenumlageverfahren können insbesondere dann zum Einsatz kommen, wenn zwischen den Vorkostenstellen dauerhaft keine oder nur einseitige Leistungsbeziehungen bestehen. Der Vorteil eines relativ geringen Rechenaufwands der Verfahren stellt angesichts der Leistungsfähigkeit von IT-Lösungen im Bereich der Kostenrechnung heutzutage kein gewichtiges Argument mehr dar, so dass die Kostenumlageverfahren als Näherungsverfahren in der Unternehmenspraxis inzwischen keine große Bedeutung mehr haben. Ein aktuelles Anwendungsbeispiel in der Kostenrechnung von Universitäten findet sich im Fallbeispiel am Ende dieses Kapitels.

Auswahl eines geeigneten Verfahrens für die innerbetriebliche Leistungsverrechnung

Die Auswahl eines geeigneten Verfahrens für die innerbetriebliche Leistungsverrechnung hängt von verschiedenen Faktoren ab. Auf einige davon sind wir im Laufe dieses Kapitels bereits an mehreren Stellen eingegangen. Dazu gehören insbesondere
- Richtung und Umfang der vorhandenen Leistungsströme,
- der Erfassungsaufwand für die benötigten Informationen, der stets gegen den Nutzen der Verwendung der Ergebnisse der innerbetrieblichen Leistungsverrechnung abzuwägen ist,
- die vorhandene IT-Unterstützung sowie
- die Stabilität der Verrechnungspreise im Zeitablauf.

Abbildung 4.12 gibt einen Überblick über die Verrechnungspreise und die ermittelten gesamten Gemeinkosten bei den dargestellten Verfahren der innerbetrieblichen Leistungsverrechnung. Abbildung 4.13 stellt Genauigkeit und Erfassungsaufwand der Verfahren einander gegenüber. Zusammenfassend wird noch einmal ersichtlich, dass das iterative Verfahren bei einer ausreichend hohen Anzahl an Iterationsschritten eine sehr gute Approximation der exakten Lösung ermöglicht, wie sie mit dem Gleichungsverfahren ermittelt wird. Die Approximationsgüte des Gutschrift-Lastschrift-Verfahrens hängt davon ab, wie nahe die verwendeten Verrechnungspreise an den exakten Verrechnungspreisen liegen. Eine gute Näherung auf Basis von Vergangenheitswerten ist insbesondere dann erreichbar, wenn die exakten Verrechnungspreise im Zeitablauf relativ stabil sind. Treppenumlage bzw. Blockumlage führen nur dann zu einer exakten Lösung, wenn lediglich ein einseitiger bzw. überhaupt kein Leistungsaustausch zwischen den Vorkostenstellen stattfindet. Sind diese Voraussetzungen nicht erfüllt, so hängt die Güte der Approximation davon ab, in welchem Umfang Leistungsströme unterdrückt werden.

	A	B	C	D	E	F
1	ÜBERSICHT VERRECHNUNGSPREISE					
2						
3		Gleichungsverfahren	Iteratives Verfahren	Treppenumlage	Blockumlage	Gutschrift-Lastschrift-Verfahren
4						
5	Energie [€/kWh]	0,25	0,25	0,08	0,09	0,22
6	Gebäude [€/m²]	19,93	19,93	18,23	20,00	17,00
7	Instandhaltung [€/h]	28,99	28,99	36,94	34,29	33,00
8						
9						
10	ÜBERSICHT GESAMTE GEMEINKOSTEN					
11						
12		Gleichungsverfahren	Iteratives Verfahren	Treppenumlage	Blockumlage	Gutschrift-Lastschrift-Verfahren
13						
14	Material	193.945,04 €	193.945,04 €	196.831,17 €	196.024,84 €	195.025,27 €
15	Fertigung	742.768,06 €	742.768,04 €	739.583,33 €	739.652,17 €	742.039,06 €
16	Verwaltung	220.211,88 €	220.211,87 €	220.504,00 €	220.919,25 €	220.035,46 €
17	Vertrieb	153.075,02 €	153.075,02 €	153.081,49 €	153.403,73 €	152.900,21 €

Abbildung 4.12: Überblick über die Ergebnisse der unterschiedlichen Verfahren der innerbetrieblichen Leistungsverrechnung

Der Erfassungsaufwand ist bei den Kostenstellenausgleichsverfahren am höchsten, da jeweils die vollständigen Leistungsströme erhoben werden müssen. Beim iterativen Verfahren ist es für die Leistungsverrechnung nicht notwendig, die Verrechnungspreise extra zu ermitteln, und es lässt sich relativ einfach in IT-Lösungen implementieren. Dies gilt auch für das Gutschrift-Lastschrift-Verfahren, das von gegebenen Verrechnungspreisen ausgeht. Beim Treppenumlageverfahren ist der Erfassungsaufwand niedriger, da nur die Leistungsströme an nachgelagerte Kostenstellen erfasst werden müssen. Beim Blockumlageverfahren ist er noch einmal niedriger, da die Erfassung von Leistungsströmen zwischen den Vorkostenstellen völlig entfällt. Ob es jeweils sinnvoll ist, einen höheren Erfassungsaufwand in Kauf zu nehmen, lässt sich nicht pauschal beantworten; dies hängt davon ab, inwieweit genauere Ergebnisse z. B. bessere Entscheidungen über die ausgetauschten Leistungsmengen ermöglichen.

Neben den bereits besprochenen Kostenstellenausgleichs- und -umlageverfahren gibt es des Weiteren das Kostenartenverfahren und das Kostenträgerverfahren für die Verrechnung spezieller Leistungen.

Verfahren Merkmale	Gleichungs-verfahren	Iteratives Verfahren	Gutschrift-Lastschrift-Verfahren	Treppenumlageverfahren	Blockumlageverfahren
Genauigkeit der Abbildung der Leistungsbe-ziehungen von Vorkostenstellen	Exakt	Näherung, Genauigkeit steigt mit Anzahl der Iterationen	Näherung, Genauigkeit abhängig von verwendeten Verrechnungs-preisen	Exakt, wenn nur einseitige Leistungsbeziehungen zwischen Vorkostenstellen bestehen, ansonsten nur Näherung	Exakt, wenn keine Leistungs-beziehungen zwischen den Vorkostenstellen bestehen, ansonsten nur Näherung
Erfassungsauf-wand	Sämtliche innerbetriebliche Leistungsströme	Sämtliche innerbetriebliche Leistungsströme	Sämtliche innerbetriebliche Leistungsströme	Innerbetriebliche Leistungs-ströme lediglich in eine Richtung	Innerbetriebliche Leistungs-ströme lediglich an Endkosten-stellen
Verrechnungs-preise	Verrechnungs-preise (oder Gesamtkos-ten) müssen periodisch neu ermittelt werden	Ermittlung der Verrech-nungspreise für Leistungsver-rechnung nicht erforderlich	Verrechnungs-preise sind vorgegeben	Verrechnungspreise müssen periodisch neu ermittelt werden; Höhe der Verrechnungspreise variiert mit der Reihenfolge der abgerechneten Vorkosten-stellen	Verrechnungspreise müssen periodisch neu ermittelt werden; Relation aus Primärkosten und der Leistungsabgabe an Endkostenstellen

Abbildung 4.13: Überblick über Verfahren der innerbetrieblichen Leistungsverrechnung

Beim **Kostenartenverfahren** werden im Rahmen der innerbetrieblichen Leistungsverrechnung nur diejenigen Kosten weiterverrechnet, die einer innerbetrieblichen Leistung einer Vor- oder Endkostenstelle direkt als Einzelkosten zurechenbar sind. Wird z. B. in einer Fertigungskostenstelle ein Ersatzteil für eine Maschine hergestellt, welche in einer anderen Fertigungskostenstelle steht (bei der Computer Assembly GmbH könnte dies zum Beispiel eine Steuerungseinheit für das unternehmenseigene Kraftwerk sein, die in der Montage gefertigt wird), so wären dies die Materialien und die Fertigungslöhne, die dem Ersatzteil als Einzelkosten zurechenbar sind. Das Kostenartenverfahren wird aus diesem Grund auch als Einzelkostenverfahren bezeichnet. Die einer innerbetrieblichen Leistung direkt zurechenbaren Kosten können im BAB als eigene Kostenart (Zeile) bei den primären Gemeinkosten geführt werden oder sie sind bereits in anderen Kostenarten (Zeilen) enthalten. Sie erscheinen dann gar nicht erst bei den Kostenstellen, welche die Leistung erbringen, sondern werden unmittelbar den Kostenstellen zugeordnet, welche die Leistung in Anspruch nehmen.

Kosten, die der innerbetrieblichen Leistung nicht direkt zurechenbar sind, bleiben dagegen auf der Kostenstelle, welche die Leistung erstellt. In unserem Beispiel, in dem eine Fertigungskostenstelle ein Ersatzteil für eine andere Fertigungskostenstelle herstellt, könnten dies z. B. die Kosten für Werkzeuge und Maschinen sowie das Gehalt des Leiters der liefernden Fertigungskostenstelle sein. Diese Kosten werden nicht weiterverrechnet, sondern belasten die Kostenstelle, welche die Leistung erbringt.

4.4 Verfahren der innerbetrieblichen Leistungsverrechnung

Eingesetzt wird das Kostenartenverfahren insbesondere für innerbetriebliche Leistungen, die außerhalb des gewöhnlichen Leistungsspektrums liegen (z. B. die Herstellung eines Ersatzteils für eine andere Kostenstelle), und wenn nur in geringem Umfang innerbetriebliche Leistungen verrechnet werden. Durch die Beschränkung der Verrechnung auf die einzeln zurechenbaren Kosten bleibt die Verrechnung einer außergewöhnlichen Leistung ohne Rückwirkung auf die Verteilung der Gemeinkosten in den übrigen Bereichen der innerbetrieblichen Leistungsverrechnung. Dies ist ein Vorteil des Kostenartenverfahrens. Bedingt durch die Trennung von direkt und nicht direkt zurechenbaren Kosten sind allerdings die gesamten Kosten für eine innerbetriebliche Leistung nicht aus dem BAB ersichtlich, was die Kontrolle der Wirtschaftlichkeit und den Vergleich mit den Preisen für gleichartige, am Markt gehandelte Leistungen erschwert. Diesem Kritikpunkt kann dadurch begegnet werden, dass die Kostenstelle, welche eine innerbetriebliche Leistung in Anspruch nimmt, nicht nur mit ihren Einzelkosten, sondern über einen Zuschlagssatz auch mit anteiligen Gemeinkosten belastet wird (vgl. zur Zuschlagskalkulation Abschnitt 3.2).

> In der Literatur wird dieses modifizierte Verfahren häufig als Kostenstellenausgleichsverfahren bezeichnet. Diesen Begriff haben wir bereits für die Gruppe derjenigen Verfahren der innerbetrieblichen Leistungsverrechnung verwendet, die in der Lage sind, gegenseitigen Leistungsaustausch zu berücksichtigen. Diese nicht eindeutige Belegung des Begriffs ‚Kostenstellenausgleichsverfahren' ist unglücklich, gibt allerdings seine uneinheitliche Verwendung in der Literatur wieder.

Begriffsvielfalt

Beim **Kostenträgerverfahren** werden einzelne innerbetriebliche Leistungen – vergleichbar den für den Absatz bestimmten Produkten – als eigene Kostenträger behandelt. Für jeden Innenauftrag, der nach dem Kostenträgerverfahren abgerechnet wird, enthält der BAB eine eigene Spalte, eine so genannten Ausgliederungsstelle. Die Einzelkosten von derartigen Innenaufträgen werden den entsprechenden Ausgliederungsstellen direkt zugeordnet, Gemeinkosten für die Inanspruchnahme von Leistungen anderer Kostenstellen werden wie bei der Kalkulation von absatzbestimmten Produkten (vgl. Kapitel 3) mithilfe von Zuschlagssätzen verrechnet.

Eingesetzt wird das Kostenträgerverfahren insbesondere bei außergewöhnlichen Leistungen, z. B. beim Bau von eigenen Anlagen, die mehrere Kostenstellen (auch Endkostenstellen) durchlaufen. Wird das Leistungspotenzial dieser Anlagen in der betrachteten Periode vollständig verbraucht, dann können die kalkulierten Kosten der Anlage nach Maßgabe der in Anspruch genommenen Leistungseinheiten auf die Leistungsempfänger umgelegt werden. Das Kostenträgerverfahren wird jedoch gerade dann eingesetzt, wenn das Leistungspotenzial einer Anlage in der betrachteten Periode nicht vollständig verbraucht wird und die Anlage dementsprechend auf einem Bestandskonto aktiviert wird. Die Kosten der Anlage gehen dann über dieses Bestandskonto wie bei von außen beschafften Anlagen über Abschreibungen in die jeweiligen Perioden ein.

Empirische Ergebnisse

Die verschiedenen Verfahren der innerbetrieblichen Leistungsverrechnung kommen in der Unternehmenspraxis unterschiedlich häufig zum Einsatz. Die nachfolgende Abbildung gibt einen Überblick über die Einsatzhäufigkeit der unterschiedlichen Verfahren in der deutschen Industrie:

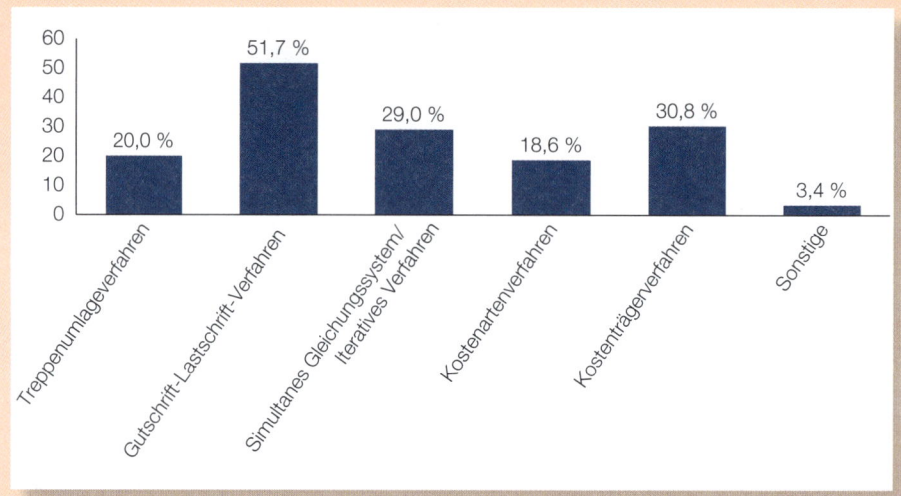

Abb. 4.14: Einsatzhäufigkeit von Verfahren der innerbetrieblichen Leistungsverrechnung

Am häufigsten kommt das Gutschrift-Lastschrift-Verfahren zum Einsatz; offenbar kommt der Vorteil zum Tragen, dass dieses Verfahren mit vorgegebenen Verrechnungspreisen durchgeführt wird. Eine exakte Lösung durch das simultane Gleichungssystem oder eine Annäherung daran durch das iterative Verfahren bevorzugen 29 % der Unternehmen, wobei die Verbreitung dieser Verfahren mit der Unternehmensgröße deutlich zunimmt. Das Stufenleiterverfahren wird von einem Fünftel der Unternehmen eingesetzt. Das Kostenartenverfahren bzw. das Kostenträgerverfahren zur Verrechnung spezieller Leistungen verwenden knapp 20 % bzw. gut 30 % der Unternehmen. Teilweise kommen in den Unternehmen auch mehrere Verfahren zum Einsatz. Insbesondere die letzten beiden Verfahren werden häufig mit anderen Verfahren kombiniert. Die Summe der Nennungen liegt dadurch deutlich über 100 %.

Quelle: Währisch, M.: Kostenrechnungspraxis in der deutschen Industrie, Wiesbaden 1998.

4.5 Ermittlung von Zuschlagssätzen für die Kalkulation

Nach der Durchführung der innerbetrieblichen Leistungsverrechnung werden im dritten und letzten Verrechnungsschritt der Kostenstellenrechnung Zuschlagssätze für die Verrechnung der Gemeinkosten von den Endkostenstellen auf die Kostenträger gebildet (vgl. Abschnitt 3.2). Hierfür sind zunächst Bezugsbasen zu bestimmen. Häufig werden als Bezugsbasis für die Verrechnung der Gemeinkosten entsprechende (Einzel-)Kostenbeträge herangezogen.

> **Ermittlung von Zuschlagssätzen bei der Computer Assembly GmbH**
>
> So hat sich Miriam Müller entschieden, bei der Computer Assembly GmbH die Materialeinzelkosten als Bezugsbasis für die Materialgemeinkosten, die Fertigungslöhne für die Fertigungsgemeinkosten sowie die Herstellkosten als Basis für die Verrechnung der Verwaltungskosten und der Vertriebskosten zu verwenden (vgl. Abbildung 4.15, welche die unteren Zeilen des BAB der Computer Assembly GmbH wiedergibt). Diese Vorgehensweise entspricht dem Grundschema der Zuschlagskalkulation, wie wir es bereits in Abschnitt 3.2 kennen gelernt haben.

Abbildung 4.15: Ermittlung von Zuschlagssätzen

	A	B	C	D	E	F	G	H	I
		Vorkostenstellen			Endkostenstellen				
2		Energie	Gebäude	Instandhaltung	Material	Fertigung	Verwaltung	Vertrieb	Summe
3									
4	Gesamte Gemeinkosten	- €	- €	- €	193.945,04 €	742.768,06 €	220.211,88 €	153.075,02 €	1.310.000,00 €
5									
6	Bezugsbasis				Materialeinzelkosten	Fertigungslöhne	Herstellkosten	Herstellkosten	
7	Ausprägung				560.000,00 €	1.840.000,00 €	3.336.713,10 €	3.336.713,10 €	
8									
9	Gemeinkostenzuschlagssatz [%]				34,63%	40,37%	6,60%	4,59%	

Neben (Einzel-)Kostenbeträgen können auch Mengengrößen als Bezugsbasis für die Gemeinkostenzuschlagssätze verwendet werden, z. B. Fertigungsstunden oder Maschinenstunden für Fertigungsgemeinkosten. In der Regel wird je Endkostenstelle ein Gemeinkostenzuschlagssatz ermittelt. Es ist aber auch möglich, mehrere Gemeinkostenzuschläge mit unterschiedlichen Bezugsbasen für eine Endkostenstelle zu ermitteln. Dies ist z. B. der Fall, wenn ein Teil der Gemeinkosten einer Fertigungsstelle mit den Fertigungsstunden, ein anderer Teil mit den Maschinenstunden variiert und entsprechend verrechnet werden soll.

Die ermittelten Gemeinkostenzuschlagssätze werden dann, wie wir in Kapitel 3 bereits ausführlich gesehen haben, für die Kalkulation der Produktkosten verwendet.

Literatur

Coenenberg, Adolf G./Fischer, Thomas M./Günther, Thomas: Kostenrechnung und Kostenanalyse, 8. Auflage, Schäffer-Poeschel, Stuttgart 2012, Kapitel 3.

Eldenburg, Leslie G./Wolcott, Susan K.: Cost Management. Measuring, Monitoring, and Motivating Performance, 2. Auflage, John Wiley, Hoboken 2011, Kapitel 8.

Hilton, Ronald W./Platt, David E., Managerial Accounting: Creating Value in a Global Business Environment, Global Edition, 9. Auflage, McGraw-Hill/Irwin, New York 2011, Kapitel 17.

Horngren, Charles T./Datar, Srikant M./Rajan, Madhav V.: Cost Accounting: A Managerial Emphasis, Global Edition, 14. Auflage, Pearson Education, Upper Saddle River 2012, Kapitel 15.

Schildbach, Thomas/Homburg, Carsten: Kosten- und Leistungsrechnung, 10. Auflage, Lucius&Lucius, Stuttgart 2009, Abschnitt II.C.

Schweitzer, Marcell/Küpper, Hans-Ulrich: Systeme der Kosten- und Erlösrechnung, 10. Auflage, Vahlen, München 2010, Kapitel 2.B.

Weber, Jürgen/Weißenberger, Barbara: Einführung in das Rechnungswesen, 8. Auflage, Schäffer-Poeschel, Stuttgart 2010, Kapitel 19.

Anhang: Gleichungssystem der innerbetrieblichen Leistungsverrechnung mit den Gesamtkosten als Unbekannte

In allgemeiner Schreibweise haben die Gleichungen hierbei die folgende Form:

$$K_j = PK_j + \sum_{i=1}^{n} \frac{x_{ij}}{x_i} \cdot K_i$$

unter der Bedingung

$$x_i = \sum_{j=1}^{n+m} x_{ij}, \quad (i - 1, \ldots, n)$$

wobei

K_i gesamte Gemeinkosten (primäre + sekundäre) der Kostenstelle i

n Anzahl der Vorkostenstellen mit den Nummern $1, \ldots, n$

m Anzahl der Endkostenstellen mit den Nummern $n + 1, \ldots, n + m$

i, j Indizes der Kostenstellen ($i, j = 1, 2, \ldots, n + m$)

PK_i primäre Gemeinkosten der Kostenstelle i

x_i gesamte Leistungsmenge der Vorkostenstelle i

x_{ij} von der Vorkostenstelle i an die Kostenstelle j abgegebene Leistungsmenge

> **Beispiel**
> Gleichungssystem der Computer Assembly GmbH mit den Gesamtkosten als Unbekannte:
>
> $$K_1 = 10.000 + \frac{0}{120.000} \cdot K_1 + \frac{500}{6.400} \cdot K_2 + \frac{350}{4.700} \cdot K_3$$
>
> $$K_2 = 100.000 + \frac{3.000}{120.000} \cdot K_1 + \frac{400}{6.400} \cdot K_2 + \frac{650}{4.700} \cdot K_3$$
>
> $$K_3 = 120.000 + \frac{2.000}{120.000} \cdot K_1 + \frac{500}{6.400} \cdot K_2 + \frac{200}{4.700} \cdot K_3$$
>
> Als Lösung des Gleichungssystems erhält man dann die gesuchten gesamten Gemeinkostenbeträge der drei Vorkostenstellen:
>
> $K_1 = 30.114,07 \text{ €} \qquad K_2 = 127.571,51 \text{ €} \qquad K_3 = 136.267,02 \text{ €}$
>
> Dividiert man die Gemeinkostenbeträge jeweils durch die gesamte Leistungsmenge einschließlich Eigenverbrauch, so erhält man wiederum die gesuchten Verrechnungspreise der drei Vorkostenstellen:
>
> $$k_1 = \frac{30.114}{120.000} = 0,25 \text{ €} \qquad k_2 = \frac{127.572}{6.400} = 19,93 \text{ €} \qquad k_3 = \frac{136.267}{4.700} = 28,99 \text{ €}$$

Die gesuchten gesamten Gemeinkosten einer Vorkostenstelle, um die sie entlastet werden muss, setzen sich aus den primären Gemeinkosten und ihren Anteilen an den gesuchten gesamten Gemeinkosten sämtlicher Vorkostenstellen zusammen. Auch auf diesem Weg erhält man durch Aufstellen einer Gleichung je Vorkostenstelle ein Gleichungssystem mit n Gleichungen und in diesem Fall n unbekannten Gesamtkostenbeträgen, die als Lösung ermittelt werden.

Verständnisfragen

a) Welche Kriterien sollten bei der Unterteilung eines Unternehmens in Kostenstellen beachtet werden?
b) Wie unterscheiden sich Vor- und Endkostenstellen?
c) Welche drei Verrechnungsschritte sind in der Kostenstellenrechnung erforderlich, um die Gemeinkosten differenziert nach Kostenstellen auf die Kostenträger zu verrechnen?
d) Welche beiden Möglichkeiten gibt es, die Gleichungen beim Gleichungsverfahren der innerbetrieblichen Leistungsverrechnung aufzustellen?
e) Wie funktioniert das iterative Verfahren der innerbetrieblichen Leistungsverrechnung und wodurch lässt sich dessen Genauigkeit steigern?
f) Wodurch unterscheidet sich das Gutschrift-Lastschrift-Verfahren von den anderen Verfahren der innerbetrieblichen Leistungsverrechnung und aus welchen Gründen wird es eingesetzt?

g) Wodurch unterscheiden sich das Treppenumlageverfahren und das Blockumlageverfahren?
h) Unter welchen Bedingungen führt welches Verfahren der innerbetrieblichen Leistungsverrechnung zu einer genauen Lösung?
i) Wodurch ist das Kostenträgerverfahren gekennzeichnet und für welchen Anwendungsbereich wird es eingesetzt?

Foto: Thomas Hartmann

Fallbeispiel: Treppenumlageverfahren bei der Johannes Gutenberg-Universität Mainz

Die Johannes Gutenberg-Universität Mainz zählt mit ca. 34.500 Studierenden zu den größten Universitäten Deutschlands. 2.200 Wissenschaftlerinnen und Wissenschaftler, darunter 415 Professorinnen und Professoren lehren und forschen in mehr als 150 Instituten und Kliniken, die rechtlich zum Teil im Bereich der Universitätsmedizin angesiedelt sind. Die Universität Mainz hat im Jahr 2005 ihr Rechnungswesen von der Kameralistik (Rechnungssystem, das auf Zahlungen basiert, auf die Einhaltung von Haushaltsansätzen ausgerichtet ist und vor allem in der öffentlichen Verwaltung angewandt wird) auf die doppelte Buchführung umgestellt. Zudem wurden eine Kostenartenrechnung und eine Kostenstellenrechnung implementiert.

Die innerbetriebliche Leistungsverrechnung der Universität Mainz wird nach dem Treppenumlageverfahren vorgenommen. Dieses umfasst 13 Stufen, die in einem ersten Schritt gemäß dem Umfang und der Richtung der bestehenden internen Leistungsbeziehungen in eine Reihenfolge gebracht wurden. Da die Verrechnungssätze auf einigen Stufen analog ermittelt werden, wird die Berechnung in diesen Fällen jeweils nur einmal erläutert.

Stufe 1 der Verrechnung umfasst die Infrastruktur. Dazu gehören die Abteilungen Technik und Immobilien und die Referate Hausverwaltung und Reinigung sowie Sicherheit, Transport und Verkehr der Abteilung Zentrale Dienste. Die Kosten dieser Stufe werden entsprechend der gesamten so genannten Hauptnutzfläche auf die einzelnen Gebäude verrechnet. Angenommen, der durchschnittliche m²-Preis beträgt 10,– €/m², so belaufen sich bspw. die Kosten eines Gebäudes mit 2.500 m² Hauptnutzfläche auf 25.000,– €. Auf der **Stufe 2** werden die gesamten Gebäudekosten erfasst und über die belegte Hauptnutzfläche auf die nachgelagerten Kostenstellen verrechnet.

Stufe 3 erfasst die Leitung der Universität; dazu gehören insbesondere das Präsidialbüro und das Kanzlerbüro. Die Kosten dieser Stufe werden über die Anzahl der Mitarbeiter der nachgelagerten Stufen verrechnet. **Stufe 4** beinhaltet die Kosten des Zentrums für Datenverarbeitung. Die Bezugsgröße für den Verrechnungssatz dieser Stufe bildet die Summe aus der Anzahl der Mitarbeiter der nachgelagerten Stufen und der Anzahl der Studierenden (Vollzeitäquivalente):

$$k_4 = \frac{\text{Kosten der Stufe 4}}{\text{Anzahl der Mitarbeiter nachgelagerter Kostenstellen} + \text{Anzahl der Studierenden}}$$

Auf **Stufe 5** befinden sich die Kostenstellen der Personalabteilung, deren Kosten nach der Anzahl der Mitarbeiterverträge der jeweiligen Kostenstelle verrechnet werden. Zur **Stufe 6** gehören die Stellenbewirtschaftung sowie der Personalrat und der Arbeitsschutz. Die Kosten werden wie bei Stufe 3 über die Anzahl der Mitarbeiter der nachgelagerten Stufen verrechnet.

Auf **Stufe 7** liegt die Landeshochschulkasse (LHSK). Diese weist die Besonderheit auf, dass sie organisatorisch zur Universität Mainz gehört, jedoch auch Leistungen für alle anderen Hochschulen des Landes Rheinland-Pfalz erbringt. Der Anteil der Leistungen, welche die LHSK für die Universität Mainz erbringt, beträgt ca. 35 %. Dementsprechend werden 35 % der Kosten nach der Anzahl der Belege auf die nachgelagerten Kostenstellen der Universität Mainz verrechnet. Die restlichen 65 % der Kosten verbleiben auf der Kostenstelle der LHSK. Die prozentualen Anteile werden jährlich neu auf Basis des Belegvolumens bestimmt.

Stufe 8 besteht aus den Teilbereichen Einkauf/Beschaffung, Sach- und Investitionsmittel sowie Buchhaltung einschließlich der Anlagenbuchhaltung der Abteilung Finanzen. Die Kosten jedes Bereichs werden über spezifische Bezugsgrößen weiterverrechnet: die Kosten der zentralen Materialwirtschaft über die Bezugsgröße Gesamtausgaben, die Kosten des Bereichs Sach- und Investitionsmittel über das gesamte Budget und die Kosten der Buchhaltung über die Anzahl aller Buchungen ohne importierte (z. B. Personalaufwand) und automatische Buchungen (z. B. Abschreibungen). Für jeden Teilbereich wird daher ein spezifischer Verrechnungssatz ermittelt. Der Verrechnungssatz für den Teilbereich Einkauf/Beschaffung wird bspw. folgendermaßen ermittelt:

$$k_{8\_Einkauf/Beschaffung} = \frac{\text{Kosten für Einkauf/Beschaffung}}{\text{Gesamtausgaben nachgelagerter Kostenstellen}} \cdot 100\%$$

Stufe 9 umfasst die zentralen Dienste der Universität ohne die Infrastruktur. Die Kosten werden wie bei Stufe 3 über die Anzahl der Mitarbeiter der nachgelagerten Stufen verrechnet. **Stufe 10** besteht aus der akademischen Verwaltung. Hierunter fallen die Abteilungen Internationale Angelegenheiten, Studium und Lehre, die Stabsstelle Forschung und Technologietransfer, das Drittmittelreferat der Abteilung Finanzen, das Zentrum für Qualitätssicherung und die Bibliotheken. Jeder Bereich hat seine eigene Bezugsgröße zur Verrechnung der Kosten.
- Die Kosten der Abteilungen Internationale Angelegenheiten sowie Studium und Lehre werden über die Anzahl der Studierenden auf die nachgelagerten Kostenstellen verrechnet.
- Die Kosten der Stabsstelle Forschung und Technologietransfer werden zu 50 % auf nachgelagerte Kostenstellen (Fachbereichskostenstellen) über die Anzahl der Fachbereiche und zu 50 % auf die Drittmittelprojekte über die Anzahl der Drittmittelprojekte verrechnet.
- Die Kosten des Drittmittelreferats werden zu 75 % auf die Anzahl Drittmittelprojekte verrechnet. Im Drittmittelreferat gibt es weitere Aufgaben, die nicht unter die

- Drittmittelverwaltung fallen und auf die 25 % der Kosten entfallen. Dazu gehören u. a. die Verwaltung unselbstständiger Stiftungen sowie die Betreuung des AStA-Haushalts. Die Verrechnung dieses Anteils der Kosten erfolgt nach Aufwand (z. B. Anteile aus Stellenbeschreibungen, Anzahl der Stiftungen je nachgelagerter Kostenstelle).
- Das Zentrum für Qualitätssicherung beansprucht die Universität nur zu 30 %. Die restlichen 70 % werden von außenstehenden Dritten nachgefragt und daher nicht weiterverrechnet. Die Verrechnung der 30 % erfolgt ebenfalls über die Nutzung der Nachfrager der nachgelagerten Kostenstellen. 10 % der zu verteilenden Kosten werden gleichmäßig auf die Kostenstellen der Akademischen Selbstverwaltung umgelegt, die restlichen 90 % auf die Fachbereiche und Forschungszentren verteilt.
- Die Kosten der Bibliothek werden wie bei Stufe 4 über die Anzahl der Studierenden und die Anzahl der Mitarbeiter der nachgelagerten Kostenstellen verrechnet.

Stufe 11 umfasst mehrere Einrichtungen, die zentrale Dienstleistungen erbringen. Dazu gehören das Zentrum für Lehrerbildung, das elektronische Medienzentrum, das Fremdsprachenzentrum, das Studium Generale, die Dienststelle Strahlenschutz, Forschungszentren und fachbereichsübergreifende Kostenstellen.
- Die Kosten des Zentrums für Lehrerbildung werden über die Anzahl der Lehramt-Studierenden verrechnet.
- Das elektronische Medienzentrum wird von anderen Kostenstellen (Instituten) und für Lehrveranstaltungen genutzt. Je nach Nutzungsart werden die Kosten über prozentuale Nutzungsanteile, welche sich aus den jeweiligen Projektumfängen bzw. der Techniknutzung ergeben, auf die Kostenstellen und die Kostenträger verrechnet.
- Das Fremdsprachenzentrum erbringt unterschiedliche Leistungen, die sich in drei Bereiche einteilen lassen: Deutsch als Fremdsprache (1) vor und (2) während des Studiums sowie (3) Fremdsprachen für alle Studierende. Die Kosten dieser drei Bereiche werden über die gehaltenen Semesterwochenstunden abgegrenzt. Die sich daraus ergebenden Kostenanteile werden dann über die Anzahl der jeweiligen Studierenden auf die Kostenstellen der Institute verrechnet.
- Die Kosten des Studium Generale werden ausschließlich auf die Kostenträger der Lehre (es gibt Kostenträger der Lehre und Kostenträger der Forschung) nach der Anzahl der Studierenden verrechnet.
- Die Kosten der Dienststelle Strahlenschutz werden nur zu dem Anteil weiterverrechnet, der intern nachgefragt wird. Aktuell beträgt dieser Anteil 42 %. Die übrigen Anteile verbleiben auf der Kostenstelle. Die Verrechnung der anteiligen Kosten erfolgt über die Nutzung. Dazu dienen Unterlagen über die abgegebenen Leistungen (Art und Umfang). Es erfolgt eine periodische Anpassung der Verrechnungssätze.
- Die Kosten der Forschungszentren werden über die Anzahl der Mitarbeiter in den nachgelagerten Fachbereichskostenstellen verrechnet.

Stufe 12 der Verrechnung erfasst die Dekanate, Prüfungsämter, Werkstätten, Lager und Institutsbibliotheken. Diese werden je nach ihrer Funktion nach der Anzahl der Mitarbeiter und/oder der Anzahl der Studierenden der nachgelagerten Kostenstellen weiterverrechnet. Auf **Stufe 13** werden die Kosten der Institute und der Institutsleitungen erfasst, die auf mehrere Lehr- und Forschungsbereiche verrechnet werden. Die Verrechnung erfolgt über die Anzahl der Mitarbeiter oder die Anzahl der Mitarbeiter **und** die Anzahl der Studierenden. Nach der Stufe 13 ist die innerbetriebliche Leistungsverrechnung abgeschlossen. Sämtliche Kosten wurden auf die Institute oder soweit möglich auf die Kostenträger Lehre und Forschung verrechnet. Die einzelnen Stufen und deren Kostenstellen sind nach der Verrechnung vollständig entlastet, es sei denn, die Kostenstellen fungieren ganz oder teilweise als Endkostenstelle (bspw. die LHSK).

Quelle: Liebscher, D.: Interne Leistungsverrechnung an der Universität Mainz, Arbeitspapier der Verwaltung der Johannes Gutenberg Universität Mainz, 2009.

Übungsaufgaben

1. In einem Unternehmen gibt es die vier Kostenstellen Lager, Aufbereitung, Verarbeitung sowie Verwaltung und Vertrieb. Die primären Gemeinkosten werden den Kostenstellen nach bestimmten Verrechnungsschlüsseln zugeordnet. In der folgenden Tabelle sind die Gemeinkostenarten und die zugehörigen Verrechnungsschlüssel aufgelistet.

Kostenarten	Gemein-kosten [€]	Verrech-nungs-schlüssel	Lager	Aufberei-tung	Verarbei-tung	Verwal-tung & Vertrieb
Gehälter	140.000,–	Prozentual	15 %			85 %
Rohstoffe	180.000,–	Prozentual	5 %	50 %	40 %	5 %
Kalkulatorische Abschreibungen	100.000,–	Investiertes Vermögen [€]	20.000,–	240.000,–	500.000,–	40.000,–
Kalkulatorische Miete	80.000,–	m²	2.000	2.800	4.000	1.200
Energiekosten	200.000,–	kWh	2.000	16.000	24.000	8.000
Instandhaltungs-kosten	75.000,–	h	40	180	220	60

Ermitteln Sie die primären Gemeinkosten der vier Kostenstellen.

2. Ein Maschinenbauunternehmen ist in die drei Vorkostenstellen Werkstatt, Gebäudeinstandhaltung und Strom sowie die zwei Endkostenstellen Fertigung und Verwaltung gegliedert. Folgende Informationen stehen Ihnen zur Verfügung:

Kapitel 4 — Kostenstellenrechnung

	Werkstatt	Gebäudeinstandhaltung	Strom
Primäre Gemeinkosten [€]	50.000,–	60.000,–	28.500,–
Bezugsgröße	140.100 h	55.600 m²	190.000 kWh

Die primären Gemeinkosten der Fertigung belaufen sich auf 60.000,– €, diejenigen der Verwaltung auf 20.000,– €.

Leistungsabgabe an	von	Werkstatt [h]	Gebäudeinstandhaltung [m²]	Strom [kWh]
Werkstatt		100	0	65.500
Gebäudeinstandhaltung		40.000	600	2.400
Strom		0	0	0
Fertigung		80.000	45.000	120.000
Verwaltung		20.000	10.000	2.100

a) Ermitteln Sie die Verrechnungspreise für die innerbetriebliche Leistungsverrechnung mit dem Blockumlageverfahren.
b) Führen Sie die innerbetriebliche Leistungsverrechnung mit dem Treppenumlageverfahren durch. Wählen Sie dabei eine sinnvolle Reihenfolge der abzurechnenden Vorkostenstellen.
c) Ermitteln Sie die Verrechnungspreise für die innerbetriebliche Leistungsverrechnung mit dem Gleichungsverfahren.

3. In einem Produktionsbetrieb gibt es die drei Vorkostenstellen Strom, Wasser und Wartung sowie die drei Endkostenstellen Material, Fertigung und Transport. Für die Kostenstellen liegen Ihnen die folgenden primären Kosten vor:

	Vorkostenstellen			Endkostenstellen		
Kostenstelle	Strom	Wasser	Wartung	Material	Fertigung	Transport
Primärkosten [€]	9.500,–	1.200,–	4.000,–	4.400,–	13.100,–	8.700,–

Zwischen den Kostenstellen hat der folgende Leistungsaustausch stattgefunden:

von \ an	Strom	Wasser	Wartung	Material	Fertigung	Transport
Strom [kWh]	–	20	40	30	980	10
Wasser [m³]	40	–	100	100	400	–
Wartung [h]	40	30	–	10	100	80

Für die Verrechnung der Gemeinkosten wurden die folgenden Verrechnungspreise und Bezugsbasen festgelegt:

Verrechnungspreise:
Strom: 10,– €/kWh
Wasser: 1,50 €/m³
Wartung: 15,– €/h

Bezugsbasen:
Materialgemeinkosten: Materialeinzelkosten in Höhe von 20.530,– €
Fertigungsgemeinkosten: Fertigungslöhne in Höhe von 63.825,– €
Transportgemeinkosten: Herstellkosten

a) Die innerbetriebliche Leistungsverrechnung soll mittels des Gutschrift-Lastschrift-Verfahrens durchgeführt werden. Eine eventuelle Deckungsumlage ist im Verhältnis der bis dahin auf den Kostenstellen aufgelaufenen Kosten auf die Endkostenstellen zu verteilen. Ermitteln Sie die Gemeinkostenzuschlagsätze.
b) Welcher Punkt ist an dem hier gewählten Verfahren zu kritisieren?

4. In einem Produktionsunternehmen gibt es die Vorkostenstellen Strom, Wasser, Wartung und Hausdienst sowie die Fertigungskostenstellen Aufbereitung und Montage. Es liegen die folgenden primären Stellenkosten vor:

Kostenstelle	Strom	Wasser	Wartung	Hausdienst	Aufbereitung	Montage
Primäre Kosten [€]	4.000,–	2.000,–	1.200,–	1.400,–	20.000,–	30.000,–

Zwischen den Kostenstellen hat der folgende Leistungsaustausch stattgefunden:

von \ an	Strom	Wasser	Wartung	Hausdienst	Aufbereitung	Montage
Strom [kWh]	(50)	2	4	6	18	20
Wasser [ccm]	–	(40)	6	6	16	12
Wartung [h]	2	2	(20)	2	6	8
Hausdienst [h]	–	–	4	(20)	10	6

Die Mengen, die in Klammern stehen, sind die Gesamtleistungsmengen der jeweiligen Kostenstelle. Die Mengen ohne Klammern sind die Mengen, welche die jeweilige Kostenstelle empfangen hat.

a) Welche Verfahren der innerbetrieblichen Leistungsverrechnung sind in diesem Fall grundsätzlich anwendbar?
b) Führen Sie eine Umlage der Kosten der Vorkostenstellen auf die Endkostenstellen nach dem iterativen Verfahren so lange durch, bis die zu verteilenden Kosten der Vorkostenstellen kleiner als 2,– € sind. Ermitteln Sie die Gesamtkosten der beiden Fertigungskostenstellen.

Kapitel 5 Kostenartenrechnung

Kapitelüberblick

5.1 Aufgaben der Kostenartenrechnung

5.2 Kostenartenrechnung und Finanzbuchhaltung

5.3 Materialkosten
- Wichtige Arten von Materialien
- Erfassung des Materialverbrauchs
- Bewertung des Materialverbrauchs

5.4 Personalkosten

5.5 Anlagenkosten
- Arten von Anlagenkosten
- Arten und Ursachen von Abschreibungen
- Abschreibungsverfahren
- Zinskosten

5.6 Weitere Kostenarten
- Kalkulatorischer Unternehmerlohn und kalkulatorische Mieten
- Kalkulatorische Wagniskosten
- Sonstige Kosten

Lernziele dieses Kapitels

- Welchen Zwecken dient die Kostenartenrechnung?

- In welche Kostenarten unterscheiden Unternehmen ihre Kosten?

- Welcher Zusammenhang besteht zwischen Kostenartenrechnung und Finanzbuchhaltung?

- Wie werden die einzelnen Kostenarten erfasst und bewertet?

- Welche Auswirkungen haben unterschiedliche Bewertungsverfahren auf die Höhe der Kosten und der Gewinne?

Kapitel 5 — Kostenartenrechnung

> **Kosteneinsparungen bei der Windenergie Atlantik AG**
>
> Die Windenergie Atlantik AG, ein Hersteller von Windkraftanlagen, ist in den vergangenen Jahren aufgrund des Booms regenerativer Energiequellen und staatlicher Fördermaßnahmen rasant gewachsen. Die Umsätze haben sich von Jahr zu Jahr mehr als verdoppelt. Die Windenergie Atlantik hat die Kapazitäten durch Neuinvestitionen ausgeweitet und eine Reihe neuer Mitarbeiter eingestellt. Seit dem letzten Jahr ist allerdings ein deutliches Abflachen des Wachstums zu verzeichnen. Gleichzeitig sind die Preise erheblich unter Druck geraten. Das Management rechnet in diesem Jahr mit einem hohen Verlust.
> Im Vorstand kommt es daraufhin zu einem offenen Streit. Der Vorstandsvorsitzende, Leif Bauer, führt die hohen Kosten auf einen ineffizienten Einkauf zurück. Der für den Einkauf verantwortliche Vorstand Kathrin Weber weist dagegen auf die hohen Personalkosten hin, die ihrer Meinung nach den größten Kostenblock des Unternehmens ausmachen. Als Reaktion darauf bietet Tim Börsig, der Chief Financial Officer (CFO), an, die Kostenstruktur des Unternehmens näher zu beleuchten. Vor dem Hintergrund der Diskussion im Vorstand interessiert ihn insbesondere die Höhe der Personal- und Materialkosten, aber auch die Höhe der anderen Kostenblöcke, um festzustellen, in welchen Kostenbereichen Einsparungen die größte Wirkung haben. Auf Basis dieser Analyse möchte er dem Management Empfehlungen geben, auf welchen Kostenbereich im Hinblick auf Kosteneinsparungen das Hauptaugenmerk zu richten ist.

5.1 Aufgaben der Kostenartenrechnung

Die Kostenartenrechnung erfasst und gliedert alle Kosten, schafft also Transparenz hinsichtlich der Kostenstruktur eines Unternehmens.

Wenn man wissen will, welche Kosten angefallen sind, ist eine Kostenartenrechnung hilfreich. Diese erfasst alle Kosten und gliedert sie in unterschiedliche Kategorien, wie z. B. Personalkosten oder Materialkosten. Damit schafft sie Transparenz im Hinblick auf die **Kostenstruktur** eines Unternehmens. Beispielsweise lässt sich mithilfe der Kostenartenrechnung der Anteil der Personalkosten an den Gesamtkosten einfach feststellen. Dieser Anteil gibt Auskunft darüber, welche Wirkung Lohnsteigerungen auf die Kosten eines Unternehmens haben. Auch die Auswirkungen von Preissteigerungen bei wichtigen Rohstoffen auf die Gesamtkosten eines Unternehmens können dadurch leicht abgeschätzt werden.

Zudem ist die Kostenartenrechnung der Ausgangspunkt eines Kostenrechnungssystems. Häufig lassen sich Kosten erst dann den Kostenstellen und -trägern zuordnen, wenn sie in ihre unterschiedlichen Kostenarten gegliedert sind. Dabei können ganz unterschiedliche Gliederungskriterien zur Anwendung kommen (vgl. Abb. 5.1).

Häufig werden die Kostenarten im Hinblick auf die Art der Einsatzgüter gegliedert. Die wichtigsten Kostenarten sind dann Materialkosten, Personal-

5.1 Aufgaben der Kostenartenrechnung

Gliederungskriterium	Beispiele
Art der Einsatzgüter	Personalkosten, Materialkosten, Abschreibungen, Zinsen, Kosten für externe Dienstleistungen
Zurechenbarkeit der Kosten	Einzelkosten, Gemeinkosten
Abhängigkeit von Beschäftigungsschwankungen	Variable Kosten, fixe Kosten
Zugehörigkeit zu einer Wertschöpfungsstufe	Forschungskosten, Entwicklungskosten, Beschaffungskosten, Fertigungskosten, Vertriebskosten, Verwaltungskosten
Herkunft der Einsatzgüter	Primäre Kosten, sekundäre Kosten

Abbildung 5.1: Gliederungsmöglichkeiten von Kostenarten

kosten, Abschreibungen und Zinsen. Diese Gliederung hilft Unternehmen und Organisationen, einen raschen Überblick über ihre Kostenstruktur zu erhalten.

Kostenstrukturanalyse bei der Windenergie Atlantik AG

Tim Börsig, der CFO der Windenergie Atlantik AG, hat in seiner Analyse festgestellt, dass 85 % der Kosten Materialkosten sind. Lediglich 7 % sind Personalkosten. Die verbleibenden 8 % fallen für Abschreibungen, Zinsen und sonstige Kosten an. Kathrin Weber, das für den Einkauf verantwortliche Vorstandsmitglied, muss nun zugeben, dass die von ihr verantworteten Kosten einen erheblichen Einfluss auf die Gesamtkosten haben.

Wenn wir in der Kalkulation Kosten auf verschiedene Kostenträger verrechnen wollen, ist die Unterscheidung von Einzel- und Gemeinkosten von hoher Bedeutung. Während Einzelkosten einem Kostenträger direkt zuordenbar sind, müssen Gemeinkosten über ein Verrechnungsverfahren dem Kostenträger zugerechnet werden. Auch die Unterscheidung von variablen und fixen Kosten spielt eine wichtige Rolle und wird beispielsweise für Break-Even-Analysen und Deckungsbeitragsrechnungen benötigt.

Für strategische Analysen wie die Wertkettenanalyse ist es wichtig, den Kostenanteil einzelner Wertschöpfungsstufen an den Gesamtkosten zu kennen. Daran wird die strategische Positionierung eines Unternehmens innerhalb einer Branche deutlich. So fallen bei Coca Cola ein erheblicher Teil seiner Kosten für Marketingmaßnahmen an, während Cola-Hersteller, die ihr Getränk ausschließlich über Discounter vertreiben, kaum Marketingkosten haben.

Die Unterscheidung von primären und sekundären Kosten ist dann von Bedeutung, wenn Kosten intern weiterverrechnet werden, wie das in der Kostenstellenrechnung der Fall ist. Primäre Kosten sind alle Kosten, die in einer Kostenartenrechnung erstmals erfasst werden. Werden Kosten von einer Kostenstelle zu einer anderen weiterverrechnet, handelt es sich um sekundäre Kosten.

5.2 Kostenartenrechnung und Finanzbuchhaltung

Kostenrechnung und Finanzbuchhaltung sind zwei unterschiedliche Systeme der Unternehmensrechnung, die unabhängig voneinander betrachtet werden können. Die Kostenrechnung liefert den Entscheidungsträgern in Unternehmen Informationen für ihre Entscheidungen. Dagegen dient die Finanzbuchhaltung vor allem der Ermittlung des Gewinns einer Periode im Hinblick auf Ausschüttungen an die Eigentümer und im Hinblick auf Steuerzahlungen.

Die Kostenrechnung liefert Informationen als Grundlagen für Entscheidungen des Managements. Die Finanzbuchhaltung dient der Ermittlung des Gewinns einer Periode.

In der Praxis finden wir häufig eine enge Verzahnung dieser beiden Systeme, da viele Daten der Finanzbuchhaltung auch in der Kostenrechnung verwendet werden können. Diese Verzahnung erfolgt über die Kostenartenrechnung. In der Finanzbuchhaltung wird eine Aufwandsbuchung einem konkreten Aufwandskonto zugerechnet. Wird beispielsweise dem Lager Material für die Produktion entnommen, so wird das Materialaufwandskonto mit dem Wert dieses Materials belastet. In der Kostenrechnung führt derselbe Vorgang zu entsprechenden Kosten bei der Kostenart Material. Daher ist es sinnvoll, diesen Vorgang nicht zweimal, nämlich in der Finanzbuchhaltung und in der Kostenrechnung zu buchen, sondern nur einmal.

In der Regel erfolgt die Buchung über ein Softwaresystem, wie beispielsweise SAP ERP (Enterprise Resource Planning). Aufwandskonten und Kostenartenkonten sind in diesen Systemen in der Regel integriert, so dass eine einzige Buchung sowohl das Aufwandskonto belastet als auch eine Erhöhung der entsprechenden Kosten bewirkt. Abweichungen zwischen Finanzbuchhaltung und Kostenartenrechnung gibt es bei den kalkulatorischen Kosten. So werden in der Kostenrechnung beispielsweise kalkulatorische Zinskosten angesetzt, während in der Finanzbuchhaltung nur die Fremdkapitalzinsen als Aufwand wirksam werden.

Abbildung. 5.2: Kostenartengliederung des Gemeinschaftskontenrahmens für die Industrie

4	**Primäre Kosten**
40	Verbrauch an Rohstoffen, bezogenen Fertigteilen und Handelswaren
41	Verbrauch an Hilfs- und Betriebsstoffen
42	Bezogene Leistungen und auswärtige Bearbeitung
43	Löhne und Gehälter
44	Sozialkosten und sonstige Personalkosten
45	Raumkosten, Mieten, Pachten, Leasing
46	Steuern, Gebühren, Beiträge, Versicherungsprämien
47	Fahrzeugkosten, Verkehrskosten, Repräsentations- und Bewirtungskosten, Werbekosten
48	Kalkulatorische Kosten
49	Sondereinzelkosten

Abb. 5.2 zeigt einen Kostenartenplan auf Basis des **Gemeinschaftskontenrahmens für die Industrie** (GKR) mit einer Einteilung, wie sie in vielen Industriebetrieben verwendet wird. Allerdings wird hier nur die oberste Ebene gezeigt. Tatsächlich sind Kostenartenpläne in der Regel auf den nachfolgenden Ebenen weiter untergliedert. Die Gliederung dieser Kostenartenpläne unterscheidet sich von Branche zu Branche. Abb. 5.3 zeigt einen Kostenartenplan, der in Hochschulen zur Anwendung kommt. Zur Verdeutlichung der einzelnen Kostenarten haben wir hier die Untergliederung auf der zweiten Ebene zusätzlich aufgeführt. Teilweise sind Kostenpläne deutlich detaillierter und umfassen noch weitere Ebenen.

Kostenart	Bezeichnung
10000	Bezüge/Vergütungen/Löhne
11000	Bezüge/Vergütungen/Löhne aus Stellen
12000	Bezüge/Vergütungen/Löhne aus Mitteln
20000	Personaleinsatzbedingte Kosten
21000	Soziale Aufwendungen
22000	Personalnebenkosten
23000	Kosten der Personalanwerbung
24000	Kosten der Aus- und Fortbildung
25000	Reisekosten
30000	Bewirtschaftungskosten
31000	Energie- und Stoffversorgung
32000	Reinigungskosten
33000	Gebühren und Steuern
34000	Sonstige Bewirtschaftungskosten
35000	Bauunterhalt
40000	Laufende Sachkosten
41000	Geschäftsbedarf
42000	Medienkosten
43000	Materialkosten/Verbrauchsmaterial
44000	Geringwertige Wirtschaftsgüter bis 410 Euro netto/488 brutto
50000	Kosten für Dienstleistungen Dritter
51000	Miete für Gebäude/Räume
52000	Miete/Leasinggebühren für Maschinen, Geräte, Gegenstände
53000	Kosten für Wartung
54000	Kosten für Reparatur und Instandsetzung
55000	Kosten der Nachrichtenübermittlung und Versand
56000	Kosten für sonstige Dienstleistungen
60000	Sonstige Kosten
61000	Beiträge/Abgaben
62000	Gebühren
63000	Kosten für Öffentlichkeitsarbeit
64000	Sonstiges
70000	Kalkulatorische Sachkosten
71000	Kalkulatorische Abschreibungen von Gebäuden
72000	Kalk. Abschr. v. bewegl. Gegenständen ab 410 Euro netto
73000	Kalkulatorische Abschreibungen von Kraftfahrzeugen
74000	Kalkulatorische Mieten
80000	Kalkulatorische Personalkosten
81000	Kalk. Bezüge des wissenschaftlichen Personals
82000	Kalk. Bezüge des nichtwissenschaftlichen Personals

Abbildung. 5.3: Kostenartenplan einer Hochschule

Kostenarten in der Unternehmenspraxis

Wie detailliert Unternehmen ihre Kosten in der Kostenartenrechnung erfassen, zeigt eine empirische Studie von *Friedl/Hammer/Pedell/Küpper* (2009). Dort wurden die 250 größten deutschen Unternehmen zum Stand ihrer Kostenrechnung befragt. Im Mittel unterscheiden diese Unternehmen zwischen 786 verschiedenen Kostenarten. Wie Abb. 5.4 zeigt, haben 30 % der betrachteten Unternehmen in ihrer Kostenartenrechnung sogar mehr als 1.000 verschiedene Kostenarten.

Abbildung. 5.4: Anzahl der Kostenarten in den größten Unternehmen in Deutschland

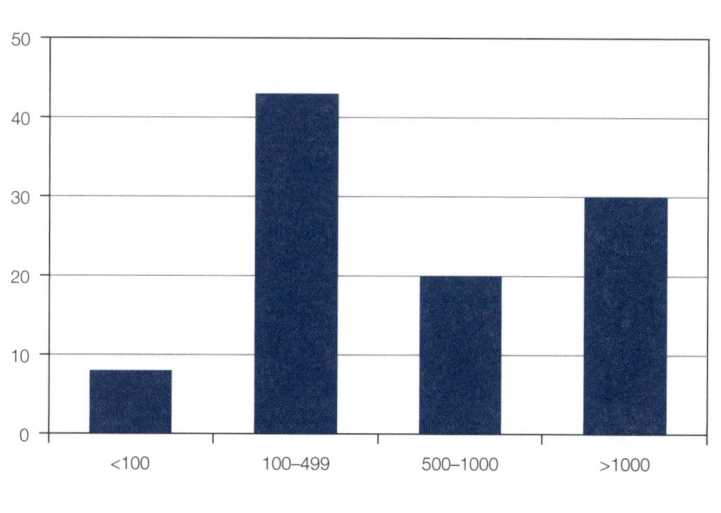

Eine hohe Anzahl an Kostenarten erlaubt eine sehr detaillierte Analyse der Kosten, ist aber auch mit einem höheren Aufwand für deren Erfassung verbunden. Inwieweit dieser Aufwand gerechtfertigt ist, hängt davon ab, ob der dadurch hervorgerufene Nutzen diesen Aufwand übersteigt. Ein möglicher Nutzen kann beispielsweise darin liegen, dass sich die Qualität von Entscheidungen durch genauere Kosteninformationen erhöht.

5.3 Materialkosten

Wichtige Arten von Materialien

Materialkosten sind in vielen Branchen der fertigenden Industrie die wichtigste Kostenart. Sie entstehen einerseits, wenn von außen bezogenes Material im Produktionsprozess verwendet wird. Dies ist beispielsweise der Fall, wenn Bleche oder Kunststoffverkleidungen bei der Produktion von Automobilen benötigt werden. Andererseits sind auch selbst erstellte Halbfertigerzeugnisse Materialkosten. Selbst gefertigte Motoren, die in Autos oder Schiffen Eingang finden, sind dafür ein Beispiel.

Bei den von außen bezogenen Materialien unterscheidet man für den Fertigungsbereich zwischen Roh-, Hilfs- und Betriebsstoffen. **Rohstoffe** sind Materialien, die einen wesentlichen Bestandteil des fertigen Produkts ausmachen. In der Möbelfertigung ist beispielsweise Holz ein wichtiger Rohstoff, in der chemischen Industrie Rohöl und in der Bierproduktion Wasser, Gerste und Hopfen. Rohstoffe lassen sich häufig den Endprodukten direkt als Einzelkosten zurechnen.

Bei den extern bezogenen Materialien unterscheidet man für den Fertigungsbereich zwischen Roh-, Hilfs- und Betriebsstoffen.

Hilfsstoffe sind Materialien, die zwar auch in das Endprodukt eingehen, aber kein wesentlicher Bestandteil desselben sind. Hierzu zählen Farben und Klebstoff in der Möbelfertigung oder Schrauben im Maschinenbau. Der Grund für die Unterscheidung in wesentliche und unwesentliche Bestandteile liegt darin, dass nicht bei allen Materialien eine einzelne Erfassung sinnvoll ist. Bei unwesentlichen Bestandteilen wäre der Erfassungs- und Verrechnungsaufwand zu hoch. Aus diesem Grund werden Hilfsstoffe als Gemeinkosten behandelt („unechte" Gemeinkosten) und zusammen mit weiteren Gemeinkosten den Produkten zugerechnet.

Betriebsstoffe schließlich sind Materialien, die nicht direkt in das Endprodukt eingehen, aber für den Betrieb der Produktionsanlagen notwendig sind. Darunter fallen insbesondere Schmiermittel wie Öle und Fette, teilweise auch Energie. Betriebsstoffe werden ebenfalls als Gemeinkosten behandelt und wie die Kosten für Hilfsstoffe den Produkten zugerechnet.

Außerhalb des Fertigungsbereichs kommen ebenfalls Materialien zum Einsatz. So wird im Verwaltungsbereich Büromaterial wie beispielsweise Papier, Stifte und Druckerpatronen benötigt. Wenn neben den eigenen Produkten auch Handelswaren verkauft werden, sind diese als weitere Materialart in der Kostenartenrechnung zu berücksichtigen. So erzielt beispielsweise das Pharmaunternehmen Pfizer einen Teil seiner Umsätze mit Medikamenten, die von anderen Pharmafirmen hergestellt werden.

Erfassung des Materialverbrauchs

Materialkosten bestehen aus zwei Komponenten: einer Mengen- und einer Preiskomponente. In diesem Abschnitt betrachten wir drei verschiedene Methoden, den Materialverbrauch im Hinblick auf die Mengenkomponente zu messen. Alle drei Methoden werden in der Praxis eingesetzt.

Inventurmethode: Bei der Inventurmethode wird am Ende jeder Periode die Materialmenge, die sich im Lager befindet, gemessen. Die Verbrauchsmenge ergibt sich über einen Vergleich der Bestände und etwaiger Materialzugänge entsprechend

Verbrauchsmenge = Anfangsbestand + Zugänge − Endbestand

> **Ermittlung des Materialverbrauchs auf Basis der Inventurmethode bei der Windenergie Atlantik AG**
>
> Für die Produktion der Windkraftanlagen benötigt die Windenergie Atlantik AG unter anderem Kabelkanäle. Um deren Verbrauch festzustellen, wendet sie die Inventurmethode an. Im Monat Mai wurden insgesamt 1.500 Kabelkanäle geliefert. Darüber hinaus wird jeden Monat der Lagerbestand an Kabelkanälen erhoben. Dabei ergaben sich für den abgelaufenen Monat Mai folgende Werte:
>
> Anfangsbestand am 1.5.: 500 Stück
> Endbestand am 31.5.: 760 Stück
>
> Der Verbrauch an Kabelkanälen kann nun mithilfe der Inventurmethode bestimmt werden:
>
> | | |
> |---|---:|
> | Anfangsbestand am 1.5. | 500 Stück |
> | + Zugänge im Mai | 1.500 Stück |
> | − Endbestand am 31.5. | 760 Stück |
> | = Verbrauchsmenge im Mai | 1.240 Stück |

Weil man bei der Inventurmethode regelmäßig den Bestand aufnehmen muss, ist das Verfahren zwar sehr genau, aber auch recht aufwändig. Darüber hinaus weist das Verfahren noch zwei weitere Nachteile auf. Zum einen können wir daraus nicht den Grund für den Verbrauch erkennen. Es ist also unklar, ob der Verbrauch im Rahmen des regulären Produktionsprozesses erfolgt oder auf anderen Gründen wie beispielsweise Diebstahl oder Schwund beruht. Zum anderen kann mithilfe dieses Verfahrens nicht festgestellt werden, für welche Kostenstelle oder für welchen Kostenträger das Material verwendet wurde. Diese Information ist jedoch wichtig, um die Kosten möglichst genau den Kostenstellen und Kostenträgern zuzuordnen.

Fortschreibungs- oder Skontrationsmethode: Bei diesem Verfahren wird der Materialverbrauch direkt erfasst. Dies kann entweder dadurch geschehen, dass bei jeder Materialentnahme aus dem Lager ein Materialentnahmeschein ausgefüllt wird. Der Materialverbrauch entspricht dann den Angaben auf dem Materialentnahmeschein. Wenn keine Materiallager existieren, wie das beispielsweise bei Just in Time-Lieferungen der Fall ist, wird der Materialverbrauch direkt über den Lieferschein ermittelt.

> **Ermittlung des Materialverbrauchs auf Basis der Fortschreibungsmethode bei der Windenergie Atlantik AG**
>
> Da die Windenergie Atlantik AG künftig wissen möchte, für welche Projekte sie welche Anzahl an Kabelkanälen benötigt, ändert sie das Verfahren zur Erfassung des Materialverbrauchs. Statt der Inventurmethode wendet sie nun die Fortschreibungsmethode an. Im Monat Mai werden insgesamt drei Materialentnahmescheine ausgefüllt. Auf jedem sind das Datum der Entnahme, die Anzahl der Kabelkanäle und das Projekt, für welches sie verwendet werden, aufgeführt.
>
> | Nr. | Datum | Anzahl | Projekt |
> |---|---|---|---|
> | 1 | 04.05. | 400 | Windkraftanlage Borchum |
> | 2 | 17.05. | 600 | Offshoreprojekt Wangerooge II |
> | 3 | 24.05. | 200 | Windkraftanlage Teubenstein |
>
> Die gesamte Verbrauchsmenge im Mai beträgt also 1.200 Stück.

Für die Kostenrechnung ist dieses Verfahren häufig gut geeignet. Es zeichnet jeden einzelnen Materialverbrauch auf, der in den Produktionsprozess einfließt. Darüber hinaus kann unmittelbar nachvollzogen werden, wofür der Materialverbrauch notwendig war. Allerdings ist in vielen Fällen trotzdem noch eine Inventur notwendig, weil das Verfahren nicht die Abgänge erfasst, die das Lager außerplanmäßig verlassen.

Rückrechnungsmethode: Die Rückrechnungsmethode verzichtet auf eine genaue Erfassung des tatsächlichen Verbrauchs. Stattdessen wird der Materialverbrauch berechnet, indem für jedes Erzeugnis auf die Stücklisten zurückgegriffen wird. Diese geben den standardisierten Materialverbrauch für jedes Erzeugnis an. Für die Herstellung einer Uhr werden beispielsweise ein Zifferblatt, ein Gehäuse, ein Uhrwerk, zwei Zeiger und vier Schrauben benötigt. Über diese Stückliste kann der Materialverbrauch bestimmt werden. Werden in einer Abrechnungsperiode beispielsweise 50 Uhren hergestellt, sollte der Verbrauch an Schrauben 200 Stück betragen.

Auch dieses Verfahren findet in der Kostenrechnung häufig Anwendung. In EDV-Systemen sind häufig Stücklisten hinterlegt, auf welche die Kostenrechnung zur Erfassung des Materialverbrauchs zurückgreift. Allerdings kann auch hier der außerplanmäßige Verbrauch nicht erfasst werden, so dass auf eine Inventur in der Regel nicht ganz verzichtet werden kann. Zudem müssen die Stücklisten bei diesem Verfahren immer aktuell gehalten werden.

Bewertung des Materialverbrauchs

Zur Bestimmung der Materialkosten müssen wir den Materialverbrauch bewerten. Dafür gibt es eine Vielzahl von Optionen, die erhebliche Auswirkungen auf die Materialkosten haben können. Dies ist insbesondere dann der Fall, wenn die Preise für Materialien starken Veränderungen unterliegen, wie dies für viele Rohstoffe der Fall ist.

Istpreise oder Standardpreise

Zur Bewertung des Materialverbrauchs kann entweder auf Istpreise oder auf Standardpreise zurückgegriffen werden. Istpreise verwenden die tatsächlich gezahlten Preise für die Bewertung des Verbrauchs. Da diese Preise schwanken können, müssen die entsprechenden Istwerte immer wieder angepasst werden. Wenn man den tatsächlich realisierten Erfolg eines Produktes oder einer Abrechnungsperiode feststellen will, ist man aber auf Istpreise angewiesen.

Standardpreise dagegen verwenden vorher festgelegte standardisierte Werte. Der Standardpreis kann dabei auf unterschiedliche Weise bestimmt werden. Eine Möglichkeit besteht darin, einen durchschnittlichen Einstandspreis über einen gewissen Zeitraum zugrunde zu legen. Alternativ kann man auch auf Planwerte zurückgreifen.

Berücksichtigung der Verbrauchsfolge

Selbst wenn Istpreise zugrunde gelegt werden, ist bei sich ändernden Einkaufspreisen für das Material nicht klar, mit welchem Preis das verbrauchte Material zu bewerten ist. Erfolgen beispielsweise zwei Materiallieferungen zu unterschiedlichen Preisen, und wird nur ein Teil des Materials in der Produktion eingesetzt, stellt sich die Frage, ob das günstigere Material oder das teurere Material verwendet wird. Ordnet man jedem verbrauchten Material den dafür gezahlten Preis zu, wird die Dokumentation schnell sehr komplex und ist mit einem hohen Aufwand verbunden. Zur Vereinfachung wird daher eine bestimmte Verbrauchsfolge angenommen. Die beiden Verbrauchsfolgeverfahren FIFO (First In First Out) und LIFO (Last In First Out) unterstellen eine unterschiedliche Reihenfolge beim Materialverbrauch und kommen daher zu unterschiedlichen Bewertungen.

Das FIFO-Verfahren nimmt an, dass immer das zuerst gelieferte Material verbraucht wird. Wenn beispielsweise eine Materiallieferung vor zwei Wochen und eine weitere Lieferung vor einer Woche eingegangen ist, wird zunächst das Material aus der Lieferung, die vor zwei Wochen eingegangen ist, verwendet. Bei fallenden Preisen wäre das das teurere Material.

Das FIFO-Verfahren nimmt an, dass immer das zuerst gelieferte Material verbraucht wird.

Bewertung des Kupferverbrauchs nach dem FIFO-Verfahren bei der Windenergie Atlantik AG

Die beiden wichtigsten Werkstoffe bei der Produktion der Windkraftanlagen sind Stahl für den Turm und Kupfer für den Generator. Die Preise beider Werkstoffe unterliegen starken Schwankungen. Die nachfolgende Abbildung zeigt die Entwicklung des Kupferpreises von Mitte 2008 bis Mitte 2013 je Tonne Kupfer in Euro. Die Schwankungsbreite reicht von etwa 2.000 Euro bis 7.300 Euro.

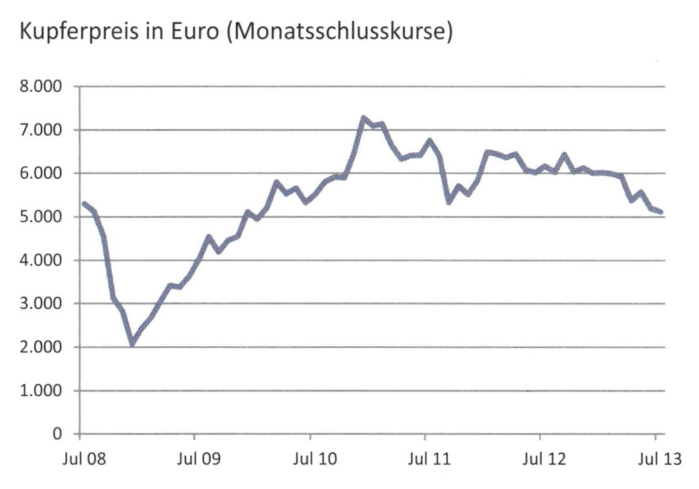

Der Lagerbestand von 500 kg Kupfer zu Beginn des vierten Quartals ist mit 7,50 €/kg bewertet und beläuft sich auf 3.750 €. Folgende Tabelle zeigt die Lagerein- und -ausgänge des vierten Quartals.

Datum	Vorgang	Menge [kg]	Preis [€/kg]
01.10.	Zugang	1.000	6,00
06.10.	Abgang	800	
20.10.	Abgang	500	
28.10.	Zugang	1.800	4,50
10.11.	Abgang	900	
27.11.	Abgang	700	
15.12.	Zugang	1.200	3,00
22.12.	Abgang	500	

Der Lagerendbestand am Ende des 4. Quartals beträgt also 1.100 kg.
Die nachfolgende Tabelle zeigt die Bewertung des Kupferverbrauchs der Windenergie Atlantik AG im vierten Quartal nach dem FIFO-Verfahren.

nach FIFO-Methode [€]			
Anfangsbestand	3.750	Abgang 06.10.	5.550
Zugang 01.10.	6.000	Abgang 20.10.	3.000
Zugang 28.10.	8.100	Abgang 10.11.	4.350
Zugang 15.12.	3.600	Abgang 27.11.	3.150
		Abgang 22.12.	2.100
		Endbestand	3.300
	21.450		21.450

Dabei wird bspw. der Abgang am 6.10. in Höhe von 800 kg wie folgt bewertet: Zuerst wird der Lagerbestand zu Beginn des Quartals abgebaut, dies sind 500 kg à 7,50 €/kg. Die restlichen 300 kg werden zum Preis des Zugangs am 1.10. bewertet, also 6,00 €/kg. Zusammen ergibt das einen Wert von 5.550 €. Der Wert des Lagerabgangs am 10.11. setzt sich bspw. aus 200 kg à 6,00 €/kg und 700 kg à 4,50 €/kg zusammen.

> Das LIFO-Verfahren nimmt dagegen an, dass das zuletzt gelieferte Material zuerst verwendet wird.

Das LIFO-Verfahren nimmt dagegen an, dass das zuletzt gelieferte Material verwendet wird. Hier wären bei steigenden Preisen die Kosten des Materialverbrauchs höher, da das zuletzt gelieferte Material gleichzeitig das teuerste Material ist. Bei fallenden Preisen ist es genau umgekehrt.

Bewertung des Kupferverbrauchs nach dem LIFO-Verfahren bei der Windenergie Atlantik AG

Würde die Windenergie Atlantik AG ihre Lagerabgänge und den Lagerendbestand an Kupfer mit dem LIFO-Verfahren bewerten, würde dies im vierten Quartal auf Grund der fallenden Kupferpreise zu einem höher bewerteten Lagerendbestand führen, was folgender Tabelle zu entnehmen ist.

nach LIFO-Methode [€]			
Anfangsbestand	3.750	Abgang 06.10.	4.800
Zugang 01.10.	6.000	Abgang 20.10.	3.450
Zugang 28.10.	8.100	Abgang 10.11.	4.050
Zugang 15.12.	3.600	Abgang 27.11.	3.150
		Abgang 22.12.	1.500
		Endbestand	4.500
	21.450		21.450

> Der Abgang am 27.11. würde also bspw. mit dem Wert der letzten Zugänge bewertet, also 4,50 €/kg. Der bewertete Endbestand in Höhe von 4.500 € setzt sich aus 700 kg à 3,00 €/kg, 200 kg à 4,50 €/kg und 200 kg à 7,50 €/kg zusammen.

Die Beispiele zeigen, dass bei fallenden Preisen das FIFO-Verfahren zu höheren Kosten des Materialverbrauchs und infolgedessen zu einem niedrigeren Gewinn führt. Gleichzeitig werden die Bestände, die sich noch auf Lager befinden, niedriger bewertet als beim LIFO-Verfahren. Bei steigenden Preisen ist das genau umgekehrt. Über die Wahl eines bestimmten Verbrauchsfolgeverfahrens lässt sich also bei schwankenden Preisen der Gewinn zumindest kurzfristig teilweise erheblich beeinflussen.

Nachträgliche und gleitende Durchschnittspreise

FIFO- und LIFO-Verfahren bewerten den Materialverbrauch zu tatsächlichen Einstandspreisen. Stattdessen können auch durchschnittliche Einstandspreise zugrunde gelegt werden. Dies kann auf zweierlei Weisen geschehen. Zum einen kann nach Ablauf einer Abrechnungsperiode für die Gesamtmenge an verbrauchtem Material ein durchschnittlicher Einstandspreis bestimmt werden. In diesem Fall spricht man von einem nachträglichen Durchschnittspreis. Zum anderen kann der Durchschnittspreis nach jedem Materialverbrauch auf Basis des gesamten Lagerbestands zu diesem Zeitpunkt bestimmt werden. Dann handelt es sich um einen gleitenden Durchschnittspreis. Dieser hat den Vorteil, dass man ihn sofort ermitteln kann, während man beim nachträglichen Durchschnittspreis auf das Ende der Abrechnungsperiode warten muss.

> **Bewertung des Kupferverbrauchs nach der Methode des nachträglichen Durchschnittspreises bei der Windenergie Atlantik AG**
>
> Am Quartalsende möchte Tim Börsig rückblickend den Kupferverbrauch der Windenergie Atlantik AG ermitteln. Dafür verwendet er die Methode des nachträglichen
>
> | nach Methode des nachträglichen Durchschnittspreises [€] | | | |
> |---|---|---|---|
> | Anfangsbestand | 3.750 | Abgang 06.10. | 3.813 |
> | Zugang 01.10. | 6.000 | Abgang 20.10. | 2.383 |
> | Zugang 28.10. | 8.100 | Abgang 10.11. | 4.290 |
> | Zugang 15.12. | 3.600 | Abgang 27.11. | 3.337 |
> | | | Abgang 22.12. | 2.383 |
> | | | Endbestand | 5.244 |
> | | 21.450 | | 21.450 |

> Durchschnittspreises. Der nachträgliche Durchschnittspreis berechnet sich aus der Summe des Anfangsbestandes und der bewerteten Lagereingänge von 21.450 € bezogen auf die eingegangene Lagermenge von 4.500 kg. Für das vierte Quartal ergibt sich ein Preis von 21.450 €/4.500 kg = 4,77 €/kg, mit dem die Lagerabgänge und der Endbestand, wie folgt, ermittelt wurden.
>
> Tim Börsig entscheidet sich für die Methode des Durchschnittspreises, um Schwankungen bei den Einstandspreisen glätten zu können. Allerdings möchte er den Wert des Lagerbestandes kontinuierlich, also auch während des Geschäftsjahres, ermitteln, deshalb wendet er das Verfahren des gleitenden Durchschnittspreises an. Mit dieser Methode ergeben sich folgende Werte für das vierte Quartal.
>
> | nach Methode des gleitenden Durchschnittspreises [€] | | | |
> |---|---|---|---|
> | Anfangsbestand | 3.750 | Abgang 06.10. | 5.200 |
> | Zugang 01.10. | 6.000 | Abgang 20.10. | 3.250 |
> | Zugang 28.10. | 8.100 | Abgang 10.11. | 4.230 |
> | Zugang 15.12. | 3.600 | Abgang 27.11. | 3.290 |
> | | | Abgang 22.12. | 1.712 |
> | | | Endbestand | 3.768 |
> | | 21.450 | | 21.450 |
>
> Für den Abgang am 6.10. ebenso wie für den Abgang am 20.10. gelten also ein Durchschnittspreis von (3.750 € + 6.000 €)/(500 kg + 1.000 kg) = 6,50 €/kg. Für den Abgang am 10.11. muss ein neuer Durchschnittspreis ermittelt werden, da am 28.10. ein neuer Materialzugang zu verzeichnen war: Der Restbestand von 200 kg vor dem Zugang am 28.10. ist mit dem gleitenden Durchschnittspreis von 6,50 €/kg, der Zugang am 28.10. mit 4,50 €/kg bewertet. Es ergibt sich ein neuer Durchschnittspreis von 4,70 €/kg.

Die Verfahren zur Bewertung des Materialverbrauchs kommen im Allgemeinen zu einer unterschiedlichen Höhe der Materialkosten. Das ist deswegen von Bedeutung, weil davon auch das Betriebsergebnis beeinflusst wird. Will man beispielsweise die Betriebsergebnisse verschiedener Unternehmen vergleichen, muss man beachten, ob diese Unternehmen den Materialverbrauch nach dem gleichen Verfahren bewertet haben. Auch für die Kalkulation (vgl. Kapitel 3) spielt die Wahl dieser Verfahren eine wichtige Rolle. So kann es sein, dass man in Phasen stark steigender Einstandspreise mit dem FIFO-Verfahren zu vergleichsweise niedrigen kalkulierten Kosten kommt, die sich in künftigen Perioden nicht halten lassen.

Materialbewertung in Kostenrechnung, Handels- und Steuerbilanz

Im Hinblick auf die Materialbewertung gelten in Kostenrechnung, Handels- und Steuerbilanz teilweise abweichende Vorschriften. So ist für die Steuerbilanz die Materialbewertung nach dem FIFO-Verfahren in Deutschland und vielen anderen Ländern nicht zulässig. Abb. 5.5 gibt einen Überblick über die in Deutschland geltenden Vorschriften.

Nach internationalen Rechnungslegungsstandards (International Financial Reporting Standards, IFRS) sind in der externen Rechnungslegung nur das FIFO-Verfahren oder Durchschnittspreise zulässig. Das LIFO-Verfahren ist hier dagegen nicht erlaubt.

	Kostenrechnung	Handelsbilanz (§ 256 HGB)	Steuerbilanz (§ 6 Abs. 1 Ziff. 2 EStG)
LIFO	√	√	√
FIFO	√	√	–
Durchschnittspreise	√	√	√

Abbildung 5.5: Erlaubte Methoden der Materialbewertung in Kostenrechnung, Handels- und Steuerbilanz

5.4 Personalkosten

Personalkosten können einen erheblichen Anteil der Kosten eines Unternehmens ausmachen. In Industrieunternehmen sind Personalkostenanteile von 20 bis 30 % üblich, in Dienstleistungsunternehmen sogar deutlich höhere Werte. Die Personalkosten werden als eigene Kostenart in der Regel nicht direkt, sondern über eine vorgelagerte Lohn- und Gehaltsbuchhaltung erfasst. Neben den Entgeltdaten muss in der Lohn- und Gehaltsbuchhaltung auch eine Vielzahl von Informationen zu den einzelnen Mitarbeitern wie beispielsweise Alter, Familienstand, Anzahl der Kinder, etc. vorgehalten werden. Diese sind unter anderem notwendig, um die Höhe von Sozialabgaben und der Lohnsteuer bestimmen zu können.

> Während fast alle betriebswirtschaftlichen Lehrbücher die Unterscheidung zwischen Löhnen für Arbeiter und Gehältern für Angestellte betonen, wird diese Unterscheidung in neueren Tarifverträgen und in der Gesetzgebung inzwischen häufig aufgegeben. Statt von Arbeitern und Angestellten spricht man von Beschäftigten, statt Lohn und Gehalt wird der Begriff Entgelt verwendet. Damit soll die Unterscheidung nach Arbeitern und Angestellten beseitigt werden, die zuweilen als Ursache für Ungerechtigkeiten bei der Vergütung vermutet wird. Im allgemeinen Sprachgebrauch hat sich diese Vereinheitlichung jedoch bislang nicht durchgesetzt.

Begriffsvielfalt

Während Gehälter immer zeitabhängig bezahlt werden, unterscheidet man bei Löhnen verschiedene Formen wie Zeitlohn, Akkordlohn und Prämienlohn. Zeitlöhne werden wie Gehälter auf Basis der geleisteten Arbeitszeit bezahlt.

Kapitel 5   Kostenartenrechnung

Akkordlöhne dagegen werden auf Stückbasis bezahlt. Prämienlöhne schließlich umfassen neben einem Grundlohn eine Prämie, die leistungsorientiert gewährt wird. Diese Prämie kann an unterschiedliche Bemessungsgrundlagen geknüpft werden, wie die Leistungsmenge, Kosteneinsparungen oder Qualitätsverbesserungen. Auch Gehälter werden in der Praxis immer häufiger mit variablen und damit nicht rein zeitabhängigen Vergütungsbestandteilen verknüpft. Dies gilt insbesondere für Mitarbeiter im Vertrieb, die oftmals einen erheblichen variablen Vergütungsanteil haben.

Um die Zuordnung von Löhnen zu Kostenträgern zu erleichtern, unterscheidet man zwischen Fertigungs- und Hilfslöhnen. Fertigungslöhne werden an die Beschäftigten gezahlt, die unmittelbar am Erstellungsprozess der Kostenträger beteiligt sind. In der Automobilfertigung sind das beispielsweise die Mitarbeiter in den Fertigungsstraßen. Deren Personalkosten werden als Einzelkosten behandelt und können direkt auf die Kostenträger verrechnet werden. Hilfslöhne dagegen werden an Beschäftigte wie Lager- und Transportarbeiter gezahlt. Diese sind nicht unmittelbar am Erstellungsprozess der Kostenträger beteiligt. Hilfslöhne werden in der Kostenrechnung daher genauso wie Gehälter als Gemeinkosten behandelt und über die Kostenstellen und Zuschlagssätze auf die Kostenträger verrechnet.

Neben Löhnen und Gehältern sind die Personalnebenkosten ein weiterer wichtiger Bestandteil der Personalkosten. Zu den Personalnebenkosten zählen gesetzlich verankerte Leistungen wie Sozialversicherungsbeiträge oder Beiträge zu Berufsgenossenschaften. Aber auch freiwillige betriebliche Leistungen wie freiwillige Pensionszusagen, Zahlungen bei Hochzeit oder Geburt eines Kindes oder Umzugskostenerstattungen zählen zu den Personalnebenkosten.

Die Bewertung der Arbeitsleistung erfolgt aufgrund des unterschiedlichen Charakters der einzelnen Bestandteile der Personalkosten mit verschiedenen Verfahren. Gehälter und Löhne werden meist auf Basis der geleisteten monatlichen Zahlungen erfasst. Personalnebenkosten dagegen erfordern eine differenziertere Behandlung. Ein großer Teil dieser Personalnebenkosten wird ebenfalls monatlich ausbezahlt. Dazu gehört beispielsweise der große Block der Sozialversicherungsbeiträge. Schwieriger ist die kostenrechnerische Behandlung unregelmäßiger Bestandteile der Personalnebenkosten, wie beispielsweise Umzugskostenerstattungen. In der Praxis behilft man sich hier häufig damit, dass man sämtliche Personalnebenkosten in standardisierte Werte umrechnet und als Prozentsatz auf die Löhne und Gehälter verrechnet.

Ermittlung der Personalkosten im elektro- und informationstechnischen Handwerk

Der Zentralverband der Deutschen Elektro- und Informationstechnischen Handwerke (ZVEH) vertritt über 70.000 Betriebe mit einem Branchenumsatzvolumen von insgesamt ca. 60 Mrd. Euro. In den drei Ausübungsberufen Elektrotechniker, Informationstechniker und Elektromaschinenbauer arbeiten insgesamt über 400.000 Beschäftigte. Um seine Mitglieder bei einer wirtschaftlichen Unternehmensführung zu unterstützen, erstellt der Verband eine beispielhafte Personalkostenkalkulation für die Branche, an der sich die Geschäftsführer von Elektrohandwerksbetrieben für ihre Berechnungen orientieren können. Außerdem dient die Kalkulation Vergleichszwecken, um Personalkosten kontrollieren zu können.

Für eine vollständige Erfassung aller Personalkostenarten steht dem ZVEH der folgende Datenbestand für die alten Bundesländer zur Verfügung:

<a> Stundenlohn (€): 11,84	<h> Kalkulierte Krankheitstage: 17,00	<o> Unfallversicherung (%): 2,40
<b> Mtl. Vermög. Leistungen (€): 28,00	<i> Zusätzliches Urlaubsgeld (%): 30,00	<p> EntgeltFG-Umlage (%): 2,90
<c> Tägliche Arbeitsstunden: 7,60	<j> Weihnachtsgeld (%): 49,00	<q> EntgeltFG-Erstattungshöhe (%): 70,00
<d> Bezahlte Arbeitstage: 261,00	<k> Rentenversicherung (%): 19,50	<r> Gesetzl. Personalzusatzkosten (%): 1,00
<e> Feiertage: 10,00	<l> Krankenversicherung (%): 13,30	<s> Betriebl. Personalzusatzkosten (%): 3,00
<f> Urlaubstage: 30,00	<m> Arbeitslosenversicherung (%): 6,50	
<g> Kalkulierte Sonderurlaubstage: 2,00	<n> Pflegeversicherung (%): 1,70	

Zunächst interessiert sich der Bundesinnungsverband ZEVH für die Bruttolohnsumme eines durchschnittlichen Arbeitnehmers der Branche pro Jahr, die neben dem Bruttolohn für bezahlte Arbeitszeit aus vermögenswirksamen Leistungen, zusätzlichem Urlaubsgeld und tariflichen Sonderzahlungen wie beispielsweise Weihnachtsgeld besteht.

<A>	Bruttolohn für bezahlte Arbeitszeit	[a · c · d]	23.491,85 €
<B>	Vermögenswirksame Leistungen	[12 · b]	336,00 €
<C>	Zusätzliches Urlaubsgeld	[a · c · f · i/100]	810,06 €
<D>	Tarifliche Sonderzahlungen	[A/12 · j/100]	959,25 €
<E>	**BRUTTOLOHNSUMME**	[A + B + C + D]	25.597,17 €

Kapitel 5   Kostenartenrechnung

Über die Bruttolohnsumme hinaus entstehen den Betrieben der Branche weitere Personalkosten. So gehören auch der gesetzliche Arbeitgeberanteil zur Sozialversicherung sowie gesetzliche und betriebliche Personalzusatzkosten zu den Kosten, die ein Arbeitnehmer verursacht.

<F>	Gesetzlicher Arbeitgeberanteil zur Sozialversicherung		5.247,42 €
	(1) Rentenversicherung	[E · k/200]	2.495,72 €
	(2) Krankenversicherung	[E · l/200]	1.702,21 €
	(3) Arbeitslosenversicherung	[E · m/200]	831,91 €
	(4) Pflegeversicherung	[E · n/200]	217,58 €
<G>	Gesetzliche Personalzusatzkosten		541,54 €
	(1) Unfallversicherung inkl. Konkursausfallgeld	[E · o/100]	614,33 €
	(2) Umlage für die Entgeltfortzahlung im Krankheitsfall	[E · p/100]	742,32 €
	(3) Rückvergütung von Entgeltfortzahlungskosten	[K4 · q/100]	−1.071,08 €
	(4) Sonstige gesetzliche Arbeitgeberaufwendungen (Schwerbehinderten- und Mutterschutzgesetz, Arbeitsschutzgesetz)	[E · r/100]	255,97 €
<H>	Betriebliche Personalzusatzkosten *(Verpflegungs- und Fahrgeldzuschüsse, sonstige Zuwendungen aus persönlichem Anlass, freiwillige Leistungen bei Krankheit, berufliche Fort- und Weiterbildung u. a. m.)*	[E · s/100]	767,92 €
<I>	**GESAMTE PERSONALKOSTEN**	[E + F + G + H]	**32.154,04 €**

Nachdem nun alle Personalkostenarten vollständig in der Kostenartenrechnung abgebildet sind, werden in der Praxis häufig zusätzlich die Kosten für Bruttolohn aus ausgefallener aber bezahlter Arbeitszeit zu Informationszwecken ausgewiesen, um die Lohnzusatzkosten separiert von den Lohnkosten berechnen zu können.

<J>	Bruttolohn für ausgefallene, bezahlte Arbeitszeit insgesamt		5.310,42 €
	(1) anfallende Feiertage	[a · c · e]	900,07 €
	(2) tarifliche Urlaubstage	[a · c · f]	2.700,21 €
	(3) durchschnittlicher Sonderurlaub	[a · c · g]	180,01 €
	(4) durchschnittliche Krankheitstage	[a · c · h]	1.530,12 €
<K>	**LOHNZUSATZKOSTEN**	[B + C + D + F + G + H + J]	**13.972,61 €**

> Bei einer Anwesenheit <L> von 1.535,20 h [(d – e – f – g – h) · c] kann der Arbeitgeber folglich mit zusätzlichen Kosten <M> in Höhe von 9,10 €/h [K/L] rechnen, was bei einem Stundenlohn von 11,84 € einem Aufschlag von 76,86 % entspricht.

5.5 Anlagenkosten

Arten von Anlagenkosten

Neben Material- und Personalkosten stellen Anlagenkosten einen dritten wichtigen Kostenblock insbesondere für Industrie- aber auch für Dienstleistungsbetriebe dar. Die beiden wichtigsten Bestandteile von Anlagenkosten sind Abschreibungen und Zinskosten. Beide stehen in einem engen Zusammenhang mit dem Kaufpreis der Anlage. Die Abschreibungen dienen dazu, den Kaufpreis über die Jahre der Anlagennutzung zu verteilen, und spiegeln den Wertverzehr der Anlage wider. Zinskosten fallen dafür an, dass in Anlagen über den Kaufpreis erhebliche finanzielle Mittel gebunden sind, während die Rückflüsse erst im Laufe der Zeit über die Nutzung der Anlage erfolgen. Für die Differenz der Auszahlungen und der Rückflüsse sind Zinsen zu bezahlen.

Abschreibungen und Zinskosten sind die beiden wichtigsten Bestandteile von Anlagenkosten.

Wird eine Anlage nicht gekauft, sondern geleast oder gemietet, fallen statt Abschreibungen und Zinsen Miet- oder Leasingraten an. Diese Raten beinhalten insbesondere die beiden Kostenarten Abschreibungen und Zinsen. Darüber hinaus möchte der Vermieter bzw. Leasinggeber auch einen Gewinn erzielen, der ebenfalls in die Rate eingerechnet ist.

Neben Abschreibungen und Zinsen als die beiden wichtigsten Kostenarten umfassen Anlagenkosten häufig noch weitere Bestandteile, die allerdings im Hinblick auf ihr Volumen in der Regel deutlich weniger wichtig sind. Dazu gehören vor allem die Anschaffungsnebenkosten, die notwendig sind, um eine Anlage in Betrieb zu nehmen. Wichtige Beispiele sind Frachtkosten sowie Kosten für die Installation oder Programmierung der Anlage. In der Regel werden diese Kosten zum Kaufpreis addiert und gemeinsam mit diesem abgeschrieben. Darüber hinaus fallen während der Nutzungsdauer der Anlage häufig Instandhaltungskosten an, die als eigene Kostenart in der Kostenrechnung berücksichtigt werden.

Arten und Ursachen von Abschreibungen

Abschreibungen spielen nicht nur in der Kostenrechnung, sondern auch in der externen Rechnungslegung und im Steuerrecht eine wichtige Rolle. Während es insbesondere im Steuerrecht, aber auch in der externen Rechnungslegung für die Bestimmung der Abschreibungshöhe eine Reihe von Regeln gibt,

In den Abschreibungen widerspiegelt sich der Wertverzehr von Anlagen.

können Unternehmen die Abschreibungen, die sie in der Kostenrechnung ansetzen, frei wählen. Da das deutsche Handelsrecht, das vom Steuerrecht beeinflusst ist, häufig zu Abschreibungen führt, die vergleichsweise weit vom Wertverzehr des Anlageguts entfernt sind, finden sich in der Kostenrechnung oftmals andere Wertansätze als in der Finanzbuchhaltung. Die in der Kostenrechnung verwendeten kalkulatorischen Abschreibungen gehören dann zu den so genannten Anderskosten, unterscheiden sich also von den Aufwendungen des externen Rechnungswesens. Bei börsennotierten Firmen, die nach IFRS bilanzieren, wird dagegen häufig derselbe Wertansatz für das interne und das externe Rechnungswesen verwendet.

> **Unterschiedliche Abschreibungsarten bei der Windenergie Atlantik AG**
>
> Die Windenergie Atlantik AG bilanziert nach HGB. Für ein Montageteam wurde ein Personenkraftwagen zum Preis von 18.000 € angeschafft. Während für die steuerliche Gewinnermittlung entsprechend der AfA-Tabelle[1] eine Nutzungsdauer von 6 Jahren zu unterstellen ist, geht das Unternehmen von einer tatsächlichen Lebensdauer von 9 Jahren aus. Für die steuerliche Gewinnermittlung resultieren daraus jährliche Aufwendungen in Höhe von 18.000 €/6 = 3.000 €. Die kalkulatorischen Kosten dagegen betragen nur 18.000 €/9 = 2.000 €. In diesem Fall nehmen Aufwendungen und Kosten unterschiedliche Werte an.

Der Wertverzehr von Anlagen, der sich in Abschreibungen widerspiegelt, kann verschiedene Ursachen haben. Die beiden wichtigsten Ursachen sind der Zeitverschleiß und der Gebrauchsverschleiß. Beide Ursachen kann man beispielsweise bei Fahrzeugen beobachten. Das Rosten der Karosserie ist ein Beispiel für den Zeitverschleiß. Hier nimmt die Leistungsfähigkeit auch ohne dessen Nutzung ab. Werden die Reifen abgefahren, liegt dagegen ein Gebrauchsverschleiß vor. Hier verursacht die Nutzung des Fahrzeugs eine verminderte Leistungsfähigkeit.

Abschreibungsverfahren

Es ist wichtig, die Abschreibungsursache einer Anlage zu kennen. Denn diese ist häufig der Ausgangspunkt für die Festlegung des Abschreibungsverfahrens, das über die Höhe der periodischen Abschreibungsbeträge entscheidet. Eine Anlage, die nur dem Zeitverschleiß unterliegt, hat einen anderen Wertverlust als eine Anlage, die dem Gebrauchsverschleiß unterliegt. Um die Höhe

---

[1] Die AfA-Tabelle („Absetzung für Abnutzung"), auch Abschreibungstabelle genannt, wird vom Bundesministerium der Finanzen herausgegeben. Darin werden die gewöhnlichen Nutzungsdauern einer Vielzahl von Wirtschaftsgütern des Anlagevermögens festgelegt, mit deren Hilfe die steuerrechtliche Abschreibung berechnet wird.

der Abschreibungen bestimmen zu können, müssen vier Fragen beantwortet werden:
- Welcher Betrag bildet die Ausgangsbasis für die Abschreibungsberechnung?
- Wie lang ist die Nutzungsdauer?
- Wie hoch ist der Restwert am Ende der Nutzungsdauer?
- Welchem Verlauf sollen die periodischen Abschreibungsbeträge folgen?

Ausgangsbasis für die Abschreibungsberechnung

Für die Ausgangsbasis der Abschreibungsberechnung kommen mehrere Werte in Frage. Am häufigsten werden die historischen Anschaffungs- und Herstellungskosten verwendet. Diese entsprechen dem gezahlten Betrag für die Anlage. In der externen Rechnungslegung ist dieser Betrag sogar zwingend als Ausgangsbasis zu wählen. Eine Alternative zu den historischen Anschaffungs- und Herstellungskosten sind Wiederbeschaffungskosten. Bei steigenden Preisen für die Anlagen sind Wiederbeschaffungskosten größer als die historischen Anschaffungs- und Herstellungskosten. Die Abschreibungsbeträge sind damit ebenfalls höher.

Nutzungsdauer

Die Nutzungsdauer spiegelt den Zeitraum wider, über den die Anlage genutzt werden soll. Verschiedene Faktoren haben einen Einfluss auf die Nutzungsdauer. So kann die geplante Auslastung einer Anlage beispielsweise die Nutzungsdauer beeinflussen. Je stärker eine Anlage ausgelastet ist, desto früher wird sie häufig ersetzt. Auch das jeweilige Geschäftsmodell oder gesetzliche Regelungen können Nutzungsdauern beeinflussen. In der Kostenrechnung wird grundsätzlich die wirtschaftliche Nutzungsdauer zugrunde gelegt, also diejenige Nutzungsdauer, die für das Unternehmen unter wirtschaftlichen Gesichtspunkten optimal ist.

> **Geschäftsmodellabhängige Nutzungsdauern bei der Windenergie Atlantik AG**
>
> Außendienstmitarbeiter der Windenergie Atlantik AG nutzen firmeneigene Autos. Diese werden neu gekauft, sechs Jahre genutzt und anschließend wieder verkauft. Die Nutzungsdauer dieser Fahrzeuge beträgt also sechs Jahre. Mietwagenfirmen haben ebenfalls firmeneigene Autos in ihrem Anlagenbestand. Hier beträgt die Nutzungsdauer jedoch häufig nur ein Jahr. Die Branchenzugehörigkeit, die Nutzungsart und das Geschäftsmodell können also die Länge der Nutzungsdauer für denselben Vermögensgegenstand erheblich beeinflussen.

Restwert

Eine genaue Schätzung des Restwerts oder Liquidationserlöses spielt für die Bestimmung der Abschreibungshöhe eine wichtige Rolle. Dieser wird nämlich von der Ausgangsbasis der Abschreibungsberechnung abgezogen. Ein höherer erwarteter Restwert führt also zu geringeren Abschreibungsbeträgen. In manchen Fällen kann man für die Bestimmung des Restwerts auf Marktdaten zurückgreifen. Dies ist beispielsweise im Fahrzeugbereich der Fall. Für Spezialmaschinen ist ein solches Vorgehen dagegen nicht möglich. Hier erfordert die Prognose des Restwerts Erfahrung und ein gutes Urteilsvermögen.

Abschreibungsverlauf

Der Abschreibungsverlauf kann über unterschiedliche Verfahren bestimmt werden. Eine wichtige Unterscheidung nehmen wir zwischen zeit- und leistungsabhängigen Abschreibungsverfahren vor. Während sich bei zeitabhängigen Verfahren die Abschreibungsbeträge am Zeitverlauf orientieren, greifen leistungsabhängige Verfahren bei der Bestimmung der Abschreibungshöhe auf die Inanspruchnahme der Anlage zurück.

Lineare Abschreibung

> Bei der linearen Abschreibung wird der abzuschreibende Betrag gleichmäßig auf die Nutzungsperioden verteilt.

Die in der Praxis bedeutendste Abschreibungsform ist die lineare Abschreibung, die zu den zeitabhängigen Verfahren zählt. Dabei wird der abzuschreibende Betrag gleichmäßig auf die Nutzungsperioden verteilt. Die Höhe der jährlichen Abschreibungsbeträge a kann man mithilfe des Anschaffungswerts I, des Restwerts L und der Nutzungsdauer T entsprechend folgender Formel bestimmen:

$$a = (I - L)/T$$

Die Höhe der periodischen Abschreibungsbeträge bleibt dabei über die gesamte Nutzungsdauer konstant.

Lineare Abschreibung bei der Windenergie Atlantik AG

Für den Transport einzelner Komponenten der Windkraftanlagen unterhält die Windenergie Atlantik AG einen Fuhrpark mit mehreren Lkw. Die Fahrzeuge werden neu gekauft, vier Jahre genutzt und anschließend wieder verkauft. Anfang Januar 2015 soll ein Lkw beschafft werden, dessen Kaufpreis 80.000 € beträgt. Der Restwert nach vier Jahren wird auf 20.000 € geschätzt. Die Höhe der jährlichen Abschreibungen beträgt also (80.000 € – 20.000 €)/4 = 15.000 €. Die nachfolgende Excel-Tabelle zeigt die Abschreibungsbeträge in den einzelnen Jahren sowie die Buchwerte zu Beginn und am Ende des jeweiligen Jahres.

	A	B	C	D
1	Jahr	Buchwert zu Beginn des Jahres	Abschreibung	Buchwert am Ende des Jahres
2	2015	80.000,00 €	15.000,00 €	65.000,00 €
3	2016	65.000,00 €	15.000,00 €	50.000,00 €
4	2017	50.000,00 €	15.000,00 €	35.000,00 €
5	2018	35.000,00 €	15.000,00 €	20.000,00 €

C2: fx =(B2-D5)/4

Geometrisch-degressive Abschreibung

Die geometrisch-degressive Abschreibung ist ein weiteres zeitabhängiges Abschreibungsverfahren, das in der Praxis ebenfalls eine Rolle spielt. Bei degressiver Abschreibung fallen die Abschreibungsbeträge im Zeitverlauf. Neue Anlagegüter weisen also höhere Abschreibungen auf als ältere. Diese Abschreibungsform spiegelt für viele Anlagegüter den tatsächlichen Wertverlust besser wider als die lineare Abschreibung. So sind die Wertverluste von Neuwagen beispielsweise deutlich höher als von mehrere Jahre alten Autos. Bei der geometrisch-degressiven Abschreibung wird in jeder Periode ein konstanter Prozentsatz vom aktuellen Buchwert abgeschrieben. Da der Buchwert laufend sinkt, gehen auch die Abschreibungsbeträge zurück. Der Abschreibungsprozentsatz p errechnet sich gemäß folgender Formel:

$$p = 1 - \sqrt[T]{L/I}$$

Bei der degressiven Abschreibung fallen die Abschreibungsbeträge im Zeitverlauf.

Kapitel 5 — Kostenartenrechnung

> **Geometrisch-degressive Abschreibung bei der Windenergie Atlantik AG**
>
> Für den Lkw aus dem vorherigen Beispiel berechnen wir die Abschreibungsbeträge nun entsprechend der geometrisch-degressiven Abschreibung. Der Abschreibungsprozentsatz beträgt $p = 1 - \sqrt[4]{20.000\,€ / 80.000\,€} = 0{,}293$ oder 29,3 %. Damit lassen sich die jährlichen Abschreibungsbeträge und die Buchwerte bestimmen, deren Berechnung folgende Excel-Tabelle zeigt.
>
> C2 f_x =B2*(1-($D$5/$B$2)^(1/4))
>
> | Jahr | Buchwert zu Beginn des Jahres | Abschreibung | Buchwert am Ende des Jahres |
> |---|---|---|---|
> | 2015 | 80.000,00 € | 23.431,46 € | 56.568,54 € |
> | 2016 | 56.568,54 € | 16.568,54 € | 40.000,00 € |
> | 2017 | 40.000,00 € | 11.715,73 € | 28.284,27 € |
> | 2018 | 28.284,27 € | 8.284,27 € | 20.000,00 € |

Arithmetisch-degressive Abschreibung

> Bei der arithmetisch-degressiven Abschreibung fallen die Abschreibungsbeträge jährlich um einen konstanten Betrag, der gleichzeitig dem Abschreibungsbetrag im letzten Jahr der Nutzung entspricht.

Neben der geometrisch-degressiven Abschreibung existiert mit der arithmetisch-degressiven bzw. digitalen Abschreibung ein weiteres Abschreibungsverfahren mit fallenden Abschreibungsbeträgen. Dabei fallen die Abschreibungsbeträge jährlich um einen konstanten Betrag, der gleichzeitig dem Abschreibungsbetrag im letzten Jahr der Nutzung entspricht. Dieser konstante Betrag d lässt sich bei einer Nutzungsdauer von T Perioden folgendermaßen berechnen:

$$d = \frac{I - L}{1 + 2 + \cdots + T}$$

bzw.

$$d = \frac{2 \cdot (I - L)}{T \cdot (T + 1)}$$

Der Abschreibungsbetrag für das erste Jahr ergibt sich, indem der konstante Degressionsbetrag mit der Nutzungsdauer multipliziert wird. In allen Folgeperioden reduziert sich der Abschreibungsbetrag jeweils um den Degressionsbetrag.

5.5 Anlagenkosten — Kapitel 5

Arithmetisch-degressive Abschreibung bei der Windenergie Atlantik AG

Unter Verwendung der arithmetisch-degressiven Abschreibung ergibt sich für den Lkw aus dem vorherigen Beispiel ein konstanter Degressionsbetrag von

$$d = \frac{2 \cdot (80.000\ € - 20.000\ €)}{4 \cdot (4+1)} = 6.000\ €.$$

Die Berechnung der jährlichen Abschreibungsbeträge und der Buchwerte zeigt folgende Excel-Tabelle.

F8: `=4*2*($B$2-$D$5)/(4*(4+1))`

	A	B	C	D
1	Jahr	Buchwert zu Beginn des Jahres	Abschreibung	Buchwert am Ende des Jahres
2	2015	80.000,00 €	24.000,00 €	56.000,00 €
3	2016	56.000,00 €	18.000,00 €	38.000,00 €
4	2017	38.000,00 €	12.000,00 €	26.000,00 €
5	2018	26.000,00 €	6.000,00 €	20.000,00 €

Leistungsabhängige Abschreibung

Im Gegensatz zu den zeitabhängigen Abschreibungsverfahren orientiert sich die leistungsabhängige Abschreibung an der Inanspruchnahme der Anlage. Bei einem Auto kann dies beispielsweise über die Anzahl der gefahrenen Kilometer bestimmt werden. Die Inanspruchnahme einer Maschine lässt sich über die Maschinenlaufzeit oder die Anzahl der hergestellten Produkteinheiten messen. Um die Höhe der Abschreibung zu bestimmen, wird zunächst ein Abschreibungsbetrag je Leistungseinheit bestimmt. Dieser lässt sich dann in jeder Periode mit der jeweiligen Anzahl an Leistungseinheiten multiplizieren, um zur Periodenabschreibung zu gelangen.

Die Abschreibungsbeträge bei der leistungsanhängigen Abschreibung orientieren sich an der Inanspruchnahme einer Anlage.

> **Leistungsabhängige Abschreibung bei der Windenergie Atlantik AG**
>
> Die Windenergie Atlantik AG geht davon aus, dass der Lkw aus dem vorherigen Beispiel im Laufe der Zeit immer häufiger benötigt wird. Für die kommenden vier Jahre schätzt sie bei einer Gesamtleistung von 150.000 km folgende jährliche Laufleistung.
>
> | Jahr | Laufleistung |
> |---|---|
> | 2015 | 30.000 km |
> | 2016 | 35.000 km |
> | 2017 | 40.000 km |
> | 2018 | 45.000 km |
> | Summe | 150.000 km |
>
> Daraus ergibt sich ein Abschreibungsbetrag je gefahrenem Kilometer von (80.000 € − 20.000 €)/150.000 km = 0,40 €/km. Die jährlichen Abschreibungsbeträge lassen sich aus folgender Tabelle ablesen:
>
> C2 f_x =30000*0,4
>
> | | A | B | C | D |
> |---|---|---|---|---|
> | 1 | Jahr | Buchwert zu Beginn des Jahres | Abschreibung | Buchwert am Ende des Jahres |
> | 2 | 2015 | 80.000,00 € | 12.000,00 € | 68.000,00 € |
> | 3 | 2016 | 68.000,00 € | 14.000,00 € | 54.000,00 € |
> | 4 | 2017 | 54.000,00 € | 16.000,00 € | 38.000,00 € |
> | 5 | 2018 | 38.000,00 € | 18.000,00 € | 20.000,00 € |

Das Beispiel zeigt, dass die leistungsabhängige Abschreibung deutlich höhere Informationsanforderungen stellt als die zeitabhängigen Verfahren. Es ist nämlich eine Prognose über die künftige Inanspruchnahme notwendig, die bei den anderen Verfahren entfällt. Damit eignet es sich nur in einem Umfeld, in dem solche Prognosen mit einer gewissen Zuverlässigkeit möglich sind.

Abschreibungsverfahren in Kostenrechnung, Handels- und Steuerbilanz

Während Unternehmen in ihrer Kostenrechnung bei der Wahl des Abschreibungsverfahrens frei sind, müssen sie in der externen Rechnungslegung und für steuerliche Zwecke die dort geltenden Bestimmungen beachten. Um nicht unterschiedliche Abschreibungsverfahren anwenden zu müssen, richten sie sich daher auch in der Kostenrechnung häufig nach diesen Vorschriften. Abb. 5.6 gibt einen Überblick über die in Deutschland geltenden Vorschriften.

Das erklärt zumindest teilweise die Dominanz linearer Abschreibungsverfahren in der Unternehmenspraxis. Allerdings ist hier zu beachten, dass insbesondere die steuerrechtlichen Vorschriften häufigen Veränderungen und zahlreichen Ausnahmen unterliegen. So war in Deutschland im Rahmen des Konjunkturprogramms in Folge der Finanzkrise für in 2009 und 2010 angeschaffte Anlagegüter vorübergehend eine degressive Abschreibung zulässig. Für Käufe ab 2011 wurde sie wieder abgeschafft.

	Kostenrechnung	Handelsbilanz (§ 253 Abs. 3 HGB)	Steuerbilanz (§ 7 EStG)
Linear	√	√	√
Geometrisch-Degressiv	√	√	–
Arithmetisch-Degressiv	√	√	–
Nach Leistung	√	√	√

Abbildung 5.6: Erlaubte Abschreibungsverfahren in Kostenrechnung, Handels- und Steuerbilanz

Zinskosten

Neben den Abschreibungen stellen Zinskosten die zweite wichtige Kostenart von Anlagekosten dar. Zinskosten spielen allerdings nicht nur im Rahmen von Anlagekosten eine Rolle. Sie fallen immer dann an, wenn Kapital gebunden ist, also wenn Auszahlungen und Einzahlungen zeitlich auseinanderfallen. Dies ist neben dem Anlagevermögen teilweise auch für das Umlaufvermögen der Fall.

In der Kostenrechnung werden nicht die tatsächlich gezahlten Zinsen für Fremdkapital also beispielsweise für Kredite angesetzt. Stattdessen kommt das Konzept kalkulatorischer Kosten zur Anwendung. Dahinter verbirgt sich die Überlegung, dass Kapital in verschiedene Anlageformen investiert werden kann. Statt eine Maschine zu kaufen, könnte man beispielsweise das Geld auch bei einer Bank anlegen und dafür Zinsen erhalten. Zinskosten werden also für das gesamte zur Leistungserstellung notwendige Kapital verrechnet.

Zur Bestimmung der Zinskosten muss das betriebsnotwendige Kapital mit einem Zinssatz multipliziert werden. Die Ermittlung des betriebsnotwendigen Kapitals erfolgt in drei Schritten.
1. Ermittlung des betriebsnotwendigen Vermögens
2. Bewertung des betriebsnotwendigen Vermögens
3. Ermittlung des betriebsnotwendigen Kapitals

Kapitel 5 Kostenartenrechnung

Ermittlung des betriebsnotwendigen Vermögens

Das betriebsnotwendige Vermögen beinhaltet alle Vermögensgegenstände, die der Erreichung des Sachziels des Unternehmens dienen.

Das betriebsnotwendige Vermögen beinhaltet alle Vermögensgegenstände, die der Erreichung des Sachziels des Unternehmens dienen (vgl. die Definition von Kosten als sachzielorientierter bewerteter Güterverzehr in Kapitel 2). Dabei geht man von der Aktivseite der Bilanz aus und prüft für jeden Vermögensgegenstand, ob er betriebsnotwendig ist. Die wichtigsten nicht betriebsnotwendigen Vermögensgegenstände sind Finanzanlagen, nicht oder fremd genutzte Grundstücke, Gebäude und Anlagen sowie überhöhte Bestände, insbesondere an Barmitteln.

Ermittlung des betriebsnotwendigen Vermögens bei der Windenergie Atlantik AG

Die Bilanz der Windenergie Atlantik AG weist folgende Werte für das abgelaufene Geschäftsjahr auf. Alle Angaben erfolgen in Tausend €.

Aktiva		
	Geschäftsjahr	Vorjahr
Gewerbliche Schutzrechte	40	10
Grundstück mit Fabrikhalle	1.100	1.150
Unbebautes Grundstück	400	430
Maschinen	900	780
Beteiligungen	500	580
Vorräte	4.500	4.200
Forderungen	7.000	6.400
Kassenbestand	500	700
Summe	**14.940**	**14.250**

Passiva		
	Geschäftsjahr	Vorjahr
Gezeichnetes Kapital	2.000	2.000
Kapitalrücklage	450	450
Gewinnrücklagen	1.900	1.100
Bilanzgewinn	2.690	2.170
Rückstellungen	3.400	3.900
Darlehen	1.500	30
Erhaltene Anzahlungen	0	1.200
Lieferantenverbindlichkeiten	3.000	3.400
Summe	**14.940**	**14.250**

> Die Betriebsnotwendigkeit müssen wir nun für jede Position der Aktivseite prüfen. Betriebsnotwendig sind bei der Windenergie Atlantik AG die gewerblichen Schutzrechte, das Grundstück mit Fabrikhalle, Maschinen, Vorräte, Forderungen und der Kassenbestand. Nicht betriebsnotwendig sind dagegen das unbebaute Grundstück, weil es derzeit ungenutzt ist, und die Beteiligungen, weil sie lediglich Finanzanlagen darstellen.

Die Ermittlung des betriebsnotwendigen Vermögens erfordert häufig eine gute Kenntnis des Geschäftsmodells der jeweiligen Firma und ist nicht immer eindeutig. So ist in der Regel ein gewisser Kassenbestand für die Geschäftstätigkeit notwendig. In vielen Firmen finden sich allerdings überhöhte Liquiditätsbestände, die durch die normale Geschäftstätigkeit nicht erklärt werden können. In diesem Fall muss der Kassenbestand in einen betriebsnotwendigen und einen nicht betriebsnotwendigen Anteil aufgeteilt werden.

Zudem sollte sich die Berechnung des betriebsnotwendigen Vermögens immer auf das kostenrechnerisch ermittelte Vermögen beziehen. Dieses kann sich vom bilanzierten Vermögen des externen Rechnungswesens unterscheiden (vgl. Abschnitt 2.1). Dies gilt zum Beispiel für selbst erstellte Patente. Diese erfordern häufig einen erheblichen Kapitaleinsatz, durften aber im externen Rechnungswesen nach deutschem Handelsrecht lange Zeit nicht aktiviert, also in die Bilanz aufgenommen werden. Unabhängig von den Regeln des externen Rechnungswesens sollten solche Vermögensgegenstände aber in der Kostenrechnung bei der Ermittlung des betriebsnotwendigen Vermögens berücksichtigt werden.

Bewertung des betriebsnotwendigen Vermögens

Für die Bewertung des betriebsnotwendigen Vermögens gibt es verschiedene Verfahren. Zunächst müssen wir klären, ob die Bewertung auf Basis von **Wiederbeschaffungskosten** oder von **Anschaffungs- und Herstellungskosten** erfolgen soll. Insbesondere bei Immobilien, die schon viele Jahre im Besitz des Unternehmens sind, kann diese Entscheidung einen erheblichen Einfluss auf die Bewertung und damit auf die Höhe der Zinskosten haben. Insbesondere zur Preiskalkulation spricht viel dafür, Wiederbeschaffungskosten zu verwenden, um auch in Zukunft kostendeckende Preise sicherzustellen.

Allerdings haben Wiederbeschaffungskosten auch einige Nachteile. Eine kurzfristige Immobilienblase kann beispielsweise die Wiederbeschaffungskosten und damit die anzusetzenden Zinskosten für selbst genutzte Immobilien in immense Höhen treiben. Außerdem sind Informationen über Wiederbeschaffungskosten häufig nicht direkt verfügbar. In der Finanzbuchhaltung werden lediglich die Anschaffungs- und Herstellungskosten mitgeführt. Aus diesen Gründen werden in vielen Unternehmen zur Bestimmung der Zinskosten die Anschaffungs- und Herstellungskosten zugrunde gelegt.

Grundsätzlich werden zur Bewertung des betriebsnotwendigen Vermögens nicht die stichtagsbezogenen Werte herangezogen, wie sie die Bilanz für das abgelaufene Geschäftsjahr zeigt. Stattdessen verwenden wir Durchschnittswerte für das ganze Jahr. Ein einfaches Verfahren besteht darin, die Bilanzwerte des Geschäfts- und des Vorjahres zu addieren und durch zwei zu teilen. Etwas mehr Genauigkeit insbesondere beim Umlaufvermögen erreicht man, wenn man statt der jährlichen Werte die monatlichen Durchschnittswerte auf Basis der monatlichen Anfangs- und Endbestände ermittelt. Saisonale Schwankungen aufgrund des Geschäftsmodells beispielsweise bei den Vorratsbeständen könnten sonst die Ergebnisse verzerren.

Bewertung des betriebsnotwendigen Vermögens bei der Windenergie Atlantik AG

Für die Bewertung des betriebsnotwendigen Vermögens setzt die Windenergie Atlantik AG aus Gründen der Einfachheit Anschaffungs- und Herstellungskosten an. Das durchschnittliche betriebsnotwendige Vermögen errechnet sich wie folgt. Alle Angaben erfolgen in Tausend €.

Aktiva	Geschäftsjahr	Vorjahr	Durchschnitt
Gewerbliche Schutzrechte	40	10	25
Fabrikhalle	1.100	1.150	1.125
Unbebautes Grundstück	Nicht betriebsnotwendig		
Maschinen	900	780	840
Beteiligungen	Nicht betriebsnotwendig		
Vorräte	4.500	4.200	4.350
Forderungen	7.000	6.400	6.700
Kassenbestand	500	700	600
Betriebsnotwendiges Vermögen			13.640

In unserem Beispiel verwenden wir die Bilanz als Ausgangspunkt für die Ermittlung und Bewertung des betriebsnotwendigen Vermögens. Damit befinden wir uns auf einer hohen Aggregationsebene. Die Position „Maschinen" enthält beispielsweise nicht nur eine, sondern sämtliche Maschinen unterschiedlichen Alters und Werts. Geht man in der Kostenrechnung bei der Ermittlung des betriebsnotwendigen Vermögens auf die Ebene einer einzelnen Maschine hinunter, ergibt sich eine weitere wichtige Bewertungsfrage.

5.5 Anlagenkosten — Kapitel 5

Die anfänglichen Anschaffungs- und Herstellungskosten werden über die Nutzungsdauer abgeschrieben, so dass der Wert des betriebsnotwendigen Vermögens kontinuierlich sinkt, bis er schließlich den Restwert erreicht. Die Höhe des betriebsnotwendigen Vermögens und damit die Höhe des gebundenen Kapitals bzw. der Zinskosten sind also vom Zeitpunkt der Messung abhängig. Für neue Anlagen sind die Zinskosten höher als für alte Anlagen. Wenn man bei der Ermittlung der kalkulatorischen Zinsen so vorgeht, spricht man auch von der **Restwertmethode**. Dieses Verfahren hat den Vorteil, dass es alle Maschinen entsprechend ihres jeweiligen Werts korrekt belastet. Wenn man diese Kosten allerdings zur Kalkulation von Preisen heranzieht, hat das Verfahren den Nachteil, dass die Preise entsprechend dem Alter der Maschinen schwanken.

Um diesen Nachteil auszugleichen, bietet sich ein zweites Verfahren als Alternative an, nämlich die **Durchschnittsmethode**. Hier wird ein durchschnittlich gebundenes Kapital für jede Anlage über die gesamte Nutzungsdauer hinweg ermittelt. Dieses Durchschnittskapital bildet die Basis für die Zinsberechnung und führt somit zu konstanten Zinskosten.

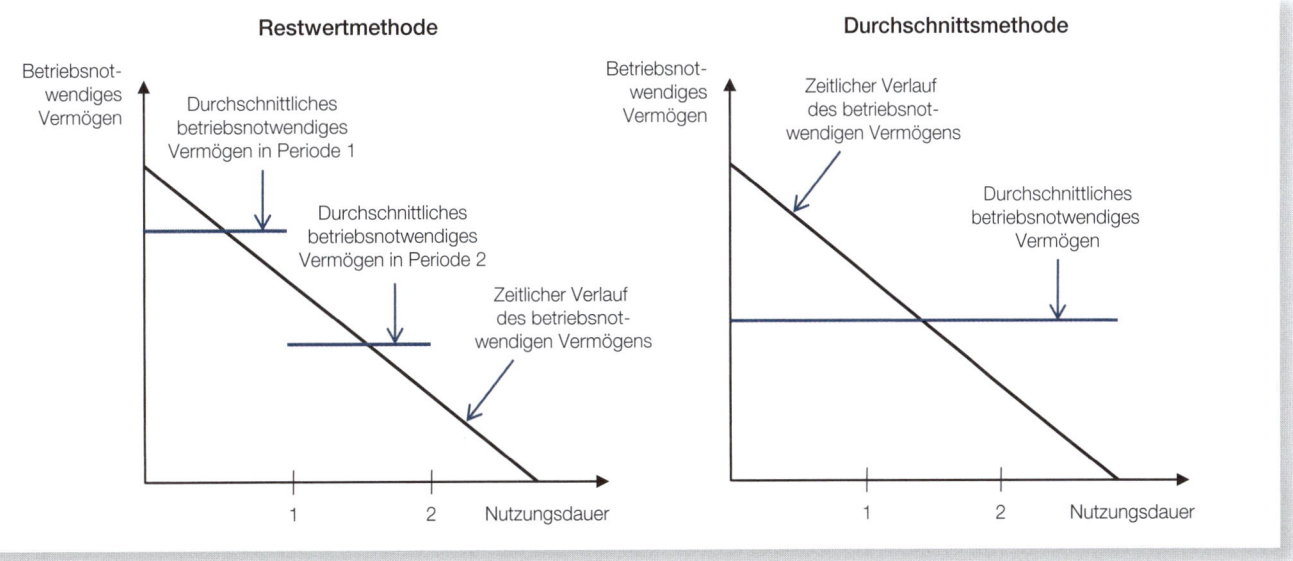

Abbildung 5.7: Durchschnittliches betriebsnotwendiges Vermögen nach Restwert- und Durchschnittsmethode

Ermittlung des betriebsnotwendigen Kapitals

Bisher haben wir die Aktivseite der Bilanz betrachtet. Nun richten wir den Blick auf die Passivseite und damit die Herkunft des Kapitals. Da ein Teil des Fremdkapitals dem Unternehmen zinslos zur Verfügung gestellt wird, muss dieser Teil bei der Berechnung des betriebsnotwendigen Kapitals abgezogen werden. Dieses so genannte **Abzugskapital** ist von dem eben berechneten betriebsnotwendigen Vermögen abzuziehen. Zum zinslos bereitgestellten Fremdkapital zählen insbesondere Kundenanzahlungen und Lieferanten-

Kapitel 5 — Kostenartenrechnung

verbindlichkeiten. In beiden Fällen wird dem Unternehmen ein Kredit zur Verfügung gestellt, für den in der Regel keine Zinsen zu bezahlen sind. Auch Rückstellungen werden zum Abzugskapital gerechnet. Bei der Bewertung des Abzugskapitals geht man genauso wie bei der Bewertung des Vermögens von Durchschnittswerten aus.

Ermittlung des betriebsnotwendigen Kapitals bei der Windenergie Atlantik AG

Die Windenergie Atlantik AG weist in ihrer Bilanz auf der Passivseite drei Fremdkapitalpositionen auf, die zinslos zur Verfügung gestellt werden, nämlich Rückstellungen, erhaltene Anzahlungen und Lieferantenverbindlichkeiten.

Damit lässt sich das betriebsnotwendige Kapital wie folgt ermitteln (alle Angaben in Tausend €).

	Geschäftsjahr	Vorjahr	Durchschnitt
Betriebsnotwendiges Vermögen			13.640
▪ Rückstellungen	3.400	3.900	3.650
▪ Erhaltene Anzahlungen	0	1.200	600
▪ Lieferantenverbindlichkeiten	3.000	3.400	3.200
Betriebsnotwendiges Kapital			6.190

Das durchschnittlich gebundene betriebsnotwendige Kapital beträgt also 6,19 Mio. €. Das Beispiel zeigt, dass mithilfe von zinslos bereitgestelltem Fremdkapital die kalkulatorischen Zinskosten erheblich reduziert werden können. Allerdings muss geprüft werden, ob beispielsweise Lieferanten bei der Einräumung von Zahlungszielen Preisaufschläge vornehmen, die sich dann in gestiegenen Beschaffungspreisen niederschlagen. In diesem Fall würde die Lieferantenverbindlichkeit verdeckte Zinsen enthalten.

Höhe des Zinssatzes

> Das Konzept eines gewichteten Kapitalkostensatzes (WACC) beruht auf der Überlegung, dass für unterschiedliche Finanzierungsformen unterschiedliche Kapitalkosten anfallen.

Nach der Bestimmung des betriebsnotwendigen Kapitals müssen wir uns nun noch mit der Festlegung der Höhe des kalkulatorischen Zinssatzes befassen. In der Praxis, insbesondere bei großen Unternehmen, hat sich hier inzwischen weitgehend das Konzept eines gewichteten Kapitalkostensatzes, der so genannte WACC (Weighted Average Cost of Capital), durchgesetzt. Das Konzept beruht auf der Überlegung, dass für unterschiedliche Finanzierungsformen unterschiedliche Kapitalkosten anfallen. Da Anteilseigner ein höheres Risiko tragen als Kreditgeber, sind die Kapitalkosten für Eigenkapital höher als die für Fremdkapital. Im Insolvenzfall werden die Zahlungsansprüche der Fremdkapitalgeber nämlich zuerst erfüllt.

5.5 Anlagenkosten

Für die Berechnung des gewichteten Kapitalkostensatzes WACC müssen die Anteile des Eigenkapitals EK und des Fremdkapitals FK am Gesamtkapital GK bestimmt werden und mit dem jeweiligen Eigenkapitalkostensatz r_{EK} und Fremdkapitalkostensatz r_{FK} multipliziert werden. Dabei müssen wir berücksichtigen, dass Fremdkapitalzinsen steuerlich abzugsfähig sind und so die Kapitalkosten mindern. Diese Kostenersparnis wird im so genannten Tax Shield abgebildet, der durch die Multiplikation des Steuersatzes s mit den Fremdkapitalkosten berechnet wird. Insgesamt ergibt sich also folgende Formel:

$$WACC = r_{EK} \frac{EK}{GK} + r_{FK} \frac{FK}{GK}(1-s)$$

Die Anteile von Eigen- und Fremdkapital am Gesamtkapital werden auf Basis von Marktwerten bestimmt. Während der Zinssatz für Fremdkapital relativ einfach über die tatsächlich zu zahlenden Zinsen bestimmt werden kann, ist die Ermittlung des Zinssatzes für Eigenkapital etwas schwieriger. Häufig wird dazu auf das Capital Asset Pricing Model (CAPM) zurückgegriffen, mit dem das Risiko eines Unternehmens über den so genannten β-Faktor gemessen wird. Dieser misst das Risiko des Unternehmens im Vergleich zum Risiko eines Gesamtmarktes, der beispielsweise durch einen breiten Börsenindex repräsentiert wird. Ist das Risiko des Unternehmens genauso hoch wie das des Gesamtmarktes, beträgt der β-Faktor genau Eins. Bei einem höheren Risiko ist der β-Faktor größer als Eins, bei einem kleineren Risiko liegt er unter Eins. Mithilfe dieses Modells ergibt sich der Eigenkapitalkostensatz eines Unternehmens aus

$$r_{EK} = r_f + \beta(r_m - r_f)$$

> Beim Capital Asset Pricing Model (CAPM) wird das Risiko eines Unternehmens über den so genannten β-Faktor gemessen.

Dabei ist r_f ein risikoloser Zinssatz. Hierfür werden häufig die Zinssätze langfristiger Bundesanleihen herangezogen, die entsprechend des allgemeinen Zinsniveaus Schwankungen unterliegen können. Die Differenz ($r_m - r_f$) als Differenz der erwarteten Rendite eines Gesamtmarkts r_m und des risikolosen Zinssatzes r_f ist die so genannte Marktrisikoprämie. Hierfür wird auf der Grundlage empirischer Untersuchungen häufig ein Wert von etwa 5 % unterstellt.

Die Verwendung des CAPM zur Ermittlung der Eigenkapitalkosten ist zwar weit verbreitet, aber umstritten. Gegen die Verwendung des CAPM spricht beispielsweise, dass zukünftige Eigenkapitalrenditen auf der Basis von β-Faktoren ermittelt werden, die auf vergangenen Werten beruhen. Diese β-Faktoren hängen stark davon ab, auf welche Weise sie ermittelt wurden und unterliegen damit einer gewissen Willkür. Darüber hinaus ist dieser Wert für nichtbörsennotierte Unternehmen nicht ohne weiteres ermittelbar. Trotz dieser Schwierigkeiten hat sich dieses Konzept aber in der Unternehmenspraxis weitgehend durchgesetzt.

Kapitel 5 Kostenartenrechnung

Ermittlung der Zinskosten bei der Windenergie Atlantik AG

Die Bilanz der Windenergie Atlantik AG weist einen Buchwert des Eigenkapitals von 7,04 Mio. € auf (Gezeichnetes Kapital + Kapitalrücklage + Gewinnrücklagen + Bilanzgewinn). Das zinsberechtigte Fremdkapital beträgt 1,5 Mio. €. Für die Berechnung des WACC wollen wir hier unterstellen, dass die Marktwerte von Eigen- und Fremdkapital den Buchwerten entsprechen.

Während der Zinssatz von 6 % für das Fremdkapital unmittelbar aus dem Darlehensvertrag abgelesen werden kann, muss für die Bestimmung des Eigenkapitals auf das CAPM zurückgegriffen werden. Dabei werden ein risikoloser Zins von 5 %, eine Marktrisikoprämie von ebenfalls 5 % und ein β-Faktor von 1,2 unterstellt. Damit ergeben sich folgende Eigenkapitalkosten:

$$r_{EK} = 0,05 + 1,2 \cdot 0,05 = 0,11,$$

oder 11 %. Der Steuersatz der Windenergie Atlantik AG beträgt 35 %. Damit ergibt sich ein gewichteter Kapitalkostensatz von

$$WACC = 0,11 \cdot \frac{7040}{8540} + 0,06 \cdot \frac{1500}{8540} \cdot (1-0,35) = 0,098$$

oder 9,8 %.

Die Zinskosten der Windenergie Atlantik AG ergeben sich durch Multiplikation des WACC mit dem betriebsnotwendigen Kapital und betragen 9,8 % von 6,19 Mio. € = 607 Tausend €.

Zinskosten in der Kostenrechnung und Zinsaufwand im externen Rechnungswesen unterscheiden sich. Während die Zinskosten auch die Eigenkapitalkosten umfassen, werden im externen Rechnungswesen lediglich Zinsaufwendungen für Fremdkapital erfasst. Damit ergibt sich ein weiterer Grund für einen unterschiedlichen Gewinnausweis im internen und externen Rechnungswesen.

Zinsaufwand und Zinskosten bei der Windenergie Atlantik AG

Der Zinsaufwand der Windenergie Atlantik AG beträgt 90.000 € (6 % · 1,5 Mio. €). Dagegen betragen die im vorhergehenden Beispiel errechneten Zinskosten 607.000 €. Im internen Rechnungswesen werden also im Zinsbereich deutlich höhere Kosten ausgewiesen als im externen Rechnungswesen. Entsprechend niedriger ist der intern gemessene Gewinn.

Praxisbeispiel:

Dass die Zinskosten einen erheblichen Teil des Gewinns schmälern können, zeigt ein Blick in die Geschäftsberichte vieler Unternehmen. So weist die Gewinn- und Verlustrechnung des Versorgers E.ON für das Jahr 2012 ein Ergebnis aus fortgeführten Aktivitäten vor Finanzergebnis und Steuern in Höhe von 4,709 Mrd. € aus. Die Zinsaufwendungen laut Gewinn- und Verlustrechnung machen etwa 2,6 Mrd. € aus. Unter Berücksichtigung des durchschnittlich gebundenen Kapitals (Capital Employed) in Höhe von 63,352 Mrd. € und einem gewichteten Kapitalkostensatz von 7,7 % ergeben sich dagegen kalkulatorische Zinskosten in Höhe von fast 5 Mrd. €.

5.6 Weitere Kostenarten

Kalkulatorischer Unternehmerlohn und kalkulatorische Mieten

Beim kalkulatorischen Unternehmerlohn und bei kalkulatorischen Mieten handelt es sich um Kostenarten, die in der Finanzbuchhaltung nicht auftauchen, sondern lediglich in der Kostenrechnung berücksichtigt werden. Der kalkulatorische Unternehmerlohn wird für die Arbeitskraft des Unternehmers angesetzt. Bei Einzelunternehmen und Personengesellschaften können im Gegensatz zu Kapitalgesellschaften für den Unternehmer keine Gehaltszahlungen erfolgen. Um dessen Arbeitseinsatz trotzdem berücksichtigen zu können, werden in der Kostenrechnung hierfür kalkulatorische Kosten angesetzt. Die Höhe dieser Kosten kann beispielsweise über einen Vergleich mit Gehältern für Geschäftsführer in vergleichbaren Unternehmen abgeleitet werden.

Kalkulatorische Mieten spielen ebenfalls vor allem bei Einzelunternehmen und Personengesellschaften eine Rolle. Diese werden immer dann angesetzt, wenn Teile der Geschäftstätigkeit in Räumen stattfinden, die dem Unternehmer gehören und für die keine Miete zu entrichten ist. Die Höhe der Miete wird auf Basis einer ortsüblichen Vergleichsmiete ermittelt.

Beide Kostenarten spielen in Großunternehmen und Kapitalgesellschaften in der Regel keine Rolle. Bei kleineren Unternehmen ist es jedoch wichtig, diese Kostenarten zu berücksichtigen. Nur so ist gewährleistet, dass in der Kalkulation die Kosten für Produkte und Dienstleistungen nicht zu niedrig angesetzt werden. Darüber hinaus kann so die Kostenstruktur von Einzelunternehmen und Personengesellschaften mit der von Kapitalgesellschaften vergleichbar gemacht werden.

Kalkulatorische Wagniskosten

Über kalkulatorische Wagniskosten werden unternehmerische Risiken berücksichtigt, die zu einer Erhöhung der Kosten oder einer Verminderung der

Erlöse führen können. Allerdings werden diese Kosten nur berücksichtigt, wenn sie sich auf einzeln identifizierbare Risiken beziehen. Wichtige Risiken, die im Rahmen kalkulatorischer Wagniskosten berücksichtigt werden, sind beispielsweise:

- Bestandswagnis: Material kann beispielsweise altern oder korrodieren und damit seinen Wert verlieren,
- Anlagenwagnis: Fehleinschätzungen bei der Nutzungsdauer oder Störungen können die Anlagenkosten erhöhen,
- Debitorenwagnis: Forderungen an Kunden müssen abgeschrieben werden, weil Kunden insolvent werden und nicht mehr zahlen können,
- Gewährleistungswagnis: Aufgrund von Gewährleistungsverpflichtungen muss für bereits gelieferte Erzeugnisse eine Gutschrift erfolgen, kostenloser Ersatz geliefert oder Nacharbeit geleistet werden.

Viele dieser Wagnisse können versichert werden. Die dabei fälligen Versicherungsprämien entsprechen dann den anzusetzenden Kosten. Aber auch wenn die jeweiligen Wagnisse nicht versichert werden, sollten in der Kostenrechnung kalkulatorische Wagniskosten in Höhe einer angemessenen Versicherungsprämie angesetzt werden.

Ansatz von Debitorenwagnissen bei der Windenergie Atlantik AG

Die Windenergie Atlantik AG weist zum Bilanzstichtag des abgelaufenen Geschäftsjahrs einen Forderungsbestand von 7 Mio. € auf. Weil dieser Wert etwa die Hälfte der Bilanzsumme ausmacht, sind Forderungsausfälle für die Windenergie Atlantik AG von besonderer Bedeutung. In den vergangenen vier Jahren wurden etwa 2 % der Forderungen nicht beglichen. Die Windenergie Atlantik setzt daher 2 % der jährlichen Umsatzerlöse als Debitorenwagnis in der Kostenrechnung an.

Sonstige Kosten

Neben den bisher betrachteten Kosten fallen weitere Kostenarten an, die hier kurz skizziert werden sollen. Ein in vielen Unternehmen wichtiger Kostenblock sind Kosten für Fremdleistungen. Das können beispielsweise Kosten für eine Werbeagentur, einen Steuerberater oder eine Unternehmensberatung sein. Auch die Kosten für angemietete Büroräume oder Fertigungshallen fallen darunter.

Weitere sonstige Kostenarten sind Gebühren, Beiträge und Steuern. Darunter fallen beispielsweise die Gebühr für die Baugenehmigung einer neuen Lagerhalle, die Beiträge für die Industrie- und Handelskammer oder die Grunderwerbsteuer.

Literatur

Coenenberg, Adolf G./Fischer, Thomas M./Günther, Thomas: Kostenrechnung und Kostenanalyse, 8. Auflage, Schäffer Poeschel, Stuttgart 2012, Kapitel 2.
Friedl, Gunther/Hammer, Carola/Pedell, Burkhard/Küpper, Hans-Ulrich: How Do German Firms Run Their Cost-Accounting Systems, in Management Accounting Quarterly, Winter 2009.
Schweitzer, Marcell/Küpper, Hans-Ulrich: Systeme der Kosten- und Erlösrechnung, 10. Auflage, Vahlen, München 2010, Kapitel 2.A.

Verständnisfragen

a) Nach welchen Kriterien lassen sich Kostenarten gliedern?
b) Welche Gemeinsamkeiten und Unterschiede bestehen zwischen Kostenartenrechnung und Finanzbuchhaltung?
c) Kennzeichnen Sie verschiedene Methoden zur Erfassung des Materialverbrauchs.
d) Welche Auswirkungen haben die beiden Verfahren LIFO und FIFO bei der Materialbewertung im Fall steigender Preise auf den Periodenerfolg?
e) Welche Bestandteile von Personalkosten sind in der Kostenartenrechnung zu berücksichtigen?
f) Nennen und erläutern Sie die beiden wichtigsten Komponenten von Anlagekosten.
g) Welche Faktoren sind für die Höhe von Abschreibungen von Bedeutung?
h) Wodurch unterscheidet sich die geometrisch-degressive von der arithmetisch-degressiven Abschreibung?
i) Inwiefern unterscheiden sich Zinskosten in der Kostenrechnung vom Zinsaufwand der Finanzbuchhaltung?
j) Nennen Sie drei Beispiele für kalkulatorische Wagniskosten.

Fallbeispiel: Kostenartenrechnung bei einer Wirtschaftlichkeitsbetrachtung eines Braunkohlekraftwerks

Stromerzeuger ziehen beim Betrieb von Kraftwerken und der Anlageneinsatzplanung die Kosten- und Erlösrechnung als Entscheidungsgrundlage zurate. Wichtige Informationen basieren dabei auf Daten aus der Kostenartenrechnung. Die wesentlichen Kostenarten, die bei einer Wirtschaftlichkeitsbetrachtung von Kraftwerken eine Rolle spielen, können folgender Gruppierung entnommen werden.

Foto: VATTENFALL

Kapitel 5 — Kostenartenrechnung

Jahreskosten eines Kraftwerks		
	Fixe Kosten	**Variable Kosten**
Kapitalgebundene Kosten	Verbrauchsunabhängige Kosten	Verbrauchsabhängige Kosten
Abschreibungen	Personalkosten	Kosten für Brennstoffe, Energien & Betriebsmittel
Fremdkapitalzinsen	Fixe Instandhaltungskosten	Variable Instandhaltungskosten
Eigenkapitalrendite	Sonstige fixe Betriebskosten	Kosten für Entsorgungsprodukte
Kapitaldienst	**Betriebskosten**	

Eine sinnvolle Differenzierung der Kostenarten ergibt sich aus der Unterscheidung von Kapitaldienst und Betriebskosten sowie von fixen und variablen Kosten. Während die fixen Kosten unabhängig vom Verbrauch bzw. der produzierten Energiemenge anfallen, sind die variablen Kosten proportional zum Verbrauch bzw. zur produzierten Energiemenge. Darüber hinaus können die fixen Kosten in kapitalgebundene Kosten, Ertragssteuern und verbrauchsunabhängige Betriebskosten weiter unterteilt werden.

Dieses Schema wird von Stromproduzenten angewandt, um die gesamten Kosten der Stromerzeugung eines Jahres für eine Kraftwerkanlage abzubilden. Am Beispiel eines Braunkohlekraftwerks mit einer Kapazität von 1000 Megawatt (MW) sollen nun die wichtigsten Kostenarten ermittelt werden.

Zunächst sollen die Kosten für den Kapitaldienst kalkuliert werden. Die zum Zeitpunkt des Anlagenbaus anfallenden Investitionsausgaben werden mit dem Annuitätenfaktor gleichmäßig über die kalkulatorische Nutzungsdauer der Anlage verteilt und bestimmen den jährlichen Kapitaldienst. Der kalkulatorische Zinssatz berücksichtigt die Finanzierungsstruktur und den Ertragssteuersatz, weshalb der jährliche Kapitaldienst neben den Abschreibungen und Fremdkapitalzinsen auch die Eigenkapitalrendite und Ertragssteuer beinhaltet.

Für die Berechnung des jährlichen Kapitaldienstes sind folgende Daten gegeben:

Installierte Nettoleistung	MW	1.000	
Investition	€/MW	1.000.000	
Kalkulatorische Nutzungsdauer	Jahre	20	
Kalkulatorischer Zinssatz	%	10	
Annuitätenfaktor		0,11746	(= $(1{,}1^{20} \cdot 0{,}1)/(1{,}1^{20} - 1)$)
Kapitaldienst	€/Jahr	117.459.624	(=1.000 MW · 1.000.000 €/MW · 0,11746)

Für die Berechnung der gesamten fixen Kosten fehlen noch die verbrauchsunabhängigen Betriebskosten. Diese setzen sich aus den Personalkosten sowie den fixen Betriebs- und Instandhaltungskosten zusammen.

Ihre Kalkulation geschieht mit folgenden Daten:

Personalbestand	Mitarbeiter	70	
Durchschnittliche Personalkosten	€/(Mitarbeiter·Jahr)	70.000	
Personalkosten	€/Jahr	4.900.000	(= 70 Mitarbeiter · 70.000 €/(Mitarbeiter·Jahr))
Fixe Betriebs- und Instandhaltungskosten	%	1,35	(bezogen auf die Investition)
Fixe Betriebs- und Instandhaltungskosten	€/Jahr	13.500.000	(= 1,35 % · 1 Mrd. €)
Verbrauchunabhängige Betriebskosten	€/Jahr	18.400.000	(= 4.900.000 + 13.500.000)

Die variablen Kosten stellen verbrauchsabhängige Kosten dar und beziehen sich im Falle der Brennstoffkosten auf die Verbrauchsmenge an Braunkohle, können sich aber auch wie im Falle der variablen Betriebs- und Instandhaltungskosten in einem bestimmten Verhältnis zur produzierten Strommenge entwickeln. Neben Brennstoffkosten und variablen Betriebs- und Instandhaltungskosten können außerdem Abfallprodukte des Produktionsprozesses Kosten verursachen. So entstehen bei der Verbrennung von Braunkohle beispielsweise CO_2-Emissionen, die seit der Einführung des CO_2-Emissionshandels den Kauf von Emissionsberechtigungen erfordern.

Für die Berechnung der variablen Kosten werden folgende Daten benötigt:

Nettostromerzeugung	MWh/Jahr	6.802.000	
Elektrischer Nutzungsgrad	%	40	
Brennstoffbedarf	MWh/Jahr	17.005.000	(= 6.802.000 MWh/Jahr/40 %)
Brennstoffkosten	€/MWh	4,40	
Brennstoffkosten	€/Jahr	74.822.000	17.005.000 MWh/Jahr · 4,40 €/MWh
Variable Betriebs- und Instandhaltungskosten	€/MWh	1,00	(bezogen auf die produzierte Strommenge)
Variable Betriebs- und Instandhaltungskosten	€/Jahr	6.802.000	6.802.000 MWh/Jahr · 1,00 €/MWh
Emissionsfaktor Braunkohle	t/MWh	0,41	
CO_2-Emissionen	t/Jahr	6.972.050	(= 17.005.000 MWh/Jahr · 0,41)
CO_2-Zertifikatpreis	€/t	10,00	
CO_2-Kosten	€/Jahr	69.720.500	6.972.050 t/Jahr · 10,00 €/t
Variable Kosten	€/Jahr	151.344.500	(=74.822.000+6.802.000+69.720.500)

Die fixen Kosten als Summe aus Kapitaldienst und verbrauchsunabhängigen Betriebskosten betragen somit in der Summe 135.859.624 € pro Jahr und die variablen 151.344.500 € pro Jahr.

Übungsaufgaben

1. Folgende Bewegungen in der Materialrechnung für einen Rohstoff wurden in einem Unternehmen in der Abrechnungsperiode Januar erfasst:

Datum	Vorgang	Menge [kg]	Preis [€/kg]
02.01.	Abgang	150	
05.01.	Zugang	400	4,50
12.01.	Abgang	100	
18.01.	Abgang	380	
21.01.	Zugang	100	5,40
25.01.	Zugang	150	5,20
28.01.	Abgang	200	

Zu Beginn der Abrechnungsperiode befanden sich 350 kg im Lager, bewertet zu 5 €/kg. Bewerten Sie die Materialabgänge sowie den Endbestand für den Rohstoff nach der FIFO-Methode und nach der LIFO-Methode.

2. Ein Unternehmen der Textilindustrie stellt unter anderem T-Shirts her. Als wichtigstes Einsatzgut wird Baumwollstoff verbraucht. Folgende Bewegungen wurden für das Lager in der letzten Periode verzeichnet:

Datum	Vorgang	Menge [kg]	Preis [€/kg]
03.02.	Zugang	300	5,30
16.02.	Abgang	1.300	
13.07.	Abgang	300	
14.08.	Zugang	1.400	5,45
19.10.	Zugang	800	6,55
21.10.	Abgang	600	
28.11.	Abgang	1.000	

Der Bestand zu Jahresbeginn betrug 1.500 kg (Preis: 5,10 €/kg).
   a) Ermitteln Sie den Endbestand an Baumwollgarn in kg.
   b) Bewerten Sie die Stoffabgänge nach der LIFO- und FIFO-Methode.
   c) Als Geschäftsführer vermuten Sie, dass der Preis für Baumwolle aufgrund der aktuellen wirtschaftlichen Lage in der nächsten Periode um ca. 30 % sinken wird. Es liegt in Ihrem Interesse, die Lagerbestände möglichst hoch zu bewerten. Würden Sie hierzu das FIFO- oder das LIFO-Verfahren wählen? Begründen Sie Ihre Antwort!

3. Eine Maschine mit einem Anschaffungswert von 850.000,– € besitzt ein voraussichtliches Nutzungspotenzial von 40.000 Leistungsstunden. Der Restwert beträgt am Ende der erwarteten Nutzungsdauer von 16 Jahren voraussichtlich 50.000,– €. Die Anlage wird bilanziell geometrisch-degressiv abgeschrieben. Dagegen wird die kalkulatorische Abschreibung zeit- und leistungsabhängig vorgenommen. Der Zeitabschreibung wird die Hälfte des gesamten abzuschreibenden Betrags (Anschaffungswert abzüglich Restwert) zugrunde gelegt, während die andere Hälfte gemäß der Leistungsinanspruchnahme abgeschrieben wird. Die Leistungsinanspruchnahme beträgt in den ersten vier Jahren 1.800, 2.200, 2.800 bzw. 2.700 Stunden.
   a) Mit welchem Prozentsatz wird die Maschine bilanziell abgeschrieben?
   b) Berechnen Sie die bilanziellen und die gesamten kalkulatorischen Abschreibungen für die ersten vier Jahre. Verwenden Sie dabei für die bilanzielle Abschreibung nicht den oben errechneten, sondern den für diese Maschine steuerlich maximal zulässigen Prozentsatz von 20 %.

4. Ihnen liegen die folgenden Informationen über das in einem Unternehmen gebundene Kapital zu zwei aufeinander folgenden Stichtagen vor (alle Angaben in €):

Aktiva	31.12.2015	31.12.2016	Passiva	31.12.2015	31.12.2016
Fabrikhalle	420.000	400.000	Grundkapital	400.000	400.000
Privatwohnung	100.000	100.000	Darlehen	750.000	810.000
Maschinen	500.000	600.000	Verbindlichkeiten aus Lieferungen und Leistungen	50.000	70.000
Erzeugnisse	100.000	120.000	Bilanzgewinn	30.000	30.000
Forderungen	60.000	40.000			
Schecks und Kasse	50.000	50.000			
Summe	1.230.000	1.310.000	Summe	1.230.000	1.310.000

Die Verbindlichkeiten aus Lieferungen und Leistungen können als zinslos angesehen werden. Bestimmen Sie die kalkulatorischen Zinsen der Unternehmung. Rechnen Sie mit einem kalkulatorischen Zinssatz von 10 %.

5. Die Färber AG möchte wissen, welchen Betrag sie an kalkulatorischen Zinsen kostenrechnerisch zu erfassen hat. Sie erhalten folgende Informationen über verschiedene Anlagegüter und über deren kalkulatorische Buchwerte und Abschreibungen:

Anlagegut	Kalkulatorischer Buchwert zu Periodenbeginn [€]	Kalkulatorische Abschreibungen im Lauf der Periode (vom kalkulatorischen Buchwert) [%]
Grundstück mit Fabrikhalle	1.400.000,–	10
Maschinen	2.000.000,–	25
Betriebs- und Geschäftsausstattung	630.000,–	10
Fuhrpark	240.000,–	20

Das durchschnittlich gebundene Umlaufvermögen setzt sich aus folgenden Positionen zusammen
- Roh-, Hilfs- und Betriebsstoffe: 440.000,– €
- Fertigerzeugnisse: 600.000,– €
- Forderungen: 800.000,– €
- Kasse: 100.000,– €
- Wertpapierbesitz: 300.000,– €.

Es wird angenommen, dass Lieferantenkredite (320.000,– €) zinslos zur Verfügung stehen. Kunden haben Anzahlungen in Höhe von 63.000,– € geleistet.

a) Berechnen Sie das betriebsnotwendige Vermögen. Bei der Berechnung ist zu berücksichtigen, dass bei den abzuschreibenden Anlagegütern der durchschnittliche kalkulatorische Buchwert anzusetzen ist.
b) Wie hoch ist das zinsberechtigte betriebsnotwendige Kapital?
c) Mit welchem Betrag sind die kalkulatorischen Zinsen bei einem Zinssatz von 8 % anzusetzen?
d) Warum rechnet man in der Kostenrechnung nicht mit den tatsächlich gezahlten Zinsen?

Kapitel 6 Kostenverläufe und Ermittlung von Kostenfunktionen

Kapitelüberblick

6.1 Kennzeichnung bedeutender Kostenverläufe
  Elementare Kostenverläufe
  Mischungen
  Kostenfunktion, Kosteneinflussgrößen und Fristigkeit

6.2 Verfahren zur Ermittlung von Kostenfunktionen
  Vereinfachung des Kostenverlaufs und relevanter Bereich
  Analytische Verfahren
  Statistische Verfahren
  Ermittlung von Kostenfunktionen über die lineare Regression
    mit Excel
  Beurteilung linearer Regressionen
  Voraussetzungen für den Einsatz statistischer Verfahren
  Vergleich analytischer und statistischer Verfahren

6.3 Dokumentation von Kostenprognosen
  Kostenstellenblätter
  Differenzierter Ausweis von fixen und variablen Kosten
  Stufenpläne
  Variator

Anhang: Regressionsanalyse

Lernziele dieses Kapitels

- Mit welchen Kostenverläufen lassen sich Ursache-Wirkungs-Beziehungen von Kosteneinflussgröße und Kostenhöhe beschreiben?

- Welchen Sachverhalt bilden Lern- und Erfahrungskurven ab?

- Welche vereinfachenden Annahmen trifft ein Kostenplaner typischerweise bei der Ermittlung von Kostenfunktionen und wie wirken sich diese Vereinfachungen auf die Interpretation der geschätzten Funktionen aus?

- Welches Vorgehen liegt den analytischen bzw. statistischen Verfahren zur Ermittlung von Kostenfunktionen zugrunde?

- Welche Voraussetzungen müssen erfüllt sein, damit der Kostenplaner über die lineare Regression mit Excel eine Kostenfunktion schätzen kann?

- Welcher Zusammenhang besteht zwischen Kostenverlauf, ermittelter Kostenfunktion und Kostenprognose?

- Welche Möglichkeiten bieten sich zur Dokumentation der Prognose von Gemeinkosten über Kostenstellenblätter?

Kapitel 6 — Kostenverläufe und Ermittlung von Kostenfunktionen

> **Kostenprognosen bei Sewing United**
>
> Erik Jäger ist seit fünf Jahren bei Sewing United, einem mittelständischen Anlagenbauer, das sich auf die Entwicklung und Fertigung industrieller Nähmaschinen spezialisiert hat. Diese Maschinen werden zum Nähen von Airbags, Autositzen, Polstern, Matratzenplatten oder Abdeckungen für Flugzeugtragflächen eingesetzt. Für die Produktauswahl und die Verhandlungen mit den Kunden benötigen Management und Vertrieb frühzeitig Informationen über die Kosten einer neu zu entwickelnden Anlage.
>
> Ein Großteil von Jägers Arbeitszeit entfällt auf die Kostenprognose, weshalb er nach seiner Aufgabenbeschreibung auch der Kostenplaner von Sewing United ist. Er untersucht systematisch die Kostenverläufe und deren Kostentreiber. Ihm ist bewusst, dass das Management bessere Entscheidungen treffen kann, wenn er es mit präziseren Prognosen versorgt. Bedenken hat er deshalb wegen des pragmatischen Vorgehens bei der Ermittlung von Kostenfunktionen, das er von seinem Vorgänger übernommen hat. Andererseits ist ihm klar, dass die Geschäftsleitung nicht bereit ist, für eine detailliertere Analyse der Verläufe je Kostenstelle und Kostenart einen weiteren Mitarbeiter einzustellen.

6.1 Kennzeichnung bedeutender Kostenverläufe

Elementare Kostenverläufe

Für operative wie strategische Entscheidungen ist die Trennung in fixe und variable Kosten von zentraler Bedeutung. Die Gliederung in fixe sowie variable Kosten orientiert sich an dem Verhalten der Kosten bei Veränderung einer so genannten Kosteneinflussgröße (Kostentreiber). Bei dieser Größe handelt es sich um die unabhängige Variable einer Kostenfunktion. Da sich operative wie strategische Entscheidungen vielfach auf die Beschäftigung einer Kostenstelle auswirken, ist von besonderem Interesse, wie sich die Kosten bei einer Änderung der Beschäftigung verhalten.

Begriffsvielfalt

> In der Kostenrechnung verwendet man häufig die Leistungsfähigkeit einer Kostenstelle bzw. deren Inanspruchnahme als Kosteneinflussgröße. Letztere wird auch als *Beschäftigung* bezeichnet. In Relation zur Leistungsfähigkeit spricht man vom *Beschäftigungsgrad*. Die Beschäftigung lässt sich outputorientiert (Anzahl erzeugter Fertigprodukte) oder inputorientiert (eingebrachte Fertigungsstunden) messen.

Um fixe Kosten handelt es sich, wenn bei Variation der Beschäftigung die Kostenhöhe unverändert bleibt.

Um **fixe Kosten** handelt es sich, wenn bei Variation der Beschäftigung die Kostenhöhe unverändert bleibt. Bei dem Anlagenbauer wird die Beschäftigung über die Anzahl erzeugter Nähmaschinen gemessen. Abbildung 6.1 verdeutlicht, dass je Monat Abschreibungen auf Anlagen und Gebäude im Umfang von 8.600 € anfallen, unabhängig von der Anzahl gefertigter Nähmaschinen. Da in diesem Fall kein Zusammenhang zwischen den Abschreibungen und der Anzahl gefertigter Nähmaschinen besteht, handelt es sich bei dieser Kostenart um fixe Kosten. Verteilt man im Rahmen der Kalkulation die Abschreibungen auf die einzelne Nähmaschine, dann sinken die Abschreibungen je Nähmaschine mit der Ausbringungsmenge. So betragen die Abschreibungen je Stück bei 2 Nähmaschinen nur noch 4.300 €, bei 3 Maschinen sinken sie auf 2.866,66 € pro Stück.

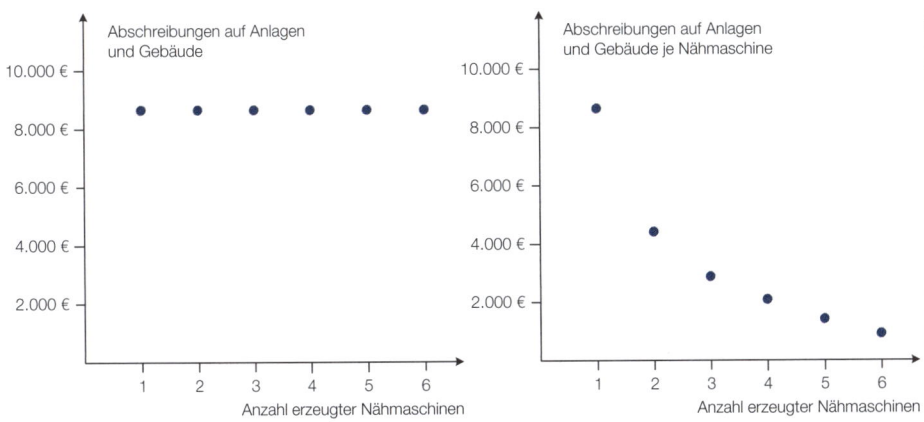

Abbildung 6.1: Fixe Kosten: Abschreibungen auf Anlagen und Gebäude und Abschreibungen je Nähmaschine

Anzahl erzeugter Nähmaschinen	Abschreibungen auf Anlagen und Gebäude	Abschreibungen je Nähmaschine
1	8.600 €	8.600,00 €
2	8.600 €	4.300,00 €
3	8.600 €	2.866,66 €
4	8.600 €	2.150,00 €
5	8.600 €	1.720,00 €

Bei dem Anlagenbauer sind auch die Miete für ein angrenzendes Lagerhaus, die Gehälter von Vorarbeitern und Verwaltungsangestellten, die Flatrate für die Internetnutzung sowie die gezahlte Grundsteuer fixe Kosten. In jedem Fall bleibt die Höhe der Fixkosten bei einem Anstieg der Anzahl gefertigter Nähmaschinen unverändert, während die fixen Kosten je Stück sinken.

Variable Kosten verändern sich bei Variation der Beschäftigung. Hierbei ist zu unterscheiden, ob die Kosten im gleichen Maße wie die Kosteneinflussgröße steigen, ob sie stärker steigen oder ob der Anstieg schwächer ausfällt. Im ersten Fall spricht man von proportionalen Kosten, im zweiten von überproportionalen und im dritten von unterproportionalen Kosten. Abbildung 6.2 veranschaulicht diese drei Funktionsverläufe.

Variable Kosten verändern sich bei Variation der Beschäftigung.

Abbildung 6.2: Variable Kosten: Proportionale, überproportionale und unterproportionale Kostenverläufe

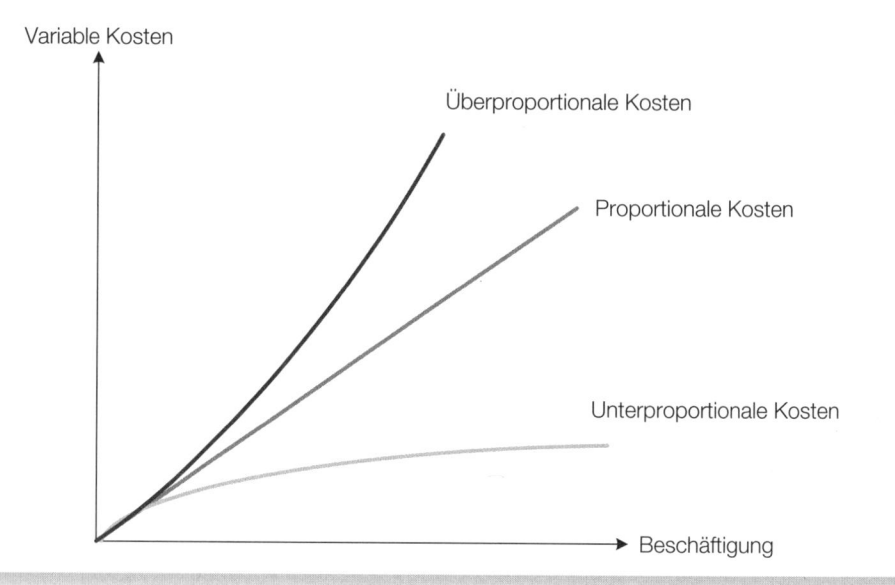

Proportionale Kosten steigen im gleichen Verhältnis wie die Beschäftigung. Verdoppelt der Anlagenbauer die Anzahl gefertigter Nähmaschinen gleichen Typs, so verdoppeln sich auch die bei der Montage anfallenden Betriebsstoffkosten.

Charakteristisch für proportionale Kosten ist, dass sie mit der Beschäftigung steigen, die Kosten je Stück jedoch konstant bleiben. Bei dem Anlagenbauer belaufen sich beispielsweise die Betriebsstoffkosten für das Bearbeiten, Löten und Schweißen in der Montage auf 530 € je Nähmaschine (Abbildung 6.3). Werden vier Maschinen gefertigt, fallen somit Betriebsstoffkosten in Höhe von 2.120 € an.

Überproportionale Kosten steigen stärker als die Beschäftigung. Wenn beispielsweise die Anzahl gefertigter Nähmaschinen um 20 % wächst, dann steigen überproportionale Kosten um mehr als 20 %. Ein stark überproportionaler Kostenverlauf tritt häufig an Kapazitätsgrenzen auf. Wenn der Anlagenbauer in einer Phase hoher Auslastung zusätzliche Aufträge annehmen will, so gelingt dies oftmals nur durch Überstunden oder Zusatzschichten. Diese sind jedoch mit teuren Überstundenlöhnen oder Nachtarbeitszuschlägen verbunden. Zusätzlich erforderliche Materialien können ggf. nicht vom kostengünstigsten Lieferanten bezogen werden, sondern müssen per Eilauftrag bei einem weniger günstigen Lieferanten bestellt werden.

Unterproportionale Kosten steigen weniger stark als die Beschäftigung. Erhöht sich die Anzahl gefertigter Nähmaschinen um 10 %, so steigen unterproportionale Kosten um weniger als 10 %. Ursächlich für unterproportionale Kosten sind Skalen- oder Größenvorteile. So steigt bei dem Anlagenbauer die Erfahrung der Monteure mit der Anzahl gefertigter Nähmaschinen gleichen

6.1 Kennzeichnung bedeutender Kostenverläufe — Kapitel 6

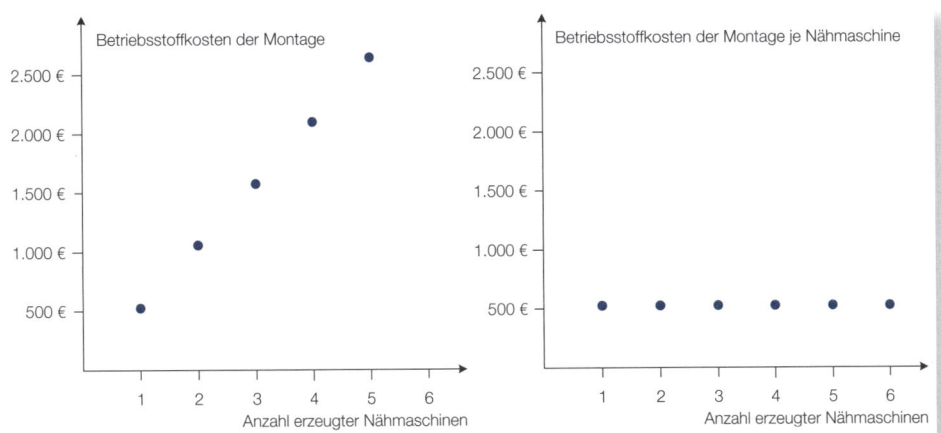

Abbildung 6.3: Proportionale Kosten: Betriebsstoffkosten der Montage und je Nähmaschine

Anzahl erzeugter Nähmaschinen	Betriebsstoffkosten der Montage	Betriebsstoffkosten je Nähmaschine
1	530 €	530 €
2	1.060 €	530 €
3	1.590 €	530 €
4	2.120 €	530 €
5	2.650 €	530 €

Typs, weshalb die Montage einer weiteren Nähmaschine weniger Zeit in Anspruch nimmt als die Montage der ersten Maschine. Infolge der reduzierten Montagezeit sinken letztlich die Fertigungslöhne für die zusätzliche Maschine. Weiterhin kann ein Lieferant beim Einkauf von Materialien Mengenrabatte gewähren, was zu unterproportional ansteigenden Materialkosten führt.

> Um die Verwendung der Beschäftigung als einzige veränderliche Kosteneinflussgröße herauszustellen, finden sich anstelle von variablen Kosten auch die Begriffe beschäftigungsabhängige oder leistungsabhängige Kosten.
> Alternativ zum Begriff überproportionale Kosten ist der Ausdruck progressive Kosten geläufig. Für unterproportionale Kosten findet sich auch die Bezeichnung degressive Kosten.

Begriffsvielfalt

Mischungen

Variable und fixe Kostenverläufe treten häufig gemeinsam auf. Dann handelt es sich beispielsweise um
- semi-proportionale Kosten,
- Kosten mit einer Ober- bzw. Untergrenze,
- sprungfixe Kosten oder
- S-förmig verlaufende Kosten.

Semi-proportionale Kosten bestehen aus einer fixen und einer proportionalen Komponente. Die Telefonkosten des Anlagenbauers setzen sich beispielsweise aus einer festen Grundgebühr sowie Verbindungskosten je Minute zusammen. Für den Verwaltungsbereich mit 10 Telefonen zeigt Abbildung 6.4 die Telefonkosten je 1.000 Verbindungsminuten.

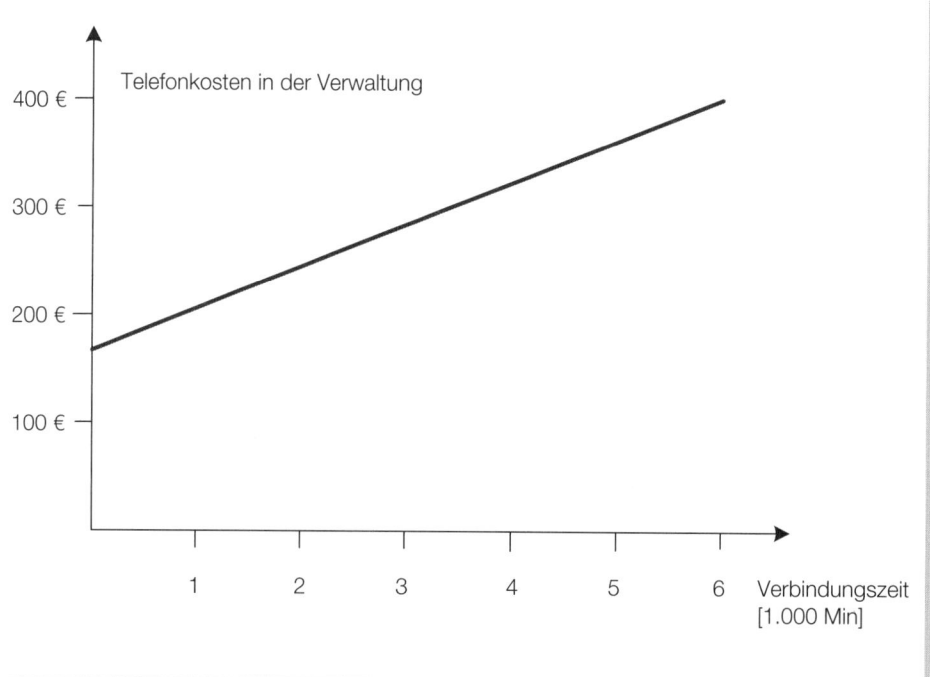

Abbildung 6.4: Semi-proportionale Kosten: Telefonkosten in der Verwaltung

Zu den semi-proportionalen Kosten zählen auch die Kosten des Fuhrparks. Hierbei stellen Versicherungsgebühr und Kraftfahrzeugsteuer fixe Kosten dar, Kraftstoffverbrauch und die Abnutzung je Kilometer Fahrtleistung bestimmen die proportionalen Kosten.

Kosten können nach oben bzw. unten begrenzt sein. Beispielsweise sieht die neue Betriebsvereinbarung des Anlagenbauers vor, dass die Arbeiter in der Montage einen Stundenlohn erhalten. Damit sich Schwankungen in der Auslastung jedoch nicht zu stark auf die Löhne auswirken, wird den Arbeitern eine **Untergrenze** bei der monatlichen Lohnsumme garantiert. Zum Ausgleich für dieses Zugeständnis verzichten die Arbeiter nicht nur auf mögliche Überstundenzuschläge, sondern erklären sich bereit, in einem beschränkten Ausmaß kostenlos Überstunden zu erbringen. Damit besteht eine **Obergrenze** für die Fertigungslöhne in der Montage. Abbildung 6.5 zeigt den Kostenverlauf der monatlichen Fertigungslöhne gemäß dieser Betriebsvereinbarung.

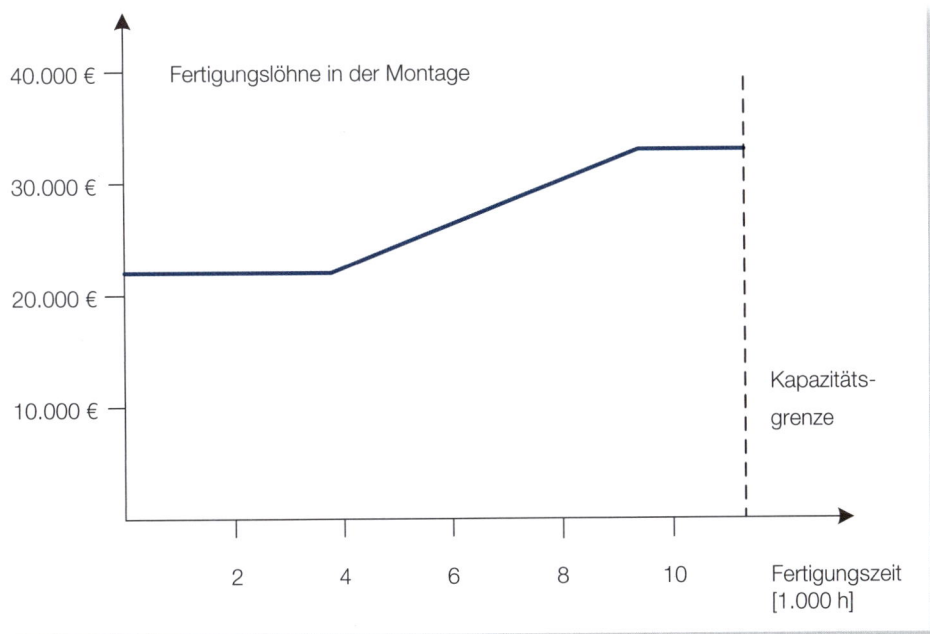

Abbildung 6.5: Kostenverlauf mit Ober- und Untergrenze: Fertigungslöhne nach der neuen Betriebsvereinbarung

Die Lohnkosten sind auch dann nach unten begrenzt, wenn ein Unternehmen aus sozialen Erwägungen auf Kündigungen verzichtet. In diesem Fall sind die Fertigungslöhne unterhalb einer bestimmten Ausbringungsmenge unabhängig von den gefertigten Stückzahlen.

Sprungfixe Kosten steigen sprungartig an. Der Anlagenbauer beschäftigt in der Verwaltung und im Lager mehrere Teilzeitkräfte. In Zeiten hohen Arbeitsaufkommens sollen sie die festangestellten Mitarbeiter bei der Lagerbuchhaltung, der Wareneingangskontrolle, der Materialdisposition und dem Versand unterstützen. Auf die überwiegend studentischen Mitarbeiter kann auf Tagesbasis zurückgegriffen werden. Für deren Lohnkosten resultiert deshalb ein sprungfixer Kostenverlauf (Abbildung 6.6 a)). Als Maßgröße für das Arbeitsaufkommen dienen die Herstellkosten pro Monat, da diese am besten die Beschäftigung in Lager und Verwaltung abbilden. Die Kosten sind hier nahezu proportional. Im Unterschied zu den rein proportionalen Kosten steigen sie jedoch in endlichen Beträgen und nicht kontinuierlich an.

Kapitel 6 — Kostenverläufe und Ermittlung von Kostenfunktionen

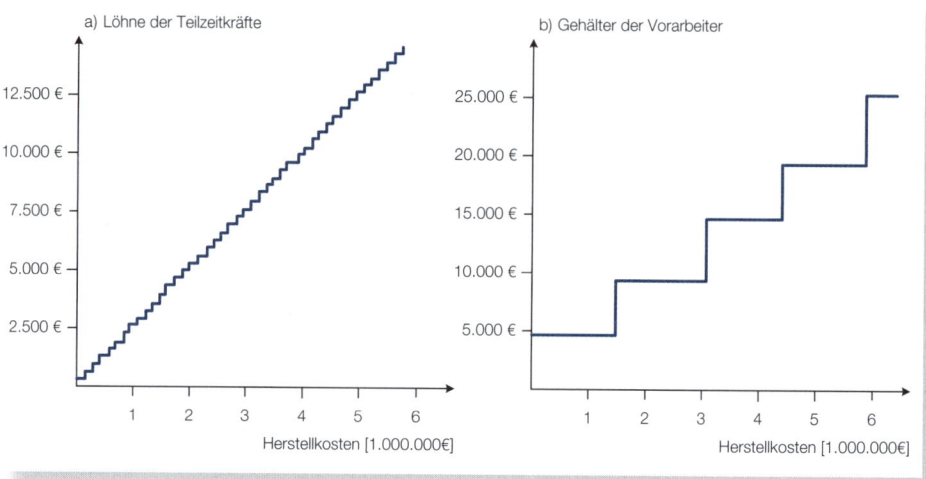

Abbildung 6.6: Sprungfixe Kosten: Lohn- und Gehaltskosten der Teilzeitkräfte und Vorarbeiter

Zur Leitung und Beaufsichtigung der Teilzeitkräfte stellt der Anlagenbauer speziell geschulte Vorarbeiter ein. Auch bei deren Gehältern handelt es sich um sprungfixe Kosten. Das Monatsgehalt eines Vorarbeiters beläuft sich inklusive Sozialabgaben auf knapp 5.000 €. Die maximale Leitungsspanne beträgt aus Unternehmenssicht 10 Teilzeitkräfte. Da mit steigenden Herstellkosten mehr Teilzeitkräfte beschäftigt werden, steigt auch die Anzahl an Vorarbeitern. Gemäß Abbildung 6.6 b) sind die Kosten der Vorarbeiter allerdings in einem größeren Intervall konstant als die Kosten der Teilzeitkräfte. Während die Löhne der Teilzeitkräfte damit eher proportionalen Charakter haben, sind die Gehälter der Vorarbeiter eher den fixen Kosten zuzurechnen. Weitere Beispiele für sprungfixe Kosten, die in einem größeren Intervall konstant bleiben, sind Abschreibungen für Maschinen und Gebühren für regionale Vertriebskonzessionen.

Die bisherigen Kostenverläufe zeichnen sich durch eine Mischung von fixen und proportionalen Kosten aus. Dies gilt auch für den **S-förmigen Kostenverlauf**. Für Hilfs- und Betriebsstoffe resultiert beim Anlagenbauer in Abhängigkeit von der Maschinenzeit ein solcher Zusammenhang (Abbildung 6.7): Während bei niedriger Maschinennutzung aufgrund von Skalenvorteilen ein unterproportionaler Zusammenhang besteht, resultiert bei hoher Maschinennutzung in der Nähe der Kapazitätsgrenze ein überproportionaler Zusammenhang. Eine hohe Maschinennutzung geht dabei einher mit einem starken Verschleiß der Anlagen, welcher wiederum durch intensive Schmierungen und damit einem hohen Verbrauch an Betriebsstoffen abgemildert werden soll.

6.1 Kennzeichnung bedeutender Kostenverläufe   Kapitel 6

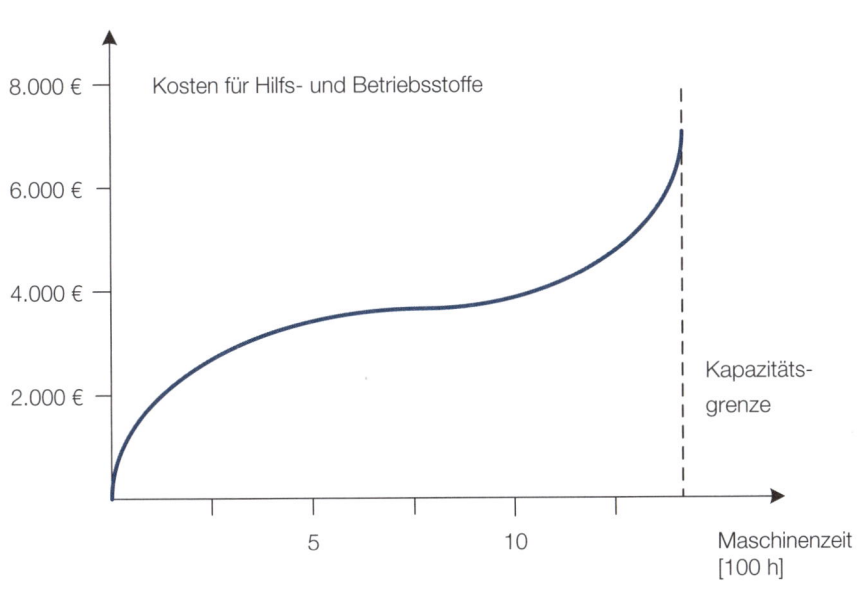

Abbildung 6.7: S-förmiger Kostenverlauf: Monatliche Kosten für Hilfs- und Betriebsstoffe

Personalkosten in der Unternehmenspraxis – fix oder variabel?

Handelt es sich bei Löhnen und Gehältern um fixe oder variable Kosten? Eine pauschale Antwort lässt sich auf diese Frage nicht geben. Sie ist unter anderem abhängig von den gesetzlichen und tariflichen Rahmenbedingungen für flexible Beschäftigungsmodelle, der Bedeutung langfristiger Arbeitsbeziehungen für Unternehmenseigentümer und Top-Management, ob das Gesamtunternehmen oder nur ein Teilbereich betrachtet wird und von welcher Fristigkeit man ausgeht. Akkordlöhne und Umsatzprovisionen sind Beispiele für variable Personalkosten. Tendenziell handelt es sich eher um fixe Kosten, wenn das Management langfristige Beziehungen anstrebt und man die kurzfristige Veränderung der Personalkosten des gesamten Unternehmens betrachtet. Aus der Perspektive eines Teilbereiches kann es sich dennoch um variable Kosten handeln, beispielsweise dann, wenn die betreffenden Mitarbeiter in anderen Unternehmensbereichen eingesetzt werden können. Auch bei besonders restriktiven Rahmenbedingungen lassen sich schließlich langfristig – beispielsweise durch Fluktuation – Änderungen der Personalkosten erreichen.

In Bildungseinrichtungen wie der Mannheim Business School oder der Managementschule St. Gallen beziehen sich die Verträge mit Dozenten häufig auf einzelne Kurse. Bei den Honorarkosten für die

Foto: ZF Friedrichshafen AG

Kapitel 6 — Kostenverläufe und Ermittlung von Kostenfunktionen

Dozenten handelt es sich um sprungfixe Kosten, die mit der Anzahl angebotener Kurse variieren, bezogen auf die Teilnehmerzahl aber in bestimmten Intervallen konstant sind.

Im Rahmen von „Projekt 5000 x 5000" produzierte die Auto 5000 GmbH als Tochtergesellschaft der Volkswagen AG von 2001 bis 2008 die VW-Modelle Touran und Tiguan im VW-Werk Wolfsburg. Die Besonderheit des Projektes bestand in den sehr flexiblen Beschäftigungsmodellen. Die Arbeitnehmer verpflichteten sich für einen pauschalen Bruttolohn zur Produktion einer festgelegten Anzahl an PKWs. Qualitätsmängel und Stillstände der Produktionsanlagen mussten von der Belegschaft getragen werden, Überstunden-, Schicht- oder Samstagszulagen entfielen. Die derart gezahlten Fertigungslöhne sind für Volkswagen proportional zur Anzahl an gefertigten PKWs.

Personalservice-Agenturen wie Vivento (Deutsche Telekom AG) oder interServ (Deutsche Postbank AG) vermitteln Unternehmensangehörige auf Dauerarbeitsplätze oder für Zeit- bzw. Leiharbeit innerhalb sowie außerhalb der Muttergesellschaften. Der Personalbestand und somit die Löhne und Gehälter können in diesen Gesellschaften leichter der Beschäftigung angepasst werden.

In Call Centern nehmen Agenten u. a. Bestellungen am Telefon an, beraten den Anrufer und pflegen die Bestellungen in die IT-Systeme ein. Der Anteil an Teilzeit sowie flexiblen Arbeitszeiten ist deutlich höher als in anderen Branchen. Die Anwesenheit von Agenten im Call Center ist stark von dem Anrufaufkommen abhängig; die Abrechnung erfolgt über Jahresarbeitszeitkonten. Die Gehaltskosten variieren damit stark mit den Gesprächsminuten.

Kostenfunktion, Kosteneinflussgrößen und Fristigkeit

Eine Kostenfunktion beschreibt die Ursache-Wirkungs-Beziehungen zwischen einer Einflussgröße x und den Kosten K.

Ein Kostenplaner benötigt eine **Kostenfunktion** f, um die zukünftigen Kosten prognostizieren zu können. Mit dieser Funktion beschreibt er die Ursache-Wirkungs-Beziehungen zwischen der oder den Einflussgrößen x und den Kosten K:

$$K = f(x).$$

Einflussgrößen stellen die unabhängigen (erklärenden) Variablen der Kostenfunktion dar.

Die zentrale Kosteneinflussgröße ist die **Beschäftigung**. Sie beschreibt die in Anspruch genommene Leistungsfähigkeit eines Bereiches. Da sich Leistungsfähigkeit sowie Inanspruchnahme oftmals nicht direkt beobachten lassen, verwendet man als Näherung so genannte **Bezugsgrößen**. Stellt der Anlagenbauer beispielsweise nur ein einziges Produkt her, so kann der Kostenplaner die Beschäftigung **outputorientiert** über die Anzahl gefertigter Anlagen messen (Abbildung 6.8). Sofern die Anlagen stark voneinander abweichen, ist ihre Summe jedoch ein ungenauer Maßstab der Beschäftigung. In diesem Fall kann der Kostenplaner die Beschäftigung **inputorientiert** erfassen, beispielsweise über die geleisteten Fertigungs- bzw. Maschinenstunden oder über die eingesetzten Materialien. Alternativ zu den Mengen lässt sich auch der Wert der Einsatz- oder Ausbringungsgüter als Bezugsgröße für die Beschäftigung heranziehen.

	Inputorientiert	Outputorientiert
Menge	Mengen der Einsatzgüter ■ Fertigungsstunden ■ Maschinenstunden ■ Einsatzmengen	Mengen der Ausbringungsgüter ■ Anzahl gefertigter Anlagen
Wert	Werte der Einsatzgüter ■ Fertigungslöhne ■ Materialeinzelkosten	Werte der Ausbringungsgüter ■ Herstellkosten gefertigter Anlagen ■ Umsatzerlöse

Abbildung 6.8: Input- und outputorientierte Bezugsgrößen zur Messung der Beschäftigung

Beschäftigungsmaßstäbe für verschiedene variable Kosten bei Sewing United

Nachfolgende Liste ordnet exemplarisch verschiedenen variablen Kosten des Anlagenbauers die zur Messung der Beschäftigung herangezogenen Bezugsgrößen zu:

Variable Kosten	Bezugsgröße zur Messung der Beschäftigung
Kosten Wareneingangskontrolle	Anzahl angelieferter Sendungen
Kosten Lagerhaltung	Materialeinzelkosten
Fertigungslöhne bei Akkordvergütung	Anzahl an Akkordlohnstunden
Lohnnebenkosten in der Fertigung	Fertigungslöhne
Reisekosten Monteure	Entfernung zu den Montageplätzen
Kosten je SMS an Monteure	Anzahl an SMS
Messekosten	Anzahl besuchter Messen
IT-Weiterbildungskosten	Anzahl an Verwaltungsangestellten
Kosten der Werkskantine	Anzahl an Beschäftigten

Kapitel 6 — Kostenverläufe und Ermittlung von Kostenfunktionen

Neben der Beschäftigung wirken weitere Einflussgrößen auf die Kosten ein. So sind der Benzinverbrauch eines Kraftfahrzeugs und die daraus resultierenden Kosten nicht allein von der Kilometerleistung, sondern auch vom Gewicht des Fahrzeugs und der gewählten Geschwindigkeit (Intensität) abhängig. Zu den häufig verwendeten **Kosteneinflussgrößen** in der Industrie zählen:

- das Fertigungsprogramm sowie das Sortiment,
- die Qualität und Preise der Einsatzgüter,
- das Produktionsverfahren,
- die Intensitäten der Arbeitskräfte und Anlagen sowie
- die Auflagen- und Losgröße.

Vergleichbar zur Beschäftigung sind auch für diese Einflussgrößen Bezugsgrößen anzugeben, mit denen der Kostenplaner sie messen kann. Beispielsweise lassen sich die Breite des Fertigungsprogramms über die Anzahl aktiver Artikelnummern und die Losgröße über die Anzahl an Fertigungsaufträgen erfassen.

Begriffsvielfalt

> Neben der Bezeichnung Kosteneinflussgröße findet man in der Rechnungswesenliteratur auch die Begriffe „Kostenbestimmungsgröße" (Schweitzer/Küpper) sowie „Kostenbestimmungsfaktor" (Kilger). In Anlehnung an die anschauliche Bezeichnung „cost driver" in der angelsächsischen Literatur wird auch der Begriff „Kostentreiber" verwendet.
>
> Bei der in Anspruch genommenen Leistungsfähigkeit ist zwischen der Plan- und der Istbeschäftigung zu unterscheiden: Während die Planbeschäftigung die geplante Leistung eines Bereiches z. B. im nächsten Quartal bezeichnet, dokumentiert die Istbeschäftigung die erbrachte Leistung beispielsweise des abgelaufenen Quartals.

Häufig wirken mehrere Kosteneinflussgrößen gleichzeitig auf die Kosten ein. Kostenfunktionen sind dann in Abhängigkeit von einer Vielfalt an Einflussgrößen zu formulieren. Um die Komplexität für den Kostenplaner beherrschbar zu machen, vereinfacht man jedoch die Betrachtung oftmals auf wenige Einflussgrößen. Im Extremfall ist die Beschäftigung die einzige Kosteneinflussgröße, die mit den operativen oder strategischen Entscheidungen variiert. Dann spricht man auch von **homogener Kostenverursachung**. So seien bei dem Anlagenbauer die Kosten für Hilfs- und Betriebsstoffe nur von der Maschinenzeit abhängig:

$$\text{Kosten für Hilfs- und Betriebsstoffe} = f(\text{Maschinenzeit}).$$

Nutzt der Anlagenbauer verschiedene Maschinen und unterscheiden sich diese Anlagen im Verbrauch von Hilfs- und Betriebsstoffen, dann spiegelt eine Kostenfunktion mit der gesamten Maschinenzeit die tatsächlichen Ursache-Wirkungs-Beziehungen nur unzureichend wider. Vielmehr ist in diesem Fall einer **heterogenen Kostenverursachung** eine mehrvariablige Kostenfunktion zu verwenden, bei der die Maschinenzeiten der einzelnen Aggregate als unabhängige Variablen dienen:

> Kosten für Hilfs- und Betriebsstoffe
> = f(Maschinenzeit A, Maschinenzeit B, …).

Eine mehrvariablige Funktion beschreibt auch die Lohnkosten eines Maschinenführers, der für das Einrichten und den Betrieb einer Spezialmaschine zuständig ist. Diese Kosten sind abhängig von der vorbereitenden Rüstzeit sowie der Einsatzzeit der Maschine:

> Kosten Maschinenführer = f(Rüstzeit, Maschinenzeit).

Für die Kostenfunktion ist von Bedeutung, auf welchen Zeitraum sie sich bezieht: Kurzfristig fixe Kosten können mittel- bis langfristig variabel sein und mit einer oder mehreren Einflussgrößen variieren. Bei dem Anlagenbauer ist beispielsweise eine Arbeitsgruppe für die Programmierung der computergesteuerten Anlagen zuständig. Die Mitarbeiter dieser Gruppe haben Arbeitsverträge mit halbjähriger Kündigungsfrist. Bei Kostenfunktionen mit einem kürzeren **Fristigkeitsgrad** sind deren Gehaltskosten fix. Langfristig kann der Anlagenbauer jedoch die Kapazität des Bereiches der Nachfrage anpassen und Mitarbeiter ein- bzw. freistellen. In einer Kostenfunktion mit einjähriger Fristigkeit sind die Gehaltskosten demnach variabel. Generell gilt, dass mit ansteigender Fristigkeit die Anzahl an veränderlichen Kosteneinflussgrößen ansteigt und die Kosten eher variabel sind.

Die unterstellte Fristigkeit wirkt sich auch auf den Verlauf der Kostenfunktion aus. Beispielsweise hat der Anlagenbauer mit einem Lieferanten einen Rahmenvertrag über sechs Monate geschlossen, der ihm die Verfügbarkeit bestimmter Materialien und dem Lieferanten einen festen Lieferpreis sichert. Bei einer Fristigkeit innerhalb des Rahmenvertrages sind die Kosten je Bezugsmenge unveränderlich und die Materialkosten deshalb proportional in der Nachfragemenge. Bei längerer Fristigkeit kann der Preis von demjenigen des Rahmenvertrages abweichen. Zudem berücksichtigt der Kostenplaner, dass langfristig ein Lieferantenwechsel möglich ist und dass bei einem neuen Lieferanten ggf. ein Mengenrabatt in Anspruch genommen werden kann. Die Materialkosten sind in diesem Fall unterproportional.

> **Remanente Kosten („sticky costs")**
>
> Bei der Formulierung von Kostenfunktionen wird häufig unterstellt, dass die Beziehung zwischen Kosten und Bezugsgröße unabhängig davon ist, ob ein Anstieg oder ein Rückgang der Beschäftigung vorliegt. Remanente Kosten liegen dagegen vor, wenn Kosten bei einem Rückgang der Beschäf-

Empirische Ergebnisse

> tigung weniger stark sinken, als sie bei einer gleichhohen Zunahme der Beschäftigung zuvor angestiegen sind. So beobachten Anderson, Banker und Janakiraman bei einer Stichprobe von mehr als 7.500 US-amerikanischen Unternehmen, dass Verwaltungs- und Vertriebskosten remanent bzw. „sticky" sind: während diese Kosten bei einem 1-prozentigen Anstieg des Umsatzes um 0,55% wachsen, nehmen sie bei einem 1-prozentigen Rückgang des Umsatzes nur um 0,35% ab. Nach einer Studie von Calleja, Stelliaros und Thomas sind die operativen Kosten deutscher und französischer Unternehmen stärker remanent als die operativen Kosten vergleichbarer US-amerikanischer und englischer Unternehmen. Ursächlich für die Remanenz von Kosten können Zukunftserwartungen des Managements sein, d.h., das Management geht von einem nur kurzfristigen Rückgang der Beschäftigung aus und möchte deshalb Potenziale im Verwaltungs- sowie Vertriebsbereich aufrechterhalten und diese nicht ab- und anschließend wieder aufbauen.
>
> **Quellen:** Anderson, Mark C./Banker, Rajiv D./Janakiraman, Surya N.: Are Selling, General, and Administrative Costs "Sticky"?, in: Journal of Accounting Research, Vol. 41, 2003, No. 1, S. 47–63; Calleja, Kenneth/Stelliaros, Michael/Thomas, Dylan C.: A Note on Cost Stickiness: Some International Comparisons, in: Management Accounting Research, Vol. 17, 2006, No. 2, S. 127–140.

Veränderliche Kostenverläufe können aus Lernprozessen resultieren. Lernkurven beschreiben diesen Zusammenhang.

Mit der Zeit veränderliche Kostenverläufe resultieren auch aus Lernprozessen. **Lernkurven** beschreiben, dass die durchschnittliche Arbeitszeit mit der Anzahl an gefertigten Produkten sinkt. Infolge der verringerten durchschnittlichen Arbeitszeit resultiert ein unterproportionaler Kostenverlauf der Lohn- oder Gehaltskosten, d.h., die Fertigungslöhne pro Stück sinken mit der Ausbringungsmenge. Während Lernkurven manuelle Tätigkeiten voraussetzen, gelten **Erfahrungskurven** auch für automatisierte Prozesse. Sie beschreiben, dass die Stückkosten, und nicht nur die Fertigungslöhne pro Stück, mit der Vergrößerung der Ausbringungsmenge sinken. Mit ihnen bildet man ab, dass mit der Anzahl an Wiederholungen der Verbrauch an Hilfs- und Betriebsstoffen abnimmt oder der Ausschuss zurückgeht. Auch in diesem Fall resultiert ein unterproportionaler Kostenverlauf, welcher nun aber den Zusammenhang zwischen den Herstellkosten und der Ausbringungsmenge beschreibt.

Erfahrungskurven in der Praxis

Das Konzept der Erfahrungskurve wurde in den 60er Jahren von der Boston Consulting Group ausgearbeitet. Ursprünglich für einen Turbinenhersteller entwickelt, besitzt es heute in sehr vielen Branchen, z. B. im Flugzeug- sowie im Schiffsbau eine hohe Relevanz. Bei Gültigkeit der Erfahrungskurve wird das strategische Ziel der Marktführerschaft für Unternehmen noch attraktiver, da die größeren Stückzahlen zu mehr Erfahrung und damit niedrigeren Stückkosten führen.

6.2 Verfahren zur Ermittlung von Kostenfunktionen

Vereinfachungen des Kostenverlaufs und relevanter Bereich

Damit ein Kostenplaner die Kosten des nächsten Jahres prognostizieren kann, muss er zunächst Kostenfunktionen ermitteln. Soll dies allerdings für jede Kostenstelle und jede dort vorliegende Kostenart getrennt geschehen, so sind bereits in kleinen Betrieben mehrere tausend Kostenfunktionen zu bestimmen. Die hohe Komplexität seines Prognoseproblems reduziert der Kostenplaner – unter Inkaufnahme von Ungenauigkeiten – durch
- Aggregation,
- Linearisierung und
- Homogenisierung.

Erstens aggregiert er vielfach die Kosten einer Kostenstelle oder sogar mehrerer Kostenstellen. Als Ergebnis dieser Aggregation folgen oft eine S-förmig verlaufende Funktion sowie eine heterogene Kostenverursachung. Da ein S-förmiger Kostenverlauf schwer mathematisch zu beschreiben ist, verwendet der Kostenplaner vereinfacht eine linearisierte Kostenfunktion. Zudem unterstellt er häufig, dass die Beschäftigung die einzig variierende Kosteneinflussgröße ist und abstrahiert somit von einer heterogenen Kostenverursachung.

Aggregation, Linearisierung und Homogenisierung gehören zum Handwerkszeug des Kostenplaners. Selbstverständlich könnte er für eine bestimmte Beschäftigung mit den Informationen über den tatsächlichen Verlauf der einzelnen Kostenarten – sofern verfügbar – präziser die monatlichen Kosten der Fräsmaschine prognostizieren. Um diese Funktionen allerdings exakt zu beschreiben, müsste er eine Vielzahl an Parametern ermitteln. Der Verlauf der linearen Kostenfunktion lässt sich hingegen mit lediglich zwei Parametern beschreiben: dem Achsenabschnitt und der Steigung. Dieses vereinfachte Vorgehen reduziert somit den Aufwand zur Bestimmung von Kostenfunktionen.

Aggregation und Linearisierung einer Kostenfunktion bei Sewing United

Für die Kostenstelle „Multifunktionsfräsmaschine" des Anlagenbauers soll die Kostenfunktion in Abhängigkeit von den monatlichen Maschinenstunden bestimmt werden. Die Kosten dieser Stelle setzen sich aus Abschreibungen, Energiekosten, Kosten für Hilfs- und Betriebsstoffe, Instandhaltungskosten sowie Kosten des Ausschusses zusammen. Der Kostenplaner Erik Jäger unterstellt aus Praktikabilitätsgründen eine homogene Kostenverursachung mit den Maschinenstunden als Bezugsgröße.

Die nachfolgende Excel-Tabelle spiegelt für die einzelnen Kostenarten die Ursache-Wirkungs-Beziehungen zwischen den Maschinenstunden und Kosten wider. Im Einzelnen bestehen folgende Zusammenhänge: Die Abschreibungen sind unabhängig von der Einsatzzeit. Energie- und Ausschusskosten verlaufen unterproportional zu den Maschinenstunden. Die Instandhaltungskosten steigen mit den Maschinenstunden an, sind aber vertraglich mit einem externen Dienstleister auf maximal 1.200 € pro Monat begrenzt. Die Kosten für Hilfs- und Betriebsstoffe steigen nach einem konstanten Bereich überproportional mit den Maschinenstunden.

Die in den Spalten B bis F wiedergegebenen Kosten beschreiben die Auswirkungen einer Variation der Maschinenstunden. Diese Zusammenhänge müssen nicht allgemein bekannt sein. Insbesondere nehmen wir an, dass Erik Jäger nicht über Detailinformationen verfügt und vielmehr einzig die aus der Aggregation resultierenden Gesamtkosten in Spalte G kennt. Die hellblaue Kurve in Abbildung 6.9 zeigt den Verlauf dieser aggregierten Kosten in Abhängigkeit der Maschinenstunden. Die aggregierte Kostenfunktion verläuft S-förmig.

	A	B	C	D	E	F	G
1	Maschinenstunden [h]	Abschreibung	Energiekosten	Hilfs- und Betriebsstoffe	Instandhaltung	Ausschusskosten	Summe
2	0	500,00€	- €	- €	- €	- €	500,00€
3	10	500,00€	100,00€	250,00€	80,00€	1.000,00€	1.930,00€
4	20	500,00€	141,42€	250,00€	160,00€	1.333,33€	2.384,75€
5	30	500,00€	173,21€	250,00€	240,00€	1.500,00€	2.663,21€
6	40	500,00€	200,00€	250,00€	320,00€	1.600,00€	2.870,00€
7	50	500,00€	223,61€	250,00€	400,00€	1.666,67€	3.040,27€
8	60	500,00€	244,95€	250,00€	480,00€	1.714,29€	3.189,23€
9	70	500,00€	264,58€	250,00€	560,00€	1.750,00€	3.324,58€
10	80	500,00€	282,84€	250,00€	640,00€	1.777,78€	3.450,62€
11	90	500,00€	300,00€	250,00€	720,00€	1.800,00€	3.570,00€
12	100	500,00€	316,23€	250,00€	800,00€	1.818,18€	3.684,41€
13	110	500,00€	331,66€	250,00€	880,00€	1.833,33€	3.795,00€
14	120	500,00€	346,41€	250,00€	960,00€	1.846,15€	3.902,56€
15	130	500,00€	360,56€	250,00€	1.040,00€	1.857,14€	4.007,70€
16	140	500,00€	374,17€	350,00€	1.120,00€	1.866,67€	4.210,83€
17	150	500,00€	387,30€	550,00€	1.200,00€	1.875,00€	4.512,30€
18	160	500,00€	400,00€	850,00€	1.200,00€	1.882,35€	4.832,35€
19	170	500,00€	412,31€	1.250,00€	1.200,00€	1.888,89€	5.251,20€
20	180	500,00€	424,26€	1.750,00€	1.200,00€	1.894,74€	5.769,00€
21	190	500,00€	435,89€	2.350,00€	1.200,00€	1.900,00€	6.385,89€
22	200	500,00€	447,21€	3.050,00€	1.200,00€	1.904,76€	7.101,98€

6.2 Verfahren zur Ermittlung von Kostenfunktionen

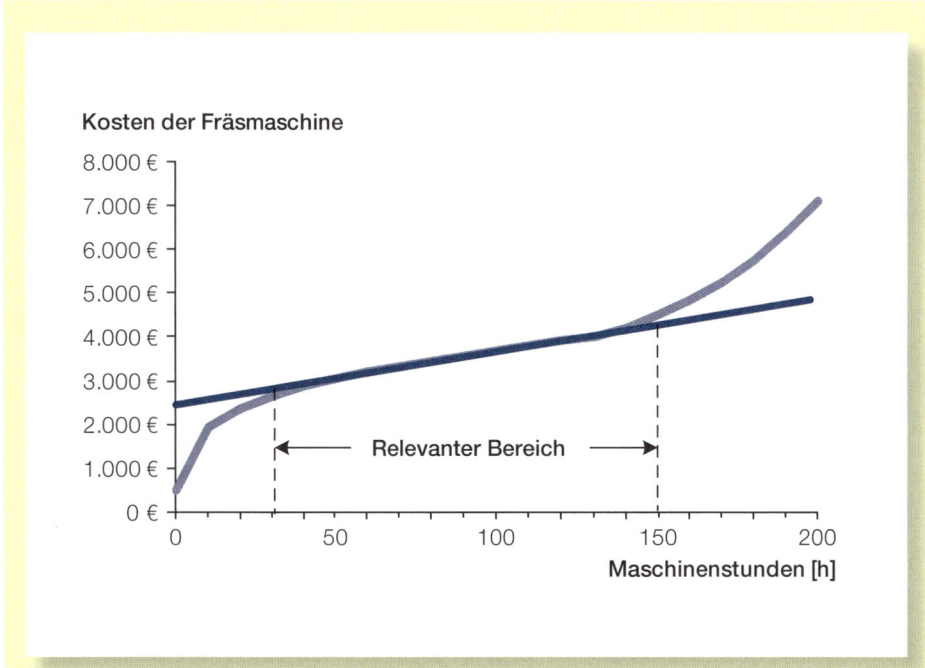

Abbildung 6.9: Aggregation und Linearisierung: Approximierte Kostenfunktion für die Fräsmaschine

In Abbildung 6.9 zeigt die dunkelblaue Gerade eine näherungsweise bestimmte, lineare Kostenfunktion. Offensichtlich gilt für eine monatliche Einsatzzeit zwischen 30 und 150 Maschinenstunden, dass die Gerade den tatsächlichen Kostenverlauf gut approximiert.

Relevanter Bereich

Kostenprognosen werden typischerweise nicht für beliebige Beschäftigungsgrade erstellt. Vielmehr kann der Kostenplaner davon ausgehen, dass sich beispielsweise die Maschinenzeit der Fräsmaschine normalerweise in einem bestimmten Intervall bewegt. Das Management ist deshalb an dem Kostenverlauf innerhalb dieses Bereiches interessiert. Erik Jäger weiß, dass die monatliche Beschäftigung üblicherweise zwischen 30 und 150 Maschinenstunden liegt. Dieses Intervall ist in Abbildung 6.9 hervorgehoben. Für den **relevanten Bereich** liefert die lineare Kostenfunktion eine gute Approximation des tatsächlichen Kostenverlaufs. Der reduzierte Ermittlungsaufwand und die relativ präzise Kostenprognose rechtfertigen deshalb das Vorgehen des Kostenplaners. Insbesondere ist es somit unerheblich, dass an den Rändern (d.h. für weniger als 30 oder mehr als 150 Maschinenstunden) die lineare Kostenfunktion schlechte Näherungswerte liefert, da derartige Beschäftigungsgrade für die Fräsmaschine eher unüblich sind.

Im Allgemeinen muss ein Kostenplaner den Ermittlungsaufwand gegen die Präzision der Kostenprognose abwägen. Mit zunehmendem Aufwand kann er die Kosten präziser prognostizieren. Das Management kann dann bessere

Ein Kostenplaner muss den Ermittlungsaufwand gegen die Präzision der Kostenprognose abwägen.

Entscheidungen treffen. Dem steht jedoch der höhere Ermittlungsaufwand entgegen. Bei wichtigen Entscheidungen kann es sinnvoll sein, detaillierte Prognosen zu erstellen. In diesem Fall wird der Kostenplaner seltener Kostenarten aggregieren bzw. versuchen, auch nicht-lineare Kostenverläufe abzubilden. Für regelmäßige operative Entscheidungen ist das beschriebene Vorgehen der Aggregation, Linearisierung und Homogenisierung jedoch vielfach ausreichend.

Begriffsvielfalt

> Für die lineare Funktion in Abbildung 6.9 gilt näherungsweise:
>
> Kosten der Fräsmaschine = 2.500 € + 12 €/h · Maschinenstunden.
>
> Es hat sich eingebürgert, dass man die 2.500 € als fixe Kosten und die 12 € je Maschinenstunde als proportionale Kosten interpretiert. Abbildung 6.9 zeigt jedoch, dass sich im Beispiel die Kosten der Fräsmaschine bei einer Beschäftigung von 0 Maschinenstunden auf 500 € belaufen. Wichtig ist: Die beiden Beträge 2.500 sowie 12 sind in erster Linie Achsenabschnitt und Steigung einer linearen Kostenfunktion. Da es sich hierbei um eine Annäherung an die tatsächliche Kostenfunktion handelt, lassen sie sich nicht allgemein als fixe oder proportionale Kosten interpretieren.
>
> Im Weiteren werden wir wiederholt hervorheben, dass die geschätzten Parameter den Achsenabschnitt und die Steigung einer linearen Kostenfunktion beschreiben. Sofern keine gegenläufigen Argumente vorliegen und es die weitere Verwendung erleichtert, interpretieren wir die Parameter vereinfacht auch als fixe bzw. proportionale Kosten.

Analytische Verfahren

Analytische Verfahren quantifizieren den Ressourcenverbrauch von Prozessen.

Analytische Verfahren zur Bestimmung von Kostenfunktionen betrachten zunächst den Ressourcenverbrauch von Prozessen. Technisch-kostenwirtschaftliche Analysen sollen den Verbrauch und damit die Ursache-Wirkungs-Beziehungen mengen- und zeitmäßig quantifizierbar machen. Hierzu greift man u. a. auf

- Materialstücklisten,
- Arbeitspläne und Funktionsanalysen,
- Zeit- und Bewegungsstudien sowie
- Erfahrungswerte

zurück.

Mithilfe von **Materialstücklisten** kann ein Kostenplaner die Materialkosten berechnen. Derartige Stücklisten kennzeichnen die Mengen an Teilen und Baugruppen, die für die Herstellung eines Produktes benötigt werden. Beispielsweise entnimmt Kostenplaner Jäger einer solchen Liste, dass eine

Standardnähmaschine u. a. aus 1 Gestell, 1 Elektromotor, 1 Spindel, 1 Spannvorrichtung, 55 Schrauben ISO 4014 – M10 × 60–8.8 besteht. Neben diesen planmäßig in eine Nähmaschine eingehenden Teilen berücksichtigt Jäger auch den Zusatzverbrauch infolge ungeeigneter Materialien, Schwund oder einer unsachgemäßen Montage. Für den Bedarf der oben genannten Schrauben setzt er beispielsweise eine Abfallmenge von 5 an. Die Summe dieser beiden Mengen ergibt den Bruttomaterialbedarf. Er beläuft sich bei einer Standardnähmaschine auf 60 Schrauben ISO 4014 – M10 × 60–8.8. In einem letzten Schritt multipliziert Kostenplaner Jäger diese Menge mit einem Planpreis. Bei einem Planpreis von 2,5 Eurocent je Schraube erhält man somit die Kostenfunktion für dieses Material zu

Materialkosten Schrauben
 = 1,50 €/Nähmaschine · Anzahl an Standardnähmaschinen.

Dieser Vorgang ist für alle Teile und Baugruppen der Stückliste durchzuführen. Addiert Jäger schließlich die ermittelten Beträge, so erhält er eine Kostenfunktion für die Materialkosten je Standardnähmaschine.

Insbesondere bei manuellen Tätigkeiten nutzen Kostenplaner **Arbeitspläne** und **Funktionsanalysen**, um Kostenfunktionen für Fertigungslöhne zu ermitteln. Arbeitspläne beschreiben die für die Herstellung eines Produktes erforderlichen Arbeitsvorgänge und ordnen diese einzelnen Arbeitsplätzen zu. Beispielsweise kennzeichnet ein solcher Plan die an einem Montagearbeitsplatz für die Montage einer Standardnähmaschine durchzuführenden Handgriffe. Mithilfe von Funktionsanalysen kann Jäger die ergonomisch bestmöglichen Handgriffe bestimmen. Summiert er die Zeitdauer je Handgriff, so folgt die mindestens erforderliche Zeit für den Montageschritt. In einem letzten Schritt multipliziert Kostenplaner Jäger die erwarteten Zeiten mit dem Lohnsatz der Mitarbeiter und erhält eine Prognose über die Lohnkosten der Montage je Standardnähmaschine.

Funktionsanalysen lassen sich durch arbeitswissenschaftliche **Zeit- oder Bewegungsstudien** ergänzen. Mit diesen Studien erfasst man die von den Mitarbeitern gewählten Bewegungen und Handgriffe sowie die dafür nötige Zeit. Alternativ werden die Zeiten z. B. für Montageschritte auch aus **Erfahrungswerten** abgeleitet, beispielsweise auf Basis des Wissens von Unternehmensberatern.

Schließlich lassen sich aus **technischen Dokumentationen** die Eigenschaften von Anlagen ablesen, die einen Kostenplaner z. B. über den Energieverbrauch einer Anlage und somit die Energiekosten informieren. Kostenplaner nutzen aber auch **gesetzliche Vorschriften** oder **vertragliche Unterlagen**, um beschäftigungsabhängige Kosten zu berechnen. Hierzu zählen z. B. volumenabhängige Emissionsgebühren oder die mit einem externen Dienstleister vereinbarten Preise je Mitarbeiter für das Betreiben der Werkskantine.

Kapitel 6 — Kostenverläufe und Ermittlung von Kostenfunktionen

Statistische Verfahren

Statistische Verfahren nutzen die Kosten vergangener Perioden, um die Kosten einer zukünftigen Periode zu prognostizieren.

Statistische Verfahren nutzen die Kosten vergangener Perioden, um Kostenfunktionen abzuschätzen und auf dieser Basis die Kosten einer zukünftigen Periode zu prognostizieren. Praktisch bedeutsam sind die folgenden drei Methoden:
1. Klassifikation der Kosten als fixe oder proportionale Kosten,
2. Zwei-Punkt-Methode (Hoch-Tief-Methode) und
3. einfache oder multiple Regression.

In der genannten Reihenfolge steigt in der Regel die Präzision der Kostenprognose. Wie die weiteren Ausführungen zeigen, wachsen allerdings auch die Anforderungen an die vorhandenen Informationen. Der Kostenplaner muss deshalb zwischen dem Nutzen einer präzisen Kostenprognose und den Kosten für die Datenbereitstellung abwägen.

Kostenklassifikation

Bei der Klassifikation der Kosten nutzt ein Kostenplaner sein Wissen und seine Erfahrung, um jede Kostenart als fix, proportional oder gemischt einzuordnen. Zunächst listet er die anfallenden Kosten auf. Anschließend ordnet er unter Nutzung von Arbeitsbeschreibungen, Verfahrensabläufen, Materialentnahmescheinen, Arbeitszeitaufzeichnungen oder Auftragsbeschreibungen und mithilfe seines Erfahrungsschatzes die Kosten den Kategorien zu.

Das Verfahren der Kostenklassifikation liefert eine subjektive Kostenfunktion, die erheblich von dem Wissen und der Erfahrung des Kostenplaners geprägt ist. Insbesondere bei fehlender Erfahrung mit dem Produktionsprozess ist zu erwarten, dass die Einschätzung über den Anteil proportionaler Kosten nur sehr grob die tatsächlichen Verhältnisse widerspiegelt. Bei ausreichender Erfahrung kann das Vorgehen allerdings relativ präzise Prognosen liefern und ist zudem vergleichsweise einfach einsetzbar.

> **Kostenklassifikation bei Sewing United**
>
> Der Anlagenbauer nutzt eine Reparaturabteilung für Instandhaltungsmaßnahmen und die Nacharbeit an den erzeugten Anlagen. Im abgelaufenen Jahr war die Abteilung 11.520 Stunden beschäftigt. Die Gesamtkosten in Höhe von 706.465 € verteilen sich wie folgt auf die Kostenarten der Reparaturabteilung:

6.2 Verfahren zur Ermittlung von Kostenfunktionen

Kostenart		Anteil proportionaler Kosten	Proportionale Kosten	Fixe Kosten
Gehälter	216.000 €	30 %	64.800 €	151.200 €
Hilfs- und Gemeinkostenlöhne	86.400 €	30 %	25.920 €	60.480 €
Instandhaltungsmaterial	297.000 €	100 %	297.000 €	0 €
Betriebsstoffkosten	54.820 €	100 %	54.820 €	0 €
Stromkosten	8.425 €	80 %	6.740 €	1.685 €
Abschreibungen auf Werkzeuge und Anlagen	43.820 €	0 %	0 €	43.820 €
Summe	706.465 €		449.280 €	257.185 €

Abbildung 6.10: Kostenklassifikation: Aufspaltung der Reparaturkosten in fixe und proportionale Bestandteile

Das Ergebnis der Kostenklassifikation findet sich in den Spalten drei bis fünf: Auf Basis seiner Erfahrung geht Kostenplaner Jäger davon aus, dass sowohl die Material- als auch die Betriebsstoffkosten vollständig proportional sind. Demgegenüber handelt es sich bei den Abschreibungen um fixe Kosten. Bei den restlichen Kostenarten liegt nach seiner Einschätzung ein gemischter Kostenverlauf vor. Jäger geht davon aus, dass die Kosten zwischen 30 % und 80 % proportional sind. Bei den Gehältern ist demnach ein Betrag von 64.800 € (= 30 % von 216.000 €) proportional. Mit der Klassifikation und den Kostenbeträgen des abgelaufenen Jahres erhält der Kostenplaner die proportionalen sowie fixen Kosten der Reparaturabteilung und leitet daraus die Kostenfunktion ab. Deren Steigung bestimmt sich zu 39 € je Reparaturstunde (= 449.280 €/11.520 Reparaturstunden). Die Kostenfunktion lautet somit:

Kosten Reparatur = 257.185 € + 39 €/h · Reparaturstunden.

Zwei-Punkt-Methode (Hoch-Tief-Methode)

Bei der Zwei-Punkt-Methode nutzt man zwei Beobachtungen von Kosten und Beschäftigung. Da man für die beiden Beobachtungen häufig die niedrigste und die höchste Beschäftigung verwendet, wird das Verfahren auch als Hoch-Tief-Methode bezeichnet. Die Steigung der Kostenfunktion folgt, indem man den Unterschied der Kosten durch den Unterschied der Beschäftigung teilt:

$$\text{Steigung der Kostenfunktion} = \frac{\text{Kostendifferenz bei höchster und niedrigster Beschäftigung}}{\text{Differenz von höchster und niedrigster Beschäftigung}}$$

Ermittlung der Kostenfunktion der Reparaturstelle über die Zwei-Punkt-Methode

Um die Zwei-Punkt-Methode bei der Reparaturstelle einzusetzen, sind die Reparaturleistungen sowie -kosten für mehrere Zeiträume zu erfassen. Beispielsweise liefert eine monatliche Dokumentation für das abgelaufene Jahr folgende Informationen:

Monat	Reparaturleistungen [h]	monatliche Reparaturkosten
Januar	820	50.310 €
Februar	930	57.050 €
März	1.020	65.725 €
April	1.000	62.340 €
Mai	1.090	65.990 €
Juni	1.130	66.135 €
Juli	920	54.980 €
August	870	56.840 €
September	1.010	62.110 €
Oktober	1.040	60.220 €
November	970	58.310 €
Dezember	720	46.455 €
Summe	**11.520**	**706.465 €**

Die niedrigste Beschäftigung lag im Dezember mit 720 Reparaturstunden und die höchste Beschäftigung im Juni mit 1.130 Stunden vor. Die Steigung der Kostenfunktion bestimmt sich zu

$$\text{Steigung der Kostenfunktion} = \frac{66.135 - 46.455\ \text{€}}{1.130 - 720} = \frac{19.680\ \text{€}}{410\ \text{h}}$$
$$= 48\ \text{€ je Reparaturstunde}$$

Der Achsenabschnitt folgt über eine Umformung der Kostenfunktion y = a + bx zu

$$a = y - b\,x.$$

Setzt man die geschätzte Steigung der Kostenfunktion (b = 48) und einen der beiden Beobachtungspunkte ein, so erhält man den Achsenabschnitt

$$a = 66.135 - 48 \cdot 1.130 = 46.455 - 48 \cdot 720 = 11.895.$$

Über die Zwei-Punkt-Methode resultiert folgende Schätzung der Kostenfunktion:

$$\text{Kosten Reparatur} = 11.895\ \text{€} + 48\ \text{€/h} \cdot \text{Reparaturstunden}.$$

Im Unterschied zur obigen Funktion werden hier die monatlichen Reparaturstunden verwendet und die monatlichen Kosten geschätzt.

Abbildung 6.11 zeigt die Reparaturkosten des abgelaufenen Jahres (blaue Punkte) sowie die über die Zwei-Punkt-Methode geschätzte Kostenfunktion. Trägt Kostenplaner Jäger die geschätzte Funktion in einem solchen Streupunktdiagramm ab, so kann er visuell deren Güte überprüfen: Im Beispiel bildet die Funktion offensichtlich relativ gut den Ursache-Wirkungs-Zusammenhang von Reparaturleistung und Reparaturkosten ab.

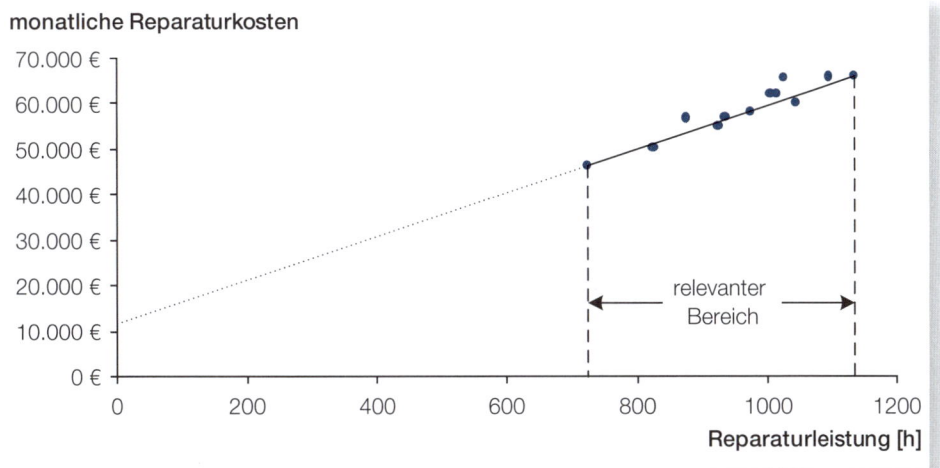

Abbildung 6.11: Zwei-Punkt-Methode: Streupunktdiagramm und Kostenfunktion

Im vergangenen Jahr schwankte die Reparaturleistung zwischen 720 und 1.130 Stunden. Da nur für dieses Intervall Beobachtungspunkte existieren, die Kostenplaner Jäger zur Schätzung der Kostenfunktion verwenden kann, liegt es nahe, dieses Intervall als den **relevanten Bereich** anzusehen. Die Visualisierung wie in Abbildung 6.11 unterstreicht nochmals, dass sich die ermittelte Kostenfunktion ausschließlich auf diesen Bereich bezieht. Insbesondere ist es fragwürdig, ob man den Achsenabschnitt (11.895 €) als monatliche Fixkosten der Reparaturkostenstelle interpretieren kann: Eine Reduktion der Reparaturleistungen auf Null würde zu einer Beschäftigung außerhalb des relevanten Bereichs führen, für die jedoch keine Beobachtungen vorliegen.

Die Zwei-Punkt-Methode liefert im Unterschied zur Kostenklassifikation eine objektive Schätzung der Kostenfunktion. Sie ist relativ einfach einsetzbar und ermöglicht eine schnelle Einordnung, wie sich die Reparaturleistungen auf die Kosten der Reparaturstelle auswirken. Allerdings nutzt sie nur zwei Beobachtungspunkte. Sofern es sich hierbei um Ausreißer handelt (zum Beispiel bei einem Produktionsstopp infolge von Lieferschwierigkeiten eines Zulieferers oder eines erhöhten Ausschusses bei einer schlecht kalibrierten Maschine), kann die geschätzte Kostenfunktion deutlich von dem tatsächlichen Kostenverlauf abweichen.

Kapitel 6 — Kostenverläufe und Ermittlung von Kostenfunktionen

Ermittlung von Kostenfunktionen über die lineare Regression mit Excel

Mit der Regressionsanalyse kann man die Beziehung zwischen einer abhängigen und einer oder mehreren unabhängigen Variablen ermitteln.

Die Regressionsanalyse ist ein statistisches Analyseverfahren, mit dem man die Beziehung zwischen einer abhängigen und einer oder mehreren unabhängigen Variablen ermitteln kann. Bei einer einfachen Regression schätzt der Kostenplaner die Beziehung zwischen der abhängigen Variable (z. B. Reparaturkosten) und einer unabhängigen Variable (z. B. geleistete Reparaturstunden). Für die Reparaturstelle kann aber auch plausibel sein, dass die Reparaturkosten nicht nur von den geleisteten Stunden, sondern auch von der Anzahl an Reparaturaufträgen abhängen. Eine solche Beziehung zwischen einer abhängigen und mehreren unabhängigen Variablen schätzt man mit einer multiplen Regression.

Im Unterschied zur Zwei-Punkt-Methode werden bei der linearen Regression alle Beobachtungspunkte zur Schätzung der Kostenfunktion herangezogen. Die Parameter der Funktion werden so gewählt, dass die Abweichungen zwischen den geschätzten und den beobachteten Kosten möglichst gering sind. Beispielsweise werden bei der **Methode der kleinsten Quadrate** Achsenabschnitt und Steigung so bestimmt, dass die Summe der quadrierten Abweichungen minimal ist. Als Ergebnis dieser Optimierung folgen Bestimmungsgleichungen für die beiden Parameter der Kostenfunktion. Im Anhang zu diesem Kapitel finden Sie die beiden Gleichungen und die mit ihnen bestimmten Parameter der Kostenfunktion für die Reparaturstelle.

Einfache und multiple lineare Regressionen lassen sich leicht mit Tabellenkalkulationsverfahren wie Excel durchführen. Abbildung 6.12 zeigt für das Beispiel der Reparaturstelle die bei der Datenanalyse über Excel vorzunehmenden Einstellungen. Insbesondere sind der Y-Eingabebereich (d. h. die monatlichen

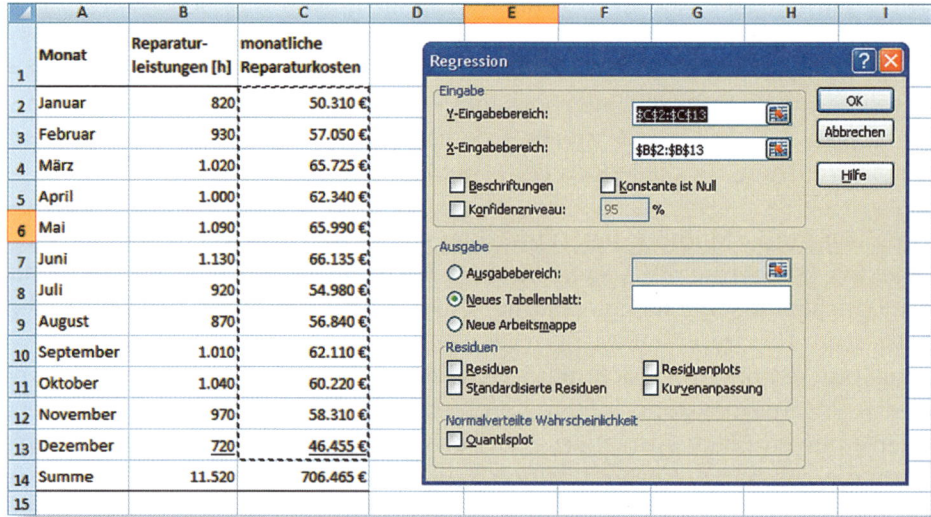

Abbildung 6.12: Einfache lineare Regression mithilfe von Excel

Reparaturkosten) und der X-Eingabebereich (d. h. die monatlichen Reparaturleistungen) anzugeben. Als Ergebnis liefert Excel neben den Schätzungen für die beiden Parameter eine Fülle weiterer statistischer Kennzahlen über die Güte der ermittelten Funktion.

Mit den Parametern lautet die Schätzung der Kostenfunktion:

Kosten Reparatur = 9.858,50 € + 51,06 €/h · Reparaturstunden.

Abbildung 6.13 hebt erneut hervor, dass sich die Aussagekraft der geschätzten Kostenfunktion auch bei linearer Regression nur auf den relevanten Bereich (720 bis 1.130 Reparaturstunden) beschränkt. In diesem Bereich erhöhen sich die Reparaturkosten mit jeder zusätzlichen Stunde um 51,06 €. Erwartet Kostenplaner Jäger im anstehenden Monat Reparaturleistungen von 1.035 Stunden für die Produkte von Sewing United, dann prognostiziert er Reparaturkosten in Höhe von 62.705,60 € (= 9.858,50 € + 51,06 € · 1.035). Außerhalb des relevanten Bereichs lassen sich trotz Verwendung der linearen Regression die Kosten nicht verlässlich prognostizieren.

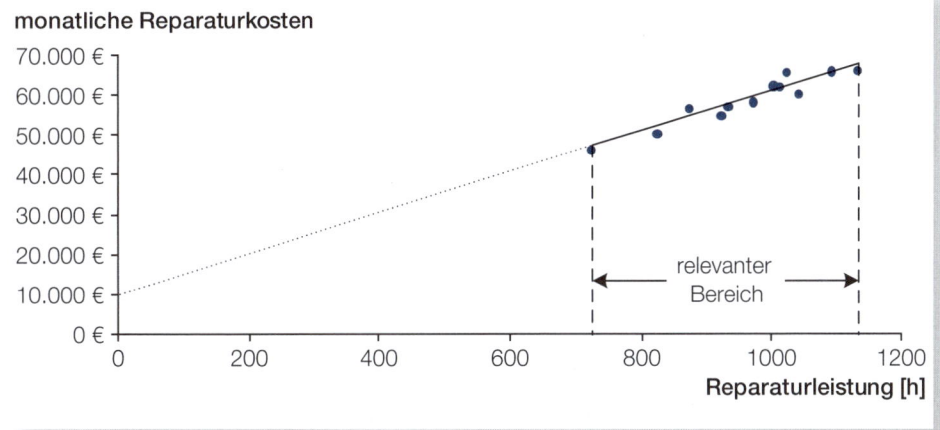

Abbildung 6.13: Einfache lineare Regression: Streupunktdiagramm und Kostenfunktion

Die lineare Regression ist wie die Zwei-Punkt-Methode ein objektives Verfahren zur Bestimmung von Kostenfunktionen. Im Unterschied zur Zwei-Punkt-Methode werden die Parameter der Funktion zielgerichtet bestimmt, so dass die resultierende Kostenprognose im Allgemeinen präziser ausfällt. Dafür ist jedoch eine größere Anzahl an Beobachtungen erforderlich. Muss der Kostenplaner zwischen der Zwei-Punkt-Methode und der linearen Regression auswählen, so wägt er deshalb den Nutzen einer präziseren Kostenprognose gegen die höheren Ermittlungskosten ab.

Kapitel 6 — Kostenverläufe und Ermittlung von Kostenfunktionen

Beurteilung linearer Regressionen

Lineare Regressionen lassen sich hinsichtlich
- der ökonomischen Plausibilität,
- der Güte der Regression sowie
- der statistischen und ökonomischen Relevanz

beurteilen. Diese drei Kriterien sollten stets gemeinsam betrachtet werden.

Als Zielsetzung wird bei der Bestimmung der Parameter der linearen Funktion der bestmögliche statistische Zusammenhang zwischen abhängigen Kosten und unabhängiger Bezugsgröße betrachtet. Die Technik ist insofern „blind" hinsichtlich der **ökonomischen Plausibilität** der geschätzten Kostenfunktion. Der Kostenplaner muss deshalb prüfen, ob die geschätzte Funktion auch intuitiv einleuchtend ist. Wie bei der Methode der Kostenklassifikation zieht er hierzu sein Wissen über den Produktionsprozess und seine Erfahrung in der Ermittlung von Kostenfunktionen heran. Beispielsweise können extreme Ausreißer dazu führen, dass die Regression eine vernachlässigbar niedrige Steigung der Kostenfunktion ergibt. Weicht dies aber stark von früher geschätzten Kostenfunktionen ab, so wird ein erfahrener Kostenplaner die Beobachtungswerte auf Ausreißer oder fehlerhafte Daten hin überprüfen.

> Das Bestimmtheitsmaß beschreibt den Anteil der Variation der abhängigen Variablen, der durch die unabhängige Variable erklärt wird.

Die Güte der Regression wird typischerweise über das **Bestimmtheitsmaß** angegeben. Dieses Maß beschreibt den Prozentanteil der Variation der abhängigen Variablen, der durch die lineare Regression erklärt wird. Die Bestimmungsgleichung für das Bestimmtheitsmaß ist im Anhang angegeben. Für das obige Beispiel liefert Excel das Bestimmtheitsmaß $R^2 = 0{,}91$. Somit werden 91 % der Variation der Reparaturkosten durch die Variation der geleisteten Reparaturstunden erklärt. Ab einem Bestimmtheitsmaß von $R^2 = 0{,}3$ weist die geschätzte Kostenfunktion häufig eine zufrieden stellende Güte auf. Generell gilt, dass mit einem höheren Bestimmtheitsmaß die Erklärungskraft der Kostenfunktion steigt.

Die **statistische Relevanz** zeigt sich an der t-Statistik der unabhängigen Variablen. Dieser Wert resultiert aus dem Verhältnis von Steigung und Standardfehler dieses Regressionskoeffizienten. Als „Daumenregel" gilt folgender Sachverhalt: t-Statistiken größer als 2,1 deuten darauf hin, dass zwischen der abhängigen und der unabhängigen Variablen nicht nur ein zufälliger Zusammenhang besteht. Excel liefert für das vorliegende Beispiel eine t-Statistik von 9,83. Der Kostenplaner Erik Jäger kann deshalb davon ausgehen, dass zwischen den geleisteten Reparaturstunden und der Höhe der Reparaturkosten ein systematischer Zusammenhang besteht.

Als letztes Kriterium ist die **ökonomische Relevanz** zu prüfen. Beispielsweise kann der ermittelte Zusammenhang zwar statistisch signifikant, ökonomisch aber vernachlässigbar sein. Ist beispielsweise die Steigung der Kostenfunktion sehr gering, so kann man näherungsweise auch von fixen Kosten im relevanten Bereich ausgehen. Für die Reparaturstelle schätzt man mit der

Kostenfunktion am unteren Ende des relevanten Bereichs Reparaturkosten von 46.618,69 € und von 67.551,57 € am oberen Ende dieses Bereichs. Infolge des erheblichen Kostenunterschieds besteht hier eine ökonomische Relevanz der Kostenfunktion.

Voraussetzungen für den Einsatz statistischer Verfahren

Damit der Kostenplaner eine lineare Regression durchführen kann, braucht er eine **ausreichende Anzahl an Beobachtungspunkten** in Form von Istkosten sowie Bezugsgrößen. Das Rechnungswesen muss diese Größen ermitteln und am besten in elektronischer Form speichern sowie leicht zugänglich machen. Bei der Bereitstellung der Daten kann der Kostenplaner mit verschiedenen Problemen konfrontiert werden:

1. **Fehlende oder nicht verlässliche Beobachtungspunkte.** Dieses Problem besteht insbesondere bei manueller Dokumentation. Wenn Mitarbeiter die Materialbelege der Lagerbuchhaltung sehr ungenau ausfüllen, liegen für einige Fertigungsaufträge keine Materialkosten vor und die Kosten anderer Aufträge sind zu hoch.
2. **Streupunktballung.** Sowohl die Istkosten als auch die Beschäftigung variieren nur in einem kleinen Bereich. Derartige Streupunktballungen erschweren die statistische Auswertung, da im Extremfall minimaler Variation nur eine einzige Beobachtung vorliegt. Dieses Problem tritt beispielsweise bei Hochofenprozessen auf, die zum Zweck einer relativ konstanten Temperatur einen sehr gleichmäßigen Durchfluss von Roheisen haben.
3. **Mangelnde stationäre Beziehungen.** Erfolgen in einem Betrieb organisatorische Umstellungen, werden Rationalisierungsmaßnahmen durchgeführt oder findet ein Wechsel zu einem neuen Fertigungsverfahren statt, so wirkt sich dies im Allgemeinen auf die Ursache-Wirkungs-Beziehungen von Beschäftigung und verbrauchten Ressourcen aus. Bei mangelnder stationärer Beziehung sollte man die Beobachtungen aufteilen und für die Stichprobe vor und nach dem Strukturbruch jeweils eine getrennte Regression durchführen. Sollten die geschätzten Koeffizienten der Kostenfunktion allerdings vergleichbar sein, kann der Kostenplaner die Beobachtungen zusammenlegen und eine einzige Kostenfunktion schätzen.
4. **Extreme Beobachtungen.** Ausreißer entstehen in nicht-repräsentativen Perioden (z. B. Werksstillstand infolge eines überregionalen Stromausfalls oder eines gewerkschaftlich organisierten Streiks bei einem Zulieferer) sowie bei Erfassungsfehlern. Derartige Ausreißer liegen typischerweise außerhalb des relevanten Bereichs. Bei der statistischen Auswertung sollten sie nicht berücksichtigt werden.
5. **Heterogene Kostenverursachung.** Sind mehrere Kosteneinflussgrößen für die Kostenhöhe verantwortlich, so bildet eine einfache lineare Regression wichtige Ursache-Wirkungs-Beziehungen häufig nicht adäquat ab. In diesem Fall kann der Kostenplaner erstens die Kosten aufspalten und getrennt eine einfache lineare Regression mit verschiedenen Bezugsgrößen schätzen.

Sofern diese Trennung der Kosten nicht möglich oder zu zeitaufwändig ist, kann er zweitens auch eine multiple lineare Regression mit mehreren Bezugsgrößen durchführen.

6. **Zeitliches Matching von Kosten und Bezugsgröße.** Viele Unternehmen führen Instandhaltungsmaßnahmen in Perioden niedriger Beschäftigung durch. Analysiert der Kostenplaner nun den Zusammenhang von wöchentlichen Instandhaltungskosten und den Fertigungszeiten der gleichen Woche, so wird er hohe Instandhaltungskosten in Wochen mit geringer Fertigungszeit und niedrige Instandhaltungskosten in Wochen mit hoher Fertigungszeit ermitteln. Bei einer entsprechenden Regression könnte sogar ein negativer Koeffizient für die Fertigungszeit folgen. Um die Kostenfunktion hier richtig zu schätzen, muss der Kostenplaner sein Wissen um derartige organisatorische Rahmenbedingungen berücksichtigen. Beispielsweise kann eine Regression von Instandhaltungskosten und Fertigungszeit der vorangegangenen Woche eine belastbarere Kostenfunktion liefern.
7. **Periodenlänge.** Um möglichst viele Beobachtungen zu erhalten, sollten die Perioden relativ kurz sein (z. B. wöchentliche Dokumentation von Kosten und Beschäftigung). Andererseits erschwert eine kürzere Periode das zeitliche Matching von Kosten und Bezugsgröße. Der Kostenplaner muss unter Abwägung dieser beiden Argumente die Periodenlänge wählen.
8. **Inflation.** Ein ansteigendes Preisniveau beeinflusst die Kosten, oftmals aber nicht die Beschäftigung. Damit liefert die Regression einen schwächeren Ursache-Wirkungs-Zusammenhang. Dieses Problem lässt sich beheben, indem man die Istkosten unter Nutzung von Preisindizes um die Inflation bereinigt. Spezifische Preisindizes für bestimmte Einsatzgüter oder Branchen ermittelt das Statistische Bundesamt und veröffentlicht sie auf seiner Internetseite (http://www.destatis.de).

Foto: GROHE-Nepomuk Klinik Erfurt

Praxisbeispiel: Statistische Kostenermittlung in einem Krankenhaus

Die in einer Case Study von Robert Kaplan beschriebenen Probleme bei der statistischen Ermittlung von Kostenfunktionen sind charakteristisch für die von Kostenplanern in verschiedensten Branchen zu bewältigenden Aufgaben. Für ein Ausbildungskrankenhaus waren für einen Zeitraum von knapp zwei Jahren monatliche Daten über die Kosten verschiedener Krankenstationen, Serviceeinrichtungen (z. B. Pflege, Wäscherei, Instandhaltung oder Sicherheitsdienst) und weiterer Gemeinkostenbereiche (z. B. Krankenhausleitung, Abschreibungen, Personalwesen, Beschaffung oder Telefondienst) vorhanden. Als Bezugsgröße der Beschäftigung lag für jeden Bereich ein so genannter Serviceindex vor. Aufgabe des Projektteams war es, für die Stationen sowie Servicebereiche Kostenfunktionen zu schätzen.

Die Regressionsanalyse lieferte durchgehend unbefriedigende Ergebnisse. Dies lag zunächst daran, dass der bereitgestellte Serviceindex als gleitender Durchschnitt über einen Sechsmonatszeitraum bestimmt wurde. Aber auch die Verwendung der „Rohdaten" lieferte keine deutliche Verbesserung. Nach einer zusätzlichen Inflationsbereinigung deuteten die Regressionsergebnisse sogar darauf hin, dass die Kosten der Stationen unabhängig von dem Serviceindex sind (d.h., dass in den Stationen keine variablen Kosten existieren). Eine weitergehende Analyse der Daten zeigte, dass es sich bei den vorliegenden Personal- und Materialkosten tatsächlich um Personal- und Material*ausgaben* handelte. Da beispielsweise die Stationen benötigte Materialien aber in größeren Mengen bezogen und die nicht genutzten Mengen einlagerten, konnte keine starke Ursache-Wirkungs-Beziehung zwischen der Beschäftigung und den Ausgaben festgestellt werden: Mäßigen Schwankungen der Beschäftigung standen starke Schwankungen der Materialausgaben gegenüber, so dass im Ergebnis die statistische Analyse keinen eindeutigen Zusammenhang lieferte.

Das Projektteam kam zu dem Schluss, dass belastbare Kostenfunktionen erst ermittelt werden können, nachdem das Krankenhaus bei der Dokumentation der Personal- und Materialkosten von einer „Ausgabenrechnung" auf eine „Verbrauchsrechnung" umgestellt hat und ausreichende Beobachtungen dieser neuen Rechnung vorliegen. Aufgabe der Verbrauchsrechnung ist es, den bewerteten Bedarf an Materialien bzw. den bewerteten Einsatz der Mitarbeiter zu dokumentieren. Sie ist insofern konsistent mit dem Verständnis von Kosten als bewertetem, sachzielbezogenen Güter*verbrauch*.

Das Beispiel zeigt, dass nicht die Menge an Kosten- und Beschäftigungsdaten, sondern die damit abgebildeten Sachverhalte entscheidend sind für die Aussagekraft statistisch ermittelter Kostenfunktionen. Insbesondere ist ein „matching" von Beschäftigung und Kostenbeträgen erforderlich, um gehaltvolle Kostenfunktionen ableiten zu können. Hieran wird deutlich, dass auch bei Regressionsanalysen der Erfahrungsschatz des Kostenplaners wichtig ist, um einschätzen zu können, ob die vorliegenden Kosten- und Beschäftigungsdaten für eine Regression geeignet sind.

Quelle: Kaplan, Robert S.: Management Accounting in Hospitals: A Case Study, in: Livingstone, John Leslie und Gunn, Sanford C. (Hrsg.): Accounting for Social Goals, Harper and Row, New York et al. 1974, S. 131–148.

Anwendungsbereiche analytischer und statistischer Verfahren

Analytische Verfahren zur Ermittlung von Kostenfunktionen unterscheiden sich von statistischen Verfahren hinsichtlich des benötigten Zeit- sowie Personalaufwands und bezüglich der Präzision des geschätzten Kostenverlaufs. Mit einer präziseren Schätzung kann das Management in der Regel bessere Entscheidungen treffen. Bei der Auswahl des Verfahrens zur Ermittlung von Kostenfunktionen wägt der Kostenplaner die Vorteile besserer Entscheidungen gegen die Nachteile höherer Ermittlungskosten ab. Für beide Verfahrenstypen gilt allerdings, dass mit ihnen die Parameter einer aggregierten und linearisierten Kostenfunktion geschätzt werden. Im Einzelfall muss der Kostenplaner abschätzen, wie stark sich die Parameter dieser approximierten Funktion auf die Entscheidungen auswirken und ob sich vor diesem Hintergrund eine präzisere Schätzung der Parameter überhaupt lohnt.

Das beste Verfahren variiert von Kostenart zu Kostenart und lässt sich nicht allgemein für ein bestimmtes Unternehmen oder eine bestimmte Branche angeben. Zwar nehmen Vertreter der Grenzplankostenrechnung (siehe hierzu Kapitel 11) den Standpunkt ein, dass bei einer Plankostenrechnung die analytischen Verfahren generell den statistischen überlegen sind. Eine solche absolute Aussage über das beste Verfahren ist allerdings in Anbetracht der Vielfalt an Entscheidungssituationen nicht haltbar. Häufig liegen Ursache-Wirkungs-Beziehungen vor, die sich unter Kosten-Nutzen-Abwägungen effizienter mit statistischen Verfahren ermitteln lassen.

Existieren detaillierte Stücklisten oder Arbeitspläne, so werden Kostenfunktionen für Material- und Fertigungseinzelkosten tendenziell eher mit analytischen Verfahren ermittelt. Dies betrifft beispielsweise den Automobilbau oder die chemische Industrie. Aus Rezepturen lassen sich dann sogar Funktionen der Materialgemeinkosten für die in chemischen Prozessen oftmals resultierenden Kuppelprodukte (vgl. hierzu Kapitel 3) ableiten. Weiterhin gilt für Industrien mit kurzen Produktlebenszyklen oder häufigen Prozessveränderungen, dass hier oftmals zu wenige Beobachtungspunkte für eine lineare Regression vorliegen. Für derartige Unternehmen dürfte deshalb ein analytisches Verfahren die einzige Möglichkeit zur Bestimmung von Kostenfunktionen sein. Demgegenüber nutzen Kostenplaner häufig statistische Verfahren zur Ermittlung von Kostenfunktionen für Gemeinkosten.

6.3 Dokumentation von Kostenprognosen

Mit den analytischen und statistischen Verfahren kann man die Kostenfunktionen sowohl von Einzel- als auch von Gemeinkosten ermitteln. Insbesondere für die Dokumentation prognostizierter Gemeinkosten hat sich in der Unternehmenspraxis ein spezielles Vorgehen etabliert.

6.3 Dokumentation von Kostenprognosen

In einer stark ausgebauten Plankostenrechnung werden für jede Gemeinkostenart jeder Kostenstelle die Kostenfunktionen getrennt bestimmt. Insbesondere unterscheidet man dabei zwischen folgenden Gemeinkostenarten:

- Gemeinkosten der Betriebsarbeit,
- Hilfs-, Betriebsstoff- und Werkzeugkosten,
- Instandhaltungskosten,
- kalkulatorische Abschreibungen,
- kalkulatorische Zinsen sowie
- Steuern und Versicherungen.

Mit einem derart differenzierten Vorgehen lassen sich die Kosten präziser prognostizieren. Zudem kann man für jede Kostenart den Planwerten die beobachteten Istwerte gegenüberstellen, so dass ein Manager vielfältigere Möglichkeiten zur Kostenkontrolle hat. Die Kostenkontrolle über den Vergleich von Soll- und Istwerten wird ausführlich im Kapitel zur Standardkostenrechnung und Abweichungsanalyse (Kapitel 10) behandelt.

Auch bei differenziertem Vorgehen aggregiert der Kostenplaner weiterhin mehrere Kostenarten. Beispielsweise setzen sich die Gemeinkosten der Betriebsarbeit aus den Gehältern, Hilfslöhnen, Zusatzlöhnen und Sozialkosten der in der Kostenstelle Beschäftigten zusammen. Auch diese Kostenarten sind wiederum in sich vielfach nicht homogen. Beispielsweise können in einer Kostenstelle Mitarbeiter mit unterschiedlichen Gehältern, Pensionsansprüchen, Krankenversicherungsbeiträgen oder Ansprüchen auf weitere Sozialleistungen beschäftigt sein. Vergleichbar wird über die Hilfs-, Betriebsstoff- und Werkzeugkosten der Verbrauch verschiedenster Schmierstoffe, Öle, Kraftstoffe, Reinigungsmittel, von Energie für Licht und Heizung und von unterschiedlichen Werkzeugen (Handwerkzeuge, Messwerkzeuge, Werkzeuge für Maschinen) aggregiert betrachtet. Typischerweise ist ein differenziertes Vorgehen für jedes einzelne Einsatzgut viel zu aufwändig, so dass der Kostenplaner die entsprechenden Beträge aggregiert.

Kostenstellenblätter

Die Prognose von Gemeinkosten dokumentiert der Kostenplaner in speziellen Kostenstellenblättern. Diese Blätter listen u.a. die Kostenarten mit ihren prognostizierten Beträgen auf. Hierzu muss der Kostenplaner zunächst die geplante Beschäftigung der Kostenstelle ermitteln. Setzt er diese Planbeschäftigung in die Kostenfunktionen ein, so erhält er die erwarteten Gemeinkosten. Je Kostenstellenblatt verwendet er dabei im Allgemeinen nur eine einzige Bezugsgröße, d.h., er geht von einer homogenen Kostenverursachung aus.

In Kostenstellenblättern wird die Prognose von Gemeinkosten dokumentiert.

Beispielsweise unterscheidet der Kostenplaner entsprechend Abbildung 6.14 bei einer Kostenstelle „Blechbearbeitung" zwischen Kosten der Betriebsar-

Kapitel 6 — Kostenverläufe und Ermittlung von Kostenfunktionen

beit, Hilfs- und Betriebsstoffkosten, Werkzeugkosten, Instandhaltungskosten, kalkulatorischen Abschreibungen und Zinsen sowie Steuern und Versicherungen als Gemeinkosten dieser Kostenstelle. Im rechten Kasten sind die mit einem statistischen oder analytischen Verfahren ermittelten Kostenfunktionen $y = a + b \cdot x$ für die einzelnen Kostenarten sowie insgesamt angegeben; x bezeichnet die über die Fertigungsstunden gemessene Beschäftigung. Für alle Kostenarten wird unterstellt, dass die Fertigungsstunden die einzig variierende Kosteneinflussgröße sind.

Abbildung 6.14: Allgemeiner Aufbau des Kostenstellenblatts und Kostenfunktionen der Kostenarten

Kostenstelle: Blechbearbeitung		
Kostenart	Plankosten bei Planbeschäftigung	Kostenfunktion: $y = a + b \cdot x$
Kosten der Betriebsarbeit	68.400 €	$20.400 + 20 \cdot x$
Hilfs- und Betriebsstoffkosten	12.370 €	$2.770 + 4 \cdot x$
Werkzeugkosten	3.600 €	$1,5 \cdot x$
Instandhaltungskosten	4.910 €	$110 + 2 \cdot x$
kalkulatorische Abschreibungen	7.300 €	$4.900 + 1 \cdot x$
kalkulatorische Zinsen	580 €	580
Steuern und Versicherungen	780 €	780
Summe	**97.940 €**	$29.540 + 28,5 \cdot x$
Planbeschäftigung [Fertigungsstunden]	2.400	
Plankostenverrechnungssatz	40,81 €	

Für das dritte Quartal geht der Kostenplaner von einer Planbeschäftigung in Höhe von x = 2.400 Fertigungsstunden aus. Einsetzen in die Kostenfunktionen liefert die **Plankosten bei Planbeschäftigung**. Summiert man diese Kosten, so folgen die Plankosten der Kostenstelle zu 97.940 €. Das Verhältnis von Plankosten und Planbeschäftigung ergibt einen so genannten **Plankostenverrechnungssatz** in Höhe von 40,81 € je Fertigungsstunde (= 97.940/2.400). Da der Kostenplaner hierbei nicht zwischen fixen und variablen Kosten unterscheidet, handelt es sich um einen Vollkostenverrechnungssatz. Diesen kann er entweder zur Vorkalkulation der Herstellkosten von Produkten (Kapitel 3) oder für eine Kostenstellenrechnung auf Basis von Planwerten (Kapitel 4) nutzen.

In der beschrieben Form beschränkt sich die Kostenprognose auf einen einzigen Beschäftigungsgrad (die Planbeschäftigung in Höhe von 2.400 Fertigungsstunden). Für seine Entscheidungen benötigt das Management allerdings typischerweise Informationen für verschiedene Beschäftigungsgrade. Die explizite Angabe von Kostenfunktionen wie im rechten Kasten von Abbildung 6.14 ist jedoch eher unüblich. Um die Auswirkungen einer Beschäfti-

gungsänderung zu verdeutlichen, gibt es folgende Möglichkeiten die Kostenstellenblätter zu ergänzen:
- differenzierter Ausweis von fixen und variablen Kosten,
- Stufenpläne oder
- Variatoren.

Differenzierter Ausweis von fixen und variablen Kosten

Eine Möglichkeit besteht in der Ergänzung des Kostenstellenblattes um die differenzierte Angabe der fixen und variablen Kosten bei Planbeschäftigung. Mit dem Verweis auf „variable Kosten" soll dabei angedeutet werden, dass in diesen Kosten proportionale sowie über- und unterproportionale Kosten enthalten sein können. Ein differenzierter Ausweis erfolgt insbesondere im Controlling-Modul der Unternehmenssoftware von SAP.

Im vorliegenden Beispiel ermittelt der Kostenplaner die entsprechenden Angaben in Abbildung 6.15 durch das Einsetzen der Planbeschäftigung in die Kostenfunktionen (gemäß Abbildung 6.14).

Bei differenzierter Angabe von fixen und variablen Kosten bietet es sich an, einen **variablen Plankostenverrechnungssatz** zu ermitteln. In dem Beispiel beträgt er

28,50 € je Fertigungsstunde = 68.400 €/2.400.

Dieser Verrechnungssatz wird insbesondere bei Teilkostenrechnungen wie der Grenzplankostenrechnung (Kapitel 11) genutzt, da diese Rechnungen auf der Trennung von fixen und variablen Kosten aufbauen.

Kostenstelle: Blechbearbeitung			
Kostenart	Plankosten bei Planbeschäftigung	Differenzierter Ausweis: fix	variabel
Kosten der Betriebsarbeit	68.400 €	20.400 €	48.000 €
Hilfs- und Betriebsstoffkosten	12.370 €	2.770 €	9.600 €
Werkzeugkosten	3.600 €	0 €	3.600 €
Instandhaltungskosten	4.910 €	110 €	4.800 €
kalkulatorische Abschreibungen	7.300 €	4.900 €	2.400 €
kalkulatorische Zinsen	580 €	580 €	0 €
Steuern und Versicherungen	780 €	780 €	0 €
Summe	**97.940 €**	**29.540 €**	**68.400 €**
Planbeschäftigung [Fertigungsstunden]			2.400
Plankostenverrechnungssatz			28,50 €

Abbildung 6.15: Differenzierter Ausweis: Ergänzung des Kostenstellenblatts um differenziert ausgewiesene fixe und variable Kosten

Stufenpläne

Der Kostenplaner kann das Kostenstellenblatt auch um Prognosen für mehrere, als realistisch erachtete Beschäftigungsgrade ergänzen. Beispielsweise sieht er für das anstehende Quartal auch eine Beschäftigung von 80%, 90% sowie 110% (d.h. 1.920, 2.160 oder 2.640 Fertigungsstunden) als realistisch an. Abbildung 6.16 zeigt das um einen Stufenplan ergänzte Kostenstellenblatt.

Abbildung 6.16: Stufenplan: Ergänzung des Kostenstellenblatts um einen Stufenplan

Kostenstelle: Blechbearbeitung				
Kostenart	Plankosten bei Planbeschäftigung (=100%)	80%	90%	110%
Kosten der Betriebsarbeit	68.400 €	58.800 €	63.600 €	73.200 €
Hilfs- und Betriebsstoffkosten	12.370 €	10.450 €	11.410 €	13.330 €
Werkzeugkosten	3.600 €	2.880 €	3.240 €	3.960 €
Instandhaltungskosten	4.910 €	3.950 €	4.430 €	5.390 €
kalkulatorische Abschreibungen	7.300 €	6.820 €	7.060 €	7.540 €
kalkulatorische Zinsen	580 €	580 €	580 €	580 €
Steuern und Versicherungen	780 €	780 €	780 €	780 €
Summe	97.940 €	84.260 €	91.100 €	104.780 €
Planbeschäftigung [Fertigungsstunden]	2.400			
Plankostenverrechnungssatz	40,81 €			

Der Vorteil des Stufenplans besteht erstens darin, dass die Plankosten für verschiedene Beschäftigungsgrade unmittelbar aus dem Kostenstellenblatt abgelesen werden können. Zweitens lassen sich auf diese Weise auch nichtlineare oder sprungfixe Kostenverläufe berücksichtigen.

Im Unterschied zum differenzierten Ausweis trennt der Stufenplan nicht zwischen fixen und variablen Kosten. Der **Plankostenverrechnungssatz** ist deshalb ein Vollkostenverrechnungssatz, dem die Planbeschäftigung zugrunde liegt:

$$40{,}81 \text{ € je Fertigungsstunde} = 97.940 \text{ €}/2.400.$$

Variator

Der Variator zeigt an, um welchen Prozentsatz sich die Gesamtkosten ändern, wenn die Planbeschäftigung um 10% variiert.

Der Variator entspricht dem mit zehn multiplizierten Verhältnis aus proportionalen Kosten und Gesamtkosten. Er zeigt an, um welchen Prozentsatz sich die Gesamtkosten ändern, wenn die Planbeschäftigung um 10% variiert. Mit dieser Kennzahl lassen sich die Kosten für andere Beschäftigungsgrade als die Planbeschäftigung einfach bestimmen.

Ausgehend von der Kostenfunktion y = a + b · x bestimmt sich der Variator v zu:

$$v = \frac{b \cdot x}{a + b \cdot x} \cdot 10$$

Interpretiert man a als fixe Kosten und b als proportionale Kosten mit einer über die Bezugsgröße x gemessenen Beschäftigung, so entspricht der Variator dem mit 10 multiplizierten Verhältnis von proportionalen Kosten zu Gesamtkosten. Im obigen Beispiel der Blechbearbeitung ist bei einer Planbeschäftigung von 2.400 Stunden der Variator für die Kosten der Betriebsarbeit

$$v = \frac{20 \cdot 2.400}{20.400 + 20 \cdot 2.400} \cdot 10 = 7{,}02$$

In Abbildung 6.17 ist das Kostenstellenblatt für die Kostenstelle „Blechbearbeitung" um die Variatoren der Kostenarten sowie den Variator für die gesamten Stellenkosten ergänzt.

Der Variator zeigt erstens den Anteil der proportionalen Kosten an den Gesamtkosten an: Bei rein proportionalen Kosten (a = 0) ist er gleich 10, bei rein fixen Kosten (b = 0) gleich 0. Nach Abbildung 6.17 sind die Werkzeugkosten rein proportional und die Steuern sowie Versicherungen rein fixe Kosten. Mit dem Variator v kann man zweitens die Kosten bei einer Beschäftigungsände-

Kostenstelle: Blechbearbeitung		
Kostenart	Plankosten bei Planbeschäftigung	Variator
Kosten der Betriebsarbeit	68.400 €	7,02
Hilfs- und Betriebsstoffkosten	12.370 €	7,76
Werkzeugkosten	3.600 €	10,00
Instandhaltungskosten	4.910 €	9,78
kalkulatorische Abschreibungen	7.300 €	3,29
kalkulatorische Zinsen	580 €	0,00
Steuern und Versicherungen	780 €	0,00
Summe	**97.940 €**	**6,98**
Planbeschäftigung [Fertigungsstunden]	2.400	
Plankostenverrechnungssatz	40,81 €	

Abbildung 6.17: Variator: Ergänzung des Kostenstellenblatts um Variatoren

Kapitel 6 — Kostenverläufe und Ermittlung von Kostenfunktionen

rung abschätzen: Steigt die Planbeschäftigung um 10 %, so erhöhen sich die Kosten um v%. Die Kosten der Betriebsarbeit bestimmen sich somit bei einer Beschäftigung von 2.640 Fertigungsstunden (das entspricht einem Anstieg der Planbeschäftigung um 10 %) zu:

$$68.400 \cdot (1 + 7{,}02/100) = 73.201{,}68 \; €.$$

Mit der entsprechenden Kostenfunktion in Abbildung 6.14 erhält man Gesamtkosten in Höhe von 73.200 €. Der Unterschiedsbetrag folgt aus der Rundung des Variators auf zwei Nachkommastellen.

Bezeichnet man mit K_{100} die Gesamtkosten bei einer Planbeschäftigung von 100 % und mit d die prozentuale Änderung der Beschäftigung, so belaufen sich allgemein die Gesamtkosten nach Beschäftigungsänderung auf

$$K_{neu} = K_{100} \cdot (1 + d \cdot v/10).$$

In dem Beispiel entsprechen die 2.400 Fertigungsstunden einer Planbeschäftigung von 100 %. Bei einem Rückgang der geplanten Beschäftigung um 8 % prognostiziert der Kostenplaner nun Kosten der Betriebsarbeit in Höhe von

$$68.400 \cdot (1 - 0{,}08 \cdot 7{,}02/10) = 64.558{,}66 \; €.$$

Für die Anwendung der Variatormethode ist zu beachten, dass sich der Variator auf eine bestimmte Planbeschäftigung bezieht. Ändert sich diese, so erhält man (mit Ausnahme der rein fixen und rein proportionalen Kosten) einen anderen Betrag für den Variator. Geht der Kostenplaner beispielsweise von einer Planbeschäftigung von 2.000 Fertigungsstunden aus, so bestimmt sich der Variator für die Kosten der Betriebsarbeit zu

$$v = \frac{20 \cdot 2.000}{20.400 + 20 \cdot 2.000} \cdot 10 = 6{,}62$$

Der Variator spiegelt das Verhältnis aus proportionalen Kosten zu den Gesamtkosten wider. Beide Kostenbeträge steigen und fallen mit der Beschäftigung. Intuitiv sind im Extremfall entweder die proportionalen Kosten vernachlässigbar (so dass ein Variator von 0 resultiert) oder die fixen Kosten sind vernachlässigbar (so dass bei identischem Zähler sowie Nenner ein Variator von 10 folgt).

Bei **abschnittsweise linearen Kostenfunktionen** resultiert auch bei rein variablen Kosten ein von 10 abweichender Variator. Diesen kann man nur zur Abschätzung von Kostenänderungen in dem Intervall verwenden, auf das sich die Kostenfunktion bezieht. Außerhalb dieses Intervalls muss der Kostenplaner einen anderen Variator bestimmen. Dieser ist gemeinsam mit seinem Gültigkeitsbereich in das Kostenstellenblatt einzutragen. Große Änderungen der Beschäftigung lassen sich deshalb nur noch näherungsweise über die Variatormethode abbilden. Vergleichbares gilt schließlich auch bei **nicht-linearen Kostenfunktionen**: Die Variatormethode ist bei diesen Funktionen ebenfalls lediglich lokal und näherungsweise einsetzbar.

Wie der Stufenplan trennt auch die Variatormethode schließlich nicht zwischen fixen und variablen Kosten. Der in Kostenstellenblatt 6.17 eingetragene Plankostenverrechnungssatz ist deshalb ebenfalls ein Vollkostenverrechnungssatz in Höhe von 40,81 € je Fertigungsstunde (= 97.940 €/2.400).

Literatur

Hilton, Ronald W./Platt, David E.: Managerial Accounting, 9. Auflage, McGraw-Hill, Boston et al. 2011, Kapitel 6.

Horngren, Charles, T./Datar, Srikant M./Rajan, Madhav: Cost Accounting – A Managerial Emphasis, 14. Auflage, Pearson Education, Upper Saddle River 2011, Kapitel 10.

Kilger, Wolfang/Pampel, Jochen/Vikas, Kurt: Flexible Plankostenrechnung und Deckungsbeitragsrechnung, 13.Auflage, Gabler, Wiesbaden 2012.

Schweitzer, Marcell/Küpper, Hans-Ulrich: Systeme der Kosten- und Erlösrechnung, 10. Auflage, Vahlen, München 2011, Kapitel 3.

Anhang: Regressionsanalyse

Mit der Methode der kleinsten Quadrate wählt man die Parameter der Kostenfunktion so, dass die Summe der quadrierten Abweichungen zwischen den beobachteten Kosten und den geschätzten Kosten minimal ist. Die beobachteten Kosten und Bezugsgrößen werden mit Y bzw. X bezeichnet. Die geschätzten Kosten y erhält man über die Kostenfunktion y = a + b x. Für die beiden Parameter a und b gelten die folgenden Zusammenhänge:

$$a = \frac{(\sum Y)(\sum X^2) - (\sum X)(\sum XY)}{n(\sum X^2) - (\sum X)(\sum X)} \quad \text{sowie} \quad b = \frac{n(\sum XY) - (\sum X)(\sum Y)}{n(\sum X^2) - (\sum X)(\sum X)},$$

n bezeichnet die Anzahl an Beobachtungspunkten. Für das Beispiel der Reparaturstelle zeigen die Spalten der nachfolgenden Excel-Tabelle die Zwischenrechnungen zur Bestimmung der Parameter:

Kapitel 6 — Kostenverläufe und Ermittlung von Kostenfunktionen

	A	B	C	D	E	F	G
1	Monat	Reparatur-leistungen [h]	monatliche Reparaturkosten				
2		X	Y	X²	XY	$(Y-y)^2$	$(Y-\overline{Y})^2$
3	Januar	820	50.310 €	672.400	41.254.200	2.000.156,01	73.309.271,01
4	Februar	930	57.050 €	864.900	53.056.500	84.337,26	3.319.987,67
5	März	1.020	65.725 €	1.040.400	67.039.500	14.360.822,19	46.962.466,84
6	April	1.000	62.340 €	1.000.000	62.340.000	2.032.574,64	12.026.446,01
7	Mai	1.090	65.990 €	1.188.100	71.929.100	231.034,27	50.664.737,67
8	Juni	1.130	66.135 €	1.276.900	74.732.550	2.006.677,67	52.749.958,51
9	Juli	920	54.980 €	846.400	50.581.600	3.421.947,19	15.148.312,67
10	August	870	56.840 €	756.900	49.450.800	6.568.663,22	4.129.362,67
11	September	1.010	62.110 €	1.020.100	62.731.100	469.397,27	10.484.104,34
12	Oktober	1.040	60.220 €	1.081.600	62.628.800	7.488.699,48	1.816.879,34
13	November	970	58.310 €	940.900	56.560.700	1.150.559,83	315.937,67
14	Dezember	720	46.455 €	518.400	33.447.600	26.793,39	154.183.958,51
15	Summe	11.520	706.465 €	11.207.000	685.752.450	39.841.662,41	425.111.422,92

Damit folgen die Parameterwerte zu

$$a = \frac{706.465 \cdot 11.207.000 - 11.520 \cdot 685.752.450}{12 \cdot 11.207.000 - 11.520 \cdot 11.520} = 9.858{,}50 \text{ €} \quad \text{sowie}$$

$$b = \frac{12 \cdot 685.752.450 - 11.520 \cdot 706.465}{12 \cdot 11.207.000 - 11.520 \cdot 11.520} = 51{,}06 \text{ € je Reparaturstunde.}$$

Das *Bestimmtheitsmaß* errechnet sich allgemein über die Gleichung

$$R^2 = 1 - \frac{\sum (Y-y)^2}{\sum (Y-\overline{Y})^2},$$

wobei $\overline{Y}$ den Mittelwert der beobachteten Kosten und y die Schätzungen auf Basis der ermittelten Kostenfunktion bezeichnen. Im Beispiel betragen die Reparaturkosten im Mittel $\overline{Y} = 706.465/12 = 58.872{,}08$ € pro Monat. Unter Verwendung dieses Wertes zeigt die Excel-Tabelle in den Spalten F und G die quadrierten Abweichungen der beobachteten Kosten von den geschätzten bzw. den mittleren Kosten. Das Bestimmtheitsmaß ergibt sich dann zu

$$R^2 = 1 - \frac{39.841.662{,}41}{425.111.422{,}92} = 0{,}91.$$

Der Standardfehler des Koeffizienten bestimmt sich zu

$$S = \sqrt{\frac{\sum (Y-y)^2}{\text{Freiheitsgrad} \cdot n \cdot \left(\frac{\sum X^2}{n} - \left(\frac{\sum X}{n}\right)^2\right)}}.$$

Bei 12 Beobachtungen und der Schätzung von zwei Parametern verbleibt ein Freiheitsgrad von 10. Mit den Werten der Excel-Tabelle folgt der Standardfehler zu

$$S = \sqrt{\frac{39.841.662{,}41}{(12-2)\cdot 12 \cdot \left(\frac{11.207.000}{12} - \left(\frac{11.520}{12}\right)^2\right)}} = 5{,}19.$$

Damit beträgt die t-Statistik des Koeffizienten

$$\text{t-Statistik} = 51{,}06/5{,}19 = 9{,}83.$$

Verständnisfragen

a) Kennzeichnen Sie den Zusammenhang von Kostenerfassung, Kostenplanung und Kostenprognose.
b) Grenzen Sie proportionale, unterproportionale und überproportionale Kosten voneinander ab. Nennen Sie je zwei Beispiele.
c) Welcher Zusammenhang besteht zwischen der Fristigkeit einer Kostenfunktion und dem Anteil variabler Kosten? Veranschaulichen Sie Ihre Ausführungen am Beispiel der Gehaltskosten einer Kostenstelle „Arbeitsvorbereitung".
d) Welchen Sachverhalt beschreibt der relevante Bereich?
e) Welche Unterschiede bestehen zwischen der Hoch-Tief-Methode und der statistischen Regression als Verfahren zur Ermittlung von Kostenfunktionen?
f) Diskutieren Sie die Voraussetzungen für den Einsatz statistischer Verfahren zur Ermittlung von Kostenfunktionen.
g) Was versteht man unter einem Variator? Welcher Sachverhalt ist bei seiner Interpretation zu beachten?
h) Wie unterscheidet sich die Dokumentation von Kostenprognosen per Variator und per Stufenplan?

Fallbeispiel: Empirische Ermittlung von Kostenfunktionen bei der Deutschen Lufthansa AG

Die Deutsche Lufthansa AG deckt mit ihrem Flugangebot die wesentlichen Verkehrsströme von, nach und über Europa ab. Regelmäßig sind das Streckennetz und damit die Flugziele sowie die Frequenz zu überprüfen. Neben den erwarteten Umsatzerlösen kommt den Kosten je Verbindung eine zentrale Bedeutung für die Entscheidung über den Flugplan zu. Hierbei machen die Treibstoffkosten, neben den Kosten für das Flugpersonal, den Start- und Landegebühren sowie den Wartungskosten, einen großen Anteil an den Gesamtkosten aus. Für den Kostenplaner stellt sich die Aufgabe, die Einflussgrößen der Treibstoffkosten zu identifizieren und den Zusammenhang über eine Kostenfunktion möglichst präzise abzubilden.

Foto: Jens Goerlich

Kapitel 6 — Kostenverläufe und Ermittlung von Kostenfunktionen

Naheliegender weise umfassen die Einflussgrößen technische Faktoren wie die Anzahl an Starts und Landungen, die zurückgelegte Strecke und das transportierte Gewicht, aber auch der Preis von Kerosin oder die allgemeine Inflation beeinflussen die Treibstoffkosten. Näherungsweise lassen sich die technischen Faktoren messen über die Anzahl an Flügen, die angebotenen Sitzkilometer sowie die Zahl der Fluggäste. In ihren Jahres- und Quartalsberichten informiert die Deutsche Lufthansa neben den Treibstoffkosten je Quartal über diese drei Kennzahlen. Für das Jahr 2012 gibt nachfolgende Tabelle die entsprechenden Informationen wieder:

	Q1 2012	Q2 2012	Q3 2012	Q4 2012
Treibstoffkosten [Mio. €]	1.500	1.800	1.900	1.670
Anzahl Flüge	239.140	266.885	271.457	243.814
Angebotene Sitzkilometer [Mio. km]	59.648	67.228	71.255	61.730
Fluggäste [Mio.]	21,867	27,498	29,433	24,253

Der Vergleich der Quartalswerte lässt einen positiven Zusammenhang erkennen. Dieser Zusammenhang wird noch deutlicher, wenn man ein Streupunktdiagramm für einen längeren Zeitraum betrachtet. Für die Jahre 2003 bis 2012 bestärkt das nachfolgende Diagramm die Vermutung, dass ein positiver Zusammenhang zwischen den Treibstoffkosten und der Anzahl an Flügen besteht. Vergleichbare Diagramme resultieren auch mit den angebotenen Sitzkilometern oder der Anzahl an Fluggästen als unabhängigen Variablen.

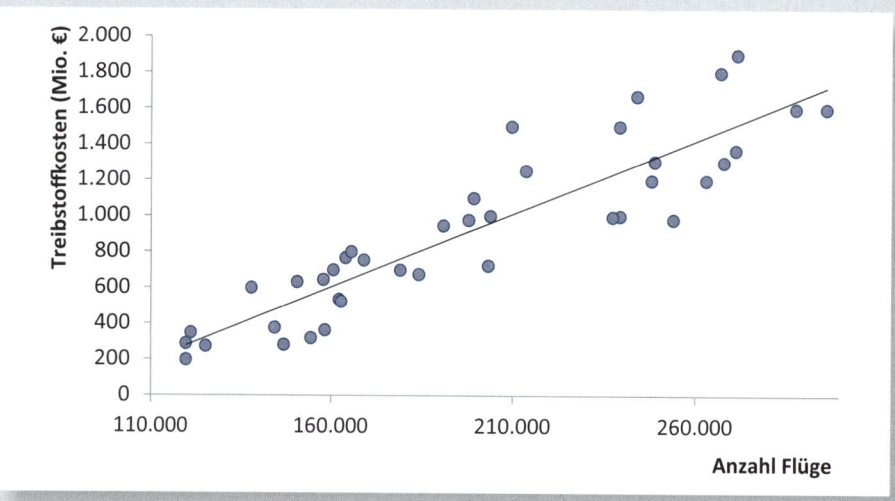

Deutsche Lufthansa AG: Streupunktdiagramm für die Treibstoffkosten und die Anzahl an Flügen je Quartal im Zeitraum 2003 bis 2012

Nutzt man die Beobachtungen für statistische Regressionen, so resultieren folgende Zusammenhänge:

$$y = -700{,}36 + 0{,}0082 \cdot \text{Anzahl Flüge} \qquad R^2 = 0{,}81$$

sowie

$$y = -679{,}25 + 0{,}0340 \cdot \text{Angebotene Sitzkilometer} \qquad R^2 = 0{,}87.$$

In beiden Fällen besteht ein hoch signifikanter Zusammenhang bei hohem Erklärungsgehalt der Schätzgleichung. Ein zusätzlicher Flug ist demnach mit zusätzlichen Treibstoffkosten in Höhe von 8.200 € anzusetzen und je angebotenem Sitzkilometer steigen die Treibstoffkosten um 3,4 Eurocent. Bemerkenswert ist auch, dass sich die Kostenfunktion nur auf den relevanten Bereich zwischen 119 Tsd. Flügen und 296 Tsd. Flügen bezieht, über die im Zeitraum 2003 bis 2012 berichtet wird. Insbesondere lässt sich aus dem negativen Achsenabschnitt nicht auf negative Fixkosten schließen!

Würde man mit der Hochtief-Methode die Kostenfunktion ermitteln, resultiert bei der Anzahl an Flügen als unabhängige Variable eine Steigung von

$$\frac{1.900 - 198{,}33}{296.352 - 119.855} = 0{,}096,$$

d. h., nach dieser Methode ist ein zusätzlicher Flug mit zusätzlichen Treibstoffkosten in Höhe von 9.600 € anzusetzen.

Quelle: Dikolli, Shane S./Sedatole, Karen: Delta's New Song: A Case on Cost Estimation in the Airline Industry, in: Issues in Accounting Education, Vol.19, 2004, No.3, S. 345–359. Daten der Deutschen Lufthansa AG: http://investor-relations.Lufthansagroup.com/finanzberichte/archiv.html, Abruf am 10.06.2013.

Übungsaufgaben

1. Ein Taxi-Unternehmen hat in den vergangenen sechs Monaten folgende Daten dokumentiert:

Monat	Fahrtstrecke in km	Anzahl an Fahrten	Betriebs- und Wartungskosten
Mai	4.200	140	5.800 €
Juni	5.300	230	6.200 €
Juli	6.800	380	6.700 €
August	8.100	470	7.100 €
September	10.500	490	7.400 €
Oktober	4.500	210	6.000 €

a) Schätzen Sie mit der Hoch-Tief-Methode die monatlichen Kosten je gefahrenen Kilometer sowie die monatlichen Fixkosten. Formulieren Sie die Kostenfunktion für die Betriebs- und Wartungskosten in Abhängigkeit von der Fahrtstrecke.

b) Erstellen Sie ein Streupunktdiagramm und legen Sie eine Ausgleichsgerade durch die Beobachtungspunkte. Schätzen Sie für die Ausgleichsgerade die Kosten je Kilometer. Prognostizieren Sie die Betriebs- und Wartungskosten, sofern die erwartete monatliche Fahrtstrecke 9.500 km beträgt.

c) Welche Güte weist eine Prognose auf, sofern die erwartete monatliche Fahrtstrecke 3.800 km beträgt?

d) Diskutieren Sie die Güte einer Kostenfunktion, bei welcher die Anzahl an Fahrten die einzige Bezugsgröße der Beschäftigung ist.

2. C. Lever hat sich direkt nach Abschluss seines Ingenieurstudiums vor zwei Jahren selbstständig gemacht. Nach den ersten beiden Geschäftsjahren möchte er seine Produktkalkulation auf eine solidere Basis stellen. Hierzu beauftragt er Sie mit der Ermittlung einer Kostenfunktion für die Stromkosten seiner Anlagen, welche den Großteil der Gemeinkosten ausmachen. Folgende Daten stellt er zur Verfügung:

	1. Jahr				2. Jahr			
Quartal	I	II	III	IV	I	II	III	IV
Anlagenlaufzeit [h]	720	705	630	655	640	675	735	700
Kosten Energie [€/kWh]	0,11	0,112	0,124	0,12	0,1495	0,145	0,135	0,138

Nach Auswertung der technischen Unterlagen verbrauchen die Anlagen 200 kW je Stunde Laufzeit.

a) Berechnen Sie die Kosten für Energie auf Quartalsbasis.

b) Ermitteln Sie mithilfe der Zwei-Punkt-Methode separate Kostenfunktionen für die beiden Jahre der Geschäftstätigkeit. Geben Sie jeweils die Kosten je Stunde Anlagenlaufzeit, die Fixkosten sowie die gesamte Kostenfunktion an. Liefern Sie eine ökonomische Interpretation über die Höhe der Fixkosten in den beiden Jahren.

c) Lever möchte, dass Sie eine Kostenfunktion auf Basis der Daten für beide Jahre erstellen. Nutzen Sie wiederum die Zwei-Punkt-Methode. Welche Besonderheit ist hier zu beachten?

d) Lever überlegt, ob er für das anstehende 2. Quartal einen Auftrag annehmen soll, der Material- und Fertigungseinzelkosten von 10.000 € verursacht, eine Anlagenlaufzeit von 700 h erfordert und Erlöse von 29.500 € einbringen würde. Prognostizieren Sie die Stromkosten mit der Kostenfunktion des 1. Jahres sowie des 2. Jahres. Welche Entscheidung trifft Lever jeweils? Diskutieren Sie Ihr Ergebnis.

3. Die Kosten einer Kostenstelle lassen sich über folgende Funktionen beschreiben:
$K_1 = 8.500$,
$K_2 = 10.000 + 40 x$, sowie

$$K_3 = \begin{cases} 50x & \text{für } x \leq 250 \\ 10.000 + 10x & \text{für } 250 < x < \text{Kapazitätsgrenze} \end{cases}$$

a) Geben Sie den Variator für die drei Kostenfunktionen an. Die Planbeschäftigung betrage $x = 250$ Fertigungsstunden.
b) Ermitteln Sie den Variator der Gesamtkosten bei Planbeschäftigung. In welchem Bereich ist dieser gültig?

4. Funblade produziert zwei verschiedene Arten Rollerblades: „Allround" und „High Speed". Die Einzelteile für beide Produkte bezieht Funblade ausnahmslos von externen Zulieferern. Das Unternehmen besteht aus den beiden Kostenstellen Einkauf und Montage sowie einer gemeinsamen Kostenstelle für Verwaltung und Vertrieb. Der Kostenstellenplan für die Kostenstelle „Einkauf" liefert folgende Informationen:

Kostenstelle: Einkauf			
Kostenarten		Plankosten bei Planbeschäftigung	Variator
Nr.	Bezeichnung		
1	Gehälter	29.160,– €	0
2	Hilfslöhne	4.140,– €	10
3	Sozialaufwendungen	4.125,– €	bis 100 % 3, darüber 4
4	Abschreibungen auf Büro- und Geschäftsausstattung	3.080,– €	5

Berechnen Sie unter Beachtung der Variatoren die gesamten Plankosten der Kostenstelle bei einer Kapazitätsauslastung von 80 % und von 120 %.

Kapitel 7 Erfolgsrechnung

Kapitelüberblick

7.1 **Aufgaben der Erfolgsrechnung**
   Verknüpfung von Kosten und Erlösen
   Stückerfolg
   Periodenerfolg

7.2 **Verfahren der Periodenerfolgsrechnung**
   Gesamtkostenverfahren
   Umsatzkostenverfahren

7.3 **Voll- und Teilkosten in der Periodenerfolgsrechnung**
   Unterschiede im Betriebsergebnis nach Voll- und Teilkosten
   Mehrperiodiger Vergleich der Betriebsergebnisse
   Fehlanreize zum Lageraufbau bei Vollkostenbetrachtung

7.4 **Deckungsbeitragsrechnung**
   Einstufige Deckungsbeitragsrechnung
   Mehrstufige Deckungsbeitragsrechnung

Lernziele dieses Kapitels

- Welche Aufgaben hat die Erfolgsrechnung?

- Was unterscheidet Stück- und Periodenerfolg?

- Welche Elemente enthält eine Periodenerfolgsrechnung nach dem Gesamtkostenverfahren?

- Welche Elemente enthält eine Periodenerfolgsrechnung nach dem Umsatzkostenverfahren?

- Warum unterscheiden sich die Gewinne, wenn sie entweder auf Basis von Voll- oder Teilkosten ermittelt werden?

- Warum löst ein auf Vollkostenbasis ermittelter Gewinn Fehlanreize zum Lageraufbau aus?

- Welche Vorteile bietet die Deckungsbeitragsrechnung gegenüber traditionellen Erfolgsrechnungen?

- Wodurch unterscheiden sich ein- und mehrstufige Deckungsbeitragsrechnungen?

Kapitel 7 Erfolgsrechnung

> **Ergebnisrechnung bei TerraVision**
>
> Joachim Milling, der Geschäftsführer eines mittelständischen Herstellers von Receivern für den Fernsehempfang, ist seit einiger Zeit über die Geschäftsentwicklung seiner Firma TerraVision beunruhigt. Die TerraVision verfügt über drei Produktlinien, nämlich Receiver für den terrestrischen (TerraX), den unverschlüsselten (SatFree) und den verschlüsselten Satellitenempfang (SatX). Seit geraumer Zeit beobachtet er einen Rückgang der Bestellungen für seine drei Produktlinien. Auf Produktionskürzungen hat TerraVision bislang verzichtet. Die voller werdenden Lager zeigen Herrn Milling jedoch auch, dass die Geschäfte etwas schlechter laufen. Daher verfolgt er die monatlichen Ergebnisrechnungen mit großer Aufmerksamkeit. Doch hier zeigt sich allenfalls ein kleiner Rückgang der Gewinne, der deutlich weniger dramatisch ausfällt als er befürchtet hat. Er fragt sich, ob die Ergebnisrechnung tatsächlich die richtigen Gewinne ausweist.

7.1 Aufgaben der Erfolgsrechnung

Verknüpfung von Kosten und Erlösen

Die Erfolgsrechnung stellt Kosten und Erlöse gegenüber, zeigt also, welchen Erfolg ein Unternehmen erzielt.

Mithilfe der Kostenrechnung erhalten wir einen tiefen Einblick in den Verbrauch von Ressourcen innerhalb einer Organisation. Sie erlaubt uns nicht nur ein Verständnis darüber, welche Kosten, sondern auch wo und wofür Kosten angefallen sind. Allerdings lassen sich mit diesem Wissen allein viele Entscheidungen noch nicht treffen. Um wirtschaftlich erfolgreich zu sein, müssen Unternehmen Erlöse erzielen. Erst durch die Verknüpfung von Kosten- und Erlösinformationen wird sichtbar, welchen Erfolg ein Unternehmen erzielt. Die Erfolgsrechnung stellt Kosten und Erlöse gegenüber und weist damit den Erfolg aus.

Begriffsvielfalt

> Für die Erfolgsrechnung haben sich zahlreiche Bezeichnungen eingebürgert. Häufig wird der Begriff Ergebnis- oder Betriebsergebnisrechnung verwendet. Der Begriff Gewinn- und Verlustrechnung hat sich für den Erfolg im Rahmen des externen Rechnungswesens eingebürgert.

Eine Erfolgsrechnung ist in praktisch allen privaten Unternehmen durchführbar, die Erlöse erzielen. Dies gilt für die Industrie genauso wie für den Handel oder Dienstleistungsunternehmen. Öffentliche Einrichtungen wie beispielsweise Schulen oder Behörden haben es dagegen schwerer, ihren Erfolg zu bestimmen. Sie erzielen nämlich keine Erlöse, so dass eine Gegenüberstellung von Kosten und Erlösen hier nicht durchführbar ist. Aber auch wenn die Bestimmung eines monetären Erfolgs nicht möglich ist, lassen sich andere Indikatoren finden, mit deren Hilfe der Output solcher Organisationen ermittelt werden kann. In einer Schule können das beispielsweise die Anzahl der Schüler sein. Für ein Finanzamt kann man auf die Anzahl und Dauer der bearbeiteten Steuerfälle zurückgreifen. Mithilfe dieser Indikatoren erhält man dann auch in öffentlichen Einrichtungen Transparenz über Kosten und Leistungen und damit eine Grundlage für weitere Entscheidungen.

Stückerfolg

Eine wichtige Informationsgrundlage für viele Entscheidungen liegt darin, ob ein Produkt oder eine Dienstleistung einen Beitrag zum Gewinn eines Unternehmens leistet. Diese Frage lässt sich mithilfe der Stückerfolgsrechnung beantworten. Dabei wird den Kosten eines Produktes oder einer Dienstleistung dessen Erlös gegenübergestellt. Eine Kaffeerösterei, die eine Packung gemahlenen Kaffee für 3,- € verkauft und Kosten je Packung in Höhe von 2,80 € hat, weist einen Stückerfolg von 0,20 € aus.

Die Stückerfolgsrechnung zeigt, welchen Beitrag zum Gewinn eines Unternehmens ein Produkt oder eine Dienstleistung leistet.

Bereits an diesem Beispiel erkennt man, dass es zwei wichtige Voraussetzungen für die Ermittlung des Stückerfolgs gibt:

1. Zur Bestimmung der Stückkosten ist eine Kostenträgerstückrechnung erforderlich, welche die Kosten auf die Produkteinheit verrechnet. Es ist also die Anwendung eines Kalkulationsverfahrens notwendig.
2. Die Bestimmung der Stückerlöse ist nur möglich, wenn sich die Erlöse eines Unternehmens stückweise, d. h. pro Outputeinheit, erfassen lassen.

Beide Voraussetzungen sind in vielen Fällen erfüllt. Zahlreiche Industriebetriebe verfügen über eine Kostenträgerrechnung. Gleichzeitig können die Erlöse häufig einzelnen Produkteinheiten zugerechnet werden, so dass ein Produkterfolg bestimmt werden kann.

Es gibt aber auch Fälle, in denen die Voraussetzungen nicht ohne weiteres gegeben sind. Beispielsweise verfügen nicht alle Krankenhäuser in Deutschland über eine Kostenträgerrechnung, die es ihnen erlaubt, den wirtschaftlichen Erfolg der Behandlung eines Krankheitsfalles zu bestimmen. In vielen Dienstleistungsbranchen lassen sich andererseits die Erlöse einer einzelnen Dienstleistung nicht ohne weiteres bestimmen. So bieten Banken beispielsweise Kontolösungen an, bei denen im Rahmen einer monatlichen Gebühr sämtliche Überweisungen kostenlos getätigt werden können. In diesem Fall ist es schwierig, den Erlös und damit den Erfolg einer einzelnen Überweisung zu berechnen.

Periodenerfolg

Für die Bestimmung des Periodenerfolgs werden die Kosten und Erlöse einer Abrechnungsperiode, die in vielen Fällen ein Monat ist, gegenübergestellt. Mithilfe einer solchen Periodenerfolgsrechnung kann rasch festgestellt werden, wie erfolgreich ein Unternehmen in einem bestimmten Zeitraum war. Das monatliche Ergebnis ist eine der wichtigsten Kennzahlen für das Top-Management eines Unternehmens und ist daher in der internen Berichterstattung an

Für die Bestimmung des Periodenerfolgs werden die Kosten und Erlöse einer Abrechnungsperiode gegenübergestellt.

prominenter Stelle zu finden. Abweichungen gegenüber den geplanten Größen führen häufig zu tiefer gehenden Analysen und Anpassungsmaßnahmen.

Der Periodenerfolg lässt sich auch produktbezogen darstellen, indem man die Kosten eines Produktes oder einer Dienstleistung in einer Periode den zugehörigen Erlösen gegenüberstellt. In solchen Fällen spricht man auch von Produkterfolg.

Im Gegensatz zur externen Gewinn- und Verlustrechnung, die bei großen börsennotierten Unternehmen mit Pflicht zur Quartalsberichterstattung einmal pro Quartal und sonst sogar nur einmal jährlich durchgeführt wird, weist die interne Ergebnisrechnung meistens eine höhere Erstellungsfrequenz auf. Eine jährliche Ergebnisrechnung eignet sich nämlich kaum als Basis für Managemententscheidungen, da die wesentlichen Informationen erst sehr spät bei den Entscheidungsträgern ankommen. Aus diesem Grund wird das interne Ergebnis in vielen Unternehmen monatlich bestimmt.

Die Bestimmung des Periodenerfolgs hängt auch davon ab, ob man ihn auf die hergestellten oder die abgesetzten Produkte bezieht. Beide Zahlen können erheblich voneinander abweichen. Wenn ein Lagerbestand an Produkten aufgebaut wird, ist die Anzahl der hergestellten Produkte höher als die Anzahl der abgesetzten Produkte. Bei einem Abbau eines Lagerbestands ist es umgekehrt.

Während sich die Umsatzerlöse auf die abgesetzten Einheiten beziehen, verhält es sich bei den Kosten etwas komplizierter. Zum einen beeinflusst die hergestellte Menge die dazugehörigen Herstellkosten und zum anderen hängen die Vertriebskosten häufig stärker mit der abgesetzten Menge zusammen. Damit der Periodenerfolg aussagekräftig bleibt, muss man entscheiden, ob die abgesetzte Menge oder die hergestellte Menge zugrunde gelegt wird. Im Rahmen einer Periodenerfolgsrechnung müssen die Kosten- und Erlösgrößen deswegen angepasst werden. Dies geschieht in den beiden Verfahren zur Ermittlung des Periodenerfolgs, nämlich dem Gesamtkostenverfahren und dem Umsatzkostenverfahren, auf unterschiedliche Weise.

7.2 Verfahren der Periodenerfolgsrechnung

Gesamtkostenverfahren

Beim Gesamtkostenverfahren stellt man die Gesamtkosten den Gesamterlösen einer Periode gegenüber.

Wird der Periodenerfolg nach dem Gesamtkostenverfahren ermittelt, stellt man die Gesamtkosten den Gesamterlösen einer Periode gegenüber. Dabei werden die Gesamtkosten nach Kostenarten gegliedert und dargestellt. Da sich die Erlöse auf die abgesetzte Menge, die Kosten aber auf die hergestellte Menge beziehen, müssen etwaige Bestandsveränderungen bei der Ermittlung des Periodenerfolgs berücksichtigt werden.

7.2 Verfahren der Periodenerfolgsrechnung — Kapitel 7

Übersteigt die verkaufte Menge die hergestellte Menge, muss ein Teil der verkauften Menge dem Lager entnommen werden. Diese Herstellkosten der Bestandsminderung werden ebenfalls als Kosten berücksichtigt. Ist dagegen die hergestellte Menge größer als die verkaufte Menge, muss ein Teil der Produktion auf das Lager genommen werden. Die Herstellkosten der Bestandserhöhung, also der Menge, die auf Lager genommen wird, werden in der Ergebnisrechnung wie ein Erlös behandelt. Abb. 7.1 zeigt den Aufbau der Ergebnisrechnung nach dem Gesamtkostenverfahren.

Betriebsergebnis nach dem Gesamtkostenverfahren	
Gesamtkosten der Periode, gegliedert nach Kostenarten	Periodenerlöse
Herstellkosten der Bestandsminderungen	Herstellkosten der Bestandserhöhungen
Gewinn	

Abbildung 7.1: Aufbau der Ergebnisrechnung beim Gesamtkostenverfahren

Gesamtkostenverfahren bei der TerraVision

Die monatliche Ergebnisrechnung der TerraVision ist nach dem Gesamtkostenverfahren aufgebaut. Für den Monat Mai weist sie einen kleinen Gewinn aus. Dabei werden die Erlöse auf Basis der verkauften und ausgelieferten Geräte bestimmt. Die Informationen darüber stammen aus der Betriebsbuchhaltung. Die gesamten nach Verbrauchsgütern gegliederten Kostenarten stammen ebenfalls aus der Betriebsbuchhaltung, in der alle Kosten einer Kostenart zusammengefasst wurden.

	A	B	C	D	E	F
1	TerraVision					
2	Betriebsergebnis nach dem Gesamtkostenverfahren					
3	Soll				Haben	
4	Materialkosten	28.000 €			Erlöse TerraX	50.000 €
5	Personalkosten	43.000 €			Erlöse SatFree	35.000 €
6	Abschreibungen	30.000 €			Erlöse SatX	27.000 €
7	Zinskosten	5.000 €				
8	Fremdleistungen	14.800 €				
9	Versicherungen	3.500 €				
10	Steuern	4.100 €				
11						
12					Herstellkosten der Bestandserhöhungen	18.000 €
13						
14	Betriebsgewinn	1.600 €				
15						
16	Summe	130.000 €			Summe	130.000 €

Das Gesamtkostenverfahren bietet den Vorteil, dass es sich in der Regel ohne großen Aufwand implementieren lässt. Eine Gliederung der Kosten nach unterschiedlichen Kostenarten, wie Abschreibungen, Material- und Personalkosten erfolgt in aller Regel bereits in der Finanzbuchhaltung. Damit liegen die notwendigen Informationen über die Kostenarten bereits vor. Allerdings müssen die Bestände an Zwischen- und Endprodukten erfasst werden, da diese in die Berechnung des Betriebsergebnisses einfließen. Die Erfassung und insbesondere die Bewertung der Bestände können insbesondere bei einer monatlich durchgeführten Ergebnisrechnung recht aufwändig werden und relativieren so den oben genannten Vorteil der Einfachheit.

Bei Dienstleistungsunternehmen wie Flughäfen oder Beratungsunternehmen kann sich das Gesamtkostenverfahren anbieten. Da Dienstleister keine Bestände haben, müssen auch keine Bestandsveränderungen berücksichtigt werden, so dass der Nachteil der aufwändigen Bestandsbewertung bei diesen Unternehmen nicht zum Tragen kommt.

Da beim Gesamtkostenverfahren die Produkterlöse nicht den Produktkosten gegenübergestellt werden, liefert dieser Ansatz keine Hinweise auf den Erfolg einzelner Produkte. Doch gerade diese Information ist im Hinblick auf viele Entscheidungen sehr wichtig. Eine Konzentration auf profitable Produkte beispielsweise kann nur erfolgen, wenn diese identifiziert werden können. Auch im Hinblick auf die Kostenstruktur verschiedener Funktionsbereiche, wie beispielsweise Fertigung, Vertrieb oder Verwaltung, kann auf der Grundlage des Gesamtkostenverfahrens keine Aussage gemacht werden. Denn die Kosten werden nicht einzelnen Funktionsbereichen zugeordnet, sondern, wie bereits beschrieben, nach Kostenarten zusammengefasst. Für eine Analyse von Kosteneinsparpotenzialen erweisen sich derartige Informationen aber häufig als sehr hilfreich.

Bestandsbewertung und externes Rechnungswesen

Eine Bewertung der Bestandsänderungen ist nicht nur für die Anwendung des Gesamtkostenverfahrens notwendig. Für die externe Bilanzierung müssen Unternehmen zumindest einmal im Jahr ihre Bestände ohnehin bewerten und dafür häufig auf Informationen aus der Kostenrechnung zurückgreifen. Allerdings ist im externen Rechnungswesen explizit geregelt, auf welche Weise eine Bestandsbewertung zu erfolgen hat. So müssen alle vom Unternehmen hergestellten fertigen und unfertigen Erzeugnisse auf Basis der Herstellungskosten bewertet werden. Abb. 7.2 zeigt, welche Kostenbestandteile nach deutschem HGB und Einkommensteuerrecht in die Herstellungskosten einzubeziehen sind. (Quelle: Coenenberg, Adolf G./Haller, Axel/Schultze, Wolfgang: Jahresabschluss und Jahresabschlussanalyse, 22. Aufl., Schäffer-Poeschel Verlag, Stuttgart 2012, S. 98.)

7.2 Verfahren der Periodenerfolgsrechnung

	HGB/EStR
Materialeinzelkosten	Pflicht
Fertigungseinzelkosten	Pflicht
Sondereinzelkosten der Fertigung	Pflicht
Material- und Fertigungsgemeinkosten	Pflicht
Allgemeine Verwaltungskosten (herstellungsbezogen)	Wahlrecht
Fremdkapitalkosten (an bestimmte Bedingungen gebunden)	Wahlrecht
Allgemeine Verwaltungskosten (nicht herstellungsbezogen)	Wahlrecht
Sondereinzelkosten des Vetriebs	Verbot
Vertriebskosten	Verbot
Forschungskosten	Verbot

Abbildung 7.2: Kostenbestandteile der Herstellungskosten

Für die Kostenrechnung ergibt sich daraus die Frage, ob man aus Vereinfachungsgründen für interne Zwecke dieselben Regeln anwendet, oder ob man intern eigene Bewertungsregeln verwendet, welche die ökonomische Realität möglicherweise besser abbilden.

Umsatzkostenverfahren

Mit dem Umsatzkostenverfahren wird ein Teil dieser Nachteile vermieden. Hier werden Kosten nicht nach unterschiedlichen Kostenarten, sondern nach Produktarten gegliedert. Um Kosten und Erlöse auf dieselbe Basis zu bringen, werden die Kosten auf der Grundlage der abgesetzten Produkte ermittelt. Allerdings müssen hierfür die spezifischen Produktkosten vorliegen, die üblicherweise über eine Kostenträgerrechnung bestimmt werden. Angesetzt werden dabei die Selbstkosten eines Produkts, die neben den Herstellkosten auch Verwaltungs- und Vertriebskosten umfassen. Abb. 7.3 zeigt den Aufbau einer Ergebnisrechnung nach dem Umsatzkostenverfahren.

Mit dem Umsatzkostenverfahren werden Kosten nach Produktarten gegliedert, wofür spezifische Produktkosten vorliegen müssen.

Betriebsergebnis nach dem Umsatzkostenverfahren	
Gesamtkosten der abgesetzten Produkte einer Periode, gegliedert nach Produktarten	Periodenerlöse, gegliedert nach Produktarten
Gewinn	

Abbildung 7.3: Aufbau der Ergebnisrechnung beim Umsatzkostenverfahren

Der zentrale Vorteil des Umsatzkostenverfahrens liegt darin, dass es nicht nur das Ergebnis einer Abrechnungsperiode, sondern auch das Ergebnis der einzelnen Produkte oder Produktarten ausweist. Damit erlaubt diese Methode einen schnellen Überblick über den Erfolg der einzelnen Produkte des Unternehmens. Zudem ist eine aufwändige Erfassung und Bewertung von Bestandsänderungen überflüssig, da nur die Kosten der tatsächlich abgesetzten Produkte in die Ergebnisrechnung einfließen. Allerdings erfordert das Umsatzkostenverfahren eine ausgebaute Kostenträgerrechnung, die nicht nur Herstellkosten, sondern auch Verwaltungs- und Vertriebskosten auf die einzelnen Kostenträger verrechnet.

> **Umsatzkostenverfahren bei der TerraVision**
>
> Joachim Milling beauftragt seinen Controller, die monatliche Ergebnisrechnung nach dem Umsatzkostenverfahren darzustellen. Er erhofft sich darüber Aufschlüsse über die Ursachen der schlechter werdenden Geschäftslage. Die monatliche Ergebnisrechnung der TerraVision nach dem Umsatzkostenverfahren sieht folgendermaßen aus:
>
> | | A | B | C | D | E | F |
> |---|---|---|---|---|---|---|
> | 1 | | | TerraVision | | | |
> | 2 | | | Betriebsergebnis nach dem Umsatzkostenverfahren | | | |
> | 3 | Soll | | | | | Haben |
> | 4 | Selbstkosten der abgesetzten Produkte | | | | | |
> | 5 | TerraX | 49.500 € | | | Erlöse TerraX | 50.000 € |
> | 6 | SatFree | 32.500 € | | | Erlöse SatFree | 35.000 € |
> | 7 | SatX | 28.400 € | | | Erlöse SatX | 27.000 € |
> | 8 | | | | | | |
> | 9 | Betriebsgewinn | 1.600 € | | | | |
> | 10 | | | | | | |
> | 11 | Summe | 112.000 € | | | Summe | 112.000 € |
>
> Auch wenn das Betriebsergebnis denselben Wert wie nach dem Gesamtkostenverfahren ausweist, ist die Lage für Herrn Milling nun ein wenig transparenter. Er sieht deutlich, dass er derzeit mit seinem Satellitenreceiver SatX Verluste macht. Dagegen sind der terrestrische TerraX und SatFree anscheinend profitabel.

Periodenerfolgsrechnung und externes Rechnungswesen

Auch im externen Rechnungswesen kann die Gewinn- und Verlustrechnung (GuV) entweder nach dem Gesamt- oder nach dem Umsatzkostenverfahren aufgebaut werden. Beide Möglichkeiten existieren sowohl nach dem deutschen HGB als auch nach den internationalen Rechnungslegungsstandards IFRS. Doch während nach HGB bilanzierende Unternehmen ihre GuV noch häufig nach dem Gesamtkostenverfahren gliedern, ist international das Umsatzkostenverfahren die üblichere Darstellungsweise.

7.2 Verfahren der Periodenerfolgsrechnung — Kapitel 7

Wir haben die Periodenerfolgsrechnung bislang ausschließlich in der so genannten **Kontenform** dargestellt. Diese Darstellung orientiert sich an der Finanzbuchhaltung, bei der die einzelnen Konten üblicherweise ebenfalls als T-Konten mit einer Soll- und einer Habenseite erscheinen. Im Falle der Ergebnisrechnung weist die Sollseite die Kosten und einen etwaigen Gewinn, die Habenseite die Erlöse und einen etwaigen Verlust aus. In der externen Berichterstattung ist ein Aufbau der Gewinn- und Verlustrechnung in **Staffelform** üblich. Diese verzichtet auf die Darstellung von T-Konten und stellt den Periodenerfolg stattdessen in Zeilenform als Differenz von Kosten und Erlösen dar. Häufig wird dabei auch ein so genanntes Bruttoergebnis ausgewiesen, das die Differenz zwischen Erlösen und Herstellungskosten einer Periode ist. Der Aufbau sieht dann folgendermaßen aus:

	Erlöse einer Periode
−	Herstellungskosten einer Periode
=	Bruttoergebnis
−	Verwaltungs- und Vertriebskosten
−	Forschung- und Entwicklungskosten
=	Betriebsergebnis

Praxisbeispiel: Externe Rechnungslegung bei Aluminiumwerken

Analysten greifen bei der Beurteilung von Firmen auf deren Gewinn- und Verlustrechnungen zurück. Erschwert wird ein Vergleich unterschiedlicher Gewinn- und Verlustrechnungen durch die Tatsache, dass sowohl das Gesamt- als auch das Umsatzkostenverfahren zur Anwendung kommen. Besonders deutlich wird das am Beispiel der Aluminiumwerk Unna AG aus dem Ruhrgebiet sowie des amerikanischen Aluminiumkonzerns Alcoa Inc. Der deutsche Spezialist für Rohrprodukte bilanziert nach HGB und wendet das Gesamtkostenverfahren an, wie man der linken Seite der Abbildung 7.4 entnehmen kann. Der amerikanische Hersteller hingegen, der eine breite Palette an Aluminiumerzeugnissen anbietet, berechnet seinen Gewinn nach amerikanischen Regelungen des US-GAAP (Generally Accepted Accounting Principles) und setzt das Umsatzkostenverfahren ein. Die Gewinn- und Verlustrechnung von Alcoa Inc. befindet sich auf der rechten Seite der Abbildung 7.4.

The reproduction of this image is through the courtesy of Alcoa Inc.

Kapitel 7   Erfolgsrechnung

Abbildung 7.4: Gegenüberstellung des Gesamt- und des Umsatzkostenverfahrens

Gewinn- und Verlustrechnung Aluminiumwerk Unna AG	
in Tausend EUR	2012
1. Personalaufwand	78.792
2. Erhöhung/Verminderung des Bestands an fertigen und unfertigen Erzeugnissen	227
3. Andere aktivierte Eigenleistungen	220
4. Sonstige betriebliche Erträge	2.765
	82.004
5. Materialaufwand	−33.485
6. Personalaufwand	−14.350
7. Abschreibungen auf immaterielle Vermögensgegenstände des Anlagevermögens und Sachanlagen	−2.567
8. Sonstige betriebliche Aufwendungen	−21.124
9. Sonstige Zinsen und ähnliche Erträge	173
10. Abschreibungen auf Finanzanlagen	0
11. Zinsen und ähnliche Aufwendungen	−1.300
12. **Ergebnis der gewöhnlichen Geschäftstätigkeit**	**9.351**
13. Steuern vom Einkommen und vom Ertrag	2.942
14. **Jahresüberschuss**	**6.409**

Gewinn- und Verlustrechnung Alcoa Inc.	
in Millionen USD	2012
Umsatzerlöse	23.700
Umsatzbezogene Herstellungskosten	20.486
Bruttoergebnis vom Umsatz	**3.214**
Vertriebs- und allgemeine Verwaltungskosten	997
Forschungs- und Entwicklungskosten	197
Abschreibungen	1.460
Sonstige betriebliche Aufwendungen	87
Zinsen und ähnliche Aufwendungen	490
Sonstige betriebliche Erträge	341
Ergebnis der gewöhnlichen Geschäftstätigkeit	**324**
Steuern vom Einkommen und vom Ertrag	162
Von Minderheitenanteilseignern zu tragende Verluste	29
Jahresüberschuss	**191**

Ein Vergleich der beiden Erfolgsrechnungen macht deutlich, dass sich deren Struktur erheblich unterscheidet. Während man beispielsweise bei der Aluminiumwerk Unna AG sofort die Bedeutung der Materialkosten erkennen kann, weist Alcoa lediglich die Herstellungskosten aus.

7.3 Voll- und Teilkosten in der Periodenerfolgsrechnung

Unterschiede im Betriebsergebnis nach Voll- und Teilkosten

Bisher haben wir die Periodenerfolgsrechnung ausschließlich mit dem Ausweis der Vollkosten betrachtet. Sowohl beim Gesamt- als auch beim Umsatzkostenverfahren wurden die Erlöse den vollen Kosten, also der Summe aus variablen und fixen Kosten gegenübergestellt. Viele Unternehmen unterscheiden jedoch nicht nur in der Kostenrechnung, sondern auch in der Ergebnisrechnung zwischen fixen und variablen Kosten. Daher betrachten wir nun Unterschiede in der Periodenerfolgsrechnung auf Basis von Teil- und Vollkosten. Dabei gehen wir zunächst von einer Periodenerfolgsrechnung nach dem Umsatzkostenverfahren aus.

Bei einer Erfolgsrechnung auf der Basis von Teilkosten werden die Produkte zu variablen Selbstkosten angesetzt. Die Fixkosten werden gesondert ausgewiesen.

Bei einer Erfolgsrechnung auf der Basis von Teilkosten werden die Produkte zu variablen Selbstkosten und nicht zu vollen Selbstkosten angesetzt. Die Fixkosten werden gesondert ausgewiesen. Um den resultierenden Unterschied zu verdeutlichen, betrachten wir die Produktlinie TerraX der Firma TerraVision genauer.

7.3 Voll- und Teilkosten in der Periodenerfolgsrechnung

Aus der Vertriebsabteilung und der Kostenträgerrechnung erhalten wir folgende Informationen über die Kosten und Erlöse im Mai:

	A	B	C	D
1	**Kosten- und Erlösdaten TerraX**			
2	Nettoverkaufspreis		100 €	je Stück
3	Fertigungsmaterial	18 €		
4	Fertigungslohn	13 €		
5	Variable Fertigungsgemeinkosten	4 €		
6	Variable Herstellkosten		35 €	je Stück
7	Variable Vertriebskosten		24 €	je Stück
8	Fixe Fertigungsgemeinkosten		8.400 €	
9	Fixe Verwaltungs- und Vertriebskosten		14.000 €	

Insgesamt konnten im Mai 500 Einheiten des Receivers TerraX abgesetzt werden. Die Produktionsmenge betrug 700 Einheiten, so dass sich der Lagerbestand im Mai um 200 Einheiten erhöhte.

Bevor wir uns mit dem Betriebsergebnis nach dem Umsatzkostenverfahren beschäftigen, betrachten wir die Herstellkosten des Receivers TerraX. Im Fall einer Teilkostenrechnung werden nur die variablen Kosten betrachtet, also Fertigungsmaterial und -lohn sowie variable Fertigungsgemeinkosten. Bei der Vollkostenrechnung werden dagegen auch die fixen Fertigungsgemeinkosten, also beispielsweise Abschreibungen mit berücksichtigt. Auf Basis der hergestellten 700 Einheiten betragen diese 8.400 €/700 Einheiten = 12 €/Einheit. Damit ergeben sich folgende Herstellkosten nach Voll- und nach Teilkosten:

	A	B	C	D	E
1	**Herstellkosten TerraX**	**Vollkosten**		**Teilkosten**	
2	Fertigungsmaterial	18 €		18 €	
3	Fertigungslohn	13 €		13 €	
4	Variable Fertigungsgemeinkosten	4 €		4 €	
5	Variable Herstellkosten		35 €		35 €
6	Fixe Fertigungsgemeinkosten		12 €		
7	Herstellkosten		47 €		35 €

Für die Bestimmung der Selbstkosten müssen wir die Verwaltungs- und Vertriebskosten zu den Herstellkosten addieren. Im Fall einer Teilkostenrechnung werden lediglich die variablen Verwaltungs- und Vertriebskosten betrachtet. Bei einer Vollkostenrechnung werden dagegen auch die fixen Verwaltungs- und Vertriebskosten einbezogen. Auf Basis der Verkaufsmenge von 500 Einheiten ergeben sich diese zu 14.000 €/500 Einheiten = 28 €/Einheit. Hier ist die Unterscheidung zwischen Herstellkosten und anderen Kosten von Bedeutung. Während die Herstellkosten auf der Basis der hergestellten Menge ermittelt werden, werden die übrigen Selbstkosten auf Basis der abgesetzten Menge errechnet. Damit fallen für den Receiver TerraX folgende Selbstkosten in einer Voll- bzw. Teilkostenbetrachtung an:

	A	B	C
1	Selbstkosten TerraX	Vollkosten	Teilkosten
2	Herstellkosten	47 €	35 €
3	Variable Vertriebskosten	24 €	24 €
4	Fixe Verwaltungs- und Vertriebskosten	28 €	
5	Selbstkosten	99 €	59 €

Umsatzkostenverfahren auf Basis von Voll- und Teilkosten

Interessanterweise unterscheiden sich die Periodengewinne der Produktlinie TerraX je nachdem, ob der Gewinn auf der Basis einer Voll- oder einer Teilkostenrechnung ermittelt wird. Die Unterschiede macht Abbildung 7.5 deutlich, die den Periodengewinn der Produktlinie TerraX für den Monat Mai nach dem Umsatzkostenverfahren zeigt. Die Tabelle verwendet die in der externen Rechnungslegung übliche Staffelform.

Abbildung 7.5: Periodenerfolg von TerraX im Mai auf Voll- und auf Teilkostenbasis nach dem Umsatzkostenverfahren

	A	B	C
1	TerraX: Umsatzkostenverfahren auf Vollkostenbasis		
2	Erlöse	(100 € x 500 Einheiten)	50.000 €
3	Selbstkosten	(99 € x 500 Einheiten)	- 49.500 €
4	Gewinn		500 €
5			
6	TerraX: Umsatzkostenverfahren auf Teilkostenbasis		
7	Erlöse	(100 € x 500 Einheiten)	50.000 €
8	Variable Herstellkosten	(35 € x 500 Einheiten)	- 17.500 €
9	Variable Vertriebskosten	(24 € x 500 Einheiten)	- 12.000 €
10	Fixe Fertigungsgemeinkosten		- 8.400 €
11	Fixe Verwaltungs- und Vertriebskosten		- 14.000 €
12	Verlust		- 1.900 €

Während auf Basis einer Vollkostenbetrachtung ein Gewinn in Höhe von 500 € ausgewiesen wird, ändert sich das Bild bei einer Teilkostenbetrachtung. Hier weist das Produkt TerraX einen Verlust in Höhe von 1.900 € aus.

> **Erfolgsrechnung auf Basis von Teilkosten bei der TerraVision**
>
> Joachim Milling ist erstaunt. Sein Controller hat ihm gerade den monatlichen Produkterfolg von TerraX zum ersten Mal auf Basis einer Teilkostenrechnung vorgelegt. Zum Vergleich hat er die bisherige Vollkostenbetrachtung aber zusätzlich berichtet. Nun fragt sich Herr Milling, welcher Zahl er trauen kann. Macht er mit TerraX einen kleinen Gewinn oder verliert er mit diesem Produkt tatsächlich Geld? Er beauftragt seinen Controller, der Sache nachzugehen.

Worin liegt die Ursache für den unterschiedlichen Ergebnisausweis zwischen einer Voll- und einer Teilkostenbetrachtung? Dazu müssen die fixen Fertigungsgemeinkosten näher betrachtet werden. Im Rahmen einer Teilkostenbetrachtung werden sämtliche fixen Fertigungsgemeinkosten einer Periode bei der Ermittlung des Periodenerfolgs herangezogen. In unserem Fall sind das 8.400 €. Bei einer Vollkostenbetrachtung werden die fixen Fertigungsgemeinkosten dagegen nur anteilig für die Berechnung der gesamten Herstellkosten von TerraX berücksichtigt, da diese Gemeinkosten nicht nur auf die verkauften, sondern auf alle hergestellten Produkteinheiten verteilt werden. Bezogen auf die 700 hergestellten Einheiten sind das 8.400 €/700 = 12 € je Gerät. In einer Vollkostenbetrachtung tauchen nun aber nicht alle fixen Fertigungsgemeinkosten in der Erfolgsrechnung auf. Da nur 500 Einheiten verkauft werden, enthalten die Herstellkosten der Verkaufsmenge nur 500 · 12 € = 6.000 € anteilige Fixkosten. Die Differenz in Höhe von 2.400 € (8.400 € – 6.000 €) entspricht genau der Differenz zwischen dem Ergebnis bei Voll- und bei Teilkostenbetrachtung (500 € – (–1.900 €)).

Gesamtkostenverfahren auf Basis von Voll- und Teilkosten

Errechnet man den Periodenerfolg auf Basis des Gesamtkostenverfahrens, wird dieser Unterschied noch deutlicher. Abbildung 7.6 zeigt den Erfolg im Mai für das Produkt TerraX nach dem Gesamtkostenverfahren.

	A	B	C
1	**TerraX: Gesamtkostenverfahren auf Vollkostenbasis**		
2	Erlöse	(100 € x 500 Einheiten)	50.000 €
3	Bestandserhöhung	(47 € x 200 Einheiten)	9.400 €
4	Herstellkosten	(47 € x 700 Einheiten)	- 32.900 €
5	Verwaltungs- und Vertriebskosten	(52 € x 500 Einheiten)	- 26.000 €
6	Gewinn		**500 €**
7			
8	**TerraX: Gesamtkostenverfahren auf Teilkostenbasis**		
9	Erlöse	(100 € x 500 Einheiten)	50.000 €
10	Bestandserhöhung	(35 € x 200 Einheiten)	7.000 €
11	Variable Herstellkosten	(35 € x 700 Einheiten)	- 24.500 €
12	Variable Vertriebskosten	(24 € x 500 Einheiten)	- 12.000 €
13	Fixe Fertigungsgemeinkosten		- 8.400 €
14	Fixe Verwaltungs- und Vertriebskosten		- 14.000 €
15	Verlust		**- 1.900 €**

Abbildung 7.6: Periodenerfolg von TerraX im Mai auf Voll- und auf Teilkostenbasis nach dem Gesamtkostenverfahren

Im Unterschied zum Umsatzkostenverfahren wird hier bei der Ermittlung der Kosten statt der abgesetzten die hergestellte Menge zugrunde gelegt. Um die Differenz zur abgesetzten Menge auszugleichen, muss die Bestandserhöhung von 200 Einheiten in der Gewinnermittlung berücksichtigt werden. Dies geschieht jeweils in der zweiten Zeile der Erfolgsrechnung, bei der die Bestandserhöhung auf Basis der Herstellkosten ausgewiesen ist. Während nun im Rahmen der Vollkostenbetrachtung die vollen Herstellkosten in Höhe von 47 € je Gerät zugrunde gelegt werden, beinhaltet die Teilkostenbetrachtung lediglich die variablen Teile der Herstellkosten in Höhe von 35 € je Einheit. Die Differenz in Höhe von (47 € – 35 €) · 200 = 2.400 € entspricht genau den fixen Herstellkosten der Bestandserhöhung.

Daraus ergibt sich eine einfache Formel, mit der man schnell die Differenz zwischen den Periodenerfolgen auf Basis von Voll- und Teilkosten errechnen kann. Man muss dazu lediglich die Bestandsänderung mit den auf die hergestellte Menge geschlüsselten fixen Fertigungsgemeinkosten multiplizieren:

$$\text{Differenz von Voll- und Teilkostenrechnung} = \text{Bestandsänderung} \cdot \text{Fixe Fertigungsgemeinkosten je Stück}$$

Begriffsvielfalt

> Für die Erfolgsrechnung auf Basis von Voll- oder Teilkosten sind im angelsächsischen Raum die beiden Bezeichnungen „absorption costing" und „variable costing" üblich. Unter „absorption costing" werden sämtliche Herstellkosten auf die hergestellten Produkte verrechnet, während unter „variable costing" nur die variablen Herstellkosten verrechnet werden. Damit entspricht „absorption costing" einer Vollkostenrechnung (sämtliche Herstellkosten werden durch die hergestellten Produkte „absorbiert"), während „variable costing" mit einer Teilkostenrechnung übereinstimmt.

Im hier betrachteten Fall einer Bestandserhöhung ist das Betriebsergebnis im Rahmen einer Vollkostenbetrachtung höher als das Betriebsergebnis im Rahmen einer Teilkostenbetrachtung. Keinen Unterschied zwischen einer Voll- und einer Teilkostenbetrachtung gibt es, wenn das Unternehmen genauso viele Produkte absetzt, wie es produziert. Dann gibt es auch keine Bestandsänderung. Wenn ein Unternehmen dagegen mehr Produkte verkauft als herstellt, muss es auf seinen Lagerbestand zurückgreifen und dieser wird kleiner. In diesem Fall ist die Wirkung auf den Erfolg genau umgekehrt. Der Gewinn im Rahmen einer Vollkostenrechnung ist niedriger als im Fall einer Teilkostenrechnung. Im folgenden Abschnitt wird dieser Zusammenhang näher untersucht.

Mehrperiodiger Vergleich der Betriebsergebnisse

Wir betrachten nun den Verlauf der Betriebsergebnisse des Produkts TerraX in den Monaten Mai bis Juli. Nachfolgende Tabelle zeigt den Verlauf der hergestellten und abgesetzten Geräteeinheiten sowie die Bestandsentwicklung. Während im Mai mehr produziert als abgesetzt wird, ist es im Juni umgekehrt. Der Lagerbestand geht demzufolge im Juni zurück. Im Juli stimmen produzierte und abgesetzte Menge überein.

Auf Basis dieser Produktions- und Absatzzahlen entwickelt sich der Gewinn des Produkts TerraX entsprechend Abbildung 7.7. Im Umsatzkostenverfah-

7.3 Voll- und Teilkosten in der Periodenerfolgsrechnung

	A	B	C	D
1	Bestandsveränderung Terra X	Mai	Juni	Juli
2	Anfangsbestand	0	200	150
3	Hergestellte Menge	700	700	700
4	Verkaufte Menge	500	750	700
5	Endbestand	200	150	150

ren werden lediglich die abgesetzten Produkteinheiten betrachtet. In Zeile 6 erkennt man den Verlauf der Gewinne in den Monaten Mai bis Juni, der sich entsprechend der Absatzzahlen verändert.

	A	B	C	D	E
1	TerraX: Umsatzkostenverfahren auf Vollkostenbasis		Mai	Juni	Juli
2	Erlöse	(100 € x 500; 750; 700 Einheiten)	50.000 €	75.000 €	70.000 €
3	Herstellkosten	(47 € x 500; 750; 700 Einheiten)	- 23.500 €	- 35.250 €	- 32.900 €
4	Variable Vertriebskosten	(24 € x 500; 750; 700 Einheiten)	- 12.000 €	- 18.000 €	- 16.800 €
5	Fixe Verwaltungs- und Vertriebskosten		- 14.000 €	- 14.000 €	- 14.000 €
6	Gewinn/Verlust		500 €	7.750 €	6.300 €
7					
8	TerraX: Umsatzkostenverfahren auf Teilkostenbasis				
9	Erlöse	(100 € x 500; 750; 700 Einheiten)	50.000 €	75.000 €	70.000 €
10	Variable Herstellkosten	(35 € x 500; 750; 700 Einheiten)	- 17.500 €	- 26.250 €	- 24.500 €
11	Variable Vertriebskosten	(24 € x 500; 750; 700 Einheiten)	- 12.000 €	- 18.000 €	- 16.800 €
12	Fixe Fertigungsgemeinkosten		- 8.400 €	- 8.400 €	- 8.400 €
13	Fixe Verwaltungs- und Vertriebskosten		- 14.000 €	- 14.000 €	- 14.000 €
14	Gewinn/Verlust		- 1.900 €	8.350 €	6.300 €

Abbildung 7.7: Periodenerfolg von TerraX im Mai, Juni und Juli nach dem Umsatzkostenverfahren

In der Teilkostenbetrachtung zeigt sich (Zeile 14), dass Lagerbestandszunahmen wie im Mai zu geringeren Gewinnen und Lagerbestandsabnahmen wie im Juni zu höheren Gewinnen im Vergleich zur Vollkostenbetrachtung führen. Im Juli dagegen ist der Gewinn bei Teil- und bei Vollkostenbetrachtung gleich. Hier ist die Anzahl der produzierten und der abgesetzten Receiver identisch.

Im Gesamtkostenverfahren zeigt sich das gleiche Bild. Hier werden noch zusätzlich die Bestandsänderungen in den Monaten Mai und Juni ausgewiesen, mit deren Hilfe man die Unterschiede in den Gewinnen gut nachvollziehen kann. So wird in Abbildung 7.8 die Bestandsverminderung des Receivers TerraX auf Vollkostenbasis mit 2.350 € bewertet, während die Teilkostenbetrachtung lediglich 1.750 € ausweist. Dieser Unterschied in Höhe von 600 € entspricht genau der Gewinndifferenz (7.750 € gegenüber 8.350 €) und ist wieder auf die fixen Fertigungsgemeinkosten in Höhe von 12 € je Stück multipliziert mit der Bestandserhöhung von 50 Einheiten zurückzuführen.

Kapitel 7 — Erfolgsrechnung

Abbildung 7.8: Periodenerfolg von TerraX im Mai, Juni und Juli nach dem Gesamtkostenverfahren

	A	B	C	D	E
1	TerraX: Gesamtkostenverfahren auf Vollkostenbasis		Mai	Juni	Juli
2	Erlöse	(100 € x 500; 750; 700 Einheiten)	50.000 €	75.000 €	70.000 €
3	Bestandserhöhung	(47 € x 200; -; - Einheiten)	9.400 €	- €	- €
4	Bestandsverminderung	(47 € x -; 50; - Einheiten)	- €	- 2.350 €	- €
5	Herstellkosten	(47 € x 700; 700; 700 Einheiten)	- 32.900 €	- 32.900 €	- 32.900 €
6	Variable Vertriebskosten	(24 € x 500; 750; 700 Einheiten)	- 12.000 €	- 18.000 €	- 16.800 €
7	Fixe Verwaltungs- und Vertriebskosten		- 14.000 €	- 14.000 €	- 14.000 €
8	Gewinn/Verlust		500 €	7.750 €	6.300 €
9					
10	TerraX: Gesamtkostenverfahren auf Teilkostenbasis				
11	Erlöse	(100 € x 500; 750; 700 Einheiten)	50.000 €	75.000 €	70.000 €
12	Bestandserhöhung	(35 € x 200; -; - Einheiten)	7.000 €	- €	- €
13	Bestandsverminderung	(35 € x -; 50; - Einheiten)		- 1.750 €	- €
14	Variable Herstellkosten	(35 € x 700; 700; 700 Einheiten)	- 24.500 €	- 24.500 €	- 24.500 €
15	Variable Vertriebskosten	(24 € x 500; 750; 700 Einheiten)	- 12.000 €	- 18.000 €	- 16.800 €
16	Fixe Fertigungsgemeinkosten		- 8.400 €	- 8.400 €	- 8.400 €
17	Fixe Verwaltungs- und Vertriebskosten		- 14.000 €	- 14.000 €	- 14.000 €
18	Gewinn/Verlust		1.900 €	8.350 €	6.300 €

Zählt man die Gewinne der Monate Mai, Juni und Juli auf Voll- und Teilkostenbasis zusammen, ergibt sich ein Unterschied in Höhe von 1.800 €. Auch dieser lässt sich entsprechend Abb. 7.9 wieder auf die Fertigungsgemeinkosten in Höhe von 12 € je Stück bezogen auf die gesamte Bestandsdifferenz von 150 Einheiten (Endbestand im Juli) zurückführen.

Abbildung 7.9: Vergleich der Erfolge nach Voll- und nach Teilkostenrechnung

	A	B	C	D	E
1		Mai	Juni	Juli	Summe
2	Gewinn/Verlust (Vollkostenbasis)	500 €	7.750 €	6.300 €	14.550 €
3	Gewinn/Verlust (Teilkostenbasis)	- 1.900 €	8.350 €	6.300 €	12.750 €
4	**Differenz**	2.400 €	- 600 €	- €	1.800 €

Fehlanreize zum Lageraufbau bei Vollkostenbetrachtung

Eine Reihe von Unternehmen berechnet den Gewinn auf der Basis einer Vollkostenbetrachtung. Wir haben jedoch gerade gesehen, dass bei einem Aufbau von Beständen die Gewinne einer Vollkostenbetrachtung höher sind als die einer Teilkostenbetrachtung. Höhere Produktionsmengen können auch dazu führen, dass der Gewinn größer wird, ohne dass der Absatz entsprechend wächst.

Betrachten wir noch einmal den Gewinn von TerraX im Juli. Dieser liegt entsprechend Abb. 7.8 auf Basis einer Vollkostenbetrachtung bei 6.300 €. Werden statt 700 Einheiten von TerraX nun 750 Einheiten produziert, steigen die Herstellkosten von TerraX um 1.750 € von 32.900 € auf 34.650 € (750 · 35 € variable Fertigungskosten + 8.400 € fixe Fertigungsgemeinkosten). Dabei wird unterstellt, dass die Bestandserhöhung auf Basis des ursprünglich geplanten Zuschlags für die fixen Gemeinkosten in Höhe von 12 € ermittelt wird. Gleichzeitig beträgt die Bestandserhöhung bei gleichbleibenden Verkaufszahlen statt null Stück nun 50 Stück. Der Wert der Bestandserhöhung bei einer Vollkos-

Beim Aufbau von Beständen können die Gewinne einer Vollkostenbetrachtung höher liegen als bei einer Teilkostenbetrachtung.

tenbetrachtung beträgt also 50 * 47 € = 2.350 € statt der in Abb. 7.8 in Zeile 3 dargestellten 0 €. Der resultierende Gewinn steigt auf 6.900 €, liegt also um 600 € höher als bei der Produktion von lediglich 700 Einheiten.

Diese Differenz lässt sich dadurch erklären, dass bei jeder Einheit, die zusätzlich produziert und eingelagert wird, der Gewinn um die stückbezogenen fixen Fertigungsgemeinkosten steigt, die auf Basis der ursprünglich geplanten Menge errechnet wurden und insgesamt 12 € je Gerät betragen. Mit anderen Worten: jede zusätzlich produzierte und gelagerte Einheit absorbiert Fixkosten in Höhe von 12 €. Denn um diesen Betrag erhöht sich der Wert der Bestandserhöhung, ohne dass ein entsprechender Gegenwert in den Kosten auftaucht.

Auf Basis des Umsatzkostenverfahrens ergibt sich bei einer Vollkostenbetrachtung der gleiche Effekt, wie Abb. 7.10 für unterschiedliche Fertigungsmengen zeigt. In Spalte B ist der bisherige Gewinn für TerraX im Juli auf Basis einer Fertigungsmenge von 700 Stück dargestellt. Bei einer Erhöhung der Fertigungsmenge auf 750 Stück (Spalte C) erhöhen sich zwar die Herstellkosten der hergestellten Menge entsprechend Zeile 13 auf 34.650 €. Zieht man nun davon die Herstellkosten der Bestandsänderung in Höhe von 47 € · 50 = 2.350 € ab, ergeben sich Herstellkosten der abgesetzten Menge entsprechend Zeile 15 in Höhe von 32.300 €. Der resultierende Gewinn steigt um 600 € auf 6.900 €.

	A	B	C	D
1	TerraX: Variation der Fertigungsmenge	Plan I	Plan II	Plan III
2	Anfangsbestand	150	150	150
3	Hergestellte Menge	700	750	800
4	Verkaufte Menge	700	700	700
5	Endbestand	150	200	250
6				
7				
8	TerraX: Umsatzkostenverfahren auf Vollkostenbasis			
9	Erlöse	70.000 €	70.000 €	70.000 €
10	Herstellkosten der hergestellten Menge			
11	variable Herstellkosten (35 € x hergestellte Menge)	24.500 €	26.250 €	28.000 €
12	Fixe Fertigungsgemeinkosten	8.400 €	8.400 €	8.400 €
13	Herstellkosten der hergestellten Menge	32.900 €	34.650 €	36.400 €
14	abzüglich Bestandszunahme (47 € x Bestandszunahme)	- €	2.350 €	4.700 €
15	Herstellkosten der abgesetzten Menge	32.900 €	32.300 €	31.700 €
16	Variable Vertriebskosten	16.800 €	16.800 €	16.800 €
17	Fixe Verwaltungs- und Vertriebskosten	14.000 €	14.000 €	14.000 €
18	Gewinn/Verlust	6.300 €	6.900 €	7.500 €

Abbildung 7.10: Auswirkungen unterschiedlicher Fertigungsmengen auf die Erfolgsrechnung auf Vollkostenbasis

Da in vielen Unternehmen variable Vergütungsbestandteile auf Basis der erzielten Gewinne bezahlt werden und die Managementleistung danach beurteilt wird, schafft eine Erfolgsrechnung auf der Basis von Vollkosten Anreize, die Produktionsmengen zu erhöhen und Bestände aufzubauen. Denn dadurch lassen sich offenbar Gewinne erhöhen, ohne dass dies durch den aktuellen Geschäftsverlauf gerechtfertigt ist.

Eine Erfolgsrechnung auf der Basis von Vollkosten schafft Anreize, die Produktionsmengen zu erhöhen und Bestände aufzubauen, wodurch sich Gewinne erhöhen lassen, ohne dass dies durch den aktuellen Geschäftsverlauf gerechtfertigt ist.

Besonders problematisch wird diese Verzerrung der Gewinne, wenn Manager in Unternehmen dadurch Entscheidungen treffen, die nicht im Sinne des Unternehmens sind. In folgenden Situationen könnte eine Erfolgsrechnung auf Basis von Vollkosten zu Fehlentscheidungen führen:

- Wenn mehrere Produkte gefertigt werden, könnte der Produktionsleiter die Fertigung von solchen Produkten erhöhen, auf die durch den verwendeten Kostenschlüssel ein hoher Anteil an fixen Fertigungsgemeinkosten entfällt. Geschieht dies unabhängig von den verkauften Stückzahlen, erhöht sich dadurch zwar kurzfristig der Gewinn, langfristig schadet es jedoch dem Unternehmen.
- Da erhöhte Fertigungsmengen den Gewinn steigern, könnte ein Produktionsleiter versucht sein, fällige Wartungs- und Reparaturarbeiten aufzuschieben. Auch dies verbessert den aktuellen Gewinn, kann aber durch zusätzliche künftige Reparaturkosten dem Unternehmen ebenfalls schaden.

Allerdings gibt es Grenzen für den Aufbau von Beständen. So verfügen Unternehmen in der Regel nur über begrenzte Lagerkapazitäten. Darüber hinaus ist es unwahrscheinlich, dass die Unternehmensleitung einen ständigen Lageraufbau einfach hinnehmen würde. Zudem fallen auf den Lagerbestand kalkulatorische Zinskosten an, so dass es im Hinblick auf den Gewinn einen gegenläufigen Effekt gibt, den wir in den bisherigen Ausführungen der Einfachheit halber ausgeblendet haben.

Daneben hat die Unternehmensleitung aber auch noch weitere Möglichkeiten, den unerwünschten Lageraufbau zu beschränken. Die erste Möglichkeit besteht darin, die Erfolgsrechnung auf Basis von Teilkosten aufzubauen. Denn in der Teilkostenbetrachtung werden die Gewinne von unterschiedlichen Fertigungsmengen nicht beeinflusst, wie Abb. 7.11 verdeutlicht. Dort sind die Gewinne vom Monat Juli für Fertigungsmengen von 700, 750 und 800 Stück des Gerätes TerraX zu sehen. Im Gegensatz zu Abb. 7.10 werden für die Berech-

Abbildung 7.11: Auswirkungen unterschiedlicher Fertigungsmengen auf die Erfolgsrechnung auf Teilkostenbasis

	A	B	C	D
1	TerraX: Variation der Fertigungsmenge	Plan I	Plan II	Plan III
2	Anfangsbestand	150	150	150
3	Hergestellte Menge	700	750	800
4	Verkaufte Menge	700	700	700
5	Endbestand	150	200	250
6				
7				
8	TerraX: Umsatzkostenverfahren auf Teilkostenbasis			
9	Erlöse	70.000 €	70.000 €	70.000 €
10	Herstellkosten der hergestellten Menge			
11	variable Herstellkosten (35 € x hergestellte Menge)	24.500 €	26.250 €	28.000 €
12	Fixe Fertigungsgemeinkosten	8.400 €	8.400 €	8.400 €
13	Herstellkosten der hergestellten Menge	32.900 €	34.650 €	36.400 €
14	abzüglich Bestandszunahme (35 € x Bestandszunahme)	- €	1.750 €	3.500 €
15	Herstellkosten der abgesetzten Menge	32.900 €	32.900 €	32.900 €
16	Variable Vertriebskosten	16.800 €	16.800 €	16.800 €
17	Fixe Verwaltungs- und Vertriebskosten	14.000 €	14.000 €	14.000 €
18	Gewinn/Verlust	**6.300 €**	**6.300 €**	**6.300 €**

nung der Bestandszunahme nun die variablen Herstellkosten in Höhe von 35 € verwendet (Zeile 14). Die resultierenden Gewinne bleiben unverändert.

Will man dennoch die Erfolgsrechnung auf Basis von Vollkosten aufstellen, aber Fehlanreize verhindern, bieten sich folgende weitere Möglichkeiten an:
- Die Unternehmensleitung kann die Planung von Fertigungsmengen und -beständen stärker kontrollieren. So kann sie bei etwaigen Abweichungen früher und gezielter eingreifen.
- Variable Vergütungssysteme könnten an einen mehrjährigen statt einem einjährigen Gewinn gekoppelt werden. So würden Boni nur zur Auszahlung kommen, wenn nachhaltige Gewinne erwirtschaftet werden, die nicht auf einem Lagerbestandsaufbau beruhen.
- Boni könnten explizit an das Erreichen bzw. Unterschreiten bestimmter Lagerbestände gekoppelt werden. Allerdings ist hier zu beachten, dass dadurch auch unterwünschte Begleiteffekte hervorgerufen werden könnten. So ist es denkbar, dass die Bestände auf ein Niveau sinken, das eine kurzfristige Lieferbereitschaft des Unternehmens gefährdet.

7.4 Deckungsbeitragsrechnung

Viele Unternehmen verwenden für die Messung des Erfolges statt den bisher betrachteten Ergebnisrechnungen eine Deckungsbeitragsrechnung. Die Deckungsbeitragsrechnung ist eine spezielle Form der Ergebnisrechnung, die variable und fixe Kosten getrennt voneinander darstellt. Die Differenz zwischen den Erlösen und den variablen Kosten wird als Deckungsbeitrag bezeichnet und in einer eigenen Zeile ausgewiesen. Die Deckungsbeitragsrechnung ist damit ein erweitertes Umsatzkostenverfahren auf Teilkostenbasis. Sie wird in Staffelform dargestellt.

Einstufige Deckungsbeitragsrechnung

Die einfachste Form der Deckungsbeitragsrechnung ist die einstufige Deckungsbeitragsrechnung. Bei ihr werden nach der Berechnung der Deckungsbeiträge alle Fixkosten in einem Block abgezogen.

> **Deckungsbeitragsrechnung bei der TerraVision**
>
> Joachim Milling fragt sich seit langem, ob wirklich alle Produkte profitabel sind. Die Umstellung seiner Erfolgsrechnung von einem Gesamtkostenverfahren auf das Umsatzkostenverfahren hat ihm gezeigt, dass das Produkt SatX tatsächlich Verluste macht. Er fragt sich nun weiter, ob er seinen Gewinn erhöhen kann, wenn er das Produkt aus seinem Programm streicht. Da er dabei allerdings kein sonderlich gutes Gefühl hat, beauftragt er seinen Controller, die Erfolgsrechnung einmal als Deckungsbeitragsrechnung darzustellen.

Kapitel 7 — Erfolgsrechnung

Die obere Hälfte von Abb. 7.12 zeigt die bisher betrachtete Ergebnisrechnung im Umsatzkostenverfahren auf der Basis von vollen Kosten für den Monat Mai. Man erkennt die hohe Profitabilität des Produktes SatFree, während das Produkt SatX einen Verlust einfährt. Die vollen Selbstkosten beinhalten sowohl variable und fixe Herstellkosten als auch variable und fixe Verwaltungs- und Vertriebskosten. Nach welchem Schlüssel die Gemeinkosten auf die einzelnen Produkte verteilt wurden, ist bei dieser Darstellungsweise allerdings unklar.

In der unteren Hälfte von Abb. 7.12 ist nun eine einstufige Deckungsbeitragsrechnung zu sehen. In Zeile 12 und 13 werden von den Erlösen die variablen Herstell- und Vertriebskosten abgezogen. Zeile 14 zeigt die daraus resultierenden Deckungsbeiträge sowohl für das Gesamtunternehmen TerraVision als auch herunter gebrochen auf die drei Produkte.

Abbildung 7.12: Erfolgsrechnung nach Umsatzkostenverfahren auf Vollkostenbasis und Deckungsbeitragsrechnung im Vergleich

	A	B	C	D	E
1	Erfolgsrechnung auf Vollkostenbasis	Unternehmen	Produkte		
2			TerraX	SatFree	SatX
3	Erlöse	112.000 €	50.000 €	35.000 €	27.000 €
4	Volle Selbstkosten	110.400 €	49.500 €	32.500 €	28.400 €
5	Gewinn/Verlust	1.600 €	500 €	2.500 €	- 1.400 €
6	in Prozent der Erlöse (Profitabilität)	1,4%	1,0%	7,1%	-5,2%
7					
8					
9	Deckungsbeitragsrechnung	Unternehmen	Produkte		
10			TerraX	SatFree	SatX
11	Erlöse	112.000 €	50.000 €	35.000 €	27.000 €
12	Variable Herstellkosten	43.000 €	17.500 €	17.800 €	7.700 €
13	Variable Vertriebskosten	26.300 €	12.000 €	10.000 €	4.300 €
14	Deckungsbeitrag	42.700 €	20.500 €	7.200 €	15.000 €
15	in Prozent der Erlöse	38,1%	41,0%	20,6%	55,6%
16	Fixe Fertigungsgemeinkosten	13.700 €			
17	Fixe Verwaltungs- und Vertriebskosten	27.400 €			
18	Gewinn/Verlust	1.600 €			

Gegenüber einer Erfolgsrechnung auf Vollkostenbasis liefert die Deckungsbeitragsrechnung nun wichtige zusätzliche Erkenntnisse. Der Deckungsbeitrag gibt den Betrag an, den die drei Produkte TerraX, SatFree und SatX zur Deckung der fixen Kosten des Unternehmens leisten. Man erkennt, dass alle drei Produkte positive Deckungsbeiträge liefern. Die Streichung des Produkts SatX würde die Gewinnsituation von TerraVision also nicht verbessern.

Stattdessen würde diese Maßnahme dazu führen, dass sich der Gewinn kurzfristig erheblich reduziert. Aus dem bisherigen Gewinn von 1.600 € würde über den Wegfall des Deckungsbeitrags in Höhe von 15.000 € ein Verlust in Höhe von 13.400 € entstehen. Die Deckungsbeitragsrechnung kann also helfen, die Auswirkungen kurzfristiger Entscheidungen auf den Gewinn besser zu verstehen.

Zudem gibt die Deckungsbeitragsrechnung einen zusätzlichen Einblick in die Profitabilität der einzelnen Produkte. In Zeile 15 ist der Deckungsbeitrag als prozentualer Anteil an den Erlösen dargestellt. Hier dreht sich das in der traditionellen Erfolgsrechnung dargestellte Bild der Profitabilität der einzelnen Produkte sogar um. Während in der traditionellen Erfolgsrechnung SatFree am profitabelsten erscheint, beträgt sein Deckungsbeitrag lediglich 20,6 % der Erlöse, während SatX sogar 55,6 % Deckungsbeitrag bezogen auf die Erlöse erwirtschaftet.

Praxisbeispiel: Deckungsbeitragsrechnung bei der Messe Berlin

Teilweise werden Deckungsbeitragsrechnungen nicht nur für die interne Steuerung, sondern auch für die externe Finanzberichterstattung verwendet. So stellt die Messe Berlin ihren Erfolg im Geschäftsbericht 2011 als Deckungsbeitragsrechnung dar. Dabei untergliedert sie die Erfolgsquellen in die beiden Segmente „Liegenschaften" sowie „Messen und Veranstaltungen". Abb. 7.13 zeigt darüber hinaus, dass eine Deckungsbeitragsrechnung in der Praxis nicht immer auf der Trennung von fixen und variablen Kosten beruhen muss. Die Messe Berlin definiert den Deckungsbeitrag stattdessen als Differenz von Umsatzerlösen und direkt zurechenbaren Aufwendungen.

Foto: Messe Berlin

Abbildung 7.13: Deckungsbeitragsrechnung der Messe Berlin

Messe Berlin Konzern	Ist 2011		
	Konzern gesamt Mio. €	davon Liegenschaften Mio. €	davon Messen und Veranstaltungen Mio. €
Umsatzerlöse	182,1	17,9	164,2
Direkt zurechenbare Aufwendungen	–124,2	–42,9	–81,3
Deckungsbeitrag	**57,9**	**–25,0**	**82,9**
Personalkosten	–41,8	–17,2	–24,6
Übrige Aufwendungen und Erträge	–14,6	–10,0	–4,6
Ergebnis vor Steuern (EBT)	**1,5**	**–52,2**	**53,7**

Quelle: Abb. entnommen aus dem Geschäftsbericht 2011 der Messe Berlin

Die Deckungsbeitragsrechnung in Abb. 7.12 hat gezeigt, dass eine kurzfristige Streichung des Produkts SatX den Gewinn zunächst deutlich reduziert. Ob es langfristig sinnvoll ist, das Produkt SatX im Produktionsprogramm zu belassen, kann dagegen auf Basis dieser Deckungsbeitragsrechnung nicht sinnvoll entschieden werden. Dies hängt nämlich mit zwei Fragen zusammen:
- Können die Fixkosten, die mit dem Produkt SatX verbunden sind, in angemessener Frist abgebaut werden?

- Sind die Fixkosten, die dem Produkt SatX zurechenbar sind, tatsächlich so hoch, dass ein Verlust entsteht, oder sind sie lediglich die Folge einer willkürlichen Schlüsselung?

Um auf die letzte Frage eine Antwort zu erhalten, bietet es sich an, eine etwas ausführlichere Form der Deckungsbeitragsrechnung anzuwenden, wie sie im folgenden Abschnitt dargestellt ist.

Mehrstufige Deckungsbeitragsrechnung

In der mehrstufigen Deckungsbeitragsrechnung werden die Fixkosten ausführlicher als bisher dargestellt. Während sie in der einstufigen Rechnung auf einmal abgezogen werden, versucht man in der mehrstufigen Deckungsbeitragsrechnung, sie stufenweise zu verrechnen. Man beginnt dabei entsprechend Abbildung 7.14 häufig mit den produktbezogenen Fixkosten und geht dann weiter über produktgruppenbezogene, bereichsbezogene und unternehmensweite Fixkosten. Eine Schlüsselung der Fixkosten kann damit vermieden werden.

Bei einer mehrstufigen Deckungsbeitragsrechnung werden die Fixkosten stufenweise verrrechnet.

Abbildung 7.14: Aufbau der mehrstufigen Deckungsbeitragsrechnung

	Erlöse einer Periode
–	Variable Kosten je Produktart
=	Deckungsbeitrag I
–	produktbezogene Fixkosten
=	Deckungsbeitrag II
–	produktgruppenbezogene Fixkosten
=	Deckungsbeitrag III
–	bereichsbezogene Fixkosten
=	Deckungsbeitrag IV
–	unternehmensweite Fixkosten
=	Gewinn des Gesamtunternehmens

Abbildung 7.15 zeigt eine mehrstufige Deckungsbeitragsrechnung für die TerraVision. Ausgehend vom Deckungsbeitrag I, der genauso wie in der einstufiger Deckungsbeitragsrechnung ermittelt wurde, werden in einem ersten Schritt alle direkt den einzelnen Produkten zurechenbaren Fixkosten abgezogen. Das können beispielsweise Abschreibungen von Maschinen sein, auf denen lediglich ein bestimmtes Produkt gefertigt wird. In Zeile 6 ist zu sehen, dass lediglich das Produkt TerraX produktbezogene Fixkosten aufweist. Nach Abzug dieser Kosten erhält man den Deckungsbeitrag II. SatFree und SatX dagegen werden mithilfe derselben Maschine gefertigt, so dass die entsprechenden Fixkosten in Höhe von 5.300 € für beide Produkte gemeinsam als Produktgruppenfixkosten ausgewiesen werden. Damit gelangt man zum De-

ckungsbeitrag III. Nach Abzug der verbliebenen Fixkosten gelangt man zum Gewinn des Gesamtunternehmens.

	A	B	C	D	E	F
1	Deckungsbeitragsrechnung	Unternehmen	TerraX	Satelliten-receiver	SatFree	SatX
2	Erlöse	112.000 €	50.000 €	62.000 €	35.000 €	27.000 €
3	Variable Herstellkosten	43.000 €	17.500 €	25.500 €	17.800 €	7.700 €
4	Variable Vertriebskosten	26.300 €	12.000 €	14.300 €	10.000 €	4.300 €
5	Deckungsbeitrag I	42.700 €	20.500 €	22.200 €	7.200 €	15.000 €
6	Fixe Fertigungsgemeinkosten (Produkt)	8.400 €	8.400 €	- €	- €	- €
7	Deckungsbeitrag II	34.300 €	12.100 €	22.200 €	7.200 €	15.000 €
8	Fixe Fertigungsgemeinkosten (Produktgruppe)	5.300 €	- €	5.300 €		
9	Deckungsbeitrag III	29.000 €	12.100 €	16.900 €		
10	Fixe Verwaltungs- und Vertriebskosten (Unternehmen)	27.400 €				
11	Gewinn/Verlust	1.600 €				

Abbildung 7.15: Mehrstufige Deckungsbeitragsrechnung der TerraVision

Solche mehrstufigen Deckungsbeitragsrechnungen liefern nicht nur Informationen für kurzfristige, sondern auch für mittel- bis langfristige Entscheidungen. Wenn ein Produkt zwar einen positiven Deckungsbeitrag I aufweist, nach Abzug der produktbezogenen Fixkosten jedoch einen negativen Deckungsbeitrag II hat, dann muss das Unternehmen Maßnahmen ergreifen, um diesen Deckungsbeitrag zu erhöhen. Dies kann beispielsweise dadurch geschehen, dass man versucht, die produktbezogenen Fixkosten abzubauen.

Mehrstufige Deckungsbeitragsrechnungen liefern Informationen für kurzfristige und mittel- bis langfristige Entscheidungen.

Literatur

Coenenberg, Adolf G./Fischer, Thomas M./Günther, Thomas: Kostenrechnung und Kostenanalyse, 8. Auflage, Schäffer Poeschel, Stuttgart 2012, Kapitel 4.3.

Coenenberg, Adolf G./Haller, Axel/Schultze, Wolfgang: Jahresabschluss und Jahresabschlussanalyse, 22. Auflage, Schäffer-Poeschel, Stuttgart 2012.

Eldenburg, Leslie G./Wolcott, Susan K.: Cost Management. Measuring, Monitoring, and Motivating Performance, 2. Auflage, John Wiley, Hoboken 2010, Kapitel 14.

Hilton, Ronald W./Platt, David E., Managerial Accounting: Creating Value in a Global Business Environment, Global Edition, 9. Auflage, McGraw-Hill/Irwin, New York 2011, Kapitel 8.

Horngren, Charles T./Datar, Srikant M./Rajan, Madhav V.: Cost Accounting: A Managerial Emphasis, Global Edition, 14. Auflage, Pearson Education, Upper Saddle River 2012, Kapitel 9.

Schweitzer, Marcell/Küpper, Hans-Ulrich: Systeme der Kosten- und Erlösrechnung, 10. Auflage, Vahlen, München 2010, Kapitel 2.D.II und 3.D.I.5.

Verständnisfragen

a) Was versteht man unter den Begriffen Periodenerfolg und Stückerfolg?
b) Worin unterscheiden sich das Gesamt- und das Umsatzkostenverfahren? Welches Verfahren erlaubt eine Analyse des Produkterfolgs?

Kapitel 7 — Erfolgsrechnung

c) Welche Vor- und Nachteile weisen das Gesamt- bzw. das Umsatzkostenverfahren auf?
d) Welche Kostenbestandteile fließen in die Bestandsbewertung ein, wenn die Gewinnermittlung auf Basis von Vollkosten bzw. Teilkosten erfolgt?
e) Erläutern Sie, warum eine Periodenerfolgsrechnung auf Teilkostenbasis zu einem anderen Periodenerfolg führt als auf Vollkostenbasis. Wie hoch ist der Unterschied der Gewinne?
f) Beschreiben Sie, inwiefern eine auf Vollkostenbasis erstellte Periodenerfolgsrechnung Fehlanreize zum Lageraufbau auslösen kann.
g) Bei welchen Entscheidungen bietet eine Deckungsbeitragsrechnung Vorteile gegenüber einer traditionellen Erfolgsrechnung?
h) Welche Vorteile weist eine mehrstufige Deckungsbeitragsrechnung gegenüber einer einstufigen Deckungsbeitragsrechnung auf?
i) Kann der Deckungsbeitrag II zur Fundierung kurzfristiger Entscheidungen herangezogen werden?

Fallbeispiel: Nachhaltige Veränderung der Kostenstruktur bei der Bauer+König Beton GmbH & Co. KG

Quelle: Beton-Bild

Die Bauer+König Beton GmbH & Co. KG (B+K Beton) ist ein mittelständischer Hersteller von diversen Betonelementen und Pflastersteinen für private und öffentliche Bauvorhaben. Obwohl der Familienbetrieb über 40 Jahre in der ersten und zweiten Generation erfolgreich geführt wurde, hat sich die Eigentümerfamilie vor dem Hintergrund einer schwierigen Nachfolgersuche sowie kontinuierlich rückläufiger Unternehmensgewinne entschlossen, die Geschäftsleitung durch externe Spitzenkräfte mit langjähriger Berufserfahrung in der Betonindustrie zu besetzen. Dem neuen Management wurde dabei die Aufgabe übertragen, die B+K Beton zu restrukturieren, um so eine solide Grundlage für den künftigen Erfolg des Familienunternehmens zu schaffen.

In diesem Zusammenhang setzte die neue Geschäftsleitung in der darauf folgenden Zeit eine Reihe von Maßnahmen durch, die eine Fokussierung auf die Herstellung und den Vertrieb von Betonpflastersteinen als Kerngeschäft und damit eine nachhaltige Veränderung der unternehmensweiten Kostenstruktur zur Folge hatten. So wurde zum Beispiel die umsatzschwache Sparte der Betonelemente vollständig abgestoßen und das Produktportfolio der Pflastersteine durch die Einführung von neuartigen Produkten deutlich erweitert. Darüber hinaus gliederte das Management den gesamten Transport von Rohstoffen und Fertigerzeugnissen an einen benachbarten Spediteur aus, der durch die umfangreiche Einbindung in die Einkaufs- und Vertriebslogistik der B+K Beton eine Steigerung der Lieferqualität gewährleisten konnte. Alte und unwirtschaftliche Anlagen wurden entweder durch neue und effizientere Maschinen ersetzt oder, falls sie für die Produktion nicht mehr benötigt wurden, verkauft oder verschrottet. Schließlich konnten durch die Einführung eines modernen EDV-gestützten Produkterfassungssystems die übrigen Herstellungsprozesse sowie die Lagerhaltung nicht nur effizienter und kostengünstiger gestaltet werden, sondern man erreichte dadurch

Verständnisfragen — Kapitel 7

auch eine deutlich verbesserte Datenqualität, die sich für die Planung und Steuerung des Gesamtunternehmens als besonders nützlich erwiesen hat.

Eine weitere Besonderheit stellten auch der Aufbau einer detaillierten Kostenträgerrechnung sowie die Einführung einer mehrstufigen Deckungsbeitragsrechnung im Controlling und die am Deckungsbeitrag orientierte Steuerung im Vertrieb dar. Hierfür wurden zunächst in der Controllingabteilung die produktspezifischen Erlöse monatsweise erfasst und gegenübergestellt. Für den Monat Oktober ergaben sich somit folgende Umsatzzahlen:

Oktober 2009	Menge [m²]	Preis [€/m²]	Umsatz [€]
B+K Beton GmbH & Co. KG			3.234.112,15
Nutzpflaster			1.056.120,80
Funktionspflaster			616.271,30
Pflasterstein Rechteck (20x20x8)	14.350	6,49	93.131,50
Pflasterstein Rechteck (30x30x8)	41.020	6,49	266.219,80
Pflasterstein Rechteck (60x40x8)	7.200	6,49	46.728,00
Sechskant Normalstein	21.100	6,96	146.856,00
Sechskant halber Randstein	6.100	6,96	42.456,00
Sechskant ganzer Randstein	3.000	6,96	20.880,00
Markenpflaster			439.849,50
Doppelverbund Normalstein	39.300	7,99	314.007,00
Doppelverbund halber Randstein	5.250	7,99	41.947,50
Doppelverbund ganzer Randstein	10.500	7,99	83.895,00
Gestaltungssteine			2.177.991,35
Zierpflaster			830.481,70
B+K Linear (14x14x8)	5.000	9,46	47.300,00
B+K Linear (21x14x8)	19.300	9,46	182.578,00
B+K Linear (28x21x8)	19.500	9,46	184.470,00
Rustikal (14x14x8)	6.350	10,50	66.675,00
Rustikal (21x14x8)	4.200	10,50	44.100,00
Rustikal (28x21x8)	8.950	10,50	93.975,00
Terra Nova (14x7x8)	4.500	11,99	53.955,00
Terra Nova (14x10,5x8)	7.800	11,99	93.522,00
Terra Nova (21x14x8)	5.330	11,99	63.906,70
Ökopflaster			572.415,05
B+K Rasenfugenstein (16x16x8)	11.745	13,49	158.440,05
Terra Aqua Normalstein	16.500	14,50	239.250,00
Terra Aqua halber Randstein	4.000	14,50	58.000,00
Terra Aqua ganzer Randstein	8.050	14,50	116.725,00
Gartensteine			775.094,60
Bruchsteinmauer (27x11x16)	4.250	14,50	61.625,00
Bruchsteinmauer (27x27x16)	6.500	14,50	94.250,00
Bruchsteinmauer (32x27x16)	3.955	14,50	57.347,50
Bruchsteinpalisade (45x12x8)	2.760	15,99	44.132,40
Bruchsteinpalisade (60x12x8)	3.400	15,99	54.366,00
Bruchsteinpalisade (75x12x8)	2.990	15,99	47.810,10
Bruchsteinpalisade (90x12x8)	3.140	15,99	50.208,60
B+K Mauer CelTiX (25x12,5x8)	5.950	17,25	102.637,50
B+K Mauer CelTiX (25x25x8)	9.730	17,25	167.842,50
B+K Mauer CelTiX (25x25x16)	5.500	17,25	94.875,00

Aus der vorherigen Zusammenstellung wird die Produktvielfalt der B+K Beton sofort ersichtlich. Um eine produktgerechte Zuordnung von allen Fixkosten innerhalb der mehrstufigen Deckungsbeitragsrechnung zu gewährleisten, unterteilte die Controllingabteilung das gesamte Produktportfolio in zwei Bereiche (Nutzpflaster sowie Gestaltungssteine) und mehrere Produktgruppen. Die Nutzpflaster stehen dabei für alle Pflastersteine, die verhältnismäßig einfach und damit in großen Mengen kostengünstig hergestellt werden können. Sie werden überwiegend für öffentliche Flächen wie Straßen oder Plätze eingesetzt und können in einfache und eckige Funktionspflastersteine sowie in Markenpflastersteine unterteilt werden, die in einem besonderen Fertigungsverfahren mit speziellen Rundungen versehen werden. Bei den Gestaltungssteinen handelt es sich hingegen um Produkte, die höherwertige Materialien enthalten und aufwändiger hergestellt werden, um den Anforderungen von meist privaten Kunden gerecht zu werden. Diese unterteilen sich darüber hinaus in Zierpflaster, Ökopflaster und Gartensteine. Die Zierpflaster sind durch moderne Formen sowie zusätzliche Materialien qualitativ besonders hochwertig, die Ökopflaster ermöglichen durch spezifische Formen und Wasserdurchlässigkeit die Integration in die bestehende Flora und die Gartensteine werden zur Gestaltung von individuellen Mauern und Treppen eingesetzt.

Neben Form und Materialien unterscheiden sich die einzelnen Produkte in ihren Abmessungen (Länge · Breite · Höhe) sowie in der Farbgestaltung (bei Nutzpflaster nur Anthrazit, Marmorgrau, Opalbeige, Maisgelb und bei Gestaltungssteinen zusätzlich Heiderot, Ziegelrot, Erdbraun, Herbstbunt, Rotbraunbunt). Da allerdings die Farbgebung bei allen Steinen durch geringfügige Zumischung von verschiedenen Farbstoffen erfolgt und diese nur einen sehr kleinen Anteil an den Gesamtkosten ausmachen, hat sich die Geschäftsleitung entschlossen, die Farbunterschiede bei der Produkterfassung und in der Deckungsbeitragsrechnung zu vernachlässigen. Ab einer bestimmten Bestellmenge, die in der Branche üblicherweise als Fläche in Quadratmeter angeben ist, werden die Steine entweder direkt an die Kunden oder an die lokalen Baumärkte geliefert. Auch Selbstabholung auf dem Werksgelände für geringere Mengen wurde ermöglicht.

Im zweiten Schritt führte die Controllingabteilung eine ausführliche Analyse der variablen Kosten für die einzelnen Produkte durch und berechnete daraus die entsprechenden Deckungsbeiträge. In der Betonindustrie bestehen die variablen Kosten pro Quadratmeter Fläche typischerweise aus folgenden Positionen:

- **Materialkosten:** diese Kosten beziehen sich auf die wesentlichen Rohstoffe für die Gesteinskörnungen (z. B. Sand und Kies), Zement als Bindemittel, Farben sowie Zusatzstoffe und -mittel.
- **Variable Vertriebskosten:** bei diesen Kosten werden vor allem die Verpackungsmaterialien für fertige Pflastersteine berücksichtigt.
- **Verladekosten:** hierbei handelt es sich um Betriebsstundenabrechnungen aus den Leasingverträgen für Gabelstapler, die zum Verladen von fertigen Erzeugnissen innerhalb des Lagers eingesetzt werden. Da die einzelnen Produkte bei der B+K Beton durch das elektronische System genau erfasst werden, kann der Verladungsprozess als variabler Bestandteil in die Deckungsbeitragsrechnung einfließen.

- **Transportkosten:** diese setzen sich ausschließlich aus entsprechenden Transportabrechnungen des Spediteurs zusammen. Da bei den Betonsteinen einerseits das Gewicht und damit auch die Fläche den wesentlichen Kostenfaktor darstellen und andererseits durch die Mindestmenge regelmäßig die gleichen Kunden in fixer Entfernung beliefert wurden, können die Transportkosten als variable Kosten betrachtet werden.

Ausgehend von dieser Kostenstruktur konnte für die B+K Beton folgende einstufige Deckungsbeitragsrechnung für den Monat Oktober aufgestellt werden:

Oktober 2009	Preis [€/m²]	Variable Kosten [€/m²]	Deckungsbeitrag I [€/m²]	Gesamt Deckungsbeitrag I
B+K Beton GmbH & Co. KG				1.457.854,35
Nutzpflaster				351.908,80
Funktionspflaster				192.683,80
Pflasterstein Rechteck (20x20x8)	6,49	4,55	1,94	27.839,00
Pflasterstein Rechteck (30x30x8)	6,49	4,55	1,94	79.578,80
Pflasterstein Rechteck (60x40x8)	6,49	4,55	1,94	13.968,00
Sechskant Normalstein	6,96	4,59	2,37	50.007,00
Sechskant halber Randstein	6,96	4,65	2,31	14.091,00
Sechskant ganzer Randstein	6,96	4,56	2,40	7.200,00
Markenpflaster				159.225,00
Doppelverbund Normalstein	7,99	5,09	2,90	113.970,00
Doppelverbund halber Randstein	7,99	5,15	2,84	14.910,00
Doppelverbund ganzer Randstein	7,99	5,10	2,89	30.345,00
Gestaltungssteine				1.105.945,55
Zierpflaster				403.163,20
B+K Linear (14x14x8)	9,46	4,96	4,50	22.500,00
B+K Linear (21x14x8)	9,46	4,96	4,50	86.850,00
B+K Linear (28x21x8)	9,46	4,96	4,50	87.750,00
Rustikal (14x14x8)	10,50	5,55	4,95	31.432,50
Rustikal (21x14x8)	10,50	5,53	4,97	20.874,00
Rustikal (28x21x8)	10,50	5,50	5,00	44.750,00
Terra Nova (14x7x8)	11,99	5,81	6,18	27.810,00
Terra Nova (14x10,5x8)	11,99	5,81	6,18	48.204,00
Terra Nova (21x14x8)	11,99	5,80	6,19	32.992,70
Ökopflaster				279.401,40
B+K Rasenfugenstein (16x16x8)	13,49	6,77	6,72	78.926,40
Terra Aqua Normalstein	14,50	7,45	7,05	116.325,00
Terra Aqua halber Randstein	14,50	7,55	6,95	27.800,00
Terra Aqua ganzer Randstein	14,50	7,50	7,00	56.350,00
Gartensteine				423.380,95
Bruchsteinmauer (27x11x16)	14,50	6,53	7,97	33.872,50
Bruchsteinmauer (27x27x16)	14,50	6,53	7,97	51.805,00
Bruchsteinmauer (32x27x16)	14,50	6,53	7,97	31.521,35
Bruchsteinpalisade (45x12x8)	15,99	7,14	8,85	24.426,00
Bruchsteinpalisade (60x12x8)	15,99	7,24	8,75	29.750,00
Bruchsteinpalisade (75x12x8)	15,99	7,34	8,65	25.863,50
Bruchsteinpalisade (90x12x8)	15,99	7,44	8,55	26.847,00
B+K Mauer CelTiX (25x12,5x8)	17,25	7,83	9,42	56.049,00
B+K Mauer CelTiX (25x25x8)	17,25	7,83	9,42	91.656,60
B+K Mauer CelTiX (25x25x16)	17,25	7,87	9,38	51.590,00

Kapitel 7 — Erfolgsrechnung

Das Produktionsverfahren von Betonsteinen besteht grundsätzlich aus mehreren aufeinander folgenden Prozessschritten und kann für die meisten Pflastertypen nach dem gleichen Prinzip gestaltet werden. Im ersten Herstellungsschritt werden zunächst die wesentlichen Materialien – Gesteinskörnung, Zement und Wasser – in speziellen Mischanlagen im gewünschten Verhältnis zusammengeführt und dadurch der sog. Frischbeton gewonnen. Der Frischbeton wird anschließend mithilfe von Steinformmaschinen in die produktspezifischen Formen gegeben. Dabei bestehen die Betonsteine aus zwei Schichten. Die Unterseite (sog. Kernbeton) dient der Stabilisierung des Steins, während die Oberseite (sog. Vorsatzbeton) durch entsprechende Zusätze von Farbstoffen und gebrochenen Natursteinen in seinem Aussehen und seiner Oberflächenbeschaffenheit den Kundenanforderungen angepasst wird. Im nächsten Schritt erfolgt die Aushärtung des Frischbetons in der dafür vorgesehenen Aushärtekammer. Die so hergestellten Steine werden schließlich mit besonderen Maschinen veredelt und automatisiert verpackt.

Dieser Herstellungsprozess wird bei der B+K Beton für die meisten Produkttypen grundsätzlich mithilfe der gleichen Fertigungsmaschinen und Werkzeuge durchgeführt. Die einzige Ausnahme sind allerdings die einzelnen Formen der Steinformmaschinen, die je nach Abmessung und Ausgestaltung produktspezifisch eingesetzt werden müssen. Darüber hinaus setzte das neue Management aus logistischen Gründen eine räumliche Trennung der Produktion von Nutzpflaster und Gestaltungssteinen durch. So werden die Nutzpflaster in der größeren Werkshalle Nord und die Gestaltungssteine in der kleineren Werkshalle Süd hergestellt. Für beide Bereiche wird ein gemeinsames Lager verwendet, in dem die Verladung auf Lastwagen und der Abtransport durch den Spediteur stattfinden.

Basierend auf den aktuellen Fixkosten aus Abschreibungen für Produktformen sowie den Abschreibungen und Betriebskosten für eine spezielle Sternwalzfräse, die ausschließlich für B+K Rasenfugensteine zur Veredelung eingesetzt wurde, konnte folgender Deckungsbeitrag II für den Monat Oktober berechnet werden:

Verständnisfragen — Kapitel 7

Oktober 2009	Gesamt Deckungs-beitrag I	Fixkosten Produkt -formen	sonstige Produkt- fixkosten	Deckungs-beitrag II
B+K Beton GmbH & Co. KG	**1.457.854,35**			**1.355.860,16**
Nutzpflaster	**351.908,80**			**324.043,86**
Funktionspflaster	192.683,80			175.524,32
Pflasterstein Rechteck (20x20x8)	27.839,00	2.561,12	0,00	25.277,88
Pflasterstein Rechteck (30x30x8)	79.578,80	2.817,23	0,00	76.761,57
Pflasterstein Rechteck (60x40x8)	13.968,00	3.073,34	0,00	10.894,66
Sechskant Normalstein	50.007,00	3.073,34	0,00	46.933,66
Sechskant halber Randstein	14.091,00	2.817,23	0,00	11.273,77
Sechskant ganzer Randstein	7.200,00	2.817,23	0,00	4.382,77
Markenpflaster	159.225,00			148.519,53
Doppelverbund Normalstein	113.970,00	3.380,67	0,00	110.589,33
Doppelverbund halber Randstein	14.910,00	3.662,40	0,00	11.247,60
Doppelverbund ganzer Randstein	30.345,00	3.662,40	0,00	26.682,60
Gestaltungssteine	**1.105.945,55**			**1.031.816,30**
Zierpflaster	403.163,20			381.649,82
B+K Linear (14x14x8)	22.500,00	2.305,00	0,00	20.195,00
B+K Linear (21x14x8)	86.850,00	2.561,12	0,00	84.288,88
B+K Linear (28x21x8)	87.750,00	2.817,23	0,00	84.932,77
Rustikal (14x14x8)	31.432,50	2.305,00	0,00	29.127,50
Rustikal (21x14x8)	20.874,00	2.561,12	0,00	18.312,88
Rustikal (28x21x8)	44.750,00	2.817,23	0,00	41.932,77
Terra Nova (14x7x8)	27.810,00	1.792,78	0,00	26.017,22
Terra Nova (14x10,5x8)	48.204,00	2.048,89	0,00	46.155,11
Terra Nova (21x14x8)	32.992,70	2.305,00	0,00	30.687,70
Ökopflaster	279.401,40			259.567,82
B+K Rasenfugenstein (16x16x8)	78.926,40	2.433,06	5.875,50	70.617,84
Terra Aqua Normalstein	116.325,00	3.534,34	0,00	112.790,66
Terra Aqua halber Randstein	27.800,00	3.841,67	0,00	23.958,33
Terra Aqua ganzer Randstein	56.350,00	4.149,01	0,00	52.200,99
Gartensteine	423.380,95			390.598,66
Bruchsteinmauer (27x11x16)	33.872,50	2.048,89	0,00	31.823,61
Bruchsteinmauer (27x27x16)	51.805,00	2.817,23	0,00	48.987,77
Bruchsteinmauer (32x27x16)	31.521,35	3.073,34	0,00	28.448,01
Bruchsteinpalisade (45x12x8)	24.426,00	3.329,45	0,00	21.096,55
Bruchsteinpalisade (60x12x8)	29.750,00	3.457,51	0,00	26.292,49
Bruchsteinpalisade (75x12x8)	25.863,50	3.585,56	0,00	22.277,94
Bruchsteinpalisade (90x12x8)	26.847,00	3.713,62	0,00	23.133,38
B+K Mauer CelTiX (25x12,5x8)	56.049,00	3.073,34	0,00	52.975,66
B+K Mauer CelTiX (25x25x8)	91.656,60	3.585,56	0,00	88.071,04
B+K Mauer CelTiX (25x25x16)	51.590,00	4.097,79	0,00	47.492,21

Kapitel 7 Erfolgsrechnung

Einen weiteren Schritt in der Kostenanalyse der einzelnen Produkte stellte die Berechnung des Deckungsbeitrags III dar, der im Rahmen der bisherigen Untersuchungen um die produktgruppenbezogenen Fixkosten erweitert wurde. So stellte die Controllingabteilung zum Beispiel fest, dass im Werk Nord die Schleifmaschine nur bei der Veredelung der besonderen Oberfläche der Markenpflaster aus dem Bereich der Nutzpflaster im Betrieb war. Auch im Werk Süd wurde eine Schleifmaschine nur eingesetzt, um die Oberfläche des B+K Rasenfugensteins und des Terra Aqua Steins so weit zu verarbeiten, dass dadurch das Durchdringen des Regenwassers in die darunter liegenden Erdschichten und damit in das Grundwasser sicher gestellt werden kann. Darüber hinaus wurden im gleichen Werk jeweils zwei unterschiedliche Strahldurchlaufanlagen für die Gartensteine und die Zierpflaster gebraucht. Die Gartensteine wurden schließlich im letzten Veredelungsschritt mit speziellen Stockanlagen bearbeitet, um auf diese Weise die Kornstruktur der Natursteine innerhalb des Vorsatzbetons besonders herauszuarbeiten. Die Betriebs- und Instandhaltungskosten sowie Abschreibungen dieser Veredelungsmaschinen wurden daher für den Monat Oktober entsprechend der Veredelungsvorgänge nur den betroffenen Produktgruppen zugeordnet.

Oktober 2009	Deckungsbeitrag II	Fixkosten Schleifmaschine	Fixkosten Strahlanlage	Fixkosten Stockanlage	Deckungsbeitrag III
B+K Beton GmbH & Co. KG	1.355.860,16				1.123.352,05
Nutzpflaster	324.043,86				249.690,86
Funktionspflaster	175.524,32	0,00	0,00	0,00	175.524,32
Markenpflaster	148.519,53	74.353,00	0,00	0,00	74.166,53
Gestaltungssteine	1.031.816,30				873.661,19
Zierpflaster	381.649,82	0,00	20.747,21	0,00	360.902,61
Ökopflaster	259.567,82	67.110,54	0,00	0,00	192.457,28
Gartensteine	390.598,66	0,00	13.210,26	57.087,10	320.301,30

Anschießend konnte der Deckungsbeitrag IV auf der Basis der bereichspezifischen Kosten ermittelt werden. Darunter fallen insbesondere die Betriebs- und Werkzeugkosten und die Abschreibungen für Betonmischmaschinen, Steinformmaschinen und Aushärtekammern, die jeweils in beiden Werkshallen für alle Produkttypen eingesetzt wurden. Auch die Personalkosten für 16 Arbeiter in der Werkshalle Nord und 25 Arbeiter in Werkshalle Süd mussten den Bereichen Nutzpflaster und Gestaltungssteine pauschal zugeordnet werden, da eine Erfassung der Arbeitsstunden nach Produktgruppen oder einzelnen Produkten aus technischen Gründen nicht möglich war. Hinzu kamen außerdem die Gebäudekosten der beiden Werkshallen und zusätzliche Personalkosten für Angestellte, die ausschließlich für die Verwaltung und

Überwachung der beiden Bereiche zuständig waren. Für den Monat Oktober wurden damit folgende Zahlen festgestellt:

Oktober 2009	Deckungs- beitrag III	Fixkosten Maschinen	Personal- kosten Arbeiter	Personal- kosten Angestellte	Sonstige Bereichs- Fixkosten	Deckungs- beitrag IV
B+K Beton GmbH & Co. KG	1.123.352,05					697.957,15
Nutzpflaster	249.690,86	40.100,89	93.345,17	29.010,59	9.100,00	78.134,21
Gestaltungssteine	873.661,19	52.130,15	147.890,10	41.320,00	12.498,00	619.822,94

Um schließlich den Periodengewinn des Gesamtunternehmens zu erfassen, untersuchte die Controllingabteilung im letzten Schritt die unternehmensspezifischen Fixkosten. Diese konnten den einzelnen Bereichen nicht eindeutig zugewiesen werden und beinhalteten somit folgende Positionen:

- **Lagerhaltungskosten:** Kosten für die Aufbewahrung von Rohstoffen und fertigen Pflastersteinen. Dazu gehören nicht nur die Betriebs- und Gebäudekosten für das zentrale Lager, sondern auch die entsprechenden Personalkosten für 10 Lagerarbeiter.
- **Verwaltungskosten:** diese umfassen sowohl die Personalkosten für Geschäftsleitung, Controlling-, Rechnungslegungs- und Personalabteilung als auch die dazu gehörigen Bürokosten.
- **Vertriebskosten:** sie beziehen sich auf die Personal- und Bürokosten im Vertrieb und die Werbekosten bei Akquise von einzelnen Kunden und für Werbung in lokalen Printmedien.
- **Sonstige Kosten:** darunter fallen die Versicherungen, Rechtsanwaltskosten sowie Überwachung und Beleuchtung des gesamten Werksgeländes.

Für den Monat Oktober konnte so die B+K Beton folgenden Gewinn erwirtschaften:

Oktober 2009	
Deckungsbeitrag IV	**697.957,15**
– Lagerhaltungskosten	118.256,12
– Verwaltungskosten	251.450,90
– Vertriebskosten	145.200,89
– Sonstige Kosten	101.300,41
B+K Beton GmbH & Co. KG	**81.748,83**

Aus der mehrstufigen Deckungsbeitragsrechnung kann nun der Beitrag der einzelnen Produktgruppen und –bereiche zum Unternehmensgewinn näher betrachtet werden.

So stellte die Geschäftsleitung anhand des Deckungsbeitrags II und III zum Beispiel fest, dass die Markenpflastersteine trotz eines relativ hohen Preises durch hohe Ver-

Kapitel 7 — Erfolgsrechnung

edlungsfixkosten nur einen vergleichsweise geringen Deckungsbeitrag III erwirtschaften konnten. Auch der gesamte Bereich der Nutzpflaster wies einen sehr geringen Deckungsbeitrag IV auf. Damit sah sich die Geschäftsleitung darin bestätigt, das Produktportfolio im Bereich der Gestaltungssteine mit hohen Deckungsbeiträgen weiterhin auszubauen. Um dieses Ziel zu erreichen, entschloss sich daher die B+K Beton, künftig neue Produkte bei der Markteinführung anhand des Deckungsbeitrags zu bewerten. Außerdem sollte im Vertrieb der variable Gehaltsbestandteil ab sofort nicht nur an die Umsatzzahlen, sondern auch verhältnismäßig an den Deckungsbeitrag der einzelnen Produktgruppen gekoppelt werden, um so die richtigen Anreize für die Vertriebsmitarbeiter zu schaffen.[1]

Übungsaufgaben

1. Sie werden als Controller beauftragt, basierend auf folgenden Unternehmensdaten eine Erfolgsrechnung für die Produkte A und B zu erstellen:

Produkt	Stück-erlöse [€]	Fertigungs-mengen [Stück]	Absatz-mengen [Stück]	Material-einzelkosten [€]	Fertigungs-einzelkosten [€]
A	26,00	400	200	5,00	8,00
B	30,00	450	500	10,00	6,00

Zusätzlich sind Ihnen folgende Zuschlagssätze für die Verteilung der Gemeinkosten bekannt:

Gemeinkostenzuschlagssätze	
Materialgemeinkosten	10 % auf Basis der Materialeinzelkosten
Fertigungsgemeinkosten	50 % auf Basis der Fertigungseinzelkosten
Vertriebsgemeinkosten	40 % auf Basis der Herstellkosten

a) Bestimmen Sie den Periodenerfolg nach dem Gesamtkostenverfahren und nach dem Umsatzkostenverfahren auf Vollkostenbasis. Stellen Sie das Ergebnis in Kontenform dar.
b) Wie hoch ist der Periodenerfolg auf Teilkostenbasis, wenn alle obigen Einzelkosten variabel und alle obigen Gemeinkosten fix sind? (Keine Kontenform erforderlich)

---
[1] Das Fallbeispiel wurde angelehnt an Mengen, A.: Materialkostensenkung in Gewinn umsetzen, in: ZfCM, Sonderheft 1 (49) 2005, S. 42–45.

c) Vergleichen Sie die Erfolge aus a) und b) und erläutern Sie, warum es zu unterschiedlichen Ergebnissen kommt!

2. Eine Unternehmung fertigt zwei Produktarten in einem einstufigen Produktionsprozess. Für die beiden Produkte liegen folgende Angaben vor:

Produkt	Stück-erlöse [€]	Fertigungs-material [€/Stück]	Fertigungs-löhne [€/Stück]	Fertigungs-zeiten [h/Stück]	Absatz-mengen [Stück]	Fertigungs-mengen [Stück]
A	60,–	8,–	15,–	2	12.000	12.500
B	120,–	12,50	25,–	3	5.000	4.000

Es fallen Materialgemeinkosten für beide Produkte in Höhe von 300.000,– € an. Als Zuschlagsbasis dienen die Materialeinzelkosten.
Die Fertigung beider Produkte erfolgt auf einer Maschine. Die Maschine mit einem Anschaffungswert von 1.850.000,– € wird über 5 Perioden linear abgeschrieben. Als Zuschlagsbasis für diese Fertigungsgemeinkosten auf die Produkte dient die Fertigungszeit. Für den Vertrieb entstehen 80.000,– € an Gemeinkosten.

a) Berechnen Sie die Materialgemeinkosten pro Stück.
b) Berechnen Sie die Fertigungsgemeinkosten pro Stück.
c) Führen Sie die kurzfristige Erfolgsrechnung nach dem Gesamtkostenverfahren auf Vollkostenbasis durch.
d) Ergibt sich generell beim Gesamtkostenverfahren auf Vollkostenbasis ein anderes Ergebnis als beim Umsatzkostenverfahren auf Vollkostenbasis? Begründen Sie Ihre Antwort.
e) Ändert sich Ihre Antwort zu Teilaufgabe d), wenn Sie die Erfolgsrechnung auf Teilkostenbasis durchführen? Begründen Sie eine etwaige Änderung.

3. Ein Unternehmen stellt zwei Produkte her. Es stehen Ihnen folgende Plandaten für die kommende Periode zur Verfügung:

Produkt	1	2
Herstell-/Verkaufsmenge [Stück]	20.000	10.000
Verkaufspreis [€/Stück]	14,–	13,–
Variable Selbstkosten [€]	9,–	15,–

Zusätzlich fallen noch 50.000,– € fixe Kosten der Unternehmensführung an.
a) Führen Sie eine einstufige Deckungsbeitragsrechnung durch und bestimmen Sie den Nettoerfolg.
b) Das Unternehmen überlegt sich, ob es für Produkt 2 eine Werbemaßnahme durchführen lassen soll. Dafür kann es eine Marketingagentur zu

einem pauschalen Festbetrag von 20.000 € engagieren. Die Marketingagentur macht dem Unternehmen zwei mögliche Vorschläge:
- Vorschlag 1 würde zu einer Verdoppelung des Absatzes von Produkt 2 führen. Gehen Sie davon aus, dass kein Kapazitätsengpass vorliegt.
- Mit Vorschlag 2 ließe sich der Verkaufspreis des Produktes 2 für die kommende Periode um 3 €/Stück erhöhen, ohne dass die Absatzzahlen zurückgehen.

Erläutern Sie anhand der Ergebnisse Ihrer Deckungsbeitragsrechnung, welche Strategie Sie dem Unternehmen aus Erfolgsgesichtspunkten empfehlen würden. Begründen Sie Ihre Aussage.

4. Ein Unternehmen hat ein Werk in Deutschland (Werk D) und eines in der Ukraine (Werk U): im Werk D wird Produkt P1 hergestellt, im Werk U werden die Produkte P2, P3 und P4 erstellt. Für die letzte Abrechnungsperiode sind folgende Daten bekannt:

Produkt	P1	P2	P3	P4
Herstellungsmenge	10.000	10.000	20.000	5.000
Absatzmenge	8.000	10.000	15.000	5.000
Stückpreis [€]	5,–	2,–	1,–	3,–
Fertigungslöhne [€/Periode]	4.000,–	3.000,–	3.000,–	2.000,–
Fertigungsmaterial [€/Periode]	8.000,–	4.000,–	4.000,–	12.000,–
Variable Vertriebskosten [€/Periode]	1.200,–	400,–	300,–	2.000,–

Werk	Werk D	Werk U
Werksfixkosten [€/Periode]	3.000,–	5.000,–

Fixe Kosten der Unternehmensführung [€/Periode]   30.000,–

a) Führen Sie eine mehrstufige Deckungsbeitragsrechnung für die Abrechnungsperiode durch und bestimmen Sie den Gewinn.
b) Begründen sie kurz und stichpunktartig, welchen Vorschlag Sie aus dem Ergebnis ableiten würden.

Kapitel 8 Break-Even-Analysen

Kapitelüberblick

8.1 **Zielsetzung und Annahmen von Break-Even-Analysen**

8.2 **Break-Even-Analysen bei einem Produkt**
Ausgangsgleichung für Gewinn und Deckungsbeitrag
Bestimmung der Gewinnschwelle
Zielgewinn
Berücksichtigung von Steuern
Grenzen der Break-Even-Analyse

8.3 **Break-Even-Analysen bei mehreren Produkten**
Vom Break-Even-Punkt zur Break-Even-Gerade
Konstantes Verhältnis der verkauften Produktmengen
Break-Even-Analysen mit Excel

8.4 **Analyse der Unsicherheit**
Sensitivitätsanalysen
Sicherheitskoeffizient

8.5 **Break-Even-Analysen zur Flexibilisierung von Kostenstrukturen**
Insourcing versus Outsourcing
Kostenstrukturrisiko und Operating Leverage

Lernziele dieses Kapitels

- Was sind die Zielsetzungen und die wesentlichen Annahmen von Break-Even-Analysen?

- Wie lässt sich der Break-Even-Punkt bei gegebenen Kosten und Erlösen bestimmen?

- Welche Auswirkungen hat die Vorgabe eines Zielgewinns auf die Break-Even-Analyse?

- Wie lassen sich Steuern bei der Break-Even-Analyse berücksichtigen?

- Was ändert sich, wenn mehrere Produkte in die Analyse einbezogen werden?

- Wie kann auf einfache Weise der Unsicherheit in den Ausgangsdaten Rechnung getragen werden?

- Wie können Break-Even-Analysen zur Flexibilisierung von Kostenstrukturen und für Outsourcing-Entscheidungen eingesetzt werden?

Kapitel 8 Break-Even-Analysen

> **Break-Even-Analysen bei Berthold Plastics**
>
> Klaus Berthold, Geschäftsführer des Kunststoffspritzgussunternehmens Berthold Plastics, ist mit dem Absatz und den Gewinnmargen seiner Gehäuse für Einfachstecker zufrieden. Trotzdem haben ihn in den letzten Monaten verstärkt Kunden angesprochen, ob er auch Gehäuse für Zweifachstecker anbieten könne. Technisch wäre das kein Problem, allerdings ist Herr Berthold unsicher, ob dieses neue Produkt tatsächlich profitabel wäre.
>
> Schnell ist ihm klar, dass der Erfolg des Produktes von der Anzahl der verkauften Gehäuse für Zweifachstecker abhängen würde. Da er ein ähnliches Produkt schon seit langem produziert und mit seinen Kunden viel kommuniziert, hat Herr Berthold klare Vorstellungen von den erzielbaren Preisen und den Kosten der neuen Gehäuse. Vor einer Entscheidung will er jedoch wissen, welche Stückzahlen nötig sind, um die Gewinnschwelle zu erreichen. Er beauftragte seinen Controller mit der Durchführung einer Break-Even-Analyse, um damit die Gewinnschwelle zu ermitteln.

8.1 Zielsetzung und Annahmen von Break-Even-Analysen

Die Break-Even-Analyse dient zur Berechnung derjenigen Menge an Produkten, deren Verkauf notwendig ist, um die Gewinnschwelle zu erreichen.

Unternehmen müssen regelmäßig Entscheidungen über die Einführung neuer Produkte treffen. Für diese Entscheidungen spielt neben Preisen und Kosten das Verkaufsvolumen eine wichtige Rolle. Die Break-Even-Analyse ist ein Instrument, das derartige Entscheidungen begleiten und unterstützen kann. Sie dient in erster Linie der Berechnung derjenigen Menge an Produkten, deren Verkauf notwendig ist, um die Gewinnschwelle zu erreichen. Neben der Ermittlung der Gewinnschwelle, die auch Break-Even-Punkt oder kritische Menge genannt wird, lassen sich mit ihrer Hilfe eine Reihe weiterer Fragen beantworten:

- Wie viele Produkte müssen verkauft werden, um einen bestimmten Zielgewinn zu erreichen?
- Wie ändert sich der Gewinn, wenn sich eine bestimmte Menge zusätzlicher Produkte verkaufen lässt?
- Welchen Einfluss haben die Höhe der Fixkosten und der variablen Kosten auf das Risiko des Unternehmens?
- Soll ein neues Produkt auf einer wenig automatisierten Maschine mit geringen Anschaffungskosten und hohen variablen Kosten oder auf einer hoch automatisierten Maschine mit hohen Anschaffungskosten und geringen variablen Kosten gefertigt werden?
- Ab welcher Menge ist Eigenfertigung günstiger als Fremdbezug?

Die Break-Even-Analyse stellt den Kosten die Erlöse gegenüber.

Die Break-Even-Analyse stellt den Kosten die Erlöse gegenüber. Sie beruht darauf, dass sowohl Kosten als auch Erlöse von der hergestellten und abgesetzten Menge abhängen. Eine wichtige Voraussetzung für die Durchführung von Break-Even-Analysen ist die Unterscheidung in variable und fixe Kosten. Zudem gelten für das einfache Grundmodell der Break-Even-Analyse folgende Annahmen:

8.1 Zielsetzung und Annahmen von Break-Even-Analysen

1. Kosten und Erlöse hängen ausschließlich von der Ausbringungsmenge, beispielsweise von der Menge der hergestellten und abgesetzten Gehäuse für Zweifachstecker ab. Andere Einflussgrößen, wie zum Beispiel Lohnkostenänderungen oder Preisänderungen bleiben unberücksichtigt.
2. Für die Kosten und die Erlöse wird innerhalb der betrachteten Mengen ein linearer Verlauf unterstellt. Sprünge in den Kosten, beispielsweise durch notwendige Kapazitätserweiterungen lassen sich zwar berücksichtigen, erfordern allerdings eine gegenüber dem Grundmodell erweiterte Version der Break-Even-Analyse.
3. Variable Kosten je Stück, fixe Kosten und Verkaufspreise werden als bekannt und konstant angenommen.
4. Das Unternehmen maximiert den Gewinn und lässt einen etwaigen Zeitwert des Geldes durch unterschiedliche Zahlungszeitpunkte unberücksichtigt.

Nicht immer sind alle Annahmen für die Durchführung einer einfachen Break-Even-Analyse vollständig erfüllt. In diesen Situationen muss man abwägen, ob sich mit der Break-Even-Analyse trotzdem hinreichend genaue Ergebnisse erzielen lassen oder ob eine erweiterte und dafür aufwändigere Form der Break-Even-Analyse vorzuziehen ist. Da aufwändigere Formen, die beispielsweise nichtlineare Kosten- und Erlösfunktionen beinhalten können, häufig einen erheblichen Mehraufwand bedeuten, muss vor ihrer Anwendung deren Nutzen genau geprüft werden.

Begriffsvielfalt

> Während sich in der Praxis im deutschsprachigen Raum der Begriff Break-Even-Analyse durchgesetzt hat, findet man in manchen deutschsprachigen Lehrbüchern auch noch die Bezeichnung *Nutzschwellenanalyse*. Englischsprachige Lehrbücher verwenden dagegen inzwischen überwiegend den Begriff *Cost-Volume-Profit Analysis*, um zu verdeutlichen, dass sich die Zielsetzung der Break-Even-Analysen nicht nur auf die Bestimmung des Break-Even-Punkts erstreckt. Die Bedeutung dieses Instruments im angelsächsischen Sprachraum wird auch daran erkennbar, dass es in den dortigen einführenden Lehrbüchern zur Kostenrechnung vielfach in den vorderen Kapiteln behandelt wird.

Praxisbeispiel: Zielsetzung bei der Break-Even-Analyse

Seit 1996 entwickelte Airbus den Doppeldecker-Airliner A 380, dessen Betriebskosten um bis zu 20 % unter denen des Konkurrenzmodells Boeing 747 liegen sollen. Airbus S.A.S. veranschlagte die Entwicklungskosten ursprünglich auf 10,7 Mrd. US-Dollar. Der Listenpreis für einen A 380 sollte 200 Mio. US-Dollar betragen. Airbus ging davon aus, dass bei dem A 380 ab ca. 250 verkauften Flugzeugen die Gewinnzone erreicht würde und über einen Zeitraum von 20 Jahren ca. 700 Flugzeuge abgesetzt würden.

8.2 Break-Even-Analysen bei einem Produkt

Ausgangsgleichung für Gewinn und Deckungsbeitrag

Ausgangspunkt für die Break-Even-Analyse ist die Gewinngleichung eines Unternehmens, die den Erlösen die Kosten gegenüberstellt.

$$\text{Gewinn} = \text{Erlös} - \text{Kosten}$$

Die Aufspaltung der Kosten in variable und fixe Bestandteile führt zu folgender Gleichung

$$\text{Gewinn} = \text{Erlös} - \text{variable Kosten} - \text{Fixkosten}$$

bzw.

$$\text{Gewinn} = \text{Deckungsbeitrag} - \text{Fixkosten}$$

Entsprechend unserer Annahmen gehen wir von konstanten Preisen p und konstanten variablen Stückkosten k_v aus. Die Ausbringungsmenge bezeichnen wir mit x, die Fixkosten mit K_f, den Gewinn mit G und den Stückdeckungsbeitrag mit d. Damit ergibt sich folgende Gleichung:

$$\begin{aligned} G &= p \cdot x - k_v \cdot x - K_f \\ &= d \cdot x - K_f \end{aligned}$$

Bestimmung der Gewinnschwelle

Die Gewinnschwelle bezeichnet den Punkt, bei dem der Gewinn gerade 0 beträgt.

Die Gewinnschwelle bezeichnet den Punkt, bei dem der Gewinn gerade 0 beträgt. Sie kann sowohl in Mengeneinheiten angegeben werden und damit die Zahl der verkauften Produkteinheiten umfassen als auch in Form eines Erlöses. Wir werden zunächst die Gewinnschwelle in Mengeneinheiten bestimmen. Sie ergibt sich durch Einsetzen eines Gewinns von 0 in obige Gewinngleichung:

$$0 = d \cdot x - K_f$$

Wird diese Gleichung nach der Menge x_b aufgelöst, ergibt sich für die kritische Menge

$$x_b = K_f/d$$

Der Break-Even-Punkt (im Index als b bezeichnet) kann damit sehr einfach ermittelt werden, indem die Fixkosten durch den Stückdeckungsbeitrag geteilt werden.

Für die Ermittlung der Gewinnschwelle in Form von Umsatzerlösen muss die kritische Menge lediglich in die Erlösfunktion eingesetzt werden, welche den Verlauf der Erlöse in Abhängigkeit von der Verkaufsmenge beschreibt. Damit bestimmt sich der kritische Umsatzerlös U_b zu

$$U_b = p \cdot x_b$$

Bestimmung der Gewinnschwelle bei Berthold Plastics

Herr Berthold hat bezüglich seiner Gehäuse für Zweifachstecker mit zahlreichen Kunden gesprochen. Auf Basis dieser Gespräche hält er einen Verkaufspreis von 0,25 € je Gehäuse für realistisch. Sein Controller legt ihm eine erste Kalkulation für das neue Gehäuse vor. Daraus geht hervor, dass mit variablen Stückkosten von 0,05 € zu rechnen ist. Fixkosten ergeben sich insbesondere durch den Kauf der Maschine und die Neuentwicklung und Herstellung einer Form, mit dem die neuen Gehäuse gefertigt werden sollen. Hier ist mit Fixkosten in Höhe von 8.000 € zu rechnen. Der Stückdeckungsbeitrag für ein Gehäuse beträgt demnach

$$d = 0{,}25\ € - 0{,}05\ € = 0{,}20\ €$$

Der Break-Even-Punkt liegt bei

$$x_b = 8.000\ €/0{,}20\ €/\text{Stück} = 40.000\ \text{Stück}$$

Berthold Plastics müsste also 40.000 Gehäuseeinheiten verkaufen, um die Gewinnschwelle zu erreichen. Die zugehörigen Umsatzerlöse, die zu einem Gewinn von 0 führen, lassen sich errechnen, indem die kritische Menge in die Erlösfunktion U(x) eingesetzt wird.

$$U_b = 0{,}25\ €/\text{Stück} \cdot 40.000\ \text{Stück} = 10.000\ €$$

Die Gewinnschwelle wird also erreicht, sobald das Neuprodukt die Umsatzschwelle von 10.000 € überschritten hat.

Die Break-Even-Analyse kann grafisch auf zweierlei Weise dargestellt werden, wie Abbildung 8.1 verdeutlicht. Im Gesamtkosten-Umsatz-Modell werden die Umsatzerlöse den gesamten Kosten als Funktionen der Verkaufsmenge gegenübergestellt. Der Break-Even-Punkt ist der Schnittpunkt der Erlös- mit der Kostengeraden. Die Höhe des Gewinns und Verlustes bei anderen Mengen als der kritischen Menge spiegelt sich in dem Abstand zwischen den beiden linearen Funktionen wider. Damit verdeutlicht er das Ausmaß eines Gewinns bzw. Verlusts bei anderen Mengen. Im Deckungsbeitragsmodell werden der linearen Deckungsbeitragsfunktion die Fixkosten gegenübergestellt. Auch hier bildet der Schnittpunkt zwischen beiden Linien den Break-Even-Punkt. Der Vorteil dieser Darstellung liegt darin, dass sich der Gewinn und Verlust

Kapitel 8 — Break-Even-Analysen

Abbildung 8.1: Grafische Break-Even-Analyse für Berthold Plastics

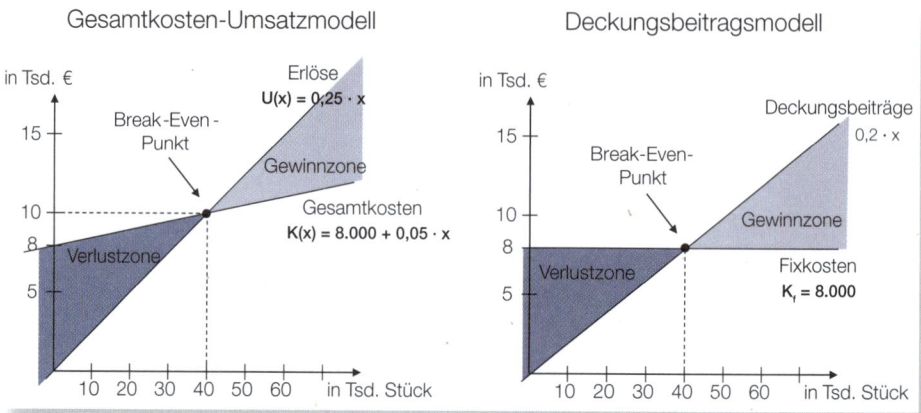

für verschiedene Mengen daraus leichter ablesen lässt. Er ist durch die Differenz der Deckungsbeitragsfunktion und der Fixkostengerade bestimmt. Allerdings wird dieser Vorteil dadurch erkauft, dass Kostenänderungen bei unterschiedlichen Verkaufsmengen nicht mehr unmittelbar abgelesen werden können.

Foto: Staatliche Museen zu Berlin

Praxisbeispiel: Bestimmung der Gewinnschwelle

In Berlin werden seit 1999 die auf der Museumsinsel liegenden Gebäude u. a. für das Alte Museum, die Alte Nationalgalerie, das Bodemuseum und das Pergamonmuseum grundlegend restauriert. Die Baukosten sind auf ca. 1 Mrd. € veranschlagt. Unterstellt man eine Nutzung der Gebäude von 50 Jahren, einen Deckungsbeitrag je Besucher von 10 € und jährliche Fixkosten von 1 Mio. €, so beträgt die kritische Anzahl an Besuchern pro Jahr

$$x_b = (1.000.000.000 + 50 \cdot 1.000.000)/(50 \cdot 10) = 2{,}1 \text{ Mio.}$$

Diese Überschlagsrechnung unterstellt jedoch konstante Besucherzahlen und vernachlässigt den Zeitwert des Geldes, welcher bei einem Planungshorizont von 50 Jahren besonders relevant ist. Insofern sind die 2,1 Millionen Besucher pro Jahr eine zu niedrige Schätzung der kritischen Menge.

Zielgewinn

Häufig möchte man die Break-Even-Analyse mit dem Erreichen eines bestimmten Zielgewinns verknüpfen. Der Zielgewinn lässt sich entweder in absoluten Größen oder als relative Größe bezogen auf den Umsatz, also als Umsatzrendite ausdrücken. Soll ein bestimmter absoluter Wert des Gewinns erreicht werden, genügt eine einfache Anpassung der Gleichungen, um diejenige Menge zu bestimmen, die zu einem bestimmten Zielgewinn führt. Dazu ist lediglich statt des Gewinns G der Zielgewinn ZG in die Ausgangsgleichung der Break-Even-Analyse einzusetzen.

$$ZG = d \cdot x - K_f$$

Wenn diese Gleichung nach der Menge aufgelöst wird, ergibt sich folgende kritische Menge:

$$x_{ZG} = (K_f + ZG)/d$$

Für den Fall, dass eine bestimmte Umsatzrendite angestrebt wird, lässt sich ebenfalls die Ausgangsgleichung der Break-Even-Analyse verwenden. Da die Umsatzrendite ROS (Return on Sales) als Verhältnis von Gewinn zu Umsatzerlösen definiert ist, ergibt sich als Gleichung für den Gewinn

$$G = ROS \cdot U \quad \text{bzw.} \quad G = ROS \cdot p \cdot x$$

Setzt man diesen Gewinn in die Ausgangsgleichung ein, ergibt sich

$$ROS \cdot p \cdot x = p \cdot x - k_v \cdot x - K_f$$

und nach Auflösen nach der Menge

$$x_{ROS} = K_f/(d - ROS \cdot p)$$

> **Break-Even-Analyse unter Berücksichtigung eines Zielgewinns bei Berthold Plastics**
>
> Berthold Plastics möchte mit dem Projekt eine Umsatzrendite von mindestens 16 % erzielen. Die kritische Menge beträgt nun
>
> $$\begin{aligned}x_{ROS} &= 8.000\ \text{€}/(0{,}20\ \text{€} - 0{,}16 \cdot 0{,}25\ \text{€}) \\ &= 8.000\ \text{€}/0{,}16\ \text{€} \\ &= 50.000\ \text{Stück}\end{aligned}$$
>
> Wie in Abbildung 8.2 dargestellt, müsste das Unternehmen also 50.000 Gehäuseeinheiten verkaufen, um eine Umsatzrendite von 16 % zu erzielen. Der absolute Gewinn würde dann 2.000 € betragen.

Abbildung 8.2: Ermittlung der kritischen Menge mit Zielgewinn

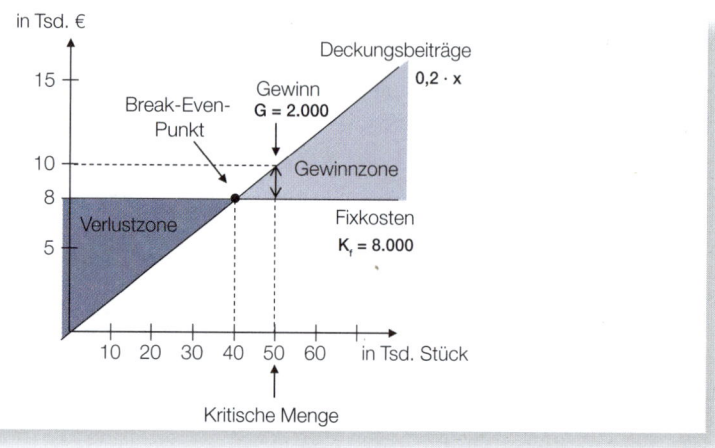

Berücksichtigung von Steuern

Gewinne unterliegen im Allgemeinen der Ertragsbesteuerung. Abstrahiert man von den komplizierten steuerrechtlichen Vorschriften der Unternehmensbesteuerung, lässt sich der Nachsteuergewinn als Funktion des Vorsteuergewinns in folgender Weise schreiben.

Gewinn nach Steuern = Gewinn vor Steuern – Steuern
= Gewinn vor Steuern – (Steuersatz · Gewinn vor Steuern)
= Gewinn vor Steuern · (1 – Steuersatz)

Umgekehrt gilt für den Vorsteuergewinn:

Gewinn vor Steuern = Gewinn nach Steuern/(1 – Steuersatz)

Um beispielsweise einen Nachsteuergewinn von 2.000 € zu erreichen, ist bei einem Steuersatz von 35 % ein Vorsteuergewinn von 2.000 €/(1 – 0,35) = 3.076,92 € notwendig. Dieser Vorsteuergewinn ist in der Break-Even-Analyse als Zielgewinn zu verwenden, um nach Steuern das gewünschte Ergebnis zu erhalten. Bei einem Steuersatz s erhält man die kritische Menge allgemein zu:

$$x_{ZG} = (K_f + ZG/(1 - s))/d$$

In der grafischen Darstellung unter Berücksichtigung von Steuern kann der Nachsteuergewinn nicht mehr unmittelbar aus der ursprünglichen Grafik abgelesen werden. Stattdessen wird entsprechend Abbildung 8.3 die Gewinnfläche, die sich rechts der kritischen Menge befindet, durch eine weitere Linie geteilt, welche die Aufteilung des Gewinns auf die Steuerbelastung und den Nachsteuergewinn widerspiegelt.

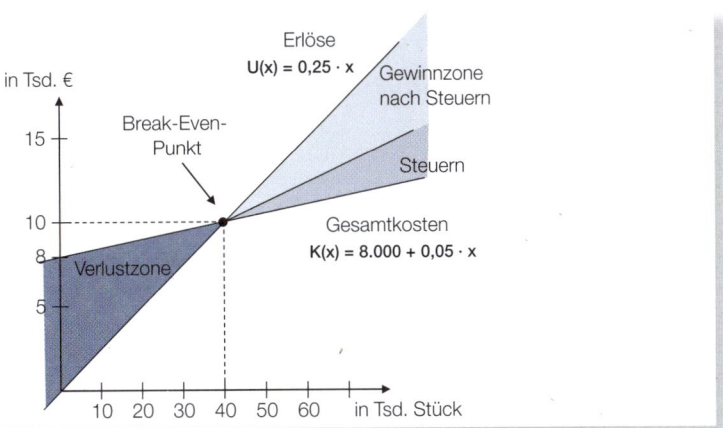

Abbildung 8.3: Grafische Break-Even-Analyse unter Berücksichtigung einer Gewinnsteuer

Grenzen der Break-Even-Analyse

Die vorgestellte Break-Even-Analyse betrachtet lediglich die Ausbringungsmenge als Kosteneinflussgröße und unterstellt lineare Kosten- sowie Erlösfunktionen. Dies schränkt grundsätzlich ihre Anwendbarkeit ein. Beispielsweise wirken sich beim Einsatz moderner Fertigungstechnologien auch die Anzahl an Beschaffungs-, Fertigungs- sowie Qualitätskontrollprozessen nachhaltig auf die Kosten aus. Während lineare Kostenfunktionen Lern- oder Erfahrungskurveneffekte vernachlässigen, unterstellt man bei linearen Erlösfunktionen, dass die Unternehmung ein Preisnehmer ist und den Marktpreis nicht beeinflussen kann. Bei den genannten Situationsbedingungen kann die einfache Break-Even-Analyse eine erste Näherungslösung für die kritische Ausbringungsmenge liefern. Ihr Vorteil liegt dabei in der relativ einfachen Berechnung dieser kritischen Menge.

Darüber hinaus sind fixe Kosten in der Regel nur über einen bestimmten Bereich der Ausbringungsmenge konstant, etwa weil eine Ausweitung der Fertigungskapazität über diesen Bereich hinaus zusätzliche Maschinen erfordert und daher zu einem sprunghaften Anstieg der Fixkosten führt. Die einfache Break-Even-Analyse ist dann nur für Variationen der Ausbringungsmenge innerhalb eines begrenzten Bereichs geeignet. Schließlich vernachlässigt die einfache Break-Even-Analyse, wie bereits angesprochen, den Zeitwert des Geldes und berücksichtigt nicht die Unsicherheit der Daten.

8.3 Break-Even-Analysen bei mehreren Produkten

Vom Break-Even-Punkt zur Break-Even-Gerade

Im bislang betrachteten Einproduktfall ist der Break-Even-Punkt eindeutig definiert. Dies ändert sich, wenn der Break-Even-Punkt für mehrere Produkte bestimmt werden soll. In diesem Fall kann ein Verlust bei einem Produkt durch einen Gewinn bei einem anderen Produkt ausgeglichen werden. Die Gewinnschwelle kann also auf unterschiedliche Weise erreicht werden.

Im Zweiproduktfall ergibt sich der Gewinn als Summe der Erlöse der beiden Produkte abzüglich deren Kosten. Wenn wir wie zuvor lineare Erlös- und Kostenfunktionen unterstellen, lautet der Zielgewinn

$$ZG = p_1 \cdot x_1 + p_2 \cdot x_2 - k_{v1} \cdot x_1 - k_{v2} \cdot x_2 - K_f$$
$$= d_1 \cdot x_1 + d_2 \cdot x_2 - K_f$$

Die kritische Menge Menge des ersten Produkts, x_1, lässt sich nun nicht mehr als einzelner Wert angeben, sondern hängt von der Menge des zweiten Produkts, x_2, ab. Die obige Gleichung aufgelöst nach x_1 ergibt:

$$x_{b1} = (K_f + ZG)/d_1 - x_2 \cdot d_2/d_1$$

Die kritische Menge ist nun eine Gerade.

Break-Even-Analysen bei mehreren Produkten bei Berthold Plastics

Klaus Berthold, der Geschäftsführer von Berthold Plastics, überlegt, neben den Gehäuseeinheiten für Zweifachstecker auch solche für Vierfachstecker anzubieten. Diese können zwar auf derselben Maschine gefertigt werden, jedoch wird ein zusätzliches Werkzeug benötigt. Die Fixkosten erhöhen sich dadurch um 2.000 € auf 10.000 €. Herr Berthold rechnet mit einem Erlös von 0,48 € und variablen Kosten in Höhe von 0,08 €. Der Stückdeckungsbeitrag für die Gehäuse für Vierfachstecker beträgt demnach

$$d_2 = 0{,}48\ \text{€} - 0{,}08\ \text{€} = 0{,}40\ \text{€}$$

Für die Gewinnschwelle gilt folgende Bestimmungsgleichung:

$$x_{b1} = 10.000\ \text{€}/0{,}20\ \text{€} - x_2 \cdot 0{,}40\ \text{€}/0{,}20\ \text{€}$$

bzw.

$$x_{b1} = 50.000 - 2 \cdot x_2$$

Die neuen Produkte erreichen folglich die Gewinnschwelle, wenn beispielsweise 50.000 Einheiten der Zweifachstecker und keine der Vierfachstecker verkauft würden. Sie würde aber auch erreicht, wenn 20.000 Einheiten der Zweifachsteckergehäuse und 15.000 Einheiten der Vierfachsteckergehäuse verkauft würden.

Für die grafische Darstellung muss nun jede Produktart eine eigene Achse erhalten. Die Erlös- und Kostenfunktionen sind nun Ebenen, während die Schnittmenge dieser Ebenen, welche die Gewinnschwelle repräsentiert, eine Gerade ist. Abbildung 8.4 zeigt den Verlauf der Break-Even-Gerade für das Beispiel von Berthold Plastics. Sie ergibt sich als Schnittmenge der horizontal verlaufenden Ebene der Fixkosten und der schräg verlaufenden Ebene des Deckungsbeitrags.

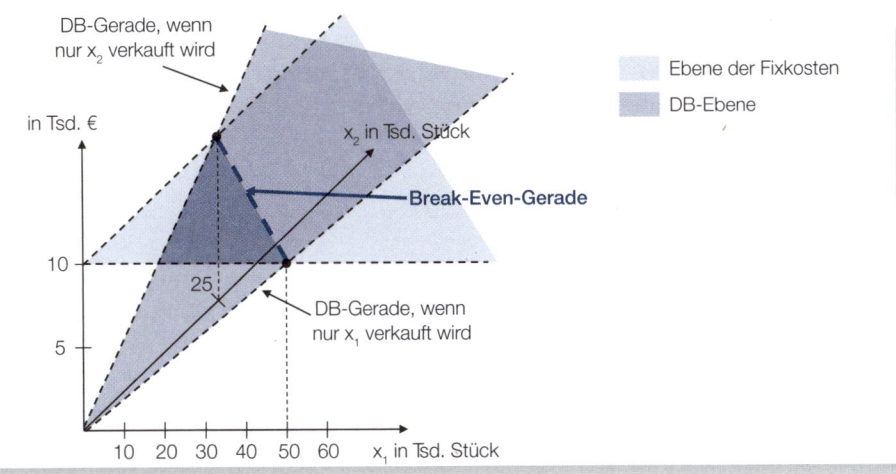

Abbildung 8.4: Grafische Break-Even-Analyse für den Zweiproduktfall

Konstantes Verhältnis der verkauften Produktmengen

Häufig wird bei der Durchführung der Break-Even-Analyse ein bestimmtes Verhältnis an verkauften Produkten unterstellt. Dieses Verhältnis lässt sich entweder im Hinblick auf die Stückzahlen oder auf die jeweiligen Produkterlöse angeben. Geht Berthold Plastics beispielsweise davon aus, dass 30.000 Einheiten der Gehäuse für Zweifachstecker und 15.000 Einheiten der Gehäuse für Vierfachstecker abgesetzt werden können, beträgt dieses Verhältnis 30.000:15.000 oder 2:1. Will man dieses Verhältnis auf die Umsatzerlöse mit den jeweiligen Produkten beziehen, muss die Anzahl der verkauften Produkte mit den Stückerlösen multipliziert werden. Für die Zweifachsteckergehäuse ergibt sich ein prognostiziertes Umsatzvolumen von 7.500 € (30.000 · 0,25 €) und für die Vierfachsteckergehäuse 7.200 € (15.000 · 0,48 €). Im Hinblick auf die Umsatzerlöse beträgt das Verhältnis nun 7.500:7.200 oder 25:24. Der Grund für diese Diskrepanz zum Verhältnis der verkauften Einheiten liegt darin, dass die Gehäuse für Vierfachstecker höhere Erlöse erzielen als die Gehäuse für Zweifachstecker.

Legt man nun ein konstantes Verhältnis $v = x_1/x_2$ der Verkaufsmengen der beiden Produkte zugrunde, so lässt sich die Break-Even-Analyse auf den

Einproduktfall zurückführen. Wegen des konstanten Verhältnisses kann die Menge x_2 durch x_1/v substituiert werden. Daraus folgt für den Zielgewinn

$$ZG = d_1 \cdot x_1 + d_2 \cdot x_1/v - K_f.$$

Die kritische Menge x_{b1}, die verkauft werden muss, um den Zielgewinn zu erreichen, ergibt sich durch Auflösen nach x_1 und beträgt

$$x_{b1} = (K_f + ZG)/(d_1 + d_2/v).$$

Unterstellt man, dass Berthold Plastics für die beiden neuen Produkte einen Zielgewinn von 1.200 € anstrebt, und verwendet man das konstante Mengenverhältnis 2:1 für die beiden Produkte, ergibt sich als kritische Menge für die Zweifachstecker

$$x_{b1} = (10.000\ € + 1.200\ €)/(0{,}20\ € + 0{,}40\ €/2) = 28.000\ \text{Stück}$$

Wegen des konstanten Verkaufsverhältnisses ergibt sich daraus eine kritische Menge von 14.000 Gehäuseeinheiten für Vierfachstecker und eine Gesamtmenge von 42.000 Einheiten.

Alternativ kann die kritische Gesamtmenge bestimmt werden, indem die Formel für den Fall eines einzigen Produktes verwendet wird und der mit den Verkaufsmengen gewichtete durchschnittliche Stückdeckungsbeitrag eingesetzt wird. In unserem Beispiel beträgt dieser (30.000 · 0,20 € + 15.000 · 0,40 €)/45.000 = 0,27 €. Daraus ergibt sich für die Gesamtmenge ebenfalls eine kritische Menge von 42.000 Einheiten, die entsprechend dem Verhältnis 2:1 auf die beiden Produkte aufzuteilen ist.

Break-Even-Analysen mit Excel

Sollen mehrere Produkte in die Break-Even-Analysen einbezogen werden, können die Berechnungen schnell unübersichtlich werden. Zur Unterstützung bieten sich dann Tabellenkalkulationsprogramme wie Excel an. Mit ihrer Hilfe lassen sich nicht nur die kritischen Mengen schnell und einfach berechnen. Die Auswirkungen von Änderungen der Eingabewerte können ebenfalls schnell und unkompliziert simuliert werden.

Abbildung 8.5 zeigt eine derartige Excel-Tabelle für Berthold Plastics. Die Eingabezellen sind dick umrahmt. Alle anderen Werte werden automatisch berechnet. Die Deckungsbeitragsrechnung wird auf Basis der erwarteten Verkaufsmengen beider Produkte berechnet und enthält den damit verbundenen Gewinn vor und nach Steuern. Bereits mit dieser Berechnung erhält man einen ersten Eindruck von der Profitabilität der beiden Produkte. Legt man die erwarteten Verkaufszahlen zugrunde, ergeben sich ein Vorsteuergewinn von 2.000 € und ein Nachsteuergewinn von 1.400 €. Erlöse und variable Kosten werden dabei berechnet, indem die Stückerlöse und die variablen Stückkosten mit der Verkaufsmenge multipliziert werden. Der Deckungsbeitrag I ergibt sich als Differenz der Erlöse und der variablen Kosten. Nach Abzug der Produktfixkosten wird der Deckungsbeitrag II ausgewiesen, aus dem nach Abzug der übrigen Fixkosten der Gewinn folgt. Damit lassen sich in Zeile 24 auch die Deckungsbeiträge je Mengeneinheit an Zweifachsteckergehäuse und Vierfachsteckergehäuse berechnen. Der gewichtete durchschnittliche Deckungsbeitrag je Mengeneinheit in Spalte D, Zeile 24 wird auf Basis des Gesamtdeckungsbeitrags (Zeile 16) geteilt durch die Gesamtmenge (Zeile 4) bestimmt.

Die Break-Even-Analyse erfolgt auf Basis des konstanten Verhältnisses der beiden Verkaufsmengen. Die zugehörigen kritischen Mengen lassen sich einfach berechnen, indem die Summe aus Fixkosten und Zielgewinn vor Steuern durch den gewichteten durchschnittlichen Stückdeckungsbeitrag geteilt wird. Für einen Zielgewinn von 350 € nach Steuern müssen 26.250 Einheiten Zweifachsteckergehäuse und 13.125 Einheiten Vierfachsteckergehäuse verkauft werden. Der Zielgewinn ist das Ergebnis der Deckungsbeitragsrechnung, die mit den kritischen Mengen der Break-Even-Analyse berechnet wurde und in den Zeilen 33 bis 41 dargestellt ist.

	A	B	C	D
1	**Eingabefelder (eingerahmt)**			
2				
3	Produkt	Zweifachstecker	Vierfachstecker	Summe
4	Erwartete Verkaufsmenge	30.000	15.000	45.000
5	Stückerlös	0,25 €	0,48 €	
6	Variable Stückkosten	0,05 €	0,08 €	
7	Produktfixkosten	2.000,00 €	2.000,00 €	4.000,00 €
8	Übrige Fixkosten	6.000,00 €		6.000,00 €
9	Zielgewinn (nach Steuern)	350,00 €		
10	Gewinnsteuersatz	30%		
11	Zielgewinn vor Steuern			500,00 €
12				
13	**Deckungsbeitragsrechnung**	Zweifachstecker	Vierfachstecker	Summe
14	Erlöse	7.500,00 €	7.200,00 €	14.700,00 €
15	variable Kosten	1.500,00 €	1.200,00 €	2.700,00 €
16	Deckungsbeitrag I	6.000,00 €	6.000,00 €	12.000,00 €
17	Produktfixkosten	2.000,00 €	2.000,00 €	4.000,00 €
18	Deckungsbeitrag II	4.000,00 €	4.000,00 €	8.000,00 €
19	Übrige Fixkosten			6.000,00 €
20	Gewinn vor Steuern			2.000,00 €
21	Steuern			600,00 €
22	Gewinn nach Steuern			1.400,00 €
23				
24	Deckungsbeitrag I je Einheit	0,20 €	0,40 €	0,27 €
25				
26	**Verhältnis der verkauften Produkte**			
27	Erwartetes Mengenverhältnis	67%	33%	100%
28	Erwartetes Umsatzverhältnis	51%	49%	100%
29				
30	**Break-Even-Analyse**	Zweifachstecker	Vierfachstecker	Summe
31	Kritische Mengen	26.250	13.125	39.375
32				
33	Erlöse	6.562,50 €	6.300,00 €	12.862,50 €
34	variable Kosten	1.312,50 €	1.050,00 €	2.362,50 €
35	Deckungsbeitrag I	5.250,00 €	5.250,00 €	10.500,00 €
36	Produktfixkosten	2.000,00 €	2.000,00 €	4.000,00 €
37	Deckungsbeitrag II	3.250,00 €	3.250,00 €	6.500,00 €
38	Übrige Fixkosten			6.000,00 €
39	Gewinn vor Steuern			500,00 €
40	Steuern			150,00 €
41	Gewinn nach Steuern			350,00 €

Abbildung 8.5: Break-Even-Analyse für Berthold Plastics in einer Tabellenkalkulation

8.4 Analyse der Unsicherheit

Sensitivitätsanalysen

Sensitivitätsanalysen sind ein Instrument zur Analyse von unsicheren Input-Daten. Damit lassen sich die Auswirkungen der Änderungen wichtiger Eingabedaten auf den Gewinn oder den Break-Even-Punkt bestimmen.

Bisher haben wir angenommen, dass die Input-Daten von Break-Even-Analysen mit Sicherheit bekannt und konstant sind. In der Realität ist jedoch davon auszugehen, dass viele Inputdaten zum Zeitpunkt der Break-Even-Analyse nicht mit Sicherheit bekannt sind. Ein einfaches Instrument zur Analyse von unsicheren Input-Daten sind Sensitivitätsanalysen. Mit deren Hilfe lassen sich die Auswirkungen der Änderungen wichtiger Eingabedaten auf den Gewinn oder den Break-Even-Punkt bestimmen. Mithilfe der Sensitivitätsanalyse lassen sich beispielsweise folgende Fragen beantworten:

- Wie stark ändert sich der Gewinn, wenn die verkaufte Menge um 200 Einheiten sinkt?
- Welche Auswirkungen hat ein Anstieg der Fixkosten um 10 % auf den Break-Even-Punkt?

Sensitivitätsanalysen lassen sich auf zweierlei Weise durchführen. Eine äußerst praktikable Möglichkeit besteht darin, Tabellenkalkulationsprogramme heranzuziehen. In diesen lassen sich die Auswirkungen von Datenänderungen sehr einfach simulieren. So kann beispielsweise in dem in Abbildung 8.5 wiedergegebenen Beispiel eine Auswirkung des Anstiegs der produktbezogenen Fixkosten um jeweils 10 % simuliert werden, indem die Werte in den betreffenden Eingabefeldern um 10 % erhöht werden. Der neue Gewinn und die geänderten kritischen Mengen lassen sich nun unmittelbar aus der Tabelle ablesen. Die Stärke der Veränderung kann durch einen Vergleich der neuen Werte für Gewinn und kritische Mengen mit den alten Werten erfolgen. Eine Variation ist hier bei allen Inputdaten möglich, also neben den Verkaufsmengen auch bei den Stückerlösen, den variablen Kosten, den Fixkosten und dem Zielgewinn vor und nach Steuern.

Eine zweite Möglichkeit der Durchführung von Break-Even-Analysen besteht darin, den Wert, für dessen Änderung man sich interessiert, nach der entsprechenden Einflussgröße abzuleiten. Die Ableitung gibt dann die marginale Änderung des Werts nach der Einflussgröße an. Möchte man beispielsweise wissen, welche Auswirkungen die Änderung der Fixkosten auf die kritische Menge hat, so ist die Bestimmungsgleichung für die kritische Menge nach den Fixkosten abzuleiten. Im Einproduktfall ist die Bestimmungsgleichung für die kritische Menge

$$x_b = (K_f + ZG)/d$$

Für die Ableitung nach den Fixkosten ergibt sich:

$$\partial x_b / \partial K_f = 1/d$$

Für Berthold Plastics ergibt sich bei variablen Stückkosten von 0,20 € für die Gehäuse für Zweifachstecker ein Wert der Ableitung nach den Fixkosten von 1/0,20 € = 5. Eine Erhöhung der Fixkosten um 1 € führt daher zu einer Erhöhung des Break-Even-Punktes um fünf Einheiten.

Schließlich kann man drittens die Wirkung einer endlichen Änderung auf die Break-Even-Menge bestimmen. Steigt beispielsweise der Deckungsbeitrag um a % auf d' = (1+a/100) · d an, so erhält man die nun relevante Break-Even-Menge zu

$$x'_b = x_b/(1 + a/100).$$

Demnach sinkt die kritische Menge um a %. Steigen demgegenüber die Fixkosten um a % an, so bestimmt sich die neue Break-Even-Menge über

$$x'_b = x_b \cdot (1 + K_f \cdot a/(K_f + ZG)).$$

In diesem Falle ist die Auswirkung gestiegener Fixkosten auf die kritische Menge auch von dem erwarteten Zielgewinn abhängig.

Praxisbeispiel: Sensitivitätsanalyse

Airbus sah sich bei der Entwicklung des A 380 bis zur Markt- und Serienreife mit zahlreichen technischen Problemen, z. B. bei der Verkabelung, konfrontiert, die zu einer Verlängerung der Entwicklungsdauer sowie zu einem Anstieg der Entwicklungskosten um 15 % führten. Infolgedessen gab Airbus im Oktober 2006 bekannt, dass sich die Break-Even-Menge von zuvor 250 auf 420 verkaufte Flugzeuge erhöht habe. Im März 2013 wurde das 100. Exemplar eines A 380 an Malaysia Airlines ausgeliefert.

Foto: Airbus S.A.S. 2013

Eine Sensitivitätsanalyse kann insbesondere auch durchgeführt werden, um die Auswirkungen einer Preisänderung auf die kritische Menge zu bestimmen.

Sensitivitätsanalyse bei Berthold Plastics

Klaus Berthold habe sich zunächst dagegen entschieden, auch Vierfachstecker anzubieten. Nun überlegt er, den Verkaufspreis für Zweifachstecker um 20 % zu erhöhen. Er möchte wissen, wie weit die Verkaufszahlen für Zweifachstecker ausgehend von der in Abbildung 8.2 dargestellten Situation von der bisherigen kritischen Menge in Höhe von 50.000 Stück höchstens zurückgehen dürfen, damit Berthold Plastics keine Gewinneinbuße erleidet. Der Einfachheit halber nimmt er zunächst eine Abschätzung ohne Berücksichtigung von Steuern vor. Wenn wieder ein Zielgewinn von € 2.000 mit der Fertigung von Zweifachsteckern erreicht werden soll, ergibt sich die neue kritische Menge als

$$x_b = 10.000 \text{ €}/(0{,}25 \text{ €} \cdot 120\% - 0{,}05 \text{ €})$$
$$= 10.000 \text{ €}/0{,}25 \text{ €}$$
$$= 40.000 \text{ Stück}$$

Der Absatz an Zweifachsteckern dürfte also gegenüber der Ausgangssituation um höchstens 10.000 Stück zurückgehen, damit Berthold Plastics keine Gewinneinbuße erleidet. Abbildung 8.6 veranschaulicht diese Analyse.

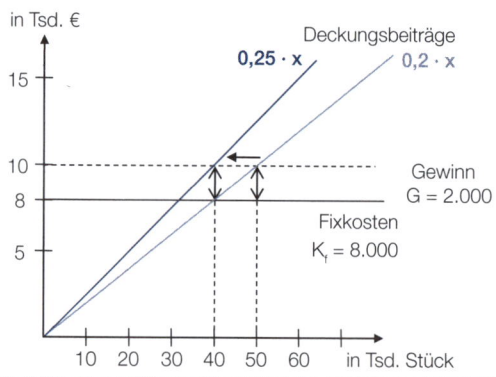

Abbildung 8.6: Auswirkungen einer Preisänderung auf die kritische Menge

Sicherheitskoeffizient

Der Sicherheitskoeffizient ist eine Kennzahl, die das Risiko einer Änderung des Verkaufsvolumens erfassen soll. Im angelsächsischen Raum ist er auch als Margin of Safety Percentage bekannt. Er gibt an, wie stark das Verkaufsvolumen fallen kann, bevor der Break-Even-Punkt erreicht wird. Die Berechnung erfolgt über die Differenz des erwarteten Verkaufsvolumens und des Verkaufsvolumens am Break-Even-Point. Diese wird ins Verhältnis gesetzt zum erwarteten Verkaufsvolumen. Wenn man die erwartete Verkaufsmenge mit x und die Break-Even-Menge mit x_b bezeichnet, ist der Sicherheitskoeffizient definiert als

$$S = (x - x_b)/x$$

Im Einproduktfall berechneten wir den Break-Even-Punkt bei Berthold Plastics mit 40.000 Einheiten. Bei einem erwarteten Verkaufsvolumen von 50.000 Einheiten Gehäuse für Zweifachstecker ergibt sich für den Sicherheitskoeffizient ein Wert von 10.000/50.000 = 20 %. Das Verkaufsvolumen kann also gegenüber dem erwarteten Wert um 20 % fallen, bevor Berthold Plastics mit dem neuen Produkt einen Verlust macht. Ein höherer Sicherheitskoeffizient ist also gleichbedeutend mit einem höheren Abstand von der Verlustzone.

Approximationen der Kostenrechnung

Sind die Input-Daten nicht mit Sicherheit bekannt, erhält man die kritische Menge über die Bedingung, dass der erwartete Gewinn $E[G]$ gleich Null ist:

$$E[G] = E[d \cdot x - K_f] = 0.$$

Vereinfacht bestimmt sich die Break-Even-Menge dann aus dem Verhältnis von erwarteten Fixkosten $E[F]$ und erwartetem Stückdeckungsbeitrag $E[d]$:

$$x_b = E[K_f]/E[d]$$

Bei diesem Vorgehen wird jedoch nicht betrachtet, wie groß die Varianz des Gewinnes bei der Break-Even-Menge ist. Für diese erhält man

$$Var[G|x_b] = x_b^2 \cdot Var[d] + Var[K_f] - 2 \cdot x_b \cdot Cov[d, K_f]$$

Bei einer hohen Break-Even-Menge x_b resultiert somit tendenziell auch eine hohe Varianz des Gewinns. Dies wird insbesondere in den Kalkülen von risikoaversen Entscheidungsträgern eine Rolle spielen.

Der Sicherheitskoeffizient (Margin of Safety Percentage) erfasst das Risiko einer Änderung des Verkaufsvolumens.

8.5 Break-Even-Analysen zur Flexibilisierung von Kostenstrukturen

Insourcing versus Outsourcing

In vielen Unternehmen ist die Flexibilisierung von Kostenstrukturen ein wichtiges Thema. Darunter versteht man eine Verminderung des Anteils der fixen Kosten an den Gesamtkosten und damit eine Erhöhung des Anteils an variablen Kosten. Ein Hauptvorteil einer flexiblen Kostenstruktur liegt darin, dass bei einem Rückgang der produzierten Stückzahlen auch die Kosten vergleichsweise stark zurückgehen.

Foto: DekaBank

Praxisbeispiel: Fixe und variable Kosten in Banken

Die Anteile an fixen und variablen Kosten an den Gesamtkosten spielen häufig eine wichtige Rolle bei Entscheidungen, wie folgender Zeitungsausschnitt zum Amtsantritt des Vorstandsvorsitzenden Michael Rüdiger der DekaBank verdeutlicht:

„Im Rahmen des Umbauprogramms will [Michael] Rüdiger auch den Vertrieb und die IT auf Vordermann bringen und die Kosten drücken. ‚Es geht nicht nur um das Reduzieren von Kosten, sondern auch darum, aus Fixkosten variable Kosten zu machen', sagte [Michael Rüdiger]. Ein Jobabbau sei nicht geplant. Denkbar sei jedoch, bestimmte Tätigkeiten auszulagern oder mit Partnern zusammenzuarbeiten."

Quelle: Frankfurter Rundschau vom 28.11.2012, S. 17: „Operation Wertpapierhaus, Neuer Deka-Chef will Angebot ausbauen"

Ein wichtiges Instrument, das eine Flexibilisierung von Kostenstrukturen erlaubt, ist das Outsourcing. Im Rahmen des Outsourcing wird die Lieferung von Produkten oder Dienstleistungen, die bislang im Unternehmen erstellt wurden, an Fremdfirmen übertragen. So kann ein Logistikunternehmen den Transport von Waren entweder selbst übernehmen und dafür einen Lastwagen kaufen sowie einen Fahrer einstellen. Ein Großteil der damit verbunden Kosten ist dann fix, da sie unabhängig von der Transportleistung anfallen. Es kann den Warentransport aber auch an eine Fremdfirma übertragen, die jeden Transport durchführt und dafür einen strecken- und volumenbezogenen Preis berechnet. Dann sind die Kosten aus Sicht des Logistikunternehmens variabel. Die Kosten fallen nur dann an, wenn Transportleistungen in Anspruch genommen werden.

Anhand dieses Beispiels lässt sich die Durchführung einer Break-Even-Analyse für Outsourcing-Entscheidungen illustrieren. Im Falle der eigenen Durchfüh-

8.5 Break-Even-Analysen zur Flexibilisierung von Kostenstrukturen

rung des Warentransports fallen Fixkosten für das Gehalt des Fahrers sowie Abschreibungen und Zinskosten für den Lastwagen in Höhe von insgesamt 3.000 € je Monat an. Die variablen Kosten je gefahrenem Kilometer und je transportierter Tonne betragen € 0,15. Die Erlöse je gefahrenem Kilometer und je Tonne betragen 0,50 €. Im Falle eines Outsourcing ändern sich die Erlöse nicht, die Kosten für die Fremdfirma betragen nun jedoch 0,45 € je Kilometer und Tonne.

Die Entscheidung über das Outsourcing des Warentransports kann mithilfe einer Break-Even-Analyse getroffen werden. Diese dient nun nicht mehr zur Bestimmung desjenigen Punktes, bei dem die Gewinnschwelle erreicht wird. Stattdessen wird nun nach derjenigen Menge gefragt, ab welcher eine eigene Durchführung dem Outsourcing vorzuziehen ist. Diese Menge lässt sich berechnen, indem die Gewinne beider Alternativen gegenübergestellt werden. Dazu sind für beide Alternativen in einem ersten Schritt die Gewinnfunktionen aufzustellen. Im Falle der eigenen Durchführung lautet diese

$$G_{in}(x) = 0{,}50\,€ \cdot x - 0{,}15\,€ \cdot x - 3.000\,€$$
$$= 0{,}35\,€ \cdot x - 3.000\,€$$

Falls der Warentransport an eine Fremdfirma vergeben wird, lautet die Gewinnfunktion

$$G_{out}(x) = 0{,}50\,€ \cdot x - 0{,}45\,€ \cdot x$$
$$= 0{,}05\,€ \cdot x$$

In einem zweiten Schritt werden beide Gewinnfunktionen gleichgesetzt. Die resultierende Gleichung lautet

$$0{,}35\,€ \cdot x - 3.000\,€ = 0{,}05\,€ \cdot x$$

Löst man diese Gleichung nach der Menge x auf, ergibt sich für die kritische Menge

$$x = 3.000\,€ / 0{,}30\,€ = 10.000 \text{ Tonnenkilometer}$$

Damit liegt die kritische Menge, bis zu der Outsourcing die kostengünstigere Alternative darstellt, bei 10.000 Tonnenkilometern. Oberhalb dieses Niveaus sind für das Unternehmen das Einstellen eines eigenen Fahrers und der Kauf eines Lastwagens die bessere Lösung.

Abbildung 8.7: Outsourcing-Entscheidungen mihilfe der Break-Even-Analyse

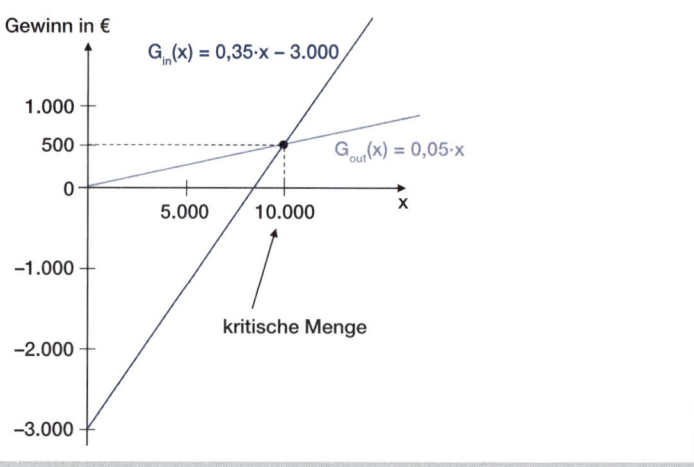

Abbildung 8.7 zeigt eine grafische Darstellung dieser Outsourcing-Entscheidung. Wenn die erwartete Transportmenge unterhalb von 10.000 Tonnenkilometern liegt, verläuft die Gewinnfunktion bei Outsourcing oberhalb des Wertes der Alternative, die Transportleistungen selbst durchzuführen. Im Falle einer größeren Transportmenge ist es genau umgekehrt.

Kostenstrukturrisiko und Operating Leverage

Allerdings ist dabei zu beachten, dass die Fixkosten bei einer Änderung der gefahrenen Tonnenkilometer nicht mehr ohne weiteres abbaubar sind. Das Kostenrisiko bei einer derartigen Kostenstruktur ist beträchtlich und hängt davon ab, wie hoch das Risiko von Volumenänderungen ist. Für dieses Risiko bürgert sich immer stärker die Bezeichnung Operating Leverage ein. Der Operating Leverage beschreibt die Auswirkungen von Fixkostenänderungen auf den Gewinn. Er ist definiert durch die relative Gewinnänderung $\Delta G/G$ im Verhältnis zur relativen Erlösänderung $\Delta U/U$ bei einer Änderung der Menge um Δx.

> Der Operating Leverage beschreibt die Auswirkungen von Fixkostenänderungen auf den Gewinn.

$$\text{Operating Leverage} = (\Delta G/G)/(\Delta U/U)$$

Setzt man in diese Formel die Definitionsgleichungen für Gewinne und Erlöse ein, so vereinfacht sich der Ausdruck für den Operating Leverage zu

$$\text{Operating Leverage} = \text{Deckungsbeitrag}/\text{Gewinn}$$

Diese Definition ist äußerst einfach und praktikabel. In unserem Beispiel einer Outsourcing-Enscheidung ergibt sich für eine erwartete Menge von 12.000 Tonnenkilometern folgender Operating Leverage für die beiden Alternativen Selbstdurchführung oder Outsourcing:

8.5 Break-Even-Analysen zur Flexibilisierung von Kostenstrukturen — Kapitel 8

	Selbstdurchführung	Outsourcing
Deckungsbeitrag je km	0,35 €/km	0,05 €/km
Gesamtdeckungsbeitrag	4.200 €	600 €
Gewinn	1.200 €	600 €
Operating Leverage	€ 4.200/€ 1.200 = 3,5	€ 600/€ 600 = 1

Ein höherer Operating Leverage führt zwar dazu, dass sich die Gewinne bei Volumenerhöhungen schneller erhöhen. Allerdings gilt dies auch in umgekehrter Weise für die Verluste. Genauso wie der Sicherheitskoeffizient wird der Operating Leverage häufig dafür benutzt, das Risiko eines Unternehmens bei Volumenänderungen zu beschreiben. Er steht in enger Beziehung zum Sicherheitskoeffizient, dessen Kehrwert er ist. Dies erkennt man, wenn man den Break-Even-Punkt $x_b = K_f/d$ in die Definitionsgleichung von S einsetzt und den Bruch um den Stückdeckungsbeitrag d erweitert

$$S = (x - x_b)/x = (x - K_f/d)/x = (d\,x - K_f)/(d\,x) = G/DB$$

Da das Verhältnis von Gewinn zu Deckungsbeitrag genau dem Kehrwert des Operating Leverage entspricht, gilt

$$S = 1/\text{Operating Leverage}$$

Kleine Werte für den Sicherheitskoeffizienten gehen also mit großen Werten für den Operating Leverage einher und umgekehrt.

Operating Leverage in der Unternehmenspraxis

Analysten verwenden den Operating Leverage häufig, um die Kostenflexibilität von Unternehmen zu beurteilen und Begründungen für Gewinnänderungen zu liefern. So wird Fiona Swaffield, eine Bankenanalystin der Firma Execution Limited in London, auf der Internetseite der Deutschen Bank wie folgt zitiert:

„Die Deutsche Bank ist ihrem Ziel, dem Markt die Qualität und Stabilität ihres Investment-Banking-Geschäfts zu vermitteln, ein erhebliches Stück näher gekommen. Außerdem hat sie die Fixkosten gesenkt und ihren Operating Leverage verbessert."

Wais Samadzada, Analyst von SES Research, stellt im Rahmen seiner Analyse der Firma Conergy fest:

„Im zweiten Quartal hat die Gesellschaft einen Umsatz von 158,7 Mio. Euro erzielt (SESe: 145 Mio. Euro). Das EBIT hat mit 8,2 Mio. Euro im Rahmen der Analystenerwartung von 8,44 Mio. Euro gelegen. Die EBIT-Marge hat mit 5,16 % nur noch leicht unterhalb des Wertes im Vorjahreszeitraum gelegen. Die

© Deutsche Bank AG

Kapitel 8   Break-Even-Analysen

> graduelle Verbesserung ist auf das hohe Operating Leverage zurückzuführen. Im traditionell deutlich stärkeren H2 (Umsatz H2:H1 ca. 70/30 %) erwarte ich daher eine weitere Verbesserung der operativen Marge."
>
> Als Begründung für das geringe Gewinnwachstum führt der Analyst den hohen Operating Leverage an. Gleichzeitig erwartet er bei einer hohen Umsatzsteigerung in der zweiten Jahreshälfte eine deutliche Verbesserung des Gewinns.

Literatur

Eldenburg, Leslie G./Wolcott, Susan K.: Cost Management. Measuring, Monitoring, and Motivating Performance, John Wiley, Hoboken 2010, Kapitel 3.

Ewert, Ralf/Wagenhofer, Alfred: Interne Unternehmensrechnung, 7. Auflage, Springer-Verlag, Berlin et al. 2008, S. 191–211.

Horngren, Charles T./Datar, Srikant M./Rajan, Madhav V.: Cost Accounting: A Managerial Emphasis, Global Edition, 14. Auflage, Pearson Education, Upper Saddle River 2012, Kapitel 3.

Schweitzer, Marcell/Küpper, Hans-Ulrich: Systeme der Kosten- und Erlösrechnung, 10. Auflage, Vahlen, München 2010, Kapitel 3.D.I.6.c.dd.

Schweitzer, Marcell/Troßmann, Ernst: Break-Even-Analysen. Methodik und Einsatz, 2. Auflage, Duncker & Humblot, Berlin 1998.

Verständnisfragen

a) Was versteht man unter den Begriffen Deckungsbeitrag und Stückdeckungsbeitrag?
b) Welchen Sachverhalt gibt die Break-Even-Menge wieder?
c) Diskutieren Sie die Annahmen der Break-Even-Analyse.
d) Beschreiben Sie die grafische Darstellung des Umsatz-Gesamtkosten-Modells.
e) Beschreiben Sie die grafische Darstellung des Deckungsbeitragsmodells.
f) Kennzeichnen Sie die Auswirkungen der folgenden Sachverhalte auf die Break-Even-Menge:
   – Erhöhung des Stückerlöses.
   – Steigerung der fixen Kosten.
   – Senkung der variablen Kosten je Stück.
g) Was versteht man unter dem Begriff Sicherheitskoeffizient?
h) Was versteht man unter dem Begriff Operating Leverage?
i) Welche Bedeutung haben die Annahmen über die Bestimmung des Verkaufsmix für die Höhe der Break-Even-Menge?

Fallbeispiel: RFID-Etiketten

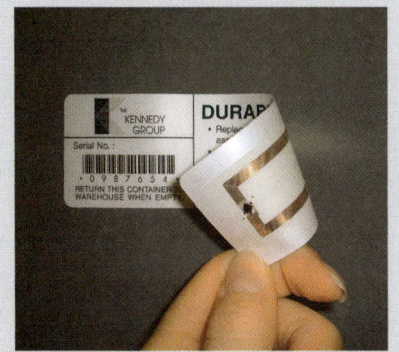

Radio Frequency Identification (RFID) ist eine Technologie, welche es ermöglicht, mithilfe eines Lesegerätes Daten von einem Transponder über Funkerkennung berührungslos und ohne Sichtkontakt zu lesen. Der Transponder wird dabei durch ein elektromagnetisches Feld aktiviert, welches vom Lesegerät erzeugt wird. Er wird auch als RFID-Etikett bezeichnet und kann an oder in Objekten angebracht werden. RFID-Etiketten haben einen sehr weiten Einsatzbereich von automobilen Wegfahrsperren über die elektronische Zeitmessung bei Sportwettkämpfen bis hin zur Implantation bei Patienten zur Speicherung lebensnotwendiger Informationen. Für die Unterstützung logistischer Prozesse im Handel ist insbesondere ein Einsatz in Verbindung mit Kassensystemen und Warenwirtschaftssystemen interessant.

Ein Szenario für den Handel besteht darin, dass jeder Artikel mit einem RFID-Etikett versehen wird. Aus Sicht der Konsumgüterhersteller wird es jedoch kaum möglich sein, die Kosten für RFID-Etiketten an den Einzelhandel weiterzugeben. Sie müssen daher Überlegungen anstellen, welche Vorteile ihnen diese Technologie bietet und ab welchen Kosten je RFID-Etikett sich der Einsatz für sie lohnt.

Für einen einzelnen Artikel lässt sich folgende Break-Even-Analyse durchführen (das Zahlenbeispiel wurde aus dem RFID Journal vom 6. Dezember 2004 übernommen). Der gesamte Deckungsbeitrag, der in der Ausgangssituation mit einem Artikel erwirtschaftet wird, entspricht der abgesetzten Menge multipliziert mit dem Stückdeckungsbeitrag

$$D_0 = x \cdot d$$

Wird nun ein RFID-Etikett an dem Artikel angebracht und lassen sich die Kosten dafür nicht weitergeben, dann reduziert sich der Deckungsbeitrag auf

$$D_{RFID} = x \cdot (d - k_{ETIKETT})$$

Auf der anderen Seite reduziert der Einsatz von RFID-Etiketten jedoch die Fehlmengenkosten, da der Artikel nahezu ständig vorrätig ist. Der Konsumgüterhersteller kann daher eine größere Menge des Artikels absetzen. Bezeichnet man die prozentuale Mengensteigerung mit w, so ergibt sich für den Deckungsbeitrag

$$D_{RFID} = x \cdot (d - k_{ETIKETT}) + (x \cdot w) \cdot (d - k_{ETIKETT})$$

Um den Break-Even-Punkt (gemessen in Kosten für ein RFID-Etikett) zu ermitteln, ab dem sich der Einsatz der RFID-Technologie für den Artikel lohnt, setzen wir den Deckungsbeitrag mit RFID gleich dem Deckungsbeitrag in der Ausgangssituation

$$x \cdot (d - k_{ETIKETT}) + (x \cdot w) \cdot (d - k_{ETIKETT}) = x \cdot d$$

und lösen die Gleichung nach den Kosten für ein Etikett auf

$$k_{ETIKETT} = d \cdot w/(1 + w)$$

Mögliche Kosteneinsparungen durch eine Verbesserung der internen Logistik des Konsumgüterherstellers werden hierbei nicht berücksichtigt. Nehmen wir zum Beispiel einen Artikel mit einem Stückdeckungsbeitrag von 0,20 € und einer Steigerung der Absatzmenge durch Reduzierung von Fehlmengen von 5 %, so ergeben sich Kosten für ein Etikett von

$$k_{ETIKETT} = 0{,}20\ € \cdot 0{,}05/(1 + 0{,}05) = 0{,}009524\ €$$

Erst ab einem Preis für ein RFID-Etikett von unter einem Cent würde sich der Einsatz der RFID-Technologie für diesen Artikel lohnen.

Nehmen wir umgekehrt Kosten für ein RFID-Etikett von 5 Cents an, so ergibt sich der Stückdeckungsbeitrag, ab dem sich der Einsatz der Technologie lohnt, aus folgender Gleichung

$$0{,}05\ € = d \cdot 0{,}05/(1 + 0{,}05)$$
$$d = 1{,}05\ €$$

Der Einsatz der RFID-Technologie lohnt sich nur für Artikel mit einem Stückdeckungsbeitrag von mindestens 1,05 €.

Übungsaufgaben

1. Ergänzen Sie die fehlenden Beträge in den folgenden Szenarien:

Szenario	Umsatzerlöse [€]	Variable Kosten [€]	Deckungsbeitrag [€]	Fixe Kosten [€]	Periodenerfolg [€]	Break-Even-Umsatz [€]
A	12.000	4.000		2.500		
B	9.000		4.000		3.000	
C	6.500			1.500		4.000
D	7.250	3.100			2.430	
E	12.300		6.450			14.500

2. Der Flugzeugbauer AeroBus entwickelt ein neues Großraumflugzeug AB350. Um die hohen Entwicklungskosten ausgleichen zu können, kalkuliert die Unternehmung mit einem jährlichen Periodenerfolg von 900.000.000,– €. Die jährlichen Fixkosten von Fertigung, Verwaltung und Vertrieb betragen 240.000.000,– €. Das Rechnungswesen schätzt, dass man durch eine effiziente Fertigung und einen aggressiven Vertrieb eine Deckungsbeitragsrate von 40 % erzielen kann.
a) Bestimmen Sie den Break-Even-Umsatz.

b) Unterstellen Sie, dass die Umsatzerlöse in US-Dollar erzielt werden. Welche Auswirkung hat eine 10%ige Wertminderung des US-Dollars auf den Break-Even-Umsatz – unter sonst gleichen Bedingungen?
c) Welche Annahmen werden den Analysen in a) und b) zu Grunde gelegt?

3. Der Stückerlös eines Zementwerkes beträgt 18,– € je Zentner Zement. Bei der Herstellung fallen 6,– € Materialeinzelkosten, 2,– € Fertigungseinzelkosten sowie Gemeinkosten in Höhe von 5,– € je Zentner an. Die Fixkosten je Quartal betragen 320.000,– €. Für das 2. Quartal prognostiziert die Geschäftsleitung einen Absatz von 80.000 Zentner Zement (Umsatzerlöse 1.440.000,– €).
    a) Bestimmen Sie die Break-Even-Menge in Zentner Zement.
    b) Bei welchen Umsatzerlösen ist die Break-Even-Menge erreicht?
    c) Wie viele Zentner Zement muss das Zementwerk absetzen für einen Quartalsgewinn in Höhe von 170.000,– €?
    d) Unterstellen Sie, dass der Absatz in Höhe von 80.000 Zentner kontinuierlich über das Quartal verteilt ist. Zu welchem Zeitpunkt wird die Break-Even-Menge erreicht?
    e) Die Geschäftsleitung erwartet einen 20%igen Anstieg der proportionalen Gemeinkosten im 3. Quartal. Bei welcher Absatzmenge entspricht der Deckungsbeitrag den fixen Kosten?
    f) Unterstellen Sie nun, dass zusätzlich zum Anstieg der Gemeinkosten auch die Materialeinzelkosten um 25% ansteigen. Welchen Verkaufspreis muss die Geschäftsleitung ansetzen, damit die Stückdeckungsbeitragsrate gleich ihrem Ausgangswert ist?

4. Die CleanLab GmbH stellt ein Spezialreinigungsgerät für den Laborbedarf her. Das Reinigungsgerät wird zu einem Preis von 8.000,– € verkauft. Für die Produktion eines Reinigungsgeräts fallen variable Kosten in Höhe von 6.000,– € an. Die fixen Kosten pro Jahr belaufen sich auf 2 Mio. €. Darin sind 500.000,– € an Abschreibungen für die Maschinen enthalten, welche für die Fertigung des Reinigungsgeräts eingesetzt werden. Die restlichen Fixkosten von € 1.500.000,– sind dagegen zahlungswirksam.
    a) Bei welcher Menge an verkauften Reinigungsgeräten wird der Break-Even-Punkt erreicht?
    b) Ab welcher Menge an verkauften Reinigungsgeräten werden Zahlungsüberschüsse erwirtschaftet (so genannter Cash-Point)?

5. Für die Produktion eines Kabelbaums kommen zwei unterschiedliche Maschinen in Frage. Maschine A ist relativ wenig automatisiert. Ihre Anschaffungskosten belaufen sich auf 1.000.000,– €. Die Produktion eines Kabelbaums auf dieser Maschine verursacht variable Kosten von 60,– €. Maschine B ist dagegen sehr hoch automatisiert und kostet in der Anschaffung doppelt so viel wie Maschine A. Dafür werden weniger Personal und weniger Material für die Produktion benötigt, so dass sich die variablen Kosten je Kabelbaum lediglich auf 40,– € belaufen. Beide Maschinen werden über eine Nutzungsdauer von zehn Jahren linear abgeschrieben. Bei welcher Menge von Kabelbäumen pro Jahr liegt der Break-Even-Punkt, ab dem die Produktion auf Maschine B vorzuziehen ist?

Kapitel 9 Kosten- und Erlösinformationen für operative Entscheidungen

Kapitelüberblick

9.1 **Operative Entscheidungen**
Entscheidungsprozess
Planungsgegenstände, -horizont, -ziele und -restriktionen
Quantitative und qualitative Informationen
Merkmale von Entscheidungen bei Unsicherheit

9.2 **Relevante Kosten operativer Entscheidungen**
Relevante, genaue und aktuelle Informationen
Sunk Costs und operative Entscheidungen
Opportunitätskosten und operative Entscheidungen
Entscheidungswirkungen von Vollkosteninformationen

9.3 **Entscheidungen über die Leistungserstellung**
Bestimmung des optimalen Produktionsprogramms
Make-or-Buy-Entscheidungen
Operative Entscheidungen bei Kuppelproduktion

9.4 **Preisentscheidungen**
Preissetzer versus Preisnehmer
Preisuntergrenzen für Verhandlungen und Ausschreibungen
Langfristige Preisentscheidungen

Lernziele dieses Kapitels

- Welche Phasen beschreiben einen typischen Entscheidungsprozess und welche Funktionen übernimmt hierbei die Kostenrechnung?

- Wie lassen sich operative Entscheidungsprobleme näher kennzeichnen?

- Wie kann man relevante von irrelevanten Informationen unterscheiden?

- Welche Entscheidungswirkungen sind mit Vollkosteninformationen verbunden?

- Wie wirken sich Mehrproduktrestriktionen auf die Bestimmung des optimalen Produktionsprogramms und auf Make-or-Buy-Entscheidungen aus?

- Welche Besonderheiten kennzeichnen operative Entscheidungen bei Kuppelproduktion?

- Aus welchen Größen besteht die Preisuntergrenze eines Zusatzauftrags?

Kapitel 9 Kosten- und Erlösinformationen

> **Informations- und Entscheidungsprozesse in der Reha-Klinik**
>
> Dr. Udo Brinkmann ist seit einem halben Jahr kaufmännischer Geschäftsführer der Reha-Klinik für Orthopädie und Rheumatologie, die sich unter anderem auf die stationäre Rehabilitation bei Erkrankungen des Haltungs- und Bewegungsapparates spezialisiert hat. Als Quereinsteiger hat er sich in dieser Zeit vor allem mit den betriebswirtschaftlichen Prozessen auseinandergesetzt. Nachdem sein Vorgänger nun endgültig ausgeschieden ist, muss er im kommenden Jahr erstmals die operativen Entscheidungen verantworten. Ihm stehen der Personalleiter Franz Mehl und die Controllerin Inga Wolter zur Seite. Brinkmann möchte sich zunächst einen Überblick über seinen Verantwortungsbereich verschaffen. Um gezielter mit den zahlreichen Berichten der Controllerin arbeiten zu können, will er zudem die relevanten Informationen für seine Entscheidungen identifizieren. Er verspricht sich davon, im Gespräch mit Wolter noch beharrlicher nach den Gründen für die zum Teil hohen Kosten der Klinikleistungen fragen zu können. Er konzentriert sich dabei auf die operative Ebene, da für strategische Entscheidungen der Verwaltungsrat und nicht die Geschäftsleitung verantwortlich ist.

9.1 Kennzeichnung des Entscheidungsprozesses operativer Entscheidungen

Entscheidungsprozess

Erfahrene Manager gehen bei der Entscheidungsfindung systematisch vor.

Erfahrene Manager gehen bei der Entscheidungsfindung systematisch vor. Ihr Entscheidungsprozess lässt sich durch fünf Phasen beschreiben, die sukzessive aufeinanderfolgen, aber auch Feedback-Schleifen vorsehen (Abbildung 9.1).

Abbildung 9.1: Phasen des Entscheidungsprozesses

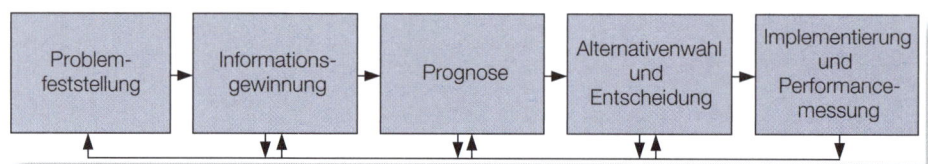

1. Ausgangspunkt ist die **Problemfeststellung**, d.h., ein Manager empfindet einen Zustand als unbefriedigend.
2. In der Phase der **Informationsgewinnung** eignet sich der Manager wichtige Informationen über die Problemursache sowie mögliche Problemlösungen an.
3. In der **Prognosephase** macht er Vorhersagen über die Konsequenzen der Alternativen sowie über die unternehmensexternen wie -internen Einflussgrößen.

9.1 Kennzeichnung des Entscheidungsprozesses operativer Entscheidungen — Kapitel 9

4. Bei der **Alternativenwahl** trifft der Manager seine **Entscheidung**.
5. Abschließend muss er die Entscheidung **implementieren** und auf ihre **Performance** hin überprüfen.

> **Entscheidungsprozesse in der Reha-Klinik**
>
> In der Reha-Klinik hat Personalleiter Mehl festgestellt, dass zum wiederholten Mal die Personalkosten „Therapeuten" das Quartalsbudget überschreiten. Mit diesem Zustand unzufrieden, verschafft er sich ein genaueres Bild und informiert sich über die Stundensätze der Therapeuten. Hierbei betrachtet er deren geplante Anwesenheitszeiten sowie Tätigkeiten inklusive etwaiger Ruhe- und Wartezeiten. Als Ursache für die Budgetüberschreitung identifiziert er lange Wartezeiten der Therapeuten zwischen der Behandlung der Patienten. Zur Lösung überlegt sich Mehl, die Zahl der festangestellten Therapeuten zu reduzieren und Nachfragespitzen durch externe Therapeuten abzufedern. Um diese Alternative bewerten zu können, prognostiziert er die erwarteten Personalkosten, die Verfügbarkeit auswärtiger Therapeuten sowie deren Kosten und Flexibilität. Seit längerem wird in der Klinik zudem die Einführung einer neuen Software zur Personaleinsatzplanung diskutiert. Personalleiter Mehl geht davon aus, dass die neue Software die Auslastung der Therapeuten erhöhen hilft. Er weiß, dass Geschäftsführer Brinkmann bis zum nächsten Meeting eine Entscheidung von ihm erwartet, wie das Problem der Budgetüberschreitung gelöst werden soll. Da er mit den beiden Alternativen jedoch unzufrieden ist, beschließt er, erneut mit Controllerin Wolter über weitere Ursachen der Budgetüberschreitung zu sprechen. Um den Entscheidungsprozess sinnvoll durchlaufen zu können, benötigt Personalleiter Mehl zahlreiche Informationen. Controllerin Wolter unterstützt ihn mit Informationen der Kostenrechnung bei seiner Entscheidung. Die **Istkostenrechnung** liefert Informationen über die aktuellen Personalkosten, welche die Controllerin dem Budget gegenüber stellen kann, um Budgetüberschreitungen festzustellen. Die Istwerte sind auch eine bedeutende Grundlage zur Identifikation von Problemursache und Problemlösung. Die **Plankostenrechnung** liefert hingegen Informationen für die Prognosephase, beispielsweise über die Kosten externer Therapeuten. Letztlich dokumentiert erneut die Istkostenrechnung die realisierten Konsequenzen der Alternativenwahl, so dass Mehl durch den Vergleich mit seinen Erwartungen die Güte der Entscheidungen prüfen kann.

Planungsgegenstände, -horizont, -ziele und -restriktionen

Gute Entscheidungen erfordern eine sorgfältige Analyse der mit ihnen verbundenen Konsequenzen. Operative Entscheidungen betreffen verschiedene Planungsgegenstände. Diese umfassen zum Beispiel

- die Bestimmung des Produkt- und Produktions- bzw. Dienstleistungsprogramms,
- die Auswahl eines geeigneten Produktionsverfahrens,

> Gute Entscheidungen erfordern eine sorgfältige Analyse der mit ihnen verbundenen Konsequenzen.

- die Wahl zwischen Eigenfertigung und Fremdbezug (Make-or-Buy-Entscheidung) sowie
- die Bestimmung von Preisuntergrenzen und von Listenpreisen.

> **Operative Entscheidungen der Reha-Klinik**
>
> Die Leitung der Reha-Klinik legt fest, wie viele Patienten einer bestimmten Indikation (z. B. vorausgegangene Hüftgelenks-, Knie- oder Wirbelsäulenoperationen) pro Monat stationär aufgenommen werden können (**Produktionsprogramm**). Sie entscheidet sich dabei innerhalb des vom Verwaltungsrat gesteckten Rahmens, dass ausschließlich stationäre Behandlungen für Erkrankungen des Bewegungsapparats angeboten werden (**Produkt-** bzw. **Dienstleistungsprogramm**). Je Patient wird ein Behandlungsplan erstellt (**Produktionsverfahren**), welcher die täglichen Therapien, ergänzende Diät- oder Ernährungsberatung sowie die zuständigen Therapeuten und Pfleger umfasst.
>
> Während ein Großteil der Therapeuten fest angestellt ist, zieht die Klinik für spezielle Behandlungen auswärtige Experten hinzu. Die Buchung dieser externen Therapeuten ist auch von der Belastung der angestellten Krankengymnasten abhängig (**Make-or-Buy-Entscheidung**). Neben der Leistungsseite trifft die Klinikleitung schließlich mehrere **Preisentscheidungen**. Jährlich lässt sie beispielsweise die Listenpreise überprüfen, welche die Tagessätze in Abhängigkeit von Diagnose und Behandlung beschreiben. So fragen in jüngster Zeit einige Krankenkassen spezielle Behandlungen für ihre Mitglieder nach. Klinikleitung und Krankenkassen verhandeln sehr zeitintensiv über die Tagessätze für diese Leistungen. Die von der Controllerin bereitgestellten Preisuntergrenzen unterstützen dabei Brinkmann und Mehl bei den Verhandlungen.

Bei operativen Entscheidungen beträgt der **Planungshorizont** bis zu einem Jahr. Oftmals variiert der Horizont dabei mit dem Planungsgegenstand. Während die Entscheidung über das Produktionsprogramm beispielsweise auf einem einjährigen Plan beruhen kann, nutzt man zur Auswahl des geeigneten Produktionsverfahrens auch Pläne mit kürzeren Zeiträumen wie ein Quartal oder einzelne Monate. Die Klinikleitung plant beispielsweise die zu behandelnden Indikationen mit einem Horizont von einem Jahr. Dies ist auch dem Umstand geschuldet, dass die festangestellten Therapeuten eine Kündigungsfrist von bis zu einem Jahr haben und der Mix an Patienten mit dem Mix an verfügbaren Therapeuten abgestimmt werden muss. Da die auswärtigen Experten an die Klinik gebunden werden sollen, wird auch deren Einsatz mit einem Horizont von einem Jahr geplant. Lokale Krankengymnasten ruft Mehl hingegen maximal einen Monat im Voraus ab.

Operative Entscheidungen werden typischerweise so getroffen, dass das **erwartete Betriebsergebnis** maximal ist und die erbrachten Leistungen vorgegebene **Qualitätsstandards** erfüllen. Die Planungsziele sind folglich mehrdimensional und umfassen monetäre sowie qualitative Kriterien. Bei der Reha-Klinik wird beispielsweise der Mix an Patienten so gewählt, dass die erwarteten Erlöse für die Behandlung der Patienten, vermindert um die diversen Betriebskosten, maximal sind. Als Restriktion ist hierbei zu beachten, dass je Patient und Indikation genügend Therapeuten verfügbar sind. Bei kurzfristigen Entscheidungen wie der Zuordnung eines Patienten zu einem Therapeuten sind hingegen die Erlöse häufig nicht mehr variierbar, so dass hier die Planung auf die kostengünstigste Lösung abzielt.

Die bei operativen Entscheidungen zu beachtenden Restriktionen lassen sich in so genannte Ein- und Mehrproduktrestriktionen unterteilen. **Einproduktrestriktionen** beschränken die Entscheidung über einen Sachverhalt. Beispielsweise werden je Indikation spezielle Therapien genutzt, die entsprechend ausgebildete Therapeuten sowie Geräte erfordern. Die Klinik verfügt nur über zwei Wannenbäder, so dass parallel maximal zwei Hydrotherapien durchgeführt werden können. Dies beschränkt die Anzahl an Patienten, deren Rehabilitation eine Hydrotherapie voraussetzt. Demgegenüber beschränken **Mehrproduktrestriktionen** die Entscheidung über verschiedene Sachverhalte. So hat die Klinik nur 150 Betten, was die maximale Anzahl stationärer Patienten beliebiger Indikation einschränkt.

	Einproduktrestriktion	Mehrproduktrestriktion
Definition	Ober- bzw. Untergrenze für eine einzelne Entscheidungsvariable.	Ober- bzw. Untergrenze für mehrere Entscheidungsvariablen.
Merkmal	Eine knappe Ressource wird von einem Ausbringungsgut beansprucht.	Mehrere Ausbringungsgüter beanspruchen gemeinsam eine knappe Ressource.
Beispiele	■ Spezialist für Knieoperationen ■ Spezialmaterial zur Fertigung eines Produktes ■ LKW für Schwertransporte	■ Allgemeiner Chirurg ■ Schrauben oder Muttern zur Montage verschiedener Produkte ■ Multifunktionale Sattelzugmaschine

Abbildung 9.2: Restriktionen operativer Entscheidungen

Im Allgemeinen bilden Einproduktrestriktionen die beschränkte Verfügbarkeit eines Einsatzgutes ab, das ausschließlich für ein Ausbringungsgut genutzt wird. Hierunter fallen in einem **Industriebetrieb** begrenzt verfügbare Materialien, Bauteile oder Rohstoffe sowie Spezialmaschinen. Mehrproduktrestriktionen erfassen hingegen die beschränkte Verfügbarkeit eines Einsatzgutes, das für mehrere Ausbringungsgüter eingesetzt wird. Das betrifft im Industriebetrieb beispielsweise eine in zwei Schichten betriebene, flexible Fertigungsanlage, einen beschränkten Lagerraum sowie ein limitiertes Transportvolumen.

Kapitel 9 — Kosten- und Erlösinformationen

Quantitative und qualitative Informationen

Quantitative Informationen lassen sich numerisch erfassen, qualitative Informationen lassen sich dagegen nur bedingt numerisch messen.

Manager nutzen für ihre Entscheidungen quantitative und qualitative Informationen:

- **Quantitative Informationen** über die Folgen von Entscheidungen betreffen Sachverhalte, die sich numerisch erfassen lassen. Hierzu zählen der Tagessatz eines auswärtigen Experten, die Selbstkosten einer Therapie oder das erwartete Betriebsergebnis eines Patientenmixes als monetäre Größen. Der Auslastungsgrad eines Therapeuten oder die Anzahl belegter Betten sind ebenfalls quantitative, aber nicht-monetär bewertete Informationen.
- Hingegen lassen sich **qualitative Informationen** nur bedingt numerisch messen und beschreiben. Das betrifft beispielsweise den Heilungsfortschritt eines Patienten oder die Arbeitsmoral der Mitarbeiter.

Grundsätzlich sind sowohl quantitative als auch qualitative Informationen wichtig für die Entscheidungsfindung. Eine generelle Regel über deren relative Bedeutung lässt sich nicht angeben. In Einzelfällen können qualitative Informationen sogar die Entscheidungsfindung dominieren. Beispielsweise ist bei der Wahl der Behandlung der Heilungsfortschritt des Patienten üblicherweise das dominierende Ziel.

Das Rechnungswesen erfasst und bewertet die Folgen von Entscheidungen. Hierbei handelt es sich in der Regel um eine näherungsweise Abbildung der Folgen, da schwer quantifizier- und bewertbare Folgen nicht erfasst werden. Hierzu zählen bei der Klinik beispielsweise die Belastung der angestellten Therapeuten oder der Heilungsfortschritt eines Patienten. Da es sich nur um eine näherungsweise Abbildung handelt, kann es auch **positive oder negative Verbundeffekte** von Entscheidungen geben, die das Rechnungswesen nicht widerspiegelt. In den Sommermonaten hängt in der Klinik die Belastung der Therapeuten zum Beispiel von der Funktionstüchtigkeit und Einstellung der Klimaanlage ab. Die Wechselwirkungen zwischen den Personalkosten aufgrund nötiger Erholungspausen der Therapeuten und den Stromkosten der Klimaanlage werden im Rechnungswesen im Allgemeinen nicht abgebildet.

Aus diesen Überlegungen leiten sich mehrere Schlussfolgerungen ab: Das Rechnungswesen
- stellt quantitative Größen
- auf monetärer Basis bereit,
- ist aber nur ein Informationssystem neben anderen (z. B. dokumentiert die Krankenakte den Heilungsfortschritt).

Im Allgemeinen nimmt das Rechnungswesen Managern dabei ihre Entscheidungen nicht ab, sondern unterstützt den Entscheidungsprozess durch die bereitgestellten Informationen. Deshalb bezeichnet man seine Ergebnisse auch als **entscheidungsunterstützende Informationen**. In Einzelfällen nutzen Manager die Informationen jedoch auch für einfache Entscheidungsregeln.

9.1 Kennzeichnung des Entscheidungsprozesses operativer Entscheidungen — Kapitel 9

Eine **einfache Entscheidungsregel** zeichnet sich dabei durch einen festen Zusammenhang zwischen den quantitativen Größen des Rechnungswesens und der zu treffenden Entscheidung aus. Beispielsweise entscheidet der Einkaufsmanager beim Bezug von Nahrungsmitteln für die Klinikküche – bei ähnlicher Qualität der Lieferanten – ausschließlich auf Basis eines Vergleichs der Einstandspreise.

Je wichtiger nicht-monetäre oder qualitative Informationen für einen Manager jedoch sind, desto seltener wird er eine einfache Entscheidungsregel anwenden. So werden in der Reha-Klinik der Behandlungsplan und damit die Therapien der Patienten primär auf Basis des Heilungsfortschritts und nur nachrangig über eine Gegenüberstellung der Kosten von verschiedenen Therapien bestimmt.

Merkmale von Entscheidungen bei Unsicherheit

Die Folgen von Entscheidungen liegen generell in der Zukunft und sind daher unsicher. Beispielsweise variiert die Nachfrage nach Therapien, so dass die angebotenen Behandlungsplätze ggf. nicht voll ausgeschöpft werden. Auch schwanken die Preise für Strom, Wasser, Medikamente oder Salben, weshalb die Kosten einer Behandlung nicht mit Sicherheit vorhersagbar sind.

Für das Rechnungswesen stehen zwei Möglichkeiten zum Umgang mit Unsicherheiten im Entscheidungsprozess zur Verfügung:

- Zur Unterstützung von Entscheidungen bei Unsicherheit tragen Informationen über die **erwarteten Erlöse und Kosten** bei.
- Unsicherheiten lassen sich auch dadurch berücksichtigen, dass man verschiedene Umweltszenarien identifiziert und die **Erlöse und Kosten je Szenario** bestimmt.

Informationen für Entscheidungen bei Unsicherheit bei der Reha-Klinik

- Die Auswahl des Telefonproviders erfolgt auf Basis der erwarteten Kosten.
- Controllerin Wolter ermittelt mehrere realistische Nachfrageszenarien nach Therapieplätzen und bestimmt die jeweils resultierenden monatlichen Betriebsergebnisse. Die Klinikleitung nutzt die Ergebnisse dieser Szenarien für ihre Entscheidung über den angebotenen Behandlungsmix.

9.2 Relevante Kosten operativer Entscheidungen

Relevante, genaue und aktuelle Informationen

Die vom Rechnungswesen bereitgestellten Informationen sollten relevant, genau und aktuell sein.

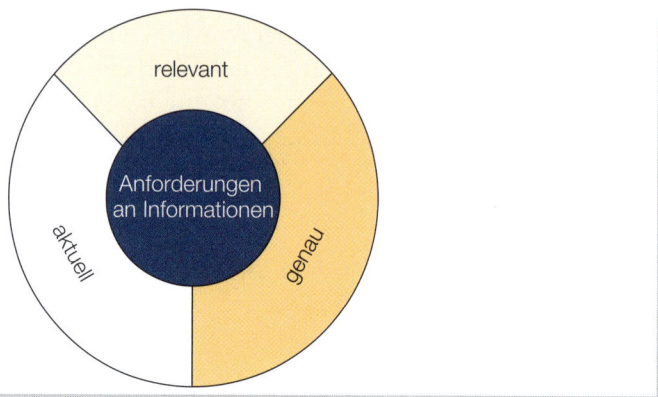

Abbildung 9.3: Anforderungen an Informationen des Rechnungswesens für operative Entscheidungen

Relevante Kosten und Erlöse

- beziehen sich auf die zu treffende Entscheidung,
- beschreiben zukünftige Erfolgswirkungen und
- variieren mit der betrachteten Alternative.

Bei der Entscheidung über den Patientenmix sind deshalb andere Kosten und Erlöse relevant als bei der Entscheidung über den Telefonprovider der Klinik. Für die Wahl des Providers sind beispielsweise das erwartete Gesprächsaufkommen sowie mögliche Schwankungen der Tarife von Bedeutung; die Anschaffungskosten der Telefonanalage aus dem vergangenen Jahr spielen jedoch keine Rolle. Sollten schließlich die einmaligen Anschlusskosten bei verschiedenen Telefonprovidern identisch sein, so fallen diese Kosten zwar in der Zukunft an, sind aber für die Auswahl ohne Bedeutung. Die Anschlusskosten sind dann keine relevante Information für die Wahl des Providers.

Die Kosten und Erlöse sollten weiterhin die Erfolgswirkungen möglichst **genau** bzw. präzise erfassen. Ungenaue Informationen sind weniger hilfreich für die Entscheidungsfindung. Approximationen der Kostenrechnung wie die Wahl einer einzigen Kosteneinflussgröße beeinflussen die Präzision der prognostizierten Kosten und Erlöse.

Schließlich sollten die Kosten und Erlöse möglichst **aktuell** sein und rechtzeitig vor der Entscheidung bereitgestellt werden. Die Information über einen kostengünstigeren Provider, die erst nach Abschluss eines langfristigen Vertrages mit

9.2 Relevante Kosten operativer Entscheidungen

einem anderen Anbieter eingeht, ist wertlos. Gleichfalls sind Kostenprognosen, die auf veralteten Tarifinformationen beruhen, nur bedingt hilfreich für die Entscheidung. Oftmals liegt ein Trade-off zwischen aktuellen und genauen Informationen vor. Die Controllerin kann präzisere Informationen bereitstellen, wenn sie aufwändigere Verfahren zur Ermittlung von Kostenfunktionen verwendet. Da diese Verfahren jedoch vielfach zeitintensiver sind, geht die Präzision der Informationen zu Lasten der Aktualität.

Sunk Costs und operative Entscheidungen

Sunk Costs sind durch Entscheidungen in der Vergangenheit unwiderruflich festgelegt und können nicht durch gegenwärtige oder zukünftige Entscheidungen verändert werden. Da sie nicht mit der Alternative variieren, sind Sunk Costs keine relevanten Kosten (vgl. Kapitel 2).

> Sunk Cost sind keine relevanten Kosten, da sie in der Vergangenheit unwiderruflich festgelegt und durch gegenwärtige oder zukünftige Entscheidungen nicht verändert werden können.

Sunk Costs bei der Reha-Klinik

Die Reha-Klinik nutzt spezielle Geräte für eine Lasertherapie. Hierzu wurde vor 3 Jahren ein Laser mit einer Nutzungsdauer von 4 Jahren für 12.000 € angeschafft. Zwar ist die Funktionstüchtigkeit dieses Geräts weiterhin voll gegeben, sein Stromverbrauch und die Wartungskosten sind jedoch relativ hoch. Die Controllerin bringt in Erfahrung, dass die Klinik einen Laser neuer Technologie leasen könnte. Hierfür sind pro Jahr Leasinggebühren von 5.000 € fällig. Sie erwartet, dass mit dem neuen Gerät die jährlichen Kosten für Strom und Wartung von 7.500 € auf 3.000 € sinken. Sollte sich die Klinik für die Leasinglösung entscheiden, so ist nach ihrer Beurteilung der alte Laser überflüssig. Sie schätzt, dass die Klinik das linear abgeschriebene Altgerät für 1.000 € verkaufen kann.

Geschäftsführer Brinkmann lehnt das Leasing eines neuen Lasers auf Basis der folgenden **Kostenvergleichsrechnung** ab. Nach seiner Rechnung sei das Leasing eines neuen Lasers bei gleichzeitigem Verkauf des alten Lasers mit einer Kostensteigerung von 2.500 € verbunden. Neben den Leasingkosten und der Einsparung an operativen Kosten berücksichtigt er in seiner Rechnung dabei auch den Wertverlust, der sich aus der Differenz von Restbuchwert (= 12.000 € – 3 Jahre · 12.000 €/4 Jahre) und Verkaufserlösen ergibt:

Leasingkosten für einen neuen Laser	5.000 €
+ Wertverlust alter Laser (Abschreibung Restbuchwert 3.000 – Verkaufserlöse 1.000)	+ 2.000 €
– Einsparung operative Kosten für Strom und Wartung (7.500 – 3.000)	– 4.500 €
= Kostenunterschied	= 2.500 €

Die Controllerin weist Brinkmann jedoch auf folgenden Fehler bei seiner Berechnung hin: Bei der Abschreibung des Restbuchwerts handelt es sich um Sunk Costs, die

Abbildung 9.4:
Kostenvergleichsrechnung mit Sunk Costs: Weiterbetrieb oder Anschaffung eines Geräts für eine Lasertherapie

nicht die Entscheidung beeinflussen sollten. Die korrekte Kostenvergleichsrechnung hat vielmehr folgende Form:

	Weiterbetrieb des alten Lasers	Leasing eines neuen Lasers	Kostenvergleichsrechnung der beiden Alternativen
Leasingkosten neues Gerät		5.000 €	5.000 €
Planmäßige Abschreibung des alten Geräts	3.000 €		0 €
Außerordentliche Abschreibung des alten Geräts		3.000 €	
Erlöse aus Geräteverkauf		– 1.000 €	– 1.000 €
Operative Kosten	7.500 €	3.000 €	– 4.500 €
Gesamtkosten	**10.500 €**	**10.000 €**	**– 500 €**

Nach ihrer Berechnung senkt die Anschaffung des neuen Lasergeräts die Kosten um 500 €. Zwar beeinflussen die 3.000 € als planmäßige bzw. außerordentliche Abschreibung die Gesamtkosten bei Weiterbetrieb des alten Lasers bzw. die Gesamtkosten bei Leasing eines neuen Geräts. Es handelt sich aber um Sunk Costs, die bei der Entscheidung zu vernachlässigen sind. Korrekterweise hätte der Geschäftsführer somit nicht einen Wertverlust in Höhe von 2.000 € für den Verkauf des alten Lasers, sondern nur die Erlöse aus Anlagenabgängen in Höhe von 1.000 € berücksichtigen dürfen.

Die Kostenvergleichsrechnung in Abbildung 9.4 verdeutlicht, dass Sunk Costs (d.h. die noch nicht abgeschriebenen Anschaffungskosten des alten Lasers) nicht alternativenunterschiedlich sind. Sie sind deshalb nicht entscheidungsrelevant und sollten zur Vereinfachung und Klarheit nicht in den entsprechenden Kalkulationen enthalten sein.

Empirische Ergebnisse

Empirische Studien zeigen, dass Sunk Costs häufig bei der Entscheidungsfindung berücksichtigt werden, obwohl es sich nicht um relevante Informationen handelt. Eine Erklärung für dieses Festhalten an den Konsequenzen vergangener Entscheidungen ist, dass Manager auf diese Weise versuchen, die von ihnen getroffenen Entscheidungen nachträglich zu rechtfertigen.

Quelle: Staw, B.M.: Knee-deep in Big Muddy: A Study of Escalating Commitment to a Chosen Course of Action, in: Organizational Behavior and Human Decision Performance, Vol. 16, 1976, No. 1, S. 27–44; Schulz, A K.-D./Cheng, M.M.: Persistence in Capital Budgeting Reinvestment Decisions – Personal Responsibility Antecedent and Information Asymmetry Moderator: A Note, in: Accounting and Finance, Vol. 42, 2002, No. 1, S. 73–86.

Opportunitätskosten und operative Entscheidungen

Entscheidet sich ein Manager bei der Wahl zwischen zwei Alternativen für die eine Alternative, so entscheidet er sich immer auch gegen die andere Alternative. Die Opportunitätskosten der gewählten Alternative entsprechen dem **entgangenen Vorteil** der nicht gewählten Alternative (vgl. Kapitel 2). Opportunitätskosten sind entscheidungsrelevant und setzen die Existenz von Mehrproduktrestriktionen voraus.

> Die Opportunitätskosten der gewählten Alternative entsprechen dem entgangenen Vorteil der nicht gewählten Alternative.

Opportunitätskosten bei der Reha-Klinik

Die Reha-Klinik erwägt, in einem an die Cafeteria angrenzenden, leer stehenden Raum ein Internetcafé einzurichten. Die Controllerin veranschlagt jährliche Erlöse aus der Nutzung der PCs in Höhe von 12.000 €. Dem stehen jährliche Abschreibungen für PCs, Möbel und andere Einrichtungsgegenstände in Höhe von 4.000 € und Personalkosten für einen Administrator von 3.500 € gegenüber. Der Überschuss von 4.500 € lässt vermuten, dass die Einrichtung des Internetcafés eine wirtschaftlich sinnvolle Idee ist.

Alternativ könnte der Raum jedoch auch an einen Buchhändler vermietet werden. Der Händler übernimmt die Einrichtung des Raumes und garantiert der Klinik eine jährliche Miete von 6.000 €.

	Einrichtung Internetcafé	Vermietung Buchhändler	Erfolgsunterschied der Alternativen
Nutzungserlöse	12.000 €		12.000 €
Abschreibungen für PCs, Möbel, etc.	4.000 €		– 4.000 €
Personalkosten	3.500 €		– 3.500 €
Mieterlöse Raum		6.000 €	– 6.000 €
Überschuss	**4.500 €**	**6.000 €**	**– 1.500 €**

Abbildung 9.5: Erfolgsvergleichsrechnung mit Opportunitätskosten: Nutzung eines leer stehenden Raumes durch die Einrichtung eines Internetcafés oder die Vermietung an einen Buchhändler

Die Klinikleitung kann nur eine der beiden Alternativen – Einrichtung eines Internetcafés oder Vermietung an Buchhändler – realisieren. Entscheidet sie sich *für* die Einrichtung des Internetcafés, so entscheidet sie sich gleichzeitig *gegen* die Vermietung an den Buchhändler. Damit entgeht ihr bei Einrichtung des Internetcafés ein Überschuss in Höhe von 6.000 €, was die Opportunitätskosten dieser Alternative beziffert. Die Vermietung des Raumes an den Buchhändler macht andererseits die Einrichtung eines Internetcafés unmöglich, woraus Opportunitätskosten von 4.500 € resultieren.

Der Vergleich der Überschüsse verdeutlicht, dass die Vermietung an den Buchhändler vorzuziehen ist. Dieses Ergebnis folgt auch, wenn man die Überschüsse nach Opportunitätskosten betrachtet. Diese betragen:

$$\text{Einrichtung Internetcafé:} \quad 4.500\,\text{€} - 6.000\,\text{€} = -1.500\,\text{€ und}$$
$$\text{Vermietung Buchhändler:} \quad 6.000\,\text{€} - 4.500\,\text{€} = 1.500\,\text{€.}$$

Während der Verlust nach Opportunitätskosten bei der Einrichtung des Internetcafés auf eine unwirtschaftliche Alternative hindeutet, zeigt der positive Überschuss nach Opportunitätskosten bei der Vermietung an den Buchhändler eine sinnvolle Alternative an.

Empirische Ergebnisse

> Empirische Studien zum Entscheidungsverhalten stellen häufig fest, dass Opportunitätskosten nicht oder nicht ausreichend berücksichtigt werden. Die Berücksichtigung von Opportunitätskosten bei Entscheidungen hängt z.B. von dem Ausbildungs- und Erfahrungshintergrund des Managers sowie der Präsentation der Informationen ab.
>
> **Quellen:** Hoskin, Robert E.: Opportunity Cost and Behavior, in: Journal of Accounting Research, Vol. 21, 1983, No. 1, S. 78–95; Vera-Muñoz, Sandra C.: The Effects of Accounting Knowledge and Context on the Omission of Opportunity Costs in Resource Allocation Decisions, in: The Accounting Review, Vol. 73, 1998, No. 1, S. 47–72; Victoravich, Lisa Marie: When Do Opportunity Costs Count? The Impact of Vagueness, Project Completion Stage, and Management Accounting Experience, in: Behavioral Research in Accounting, Vol. 22, 2010, No. 1, S. 85–108.

Entscheidungswirkungen von Vollkosteninformationen

Eine wichtige Frage des Rechnungswesens betrifft den Ausweis von variablen und fixen Kosten. Hierbei ist festzulegen, ob die variablen Kosten getrennt von den fixen Kosten oder gemeinsam mit diesen auszuweisen sind. Bei einem getrennten Ausweis liegt eine **Teilkostenrechnung** vor, während eine **Vollkostenrechnung** sämtliche Kosten bis auf die einzelne Produkteinheit verteilt. Der gemeinsame oder getrennte Ausweis beeinflusst die Nützlichkeit der Informationen des Rechnungswesens für die Entscheidungsfindung. Vergleicht man die Entscheidungswirkungen beider Informationen, so sind bei kurzfristigen Entscheidungen Teilkosteninformationen vorzuziehen, da Vollkosteninformationen für diesen Fall nicht-relevante Komponenten enthalten und mit verzerrten Entscheidungen einhergehen.

Dieser Zusammenhang soll an einem einfachen Kalkül verdeutlicht werden: Der Verwaltungsrat der Klinik überlegt, das Produktprogramm um ambulante Therapien auszuweiten. Er steht vor dem **Entscheidungsproblem**, die monatliche Anzahl an ambulanten Patienten festzulegen. Hierzu will der Verwaltungsrat wissen, welche monatliche Anzahl x an ambulanten Patienten das Betriebsergebnis maximiert. Da sich das Betriebsergebnis aus Erlösen und

Kosten zusammensetzt, sind Annahmen über die betreffenden Funktionen zu treffen:

- Die Kostenfunktion sei $K = K_{fix} + k_v \cdot x$, mit monatlichen Fixkosten K_{fix} für Verwaltung und Abschreibungen und proportionalen Kosten k_v für die Therapien. Der Verwaltungsrat unterstellt somit, dass bei Behandlung eines zusätzlichen Patienten die Kosten um k_v steigen.
- Vereinfacht liege folgende Preis-Absatz-Funktion vor: $p(x) = a - \tfrac{1}{2} b \cdot x$, d.h. mit steigender Patientenzahl sinken die Exklusivität und damit die erzielbaren Erlöse p je ambulantem Patient. Wie Abbildung 9.6 verdeutlicht, bezeichnet a den Maximalpreis je Patient. Mit der Funktion wird unterstellt, dass mit jedem zusätzlich behandelten Patienten die Erlöse je Patient sinken. Hierbei geht der Verwaltungsrat vereinfacht von einem linearen Zusammenhang aus. Demnach sinken mit jedem zusätzlichen Patienten die Erlöse je Patient um $\tfrac{1}{2} b$.

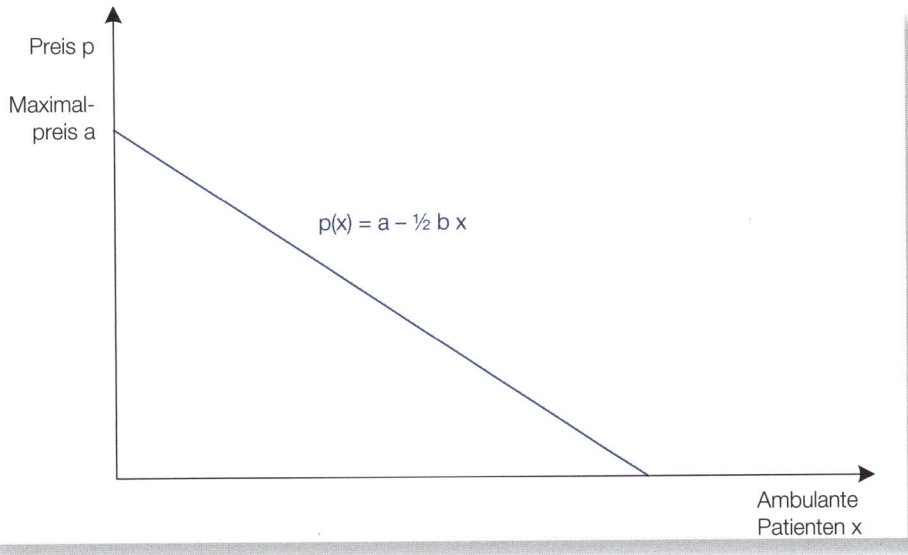

Abbildung 9.6: Preis-Absatz-Funktion: Zusammenhang zwischen der Anzahl behandelter Patienten und den erzielbaren Erlösen je Patient

Mit der Preis-Absatz-Funktion betragen die Umsatzerlöse somit

$$U = p(x) \cdot x = (a - \tfrac{1}{2} b x) \cdot x.$$

Eine **Teilkostenrechnung** weist die variablen Kosten getrennt von den fixen Kosten aus. Das Betriebsergebnis G_{TK} bei Teilkosteninformation ist:

$$G_{TK} = U - K = (a - \tfrac{1}{2} b x) \cdot x - K_{fix} - k_v \cdot x.$$

Die gewinnmaximale Menge findet man, wenn man die Funktion nach x ableitet, gleich Null setzt und diese Gleichung nach x auflöst. Leitet man die Gewinnfunktion nach x ab, so resultiert die so genannte Bedingung erster Ordnung:

$$G_{TK}' = a - b x - k_v = 0.$$

Löst man diese Gleichung nun nach x auf, so erhält man die optimale Anzahl an ambulanten Patienten zu $x_{TK}^* = (a - k_v)/b$. Bei dieser Menge handelt es sich um die gewinnmaximale Anzahl, da die zweite Ableitung der Gewinnfunktion negativ ist: $G_{TK}'' = -b < 0$.

Bei einer **Vollkostenrechnung** verteilt man sämtliche Kosten bis auf die einzelne Produkteinheit, im Fall der Reha-Klinik bis auf den einzelnen Patienten. Hierzu benötigt die Controllerin zunächst eine grobe Vorstellung von der Anzahl an Patienten und den mit ihnen verbundenen Kosten. Mit der Planpatientenanzahl $x^{(p)}$ sind dann Plankosten $K^{(p)} = K_{fix} + k_v \cdot x^{(p)}$ verbunden. Als Grundlage für die Planmenge $x^{(p)}$ kann beispielsweise die durchschnittliche Patientenanzahl vergangener Monate oder von vergleichbaren Einrichtungen herangezogen werden. Je Patient resultiert damit ein Vollkostenkalkulationssatz in Höhe von

$$k_{VK} = K^{(p)}/x^{(p)} = K_{fix}/x^{(p)} + k_v.$$

Der Kostenplanung legt die Controllerin nun diesen Kalkulationssatz zugrunde, d.h., die angesetzten Kosten betragen $K_{VK} = k_{VK} \cdot x$. Das Betriebsergebnis G_{VK} bei Vollkosteninformation ist deshalb:

$$G_{VK} = U - K_{VK} = (a - \tfrac{1}{2} b x) \cdot x - K_{fix}/x^{(p)} \cdot x - k_v \cdot x.$$

Leitet man diese Funktion nach x ab, so resultiert die Bedingung erster Ordnung zu

$$G_{VK}' = a - b x - K_{fix}/x^{(p)} - k_v = 0,$$

und die optimale Anzahl an Patienten auf Basis von Vollkosteninformationen ist $x_{VK}^* = (a - k_v - K_{fix}/x^{(p)})/b$.

Vergleicht man beide Ergebnisse, so zeigt sich, dass die optimale Patientenzahl bei Vollkosteninformationen auch von den Fixkosten (K_{fix}) und der durchschnittlichen Anzahl an Patienten einer vergleichbaren Einrichtung ($x^{(p)}$) abhängt. Würde sich der Verwaltungsrat an den Informationen der Vollkostenrechnung orientieren, so würden demnach Informationen, die nicht mit den Alternativen variieren (Fixkosten) sowie Informationen, die sich nicht auf die Zukunft beziehen (durchschnittliche Menge vergangener Perioden), seine Entscheidung beeinflussen.

Nutzt ein Manager somit Informationen einer Vollkostenrechnung, so berücksichtigt er letztlich Informationen, die für operative Entscheidungen eigentlich irrelevant sind. Dies verzerrt seine Entscheidung im Vergleich zur ökonomisch sinnvollen Entscheidung auf Basis von Teilkosteninformationen. Insbesondere gilt, dass ein Manager bei Nutzung von Informationen einer Vollkostenrechnung tendenziell kleinere Mengen bzw. eine kleinere Anzahl an Patienten wählt.

	Teilkostenrechnung	Vollkostenrechnung
Merkmal	Getrennter Ausweis von variablen und fixen Kosten.	Gemeinsamer Ausweis von variablen und fixen Kosten.
Wirkung	Bereitstellung relevanter Informationen unterstützt sinnvolle operative Entscheidungen.	Berücksichtigung irrelevanter Komponenten führt zu verzerrten operativen Entscheidungen.

Abbildung 9.7: Merkmale und Wirkungen von Informationen der Teil- und Vollkostenrechnung

9.3 Entscheidungen über die Leistungserstellung

Um die operativen Entscheidungen über die Leistungserstellung zu veranschaulichen, betrachten wir im Folgenden die Großbäckerei Luca, die Fertigpizzen, Flammkuchen und Baguettes für lokale Supermärkte und Restaurants erzeugt. Der Fertigungsprozess besteht aus dem Belegen der Pizzen und Baguettes, dem Vorbacken sowie ggf. dem Einfrieren der Backwaren. Die monatliche Backmenge wird durch die verfügbare Maschinenzeit der die Backwaren belegende Portioniermaschine und die Ofenkapazität beschränkt; der Schockfroster steht hingegen in ausreichender Kapazität zur Verfügung. Aufgrund mangelnder Lagerräume ist es Luca nicht möglich, die Bedarfe eines Monats bereits in einem Vormonat zu erstellen.

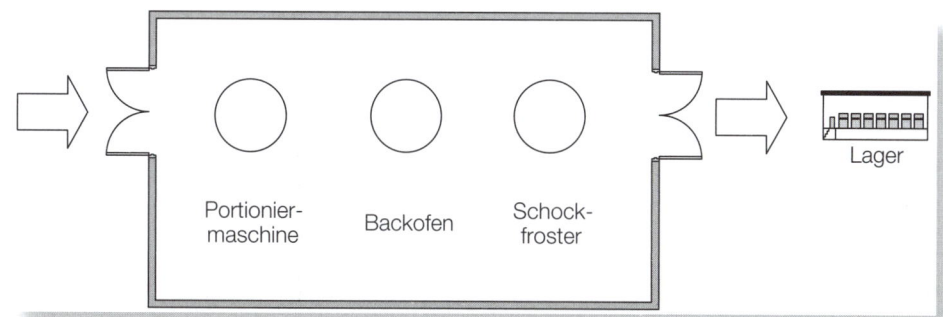

Abbildung 9.8: Produktionsprozess bei der Großbäckerei Luca

Zum Monatsende entscheidet Produktionsleiter Herbert Frank über das Produktionsprogramm des Folgemonats. Hierzu nutzt er die Informationen, die ihm Controllerin Renate Meier zusammenstellt. Die im Folgenden betrachteten Entscheidungssituationen betreffen verschiedene Monate und variieren hinsichtlich der Anzahl wirksamer Mehrproduktrestriktionen und des für die Entscheidungsfindung herangezogenen Kriteriums. Im Einzelnen handelt es sich um folgende Entscheidungssituationen:

Abbildung 9.9: Entscheidungssituationen und Entscheidungskriterien bei der Großbäckerei Luca

Monat	Restriktion	Entscheidungskriterium
Januar	Keine wirksame Mehrproduktrestriktion	Deckungsbeitrag der Produkte
...		
April	Eine wirksame Mehrproduktrestriktion	Relativer Deckungsbeitrag der Produkte
...		
September	Zwei wirksame Mehrproduktrestriktionen	Gesamtdeckungsbeitrag

Bestimmung des optimalen Produktionsprogramms

Januar: Keine wirksame Mehrproduktrestriktion

Zu Jahresbeginn erwägt der Produktionsleiter, neben Pizzen, Flammkuchen sowie Baguettes auch Minipizzen zu fertigen. Er erwartet, dass im Monat Januar die Portioniermaschine 240 Maschinenstunden und der Ofen 200 Stunden zur Verfügung stehen. Da jeweils mehrere Produkte von den Maschinen bearbeitet werden, sind in beiden Fällen Mehrproduktrestriktionen zu beachten.

Für den Monat Januar hat Controllerin Meier folgende Informationen zusammengestellt:

Abbildung 9.10: Informationen zur Bestimmung des optimalen Produktionsprogramms: Keine wirksame Mehrproduktrestriktion

Produkte	Pizza	Flammkuchen	Baguette	Minipizza
Stückerlöse [€/Stk]	6,00	8,70	2,95	1,80
Stückkosten [€/Stk]	3,44	4,96	1,56	1,95
Deckungsbeitrag je Stück [€/Stk]	2,56	3,74	1,39	– 0,15
Portionierzeit [Min/T Stk]	140	160	95	35
Backzeit [Min/T Stk]	115	130	60	55
Nachfragemenge [T Stk]	60	18	22	30

Bei den Stückerlösen und Stückkosten von Abbildung 9.10 handelt es sich um erwartete Beträge. Die prognostizierten **Stückerlöse** basieren auf den in der Vergangenheit erzielten Erlösen, angepasst um die von der Controllerin erwartete Änderung der Zahlungsbereitschaft der Kunden und dem vermuteten Angebotsverhalten der Konkurrenten.

Die **Stückkosten** der Herstellung (Herstellkosten je Stück) folgen aus einer Kalkulation mit geplanten Materialeinzelkosten, Fertigungseinzelkosten und

Gemeinkosten (vgl. Kapitel 3). Fixe Kosten berücksichtigt Meier dabei nicht in ihrer Kalkulation. Nach ihrer Einschätzung sind die Fixkosten kurzfristig nicht veränderlich und damit nicht relevant für die Entscheidungen des Produktionsleiters. Vereinfacht weist sie die Fixkosten in einem Betrag aus: Sie belaufen sich monatlich auf 145.200 €.

Der **Deckungsbeitrag je Stück** entspricht der Differenz aus Stückerlös und Stückkosten. Während er für die etablierten Produkte positiv ist, folgt für die Minipizzen:

$$\text{Deckungsbeitrag} = 1{,}80\ € - 1{,}95\ € = -0{,}15\ €\ \text{je Minipizza.}$$

Der negative Deckungsbeitrag zeigt an, dass es sinnvoll sein kann, die Minipizzen nicht zu fertigen. Zu prüfen ist jedoch, ob Verbundeffekte mit anderen Produkten vorliegen. **Verbundeffekte des Absatzes** beschreiben, in welchem Ausmaß sich der Absatz eines Produktes positiv (oder negativ) auf den Absatz anderer Produkte auswirkt. Da solche Effekte hier jedoch nicht vorliegen, werden nur Backwaren mit einem positiven Deckungsbeitrag erstellt. Es ist deshalb für Produktionsleiter Frank nicht sinnvoll, die Minipizzen in das Produktprogramm aufzunehmen. Für die restlichen Produkte ist zu prüfen, in welcher Menge sie bei gegebenen Kapazitäten erstellt werden können. Als extreme Lösung betrachtet die Controllerin zunächst, dass die maximal pro Periode absetzbare Menge gefertigt wird.

Zur Portionierung von 1.000 Pizzen ist die Portioniermaschine nach Abbildung 9.10 insgesamt 140 Minuten bzw. 2,33 Stunden (= 140/60) belegt. Für die maximale Absatzmenge von 60.000 Pizzen sind somit 140 Stunden erforderlich (= 60 · 2,33). Summiert man die Maschinenbelegung über alle Produkte, so folgt eine Belegung der Portioniermaschine mit

$$60 \cdot \frac{140}{60} + 18 \cdot \frac{160}{60} + 22 \cdot \frac{95}{60} = 222{,}83\ \text{Maschinenstunden.}$$

Für die Inanspruchnahme des Ofens sind aus Abbildung 9.10 die Backzeiten je 1.000 Stück zu entnehmen. Bei maximalem Produktionsprogramm beträgt die Inanspruchnahme des Ofens somit

$$60 \cdot \frac{115}{60} + 18 \cdot \frac{130}{60} + 22 \cdot \frac{60}{60} = 176\ \text{Backstunden.}$$

Die an beiden Anlagen benötigte Zeit ist geringer als die verfügbare Kapazität von 240 Stunden an der Portioniermaschine bzw. von 200 Stunden am Backofen, so dass alle Produkte bis zur nachgefragten Menge gefertigt werden können. Im Monat Januar liegt somit **keine wirksame Mehrproduktrestriktion** vor. Für den Pizzabäcker ist es möglich und optimal, alle Produkte mit einem positiven Stückdeckungsbeitrag bis zur Absatzgrenze zu erzeugen.

Kapitel 9 — Kosten- und Erlösinformationen

April: Eine wirksame Mehrproduktrestriktion

Im Monat April steht die Portioniermaschine wegen einer außerordentlichen Wartung nur für 210 Stunden zur Verfügung, die Kapazität des Backofens ist mit 200 Stunden unverändert. Die Kosten- und Erlössituation sowie die Nachfrage sind relativ stabil, so dass Renate Meier weiterhin die erwarteten Größen aus Abbildung 9.10 voraussetzt. Produktionsleiter Frank muss nun entscheiden, wie er die knappe Maschinenzeit an der Portioniermaschine auf die drei Produkte aufteilt, so dass das resultierende Produktionsprogramm das Betriebsergebnis maximiert.

Herbert Frank stellt folgende Überlegungen an: Wegen der Wartungsmaßnahme an der Portioniermaschine können nun nicht alle Produkte bis zu ihrer Absatzgrenze erstellt werden. Da jedoch die Kapazität des Backofens weiterhin nicht beschränkend wirkt, ist das optimale Produktionsprogramm bei **einer wirksamen Mehrproduktrestriktion** zu ermitteln.

Erzeugt die Portioniermaschine 1.000 Stück Pizza, so erzielt der Pizzabäcker hieraus einen Deckungsbeitrag von 2.560 € (=1.000 · 2,56). Dafür wird die Maschine nach Abbildung 9.10 140 Minuten in Anspruch genommen. Belegt die Maschine Pizzen, so lässt sich folglich ein Deckungsbeitrag von

$$2.560\ \text{€}/140\ \text{Minuten} = 18{,}29\ \text{€ je Minute}$$

erzielen. Dieser Betrag wird auch als **relativer Deckungsbeitrag** bezeichnet.

Begriffsvielfalt

> Alternativ zur Bezeichnung relativer Deckungsbeitrag sind auch die Begriffe engpassbezogener Deckungsbeitrag oder spezifischer Deckungsbeitrag gebräuchlich.

Für die weiteren Backwaren zeigt Abbildung 9.11 den Deckungsbeitrag je in Anspruch genommene Minute:

Abbildung 9.11: Deckungsbeiträge je Minute Anlagennutzung bei einer wirksamen Mehrproduktrestriktion

Produkte	Pizza	Flammkuchen	Baguette
Deckungsbeitrag je Minute auf der Portioniermaschine [€/Min]	18,29	23,38	14,63
Reihenfolge abnehmender Deckungsbeiträge je Minute	2	1	3

Offensichtlich besteht die bestmögliche Nutzung der Portioniermaschine in der Erzeugung von Flammkuchen, da je Minute der höchste Deckungsbeitrag erzielt wird. Die zweitbeste Nutzung der Portioniermaschine ist das Belegen von Pizzen, gefolgt von Baguettes. Diese Reihenfolge ist im unteren Teil von Abbildung 9.11 wiedergegeben.

Grundsätzlich wird das optimale Produktionsprogramm bei einer wirksamen Mehrproduktrestriktion folgendermaßen ermittelt: Für das optimale Produktionsprogramm kommen nur Produkte mit positivem Deckungsbeitrag in Frage. Diese Produkte sind zunächst mit abnehmendem relativem Deckungsbeitrag zu reihen. Anschließend werden sie in dieser Reihenfolge auf der Engpassmaschine eingeplant. Ihre Produktionsmenge orientiert sich entweder an einer bestehenden Einproduktrestriktion oder an der Mehrproduktrestriktion. Bei der Großbäckerei sind das die maximale Absatzmenge je Produkt (Einproduktrestriktion) oder die verbleibende Zeit auf der Portioniermaschine (Mehrproduktrestriktion).

Abbildung 9.12 zeigt die schrittweise Ableitung des optimalen Produktionsprogramms. Die Maximalkapazität der Portioniermaschine beträgt 210 Stunden = 12.600 Maschinenminuten. Die Fertigung der nachgefragten Menge von 18.000 Stück Flammkuchen erfordert eine Maschinenbelegung von 2.880 Minuten (= 18.000 · 160/1.000). Wird diese Menge vollständig eingeplant, so verbleibt eine freie Kapazität von 9.720 Minuten (= 12.600 – 2.880). Diese wird dann anschließend für die Pizza verplant.

Produkt	Menge [Stk]	Kapazitätsinanspruchnahme [Min]	Freie Kapazität [Min]
Flammkuchen	18.000	18.000 · 160/1.000 = 2.880	12.600 – 2.880 = 9.720
Pizza	60.000	60.000 · 140/1.000 = 8.400	9.720 – 8.400 = 1.320
Baguette	13.894	13.894 · 95/1.000 = 1.319,93	1.320 – 1.319,93 = 0,07

Abbildung 9.12: Schrittweise Ableitung des optimalen Produktionsprogramms bei einer wirksamen Mehrproduktrestriktion

Die Fertigung der nachgefragten Menge von 60.000 Pizzen erfordert eine Maschinenbelegung von 8.400 Minuten (= 60.000 Stk · 140 Min/1.000 Stk). Nach der Einplanung dieser Menge verbleiben noch 1.320 Minuten freie Kapazität. Um schließlich die nachgefragte Menge an Baguettes zu fertigen, sind 2.090 Maschinenminuten (= 22.000 · 95/1.000) erforderlich. Da nach der Einplanung der anderen Produkte aber nur noch 1.320 Minuten verfügbar sind, können maximal 13.894 Stück Baguettes (= Rundung von 1.320/95 · 1.000) erstellt werden.

Mit den optimalen Produktionsmengen der Abbildung 9.12 bestimmt sich das maximale erwartete Betriebsergebnis in dem Planungsmonat zu

18.000 Stk · 3,74 €/Stk + 60.000 Stk · 2,56 €/Stk + 13.894 Stk · 1,39 €/Stk
— 145.200 € = 95.032,66 €.

Für diese Berechnung sind die Deckungsbeiträge je Stück aus Abbildung 9.10 heranzuziehen. Alternativ erhält man den erwarteten Deckungsbeitrag auch über die in Anspruch genommene Kapazität und die relativen Deckungsbeiträge der Abbildung 9.11:

2.880 Min · 23,38 €/Min + 8.400 Min · 18,29 €/Min + 1.320 Min · 14,63 €/Min
— 145.200 € = 95.082,00 €.

Die Unterschiede zwischen den beiden Beträgen sind auf Rundungsdifferenzen zurückzuführen.

September: Zwei wirksame Mehrproduktrestriktionen

Im Monat September müssen beide Anlagen planmäßig gewartet werden. Die Wartungsarbeiten sind so umfangreich, dass die verfügbaren Kapazitäten beider Anlagen das Produktionsprogramm beschränken. Renate Meier schätzt, dass die Portioniermaschine 200 Stunden nutzbar ist und sich die Kapazität des Ofens auf 125 Stunden beläuft. Zwar hat sich die Kosten- und Erlössituation im Vergleich zum Monat April nicht verändert, d.h., es gelten weiterhin die Stückerlöse und Stückkosten der Abbildung 9.10. Produktionsleiter Franks Lösungsfindung wird jedoch dadurch erschwert, dass gemäß Abbildung 9.13 die Reihenfolge abnehmender Deckungsbeiträge für beide Anlagen unterschiedlich ist. Ein vollständig sukzessives Vorgehen zur Bestimmung der Lösung ist deshalb nicht mehr möglich.

Abbildung 9.13: Deckungsbeiträge je Minute Anlagennutzung bei zwei wirksamen Mehrproduktrestriktionen

Produkte	Pizza	Flammkuchen	Baguette
Deckungsbeitrag je Minute auf der Portioniermaschine [€/Min]	18,29	23,38	14,63
Reihenfolge abnehmender Deckungsbeiträge je Minute	2	1	3
Deckungsbeitrag je Minute Ofennutzung [€/Min]	22,26	28,77	23,17
Reihenfolge abnehmender Deckungsbeiträge je Minute	3	1	2

Das gleichzeitige Berücksichtigen mehrerer Restriktionen erhöht die Komplexität der Lösungssuche. Praktische Probleme sind darum vielfach so komplex, dass ihre optimale Lösung nur noch computerunterstützt ermittelbar ist. Zudem steigen die Anforderungen an die Genauigkeit der Kosten- und Erlösinformationen, welche von den Lösungsalgorithmen verarbeitet werden.

In dem Beispiel der Abbildung 9.13 hat der Flammkuchen sowohl auf der Portioniermaschine als auch bei der Ofennutzung den höchsten Deckungsbeitrag je Minute. Folglich ist es sinnvoll, den vollständigen Bedarf nach Flammkuchen zu fertigen. Mit einer Bearbeitungszeit von 160 Minuten je Tausend Stück verbleibt damit eine Restkapazität von

$$200 \text{ h} - 18.000 \text{ Stk} \cdot 160 \text{ Min}/1.000 \text{ Stk}/60 \text{ Min}/\text{h} = 152 \text{ Stunden}$$

auf der Portioniermaschine. Vergleichbar erhält man für den Ofen eine noch ungenutzte Kapazität von

$$125 \text{ h} - 18.000 \text{ Stk} \cdot 130 \text{ Min}/1.000 \text{ Stk}/60 \text{ Min}/\text{h} = 86 \text{ Backstunden}.$$

9.3 Entscheidungen über die Leistungserstellung

Für die Fertigung der Pizzen und Baguettes stehen somit noch 152 Stunden Kapazität an der Portioniermaschine und 86 Stunden am Backofen zur Verfügung.

Damit Herbert Frank sich einen Überblick über die Problemstellung verschaffen kann, beschreibt er zunächst analytisch das Optimierungsproblem. Hierbei bezeichnen x_P und x_B die Produktions- und Absatzmengen (in Tausend Stück) an Pizzen sowie Baguettes. Beim Vertrieb von Tausend Stück Pizza erzielt die Großbäckerei nach Abbildung 9.10 einen Deckungsbeitrag von 2.560 €, bei Baguettes beläuft sich der Deckungsbeitrag auf 1.390 €. Das Problem der Bestimmung optimaler Mengen ist damit folgendermaßen charakterisiert:

(1) Max DB(x_P, x_B) = 2.560 · x_P + 1.390 · x_B Maximierung Deckungsbeitrag
    unter den Nebenbedingungen
(2a) x_P ≤ 60   Absatzobergrenze Pizzen
(2b) x_B ≤ 22   Absatzobergrenze Baguettes
(3a) 140 · x_P + 95 · x_B ≤ 152 · 60 = 9.120   Kapazität Portioniermaschine
(3b) 115 · x_P + 60 · x_B ≤ 86 · 60 = 5.160   Kapazität Backofen
(4a) x_P ≥ 0   Nichtnegative Menge an Pizzen
(4b) x_B ≥ 0   Nichtnegative Menge an Baguettes

Nach der Zielfunktion (1) besteht das Ziel des Optimierungsproblems in der Maximierung des Deckungsbeitrags. Die Einproduktrestriktionen (2a) und (2b) bilden die Absatzobergrenze für Pizzen sowie Baguettes ab: Da eine Lagerung der Pizzen sowie Baguettes nicht möglich ist, kann maximal die nachgefragte Menge gefertigt werden. Die Mehrproduktrestriktionen (3a) und (3b) beschränken die Nutzung von Portioniermaschine und Backofen: Während die rechte Seite der Ungleichung die verfügbare Kapazität zeigt, spiegelt die linke Seite die für ein bestimmtes Produktionsprogramm (x_P, x_B) benötigte Kapazität wider. Die Nichtnegativitätsbedingungen (4a) und (4b) stellen schließlich sicher, dass für die Wahl des optimalen Produktionsprogramms nur nichtnegative Mengen in Frage kommen.

Der Produktionsleiter kann das Optimierungsproblem analytisch über den Simplex-Algorithmus lösen.[1] Da mit den Mengen an Pizzen (x_P) und Baguettes (x_B) nur zwei Entscheidungsvariablen vorliegen, wählt er jedoch eine graphische Lösung des Optimierungsproblems. Hierzu trägt er in einem Koordinatensystem die Zielfunktion und die Nebenbedingungen ein.

In dem Koordinatensystem von Abbildung 9.14 sind auf der x-Achse die Mengen an Baguettes (x_B) und auf der y-Achse die Mengen an Pizzen (x_P) abgetragen. Die Einproduktrestriktionen der Absatzobergrenzen führen zu vertikalen und horizontalen Geraden, die den möglichen Lösungsraum einschränken. Mehrproduktrestriktionen werden demgegenüber mittels fallender Geraden abgebildet. Beispielsweise lassen sich mit der verfügbaren Kapazität des Backofens maximal 44.870 Stück Pizza (= 5.160 Min/115 Min/T Stk) bzw.

---

[1] Das Vorgehen des Simplex-Algorithmus wird beispielsweise in Domschke/Drexl (2011), Kapitel 2, beschrieben.

86.000 Stück Baguettes (= 5.160 Min/60 Min/T Stk) backen. Trägt Herbert Frank diese Punkte in das Koordinatensystem ein und verbindet sie, so erhält er eine Gerade, welche die Kapazität des Backofens abbildet. Er weiß, dass sich nur Kombinationen an Pizzen und Baguettes backen lassen, die entweder auf oder unterhalb dieser Gerade liegen. Auf gleiche Weise bildet er die Kapazität der Portioniermaschine ab. Der in Abbildung 9.14 blau hervorgehobene **zulässige Bereich** spiegelt den Lösungsraum wider, der alle Ein- und Mehrproduktrestriktionen sowie die Nichtnegativitätsbedingungen erfüllt. Das optimale Produktionsprogramm liegt in dem zulässigen Bereich.

Um die optimalen Produktionsmengen zu bestimmen, ist abschließend die Zielfunktion (1) in das Koordinatensystem einzutragen. Hierzu ist folgende Überlegung hilfreich: Ein Deckungsbeitrag von beispielsweise 50.000 € lässt sich durch folgende Kombinationen an Pizzen und Baguettes realisieren:

$$50.000 = 2.560\, x_P + 1.390\, x_B.$$

Mit dieser Gleichung werden alle Kombinationen an Pizzen und Baguettes beschrieben, die zu einem Deckungsbeitrag von 50.000 € führen. Umformen der Gleichung liefert

$$x_P = 50.000/2.560 - 1.390/2.560\, x_B = 19{,}53 - 0{,}54\, x_B.$$

Diese Gerade beschreibt für eine gegebene Menge an Baguettes, wie viele Pizzen zu fertigen und abzusetzen sind, damit ein Deckungsbeitrag von 50.000 € resultiert. Man bezeichnet diese Gerade auch als **Iso-Deckungsbeitragsgerade**.

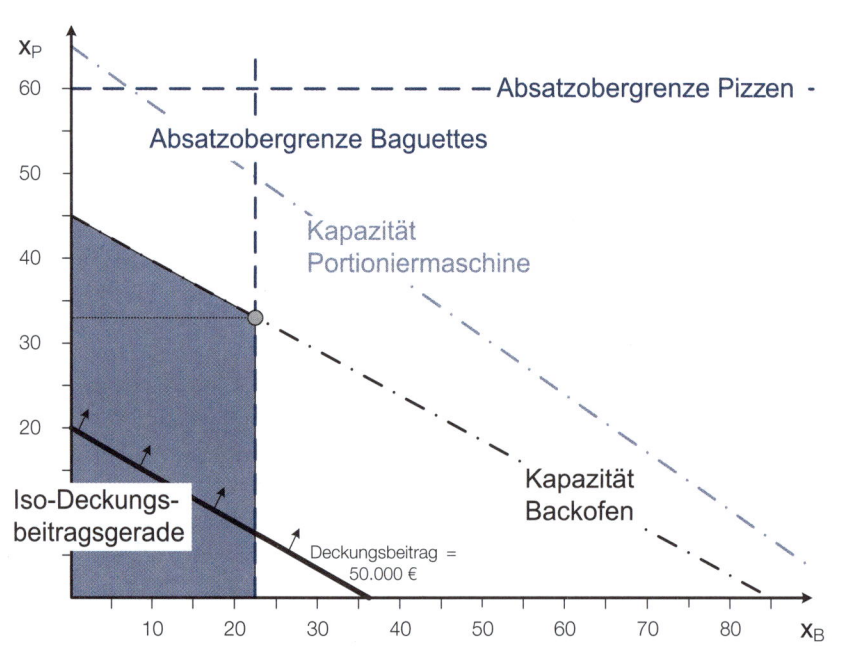

Abbildung 9.14: Graphische Bestimmung des optimalen Produktionsprogramms: Mehrere wirksame Mehrproduktrestriktionen und zwei Entscheidungsvariablen

Sie lässt sich vergleichbar zu den Mehrproduktrestriktionen in das Koordinatensystem eintragen.

Die Zielsetzung der Großbäckerei besteht darin, dass Produktionsprogramm so zu wählen, dass der Deckungsbeitrag maximal wird. Graphisch entspricht dies einer Parallelverschiebung der Iso-Deckungsbeitragsgeraden. Die Gerade wird so lange verschoben, bis sie gerade noch den zulässigen Bereich berührt. Dieser Punkt beschreibt die Mengen an Pizzen und Baguettes, die sich mit den verfügbaren Ressourcen erzeugen lassen und zu einem maximalen Deckungsbeitrag führen. Die optimalen Mengen erhält der Produktionsleiter, indem er das Lot auf die x- und die y-Achse fällt und die entsprechenden Beträge abliest. In dem Beispiel betragen die optimalen Mengen $x_P^* = 33{,}39$ und $x_B^* = 22$, also 33.390 Pizzen und 22.000 Baguettes.

Aus Abbildung 9.14 ist unmittelbar ersichtlich, dass das optimale Produktionsprogramm die Kapazität des Backofens vollständig ausschöpft und die Baguettes bis zu ihrer Absatzobergrenze gefertigt werden. Demgegenüber verbleibt bei der Portioniermaschine eine ungenutzte Kapazität von $9.120 - 33{,}39 \cdot 140 - 22 \cdot 95 = 2.355{,}4$ Maschinenminuten bzw. 39,26 Maschinenstunden. Schließlich verdeutlicht die Abbildung, dass von den Pizzen bei zusätzlicher Fertigungskapazität mehr Produkte abgesetzt werden könnten. Produktionsleiter Frank kann diese Informationen zur Beurteilung von Vorschlägen nutzen, die entweder auf die Fremdvergabe des Backvorgangs oder die Neueinführung eines nichtvorgebackenen Produktes abzielen.

Make-or-Buy-Entscheidungen

Bei **Make-or-Buy-Entscheidungen** ist festzulegen, ob ein (Zwischen-)Produkt oder eine Dienstleistung selbst erstellt (Eigenfertigung) oder von einem Lieferanten bezogen werden soll (Fremdbezug).

> Bei Make-or-Buy-Entscheidungen ist festzulegen, ob ein Produkt oder eine Dienstleistung selbst erstellt (Make) oder von einem Lieferanten bezogen werden soll (Buy).

Praxisbeispiel: Outsourcing und Offshoring

Der Begriff „Outsourcing" beschrieb ursprünglich die in den 80er-Jahren stattfindende Auslagerung von IT-Aktivitäten durch Unternehmen wie General Motors oder Eastman Kodak. Heutzutage versteht man darunter die Auslagerung beliebiger Aufgaben in Produktion und Verwaltung an Drittunternehmen.

Mit „Offshoring" bezeichnet man die Verlagerung von Aufgaben ins (außereuropäische) Ausland. Beispielsweise lagern viele Unternehmen IT-Anwendungsentwicklungen nach Bangalore in Indien zu Unternehmen wie Tata Consultancy Services (TCS) oder Infosys Technologies aus.

Kapitel 9 Kosten- und Erlösinformationen

Ein wichtiges Argument für den Fremdbezug von Produkten oder Dienstleistungen ist die damit vielfach einhergehende Kostenreduktion.

Ein wichtiges Argument für den Fremdbezug von Produkten oder Dienstleistungen ist die damit vielfach einhergehende **Kostenreduktion**. Manager berücksichtigen bei der Make-or-Buy-Entscheidung neben den Kostenunterschieden jedoch zahlreiche weitere, **qualitative Faktoren**. Hierzu zählen beispielsweise

- die Zuverlässigkeit des Lieferanten hinsichtlich Termintreue und Qualität,
- die eigene und die fremde Flexibilität bei Nachfrageschwankungen,
- die strategische Bedeutung des zu beziehenden Gutes und die Abhängigkeit vom Lieferanten sowie
- die Möglichkeit eines zukünftigen Lieferantenwechsels.

Insbesondere bei Verwaltungstätigkeiten besteht die Möglichkeit, dass fixe Kosten durch die Auslagerung zu variablen Kosten werden. Das ist beispielsweise gegeben, wenn ein Unternehmen die Leistung „Servicetelefon" nicht mehr selbst bereitstellt, sondern fremdvergibt und mit dem Dienstleister eine Abrechnung je Gespräch vereinbart.

Neben Chancen ist der Fremdbezug auch mit Risiken verbunden, da sich Termintreue oder Qualität des Lieferanten häufig nicht sicher vorhersagen lassen. Für die Make-or-Buy-Entscheidung schätzt der Manager die qualitativen Faktoren, bewertet ihre Relevanz und setzt sie in Relation zu den Kostenunterschieden. Im Ergebnis können die qualitativen Faktoren sogar den Ausschlag für die Entscheidung geben. Beispielsweise entscheiden sich Unternehmen oftmals wegen der Sicherung der Bezugsquelle für die Eigenfertigung, obwohl es sich hierbei häufig um die teurere Alternative handelt.

Vergleicht ein Manager für seine Make-or-Buy-Entscheidung insbesondere Kosten und Qualität bei Eigenfertigung und Fremdbezug, dann ist das Entscheidungsproblem vergleichbar mit der Auswahl eines **optimalen Produktionsverfahrens**. Eine solche Auswahl ist beispielsweise zu treffen, wenn ein Produkt auf mehreren Anlagen gefertigt werden kann. Oftmals unterscheiden sich dabei die für ein Verfahren erforderlichen Einsatzgüter: Während beispielsweise eine ältere Anlage zahlreiche manuelle Tätigkeiten benötigt, erfolgt die Bearbeitung auf der neuen Anlage vollautomatisch. Für die Verfahrenswahl ist bedeutsam, ob und in welchem Ausmaß sich die variablen Kosten der Anlagennutzung (z. B. Stromkosten, Fertigungslöhne, Werkzeugkosten) und die Qualität der gefertigten Produkte unterscheiden. In diesem Sinne kann man „Eigenfertigung" und „Fremdbezug" als zwei alternative Produktionsverfahren auffassen.

Make-or-Buy-Entscheidungen bei der Großbäckerei Luca

Der Geschäftsführer der Großbäckerei Luca erwägt, die Pizzen unter eigenem Namen von der Großbäckerei backForm fertigen zu lassen. backForm hat genügend Kapazitäten verfügbar, um Lucas gesamte monatliche Nachfrage nach Pizzen fertigen zu können. Zu Jahresbeginn hat der Einkaufsmanager Fritz Schäfer mit backForm den folgenden Einkaufspreis ausgehandelt:

Pizza 3,85 € je Stück.

Der vereinbarte Preis ist unabhängig von der nachgefragten Menge. Zudem erreicht Schäfer, dass das Angebot für das gesamte Jahr gültig ist und Luca es auch monatsweise in Anspruch nehmen kann. Qualitative Faktoren spielen für die Entscheidung von Produktionsleiter Frank keine Rolle, so dass er sich ausschließlich an den Kostenunterschieden orientiert.

Januar: Keine wirksame Mehrproduktrestriktion

Im Monat Januar sind die Kapazitäten von Portioniermaschine und Backofen ausreichend, um alle nachgefragten Produkte selbst fertigen zu können. Die Make-or-Buy-Entscheidung beruht deshalb auf einem Vergleich der variablen Bezugskosten mit den variablen Herstellkosten bei Eigenfertigung. Abbildung 9.15 verdeutlicht, dass die Bezugskosten je Stück höher sind als die Stückkosten bei Eigenfertigung.

	Pizza
Variable Bezugskosten je Stück bei Fremdbezug	3,85 €
Variable Herstellkosten je Stück bei Eigenfertigung	3,44 €
Kostendifferenz je Stück bei Fremdbezug	**0,41 €**

Abbildung 9.15: Make-or-Buy-Entscheidung: Kostendifferenz je Stück bei Eigenfertigung versus Fremdbezug

Bestellt der Produktionsleiter für Januar Pizzen bei backForm, so steigen mit jeder georderten Einheit die Kosten um 0,41 €. Bei einer Bestellmenge von 12.000 Stück entspricht dies einer Kostensteigerung um 4.920 €. Für Luca ist es offensichtlich im Monat Januar nicht sinnvoll, die Großbäckerei backForm mit der Pizzafertigung zu beauftragen.

April: Eine wirksame Mehrproduktrestriktion

Im Monat April ist die Portioniermaschine nur eingeschränkt für 210 Stunden verfügbar. Produktionsleiter Herbert Frank muss erneut entscheiden, wie er die knappe Fertigungskapazität bestmöglich nutzen kann, d.h., welche Mengen an Pizzen, Flammkuchen und Baguettes selbsterstellt und welche Mengen an Pizzen fremdbezogen werden sollen. Zunächst ist hierfür zu prüfen, welche Erlöse bzw. Kosten für diese Entscheidung relevant sind.

Teil 1 von Abbildung 9.16 zeigt die **Deckungsbeiträge** je Stück, wenn Luca die Pizzen selbst fertigt. Teil 2 wiederholt die Berechnung für den Fall, dass die Pizzen von backForm fremdbezogen werden. Offensichtlich resultiert bei

Eigenfertigung ein höherer Deckungsbeitrag je Stück als bei Fremdbezug. Diese Beobachtung entspricht der Schlussfolgerung aus dem Kostenvergleich für den Monat Januar. Wären ausreichende Kapazitäten verfügbar, würde Luca auf den Fremdbezug verzichten.

Abbildung 9.16: Produktergebnisse je Stück bei Eigenfertigung und Fremdbezug

	Pizza
Teil 1: Eigenfertigung	
Stückerlöse	6,00 €
Variable Herstellkosten je Stück	3,44 €
Deckungsbeitrag je Stück bei Eigenfertigung	**2,56 €**
Teil 2: Fremdbezug	
Stückerlöse	6,00 €
Variable Bezugskosten je Stück	3,85 €
Handelsmarge je Stück bei Fremdbezug	**2,15 €**

Neu ist die Erkenntnis aus Abbildung 9.16, dass trotz Kostensteigerung auch bei Fremdbezug ein positiver Deckungsbeitrag folgt: Die **Handelsmarge** je Stück beträgt 2,15 €. Sowohl Eigenfertigung als auch Fremdbezug sind damit – einzeln betrachtet – ökonomisch sinnvoll. Da backForm die Pizzen in beliebiger Menge liefern kann, wird Luca im Monat April folglich die gesamte Nachfrage – entweder selbsterstellt oder fremdbezogen – bedienen.

Sowohl bei Eigenfertigung als auch bei Fremdbezug verkauft Luca im April somit 60.000 Pizzen und erzielt Erlöse in Höhe von 360.000 €. Da die Erlöse beider Alternativen identisch sind, handelt es sich nicht mehr um eine entscheidungsrelevante Größe. Für die Bestimmung des optimalen Produktions- und Bezugsprogramms sind die Erlöse der Pizzen folglich entscheidungsirrelevant.

Der Optimierung liegt folgender Ansatz zugrunde: Beim Abwägen zwischen Eigenfertigung und Fremdbezug stellt die Differenz der Deckungsbeiträge je Stück das relevante Kriterium dar. Diese Differenz beschreibt, in welchem Ausmaß sich das Betriebsergebnis durch die Eigenfertigung einer Einheit des betrachteten Produktes erhöht. Sind die Erlöse wie in dem Beispiel bei Eigenfertigung und Fremdbezug konstant, so ist somit die **Kostendifferenz** das relevante Kriterium.

Werden im Beispiel 1.000 Pizzen gefertigt, so ist dies mit variablen Herstellkosten in Höhe von 3.440 € verbunden. Werden diese 1.000 Stück hingegen von backForm bezogen, so betragen die Bezugskosten 3.850 €. Eigenfertigung und Fremdbezug sind zwei alternative Verfahren zur Bereitstellung der Pizzen.

9.3 Entscheidungen über die Leistungserstellung

Fertigt Luca die 1.000 Stück selbst und bezieht sie nicht von backForm, sinken die Kosten folglich um 410 €. Für diese Kostensenkung muss allerdings gemäß Abbildung 9.10 die Portioniermaschine mit 140 Minuten in Anspruch genommen werden. Je Minute, in der die Maschine Pizzen belegt und diese deshalb nicht fremdbezogen werden, lassen sich die Kosten somit um

$$410\ \text{€} / 140\ \text{Minuten} = 2{,}93\ \text{€}$$

senken. Dieser Betrag beziffert folglich je Minute den Vorteil, der aus der Eigenfertigung anstelle des Fremdbezugs resultiert.

Abbildung 9.17 fasst für die drei Produkte den Deckungsbeitrag bzw. die Kosteneinsparung je Minute Maschinennutzung zusammen. Die Beträge für Flammkuchen und Baguette entstammen unverändert der Abbildung 9.11.

Produkte	Pizza	Flammkuchen	Baguette
Veränderung des Betriebsergebnisses je Minute auf der Portioniermaschine [€/Min]	2,93	23,38	14,63
Reihenfolge abnehmender Veränderung des Betriebsergebnisses je Minute	3	1	2

Abbildung 9.17: Veränderung des Betriebsergebnisses je Minute Anlagennutzung bei einer wirksamen Mehrproduktrestriktion

Abbildung 9.17 zeigt für jedes Produkt, um welchen Betrag das Betriebsergebnis steigt, wenn die Portioniermaschine eine Minute Pizzen, Flammkuchen oder Baguettes belegt. Beispielsweise steigt der Deckungsbeitrag des Unternehmens um 23,38 €, wenn auf der Portioniermaschine für eine Minute Flammkuchen belegt werden. Dementsprechend erhöht sich der Deckungsbeitrag um 14,63 €, wenn die Maschine für eine Minute Baguettes belegt. Für die Pizzen wurde oben festgestellt, dass im Monat April 60.000 Stück – entweder selbsterstellt oder fremdbezogen – verkauft werden. Verwendet man als Ausgangspunkt den Fremdbezug, dann ist dieser mit Bezugskosten in Höhe von 231.000 € (= 60.000 · 3,85) verbunden. Sofern die Pizzen jedoch selbsterstellt werden, sinken die Kosten um 0,41 € je Pizza bzw. um 410 € bei 1.000 Pizzen. Dies entspricht den oben ausgerechneten 2,93 € je Minute, in der die Portioniermaschine Pizzen belegt (= 410/140). Da sowohl ein höherer Deckungsbeitrag als auch niedrigere Kosten das Betriebsergebnis steigern, lassen sich die obigen Änderungen des Betriebsergebnisses vergleichen und in eine Rangreihe bringen.

Das weitere Vorgehen lehnt sich an die Bestimmung des optimalen Produktionsprogramms in Abbildung 9.12 an. Vergleicht man die Veränderung des Betriebsergebnisses in Abbildung 9.17, dann zeigt sich, dass die bestmögliche Nutzung der Portioniermaschine in der Erzeugung von Flammkuchen besteht, gefolgt von dem Belegen von Baguettes und Pizzen. Diese Reihenfolge einer abnehmenden Veränderung des Betriebsergebnisses je Minute Maschinennutzung zeigt der untere Teil von Abbildung 9.17. In dieser Folge sind die Produkte auf der Portioniermaschine einzuplanen, bis entweder eine Einprodukt- oder die Mehrproduktrestriktion eine weitere Steigerung der Produktionsmenge verhindern.

Abbildung 9.18 zeigt die schrittweise Ableitung des optimalen Produktions- und Bezugsprogramms. Die Maximalkapazität der Portioniermaschine umfasst 210 Stunden = 12.600 Maschinenminuten. Die schrittweise Einplanung der Backwaren entspricht dem Vorgehen bei der obigen Bestimmung des optimalen Produktionsprogramms. Da die Eigenfertigung der Pizzen mit einer eher geringen Kostensenkung verbunden ist, wird dieses Produkt nun an dritter Stelle eingeplant.

Abbildung 9.18: Schrittweise Ableitung des optimalen Produktions- und Bezugsprogramms bei einer wirksamen Mehrproduktrestriktion und der Möglichkeit zum Fremdbezug

Produkt	Menge [Stk]	Kapazitätsinanspruchnahme [Min]	Freie Kapazität [Min]
1. Eigenfertigung			
Flammkuchen	18.000	18.000 · 160/1.000 = 2.880	12.600 − 2.880 = 9.720
Baguette	22.000	22.000 · 95/1.000 = 2.090	9.720 − 2.090 = 7.630
Pizza	54.500	54.500 · 140/1.000 = 7.630	7.630 − 7.630 = 0
2. Fremdbezug			
Pizza	5.500	–	–

Nach Einplanung von Flammkuchen und Baguettes verbleibt eine freie Kapazität von 7.630 Minuten. Mit dieser können 54.500 Stück Pizza (= 7.630 Min/140 Min · 1.000 Stk) hergestellt werden. Insgesamt beträgt die Nachfrage nach Pizzen jedoch 60.000 Stück. Die Großbäckerei Luca beauftragt deshalb backForm, 5.500 Stück (= 60.000 − 54.500) in seinem Namen zu fertigen. Wegen der begrenzten Kapazität der Portioniermaschine kommt es somit zu einem Fremdbezug von Pizzen.

Für die optimalen Produktions- und Bezugsmengen der Abbildung 9.18 bestimmt sich das erwartete Betriebsergebnis zu

$$18.000 \text{ Stk} \cdot 3{,}74 \text{ €/Stk} + 22.000 \text{ Stk} \cdot 1{,}39 \text{ €/Stk} + 54.500 \text{ Stk} \cdot 2{,}56 \text{ €/Stk} + 5.500 \text{Stk} \cdot 2{,}15 \text{ €/Stk} - 145.200 \text{ €} = 104.045 \text{ €}.$$

Während für die selbsterstellten Produkte die Stückdeckungsbeiträge aus Abbildung 9.10 anzusetzen sind, folgt der Beitrag der fremdbezogenen Pizzen aus der Handelsmarge in Abbildung 9.16. Der Vergleich der beiden Deckungsbeiträge zeigt, dass der Fremdbezug der Pizzen und die damit mögliche Änderung des Produktionsprogramms das Betriebsergebnis um 11.825 € (= 5.500 · 2,15) erhöht.

Mit dem beschriebenen Vorgehen kann der Produktionsleiter somit das Produktions- und Bezugsprogramm ermitteln, welches das Betriebsergebnis maximiert. Unberücksichtigt bleibt dabei, ob die Fremdvergabe langfristig von Nachteil sein könnte, wenn die Großbäckerei backForm nicht mehr in der geforderten Qualität liefern kann oder Kapazitätsprobleme hat. Derartige Sachverhalte lassen sich oftmals schwer quantifizieren, weshalb es sich eher um qualitative Einflussgrößen handelt. Deren Relevanz bewertet der Produktionsleiter und passt seine Entscheidung entsprechend an. Schätzt er beispielsweise die Sicherstellung der Qualität als sehr wichtig ein, kann er sich auch gegen den Fremdbezug entscheiden.

Operative Entscheidungen bei Kuppelproduktion

Fertigungsprozesse besonderer Art treten bei der Kuppelproduktion auf. Bei einer **Kuppelproduktion** fallen in einem Prozess gleichzeitig mehrere Produkte an. Dies wirkt sich auf die zu treffenden Entscheidungen und die relevanten Kosten und Erlöse aus.

> Bei einer Kuppelproduktion fallen in einem Prozess gleichzeitig mehrere Produkte an.

Beispielsweise entstehen entsprechend Abbildung 9.19 in einer Molkerei aus dem Rohstoff „Rohmilch" verschiedene Absatzprodukte wie Rahm, Butter, Trinkmilch, Käse oder Joghurt. Die Mengen der aus Rohmilch erzeugten Produkte lassen sich dabei nur in engen Grenzen variieren.

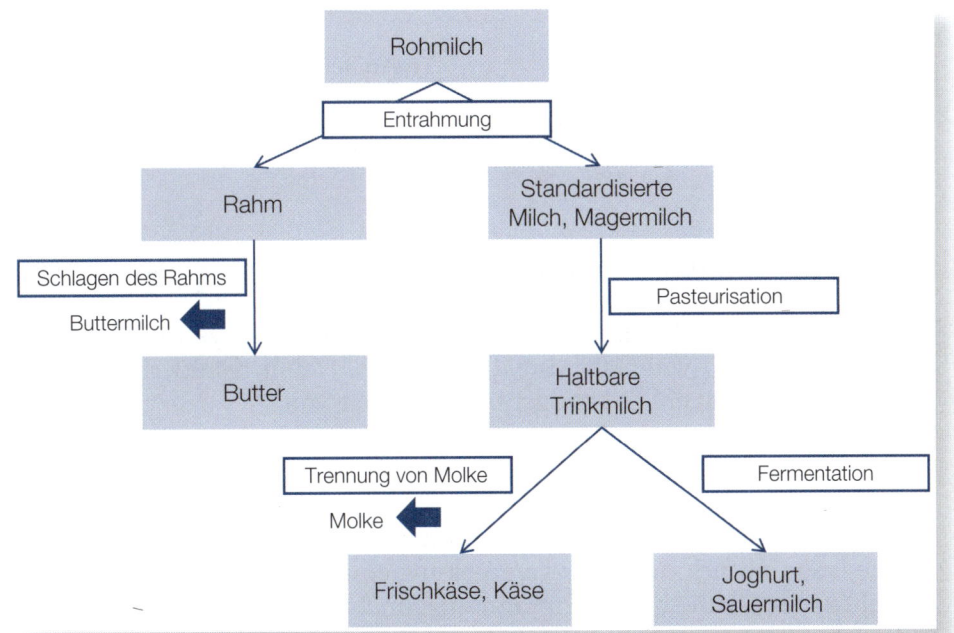

Abbildung 9.19: Verarbeitungsprozesse von Rohmilch

Zur Verdeutlichung der relevanten Kosten und Erlöse für operative Entscheidungen betrachten wir mit der Entrahmung nur einen Ausschnitt der

Kapitel 9 — Kosten- und Erlösinformationen

Milchverarbeitung. In diesem ersten Schritt werden aus Rohmilch Rahm und standardisierte Milch gewonnen.[2] Der Milcherzeuger verarbeitet diese anschließend weiter, verpackt sie und verkauft sie als Butter sowie Trinkmilch. Für den Milcherzeuger stellen sich typischerweise Fragen folgender Art:

- Soll Rahm zu Butter veredelt werden?
- Soll die gesamte Milcherzeugung weiterbetrieben werden?

Abbildung 9.20 zeigt den Ergebnisbericht eines Quartals. In diesem Zeitraum wurden aus 100.000 Liter Rohmilch 90.000 l standardisierte Milch sowie 10.000 l Rahm gewonnen. Die Weiterverarbeitung zu Trinkmilch ist mit Veredelungskosten von 10.800 € verbunden. Zudem fallen hierfür Verpackungskosten in Höhe von 4.500 € an. Der Verkauf der verpackten Trinkmilch an einen Großhändler führt schließlich zu 81.000 € Umsatzerlösen.

Abbildung 9.20: Milchproduktion: Quartalsbericht mit Informationen über Einkaufsmenge, Beschaffungskosten, Veredelungs- sowie Verpackungskosten und Umsatzerlöse

	A	B	C
1	**ERGEBNISBERICHT 1. QUARTAL**		
2			
3	Rohmilch		
4	Einkaufsmenge [l]	100.000	
5	Beschaffungskosten	50.000€	
6			
7	Entrahmung		
8	Verarbeitungskosten	15.000€	
9	Standardisierte Milch [l]	90.000	
10	Rahm [l]	10.000	
11			
12	**Produkte**	**Trinkmilch**	**Butter**
13	Veredelungskosten	10.800€	1.800€
14	Verpackungskosten	4.500€	500€
15	Umsatzerlöse	81.000€	8.800€

Veredelung von Rahm zu Butter?

Dem Absatzprodukt Butter lassen sich Veredelungskosten von 1.800 € sowie Verpackungskosten von 500 € direkt zurechnen. Damit resultiert nach dem Entkopplungspunkt ein Deckungsbeitrag in Höhe von

$$8.800\ € - 1.800\ € - 500\ € = 6.500\ €.$$

Dieser **Deckungsbeitrag nach dem Entkopplungspunkt** ist entscheidend für die Frage, ob sich die Weiterverarbeitung eines Produktes rentiert. Rahm entsteht zwangsläufig bei der Entrahmung, unabhängig von der Weiterverarbeitungsentscheidung. Damit fallen aber auch die Beschaffungs- sowie Verar-

---

[2] Standardisierte Milch enthält einen genau festgelegten Anteil an Milchfettgehalt. Die normierten Fettgehalte dieser Produkte bewegen sich zwischen minimal 0,5 und maximal 3,5 Prozent.

beitungskosten von Rohmilch unabhängig davon an, ob Rahm nun zu Butter veredelt wird oder nicht. Da die Beschaffungs- und Verarbeitungskosten somit bei beiden Alternativen gleich hoch sind, sind sie nicht entscheidungsrelevant. Wegen des positiven Deckungsbeitrags nach dem Entkopplungspunkt lohnt es sich für den Milcherzeuger, Rahm zu Butter zu veredeln. Mit dieser Entscheidung kann er das Betriebsergebnis um 6.500 € je Quartal steigern.

Weiterbetrieb der gesamten Milcherzeugung?

Zur Beantwortung der Frage nach dem Weiterbetrieb der gesamten Milcherzeugung sind die Erlöse und Kosten für alle Produkte und über alle Stufen hinweg zu betrachten. Das Betriebsergebnis für das betrachtete Quartal beträgt:

Umsatzerlöse	89.800 €
Beschaffungskosten	50.000 €
Verarbeitungskosten	15.000 €
Veredelungskosten	12.600 €
Verpackungskosten	5.000 €
Betriebsergebnis	7.200 €

Bei dieser Entscheidung sind auch die **Kosten vor dem Entkopplungspunkt** relevant. Sollte sich der Milcherzeuger gegen den Weiterbetrieb entscheiden, entfallen sowohl die Beschaffungs- als auch die Verarbeitungskosten, weshalb beide entscheidungsrelevant sind. Die Molkerei sollte sich wegen des positiven Betriebsergebnisses von 7.200 € für den Weiterbetrieb der Milcherzeugung entscheiden.

9.4 Preisentscheidungen

Preissetzer versus Preisnehmer

Unternehmen unterscheiden sich u.a. darin, ob sie die Verkaufspreise ihrer Produkte beeinflussen können. Unternehmen in Branchen mit wenigen Wettbewerbern oder mit kundenspezifischen Aufträgen und starker Marktmacht legen die Preise für ihre Produkte fest. Man bezeichnet sie im Allgemeinen als **Preissetzer**. Mineralölunternehmen wie Exxon Mobil oder Royal Dutch Shell, Münchner Hotels während des Oktoberfests oder zu Messezeiten bzw. innovative Unternehmen wie Apple mit seinen Produkten iPhone und iPod treffen Entscheidungen über die Preise für ihre Produkte und Leistungen.

Preissetzer können die Verkaufspreise ihrer Produkte beeinflussen.

In Branchen mit zahlreichen Anbietern sowie bei relativ homogenen Produkten stellen die Marktkräfte ein Gleichgewicht von Angebot und Nachfrage her und bestimmen so den Preis. Das einzelne Unternehmen hat hier nur einen begrenzten Einfluss auf die Preise, weshalb man es als **Preisnehmer** bezeich-

Preisnehmer haben nur einen begrenzten Einfluss auf die Preise.

net. Dazu zählen beispielsweise die Rohstoffmärkte für Edel- und Nichtedelmetalle, Getreide, Viehprodukte oder Kaffee.

Sowohl für Preisnehmer als auch für Preissetzer gilt, dass sich ein Preis p herausbildet, so dass Angebot und Nachfrage übereinstimmen. Nach der ökonomischen Theorie variiert der Preis, bis die Grenzerlöse (U') gleich den Grenzkosten (K') sind (Abbildung 9.21). Preisnehmer können diesen Prozess nicht beeinflussen. Gegeben die Verkaufspreise, entscheidet der Preisnehmer auf Grundlage der Kalkulation, ob und in welchen Mengen er die Produkte anbietet.

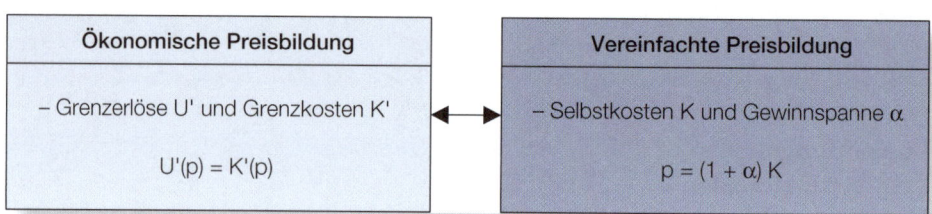

Abbildung 9.21: Ökonomische und vereinfachte Preisbildung

Preissetzer müssen demgegenüber Entscheidungen über ihre Angebotspreise treffen. Da die Bestimmung von Grenzerlösfunktionen aufwändig ist, vereinfachen sie häufig den Prozess der Preisbildung. Typischerweise gehen sie bei ihrer Preisentscheidung von den Selbstkosten K der Produkte aus und verrechnen auf diese Selbstkosten einen Gewinnaufschlag, um den Verkaufspreis p zu erhalten. Oftmals ziehen sie hierzu wie in Abbildung 9.21 einen Prozentsatz heran. Der Satz α drückt die Gewinnspanne des Preissetzers aus. Bei Kosten von 100 € und einer Gewinnspanne von 10 % beträgt der geforderte Preis beispielsweise 110 €. Aufgabe der Kostenrechnung ist es, den Preissetzer mit Informationen über die Selbstkosten seiner Produkte zu versorgen.

Preisuntergrenzen für Verhandlungen und Ausschreibungen

Häufig sind Unternehmen zwischen den Extremen des Preissetzers und Preisnehmers angesiedelt. Bei vielen kundenspezifischen Aufträgen handeln Vertriebsmitarbeiter beispielsweise den Preis mit den Kunden aus, bevor ein Auftrag erteilt wird. In diesen Fällen benötigen sie Informationen über einen Mindestpreis, welcher die Untergrenze für mögliche Preiszugeständnisse an die Kunden bildet. Aufgabe der Kostenrechnung ist es, eine solche **Preisuntergrenze** zu ermitteln.

Unternehmen erhalten häufig direkte Anfragen über Spezialaufträge. Viele Aufträge von öffentlichen Unternehmen müssen breit ausgeschrieben werden. In beiden Fällen fordert ein potenzieller Kunde das Unternehmen zu einer Angebotsabgabe auf. Neben einer Konkretisierung der Leistung erfragt der Kunde hierbei hauptsächlich den Angebotspreis. Abhängig von diesem sowie den zugesagten Leistungen wählt der Kunde den Lieferanten aus. Für Anfragen sowie Ausschreibungen benötigt das angebotsabgebende Unternehmen Informationen über die Preisuntergrenze K_u des Auftrags. Abhängig von der Attraktivität des Auftrags, der vermuteten Zahlungsbereitschaft des Kunden sowie den erwarteten Folgeaufträgen und Angeboten der Konkurrenz legt der Vertrieb zudem einen Gewinnaufschlag α fest. Der Angebotspreis folgt dann zu $p = (1 + \alpha) K_u$.

Dieses Vorgehen der Preisfestlegung unterscheidet sich von der **Preisbestimmung in der ökonomischen Theorie**. Nach der Theorie sollte der Anbieter ein durchdachtes Entscheidungsmodell aufstellen, hierbei seine Erlös- und Kostenfunktion ermitteln und den Preis so wählen, dass die Grenzerlöse gleich den Grenzkosten sind. In der Erlösfunktion formalisiert er dabei beispielsweise seine Einschätzungen über die Zahlungsbereitschaft des Kunden, mögliche Folgeaufträge sowie das Konkurrenzverhalten. Dieses ökonomisch fundierte Vorgehen bildet tendenziell die vorliegenden Zusammenhänge besser ab und liefert deshalb einen Preis, mit dem sich ein höheres Betriebsergebnis erzielen lässt. Dem steht aber der höhere Aufwand für die Informationsbeschaffung gegenüber. Erneut zeigt sich der bekannte Trade-off, dass dem Vorteil einer präziseren Abbildung des Unternehmensgeschehens die höheren Ermittlungskosten gegenüber stehen.

In praktischen Entscheidungssituationen werden Manager typischerweise einen Mittelweg zwischen einem einfachen Gewinnaufschlag und einem aufwändigen Grenzerlös/Grenzkosten-Vergleich wählen. Die ökonomische Theorie kann ihnen hierbei einen hilfreichen konzeptionellen Rahmen für die relevanten Einflussgrößen und deren Wirkungsrichtungen geben.

Praxisbeispiel: Ausschreibungen

Breite Ausschreibungen für Handwerks- und Dienstleistungen werden vielfach über Auftragsbörsen abgewickelt. Hierzu zählen in Deutschland beispielsweise die Online-Auktionshäuser MyHammer, blauarbeit.de sowie WORK5.de.

Die Veröffentlichung von Ausschreibungen öffentlicher Auftraggeber ist unterschiedlich geregelt. Beispielsweise müssen Bauaufträge mit einem Volumen größer 5.150.000 € im Europäischen Ausschreibungsamtblatt (Supplement S/TED) veröffentlicht werden. Darüber hinaus veröffentlicht das Ausschreibungsportal des Bundes Ausschreibungen von Bundeseinrichtungen.

Preisuntergrenze für einen Spezialauftrag bei der Großbäckerei Luca

Im Monat **Januar** erhält die Großbäckerei Luca eine Anfrage von einem überregionalen Lebensmittelhändler. Für diesen sollen einmalig 4.000 Stück einer Spezialpizza gefertigt werden. Die Stückkosten betragen 3,90 €. Je Tausend Stück werden die Portioniermaschine mit 150 Minuten und der Backofen mit 120 Minuten beansprucht. Der Zusatzauftrag belastet somit die Portioniermaschine mit 10 und den Backofen mit 8 Stunden (= 2,5 h bzw. 2 h je 1.000 Stück).

Im Monat Januar sind die Portioniermaschine mit 240 Stunden und der Backofen mit 200 Stunden verfügbar. Für das optimale Produktionsprogramm sind die Portioniermaschine bisher mit 222,83 Stunden und der Backofen mit 176 Stunden verplant. Auf beiden Anlagen sind somit ausreichend freie Kapazitäten zur Bearbeitung des Zusatzauftrags vorhanden. Die Preisuntergrenze entspricht deshalb den variablen Kosten, d. h., in den Verhandlungen sind mindestens 3,90 € je Spezialpizza zu fordern.

Unerwartet wird Luca im **April** erneut von dem Lebensmittelhändler aufgefordert, ein Angebot für die Spezialpizza abzugeben. Da das Auftragsvolumen noch nicht feststeht, wird Controllerin Meier beauftragt, für verschiedene Auftragsgrößen die Preisuntergrenze zu bestimmen. Hierbei berücksichtigt sie, dass aufgrund eines kurzfristigen Produktionsausfalls die Großbäckerei backForm nicht in der Lage ist, Pizzen zu liefern. Ausgangspunkt für die Bestimmung der Preisuntergrenzen ist somit das in Abbildung 9.12 beschriebene Produktionsprogramm.

Da die Portioniermaschine im April vollständig ausgelastet ist, verdrängt die Annahme des Zusatzauftrags ein bisher eingeplantes Produkt. Zunächst wird dabei das Produkt aus dem Produktionsplan verdrängt, mit dem man je Minute den niedrigsten Deckungsbeitrag auf der Portioniermaschine erwirtschaftet. Dies ist das Baguette und der entgangene Deckungsbeitrag je Minute beträgt 14,63 € (Abbildung 9.13). Der entgangene Deckungsbeitrag stellt die **Opportunitätskosten** der Annahme des Zusatzauftrags dar, welche die Preisuntergrenze erhöhen. Für 1.000 Stück Spezialpizza beträgt die Portionierzeit 150 Minuten. Die Preisuntergrenze für 1.000 Stück Spezialpizza ist damit

$$1.000 \text{ Stk} \cdot 3{,}90 \text{ €/Stk} + 150 \text{ Min} \cdot 14{,}63 \text{ €/Min} = 6.094{,}50 \text{ €}$$

bzw. 6,09 € je Stück. Das Verdrängen der Baguettes schafft eine freie Kapazität von maximal 1.320 Maschinenminuten, was man zur Fertigung von maximal 8.800 Stück Spezialpizza (= 1.320/150 · 1.000) nutzen kann. Bis zu diesem Auftragsvolumen ist es ausreichend, lediglich das Baguette zu verdrängen; die Preisuntergrenze beträgt 6,09 € je Spezialpizza.

Bei einem größeren Auftragsvolumen müssen mehr Backwaren verdrängt werden. Ist das Volumen beispielsweise 20.000 Stück, dann kann die reguläre

Pizza nicht mehr vollständig gefertigt werden. Zur Fertigung der verbleibenden 11.200 Stück Spezialpizza (=20.000 – 8.800) sind 1.680 Maschinenminuten (= 11.200 · 150/1.000) erforderlich, d. h., 12.000 Stück Pizza (= 1.680/140 · 1.000) werden verdrängt. Die Preisuntergrenze für 20.000 Stück Spezialpizza beträgt daher

$$20.000\,\text{Stk} \cdot 3{,}90\ \text{€/Stk} + 1.320\ \text{Min} \cdot 14{,}63\ \text{€/Min} + 1.680\ \text{Min} \cdot 18{,}29\ \text{€/Min} = 128.038{,}80\ \text{€}$$

bzw. 6,40 € je Stück. Die Preisuntergrenze setzt sich zusammen aus den Stückkosten von 3,90 € und Opportunitätskosten in Höhe von 2,50 €. Da mit Ausweitung des Auftragsvolumens mehr Produkte von der Portioniermaschine verdrängt werden, steigen die Opportunitätskosten und erhöhen deshalb die Preisuntergrenze.

Das beschriebene Vorgehen unterstellt, dass die Kapazität des Backofens ausreicht um den Zusatzauftrag zu backen. Diese Annahme ist zu überprüfen. Die Backzeit für einen Auftrag über 20.000 Stück Spezialpizza beträgt 40 Stunden (= 20 · 2 h/1.000 Stk). Mit der Verdrängung von 13.894 Baguettes sowie 12.000 Pizzen umfasst das Produktionsprogramm zunächst 18.000 Flammkuchen sowie 48.000 Pizzen. Dieses Programm beansprucht den Backofen mit

$$48 \cdot \frac{115}{60} + 18 \cdot \frac{130}{60} = 131\ \text{Backstunden,}$$

was einer Restkapazität von 69 Backstunden (= 200 – 131) entspricht. Diese Restkapazität ist ausreichend, den Zusatzauftrag über 20.000 Stück Spezialpizza zu backen.

Die Produkte werden gemäß Abbildung 9.22 mit ansteigendem relativem Deckungsbeitrag verdrängt (die Deckungsbeiträge folgen aus Abbildung 9.11). Spalte D multipliziert den entgangenen relativen Deckungsbeitrag mit der Maschinenzeit je Stück Spezialpizza (= 150/1.000), was die Opportunitätskosten pro Stück Spezialpizza ergibt. Spalten E und F zeigen die freiwerdende Kapazität (aus Abbildung 9.12) und die damit möglichen Fertigungsmengen der Spezialpizzen.

	A	B	C	D	E	F
1	Verdrängte Produktart	Stückdeckungsbeitrag	Relativer Deckungsbeitrag	Opportunitätskosten je Stück Spezialpizza	Maximal freigesetzte Maschinenzeit	Maximale Fertigungsmenge der Spezialpizza
2		[€/Stk]	[€/Min]	[€/Stk]	[Min]	[Stk]
3	Baguette	1,39	14,63	2,19	1.320	8.800
4	Pizza	2,56	18,29	2,74	8.400	56.000
5	Flammkuchen	3,74	23,38	3,51	2.880	19.200

Abbildung 9.22: Preisuntergrenzen und Opportunitätskosten für den Spezialauftrag

Unter Verwendung der Opportunitätskosten aus Abbildung 9.22 erhält man die Preisuntergrenze eines Auftrags über 20.000 Stück Spezialpizza damit auch zu

$$20.000 \text{ Stk} \cdot 3{,}90 \text{ €/Stk} + 8.800 \text{ Stk} \cdot 2{,}19 \text{ €/Stk} + (20.000 \text{ Stk} - 8.800 \text{ Stk}) \cdot 2{,}74 \text{ €/Stk}$$
$$= 127.960 \text{ €,}$$

was unter Berücksichtigung von Rundungsdifferenzen dem obigen Betrag entspricht. Es gibt somit zwei Wege, um die Preisuntergrenze zu ermitteln, über die Maschinenzeiten der verdrängten Produkte oder über die verdrängten Produktmengen.

Bei einem Auftrag über 70.000 Stück Spezialpizza muss schließlich auch noch der Flammkuchen verdrängt werden. In diesem Fall erhält man eine Preisuntergrenze von

$$70.000 \cdot 3{,}90 + 8.800 \cdot 2{,}19 + 56.000 \cdot 2{,}74 + (70.000 - 8.800 - 56.000) \cdot 3{,}51$$
$$= 463.964 \text{ €,}$$

was pro Stück einem Betrag von 6,63 € entspricht.

Festzuhalten ist allgemein, dass Opportunitätskosten bei der Bestimmung von Preisuntergrenzen relevant sind, wenn die verfügbaren Kapazitäten vollständig ausgeschöpft sind. In diesem Fall ist die Preisuntergrenze zudem auftragsgrößenabhängig: Mit zunehmendem Auftragsvolumen werden Produkte mit höherem relativen Deckungsbeitrag verdrängt, was zu einer ansteigenden Preisuntergrenze führt.

Langfristige Preisentscheidungen

Mit langfristigen Preisentscheidungen legen Manager aus Marketing oder Vertrieb für einen Zeitraum von mehreren Monaten und länger die durchschnittlich angestrebten Preise fest. Im Unterschied zur kurzfristigen Preisfestlegung berücksichtigen sie dabei
- die langfristigen Wirkungen der Preise auf Nachfrage sowie Zahlungsbereitschaft der Kunden und
- dass das Unternehmen in einem längeren Zeitraum die Kapazitäten an eine veränderte Nachfrage anpassen kann.

Räumungsverkäufe von Bekleidungsgeschäften sind ein Beispiel für kurzfristige Preisentscheidungen. Besonders niedrige Preise sollen die Nachfrage soweit steigern, dass die vorhandene Kleidung möglichst vollständig verkauft und die Lagerräume für neue Waren geräumt werden. Aus kurzfristiger Sicht ist die Preisuntergrenze von gelagerter Ware sogar gleich Null, wenn es keine alternativen Verwendungsmöglichkeiten gibt. Besteht die Möglichkeit, die Ware an einen anderen Händler zu „verscherbeln", so entspricht die Zahlungsbereitschaft dieses Händlers den Opportunitätskosten bei Eigenvertrieb der Ware.

Die bei einem Handelsunternehmen in der Vergangenheit angefallenen Bezugskosten sind **Sunk Costs**, die nicht mehr verändert werden können und deshalb nicht relevant für die Preisentscheidung sind. Würde sich ein Unternehmen jedoch nur an dieser kurzfristigen Preisuntergrenze orientieren, besteht die Gefahr, dass es keinen Gewinn erzielt. Auch können häufige Rabattaktionen die Zahlungsbereitschaft der Kunden dauerhaft senken. Langfristige Preisentscheidungen in einem Handelsbetrieb berücksichtigen neben derartigen Wirkungen auf Kundennachfrage und Zahlungsbereitschaft aber auch, dass die nachgefragten Produkte erst noch zu beschaffen sind. Damit sind die Bezugskosten jedoch entscheidungsrelevant und erhöhen die langfristige Preisuntergrenze im Vergleich zur kurzfristigen Preisuntergrenze. Ein vergleichbarer Zusammenhang besteht in einem Industriebetrieb: Die Herstellkosten eines bereits im Lager vorliegenden Produktes sind ebenfalls Sunk Costs und damit nicht relevant, so dass die Preisuntergrenze für dieses Produkt lediglich etwaige Verpackungs- und Transportkosten umfasst. Soll das Produkt jedoch erst hergestellt werden, dann setzt sich die Preisuntergrenze aus Herstell-, Verpackungs- und Transportkosten zusammen.

Ein zweiter Unterschied zwischen kurz- und langfristigen Preisentscheidungen besteht darin, dass Kapazitäten langfristig an eine veränderte Nachfrage angepasst werden können. Somit sind Kapazitätskosten kurzfristig beschäftigungsunabhängig und fließen nicht in die kurzfristige Preisuntergrenze ein. Relevant sind die Fixkosten der Kapazitäten hingegen bei langfristigen Entscheidungen. Langfristige Preisentscheidungen beruhen deshalb häufig auf den vollen Selbstkosten der Produkte, d. h., die Manager nutzen Informationen einer **Vollkostenrechnung** für ihre langfristigen Preisentscheidungen.

Literatur

Atkinson, Anthony A./Kaplan, Robert S./Matsumura, Ella Mae/Young, S. Mark: Management Accounting: Information for Decision-Making and Strategy Execution, 6. Auflage, Prentice-Hall, Upper Saddle River 2011, Kapitel 3.
Domschke, Wolfgang/Drexl, Andreas: Einführung in Operations Research, 8. Auflage, Springer, Berlin, Heidelberg, New York 2011, Kapitel 2.
Hilton, Ronald W./Platt, David E.: Managerial Accounting, 9. Auflage, McGraw-Hill, Boston et al. 2011, Kapitel 14 und 15.
Horngren, Charles, T./Datar, Srikant M./Rajan, Madhav: Cost Accounting – A Managerial Emphasis, 14. Auflage, Pearson Education, Upper Saddle River 2011, Kapitel 11 und 12.

Verständnisfragen

a) Inwiefern können Informationen der Kosten- und Erlösrechnung das Management beim Treffen operativer Entscheidungen unterstützen?

Kapitel 9 — Kosten- und Erlösinformationen

b) Was zeichnet relevante Kosten- und Erlösinformationen aus?
c) Inwiefern sind der Buchwert und der Verkehrswert einer Anlage relevante Informationen für ein Entscheidungsproblem?
d) Nennen Sie für die folgenden Entscheidungen jeweils ein Beispiel für Sunk Costs:
   1. Entscheidung über das Produktionsprogramm eines Speiseeisfabrikanten.
   2. Entscheidung über das Dienstleistungsprogramm einer Beratungsgesellschaft.
   3. Entscheidung über die Preisuntergrenzen in einem Friseursalon.
   4. Entscheidung über Eigenfertigung/Fremdbezug der Instandhaltung von Hörsälen einer Universität.
   5. Entscheidung über das Handelssortiment eines Kaufhauses.
e) Welche Bedeutung haben Opportunitätskosten für operative Entscheidungen?
f) Was versteht man unter dem Begriff relativer Deckungsbeitrag?
g) Welcher Zusammenhang besteht zwischen Art sowie Anzahl an Restriktionen und den relevanten Kosten?
h) Welcher Zusammenhang besteht zwischen Art sowie Anzahl an Restriktionen und der Preisuntergrenze?

Fallbeispiel: Bestimmung des deckungsbeitragsmaximalen Anbauprogramms für einen Marktfruchtbaubetrieb

Marktfruchtbaubetriebe sind landwirtschaftliche Betriebe, bei denen der Schwerpunkt der Tätigkeit auf dem Anbau von Marktfrüchten wie Weizen, Gerste, Zuckerrüben oder Kartoffeln liegt. Landwirte wählen für ihren Betrieb die anzubauenden Marktfrüchte aus und legen die Anbaufläche für jede Marktfrucht fest. Neben den Absatzerwartungen, der Bodenbeschaffenheit oder Fruchtfolgebedingungen spielen die erzielbaren Deckungsbeiträge eine wichtige Rolle für die Festlegung des Anbauprogramms.

Die Bayerische Landesanstalt für Landwirtschaft unterstützt Landwirte bei ihren Anbauentscheidungen. Hierzu werden Anhaltspunkte über typische Erlöse und variable Kosten sowie deren Höhe zusammengetragen, die mit dem Anbau verschiedener Marktfrüchte verbunden sind. Gemäß der Excel-Tabelle in Abbildung 9.23 leiten sich die Erlöse aus den durchschnittlichen landwirtschaftlichen Erträgen je Fläche und dem durchschnittlich am Markt erzielbaren Preis ab. Landwirtschaftliche Erträge werden dabei in „Dezitonne pro Hektar" (dt/ha) angegeben. Die Einheit „Dezitonne" (Einheitszeichen dt) entspricht 100 kg (1 dt = 100 kg). Hektar ist hingegen eine Maßeinheit der Fläche; ein Hektar entspricht 10.000 Quadratmetern (1 ha = 10.000 m^2). Baut ein Landwirt demnach Winterweizen an, so erntet er pro Hektar im Durchschnitt 68,6 Dezitonnen Winterweizen, d. h., pro Quadratmeter erntet er 0,686 kg Winterweizen. Multipliziert mit dem erzielbaren Preis je Dezitonne erhält man die Erlöse je Hektar Anbauumfang, d. h., pro Hektar Anbau von Winterweizen sind Umsatzerlöse in Höhe von 1.293,10 € anzusetzen.

Zu den variablen Kosten zählen u. a. die Kosten für das Saatgut, den Pflanzenschutz, die Ernte, Düngung und die nachgelagerte Trocknung. Auch diese Kosten werden in der Regel auf die Anbaufläche bezogen. Als Differenz zwischen Erlösen und variablen Kosten folgen schließlich in der Zeile 14 von Abbildung 9.23 Deckungsbeiträge je Hektar Anbaufläche für verschiedene Marktfrüchte. Für die drei betrachteten Anbausorten variiert der Deckungsbeitrag je Hektar zwischen 92 € und 421,80 €.

	A	B	C	D
1	Deckungsbeiträge für Anbausorten			
2				
3		Winterweizen	Körnermais	Hafer
4	Ertrag [dt/ha]	68,60	101,00	45,30
5	Preis [€/dt]	18,85	18,10	15,16
6	Erlöse [€/ha]	1.293,11	1.828,10	686,75
7	Saatgutkosten [€/ha]	73,50	180,00	56,10
8	Düngung [€/ha]	334,90	383,60	194,70
9	Pflanzenschutz [€/ha]	142,90	75,30	38,80
10	variable Maschinenkosten [€/ha]	269,40	297,20	250,40
11	Trocknung [€/ha]	53,80	431,80	35,50
12	Hagelversicherung [€/ha]	22,60	38,40	19,20
13	Variable Kosten [€/ha]	897,10	1.406,30	594,70
14	Deckungsbeitrag [€/ha]	396,01	421,80	92,05

Abbildung 9.23: Informationen der Bayerischen Landesanstalt für Landwirtschaft

Berücksichtigt ein Landwirt bei der Bestimmung des deckungsbeitragsmaximalen Anbauprogramms lediglich die zur Verfügung stehende Fläche, so bestimmt sich die Reihenfolge der einzuplanenden Sorten aus der Höhe ihrer *relativen Deckungsbeiträge*. Diese Größen geben grundsätzlich den erzielbaren Deckungsbeitrag je Einheit der knappen Ressource an. Handelt es sich bei der knappen Ressource um die Flächenausstattung des Marktfruchtbaubetriebs, so orientiert sich die Reihenfolge an den pro Hektar erzielbaren Deckungsbeiträgen. Dies sind gerade die in Zeile 14 von Abbildung 9.23 ausgewiesenen Werte. Die Reihenfolge der Einplanung lautet somit: „Körnermais – Winterweizen – Hafer". Sofern keine weiteren Restriktionen vorliegen, bedeutet dies, dass sich ein Landwirt auf den Anbau von Körnermais konzentrieren sollte, d. h. auf der gesamten Fläche ist Körnermais anzubauen.

Bei ihren Anbauentscheidungen berücksichtigen Landwirte neben der Flächenausstattung und so genannten Fruchtfolgerestriktionen auch die verfügbaren Feldarbeitstage der festangestellten Mitarbeiter und Saisonarbeitskräfte. Eine weitere potenzielle Restriktion des Anbauprogramms stellen die Düngung der Felder bzw. die dafür erforderlichen Nährstoffe dar. Für den in Zeile 4 von Abbildung 9.23 angegebenen landwirtschaftlichen Ertrag ist eine ausreichende Düngung erforderlich. Deren Ausmaß ist neben den natürlichen Gegebenheiten auch von der angebauten Marktfrucht abhängig. Die folgende Tabelle gibt Anhaltspunkte über den Nährstoffbedarf verschiedener Sorten. Demnach sind für einen Ertrag von 1 Dezitonne Körnermais 0,8 kg Phosphorpentoxid erforderlich.

Kapitel 9 — Kosten- und Erlösinformationen

	A	B	C	D
18	Nährstoffbedarf [kg/dt]			
19				
20		Winterweizen	Körnermais	Hafer
21	Stickstoff (N_2)	2,2	1,5	1,5
22	Phosphorpentoxid (P_2O_5)	0,8	0,8	0,8
23	Kaliumnitrat (KNO_3)	0,6	0,5	0,6

Bei der Bestimmung des deckungsbeitragsmaximalen Anbauprogramms ist zu prüfen, ob die vorrätigen Düngemittel ausreichen. Sofern dies nicht der Fall ist, muss der Landwirt entscheiden, welche Marktfrüchte mit dem verfügbaren Vorrat zu düngen sind. Bei knappen Düngemitteln oder anderen knappen Ressourcen wird er schließlich einen Anteil der landwirtschaftlichen Fläche stilllegen.

Für seine Entscheidung über die Düngung von Marktfrüchten kann der Landwirt von dem Deckungsbeitrag je Dezitonne (€/dt) ausgehen. Diesen bestimmt er, indem er den Deckungsbeitrag je Hektar durch den Ertrag je Hektar dividiert. Für den Winterweizen erhält er beispielsweise

$$5{,}77 \text{ €/dt} = 396 \text{ €/ha} / 68{,}6 \text{ dt/ha}.$$

Dementsprechend folgen für Körnermais 4,10 €/dt und für Hafer 2,00 €/dt.

Dividiert der Landwirt nun den Deckungsbeitrag je Dezitonne durch die Nährstoffbedarfe je Dezitonne, so erhält er den Deckungsbeitrag je Nährstoffeinsatz. Je Kilogramm Düngung von Winterweizen mit Stickstoff erwirtschaftet ein Landwirt folglich einen Deckungsbeitrag von

$$2{,}62 \text{ €/kg} = 5{,}77 \text{ €/dt} / 2{,}2 \text{ kg/dt}.$$

Die Deckungsbeiträge je Nährstoffeinsatz für die weiteren Anbausorten fasst folgende Tabelle zusammen:

	A	B	C	D
40	Deckungsbeitrag je Nährstoffeinsatz [€/kg]			
41				
42		Winterweizen	Körnermais	Hafer
43	Stickstoff (N_2)	2,62	2,78	1,35
44	Phosphorpentoxid (P_2O_5)	7,22	5,22	2,54
45	Kaliumnitrat (KNO_3)	9,62	8,35	3,39

Die Reihenfolge abnehmender relativer Deckungsbeiträge variiert mit dem betrachteten Nährstoff. Während bei Stickstoff der Körnermais den höchsten Deckungsbeitrag je Kilogramm Stickstoff erzielt, hat bei Phosphorpentoxid und Kaliumnitrat der Winterweizen den höchsten Deckungsbeitrag je Nährstoffeinsatz. Sofern Phosphorpentoxid und Kaliumnitrat in ausreichender Menge als Düngemittel zur Verfügung stehen, resultieren bei dem Deckungsbeitrag je Kilogramm Stickstoff und dem Deckungsbeitrag je Hektar Anbauumfang die gleiche Reihenfolge abnehmender relativer Deckungsbeiträge: „Körnermais – Winterweizen – Hafer". Obwohl somit ggf. mehrere beschränkende Mehrproduktrestriktionen vorliegen, lässt sich das Problem der Bestimmung eines deckungsbeitragsmaximalen Anbauprogramms sukzessive lösen. Wenn die natürlichen Gegebenheiten, Fruchtfolgerestriktionen oder die verfügbaren Feldarbeitstage den Anbau nicht limitieren, kann der Landwirt die Marktfrüchte entsprechend der Reihenfolge „Körnermais – Winterweizen – Hafer" einplanen. Sofern Phosphorpentoxid oder Kaliumnitrat allerdings nicht in ausreichender Menge als Düngemittel zur Verfügung stehen, liefert das beschriebene sukzessive Vorgehen nicht das deckungsbeitragsmaximale Anbauprogramm. Das optimale Anbauprogramm lässt sich beispielsweise mit dem Ansatz der linearen Optimierung bei expliziter Berücksichtigung aller Restriktionen ermitteln.

Quelle: Mußhoff, Oliver/Hirschauer, Norbert/Hüttel, Silke: Die Bestimmung optimaler Anbaustrategien – wie berücksichtige ich das Risiko? in: B&B Agrar 2005, Heft 1, S. 29-32. Daten der Bayerischen Landesanstalt für Landwirtschaft: http://www.stmelf.bayern.de/idb/, abgerufen am 20. Juni 2013.

Übungsaufgaben

1. Die ABC-GmbH fertigt und vertreibt in eigenen Geschäftsbereichen drei Produkte A, B und C. Im Rahmen der Segmentberichterstattung wurde für den Monat April die folgende Rechnung erstellt (Beträge in T€):

	A	B	C	Summe
Umsatzerlöse	800	1.200	350	2.350
Variable Kosten	400	900	120	1.420
Deckungsbeitrag I	400	300	230	930
Produktfixkosten	150	450	50	650
Deckungsbeitrag II	250	–150	180	280
Unternehmensfixkosten				90
Betriebsergebnis				190

Die Produktfixkosten enthalten nutzungsabhängige Anlagenabschreibungen in Höhe von 20.000 € für Produkt A, 180.000 € für Produkt B sowie 10.000 € für Produkt C. Für die gebrauchten Anlagen existiert kein externer Markt. Die restlichen Produktfixkosten folgen aus den Gehaltszahlungen an Mitarbeiter. Bei der Aufgabe einer Produktlinie lassen sich die Gehaltszahlungen abbauen.

a) Wie verändert sich das Betriebsergebnis, wenn die Geschäftsleitung Produkt B aus dem Produktprogramm nimmt?
b) Unterstellen Sie, dass 20% der Käufer von Produkt A dieses aus dem Grund erwerben, dass die ABC-GmbH über ein breites Produktprogramm verfügt. Bei Elimination von B aus dem Programm würden diese Kunden Produkt A nicht erwerben. Welche Erfolgswirkung hat nun die Elimination von Produkt B?
c) Im Rahmen einer Bereichserfolgsrechnung werden die Unternehmensfixkosten gleichmäßig auf die Geschäftsbereiche verteilt. Bestimmen Sie das beeinflussbare sowie nicht-beeinflussbare Ergebnis jedes Geschäftsbereichs.

2. Das mittelständische Unternehmen VARITECH ist auf die Produktion von Diamantbohrköpfen spezialisiert. Die hierzu benötigten Spezialdiamanten stellt VARITECH selbst her. Gegenüber herkömmlichen Industriediamanten zeichnen sich die künstlichen Diamanten durch eine größere Dichte und Härte aus, so dass die Spezialbohrköpfe konkurrenzlos sind. Die Kapazität des eigenen Werks ist auf 45 kg Spezialdiamanten je Monat begrenzt. Derzeit fertigt VARITECH fünf Spezialbohrköpfe (Produkte A bis E).
Zur Planung des Produktionsprogramms für kommenden März hat sich der kaufmännische Leiter, Andreas Schleifer, die Informationen der folgenden Tabelle zusammenstellen lassen. Bei seiner Entscheidung muss er berücksichtigen, dass für die Produkte D und E langfristige Lieferverpflichtungen in Höhe von 10 Stück (D) bzw. 15 Stück (E) bestehen. Diese Mengen sind in der erwarteten Nachfragemenge bereits enthalten:

	A	B	C	D	E
Stückerlös [€/Stk]	15.000	2.500	12.000	120.000	28.500
Stückkosten [€/Stk]	10.000	2.000	4.000	80.000	32.000
Diamantenbedarf je Bohrkopf [g/Stk]	10	5	20	250	100
Erwartete Nachfragemenge [Stk]	500	2.000	500	20	30

In den Stückkosten sind mit den Materialeinzelkosten, Fertigungseinzelkosten sowie variablen Material- und Fertigungsgemeinkosten lediglich variable Kosten enthalten.
a) Bestimmen Sie das optimale Produktionsprogramm für den Monat März.
b) Die Qualitätssicherung hat Verunreinigungen in den künstlichen Diamanten entdeckt. Die Geschäftsleitung diskutiert deshalb eine kurzfristige Stilllegung von Teilen des Diamantenwerks, um das Problem zu analysieren und zu beseitigen. In diesem Fall würden im Monat März

nur 15 kg Spezialdiamanten für die Weiterverarbeitung zur Verfügung stehen. Wie ändert sich das optimale Produktionsprogramm?

c) Angesichts der in Aufgabenteil b) beschriebenen kritischen Situation schlägt Andreas Schleifer vor, Produkt C mit herkömmlichen Industriediamanten zu fertigen, da sich diese in hinreichender Menge am Markt beschaffen lassen. Schleifer erwartet eine Reduktion der Stückkosten auf 3.000 € sowie einen verringerten Stückerlös von 8.000 € bei gleich bleibender erwarteter Nachfragemenge. Wie beurteilen Sie den Vorschlag? In welchem Umfang würden Sie Schleifer zum Einsatz von Industriediamanten raten?

d) VARITECH wird überraschend von einem neuen Kunden aufgefordert, ein Angebot für die einmalige Lieferung von 40 Stück von Produkt E zu erstellen. Produktion und Lieferung sollen im Monat März erfolgen. Wie hoch ist die Preisuntergrenze für diesen Zusatzauftrag unter den Annahmen anzusetzen, dass im März nur 15 kg Spezialdiamanten zur Verfügung stehen und der Vorschlag von Schleifer aus Aufgabenteil c) optimal umgesetzt wird?

3. Die Well-Done GmbH stellt 4 Arten von Toastern (A, B, C und D) her. Die Erlös-, Kosten-, Absatz- und Produktionssituation für die Toaster zeigt folgende Tabelle:

	A	B	C	D
Stückerlöse [€/Stk]	43	38	18	28
Stückkosten [€/Stk]	20	16	12	22
Erwartete Nachfragemenge [Stk]	20	10	9	10
Bearbeitungszeiten				
Maschine 1 [Std/Stk]	5	14	8	4
Maschine 2 [Std/Stk]	7	10	6	12

In den Stückkosten sind mit den Materialeinzelkosten, Fertigungseinzelkosten, variablen Material- und Fertigungsgemeinkosten sowie Sondereinzelkosten der Fertigung für Lizenzgebühren nur variable Kosten enthalten.

Zur Produktion werden zwei Maschinen 1 und 2 eingesetzt. Die maximale Kapazität von Maschine 1 beträgt im Planungszeitraum 296 Stunden, die von Maschine 2 ist 300 Stunden. Jedes Produkt muss sowohl von Maschine 1 als auch von Maschine 2 bearbeitet werden. Die zur Herstellung eines Produktes notwendigen Bearbeitungszeiten sind in obiger Tabelle enthalten.

a) Bestimmen Sie die relativen Deckungsbeiträge je Stück der Toaster A, B, C und D für Maschine 1 und Maschine 2. Welche ersten Entscheidungen über das optimale Produktionsprogramm können Sie mit den ermittelten Deckungsbeiträgen treffen? Begründen Sie Ihre Antwort!

b) Ermitteln Sie unter Berücksichtigung des Ergebnisses aus Aufgabenteil a) graphisch das optimale Produktionsprogramm.

4. Der Leiter des Rechnungswesens der AR GmbH, P. Fiffig, wird beauftragt, Kostenrechnungsinformationen für die anstehende Planung des Produktionsprogramms bereitzustellen. Basis seiner Kostenprognose für das 1. Quartal ist eine quartalsweise Aufstellung der Unternehmenskosten vergangener Jahre:

Quartal	Q1–15	Q2–15	Q3–15	Q4–15	Q1–16	Q2–16	Q3–16	Q4–16
Beschäftigung [h]	770	800	940	820	910	980	1.020	1.080
Kosten [T€]	1.520	1.550	1.775	1.600	1.730	1.800	1.850	1.900

Quartal	Q1–17	Q2–17	Q3–17	Q4–17
Beschäftigung [h]	890	950	840	1.120
Kosten [T€]	1.720	1.800	1.625	1.950

Für die Budgetierung liefert der Vertriebsbereich die erwarteten Stückerlöse sowie die erwartete Nachfrage des 1. Quartals für die vier Produkte A bis D. Da es sich um hochmodische Produkte handelt, müssen die Absatzmengen im 1. Quartal gefertigt werden. Infolge eines veränderten Fertigungsprozesses kann der Produktionsbereich die Fertigungszeiten je Stück lediglich mit einer Unter- sowie Obergrenze abschätzen.

	A	B	C	D
Stückerlöse [T€/Stk]	4,5	3,7	5,5	1,2
Erwartete Nachfragemenge [Stk]	100	150	140	120
Fertigungszeiten				
Untergrenze [Std/Stk]	1,8	1,6	2,5	1,0
Obergrenze [Std/Stk]	2,2	2,0	3,0	1,5

a) Geben Sie den zulässigen Bereich an, für welchen sich sinnvollerweise eine Funktion der Unternehmenskosten in Abhängigkeit von der Beschäftigung schätzen lässt.
b) Ermitteln Sie die Funktion der Unternehmenskosten über die Hoch-Tief-Methode. Verwenden Sie hierzu als Tiefpunkt die im 1. Quartal erwartete Beschäftigung entsprechend den Untergrenzen der Fertigungszeiten und als Hochpunkt die erwartete Beschäftigung für die jeweiligen Obergrenzen.
c) Kalkulieren Sie die Stückkosten sowie Stückdeckungsbeiträge der vier Produkte. Legen Sie Ihren Berechnungen die durchschnittlichen pro-

duktspezifischen Stückfertigungszeiten zu Grunde. Welches Betriebsergebnis resultiert für die erwarteten Absatzmengen im 1. Quartal? Welche Empfehlungen lassen sich für das optimale Produktprogramm ableiten?

d) Entfernen Sie alle Produkte mit einem negativen Stückdeckungsbeitrag aus dem Produktprogramm. Ermitteln Sie auf gleichem Wege wie in b) die Funktion der Unternehmenskosten und kalkulieren Sie entsprechend c) die Stückkosten sowie Stückdeckungsbeiträge der verbleibenden Produkte. Bestimmen Sie das nun erwartete Betriebsergebnis für das 1. Quartal.

e) Diskutieren Sie die Unterschiede zwischen den Kalkulationen in den Aufgabenteilen c) und d).

Kapitel 10 Standardkostenrechnung und Abweichungsanalyse

Kapitelüberblick

10.1 Grundlagen der Standardkostenrechnung
  Kostenkontrolle auf Basis von Standardkosten
  Produktkalkulation mit Standardkosten
  Aufgaben der Abweichungsanalyse

10.2 Abweichungsanalyse bei starren und flexiblen Rechnungen
  Prognosekostenrechnung
  Ableitung von Standardkosten
  Starre Standardkostenrechnung
  Flexible Standardkostenrechnung
  Budgetbezogene Plan-Ist-Abweichung und Soll-Ist-Abweichung

10.3 Analyse der Abweichungen von Einzelkosten
  Materialeinzelkosten
  Fertigungseinzelkosten
  Verantwortung für relevante Kostenabweichungen
  Erfassung von Standardeinzelkosten in der Betriebsbuchhaltung

10.4 Analyse der Abweichungen von Gemeinkosten
  Standards für Gemeinkosten
  Variable Gemeinkosten
  Erfassung variabler Standardgemeinkosten i. d. Betriebsbuchhaltung
  Fixe Gemeinkosten
  Flexible Standardkostenrechnung auf Vollkostenbasis
  Verantwortung für Abweichungen höherer Ordnung

Lernziele dieses Kapitels

- Wie unterstützt die Abweichungsanalyse einen Manager beim Führen seines Bereichs?

- Wie legt ein Manager die Standards für Einzel- und Gemeinkosten fest?

- Welche Informationen gewinnt ein Controller aus dem Vergleich realisierter Werte mit den Werten einer Prognosekostenrechnung, einer starren Standardkostenrechnung oder einer flexiblen Standardkostenrechnung?

- Für welche Abweichungen kann man einen Fertigungsleiter verantwortlich machen?

- Welche Unterschiede bestehen in der Interpretation von Preis- und Verbrauchsabweichungen bei Einzel- bzw. Gemeinkosten?

- Wie erfasst ein Kostenrechner Standardkosten in der Betriebsbuchhaltung?

- Wie wirkt sich eine Vollkostenrechnung im Vergleich zu einer Teilkostenrechnung auf die ausgewiesenen Abweichungen aus?

Kapitel 10 Standardkostenrechnung

> **Ergebnisprobleme bei SonnenStuhl**
>
> *Nomen est omen* bei der SonnenStuhl GmbH: seit mehreren Jahren hat sich das mittelständische Unternehmen aus Mecklenburg-Vorpommern als Gartenmöbelhersteller hochwertiger Sitzgarnituren etabliert. Ein Flechtwerk aus belastbaren Viro-Fasern wird zugeschnitten, an den Schnittkanten handverflochten und anschließend maschinell über einen Aluminiumrahmen gespannt. Die fertigen Möbel sind äußerst wetterfest und lassen sich sowohl drinnen als auch draußen nutzen.
>
> Während sich die vergangenen Jahre durch stetes Umsatzwachstum und höhere Gewinne auszeichneten, war das letzte Jahr erstmals weniger erfolgreich. Geschäftsführer Peter Müller hat sich deshalb für eine genauere Kostenkontrolle entschieden. Monatlich setzt er sich mit seinen leitenden Angestellten zusammen, um die realisierten Erlöse und Kosten mit den Monatsvorgaben zu vergleichen. Am 10. April hat Controller Harry Degen den Abweichungsbericht für den Monat März erstellt. Für den Nachmittag des 12. April ist ein Meeting angesetzt, an dem neben dem Geschäftsführer und dem Controller auch der Leiter Fertigung, Stefan Altmann, und die Vertriebsleiterin Petra Kramer teilnehmen. Geschäftsführer Müller hat im Vorfeld erfahren, dass das vorgegebene Betriebsergebnis zwar nahezu erreicht wurde, dass aber größere Unterschiede in der Performance des Fertigungs- und des Absatzbereiches bestehen. Bei der Vorbereitung des Meetings überlegt sich Müller, dass er gemeinsam mit dem für die unvorteilhafte Abweichung verantwortlichen Manager die Gründe für die Ergebnisabweichung diskutieren sollte. Bis Mitte Mai will er dann ein Konzept erarbeiten, mit welchem sich die erkannten Probleme beheben lassen.

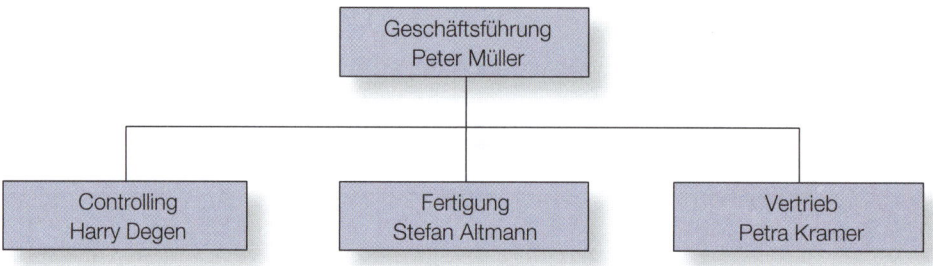

10.1 Grundlagen der Standardkostenrechnung

Kostenkontrolle auf Basis von Standardkosten

Geschäftsführer Müller steuert die Entscheidungen seiner leitenden Angestellten im Vertriebs- und im Fertigungsbereich durch ein **Kontrollsystem**. Hierzu formuliert er zu Jahresbeginn Erwartungen bzw. Standards der Performance des gesamten Unternehmens sowie seiner Teilbereiche, misst die realisierte Performance und wertet den Vergleich von erwarteter und realisierter Performance aus. Die leitenden Angestellten reagieren auf diese erwarteten Kontrollen. Damit Geschäftsführer Müller, aber auch Fertigungsleiter Altmann,

10.1 Grundlagen der Standardkostenrechnung

frühzeitig auf Abweichungen reagieren können, haben sie sich für einen kurzen Kontrollzyklus mit monatlicher Performancemessung, Vergleich und Auswertung entschieden.

> **Praxisbeispiel: Kontrollsystem**
>
> In Flugzeugen entlasten Autopiloten als automatische Steuerungsanlagen die Piloten bei ihrer Tätigkeit. Sie stabilisieren den Flug und ermöglichen eine planmäßige Navigation. Sensoren messen fortwährend Steuerungsparameter wie Kurs, Höhe oder Querneigung. Treten Abweichungen zu vorgegebenen Werten auf, korrigiert ein Computer nach spezifischen Regeln Ruderstellung oder Triebwerksleistung. Heutzutage sind in Linienmaschinen die Autopiloten zu über 90 % der Flugzeit aktiviert; der Pilot greift lediglich bei kritischen Situationen wie Triebwerksproblemen ein und führt Starts sowie Landungen durch.
>
>
>
> Standardkostenrechnung und Abweichungsanalysen haben ähnliche Aufgaben wie ein Autopilot. Insbesondere können sich Manager darauf beschränken, nur bei größeren Abweichungen in das Unternehmensgeschehen einzugreifen.

Bezieht sich die vorgegebene Performance auf Kostengrößen, ist die Bezeichnung **Standardkosten** gebräuchlich. Die Standards können dabei sowohl die Herstell- oder Selbstkosten von Produkten als auch die Kosten einer internen Dienstleistung betreffen. Mit Standardkosten soll eine Benchmark vorgegeben werden, an welcher z. B. ein Controller die Wirtschaftlichkeit des Betriebsgeschehens einschätzen kann. Als **Standardkostenrechnung** bezeichnet man ein Kostenrechnungssystem, bei welchem man Standardkosten als Vorgabegrößen ermittelt, Istkosten als realisierte Größen erfasst, beide Größen miteinander vergleicht und mögliche Ursachen für Abweichungen der Istkosten von den Standardkosten aufzeigt. Das System dient der Betriebs- bzw. Wirtschaftlichkeitskontrolle. Da diese Kontrollen im Allgemeinen vorhersehbar sind und die Betroffenen zumeist „gut dastehen" möchten, unterstützt die Standardkostenrechnung indirekt die Steuerung des Betriebsgeschehens. Dieser Zusammenhang verstärkt sich, wenn an das Ergebnis der Kontrolle Anreize wie der Jahresbonus geknüpft sind.

Als Standardkostenrechnung bezeichnet man ein Kostenrechnungssystem, bei dem man die vorgegebenen Standardkosten mit den realisierten Istkosten vergleicht und Ursachen für Abweichungen aufzeigt.

> Da Standardkosten angeben, welche Kosten in einer Abrechnungsperiode anfallen *sollten*, ist auch die Bezeichnung **Sollkosten** üblich.
> Mit der Vorgabe von Standardkosten räumt man einem Manager ein *Budget* für das Fertigen eines Produktes oder das Bereitstellen einer Leistung ein. Sofern die in der Standardkostenrechnung ermittelten Werte als Budget verwendet werden, ist anstelle von Standardkostenrechnung auch die Bezeichnung Budgetkostenrechnung gebräuchlich.

Begriffsvielfalt

Produktkalkulation mit Standardkosten

Standardkosten für Rohstoffe, Bauteile, Arbeits- oder Maschinenleistungen lassen sich neben der Wirtschaftlichkeitskontrolle auch zur **Produktkalkulation** heranziehen (vgl. Kapitel 3). Die Selbstkosten eines Produktes bei effizient ablaufendem Produktionsprozess vermitteln dabei einen Eindruck von den Kosten, die bei Einhaltung aller Vorgaben resultieren. So kalkulierte Standardselbstkosten lassen sich u. a. für folgende Zwecke verwenden:

- Produktmanager benötigen beim Aushandeln von Verkaufspreisen mit Kunden nicht nur Informationen über die erwarteten Herstellkosten, sondern auch über die bei Einhaltung aller Vorgaben anfallenden Kosten, um ihren Spielraum für Preiszugeständnisse abschätzen zu können.
- Damit derartige Verhandlungen im Sinne der Unternehmenseigner ablaufen, macht man Produktmanager typischerweise für den Erfolg der von ihnen betreuten Produkte verantwortlich. Um hierbei gute Leistungen von schlechten trennen zu können, ist eine Benchmark für den Produkterfolg vorzugeben. Diese Benchmark wiederum errechnet sich als Differenz aus erwarteten Erlösen und kalkulierten Standardkosten und lässt sich als Maßstab für das Ausschütten von Boni nutzen.

In Erweiterung zu der in Kapitel 3 vorgestellten Normalkostenrechnung verwendet man bei der Produktkalkulation mit Standardkosten sowohl **Festpreise** als auch **standardisierte Mengen** für den Verbrauch von Rohstoffen, Materialien und Arbeits- sowie Maschinenleistungen. Damit sind die Preis- und die Mengenkomponente der Kosten vorgegeben. Dies hat den Vorteil, dass sich vermeidbare Unwirtschaftlichkeiten im Produktionsprozess wie Ausschussquoten oder schwankende Ausbeutegrade nicht auf die kalkulierten Herstellkosten und die daran geknüpften Preis- oder Produktionsentscheidungen auswirken.

Vergleichbar der Normalkostenrechnung lassen sich auch die Ergebnisse der Standardkostenrechnung in der Betriebsbuchhaltung erfassen. Das Verwenden vorgegebener Verbrauchsmengen zu Festpreisen erleichtert und beschleunigt diesen Prozess. Neben den Standardkosten dokumentiert man wie bei der Normalkostenrechnung die realisierten Kosten. Während dort **Kostenüber- und -unterdeckungen** ein Maß für die Güte der normalisierten Zuschlagssätze sind, dienen die Abweichungen von Standard- und Istkosten bei der Standardkostenrechnung der Steuerung von Entscheidungen im Sinne des Unternehmens.

Aufgaben der Abweichungsanalyse

Mit einer Abweichungsanalyse kann man die Ursachen von Kostenabweichungen identifizieren.

Die Abweichungsanalyse schließt sich der Performancemessung und dem Vergleich als letzte Phase des Entscheidungsprozesses an. Mit ihr will z. B. ein Controller gemeinsam mit den Fachabteilungen die Ursachen von Kostenabweichungen identifizieren. Manager und Controller benötigen diese Information für mehrere Zwecke:

- **Durchsetzung von Entscheidungen**: Über eine Kosten- oder Ergebniskontrolle erreichen Vorgesetzte, dass ihre Entscheidungen auch von den Mitarbeitern umgesetzt werden.
- **Management by Exception**: Manager greifen typischerweise nur in Ausnahmefällen in das Betriebsgeschehen ein. Sie benötigen Anhaltspunkte für einen solchen Ausnahmefall, d. h., sie wollen wissen, auf welche Abweichung sie reagieren müssen.
- **Verbesserung von Kostenprognosen**: Kostenabweichungen können aus fehlerhaften oder ungenauen Kostenfunktionen resultieren. Identifiziert der Controller dies als Ursache der Abweichung und korrigiert Kostenfunktion und Prämissen, so kann er zukünftig präziser die Kosten vorhersagen.

In allen drei Fällen liefert die Abweichungsanalyse typischerweise keine abschließende Antwort auf die Frage nach den Ursachen der Abweichung. Vielmehr kommt ihr eine „Blickfänger-Funktion" zu, d. h. sie lenkt die Aufmerksamkeit des zuständigen Managers oder Controllers auf einen bestimmten Sachverhalt, damit sich dieser intensiver damit auseinander setzt.

Empirische Ergebnisse

Unternehmen können die Schritte einer Abweichungsanalyse (Bestimmung von Abweichungen – Identifikation der zugrundeliegenden Probleme – Identifikation der Problemursachen) stark standardisieren. In einer Serie von Fallstudien und Querschnittsbefragungen zeigt Emsley die Vorteile einer kontinuierlichen Erfassung und Speicherung auch solcher Kostenabweichungen auf, deren Ursachen identifiziert und beseitigt wurden. Auf Basis einer detaillierten Dokumentation können Unternehmen erstens überprüfen, ob die zugrunde liegenden Probleme tatsächlich gelöst wurden. Zweitens lassen sich diese Informationen dazu nutzen, auch nicht-offensichtliche Ursachen weiterer Kostenabweichungen zu identifizieren.

Quellen: Emsley, David: Variance Analysis and Performance: Two Empirical Studies, in: Accounting, Organizations and Society, Vol. 25, 2000, No. 1, S. 1–12; Emsley, David: Redesigning Variance Analysis for Problem Solving, in: Management Accounting Research, Vol. 12, 2001, No. 1, S. 21–40.

Abweichungsanalyse bei SonnenStuhl

Nach der Vorstellung von Geschäftsführer Müller ist für den Erfolg der Qualitätsführerschaft als Strategie von SonnenStuhl nicht nur erforderlich, dass die Kunden ein hochwertiges Produkt kaufen, sondern dass der Einzelhandel weitgehend der Preisbindung folgt. Er weiß, dass Vertriebsleiterin Kramer im letzten Jahr zusätzliche Aufträge durch Preisnachlässe eingeholt hat, was jedoch zu größeren Unterschieden der Einzelhandelspreise führte. Um die neue Strategie erfolgreich durchzusetzen, beschließt Müller, die Vertriebsleiterin stärker für Abweichungen zwischen den vorgegebenen und den realisierten Verkaufspreisen verantwortlich zu machen. Informationen dazu erwartet er von Controller Degen, der Abweichungen zwischen Standard- und Istumsatzerlösen dahingehend analysiert, ob sie auf Preisnachlässe

Kapitel 10 Standardkostenrechnung

> zurückzuführen sind. Sollte dies der Fall sein, würde sich dies auf Kramers jährliche Beurteilung und letztlich ihren Jahresbonus auswirken. Sofern die Abweichungsanalyse jedoch Ursachen aufzeigt, die nicht von Kramer zu verantworten sind, wirken sich die Abweichungen nicht nachteilig für sie aus.
>
> Fertigungsleiter Altmann kann sich nicht mit allen Kostenabweichungen in seinem Bereich auseinandersetzen. Bei großen Abweichungen analysiert er jedoch gemeinsam mit dem Controller die möglichen Ursachen. Damit kann er im Sinne eines Management by Exception seine Aufmerksamkeit zielgerichtet der Lösung der wichtigsten Probleme widmen und Gründe der Abweichungen wie Ausführungsfehler beseitigen. Die Abweichungsanalyse erleichtert ihm somit das Führen seines Bereichs.
>
> Bei Sonnenstuhl legt Vertriebsleiterin Kramer das Produktprogramm auf Basis der Stückdeckungsbeiträge fest. Sie vermutet, dass die letztjährige Umstrukturierung im Produktionsbereich die variablen Kosten stark verändert hat. Sofern die Abweichungsanalyse dies anzeigt, wird Controller Degen aktualisierte Kostenprognosen liefern, mit denen sie bessere Entscheidungen über das Produktprogramm treffen kann.

10.2 Abweichungsanalyse bei starren und flexiblen Rechnungen

Um das Vorgehen und die Aussagekraft der Abweichungsanalyse zu veranschaulichen, betrachten wir den monatlichen **Abweichungsbericht**, den Controller Harry Degen zum 10. eines jeden Monats erstellt. Als Vergleichsmaßstab für die realisierten Größen kann der Controller verschiedene Rechnungen heranziehen:

- Prognosekostenrechnung,
- starre Standardkostenrechnung und
- flexible Standardkostenrechnung.

Gemeinsam ist den Rechnungen, dass der Controller je Kostenart eine Kostenfunktion ermittelt, mit deren Hilfe er Vorgabekosten ableitet. Da mit den Rechnungen aber verschiedene Zwecke verbunden sind, unterscheiden sich sowohl die Kostenfunktionen als auch die Aussagekraft der mit ihnen bestimmten Abweichungen.

Prognosekostenrechnung

Die Prognosekostenrechnung dient zur Prognose der zu erwartenden Kosten einer Periode.

Mit der **Prognosekostenrechnung** prognostiziert ein Controller die *erwarteten* Kosten einer Periode. Seiner Prognose legt er den erwarteten Verbrauch an Rohstoffen, Materialien, Fertigungs- sowie Maschinenzeiten und die erwarteten Preise für diese Güter zugrunde. Diese Erwartungen bestimmen die Parameter der Kostenfunktionen, welche der Controller in seinen Prognosen verwendet.

10.2 Abweichungsanalyse bei starren und flexiblen Rechnungen

Mitte Februar erwartete Controller Degen beispielsweise, dass im Monat März je Sitzgarnitur durchschnittlich 41 m² Flechtwerk verbraucht werden und dass der Einstandspreis für die zu flechtenden Fasern bei 9,80 € je m² liegt. Seiner Prognose legt er somit folgende Kostenfunktion zugrunde:

$$\text{Prognosekosten Fertigungsmaterial je Sitzgarnitur} = 41~m^2 \cdot 9{,}80~\text{€}/m^2 = 401{,}80~\text{€}.$$

Angesichts eines Nachfrageüberhangs kann SonnenStuhl eine nahezu unbegrenzte Anzahl an Garnituren absetzen. Da jedoch das Fertigwarenlager leer ist, werden die Absatzmengen durch die verfügbaren Fertigungskapazitäten bestimmt. Fertigungsleiter Altmann schätzt, dass SonnenStuhl im Monat März 300 Garnituren herstellen kann. Wie Abbildung 10.1 verdeutlicht, betragen die prognostizierten Fertigungsmaterialkosten somit

$$\text{Prognosekosten Fertigungsmaterial} = 300~\text{Stk} \cdot 401{,}80~\text{€/Stk} = 120.540~\text{€}.$$

Auf Basis vergleichbarer Überlegungen prognostiziert der Controller die weiteren variablen Kosten. Zudem trifft er Vorhersagen über die fixen Kosten. Insgesamt liefert die Prognosekostenrechnung Geschäftsführer Müller eine Vorstellung von den Kosten, die bei Eintreffen des für den Monat März geplanten Produktionsprogramms anfallen. Beispielsweise betragen die erwarteten variablen Herstellkosten bei Fertigung von 300 Gartengarnituren 561.540 €.

Kombiniert der Controller diese Information mit den erwarteten Erlösen für den geplanten Absatz von 300 Stück und den erwarteten übrigen Kosten, so erfährt der Geschäftsführer aus dieser **Prognoseerfolgsrechnung**, welches Betriebsergebnis das Unternehmen voraussichtlich realisieren wird. Auf Basis der Rechnungen prognostiziert der Controller ein Betriebsergebnis in Höhe von 345.460 €.

Mithilfe der Prognoseerfolgsrechnung erfährt der Manager, welches Betriebsergebnis das Unternehmen voraussichtlich realisieren wird.

	A	B	C	D	E
1			Istrechnung		Prognoserechnung
2		Absatzmenge	250	-50	300
3		Umsatzerlöse	950.000 €	130.000 € U	1.080.000 €
4		Variable Herstellkosten			
5		Fertigungsmaterial	105.000 €	15.540 € V	120.540 €
6		Fertigungslohn	142.500 €	19.500 € V	162.000 €
7		Fertigungsgemeinkosten	202.500 €	76.500 € V	279.000 €
8		Summe variable Herstellkosten	450.000 €	111.540 € V	561.540 €
9		Deckungsbeitrag	500.000 €	18.460 € U	518.460 €
10		Fixe Kosten			
11		Fixe Fertigungsgemeinkosten	98.000 €	3.000 € U	95.000 €
12		Fixe Verwaltungsgemeinkosten	74.000 €	4.000 € V	78.000 €
13		Summe fixe Kosten	172.000 €	1.000 € V	173.000 €
14		Betriebsergebnis	328.000 €	17.460 € U	345.460 €
15					
16				17.460 € U	
17				Prognoseabweichung	

Abbildung 10.1: Istrechnung versus Prognoserechnung: Ergebnisse der beiden Rechnungen sowie ihrer Abweichungen für den Monat März bei SonnenStuhl

Kapitel 10 — Standardkostenrechnung

Die Excel-Tabelle in Abbildung 10.1 stellt den Voraussagen der Prognoserechnung die realisierten Werte der Istrechnung gegenüber. Der Controller kann die Istrechnung erst nach Ablauf des Monats erstellen. Im Beispiel liegt sie zum 10. des Folgemonats, d. h. am 10. April, vor.

Im Monat März lag die Auslastung des Betriebs aufgrund einer außerplanmäßigen Wartung der Anlagen bei knapp 85 %, weshalb nur 250 Stück gefertigt und abgesetzt werden konnten. Vor diesem Hintergrund erfasst der Controller die Kosten jedes Einzelpostens. Für das Fertigungsmaterial stellt er beispielsweise fest, dass das leere Materiallager zu Monatsbeginn mit einer Lieferung von 35.000 m² Flechtwerk gefüllt wurde. Der Rechnungsbetrag dieser Lieferung war 350.000 €. Nach den Materialentnahmescheinen betrug der Verbrauch an Flechtwerk 10.500 m². Bei einem Einstandspreis von 10 € je m² (= 350.000/35.000) betragen die angefallenen Materialkosten somit

$$\text{Istkosten Fertigungsmaterial} = 10.500 \text{ m}^2 \cdot 10 \text{ €/m}^2 = 105.000 \text{ €}.$$

Die Istrechnung verdeutlicht, dass unter dem Strich ein realisiertes Betriebsergebnis von 328.000 € verbleibt.

Die mittlere Spalte von Abbildung 10.1 zeigt die Abweichungen von Ist- und Prognoserechnung. Insgesamt übersteigt das prognostizierte Betriebsergebnis das realisierte Ergebnis um 17.460 €. In den darüber liegenden Zeilen ist für jeden Einzelposten der Unterschied zwischen dem realisierten und dem prognostizierten Wert angegeben. Diese **Einzelabweichungen** kennzeichnen, worauf der Unterschied zwischen realisiertem und prognostiziertem Betriebsergebnis zurückzuführen ist. Beispielsweise sind die realisierten Fertigungsmaterialkosten um 15.540 € (= 120.540 − 105.000) niedriger als ihr prognostizierter Betrag.

Da oftmals bei Abweichungen unklar ist, welcher Betrag von welchem abgezogen wurde und ob eine positive Differenz als gut oder schlecht einzuordnen ist, nutzen wir in Anlehnung an die angelsächsische Literatur folgende Konvention: Liegt eine Abweichung vor, die sich im Vergleich zur Prognose *vorteilhaft* auf das Betriebsergebnis auswirkt, dann fügen wir der Differenz ein V zu. Handelt es sich hingegen um eine in Relation zum prognostizierten Betrag *unvorteilhafte* Abweichung, dann wird ein U angefügt. Da in dem Beispiel die realisierten Fertigungsmaterialkosten um 15.540 € und die fixen Verwaltungskosten um 4.000 € niedriger als die prognostizierten Werte sind, fügen wir in beiden Fällen diesen vorteilhaften Abweichungen ein V an. Demgegenüber sind die Umsatzerlöse um 130.000 € niedriger als der prognostizierte Wert und die fixen Fertigungsgemeinkosten übersteigen den erwarteten Betrag um 3.000 €, weshalb wir diese beiden unvorteilhaften Abweichungen mit einem U kennzeichnen.

10.2 Abweichungsanalyse bei starren und flexiblen Rechnungen

> **Prognoseabweichungen bei Sonnenstuhl**
>
> Im Beispiel unterscheidet sich wegen der außerplanmäßigen Wartung die verfügbare von der erwarteten Fertigungskapazität. Dies begründet die beträchtlichen Unterschiede zwischen erwarteten und realisierten Fertigungs- sowie Absatzmengen. Insbesondere sind damit auch die großen Prognoseabweichungen bei den Umsatzerlösen und den variablen Kosten erklärbar. In einem Meeting mit Fertigungsleiter Altmann erfährt Controller Degen, dass Altmann die Wahrscheinlichkeit einer außerplanmäßigen Wartung der Anlagen und deren Auswirkungen auf die verfügbare Fertigungskapazität unterschätzt hat. Für die zukünftigen Monate wird vereinbart, dass ca. 2 % der monatlichen Kapazität für eine vorbeugende Wartung reserviert werden und Altmann sich intensiver mit dem Zustand der Anlagen auseinandersetzen wird. Dadurch soll er die Ausfallwahrscheinlichkeit infolge einer außerplanmäßigen Wartung besser abschätzen können. Infolge des Prognosefehlers passt der Controller außerdem die **Prämissen künftiger Prognosen** an, d.h., er geht bei der Kostenprognose zukünftig von einer anderen Fertigungskapazität und damit anderen Fertigungs- und Absatzmengen aus.
>
> Der Unterschied zwischen den erwarteten 9,80 € und den angefallenen 10 € je m² Flechtwerk führt weiterhin dazu, dass Harry Degen die Kostenfunktion für die erwarteten Materialkosten überprüft. Insbesondere will er feststellen, ob sich der Preis für Viro-Fasern dauerhaft erhöht hat oder ob es sich lediglich um eine kurzfristige Preisschwankung handelt. Im ersten Fall passt er die **Funktion der Prognosekosten** an den erhöhten Einstandspreis an.

Bei den Abweichungen in Abbildung 10.1 handelt es sich um **Prognoseabweichungen**, die der Controller für eine **Prämissenkontrolle** verwenden kann. Mit dieser Kontrolle überprüft er
- die Prämissen der Fertigungs- sowie Absatzpläne und
- die Anwendungsbedingungen der Kostenfunktionen.

Die in Abbildung 10.1 ausgewiesenen Abweichungen beruhen auf einer **starren Prognoserechnung** und lassen sich aus zwei Gründen nur eingeschränkt für ein Management by Exception bzw. das Durchsetzen von Entscheidungen nutzen:
- Bei der Kostenprognose berücksichtigt der Controller vermeidbare und unvermeidbare Unwirtschaftlichkeiten des Produktionsprozesses. Stärkere Anreize lassen sich erzielen, wenn der Controller die vermeidbaren Unwirtschaftlichkeiten nicht im Standard berücksichtigt. Damit wechselt er von der Prognose- zu einer **Standardkostenrechnung**.
- Die Prognosewerte beruhen auf der erwarteten Produktions- und Absatzmenge von 300 Stück. Da die prognostizierten Kosten nicht an die tatsächliche Produktionsmenge angepasst sind, handelt es sich um eine **starre Prognosekostenrechnung**. Demgegenüber beziehen sich die Istkosten auf eine Produktionsmenge von 250 Stück. Bei den Abweichungen in Spalte D von Abbildung 10.1 vergleicht Controller Degen gewissermaßen Äpfel mit

Birnen. Insbesondere ist nicht klar, welcher Anteil der Abweichungen auf eine ungenaue Prognose, und welcher Anteil auf unwirtschaftliches Handeln zurückzuführen ist. Damit der Controller diese Ursache aufdeckt, erstellt er eine **flexible Rechnung**.

Ableitung von Standardkosten

Bei **Standardkosten** handelt es sich um Vorgabewerte, die als Gradmesser für effizientes Handeln dienen. Bei ihrer Bestimmung geht der Controller von dem optimalen Güterverbrauch eines Bereichs oder eines Prozesses aus. Hierzu verwendet er Stücklisten oder Rezepturen für die Bestimmung des Materialverbrauchs und Arbeitspläne sowie Zeitstudien für die Ermittlung von Fertigungs- und Maschinenzeiten. Ergänzt wird dies durch Informationen über die Kosten von Wettbewerbern mit vergleichbaren Produktionsprozessen. Um Einflüsse der Unternehmensumwelt wie Marktpreisschwankungen auszuschalten, bewertet der Controller die Verbräuche mit **Festpreisen**. Diese orientieren sich beispielsweise an durchschnittlichen Einstandspreisen vergangener Perioden.

> **Standardkosten Fertigungsmaterial bei SonnenStuhl**
>
> Bei dem Gartenmöbelhersteller SonnenStuhl besteht jede Sitzgarnitur laut Stückliste aus 38 m² Flechtwerk. Die für die Fertigung benötigten Teile werden zunächst aus größeren Bahnen Flechtwerk geschnitten und anschließend an den Kanten handverflochten. Der Zuschnittplan sieht dabei 2 m² als technisch unvermeidbare Verschnittmenge vor. Je Sitzgarnitur werden im günstigsten Fall somit 40 m² Flechtwerk verbraucht. Auf Basis dieser **Vorgabemenge** bestimmt der Controller die Standardmaterialkosten. Als Festpreis verwendet er den durchschnittlichen Einstandspreis von Viro-Fasern der letzten drei Jahre, 9,75 € pro m². Je Garnitur betragen die Standardkosten für Material:
>
> Standardkosten Fertigungsmaterial je Sitzgarnitur = günstigster Materialverbrauch · Festpreis = 40 m² · 9,75 €/m² = 390 €.
>
> Im Unterschied dazu folgen die Prognosekosten aus erwarteten Mengen und Preisen, d.h.
>
> Prognosekosten Fertigungsmaterial je Sitzgarnitur = erwarteter Materialverbrauch · erwarteter Einstandspreis = 41 m² · 9,80 €/m² = 401,80 €.

Während Prognosekosten vom *erwarteten Verbrauch* ausgehen, liegt Standardkosten der *günstigste Verbrauch* zugrunde.

Standards bzw. Arbeitszeitvorgaben für die Produktion basieren beispielsweise auf Zeitstudien über erforderliche Rüstvorgänge, Ausführungsschritte sowie Erholungsphasen in der Fertigung. Zudem können Vergleiche mit Wettbewerbern oder eigenen Betriebsstätten herangezogen werden.

> **Standardkosten Fertigungslohn bei SonnenStuhl**
>
> Der Gartenmöbelhersteller legt die **Vorgabezeit** bei 20 Stunden je Garnitur fest. Der Lohnsatz inklusive Lohnnebenkosten liegt bei 25 € je Arbeitsstunde. Damit betragen die Standardlohnkosten:
>
> Standardkosten Fertigungslohn je Sitzgarnitur = Arbeitszeitvorgabe · Lohnsatz = 20 h · 25 €/h = 500 €.

> **Praxisbeispiel: Vorgabezeiten und -mengen bei einem mittelständischen Automobilzulieferer**
>
> Die Planung der Vorgabezeiten und -mengen kann sehr zeit- und arbeitsaufwändig sein. Insbesondere bei mittelständischen Unternehmen verfügt das Rechnungswesen häufig nicht über die personelle Kapazität, um für alle Einsatzgüter die Vorgabegrößen mit einer hohen Genauigkeit planen zu können. Zur Lösung dieses Problems hat ein mittelständischer Automobilzulieferer seine Einsatzgüter über eine ABC-Analyse auf Basis ihrer Verbrauchsmengen klassifiziert. Während die Vorgaben für A-Güter detailliert geplant werden, leiten sich die Vorgaben für C-Güter aus dem vergangenen Verbrauch ab.
>
>
> Foto: Bosch
>
> **Quelle:** Hoch, Gero/Heupel, Thomas: Dezentrales anreizorientiertes Kostenmanagement in der mittelständischen Automobilzuliefererindustrie, in: Zeitschrift Controlling, 20. Jg., 2008, Heft 1, S. 23–30.

Abbildung 10.2 fasst zusammen, was wir uns bisher zur Standard- und zur Prognosekostenrechnung angesehen haben. Mit der Vorgabe wirtschaftlicher Güterverbräuche richtet sich die Standardkostenrechnung tendenziell an das mittlere und untere Management. Da sich deren Verantwortlichkeit schwerpunktmäßig auf das Geschehen in Kostenstellen bezieht, kommt bei dieser Rechnung der Vorgabe von Standards für Kostenstellen und der Kontrolle der Kostenstellenkosten eine besondere Bedeutung zu.

Abbildung 10.2: Unterschiede zwischen der Standardkostenrechnung und der Prognosekostenrechnung

Merkmal	Standardkostenrechnung	Prognosekostenrechnung
Rechnungszweck	Innerbetriebliche Steuerung und Kontrolle	Planung des gesamten Unternehmens
Fokus	Wirtschaftlichkeit	Unternehmenserfolg
Informationsempfänger	▪ Unternehmensleitung ▪ mittleres und unteres Management	Unternehmensleitung
Abrechnungsbereich	Kostenstelle, -bereich	Gesamtes Unternehmen
Rechnungsziel		
Art des Rechnungsziels	Minimale Kosten	Erwartete Kosten
Beschäftigung	▪ Optimalbeschäftigung ▪ Normalbeschäftigung	Erwartete Beschäftigung
Bewertung	Festpreise	Erwartete Preise
Abweichungsanalyse		
Zwecke der Abweichungsanalyse	Messung und Kontrolle der Wirtschaftlichkeit	Erkennen von Prognosefehlern
Wichtige Abweichungsarten	▪ Verbrauchsabweichung	▪ Preisabweichung ▪ Beschäftigungsabweichung ▪ Prognoseverfahrensabweichung

Empirische Ergebnisse

> Wie anspruchsvoll sollten Standards sein? Mit anderen Worten: Wie niedrig sollten vorgegebene Kosten sein, um wirksam als Vergleichsmaßstab zu dienen? Verhaltenswissenschaftliche Studien zeigen, dass es aus Motivationsgesichtspunkten vielfach besser sein kann, einen erreichbaren Standard vorzugeben, als einen Standard, der nur bei günstigsten Voraussetzungen erreicht wird.
>
> **Quellen:** Stedry, Andrew C./Kay, Emanuel: The Effects of Goal Difficulty on Performance: A Field Experiment, in: Behavioral Science, Vol. 11, 1966, No. 6, S. 459-470; Lawler, Edward E.: Motivation in Work Organizations, Brooks/Cole Publishing, Monterey 1973.

Ideale Standards bei Optimalbeschäftigung. Einem idealen Standard legt der Controller die bestmögliche Ausprägung aller Kosteneinflussgrößen zugrunde. Der Produktionsprozess erfolgt mit minimalem Ausschuss ohne unvorhergesehene Unterbrechungen infolge von Maschinenausfällen oder fehlenden Zwischenprodukten eines vorgelagerten Prozesses. Da die Istkosten nur im besten Fall dem Standard entsprechen und ihn ansonsten übersteigen, ist die dauerhafte Motivation durch einen solchen Standard beschränkt. Dies gilt insbesondere in Fällen, in denen der Standard für längere Zeiträume, wie einen Monat, vorgegeben wird. Kann eine Kostenstellenleiterin bereits nach wenigen Tagen des Monats absehen, dass sie aufgrund eines unvorhergesehenen Maschinenausfalls den Monatsstandard nicht einhalten wird, dann verliert der Standard früh seine motivierende Wirkung.

Erreichbare Standards bei Normalbeschäftigung. Einem erreichbaren Standard legt der Controller mit der Normalbeschäftigung die durchschnittliche Beschäftigung eines vergangenen Zeitraums zugrunde. Dieser Standard berücksichtigt folglich Maschinenausfälle oder auch Produktionsunterbrechungen, die von einer Störung in einem vorgelagerten Prozess hervorgerufen werden. Für eine Kostenstellenleiterin dürfte bei einem erreichbaren Standard ein stärkerer Anreiz zum wirtschaftlichen Handeln und damit zum Einsparen von Kosten bestehen. Dies gilt insbesondere deshalb, da sie die Kostenvorgabe bei besonders guten Umständen sogar unterschreiten kann.

Praxisbeispiel: Standards bei McDonalds

Als Unternehmen der Systemgastronomie hat McDonalds den Anspruch, weltweit einheitlich aufzutreten und ein ähnliches Produktprogramm anzubieten. Um die Vergleichbarkeit in Qualität und Service zu sichern, existieren strenge Vorschriften zu Beschaffenheit, Lagerung und Transport der Zutaten sowie zur Zubereitung der Produkte im Restaurant. Beispielsweise ist die Herstellung von zwölf Cheeseburgern ein voll standardisierter Prozess, für den knapp 2 Minuten angesetzt sind. Jeder Arbeitsschritt (Vorbereiten, Grillen & Belegen) ist mit den erforderlichen Bewegungen und einer vorgegebenen Zeit klar definiert. Je nach regionalen Lohnniveaus resultieren jedoch unterschiedliche Standardkosten für den Fertigungslohn.

Quelle: Schneider, Willy: McMarketing – Einblicke in die Marketing-Strategie von McDonald's, Gabler Verlag, Wiesbaden 2007, S. 23–24.

Starre Standardkostenrechnung

Der **starren Standardkostenrechnung** liegen erwartete Fertigungs- und Absatzmengen zu Grunde, d. h. der Controller passt die Kostenvorgaben nicht an die tatsächlichen Mengen an. Infolge dieser Inflexibilität kann der Controller aber die Vorgaben bereits verbindlich vor Beginn der Rechnungsperiode ermitteln.

> Der starren Standardkostenrechnung liegen erwartete Fertigungs- und Absatzmengen zu Grunde.

Kapitel 10 — Standardkostenrechnung

Abbildung 10.3 zeigt in der letzten Spalte für SonnenStuhl die im Laufe des Februars erstellte starre Standardkostenrechnung für den Monat März. Zu ihrer Ermittlung nutzt Controller Degen die beschriebenen Standards für Fertigungsmaterial und Fertigungslöhne sowie weitere Vorgaben für die Fertigungsgemeinkosten und die fixen Kosten (diese betrachten wir detailliert in einem späteren Abschnitt). Hierbei geht er wie bei der Prognoserechnung von einer prognostizierten Fertigungs- und Absatzmenge von 300 Stück aus. Bei Standardkosten für Fertigungsmaterial von 390 € je Sitzgarnitur betragen die Standardkosten für Fertigungsmaterial somit insgesamt 117.000 € (= 300 · 390).

Abbildung 10.3: Istrechnung versus starre Standardkostenrechnung: Ergebnisse der beiden Rechnungen sowie ihrer Abweichungen für den Monat März bei SonnenStuhl

	A	B	C	D	E
1			Istrechnung		Starre Standardkostenrechnung
2	Absatzmenge		250	-50	300
3	Umsatzerlöse		950.000€	130.000€ U	1.080.000€
4	Variable Herstellkosten				
5		Fertigungsmaterial	105.000€	12.000€ V	117.000€
6		Fertigungslohn	142.500€	7.500€ V	150.000€
7		Fertigungsgemeinkosten	202.500€	12.000€ V	214.500€
8		Summe variable Herstellkosten	450.000€	31.500€ V	481.500€
9	Deckungsbeitrag		500.000€	98.500€ U	598.500€
10	Fixe Kosten				
11		Fixe Fertigungsgemeinkosten	98.000€	4.400€ U	93.600€
12		Fixe Verwaltungsgemeinkosten	74.000€	2.000€ V	76.000€
13		Summe fixe Kosten	172.000€	2.400€ U	169.600€
14	Betriebsergebnis		328.000€	100.900€ U	428.900€
15					
16				100.900€ U	
17				Abweichung starre Rechnung	

Der Vergleich der starren Standardkostenrechnung mit der Prognoserechnung (Abbildungen 10.1 und 10.3) zeigt, dass für jeden Einzelposten die Standardkosten die Prognosewerte unterschreiten. Das in Abbildung 10.3 ausgewiesene budgetierte Betriebsergebnis übersteigt deshalb seinen prognostizierten Wert. Insbesondere resultiert eine deutlich unvorteilhafte Abweichung: Das realisierte Betriebsergebnis ist um 100.900 € niedriger als das vorgegebene Ergebnis.

Aus diesem Gesamtvergleich sowie dem Vergleich der Einzelposten kann der Controller jedoch nicht schließen, ob Fertigungsleiter Altmann in seinem Bereich ein effizientes Handeln sicherstellen konnte: Auf den ersten Blick lässt die vorteilhafte Abweichung von 12.000 € bei den Fertigungsgemeinkosten vermuten, dass Altmann erhebliche Kosteneinsparungen realisieren konnte. Andererseits bezieht sich die Kostenvorgabe von 214.500 € auf eine Fertigungsmenge von 300 Stück, während tatsächlich nur 250 gefertigt wurden. Insofern kann aus der vorteilhaften Abweichung von 12.000 € im Vergleich zur starren Rechnung nicht unmittelbar auf effizientes Handeln geschlossen werden. Hierfür ist eine flexible Standardkostenrechnung erforderlich.

10.2 Abweichungsanalyse bei starren und flexiblen Rechnungen — Kapitel 10

Flexible Standardkostenrechnung

Bei der **flexiblen Standardkostenrechnung** passt der Controller die vorgegebenen Umsatzerlöse und Herstellkosten an die tatsächlich gefertigten und abgesetzten Mengen an. Hierzu verwendet er die gleichen Kosten- und Erlösfunktionen wie bei der starren Standardkostenrechnung. Die auch als **Sollkosten** bezeichneten Vorgaben der flexiblen Standardkostenrechnung sind jedoch eher für einen Vergleich mit den Istkosten geeignet: Beide Beträge beziehen sich auf die gleiche Beschäftigung in den Kostenstellen bzw. des Betriebs. Da die Vorgaben beschreiben, welche Kosten bei einem wirtschaftlich geführten Bereich maximal anfallen dürfen, haben sie den Charakter von Budgets (vgl. dazu ausführlich Kapitel 14). Am Einhalten der Budgets misst der Controller das wirtschaftliche Handeln der Budgetverantwortlichen. Da die Vorgaben jedoch erst bei Kenntnis der Ausbringungsmenge nach Ende der Rechnungsperiode ermittelbar sind, handelt es sich um **flexible Budgets**.

Bei der flexiblen Standardkostenrechnung werden die vorgegebenen Umsatzerlöse und Herstellkosten (Sollkosten) an die tatsächlich gefertigten und abgesetzten Mengen angepasst.

Abbildung 10.4 zeigt für SonnenStuhl in Spalte E das Ergebnis der flexiblen Standardkostenrechnung und in den Spalten D und F die Unterschiede zur Istrechnung sowie zur starren Standardkostenrechnung. Während sich bei Letzterer die vorgegebenen Materialkosten auf 117.000 € belaufen, betragen sie bei der flexiblen Standardkostenrechnung lediglich 97.500 €. Diese beruhen auf dem Standard von 390 € pro Stuhl und der Fertigungsmenge von 250 Stühlen.

A	B	C	D	E	F	G
1		Istrechnung		Flexible Standardkostenrechnung		Starre Standardkostenrechnung
2	Absatzmenge	250	0	250	-50	300
3	Umsatzerlöse	950.000€	50.000€ V	900.000€	180.000€ U	1.080.000€
4	Variable Herstellkosten					
5	Fertigungsmaterial	105.000€	7.500€ U	97.500€	19.500€ V	117.000€
6	Fertigungslohn	142.500€	17.500€ U	125.000€	25.000€ V	150.000€
7	Fertigungsgemeinkosten	202.500€	23.750€ U	178.750€	35.750€ V	214.500€
8	Summe variable Herstellkosten	450.000€	48.750€ U	401.250€	80.250€ V	481.500€
9	Deckungsbeitrag	500.000€	1.250€ V	498.750€	99.750€ U	598.500€
10	Fixe Kosten					
11	Fixe Fertigungsgemeinkosten	98.000€	4.400€ U	93.600€	0€ U	93.600€
12	Fixe Verwaltungsgemeinkosten	74.000€	2.000€ V	76.000€	0€ U	76.000€
13	Summe fixe Kosten	172.000€	2.400€ U	169.600€	0€ U	169.600€
14	Betriebsergebnis	328.000€	1.150€ U	329.150€	99.750€ U	428.900€
15						
16			1.150€ U		99.750€ U	
17			Soll-Ist-Abweichung		Budgetbezogene Plan-Ist-Abweichung	
18						
19				100.900€ U		
20				Abweichung starre Rechnung		

Abbildung 10.4: Istrechnung versus flexible und starre Standardkostenrechnung: Ergebnisse der drei Rechnungen sowie ihrer Abweichungen für den Monat März bei SonnenStuhl

Budgetbezogene Plan-Ist-Abweichung und Soll-Ist-Abweichung

Mit der flexiblen Standardkostenrechnung lässt sich die Abweichung der Istrechnung von der starren Standardkostenrechnung (100.900 € U) in eine Soll-Ist-Abweichung (1.150 € U) sowie eine budgetbezogene Plan-Ist-Abweichung (99.750 € U) aufspalten:

- Für die **Soll-Ist-Abweichung** vergleicht der Controller die Standard- bzw. Sollbeträge der flexiblen Standardkostenrechnung (Spalte E) mit den Werten der Istrechnung (Spalte C). Beide Rechnungen basieren auf realisierten Fertigungs- und Absatzmengen. Für diese Mengen zeigen die Abweichungen, ob die flexibel angepassten Vorgaben für das Betriebsergebnis sowie dessen Erlös- und Kostenkomponenten eingehalten wurden.
- Demgegenüber vergleicht der Controller für die **budgetbezogene Plan-Ist-Abweichung** die Vorgaben bzw. Budgets bei der Plan-Ausbringungsmenge (Spalte G) mit den Vorgaben bei der Ist-Ausbringungsmenge (Spalte E). Beide Rechnungen beruhen auf Standardkosten und -erlösen. Die Abweichungen in Spalte F zeigen, wie sich die Vorgaben für das Betriebsergebnis und die variablen Erlös- sowie Kostenkomponenten durch eine Variation der Fertigungs- und Absatzmenge verändern.

Budgetbezogene Plan-Ist-Abweichung

Die starre und die flexible Standardkostenrechnung nutzen die gleichen Kostenfunktionen zur Ableitung von Standardkosten. Während die starre Rechnung jedoch von der Plan-Ausbringungsmenge ausgeht, verwendet die flexible Rechnung die Ist-Ausbringungsmenge. Da der Vergleich die Änderung der Vorgaben herausstellt, bezeichnet man die Differenzen auch als **budgetbezogene Plan-Ist-Abweichungen**.

Budgetbezogene Plan-Ist-Abweichung bei Sonnenstuhl

Dividiert man bei starrer und flexibler Rechnung den Deckungsbeitrag durch die jeweilige Fertigungsmenge, so erhält man den Stückdeckungsbeitrag der Standardrechnung zu

$$598.500/300 = 498.750/250 = 1.995 \text{ €}.$$

Die Differenz der budgetierten Betriebsergebnisse lässt sich damit auf folgende Veränderung der Ausbringungsmenge zurückführen:

$$\text{budgetbezogene Plan-Ist-Abweichung} = \text{budgetierter Stückdeckungsbeitrag} \cdot (\text{Ist-ausbringungsmenge} - \text{Plan-ausbringungsmenge}) = 1.995 \cdot (250 - 300) = 99.750 \text{ € U}.$$

Die Zeilen 3 bis 13 in Spalte F von Abbildung 10.4 verdeutlichen je Einzelposten, woraus sich die unvorteilhafte budgetbezogene Plan-Ist-Abweichung von 99.750 €

> zusammensetzt. Die Differenzen zeigen unter anderem, dass die niedrigeren Umsatzerlöse teilweise durch geringere variable Kosten kompensiert werden. Ursächlich für diese Differenzen sind die Unterschiede zwischen Plan- und Ist-Ausbringungsmenge.

Bei SonnenStuhl ist die Abweichung zwischen der geplanten und der realisierten Ausbringung – wie oben ausgeführt – auf eine außerplanmäßige Wartung der Anlagen zurückzuführen. Weitere Ursachen für Abweichungen zwischen starrer und flexibler Rechnung umfassen:

- Fertigungsstillstand infolge von Lieferschwierigkeiten eines Rohstofflieferanten,
- Produktionsunterbrechung wegen eines Betriebsunfalls,
- Qualitätsprobleme bei Zwischenprodukten, welche die Fertigung stilllegen, oder
- Absatzschwierigkeiten infolge von Marktstagnation oder dem Auftreten eines aggressiven Wettbewerbers.

Das Management hat in Zusammenarbeit mit dem Controller die Aufgabe, die Gründe für die Abweichungen zu identifizieren. Sind die Ursachen bekannt, können in einem nächsten Schritt mögliche Verbesserungen ermittelt und auf ihre Wirkungen hin untersucht werden. Führt das Management beispielsweise den Fertigungsstillstand auf Lieferschwierigkeiten zurück, so kann ein Wechsel des Rohstofflieferanten das Problem beheben.

Den dargestellten Ursachen ist gemeinsam, dass Differenzen zwischen erwarteten und eingetretenen Sachverhalten, wie der Lieferfähigkeit eines Lieferanten oder der Marktentwicklung, bestehen. In der flexiblen Standardkostenrechnung werden derartige **Prognosefehler** ausgeklammert, so dass der Controller Vergleichsgrößen erhält, die eher als Maßstab zur Einordnung der erbrachten Leistung geeignet sind.

Soll-Ist-Abweichung

Spalte D der Excel-Tabelle in Abbildung 10.4 zeigt den Unterschied zwischen der Istrechnung und der flexiblen Standardkostenrechnung. Insgesamt liegt eine unvorteilhafte **Soll-Ist-Abweichung** von 1.150 € vor. Die Zeilen 3 bis 13 in Spalte D zeigen je Einzelposten, worauf dieser Gesamtunterschied im Betriebsergebnis zurückzuführen ist.

So besteht nach Zelle D3 der Excel-Tabelle eine vorteilhafte Abweichung der realisierten von den vorgegebenen Umsatzerlösen in Höhe von 50.000 €. Diese Differenz wiederum ist auf veränderte Absatzpreise zurückführbar. Während der Standardrechnung ein Verkaufspreis von 3.600 € je Stück (= 900.000/250) zugrunde liegt, wurde laut Istrechnung ein Preis von 3.800 € je Stück (= 950.000/250) realisiert. Die **Absatzpreisabweichung** beträgt somit

$$\begin{matrix}\text{Absatz-}\\\text{preis-}\\\text{abweichung}\end{matrix} = \begin{matrix}\text{realisierte}\\\text{Absatz-}\\\text{menge}\end{matrix} \cdot \begin{pmatrix}\text{Ist-}\\\text{verkaufs-}\\\text{preis}\end{pmatrix} - \begin{pmatrix}\text{Plan-}\\\text{verkaufs-}\\\text{preis}\end{pmatrix} = 250 \cdot (3.800 - 3.600)$$
$$= 50.000\ €\ V.$$

Wegen dieser vorteilhaften Absatzpreisabweichung sind die oben genannten Absatzschwierigkeiten infolge einer Marktstagnation oder des Auftretens eines aggressiven Wettbewerbers eher unwahrscheinlich als Ursache für die budgetbezogene Plan-Ist-Abweichung. Die Analyse einzelner Abweichungen kann somit Anhaltspunkte liefern, die für die Ursachenanalyse anderer Abweichungen von Bedeutung sind. Die vorteilhafte Absatzpreisabweichung lässt Geschäftsführer Müller schließen, dass Verkaufsleiterin Kramer die Absatzzahlen nicht durch ungewollte Preisnachlässe gesteigert hat. Andererseits ist sich Müller wegen der Höhe der Absatzpreisabweichung nicht sicher, ob Kramer die hohe Nachfrage dazu genutzt hat, von den Kunden höhere Preise zu verlangen. Da auch dies dem Ziel eines relativ einheitlichen Einzelhandelspreises zuwiderläuft, beauftragt er Controller Degen mit einer detaillierteren Analyse des Sachverhalts.

Nach Spalte D in Abbildung 10.4 liegt zudem eine unvorteilhafte Abweichung der variablen Herstellkosten von 48.750 € sowie eine unvorteilhafte Fixkostenabweichung von 2.400 € vor. Ursächlich für die Abweichungen der variablen Kosten kann entweder sein, dass SonnenStuhl höhere Preise für die Einsatzgüter gezahlt hat als in der Standardrechnung veranschlagt oder dass der Verbrauch der Güter den budgetierten Verbrauch übersteigt. Gründe für Abweichungen der fixen Kosten können eine unerwartete Veränderung der Grundsteuer, der Sozialabgaben für leitende Angestellte oder von Versicherungsgebühren sein.

Soll-Ist-Abweichungen sind im Vergleich zu budgetbezogenen Plan-Ist-Abweichungen aussagekräftiger hinsichtlich der Wirtschaftlichkeit des Betriebsgeschehens. Damit lösen sie eher Lernprozesse aus und sind besser für ein Management by Exception oder zur Durchsetzung von Entscheidungen geeignet. Die weiteren Ausführungen betrachten deshalb Soll-Ist-Abweichungen für Einzel- und für Gemeinkosten.

10.3 Analyse der Abweichungen von Einzelkosten

Im Weiteren gehen wir so vor, dass wir schrittweise die Abweichungen bei Einzelkosten, bei Gemeinkosten und bei Fixkosten betrachten. Dabei berechnen wir jeweils zunächst die Kostenabweichungen, bestimmen mögliche Ursachen und diskutieren anschließend die Verantwortlichkeit für die Abweichungen.

10.3 Analyse der Abweichungen von Einzelkosten

Nach der Excel-Tabelle in Abbildung 10.4 resultieren bei SonnenStuhl im Monat März eine unvorteilhafte Fertigungsmaterialabweichung von 7.500 € sowie eine unvorteilhafte Fertigungslohnabweichung von 17.500 €. Sowohl der Einsatz der Fertigungsmaterialien als auch die Aufsicht über die Arbeiter fällt in die Zuständigkeit von Fertigungsleiter Altmann. Geschäftsführer Müller möchte von Controller Degen deshalb wissen, ob und in welchem Ausmaß der Fertigungsleiter für diese Abweichungen verantwortlich ist.

Materialeinzelkosten

Die Standardkosten für 250 Sitzgarnituren beruhen auf der Vorgabe, dass bei einem Standardverbrauch von 40 m^2 je Sitzgarnitur 10.000 m^2 Flechtwerk (= 250 · 40) zu einem Festpreis von 9,75 € je m^2 verbraucht werden sollten. Tatsächlich wurden jedoch 10.500 m^2 eingesetzt. Dies entspricht einem Istbedarfskoeffizienten für Material von 42 m^2 (= 10.500/250) je Sitzgarnitur. Bei Beschaffung von 35.000 m^2 Flechtwerk zu einem Preis von 350.000 € betrug der Einstandspreis 10 € je m^2. Sowohl bei der Mengen- als auch bei der Preiskomponente bestehen bei einer Ausbringung von 250 Stück somit Unterschiede zwischen den Standard- und den Istkosten.

Laut Abbildung 10.4 liegt eine unvorteilhafte Gesamtabweichung Fertigungsmaterial über 7.500 € vor. Diese spaltet der Controller gemäß Abbildung 10.5 in eine Preis- sowie eine Verbrauchsabweichung auf. Hierzu zieht er neben den Ist- und den Standardkosten Fertigungsmaterial auch die verrechneten Kosten Fertigungsmaterial heran. Bei letzteren bewertet der Controller die Verbrauchsmenge mit dem Festpreis. Ihre Bezeichnung leitet sich daraus ab, dass in diesem Ausmaß Kosten für den Verbrauch von Fertigungsmaterial verrechnet werden.

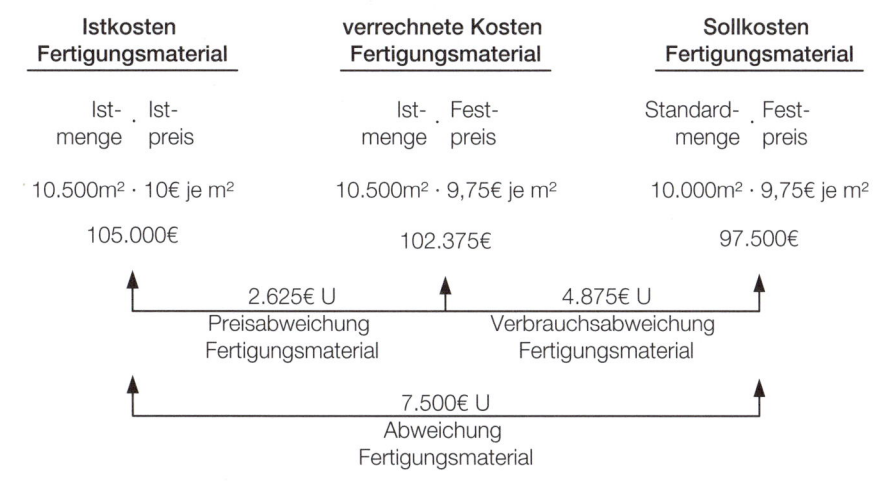

Abbildung 10.5: Preis- und Verbrauchsabweichung bei Fertigungsmaterial

Die **Preisabweichung Fertigungsmaterial** bestimmt sich gemäß:

Preisabweichung Fertigungsmaterial

$= \text{Istkosten Fertigungsmaterial} - \text{verrechnete Kosten Fertigungsmaterial}$

$= d_M^{(i)} \cdot x^{(i)} \cdot c_M^{(i)} - d_M^{(i)} \cdot x^{(i)} \cdot c_M^{(s)}$

$= d_M^{(i)} \cdot x^{(i)} \cdot (c_M^{(i)} - c_M^{(s)})$

$= 42 \text{ m}^2/\text{Stk} \cdot 250 \text{ Stk} \cdot (10 \text{ €}/\text{m}^2 - 9{,}75 \text{ €}/\text{m}^2) = 2.625 \text{ € U},$

mit dem Istbedarfskoeffizienten für Material $d_M^{(i)}$, dem Istpreis für Fertigungsmaterial $c_M^{(i)}$, dem Festpreis für Fertigungsmaterial $c_M^{(s)}$ und der Istproduktionsmenge $x^{(i)}$. Während der Index „i" realisierte Größen kennzeichnet, weist der Index „s" auf einen Festpreis oder eine Standardmenge hin. In Erweiterung von Abbildung 10.5 nutzt die Gleichung der Preisabweichung, dass das Produkt von Materialbedarfskoeffizient und Produktionsmenge den Verbrauch des Fertigungsmaterials ergibt. Im Ergebnis zeigt sie, dass die Preisabweichung Fertigungsmaterial durch Unterschiede zwischen Ist- und Festpreis getrieben wird.

Die Gleichung der Preisabweichung bezieht sich auf den Materialverbrauch bei einer Fertigung von $x^{(i)}$ Stück. Die Verbrauchsmenge von 10.500 m² entspricht aber nur einem Teil der Beschaffungsmenge. Tatsächlich wurde die gesamte Beschaffungsmenge (35.000 m²) zum Istpreis (10 € je m²) und nicht zum Festpreis (9,75 € je m²) bezogen. Unterstellt man, dass der Festpreis für einen längeren Zeitraum gültig ist, so lässt sich folgende, auf die Beschaffungsmenge bezogene Preisabweichung bestimmen:

$$\text{Beschaffungsmenge} \cdot (\text{Istpreis} - \text{Festpreis}) = 35.000 \text{ m}^2 \cdot (10 \text{ €}/\text{m}^2 - 9{,}75 \text{ €}/\text{m}^2)$$
$$= 8.750 \text{ € U}.$$

Von dieser gesamten Preisabweichung ist in der aktuellen Periode nur der oben aufgeführte Teil von 2.625 € unvorteilhaft. Der Rest bezieht sich auf in der Bilanz aktivierte Rohstoffe, die nicht in das Betriebsergebnis eingehen. Entsprechend dem Verbrauch der Rohstoffe wird die verbleibende Abweichung von 6.125 € (= 8.750 − 2.625) in den folgenden Perioden wirksam.

Die **Verbrauchsabweichung Fertigungsmaterial** folgt aus:

Verbrauchsabweichung Fertigungsmaterial

$= \text{verrechnete Kosten Fertigungsmaterial} - \text{Sollkosten Fertigungsmaterial}$

$= d_M^{(i)} \cdot x^{(i)} \cdot c_M^{(s)} - d_M^{(s)} \cdot x^{(i)} \cdot c_M^{(s)}$

$= (d_M^{(i)} - d_M^{(s)}) \cdot x^{(i)} \cdot c_M^{(s)}$

$= (42 \text{ m}^2/\text{Stk} - 40 \text{ m}^2/\text{Stk}) \cdot 250 \text{ Stk} \cdot 9{,}75 \text{ €}/\text{m}^2 = 4.875 \text{ € U},$

mit dem Standardbedarfskoeffizienten für Material $d_M^{(s)}$. Unter Rückgriff auf die Materialbedarfskoeffizienten verdeutlicht die Gleichung, dass die Verbrauchsabweichung auf Unterschiede zwischen dem vorgegebenen ($d_M^{(s)}$) und dem realisierten ($d_M^{(i)}$) Verbrauch an Materialien je Produkt zurückzuführen ist.

Da im Beispiel des mittelständischen Gartenmöbelherstellers der gezahlte Preis den Festpreis übersteigt, ist die Preisabweichung unvorteilhaft. Auch die Verbrauchsabweichung ist unvorteilhaft, da der Istverbrauch von 42 m² je Sitzgarnitur die Vorgabe von 40 m² Flechtwerk je Stück überschreitet.

Beide Abweichungen lassen sich graphisch in einem Koordinatensystem veranschaulichen. In Abbildung 10.6 entspricht die dunkelblaue Gerade der Sollkostenfunktion mit dem vorgegebenen Materialbedarfskoeffizienten ($d_M^{(s)}$ = 40 m² pro Stück) und die hellblaue Gerade den verrechneten Kosten mit dem realisierten Materialbedarfskoeffizienten ($d_M^{(i)}$ = 42 m² pro Stück). Beiden Geraden liegt ein Preis von $c_M^{(s)}$ = 9,75 € je m² zugrunde. Der schwarze Punkt wiederum zeigt die Istkosten von $K^{(i)}$ = 105.000 € bei der Istausbringungsmenge von $x^{(i)}$ = 250 Stück. Die Differenz zwischen den Istkosten und dem mit einem Festpreis bewerteten Materialverbrauch (102.375 €) entspricht der Preisabweichung von 2.625 € und der Abstand zwischen der hellblauen und der dunkelblauen Geraden zeigt für die realisierte Ausbringungsmenge die Verbrauchsabweichung an.

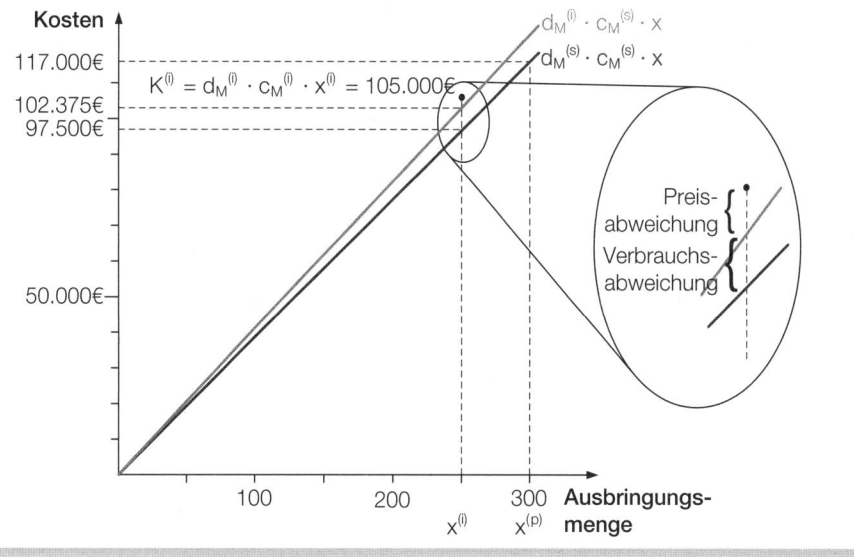

Abbildung 10.6: Graphische Darstellung der Preis- und Verbrauchsabweichung bei Fertigungsmaterial

Im Unterschied zu Abbildung 10.5 lässt sich in Abbildung 10.6 nicht nur die Höhe der Abweichungen ablesen (was für praktische Zwecke ausreichend sein mag), sondern es werden zudem noch die unterstellten Kostenfunktionen hervorgehoben.

Kapitel 10   Standardkostenrechnung

Foto: Claas KGaA

Praxisbeispiel: Materialstandards bei Variantenfertigung

Die Claas KGaA ist ein europaweit führender Hersteller landwirtschaftlicher Erntemaschinen. Um den Anforderungen der Kunden Rechnung tragen zu können, werden die Maschinen in großer Variantenzahl gefertigt. Die spezifische Ausgestaltung der Maschinen steht somit erst bei Auftragseingang im Laufe des Geschäftsjahres fest und weicht typischerweise von den Konfigurationen ab, die für das Aufstellen des Jahresbudgets unterstellt werden. Hieraus resultiert eine so genannte Dispositionsabweichung zwischen den Standardmaterialkosten eines speziellen Kundenauftrags und den zu Jahresbeginn in der flexiblen Standardkostenrechnung ausgewiesenen Materialkosten. Diese Abweichung beziffert die Auswirkungen konstruktiver Änderungen während des Geschäftsjahres.

Wegen der hohen Komplexität unterscheidet man bei Variantenfertigung zwischen Materialien, die in alle Varianten eingehen (Gleichteile), und Materialien, die nur in bestimmten Varianten benötigt werden (Variantenteile). Zur Bestimmung der Standardmaterialkosten eines Kundenauftrags muss der Controller somit lediglich die Materialkosten der Variantenteile anpassen.

Quelle: Stoi, Roman/Herbst, Volker: Controlling der Variantenfertigung unter SAP R/3 – Konzeptionelle Umsetzung am Beispiel der Claas Hungaria Kft., in: Information Management & Consulting, 18. Jg., 2003, Nr. 4, S. 66–72.

Fertigungseinzelkosten

Die Standardfertigungszeit für eine Sitzgarnitur beträgt 20 Stunden, so dass für 250 Stück die Vorgabezeit 5.000 Fertigungsstunden umfasst. Diese werden mit einer Standardlohnrate von 25 € pro Fertigungsstunde angesetzt. Laut Zeiterfassung fielen im Monat März 5.937,5 Fertigungsstunden an, was einer Stückfertigungszeit von 23,75 h (= 5.937,5/250) entspricht. Die Fertigungslöhne betragen 142.500 €, so dass die Istlohnrate je Fertigungsstunde bei 24 € (= 142.500/5.937,5) liegt. Erneut unterscheiden sich Mengen- und Preiskomponente von Soll- und Istkosten. Der Controller spaltet die unvorteilhafte Fertigungslohnabweichung von 17.500 € (siehe Abbildung 10.4) gemäß Abbildung 10.7 in eine Preis- und eine Verbrauchsabweichung auf.

10.3 Analyse der Abweichungen von Einzelkosten — Kapitel 10

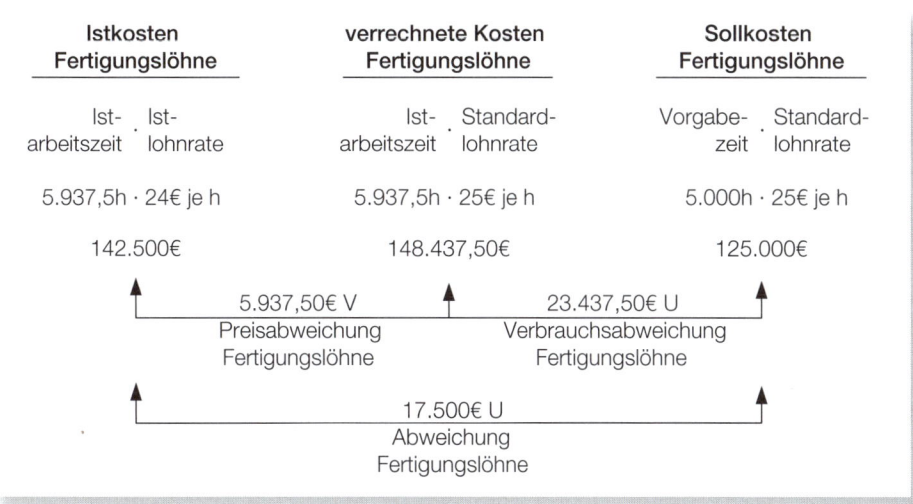

Abbildung 10.7: Preis- und Verbrauchsabweichung bei Fertigungslöhnen

Die **Preisabweichung Fertigungslöhne** bestimmt sich über:

Preisabweichung Fertigungslöhne

= Istkosten Fertigungslöhne − verrechnete Kosten Fertigungslöhne

$= d_F^{(i)} \cdot x^{(i)} \cdot c_L^{(i)} - d_F^{(i)} \cdot x^{(i)} \cdot c_L^{(s)}$

$= d_F^{(i)} \cdot x^{(i)} \cdot (c_L^{(i)} - c_L^{(s)})$

$= 23{,}75 \text{ h/Stk} \cdot 250 \text{ Stk} \cdot (24 \text{ €/h} - 25 \text{ €/h}) = 5.937{,}50 \text{ € V},$

mit der Istfertigungszeit je Stück $d_F^{(i)}$, der Istlohnrate je Fertigungsstunde $c_L^{(i)}$, der Standardlohnrate je Fertigungsstunde $c_L^{(s)}$ und der Istproduktionsmenge $x^{(i)}$. Die Gleichung verdeutlicht, dass die Preisabweichung Fertigungslöhne durch Unterschiede der Ist- und der Standardlohnrate getrieben wird.

Die **Verbrauchsabweichung Fertigungslöhne** ermittelt sich gemäß:

Verbrauchsabweichung Fertigungslöhne

= verrechnete Kosten Fertigungslöhne − Sollkosten Fertigungslöhne

$= d_F^{(i)} \cdot x^{(i)} \cdot c_L^{(s)} - d_F^{(s)} \cdot x^{(i)} \cdot c_L^{(s)}$

$= (d_F^{(i)} - d_F^{(s)}) \cdot x^{(i)} \cdot c_L^{(s)}$

$= (23{,}75 \text{ h/Stk} - 20 \text{ h/Stk}) \cdot 250 \text{ Stk} \cdot 25 \text{ €/m}^2 = 23.437{,}50 \text{ € U},$

mit der Standardfertigungszeit $d_F^{(s)}$. Nach dieser Gleichung folgt die Verbrauchsabweichung Fertigungslöhne aus Unterschieden zwischen der vorgegebenen ($d_F^{(s)} = 20$ h) und der geleisteten Fertigungszeit ($d_F^{(i)} = 23{,}75$ h) je Stück. Die Verbrauchsabweichung wird deshalb auch als **Leistungsabweichung** bezeichnet.

Addiert man in dem Beispiel die vorteilhafte Preisabweichung und die unvorteilhafte Verbrauchsabweichung, so erhält man die Fertigungslohnabweichung in Höhe von 17.500 €. Über die Abweichungsanalyse lässt sich die gesamte Differenz somit auf unterschiedliche Lohnraten und auf unterschiedliche Fertigungszeiten pro Stück zurückführen.

Offensichtlich ist die Ermittlung der Preis- und Verbrauchsabweichung für Fertigungslöhne strukturell vergleichbar zu den Abweichungen bei Fertigungsmaterial. Ursächlich hierfür ist die strukturell identische Kostenfunktion für Fertigungsmaterial und Fertigungslöhne.

Verantwortung für relevante Kostenabweichungen

Kostenverantwortung

Geschäftsführer Müller interessiert, für welche Kostenabweichungen der Fertigungsleiter Altmann verantwortlich ist. Häufig gibt es auf die Frage nach der Verantwortung für Abweichungen allerdings keine eindeutige Antwort, da mehrere Manager mit ihren Entscheidungen auf die Ergebnisse einwirken. In diesem Fall ist es Aufgabe des Controllers herauszuarbeiten, welche Manager den größten Einfluss auf die Abweichungen haben.

Für die vier Abweichungen sind tendenziell folgende Manager zuständig:
- **Preisabweichung Fertigungsmaterial**: Für diese Abweichung ist am ehesten der Einkaufsleiter verantwortlich. Dieser kann durch eine gezielte Auswahl der Lieferanten, geschickte Verhandlungen oder durch das Bestellen großer Stückzahlen günstige Einstandspreise erzielen, die zu vorteilhaften Preisabweichungen führen. Andererseits kann man dem Einkaufsleiter unvorteilhafte Abweichungen nicht anlasten, wenn für das rechtzeitige Fertigstellen von Eilaufträgen in der Fertigung kurzfristig Rohstoffe zu hohen Einstandspreisen zu beschaffen sind oder der Marktpreis unerwartet steigt.
- **Verbrauchsabweichung Fertigungsmaterial**: Für diese Abweichung ist typischerweise der Fertigungsleiter verantwortlich, da er durch das Beaufsichtigen der Arbeiter einen sorgfältigen Umgang mit Rohstoffen sicherstellen und unnötigen Ausschuss vermeiden kann.
- **Preisabweichung Fertigungslöhne**: Diese Abweichung hat häufig ihre Ursache darin, dass sich der Mix der eingesetzten Arbeiter vom vorgegebenen Mix der Standardkosten unterscheidet. Stellt der Fertigungsleiter Arbeitsgruppen im Rahmen der Personaleinsatzplanung zusammen, so ist er für diese Abweichung verantwortlich.
- **Verbrauchsabweichung Fertigungslöhne**: Für diese Abweichung ist ebenfalls am ehesten der Fertigungsleiter verantwortlich. Durch gute Führung und Motivation kann er die Arbeiter zu einer effizienten Nutzung ihrer Arbeitszeit anhalten.

Praxisbeispiel: Kostenbeeinflussung in Betrieben des Einzelhandels

Einzelhandelsbetriebe, die nur Produkte eines einzelnen Herstellers vertreiben, haben einen beschränkten Einfluss auf ihre Kosten. Zu diesen Betrieben zählen beispielsweise vertragsgebundene Autohäuser oder Bekleidungsgeschäfte. Verantwortlich für den geringen Einfluss ist die Tatsache, dass die Hersteller oftmals detaillierte Vorgaben für die räumlichen Gegebenheiten, die Qualifikation der Mitarbeiter oder die vorzuhaltenden Waren formulieren. Schätzungen gehen beispielsweise davon aus, dass bis zu 90 % der Kosten eines Automobilhandelsbetriebs durch den Automobilhersteller beeinflusst werden. Die Herausforderung besteht deshalb darin, die von der Leitung des Handelsbetriebs beeinflussbaren Kosten zu identifizieren, da nur über diese ein effizientes Handeln des Managements sichergestellt werden kann.

Foto: ZARA Seoul

Bewertung von Kostenabweichungen

Neben der Verantwortung stellt sich die Frage, ob eine Abweichung aus Unternehmenssicht gewünscht oder nicht gewünscht ist. Die Adjektive „vorteilhaft" bzw. „unvorteilhaft" scheinen die Abweichungen eindeutig zu bewerten. Dieser angedeutete einfache Zusammenhang ist jedoch nicht immer gegeben. So kann eine unvorteilhafte Verbrauchsabweichung Fertigungslöhne aus Ineffizienzen im Produktionsprozess, aus der zeitintensiveren Fertigung eines im Vergleich zum Standard qualitativ hochwertigeren Produktes oder aus beiden Gründen resultieren. Die besonders sorgfältige Fertigung eines Produktes ist beispielsweise dann gewünscht, wenn bisherige Qualitätsprobleme behoben werden sollen.

Relevante Kostenabweichungen

Die Abweichungsanalyse kann die Ursachen von Kostendifferenzen nur in seltenen Fällen eindeutig herausarbeiten. Auch ist es im Allgemeinen nicht sinnvoll, jede Abweichung auf ihre Ursachen hin zu analysieren. Die Aufgabe der Abweichungsanalyse besteht deshalb darin, anhand einfacher Regeln Problembereiche zu identifizieren, die der Controller oder der zuständige Manager weiter untersuchen sollte.

Beim Management by Exception greifen Vorgesetzte nur in Ausnahmefällen in die Entscheidung der zuständigen Mitarbeiter ein. Für ein effizientes Management by Exception definieren Controller bzw. Manager spezielle Ereignisse, die darauf hindeuten, dass ein Ausnahmefall vorliegt, der ein Eingreifen erforderlich macht. Einfache Indikatoren sind eine **absolut große Abweichung**

> Beim Management by Exception greifen Vorgesetzte nur in (definierten) Ausnahmefällen in die Entscheidung der zuständigen Mitarbeiter ein.

(z. B. von mehr als 4.000 €) oder eine **prozentual große Abweichung** (z. B. von mehr als 5 % der Standardkosten). In dem Beispiel der Abbildung 10.8 sollten deshalb die Monate Januar bis März 2013 näher betrachtet werden, da unvorteilhafte Verbrauchsabweichungen vorliegen, welche betragsmäßig die 4.000 € Grenze überschreiten.

Abbildung 10.8: Dokumentation der monatlichen Verbrauchsabweichung von Fertigungsmaterial

	A	B	C	D	E
1	VERBRAUCHSABWEICHUNG FERTIGUNGSMATERIAL				
2					
3	Jahr	Monat	Standardkosten	Verbrauchsabweichung	Prozentuale Abweichung
4					
5	2012	Januar	93.600€	1.200€ V	1,28%
6	2012	Februar	95.550€	850€ U	-0,89%
7	2012	März	96.720€	780€ U	-0,81%
8	2012	April	103.350€	420€ V	0,41%
9	2012	Mai	104.130€	260€ V	0,25%
10	2012	Juni	103.350€	630€ U	-0,61%
11	2012	Juli	103.350€	170€ U	-0,16%
12	2012	August	101.400€	670€ U	-0,66%
13	2012	September	99.450€	1.640€ U	-1,65%
14	2012	Oktober	101.400€	1.890€ U	-1,86%
15	2012	November	101.400€	2.340€ U	-2,31%
16	2012	Dezember	103.350€	3.610€ U	-3,49%
17	2013	Januar	105.300€	7.150€ U	-6,79%
18	2013	Februar	101.400€	10.800€ U	-10,65%
19	2013	März	97.600€	4.875€ U	-5,00%

In der Unternehmenspraxis hat sich weiterhin etabliert, die Abweichungen wie in Abbildung 10.8 im Zeitablauf zu verfolgen. Ist aus der Entwicklung der Abweichungen ein **Trend** erkennbar, deutet dies darauf hin, dass eine Ursachenforschung betrieben werden sollte bzw. dass das Eingreifen eines Managers erforderlich ist. In dem Beispiel sollte spätestens im Monat Dezember erkennbar sein, dass ein Trend in Richtung unvorteilhafter Abweichungen vorliegt.

> **Praxisbeispiel: Abweichungsanalyse bei STIHL AG & Co. KG**
>
> Der Maschinenbauer STIHL führt in allen Kostenstellen Abweichungsanalysen durch und reiht die Abweichungen von den flexiblen Standards nach ihrer Höhe. Die fünf Kostenstellen mit den höchsten Abweichungen werden für weitere Untersuchungen vorgemerkt.
>
> **Quelle:** Krumwiede, Kip R.: Rewards and Realities of German Cost Accounting, in: Strategic Finance, Vol. 86, 2005, No. 10, S. 26–36.

Foto: Andreas Stihl AG & Co. KG

Konsequenzen von Kostenabweichungen

Die Analyse einer Kostenabweichung kann bei dem verantwortlichen Manager erstens einen **Lernprozess** einleiten, an dessen Ende er zukünftige Abweichungen reduzieren oder sogar gänzlich vermeiden kann. Zweitens kann die Unternehmensleitung über eine **Abweichungsprämierung** die verantwortlichen Manager motivieren, beispielsweise Kostenüberschreitungen zu vermeiden. Hierzu werden Boni, Gehaltssteigerungen oder Beförderungen an das Einhalten der Kostenvorgabe geknüpft.

Erfassung von Standardeinzelkosten in der Betriebsbuchhaltung

Der Controller kann die Standardeinzel- und -gemeinkosten auch zur Kalkulation von **Standardproduktkosten** verwenden. Diesen liegen somit Standardmengen und Festpreise zugrunde. Im Unterschied zur Kalkulation mit normalisierten Kosten (siehe hierzu Kapitel 3) verwendet er bei der Standardkalkulation die vorgegebenen Verbrauchsmengen und nicht die tatsächlich verbrauchten Mengen. Damit sind die kalkulierten Produktkosten unabhängig von kurzfristigen Ineffizienzen des Produktionsprozesses und über einen längeren Zeitraum konstant. Standardproduktkosten können deshalb besser für Preisentscheidungen oder andere operative Entscheidungen geeignet sein.

Die Kalkulation der Standardproduktkosten lässt sich buchhalterisch dokumentieren. Hierzu erfasst der Controller sukzessive die Einzelkosten für die verbrauchten Materialien oder die geleisteten Arbeiten im Konto unfertige Erzeugnisse und weist davon getrennt Preis- und Verbrauchsabweichungen aus. Das Bestandskonto „Rohstoffe" bildet dabei die mit dem Festpreis bewertete, verfügbare Rohstoffmenge ab. In dem Konto „unfertige Erzeugnisse" wird, abhängig vom Fertigungsfortschritt, der vorgegebene Verbrauch des Rohstoffs erfasst, ebenfalls bewertet mit einem Festpreis.

Kapitel 10　Standardkostenrechnung

Abbildung 10.9: Buchhalterische Erfassung von Preis- und Verbrauchsabweichungen von Fertigungsmaterial

> ### Verbuchung der Standardeinzelkosten bei SonnenStuhl
>
> Abbildung 10.9 zeigt für SonnenStuhl die buchhalterische Erfassung des Bezugs und des Verbrauchs von Fertigungsmaterial. Das Unternehmen bezieht 35.000 m^2 Flechtwerk zu 10 € je m^2, während der Festpreis 9,75 € je m^2 beträgt. Der Zugang auf dem Bestandskonto Rohstoffe beträgt damit 341.250 € (= 35.000 · 9,75) und die Preisabweichung ist 8.750 € (= 350.000 − 341.250). Handelt es sich um einen Zielkauf des Rohstoffs, so lautet der Buchungssatz:
>
> | | | | |
> |---|---|---|---|
> | Rohstoffe | 341.250 | an Verbindlichkeiten | 350.000 |
> | Preisabweichung Fertigungsmaterial | 8.750 | | |
>
> Für die Fertigung der 250 Stück sollten 10.000 m^2 (= 250 · 40) verbraucht werden, tatsächlich wurden jedoch 10.500 m^2 verbraucht. Bewertet man diesen Verbrauch mit dem Festpreis, dann steht der Reduktion des Bestandskontos Rohstoffe um 102.375 € (= 10.500 · 9,75) eine Erhöhung des Kontos „unfertige Erzeugnisse" um 97.500 € (= 10.000 · 9,75) gegenüber. Die Differenz der beiden Beträge wird auf dem Konto „Verbrauchsabweichung Fertigungsmaterial" erfasst, so dass der Buchungssatz lautet:
>
> | | | | |
> |---|---|---|---|
> | Unfertige Erzeugnisse | 97.500 | an Rohstoffe | 102.375 |
> | Verbrauchsabweichung Fertigungsmaterial | 4.875 | | |
>
> | Verbindlichkeiten | Preisabweichung Fertigungsmaterial | Rohstoffe |
> |---|---|---|
> | 350.000 | 8.750 | 341.250 ｜ 102.375 |
>
> | Verbrauchsabweichung Fertigungsmaterial | Unfertige Erzeugnisse |
> |---|---|
> | 4.875 | 97.500 |

Am Jahresende zeigen die Saldi der Abweichungskonten die über das Jahr hinweg aufgetretenen Differenzen zwischen den vorgegebenen und den angefallenen Kosten. Typischerweise werden beide Abweichungskonten über das Konto „Herstellkosten" oder das Betriebsergebniskonto abgeschlossen.

Praxisbeispiel: Verwendung von Standardkosten im externen Rechnungswesen

Gemäß dem internationalen Rechnungslegungsstandard IAS 2.21 können Unternehmen die Kalkulationsergebnisse der Standardkostenrechnung verwenden, um ihre Halb- und Fertigwarenlagerbestände zu bewerten. Vorauszusetzen ist jedoch, dass keine großen Abweichungen zwischen den Standardproduktkosten und ihren Istwerten bestehen.

10.4 Analyse der Abweichungen von Gemeinkosten

Standards für Gemeinkosten

Gemeinkosten lassen sich im Unterschied zu Einzelkosten nicht einem einzelnen Produkt zurechnen. Bei Einzelkosten legt der Controller je Produkteinheit Standards für den Verbrauch von Material oder Arbeitszeit fest und bewertet die Verbräuche mit Festpreisen. Eine vergleichbare Zurechnung ist bei Gemeinkosten nicht möglich.

Standards für variable Gemeinkosten kann der Controller auf Basis einer Prozessanalyse oder über ein Benchmarking bestimmen:

- Die Ableitung von Standards auf Basis einer **Prozessanalyse** ist vergleichbar der Behandlung von Gemeinkosten in der Kalkulation (siehe hierzu Kapitel 3). Der Controller wählt zunächst eine Bezugsgröße aus, mit welcher die Höhe der variablen Gemeinkosten variiert. Anschließend legt er die Höhe der variablen Gemeinkosten sowie der Bezugsgröße fest, die bei wirtschaftlicher Betriebsführung und Fertigung des geplanten Produktionsprogramms anfallen. In einem letzten Schritt bestimmt er die **Standardkosten je Bezugsgrößeneinheit**, indem er die Gemeinkosten durch die Bezugsgröße dividiert.
- Beim **Benchmarking** orientiert sich der Standardsatz an den Werten des besten Wettbewerbers oder einem internen Bereich, der sich durch eine besonders wirtschaftliche Betriebsführung auszeichnet. Über den Vergleich soll eine weitere Motivation der Mitarbeiter erreicht werden.

> Standards für variable Gemeinkosten kann man auf Basis einer Prozessanalyse oder über ein Benchmarking bestimmen.

Gemeinkostenstandards bei SonnenStuhl

Zur Steuerung der **variablen Fertigungsgemeinkosten** nutzt Controller Degen in dem Beispiel die Maschinenstunden als Bezugsgröße der Beschäftigung. Die variablen Fertigungsgemeinkosten bestehen aus Materialgemeinkosten, Hilfslöhnen, Stromkosten sowie Wartungs- und Instandhaltungskosten. Er geht davon aus, dass die Maschinenstunden weitgehend die Höhe der Gemeinkosten bestimmen. Nach den Fertigungsunterlagen liegt die Standardfertigungszeit bei 13 Maschinenstunden je Sitzgarnitur. Für das Jahr erwartet er eine Ausbringung von 3.600 Stück, was 46.800 Maschinenstunden (= 13 · 3.600) entspricht. Auf Basis der Analyse von Fertigungsstudien und Aufzeichnungen über die Nutzung von Hilfstätigkeiten, den Einsatz von Hilfs- und Betriebsstoffen sowie die Abnutzung der Anlagen ermittelt er gemeinsam mit Geschäftsführer Müller, dass bei effizientem Betrieb von 46.800 Maschinenstunden die variablen Fertigungsgemeinkosten 2.574.000 € betragen. Die Standardkosten je Maschinenstunde betragen folglich 55 € (= 2.574.000/46.800).

Variable Gemeinkosten

Im Monat März wurden die Anlagen 3.375 Stunden betrieben. Bei einer Fertigungsmenge von 250 Stück entspricht dies 13,5 Maschinenstunden je Sitzgarnitur. An Gemeinkosten sind 202.500 € angefallen. Damit errechnen sich die Istkosten je Maschinenstunde zu 60 € (= 202.500/3.375). Bei einer Ausbringungsmenge von 250 Stück beträgt die Vorgabezeit für die Anlagennutzung demgegenüber 3.250 h (= 250Stk · 13h/Stk) und die Sollkosten bestimmen sich zu 178.750 € (= 3.250 h · 55 €/h). Gemäß Abbildung 10.4 liegt insgesamt eine unvorteilhafte Abweichung in Höhe 23.750 € vor. Der Controller spaltet diese Gesamtabweichung der variablen Fertigungsgemeinkosten entsprechend Abbildung 10.10 in eine Preis- sowie eine Effizienzabweichung auf.

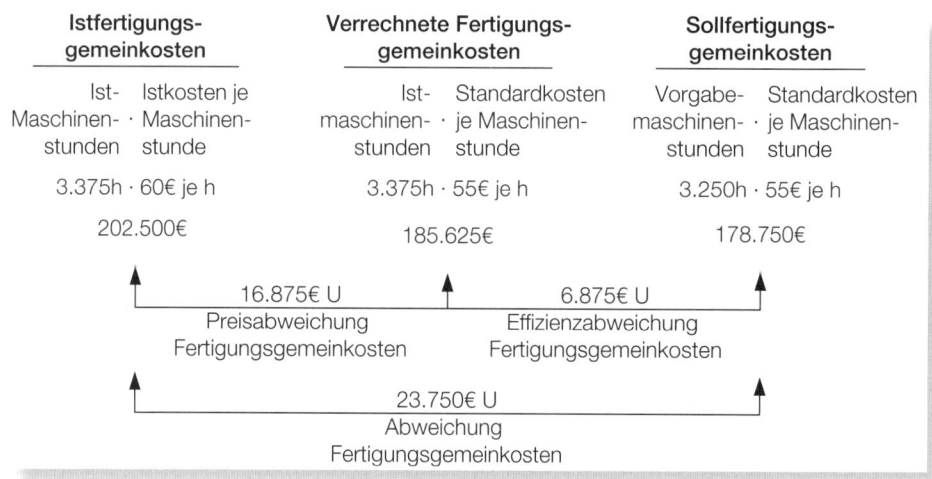

Abbildung 10.10: Preis- und Effizienzabweichung der Fertigungsgemeinkosten

Die **Preisabweichung der Fertigungsgemeinkosten** bestimmt sich über:

Preisabweichung Fertigungsgemeinkosten

$$= \text{Istfertigungsgemeinkosten} - \text{verrechnete Fertigungsgemeinkosten}$$
$$= d_{Ms}^{(i)} \cdot x^{(i)} \cdot c_{GK}^{(i)} - d_{Ms}^{(i)} \cdot x^{(i)} \cdot c_{GK}^{(s)}$$
$$= d_{Ms}^{(i)} \cdot x^{(i)} \cdot (c_{GK}^{(i)} - c_{GK}^{(s)})$$
$$= 13{,}5 \text{ h/Stk} \cdot 250 \text{ Stk} \cdot (60 \text{ €/h} - 55 \text{ €/h}) = 16.875 \text{ € U},$$

mit den Istmaschinenstunden je Stück $d_{Ms}^{(i)}$, den Istkosten je Maschinenstunde $c_{GK}^{(i)}$, den Standardkosten je Maschinenstunde $c_{GK}^{(s)}$ und der Istproduktionsmenge $x^{(i)}$. Vergleichbar den Einzelkosten zeigt diese Gleichung, dass Unterschiede in den Kosten je Maschinenstunde die Preisabweichung der Fertigungsgemeinkosten treiben.

Die **Effizienzabweichung der Fertigungsgemeinkosten** ermittelt sich gemäß:

Effizienzabweichung Fertigungsgemeinkosten

= verrechnete Fertigungsgemeinkosten − Sollfertigungsgemeinkosten

$= d_{Ms}^{(i)} \cdot x^{(i)} \cdot c_{GK}^{(s)} - d_{Ms}^{(s)} \cdot x^{(i)} \cdot c_{GK}^{(s)}$

$= (d_{Ms}^{(i)} - d_{Ms}^{(s)}) \cdot x^{(i)} \cdot c_{GK}^{(s)}$

$= (13{,}5 \text{ h/Stk} - 13 \text{ h/Stk}) \cdot 250 \text{ Stk} \cdot 55 \text{ €/h} = 6.875 \text{ € U},$

mit den Standardmaschinenstunden $d_{Ms}^{(s)}$. Die Effizienzabweichung folgt somit aus Unterschieden zwischen den je Stück vorgegebenen ($d_{Ms}^{(s)} = 13$ h) und den in Anspruch genommenen Maschinenstunden ($d_{Ms}^{(i)} = 13{,}5$).

Abbildung 10.11 verdeutlicht graphisch die Preis- und die Effizienzabweichung. Die dunkelblaue Gerade entspricht der Sollkostenfunktion mit den Standardmaschinenstunden je Stück ($d_{Ms}^{(s)}$) und die hellblaue Gerade zeigt die verrechneten Fertigungsgemeinkosten mit den Istmaschinenstunden je Stück ($d_{Ms}^{(i)}$). Beide Geraden basieren auf Standardkosten je Maschinenstunde ($c_{GK}^{(s)}$). Da die Inanspruchnahme der Anlagen höher ist als die Vorgabe, verläuft die hellblaue Gerade steiler als die dunkelblaue, was eine unvorteilhafte Effizienzabweichung andeutet. Der schwarze Punkt zeigt die Istkosten in Höhe von $K^{(i)} = 202.500$ € bei der Istausbringungsmenge von $x^{(i)} = 250$ Stück. Die Differenz zwischen den Istkosten und den mit einem Festpreis bewerteten Maschinenstunden (185.625 €) entspricht der Preisabweichung von 16.875 €, und der Abstand zwischen der hell- und der dunkelblauen Geraden zeigt für die realisierte Ausbringungsmenge die Effizienzabweichung von 6.875 € an.

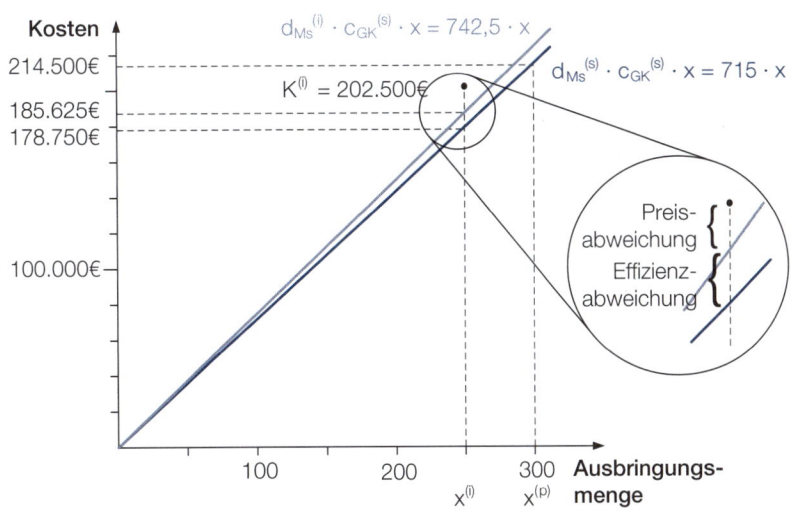

Abbildung 10.11: Graphische Darstellung der Preis- und Effizienzabweichung bei Fertigungsgemeinkosten

Während die Bestimmung von Preis- und Effizienzabweichungen bei Gemeinkosten vergleichbar ist zum Vorgehen bei Einzelkosten, unterscheidet sich die **Interpretation der Abweichungen** deutlich. Eine unvorteilhafte Verbrauchsabweichung bei Fertigungsmaterial deutet darauf hin, dass je Produkt zu viel Material verbraucht wurde. Demgegenüber signalisiert die so genannte **Effizienzabweichung der Fertigungsgemeinkosten**, ob die realisierten Prozesse den Vorgaben entsprechen. Aus der unvorteilhaften Abweichung von 6.875 € in dem Beispiel kann man deshalb nicht schließen, dass Schmier- oder Betriebsstoffe unwirtschaftlich eingesetzt oder dass Wartungsarbeiten ineffizient durchgeführt wurden. Abweichungen im realisierten Prozess führen zu Unterschieden zwischen den vorgegebenen und den realisierten Bezugsgrößen und somit zu Kostenabweichungen. Beispielsweise können die höheren Istmaschinenstunden im Vergleich zu den Standardmaschinenstunden auch aus dem Einsatz ungelernter Arbeiter oder ungeeigneter Werkzeuge resultieren. Der in der Praxis etablierte Begriff „Effizienzabweichung" kann deshalb irreführend sein.

Eine unvorteilhafte **Preisabweichung der Fertigungsgemeinkosten** ist auf höhere Preise für Strom sowie andere Betriebsstoffe oder deren ineffizienten Verbrauch zurückführbar. Beide Ursachen bewirken, dass die Istgemeinkosten je Maschinenstunde die Standardgemeinkosten übersteigen. Folglich sollten Manager die Preisabweichung der Fertigungsgemeinkosten im Blick haben, wenn sie einen effizienten Umgang mit variablen Fertigungsgemeinkosten sicherstellen wollen.

Insbesondere bei Gemeinkosten versucht man, das Rechnungswesen zu vereinfachen. Erfolgen diese Vereinfachungen auch im Rahmen der Vorgabe von Standardkosten, so können auch sie Ursache von Kostenabweichungen sein. Im Beispiel von SonnenStuhl besteht eine Vereinfachung darin, die Fertigungsgemeinkosten insgesamt und mit nur einer einzigen Bezugsgröße zu budgetieren. Wie in Kapitel 6 ausgeführt, bezeichnet man die beiden Vereinfachungen als **Aggregation** (Budgetierung der gesamten Fertigungsgemeinkosten) und **Homogenisierung** (Ansatz einer Bezugsgröße). Der Controller kann beide Vereinfachungen umkehren, um ein differenzierteres Bild über die Ursachen der Kostenabweichungen zu erhalten:
- Gliedert er die Fertigungsgemeinkosten nach den verschiedenen Kostenarten, so kann er für jede Kostenart getrennt Preis- und Effizienzabweichungen ausweisen. Diese Information ermöglicht dem Fertigungsleiter, noch gezielter die Ursachen von Kostenabweichungen zu identifizieren.
- Verwendet der Controller zudem unterschiedliche Bezugsgrößen für diese Gemeinkostenarten, so kann er besser den Ursache-Wirkungs-Zusammenhang abbilden. Auch dies ermöglicht einen genaueren Einblick in die Ursachen von Kostenabweichungen und erleichtert folglich Fertigungsleiter Altmann das Führen seines Bereiches.

Der Vorteil dieser differenzierteren Analysen liegt somit in genaueren Einblicken in das Betriebsgeschehen und der dadurch ermöglichten besseren

Steuerung des Betriebsablaufs. Dem stehen allerdings die Kosten einer umfangreicheren Budgetierung, Dokumentation und Kostenanalyse gegenüber. Damit besteht auch hier ein Tradeoff zwischen den Vorteilen einer detaillierteren Abweichungsanalyse und den damit verbundenen Kosten, weshalb der Ausbau von Abweichungsanalysen unternehmens- und bereichsspezifisch ist.

Erfassung variabler Standardgemeinkosten in der Betriebsbuchhaltung

Variable Standardgemeinkosten lassen sich ebenso wie Standardeinzelkosten in der Betriebsbuchhaltung erfassen. Im Unterschied zu dem in Kapitel 3 beschriebenen Vorgehen bestimmt sich der Betrag der Sollbuchung auf dem Konto „unfertige Erzeugnisse" dabei aus dem Produkt von Standardmenge und Festpreis. Im Beispiel ergibt sich der Standardwert für die variablen Fertigungsgemeinkosten zu 178.750 € (= 3.250 · 55). Der Buchungssatz lautet deshalb

Unfertige Erzeugnisse   an   verrechnete Fertigungsgemeinkosten   178.750.

Die angefallenen Fertigungsgemeinkosten betragen 202.500 €. Diese setzen sich im Beispiel zusammen aus Materialgemeinkosten, Hilfslöhnen, Stromkosten sowie Wartungs- und Instandhaltungskosten. Buchhalterisch werden die Istgemeinkosten somit in verschiedenen Konten erfasst:

verrechnete Fertigungsgemeinkosten   202.500   an   Materialgemeinkosten
                                                    Löhne und Gehälter
                                                    Verbindlichkeiten
                                                    Wartung und
                                                    Instandhaltung.

Für den Monat März beträgt der Saldo des Kontos „Fertigungsgemeinkosten" 23.750 € und stimmt mit der gesamten Abweichung der Fertigungsgemeinkosten überein. Am Jahresende wird das Konto Fertigungsgemeinkosten typischerweise über das Betriebsergebniskonto abgeschlossen. Für den Monat März entspricht dies folgendem Buchungssatz:

Betriebsergebnis   an   verrechnete Fertigungsgemeinkosten   23.750.

Fixe Gemeinkosten

Fixe Gemeinkosten verändern sich nicht mit der Beschäftigung eines Bereichs. Dies gilt für die Abschreibung von Gebäuden, eine feste Leasingrate für den Fuhrpark oder die Gehälter von Angestellten. Wenngleich die fixen Gemeinkosten nicht mit der Beschäftigung variieren, so können die Istkosten sich dennoch von den Sollkosten unterscheiden. Beispielsweise können Gebäude verkauft, Leasingverträge gekündigt oder Gehälter gekürzt werden.

In dem Beispiel legt der Controller die jährlichen fixen Fertigungsgemeinkosten mit 1.123.200 € fest. Dies entspricht einem **monatlichen Budget** von 93.600 € (= 1.123.200 €/12 Monate). Zur Verrechnung der Fixkosten auf die Produkte verwendet er in der Kalkulation die Maschinenstunden als Zuschlagsbasis. Bei einer monatlichen Planmenge von 300 Stück und einer Standardmaschinenzeit von 13 h je Stück beträgt die jährliche Maschinennutzung 46.800 h (= 12 · 300 · 13). Somit bestimmt sich der Verrechnungssatz zu 24 € je Maschinenstunde (= 1.123.200/46.800). Im Monat März fielen fixe Fertigungsgemeinkosten in Höhe von 98.000 € an. Zudem wurden die Anlagen 3.375 h genutzt. Abbildung 10.12 zeigt die relevanten Abweichungen für die fixen Fertigungsgemeinkosten.

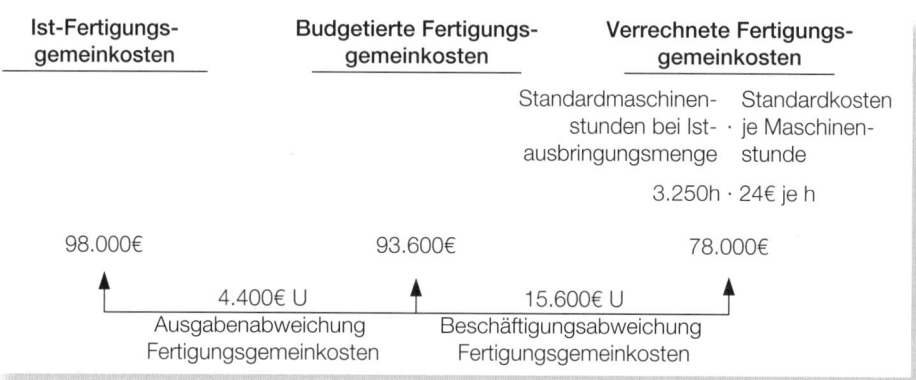

Abbildung 10.12: Budget- und Beschäftigungsabweichung bei fixen Fertigungsgemeinkosten

Die **Ausgabenabweichung der Fertigungsgemeinkosten** bestimmt sich aus der Differenz der angefallenen und der budgetierten fixen Fertigungsgemeinkosten. Im Beispiel resultiert eine unvorteilhafte Abweichung von 4.400 €. Diese Ausgabenabweichung ist die relevante Größe zur Steuerung des Fertigungsleiters, da sie die angefallenen mit den vorgegebenen Kosten vergleicht. Durch den Vergleich wird der Fertigungsleiter beispielsweise motiviert, günstige Leasingverträge für den Fuhrpark abzuschließen.

Die **Beschäftigungsabweichung** verknüpft den Rechnungszweck der Steuerung mit demjenigen der Kalkulation. Die Kostenvorgabe beträgt im Beispiel 93.600 €. Andererseits werden je erzeugtem Produkt 13 Maschinenstunden à 24 € fixe Fertigungsgemeinkosten verrechnet (zum Vorgehen siehe Kapitel 3). Bei 250 Stück entspricht dies einem Verrechnungsbetrag von 78.000 € (= 250 · 13 · 24), so dass eine Abweichung von 15.600 € zur Kostenvorgabe resultiert. Wären planmäßig 300 Stück in 3.900 Maschinenstunden (= 300 Stk · 13h/Stk) gefertigt worden, hätte der Controller 93.600 € (= 3.900 h · 24 €/h) verrechnet. Die Beschäftigungsabweichung ist folglich ein Maß für die Über- oder Unterauslastung des Fertigungsbereichs. Da diese

Abweichung insbesondere auf dem Unterschied zwischen geplanter und realisierter Produktionsmenge beruht, ist der Fertigungsleiter für sie typischerweise nicht verantwortlich.

Die Verbuchung der fixen Gemeinkosten orientiert sich an dem oben beschriebenen Vorgehen der Verbuchung variabler Gemeinkosten. Mit Produktionsfortschritt werden die Fertigungsgemeinkosten verrechnet und im Konto „unfertige Erzeugnisse" im Soll gebucht. Am Ende der Rechnungsperiode bucht man die angefallenen Fertigungsgemeinkosten auf das Konto „verrechnete Fertigungsgemeinkosten". Etwaige Kostenüber- oder -unterdeckungen werden anschließend über das Betriebsergebniskonto abgeschlossen.

Flexible Standardkostenrechnung auf Vollkostenbasis

Oft werden variable und fixe Gemeinkosten nicht getrennt behandelt. Bei einer solchen Standardkostenrechnung auf Vollkostenbasis verzichtet der Controller auf die Spaltung in fixe und variable Kosten. Speziell in kleinen Unternehmen mit einem schwach ausgebauten Rechnungswesen kann diese Vereinfachung sinnvoll sein.

> Bei einer Standardkostenrechnung auf Vollkostenbasis verzichtet man auf die Trennung von variablen und fixen Gemeinkosten.

Abbildung 10.13 zeigt für das Beispiel der Fertigungsgemeinkosten die relevanten Kostenfunktionen und die resultierenden Abweichungen. Die hellblaue und die dunkelblaue Gerade entsprechen den Sollkostenkurven aus Abbildung 10.11, erweitert um die vorgegebenen fixen Fertigungsgemeinkosten. Die schwarze Gerade zeigt die verrechneten Plankosten. Wie in Kapitel 9 dargestellt, entspricht der so genannte **Plankostenverrechnungssatz** c_{PK} dem Verhältnis aus Plankosten ($K_{GK}^{(s)} + d_{Ms}^{(s)} \cdot x^{(p)} \cdot c_{GK}^{(s)}$) und Planbeschäftigung ($x^{(p)}$):

$$c_{PK} = (K_{GK}^{(s)} + d_{Ms}^{(s)} \cdot x^{(p)} \cdot c_{GK}^{(s)})/x^{(p)},$$

mit den vorgegebenen fixen Fertigungsgemeinkosten $K_{GK}^{(s)}$. Multipliziert man diesen Verrechnungssatz mit der Ausbringungsmenge, so erhält man die verrechneten Plankosten. Diese enthalten variable und fixe Fertigungsgemeinkosten.

In dem Beispiel bestimmt sich der Plankostenverrechnungssatz zu

$$c_{PK} = (93.600 \text{ €} + 13 \text{ h/Stk} \cdot 300 \text{ Stk} \cdot 55 \text{ €/h})/300 \text{ Stk} = 1.027 \text{ €/Stk}.$$

Bei einer Ausbringungsmenge von 300 Stück werden demnach 308.100 € (= 300 · 1.027) verrechnet, d. h. 93.600 € fixe und 214.500 € variable Fertigungsgemeinkosten.

Der schwarze Punkt zeigt die Istfertigungsgemeinkosten in Höhe von 300.500 €. Der Abstand zur hellblauen Gerade entspricht einer unvorteilhaften **Preisabweichung** von 21.275 €. Diese setzt sich hier aus der Preisabweichung

Kapitel 10 — Standardkostenrechnung

Abbildung 10.13: Graphische Darstellung von Preis-, Effizienz- und Beschäftigungsabweichung bei summarischer Behandlung der Fertigungsgemeinkosten

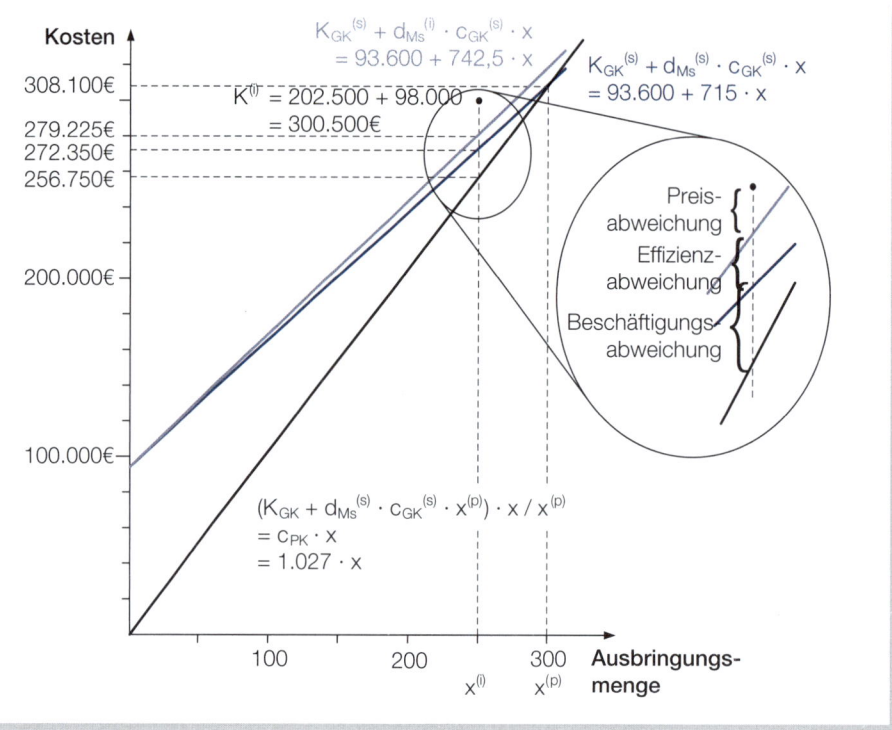

der variablen Fertigungsgemeinkosten (16.875 € U) und der Ausgabenabweichung der fixen Fertigungsgemeinkosten (4.400 € U) zusammen.

Der Abstand zwischen hell- und dunkelblauer Gerade zeigt die **Effizienzabweichung**. Die unvorteilhafte Abweichung in Höhe von 6.875 € entspricht der vom Controller ermittelten Effizienzabweichung, wenn er ausschließlich die variablen Fertigungsgemeinkosten betrachtet. Die summarische Behandlung der Fertigungsgemeinkosten im Rahmen einer Vollkostenrechnung wirkt sich somit nicht auf die Effizienzabweichung aus.

Letztlich verbleibt die **Beschäftigungsabweichung** als Abstand zwischen dunkelblauer Sollkostenkurve und der schwarzen Kurve verrechneter Plankosten. Diese bestimmt sich algebraisch zu

Beschäftigungsabweichung
$= K_{GK}^{(s)} + d_{Ms}^{(s)} \cdot x^{(i)} \cdot c_{GK}^{(s)} - c_{PK} \cdot x^{(i)}$
$= K_{GK}^{(s)} \cdot (1 - x^{(i)}/x^{(p)})$.

Das Verhältnis $x^{(i)}/x^{(p)}$ zeigt den Beschäftigungsgrad an. Bei Unterauslastung sinkt die Beschäftigungsabweichung folglich mit dem Beschäftigungsgrad. Entspricht die Plan-Ausbringungsmenge der Kapazität des betrachteten Bereichs, so spiegelt das Verhältnis $x^{(i)}/x^{(p)}$ zugleich den Auslastungsgrad wider und die Beschäftigungsabweichung lässt sich als ein bewertetes Maß der Auslastung des Bereichs interpretieren. Die Beschäftigungsabweichung sinkt hier folglich mit der Auslastung des betrachteten Bereiches. Im Beispiel bewertet die Abweichung die Auslastung des Fertigungsbereichs. Offensichtlich resultiert bei einer Auslastung von 100 % ($x^{(i)} = x^{(p)}$) dabei keine Beschäftigungsabweichung.

Die Beschäftigungsabweichung ist nach obiger Gleichung einzig von den vorgegebenen Fixkosten und der Auslastung des Bereichs abhängig. Da man den Bereichsleiter für beide Größen nicht verantwortlich machen kann, wird die Beschäftigungsabweichung typischerweise nicht zur Performancemessung des Fertigungsbereichs herangezogen.

> Für die Beschäftigungsabweichung ist auch der Begriff **Leerkosten** gebräuchlich. Die Bezeichnung leitet sich aus der Tatsache ab, dass das Verhältnis $(x^{(p)} - x^{(i)})/x^{(p)}$ dem Anteil ungenutzter bzw. Leerkapazität an der Plankapazität eines Bereichs entspricht. Im Umfang der Leerkosten werden fixe Kosten nicht auf die Produkte verrechnet. Demgegenüber bezeichnet man die Differenz zwischen Fixkosten und Leerkosten auch als **Nutzkosten** ($K_{GK}^{(s)} \cdot x^{(i)}/x^{(p)}$), da das Verhältnis $x^{(i)}/x^{(p)}$ dem Anteil genutzter Kapazität entspricht.

Begriffsvielfalt

Verantwortung für Abweichungen höherer Ordnung

Die Ausführungen zeigen, dass Kostenabweichungen aus Unterschieden zwischen den budgetierten und den realisierten Kosteneinflussgrößen resultieren. Für eine Kostenart steigt folglich mit zunehmender Anzahl an Kosteneinflussgrößen die Anzahl an Abweichungen, die der Controller ausweisen und auswerten kann. Für die verfolgten Zwecke des Anstoßens von Lernprozessen, der Implementierung eines Management by Exception sowie des Durchsetzens von Entscheidungen ist dabei wichtig, verantwortliche Manager für die Kostenabweichungen zu finden. Dies ist bei **Abweichungen höherer Ordnung** jedoch nicht eindeutig möglich, da sie sich auf mehrere Ursachen zurückführen lassen.

Die Zusammenhänge sollen für die Abweichung von Fertigungsmaterialkosten verdeutlicht werden. Bei Ausbringungsmenge $x^{(i)}$ ist zwischen dem flexiblen Budget der Fertigungsmaterialkosten ($d_M^{(s)} \cdot x^{(i)} \cdot c_M^{(s)}$) und den realisierten Fertigungsmaterialkosten ($d_M^{(i)} \cdot x^{(i)} \cdot c_M^{(i)}$) zu unterscheiden. Die Sollkosten entsprechen in Abbildung 10.14 dem inneren und die Istkosten dem äußeren Rechteck. Damit stimmt die Abweichung der Fertigungsmaterialkosten mit der Fläche zwischen den beiden Rechtecken überein. Diese Abweichung lässt sich in drei Komponenten aufspalten:
- Die Preisabweichung 1. Grades
    $$d_M^{(s)} \cdot x^{(i)} \cdot (c_M^{(i)} - c_M^{(s)})$$
    folgt aus Unterschieden zwischen dem Ist- und dem Festpreis des Materials.

- Die Mengenabweichung 1. Grades
$$(d_M^{(i)} - d_M^{(s)}) \cdot x^{(i)} \cdot c_M^{(s)}$$
folgt aus Unterschieden zwischen dem Ist- und dem Standardbedarfskoeffizienten für Material.
- Die Abweichung 2. Grades
$$(d_M^{(i)} - d_M^{(s)}) \cdot x^{(i)} \cdot (c_M^{(i)} - c_M^{(s)})$$
folgt aus Unterschieden zwischen dem vorgegebenen und dem realisierten Wert sowohl für den Preis als auch für den Direktbedarfskoeffizienten.

Die Summe der drei Abweichungen wiederum entspricht der Gesamtabweichung in Höhe von $d_M^{(i)} \cdot x^{(i)} \cdot c_M^{(i)} - d_M^{(s)} \cdot x^{(i)} \cdot c_M^{(s)}$.

Ist der Fertigungsleiter für den Materialverbrauch und der Leiter Einkauf für die Einstandskosten des Materials zuständig, dann lassen sich die Mengenabweichung 1. Grades sowie die Preisabweichung 1. Grades eindeutig zuordnen. Für die Abweichung 2. Grades sind hingegen beide Manager gemeinsam verantwortlich.

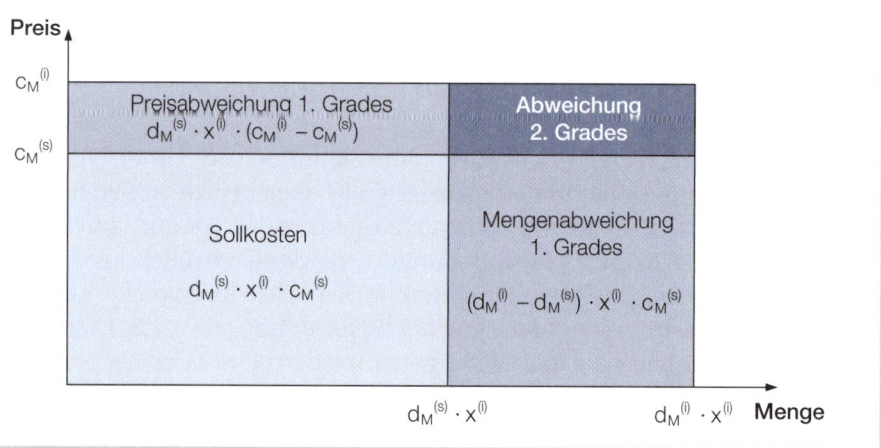

Abbildung 10.14: Graphische Darstellung der Ist- und Sollfertigungsmaterialkosten sowie ihrer Abweichungen

Abweichungen höheren Grades bei SonnenStuhl

Im Beispiel des Gartenmöbelherstellers errechnet sich die Preisabweichung 1. Grades zu

$$2.500\ € = 40\ m^2/\text{Stk} \cdot 250\ \text{Stk} \cdot (10\ €/m^2 - 9{,}75\ €/m^2),$$

die Mengenabweichung 1. Grades zu

$$4.875\ € = (42\ m^2/\text{Stk} - 40\ m^2/\text{Stk}) \cdot 250\ \text{Stk} \cdot 9{,}75\ €/m^2$$

> und die Abweichung 2. Grades zu
>
> $$125\ € = (42\ m^2/Stk - 40\ m^2/Stk) \cdot 250\ Stk \cdot (10\ €/m^2 - 9{,}75\ €/m^2).$$
>
> Die Summe aus Preisabweichung 1. Grades und Abweichung 2. Grades entspricht der in Abbildung 10.5 ausgewiesenen Preisabweichung Fertigungsmaterial und die Mengenabweichung 1. Grades ist identisch zur ausgewiesenen Verbrauchsabweichung Fertigungsmaterial. Beim Ausweis der Preis- und Verbrauchsabweichung Fertigungsmaterial wurde die Abweichung 2. Grades somit der Preisabweichung zugeschlagen. Wie Abbildung 10.14 verdeutlicht, hätte der Controller die Abweichung 2. Grades ebenso gut der Verbrauchsabweichung zuordnen können, da sie auch vom Unterschied zwischen dem vorgegebenen und dem realisierten Materialbedarfskoeffizienten abhängt.

Im Allgemeinen ist die Abweichung 2. Grades betragsmäßig deutlich kleiner als die beiden Abweichungen 1. Grades. Im Beispiel entspricht sie 5 % der Preisabweichung und nur gut 2,5 % der Mengenabweichung. Soll die Abweichung einen Lernvorgang oder ein Eingreifen des Managers auslösen, so werden diese Zwecke deshalb wohl unabhängig von der Zuordnung der Abweichung 2. Grades erreicht.

Nach verhaltenswissenschaftlichen Erkenntnissen sind Manager stärker motiviert, wenn man sie nur für beeinflussbare Sachverhalte verantwortlich macht. Da die Preise der Einsatzgüter von vielen Managern nicht beeinflussbar sind, rechnet man die Abweichung 2. Grades in der Praxis häufig der Preisabweichung zu. Die Unternehmensleitung zieht ihre Manager dann lediglich für die Verbrauchsabweichung (d.h. die Mengenabweichung 1. Grades) zur Verantwortung und kann so besser ihre Entscheidungen durchsetzen.

> ### Ausweis von Preisabweichungen bei SonnenStuhl
>
> Bei SonnenStuhl werden die Abweichungen 2. Grades durchgehend der Preisabweichung zugerechnet. Beispielsweise berechnet sich die Preisabweichung Fertigungsmaterial gemäß:
>
> Preisabweichung Fertigungsmaterial
> = Istkosten Fertigungsmaterial − verrechnete Kosten Fertigungsmaterial
> = $d_M^{(i)} \cdot x^{(i)} \cdot c_M^{(i)} - d_M^{(i)} \cdot x^{(i)} \cdot c_M^{(s)}$
> = $d_M^{(i)} \cdot x^{(i)} \cdot (c_M^{(i)} - c_M^{(s)})$
> = $d_M^{(s)} \cdot x^{(i)} \cdot (c_M^{(i)} - c_M^{(s)}) + (d_M^{(i)} - d_M^{(s)}) \cdot x^{(i)} \cdot (c_M^{(i)} - c_M^{(s)})$
> = Preisabweichung 1. Grades + Abweichung 2. Grades.
>
> Mit diesem Vorgehen will Controller Degen erreichen, dass die ausgewiesenen Verbrauchsabweichungen größtenteils von den verantwortlichen Managern beeinflusst werden können.

Literatur

Hilton, Ronald W./Platt, David E.: Managerial Accounting, 9. Auflage, McGraw-Hill, Boston et al. 2011, Kapitel 10 und 11.

Horngren, Charles, T./Datar, Srikant M./Rajan, Madhav: Cost Accounting – A Managerial Emphasis, 14. Auflage, Pearson Education, Upper Saddle River 2011, Kapitel 7 und 8.

Kilger, Wolfang/Pampel, Jochen/Vikas, Kurt: Flexible Plankostenrechnung und Deckungsbeitragsrechnung, 13. Auflage, Gabler, Wiesbaden 2012.

Küpper, Hans-Ulrich: Analyse der Differenzierung zwischen Standard- und Prognosekostenrechnung, in: Wirtschaftswissenschaftliches Studium, 1978, Heft 12, S. 562–568.

Schweitzer, Marcell/Küpper, Hans-Ulrich: Systeme der Kosten- und Erlösrechnung, 10. Auflage, Vahlen, München 2011, Kapitel 3 und 4.

Verständnisfragen

a) Was versteht man unter den Begriffen Optimalbeschäftigung und Normalbeschäftigung?
b) Welche Motivationswirkungen sind mit Standardkosten auf Basis einer Optimalbeschäftigung bzw. auf Basis einer Normalbeschäftigung verbunden?
c) Weshalb verwendet man Festpreise zur Bestimmung von Standardkosten?
d) Erläutern Sie die Bedeutung der flexiblen Budgetierung für die Steuerung von Kostenstellenleitern.
e) Die Ergebnisse welcher Rechnungen vergleicht man für die Soll-Ist-Abweichung bzw. für die budgetbezogene Plan-Ist-Abweichung?
f) Welche Manager haben im Allgemeinen den größten Einfluss auf die Höhe von Preis- bzw. Verbrauchsabweichungen?
g) Wie lassen sich Standards für Gemeinkosten bestimmen?
h) Welchen Sachverhalt bildet die Effizienzabweichung der Fertigungsgemeinkosten ab?
i) Was versteht man unter dem Begriff verrechnete Plankosten?
j) Zeigen Sie algebraisch den Zusammenhang zwischen der gesamten Soll-Ist-Abweichung, der Preisabweichung 1. Grades, der Mengenabweichung 1. Grades und der Abweichung 2. Grades.

Fallbeispiel: Software AG

Die Software AG mit Sitz in Darmstadt bietet Softwarelösungen zur Steuerung und Verwaltung von Geschäftsprozessen an. Das Unternehmen beschäftigt Ende 2012 insgesamt 5.419 Mitarbeiter und zählt mit einem Umsatz von 1,05 Milliarden Euro zu den größten Softwarehäusern Europas. In der internen Steuerung und Berichterstattung trennt die Software AG die Geschäftsbereiche ETS (Enterprise Transaction Systems, Datenmanagement), BPE (Business Process Excellence, Integrationssoftware und Prozessoptimierung) und IDSC (IDS Scheer Consulting, SAP-Beratungsgeschäft).

Für Business Process Excellence zeigt der nachfolgende Ausschnitt aus dem Segmentbericht für das Geschäftsjahr 2012, dass im Vergleich zum Vorjahr der Beitrag dieses Geschäftsbereichs zum Konzernüberschuss um 2,72 % gestiegen ist. Derartige Zeitvergleiche ermöglichen eine einfache Beurteilung, wie gut der verantwortliche Manager seinen Bereich geführt hat. Ergebnisverbesserungen (Ergebnisverschlechterungen) sind dann ein Indikator dafür, dass der Bereich gut (schlecht) geführt wurde.

	A	B	C	D	E
1	Segmentbericht der Software AG für das Geschäftsjahr 2012				
2					
3		Business Process Excellence (BPE)			
4				Abweichung	
5	in Mio EUR	GJ 2012	GJ 2011	absolut	prozentual
6	Umsatzerlöse	547,0	527,9	19,1 V	3,62%
7	Herstellkosten	163,3	187,1	23,8 V	-12,72%
8	Bruttoergebnis vom Umsatz	383,7	340,8	42,9 V	12,59%
9	Vertriebskosten	150,3	125,3	25,0 U	19,95%
10	Forschung & Entwicklung	75,0	61,3	13,7 U	22,35%
11	Segmentbeitrag	158,4	154,2	4,2 V	2,72%

Verwendet man das Ergebnis des Vorjahres als Benchmark, so liegt eine vorteilhafte Abweichung beim Segmentbeitrag in Höhe 4,2 Mio. EUR vor. Wie die Zeilen 6 bis 10 in Spalte D verdeutlichen, ist dieser Anstieg des Segmentbeitrags auf gesteigerte Umsatzerlöse sowie niedrigere Herstellkosten zurückzuführen. In beiden Fällen liegt eine vorteilhafte Abweichung vor. Demgegenüber haben sich die erhöhten Vertriebskosten sowie die erhöhten Kosten für Forschung & Entwicklung negativ auf den Segmentbeitrag ausgewirkt. Für diese Kosten ist somit eine unvorteilhafte Abweichung festzustellen. Wegen der gesunkenen Herstellkosten kann man die Tätigkeit des Fertigungsmanagers positiv beurteilen; die gestiegenen Vertriebskosten deuten andererseits auf Verbesserungsmöglichkeiten hin.

Bei dem Zeitvergleich werden in den Spalten D und E sowohl für die absoluten wie für die prozentualen Abweichungen den Istwerten des Geschäftsjahres 2012 die entsprechenden Werte des Geschäftsjahres 2011 gegenübergestellt. Damit wird bei den Kostenabweichungen jedoch vernachlässigt, dass in den beiden Jahren eine unterschiedliche Beschäftigung vorliegen kann: Die ausgewiesenen Abweichungen beruhen auf Unterschieden zu Vorgaben einer starren Rechnung.

Um die Vorgaben einer flexiblen Rechnung zu bestimmen, sind Annahmen über den Beschäftigungsmaßstab und die zugrundeliegenden Kostenfunktionen zu treffen. Im Weiteren sei vereinfacht angenommen,
- dass die Umsatzerlöse im Geschäftsbereich BPE als Maß der Beschäftigung dienen und
- dass von einer proportionalen Beziehung zwischen Herstellkosten, Vertriebskosten und Kosten für Forschung & Entwicklung sowie den Umsatzerlösen auszugehen ist.

Auf Basis dieser Annahmen erhält man für die Werte des Geschäftsjahres 2011 folgende Zuschlagsprozentsätze:

$$\text{Herstellkosten:} \quad 187{,}1/527{,}9 = 35{,}44\,\%$$
$$\text{Vertriebskosten:} \quad 125{,}3/527{,}9 = 23{,}74\,\%$$
$$\text{Forschung \& Entwicklung:} \quad 61{,}3/527{,}9 = 11{,}61\,\%.$$

Im Geschäftsjahr 2011 fielen je Euro Umsatzerlöse demnach 35,44 Eurocent Herstellkosten, 23,74 Eurocent Vertriebskosten und 11,61 Eurocent Kosten für Forschung & Entwicklung an. Unter Nutzung dieser drei Koeffizienten der Kostenfunktionen kann ein Controller die Vorgaben einer flexiblen Rechnung bestimmen. Mit Umsatzerlösen von 547,0 Mio EUR im Geschäftsjahr 2012 erhält er beispielsweise die Herstellkosten zu

$$547{,}0 \cdot 35{,}44\,\% = 193{,}9 \text{ Mio. EUR.}$$

Spalte D der nachfolgenden Tabelle zeigt die Ergebnisse einer solchen flexiblen Rechnung.

	A	B	C	D	E	F
1	Abweichungsanalyse für das GJ 2012					
2						
3			Business Process Excellence			
4		Istrechnung	flexible Rechnung		starre Rechnung	
5	in Mio EUR	GJ 2012				GJ 2011
6	Umsatzerlöse	547,0	0 V	547,0	19,1 V	527,9
7	Herstellkosten	163,3	30,6 V	193,9	6,8 U	187,1
8	Bruttoergebnis vom Umsatz	383,7	30,6 V	353,1	12,3 V	340,8
9	Vertriebskosten	150,3	20,5 U	129,8	4,5 U	125,3
10	Forschung & Entwicklung	75,0	11,5 U	63,5	2,2 U	61,3
11	Segmentbeitrag	158,4	1,4 U	159,8	5,6 V	154,2
12						
13			1,4 U		5,6 V	
14			Soll-Ist-Abweichung		Budgetbezogene Abweichung	
15						
16				4,2 V		
17				Abweichung starre Rechnung		

In den Spalten C und E sind die Unterschiede zwischen der Istrechnung für das Geschäftsjahr 2012 und der flexiblen Rechnung bzw. zwischen der flexiblen Rechnung und der starren Rechnung ausgewiesen. Während es sich bei den Werten der Spalte C um Soll-Ist-Abweichungen handelt, entsprechen die Werte der Spalte E einer budgetbezogenen Abweichung.

Die in Spalte E ausgewiesenen Differenzen sind auf Unterschiede zwischen der vorgegebenen und der realisierten Beschäftigung zurückzuführen. Da die Beschäftigung hier über die Umsatzerlöse erfasst wird, führt deren Anstieg zu einer vorteilhaften Abweichung bei den Umsatzerlösen und zu unvorteilhaften Abweichungen bei den Vertriebskosten und den Kosten für Forschung & Entwicklung. Interessanterweise gehen die Herstellkosten trotz höherer Umsatzerlöse zurück. Wegen der unterstellten Kostenfunktionen ist jeder Umsatzanstieg von einem Euro mit einem Anstieg des Segmentbeitrags von 1 – 0,3544 – 0,2374 – 0,1161 = 0,2921 € verbunden, was insgesamt eine vorteilhafte budgetbezogene Abweichung von

$$5,6 \text{ Mio. EUR} = 19,1 \text{ Mio. EUR} \cdot 0,2921 \text{ ergibt.}$$

Spalte C klammert bei der Bestimmung der Abweichungen derartige Unterschiede in der Beschäftigung aus. Während bei den Vertriebskosten und den Kosten für Forschung & Entwicklung unvorteilhafte Soll-Ist-Abweichung von 20,5 Mio. EUR bzw. 11,5 Mio. EUR besteht, liegt bei den Herstellkosten eine vorteilhafte Soll-Ist-Abweichung von 30,6 Mio. EUR vor. Trotz Anstiegs der Beschäftigung sind die Herstellkosten gesunken! Während im Geschäftsjahr 2011 35,44 Eurocent Herstellkosten je Euro Umsatzerlöse anfielen, sank dieser Betrag auf 29,85 Eurocent im Geschäftsjahr 2012. Insgesamt reduzierten sich deshalb die Herstellkosten um

$$30,6 \text{ Mio. EUR} = 547 \cdot (0,3544 - 0,2985).$$

Im Verhältnis zur hier angenommenen flexiblen Vorgabe beläuft sich die vorteilhafte Abweichung der Herstellkosten somit auf 15,78 % (= 30,6/193,9). Dieser Wert liegt leicht über der prozentualen Abweichung von 12,72 % im Verhältnis zu den Herstellkosten des Vorjahres (Feld E7 in der ersten Tabelle).

Dieser deutliche Rückgang der Herstellkosten ist ein wichtiger Indikator für das Management von BPE, sich mit den zugrundeliegenden Prozessen intensiv auseinander zu setzen. Für eine weitergehende Analyse ist dann beispielsweise zu berücksichtigen, dass im Jahresvergleich die Umsatzerlöse aus Lizenzen und Wartungen anstiegen, dafür aber die Erlöse aus Dienstleistungen deutlich zurück gingen. Im Rahmen der weitergehenden Abweichungsanalyse ist zu prüfen, in welchem Ausmaß dieser veränderte Erlös- und damit Produktmix für den Rückgang der Herstellkosten verantwortlich ist.

Quelle: Geschäftsbericht 2012 der Software AG.

Übungsaufgaben

1. Ein neu gegründetes studentisches Unternehmen stellt T-Shirts mit individuellen Aufdrucken her. Die Geschäftsleitung, bestehend aus den Studentinnen Müller und Schmidt, rechnet mit etwa 30 Minuten Fertigungszeit pro T-Shirt und prognostiziert für den Monat September 500 Fertigungsstunden. Die Prognose basiert auf dem voraussichtlichen Absatz von 1.000 T-Shirts. Pro T-Shirt wird ein Erlös in Höhe von 20 € erwartet. Die Standardkosten für Material betragen im Durchschnitt 6 € pro T-Shirt. Als Lohnsatz für die studentischen Mitarbeiter setzt Heiko Schneider, der die Position des Controllers im neu gegründeten Unternehmen einnimmt, 8 € pro Stunde

an. Zudem klassifiziert er die Betriebskosten (für Strom, Schmier- und Farbstoffe) als variable Fertigungsgemeinkosten in Abhängigkeit von den Fertigungsstunden. Pro Fertigungsstunde rechnet er mit 4,00 € Betriebskosten. Für die fixen Miet- und Verwaltungskosten veranschlagt er einen monatlichen Betrag von 2.000 €.

Am Monatsende stellt der Controller fest, dass 900 T-Shirts für insgesamt 18.750 € abgesetzt wurden. Der Materialverbrauch beläuft sich auf 6.340 €, der Fertigungslohn betrug 4.120 €. Die Stromkosten liegen bei 2.100 €, die fixen Fertigungs- und Verwaltungsgemeinkosten beliefen sich auf 2.200 €.

a) Bestimmen Sie ein starres und flexibles Budget für den Fall, dass die Ist-Absatzmenge 900 T-Shirts beträgt.
b) Bestimmen Sie je Einzelposten Soll-Ist-Abweichungen und budgetbezogene Plan-Ist-Abweichungen.
c) Wie bewerten Sie die im September angefallenen Betriebskosten? Welches Budget ist nützlicher um zu prüfen, ob effizient gearbeitet wurde?

2. Ein Cabrio-Hersteller kalkuliert mit einer Standardlohnrate von 15 € pro Stunde. Für den Monat Juni waren bei der Planung Anfang 2010 5.000 Arbeitsstunden veranschlagt, was bei einer Stückfertigungszeit von 20 Stunden 250 Cabrios entspricht. Aufgrund von ausbleibenden Aufträgen musste die Arbeitszeit jedoch um 30% auf 3.500 Stunden reduziert werden. Insgesamt wurden 150 Cabrios produziert. Die Summe der Fertigungslöhne belief sich im Juni auf 49.000 €.

Berechnen Sie für den Monat Juni
- die Preisabweichung Fertigungslöhne und
- die Verbrauchsabweichung Fertigungslöhne.

3. Die TElec GmbH produziert Taschenrechner für den Hausgebrauch. Die bei der Produktion anfallenden variablen Gemeinkosten für Material und Strom werden auf Basis der Fertigungsstunden als Bezugsgröße verrechnet. Folgende Informationen sind für den Monat August verfügbar:
- Der Geschäftsführer geht davon aus, dass bei der geplanten Produktion von 100.000 Taschenrechnern die variablen Fertigungsgemeinkosten 15.000 € betragen.
- Mit der neuen Fertigungsstraße soll die Produktion je Taschenrechner nur 18 Minuten dauern.
- 100.000 Taschenrechner wurden wie geplant im Monat August hergestellt.
- Für 40.000 Fertigungsstunden im Monat August sind variable Fertigungsgemeinkosten von 21.600 € angefallen.

a) Berechnen Sie die Preis- und die Effizienzabweichung der Fertigungsgemeinkosten für den Monat August.
b) Handelt es sich bei den Abweichungen um vorteilhafte oder unvorteilhafte Differenzen zu den Vorgaben?
c) Auf welche Ursachen lassen sich die Preis- bzw. die Effizienzabweichung zurückführen?

4. Die Standardgemeinkosten einer Fertigungshauptstelle bestimmen sich gemäß der Funktion K = 500 + 25·x, mit der Durchsatzmenge x als Maß der Beschäftigung. Die Plandurchsatzmenge beträgt 75 Stück. Bei einem Istdurchsatz von 80 Stück sind Kosten in Höhe von 2.500 € entstanden. Der Kostenfunktion und den Istkosten liegt ein einheitlicher Festpreis zugrunde. Führen Sie algebraisch und graphisch die Abweichungsanalyse durch. Bestimmen Sie hierzu folgende Größen:
    - starres Budget, Sollkosten und verrechnete Plankosten,
    - budgetbezogene Plan-Ist-Abweichung, Soll-Ist-Abweichung, Preisabweichung, Verbrauchsabweichung und Beschäftigungsabweichung,
    - Leer- und Nutzkosten.

Kapitel 11 Grenzplankostenrechnung

Kapitelüberblick

11.1 Zielsetzung und Merkmale der Grenzplankostenrechnung

11.2 Grundlegende Struktur der Grenzplankostenrechnung

11.3 Planung der Kosten in der Grenzplankostenrechnung
  Auflösung in fixe und variable Kosten
  Planung der Einzelkosten
  Vorgehensweise bei der Planung der Gemeinkosten
  Planung von Abschreibungen und Zinsen

11.4 Kostenkontrolle und Abweichungsanalyse
  Gemeinkostencontrolling
  Auswertung von Abweichungsursachen

11.5 Entscheidungsunterstützung durch die Grenzplankostenrechnung
  Deckungsbeitrag als Instrument zur Entscheidung über die Annahme eines Zusatzauftrags
  Mehrstufige Deckungsbeitragsrechnung zur Analyse der Profitabilität von Unternehmensbereichen
  Mehrdimensionale Deckungsbeitragsrechnung zur Analyse der Profitabilität von Kunden, Regionen und Produkten

Lernziele dieses Kapitels

- Durch welche Merkmale ist die Grenzplankostenrechnung charakterisiert?

- Welche Ziele werden mit der Grenzplankostenrechnung verfolgt?

- Aus welchen Elementen besteht die Grenzplankostenrechnung?

- Wie ist das Kostenrechnungssystem der Grenzplankostenrechnung aufgebaut?

- Welche Bedeutung hat die Kostenspaltung in fixe und variable Kosten?

- In welchen Schritten lassen sich die Gemeinkosten planen?

- Was ist Gemeinkostencontrolling?

- Wie kann die Grenzplankostenrechnung das Gemeinkostencontrolling unterstützen?

- Warum kann die Grenzplankostenrechnung kurzfristige Entscheidungen verbessern?

- Wie ist eine mehrdimensionale Deckungsbeitragsrechnung aufgebaut?

Kapitel 11 Grenzplankostenrechnung

> **Von der Istkosten- zur Plankostenrechnung bei Schwarz Logistics**
>
> Schwarz Logistics ist eine mittelständische Spedition mit Sitz in Wien, die Speditionsleistungen in Mitteleuropa anbietet. Ihr Angebot erstreckt sich auf die Durchführung von Standard- und Spezialtransporten. Die Spedition betreibt ein Lager am Firmensitz Wien und unterhält eine Flotte von insgesamt fünf Lastkraftwagen. Johann Schwarz, Inhaber und Seniorchef des Unternehmens, hat vor einigen Jahren eine Istkostenrechnung auf Vollkostenbasis eingeführt. Bei der Angebotskalkulation greift er auf die Daten der Istkostenrechnung zurück. Allerdings ist ihm aufgefallen, dass er bei vielen Angeboten nicht mehr den Zuschlag erhält, wenn er sich bei der Kalkulation an seinen Istkosten auf Vollkostenbasis orientiert. Er führt das auf den zunehmenden Wettbewerb insbesondere durch osteuropäische Speditionen zurück, die seiner Meinung nach ihre Leistungen zu Dumpingpreisen anbieten. Sein Sohn Matthias Schwarz, der schon lange auf eine bessere Planung im Unternehmen drängt und seit Abschluss seines Studiums vor einem Jahr im kaufmännischen Bereich des Unternehmens mitarbeitet, schlägt vor, die bisherige Istkostenrechnung durch eine Plankostenrechnung zu ergänzen, die zwischen variablen und fixen Kosten unterscheidet.

11.1 Zielsetzung und Merkmale der Grenzplankostenrechnung

Die Grenzplankostenrechnung unterstützt anhand einer genauen Planung und Kontrolle der Kosten das Unternehmen, bessere operative Entscheidungen zu treffen.

Die Grenzplankostenrechnung ist ein Kostenrechnungssystem, das Unternehmen unterstützt, bessere operative Entscheidungen zu treffen. Durch die genaue **Planung** der Kosten und die Gegenüberstellung mit den erwarteten Erlösen adressiert man Fragestellungen des operativen Geschäfts, z. B., ob ein Zusatzauftrag angenommen werden soll, ob in der geplanten Periode die Produktion eines Produktes eingestellt werden soll oder mit welchem Fertigungsverfahren sich ein konkreter Auftrag am kostengünstigsten realisieren lässt. Zudem ist mithilfe der Grenzplankostenrechnung eine **Kontrolle** aller angefallenen Kosten möglich. Damit lässt sich das Kostenbewusstsein von Mitarbeitern gezielt beeinflussen.

Das System der Grenzplankostenrechnung weist vier charakteristische Merkmale auf, die dazu dienen, diese Ziele zu erreichen.

1. Die Grenzplankostenrechnung ist eine **Planrechnung**. Das bedeutet, dass sie mit künftigen Kosten und Erlösen auf der Basis von Plan- und Prognosewerten durchgeführt wird. Die nachlaufende Rechnung mit realisierten Istwerten dient vor allem der Kontrolle der Kosten.
2. Sämtliche Kosten werden strikt in ihre variablen und fixen Bestandteile aufgespalten. Da für kurzfristige Entscheidungen die variablen Kosten relevant sind, schenkt die Grenzplankostenrechnung diesen Kosten besondere Beachtung. Sie ist außerdem eine **Teilkostenrechnung**, denn sie betrachtet für viele Analysen nur die variablen Kosten.
3. Die **Kostenstellen** haben in der Grenzplankostenrechnung eine hohe Bedeutung. Zum einen können dort das betriebliche Geschehen präzise abgebildet

11.1 Zielsetzung und Merkmale der Grenzplankostenrechnung

und die Kosten daher mit hoher Genauigkeit geplant werden. Zum anderen können Abweichungen in einer anschließenden Kontrolle transparent gemacht werden.

4. Die variablen Kosten spielen in der Erfolgsrechnung eine wichtige Rolle, die in der Grenzplankostenrechnung als **Deckungsbeitragsrechnung** aufgebaut ist. Dort kann die Profitabilität von Produkten, Kunden und Regionen detailliert untersucht werden.

> Die Grenzplankostenrechnung wurde in den sechziger und siebziger Jahren in Deutschland von Wolfgang Kilger konzipiert und insbesondere von Hans Georg Plaut in einer Reihe von Unternehmen eingeführt. Um der hohen Bedeutung von Deckungsbeiträgen gerecht zu werden, findet sich auch der umfangreichere Begriff der Grenzplankosten- und Deckungsbeitragsrechnung. Statt Grenzplankostenrechnung wird häufig auch der Begriff flexible Plankostenrechnung verwendet, der die strikte Trennung von variablen und fixen Kosten nicht so stark betont. In den USA hat sich mit dem Direct Costing ein ähnliches, wenn auch nicht so umfassend und detailliert konzipiertes System entwickelt. Teilweise findet sich auch der Begriff Marginal Costing bzw. Flexible Marginal Costing.

Begriffsvielfalt

> Nach einer Studie von Friedl/Frömberg/Hammer/Pedell/Küpper ist die Grenzplankostenrechnung das am weitesten verbreitete Kostenrechnungssystem in den 250 größten deutschen Unternehmen. Mehr als zwei Drittel der Befragten nutzen dieses System. Die Unterscheidung zwischen fixen und variablen Kostenbestandteilen nehmen sogar 87 % der befragten Unternehmen vor. Die hohe Verbreitung der Grenzplankostenrechnung deckt sich mit den Zwecken, welche die implementierten Kostenrechnungssysteme erfüllen sollen. Die drei wichtigsten Zwecke, nämlich Effizienz bei der Kostenkontrolle, kurzfristige Entscheidungsunterstützung und die Genauigkeit des Planungsprozesses werden von der Grenzplankostenrechnung in hohem Maße adressiert (vgl. Abb. 11.1).

Empirische Ergebnisse

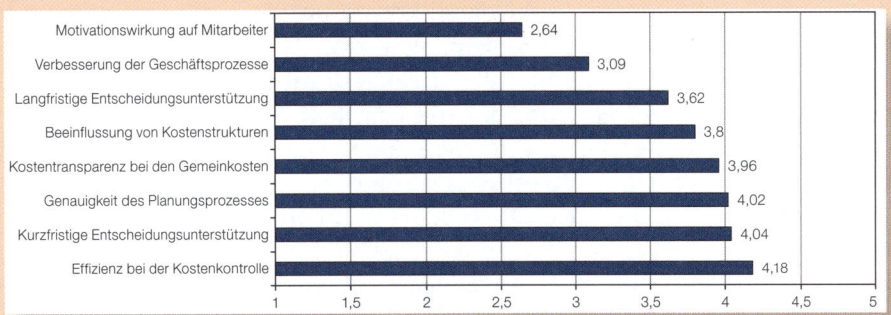

Abbildung 11.1: Rechnungszwecke der implementierten Kostenrechnung in deutschen Großunternehmen (Kodierung von 1 (gar nicht zutreffend) bis 5 (voll zutreffend))

Quelle: Friedl, Gunther; Frömberg, Kerstin; Hammer, Carola; Küpper, Hans-Ullrich und Pedell, Burkhard (2009): Stand und Perspektiven der Kostenrechnung in deutschen Großunternehmen, in: Zeitschrift für Controlling und Management, Heft 2/2009, S. 111–116.

Kapitel 11
Grenzplankostenrechnung

11.2 Grundlegende Struktur der Grenzplankostenrechnung

Der Aufbau der Grenzplankostenrechnung entspricht der bisher betrachteten Struktur mit einer Kostenarten-, Kostenstellen-, Kostenträger- und Ergebnisrechnung und ist in Abbildung 11.2 zu sehen.

Bei der Grenzplankostenrechnung wird bei der Erfassung und Planung der Kosten sowohl zwischen Einzel- und Gemeinkosten als auch zwischen variablen und fixen Kosten unterschieden.

Abbildung 11.2: Die grundlegende Struktur der Grenzplankostenrechnung

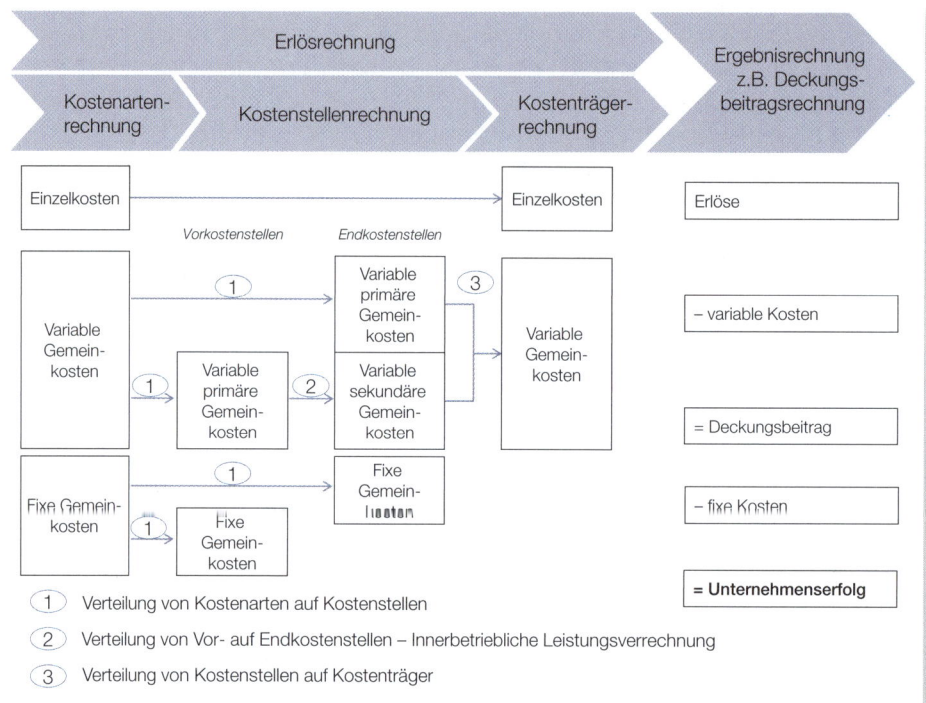

Im Detail zeigen sich allerdings einige Unterschiede zur bisher betrachteten Kostenrechnung. So wird bei der Erfassung und Planung der Kosten nicht nur zwischen Einzel- und Gemeinkosten unterschieden, sondern auch zwischen variablen und fixen Kosten. Während die variablen Einzelkosten wie Akkordlöhne und Materialkosten direkt auf die Kostenträger verrechnet werden, erfolgt die Verrechnung für die variablen und fixen Gemeinkosten zunächst auf die Kostenstellen. Dort werden sie getrennt ausgewiesen. Eine innerbetriebliche Leistungsverrechnung von den Vor- zu den Endkostenstellen wird lediglich für die variablen Kosten durchgeführt. Dasselbe gilt für die Verrechnung der Kosten von den Endkostenstellen auf die Kostenträger. Auch hier werden nur variable Kosten weiterverrechnet. Die fixen Gemeinkosten verbleiben zunächst auf den jeweiligen Vor- und Endkostenstellen.

Damit weisen die Kostenträger lediglich variable Kostenbestandteile auf. Eine Kalkulation von Produkten und Dienstleistungen betrachtet also nur diejenigen Kosten, die wegfallen würden, wenn man auf die Herstellung des

Produktes oder der Dienstleistung verzichten würde. Sämtliche Fixkosten wie beispielsweise Kosten für Fertigungsanlagen oder Verwaltungsgebäude fließen nicht in die Kalkulation ein.

Erst in der Erfolgsrechnung, die in der Grenzplankostenrechnung eine Deckungsbeitragsrechnung ist, erscheinen die Fixkosten wieder. Dort werden von den Erlösen zunächst die variablen Kosten der Kostenträger abgezogen, um zum Deckungsbeitrag eines Kostenträgers zu gelangen. Erst dann werden die Fixkosten abgezogen, wodurch sich der Gewinn ergibt.

Da als Kostenträger in der Regel ein einzelnes Produkt oder eine einzelne Dienstleistung betrachtet wird, gibt es keine fixen Einzelkosten. Wenn die Kosten auf ein Produkt direkt zurechenbar sind, geht man davon aus, dass sie auch wegfallen, wenn dieses Produkt nicht erzeugt wird.

In der Praxis erfolgt die Kostenträgerrechnung nicht nur auf Basis von variablen Kosten, sondern parallel dazu als Vollkostenrechnung. Dies liegt daran, dass viele Manager nicht nur die für kurzfristige Entscheidungen relevanten variablen Kosten, sondern auch die gesamten Selbstkosten eines Produktes oder einer Dienstleistung kennen möchten.

11.3 Planung der Kosten in der Grenzplankostenrechnung

Auflösung in fixe und variable Kosten

Ein wichtiges Merkmal der Grenzplankostenrechnung besteht in der strikten Trennung von variablen und fixen Kosten. Da die Einzelkosten als variabel angesehen werden und sich direkt auf die Kostenträger verrechnen lassen, erfolgt die Kostenspaltung in fixe und variable Komponenten nur für die Gemeinkosten.

Für die Aufspaltung der Gemeinkosten in ihre fixen und variablen Komponenten können grundsätzlich die in Kapitel 6 betrachteten Verfahren zur Ermittlung von Kostenfunktionen herangezogen werden. Da die Grenzplankostenrechnung eine Plankostenrechnung ist, ergibt sich die Besonderheit, dass statt von tatsächlich entstandenen Kosten von den erwarteten Kosten ausgegangen wird. Zudem geht sie grundsätzlich von linearen Kostenfunktionen aus, also solchen, bei denen die variablen Kosten proportional mit der Beschäftigung bzw. mit der Produktionsmenge steigen. Damit ergeben sich zwei wichtige Aufgaben:
- Zum einen muss man herausfinden, welche Kostenbestandteile sich mit der Beschäftigung ändern würden und welche bei einer Änderung der Beschäftigung konstant bleiben. Dies ist beispielsweise bei Abschreibungen gar

nicht so einfach. Denn die Wertänderung von Maschinen hängt meistens davon ab, wie sie genutzt werden. Eine intensivere Nutzung führt häufig zu einem schnelleren Wertverlust; der Abschreibungsverlauf müsste entsprechend angepasst werden. Aber auch im Falle einer Nichtnutzung unterliegt die Maschine einem Wertverlust. Daran erkennt man, dass Abschreibungen fixe und variable Bestandteile enthalten können.

- Zum anderen müssen künftige Kosten mit einer hinreichenden Genauigkeit prognostiziert werden. Dies setzt nicht nur eine genaue Kenntnis der Kostenfunktion, sondern auch eine Prognose der Beschäftigung voraus.

Planung der Einzelkosten

> Zu den wichtigsten Einzelkosten gehören die Material- und Lohnkosten sowie die sonstigen Einzelkosten.

Im Folgenden betrachten wir die Vorgehensweise der Grenzplankostenrechnung bei der Planung der wichtigsten Einzelkosten. Dazu gehören die Kostenarten Material- und Lohnkosten sowie die sonstigen Einzelkosten.

Materialeinzelkosten

Die Materialeinzelkosten sind in vielen Industriebetrieben ein wichtiger, wenn nicht der wichtigste Kostenblock. Preissteigerungen bei wichtigen Rohstoffen wie beispielsweise Stahl oder Rohöl tragen dazu zusätzlich bei. Zur Planung der Materialeinzelkosten muss man den prognostizierten mengenmäßigen Verbrauch und die zu erwartenden Einstandspreise kennen. Multipliziert man diese beiden Größen, ergeben sich daraus die geplanten Materialeinzelkosten.

Der mengenmäßige Materialverbrauch hängt nicht nur vom geplanten Produktionsprogramm ab. Er kann auch davon abhängen, welches Produktionsverfahren man verwendet. So kann beispielsweise bei maschinell gefertigten Möbeln der Holzverbrauch geringer sein als bei in Handarbeit gefertigten Einzelstücken, weil dort ein höherer Verschnitt zu berücksichtigen ist. Bei vielen industriell gefertigten Serien- oder Massenprodukten wird zur Ermittlung des geplanten Materialverbrauchs auf Stücklisten zurückgegriffen, aus denen die benötigten Materialien je gefertigter Einheit hervorgehen.

Die zu erwartenden Einstandspreise für das Material können auf unterschiedliche Weise abgeleitet werden. Sinnvoll, aber aufwändig ist eine genaue Prognose der Einstandspreise für jede Materialart. Die Genauigkeit der Grenzplankostenrechnung hängt damit stark von der Güte der Prognose ab. Weniger aufwändig ist die Verwendung von Durchschnittspreisen der Vergangenheit, weil sich diese leicht ermitteln lassen. In vielen Rohstoffmärkten, wie beispielsweise bei Edelmetallen mit hohen Preisschwankungen, können Durchschnittspreise jedoch erheblich von den später realisierten Einstandspreisen abweichen.

Planung der Materialeinzelkosten bei Schwarz Logistics

In Dienstleistungsbetrieben wie einer Spedition werden keine Produkte gefertigt. Dementsprechend fallen auch keine Materialkosten im engeren Sinne an. Allerdings wird für den Transport der Güter auf Lkws Treibstoff benötigt. Die dafür anfallenden Kosten können einzelnen Transporten direkt zugerechnet werden, so dass sie entsprechend der Materialeinzelkosten im Industriebetrieb geplant werden können. Sie sind variabel, weil sie nur anfallen, wenn ein Transport auch tatsächlich durchgeführt wird.

Matthias Schwarz nimmt sich nun eine aktuelle Anfrage eines Kunden vor, der einen Spezialtransport von Wien nach Košice, Slowakei benötigt. Die einfache Strecke beträgt 500 km. Da für den Spezialtransport eine leere Rückfahrt notwendig ist, geht Schwarz von 1.000 km aus. Um die Mengenkomponente zu planen, ist nun noch der durchschnittliche Treibstoffverbrauch notwendig. Dieser liegt bei 15 Liter Diesel je 100 km, so dass Matthias Schwarz von einer geplanten Dieselmenge von 150 Liter ausgeht.

Für die Planung der Preiskomponente greift er auf den derzeitigen Dieselpreis zurück, der bei 1,20 € je Liter liegt. Damit ergeben sich geplante Treibstoffkosten in Höhe von 180 € für den Spezialtransport.

Lohneinzelkosten

Lohneinzelkosten sind Kosten für Arbeitsleistungen, die sich direkt bestimmten Kostenträgern zuordnen lassen. In der Grenzplankostenrechnung werden diese dennoch genauso wie alle Gemeinkosten kostenstellenweise erfasst. Dies erleichtert die Planung genauso wie die Kontrolle der Lohneinzelkosten, weil über den Einsatz von Mitarbeitern häufig in den Kostenstellen entschieden wird.

Die Vorgehensweise bei der Planung der Lohneinzelkosten ist ähnlich wie bei den Materialeinzelkosten. Man muss sowohl die Arbeitszeit als auch den Preis je Arbeitsstunde planen. Für die Planung der Arbeitszeit greift man statt auf Stücklisten auf Arbeitspläne zurück, in denen der Zeitbedarf für alle Tätigkeiten angegeben ist, die bei der Herstellung eines Produktes anfallen. Bei der Planung des Preises je Arbeitsstunde ist die Unsicherheit über deren Höhe in der Regel geringer als bei Materialpreisen. Tarifverträge erlauben hier eine recht genaue Planung. Allerdings muss darauf geachtet werden, die unterschiedlichen Lohnformen wie Zeit-, Prämien- und Akkordlöhne richtig zu berücksichtigen.

Kapitel 11 Grenzplankostenrechnung

> **Planung der Lohneinzelkosten bei Schwarz Logistics**
>
> Alle Fahrer der Spedition Schwarz Logistics besitzen Arbeitszeitkonten. Zudem können bei Bedarf weitere Fahrer auf Stundenbasis hinzugezogen werden. Damit lassen sich die Lohnkosten für Fahrer in einem gewissen Auslastungsbereich relativ flexibel halten. In diesem Bereich sind sie daher als variabel anzusehen und können entsprechend geplant werden.
>
> Für die Strecke von Wien nach Košice und zurück veranschlagt Matthias Schwarz zwei Arbeitstage eines Fahrers, für den monatliche Bruttolohnkosten in Höhe von 2.500 € anfallen. Unter Berücksichtigung von Urlaubstagen und Krankheiten rechnet Matthias Schwarz vereinfachend mit 240 Arbeitstagen im Jahr bzw. 20 Tagen im Monat. Für die Strecke fallen also 2.500 € · 2/20 = 250 € Bruttolohnkosten an.

Sonstige Einzelkosten

Wichtige weitere Einzelkosten sind die Sondereinzelkosten der Fertigung, beispielsweise für Lizenzen, und die Sondereinzelkosten des Vertriebs, beispielsweise für Verkaufsprovisionen. Daneben können auch Kosten für Spezialwerkzeuge und Forschungs- und Entwicklungskosten Einzelkosten sein, wenn sie unmittelbar einem Kostenträger zuordenbar sind.

Vergleichsweise einfach lassen sich Sondereinzelkosten der Fertigung und des Vertriebs planen, weil sie in einem direkten Zusammenhang zu den Fertigungs- bzw. Absatzmengen stehen. Wenn Spezialwerkzeuge als Einzelkosten betrachtet werden können, ist die Planung von deren Kosten ebenfalls recht einfach.

Schwieriger ist die Planung von Forschungs- und Entwicklungskosten. Einzelkosten stellen diese allerdings nur dann dar, wenn sie direkt einem bestimmten Auftrag oder Projekt zuordenbar sind. Dann kann man in der Grenzplankostenrechnung die entsprechenden Kosten für den Kostenträger planen. Häufig treten Forschungs- und Entwicklungskosten weit früher auf als die Fertigstellung und der Verkauf des entsprechenden Produkts. Ist dies der Fall, sind Verfahren der Investitionsrechnung, wie die Kapitalwertrechnung geeigneter, um die Vorteilhaftigkeit eines Auftrags abschätzen zu können. Kostenrechnungsverfahren sind in diesem Fall ungeeignet, weil sie im Regelfall nur eine einzelne Periode betrachten.

Vorgehensweise bei der Planung der Gemeinkosten

Die Grenzplankostenrechnung schenkt der Planung der Gemeinkosten eine hohe Beachtung und geht hier mit entsprechender Genauigkeit vor. Dabei folgt sie grundsätzlich folgenden Prinzipien:
- Die Planung der Gemeinkosten erfolgt in den Kostenstellen. Diese spielen als Orte, in denen die Kosten entstehen, eine wichtige Rolle.

- Für jede Kostenart wird eine Kostenfunktion aufgestellt, die variable und fixe Kosten voneinander trennt. Vereinfachend wird grundsätzlich von linearen Kostenfunktionen ausgegangen.
- Bei der Aufstellung der Kostenfunktionen versucht man, die jeweiligen Kosteneinflussgrößen, also diejenigen Größen, welche die variablen Kosten erhöhen, so genau wie möglich zu identifizieren. Diese Kosteneinflussgrößen werden in der Grenzplankostenrechnung auch Bezugsgrößen genannt.
- Zwischen der Bezugsgröße und der Beschäftigung bzw. der Ausbringungsmenge wird ein linearer Zusammenhang unterstellt, so dass man relativ einfach von der Planung der Ausbringungsmenge zur Planung der Bezugsgröße und von dort zur Planung der Kosten gelangen kann.

Bei der Planung und Verrechnung der Gemeinkosten geht man in mehreren Schritten vor, über die Abb. 11.3 einen Überblick gibt.

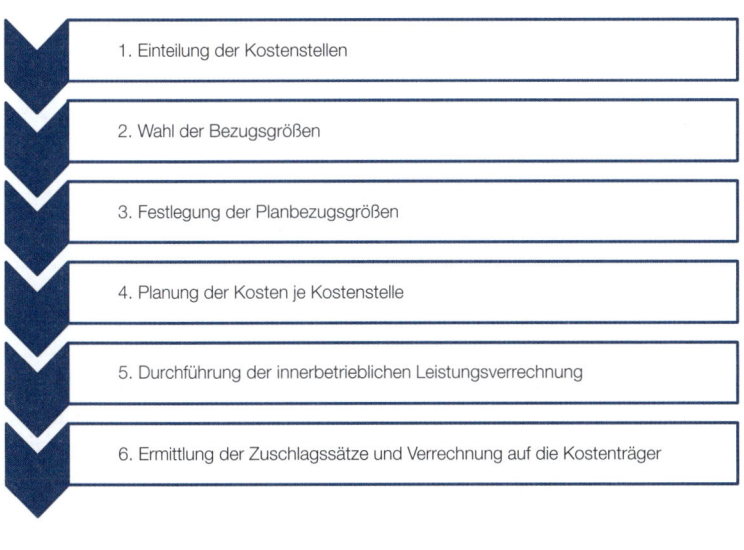

Abbildung 11.3: Schritte bei der Planung und Verrechnung der Gemeinkosten

Schritt 1: Einteilung der Kostenstellen

In einem ersten Schritt muss das Unternehmen zunächst in Kostenstellen eingeteilt werden. Dabei versucht man, Maschinen und Arbeitsplätze so zusammenzufassen, dass die Kosten, die durch diese Maschinen und Arbeitsplätze entstehen, eine möglichst homogene Ursache aufweisen. So lassen sich beispielsweise alle in der Buchhaltung beschäftigten Personen zu einer Kostenstelle zusammenfassen. Die homogene Ursache, auf welche sich die zu planenden Kosten zurückführen lassen, ist die Anzahl der Buchungen.

Diese bestimmen nämlich sowohl den Personalbedarf als auch den Bedarf an Rechenkapazität und Dokumentationsmaterialien.

Bei der Einteilung der Kostenstellen wird darauf geachtet, dass sich ein eigenständiger Verantwortungsbereich ergibt. Üblicherweise wird ein Kostenstellenleiter benannt, der für die Höhe der Kosten verantwortlich ist.

> **Einteilung der Kostenstellen bei Schwarz Logistics**
>
> Da Schwarz Logistics über eine Istkostenrechnung verfügt, liegt bereits eine Einteilung in Kostenstellen vor. Das Unternehmen ist in insgesamt neun Kostenstellen eingeteilt. Dabei bildet jeder der fünf Lkws eine eigene Kostenstelle. Darüber hinaus gibt es je eine Kostenstelle für das Lager in Wien, die Werkstatt, die Buchhaltung sowie Geschäftsleitung und Vertrieb.
> Die Werkstatt ist einzige Vorkostenstelle. Deren Kosten werden im Rahmen der innerbetrieblichen Leistungsverrechnung weiterverrechnet. Alle anderen Kostenstellen sind Endkostenstellen.
>
> | Vorkostenstelle | Endkostenstellen | | | | | | |
> |---|---|---|---|---|---|---|---|
> | Werkstatt | Lkw 1 | Lkw 2 | Lkw 3 | Lkw 4 | Lkw 5 | Lager | Buchhaltung | Geschäftsleitung und Vertrieb |

Anmerkung: Die letzte Spalte "Geschäftsleitung und Vertrieb" gehört zu den Endkostenstellen.

Schritt 2: Wahl der Bezugsgrößen

Für jede Kostenstelle ist nun diejenige Größe auszuwählen, welche ihre Kosten maßgeblich beeinflusst. Man unterscheidet zwischen direkten und indirekten Bezugsgrößen. Direkte Bezugsgrößen messen unmittelbar die Leistung einer Kostenstelle. Im Fall der Kostenstelle Buchhaltung ist beispielsweise die Anzahl der Buchungen eine direkte Bezugsgröße, weil diese die Leistung dieser Kostenstelle angibt. Indirekte Bezugsgrößen messen dagegen nicht unmittelbar die Leistungen einer Kostenstelle. Diese verwendet man dann, wenn für eine Kostenstelle keine Bezugsgröße zur Verfügung steht, welche zum einen die Leistung direkt misst und sich zum anderen mit der Beschäftigung in eine lineare Beziehung setzen lässt. Häufig ist das insbesondere im Verwaltungs- und Vertriebsbereich der Fall. So werden beispielsweise für Vertriebskostenstellen häufig die Herstellkosten als indirekte Bezugsgröße verwendet.

Wenn die Kosten einer Kostenstelle von mehreren Kosteneinflussgrößen beeinflusst werden, bietet es sich an, auch mehrere Bezugsgrößen zu verwenden. Falls beispielsweise in einer Kostenstelle eines Industriebetriebs ein Teil der Kosten von der Fertigungszeit und ein anderer Teil der Kosten von der Maschinenlaufzeit abhängt, bietet es sich an, beide Größen als Bezugsgröße dieser Kostenstelle zu wählen. Die Personalkosten würden dann über die Bezugsgröße Fertigungszeit geplant, während beispielsweise die Abschreibungen über die Bezugsgröße Maschinenlaufzeit geplant würden.

Wahl der Bezugsgrößen bei Schwarz Logistics

Schwarz Logistics verwendet folgende Bezugsgrößen für die Planung der Gemeinkosten:

Kostenstelle	Bezugsgröße
Werkstatt	Werkstattstunden
Lkw 1 – 5	Gefahrene Kilometer
Lager	Anzahl Zu- und Abgänge
Buchhaltung	Anzahl Buchungen
Geschäftsleitung und Vertrieb	Anzahl Aufträge

Schritt 3: Festlegung der Planbezugsgröße

Die Festlegung der Planbezugsgröße besteht darin, für jede Kostenstelle und jede Bezugsgröße die Ausprägung zu ermitteln, die für die Planung der Kosten in der Grenzplankostenrechnung zugrunde gelegt werden soll. Ausgangspunkt hierfür ist häufig die geplante Absatzmenge, weil diese für viele Unternehmen ein Engpass ist. Über die Absatzmenge lässt sich der Wert für die direkten Bezugsgrößen in den Kostenstellen unmittelbar bestimmen. Ist beispielsweise bei einem Möbelhersteller ein Absatz von 100 Sofas geplant, und wird in der Kostenstelle „Holzbau" auf Basis der Bezugsgröße Maschinenzeit geplant, ergibt sich bei einer Fertigungszeit von 2 Stunden je Sofa eine Planbezugsgröße von 200 Stunden.

Festlegung der Planbezugsgröße bei Schwarz Logistics

Bei der Festlegung der Planbezugsgröße für die Kostenstelle Lkw 1 schätzt Matthias Schwarz zunächst die Anzahl der zu erwartenden Fahrten und die durchschnittliche Kilometeranzahl jeder Fahrt ab. Er geht von insgesamt 200 Fahrten mit einer durchschnittlichen Kilometerzahl von 750 aus und kommt daher auf 150.000 gefahrene Kilometer für das kommende Jahr als Planbezugsgröße für die Kostenstelle Lkw 1. Diese Zahl plausibilisiert er, indem er den Wert des abgelaufenen Jahrs betrachtet.

Schritt 4: Planung der Kosten je Kostenstelle

Mithilfe von Kostenplänen erfolgt nun die Planung der fixen und variablen Kosten für jede Kostenstelle. Dabei wird üblicherweise jede Kostenart getrennt geplant. Das Beispiel von Schwarz Logistics zeigt den monatlichen Kostenstellenplan für die Kostenstelle Lkw 1 auf Basis der Bezugsgröße „Anzahl der gefahrenen Kilometer".

Planung der Kosten je Kostenstelle Schwarz Logistics

Der folgende Kostenplan zeigt die geplanten Kosten der Kostenstelle Lkw 1 für den November 2015. Auf Basis von geplanten 150.000 km pro Jahr ergibt sich eine Planbezugsgröße von 12.500 km pro Monat (150.000/12). Der Fahrer ist an 20 Tagen im Einsatz und erhält nur dann einen Lohn, wenn er fährt. Für die Reinigung werden 20 Stunden veranschlagt, die zum Teil auch dann anfällt, wenn der Lkw nicht im Einsatz ist. Darüber hinaus sind noch Mietkosten, die Kosten für die Inspektion und für Reifenwechsel zu berücksichtigen.

	A	B	C	D	E	F	G
1	Kostenplan						
3	Zeitraum:	Nov 2015					
4	Kostenstelle:	Lkw 1					
5	Planbezugsgröße:	12.500 km					
6						Plankosten [€/Monat]	
7	Kostenart	Einheit	Menge	€ / Einheit	Gesamt	Variabel	Fix
9	Fahrerlöhne	Tage	20	125	2.500	2.500	-
11	Hilfslöhne für Reinigung	Std.	20	13	260	160	100
13	Mietkosten für Parkplatz	Tage	30	40	1.200	1.200	-
15	Monatliche Inspektion	Anzahl	1	1000	1.000	200	800
17	Reifenwechsel	Anzahl	1	800	800	200	600
19				Primäre Plangemeinkosten	5.760	4.260	1.500

Schritt 5: Durchführung der innerbetrieblichen Leistungsverrechnung

Bislang war die Planung der Kosten auf die Kostenstellen beschränkt. Letztlich ist es aber notwendig, die Kosten der einzelnen Kostenträger zu planen. Daher muss nun eine Verrechnung der geplanten Kosten von den Kostenstellen auf die Kostenträger erfolgen. Dazu sind zunächst die variablen Kosten der Vorkostenstellen auf die Endkostenstellen zu verrechnen. Dieser Schritt ist notwendig, da zwischen den Kosten der Vorkostenstellen und den Kostenträgern keine direkte Ursache-Wirkungs-Beziehung besteht. Eine verursachungsgerechte Zurechnung ist dementsprechend nicht möglich. Eine Besonderheit der Grenzplankostenrechnung besteht darin, dass die Fixkosten zunächst auf den Vorkostenstellen verbleiben, also nicht weiterverrechnet werden. Diese fließen erst später in die Deckungsbeitragsrechnung ein.

11.3 Planung der Kosten in der Grenzplankostenrechnung

Innerbetriebliche Leistungsverrechnung bei Schwarz Logistics

Da die Kostenstellenstruktur von Schwarz Logistics nur eine Vorkostenstelle aufweist, gibt es keine Leistungsbeziehungen zwischen Vorkostenstellen, die zu berücksichtigen wären. Darüber hinaus sind die Leistungsbeziehungen zwischen Vor- und Endkostenstellen einseitig und zwischen den Endkostenstellen werden keine Leistungen ausgetauscht. Daher eignet sich das Verfahren der Blockumlage, bei dem sämtliche Kosten der Vorkostenstelle Werkstatt in einem Kostenblock auf die Endkostenstellen umgelegt werden.

Insgesamt fallen in der Vorkostenstelle Werkstatt 160 Arbeitsstunden an. Die hierfür anfallenden Kosten betragen 20.000 € und sind variabel. Daraus ergibt sich ein Verrechnungssatz in Höhe von 125 € pro Stunde. Da die Kostenstelle Lkw 1 16 Stunden in Anspruch nimmt, werden 2.000 € auf sie verrechnet.

	A	B	C	D	E	F
1	Leistungsbeziehungen					
3	Zeitraum:	Nov 2015				
4	Vorkostenstelle:	Werkstatt				
5	Planbezugsgröße:	160 Std.				
7		Lkw 1	Lkw 2	…	Geschäftsleitung und Vertrieb	∑
9	Beanspruchte Stunden	16	25		0	160
11	Kostenstellenumlage in €	2.000	3.125		0	20.000

Einschließlich der Kostenstellenumlage ergeben sich also in der Kostenstelle Lkw 1 gesamte variable Plangemeinkosten in Höhe von 6.260 €, die sich aus den primären Plangemeinkosten in Höhe von 4.260 € und der Kostenstellenumlage in Höhe von 2.000 € zusammensetzen.

	A	B	C	D	E	F	G	H	I	J	K L M	N	O	P
1	Innerbetriebliche Leistungsverrechnung													
3		Vorkostenstelle			Endkostenstellen									
		Werkstatt			Lkw 1			Lkw 2			…	Geschäftsleitung und Vertrieb		
5		ges	var	fix	ges	var	fix	ges	var	fix		ges	var	fix
10	Primäre Plangemeinkosten	30.000	20.000	10.000	5.760	4.260	1.500	8.500	6.000	2.500		35.000	10.000	25.000
12	Kostenstellenumlage	-20.000	-20.000		2.000	2.000		3.125	3.125					
14	Gesamte Plangemeinkosten (primär und sekundär)	10.000		10.000	7.760	6.260	1.500	11.625	9.125	2.500	…	35.000	10.000	25.000

Schritt 6: Ermittlung von Zuschlagssätzen für die Endkostenstellen und Verrechnung auf die Kostenträger

Nach Schritt 5 sind nun alle geplanten variablen Kosten auf den Endkostenstellen zu finden. Von dort sind sie auf die Kostenträger zu verrechnen. Diese Verrechnung erfolgt, indem für die variablen Kosten der Endkostenstellen zunächst Zuschlagssätze gebildet werden. Dafür werden die variablen Kosten der Kostenstelle durch den geplanten Wert für die Bezugsgröße geteilt. Damit ergibt sich ein Kostensatz, mit dessen Hilfe man nun die geplanten variablen Kosten auf die Kostenträger verrechnen kann.

> **Ermittlung des Zuschlagssatzes bei Schwarz Logistics**
>
> Für die Ermittlung der Zuschlagssätze in der Kostenstelle Lkw 1 werden die variablen Plangemeinkosten in Höhe von 6.260 € zugrunde gelegt. Die jährliche Planbezugsgröße beträgt 150.000 km, woraus sich eine monatliche Planbezugsgröße von 12.500 km ergibt. Der Zuschlagssatz beträgt 6.260 €/12.500 km = 0,50 € je km.
>
> | | A | B | C | D |
> |---|---|---|---|---|
> | 1 | Zuschlagssätze für die Endkostenstellen | | | |
> | 3 | Zeitraum: | Nov 2015 | | |
> | 4 | Kostenstelle: | Lkw 1 | | |
> | 6 | | Plankosten [€/Monat] | | |
> | 7 | Kostenarten | Gesamt | Variabel | Fix |
> | 9 | Primäre Gemeinkosten | 5.760 | 4.260 | 1.500 |
> | 11 | Sekundäre Gemeinkosten | 2.000 | 2.000 | 0 |
> | 13 | Summe | 7.760 | 6.260 | 1.500 |
> | 15 | Bezugsgröße des Zuschagssatzes | | 12.500 km | |
> | 17 | Zuschlagssatz variable Kosten | | 0,50 € / km | |
>
> Im Rahmen der Kostenträgerstückrechnung bedeutet dies, dass jeder Kostenträger 50 Cent pro Kilometer, den Lkw 1 für diesen Kostenträger gefahren ist, an variablen Gemeinkosten zu tragen hat.

Planung von Abschreibungen und Zinsen

Wichtige Gemeinkosten, die nicht direkt den Kostenträgern zugerechnet werden können, sind Personalkosten, Kosten für Hilfs- und Betriebsstoffe, Steuern und Abgaben sowie Abschreibungen und Zinsen.

Wichtige Gemeinkosten sind Personalkosten, die nicht direkt den Kostenträgern zugerechnet werden können, Kosten für Hilfs- und Betriebsstoffe sowie Werkzeuge, Reise-, Porto- und Beratungskosten sowie Steuern, Abgaben und Beiträge. Daneben spielen für viele Unternehmen die beiden Gemeinkostenarten Abschreibungen und Zinsen eine wichtige Rolle. Das gilt insbesondere für Industrieunternehmen, die einen hohen Anlagenbestand haben, wie die Stahlindustrie oder Maschinenbauer, aber auch für manche Dienstleistungsunternehmen, die für die Erbringung ihrer Dienstleistungen Anlagegüter benötigen, wie Fluggesellschaften oder Speditionen. Weil eine Unterscheidung von variablen und fixen Kosten bei Abschreibungen und Zinsen nicht ganz einfach ist, betrachten wir die Planung dieser beiden Kostenarten in der Grenzplankostenrechnung etwas genauer.

Abschreibungen

Abschreibungen entsprechen der Wertänderung eines Anlagengutes innerhalb einer Periode, also beispielsweise der Wertänderung eines Lastkraftwagens. Will man eine Unterscheidung zwischen variablen und fixen Abschreibungen vornehmen, beziehen sich die variablen Abschreibungen gemäß Abb. 11.4 auf denjenigen Teil der Wertänderung, der ausschließlich durch die Nutzung der Anlage veranlasst ist. Sie beziehen sich also auf den Gebrauchsverschleiß. Im Falle eines Lkws ist das diejenige Wertänderung, die auf die gefahrenen Kilometer zurückzuführen ist. Die fixe Abschreibung bezieht sich dagegen auf denjenigen Teil der Wertänderung, der auch ohne Nutzung der Anlage zu erwarten ist, also einen Zeitverschleiß. Der Wert eines Lkws nimmt auch dann ab, wenn er nicht genutzt wird, allerdings nicht in demselben Ausmaß wie bei einer Nutzung.

Abschreibungen entsprechen der Wertänderung eines Anlagengutes innerhalb einer Periode.

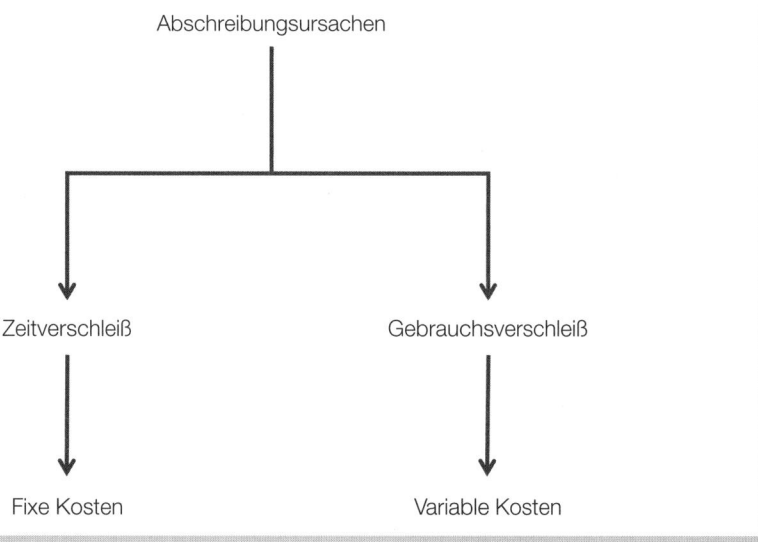

Abbildung 11.4: Abschreibungsursachen und deren Abbildung in der Grenzplankostenrechnung

Für die Planung der Abschreibungen in der Grenzplankostenrechnung ist deren Aufspaltung in variable und fixe Anteile von großer Bedeutung. Diese Aufspaltung hängt jedoch in hohem Maße von der geplanten Nutzung der Anlage ab. Bei einer intensiveren Nutzung beispielsweise eines Lkws spielen die variablen Anteile eine wichtigere Rolle als bei einer nur gelegentlichen Nutzung. Bei einer intensiveren Nutzung wird die Nutzungsdauer des Lkws durch die Anzahl der gefahrenen Kilometer beeinflusst, während sie bei einer nur gelegentlichen Nutzung durch den technologischen Fortschritt oder zunehmende Wartungserfordernisse begrenzt wird.

Betrachten wir zunächst den Fall, dass die Wertänderung des Lkws nur auf einem Zeitverschleiß beruht. Bei linearer Abschreibung erhält man die Abschreibungen a_{ZV}, indem man den Anschaffungs- oder Wiederbeschaffungswert A abzüglich eines etwaigen Restwerts L durch die Nutzungsdauer t_{ZV} bei Zeitverschleiß teilt, also $a_{ZV} = (A - L)/t_{ZV}$. Die Abschreibungskosten sind in diesem Fall als fix anzusehen.

> **Planung von Abschreibungen – Zeitverschleiß bei Schwarz Logistics**
>
> Schwarz Logistics plant die Anschaffung eines neuen Lkws. Die Anschaffungskosten für die MAN TGX Zugmaschine einschließlich Auflieger betragen 120.000 €, der Restwert sei Null. Bei reinem Zeitverschleiß und einer Nutzungsdauer von 10 Jahren ergibt sich ein jährlicher fixer Abschreibungsbetrag von 12.000 €.

Beruht dagegen die Wertänderung des Lkws ausschließlich auf einem Gebrauchsverschleiß, erhält man die Abschreibungen je gefahrenem Kilometer a_q, indem man den Anschaffungs- oder Wiederbeschaffungswert A abzüglich eines etwaigen Restwerts L durch die Anzahl der über die gesamte Nutzungsdauer zurück zu legenden Kilometer Q teilt. Der Abschreibungsbetrag eines Jahres a_{GV} ergibt sich nun durch Multiplikation der Abschreibungen je Kilometer mit der Anzahl der in diesem Jahr geplanten Kilometer q_p, also $a_{GV} = q_p \cdot (A - L)/Q$. Dieser Betrag wird in voller Höhe als variabel angesehen.

Man kann diesen Abschreibungsbetrag auch berechnen, indem man die erwartete Nutzungsdauer t_{GV} bei Gebrauchsverschleiß zugrunde legt. Dafür muss man die Gesamtleistung durch die durchschnittliche jährliche Fahrleistung teilen. Die Abschreibungen ergeben sich nun wieder, indem man den Anschaffungswert durch die so ermittelte Nutzungsdauer teilt.

> **Planung von Abschreibungen – Gebrauchsverschleiß bei Schwarz Logistics**
>
> Für die eben betrachtete MAN TGX Zugmaschine einschließlich Auflieger geht Matthias Schwarz von einer jährlichen Fahrleistung von 150.000 km aus. Er weiß, dass die Gesamtfahrleistung für diesen Lkw über die gesamte Nutzungsdauer etwa 750.000 km beträgt. Die variablen Abschreibungskosten je km betragen also 120.000 €/750.000 km = 0,16 €/km. Pro Jahr fallen variable Abschreibungen in Höhe von 150.000 km · 0,16 €/km = 24.000 € an.
> Die erwartete Nutzungsdauer beträgt dann 750.000 km/150.000 km/Jahr = 5 Jahre. Auf Basis dieser Nutzungsdauer ergeben sich ebenfalls variable Abschreibungen in Höhe von 120.000 €/5 = 24.000 €.

Wenn Zeit- und Gebrauchsverschleiß gleichzeitig eine Rolle spielen, wie dies z. B. bei Lkws der Fall ist, kann man für die Planung und Aufspaltung der Kosten in ihre fixen und variablen Bestandteile auf das Näherungsverfahren von Bain[1] zurückgreifen. Dieses ermittelt zunächst die so genannte kritische Beschäftigung (bzw. kritische Fahrleistung), die sich ergibt, wenn die Fahrleistung des Lkw zu einer Nutzungsdauer führt, die genau der Nutzungsdauer bei Zeitverschleiß entspricht. In diesem Fall gilt allgemein:

$$\frac{\text{Nutzungsdauer}}{\text{bei Gebrauchsverschleiß}} = \frac{\text{Gesamtleistung}}{\text{kritische Beschäftigung}} = \frac{\text{Nutzungsdauer}}{\text{bei Zeitverschleiß}}$$

Das Umformen dieser Gleichung verdeutlicht, dass man die kritische Fahrleistung berechnen kann, indem man die Gesamtfahrleistung durch die Nutzungsdauer bei Zeitverschleiß teilt. Im Fall des eben betrachteten Lkws beträgt die kritische Fahrleistung 750.000 km/10 = 75.000 km. Wird der Lkw jährlich 75.000 km gefahren, endet seine Nutzungsdauer auf Basis der gefahrenen Kilometer genau nach 10 Jahren, was der Nutzungsdauer bei Zeitverschleiß entspricht.

Nun sind zwei Fälle denkbar:
- Der Zeitverschleiß wirkt stärker als der Gebrauchsverschleiß: In diesem Fall ist die Nutzungsdauer bei Gebrauchsverschleiß länger als die Nutzungsdauer bei Zeitverschleiß. Letzterer bestimmt also die Nutzungsdauer. Die geplanten Abschreibungsbeträge lassen sich dann als reine Zeitabschreibungen berechnen und werden vollständig als fixe Kosten betrachtet. In unserem Beispiel wäre das der Fall, wenn die jährliche Fahrleistung des Lkws weniger als 75.000 km betragen würde. Die entsprechende Kostenfunktion in Abhängigkeit der Beschäftigung verläuft horizontal.
- Der Gebrauchsverschleiß wirkt stärker als der Zeitverschleiß: In diesem Fall ist die Nutzungsdauer bei Gebrauchsverschleiß kürzer als bei Zeitverschleiß. Da es sich um variable Kosten handelt, steigt die Kostenfunktion linear mit der Beschäftigung an. Die Steigung der Kostenfunktion wird bestimmt durch die Abschreibungshöhe bei Gebrauchsverschleiß. Sie beträgt

$$\left(\frac{A}{t_{GV}}\right) \bigg/ q_p \, .$$

Insgesamt folgt die tatsächliche Kostenkurve der geplanten Abschreibungen also dem in Abb. 11.5 dargestellten Verlauf. Bis zur kritischen Beschäftigung

---

[1] Vgl. Bain, J.S.: Depression Pricing and the Depreciation Function, in: The Quarterly Journal of Economics, 1936, S. 705 ff.

verläuft sie horizontal, danach steigt sie linear mit zunehmender Beschäftigung an. Diese Kostenfunktion weist also einen geknickten Verlauf auf. Eine Planung der Kosten mithilfe einer solchen Kostenfunktion ist in der Grenzplankostenrechnung nicht möglich, da dort lineare Kostenfunktionen unterstellt werden. Daher behilft man sich mit einer Näherung. Man verbindet die Plankosten bei erwarteter Beschäftigung mit dem Abschreibungsbetrag bei reinem Zeitverschleiß und einer Beschäftigung von Null (vgl. Abb. 11.5). Mithilfe der so ermittelten Kostenkurve lassen sich nun die Abschreibungen planen. Weicht die realisierte Beschäftigung von der ursprünglich geplanten Beschäftigung ab, so entsprechen die Kosten nicht genau dem tatsächlichen Sollkostenverlauf. Diese Ungenauigkeit nimmt man jedoch in Kauf, um die Kosten etwas einfacher planen zu können.

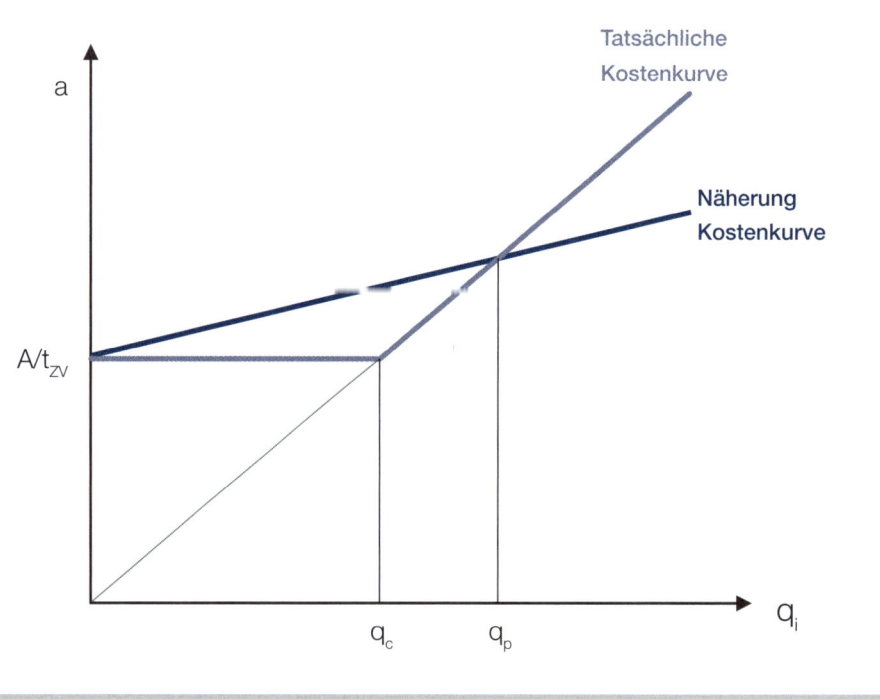

Abbildung 11.5: Das Näherungsverfahren von Bain zur Planung von fixen und variablen Abschreibungskomponenten

Unter Verwendung des Näherungsverfahrens setzt sich die Abschreibung aus einer fixen und einer variablen Komponente zusammen. Die fixe Komponente ergibt sich über den Abschreibungsbetrag bei reinem Zeitverschleiß, also

$$a_{fix} = A/t_{ZV.}$$

In unserem Beispiel errechnet sich dieser Betrag zu 120.000 €/10 Jahre = 12.000 € pro Jahr. Der variable Betrag ist der darüber hinausgehende Abschreibungsbetrag, der bei Übereinstimmung von Ist- und Planbeschäftigung folgenden Wert annimmt:

$$a_{var} = A/t_{GV} - A/t_{ZV}.$$

Dieser Wert beträgt in unserem Beispiel 120.000 €/5 − 120.000 €/10 = 12.000 €.

Will man nun die Sollkostenkurve der Abschreibungen a_s für beliebige realisierte Beschäftigungen q_i berechnen, ergibt sich

$$a_s = a_{fix} + a_{var} \cdot (q_i/q_p).$$

Diese Kurve entspricht der mit „Näherung Kostenkurve" bezeichneten Geraden in Abb. 11.5. Die Steigung dieser Kurve beträgt somit

$$\left(\frac{A}{t_{GV}} - \frac{A}{t_{ZV}}\right) \Big/ q_p .$$

Bei einer realisierten Laufleistung von 150.000 km beträgt die Abschreibung demnach 12.000 € + 12.000 € = 24.000 €. Werden dagegen 165.000 km gefahren, erhöht sich der Abschreibungsbetrag auf 12.000 € + 12.000 € · (165.000/150.000) = 25.200 €. Die variablen Abschreibungen steigen um 1.200 € an, während die fixen Abschreibungen konstant bleiben. Allerdings wird damit der tatsächliche Abschreibungsbetrag unterschätzt, wie man in Abb. 11.5 erkennen kann. Statt der eigentlich notwendigen Kostensteigerung um 15.000 km · 0,16 €/km = 2.400 €, bleibt man wegen des verwendeten Näherungsverfahrens unterhalb dieses Werts. Damit zeigt sich, dass das Näherungsverfahren von Bain nur dann angewendet werden sollte, wenn die Differenz zwischen geplanter und realisierter Beschäftigung nicht zu groß ist.

Zinsen

Bei der Planung der Zinskosten sind Anlage- und Umlaufvermögen zu unterscheiden. Die Planung der Zinskosten auf das Anlagevermögen orientiert sich am geplanten Wert des Anlagebestands, setzt also voraus, dass in den Kostenstellen die Anlagenbestände geplant werden. Dabei können zwei Verfahren zur Anwendung kommen, nämlich die Restwert- oder die Durchschnittswertverzinsung. Bei der Restwertverzinsung ermittelt man die Zinsen, indem man den aktuellen Wert der Anlage auf Basis jährlicher Durchschnittswerte mit dem kalkulatorischen Zinssatz multipliziert. Damit weisen neuere Anlagen höhere Zinskosten auf als ältere. Bei der Durchschnittsverzinsung wird das durchschnittlich über die gesamte Nutzungsdauer in der Anlage gebundene Kapital mit dem kalkulatorischen Zinssatz multipliziert. Damit ergeben sich konstante Zinskosten über die Nutzungsdauer einer Anlage. Die Zinskosten des Anlagevermögens werden in der Grenzplankostenrechnung als Fixkosten geführt.

> **Planung von Zinskosten für das Anlagevermögen bei Schwarz Logistics**
>
> Schwarz Logistics ermittelt die Zinskosten über das Restwertverfahren. Für einen Hubwagen, der für 2.000 € angeschafft worden ist und über zehn Jahre abgeschrieben wird, ergibt sich ein Wert zum Ende des laufenden Jahres von 1.600 €. Zum Ende des kommenden Jahres beträgt sein Wert entsprechend einem linearen Abschreibungsbetrag in Höhe von 200 € noch 1.400 €. Die geplanten Zinskosten werden bestimmt, indem man den Mittelwert in Höhe von (1.600 € + 1.400 €)/2 = 1.500 € mit dem kalkulatorischen Zinssatz in Höhe von 8 % multipliziert. Es ergeben sich also Zinskosten für den Hubwagen in Höhe von 120 €, die als fixe Gemeinkosten in die Kostenstellenrechnung eingehen.

Für die Planung der Zinskosten auf das Umlaufvermögen müssen die Kostenstellen ihre Bestände planen. In Material-, Lager- und Fertigungskostenstellen sind die Bestände an Rohstoffen, Halbfertig- und Fertigerzeugnissen zu planen. Vertriebskostenstellen müssen die Debitorenbestände, also die Höhe der offenen Forderungen gegenüber Kunden planen. Darüber hinaus müssen Ersatzteile sowie Hilfs- und Betriebsstoffe geplant werden. Die Zinskosten auf das Umlaufvermögen werden ermittelt, indem man die durchschnittlichen Bestände für das Jahr mit dem kalkulatorischen Zinssatz multipliziert.

Zur Planung der durchschnittlichen Bestände insbesondere bei Roh-, Hilfs- und Betriebsstoffen kann man auf folgende Gleichung zurückgreifen:

$$\text{Durchschnittsbestand} = \frac{\text{Jahresverbrauch}}{2 \cdot \text{Bestellhäufigkeit}}$$

Beträgt der Jahresverbrauch eines Rohstoffs beispielsweise 1.000 kg, dann ergibt sich bei einer jährlichen Bestellung am Jahresanfang ein Durchschnittsbestand von 500 kg, da der Rohstoff kontinuierlich über das Jahr verbraucht wird. Bei zwei Bestellungen – eine am Jahresanfang und eine zur Jahresmitte – reduziert sich der durchschnittliche Bestand dagegen auf 250 kg.

Darüber hinaus muss unter Umständen ein Reservebestand berücksichtigt werden, um etwaige Unsicherheiten bei der Beschaffung oder beim Verbrauch ausgleichen zu können. Dieser ist zum so errechneten Durchschnittsbestand hinzu zu zählen.

Welcher Anteil der Zinskosten auf das Umlaufvermögen variabel und welcher fix ist, lässt sich nicht allgemeingültig beantworten. Wenn Lagerbestände rasch an Beschäftigungsänderungen angepasst werden können, sind die zugehörigen Zinskosten als variabel einzustufen. Diejenigen Bestände, die das Unternehmen unabhängig von der Höhe der Beschäftigung vorhält, führen dagegen zu fixen Zinskosten.

> **Planung von Zinskosten für das Umlaufvermögen bei Schwarz Logistics**
>
> Schwarz Logistics unterhält eine eigene Tankanlage für ihre Lkws. Der erwartete Jahresbedarf an Diesel ergibt sich über die geplante jährliche Fahrleistung in Höhe von 750.000 km (150.000 km · 5 Lkws) multipliziert mit dem Verbrauch in Höhe von 15 Liter je 100 km zu 112.500 Liter.
>
> Bei sechs Bestellungen im Jahr ergibt sich ein Durchschnittsbestand von 112.500 Liter/(2 · 6) = 9.375 Liter. Einschließlich eines Reservebestands in Höhe von 2.000 Litern beträgt der Durchschnittsbestand 11.375 Liter. Für die Bewertung wird ein durchschnittlicher Dieselpreis von 1,20 € je Liter zugrunde gelegt, so dass der durchschnittliche Bestand 13.650 € beträgt.
>
> Für den Dieselbestand fallen damit jährliche Zinskosten in Höhe von 13.650 · 8 % = 1.092 € an.
>
> Schwarz Logistics ordnet die jährlichen Zinskosten, die für den Reservebestand anfallen, den Fixkosten zu. Die übrigen Zinskosten werden als variabel unterstellt, da die Bestellmengen jeweils an den Bedarf angepasst werden können.

11.4 Kostenkontrolle und Abweichungsanalyse

Die detaillierte Kostenplanung in der Grenzplankostenrechnung erlaubt eine entsprechend detaillierte Kontrolle der Kosten. Über diese Kontrolle lässt sich das Verhalten der Mitarbeiter gezielt beeinflussen. Dabei ist zwischen der Kontrolle der Einzel- und der Kontrolle der Gemeinkosten zu unterscheiden.

Mit einer detaillierten Kostenplanung lässt sich das Verhalten der Mitarbeiter gezielt beeinflussen.

Im Hinblick auf die Kontrolle der Einzelkosten gibt es gegenüber der Standard- und Prognosekostenrechnung keine Unterschiede. So werden beispielsweise bei der Kontrolle der Materialeinzelkosten üblicherweise eine Aufspaltung in die beiden Komponenten Menge und Einstandspreis vorgenommen und beide Abweichungen getrennt voneinander analysiert.

Im Hinblick auf die Gemeinkostenkontrolle unterscheidet sich die Grenzplankostenrechnung von der Standard- oder Prognosekostenrechnung (vgl. hierzu Kapitel 10) durch zwei Merkmale:
- **Strikte Kostenstellenorientierung**: Genau wie die Planung der Gemeinkosten erfolgt auch die Kontrolle der Gemeinkosten in den Kostenstellen. Da jede Kostenstelle einen verantwortlichen Leiter hat, erlaubt dies die Identifikation und Zuweisung klarer Verantwortlichkeiten für Kostenabweichungen.
- **Trennung von variablen und fixen Kosten**: Die Trennung von variablen und fixen Kosten wird auch bei der Kostenkontrolle beibehalten. Dies vereinfacht die Abweichungsanalyse, weil es in der Grenzplankostenrechnung keine Beschäftigungsabweichungen gibt.

Gemeinkostencontrolling

Eine intensive Analyse der Gemeinkosten und ihre nachhaltige Beeinflussung ist die Aufgabe des Gemeinkostencontrollings.

Das Gemeinkostencontrolling spielt in vielen Unternehmen eine wichtige Rolle. Darunter versteht man die intensive Analyse der Gemeinkosten und ihre nachhaltige Beeinflussung. Seine Bedeutung rührt daher, dass die Gemeinkosten nicht nur in Industrie-, sondern noch stärker in Dienstleistungsunternehmen den Großteil der Kosten ausmachen. So ist beispielsweise der Anteil der Einzelkosten bei Banken gegenüber den Gemeinkosten sehr gering.

Die Grenzplankostenrechnung kann das Gemeinkostencontrolling in hohem Maße unterstützen. Die Trennung in fixe und variable Kosten erlaubt Einblicke in die Kostenstruktur eines Unternehmens und verbessert die Planungsgenauigkeit. Die Kostenstellenorientierung gibt einen raschen Überblick, in welchen Bereichen des Unternehmens welche Kosten angefallen sind. Kostensenkungsprogramme, die insbesondere in wirtschaftlich schwierigen Zeiten in vielen Unternehmen durchgeführt werden, können leichter geplant und ihre Wirkung besser abgeschätzt werden. Die detaillierte Kontrolle der Kosten auf der Ebene der Kostenstellen erlaubt eine regelmäßige und zeitnahe Überprüfung des Erfolgs von solchen Programmen. Klare Verantwortlichkeiten helfen ebenfalls, die Durchsetzbarkeit solcher Programme zu erhöhen. Die Relevanz dieser Aussage zeigt sich auch daran, dass das Modul Gemeinkostencontrolling der Unternehmenssoftware von SAP ERP in hohem Maße auf dem Konzept der Grenzplankostenrechnung beruht.

Auswertung von Abweichungsursachen

Treten bei der Kontrolle der Gemeinkosten Abweichungen gegenüber den ursprünglich geplanten Kosten auf, können mithilfe von Abweichungsanalysen deren Ursachen festgestellt werden. In der Grenzplankostenrechnung ist die Abweichungsanalyse deutlich einfacher als in einer Vollkostenrechnung. So muss man bei etwaigen Abweichungen von Fertigungsmengen nicht berücksichtigen, dass die Fixkosten auf eine veränderte Fertigungsmenge verteilt werden müssen. Damit entsprechen in der Grenzplankostenrechnung die verrechneten Plankosten den Sollkosten, und die Beschäftigungsabweichung ist Null. In einer Vollkostenrechnung enthalten die verrechneten Plankosten auch fixe Kostenbestandteile und entsprechen somit nicht mehr den Sollkosten. Abb. 11.6 illustriert diesen Unterschied.

Da in der Grenzplankostenrechnung die Beschäftigungsabweichung entfällt, wird häufig zusätzlich die Kapazitätsauslastung analysiert. Denn diese spielt für die Höhe der Gewinne eine wichtige Rolle. Dazu vergleicht man die tatsächliche mit der verfügbaren Kapazität. Damit lassen sich Abweichungen des Gewinns von den ursprünglichen Planungen besser verstehen.

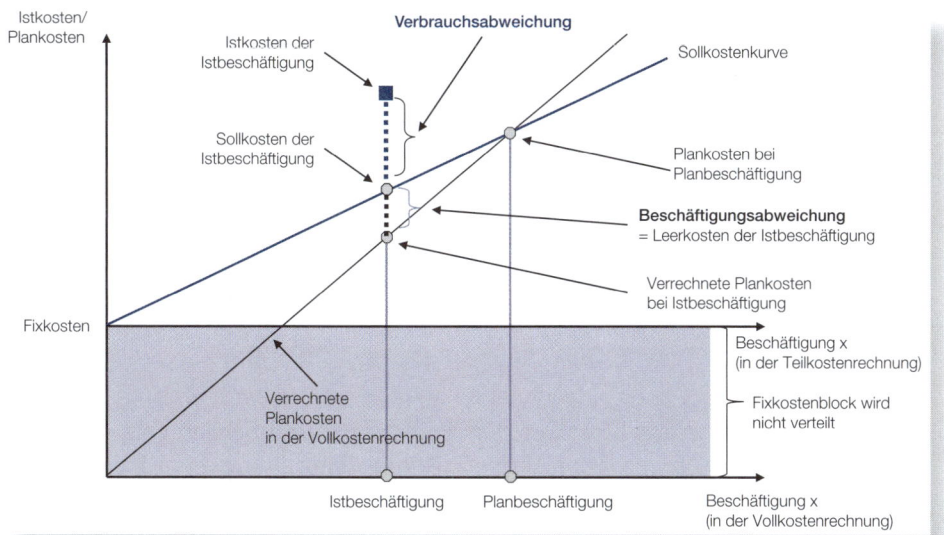

Abbildung 11.6: Abweichungsanalyse bei Voll- und Teilkostenrechnung

11.5 Entscheidungsunterstützung durch die Grenzplankostenrechnung

Ein wesentlicher Zweck der Grenzplankostenrechnung besteht darin, Informationen für operative Entscheidungen zu liefern, um so zu besseren Entscheidungen in Unternehmen beizutragen. Eines der wichtigsten Instrumente dafür ist die Deckungsbeitragsrechnung, welche die Erlöse und die variablen sowie fixen Kosten zusammenführt. In ihrer Grundstruktur haben wir die Deckungsbeitragsrechnung bereits in Kapitel 7 kennen gelernt. In diesem Abschnitt zeigen wir, wie mithilfe von Deckungsbeiträgen die Profitabilität näher untersucht und operative Entscheidungen unterstützt werden können.

Deckungsbeitrag als Instrument zur Entscheidung über die Annahme eines Zusatzauftrags

Matthias Schwarz beschäftigt immer noch die Frage, ob er den Spezialtransport von Wien nach Košice, Slowakei für einen Kunden durchführen soll. Der Kunde hat einen Preis von 680 € geboten, der deutlich unter der sonst üblichen Rate von 790 € liegt. Schwarz Logistics hätte derzeit noch Transportkapazität frei, und Matthias Schwarz betrachtet die Rechnung näher, mit der bisher derartige Anfragen kalkuliert wurden.

In der Kalkulation wurden die vollen Kosten zugrunde gelegt, die sich aus den Einzelkosten und den auf Basis der Kilometerleistung geschlüsselten Gemeinkosten ergibt. Die Einzelkosten in Höhe von 150 € und 280 € können dabei auf der Basis von Kilometern bzw. Fahrerstunden und den zugehörigen Preisen geplant werden. Die Gemeinkosten in Höhe von 320 € werden über

Kapitel 11 Grenzplankostenrechnung

	A	B	C
1	**Zusatzauftrag zu Vollkosten**		
2			
3	Erlöse		680 €
4	Kosten		
5	Treibstoffkosten	150 €	
6	Fahrerlöhne	280 €	
7	Gemeinkostenumlage	320 €	
8	Summe Kosten		750 €
9	Gewinn/Verlust		-70 €

einen Zuschlagssatz des Lkw, der den Transport durchführen soll, ermittelt. Dazu wird der Zuschlagssatz mit der Zuschlagsbasis, in diesem Fall der Anzahl der gefahrenen Kilometer, multipliziert.

Bei Vollkosten von 750 € und einer Preisobergrenze von 680 € wäre die Annahme des Auftrags tatsächlich mit einem Verlust von 70 € verbunden. Allerdings weiß Matthias Schwarz, dass diese Berechnung einen Fehler enthält. Sie berücksichtigt nämlich auch die Fixkosten, die sich bei Annahme des Auftrags gar nicht ändern würden. Wie hoch diese sind, geht aus dem bisherigen Vollkostensystem allerdings nicht hervor.

Matthias Schwarz weiß, dass die Grenzplankostenrechnung bei dieser Art von Entscheidungen eine große Hilfe ist. Die Trennung in fixe und variable Kosten und die Betrachtung von Deckungsbeiträgen erlauben es ihm, die Entscheidung über die Annahme des Zusatzauftrags auf eine bessere Grundlage zu stellen.

	A	B	C
1	**Zusatzauftrag (variable und fixe Kosten)**		
2			
3	Erlöse		680 €
4	Variable Kosten		
5	Treibstoffkosten	150 €	
6	Fahrerlöhne	280 €	
7	Var. Gemeinkostenumlage	150 €	
8	Summe variable Kosten		580 €
9	Deckungsbeitrag		100 €

Die Deckungsbeitragsanalyse zeigt tatsächlich, dass der Zusatzauftrag mit einem positiven Deckungsbeitrag in Höhe von 100 € verbunden wäre. Dieser Deckungsbeitrag berücksichtigt neben den variablen Einzelkosten auch den Anteil an variablen Gemeinkosten, der auf den Auftrag umgelegt wird. Eine Annahme des Zusatzauftrags würde also das Betriebsergebnis von Schwarz Logistics um 100 € steigern, da sich die Fixkosten durch die Annahme des Zusatzauftrags nicht verändern.

Allerdings ist dieses Ergebnis nur für den Fall richtig, dass Schwarz Logistics tatsächlich noch über freie Transportkapazitäten verfügt. Falls das nicht der Fall ist, muss Matthias Schwarz zusätzlich die **Opportunitätskosten** (vgl. dazu Kapitel 2) betrachten, die bei Annahme des Auftrags entstehen, weil damit ein alternativer Auftrag nicht durchgeführt werden kann. Bei Vollauslastung müsste er also auf eine sonst übliche Rate von 790 € verzichten, die bei variablen Kosten in Höhe von 580 € einen Deckungsbeitrag von 210 € liefert. Dieser Deckungsbeitrag sind die Opportunitätskosten bei Vollauslastung. Wenn er diese abzieht von dem Deckungsbeitrag des Zusatzauftrags in Höhe von 100 € ergibt sich ein Verlust in Höhe von 110 €, der ihm durch die Annahme des Zusatzauftrags bei voller Kapazität entstehen würde.

Ein zweiter Fall, bei dem die Orientierung am Deckungsbeitrag allein zu einer falschen Entscheidung führen würde, ist dann gegeben, wenn die Annahme des Zusatzauftrags zu günstigeren Konditionen Rückwirkungen auf die sonst üblichen Preise hat. Wenn die bisherigen Kunden deswegen ebenfalls Rabatte durchsetzen wollen, kann es insgesamt sinnvoller sein, trotz eines positiven Deckungsbeitrags auf die Annahme des Zusatzauftrags zu verzichten.

Mehrstufige Deckungsbeitragsrechnung zur Analyse der Profitabilität von Unternehmensbereichen

Die Deckungsbeitragsrechnung in der Grenzplankostenrechnung ermittelt den Deckungsbeitrag als Differenz zwischen Erlösen und variablen Kosten. Von dort gelangt man über den Abzug der Fixkosten zum Unternehmenserfolg. Bei der mehrstufigen Deckungsbeitragsrechnung werden diese Fixkosten in mehreren Schritten abgezogen. Die resultierenden Zwischenergebnisse werden dann häufig als Deckungsbeiträge II, III, usw. bezeichnet, während der Deckungsbeitrag I der Differenz aus Erlösen und variablen Kosten entspricht.

Abb. 11.7 zeigt ein Beispiel für eine mehrstufige Deckungsbeitragsrechnung der Spedition Schwarz Logistics.

> Die Deckungsbeitragsrechnung in der Grenzplankostenrechnung ermittelt den Deckungsbeitrag als Differenz zwischen Erlösen und variablen Kosten. Nach Abzug der Fixkosten gelangt man zum Unternehmenserfolg.

Abbildung 11.7: Mehrstufige Deckungsbeitragsrechnung bei Schwarz Logistics

	A	B	C	D
1	Deckungsbeitragsrechnung Schwarz Logistics 2015			
2				
3			Unternehmensbereiche	
4		Schwarz Logistics	Standardtransporte	Spezialtransporte
5	Umsatzerlöse	620.000 €	280.000 €	340.000 €
6	Variable Kosten			
7	Treibstoffkosten	135.000 €	81.000 €	54.000 €
8	Fahrerlöhne	150.000 €	90.000 €	60.000 €
9	Variable Gemeinkosten	101.000 €	35.000 €	66.000 €
10	Deckungsbeitrag I	234.000 €	74.000 €	160.000 €
11	Fixkosten der Bereiche	152.000 €	79.000 €	73.000 €
12	Deckungsbeitrag II	82.000 €	-5.000 €	87.000 €
13	Fixkosten des Unternehmens	65.000 €		
14	Betriebsergebnis	17.000 €		

Spalte B zeigt die Zahlen des Gesamtunternehmens, während die Spalten C und D nach den beiden Unternehmensbereichen Standard- und Spezialtransporte aufgeschlüsselt sind. Dabei werden zunächst von den Umsatzerlösen die variablen Einzelkosten Treibstoff und Fahrerlöhne sowie die variablen Gemeinkosten abgezogen. Während die variablen Einzelkosten den beiden Unternehmensbereichen Standard- und Spezialtransporte direkt zurechenbar sind, ist bei den variablen Gemeinkosten häufig eine Schlüsselung auf die beiden Bereiche notwendig.

Vom resultierenden Deckungsbeitrag I werden zunächst diejenigen Fixkosten abgezogen, die sich ohne Schlüsselung den beiden Unternehmensbereichen zuordnen lassen. Das können beispielsweise die fixen Abschreibungen von Aufliegern sein, die jeweils nur für eine der beiden Transportleistungen nutzbar sind. Daraus ergibt sich der Deckungsbeitrag II für jeden der beiden Bereiche und das Gesamtunternehmen. Dieser ist für den Unternehmensbereich Standardtransporte offenbar negativ. Daraus lässt sich erkennen, dass es in diesem Bereich notwendig ist, die Profitabilität zu erhöhen, was über Kostensenkungen oder über Erlössteigerungen möglich ist. Abschließend werden noch die übrigen Fixkosten des Unternehmens in Höhe von 65.000 € abgezogen, die sich keinem der Bereiche ohne willkürliche Schlüsselung zuordnen lassen. Dazu gehört beispielsweise das Gehalt des Geschäftsführers Johann Schwarz.

Erst nach einer stufenweisen Zurechnung von Fixkosten wird deutlich, ob ein Unternehmensbereich mittelfristig profitabel ist bzw. sein kann.

Mithilfe dieser mehrstufigen Deckungsbeitragsrechnung lässt sich nun die Profitabilität des Unternehmens Schwarz Logistics genauer untersuchen. So lässt sich zum einen die Profitabilität der einzelnen Unternehmensbereiche erkennen. Während der Deckungsbeitrag I lediglich variable Kosten enthält und so die kurzfristige Profitabilität erkennbar macht, wird über die stufenweise Zurechnung von Fixkosten deutlich, wie profitabel die Bereiche auch auf mittlere Sicht sind bzw. sein können. Dies erlaubt eine bessere Steuerung der Gesamtorganisation, weil klar wird, aus welchen Unternehmensbereichen welche Erfolgsbeiträge zu erwarten sind.

Dabei eröffnet die mehrstufige Deckungsbeitragsrechnung nicht nur die Möglichkeit, unterschiedliche Unternehmensbereiche zu durchleuchten. Sie kann auch im Hinblick auf andere Bezugsgrößen wie beispielsweise Produkte oder Produktgruppen, Kunden oder Kundengruppen, Absatzkanäle und Regionen gegliedert werden.

Praxisbeispiel: Mehrstufige Deckungsbeitragsrechnung bei der Bayerischen Staatsbrauerei Weihenstephan

Die Bayerische Staatsbrauerei Weihenstephan ist mit einer knapp 1000-jährigen Geschichte die älteste Brauerei der Welt. Die Brauerei befindet sich in Freising, nördlich von München und kooperiert mit dem Wissenschaftszentrum Weihenstephan der Technischen Universität München. Um die Profitabilität der drei Unternehmensbereiche Gastronomie, Handel und Export zu untersuchen, wird regelmäßig eine mehrstufige Deckungsbeitragsrechnung durchgeführt.

	A	B	C	D	E
1	Mehrstufige Deckungsbeitragsrechnung				
2					
3		Unternehmen	Gastronomie	Handel	Export
4	Umsatzerlöse	10.464.000 €	3.139.200 €	3.034.560 €	4.290.240 €
5	Variable Kosten	5.500.000 €	1.815.000 €	1.815.000 €	1.870.000 €
6	*Deckungsbeitrag I*	*4.964.000 €*	*1.324.200 €*	*1.219.560 €*	*2.420.240 €*
7	Fixkosten der Bereiche	1.500.000 €	525.000 €	450.000 €	525.000 €
8	*Deckungsbeitrag II*	*3.464.000 €*	*799.200 €*	*769.560 €*	*1.895.240 €*
9	Fixkosten des Unternehmens	240.000 €			
10	*Gewinn*	*3.224.000 €*			

Die Umsatzerlöse bestehen aus drei Erlösarten: Getränkeverkauf, Pachten und sonstige Umsatzerlöse. Neben den Materialkosten zum Brauen von Bier (Wasser, Malz, Hopfen) sind die abzuführende Biersteuer und die Vertriebskosten weitere große Kostenblöcke der variablen Kosten.

Nettoerlöse
– Variable Kosten
= Deckungsbeitrag I
– Kundeneinzelkosten
= Deckungsbeitrag II
– Fixkosten
= Gewinn

Kapitel 11   Grenzplankostenrechnung

> Zusätzlich zu der Untersuchung der Profitabilität der Unternehmensbereiche untersucht die Brauerei Weihenstephan laufend die Profitabilität der unterschiedlichen Kundengruppen. Analysiert wird diese durch die Erstellung einer **Kundenerfolgsrechnung**. Die Kundeneinzelkosten, wie bspw. Kosten für ein neues Leihinventar für Gastronomiebetriebe, spielen dabei eine wichtige Rolle.

Mehrdimensionale Deckungsbeitragsrechnung zur Analyse der Profitabilität von Kunden, Regionen und Produkten

Eine mehrdimensionale Deckungsbeitragsrechnung erlaubt die Analyse des Fixkostenblocks aus verschiedenen Perspektiven.

Die Deckungsbeitragsrechnung gewinnt eine noch höhere Aussagefähigkeit, wenn man von der mehrstufigen zu einer mehrdimensionalen Deckungsbeitragsrechnung übergeht. Während bei der mehrstufigen Deckungsbeitragsrechnung die Fixkosten in einer festen Reihenfolge nacheinander vom Deckungsbeitrag I abgezogen werden, bietet die mehrdimensionale Deckungsbeitragsrechnung eine deutlich höhere Flexibilität. Mit ihr ist es möglich, die Fixkosten in unterschiedlichen Reihenfolgen vom Deckungsbeitrag I abzuziehen und so den Fixkostenblock aus verschiedenen Perspektiven zu durchleuchten.

Abb. 11.8 zeigt eine mehrdimensionale Deckungsbeitragsrechnung, die auf der gerade betrachteten mehrstufigen Deckungsbeitragsrechnung aufbaut und nähere Hinweise auf den negativen Deckungsbeitrag im Unternehmensbereich Standardtransporte gibt. Innerhalb dieses Bereichs wird der Fixkostenblock im Hinblick auf die beiden Kundengruppen private und gewerbliche Kunden sowie im Hinblick auf die beiden Regionen Deutschland und Osteuropa betrachtet. Dabei zeigt sich, dass Schwarz Logistics bei den gewerblichen

Abbildung 11.8: Mehrdimensionale Deckungsbeitragsrechnung bei Schwarz Logistics aus der Perspektive der Unternehmensbereiche

	A	B	C	D	E	F	G	H	I	J
1	Deckungsbeitragsrechnung Schwarz Logistics 2015									
2										
3		Gesamt-unter-nehmen	Standardtransporte				Spezialtransporte			
4			Deutschland		Osteuropa		Deutschland		Osteuropa	
5			Privat	Gewerblich	Privat	Gewerblich	Privat	Gewerblich	Privat	Gewerblich
6	Umsatzerlöse	620.000 €	40.000 €	120.000 €	60.000 €	60.000 €	70.000 €	90.000 €	70.000 €	110.000 €
7	Variable Kosten									
8	Treibstoffkosten	135.000 €	7.000 €	35.000 €	8.000 €	4.000 €	15.000 €	39.000 €	9.000 €	18.000 €
9	Fahrerlöhne	150.000 €	7.000 €	38.000 €	21.000 €	20.000 €	18.000 €	21.000 €	8.000 €	17.000 €
10	Variable Gemeinkosten	101.000 €	3.000 €	50.000 €	4.000 €	9.000 €	7.000 €	8.000 €	7.000 €	13.000 €
11	Deckungsbeitrag I	234.000 €	23.000 €	-3.000 €	27.000 €	27.000 €	30.000 €	22.000 €	46.000 €	62.000 €
12	Fixkosten der Kundengruppen je Absatzgebiet je Bereich	43.000 €	5.000 €	6.000 €	4.000 €	5.000 €	5.000 €	8.000 €	3.000 €	7.000 €
13	Deckungsbeitrag II	191.000 €	18.000 €	-9.000 €	23.000 €	22.000 €	25.000 €	14.000 €	43.000 €	55.000 €
14	Fixkosten der Absatzgebiete je Bereich	47.000 €	10.000 €		7.000 €		14.000 €		16.000 €	
15	Deckungsbeitrag III	144.000 €	-1.000 €		38.000 €		25.000 €		82.000 €	
16	Fixkosten der Bereiche	62.000 €	42.000 €				20.000 €			
17	Deckungsbeitrag IV	82.000 €	-5.000 €				87.000 €			
18	Fixkosten des Unternehmens	65.000 €								
19	Betriebsergebnis	17.000 €								

11.5 Entscheidungsunterstützung durch die Grenzplankostenrechnung

Kunden in Deutschland sogar einen negativen Deckungsbeitrag I erwirtschaftet.

Abb. 11.9 zeigt die Deckungsbeitragsrechnung aus einer anderen Perspektive. Hier werden zunächst die beiden Absatzgebiete Deutschland und Osteuropa betrachtet, um festzustellen, welche der beiden Regionen profitabler ist. Anhand des Deckungsbeitrags IV wird deutlich, dass die Region Deutschland verlustreich ist.

	Gesamt-unter-nehmen	Deutschland				Osteuropa			
		Standardtransporte		Spezialtransporte		Standardtransporte		Spezialtransporte	
		Privat	Gewerblich	Privat	Gewerblich	Privat	Gewerblich	Privat	Gewerblich
Deckungsbeitragsrechnung Schwarz Logistics 2015									
Umsatzerlöse	620.000 €	40.000 €	120.000 €	70.000 €	90.000 €	60.000 €	60.000 €	70.000 €	110.000 €
Variable Kosten									
Treibstoffkosten	135.000 €	7.000 €	35.000 €	15.000 €	39.000 €	8.000 €	4.000 €	9.000 €	18.000 €
Fahrerlöhne	150.000 €	7.000 €	38.000 €	18.000 €	21.000 €	21.000 €	20.000 €	8.000 €	17.000 €
Variable Gemeinkosten	101.000 €	3.000 €	50.000 €	7.000 €	8.000 €	4.000 €	9.000 €	7.000 €	13.000 €
Deckungsbeitrag I	234.000 €	23.000 €	-3.000 €	30.000 €	22.000 €	27.000 €	27.000 €	46.000 €	62.000 €
Fixkosten der Kundengruppen je Bereich je Absatzgebiet	43.000 €	5.000 €	6.000 €	5.000 €	8.000 €	4.000 €	5.000 €	3.000 €	7.000 €
Deckungsbeitrag II	191.000 €	18.000 €	-9.000 €	25.000 €	14.000 €	23.000 €	22.000 €	43.000 €	55.000 €
Fixkosten der Bereiche je Absatzgebiete	47.000 €	10.000 €		14.000 €		7.000 €		16.000 €	
Deckungsbeitrag III	144.000 €	-1.000 €		25.000 €		38.000 €		82.000 €	
Fixkosten der Absatzgebiete	62.000 €	35.000 €				27.000 €			
Deckungsbeitrag IV	82.000 €	-11.000 €				93.000 €			
Fixkosten des Unternehmens	65.000 €								
Betriebsergebnis	17.000 €								

Abbildung 11.9: Mehrdimensionale Deckungsbeitragsrechnung bei Schwarz Logistics aus der Perspektive der Absatzgebiete

Die Reihenfolge der Bezugsgrößen bei einer mehrdimensionalen Deckungsbeitragsrechnung richtet sich danach, welche Erkenntnisse man gewinnen will. Möchte man beispielsweise die Ursachen für die Ergebnisse in einzelnen Regionen untersuchen, dann baut man die mehrdimensionale Deckungsbeitragsrechnung so auf, dass in der obersten Zeile der Deckungsbeitragsrechnung mit der betreffenden Region begonnen wird. Die anderen Bezugsgrößen ordnet man in der gewünschten Reihenfolge darunter an.

Die mehrdimensionale Deckungsbeitragsrechnung gibt einen tiefen Einblick in die Fixkostenstruktur eines Unternehmens. Verluste auf einzelnen Deckungsbeitragsstufen geben Hinweise darauf, in welchen Segmenten möglicherweise Probleme bestehen.

Allerdings erkauft man sich diesen hohen Nutzen dadurch, dass man den Fixkostenblock entsprechend der verwendeten Bezugsgrößen zerlegt. Eine solche Fixkostenspaltung ist aufwändig und erfordert eine leistungsfähige Software. Ob man dieses Instrument nutzt, hängt davon ab, inwieweit die dadurch generierten Informationen für das Unternehmen einen Nutzen bieten.

In der Praxis wird dieser Nutzen häufig gesehen, weil die mehrdimensionale Deckungsbeitragsrechnung in vielen Branchen verbreitet ist.

Empirische Ergebnisse

> Die Deckungsbeitragsrechnung ist in deutschen Großunternehmen weit verbreitet. Friedl/Hammer/Pedell/Küpper berichten auf Basis einer Befragung der 250 größten deutschen Unternehmen von einem Verbreitungsgrad von 69%. Innerhalb dieser Gruppe wenden lediglich 24% eine einstufige Deckungsbeitragsrechnung an. Bei 51% kommt eine mehrstufige, bei weiteren 11% sogar eine mehrdimensionale Deckungsbeitragsrechnung zum Einsatz. Bei einer Untersuchung unter 3.750 Mitgliedsunternehmen aller Größenklassen des Internationalen Controllervereins in Deutschland, Österreich und der Schweiz stellten Krumwiede/Süßmair fest, dass die Deckungsbeitragsrechnung sogar einen Verbreitungsgrad von 78% besitzt.
>
> **Quellen:** Friedl, Gunther; Hammer, Carola; Pedell, Burkhard; Küpper, Hans-Ulrich: How Do German Firms Run Their Cost-Accounting Systems, in Management Accounting Quarterly, Winter 2009; Krumwiede, Kip; Süßmair, Augustin: A Closer Look at German Cost Accounting Methods, in Management Accounting Quarterly, Herbst 2008.

Literatur

Friedl, Gunther/Hilz, Christian/Pedell, Burkhard: Controlling mit SAP, 6. Auflage, Vieweg, Wiesbaden 2012.

Friedl, Gunther/Küpper, Hans-Ulrich/Pedell, Burkhard: Relevance Added: Combining ABC with German Cost Accounting, in: Strategic Finance, June 2005, S. 56–61.

Hilton, Ronald W./Platt, David E., Managerial Accounting: Creating Value in a Global Business Environment, Global Edition, 9. Auflage, McGraw-Hill/Irwin, New York 2011, Kapitel 8.

Kilger, Wolfgang/Pampel, Jochen/Vikas, Kurt: Flexible Plankostenrechnung und Deckungsbeitragsrechnung, 13. Auflage, Springer Gabler, Wiesbaden 2012.

Schweitzer, Marcell/Küpper, Hans-Ulrich: Systeme der Kosten- und Erlösrechnung, 10. Auflage, Vahlen, München 2010, Kapitel 3.D.I.

Verständnisfragen

a) Welche Zielsetzung wird mit der Einführung einer Grenzplankostenrechnung verfolgt?
b) Welche Kosten werden in der Grenzplankostenrechnung auf die Kostenträger verrechnet und welche nicht?
c) Für welche Entscheidungen ist eine Kostenspaltung in fixe und variable Kosten von Bedeutung?
d) Erläutern Sie die Bedeutung von Bezugsgrößen für die Planung der Gemeinkosten in der Grenzplankostenrechnung.

e) Welche Vereinfachung nimmt das Näherungsverfahren von Bain bei der Planung von Abschreibungen vor?
f) Erläutern Sie die Planung der Zinskosten auf das Umlaufvermögen.
g) Inwiefern vereinfacht sich die Abweichungsanalyse bei der Grenzplankostenrechnung gegenüber einer Plankostenrechnung auf Vollkostenbasis?
h) Warum ist bei der Entscheidung über die Annahme eines Zusatzauftrags die Grenzplankostenrechnung einer Vollkostenrechnung überlegen?
i) Erläutern Sie die Unterschiede zwischen einer mehrstufigen und einer mehrdimensionalen Deckungsbeitragsrechnung.

Fallbeispiel: Berechnung und Aufteilung der Abschreibungen in eine variable und eine fixe Komponente bei der Werner GmbH

Das Unternehmen Werner GmbH beschäftigt 55 Mitarbeiter und produziert die beiden Produktlinien Stahl- und Leichtmetallfelgen. Hans Werner, geschäftsführender Gesellschafter der Werner GmbH, möchte durch Marketingmaßnahmen Absatz und dementsprechend Produktion im bevorstehenden Geschäftsjahr ausweiten. Die Marktanalyse eines externen Beratungsunternehmens hat ergeben, dass Marketingkampagnen in beiden Segmenten ähnlich erfolgreich wären. Daher will Herr Werner das zusätzliche Werbebudget von 100.000 € in den profitableren Bereich investieren. Um zu entscheiden, ob die Erweiterung im Stahlfelgen-, im Leichtmetallfelgen- oder in beiden Bereichen stattfinden soll, wendet er sich an seinen Chefcontroller. Dieser verweist direkt auf die Deckungsbeitragsrechnung des Unternehmens und erklärt Herrn Werner, dass die Deckungsbeiträge die relevante Information für kurzfristige Entscheidungen darstellen.

	A	B	C
1		Stahlfelgen	Leichtmetallfelgen
2	Erlöse	4.000.000 €	5.000.000 €
3	- Personalkosten	1.500.000 €	1.600.000 €
4	- Materialkosten	800.000 €	2.500.000 €
5	- Sonstige variable Kosten	500.000 €	250.000 €
6	**Deckungsbeitrag I**	**1.200.000 €**	**650.000 €**
7	- Abschreibungen	500.000 €	1.000.000 €
8	- Mieten	80.000 €	
9	- Sonstige fixe Kosten	75.000 €	
10	**Unternehmensgewinn**	**195.000 €**	

Die Erlöse basieren auf einer Verkaufsmenge von 160.000 Stahl- und 50.000 Leichtmetallfelgen. Die Stückdeckungsbeiträge betragen also 8 € (1.200.000 €/160.000) bzw. 13 € (650.000 €/50.000) je Felge. Gemäß der Prognose eines Marktforschungsinstituts würde eine Marketingausgabe in Höhe von 100.000 € zu einem zusätzlichen Felgenverkauf von 20.000 Einheiten führen. Dies würde sowohl für Stahl- als auch für Leichtmetallfelgen gelten.

Kapitel 11 Grenzplankostenrechnung

Da der Stückdeckungsbeitrag der Leichtmetallfelgen mit 13 € erheblich höher ist als derjenige der Stahlfelgen, empfiehlt der Chefcontroller, in den Leichtmetallfelgenbereich zu investieren. Dort würde die Marketingausgabe in Höhe von 100.000 € zu einem zusätzlichen Deckungsbeitrag von 20.000 Einheiten · 13 € = 260.000 € führen.

Herr Werner hingegen ist skeptisch. Bei einem genaueren Blick auf die Deckungsbeitragsrechnung fallen ihm die hohen Abschreibungen ins Auge. Er denkt, dass die Abschreibungen ebenfalls in die Entscheidung einfließen sollten. Denn bei einer Erweiterung der Produktion sollte die stärkere Nutzung der Maschinen auch zu einer erhöhten Abschreibung führen. Damit hätte sie teilweise variablen Charakter.

Dies steht im Gegensatz zum bisherigen Umgang mit den Abschreibungen, die als Fixkosten in der Deckungsbeitragsrechnung berücksichtigt werden. Der Chefcontroller findet die Begründung plausibel und setzt sich näher mit der Thematik auseinander. Er greift auf das Näherungsverfahren von Bain zurück, um die Abschreibungen in variable und fixe Kostenbestandteile zu trennen und gleichzeitig lineare Kostenfunktionen aufzustellen. Dabei kann er auf folgende Daten aus der Anlagenrechnung zurückgreifen.

	Maschine 1: Stahl	Maschine 2: Leichtmetall
Wiederbeschaffungswert	4.000.000 €	6.000.000 €
Nutzungsdauer bei reinem Zeitverschleiß in Jahren	16	12
Gesamtleistung einer Maschine (Anzahl Felgen)	1.000.000	200.000
Nutzungsdauer bei reinem Gebrauchsverschleiß in Jahren	8	6

Der Abschreibungsbetrag für Maschine 1, die ausschließlich zur Produktion von Stahlfelgen dient, beträgt auf Basis der geplanten Gesamtleistung und der daraus resultierenden Nutzungsdauer von 8 Jahren 500.000 €. Da die Nutzungsdauer bei reinem Zeitverschleiß mit 16 Jahren doppelt so groß ist wie die geplante Nutzungsdauer, wird nach dem Näherungsverfahren nach Bain die Hälfte des Abschreibungsbetrags als variabel gesehen. Für den Stahlfelgenbereich ergibt sich daraus eine variable Abschreibungskomponente von 250.000 € und ein fixer Abschreibungsbetrag von ebenfalls 250.000 €.

Für die Leichtmetallmaschine ergibt sich nach dem Näherungsverfahren von Bain eine Gesamtabschreibung von 1.000.000 €, die sich in eine variable Komponente von 500.000 € und eine fixe Komponente von ebenfalls 500.000 € aufspalten lässt. In der Deckungsbeitragsrechnung werden nun die variablen und die fixen

Abschreibungsbeträge getrennt ausgewiesen. Sie führen zu folgender angepasster Ermittlung der Deckungsbeiträge:

	A	B	C
17		**Stahlfelgen**	**Leichtmetallfelgen**
18	Erlöse	4.000.000 €	5.000.000 €
19	- Personalkosten	1.500.000 €	1.600.000 €
20	- Materialkosten	800.000 €	2.500.000 €
21	- Variable Abschreibungen	250.000 €	500.000 €
22	- Sonstige variable Kosten	500.000 €	250.000 €
23	**Deckungsbeitrag I**	**950.000 €**	**150.000 €**
24	- Fixe Abschreibungen	250.000 €	500.000 €
25	- Mieten	80.000 €	
26	- Sonstige fixe Kosten	75.000 €	
27	**Unternehmensgewinn**	**195.000 €**	

Der Deckungsbeitrag I für die Stahlfelgen sinkt von 1.200.000 € auf 950.000 €, der Stückdeckungsbeitrag von 8 € auf 6 €. Bei den Leichtmetallfelgen dagegen sinkt der Gesamtdeckungsbeitrag von 650.000 € auf 150.000 €, der Stückdeckungsbeitrag also von 13 € auf 3 €. Die Aufspaltung von Abschreibungen in einen variablen und fixen Anteil führt also zu veränderten Deckungsbeiträgen. Wegen der höheren Abschreibungen bei den Leichtmetallfelgen ändert sich sogar die Rangfolge der Stückdeckungsbeiträge. Nun weisen die Stahlfelgen den höheren Stückdeckungsbeitrag auf. Wird die Marketingkampagne für die Stahlfelgen durchgeführt, ergibt sich also ein zusätzlicher Deckungsbeitrag von 20.000 Einheiten · 6 € = 120.000 €. Dagegen macht eine Marketingkampagne für Leichtmetallfelgen keinen Sinn. Ausgaben in Höhe von 100.000 € stehen lediglich Einnahmen in Höhe von 20.000 Einheiten · 3 € = 60.000 € gegenüber.

Übungsaufgaben

1. Mit einer Spritzgussmaschine (Wiederbeschaffungskosten: 84.000,– €) werden Stoßfänger für ein Automobil hergestellt. Die maximale Nutzungsdauer der Maschine wird auf 7 Jahre, die maximale Gesamtleistung auf 60.000 spritzgegossene Stoßfänger geschätzt.
   a) Berechnen Sie die jeweiligen monatlichen Abschreibungen nach dem Näherungsverfahren von Bain bei einer monatlichen Planbeschäftigung von 500, 1.000 und 1.250 Stoßfängern jeweils für eine monatliche Istbeschäftigung von 500, 1.000 und 1.250 Stoßfängern.
   b) Stellen Sie den Sollkostenverlauf kalkulatorischer Abschreibungen für eine Planbeschäftigung von 1.000 Stoßfängern je Monat graphisch dar. Berechnen und kennzeichnen Sie in der Grafik die kritische Beschäftigung.

Kapitel 11 — Grenzplankostenrechnung

2. Ein kleines Unternehmen produziert und vertreibt die drei Produkte A, B und C. Die Produkte A und B werden in Fertigungsstelle I, Produkt C in Fertigungsstelle II hergestellt. Eigene Räume und Maschinen besitzt das Unternehmen nicht, sondern es hat die erforderlichen Anlagen und Räume gemietet. Die Mietverträge haben eine monatliche Kündigungsfrist. Allen im Unternehmen angestellten Mitarbeitern kann nur unter Beachtung einer vierteljährlichen Kündigungsfrist gekündigt werden. Für den Monat Januar liegen Ihnen folgende Plandaten vor:

Produkt	Produktions-/Absatzmenge [Stück]	Produktpreise [€/Stück]	Materialeinzelkosten [€/Stück]	Fertigungsdauer [Min./Stück]
A	10.000	20,–	14,–	1,8
B	8.000	12,50	10,–	1,5
C	6.000	30,–	16,–	2,0

Für alle drei Produkte fällt eine Verkaufsprovision von jeweils 10 % des Umsatzes an. Die folgenden Gemeinkosten planen Sie für den Monat Januar:

Gemeinkostenart	Fertigungsstelle I	Fertigungsstelle II	Verwaltung- und Vertrieb
Energie		5.000	
Fertigungslöhne	40.000	30.000	
Mieten	30.000	20.000	20.000
Gehälter			5.000

a) Erstellen Sie eine Deckungsbeitragsrechnung für den Monat Januar nach den Prinzipien der Grenzplankostenrechnung. Verteilen Sie – wenn notwendig – die Fertigungslöhne und die Energiekosten als variable Gemeinkosten auf Basis der in Anspruch genommenen Fertigungsdauer auf die Produkte. Die Gehälter und Mieten sind als fix anzusehen.
b) Welche Vorschläge bezüglich des Produktionsprogramms im Januar würden Sie auf Basis Ihrer Ergebnisse unterbreiten?

3. Als Konsequenz einer Erweiterung ihres Produktionsprogramms besteht der Fertigungsbereich der Schädelbräu AG seit Februar aus zwei Kostenstellen, KSI und KSII. In der KSI arbeiten die Maschinen MA1 und MA2, wobei auf der Maschine MA1 nur Weizenbier (i = W) produziert wird, auf Maschine MA2 Lager und Pils (i = L, P). In der KSII wird auf MA3 die Sorte

Altbier (i = A) gebraut. Im vergangenen Abrechnungsmonat sind folgende Einzel- und Gemeinkosten angefallen:

Einzelkosten (€/Monat)	Weizen	Lager	Pils	Alt
Fertigungslöhne	4.000	3.500	3.350	4.050
Fertigungsmaterial	8.000	4.000	4.000	12.000
Selbstkosten Vertrieb	990	437	345	826
Erzeugnisfixkosten	1.350	–	2.200	1.350

Gemeinkosten (€)	variabel	fix
KSI: Maschine MA1	2.850	1.700
KSI: Maschine MA2	3.000	1.250
KSI: Rest	–	16.500
KSII: Maschine MA3	2.300	11.000
Materialstelle	1.050	1.050
Vertriebsstelle	2.717	16.000

Aus den Aufzeichnungen über die Maschinenbelegung ergibt sich, dass die Maschine MA2 doppelt so lange mit der Fertigung von Pils beschäftigt war wie mit der Herstellung der Biersorte Lager. Die hergestellten und verkauften Mengen in Einheiten j, Party-Träger mit jeweils 80 Flaschen, sowie die am Markt erzielten durchschnittlichen Absatzpreise je Flasche betrugen wie folgt (i = Produkt, j = Träger, k = Flasche):

Menge und Absatzpreis	Weizen	Lager	Pils	Alt
Produzierte Menge (j)	400	200	175	300
Abgesetzte Menge (j)	480	160	175	315
Verkaufspreis (€/k)	1,00	1,5625	1,50	1,25

a) Führen Sie eine mehrstufige Deckungsbeitragsrechnung für die Abrechnungsperiode durch und bestimmen Sie den Nettoerfolg, wenn eine hierarchische Gliederung nach Kostenstelle, Maschine und Produkte erfolgen soll. Wo liegen die absoluten Preisuntergrenzen der vier Produkte i je Flasche k?
b) Wie ändert sich Ihr Ergebnis aus Teilaufgabe a), wenn tatsächlich j = 30 Einheiten mehr Altbier verkauft werden konnten, die Erzeugnisfixkosten bei dieser Biersorte jedoch 1.947,24 € betrugen?
c) Welche Vorschläge für die Sortimentspolitik würden Sie aus den Ergebnissen in a) und b) ableiten? Welche Anpassungsmöglichkeiten sehen Sie jeweils?

Kapitel 12   Prozesskostenrechnung

Kapitelüberblick

12.1 Ausgangspunkt, Kennzeichnung und Zielsetzungen der Prozesskostenrechnung
- Gründe für die Entwicklung der Prozesskostenrechnung
- Kennzeichnung der Prozesskostenrechnung
- Zielsetzungen der Prozesskostenrechnung

12.2 Verrechnung der Kosten auf Prozesse
- Tätigkeitsanalyse und Bildung von Teilprozessen
- Ermittlung der Teilprozesskostensätze
- Aggregation der Teilprozesse zu Hauptprozessen
- Bestimmung der Prozesskostensätze

12.3 Prozesskostenbasierte Kalkulation

12.4 Prozesskostenbasierte Kundenerfolgsrechnung

12.5 Entscheidungsunterstützung durch die Prozesskostenrechnung
- Grundlegende Effekte der Prozesskostenrechnung
- Fundierung einzelner Entscheidungen durch die Prozesskostenrechnung

12.6 Beurteilung der Prozesskostenrechnung

Lernziele dieses Kapitels

- Welche Gründe haben zur Entwicklung der Prozesskostenrechnung geführt?

- Durch welche Merkmale ist die Prozesskostenrechnung gekennzeichnet und welche Zielsetzungen werden mit ihrem Einsatz verfolgt?

- Wie werden Prozesse gebildet, ihre Kostentreiber bestimmt und Kosten auf sie verrechnet?

- Wie werden die Prozesskosten in der Kalkulation auf Produkte weiterverrechnet?

- Wie ist eine auf Prozesskosten basierende Ergebnisrechnung aufgebaut?

- Wie können die Ergebnisse der Prozesskostenrechnung für die Fundierung von Entscheidungen, z. B. über Produktionsprogramm und Kundenstruktur sowie entsprechende Preisdifferenzierungen, verwendet werden?

- Was sind die Vor- und Nachteile einer Prozesskostenrechnung?

Kapitel 12 — Prozesskostenrechnung

> **Einführung einer Prozesskostenrechnung bei der Easy Navigate GmbH**
>
> Kathrin Krüger ist kaufmännische Geschäftsführerin der Easy Navigate GmbH, die sich auf die Herstellung von benutzerfreundlichen Navigationsgeräten spezialisiert hat. Das Produktprogramm der Easy Navigate GmbH setzt sich aktuell aus einem Standardmodell und einem Premiummodell zusammen. Die Ergebnissituation des Unternehmens ist seit einiger Zeit unbefriedigend. Im stark umkämpften Markt für Navigationsgeräte steht insbesondere das Standardprodukt unter erheblichem Preisdruck durch Wettbewerber; kurzfristige Steigerungen des Absatzvolumens sind bestenfalls durch Preisnachlässe erreichbar. Diese würden jedoch entsprechende Kostensenkungen voraussetzen. Kathrin Krüger benötigt Informationen über die Kostensituation der beiden Produkte, um die anstehenden Entscheidungen über die Produktpreise, die langfristige Zusammensetzung des Produktprogramms und mögliche Maßnahmen für eine dauerhafte Kostensenkung fundiert treffen zu können. Bisher verwendet das Unternehmen eine Zuschlagskalkulation, bei der die Gemeinkosten über Zuschlagssätze auf die Produkte verrechnet werden. Laut Aussagen des Leiters Controlling, Ludwig Schreiner, geben die verwendeten Zuschlagssätze die Kostenzusammenhänge jedoch nicht richtig wieder, da die Prozessabläufe des Unternehmens und die Kostenverursachung der einzelnen Produkte nur unzureichend abgebildet werden. Da bei der Easy Navigate GmbH schon seit längerer Zeit Klagen über die intransparente Kostensituation bestehen, beschließt Kathrin Krüger, die Einführung einer Prozesskostenrechnung zu prüfen.

12.1 Ausgangspunkt, Kennzeichnung und Zielsetzungen der Prozesskostenrechnung

Gründe für die Entwicklung der Prozesskostenrechnung

Ein Rückgang der kurzfristig beeinflussbaren Kosten und ein steigender Gemeinkostenanteil sind Gründe für die Entwicklung der Prozesskostenrechnung.

Die Gründe, die zur Entwicklung der Prozesskostenrechnung geführt haben, sind vielfältig. Zentrale Faktoren sind ein steigender Gemeinkostenanteil, zunehmende Produktheterogenität und Variantenvielfalt sowie ein Rückgang der kurzfristig beeinflussbaren Kosten.

Bedingt durch die zunehmende **Automatisierung der Fertigung** haben in sehr vielen Bereichen die Einzelkosten ab- und die **Gemeinkosten** umgekehrt stark **zugenommen**. Mit der Automatisierung geht auch häufig eine Zunahme der vorbereitenden, planenden, steuernden und überwachenden **Tätigkeiten in den indirekten Bereichen** einher, wie Beschaffung, Produktionsplanung und -steuerung, Qualitätsmanagement, Auftragsabwicklung, Vertrieb und Service, Logistik sowie Forschung und Entwicklung. Darüber hinaus haben produktbegleitende **Dienstleistungen** wie Schulung und Wartung sowie der Dienstleistungssektor insgesamt an Bedeutung gewonnen. Alle diese Faktoren tragen zu einem Anstieg des Gemeinkostenanteils bei.

Abbildung 12.1 skizziert die Auswirkungen dieser Entwicklungen auf die Kostenstrukturen in der nordamerikanischen verarbeitenden Industrie bis zu den Anfängen der Prozesskostenrechnung in den 80er Jahren. Der Anteil der Lohneinzelkosten hat sich langfristig deutlich zurückentwickelt, der Anteil der übrigen Kosten ist spiegelbildlich angestiegen. In Krisenzeiten ist häufig ein Anstieg des Gemeinkostenanteils zu beobachten, da sich diese Kosten im Vergleich mit Lohneinzelkosten in der Regel nur langsam abbauen lassen.

Empirische Ergebnisse

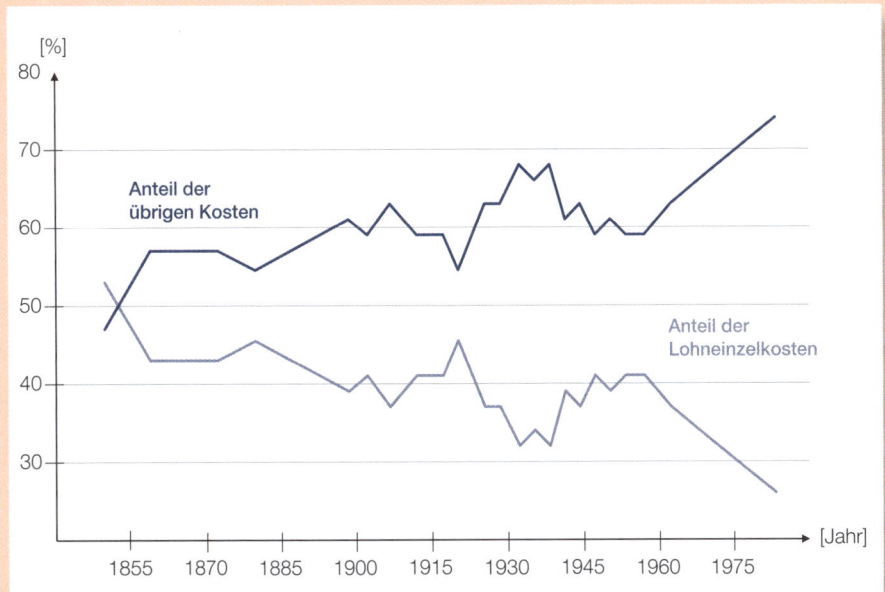

Abbildung 12.1: Veränderung von Kostenstrukturen in der verarbeitenden Industrie

(**Quelle:** Miller, Jeffrey G./Vollmann, Thomas E.: The Hidden Factory, in: Harvard Business Review, Vol. 63, 1985, No. 5, S. 143)

Die Entwicklungen, die zu den Kostenstrukturveränderungen in Abbildung 12.1 geführt haben, sind nicht abgeschlossen, so dass der abgebildete Trend ungebrochen ist. In einzelnen Branchen liegen die Lohneinzelkosten sogar (nahe) bei null. Dies trifft z. B. in besonderem Maße auf die Produktion von Halbleitern zu, ein Geschäftsfeld, in dem die Fertigung hochautomatisiert ist und das unter anderem von der Infineon Technologies AG bearbeitet wird.

Abbildung 12.2 zeigt den Anteil der Gemeinkosten an den Gesamtkosten, der 1998 in einer Studie bei deutschen Unternehmen mit mehr als 1.000 Mitarbeitern erhoben wurde. Über die Hälfte der Unternehmen hat einen Gemeinkostenanteil von mehr als 35 %, ein knappes Drittel der Unternehmen sogar von mehr als 50 %.

Abbildung 12.2: Gemeinkostenanteil bei deutschen Großunternehmen

(**Quelle:** Stoi, Roman: Prozessorientiertes Kostenmanagement in der deutschen Unternehmenspraxis, München, 1999, S. 147)

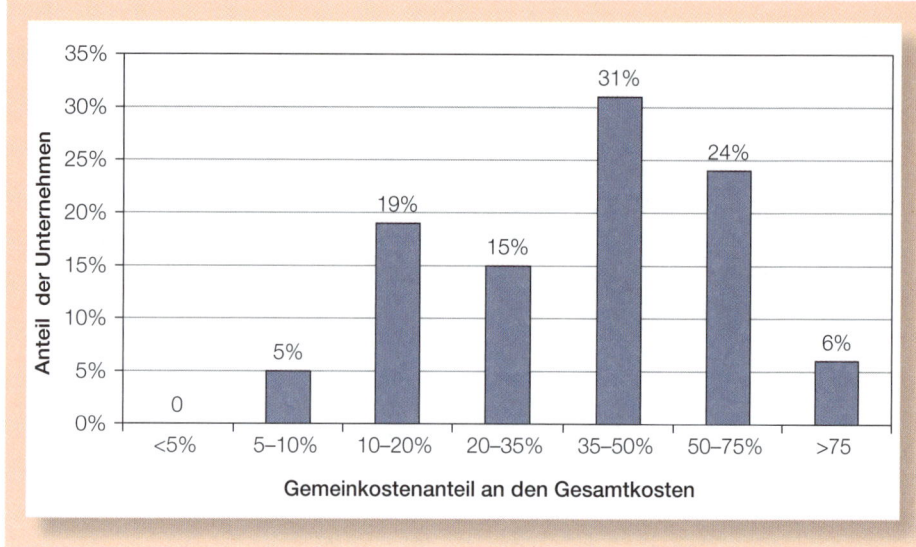

Die Verschiebung der Kostenstrukturen hat dazu geführt, dass die Zuschlagssätze für Gemeinkosten, die bei der Zuschlagskalkulation regelmäßig auf Einzelkosten als Bezugsbasis gebildet werden, vielfach stark angestiegen sind. Besonders problematisch war dies in den USA. Dort war die Kostenrechnung deutlich weniger ausdifferenziert und es gab insbesondere vielfach keine ausgebaute Kostenstellenrechnung. Die Gemeinkosten wurden daher häufig mit einem einzigen pauschalen Zuschlagssatz auf die Lohneinzelkosten umgelegt (Lohnzuschlagskalkulation; vgl. Abschnitt 3.2). Bei einem Anteil der Lohneinzelkosten von ca. 25 % und der übrigen Kosten von ca. 75 %, wie er in Abbildung 12.1 am Ende des Erhebungszeitraums erkennbar ist, ergibt sich beispielsweise ein Zuschlagssatz von ca. 300 %.

Aufgrund der Ausgangssituation in den USA ist es wenig überraschend, dass die Entwicklung der Prozesskostenrechnung dort – unter der Bezeichnung Activity-Based Costing (ABC) – ihren Anfang nahm.

Lohnzuschlagskalkulation bei der Easy Navigate GmbH

Die Problematik einer Lohnzuschlagskalkulation können wir am Beispiel der Easy Navigate GmbH zeigen. Die Materialeinzelkosten des Standardmodells belaufen sich auf 30,– €/Stück, die Lohneinzelkosten auf 20,– €/Stück. Beim Premiummodell betragen die Materialeinzelkosten 60,– €/Stück und die Lohneinzelkosten 30,– €/Stück. Vom Standardmodell werden 4.000 Stück hergestellt und verkauft, vom Premiummodell lediglich 1.000 Stück. Die gesamten Gemeinkosten der Easy Navigate GmbH belaufen sich auf 335.500,– €. Daraus ergibt sich bei einem

Lohnzuschlagssatz von 335.500,– €/(4.000 · 20,– € + 1.000 · 30,– €) = 305 %

die folgende Lohnzuschlagskalkulation für die beiden Navigationsgeräte:

	A	B	C
1		Modell 'Standard'	Modell 'Premium'
2	Materialeinzelkosten	30,00 €	60,00 €
3	Lohneinzelkosten (LEK)	20,00 €	30,00 €
4	Gemeinkosten (305% auf LEK)	61,00 €	91,50 €
5	Selbstkosten je Stück	111,00 €	181,50 €

Eine derartige Kalkulation hat den Nachteil, dass sich Abweichungen bei den Fertigungslöhnen sehr stark auf die verrechneten Gemeinkosten auswirken. Im Beispiel der Easy Navigate GmbH führt eine Abweichung bei den Fertigungslöhnen von 1,– € nach oben bzw. unten zu einer Erhöhung bzw. Verminderung der verrechneten Gemeinkosten um 3,05 €.

Zuschlagskalkulation mit mehreren Zuschlägen bei der Easy Navigate GmbH

Kathrin Krüger und Ludwig Schreiner kennen diese Problematik der Lohnzuschlagskalkulation und haben sich daher von Anfang an dafür entschieden, eine Kostenstellenrechnung (vgl. Kapitel 4) einzurichten und auf dieser Basis eine Zuschlagskalkulation mit mehreren Zuschlägen (vgl. Abschnitt 3.2) durchzuführen. Damit können sie auch berücksichtigen, dass die beiden Navigationsgeräte ‚Standard' und ‚Premium' eine heterogene Kostenstruktur aufweisen. Das Premiummodell weist nämlich einen deutlich höheren Anteil an Materialeinzelkosten auf als das Standardmodell. Die gesamten Gemeinkosten der Easy Navigate GmbH teilen sich in 162.000,– € Materialgemeinkosten, 117.500,– € Fertigungsgemeinkosten und 56.000,– € Vertriebsgemeinkosten auf. Ludwig Schreiner erstellt die folgende Rechnung und verwendet dabei das Grundschema der Zuschlagskalkulation, nach dem die Materialeinzelkosten die Bezugsgröße für die Materialgemeinkosten sind, die Lohneinzelkosten für die Fertigungsgemeinkosten sowie die Herstellkosten für die Vertriebsgemeinkosten:

Zuschlagssatz für Materialgemeinkosten = 162.000,– €/(4.000 · 30,– € + 1.000 · 60,– €) = 162.000,– €/180.000,– € = 90 %

Zuschlagssatz für Fertigungsgemeinkosten = 117.500,– €/(4.000 · 20,– € + 1.000 · 30,– €) = 117.500,– €/110.000,– € = 106,82 %

Zuschlagssatz für Vertriebsgemeinkosten = 56.000,– €/(180.000,– € + 162.000,– € + 110.000,– € + 117.500,– €) = 9,83 %

	A	B	C
10		Modell 'Standard'	Modell 'Premium'
11	Materialeinzelkosten	30,00 €	60,00 €
12	Materialgemeinkosten (90% der MEK)	27,00 €	54,00 €
13	Lohneinzelkosten	20,00 €	30,00 €
14	Fertigungsgemeinkosten (106,82% der LEK)	21,36 €	32,05 €
15	Herstellkosten je Stück	98,36 €	176,05 €
16	Vertriebsgemeinkosten (9,83% der HK)	9,67 €	17,31 €
17	Selbstkosten je Stück	108,03 €	193,35 €

Die differenzierte Zuschlagskalkulation führt gegenüber der Lohnzuschlagskalkulation zu einer Entlastung des Standardmodells und zu einer Belastung des Premiummodells.

Eine weitere für die Prozesskostenrechnung relevante Entwicklung besteht darin, dass die **Produktheterogenität** und die **Variantenvielfalt** in vielen Unternehmen deutlich zugenommen haben. Im Produktprogramm eines Unternehmens befinden sich häufig sehr heterogene Produkte, welche die Prozesse des Unternehmens in sehr unterschiedlichem Umfang in Anspruch nehmen. Es reicht dann nicht mehr aus, nur Kosteneinflussgrößen zu betrachten, welche sich auf die Produktionsmenge beziehen, sei es direkt (z. B. Stückzahlen) oder indirekt (z. B. Maschinenstunden). So gibt es im Automobilbau trotz hoher Stückzahlen einer Serie bedingt durch die sehr große Zahl an wählbaren Ausstattungsmerkmalen jeweils nur wenige identische Fahrzeuge. Um die Kostenzusammenhänge hinreichend genau abzubilden, müssen weitere Kosteneinflussgrößen wie Losgrößen in der Beschaffung, in der Produktion und im Vertrieb, oder Variantenzahl und Teilevielfalt berücksichtigt werden. Gleichwohl haben auch hier die Produktionsmengen einen Einfluss. So bestimmt die Produktionsmenge z. B. bei gegebener Losgröße die Anzahl der Lose in der Produktion.

In vielen Bereichen werden heute Aufgaben von Maschinen, z. B. von einem Schweißroboter, erledigt, für die früher menschliche Arbeitskraft eingesetzt wurde. Dies erhöht die Kapitalintensität und führt dazu, dass in vielen Bereichen auch der **Anteil kurzfristig beeinflussbarer Kosten** zurückgegangen ist. Um dennoch Kostenstrukturen beeinflussen zu können, muss die Kostenrechnung daher bereits bei der Entwicklung von Produkten und Prozessen ansetzen.

Probleme der Zuschlagskalkulation bei der Easy Navigate GmbH

Ludwig Schreiner erläutert seiner Chefin Kathrin Krüger die Auswirkungen von Produktheterogenität und Losgrößen anhand von zwei Beispielen:

Die Materialgemeinkosten werden bislang als Zuschlag auf die Materialeinzelkosten verrechnet. Da die Materialeinzelkosten beim Modell ‚Premium' deutlich höher liegen, werden diesem Modell auch entsprechend höhere Materialgemeinkosten zugeordnet. In den Materialgemeinkosten sind unter anderem die Kosten für die Lagerung enthalten. Zwar ist in den hochwertigeren Materialien für das Modell ‚Premium' mehr Kapital gebunden, so dass es gerechtfertigt ist, dafür entsprechend höhere Gemeinkosten zuzuordnen; die Kosten für den Einlagerungsvorgang, für die beanspruchte Lagerfläche und für den Auslagerungsvorgang sind jedoch nach einer Analyse von Ludwig Schreiner bei beiden Modellen gleich hoch. Deswegen ist es nicht gerechtfertigt, dem Modell ‚Premium' auch dafür höhere Kosten zuzuordnen.

Entsprechend dem Grundschema der Zuschlagskalkulation werden die Vertriebskosten bislang als Zuschlag auf die Herstellkosten verrechnet. Dem Modell ‚Standard' werden dadurch zwar bereits entsprechend niedrigere Vertriebskosten zugerechnet; nach einer Auswertung von Ludwig Schreiner wird jedoch das Modell ‚Standard' mit einer durchschnittlichen Auftragsgröße von 20 Stück verkauft, während das Modell ‚Premium' lediglich mit einer durchschnittlichen Auftragsgröße von 2 Stück abgesetzt wird. Er argumentiert, dass ein erheblicher Teil der Vertriebskosten von der Anzahl der abgewickelten Aufträge abhängt und dem Modell ‚Standard' durch die Zuschlagskalkulation bislang ein zu hoher Anteil der Auftragsabwicklungskosten zugeordnet wird.

Die von ihrem Controller Ludwig Schreiner vorgebrachten Argumente leuchten Kathrin Krüger ein, und sie beauftragt ihn, zu Vergleichszwecken zunächst einmalig eine Prozesskostenrechnung für die Easy Navigate GmbH durchzuführen.

Kennzeichnung der Prozesskostenrechnung

Die Prozesskostenrechnung ist kein völlig neues, eigenes Kostenrechnungssystem. Sie zielt vielmehr darauf ab, die Kostenverrechnung stärker zu differenzieren – insbesondere, wenn bislang lediglich eine Lohnzuschlagskalkulation durchgeführt wurde – und an den Prozessen des Unternehmens auszurichten. Die Prozesskostenrechnung weicht in einigen Punkten von dem Vorgehen der Kostenrechnung ab, wie wir es bis hier behandelt haben. Die wesentlichen charakteristischen Merkmale erläutern wir in diesem Abschnitt. Dazu gehören die Verrechnung von Gemeinkosten über Prozesse, die Verwendung von Kostentreibern, die sich nicht auf die Beschäftigung beziehen, sowie die prozessorientierte Kostenverantwortung und Organisation des Unternehmens.

Zu den wesentlichen Merkmalen der Prozesskostenrechnung gehören die Verrechnung von Gemeinkosten über Prozesse, die Verwendung von Kostentreibern, die sich nicht auf die Beschäftigung beziehen, sowie die prozessorientierte Kostenverantwortung.

(1) Verrechnung von Gemeinkosten über Prozesse

Kerngedanke der Prozesskostenrechnung ist es, die Gemeinkosten nicht über Zuschlagssätze auf die Produkte zu verrechnen, sondern über die in Anspruch genommenen Prozesse. Die Einführung einer Prozesskostenrechnung kann grundsätzlich ohne oder mit einer vorhandenen Kostenstellenrechnung erfolgen (vgl. Abbildung 12.3). Der Fall ohne Kostenstellenrechnung entspricht der Ausgangssituation, die beim Aufkommen der Prozesskostenrechnung in den USA bei den dortigen Unternehmen überwiegend gegeben war. In diesem Fall erfolgt in der Prozesskostenrechnung die Verrechnung der Gemeinkosten aus der Kostenartenrechnung auf die Prozesse und dann auf die Kostenträger. In Deutschland verfügten dagegen viele Unternehmen bereits über eine Kostenstellenrechnung. Die Verrechnung der Gemeinkosten auf die Prozesse erfolgt dann aus den Kostenstellen heraus. Grundsätzlich ist es auch möglich, eine vorhandene Kostenstellenrechnung durch eine Prozesskostenrechnung zu ersetzen. Dieser Fall spielt jedoch in der Unternehmenspraxis keine bedeutende Rolle. Im Folgenden legen wir die Einführung einer Prozesskostenrechnung mit Kostenstellenrechnung zugrunde.

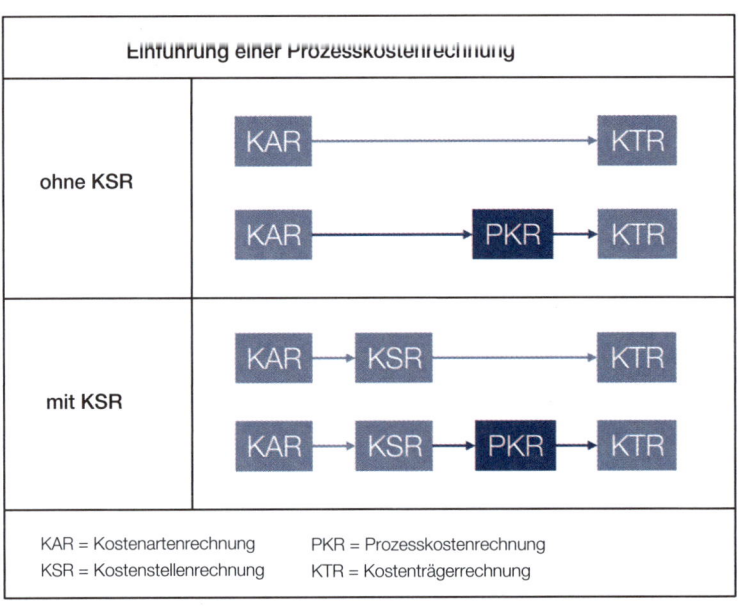

Abbildung 12.3: Einführung einer Prozesskostenrechnung

Abbildung 12.4 veranschaulicht die Verrechnung der Gemeinkosten von den Kostenstellen auf die Prozesse. Die Prozesskostenrechnung verwendet **kostenstellenübergreifende Prozesse** als kostentreibende Objekte der Gemeinkostenbereiche. Ein Prozess setzt sich aus mehreren Teilprozessen (TP) zusammen, wobei ein Teilprozess jeweils zu einer Kostenstelle gehört. So sind beispielsweise am Prozess der Materialbeschaffung bei der Easy Navigate GmbH die Kostenstellen Einkauf, Warenannahme, Qualitätssicherung und Lager mit Teilprozessen beteiligt. Die Höhe der Kosten des Materialbeschaffungsprozesses hängt von der Anzahl der Beschaffungsvorgänge ab.

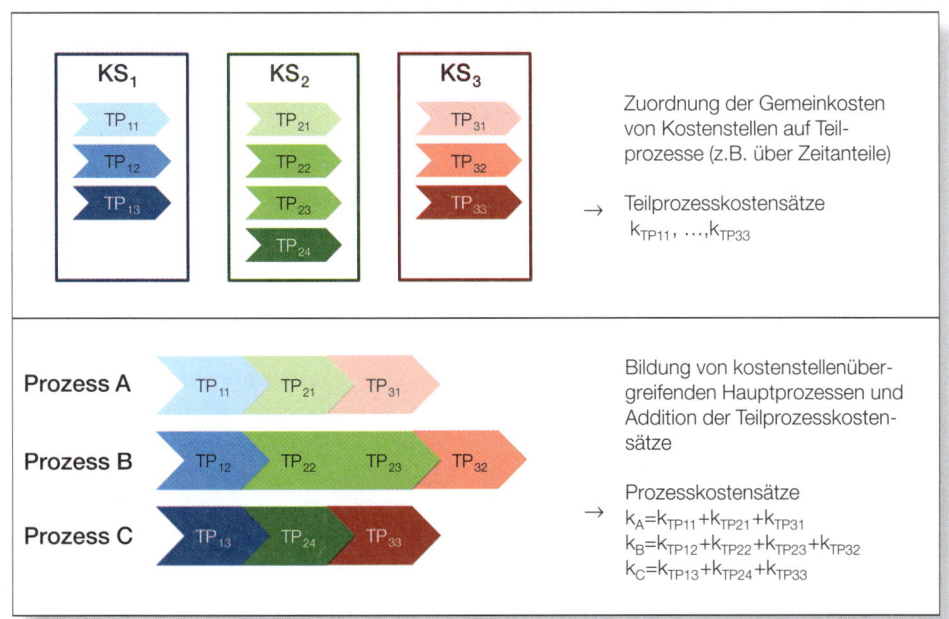

Abbildung 12.4: Kostenverrechnung auf Prozesse

Die Prozesskostenrechnung schafft eine kostenstellenübergreifende Prozessgliederung. Neben der Bildung dieser Prozessgliederung steht die Verteilung der Kosten von den Kostenstellen auf die Prozesse im Mittelpunkt. Dafür werden zunächst die Kosten von den Kostenstellen auf die Teilprozesse zugeordnet. Häufig geschieht dies über Zeitanteile. Auf dieser Basis werden entsprechende Teilprozesskostensätze ermittelt. Anschließend werden die Teilprozesse und ihre Kosten zu Hauptprozessen aggregiert und die Prozesskostensätze für diese berechnet. Falls die Teilprozesse eines Hauptprozesses denselben Kostentreiber haben, kann der Prozesskostensatz für den Hauptprozess, wie in Abbildung 12.4 dargestellt, durch Addition der Teilprozesskostensätze ermittelt werden. Ist dies nicht der Fall, kann man die Teilprozesskostenbeträge addieren und die Summe durch die Prozessmenge des Hauptprozesses dividieren.

Diese Prozesskostensätze werden verwendet, um eine **prozesskostenbasierte Kalkulation** der Produkte durchzuführen. Die Einzelkosten werden dabei wie in der Zuschlagskalkulation den Produkten direkt zugerechnet. Die Verrechnung der Gemeinkosten erfolgt dagegen nicht mehr wie in der Zuschlagskalkulation über Bezugsgrößen, sondern über die in Anspruch genommenen Prozessmengen, die mit den jeweiligen Prozesskostensätzen multipliziert werden. Bei der Easy Navigate GmbH müsste also z. B. erhoben werden, wie viele Beschaffungsprozesse jeweils von einem Standard- und einem Premiumnavigationsgerät beansprucht werden. Dadurch soll die spezifische Inanspruchnahme der indirekten Leistungsbereiche durch die Produkte besser abgebildet werden, um das produktorientierte Kostenmanagement zu unterstützen und Hinweise für die Gestaltung des mittel- bzw. langfristigen Produktprogramms zu geben.

(2) Art der Kostentreiber

Die Prozesskostenrechnung verwendet nicht nur Kosteneinflussgrößen, die sich auf die Beschäftigung beziehen, sondern auch andere Kosteneinflussgrößen, wie Losgrößen und Variantenzahl (zu Kosteneinflussgrößen vgl. Abschnitt 6.1). Die Kosteneinflussgrößen werden in der Prozesskostenrechnung in Anlehnung an den im Englischen verwendeten Begriff ‚Cost Driver' anschaulich als Kostentreiber bezeichnet. Ein Kostentreiber ist eine Maßgröße für die Verursachung der Kosten eines Prozesses. Im Idealfall lässt sich die Kostenverursachung durch einen einzigen Kostentreiber abbilden, die Kosten

---

Praxisbeispiel: Dienstleistungsprozesse und ihre Kostentreiber

Abbildung 12.5 zeigt einige Praxisbeispiele für Prozesse und ihre Kostentreiber aus den Bereichen Bankdienstleistungen und Event Marketing.

Bankdienstleistungen		Event Marketing	
Prozess	Kostentreiber	Prozess	Kostentreiber
Überweisungen bearbeiten	Anzahl der Überweisungen	Ablaufplanung von Roadshows	Anzahl der Planänderungen
Schalterdienstleistungen erbringen	Anzahl der Schaltertransaktionen	Planung von Events	Anzahl der Events
Kundenanfragen beantworten	Anzahl der Kundenanfragen	Evaluierung von Events	Anzahl der Events
Neue Produkte entwickeln	Anzahl der neuen Produkte	Kundenkontakte pflegen	Anzahl der Kunden
Kunden akquirieren	Anzahl der adressierten Kunden	Neue Programme entwickeln	Anzahl/Komplexität der Programme
IT-Support bereitstellen	Anzahl der Stunden des IT-Support	Berichterstattung/Budgetüberwachung	Anzahl der Programme

Abbildung 12.5: Prozesse und Kostentreiber

Quellen: Gauharou, Barbara: Activity-Based Costing at DSL Client Services, in: Management Accounting Quarterly, Vol. 1, 2000, No. 4, S. 4–11; Smith Bamber, Linda/Hughes, K.E.: Activity-Based Costing in the Service Sector: The Buckeye National Bank, in: Issues in Accounting Education, Vol. 16, 2001, No. 3, S. 381–408.

eines Prozesses können aber auch von mehreren Kostentreibern beeinflusst werden. So kann es z. B. sein, dass die Kosten für den Beschaffungsprozess teilweise von der Anzahl der Lieferanten und teilweise von der Anzahl der Beschaffungsvorgänge abhängen.

(3) Prozessorientierte Kostenverantwortung und Organisationstruktur

Während die Kostenverantwortung in den bislang behandelten Kostenrechnungssystemen in der Regel beim Kostenstellenleiter liegt, bezieht sich die Kostenverantwortung in der Prozesskostenrechnung eher auf gesamte Prozesse über Kostenstellengrenzen hinweg. Im Englischen hat sich für den Prozessverantwortlichen der Begriff 'Process Owner' eingebürgert, der inzwischen auch im deutschen Sprachraum häufig Verwendung findet. Wird die Kostenverantwortung nach Prozessen strukturiert, so geht dies häufig damit einher, dass die Organisationsstruktur des gesamten Unternehmens horizontal an den Prozessen ausgerichtet wird. Liegt die Kostenverantwortung dagegen bei den Kostenstellenleitern, so ist dies eher mit einer vertikalen Organisationsstruktur verbunden.

> Den Ausgangspunkt der Prozesskostenrechnung bildet das Mitte der 80er Jahre in den USA entwickelte Activity-Based Costing. Neben Prozesskostenrechnung und Activity-Based Costing finden sich unter anderem auch die Begriffe Transaction Costing, Cost-Driver Accounting, Vorgangskalkulation und Prozessorientierte Kostenrechnung. Prozesskostenrechnung und Activity-Based Costing sind jedoch nicht nur unterschiedliche Begriffe, sondern weisen auch inhaltliche Unterschiede auf. Activity-Based Costing wurde für sämtliche Unternehmensprozesse entwickelt, da zum damaligen Zeitpunkt US-amerikanische Unternehmen nur selten eine ausgebaute Kostenstellenrechnung hatten. Die Prozesskostenrechnung konzentriert sich dagegen häufig auf die so genannten indirekten Bereiche. Diese Bereiche sind nicht unmittelbar in den Leistungserstellungsprozess des Unternehmens eingebunden. Dazu gehören z. B. die Fertigungsvorbereitung, der Vertrieb, Forschung und Entwicklung sowie die Verwaltung. Während das Activity-Based Costing als Vollkostenrechnung entwickelt wurde, kann die Prozesskostenrechnung grundsätzlich sowohl als Voll- als auch als Teilkostenrechnung ausgestaltet werden. Häufiger wird sie als Vollkostenrechnung eingesetzt.
>
> Der Begriff der Kostenprozessrechnung bezeichnet den Teil der Prozesskostenrechnung, bei dem die Kosten auf die Prozesse verrechnet werden. Davon abzugrenzen sind die prozesskostenbasierte Kalkulation und Ergebnisrechnung.
>
> Steht die Beeinflussung von Kostenstrukturen im Vordergrund, so spricht man in Abgrenzung zur Kostenrechnung häufig auch von Kosten*management*. Folgt man dieser Abgrenzung, so stehen bei der Kosten*rechnung*

Begriffsvielfalt

Kapitel 12 Prozesskostenrechnung

> dagegen die Zuordnung von Kosten und die Bereitstellung entscheidungsrelevanter Informationen im Fokus der Betrachtung. Dementsprechend geht es beim Prozesskostenmanagement und beim Activity Based Management darum, die gewonnen Informationen für eine Optimierung der Prozessstrukturen zu verwenden.

Zielsetzungen der Prozesskostenrechnung

Ziel der Prozesskostenrechnung ist es, die Planung und Kontrolle von Gemeinkosten sowie die Produktkalkulation zu verbessern.

Die Prozesskostenrechnung verfolgt folgende zentrale Ziele:

- **Schaffung von Kostentransparenz**: Die detaillierte Abbildung der Unternehmensprozesse soll die Tätigkeitsstruktur und die Kostensituation in den Gemeinkostenbereichen besser sichtbar machen.
- **Planung und Kontrolle der Gemeinkosten**: Die Einführung von Prozessplanmengen und Prozesskostensätzen soll die Planung und Kontrolle der Gemeinkostenbereiche verbessern. Auf diesem Weg kann auch eine verbesserte Zuordnung von Kostenverantwortlichkeiten im Unternehmen erreicht werden.
- **Verbesserung der Produktkalkulation**: Bei der Zuordnung der Gemeinkosten wird die spezifische Inanspruchnahme der indirekten Bereiche durch die Kostenträger (Produkte, Dienstleistungen) berücksichtigt. Dies soll zu einer Verbesserung der Informationsgrundlage für operative und strategische Entscheidungen führen, z. B. über die Entwicklung von Produkten, die Preissetzung für Produkte oder auch die Preisdifferenzierung zwischen verschiedenen Kundengruppen.
- **Entscheidung über die Auslagerung von Prozessen**: Die Ermittlung der Kosten von Prozessen im Unternehmen ermöglicht den Vergleich mit den Kosten, die anfallen, wenn das Unternehmen Prozesse von einem Außenstehenden durchführen lässt. Dies kann dann dazu führen, dass komplette Prozesse ausgelagert und z. B. komplexe Logistikprozessbündel an einen so genannten Kontraktlogistiker vergeben werden.

12.2 Verrechnung der Kosten auf Prozesse

Im Rahmen der Prozesskostenrechnung werden zunächst die Kostensätze für die Prozesse ermittelt. Dieser Teil der Prozesskostenrechnung wird auch als Kostenprozessrechnung bezeichnet und umfasst vier grundlegende Schritte:

1. Tätigkeitsanalyse und Bildung von Teilprozessen
2. Ermittlung der Teilprozesskostensätze
3. Aggregation der Teilprozesse zu Hauptprozessen
4. Bestimmung der Prozesskostensätze

Als Ergebnis erhält man eine kostenstellenübergreifende Prozessstruktur, eine Zuordnung der Kosten der Kostenstellen auf Prozesse sowie Prozesskostensätze, welche für weitere Rechnungen, insbesondere die prozesskostenbasierte Kalkulation, verwendet werden können.

Tätigkeitsanalyse und Bildung von Teilprozessen

Im Rahmen einer Prozesshierarchie lassen sich Hauptprozesse und Teilprozesse unterscheiden (vgl. Abbildung 12.6). Hauptprozesse werden auch einfach als Prozesse bezeichnet. Sie setzen sich kostenstellenübergreifend aus mehreren Teilprozessen (TP) zusammen. Teilprozesse, die auch als Aktivitäten bezeichnet werden, sind dagegen einer Kostenstelle (KS) zugeordnet. Die so genannten Tätigkeiten bilden die unterste Stufe der Prozesshierarchie.

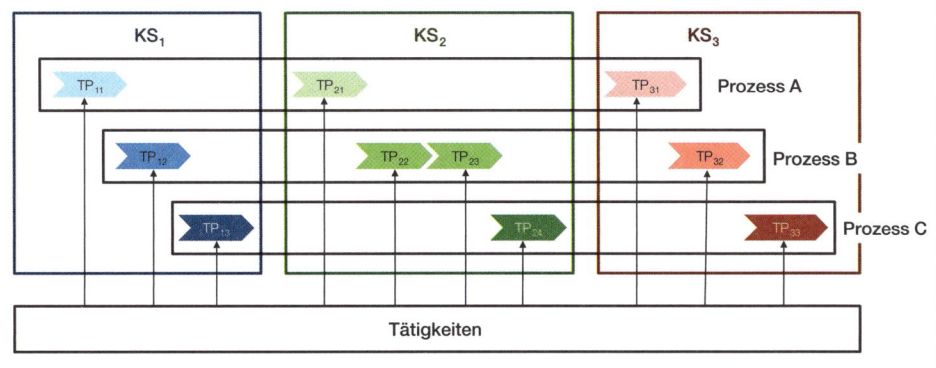

Abbildung 12.6: Prozesshierarchie im Rahmen einer Prozesskostenrechnung

Als erster Schritt bei der Implementierung einer Prozesskostenrechnung sind daher die **Tätigkeiten** der einzelnen Kostenstellen als kleinste Einheiten zu identifizieren, für die sich ein eigener Ressourcenverbrauch identifizieren lässt. Dies kann durch Interviews mit den Kostenstellenleitern, durch Auswertung von vorhandenen Statistiken und Unterlagen wie Arbeitsprozessbögen oder durch eigens durchgeführte Erfassungen der Tätigkeiten und ihrer Zeiten erfolgen. Ziel dieser Analyse ist es, den Umfang (Menge) und den Zeitbedarf der einzelnen Tätigkeiten zu ermitteln. Danach werden diejenigen Tätigkeiten, die sich z. B. in Ablauf, Struktur oder Zielrichtung ähneln, zu **Teilprozessen** verdichtet. Dies dient vor allem der kostenrechnerischen Vereinfachung. Entsprechend stellen nicht die Tätigkeiten, sondern die Teilprozesse die kleinsten Einheiten dar, für welche die Kosten separat erfasst und geplant werden. Die Teilprozesse werden anschließend zu Hauptprozessen zusammengefasst.

Grundsätzlich lassen sich zwei Arten von Teilprozessen unterscheiden, leistungsmengeninduzierte (lmi) und leistungsmengenneutrale (lmn) Teilprozesse.

Bei den **leistungsmengeninduzierten** Teilprozessen variieren der Zeitaufwand und die zugeordneten Kosten mit dem erbrachten Leistungsvolumen (prozess-

Abbildung 12.7: Ausschnitt aus der Prozesshierarchie der Easy Navigate GmbH

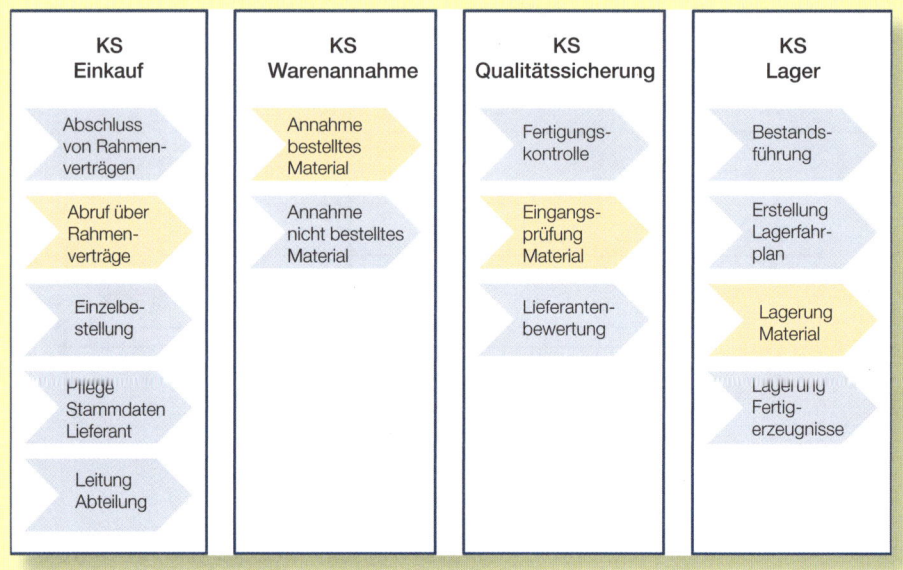

> **Tätigkeitsanalyse bei der Easy Navigate GmbH**
>
> Ludwig Schreiner führt zunächst eine Tätigkeitsanalyse für die Easy Navigate GmbH durch. Die Tätigkeiten ‚Verhandlung der Vertragsbedingungen', ‚Klärung von rechtlichen Problemen', ‚Formulierung des Vertragstextes' und ‚Vertragsunterzeichnung' fasst er z. B. zum Teilprozess ‚Abschluss von Rahmenverträgen' zusammen, welcher in der Kostenstelle Einkauf angesiedelt ist. Abbildung 12.7 stellt einen Ausschnitt aus der Prozesshierarchie der Easy Navigate GmbH dar und zeigt die Teilprozesse der Kostenstellen (KS) Einkauf, Warenannahme, Qualitätssicherung und Lager. Die orange hervorgehobenen Teilprozesse aus diesen vier Kostenstellen bilden den Hauptprozess ‚Material beschaffen' (vgl. ähnlich Coenenberg/Fischer/Günther, 2012, S. 164).

variable Kosten), wobei in aller Regel eine proportionale Beziehung zwischen Prozessmenge und Kosten unterstellt wird. Leistungsmengeninduzierte Teilprozesse zeichnen sich durch einfache und häufig wiederholte Tätigkeiten aus. Dies trifft in der Kostenstelle Einkauf der Easy Navigate GmbH auf die Teilprozesse ‚Abschluss von Rahmenverträgen', ‚Abruf über Rahmenverträge', ‚Einzelbestellung' und ‚Pflege Stammdaten Lieferant' zu.

Leistungsmengenneutrale Teilprozesse fallen dagegen unabhängig von den in Anspruch genommenen Leistungsmengen an (prozessfixe Kosten). Sie sind häufig durch nicht standardisierbare Tätigkeiten gekennzeichnet, wie der Teilprozess ‚Leitung Abteilung' in der Kostenstelle Einkauf.

Ermittlung der Teilprozesskostensätze

Bevor die Teilprozesse kostenstellenübergreifend zu Prozessen zusammengefasst werden, müssen die in den Kostenstellen anfallenden Kosten auf die

Teilprozesse verrechnet werden. Da in den indirekten Leistungsbereichen vielfach die Personalkosten dominieren, erfolgt die Kostenverrechnung von der Kostenstelle auf die Teilprozesse in der Regel über einen Zeitschlüssel wie Mitarbeiterjahre (MJ). Ein Mitarbeiterjahr bezeichnet die Jahresarbeitszeit eines Mitarbeiters. Üben Mitarbeiter ausschließlich Tätigkeiten für einen bestimmten Teilprozess aus, können ihre Kosten diesem Teilprozess vollständig zugerechnet werden. Andernfalls werden die Kosten über den Schlüssel MJ auf verschiedene Teilprozesse verteilt.

> **Teilprozesskostensätze bei der Easy Navigate GmbH**
>
> Nachfolgende Tabelle zeigt dies am Beispiel der Kostenstelle Einkauf der Easy Navigate GmbH. Die blau hervorgehobenen Daten hat Ludwig Schreiner von seinem Assistenten erheben lassen, um auf dieser Basis die Teilprozesskostensätze zu berechnen. Ludwig Schreiner verteilt zunächst die Kosten der Kostenstelle Einkauf in Höhe von 90.000,– € auf die gesamte Mitarbeiterkapazität von 6 MJ (Spalten 3 und 4).
>
> | | 1 | 2 | 3 | 4 | 5 | 6 | 7 | 8 | 9 |
> |---|---|---|---|---|---|---|---|---|---|
> | | Teilprozesse | Kategorie | Mitarbeiterkapazität [MJ] | Teilprozesskosten | Maßgröße [Anzahl der...] | Teilprozessmenge | Teilprozesskostensatz (lmi) | Umlagesatz (lmn) | Teilprozesskostensatz (gesamt) |
> | 5 | Abschluss von Rahmenverträgen | lmi | 0,50 | 7.500,00 € | Rahmenverträge | 30 | 250,00 € | 50,00 € | 300,00 € |
> | 6 | Abruf über Rahmenverträge | lmi | 3,00 | 45.000,00 € | Beschaffungsvorgänge | 4.500 | 10,00 € | 2,00 € | 12,00 € |
> | 7 | Einzelbestellung | lmi | 1,00 | 15.000,00 € | Einzelbestellungen | 4.800 | 3,13 € | 0,63 € | 3,75 € |
> | 8 | Pflege Stammdaten Lieferant | lmi | 0,50 | 7.500,00 € | Lieferanten | 80 | 93,75 € | 18,75 € | 112,50 € |
> | 9 | Leitung Abteilung | lmn | 1,00 | 15.000,00 € | | | | | |
> | 10 | Kostenstellenkapazität und Kosten | | 6,00 | 90.000,00 € | | | | | |
>
> Für die Ermittlung der Kostensätze der leistungsmengeninduzierten Teilprozesse sind zunächst geeignete **Maßgrößen** zu bestimmen. Diese sollten sich einfach messen lassen und die Variation der Kosten mit der Prozessmenge möglichst gut abbilden. Spalte 5 zeigt die Maßgrößen, die Ludwig Schreiner für die leistungsmengeninduzierten Teilprozesse der Kostenstellen Einkauf bestimmt hat. Die **Prozessmenge**, d.h. die Häufigkeit, mit der ein Teilprozess in der Abrechnungsperiode durchgeführt wird (Spalte 6), sollte die gleiche Einheit wie die zugrunde liegende Maßgröße aufweisen. Teilt man die Teilprozesskosten (Spalte 4) durch die Teilprozessmenge (Spalte 6), so erhält man den leistungsmengeninduzierten Teilprozesskostensatz (Spalte 7).

Für leistungsmengenneutrale Teilprozesse lassen sich keine Maßgrößen und in der Konsequenz auch keine Teilprozesskostensätze bestimmen. Will man die Kosten der lmn-Teilprozesse weiterverrechnen, so legt man diese auf die lmi-Teilprozesse der jeweiligen Kostenstelle um.

Kapitel 12 — Prozesskostenrechnung

> **Umlage der Kosten leistungsmengenneutraler Prozesse bei der Easy Navigate GmbH**
>
> Die 15.000,– € für den Teilprozess ‚Leitung Abteilung' legt Ludwig Schreiner auf die gesamten Kosten der lmi-Teilprozesse um. Den Umlagesatz für den Teilprozess ‚Abschluss von Rahmenverträgen' (Spalte 8) berechnet er beispielsweise wie folgt:
>
> Umlagesatz ‚Abschluss von Rahmenverträgen' = (15.000,– €/(7.500,– € + 45.000,– € + 15.000,– € + 7.500,– €)) · 250,– € = 0,2 · 250,– € = 50,– €

Die Gesamtprozesskostensätze der Teilprozesse (Spalte 9) ergeben sich durch Addition von lmi-Teilprozesskostensatz und lmn-Umlagesatz. Legt man die lmn-Kosten auf diese Art und Weise um, so hat die Prozesskostenrechnung den Charakter einer Vollkostenrechnung. Verzichtet man dagegen auf die Umlage der lmn-Teilprozesskosten, so wird nur ein Teil der Kosten auf die Produkte zugerechnet. Damit hat die Prozesskostenrechnung den Charakter einer Teilkostenrechnung.

Praxisbeispiel: Teilprozesse in der Kreditbearbeitung

Abbildung 12.8 zeigt exemplarisch Teilprozesse einer Kostenstelle im Bereich Kreditbearbeitung einer Bank sowie die zugehörigen Maßgrößen:

Teilprozess	Kategorie	Maßgröße [Anzahl der ...]
Prüfung Kreditantrag	lmi	Kreditanträge
Erstellung Vorlage für Kreditausschuss	lmi	Vorlagen
Anlage Kreditakte	lmi	Kreditakten
Mitteilung an Kundenbetreuer	lmi	Mitteilungen
Leitung Kreditbearbeitung	lmn	

Abbildung 12.8: Teilprozesse der Kostenstelle Kreditbearbeitung

Aggregation der Teilprozesse zu Hauptprozessen

Ein Prozess ist eine Zusammenfassung mehrerer sachlich zusammengehörender Teilprozesse verschiedener Kostenstellen.

Im nächsten Schritt werden die Teilprozesse zu kostenstellenübergreifenden Hauptprozessen aggregiert. Hauptprozesse, die auch einfach als Prozesse bezeichnet werden, sind eine Zusammenfassung mehrerer sachlich zusammengehörender Teilprozesse verschiedener Kostenstellen. Die Bildung von Prozessen erfolgt im Idealfall so, dass alle Teilprozesse eines Prozesses dieselbe Maßgröße zugrundelegen. Es ist dann naheliegend, diese Maßgröße auch als

Kostentreiber für den Prozess zu verwenden. Die Festlegung einer für alle Teilprozesse anwendbaren Maßgröße bzw. die Festlegung der Kostentreiber der Prozesse ist häufig der schwierigste Schritt bei der Einrichtung einer Prozesskostenrechnung. Der Kostentreiber eines Prozesses sollte proportional zu den Kosten des Prozesses sein. Für die prozesskostenbasierte Kalkulation der Produkte sollte ein Kostentreiber darüber hinaus die mengenmäßige Inanspruchnahme des Prozesses durch eine Produkteinheit abbilden. Diese ist nur dann konstant, wenn der Kostentreiber proportional zur Outputmenge der jeweiligen Produkte ist. Schließlich sollte ein Kostentreiber einfach ableitbar und leicht verständlich sein.

Aggregation der Teilprozesse zu Hauptprozessen bei der Easy Navigate GmbH

Ludwig Schreiner bildet entsprechend der nachfolgenden Tabelle den Prozess ‚Material beschaffen' aus den Teilprozessen mehrerer Kostenstellen. Die zuvor betrachtete Kostenstelle Einkauf ist hierbei mit dem Teilprozess ‚Abruf über Rahmenverträge' beteiligt. Dazu kommt jeweils ein Teilprozess der Kostenstellen Warenannahme, Qualitätssicherung und Lager, deren Teilprozesskosten Ludwig Schreiner inzwischen ebenfalls ermittelt hat. Als Kostentreiber für den Prozess wird die Anzahl der Beschaffungsvorgänge festgelegt, die gleichzeitig auch die Maßgröße der einzelnen Teilprozesse darstellt. In der betrachteten Periode beträgt die Summe der Teilprozesskosten insgesamt 162.000,– € für den Prozess der Materialbeschaffung, der insgesamt 4.500-mal durchgeführt wurde.

1	2	3	4
Teilprozess	Kostenstelle	Teilprozess-menge	Teilprozess-kosten
Abruf über Rahmenverträge	Einkauf	4.500	54.000 €
Materiallieferungen annehmen	Warenannahme	4.500	45.000 €
Eingangsprüfung Material durchführen	Qualitätssicherung	4.500	36.000 €
Material lagern	Lager	4.500	27.000 €
Prozess Material beschaffen (Rahmenvertrag)		4.500 (Prozessmenge)	162.000 € (Prozesskosten)

Bestimmung der Prozesskostensätze

Auf Basis der Prozessmengen und der Prozesskosten lassen sich abschließend die Prozesskostensätze der einzelnen Prozesse bestimmen. Entweder werden sämtliche Teilprozesskosten eines Prozesses addiert und durch die Prozessmenge dividiert oder es werden einfach die einzelnen Teilprozesskostensätze addiert.

> **Prozesskostensatz bei der Easy Navigate GmbH**
>
> Ludwig Schreiner berechnet den Prozesskostensatz für die Materialbeschaffung über die aufsummierten Teilprozesskosten:
>
> $$162.000,-\ \text{€}/4.500\ \text{Bestellungen} = 36,-\ \text{€/Bestellung}$$

Die Prozesskostensätze werden unter anderem für die Verrechnung der Prozesskosten auf die Produkte in der prozesskostenbasierten Kalkulation benötigt.

12.3 Prozesskostenbasierte Kalkulation

Die Prozesskostenkalkulation ermittelt die Kosten für eine Produkteinheit. Dabei werden die Gemeinkosten über die mengenmäßige Inanspruchnahme von Prozessen durch die Produkte verrechnet.

Die prozesskostenbasierte Kalkulation – häufig wird diese auch als Prozesskostenkalkulation bezeichnet – ermittelt die Kosten für eine Produkteinheit. Die Gemeinkosten werden dabei nicht wie in der Zuschlagskalkulation mithilfe von Zuschlagssätzen (vgl. Abschnitt 3.2), sondern über die mengenmäßige Inanspruchnahme von Prozessen durch die Produkte verrechnet. Dadurch soll der Ressourcenverbrauch bei Fertigung der Produkte genauer abgebildet und eine verbesserte Grundlage für Entscheidungen über das Produktprogramm und die Preise geschaffen werden. Abbildung 12.9 zeigt den schematischen Aufbau einer prozesskostenbasierten Kalkulation am Beispiel zweier Produkte I und II und dreier Prozesse A, B und C.

Abbildung 12.9: Schematische Darstellung der prozesskostenbasierten Kalkulation

Produkt I	Produkt II	Verrechnung von Prozesskosten auf Produkte über in Anspruch genommene Prozessmengen
MEK_I	MEK_{II}	
$+ FEK_I$	$+ FEK_{II}$	
$+ m_A \cdot k_A$	$+ n_A \cdot k_A$	m_A, m_B, m_C und n_A, n_B, n_C
$+ m_B \cdot k_B$	$+ n_B \cdot k_B$	
$+ m_C \cdot k_C$	$+ n_C \cdot k_C$	

MEK = Materialeinzelkosten, FEK = Fertigungseinzelkosten, m_A = mengenmäßige Inanspruchnahme des Prozesses A durch das Produkt I, k_A = Prozesskostensatz des Prozesses A, n_A = mengenmäßige Inanspruchnahme des Prozesses A durch das Produkt II

Die Unterschiede zwischen der prozesskostenbasierten Kalkulation und der Zuschlagskalkulation lassen sich am Beispiel der Easy Navigate GmbH veranschaulichen.

12.3 Prozesskostenbasierte Kalkulation

Prozesskostenbasierte Kalkulation bei der Easy Navigate GmbH

In der prozesskostenbasierten Kalkulation werden die Materialeinzelkosten und die Lohneinzelkosten wie in der Zuschlagskalkulation angesetzt. Bei den übrigen Positionen weicht die prozesskostenbasierte Kalkulation von der Zuschlagskalkulation ab, da die entsprechenden Kosten jeweils über die Inanspruchnahme der Prozesse ermittelt werden. Die Kosten für den Materialbeschaffungsprozess werden wie folgt verrechnet: Das Modell ‚Standard' besteht aus insgesamt 11 Teilen. 5 dieser Teile werden in Losen zu je 16 Stück beschafft, die übrigen 6 Teile in Losen zu je 12 Stück. Daraus ergibt sich, dass ein Teil der ersten (zweiten) Gruppe 1/16 (1/12) des Prozesskostensatzes für die Materialbeschaffung tragen muss. 5 Teile à 1/16 (6 Teile à 1/12) ergeben zusammen einen Prozesskoeffizienten von 0,3125 (0,5). In der Produktionsplanung sind für das Modell ‚Standard' 8 vorbereitende Planungsoperationen (z. B. für Arbeitsvorbereitung und Maschinenbelegung) erforderlich, wobei jeweils Lose von 10 Stück gemeinsam produziert werden. Daraus ergibt sich ein Prozesskoeffizient von 8/10 = 0,80 für diesen Prozess. Der Vertrieb erfolgt über einen durchgängigen Prozess; es werden jeweils 20 Stück des Modells ‚Standard' gemeinsam vertrieben, woraus sich ein Prozesskoeffizient von 0,05 ergibt. Die prozesskostenbasierte Kalkulation für das Modell ‚Premium' erfolgt entsprechend.

	A	B	C	D	E	F	G
1		Prozess-kostensatz	benötigte Anzahl (Teile, Durchgänge,...) je Produkt	Anzahl (Teile, Durchgänge,...) je Prozess	Prozess-koeffizient	zugerechnete Kosten je Produkt	
2	Materialeinzelkosten	-	-	-	-	30,00 €	Standard
3	Materialbeschaffung	36,00 €	5	16	0,3125	11,25 €	
4			6	12	0,5000	18,00 €	
5	Lohneinzelkosten	-	-	-	-	20,00 €	
6	Produktionsplanung	25,00 €	8	10	0,80	20,00 €	
7	Vertrieb	80,00 €	1	20	0,05	4,00 €	
8	Selbstkosten					103,25 €	
9							
10		Prozess-kostensatz	benötigte Anzahl (Teile, Durchgänge,...) je Produkt	Anzahl (Teile, Durchgänge,...) je Prozess	Prozess-koeffizient	zugerechnete Kosten je Produkt	
11	Materialeinzelkosten	-	-	-	-	60,00 €	Premium
12	Materialbeschaffung	36,00 €	8	16	0,50	18,00 €	
13			9	12	0,75	27,00 €	
14	Lohneinzelkosten	-	-	-	-	30,00 €	
15	Produktionsplanung	25,00 €	15	10	1,50	37,50 €	
16	Vertrieb	80,00 €	1	2,0	0,50	40,00 €	
17	Selbstkosten					212,50 €	

Kapitel 12   Prozesskostenrechnung

Abbildung 12.10 zeigt die aus der Anwendung der prozesskostenbasierten Kalkulation gegenüber der kostenstellenweisen Zuschlagskalkulation resultierende Umverteilung der Kosten.

Abbildung 12.10: Umverteilung der Kosten durch die Prozesskostenrechnung

	Standard	Premium
Kostenstellenweise Zuschlagskalkulation	108,04 €	193,36 €
Prozesskostenbasierte Kalkulation	103,25 €	212,50 €
Differenz	4,79 €	−19,14 €
	Zuschlagskalkulation ‚überbelastet' das Standardmodell mit 4,79 €/Stück	Zuschlagskalkulation ‚unterbelastet' das Premiummodell mit 19,14 €/Stück
x Produktmenge	4.000 Stück	1.000 Stück
Kostenumverteilung	19.143,67 €	−19.143,67 €

Summe = 0

Der Vergleich der kalkulierten Selbstkosten je Stück bei der Zuschlagskalkulation und bei der prozesskostenbasierten Kalkulation zeigt, dass das Modell ‚Standard' bei der prozesskostenbasierten Kalkulation gegenüber der Zuschlagskalkulation in der Summe entlastet wird, während für das Modell ‚Premium' höhere Kosten kalkuliert werden. Dies ist eine wichtige Information für die Easy Navigate, da im stark umkämpften Markt für das Standardprodukt gegenüber der bisherigen Zuschlagskalkulation je nach bisherigem Preis möglicherweise Spielraum für eine Preissenkung aufgezeigt wird.

> **Effekte der Prozesskostenrechnung bei der Easy Navigate GmbH**
>
> Betrachten wir die einzelnen Positionen genauer, so sehen wir die Auswirkungen der beiden Effekte, mit deren Erläuterung Ludwig Schreiner seine Chefin Kathrin Krüger von der Durchführung einer Prozesskostenrechnung überzeugt hat.
>
> Bei der Materialbeschaffung führt die prozesskostenbasierte Kalkulation im Vergleich zur Zuschlagskalkulation zu einer Mehrbelastung des Standardmodells und zu einer Entlastung des Premiummodells. Die höheren Materialeinzelkosten des Premiummodells sind nur zum Teil auf die größere Anzahl von Teilen zurückzuführen, wodurch der Materialbeschaffungsprozess tatsächlich in größerem Umfang in Anspruch genommen wird. Jedoch tragen auch die höheren Preise der beschafften Materialien und Bauteile des Premiummodells zu den höheren Materialeinzelkosten bei. In der prozesskostenbasierten Kalkulation erhöhen sich dadurch die Kosten für den Materialbeschaffungsprozess nicht, da diese in unserem Beispiel für jeden Beschaffungsvorgang gleich hoch sind. In der Zuschlagskalkulation führen die höheren Preise der Materialien und Bauteile des Premiummodells dagegen dazu, dass über den prozentualen Zuschlag auch mehr Materialgemeinkosten verrechnet werden. Umgekehrt verhält es sich bei den Vertriebskosten. Hier wird das Standardmodell gegenüber der Zuschlagskalkulation entlastet (4,– € statt 9,67 € je Stück), während für das Premiummodell deutlich höhere Kosten (40,– € statt 17,31 € je Stück) kalkuliert werden. Dies ist darauf zurückzuführen, dass beim Premiummodell im Durchschnitt lediglich 2 Stück gemeinsam vertrieben werden, während dieser Wert für das Standardmodell bei 20 Stück liegt.

12.4 Prozesskostenbasierte Kundenerfolgsrechnung

Eine prozesskostenbasierte Erfolgsrechnung hat prinzipiell den gleichen Aufbau wie eine klassische Erfolgsrechnung (vgl. Kapitel 7). Wird die Prozesskostenrechnung als Vollkostenrechnung durchgeführt und ist die Erfolgsrechnung nach dem Umsatzkostenverfahren aufgebaut, so stehen die Kosten und Erlöse jeweils nach Produkten gegliedert einander gegenüber (vgl. Abschnitt 7.2). Hier besteht kein Unterschied im Aufbau der Erfolgsrechnung, allerdings weichen die kalkulierten Kosten in der Regel voneinander ab, wie wir im vorhergehenden Abschnitt gesehen haben.

Wird die Prozesskostenrechnung dagegen als Teilkostenrechnung durchgeführt, so werden nicht die Kosten sämtlicher Prozesse auf die Produkte verrechnet. Von den Erlösen werden im ersten Schritt lediglich Teile der Kosten abgezogen, so dass sich eine Deckungsbeitragsgröße ergibt. Entsprechend ist die Erfolgsrechnung dann als Deckungsbeitragsrechnung aufgebaut (vgl. Abschnitt 7.4). Die Kosten von nicht auf die Produkte verrechneten Prozessen werden im zweiten Schritt abgezogen. Bei mehreren Ebenen von Prozessen ergibt sich dadurch eine prozesskostenbasierte mehrstufige Deckungsbeitragsrechnung.

Kapitel 12 Prozesskostenrechnung

Die Prozesse eines Unternehmens lassen sich über ihre Bezugsobjekte systematisch untergliedern. Dabei können die folgenden gängigen Prozessebenen unterschieden werden:
- Gesamtunternehmensbezogene Prozesse,
- Standortbezogene Prozesse,
- Produktbezogene Prozesse,
- Losbezogene Prozesse und
- Stückbezogene Prozesse.

Zu den gesamtunternehmensbezogenen Prozessen gehört insbesondere die Unternehmensleitung. Standortbezogene Prozesse beziehen sich auf eine Region oder einen einzelnen Standort und umfassen z. B. den Unterhalt von Gebäuden und Anlagen. Produktbezogene Prozesse beziehen sich auf eine Produktart oder Produktgruppe. Zu ihnen gehören z. B. produktbezogene Marketingprozesse. Losbezogene Prozesse beziehen sich auf ein Los eines

Kundenerfolgsrechnung bei der Easy Navigate GmbH

Ludwig Schreiner hat sich entschieden, im Rahmen der versuchsweisen Durchführung der Prozesskostenrechnung auch eine mehrstufige Deckungsbeitragsrechnung zu erstellen, um seiner Chefin Kathrin Krüger möglichst viele Auswertungsmöglichkeiten präsentieren zu können. Die nachfolgende Tabelle zeigt einen seiner noch groben Entwürfe für eine mögliche prozesskostenbasierte mehrstufige Deckungsbeitragsrechnung, der in Form einer Kundenerfolgsrechnung aufgebaut ist:

Prozesskostenbasierte Kundenerfolgsrechnung						
1	2	3	4	5	6	7
Schema der Ergebnisrechnung	KUNDE A			KUNDE B		KUNDE C
	Auftrag 1	Auftrag 2	Auftrag 3	Auftrag 4	Auftrag 5	Auftrag 6
Auftragsgröße	25	10	30	5	100	20
Stückpreis	180,00 €	180,00 €	180,00 €	200,00 €	160,00 €	180,00 €
Umsatz	4.500,00 €	1.800,00 €	5.400,00 €	1.000,00 €	16.000,00 €	3.600,00 €
– prozessorientiert ermittelte Herstellkosten	2.481,25 €	992,50 €	2.977,50 €	496,25 €	9.925,00 €	1.985,00 €
Deckungsbeitrag Auftrag I	2.018,75 €	807,50 €	2.422,50 €	503,75 €	6.075,00 €	1.615,00 €
– Kommisionierungsprozesskosten	150,00 €	75,00 €	230,00 €	50,00 €	300,00 €	100,00 €
– Auftragsabwicklungskosten	150,00 €	150,00 €	150,00 €	250,00 €	250,00 €	700,00 €
Deckungsbeitrag Auftrag II	1.718,75 €	582,50 €	2.042,50 €	203,75 €	5.525,00 €	815,00 €
– Kundenbetreuungsprozesskosten		800,00 €			800,00 €	800,00 €
Deckungsbeitrag Kunde		3.543,75 €			4.928,75 €	15,00 €

> Die blau markierten Werte in diesem Entwurf sind von Ludwig Schreiner geschätzt, da er hierfür noch keine detaillierten Rechnungen durchgeführt hat. Er unterstellt, dass die Kunden A, B und C nur das Standardprodukt kaufen und dass je nach Auftragsgröße eine Differenzierung des Preises möglich ist. Von den Erlösen werden jeweils die prozessorientiert ermittelten Herstellkosten des Standardmodells abgezogen; dafür verwendet Ludwig Schreiner die oben kalkulierten Produktkosten abzüglich der Vertriebskosten (bei Auftrag 1: 25 · (103,25 € – 4,– €) = 2.481,25 €). Von den sich ergebenden Deckungsbeiträgen zieht er in einem zweiten Schritt die Kosten auftragsbezogener Prozesse ab, im dritten Schritt davon wiederum die Kosten kundenbezogener Prozesse. Er denkt über weitere Deckungsbeitragsstufen für Prozesse nach, die sich z. B. auf Vertriebswege oder Regionen beziehen könnten. Durch Aufsplitten der prozessorientiert ermittelten Herstellkosten in Einzelkosten, lmi-Prozesskosten und lmn-Prozesskosten könnten ebenfalls weitere Deckungsbeitragsstufen ausgewiesen werden.

Produktes, wie Rüstprozesse in der Fertigung, die für ein Produktionslos gemeinsam getätigt werden, oder Distributionsprozesse für entsprechende Lose. Stückbezogene Prozesse beziehen sich auf eine einzelne Produkteinheit, z. B. Prozesse in der Produktionsvorbereitung, die für jedes einzelne Stück durchgeführt werden.

12.5 Entscheidungsunterstützung durch die Prozesskostenrechnung

Im Rahmen der prozessorientierten Kalkulation haben wir bereits einige mögliche Auswirkungen der Prozesskostenrechnung auf die Produktkalkulation kennen gelernt. In diesem Abschnitt werden wir zunächst die grundlegenden Effekte der Prozesskostenrechnung systematisch darstellen, ehe wir auf einzelne Entscheidungen eingehen, welche durch die Prozesskostenrechnung unterstützt werden können. Hierzu gehören Entscheidungen über das Produktprogramm, über Preise, über Eigenfertigung vs. Fremdbezug (Make or Buy) sowie über Produkt- und Prozessdesign (die Verwendung von Kosten- und Erlösinformationen für operative Entscheidungen wurde bereits in Kapitel 9 behandelt). Des Weiteren gehört dazu das Kostenmanagement.

Die Prozesskostenrechnung unterstützt u. a. Entscheidungen über das Produktprogramm, über Preise, über Eigenfertigung vs. Fremdbezug sowie über Produkt- und Prozessdesign.

Grundlegende Effekte der Prozesskostenrechnung

Tendenziell sind die Unterschiede zwischen einer Zuschlagskalkulation und einer prozesskostenorientierten Kalkulation besonders groß, wenn …
- … ein großer Anteil nicht stückbezogener Prozesse vorliegt. Outputmengenbezogene Bezugsgrößen sind für die Zuordnung der Kosten nicht stückbezogener Prozesse in der Regel relativ schlecht geeignet.

- ... die Produkte eines Unternehmens sehr heterogen sind. Die Produkte nehmen die Prozesse in sehr unterschiedlichem Umfang in Anspruch, d. h., die verbrauchten Ressourcen können in der Regel nur relativ schlecht mit einer einzigen Bezugsgröße abgebildet werden.

Im Folgenden werden wir drei mögliche Einzeleffekte der Prozesskostenrechnung analysieren: den Allokationseffekt, den Degressionseffekt und den Komplexitätseffekt (vgl. Coenenberg/Fischer/Günther, 2012, S. 174 ff.).

(1) Allokationseffekt

Der Allokationseffekt tritt auf, wenn die Kalkulation auf der Basis der Inanspruchnahme von Prozessmengen zu anderen Ergebnissen führt als die Kalkulation aufgrund von – i. d. R. wertbezogenen – Zuschlägen.

Allokationseffekt bei der Easy Navigate GmbH

Aufgrund der großen Nachfrage ihrer Kunden nach Ersatzakkus für die Navigationsgeräte hat die Easy Navigate eine Tochtergesellschaft gegründet, die Akkus in großen Mengen einkauft und unter eigenem Label an die Endkunden verkauft. Die Tochtergesellschaft hat einen Nickel-Metallhydrid-Akku und einen Lithium-Ionen-Akku im Programm, die beide dieselben Abmessungen haben. Der Nickel-Metallhydrid-Akku kostet im Einkauf 2,– €/Stück, der Lithium-Ionen-Akku 5,– €/Stück. In der bisherigen Zuschlagskalkulation der Tochtergesellschaft wird auf beide Akkus ein Materialgemeinkostenzuschlag von 90 % angewandt. Die Zinsen auf das während der Lagerung der Akkus gebundene Kapital werden separat berücksichtigt. Ludwig Schreiner analysiert gemeinsam mit dem Controller der Tochtergesellschaft den Prozess der Materialbeschaffung. Sie stellen fest, dass dieser vollständig stückbezogen ist. Die bei der Bestellung, der Qualitätsprüfung sowie der Ein- und Auslagerung in Anspruch genommenen Teilprozesse sind unabhängig vom Wert des jeweiligen Akkus. Schreiner und der Controller der Tochtergesellschaft berechnen einen Prozesskostensatz für die Beschaffung eines Akkus von 3,– €. Den Allokationseffekt für die beiden Akkus ermitteln sie wie folgt:

	1	2 (= 1 · 90%)	3	4 (= 3 – 2)
	Materialeinzelkosten Akku	Materialgemeinkosten (90%)	Prozesskosten	Allokationseffekt
NiMH-Akku	2,00 €	1,80 €	3,00 €	1,20 €
Lithium-Ionen-Akku	5,00 €	4,50 €	3,00 €	–1,50 €

In diesem Fall bedeutet der Allokationseffekt, dass der Nickel-Metallhydrid-Akku mit 1,20 € zusätzlich belastet wird, während der Lithium-Ionen-Akku um 1,50 € entlastet wird. Der Allokationseffekt ist darauf zurückzuführen, dass die Prozesskosten nicht vom Wert der Akkus abhängen, sondern von ihrer Anzahl.

12.5 Entscheidungsunterstützung durch die Prozesskostenrechnung

Der Allokationseffekt schlägt sich in den kalkulierten Produktkosten nieder und ist damit potenziell für eine Vielzahl von Entscheidungen relevant, z. B. über Preise, Produktprogramm und Eigenfertigung vs. Fremdbezug.

(2) Degressionseffekt

Der Degressionseffekt tritt bei allen nicht stückbezogenen Prozessen auf und lässt sich gut am Beispiel losbezogener Prozesse erläutern. Die Kosten losbezogener Prozesse sind (innerhalb gewisser Grenzen) unabhängig von der Anzahl der in einem Los enthaltenen Produkte. In der Beschaffung könnte dies z. B. ein Bestellprozess sein, im produktionsbegleitenden Bereich ein Rüstvorgang auf einer Maschine und im Vertrieb ein Auftragsabwicklungsprozess.

Degressionseffekt bei der Easy Navigate GmbH

Im Vertriebsbereich der Easy Navigate GmbH fallen unabhängig von der in einem Auftrag enthaltenen Anzahl von Produkten 80,– € für die Abwicklung des Auftrags an. Dies bedeutet für das Standardmodell mit einer durchschnittlichen Auftragslosgröße von 20 Stück Kosten von 4,– €/Stück, für das Premiummodell liegen die Kosten pro Stück dagegen aufgrund der geringeren durchschnittlichen Auftragslosgröße von 2 Stück bei 40,– €. Ludwig Schreiner erstellt eine Tabelle mit weiteren Auftragslosgrößen, um die Wirkung des Degressionseffekts über einen breiteren Bereich von Auftragslosgrößen zu ermitteln. Dieser Tabelle stellt er die bisherige Zuschlagskalkulation für das Standardmodell gegenüber, welche die Auftragslosgröße nicht berücksichtigt, sondern mit einem konstanten prozentualen Zuschlag auf die Herstellkosten von 9,83 % rechnet, was beim Standardmodell 9,67 € je Stück ergibt.

	Kosten pro Stück für die Auftragsabwicklung	
Auftragslosgröße	Zuschlagskalkulation	Prozesskostenkalkulation
1	9,67 €	80,00 €
2	9,67 €	40,00 €
5	9,67 €	16,00 €
10	9,67 €	8,00 €
25	9,67 €	3,20 €
50	9,67 €	1,60 €
100	9,67 €	0,80 €

Die Zuschlagskalkulation benachteiligt größere Lose gegenüber kleineren Losen. Der Degressionseffekt führt zu einer Spreizung der Produktkosten je nach Stückzahl, z. B. in einem Auftragslos. Die Berücksichtigung dieses Effektes zeigt neue Spielräume für die Preisgestaltung auf. So können z. B. auftragsgrößenbezogene Rabattstaffeln festgelegt werden, um die Kunden zur Bestellung größerer Lose zu bewegen. Des Weiteren können die Deckungsbeiträge von Kunden oder Geschäftsfeldern mit unterschiedlicher durchschnittlicher Auftragsgröße ermittelt werden.

(3) Komplexitätseffekt

Der Komplexitätseffekt bringt zum Ausdruck, dass die in Anspruch genommene Menge einiger Prozesse von der Produktkomplexität abhängt, die z. B. über die Anzahl der Teile eines Produkts gemessen werden kann. Ein prozentualer Gemeinkostenzuschlag auf die Fertigungslöhne bei produktionsbegleitenden Prozessen (bzw. auf die Materialeinzelkosten bei Beschaffungsprozessen) bildet diesen Effekt jedoch nicht unbedingt ab. So kann es sein, dass der relative Unterschied zwischen den Kosten der Fertigungsvorbereitung eines komplexen Produkts und eines weniger komplexen Produkts größer ausfällt als der relative Unterschied bei den Fertigungseinzelkosten. Eine Prozesskostenrechnung, welche die Anzahl der Teile als Kostentreiber für die betreffenden Prozesse heranzieht, führt dann dazu, dass das weniger komplexe Produkt im Vergleich zur Zuschlagskalkulation entlastet und das komplexere Produkt zusätzlich belastet wird.

> **Komplexitätseffekt bei der Easy Navigate GmbH**
>
> Die beiden Navigationsgeräte der Easy Navigate GmbH unterscheiden sich sowohl hinsichtlich der Fertigungseinzelkosten als auch hinsichtlich der Anzahl ihrer Teile. Die Fertigungseinzelkosten betragen 20,– €/Stück für das Standardmodell und 30,–€/Stück für das Premiummodell. Das Standardmodell besteht aus 8 Teilen, das Premiummodell aus 15 Teilen. Vom Standardmodell werden 4.000 Stück gefertigt, vom Premiummodell 1.000 Stück. Ludwig Schreiner ermittelt in einer speziellen Auswertungsrechnung Kosten der Fertigungsvorbereitung in Höhe von 70.500,– €, die von der Produktkomplexität, gemessen anhand der Anzahl der Teile, abhängen. Den Komplexitätseffekt berechnet er wie folgt:
>
> In der Zuschlagskalkulation werden die Kosten der Fertigungsvorbereitung entsprechend den Fertigungseinzelkosten auf die Modelle ‚Standard' und ‚Premium' verteilt. Die gesamten Fertigungseinzelkosten betragen 4.000 · 20,– + 1.000 · 30,– = 110.000,– €. Daraus ergibt sich ein Zuschlagssatz von 70.500,–/110.000,– = 64,09 %. Dadurch werden dem Standardmodell Kosten in Höhe von 20,– · 64,09 % = 12,82 € zugeordnet, dem Premiummodell 30,– · 64,09 % = 19,23 €.
>
> In der Prozesskostenrechnung wird dagegen die Anzahl der Teile als Kostentreiber herangezogen. Für das Standardmodell und das Premiummodell werden zusammen 47.000 Teile benötigt (= 4.000 Stück · 8 Teile/Stück + 1.000 Stück · 15 Teile/Stück). Pro Teil ergibt sich dadurch ein Kostensatz von 70.500,–/47.000 = 1,50 €. Das Standardmodell wird daher mit 8 · 1,50 = 12,– € belastet, das Premiummodell mit 15 · 1,50 = 22,50 €. Durch den Komplexitätseffekt wird das Standardmodel um 82 Cent entlastet, während das Premiummodell zusätzlich mit 3,27 € belastet wird.

Die Berücksichtigung der Komplexität der Produkte führt dazu, dass Produkten mit hoher Komplexität mehr Kosten und Produkten mit niedriger Komplexität weniger Kosten zugeordnet werden als bei der Zuschlagskalkulation. In der Unternehmenspraxis steigen die Kosten vielfach nicht nur linear mit der Komplexität (z. B. gemessen an der Anzahl der Teile), sondern sogar überproportional. Der Komplexitätseffekt wirkt sich dann noch stärker auf die Kostenzuordnung aus. Wie bei den anderen Effekten auch, kann die Prozesskostenrechnung dazu beitragen, Produkte entsprechend ihrem Ressourcenverbrauch zu kalkulieren und damit verlustbringende Entscheidungen, z. B. fehlerhafte Preisstrategien oder Make or Buy-Entscheidungen, zu vermeiden. In der Phase der Produktentwicklung trägt die Prozesskostenrechnung dazu bei, von vornherein Komplexität zu vermeiden, der kein entsprechendes Erlöspotenzial gegenübersteht.

Fundierung einzelner Entscheidungen durch die Prozesskostenrechnung

Die Analyse des Allokations-, Degressions- und Komplexitätseffekts hat gezeigt, dass die Prozesskostenrechnung eine Verrechnung der Kosten auf die Produkte vornimmt, die aus mehreren Gründen von der Verrechnung über eine Zuschlagskalkulation abweichen kann. Dadurch ändern sich möglicherweise auch die relevanten Kosten von Entscheidungen. Sämtliche operative Entscheidungen, die wir in Kapitel 9 bereits diskutiert haben, können davon betroffen sein, insbesondere Entscheidungen über die Leistungserstellung (Produktionsprogramm und Outsourcing) und über Preise, sofern diese sich auf die kalkulierten Stückkosten stützen. Ist beabsichtigt, die Prozesskos-

Operative Entscheidungen bei der Easy Navigate GmbH

Die Prozesskostenrechnung zeigt im Fallbeispiel der Easy Navigate GmbH, dass beim Standardmodell je nach bisherigem Preis möglicherweise ein zusätzlicher Spielraum für eine Preissenkung besteht. So ergibt die prozesskostenbasierte Kalkulation beim Standardmodell Stückkosten von 103,25 € im Vergleich zu 108,04 € bei einer Zuschlagskalkulation (vgl. Abbildung 12.10). Beim Premiummodell fällt der preisliche Spielraum dagegen niedriger aus, da die prozesskostenbasierte Kalkulation hier Stückkosten in Höhe von 212,50 € im Vergleich zu 193,36 € bei der Zuschlagskalkulation ergibt. Auch eine Produktionsprogrammentscheidung kann durch die abweichende Kostenzurechnung anders ausfallen als bei einer Zuschlagskalkulation. So könnte das Premiummodell durch die höheren kalkulierten Kosten möglicherweise aus dem Produktionsprogramm herausfallen, wenn keine entsprechenden Erlöse erzielbar sind. Im Rahmen einer Prozesskostenrechnung werden i. d. R. auch Kosten, die beim Fremdbezug einer Leistung vermieden werden können, in anderer Höhe berechnet. Über die Gliederung der Prozessebenen (Stück, Los, Produktart, Kunde, Standort, Gesamtunternehmen und ggf. weitere) wird klar ersichtlich, welche Kosten durch den Fremdbezug einer Leistung wegfallen würden.

tenrechnung für die Fundierung von kurzfristigen, operativen Entscheidungen heranzuziehen, so sollte diese als Teilkostenrechnung ausgestaltet werden.

Im Fokus der Prozesskostenrechnung stehen jedoch nicht kurzfristige, operative Entscheidungen, sondern eher langfristige, strategische Entscheidungen, die z. B. die Gestaltung von Produkten und Prozessen, die langfristige Preisgestaltung und die Differenzierung des Angebots nach Kundengruppen betreffen. Auf einige längerfristige Entscheidungen gehen wir im Folgenden näher ein. Grundsätzlich spricht die längerfristige Ausrichtung tendenziell für eine Ausgestaltung der Prozesskostenrechnung als Vollkostenrechnung.

(1) Kundenergebnisrechnung und -analyse

Im Zusammenhang mit dem Degressionseffekt haben wir bereits gesehen, dass die Vertriebskosten pro Stück in der Prozesskostenrechnung der Easy Navigate GmbH von der Auftragslosgröße abhängen. Daraus folgt, dass die Belieferung von Kunden mit kleinen Aufträgen mit höheren Kosten pro Stück verbunden ist als die Belieferung von Kunden mit großen Aufträgen. Der Kostenunterschied impliziert eine entsprechende Preisdifferenzierung zwischen den beiden Kundengruppen, sofern diese am Markt durchsetzbar ist. Ist dies nicht möglich und ist die Belieferung von Kunden mit kleinen Aufträgen nicht kostendeckend, kann dies in letzter Konsequenz dazu führen, dass auf die Belieferung von Kunden mit kleinen Aufträgen verzichtet wird. Umgekehrt kann eine Preisdifferenzierung dazu führen, dass aufgrund niedrigerer Preise für Großaufträge zusätzliche Kunden in diesem Segment angezogen werden können.

Die Prozesskostenrechnung zeigt aber nicht nur Unterschiede in der Kostenzuordnung zwischen Kundengruppen mit unterschiedlichen Auftragsgrößen auf, sondern bildet die Kostenwirkungen weiterer Kundenmerkmale ab. Einen Überblick gibt die folgende Abbildung 12.11:

Praxisbeispiel: Kundenmerkmale als Kostentreiber

Tendenziell Entlastung durch Anwendung der Prozesskostenrechnung	Tendenziell Belastung durch Anwendung der Prozesskostenrechnung
Kunden, die Standardprodukte bestellen	Kunden, die maßgeschneiderte Produkte bestellen
Kunden, die über Electronic Data Interchange (EDI) bestellen	Kunden, die telefonisch oder per Fax bestellen
Kunden, die über den normalen Vertriebsweg beliefert werden	Kunden, für die eine spezielle Belieferung arrangiert werden muss
Kunden, die ihren Auftrag nach der Bestellung nicht mehr ändern	Kunden, die ihre Aufträge häufig noch ändern
Kunden, die ihre Rechnungen ohne Mahnung bezahlen	Kunden, die häufig gemahnt werden müssen
Kunden, die vor oder nach dem Kauf keine Beratung benötigen	Kunden, die vor oder nach dem Kauf unentgeltliche Beratung in Anspruch nehmen

Abbildung 12.11: Wirkungen der Prozesskostenrechnung in Abhängigkeit von Kundenmerkmalen
(vgl. Kaplan, Robert S./Cooper, Robin: Cost & Effect – Using Integrated Cost Systems to Drive Profitability and Performance, McGraw-Hill, Boston 1998, S. 191)

12.5 Entscheidungsunterstützung durch die Prozesskostenrechnung

Diese Kundengruppen nehmen jeweils in unterschiedlichem Umfang Prozesse des Unternehmens in Anspruch, was entsprechende Preisdifferenzierungen impliziert. Ähnliche Überlegungen lassen sich z. B. auch für die unterschiedlichen Filialen einer Bank anstellen. Die Anwendung der Prozesskostenrechnung kann hier gegenüber einer Zuschlagskalkulation Hinweise darauf geben, dass Filialen geschlossen oder neu eröffnet werden sollten.

(2) Entscheidung über Anzahl der Produktvarianten mithilfe der Variantenkalkulation

Mithilfe der Variantenkalkulation (vgl. Horváth/Mayer, 1989, S. 218) lassen sich Szenarien für die Eliminierung oder das Hinzufügen von Produktvarianten bewerten, wenn die beanspruchten Prozessmengen ganz oder teilweise von der Anzahl der Produktvarianten abhängen.

> **Variantenkalkulation bei der Easy Navigate GmbH**
>
> Ludwig Schreiner erläutert seiner Chefin Kathrin Krüger die Vorgehensweise der Variantenkalkulation am Beispiel eines Teilprozesses. Er stellt dabei der Ausgangssituation mit den beiden Produktvarianten ‚Standard' und ‚Premium' ein Szenario mit der Einführung einer zusätzlichen Produktvariante ‚Mittelklasse' gegenüber (vgl. Abbildung 12.12).
>
> Der Teilprozess ‚Abruf über Rahmenverträge' wird bei der Easy Navigate GmbH insgesamt 4.500-mal durchgeführt. Bei Teilprozesskosten von 45.000,– € ergibt sich ein leistungsmengeninduzierter Teilprozesskostensatz von 10,– €. Ludwig Schreiner geht von folgenden Annahmen aus. 40 % der Prozessmenge seien produktionsvolumenabhängig (4.500 · 40 % = 1.800), 60 % variantenzahlabhängig (4.500 · 60 % = 2.700). In der Ausgangssituation werden vom Standardmodell 4.000 Stück und vom Premiummodell 1.000 Stück hergestellt. Daraus ergibt sich folgende Belastung des Standardmodells:
>
> $$(45.000{,}– € \cdot 40\%)/(4.000 + 1.000) + (45.000{,}– € \cdot 60\%)/(2 \cdot 4.000) = 3{,}60 € + 3{,}38 € = 6{,}98 €$$
>
> 40 % der Teilprozesskosten von 45.000,– € sind produktionsvolumenabhängig und werden demgemäß auf die gesamte Stückzahl über beide Modelle verteilt. 60 % der Teilprozesskosten werden zunächst je zur Hälfte auf das Standardmodell und das Premiummodell verteilt. Beim Standardmodell wird der sich ergebende Betrag dann weiter auf 4.000 Stück verteilt. Entsprechend ergibt sich für das Premiummodell die folgende Belastung:
>
> $$(45.000{,}– € \cdot 40\%)/(4.000 + 1.000) + (45.000{,}– € \cdot 60\%)/(2 \cdot 1.000) = 3{,}60 € + 13{,}50 € = 17{,}10 €$$

Kapitel 12 — Prozesskostenrechnung

> Ludwig Schreiner rechnet auf dieser Basis ein Szenario durch, bei dem als zusätzliche Variante ein Mittelklassemodell produziert wird, über welches die Geschäftsführern Kathrin Krüger seit einiger Zeit nachdenkt. Dieses soll zwischen dem Standard- und dem Premiummodell angesiedelt sein und mit einer Stückzahl von 1.500 verkauft werden. Gleichzeitig ist davon auszugehen, dass das Standardmodell dann nur noch 2.500-mal verkauft wird, so dass die Gesamtmenge unverändert bleibt. Die produktionsvolumenabhängige Prozessmenge beträgt daher im Szenario nach wie vor 1.800, die variantenzahlabhängige Prozessmenge erhöht sich dagegen auf $2.700 \cdot 3/2 = 4.050$. Der variantenzahlabhängige Anteil der Prozesskosten erhöht sich entsprechend auf $4.050 \cdot 10{,}-\,€ = 40.500{,}-\,€$. Daraus ergibt sich folgende Kostenbelastung der Produkte für den Teilprozess:
>
> Standardmodell: $\quad 3{,}60\,€ + 40.500{,}-\,€/(3 \cdot 2.500) = 3{,}60\,€ + 5{,}40\,€ = 9{,}-\,€$
>
> Mittelklassemodell: $3{,}60\,€ + 40.500{,}-\,€/(3 \cdot 1.500) = 3{,}60\,€ + 9{,}-\,€ = 12{,}60\,€$
>
> Premiummodell: $\quad 3{,}60\,€ + 40.500{,}-\,€/(3 \cdot 1.000) = 3{,}60\,€ + 13{,}50\,€ = 17{,}10\,€$

Abbildung 12.12 gibt einen Überblick über die Ausgangssituation mit zwei Varianten und das Szenario mit drei Varianten:

Abbildung 12.12: Variantenkalkulation

Ausgangssituation mit 2 Varianten und insgesamt 5.000 Stück

Prozesskosten	Planprozessmenge	Prozesskostensatz	Produktionsvolumenabhängige Prozessmenge	Variantenzahlabhängige Prozessmenge	Kostenbelastung der Varianten	
			40%	60%	Standard	Premium
					4.000	1.000
45.000 €	4.500	10 €	1.800	2.700	3,60 €	3,60 €
					3,38 €	13,50 €
					6,98 €	17,10 €

Szenario mit 3 Varianten und insgesamt 5.000 Stück

		Prozesskostensatz	Produktionsvolumenabhängige Prozessmenge	Variantenzahlabhängige Prozessmenge	Kostenbelastung der Varianten		
			unverändert	2.700 · 3/2	Standard	Mitelklasse	Premium
					2.500	1.500	1.000
		10 €	1.800	4.050	3,60 €	3,60 €	3,60 €
					5,40 €	9,00 €	13,50 €
					9,00 €	12,60 €	17,10 €

Die Kosten des Standardmodells erhöhen sich, weil von dieser Variante nur noch eine geringere Stückzahl produziert wird. Ludwig Schreiner argumentiert, dass dieser Effekt auf das Standardmodell bei den Plänen für die Einführung des Mittelklassemodells zu berücksichtigen sei.

(3) Produktentwicklung und Prozessdesign

Die Erkenntnisse aus einer Prozesskostenrechnung können bereits in der Produktentwicklungsphase eingesetzt werden, um Produkte so zu gestalten, dass möglichst wenige Prozesse beansprucht werden, und Prozesse so aufzusetzen, dass sie mit möglichst geringen Kosten verbunden sind. Zu diesem Zweck kann z. B. die Komplexität der Produkte reduziert oder die Teilevielfalt durch Gleichteil- und Plattformstrategien gesenkt werden. Eine modulare Produktgestaltung kann dabei helfen, den Umfang der benötigten Montageprozesse zu reduzieren. Funktionsübergreifende Teams, insbesondere aus Einkauf, Produktion, Vertrieb und Controlling, können diese Strategien gemeinsam entwickeln und umsetzen.

(4) Reduzierung nicht wertschöpfender Prozesse

Die Prozesskostenrechnung schafft Transparenz über den Ressourcenverbrauch von nicht wertschöpfenden Prozessen. Nicht wertschöpfende Prozesse liegen vor, wenn Prozesse entweder unnötig sind oder zwar notwendig sind, aber bei ihrer Durchführung zu viele Ressourcen verbraucht werden. Nach- und Garantiearbeiten sind z. B. möglichst zu vermeiden. Für die Prozesse sind Performancegrößen zu definieren. Das Kostenmanagement gewinnt dadurch Ansatzpunkte für Zielvorgaben und die Reduzierung oder sogar Eliminierung nicht wertschöpfender Prozesse. Der Ausweis nicht ausgelasteter Prozesskapazitäten schafft zusätzliche Transparenz. Die Bestimmung von Prozessverantwortlichen unterstützt die Bestrebungen des Kostenmanagements.

12.6 Beurteilung der Prozesskostenrechnung

In der Prozesskostenrechnung findet die Verrechnung der Gemeinkosten nicht über Zuschlagssätze je Kostenstelle, sondern über die mengenmäßige Inanspruchnahme kostenstellenübergreifender Prozesse statt. Ein zentraler Vorzug der Prozesskostenrechnung besteht dabei darin, dass in ihr auch Kostentreiber Verwendung finden, die sich nicht auf die Beschäftigung beziehen, wie Teileanzahl und Variantenzahl. Dadurch wird eine genauere Abbildung der Kostenzusammenhänge angestrebt. Im vorhergehenden Abschnitt haben wir gezeigt, wie sich dies auf verschiedene Entscheidungen des Unternehmens auswirken kann. Der Schwerpunkt der Prozesskostenrechnung liegt dabei auf mittel- bis langfristigen Entscheidungen. Die Prozesskostenrechnung macht die Ursache-Wirkungs-Beziehungen zwischen Kostentreibern und Kostenhöhe transparenter und trägt damit dazu bei, nicht wertschöpfende Aktivitäten zu identifizieren und zu eliminieren. Ein weiterer Vorteil der Prozesskostenrechnung liegt im Bereich der Kostenkontrolle und des Kostenmanagements durch die Bildung von kostenstellenübergreifenden Prozessen, womit durchgehende Verantwortlichkeiten für interdependente Aktivitäten hergestellt werden.

> Ein zentraler Vorzug der Prozesskostenrechnung besteht darin, dass in ihr auch Kostentreiber Verwendung finden, die sich nicht auf die Beschäftigung beziehen.

Kapitel 12 — Prozesskostenrechnung

Die Prozesskostenrechnung ist jedoch kein völlig neues Kostenrechnungssystem, sondern fügt sich beispielsweise relativ problemlos in die Systematik einer Grenzplankostenrechnung (vgl. Kapitel 11) ein. Die Struktur der beiden Systeme ist ohnehin so ähnlich, dass einige Unternehmen die Kostenstellenrechnungskomponente von SAP für die Abbildung einer Prozesskostenrechnung nutzen, obwohl in SAP dafür eine eigene Prozesskostenrechnungskomponente angelegt ist. Auch in der Grenzplankostenrechnung kommen beispielsweise in der Maschinensatzrechnung mengenmäßige Zuschlagsbasen zum Einsatz. Umgekehrt wird in praktisch implementierten Prozesskostenrechnungen häufig auch ein Teil der Kosten über wertmäßige Zuschlagsbasen verrechnet. Im Bereich der leistungsmengenneutralen Prozesskosten findet ohnehin eine Proportionalisierung von Prozesskosten statt.

Ein zentraler Nachteil der Prozesskostenrechnung besteht darin, dass ihre Implementierung aufwändig ist.

Aus diesem Grund ist die Prozesskostenrechnung – insbesondere wenn sie als Vollkostenrechnung ausgestaltet wird – für kurzfristige Entscheidungen weniger geeignet als die Grenzplankostenrechnung. Wird die Prozesskostenrechnung als Teilkostenrechnung durchgeführt, so wird dieser Nachteil abgemildert. Ein zentraler Nachteil der Prozesskostenrechnung besteht darin, dass ihre Implementierung sehr aufwändig ist. Insbesondere die Tätigkeits- und Prozessanalyse sowie die Bestimmung geeigneter Kostentreiber für jeden Teilprozess sind mit einem hohen Aufwand verbunden. Hierin liegt der Hauptgrund dafür, dass die Prozesskostenrechnung in der Unternehmenspraxis trotz ihrer Vorzüge einen relativ niedrigen Implementierungsgrad aufweist sowie häufig nur fallweise und in Kombination mit anderen Kostenrechnungsinstrumenten eingesetzt wird.

Empirische Ergebnisse

In einer Studie bei den 250 größten deutschen Unternehmen stellten Friedl/Hammer/Pedell/Küpper (2009) fest, dass 31 % der Unternehmen eine Prozesskostenrechnung einsetzen, wobei 24 % die Prozesskostenrechnung mit der Grenzplankostenrechnung kombinieren und nur 7 % sie als Stand Alone-System einsetzen. Dieser Wert ist deutlich niedriger als der Einsatzgrad von 47 %, den Franz/Kajüter (2002) in ihrer Studie bei deutschen Großunternehmen feststellen. Von den Unternehmen, welche die Prozesskostenrechnung einsetzen, nutzen sie nur 48 % laufend, während die übrigen Unternehmen sie fallweise oder als Pilotstudie im Einsatz haben. 69 % der von ihnen befragten Unternehmen, welche die Prozesskostenrechnung nicht einsetzen, geben als Grund dafür an, dass die Prozesskostenrechnung zu aufwändig sei. Seidenschwarz & Comp./Pedell (2009) beobachten in ihrer Studie bei den 500 umsatzstärksten Unternehmen in Deutschland trotz eines Bekanntheitsgrads der Prozesskostenrechnung von 99 % sogar nur einen Einsatzgrad von gerade einmal 12 %.

Quellen: Friedl, G./Hammer, C./Pedell, B./Küpper, H.-U.: How Do German Companies Run Their Cost Accounting Systems, in: Management Accounting Quarterly, Winter 2009, Vol. 10, No. 2, S. 38–52; Franz, K.-P./Kajüter, P.: Kostenmanagement in Deutschland, in: Kostenmanagement, hrsg. v. K.-P. Franz und P. Kajüter, 2. Aufl. Stuttgart 2002, S. 569–585; Seidenschwarz & Comp./Pedell, B.: Kostenmanagement in Deutschland – Status, Erwartungen, Potenziale, Starnberg/Stuttgart 2009.

Die Ergebnisse unterstreichen, dass im Einzelfall genau abzuwägen ist, ob dem Aufwand ausreichende Vorteile gegenüberstehen. Folgende Situationen deuten darauf hin, dass sich die Einführung einer Prozesskostenrechnung lohnen könnte:

- Gemeinkostenzuschlagssätze sind sehr hoch bzw. steigen sehr stark.
- Produkte sind sehr heterogen.
- Produktverantwortliche weichen in ihren Entscheidungen von den kalkulierten Produktkosten ab.
- Wettbewerber verhalten sich stark abweichend bei ihren Produktionsprogramm- und Preisentscheidungen.

Auch in diesen Situationen sollte der möglichen Implementierung einer Prozesskostenrechnung eine Kosten-Nutzen-Analyse vorausgehen.

Literatur

Coenenberg, Adolf G./Fischer, Thomas M./Günther, Thomas.: Kostenrechnung und Kostenanalyse, 8. Auflage, Schäffer-Poeschel, Stuttgart 2012, Kapitel 4.

Eldenburg, Leslie G./Wolcott, Susan K.: Cost Management. Measuring, Monitoring, and Motivating Performance, 2. Auflage, John Wiley, Hoboken 2011, Kapitel 7.

Friedl, G./Küpper, H.-U./Pedell, B.: Relevance Added: Combining ABC with German Cost Accounting, in: Strategic Finance, June 2005, S. 56–61.

Hilton, Ronald W./Platt, David E.: Managerial Accounting: Creating Value in a Global Business Environment, Global Edition, 9. Auflage, McGraw-Hill/Irwin, New York 2011, Kapitel 5.

Horngren, Charles T./Datar, Srikant M./ Rajan, Madhav: Cost Accounting – A Managerial Emphasis, Global Edition, 14. Auflage, Pearson Education, Upper Saddle River 2012, Kapitel 5.

Horváth, Péter/Mayer, Reinhold: Prozeßkostenrechnung – Der neue Weg zu mehr Kostentransparenz und wirkungsvolleren Unternehmensstrategien, in: Controlling, Jg. 1, 1989, Heft 4, S. 214–219.

Schweitzer, Marcell/Küpper, Hans-Ulrich: Systeme der Kosten- und Erlösrechnung, 10. Auflage, Vahlen, München 2010, Kapitel 3.

Verständnisfragen

a) Welche Gründe haben zu der Entwicklung der Prozesskostenrechnung geführt?
b) Worin besteht der Grundgedanke der Prozesskostenrechnung und durch welche wesentlichen Merkmale ist sie charakterisiert?
c) Wie läuft die Kostenprozessrechnung als Teilrechnung der Prozesskostenrechnung ab?
d) Warum werden leistungsmengeninduzierte und leistungsmengenneutrale Teilprozesse unterschieden?

e) Wie werden in der prozessorientierten Kalkulation die Kosten auf die Produkte zugerechnet?
f) Welche Auswertungsmöglichkeiten bietet eine prozessorientierte Erfolgsrechnung?
g) Was versteht man unter dem Allokations-, dem Degressions- und dem Komplexitätseffekt der Prozesskostenrechnung?
h) Welche strategischen Entscheidungsprobleme kann die Prozesskostenrechnung unterstützen?

Fallbeispiel: Vertrieb der Rasselstein GmbH

Die Rasselstein GmbH ist ein Tochterunternehmen der ThyssenKrupp Steel AG. Rasselstein ist einer der führenden Weißblechhersteller und versorgt mit rund 2.400 Mitarbeitern 400 Kunden in mehr als 80 Ländern mit einer Erzeugnispalette im höchsten Qualitätssegment.

Die Rasselstein GmbH setzt bereits seit 2004 das Instrumentarium der Prozesskostenrechnung im Funktionsbereich Vertrieb ein. Das Prozessmodell der Rasselstein GmbH ist durch ein zweistufiges Hierarchiesystem (Teil- und Hauptprozessebene) gekennzeichnet. Statt einer detaillierten Analyse der Kostenstellenaktivitäten wurde für jede Stelle nur eine Tätigkeit festgelegt. Diese vereinfachte Sichtweise ohne genaue Tätigkeitsdifferenzierung innerhalb der betrachteten Kostenstelle hat zur Folge, dass der Prozesskostensatz den Ressourcenverbrauch für eine erbrachte Leistung nur annähernd verursachungsgerecht abbilden kann, was zu Verzerrungen der Kosteninformationen führt.

Die Teilprozesse werden durch die Absatzmärkte (Europa und Drittland) abgebildet. Auf der Hauptprozessebene sind die Hauptproduktgruppen des Unternehmens dargestellt. Die Kostenzurechnung erfolgt somit auf zwei Ebenen. Im ersten Schritt wird das Kostenvolumen der Produktgruppe je Absatzmarkt (Europa und Drittland) ermittelt. Der zweite Verrechnungsschritt verdichtet das Kostenvolumen auf die Produktgruppenebene, d.h. die Addition des Kostenvolumens Europa und Drittland je Produktgruppe. Als Maßgröße für die Kostenverursachung wurde die Anzahl der Auftragspositionen bestimmt. Dabei wird nicht zwischen Maßgröße und Kostentreiber unterschieden. Der Kostentreiber wird sowohl für die Teil- als auch für die Hauptprozesse angesetzt.

Die Kostenzurechnung der Vertriebsleistungen erfolgt nach dem Verfahren der ‚Mengenaufnahme'. Bei dieser Methode wird die ermittelte Prozessmenge, gemessen als Anzahl der vom Vertrieb bearbeiteten Auftragspositionen je Prozessebene, mit einem Tarif bewertet. Diese Tarife werden auf Grundlage einer Jahresplanung ermittelt und i.d.R. unterjährig nicht verändert. Der so genannte Plantarif bzw. Prozesskostensatz ermittelt sich dabei aus der Relation der gesamten Plankosten zu den gesamten Planprozessmengen je Kostenstelle.

Für die Kostenstelle ‚Vertrieb allgemein' wird der Prozesskostensatz wie folgt berechnet:

Prozesskostensatz = 30.000,–/15.000 Auftragspositionen = 2,– € je Auftragsposition.

Die Aggregation der einzelnen Prozesskostensätze je Kostenstelle ergibt den Plantarif für die Verrechnung der Kosten auf die Produktgruppe je Markt. Die nachfolgende Tabelle verdeutlicht die Prozesskostensatzermittlung am Beispiel der Produktgruppen 1 und 2. Der in der Spalte ‚Plantarif' aufgeführte Wert beinhaltet die Kosten einer durchgeführten Vertriebsleistung für eine Auftragsposition; multipliziert mit der in der Spalte ‚Planprozessmenge' aufgeführten Anzahl der Auftragspositionen ergeben sich die in der letzten Spalte aufgeführten Gesamtkosten.

Hauptprozess	Teilprozess	Planprozessmenge	Plantarif [€/Auftragsposition]	Gesamtkosten [€]
Produktgruppe 1	Europa	50	1.500,–	75.000,–
	Drittland	25	1.750,–	43.750,–
Produktgruppe 2	Europa	1.000	375,–	375.000,–
	Drittland	250	425,–	106.250,–
Summe		1.325		600.000,–

Die aus der Prozesskostenrechnung gewonnenen Ergebnisse werden von der Rasselstein GmbH in vielen Bereichen eingesetzt. Primäres Einsatzgebiet ist die Produktkalkulation. Zielsetzung dabei ist es, auf der Basis einer prozessorientierten Sichtweise eine verursachungsgerechtere Zuordnung der Kosten auf die Kalkulationsobjekte (Hauptproduktgruppen) zu ermöglichen. Weitere Einsatzgebiete neben der Produktkalkulation sind die Ergebnisrechnung sowie die Planung und Kontrolle.

Quelle: Mengen, Andreas/Urmersbach, Kerstin (2006): Prozesskostenrechnung im Industrieunternehmen, in: ZfCM, 50. Jg., 2006, Heft 4, S. 218–226.

Übungsaufgaben

1. Das Produktionsunternehmen Bike-Production plant, ein neues Fahrrad in den zwei Varianten „Race" und „Win" herauszubringen. Während des gesamten Lebenszyklus der Variante „Race" wird mit einer Fertigungsmenge von 4.000 Stück und für die Variante „Win" mit einer Fertigungsmenge von 12.000 Stück gerechnet. Für die Variante „Race" fallen Materialeinzelkosten pro Stück in Höhe von 182,– € und für die Variante „Win" von 150,– € an. Die Materialgemeinkosten für das Produkt über den gesamten Lebenszyklus werden mit 1.264.000,– € und die Fertigungsgemeinkosten mit 5.200.000,– € angesetzt. Für Verwaltungsgemeinkosten rechnet man mit 1.348.800,– € und für Vertriebsgemeinkosten mit 719.360,– €. Die Produktion der beiden Varianten beansprucht die nachfolgenden Kostenstellen:

Kosten-stellen	Prozesse	In Anspruch genommene Prozesse je 100 Stück		Planprozessmenge	Plangemeinkosten [€]	
		Variante „Race"	Variante „Win"		lmi	lmn
Einkauf	Beschaffungsprozesse	60	40	7.200	468.000,–	180.000,–
Wareneingang	Wareneingangsprüfungen	40	60	8.800	264.000,–	352.000,–
Fertigung	Maschinenstunden	200	100	20.000	3.600.000,–	1.600.000,–

Nach Angaben des Vertriebes wird davon ausgegangen, dass die geplanten Gesamtfertigungsmengen von Variante „Race" und Variante „Win" über die folgende Anzahl an Kundenaufträgen abgesetzt werden:

Kosten-stelle	Prozesse	Kundenaufträge		Plangemeinkosten [€]	
		Variante „Race"	Variante „Win"	lmi	lmn
Vertrieb	Auftragsbearbeitungen	800	1.800	312.000,–	407.360,–

a) Berechnen Sie auf Basis einer Zuschlagskalkulation die Planselbstkosten je Variante für den gesamten Betrachtungszeitraum sowie je Stück. Die Materialgemeinkosten sollen dabei als prozentualer Zuschlag auf die Materialeinzelkosten und die Fertigungsgemeinkosten entsprechend den durch die Varianten beanspruchten Maschinenstunden verrechnet werden. Verwaltungs- und Vertriebsgemeinkosten werden jeweils als prozentualer Zuschlag auf die Herstellkosten verrechnet.

Die Unternehmensleitung erwartet sich von der Anwendung einer Prozesskostenrechnung aussagefähige Informationen für die Programmpolitik. Dazu sollen die Planmaterial- und -fertigungsgemeinkosten sowie die Planvertriebsgemeinkosten auf die Varianten „Race" und „Win" auf der Basis eines prozessorientierten Ansatzes verrechnet werden. Die Verrechnung der Planverwaltungsgemeinkosten erfolgt mit einem prozentualen Zuschlag auf die Planherstellkosten.

b) Berechnen Sie die leistungsmengeninduzierten, die leistungsmengenneutralen und die Gesamtprozesskostensätze für die einzelnen Kostenstellen. Deren Planprozessmengen sowie deren leistungsmengeninduzierte (lmi) und leistungsmengenneutrale (lmn) Plangemeinkosten sind obigen Tabellen zu entnehmen.

c) Berechnen Sie die Planselbstkosten für die beiden Varianten über den gesamten Betrachtungszeitraum sowie pro Stück auf Basis der Prozesskostenrechnung. Die Verwaltungsgemeinkosten werden dabei weiterhin als prozentualer Zuschlag auf die Herstellkosten verrechnet.

d) Im Unterschied zu den Teilaufgaben b) und c) sei nunmehr unterstellt, dass die gesamten variablen Plangemeinkosten der Fertigung (lmi) zu 80 % von der Ausbringung und zu 20 % von der Variantenzahl abhängen. Berechnen Sie auf dieser Basis die ausbringungs- und variantenzahlabhängigen Planstückkosten sowie die Gesamtplanstückkosten für die beiden Varianten in der Kostenstelle Fertigung.

2. Die Piazza GmbH stellt zwei Typen von hochwertigen Kaffeevollautomaten her und vertreibt sie an Cafés, Bars und Restaurants. Der Kaffeevollautomat „Venezia" besitzt sechs verschiedene Kaffeauswahlfunktionen und eine integrierte Milchaufschäumerfunktion. Der Espressovollautomat „Roma" verfügt über vier verschiedene Kaffeauswahlfunktionen und eine separate Milchaufschäumerfunktion.

Für die beiden Varianten liegen für das abgelaufene Jahr die folgenden Istdaten vor:

Kaffevollautomat	Verkaufspreis [€/Stück]	Produktherstellkosten [€/Stück]	Absatzmenge [Stück]
Venezia	1.600,–	800,–	2.000
Roma	1.100,–	600,–	5.000

Ab einem Umsatzvolumen von 10.000,– € pro Jahr werden einem Kunden 10 % Rabatt auf den gesamten getätigten Umsatz gewährt.
Für das zweite Halbjahr des Folgejahres ist eine Kundentreueaktion zur Unterstützung der Kundenbindung geplant. Um die Ressourcen hierfür wirtschaftlich einzusetzen, bittet Sie der Geschäftsführer, eine Kundenerfolgsrechnung für die zwei umsatzstärksten Kunden durchzuführen. Kunde A betreibt eine Restaurantkette mit 10 Restaurants deutschlandweit. Kunde B betreibt eine Café-Kette mit 16 Cafés deutschlandweit.

Aus der Kundendatenbank entnehmen Sie die folgenden Werte für den Kunden A und den Kunden B für das aktuelle Jahr:

	Kunde A	Kunde B
Anzahl der neu gekauften Kaffeautomaten „Venezia"	6	2
Anzahl der neu gekauften Kaffeautomaten „Roma"	2	6
Anzahl der Kundenbesuche durch den Techniker	10	2
Anzahl der Bestellungen	8	6
Anzahl der Rechnungen	6	4
Anzahl der Pakete	8	6
Anzahl der Fahrten	7	2

Es konnten folgende Prozesse identifiziert werden:

Teilprozess	Prozessart	Kostentreiber	Prozesskosten [€]	Prozessmenge
Bestellung aufnehmen	lmi	Anzahl Bestellungen	36.000,–	6.000
Rechnung erstellen	lmi	Anzahl Rechnungen	40.000,–	8.000
Verpacken	lmi	Anzahl Pakete	38.000,–	4.000
Transport	lmi	Anzahl Fahrten	84.000,–	6.000
Kundenbesuch Techniker	lmi	Anzahl Kundenbesuche	40.000,–	1.000

a) Ermitteln Sie die Prozesskostensätze für die einzelnen Teilprozesse.
b) Führen Sie auf Basis der zuvor ermittelten Prozesskostensätze eine Kundenerfolgsrechnung in Form einer Deckungsbeitragsrechnung für beide Kunden durch und interpretieren Sie Ihr Ergebnis. Welcher Kunde trägt mehr zum Unternehmenserfolg der Piazza GmbH bei?

3. Die Frost GmbH stellt Kühlschränke der Energieeffizienzklasse A++ her. Für das kommende Geschäftsjahr soll der Beschaffungsprozess näher analysiert und optimiert werden. Eine genaue Untersuchung der Abteilung Materialwirtschaft hat gezeigt, dass die Kosten für einen Materialbeschaffungsprozess 120,– € betragen. Bisher wurden die Gemeinkosten mittels der Zuschlagskalkulation verrechnet. Hierbei wurden pauschal 12 % auf die Materialeinzelkosten eines Kühlschranks aufgeschlagen. Die Materialeinzelkosten pro Kühlschrank betragen 100,– €.
   a) Wie hoch sind die Materialkosten je Kühlschrank, die sich bei Verwendung der Zuschlagskalkulation und bei Verwendung der Prozesskalkulation ergeben, wenn ein Beschaffungsvorgang für 1, 5, 10, 15 oder 20 Stück gemeinsam durchgeführt wird?
   b) Stellen Sie das Ergebnis in einem Diagramm graphisch dar und interpretieren Sie es.

4. Die „Schnappschuss GmbH" stellt hochwertige Digitalkameras her. Es lassen sich zwei Typen von Kameras unterscheiden: Eine hochwertige Spiegelreflexkamera mit 12 Mio. Pixeln und eine einfachere Digitalkamera mit 9 Mio. Pixeln. Die Modelle unterscheiden sich in ihrer Komplexität. Während die Spiegelreflexkamera aus 30 Einzelteilen besteht, wird die Digitalkamera mit 9 Mio. Pixeln aus nur 12 Teilen montiert. Die Gemeinkosten in der Kostenstelle Materialwirtschaft für den Beschaffungsprozess sind für alle Teile gleich hoch. Insgesamt sind hierfür Prozesskosten in Höhe von 162.000,– € geplant. Die geplanten Materialeinzelkosten und die Stückzahlen der Periode können Sie der folgenden Tabelle entnehmen:

	Materialeinzelkosten [€]	Produktionsmenge [Stück]
Spiegelreflexkamera	400,–	200
Digitalkamera	250,–	400

   a) Berechnen Sie die Materialgemeinkosten für jede Kamera mittels der Zuschlagskalkulation.
   b) Welcher Prozesskostensatz ergibt sich, wenn für den Beschaffungsprozess die Anzahl der Einzelteile einer Kamera als Prozessbezugsgröße (Kostentreiber) festgelegt wird?
   c) Wodurch unterscheiden sich die Ergebnisse der Zuschlagskalkulation und der prozesskostenbasierten Kalkulation? Erklären Sie den Effekt, durch den diese Unterschiede entstehen.

Kapitel 13   Target Costing

Kapitelüberblick

13.1 Kennzeichnung des Target Costing
    Marktorientierte Vorgabe von Zielkosten
    Frühzeitige Beeinflussung der Kosten im Produktentwicklungsprozess
    Weitere Merkmale des Target Costing
    Vorgehensweise des Target Costing

13.2 Ermittlung von produktbezogenen Kostenobergrenzen
    Verfahren zur Ermittlung von produktbezogenen Kostenobergrenzen
    Marktorientierter Ansatz zur Ermittlung der Zielkosten

13.3 Zielkostenspaltung in Produktfunktionen und -komponenten
    Funktionsgewichte
    Komponentengewichte
    Kostenanteile der Komponenten
    Zielkosten und Kostenanpassungsbedarf je Komponente

13.4 Kostenkontrolle im Target Costing

13.5 Maßnahmen zur Zielkostenerreichung

13.6 Beurteilung des Target Costing

13.7 Lebenszyklusrechnung

Lernziele dieses Kapitels

- Durch welche Merkmale ist das Target Costing gekennzeichnet und welche Zielsetzungen werden mit seinem Einsatz verfolgt?

- Wie ist ein Target Costing-Prozess aufgebaut?

- Wie lassen sich beim Target Costing Zielkosten für Produkte bestimmen?

- Wie werden die Zielkosten auf einzelne Produktfunktionen und Produktkomponenten herunter gebrochen?

- Wie wird im Target Costing die Erreichung der Zielkosten kontrolliert?

- Welche Maßnahmen können zur Erreichung der Zielkosten ergriffen werden?

- Was sind die Vor- und Nachteile des Target Costing?

Kapitel 13 Target Costing

> **Marktorientierte Produktentwicklung bei Household Appliances**
>
> Die Household Appliances GmbH produziert Kleinelektrogeräte für den Haushaltsbedarf. Der Geschäftsführer Franz Feldhofer spielt mit dem Gedanken, die bestehende Produktpalette um einen hochwertigen Wasserkocher zu erweitern, da er in diesem Segment des hart umkämpften Marktes für Kleinelektrogeräte noch ein Marktwachstum erwartet und das Gefühl hat, dass dieses Marktsegment profitabel ist. Er hat allerdings die Sorge, dass die Entwicklungsingenieure der Household Appliances dazu neigen könnten, die Art von Wasserkocher, die ihm vorschwebt, mit unnötig aufwändigen technischen Lösungen zu entwickeln, also so genanntes Overengineering zu betreiben. Dadurch sieht er die von ihm angestrebten Kosten- und Renditeziele für den Wasserkocher von vornherein gefährdet.
>
> Zudem hat er bei einigen bestehenden Produkten den Eindruck, dass in der Vergangenheit ein relativ hoher Entwicklungsaufwand für Produktfunktionen betrieben wurde, die von den Kunden der Household Appliances GmbH nur bedingt wahrgenommen und honoriert werden. Aus diesen Gründen möchte Franz Feldhofer bei der Entwicklung des neuen Wasserkochers frühzeitig das Target Costing anwenden, von dem er weiß, dass es für die Festlegung von differenzierten Kostenvorgaben im Produktentwicklungsprozess eingesetzt wird. Die Vorgehensweise des Target Costing-Projekts bespricht er zunächst mit Anton Berghammer, der das Controlling der Household Appliances GmbH leitet und in früheren Tätigkeiten bereits Erfahrungen mit dem Target Costing gesammelt hat. Berghammer ist dafür zuständig, das Target Costing-Projekt aufzusetzen und dafür gemeinsam mit dem Leiter des Bereichs Marketing/Vertrieb, Manfred Huber, der Leiterin der Entwicklungsabteilung, Claudia Steiner, und dem Leiter der Produktion, Paul Ziegler ein funktionsübergreifendes Projektteam zu bilden.

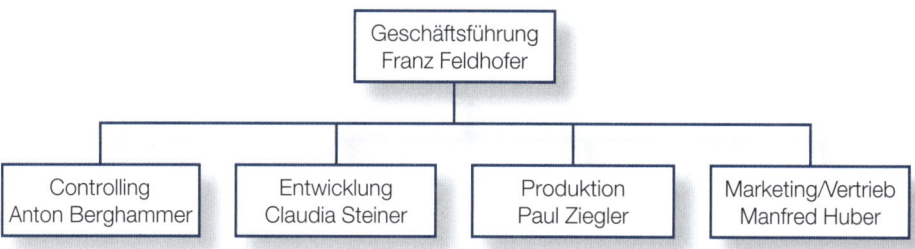

13.1 Kennzeichnung des Target Costing

Target Costing richtet die Gestaltung von Produkten an den Anforderungen des Marktes aus, indem die Produktkosten frühzeitig im Entwicklungsprozess beeinflusst werden.

Target Costing zielt darauf ab, die Gestaltung von Produkten an den Anforderungen des *Marktes* auszurichten und die Produktkosten *frühzeitig* im Entwicklungsprozess zu *beeinflussen*. Verglichen mit den meisten Kostenrechnungsinstrumenten, die wir bislang behandelt haben, weist das Target Costing damit zwei zentrale Unterschiede auf:

1. Target Costing setzt am **geplanten Produktgewinn** und an den **Anforderungen der Kunden** an: Produktbezogene Kostenvorgaben werden im Tar-

get Costing ermittelt, indem von einem Zielpreis ein geplanter Erfolgsbeitrag abgezogen wird.
2. Target Costing setzt bereits in der **Produktentwicklung** an: Ein großer Teil der Kosten vieler Produkte wird bereits in der Entwicklungsphase festgelegt. Daher wird das Target Costing bereits in dieser frühen Phase eingesetzt, in der sich die Kosten noch beeinflussen lassen.

Das Target Costing wird dem Kostenmanagement zugeordnet, da die **Beeinflussung der Kosten**, nicht ihre möglichst genaue Ermittlung und Zurechnung im Vordergrund steht. Es geht um die **Steuerung** von Mitarbeitern in der Produktentwicklung, Planungszwecke treten demgegenüber in den Hintergrund (zu den Rechnungszwecken der Kostenrechnung vgl. Abschnitt 1.1). Der Fokus liegt auf der Beeinflussung von Einzelkosten der Herstellung, es werden jedoch auch Gemeinkosten (insbesondere produktnahe) einbezogen. Der Ursprung des Target Costing liegt in Japan, wo es bereits seit den 70er Jahren erfolgreich in der Unternehmenspraxis (z. B. bei Toyota und Nissan) eingesetzt wird (vgl. Seidenschwarz, 1993, S. 6 ff.). Eingang in den deutschen Sprachraum hat es Anfang der 90er Jahre gefunden und sich seitdem zu einem Standardinstrument im Bereich der frühzeitigen und marktorientierten Kostenbeeinflussung entwickelt. Insbesondere im industriellen Sektor und dort speziell bei komplexen Produkten wird es heute branchenübergreifend eingesetzt.

> **Branche** und **Unternehmensgröße** haben einen starken Einfluss auf den Einsatzgrad des Target Costing. So hat PriceWaterhouseCoopers 2007 in einer Studie der Automobilindustrie einen Einsatzgrad von 91 % festgestellt. Weitere Branchen, in denen das Target Costing sich inzwischen weitgehend als Standardinstrument etabliert hat, sind die Elektronikindustrie und der Maschinenbau; im industriellen Sektor insgesamt liegt der Einsatzgrad bislang signifikant höher als im Dienstleistungssektor (vgl. Kajüter, 2005). Er steigt tendenziell mit der Unternehmensgröße.
>
> **Quellen:** Kajüter, P.: Kostenmanagement in der deutschen Unternehmenspraxis, in: Zeitschrift für betriebswirtschaftliche Forschung, 57. Jg., 2005, Heft 1, S. 79–100; PriceWaterhouseCoopers: Kostenmanagement in der Automobilindustrie – Bestandsaufnahme und Zukunftspotentiale, 2007.

Empirische Ergebnisse

> Neben Target Costing finden sich unter anderem auch die Begriffe Target Pricing, Zielkostenrechnung und Zielkostenmanagement. Der Begriff des Target Pricing bringt zum Ausdruck, dass ein Zielpreis Ausgangspunkt des Instruments ist, Hauptansatzpunkt sind jedoch die Kosten. Zielkostenrechnung ist insofern etwas irreführend, als nicht die genaue Ermittlung der Kosten, sondern deren Beeinflussung im Vordergrund steht. Wir verwenden daher im Folgenden entweder den Begriff des Target Costing oder denjenigen des Zielkostenmanagements.

Begriffsvielfalt

Marktorientierte Vorgabe von Zielkosten

Die Verschärfung des Wettbewerbs in vielen Bereichen und der damit verbundene Innovations- und Preisdruck zwingen Unternehmen, sich bei der Produktentwicklung sehr eng am Markt zu orientieren. Um auf einem Käufermarkt Erfolg zu haben, gilt es bereits in der Produktentwicklungsphase, durch **Marktforschung** den späteren wettbewerbsfähigen Marktpreis, der von der Marktsituation und der Wettbewerbsstrategie des Unternehmens abhängt, sowie die Präferenzen der potenziellen Kunden hinsichtlich der Produktfunktionen zu ermitteln. Voraussetzung dafür ist eine klare **Marktsegmentierung**, um die Produktgestaltung entsprechend fokussieren zu können. Die unternehmerischen Entscheidungen müssen konsequent an den Handlungen der Wettbewerber und den Anforderungen der Kunden ausgerichtet werden. An diesem Punkt setzt das Target Costing an. Dabei steht nicht wie bei den in Kapitel 3 diskutierten Kalkulationsverfahren die Ermittlung der Selbstkosten im Vordergrund und damit die Frage: Was *wird* ein Produkt kosten? Es geht vielmehr um die Ermittlung von Zielkosten und damit um die Frage: Was *darf* ein Produkt kosten?[1]

> Bei einer Kosten-plus-Kalkulation wird der Verkaufspreis berechnet, indem auf die Selbstkosten ein Gewinnzuschlag verrechnet wird.

Die Unterschiede in der Vorgehensweise zwischen einer Kosten-plus-Kalkulation zur Ermittlung des Verkaufspreises auf Basis der Selbstkosten (vgl. Abschnitt 3.1) und einer retrograden Kalkulation im Target Costing verdeutlicht Abbildung 13.1. Bei einer **Kosten-plus-Kalkulation** werden zunächst die Selbstkosten eines Produktes ermittelt. Der Verkaufspreis wird berechnet, indem auf diese Selbstkosten ein Gewinnzuschlag verrechnet wird. Bei dieser Vorgehensweise ist die Gefahr groß, dass sich der berechnete Verkaufspreis am Markt nicht realisieren lässt und dies zu Lasten des Unternehmenserfolgs geht, da sich die Kosten häufig nicht mehr im entsprechenden Umfang reduzieren lassen. Die Kosten-plus-Kalkulation wird in aller Regel als stückbezogene Rechnung durchgeführt, die sich auf eine Abrechnungsperiode bezieht. Sie kann aber auch auf die gesamte Menge eines Zeitraums bezogen werden.

Abbildung 13.1: Kosten-plus-Kalkulation und retrograde Kalkulation

	Kosten-plus-Kalkulation	Retrograde Kalkulation
Berechnung	Selbstkosten pro Stück + Gewinnzuschlag = Verkaufspreis	Zielverkaufspreis x geschätzte Absatzmenge = Zielumsatz − Zielergebnis = vom Markt erlaubte Kosten
Eigenschaften	• ausgehend von den Kosten • bezogen auf ein Stück in einer Abrechnungsperiode	• ausgehend vom Preis • bezogen auf die Menge des Produktlebenszyklus

[1] Vgl. Seidenschwarz, 1991, S. 199.

13.1 Kennzeichnung des Target Costing

> **Kosten-plus-Kalkulation bei Household Appliances**
>
> Bislang hat die Household Appliances GmbH für ihre Produkte eine Kosten-plus-Kalkulation durchgeführt, was in der Vergangenheit häufig dazu geführt hat, dass die Preisvorstellungen für die Produkte am Markt nicht durchgesetzt werden konnten und das Ergebnis hinter den Erwartungen zurückblieb.
>
> Eine grobe Kosten-plus-Kalkulation, die Franz Feldhofer vor einiger Zeit auf der Basis von Erfahrungswerten für den geplanten Wasserkocher erstellen ließ, ergab Selbstkosten je Stück in Höhe von 50,– €. Als Zielwert für die Umsatzrendite der Household Appliances GmbH peilt er in diesem Marktsegment 20 % an. Die Stückkosten entsprechen den restlichen 80 % des Umsatzes, und Franz Feldhofer kommt so auf einen Verkaufspreis von 50,– €/80 % = 62,50 €, den er nicht für realisierbar hält. Trotz des Ergebnisses ist er von seiner Produktidee überzeugt. Aus diesem Grund will er sich näher mit dem Thema Target Costing beschäftigen.

Die **retrograde Kalkulation** bezieht sich dagegen auf den Produktlebenszyklus und geht von dem Zielverkaufspreis aus, der auf Basis der Marktforschung für wettbewerbsfähig gehalten wird. Diesen Zielverkaufspreis multipliziert man mit der geschätzten Absatzmenge für den Produktlebenszyklus und erhält als Zwischenergebnis den Zielumsatz über den Produktlebenszyklus. Die retrograde Kalkulation ist also nicht stückbezogen. In der Unternehmenspraxis legt man bei Target Costing-Projekten zur Vereinfachung häufig nicht den gesamten Produktlebenszyklus und die entsprechende Menge zugrunde, sondern beschränkt sich je nach Branche auf Zeiträume von ca. fünf bis zehn Jahren. Sämtliche Mengengrößen beziehen sich dann auf den gewählten Planungshorizont.

Die retrograde Kalkulation geht von einem wettbewerbsfähigen Zielverkaufspreis aus.

Insbesondere bei sehr langen Planungszeiträumen müsste man eigentlich den Zeitwert des Geldes berücksichtigen, wie es in der Investitionsrechnung üblich ist. Die Tatsache, dass ein möglichst schneller Kapitalrückfluss von den Investoren bevorzugt wird, bildet das Target Costing in seinem Grundkonzept nicht explizit ab. Das Target Costing zielt aber in erster Linie auf eine Steuerung der an der Entwicklung beteiligten Personen ab und weniger auf eine Fundierung von Investitionsentscheidungen; daher spielt dies keine größere Rolle.

Wird vom Zielumsatz das geplante Zielergebnis abgezogen, so ergeben sich die vom Markt erlaubten Kosten (Allowable Costs). Das geplante Zielergebnis soll dem Unternehmen eine angemessene Rendite auf das investierte Kapital ermöglichen. Die Höhe der angemessenen Rendite hängt vom Risiko des jeweiligen Geschäfts ab. Die vom Markt erlaubten Kosten können schließlich in verschiedene Kostenbestandteile aufgespalten werden, z. B. Herstellkosten, Entwicklungskosten und andere Gemeinkosten.

Die Allowable Costs sind in der Regel deutlich niedriger als die so genannten Drifting Costs; dies sind diejenigen Kosten eines zu entwickelnden Produkts, die aus heutiger Sicht auf Grundlage der im Unternehmen vorhandenen Ressourcen und darauf basierender Kalkulationen als erreichbar erscheinen. Zu diesen Ressourcen gehören insbesondere das Know-how der Mitarbeiter, die vorhanden Produktionsanlagen und die Abläufe im Unternehmen (Potenzial-, Produkt-, Programm- und Prozessstrukturen). Die Differenz zwischen Allowable Costs und Drifting Costs zeigt den bestehenden Kostenreduktionsbedarf, die so genannte Zielkostenlücke an.

Während die Kosten-plus-Kalkulation eher auf Anbietermärkten angewandt werden kann, ist die retrograde Kalkulation auf Käufermärkte zugeschnitten. Durch das Target Costing wird geprüft, ob die Kostenobergrenze eingehalten und damit der geplante Gewinn realisiert werden kann. Im Falle einer absehbaren Kostenüberschreitung können so frühzeitig Produkt- und/oder Prozessmodifikationen eingeleitet werden, um das geplante Erfolgsziel nicht zu gefährden. Während die Kosten-plus-Kalkulation von bestehenden Strukturen (insbesondere Mitarbeiter, Maschinen, Produkte und Prozesse) ausgeht, werden diese Strukturen im Target Costing als veränderlich angesehen.

Foto: Volkswagen

Historisches Praxisbeispiel: Vorgabe einer Kostenobergrenze beim VW Käfer

Die Vorgabe von Kostenobergrenzen in der industriellen Massen- oder Serienfertigung bereits in der Phase der Produktentwicklung kann auf eine lange Tradition zurückblicken. Ein prominentes Beispiel ist die Entwicklung des VW Käfer. So beauftragte der damalige Reichsverband der Automobilindustrie im Jahr 1934 Ferdinand Porsche mit der Entwicklung eines ‚Volkswagens' unter der Vorgabe, dass der Verkaufspreis unter 1.000,– Reichsmark liegen sollte. Zwei Jahre später präsentierte Ferdinand Porsche zwei Prototypen. Um die ambitionierte Kostenvorgabe zu erreichen, besuchte er unter anderem Ford und General Motors und machte sich mit deren Produktionsprozessen vertraut.

Frühzeitige Beeinflussung der Kosten im Produktentwicklungsprozess

Erfahrungsgemäß werden ca. 70 bis 80 % der Produktlebenszykluskosten bereits in der Entwurfs- und Konstruktionsphase festgelegt.

Neben der starken Markt- und Kundenorientierung bildet die Fokussierung auf die frühe Konstruktions- und Entwicklungsphase das zweite zentrale Merkmal des Target Costing. Dem liegt die Erkenntnis zugrunde, dass erfahrungsgemäß ca. 70 bis 80 % der Produktlebenszykluskosten bereits in der Entwurfs- und Konstruktionsphase festgelegt werden, wie Abbildung 13.2 stark vereinfacht veranschaulicht (vgl. ähnlich Coenenberg/Fischer/Günther, 2012, S. 557). Die obere Kurve kennzeichnet die Kostenfestlegung, die in der Entwurfs- und

Konstruktionsphase einen steilen Verlauf aufweist und in den weiteren Phasen deutlich abflacht. Die untere Kurve gibt den Kostenanfall wieder. Dieser liegt schwerpunktmäßig in der Phase der Fertigung nach dem Start of Production (SOP) und in der Phase kurz davor, in der die Prozesse, Produktionsanlagen und Werkzeuge für die Fertigung vorbereitet werden. Die Beeinflussbarkeit der Kosten nimmt spiegelbildlich zur Kostenfestlegung im Laufe des Produktlebenszyklus deutlich ab.

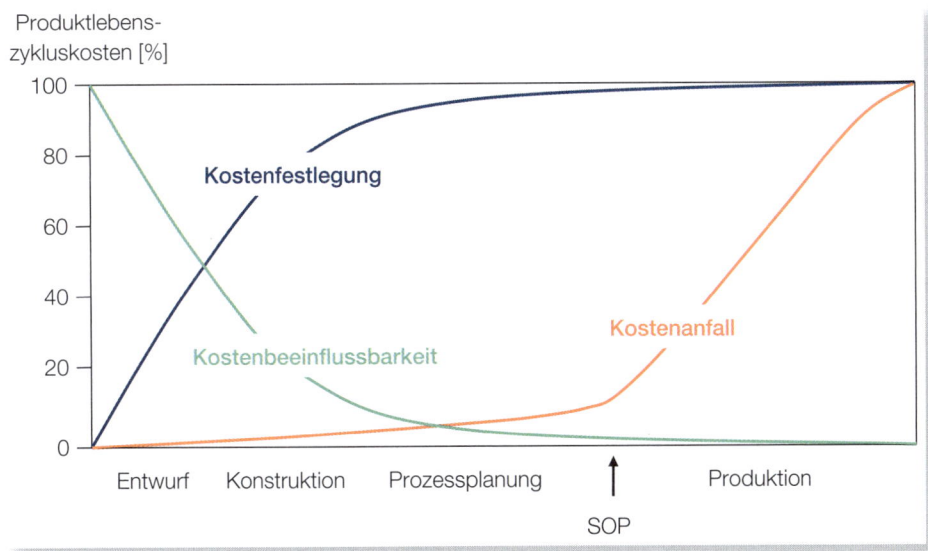

Abbildung 13.2: Kostenfestlegung, Kostenbeeinflussbarkeit und Kostenanfall im Produktlebenszyklus

In diesem Zusammenhang hat sich entsprechend dem oben zitierten Erfahrungswert die so genannte 80/20-Regel als Daumenregel etabliert, nach der in den ersten 20 % des Produktlebenszyklus bereits 80 % der Kosten festgelegt werden, in den restlichen 80 % des Produktlebenszyklus können in der Konsequenz dann nur noch 20 % der Kosten beeinflusst werden. Derartige Daumenregeln sind stets mit Vorsicht zu behandeln, und in einzelnen Branchen sowie bei einzelnen Produkten können die Kostenfestlegung und die Kostenentstehung auch deutlich von dieser Regel abweichen. Die 80/20-Regel unterstreicht jedoch, wie wichtig ein frühzeitiges Agieren für die Beeinflussung von Kosten ist. Der Ansatzpunkt des Target Costing liegt dementsprechend in den frühen Phasen des Produktentwicklungsprozesses, während die Kostenrechnung, so wie wir sie bisher behandelt haben, schwerpunktmäßig in der Phase der Produktion zum Einsatz kommt.

Die Entscheidung von Franz Feldhofer, ein Target Costing-Projekt bereits im Stadium der ersten Produktidee für einen hochwertigen Wasserkocher aufzusetzen, erscheint vor diesem Hintergrund als konsequent.

Weitere Merkmale des Target Costing

Neben der marktorientierten Kostenvorgabe ausgehend vom geplanten Erfolg und der frühzeitigen Beeinflussung der Kosten im Produktentwicklungsprozess ist das Target Costing durch eine Reihe von weiteren Merkmalen gekennzeichnet:

- **Langfristige Ausrichtung über den gesamten Produktlebenszyklus**: Der Schwerpunkt des Target Costing liegt zwar auf den frühen Phasen des Produktentwicklungsprozesses. Dabei wird jedoch eine Perspektive eingenommen, die den gesamten Produktlebenszyklus umfasst. Nur unter Berücksichtigung der Kosten des gesamten Lebenszyklus können schließlich Kostenvorgaben abgeleitet werden, die einen angemessenen Beitrag des Produkts zum langfristigen Unternehmenserfolg ermöglichen. Target Costing bildet gemeinsam mit dem Kaizen Costing, welches auf eine kontinuierliche Absenkung des Kostenniveaus nach dem SOP abzielt, ein Gesamtkonzept des Kostenmanagements über den gesamten Produktlebenszyklus.
- **Bildung von funktionsübergreifenden Teams**: Im Target Costing arbeiten bei der Produktentwicklung mehrere Funktionen eng zusammen. Der Kern wird dabei wie im Fall der Household Appliances GmbH häufig von Entwicklung, Produktion, Controlling sowie Vertrieb und Marketing gebildet. Dazu kommen ggf. weitere Funktionen wie Logistik, Qualitätsmanagement und Lieferantenmanagement.
- **Einbindung von Zulieferern**: In vielen Industriezweigen ist die Fertigungstiefe, also der Anteil der Eigenfertigung an der gesamten Fertigung, mittlerweile sehr gering. Ein Beispiel ist der Automobilproduzent Porsche, bei dem sich die Fertigungstiefe je nach Fahrzeug nur zwischen 10 und 20 % bewegt. Auch unsere Household Appliances GmbH lässt die meisten Teile ihrer Kleinelektrogeräte von Zulieferern herstellen. Umso wichtiger ist es daher, die Zulieferer in das Target Costing einzubinden, da bei diesen ein Großteil der Kosten entsteht.

Vorgehensweise des Target Costing

Voraussetzung für die Durchführung eines Target Costing-Prozesses ist, dass die grobe Struktur der Produktfunktionen und -eigenschaften im Vorfeld festgelegt wurde.

Funktions- und Eigenschaftsstruktur des Wasserkochers der Household Appliances

Franz Feldhofer legt gemeinsam mit dem Target Costing-Projektteam folgende Funktions- und Eigenschaftsstruktur für den hochwertigen Wasserkocher fest:
- Das Gehäuse des Wasserkochers soll aus Edelstahl sein.
- Ein Liter Wasser soll in unter einer Minute zum Kochen gebracht werden.
- Das Gerät soll über eine Abschaltautomatik verfügen.

Nach der Festlegung der Produktfunktionen geht der Target Costing-Prozess in vier zentralen Schritten vor, die in den Abschnitten 13.2 bis 13.5 behandelt werden (vgl. Abbildung 13.3). Zunächst wird eine Kostenobergrenze für das gesamte Produkt bestimmt (Zielkostenfestlegung). Danach wird diese Kostenobergrenze zunächst auf Produktfunktionen und anschließend auf Produktkomponenten aufgespalten (Zielkostenspaltung). Im folgenden Schritt wird kontrolliert, inwieweit die Zielkosten durch das bestehende Produktkonzept bereits eingehalten werden können (Zielkostenkontrolle). In der Regel werden noch ein Kostenreduktionsbedarf und ein Überarbeitungsbedarf des Produktkonzepts bestehen, so dass im nächsten Schritt Maßnahmen zur Erreichung der Zielkosten initiiert und durchgeführt werden (Zielkostenerreichung). Daran wird sich in der Regel in einer Feedback-Schleife eine weitere Zielkostenkontrolle anschließen.

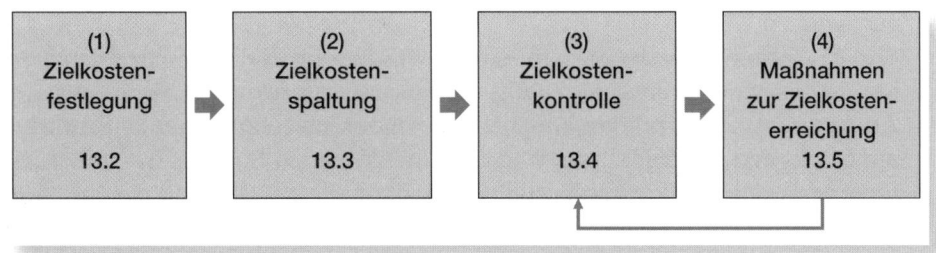

Abbildung 13.3: Zentrale Schritte eines Target Costing-Prozesses

13.2 Ermittlung von produktbezogenen Kostenobergrenzen

Verfahren zur Ermittlung von produktbezogenen Kostenobergrenzen

Für die Ermittlung produktbezogener Kostenobergrenzen können unterschiedliche Ansätze verfolgt werden (vgl. Seidenschwarz, 1991, S. 199 f.).
- **Market into Company:** Bei diesem Konzept werden die Zielkosten direkt aus dem am Markt erzielbaren Preis (bezogen auf das geplante Absatzvolumen) ermittelt. Dies setzt Analysen der Kundenanforderungen und der Wettbewerber voraus. Durch die konsequente Marktorientierung stellt dieser Ansatz gewissermaßen die ‚Reinform' des Target Costing dar. Ein Nachteil des Ansatzes kann darin bestehen, dass die Kostenvorgaben unter Umständen sehr ambitioniert ausfallen und auch unter größten Anstrengungen nicht unbedingt erreichbar sind. Dadurch wirkt dieser Ansatz möglicherweise demotivierend auf die am Entwicklungsprozess beteiligten Akteure. Zudem sind die erforderlichen Kunden- und Wettbewerberanalysen relativ aufwändig.
- **Out of Company:** Bei diesem Ansatz bilden die im Unternehmen vorhandenen konstruktions- und fertigungstechnischen Fähigkeiten die Grundlage für die Ableitung der Zielkosten, die dann auf ihre Markttauglichkeit ge-

prüft werden. Die Vorgehensweise dieses Ansatzes ist am ehesten mit der herkömmlichen analytischen Kostenplanung zu vergleichen. Der Ansatz setzt jedoch voraus, dass die an der Produktentwicklung beteiligten Mitarbeiter über ausreichendes Wissen, Erfahrung und Marktkenntnisse verfügen und ihre Tätigkeiten permanent an den Markterfordernissen ausrichten. Ein Nachteil des Ansatzes besteht darin, dass die ermittelten Zielkosten möglicherweise zu hoch sind, um mit ihnen am Markt wettbewerbsfähig zu sein.

- **Into and out of Company:** Dieser Ansatz verbindet die beiden erstgenannten Ansätze, um deren jeweilige Nachteile zu vermeiden. Die Anforderungen des Marktes werden im Gegenstromverfahren mit den unternehmensinternen Fähigkeiten abgeglichen. Dabei auftretende Zielkonflikte z. B. aufgrund von unterschiedlichen Vorstellungen über das Produkt in der Entwicklung und im Vertrieb können allerdings zu langwierigen Diskussionen im Unternehmen führen und die angestrebte konsequente Marktorientierung aufweichen.
- **Out of Competitor:** Bei diesem Ansatz werden die Zielkosten aus den Kosten von Wettbewerbern abgeleitet. Voraussetzung für die Anwendung des Ansatzes ist, dass von den Wettbewerbern bereits entsprechende Produkte am Markt angeboten werden und das Unternehmen Einblick in deren Kostenstrukturen hat. Ein wesentlicher Nachteil besteht darin, dass mit einer Imitation der Wettbewerber diese niemals überholt werden können, sondern bestenfalls die Abstände zum führenden Wettbewerber verringert werden können. Zudem gelingt mit dem Ansatz nur eine Momentaufnahme. Zu dem Zeitpunkt, in dem ein Produkt auf den Markt kommt, das mit diesem Ansatz des Target Costing entwickelt wurde, haben die Wettbewerber ihre Produkte unter Umständen bereits weiterentwickelt.
- **Out of Standard Costs:** Der Ansatz stellt eine spezielle Form des Target Costing für unterstützende Bereiche ohne direkten Marktbezug dar. Dabei werden die Target Costs aus den eigenen, aus früheren Entwicklungsprojekten bekannten Standardkosten abgeleitet, indem entsprechend den vorhandenen Fähigkeiten und Produktionsmöglichkeiten Kostensenkungsabschläge vorgegeben werden, um zur Einhaltung von Kostenobergrenzen beizutragen.

Marktorientierter Ansatz zur Ermittlung der Zielkosten

Beim Market into Company-Ansatz werden die Zielkosten folgendermaßen ermittelt (vgl. Abbildung 13.4): Zunächst werden mithilfe von Instrumenten der Marktforschung ein **Zielverkaufspreis** (Target Price) und die zu diesem Zielverkaufspreis **geschätzte Absatzmenge** über den Produktlebenszyklus bestimmt. Zwischen Zielverkaufspreis und geschätzter Absatzmenge besteht ein Zusammenhang, der durch eine Preis-Absatz-Funktion abgebildet wird; die beiden Größen lassen sich daher nicht unabhängig voneinander festlegen. Im nächsten Schritt wird von diesem Zielumsatz ein **Zielergebnis** (Target Profit) abgezogen. Ergebnis sind die **vom Markt erlaubten Kosten** (Allowable

Costs). Die vom Markt erlaubten Kosten sind damit diejenigen Kosten, die während des gesamten Produktlebenszyklus maximal entstehen dürfen, so dass der geplante Produkterfolg erreicht wird. Die **Zielkosten** (Target Costs) entsprechen beim Market into Company-Ansatz (weitgehend) den vom Markt erlaubten Kosten.

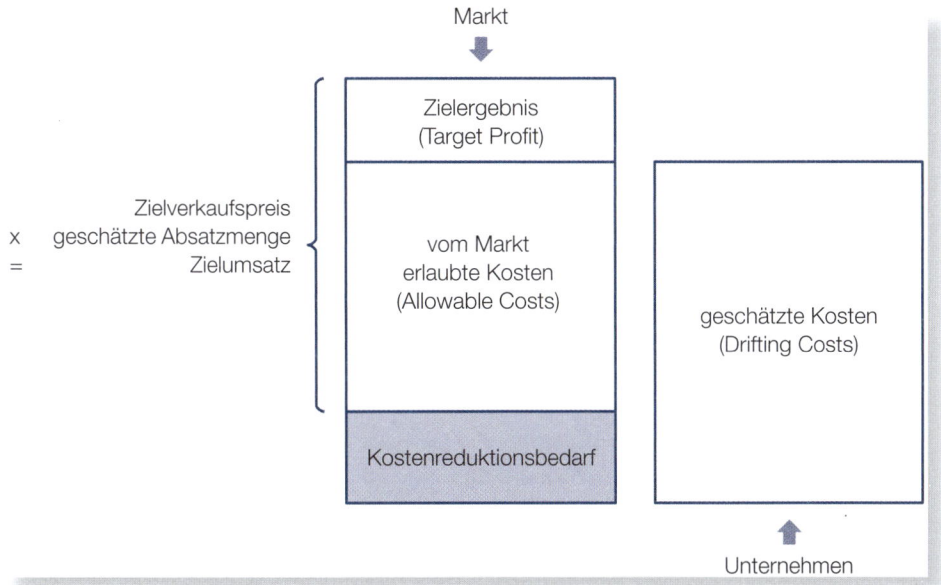

Abbildung 13.4: Marktorientierter Ansatz zur Ermittlung der Zielkosten

Im nächsten Schritt werden diejenigen Kosten geschätzt, die auf Basis der im Unternehmen vorhandenen Potenzial-, Produkt-, Programm- und Prozessstrukturen erreichbar sind (Drifting Costs), und den Allowable Costs gegenübergestellt. Die Lücke zwischen Allowable Costs und Drifting Costs zeigt den bestehenden Kostenreduktionsbedarf an. Bei der Kalkulation der Drifting Costs besteht die Möglichkeit, die im Rahmen eines Target Costing-Projekts als nicht beeinflussbar eingestuften Kostenbestandteile von vornherein auszuklammern. Kosten für die Entwicklung des Produkts, für den Bau von Werkzeugen sowie für die Fertigung sind hingegen in aller Regel Bestandteile der Drifting Costs.

Zielkosten und Kostenreduktionsbedarf des Wasserkochers der Household Appliances

Das Target Costing-Projektteam der Household Appliances GmbH entwickelt aufbauend auf der bereits festgelegten Funktions- und Eigenschaftsstruktur in einem Workshop zunächst gemeinsam ein Grobkonzept für den Wasserkocher mit dem Projektnamen ‚Superboil'. Manfred Huber, Leiter Marketing/Vertrieb, erhält den Auftrag, Wettbewerber- und Kundenanalysen durchzuführen, damit das Projektteam den Zielpreis festlegen und die dabei erreichbare Absatzmenge schätzen kann. Claudia Steiner, Leiterin Entwicklung, und Paul Ziegler, Leiter Produktion, sollen gemeinsam herausfinden, welche Kosten für ‚Superboil' auf Basis der aktuellen Unternehmensstrukturen erreichbar sind. Anton Berghammer soll wegen der Höhe der geforderten risikoangemessenen Zielrendite Rücksprache mit der Geschäftsführung halten.

Nach zwei Wochen intensiver Arbeit trifft sich das Projektteam wieder. Manfred Huber präsentiert die Ergebnisse seiner Marktforschungen, aufgrund derer er einen Zielpreis von 40,– € für wettbewerbsfähig hält. Seine Analysen ergeben für diesen Zielpreis ein geschätztes Absatzpotenzial von 600.000 Wasserkochern über den Lebenszyklus und damit einen geschätzten Umsatz von 24 Mio. €. Das Projektteam übernimmt diese Zahlen nach einer kurzen Diskussion der damit verbundenen Unsicherheiten. Anton Berghammer berichtet, dass die Geschäftsführung von dem geplanten Wasserkocher eine Umsatzrendite von 20 % erwartet. Das Projektteam zieht den geplanten Erfolg von 20 % · 24 Mio. € = 4,8 Mio. € vom geschätzten Umsatz ab und kommt somit zu Zielkosten für den Wasserkocher in Höhe von 19,2 Mio. € für den gesamten Produktlebenszyklus.

Claudia Steiner und Paul Ziegler erläutern das Ergebnis ihrer gemeinsamen Kalkulationen, die auch bei größtmöglicher Kostendisziplin Gesamtkosten in Höhe von 22,2 Mio. € erwarten lassen. Die Zielkosten von 19,2 Mio. € würden damit deutlich verfehlt; es besteht ein beträchtlicher Kostenreduktionsbedarf in Höhe von 3 Mio. € (umgelegt auf den einzelnen Wasserkocher entspricht dies 3 Mio. €/600.000 Stück = 5,– €/Stück Kostenreduktionsbedarf). Das Projektteam diskutiert intensiv verschiedene Wege, um die vorhandene Zielkostenlücke zu schließen, kommt aber zu keinem befriedigenden Ergebnis. Es kommt zu gegenseitigen Schuldzuweisungen zwischen Huber auf der einen Seite, der Kostensenkungen einfordert, und Steiner und Ziegler auf der anderen Seite, die Huber vorwerfen, den Wasserkocher unter Wert zu vermarkten. Zudem kritisiert Ziegler, dass der von der Entwicklungsabteilung erstellte Produktentwurf in der Produktion aufwändige Umstellungen erfordere. Die Stimmung im Projektteam droht zu kippen; Anton Berghammer beendet daher das Treffen, um sich mit dem Geschäftsführer Franz Feldhofer über die weitere Vorgehensweise abzustimmen. Er will ihm vorschlagen, das Projekt trotz der schwierigen Situation fortzuführen und im nächsten Schritt eine Zielkostenspaltung nach Produktfunktionen und -komponenten durchzuführen. Davon erhofft er sich weitergehende Aufschlüsse über die Kostenverursachung der einzelnen Produktkomponenten und somit Ansatzpunkte für gezielte Produkt- und Prozessänderungen entsprechend den Präferenzen der potenziellen Käufer des Wasserkochers.

Um gezielte Maßnahmen zur Schließung der Zielkostenlücke entwickeln zu können, werden die Zielkosten zunächst auf Produkteinheiten und anschließend weiter auf die Produktfunktionen und -komponenten herunter gebrochen.

13.3 Zielkostenspaltung in Produktfunktionen und -komponenten

Häufig können im Rahmen der Zielkostenspaltung nicht sämtliche Kosten sinnvoll auf die Produktkomponenten herunter gebrochen werden. So lassen sich Vertriebs- und Verwaltungskosten kaum einzelnen Produktfunktionen und -komponenten zuordnen. Von den ermittelten gesamten Zielkosten für das Produkt zieht man dann bestimmte Kostenbudgets z. B. für Forschung und Entwicklung, Verwaltung und Marketing/Vertrieb ab und erhält so die Zielherstellkosten (vgl. Abbildung 13.5). Die Zielherstellkosten werden dann nach Funktionen und Komponenten aufgespalten. Zu den Kosten, auf die der zweite Schritt der Zielkostenspaltung angewandt wird, gehören in jedem Fall die Fertigungslöhne und die Materialeinzelkosten; es können aber auch produktnahe Gemeinkosten, z. B. für Maschinen und Werkzeuge, einbezogen werden. Inwieweit dies geschieht, hängt vom jeweiligen Kontext ab, insbesondere vom gewählten Zuschnitt des Target Costing-Projekts und von den verfügbaren Kosteninformationen.

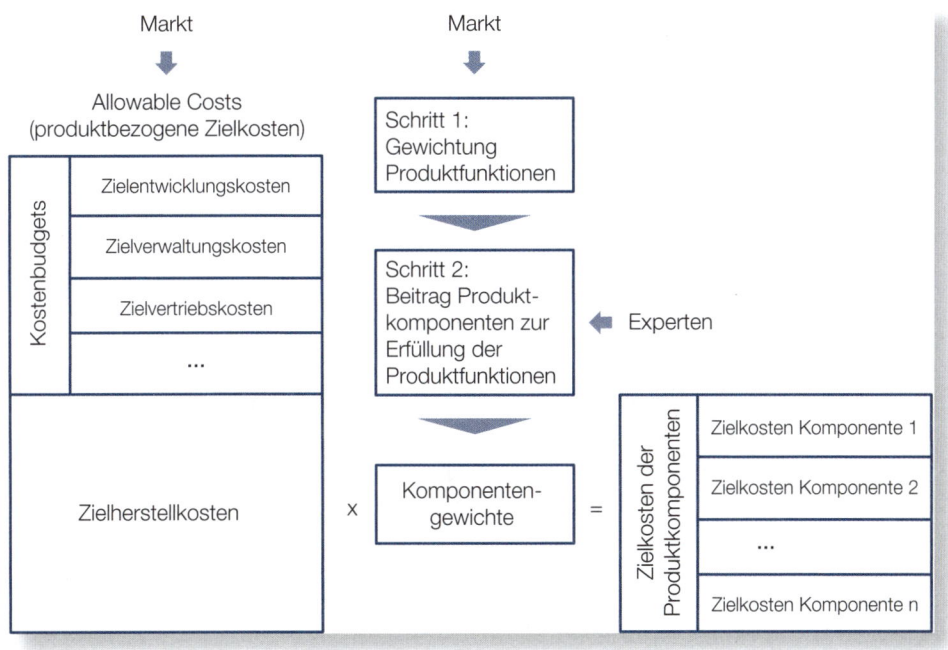

Abbildung 13.5: Zweistufige Vorgehensweise der Zielkostenspaltung

Durch die Zielkostenspaltung sollen Ansatzpunkte für mögliche Kostenreduktionen gewonnen werden. Eine alleinige Betrachtung auf Gesamtproduktebene ohne eine tiefer gehende Analyse der Kostenverursachung und der Funktionsbeiträge der einzelnen Produktkomponenten würde zu kurz greifen und keine ausreichend konkreten Lösungsvorschläge liefern. Bei der Zielkostenspaltung ist zu beachten, dass die Kunden nicht direkt die Komponenten eines Produkts

(z. B. die Hinterachse eines PKW) beurteilen, sondern bewerten, inwieweit die von ihnen präferierten Produkteigenschaften und -funktionen (z. B. Fahrkomfort) von einem Produkt erfüllt werden. Dieser Teil der Zielkostenspaltung sollte daher sinnvollerweise in zwei Schritten erfolgen.

Im ersten Schritt wird durch Marktforschungsmaßnahmen erhoben, welchen **Produktfunktionen** die Kunden welchen Wert beimessen. Setzt man diese Werte in Relation zueinander, so erhält man Gewichtungen der einzelnen Produktfunktionen. Im zweiten Schritt schätzen Experten, in der Regel ein Team aus Entwicklungsingenieuren, in welchem Umfang verschiedene **Produktkomponenten** zur Erfüllung der Produktfunktionen beitragen. Diese Einschätzung erfordert ein großes Maß an Erfahrung und bleibt zwangsläufig subjektiv. Die zweistufige Vorgehensweise hat den Vorteil, dass die Frage, mit welcher technischen Lösung die von den Kunden gewünschten Produktfunktionen realisiert werden, im ersten Schritt zunächst offen bleibt und so die Suche nach innovativen Produktkonzepten gefördert wird.

Zielkostenspaltung bei Household Appliances

Der Geschäftsführer Franz Feldhofer hat grünes Licht für die Fortsetzung des Target Costing-Projekts und die Durchführung einer Zielkostenspaltung gegeben. Ausgehend von dem Kostenreduktionsbedarf von 3 Mio. € für den Wasserkocher ‚Superboil' analysiert das Projektteam in einem weiteren Treffen die Kostenstruktur. Es stellt fest, dass sich die Verwaltungs- und Vertriebsgemeinkosten zwar für das Gesamtprodukt abschätzen lassen, eine Aufspaltung dieser Kostenblöcke auf einzelne Komponenten jedoch nicht zweckmäßig ist. Er trifft daher die Entscheidung, die Zielkostenspaltung auf Funktionen und Komponenten nur für die Zielherstellkosten durchzuführen.

Die Verwaltungs- und Vertriebsgemeinkosten werden auf 20 % der gesamten Kosten geschätzt; sie sollen in demselben prozentualen Umfang zur notwendigen Kostenreduktion beitragen, wie die übrigen Bereiche. Die notwendigen Einsparungen bei den Verwaltungs- und Vertriebsgemeinkosten belaufen sich damit auf 20 % · 3 Mio. € = 600.000,– €. Die Einsparungen sollen durch die Vorgabe von Kostenbudgets und differenzierte Prozessanalysen realisiert werden. Die Koordination dieser Aufgabe wird an einen erfahrenen Mitarbeiter von Anton Berghammer delegiert, damit sich das Projektteam auf die Zielherstellkosten konzentrieren kann.

Diese belaufen sich auf 19,2 Mio. € · 80 % = 15,36 Mio. €. Bezogen auf die geschätzte Absatzmenge von 600.000 Stück ermittelt das Projektteam Zielherstellkosten in Höhe von 25,60 € pro Wasserkocher. Diesen stehen Drifting Costs von 22,2 Mio. € · 80 %/600.000 Stück = 29,60 € je Wasserkocher gegenüber, woraus sich ein Kostenreduktionsbedarf von 4,– € je Wasserkocher ergibt. Beim nächsten Workshop soll die Zielkostenspaltung auf Funktionen und Komponenten erfolgen. Manfred Huber erhält den Auftrag, bis dahin die Gewichtungen der Produktfunktionen durch die potenziellen Kunden zu erheben. Claudia Steiner soll gemeinsam mit ihrem Entwicklungsteam und in Absprache mit dem Marketing den Beitrag der verschiedenen Produktkomponenten zur Erfüllung der Produktfunktionen ermitteln; außerdem soll sie gemeinsam mit Paul Ziegler die Kostenanteile der einzelnen Produktkomponenten überschlägig kalkulieren.

Funktionsgewichte

Die Gewichte der Produktfunktionen werden mit Instrumenten der Marktforschung ermittelt. Dabei hängt es insbesondere von der Geschäftsart und der Branche ab, welche Instrumente zum Einsatz kommen. Ein Instrument, das beispielsweise auf anonymen Märkten mit vielen Nachfragern angewandt werden kann, sind Kundenbefragungen in Form einer Conjoint-Analyse. Dabei werden den Befragungsteilnehmern jeweils vollständige Kombinationen unterschiedlicher Ausprägungen der Produktfunktionen präsentiert, die von diesen paarweise miteinander verglichen werden. Wenn wir das stark vereinfachte Beispiel eines Fahrzeugs nehmen, das durch die drei Produktfunktionen Leistung (Ausprägungen: hoch – niedrig), Verbrauch (Ausprägungen: niedrig – hoch) und Prestige (Ausprägungen: hoch – mittel – niedrig) gekennzeichnet ist, dann gibt es $2 \cdot 2 \cdot 3 = 12$ mögliche Kombinationen von Funktionsausprägungen, die miteinander zu vergleichen sind. Die Ausprägungen der Produktfunktionen werden also nicht isoliert voneinander, sondern jeweils in Kombination mit einem vollständigen Set von Funktionsausprägungen bewertet. Auf Basis der paarweisen Vergleiche werden anschließend die Funktionsgewichte ermittelt. Für Investitionsgütermärkte ist diese Vorgehensweise weniger geeignet. Dort können z. B. so genannten Lead User oder ganze Fokusgruppen befragt oder ein Benchmarking durchgeführt werden, um die Gewichtungen der Produktfunktionen zu ermitteln.

Funktionsgewicht des Wasserkochers der Household Appliances

Die nachfolgende Tabelle zeigt in den ersten beiden Spalten die im Konzept für den Wasserkocher ‚Superboil' festgelegten Funktionen und Funktionsausprägungen. Bei der Leistung hatte das Target Costing-Projektteam z. B. anfänglich vor dem Hintergrund der Ergebnisse einer Marktstudie noch eine Alternative diskutiert, die einen Liter Wasser erst nach zwei Minuten zum Kochen gebracht hätte. Bei der Optik war die Alternative eines Plastikgehäuses im Gespräch. In der letzten Spalte der Tabelle sind die Gewichtungen der Funktionen aufgeführt, die in einer Kundenbefragung ermittelt wurden. Die blau hervorgehobenen Werte der Gewichtungen wurden erhoben.

	A	B	C	D	E
1	Funktion	Funktionsausprägung		Funktionsgewicht [%]	
2	Sicherheit	Abschaltautomatik		30	
3	Leistung	50 s/Liter		20	
4	Optik	Edelstahlgehäuse		40	
5	Platzbedarf	75 cm²		10	
6	Summe			100	

Kapitel 13 — Target Costing

Diese Vorgehensweise funktioniert in erster Linie gut bei Produktfunktionen, welche für den Kunden die Leistungsfähigkeit gegenüber Konkurrenzprodukten ausmachen. Es ist daher hilfreich, diese Leistungsanforderungen von den Basisanforderungen sowie den Begeisterungsanforderungen zu unterscheiden:

- **Basisanforderungen** werden vom Kunden vorausgesetzt und sind nicht geeignet, sich in den Augen des Kunden hinsichtlich der Leistungsfähigkeit von Konkurrenzprodukten abzuheben, z. B. weil sie der Erfüllung gesetzlich vorgeschriebener Mindeststandards dienen. Dazu gehört z. B. die Einhaltung von Abgasnormen bei PKWs.
- **Leistungsanforderungen** differenzieren ein Produkt gegenüber Konkurrenzprodukten hinsichtlich Leistungskategorien wie dem Verbrauch oder der Stärke der Motorisierung eines PKW.
- **Begeisterungsanforderungen** werden vom Kunden zwar honoriert. Er würde diese jedoch von sich aus nicht zum Vergleich mit Konkurrenzprodukten heranziehen, z. B. weil diese bei Vorgängergenerationen des Produkts noch nicht vorhanden waren und einer Bewertung durch den Kunden weniger zugänglich sind. Begeisterungsanforderungen werden durch den Wettbewerb meist schnell zu Leistungsanforderungen. Beispiele dafür sind die ersten Airbags und Schlüssel mit Funksignal zum Öffnen der Türen eines PKW, die anfänglich unter Begeisterungsanforderungen fielen und inzwischen zum Standard geworden sind.

Komponentengewichte

Um aus den Funktionsgewichten die Gewichte der einzelnen Produktkomponenten abzuleiten, wird eine so genannte Funktionen-Komponenten-Matrix benötigt. In dieser wird für jede Produktfunktion festgehalten, in welchem Umfang die einzelnen Produktkomponenten zur Erfüllung dieser Funktion beitragen.

> **Funktionen-Komponenten-Matrix des Wasserkochers der Household Appliances**
>
> Die Entwicklungsabteilung und das Marketing haben gemeinsam folgende Funktionen-Komponenten-Matrix für den Wasserkocher 'Superboil' erarbeitet. Der Anteil einzelner Komponenten an der Erfüllung der jeweiligen Funktionen wurde von erfahrenen Experten aus der Entwicklungsabteilung geschätzt und von Mitarbeitern aus dem Marketing kritisch hinterfragt.

13.3 Zielkostenspaltung in Produktfunktionen und -komponenten

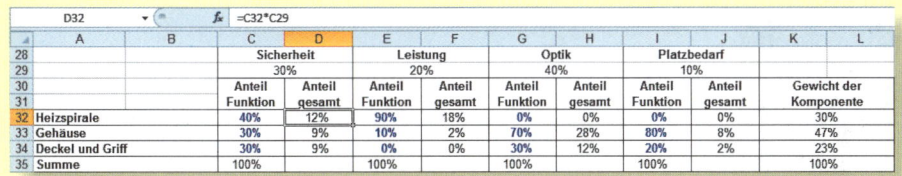

Zur Funktion der Sicherheit tragen alle drei Produktkomponenten bei, die Heizspirale mit 40 %, das Gehäuse und Deckel/Griff jeweils mit 30 %. Diese Werte werden jeweils mit dem Funktionsgewicht multipliziert; der sich ergebende Wert zeigt das rechnerische Gewicht an, das die jeweilige Produktkomponente durch ihren Beitrag zur Erfüllung einer bestimmten Funktion am Gesamtprodukt hat. Die Heizspirale beispielsweise erhält über ihren Beitrag zur Sicherheit ein rechnerisches Gewicht von 40 % · 30 % = 12 % bezogen auf das Gesamtprodukt. Durch Addieren über alle Funktionen je Komponente erhält man in der letzten Spalte das gesamte Gewicht der jeweiligen Komponente, bei der Heizspirale z. B. 12 % + 18 % = 30 %.

Die Funktionen-Komponenten-Matrix ist ein Kernstück des Target Costing und gibt einen guten Überblick über seine Anwendung bei unterschiedlichen Produkten. Daher geben wir nachfolgend zwei Beispiele, die zeigen, dass Target Costing auch im Dienstleistungsbereich anwendbar ist, obwohl es dort bislang weniger häufig eingesetzt wird als in der Industrie.

Kapitel 13 Target Costing

Praxisbeispiel: Fernsehproduktion

Die nachfolgende Tabelle zeigt die Funktionen-Komponenten-Matrix für eine Fernsehsendung am Beispiel einer Talk Show:

Funktionen / Komponenten	F1: Einschaltquote	F2: Attraktivität	F3: Integrität	F4: Senderimage
K1: Allgemein/Ausstattung (z. B. Dauer der Sendung, Anzahl der Kameras, mit/ohne Publikum)	12 %	30 %	30 %	0 %
K2: Moderator/in (Bekanntheit, Alter)	43 %	35 %	30 %	35 %
K3: Redaktion (Qualifikation der Redakteure, z. B. für Themenfindung und Gästeakquisition)	20 %	10 %	30 %	20 %
K4: Gäste (Anzahl)	20 %	5 %	10 %	30 %
K5: Ort (Studio, Hotel)	5 %	20 %	0 %	15 %
Summe	100 %	100 %	100 %	100 %

Quelle: Kremin-Buch, Beate: Strategisches Kostenmanagement. Grundlagen und moderne Instrumente, 4. Aufl., Gabler Verlag, Wiesbaden 2007, S. 145.

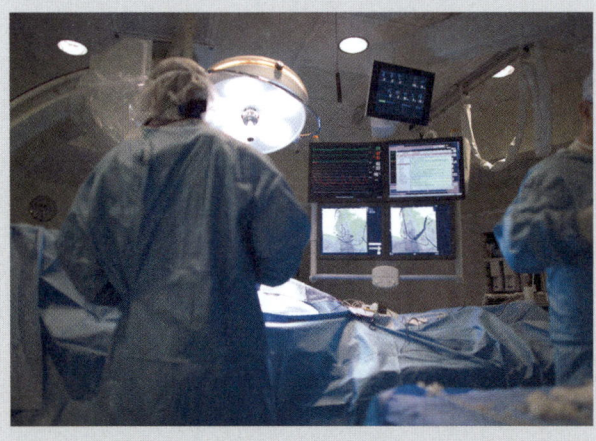

Praxisbeispiel: Krankenhaus

Für die Leistung ‚Herzkatheterdiagnostik' lässt sich beispielhaft die folgende Matrix aus Leistungsfunktionen und Leistungskomponenten aufstellen, wobei die Leistungskomponenten Teilprozesse der medizinischen Dienstleistung darstellen:

Leistungsfunktionen / Leistungskomponenten	professionell und gut	kurzzeitig	angenehm
Voruntersuchung	24,70 %	24,70 %	19,50 %
Herzkatheter	32,20 %	23,00 %	22,80 %
Pflege	8,80 %	12,20 %	20,30 %
Ärztlicher Dienst	30,50 %	3,80 %	26,20 %
Hotellerie	3,80 %	36,30 %	11,20 %
Summe	100,00 %	100,00 %	100,00 %

Quelle: Bücker, Thorsten: Pflegecontrolling für Stationsleistungen – Anwendung des Target Costing auf einer kardiologischen Abteilung, Klinikum der Universität München, 2002, Download am 22.06.2013 unter http://www.klinikum.uni-muenchen.de/Campus-fuer-Alten-und-Krankenpflege/download/inhalt/Controlling/Pflegecontrolling.pdf.

Kostenanteile der Komponenten

Die prozentualen Kostenanteile der Produktkomponenten sowie ihre absoluten Kostenanteile bezogen auf die Drifting Costs lassen sich auf Basis eines Konstruktionsentwurfs und einer Kostenanalyse ermitteln.

Kostenanteile des Wasserkochers der Household Appliances

Die nachfolgende Tabelle zeigt in der ersten Spalte die Komponenten, die in dem Konstruktionsentwurf der Entwicklungsabteilung vorgesehen sind. Die zweite Spalte zeigt die prozentualen Kostenanteile der Komponenten des Wasserkochers ‚Superboil', die von der Entwicklungsabteilung und dem Produktionsmanagement der Household Appliances GmbH gemeinsam ermittelt wurden. In der dritten Spalte wurden die Drifting Costs in Höhe von 29,60 € mit den prozentualen Kostenanteilen multipliziert.

	A	B	C	D	E
19	Komponente	Kostenanteil [%]		Kostenanteil je Stück	
20	Heizspirale	30%		8,88 €	
21	Gehäuse	65%		19,24 €	
22	Deckel und Griff	5%		1,48 €	
23	**Summe**	100%		29,60 €	

Zielkosten und Kostenanpassungsbedarf je Komponente

Im nächsten Schritt werden die Gewichte und die Kostenanteile der Komponenten einander gegenübergestellt. Im Idealfall sollte der Kostenanteil einer Komponente ihrem Gewicht entsprechen. Dies würde bedeuten, dass der Ressourcenverbrauch für eine Komponente dem Gewicht entspricht, welches die Kunden ihr beimessen. Die Zielkosten je Komponente werden berechnet, indem das Gewicht der Komponente mit den gesamten Zielkosten je Stück multipliziert wird. Mit diesem Schritt sind die Zielkosten den Komponenten zugeordnet, d.h., die Zielkostenspaltung ist abgeschlossen. Zieht man von den Zielkosten je Komponente die auf Basis der Drifting Costs ermittelten Komponentenkosten ab, so erhält man den Kostenanpassungsbedarf je Komponente. Dieser letzte Teilschritt ist bereits der Kostenkontrolle zuzuordnen.

Zielkosten und Kostenanpassungsbedarf je Komponente des Wasserkochers der Household Appliances

Das Target Costing-Projektteam der Household Appliances GmbH hat die folgende Tabelle der Zielkosten und des Kostenanpassungsbedarfs je Komponente erstellt (Struktur der Tabelle und des darauf basierenden Zielkostenkontrolldiagramms in Abbildung 13.6 in Anlehnung an Fischer/Schmitz, 1994). Den Kostenanteil auf Basis der Target Costs erhält man jeweils, indem man die Drifting Costs in Beziehung zu den gesamten Zielkosten setzt, also z. B. bei der Heizspirale 8,88/25,60 = 35 %. Bezogen auf das Gesamtprodukt erhält man 29,60/25,60 = 116 %.

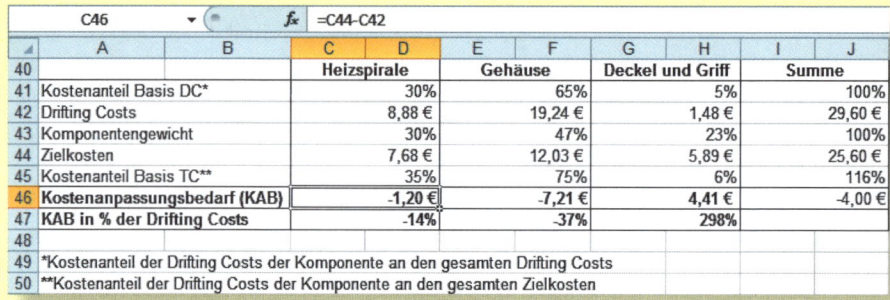

Dieses Ergebnis ermöglicht es dem Team, die notwendigen Maßnahmen für Kostenanpassungen deutlich differenzierter zu diskutieren, als es bislang allein auf Basis der insgesamt festgestellten Zielkostenlücke bei den Target Costs in Höhe von 2,4 Mio. € gesamt (bzw. 4,– € je Wasserkocher) möglich war. Bei der Heizspirale besteht ein Kostenreduktionsbedarf in Höhe von 1,20 € bzw. 14 % der Drifting Costs. Dieser Anpassungsbedarf kann gezielt derjenigen Arbeitsgruppe vorgegeben werden, welche für die Heizspirale verantwortlich ist. Der größte Kostenreduktionsbedarf besteht beim Gehäuse, auf das sich die Kostenreduktionsaktivitäten und die Suche nach innovativen Lösungen konzentrieren werden.

Bei Deckel und Griff gibt es dagegen noch einen relativ großen Spielraum für mögliche Verbesserungen der Komponente und der davon abhängigen Funktionen des Wasserkochers. Household Appliances kann diese Komponente unverändert lassen oder den Spielraum für Funktionsverbesserungen nutzen, insbesondere um Begeisterungsanforderungen zu erfüllen. Dies kann Rückwirkungen auf die Zahlungsbereitschaft der Kunden haben, muss sich insgesamt lohnen und sollte daher nicht isoliert entschieden werden.

13.4 Kostenkontrolle im Target Costing

Um die Zielkostenerreichung über den Produktlebenszyklus abzusichern und die entsprechende **Steuerung** der Mitarbeiter bei der Produktentwicklung zu erreichen, ist eine Kontrolle der Kosten erforderlich. Diese wird i.d.R. nicht nur einmalig zu Projektbeginn, sondern laufend vorgenommen. Ein zentrales Instrument für die Kostenkontrolle im Target Costing ist das Zielkostenkontrolldiagramm, welches das Gewicht der einzelnen Komponenten bei der Funktionserfüllung und ihren Kostenanteil einander graphisch gegenüberstellt. Das Verhältnis zwischen Komponentengewicht und dem prozentualen Kostenanteil der Komponenten wird als **Zielkostenindex** einer Komponente bezeichnet:

Zielkostenindex = Komponentengewicht [%]/Kostenanteil der Komponente [%]

Dahinter steht die Grundidee, bei allen Komponenten ein möglichst ausgewogenes Verhältnis von Gewicht und Kostenanteil zu erreichen. Letztlich soll damit sichergestellt werden, dass die Ressourcen so für die verschiedenen Komponenten eingesetzt werden, wie diese im Hinblick auf ihre Funktionsbeiträge von den Kunden gewichtet werden. Ideal ist ein Zielkostenindex von eins. Ein Zielkostenindex unter (über) eins bedeutet, dass der Kostenanteil höher (niedriger) als das Komponentengewicht ist; die Komponente ist dann bezogen auf den Anteil ihrer gesamten Funktionsbeiträge ‚zu teuer' (‚zu billig'). Kostensenkungen (Kostensteigerungen) bei einer Komponente führen also ceteris paribus zu einer Erhöhung (Senkung) ihres Zielkostenindex. Zielkostenindizes können auf Basis der Drifting Costs oder der Target Costs ermittelt werden.

> Das Zielkostenkontrolldiagramm ist ein zentrales Instrument für die Kostenkontrolle im Target Costing.

Zielkostenindizes der Komponenten des Wasserkochers der Household Appliances

Im Ausgangspunkt, vor der Überarbeitung des Produktkonzepts, ermittelt das Target Costing-Team die Zielkostenindizes der einzelnen Produktkomponenten einerseits basierend auf den Drifting Costs, indem das Komponentengewicht durch den Kostenanteil der Drifting Costs geteilt wird (vierte Spalte der folgenden Tabelle). Andererseits ermittelt es die Zielkostenindizes basierend auf den Target Costs, indem das Komponentengewicht durch den Kostenanteil der Target Costs geteilt wird (letzte Spalte):

	Komponente	Komponenten-gewicht	Kostenanteil Basis DC	Zielkostenindex DC	Kostenanteil Basis TC	Zielkostenindex TC
55						
56	Heizspirale	30%	30%	1,00	35%	0,86
57	Gehäuse	47%	65%	0,72	75%	0,63
58	Deckel und Griff	23%	5%	4,60	6%	3,98
59	Summe	100%	100%		116%	

> Das Team bespricht zunächst die Zielkostenindizes basierend auf den **Drifting Costs**. Bei der Heizspirale entspricht der Kostenanteil genau dem Komponentengewicht, beim Gehäuse liegt der Kostenanteil über, bei Deckel und Griff unter dem Komponentengewicht. Auf dieser Basis sieht es so aus, als ob bei der Heizspirale kein Kostenanpassungsbedarf besteht.
>
> Anton Berghammer erkennt mit seinem geschulten ‚Controllerblick' jedoch sofort, dass der Kostenanpassungsbedarf, der sich aus dem Unterschied zwischen Drifting Costs und Target Costs auf Gesamtproduktebene ergibt, keinen Eingang in diese Zielkostenindizes findet. Er erläutert dem Projektteam, dass hierfür die Zielkostenindizes auf Basis der Target Costs in der letzten Spalte heranzuziehen sind, um auch die geforderte Absenkung des Kosten**niveaus** auf Gesamtproduktebene und nicht nur die Kosten**anteile** der einzelnen Komponenten zu berücksichtigen. Da insgesamt eine Reduktion der Kosten erforderlich ist, liegen die Zielkostenindizes auf Basis der **Target Costs** jeweils unter den entsprechenden Zielkostenindizes auf Basis der Drifting Costs. Es wird bspw. ersichtlich, dass auch bei der Heizspirale ein Kostenreduktionsbedarf besteht. Zur Erinnerung: Je weiter der Zielkostenindex unter eins liegt, desto höher ist der angezeigte Kostensenkungsbedarf.

Das **Zielkostenkontrolldiagramm** visualisiert diese Ergebnisse, indem die einzelnen Komponenten in eine Matrix aus Komponentengewicht und Kostenanteil eingetragen werden. Abbildung 13.6 zeigt den Aufbau eines Zielkostenkontrolldiagramms am Beispiel des Wasserkochers ‚Superboil'. Komponenten, die einen Zielkostenindex unter eins aufweisen, liegen oberhalb der Winkelhalbierenden; bei ihnen besteht Kostenreduktionsbedarf; spiegelbildlich liegen Komponenten mit einem Zielkostenindex über eins unterhalb der Winkelhalbierenden.

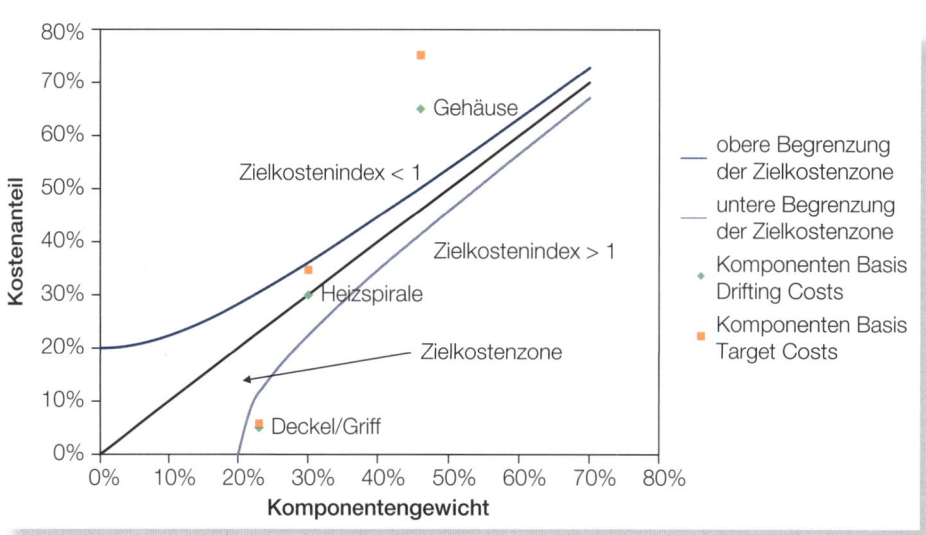

Abbildung 13.6: Zielkostenkontrolldiagramm

Es ist nicht realistisch, bei allen Komponenten einen Zielkostenindex von genau eins zu erreichen, daher wird häufig eine **Zielkostenzone** in einem Toleranzbereich um die Winkelhalbierende festgelegt. Meist ist diese Zielkostenzone trichterförmig, so dass bei Komponenten mit geringem Gewicht höhere Abweichungen des Zielkostenindex toleriert werden als bei Komponenten mit hohem Gewicht. Dadurch wird eine Priorisierung der Aktivitäten des Target Costing nach der Bedeutung der Komponenten erreicht. Die Form der Zielkostenzone kann vom Management unternehmensindividuell festgelegt werden. Das Zielkostenkontrolldiagramm als Instrument der laufenden Kostenkontrolle veranschaulicht Kostenabweichungen und trägt dazu bei, im Fall von Überschreitungen des festgelegten Toleranzbereichs frühzeitig Gegenmaßnahmen in die Wege zu leiten.

Im Zielkostenkontrolldiagramm in Abbildung 13.6 werden relative Kostenanteile und Komponentengewichte abgebildet. Es kann auch ein Diagramm auf Basis der absoluten Werte von Target Costs und Drifting Costs je Komponente aufgestellt werden, um die Zielkostenüberdeckung bzw. -unterdeckung je Komponente zu visualisieren.

13.5 Maßnahmen zur Zielkostenerreichung

Ausgehend von der Sicht auf ein Unternehmen als ein System, das Inputs in Prozessen zu Outputs verarbeitet (Input-Throughput-Output-System), können die Maßnahmen zur Zielkostenerreichung an der **Beschaffung der Einsatzgüter**, an den **Unternehmensprozessen** oder an den **Ausbringungsgütern** ansetzen. Zu den Einsatzgütern gehören dabei insbesondere Vorprodukte und Rohstoffe, die eingekauft werden, in einem weiteren Verständnis jedoch sämtliche von außen beschafften Ressourcen des Unternehmens. Über den reinen Einkauf hinaus gehört zu den Maßnahmen auf der Beschaffungsseite auch die Einbeziehung von Zulieferern in den Target Costing-Prozess. Hinsichtlich der Prozesse stehen im Target Costing Produktions- und produktionsnahe Prozesse sowie Entwicklungsprozesse im Fokus. Insbesondere bei den Target Costs, die nicht zu den Zielherstellkosten gehören, werden jedoch auch unterstützende Prozesse analysiert, um diese zu verbessern und sich den Zielkosten anzunähern. Dabei wird in Kombination mit dem Target Costing häufig die Prozesskostenrechnung (vgl. Kapitel 12) eingesetzt.

Zentraler Ansatzpunkt für Maßnahmen zur Zielkostenerreichung (vgl. ausführlicher Seidenschwarz, 1993, S. 227 ff., und Coenenberg/Fischer/Günther, 2012, S. 586 ff.) sind Modifikationen der Produkte selbst. Grundlegende Maßnahmen sind bspw. Vereinfachungen der Produkte oder montagefreundlichere Konstruktionen, welche die Herstellkosten reduzieren. Im Rahmen des Target Costing stehen dabei **Kostensenkungen** im Vordergrund. Es können jedoch auch Maßnahmen ausgelöst werden, welche den **Wert des Produkts für den Kunden** und dessen Zahlungsbereitschaft erhöhen. Maßnahmen greifen entweder ausschließlich auf vorhandenes Wissen zurück oder schließen die Suche nach **innovativen Lösungen für Produkte und Prozesse** mit ein. Da die im ersten Anlauf festgelegten Maßnahmen häufig nicht ausreichen, um die Zielkosten zu erreichen, werden die entsprechenden Aktivitäten in einem iterativen Prozess durchgeführt.

Maßnahmen zur Zielkostenerreichung bei Household Appliances

Das Target Costing-Team der Household Appliances GmbH hat inzwischen das Produktkonzept für den Wasserkocher ‚Superboil' überarbeitet:

Für das Gehäuse wurde ein günstigeres Material gefunden, welches dieselben Funktionseigenschaften wie das bislang verwendete Material aufweist. Darüber hinaus wurde das Gehäuse montagefreundlicher gestaltet. Durch diese beiden Maßnahmen wurden gegenüber den bisherigen Drifting Costs von 19,24 € Kosteneinsparungen von 7,48 € realisiert, so dass die Zielkosten von 12,03 € mit nun 11,76 € sogar leicht unterschritten werden.

Für die Präsentation des Projektfortschritts beim Geschäftsführer Franz Feldhofer aktualisiert das Team entsprechend die Tabelle mit den Zielkosten und dem Kostenanpassungsbedarf je Komponente sowie die Tabelle mit den Zielkostenindizes.

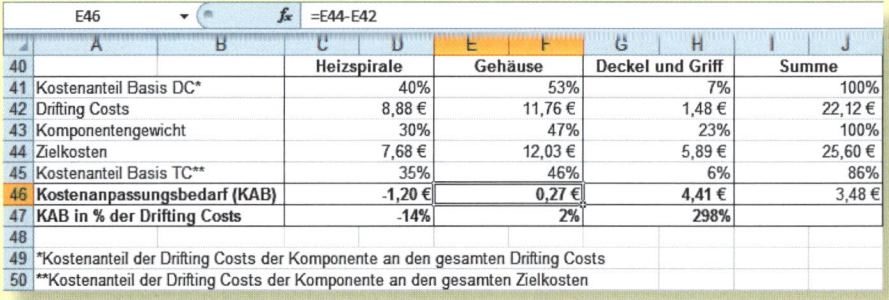

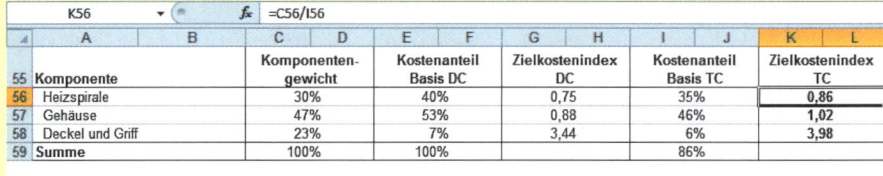

Hieran wird auch deutlich, dass Veränderungen bei einer Komponente Rückwirkungen auf die anderen Komponenten haben, wenn auf Basis von Drifting Costs gerechnet wird. Obwohl die Heizspirale sowie die Komponente ‚Deckel und Griff' nicht geändert wurden, steigt ihr jeweiliger Kostenanteil gemessen an den insgesamt reduzierten Drifting Costs. Dies schlägt sich bei diesen beiden Komponenten auch entsprechend in einem niedrigeren Zielkostenindex auf Basis von Drifting Costs nieder.

Beim **Benchmarking** werden die Produkte und/oder Prozesse des Unternehmens mit den besten Wettbewerbern oder über den Kreis der Wettbewerber hinaus mit anderen Unternehmen verglichen, die eine Spitzenposition innehaben, um so Verbesserungspotenziale zu erschließen. Als eine besondere Form des Benchmarking kann dabei das **Product Reverse Engineering** interpretiert werden, bei dem die Produkte von Wettbewerbern zerlegt werden, um so Aufschlüsse über deren Produktkonzepte und Prozesse zu gewinnen. Die **Wertgestaltung** zielt darauf ab, systematisch nach Lösungsalternativen für Kostenreduktionen und Aufwertungen von Produkten zu suchen, diese zu bewerten und durchzuführen. Zentrales Bewertungskriterium dabei ist, dass nur solche Lösungsalternativen verfolgt werden, für die seitens des Kunden eine entsprechende Zahlungsbereitschaft besteht. Angesichts der niedrigen Fertigungstiefe in einigen Branchen kommt der frühzeitigen **Einbindung von Zulieferen** in den Target Costing-Prozess eine hohe Bedeutung zu, da dort ein großer Teil der Kostenbeeinflussungspotenziale liegt. Die Integration von Lieferanten in das Target Costing erfordert allerdings eine weitgehende Offenlegung von Informationen und eine aufwändige Abstimmung; sie setzt daher ein großes beidseitiges Vertrauen voraus und bietet sich insbesondere für entsprechend wichtige Lieferanten an, z. B. Systemlieferanten (Tier One-Lieferanten) oder Lieferanten komplexer Komponenten.

> Beim Benchmarking werden die eigenen Produkte und/oder Prozesse mit den besten Wettbewerbern verglichen, um so Verbesserungspotenziale zu erschließen.

13.6 Beurteilung des Target Costing

Im Fokus des Target Costing steht die **Kostenbeeinflussung** im Rahmen der Produktentwicklung. Die spezifischen Potenziale des Target Costing liegen dabei insbesondere in folgenden Aspekten:

- Sowohl bei der Ableitung von produktbezogenen Kostenobergrenzen (Zielkostenfestlegung) als auch beim Herunterbrechen der Zielkosten auf Funktionen und Komponenten entsprechend den Präferenzen der Kunden (Zielkostenspaltung) stellt das Target Costing eine **Marktorientierung** des Produktentwicklungsprozesses her.
- Über die Zielrendite wird eine Verknüpfung der Gestaltung von Produkten, Programmen, Prozessen und Potenzialen mit der **Erfolgszielplanung** hergestellt.
- Das Target Costing ist sowohl bei der Neuentwicklung von Produkten als auch bei der Überarbeitung von bestehenden Produkten anwendbar. Der größte Anwendungsnutzen besteht bei **komplexen Produkten**, die in großer Stückzahl hergestellt werden. Bei radikal neuen Produkten ist das Target Costing allerdings wegen Problemen bei der Datenbeschaffung weniger geeignet.
- Der Schwerpunkt des Target Costing liegt auf den **frühen Phasen der Produktentwicklung**, in denen noch relativ hohe Kostenbeeinflussungspotenziale vorhanden sind, und auf der **Durchsetzung von Kostenobergrenzen**. Der Betrachtungshorizont erstreckt sich jedoch über den gesamten

Produktlebenszyklus, womit im Vergleich mit anderen Kostenrechnungsinstrumenten eine eher **langfristige Orientierung** über Perioden hinweg gegeben ist (zur Lebenszyklusrechnung vgl. den folgenden Abschnitt 13.7).
- Durch die Projektorganisation in **funktionsübergreifenden Teams** wird das Wissen sämtlicher beteiligter Funktionen bei der Produktentwicklung systematisch genutzt, und es wird Transparenz über Interdependenzen zwischen den Bereichen hergestellt. In dieselbe Richtung wirkt die **Einbeziehung von Zulieferern**.

Diesen Potenzialen des Target Costing steht eine Reihe von möglichen Problemen und Limitationen gegenüber. Dabei sind insbesondere die folgenden Punkte zu nennen:
- Die **Ermittlung von Marktdaten** (wettbewerbsfähiger Marktpreis, Stückzahl, ggf. differenzierte Preisabschläge für die Ermittlung von Nettoerlösen, Kundenanforderungen) als eine zentrale Voraussetzung für die Anwendung des Target Costing ist häufig mit **hohen Unsicherheiten** behaftet und sehr **aufwändig**. Insbesondere bei radikalen Produktinnovationen ist es unter Umständen nicht möglich, belastbare Daten zu erheben, weshalb hier die Anwendbarkeit des Target Costing an Grenzen stößt. Die Zielkosten sind meist eine **statische Vorgabe**, da z. B. wettbewerbsfähiger Marktpreis und Stückzahl nicht laufend neu erhoben werden.
- Die Anwendung des Target Costing stellt zwar eine durchgängige Marktorientierung her, seine Vorgehensweise führt aber **nicht unbedingt** zu einer **Kostenoptimierung**, da es z. B. vorteilhaft sein kann, die Kosten – sofern dies möglich ist – noch unter die Allowable Costs abzusenken und damit die Rendite über die Zielrendite hinaus zu erhöhen. Diesem Problem kann durch eine entsprechende Gestaltung des Anreizsystems begegnet werden. In einem Optimierungsansatz wären darüber hinaus die gegenseitigen Abhängigkeiten von Zielpreis, Zielrendite und Zielkosten zu berücksichtigen.
- Das Target Costing **fokussiert** sehr stark **auf die produktbezogenen Herstellkosten**. Bereiche wie Forschung und Entwicklung, Verwaltung, Marketing/Vertrieb und allgemein Investitionen laufen dadurch möglicherweise Gefahr, zu stark in den Hintergrund gedrängt zu werden. Durch entsprechende Zielbudgets und die Kombination mit anderen Kostenrechnungsinstrumenten wie der Prozesskostenrechnung kann dieser Gefahr jedoch relativ gut begegnet werden.
- Das Target Costing betrachtet die gesamten Kosten eines Produkts über seinen Lebenszyklus und ist daher von seiner Grundausrichtung ein **vollkostenorientierter Ansatz**. Problematisch kann dies insbesondere dann sein, wenn Gemeinkosten in die Zielkostenspaltung eingehen und dort geschlüsselt werden (vgl. Abschnitt 9.2). Für kurzfristige Entscheidungen ist das Target Costing daher weniger geeignet.
- Insgesamt **dominiert** in der Diskussion des Target Costing sehr stark die **technische Sichtweise**. Verhaltenswissenschaftliche Aspekte, die in den ursprünglichen Ansätzen des Target Costing relativ stark betont wurden, treten demgegenüber in vielen Veröffentlichungen eher in den Hintergrund.

> In einer Studie bei den 500 umsatzstärksten Unternehmen in Deutschland finden Seidenschwarz & Comp./Pedell (2009) einen **Einsatzgrad** des Target Costing von gerade einmal 36 %, obwohl alle antwortenden Unternehmen angaben, das Instrument des Target Costing zu kennen. Im Vergleich zu anderen Instrumenten des Kostenmanagements, die in dieser Studie untersucht wurden, wird das Target Costing allerdings noch am häufigsten eingesetzt. In einer früheren Studie bei deutschen Großunternehmen stellt Kajüter (2005) einen höheren Einsatzgrad des Target Costing von 55 % fest, wobei jeweils die Hälfte der Anwender das Target Costing laufend bzw. fallweise einsetzen, nur wenige Unternehmen als Pilot.
>
> In der Studie von Seidenschwarz & Comp./Pedell (2009) wird dem Target Costing gleichzeitig ein relativ niedriger **Aufwand** und ein relativ hohes **Kostensenkungspotenzial** attestiert. Target Costing ist auch das einzige Kostenmanagementinstrument, für das Kajüter (2005) einen direkten empirischen Zusammenhang mit dem Ziel der Kostensenkung nachweisen kann. Ergebnisse zum Einsatzgrad des Target Costing sind insofern mit Vorsicht zu interpretieren, als die Gefahr besteht, dass Studienteilnehmer allein schon den Einsatz von Kostenzielen mit Target Costing gleichsetzen, welches darüber jedoch deutlich hinausgeht.
>
> **Quellen:** Kajüter, P.: Kostenmanagement in der deutschen Unternehmenspraxis, in: Zeitschrift für betriebswirtschaftliche Forschung, 57. Jg., 2005, Heft 1, S. 79-100; Seidenschwarz & Comp./Pedell, B.: Kostenmanagement in Deutschland – Status, Erwartungen, Potenziale, Starnberg/Stuttgart 2009.

Empirische Ergebnisse

13.7 Lebenszyklusrechnung

Lebenszyklusrechnungen sind darauf ausgerichtet, sämtliche **Ein- und Auszahlungen** zu erfassen, die sich auf ein Objekt, häufig ein Produkt, über seinen gesamten Lebenszyklus beziehen. Dies erfordert eine langfristige, mehrperiodige Betrachtung. Daher ist es sinnvoll, nicht auf periodisierte Kosten und Erlöse abzustellen, sondern direkt auf Zahlungen, und den Zeitwert des Geldes über Verfahren der dynamischen **Investitionsrechnung,** insbesondere die Berechnung von Kapitalwerten zu berücksichtigen.

Die Lebenszyklusrechnung erfasst sämtliche produktbezogenen Aktivitäten über alle **Lebenszyklusphasen**, von der Produktkonzeption in der Vorlaufphase, über die Marktphase bis hin zur Entsorgung in der Nachlaufphase. Auf dieser Basis sollen insbesondere bereits in der Konzept- und Entwurfsphase Entscheidungen über alternative Produktkonzepte sowie produktbezogene Investitionsentscheidungen fundiert werden. Wie beim Target Costing wird dabei eine frühzeitige Beeinflussung der Kosten in der Konzept- und Entwurfsphase angestrebt, wenn ein Großteil der Kosten des Lebenszyklus festgelegt wird.

Angewandt wird die Lebenszyklusrechnung auf **Objekte**. Neben Produkten können dies z. B. auch Anlagen, Projekte oder Kundenbeziehungen sein. Eine relativ starke Verbreitung hat die Lebenszyklusrechnung in der Konsequenz bei Unternehmen mit wenigen, erfolgsentscheidenden Produkten gefunden, wie es in der industriellen Großserienproduktion häufig gegeben ist. Die Planung und Kontrolle von Kosten für Organisationseinheiten wie Kostenstellen treten demgegenüber in den Hintergrund.

Zur Bestimmung der Zahlungswirkungen eines Objekts bietet es sich an, diese wie im nachfolgenden Praxisbeispiel nach den einzelnen Lebenszyklusphasen und Unternehmensbereichen zu strukturieren. Bei der Strukturierung kann man sich an den Erfahrungen mit Vorgängerprodukten oder auch an der Analyse von Konkurrenzprodukten orientieren. Auf dieser Basis können im nächsten Schritt **Einflussgrößen** für die einzelnen Zahlungswirkungen bestimmt werden.

Foto: BMW AG

Praxisbeispiel: Automobilindustrie

Die nachfolgende Tabelle zeigt Zahlungswirkungen und ihre Einflussgrößen am Beispiel der Einführung einer neuen Modellreihe in der Automobilindustrie:

Lebenszyklusphase/ Unternehmensbereich	Einflussgrößen	Einfluss auf
Vorlaufphase	Anteil Neuteile gegenüber dem Vorgängerprodukt	Entwicklungsauszahlungen
Marktphase – Absatzbereich	Absatzmenge (sekundäre Einflussgröße)	Umsatzeinzahlungen
	Marktvolumen (sekundäre Einflussgröße)	Absatzmenge
	Marktanteil (sekundäre Einflussgröße)	Absatzmenge
	Veränderung Bruttosozialprodukt	Marktvolumen
	Index der Kundenzufriedenheit	Marktanteil
	Neuprodukte Hauptkonkurrenten	Marktanteil
	Preisnachlässe Hauptkonkurrenten	Marktanteil
	Jährliche Preisveränderung	Umsatzeinzahlungen

Lebenszyklusphase/ Unternehmensbereich	Einflussgrößen	Einfluss auf
Marktphase – Produktions-/ Beschaffungsbereich	Produktionsmenge	Beschäftigungsproportionale Auszahlungen
	Ausschussanteil	Beschäftigungsproportionale Auszahlungen
	Taktzeit	Personalauszahlungen
	Anfänglicher Personalkostensatz	Personalauszahlungen
	Jährliche Personalkostensatzänderungen	Personalauszahlungen
	Jährliche sonstige Faktorpreisänderungen	Übrige laufende Auszahlungen
	Teilezahl pro Endprodukt	Logistikauszahlungen
Nachlaufphase	Wirtschaftliche Nutzungsdauer flexibler Maschinen (produktunabhängig)	Restwerte
	Weiterverwendungsgrad flexibler Maschinen für Folgeprodukte	Restwerte
	Fehleranteil (%)	Gewährleistungszahlungen

Quelle: Riezler, S.: Produktlebenszykluskostenmanagement, in: Kostenmanagement, hrsg. von Franz, K.-P./Kajüter, P., Stuttgart 2002, S. 215.

Für den Zusammenhang zwischen den identifizierten Einflussgrößen und den Zahlungen sind nach Möglichkeit **Funktionen** zu bestimmen. Die Vorgehensweise kann sich dabei grundsätzlich an den Verfahren zur Bestimmung von Kostenfunktionen orientieren, die in Abschnitt 6.2 dargestellt wurden. Die Datenlage ist bei Lebensbetrachtungen häufig eher schlecht, so dass vielfach Expertenschätzungen herangezogen werden. Dies gilt auch für die Bestimmung von **Planwerten** für die Einflussgrößen, aus denen dann mithilfe der ermittelten Funktionen die geplanten Zahlungswirkungen bestimmt werden können. Die Planung von Zahlungswirkungen über den Lebenszyklus kann auch auf bestehende Rechnungen, z. B. das Target Costing und die Prozesskostenrechnung, zurückgreifen.

In einer Lebenszyklusrechnung sind **Veränderungen** der relevanten Größen über die Zeit sowie **Verbundwirkungen** zwischen Zahlungen zu berücksichtigen. Auf der Auszahlungsseite können sich insbesondere durch Lern- und Erfahrungskurven (siehe hierzu Abschnitt 6.1), allgemein durch die

Realisierung von Rationalisierungspotenzialen sowie durch Preisänderungen auf Beschaffungsmärkten Änderungen über die Zeit ergeben. Auch auf der Einzahlungsseite verändern sich Preise häufig über den Marktzyklus eines Produkts. Verbundwirkungen können beispielsweise zwischen Zahlungen in der Vorlaufphase und Zahlungen in nachfolgenden Phasen bestehen, etwa wenn durch einen höheren Ressourceneinsatz in der Produktentwicklung der notwendige Ressourceneinsatz für die Produktion und die Entsorgung eines Produkts gesenkt werden kann. Darüber hinaus werden auch Verbundwirkungen zwischen der Einzahlungs- und der Auszahlungsseite betrachtet, z. B. wenn durch zusätzlichen Ressourceneinsatz in der Produktentwicklung die erwarteten erzielbaren Preise für ein Produkt erhöht werden können.

Mithilfe der Lebenszyklusrechnung sollen Entscheidungen über Produktkonzepte und produktbezogene Investitionen so getroffen werden, dass unter Berücksichtigung dieser Effekte ein Gesamtoptimum erreicht wird. Für diesen Zweck eignen sich insbesondere dynamische Investitionsrechenverfahren, die den Kapitalwert einer Zahlungsreihe bestimmen. Der Kapitalwert im Zeitpunkt $t = 0$ KW_0 (auch als Barwert bezeichnet) einer Reihe von Einzahlungen E_t und Auszahlungen A_t über T Perioden ergibt sich durch Abzinsung der Einzahlungsüberschüsse mit dem Kalkulationszinssatz i, womit der Zeitwert der Zahlungen zum Zeitpunkt $t = 0$ erfasst wird:

$$KW_0 = \sum_{t=0}^{T} \frac{E_t - A_t}{(1+i)^t} = E_0 - A_0 + \frac{E_1 - A_1}{1+i} + \frac{E_2 - A_2}{(1+i)^2} + \ldots + \frac{E_T - A_T}{(1+i)^T}$$

Lebenszyklusrechnung für eine Kaffeemaschine der Household Appliances

Der Geschäftsführer Franz Feldhofer denkt darüber nach, für die Household Appliances GmbH in naher Zukunft ein neues, renditestarkes Geschäftsfeld zu erschließen und eine Kaffeemaschine mit Kaffeekapseln auf den Markt zu bringen. Um abschätzen zu können, ob sich die Investition in dieses Geschäftsfeld rentiert, beauftragt er Anton Berghammer und sein funktionsübergreifendes Projektteam damit, ein erstes, grobes Produktkonzept für eine Kaffeemaschine mit Kapseln zu entwickeln und dafür eine Lebenszyklusrechnung aufzustellen. Für die Vorlaufphase sind dabei insbesondere die für die Entwicklung benötigten Ressourcen zu planen. In der Marktphase sind nicht nur die Zahlungen zu berücksichtigen, die sich unmittelbar aus der Produktion und dem Verkauf der Kaffeemaschinen ergeben, sondern auch die Einzahlungen, die sich aus der Lizenzierung der Kaffeekapseln erzielen lassen. In der Nachlaufphase ist neben dem Ersatzteilgeschäft aufgrund von Rücknahmeregelungen auch die Entsorgung der Kaffeemaschinen zu berücksichtigen. Die nachfolgende Tabelle zeigt eine erste Lebenszyklusrechnung, die das Projektteam auf Basis des groben Produktkonzepts aufgestellt hat (Struktur in Anlehnung an Riezler, 2002, S. 217).

Für die Bereiche Verwaltung und Vertrieb lassen sich die Zahlungen nicht eindeutig auf die Kaffeemaschine zurechnen. Das Projektteam nimmt für diese Gemeinzahlungen daher eine Deckungsvorgabe in seine Rechnung auf. Die Einzahlungsüberschüsse werden jeweils ohne und mit Berücksichtigung dieser Deckungsvorgaben ausgewiesen. Das Projektteam legt für die Abzinsung einen Kalkulationszinssatz von 10 % zugrunde. Der Barwert der Einzahlungsüberschüsse der neuen Kaffeemaschine über den Lebenszyklus liegt ohne Deckungsvorgaben bei knapp 40,89 Mio. Euro und mit Deckungsvorgaben bei 2,42 Mio. Euro. Die Durchführung des Projekts erscheint auf Grundlage dieser Rechnung vorteilhaft.

F23		fx	=F22/(1+$B$27)^(F2-2014)								
	A	B	C	D	E	F	G	H	I	J	K	L
1	(alle Werte in Mio. €)							Serienproduktion				
2		Σ	2015	2016	2017	2018	2019	2020	2021	2022	2023	2024
3				Vorlaufphase								
4	Produktentwicklung	-64	-19	-34	-11							
5	Anlagen	-82	0	-26	-56							
6	Summe	-146	-19	-60	-67							
7								Marktphase				
8	Umsatzeinzahlungen (Kaffemaschinen)	391				72	78	102	92	47		
9	Umsatzeinzahlungen (Kaffeekapseln)	342				17	39	63	83	67	45	28
10	Fertigungsmaterial	-166				-27	-32	-38	-43	-26		
11	Fertigungslöhne	-174				-36	-39	-37	-34	-28		
12	Sonstige Fertigungsauszahlungen	-42				-8	-10	-9	-8	-7		
13	Logistikauszahlungen	-28				-5	-6	-6	-6	-5		
14	Summe I (produktbedingt)	323				13	30	75	84	48	45	28
15	Auszahlungen Verwaltung	-45				-11	-10	-9	-8	-7		
16	Auszahlungen Vertrieb	-21				-6	-4	-4	-4	-3		
17	Summe II (nach Deckungsvorgaben)	257				-4	16	62	72	38	45	28
18								Nachlaufphase				
19	Ersatzteile	37				4	5	6	7	8	7	
20	Entsorgung	-51				-7	-8	-8	-9	-10	-9	
21	Summe	-14				-3	-3	-2	-2	-2	-2	
22	Produktbedingter Einzahlungsüberschuss	163	-19	-60	-67	13	27	72	82	46	43	26
23	Barwert produktbed. Einzahlungsüberschuss	40,89	-17,27	-49,59	-50,34	8,88	16,76	40,64	42,08	21,46	18,24	10,02
24	Einzahlungsüberschuss nach Deckungsvorgabe	97	-19	-60	-67	-4	13	59	70	36	43	26
25	Barwert Einzahlungsübers. nach Deckungsvorg.	2,42	-17,27	-49,59	-50,34	-2,73	8,07	33,30	35,92	16,79	18,24	10,02
26												
27	Zinssatz	10%										

Bei der Interpretation der Ergebnisse einer derartigen Lebenszyklusrechnung ist zu beachten, dass die zugrundeliegenden Daten in der Regel insbesondere vor Projektbeginn ein hohes Maß an Unsicherheit aufweisen. Aus diesem Grund sollten weitergehende **Risikoanalysen** Bestandteil einer Lebenszyklusbetrachtung sein. Durch Variation der identifizierten Einflussgrößen kann abgeschätzt werden, wie sensibel die Ergebnisse auf Veränderungen dieser Größen reagieren. In Simulationen, die sich z. B. mithilfe von Excel-Tabellen einfach durchführen lassen, können auch die Zahlungsgrößen und der Zinssatz direkt variiert werden. Im Beispiel der Kaffeemaschine der Household Appliances GmbH sinkt z. B. der Barwert der Einzahlungsüberschüsse nach Deckungsvorgaben auf –3,22 Mio. Euro, wenn die Umsatzeinzahlungen für Kaffeemaschinen im Jahr 2020 nur 92 statt 102 Mio. Euro betragen.

Zur Risikoabschätzung kann die Lebenszyklusbetrachtung auch auf unterschiedliche Weisen mit einer **Break-Even-Analyse** (siehe dazu ausführlich Kapitel 8) kombiniert werden. So kann z. B. ermittelt werden, wie sich die Break-Even-Menge in den einzelnen Perioden im Zeitablauf entwickelt, um diese Werte dann den jeweils erwarteten Mengen gegenüberzustellen. Des Weiteren kann bestimmt werden, ab welcher Periode die Erlöse die Kosten überschreiten. Sinnvoller erscheint es allerdings zu ermitteln, ab welchem

Barwert der Umsatzeinzahlungen der Barwert des Gesamtprojekts gerade Null ist, um eine Aussage im Hinblick auf den Gesamtprojekterfolg geben zu können und dabei den Zeitwert des Geldes zu berücksichtigen. Eine weitere Kennzahl zur Risikoabschätzung ist die **dynamische Amortisationsdauer**, die den Zeitpunkt angibt, ab dem der Barwert der bis dahin aufgelaufenen Zahlungen gerade null ist. Problematisch an dieser Kennziffer ist, dass bei hohen Auszahlungen gegen Projektende, z. B. für die Entsorgung von Produkten, der Barwert des Gesamtprojekts negativ sein kann, obwohl die bis zu einem früheren Zeitpunkt aufgelaufenen Zahlungen einen positiven Barwert ergeben.

Lebenszyklusrechnungen können nicht nur für die Fundierung von Entscheidungen vor Projektbeginn, sondern auch für die laufende **Projektsteuerung und -kontrolle** eingesetzt werden. Mit fortschreitendem Projektablauf können dabei die Plan-Werte teilweise durch Ist-Werte und teilweise durch aktualisierte Plan-Werte ersetzt werden, um Realisationskontrollen und Planfortschrittskontrollen durchzuführen. Durch die Gegenüberstellung von Plan- und Ist-Werten können auf Basis der aufgestellten Einflussgrößenfunktionen **Abweichungsanalysen** vorgenommen werden, wie wir sie in Kapitel 10 und Abschnitt 11.4 kennen gelernt haben, um Ursachen für Abweichungen zu identifizieren und gegebenenfalls Projektpläne und Zielvorgaben anzupassen. Hierbei ist es von zentraler Bedeutung zu bestimmen, welche Zahlungen jeweils noch beeinflussbar sind.

Begriffsvielfalt

Neben dem Begriff Lebenszyklusrechnung (Life Cycle Accounting) findet sich auch häufig der Begriff Lebenszykluskostenrechnung (Life Cycle Costing). Wie oben diskutiert, ist es bei einer Lebenszyklusbetrachtung grundsätzlich sinnvoller, mit Zahlungen statt mit Kosten und Erlösen zu rechnen, so dass eine Lebenszykluskostenrechnung weniger zielführend erscheint. Vereinzelt ist auch die Verwendung des Begriffs der Lebenszykluskostenrechnung für Rechnungen vorzufinden, die auf Zahlungen basieren; diese Begriffsverwendung ist irreführend und sollte daher vermieden werden.

Die produktbezogenen Lebenszykluskosten können auch aus Kundensicht betrachtet werden und schließen dann neben der Anschaffung des Produkts (z. B. eines PKW) auch die Kosten für den Betrieb (z. B. Kraftstoffe, Versicherungen, Steuern) und die Wartung (z. B. Inspektionen) des Produkts ein. Die Gesamtkosten über den Lebenszyklus werden auch als Total Cost of Ownership bezeichnet. Bei Produkten mit einer langen Nutzungsdauer erscheint es wiederum sinnvoll, den Zeitwert des Geldes einzubeziehen und auf Zahlungen statt auf Kosten abzustellen, wenn z. B. zwei Produkte miteinander verglichen werden sollen.

> Eine Lebenszyklusrechnung kann z. B. auch auf eine Kundenbeziehung angewandt werden, indem sämtliche Einzahlungen und Auszahlungen erfasst werden, die über die Dauer der Beziehung mit einem bestimmten Kunden entstehen. Der Barwert dieser Zahlungen wird als Customer Lifetime Value bezeichnet.

Literatur

Coenenberg, Adolf G./Fischer, Thomas M./Günther, Thomas: Kostenrechnung und Kostenanalyse, 8. Auflage, Schäffer-Poeschel, Stuttgart 2012, Kapitel 14 und 15.

Eldenburg, Leslie G./Wolcott, Susan K.: Cost Management. Measuring, Monitoring, and Motivating Performance, 2. Auflage, John Wiley, Hoboken 2011, Kapitel 13.

Ewert, Ralf/Wagenhofer, Alfred: Interne Unternehmensrechnung, 7. Auflage, Springer, Berlin et al. 2008, Kapitel 6.

Fischer, Thomas M./Schmitz, Jochen A.: Informationsgehalt und Interpretationsmöglichkeiten des Zielkostenkontrolldiagramms im Target Costing, in: Kostenrechnungspraxis, 38. Jg., 1994, Heft 6, S. 427–433.

Horngren, Charles T./Datar, Srikant M./Rajan, Madhav, V.: Cost Accounting – A Managerial Emphasis, 14. Auflage, Pearson Education, Upper Saddle River 2012, Kapitel 12.

Riezler, Stephan: Produktlebenszykluskostenmanagement, in: Kostenmanagement – Wettbewerbsvorteile durch systematische Kostensteuerung, hrsg. von Franz, Klaus-Peter/Kajüter, Peter, 2. Auflage, Schäffer-Poeschel, Stuttgart 2002, S. 207–223.

Schweitzer, Marcell/Küpper, Hans-Ulrich: Systeme der Kosten- und Erlösrechnung, 10. Auflage, Vahlen, München 2011, Abschnitte 3.A.II.2 und 4.D.

Seidenschwarz, Werner: Target Costing – Ein japanischer Ansatz für das Kostenmanagement, in: Zeitschrift Controlling, 3. Jg., 1991, Heft 4, S. 198–203.

Seidenschwarz, Werner: Target Costing, Vahlen, München 1993.

Verständnisfragen

a) Welches sind die beiden zentralen Merkmale des Target Costing im Vergleich mit anderen Kostenrechnungsinstrumenten?

b) Wodurch unterscheiden sich retrograde Kalkulation und Kosten-plus-Kalkulation?

c) Welche Verfahren gibt es, um im Target Costing produktbezogene Kostenobergrenzen zu ermitteln?

d) Wie werden Allowable Costs und Drifting Costs ermittelt?

e) Wie werden die Zielkosten eines Produkts auf Funktionen und Komponenten herunter gebrochen?

f) Wie ist der Zielkostenindex definiert und welche Funktion hat das Zielkostenkontrolldiagramm?

g) Welche grundlegenden Ansatzpunkte gibt es für Maßnahmen zur Zielkostenerreichung?

Kapitel 13 — Target Costing

Fallbeispiel: Target Costing für Investitionsgüter bei Operating Panels Industry

In einem realen Projekt hat ein europäischer Hersteller von Bedienelementen in den Jahren 2003 bis 2005 mit Einsatz des Target Costing ein Touch Panel für den chinesischen Markt entwickelt. Wir nennen diesen Hersteller hier OPIN (Operating Panels Industry). Bedienungs-Touch-Displays ermöglichen als Benutzeroberflächen zwischen den Anlagenfahrern und Fabrikationsmaschinen wie Fräs-, Bohr- und Drehmaschinen (Human-Machine-Interface – HMI) die präzise Steuerung dieser Maschinen. In der **Ausgangssituation** waren bei diesem Projekt, das OPIN mit Unterstützung von Target Costing-Experten durchgeführt hat, insbesondere zwei Aspekte von Bedeutung:

- Die **Kundenanforderungen** und die sich daraus ergebenden notwendigen Produkteigenschaften sind konsequent aus Sicht der lokalen Kunden zu betrachten und in den Entwicklungsprozess überzuleiten.
- Die **Produkteigenschaften** sind vor dem Hintergrund der zugrundeliegenden Kostenstrukturen zu bewerten, zu entwickeln und zu gestalten. Nur wenn das Produkt in Einklang mit der Preisbereitschaft der Konsumenten steht und darüber hinaus alle Kosten gedeckt sowie die angestrebte Gewinnmarge realisiert werden können, ist der langfristige Erfolg des Produktes gewährleistet. Bei internationalen Aktivitäten gewinnt dabei auch der Faktor einer Leistungserbringung im Zielland an Bedeutung. Es können beispielsweise Verlagerungsaktivitäten der Fertigung in ein Niedriglohnland entscheidungsrelevant sein, insbesondere wenn es darum geht, eine bestehende Zielkostenlücke zu schließen.

Ziel des Projekts war es, im Low-End-Segment des chinesischen Marktes profitabel Fuß zu fassen. Davon ausgehend bestanden die einzelnen **Projektziele** bei OPIN darin,

- ein Touch Panel zu entwickeln, das die Anforderungen des chinesischen Marktes exakt trifft,
- strikt die Markt- und Kostenorientierung im Low-End-Segment umzusetzen,
- die Kostenvorteile der lokalen Produktion eines bestehenden Werkes vor Ort zu nutzen sowie
- die Strukturen für nachfolgende Target-Costing-Projekte zu schaffen.

Wir zeigen im Folgenden, wie bei OPIN ein Marktmodell entwickelt, die Funktionsstruktur für das Touch Panel festgelegt, eine retrograde Kalkulation aufgebaut und eine Gewichtung der Produktfunktionen vorgenommen wurde.

Im ersten Schritt wurde ein **Marktmodell** entwickelt, welches Informationen für die Festlegung der Zielpreise und Zielmengen liefert. Das Panel sollte im Gegensatz zu den bislang angebotenen Produkten von OPIN kein Weltprodukt, sondern ein für den chinesischen Markt zugeschnittenes Produkt werden. Die verringerte Komplexität durch die Fokussierung auf nur eine Zielregion wurde jedoch durch die notwendige Tiefe der Untersuchung relativiert. Da für dieses Produkt keine Marktstudien vorhanden waren, musste ein pragmatischer Weg gefunden werden, an verlässliche Zieldaten zu gelangen.

Anker für eine Mengenplanung im Zielsegment waren Informationen über Maschinensteuerungen, an denen jeweils mindestens ein Panel angeschlossen wird (vergleichbar mit einem PC und einem Monitor). Weltweit wird mit Maschinensteuerungen ein Umsatz von ca. 6,5 Mrd. US$ erzielt. Der Anteil von China wächst dabei in 3 Jahren kontinuierlich von 4 % auf 6 %. Das Marktwachstum ist dabei mit 12 % erheblich höher als das weltweite Wachstum von 7 %. Im Marktmodell offenbarten sich hohe Wachstumsaussichten auf dem chinesischen Markt, wobei das Low-End im Hinblick auf die absetzbaren Stückzahlen als das attraktivste Segment identifiziert wurde.

Da der Marktanteil der Maschinensteuerungen mit 32 % signifikant höher war als der mit Touch Panels (17 %), konzentrierte sich OPIN auf das Ziel, mit jeder eigenen Low-End-Steuerung künftig auch ein Touch Panel zu verkaufen. Momentan nutzen Wettbewerber die bisherige Schwäche von OPIN in diesem Segment und schließen an ca. die Hälfte der Steuerungen von OPIN im Low-End-Segment eigene Displays an. Innerhalb von 4 Jahren wird sich das Marktvolumen der Low-End-Steuerungen in China auf ca. 200.000 Stück verdoppeln. Ausgehend von diesen Entwicklungen wurden aufgrund von Expertengesprächen verschiedene Annahmen getroffen, um mittels Szenarien plausible Absatzmengen für das Produkt zu ermitteln (vgl. Abbildung 13.7).

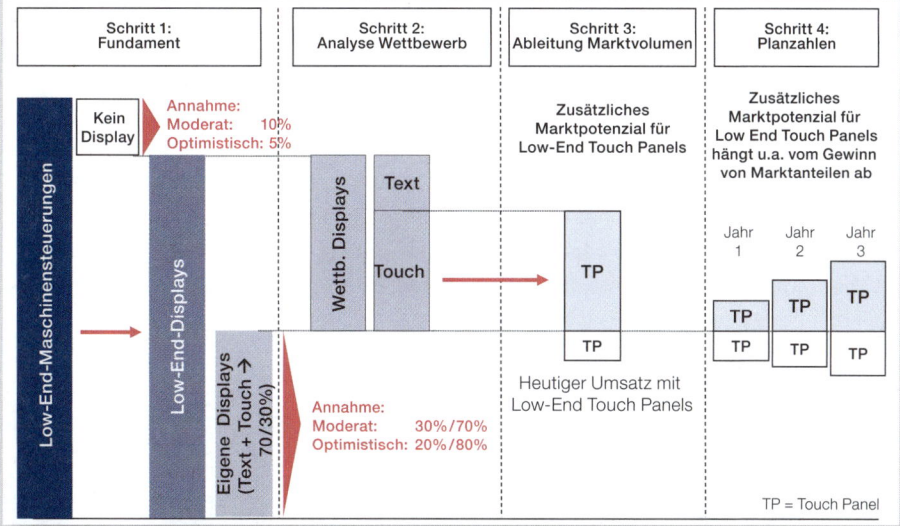

Abbildung 13.7: Marktmodell bei OPIN

Unter Berücksichtigung dieser Annahmen konnten für einen Zeitraum von 4 Jahren Planstückzahlen für das Display von 54.000 Einheiten (moderates Szenario) ermittelt werden. Eine erste statische Marktvolumenabschätzung wurde von aktuellen Preisen des Wettbewerbs für Displays in Höhe von 3.000 RMB (Abkürzung für die chinesische Währung Renminbi) in diesem Segment abgeleitet und ergab ein Marktvolumen von 160 Mio. RMB über die Jahre. Die Antizipation des Wettbewerberverhaltens (asiatische Wettbewerber können den Marktpreis für existierende Produkte auf bis zu 1.700 RMB profitabel senken) und die Positionierung im Marktumfeld führten jedoch zu einer aggressiven Reduzierung des Zielmarktpreises auf 2.500 RMB. Dieser Preis wurde ebenfalls mit einer jährlichen Preissenkung von 3 % für den Business Case weiter

Kapitel 13 Target Costing

dynamisiert. Im Ergebnis konnten die Stückzahlplanung von 54.000 Einheiten und die Umsatzplanung von 152.000 RMB bzw. 127.000 RMB (aggressives Szenario) als Rahmendaten für die retrograde Kalkulation übernommen werden.

Im zweiten Schritt legte OPIN die **Funktionsstruktur** des Touch Panel fest und betrachtete dafür alle relevanten Basis-, Leistungs- und Begeisterungsmerkmale. Dabei kristallisierten sich zwei Besonderheiten heraus, die einen deutlichen Unterschied zu den bisher im europäischen Raum abgesetzten Panels darstellten:

- Europäische Modelle hatten keine LEDs, an denen der Betriebszustand abgelesen werden konnte. Für die Akzeptanz bei den chinesischen Kunden war es hingegen erforderlich, sowohl eine ‚Power'-LED zur Anzeige des Einschaltzustandes als auch eine ‚Communication'-LED für die Anzeige von Kommunikationsvorgängen mit der dahinterstehenden Steuereinheit zu implementieren.
- Während europäische Modelle alleine mit einem berührungssensitiven Bildschirm zum Ausführen aller Steuerungsaktivitäten auskamen, bevorzugen chinesische Anwender Varianten, bei denen physisch vorhandene Funktionstasten zum Auslösen bestimmter Vorgänge vorhanden sind.

Parallel zur funktionsmäßigen Produktdefinition hat OPIN ermittelt, was der Kunde für ein derartiges, die Marktanforderungen treffendes, Produkt zu zahlen bereit ist, um daraus mit der **retrograden Kalkulation** die bestehende Kostenlücke abzuleiten (vgl. Abbildung 13.8). Die retrograde Kalkulation reflektiert die produktbezogene Ergebnissituation über den gesamten Produktlebenszyklus. Oberste Maxime des Projekts war es, den gesetzten Target Profit zu erreichen. Die retrograde Kalkulation ermittelt durch Reduktion der vom Markt erlaubten Kosten um die (nicht beeinflussbaren) Overhead- und Gemeinkosten die im Rahmen des Target Costing-Projekts direkt beeinflussbaren Kosten. Diese vergleicht sie mit den heute bestehenden Kosten und zeigt so die Zielkostenlücke, die geschlossen werden muss, um den Target Profit zu erreichen.

Abbildung 13.8: Retrograde Kalkulation bei OPIN (anonymisiertes Zahlenbeispiel)

Retrograde Kalkulation		Geschäftsjahr I		Geschäftsjahr II		Ø über Produktlebenszyklus	
Produktlebenszyklus		€/Einheit	€	€/Einheit	€	Ø€/Einheit	€
Preis (net), Degression: -3,0%		380,00		368,60		374,30	
Einheiten (in Tausend)			450		3.000		3.450
Umsatz (in Tausend)			171.000		1.105.800		1.276.800
Target Profit	20%	76,00	34.200	73,72	221.160	74,86	255.360
Vom Markt erlaubte Kosten	100%	304,00	136.800	294,88	884.640	299,44	1.021.440
Zieloverhead I							
Group Rates		6,40	2.880	6,21	18.630	6,31	21.510
Zieloverhead II							
Verwaltungsgemeinkosten		14,93	6.719	14,49	43.470	14,71	50.189
Entwicklung		7,36	3.312	7,14	21.420	7,25	24.732
Produktbezogene Prozesskosten							
(hinter Aufschlag)							
Servicekosten		38,40	17.280	37,25	111.750	37,83	129.030
Vertriebsgemeinkosten		36,27	16.322	35,18	105.540	35,73	121.862
Fertigungsgemeinkosten		54,22	24.399	52,49	157.470	53,36	181.869
Materialgemeinkosten		17,62	7.929	17,09	51.270	17,36	59.199
Direkt beeinflussbare Kosten	42,4%	128,80		125,03		126,92	
Zielkostenlücke		**75,05**		**74,31**		**74,68**	
Heute erreichbar		203,85		199,34		201,60	
Entwicklungskosten		40,45		40,45		40,45	
Werkzeugkosten		1,90		1,90		1,90	
Fertigungsplatzkosten		35,00		35,00		35,00	
Löhne, Progression: 6,0%		16,50		17,49		17,00	
Material, Degression: -5,0%		110,00		104,50		107,25	

Der Fokus des Target Costing-Projekts bei OPIN lag auf der Gestaltung der beeinflussbaren Kosten zum Schließen der Zielkostenlücke. Im Beispielfall gab eine EBIT-Marge von 20 % den Zielgewinn vor, wobei als Haupthebel zum Schließen der Zielkostenlücke die Fertigungskosten sowie die regionalen Vertriebskosten identifiziert wurden. Wie aus der Kalkulation in Abbildung 13.8 ersichtlich, wurde über den Produktlebenszyklus eine 3 %ige jährliche Preisdegression geschätzt. Nach Abzug der Overhead-/Gemeinkosten lag der Anteil der beeinflussbaren Kosten über den gesamten Lebenszyklus bei 42,4 %. Über die Hälfte der Kosten lag also außerhalb des Rahmens, der bei diesem Projekt gestaltet werden sollte.

Im nächsten Schritt führte OPIN eine **Zielkostenspaltung** durch, um das Gesamtvolumen der Zielkostenlücke auf Produktfunktionen und -komponenten herunter zu brechen und die Zielkostenlücke mit spezifischen Kostenreduktionsvorgaben zu schließen. Dafür wurden in dem Projekt zunächst die aus den Kundenanforderungen abgeleiteten Funktionen des Produktes in ihrer Bedeutung gewichtet. Abbildung 13.9 zeigt, wie die einzelnen Funktionen des Touch Panel paarweise verglichen wurden und wie daraus eine Rangfolge der Funktionen abgeleitet wurde. An erster Stelle rangiert die Implementierung eines Touch Pad; die Anschlussmöglichkeit einer Maus wurde am niedrigsten gewichtet.

Abbildung 13.9: Gewichtung der Produktfunktionen bei OPIN

	Position	USB Anschluss	Memory Card	Maus-Anschluss	Farbdisplay	Monochromes Display	Touchpad	Keyboard	Rückmeldung via LED	Rückmeldung via akkustischem Signal	Summe der eingetragenen Werte	Punkte	Standardisierte Gewichtung	Reihenfolge (Score)
Position		1	2	3	4	5	6	7	8	9				
USB Anschluss	1	–									3	4	9 %	6
Memory Card	2	1	–								1	2	4 %	8
Maus-Anschluss	3	1	2	–							0	1	2 %	9
Farbdisplay	4	4	4	4	–						5	6	13 %	4
Monochromes Display	5	5	5	5	4	–					4	5	11 %	5
Touchpad	6	6	6	6	6	6	–				8	9	20 %	1
Keyboard	7	1	7	7	4	5	6	–			2	3	7 %	7
Rückmeldung via LED	8	8	8	8	8	8	6	8	–		7	8	18 %	2
Rückmeldung via akkustischem Signal	9	9	9	9	9	9	6	9	8	–	6	7	16 %	3
SUMME											–	45	100 %	–

Aufbauend auf den Funktionsgewichtungen können dann die Produktkomponenten, die für die Bereitstellung der Funktionen erforderlich sind, sowie die Kosten, die mit der Realisierung dieser Komponenten verbunden sind, ermittelt werden. Die Optimierung der Kosten einzelner Komponenten kann auf dieser Basis entsprechend den Gewichtungen priorisiert werden.

Quelle: Seidenschwarz, Werner: Target Costing, 2. Auflage, München 2014 (in Vorbereitung; Vorabdruck des Fallbeispiels in: Seidenschwarz, Werner: Target Costing für Investitionsgüter bei Operating Panels, Seidenschwarz & Comp. GmbH, Starnberg 2010).

Kapitel 13 — Target Costing

Übungsaufgaben

1. Viele Jahre war die Müller Maschinen GmbH unangefochtener Marktführer in ihrem Segment und höchst profitabel. Die Preise wurden anhand einer Zuschlagskalkulation ermittelt. Dazu wurden pauschal 20 % auf die insgesamt angefallenen Kosten aufgeschlagen. Nun sieht sich die Müller Maschinen GmbH seit einiger Zeit wachsendem Konkurrenzdruck ausländischer Wettbewerber gegenüber.
Das wichtigste Produkt der Müller Maschinen GmbH ist die MM4000. Folgende Informationen sind Ihnen über die MM4000 bekannt:

Materialeinzelkosten	800,– €
Fertigungslöhne	4.500,– €
Fertigungsgemeinkosten	4.000,– €
Verwaltungsgemeinkosten	200,– €
Vertriebsgemeinkosten	1.000,– €

Die Konkurrenz bietet ein vergleichbares Produkt auf dem Markt für 11.700,– € an.

a) Wie hoch ist der aktuelle Listenpreis der Maschine nach der Kosten-plus-Kalkulation?
b) Wie sollte mit dem Gewinnaufschlag (nach Kosten-plus-Kalkulation) verfahren werden, wenn die preisliche Wettbewerbsfähigkeit weiterhin gewährleistet werden soll?
c) Welche Zielkosten sind bei Anwendung des Target Costing anzustreben, wenn sowohl die MM4000 marktfähig bleiben als auch die Gewinnmarge von 20 % aufrechterhalten werden soll? Um welchen Betrag müssen die Kosten (absolut) gesenkt werden?
d) Vergleichen Sie die Kosten-plus-Kalkulation mit dem Target Costing: Was sind die grundsätzlichen Herangehensweisen der beiden Verfahren? Welche Zielsetzungen liegen jeweils zugrunde? Welche Aussagen lassen sich bezüglich des Marktbezugs treffen?

2. Das Skiunternehmen Snow Fun hat Absatzschwierigkeiten bei seiner Allroundskibindung für Einsteiger AFE 100. Es führt aus diesem Grund eine Marktstudie durch, um die Wünsche seiner Kunden besser zu verstehen. Die Marktstudie ermittelt die Bedeutung einzelner Produktfunktionen sowie den Beitrag der drei Komponenten der Skibindung zur Erfüllung dieser Funktionen. Die Anteile sind in den folgenden Tabellen dargestellt:

	Sicherheit	Kraftübertragung	Komfort	Gewicht
Funktionsgewichtung laut Marktforschung [%]	40	20	25	15

	Anteil der Komponenten zur Erfüllung der Funktion [%]			
	Sicherheit	Kraftübertragung	Komfort	Gewicht
Frontfixierelement	50	30	35	55
Fersenhalterung	40	30	20	20
Dämpfungsplatte	10	40	45	25
Summe	100	100	100	100

Die Entwicklung und die Fertigung ermitteln für die Produktion von einem Paar AFE 100 Drifting Costs in Höhe von 25,28 €. Diese verteilen sich wie folgt auf die drei Komponenten:

Komponente	Kostenanteil [%]
Frontfixierelement	55
Fersenhalterung	32
Dämpfungsplatte	13

Um mit AFE 100 in den laufenden Preiskampf bei Allroundbindungen einsteigen zu können, legt das Projektteam ‚AFE 100 Go!' Zielkosten in Höhe von 20,– € fest.
a) Berechnen Sie die einzelnen Gewichte der Komponenten mit einer Funktionen-Komponenten-Matrix.
b) Berechnen Sie den Kostenanpassungsbedarf der Komponenten jeweils absolut und in Prozent der Drifting Costs.

3. Das Unternehmen First Asia produziert USB Sticks in Taiwan. In einer Marktanalyse wurde die relative Bedeutung der Funktionen von USB Sticks aus Kundensicht erhoben.

Funktionselement	Teilgewicht [%]
FE1 Speicherkapazität	30
FE2 Größenausmaße	20
FE3 Design	15
FE4 In-Built Datenmanager	10
FE5 Verschlüsselungsfunktion	10
FE6 Schockresistenz	15

Der neu entwickelte USB Stick FA 5000 besteht aus vier Produktkomponenten, die unterschiedliche Beiträge zur Erfüllung der von den Kunden gewünschten Produktfunktionen liefern und deren Gewichtung wie folgt geschätzt wird [in %]:

Funktionselement Komponente	FE1	FE2	FE3	FE4	FE5	FE6
K1 Software	5	10	10	70	70	30
K2 Gehäuse	60	60	40	5	5	30
K3 Speicherchip	30	20	15	20	20	30
K4 Anhänger	5	10	35	5	5	10
Summe	100	100	100	100	100	100

Die Anteile der Komponenten an den Gesamtkosten des USB Stick wurden von der Entwicklungsabteilung wie folgt festgestellt:

	K1	K2	K3	K4
Kostenanteil [%]	20	35	25	20

a) Berechnen Sie den Zielkostenindex für jede Produktkomponente.
b) Veranschaulichen Sie die in Teilaufgabe a) ermittelten Zielkostenindizes anhand einer Graphik und interpretieren Sie diese für jede Produktkomponente.

4. Das Unternehmen Hawaii produziert Surfbretter und hat letztes Jahr ein neues Modell auf den Markt gebracht. Trotz der Innovation des Unternehmens mit dem Einbau eines Hai-Defenders, der den Surfer mit Ultraschallwellen vor Haiangriffen schützen soll, lagen die Verkaufszahlen unter den prognostizierten Werten. Die unzureichende Erfüllung der Kundenwünsche durch das neue Surfbrett wird dabei von der Marketingabteilung als eine der Hauptursachen angeführt. Als neuer Leiter der Controllingabteilung werden Sie deshalb damit beauftragt, das bei der Neuprodukteinführung vor einem Jahr durchgeführte Target Costing-Projekt zu überprüfen.
Die Kostenanteile der drei Produktkomponenten (K1 Brett, K2 Beschichtung und K3 Hai-Defender) wurden damals folgendermaßen geschätzt:

	K1 Brett	K2 Beschichtung	K3 Hai-Defender
Kostenanteil [%]	40	35	25

Die Erfüllung der Produktfunktionen (F1 Optik, F2 Geschwindigkeit und F3 Sicherheit) durch die einzelnen Produktkomponenten sowie die Teilgewichte der Produktkomponenten können Sie nachfolgender Tabelle entnehmen, die Sie in den alten Projektunterlagen finden.

[%]	F1 Optik	F2 Geschwindigkeit	F3 Sicherheit	Teilgewichte der Produktkomponenten
K1 Brett	70	40	20	47
K2 Beschichtung	30	60	10	35,5
K3 Hai-Defender	0	0	70	17,5
Summe	100	100	100	100

a) Leider liegen Ihnen keine Angaben zur Gewichtung der einzelnen Produktfunktionen aus Kundensicht vor. Rekonstruieren (berechnen) Sie aus den angegebenen Daten, die vor einem Jahr im Rahmen einer Marktstudie erhoben und im Target Costing-Projekt zugrunde gelegten relativen Bedeutungen der einzelnen Produktfunktionen aus Kundensicht.

b) Auf eine Berechnung und Interpretation der jeweiligen Zielkostenindizes wurde in dem vorangegangen Projekt verzichtet. Ermitteln Sie in einem ersten Schritt für jede Produktkomponente den zugehörigen Zielkostenindex. Interpretieren Sie die ermittelten Zielkostenindizes für jede Produktkomponente und veranschaulichen Sie Ihre Aussagen anhand einer Grafik.

c) Beurteilen Sie den Einsatz des Target Costing als Kostenmanagementinstrument. Gehen Sie bei Ihrer Antwort auf mindestens drei Vorteile und mindestens drei Nachteile des Target Costing ein.

5. Die Eisfrost GmbH bietet neben Layoutplanung und Projektmanagement industrieller Großküchen als traditionelles Kerngeschäft Kühlschränke für Industrie und Gastronomie an. Nach eigenen Angaben ist sie mit ihrer Kühlschranksparte in ihrem Segment in Deutschland Marktführer und ist auch in Europa stark vertreten. Max Kalt ist verantwortlich für das Kühlschrankgeschäft, dessen Verkaufsschlager der EF 200 und der EF 1000 sind. Die Herstellkosten der beiden Kühlschränke werden mittels einer prozesskostenbasierten Kalkulation ermittelt. Die Herstellkosten setzen sich aus den in der Prozesskostenrechnung ermittelten Gemeinkosten und den Materialeinzelkosten zusammen. Aufgrund von zunehmendem Wettbewerbsdruck sucht Max Kalt das Gespräch mit der Produktionsleitung. Nach intensiven Diskussionen halten Produktion und Entwicklung Zielkosten in Höhe von 1.240,– € für den EF 200 und in Höhe von 2.450,– € für den EF 1.000 für ein ambitioniertes, aber mit größten Anstrengungen erreichbares Ziel.

Kapitel 13 — Target Costing

Durch mehrere Änderungen in der Konstruktion sowie durch Verbesserungen in der Ablaufplanung der Produktion sollen die Anzahl der benötigten Teile reduziert und die Durchlaufzeit verkürzt werden. Dadurch bedingt erhöht sich beim EF 200 im Gegenzug die im Testraum notwendige Zeit. Die Anzahl der maschinell gefertigten Komponenten beim EF 1000 kann dagegen reduziert werden. Schließlich soll durch Optimierung der Einkaufspolitik bei den Materialeinzelkosten gespart werden. Folgende Tabelle stellt die Istsituation für den EF 200 und den EF 1000 sowie die Planung für die jeweiligen überarbeiteten Geräte dar:

Kostenart	Kostentreiber	Kostensatz je Kostentreibereinheit	Anzahl Kostentreibereinheiten je Produkt			
			Istsituation		Planung	
			EF 200	EF 1000	EF 200 neu	EF 1000 neu
Materialumschlag	Anzahl Teile	0,90 €	120	160	110	120
Meisterlöhne	Montagestunden	74,00 €	4	7	3	5
Qualitätssicherung	Stunden im Testraum	64,00 €	0,5	1	0,75	1
Maschinen	Anzahl maschinell gefertigter Komponenten	2,30 €	3	9	3	4
Materialeinzelkosten			930,00 €	1.940,00 €	880,00 €	1.890,00 €

a) Kalkulieren Sie die Herstellkosten vor Optimierung der Kostenstruktur.
b) Wird durch die geplante Prozess- und Produktoptimierung das Zielkostenniveau erreicht?
c) Um weiterhin wettbewerbsfähig zu bleiben, ergreift die Produktion eine weitere Maßnahme. Durch einen flexibleren Personaleinsatz lässt sich der durchschnittliche Kostensatz für die Meisterlöhne auf 63,– € je Montagestunde reduzieren. Allerdings macht dies eine längere Nachkontrolle im Testraum nötig, so dass der EF 200 hier nun eine Stunde, der EF 1000 1,2 Stunden benötigt. Wird diese zusätzliche Maßnahme helfen, die Zielkosten zu erreichen?

Kapitel 14 Budgetierung

Kapitelüberblick

14.1 Aufgaben der Budgetierung
Zusammenhang zwischen Planung und Budgetierung
Zwecke von Budgets

14.2 Wichtige Verfahren der Budgetierung
Entwicklung eines Gesamtbudgets im Rahmen der Ergebnisplanung
Activity-Based Budgeting
Fortschreibungsbudgetierung
Gemeinkostenwertanalyse
Zero-Base Budgeting

14.3 Budgetierung als Instrument der Leistungsmessung
Budgetabweichungen
Starre und flexible Budgets

14.4 Verhaltenswirkungen von Budgets
Partizipation in der Budgetierung
Budgetmanipulation und wahrheitsgemäße Berichterstattung

Lernziele dieses Kapitels

- Welcher Zusammenhang besteht zwischen Budgetierung und Planung?

- Welche Zwecke erfüllen Budgets?

- Welche Verfahren der Budgetierung lassen sich unterscheiden?

- Wie entwickelt man das Gesamtbudget für ein Unternehmen?

- Wie lässt sich mithilfe von Budgets die Leistung von Mitarbeitern beurteilen?

- Welche Verhaltenswirkungen kann die Budgetierung auslösen?

Kapitel 14 Budgetierung

> **Budgetierung bei der Molkerei Lechtal**
>
> Die Molkerei Lechtal ist ein mittelständisches Molkereiunternehmen im Allgäu. Produziert werden die drei Produktlinien Frischmilch, Butter und Käse. Es ist Oktober, und die Geschäftsführerin Karin Kühnel macht sich Gedanken über die Geschäftsentwicklung des kommenden Jahres. Sie möchte die Geschäftszahlen für das kommende Jahr planen und dafür ein Budget aufstellen, das alle Bereiche des Unternehmens betrifft. Sie weiß, dass ihre Mitarbeiter in den einzelnen Funktionsbereichen nur so Kosten und Umsatzerlöse im Blick behalten. Weil sie im vergangenen Jahr erfahren hat, dass die Absatzerwartungen und etwaige Produktionsengpässe eine wichtige Rolle für die Genauigkeit der Planzahlen spielen, hat sie ihren Marketing- und Vertriebschef, Sven Richtermeier, und ihren Produktionsleiter, Johann Bauer, zu einem Meeting zur Diskussion der geplanten Absatz- und Produktionszahlen eingeladen. Darüber hinaus nimmt der Chefcontroller Peter Dehmel daran teil, der die derzeitigen Kosten in den einzelnen Bereichen genau kennt.

14.1 Aufgaben der Budgetierung

Zusammenhang zwischen Planung und Budgetierung

Im Budgetierungsprozess wird festgelegt, welche Kosten und Erlöse in einem bestimmten zukünftigen Zeitraum anfallen sollen.

Unternehmen planen regelmäßig ihre künftigen Kosten und Erlöse im Rahmen von Budgets. Der Budgetierungsprozess ist fester Bestandteil der Planung in allen größeren Organisationseinheiten. Dabei wird festgelegt, welche Kosten und Erlöse in einem bestimmten zukünftigen Zeitraum anfallen sollen. Das Kostenbudget der Molkerei Lechtal kann beispielsweise Kosten in Höhe von 30,3 Mio. € vorsehen, die im Jahr 2015 anfallen sollen. Das Erlösbudget dieser Molkerei sieht Erlöse in Höhe von 31,2 Mio. € vor. Mit diesen Budgets wird die Planung des Unternehmens also in finanzielle Größen wie Kosten und Erlöse übersetzt.

Dabei beziehen sich die Budgets nicht nur auf das gesamte Unternehmen, sondern auch auf einzelne Teile. So sieht beispielsweise das Kostenbudget der Molkerei ein Teilbudget von 0,1 Mio. € für Forschung und Entwicklung vor. Marketing und Vertrieb haben im Jahr 2015 ein Budget in Höhe von 1,8 Mio. €. Der Detaillierungsgrad hängt davon ab, wie eng man den Rahmen stecken möchte, der durch die Budgets vorgegeben wird. Je stärker ein Budget in Teilbudgets aufgespalten wird, desto enger ist der Rahmen, der dadurch den Entscheidungsträgern gesetzt wird.

Zwecke von Budgets

Budgets helfen Unternehmen und Organisationen dabei, die Aktivitäten ihrer Entscheidungsträger zu koordinieren. Im Einzelnen dienen sie folgenden Zwecken:

- Budgets übersetzen Strategien und Ziele in klar definierte finanzielle Vorgaben für die Gesamtorganisation und deren Teileinheiten.

- Die Budgetierung zwingt Manager, sich mit der Zukunft auseinanderzusetzen und ihre Pläne transparent zu machen.
- Über die Abstimmung der Teilbudgets erfolgt eine Koordination aller künftigen Aktivitäten und eine Förderung der Kommunikation der Entscheidungsträger einer Organisation sowohl zwischen den Bereichen als auch zwischen Unternehmensleitung und dezentralen Einheiten.
- Die Einhaltung von Budgets bildet häufig einen Ausgangspunkt für die Beurteilung der Leistung des Leiters einer Entscheidungseinheit. Die geplanten und tatsächlich realisierten Ergebnisse können miteinander verglichen werden. An das Einhalten der Budgets können Anreize geknüpft werden, um Manager zu einem effizienten Ressourceneinsatz zu motivieren.

Diese Funktionen machen Budgets zu einem wichtigen Koordinations- und Steuerungsinstrument in Unternehmen. Die zumeist jährliche Budgetierung spielt daher in der Praxis eine wichtige Rolle.

Budgets in der Unternehmenspraxis

Welche Bedeutung Budgets in der Unternehmenspraxis haben, ist auch daran abzulesen, dass sie im Falle großer Aktiengesellschaften häufig vom Aufsichtsrat genehmigt werden müssen. So ist in einer Pressemitteilung der Österreichischen Post vom Dezember 2008 zu lesen:

In der heutigen Aufsichtsratssitzung der Österreichischen Post AG wurde das Budget 2009 mehrheitlich beschlossen. Post-Generaldirektor Dr. Anton Wais: „Mit dem beschlossenen Budget für das Jahr 2009 hält die Post weiterhin am richtigen Kurs in Richtung faire Spielregeln am Postmarkt für das Jahr 2011 fest, in dem jeder Kunde gleich viel Wert ist und alle Konsumenten den gleichen Preis zahlen. Es wird im nächsten Jahr weder zu einer Kündigungswelle kommen noch zur Ausdünnung der Postversorgung der österreichischen Bevölkerung. Schon in der kommenden Woche wird das Unternehmen mit der Gewerkschaft über jede vorgesehene Betriebsänderung unter dem Aspekt der Wirtschaftlichkeit in Gespräche eintreten, die rahmengesetzlichen Änderungen werden darauf Einfluss haben und berücksichtigt werden." Das Budget wurde auf der Grundlage beschlossen, dass im Jahr 2009 mit einem Umsatzanstieg zu rechnen ist. Dieser Umsatzanstieg ist insbesondere in der Zeitungszustellung, Werbeprospektversand sowie im bereits erfolgreich gestarteten Premium Paket zu erreichen.

Quelle: http://www.unternehmerweb.at/newsflash/post-aufsichtsratssitzung-budget-fur-2009-beschlossen/, Abruf vom 08.06.2009.

Kapitel 14 · Budgetierung

14.2 Wichtige Verfahren der Budgetierung

In der Praxis gibt es eine Reihe unterschiedlicher Budgetierungstechniken, die teils alleine, teils in Kombination zur Anwendung kommen. Wir betrachten nun folgende fünf Techniken, nämlich das Gesamtbudget im Rahmen der jährlichen Ergebnisplanung, das Activity-Based Budgeting, die Fortschreibungsbudgetierung, die Gemeinkostenwertanalyse und das Zero Base Budgeting.

Entwicklung eines Gesamtbudgets im Rahmen der Ergebnisplanung

Das Gesamtbudget ist üblicherweise ein Jahresbudget und bildet die Unternehmensaktivitäten des kommenden Jahres in Kosten, Erlösen und Zahlungsströmen ab.

Das Gesamtbudget im Rahmen der jährlichen Ergebnis- und Finanzplanung spielt in der Unternehmenspraxis eine zentrale Rolle als Planungs- und Koordinationsinstrument. Im angelsächsischen Sprachraum ist dafür der Begriff „Master Budget" gebräuchlich. Es ist üblicherweise ein Jahresbudget und bildet die Unternehmensaktivitäten des kommenden Jahres in Kosten, Erlösen und Zahlungsströmen ab.

Abb. 14.1 gibt einen Überblick über die einzelnen Bestandteile des Gesamtbudgets für ein Industrieunternehmen. Der Budgetierungsprozess startet üblicherweise ausgehend von der Unternehmensstrategie mit einer Absatzprognose für die kommende Periode. Unter Berücksichtigung der geplanten Lagerbestände können aus dem Absatz- bzw. Umsatzbudget die Produktionsmengen abgeleitet werden. Auf Basis der budgetierten Produktionsmenge lassen sich

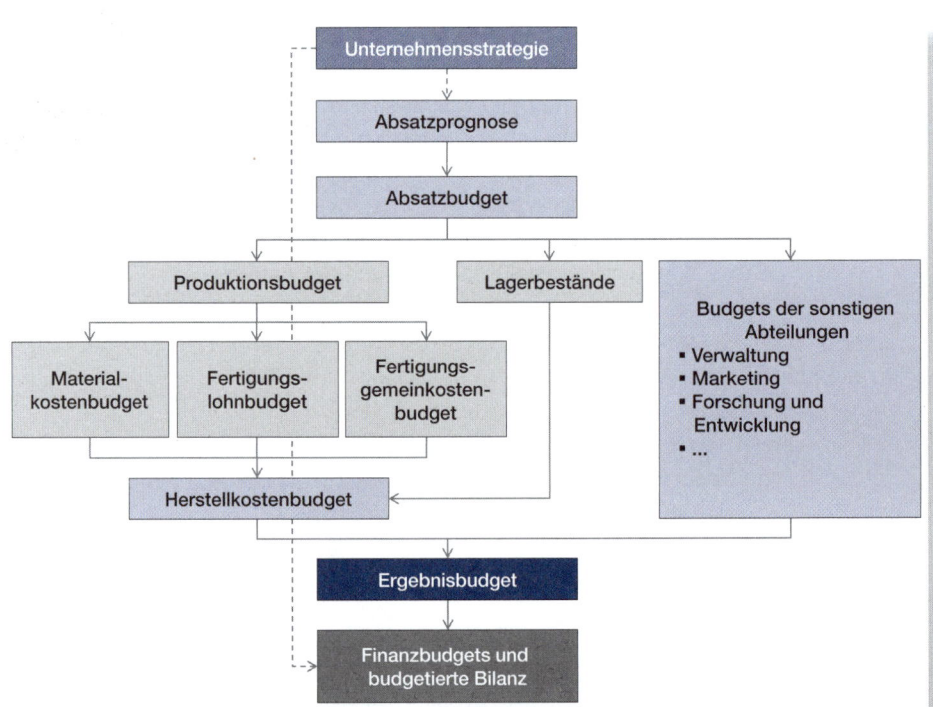

Abbildung 14.1: Das Gesamtbudget eines Industrieunternehmens

der Material-, Mitarbeiter- und Anlagenbedarf sowie das Budget für die Fertigungsgemeinkosten bestimmen. Darüber hinaus müssen Teilbudgets für die Verwaltungs- und Vertriebskosten, die Forschungs- und Entwicklungskosten sowie die Investitionskosten gebildet werden. Auf dieser Basis lässt sich ein budgetiertes Ergebnis, also eine Planergebnisrechnung des Unternehmens bestimmen. Annahmen zu Zahlungshöhen und -zeitpunkten fließen in die Finanz- bzw. Cashflow-Planung und die budgetierte Bilanz ein.

Die Erstellung des Gesamtbudgets erfolgt im Rahmen des üblicherweise jährlichen Planungs- und Budgetierungsprozesses. Dazu muss eine Reihe von Annahmen getroffen werden, deren Genauigkeit für die Zuverlässigkeit der Budgets sehr wichtig ist. In der Regel sind daran sowohl die Verantwortlichen für einzelne Funktionen oder Produktlinien als auch die Mitarbeiter der Controlling-Abteilung beteiligt. Während erstere über gute Kenntnisse ihres eigenen Bereichs verfügen, koordinieren letztere den Budgetierungsprozess. Gleichzeitig nehmen sie Plausibilitätsprüfungen im Hinblick auf die Annahmen vor.

Um die Vorgehensweise zu verdeutlichen, betrachten wir die Erstellung des Gesamtbudgets der Molkerei Lechtal für das kommende Geschäftsjahr. Diese findet in einer gemeinsamen Besprechung von Karin Kühnel, Sven Richtermeier, Johann Bauer und Peter Dehmel statt. Die einzelnen Schritte folgen der Darstellungsweise in Abbildung 14.1. Dabei werden einige vereinfachende Annahmen getroffen, um die Komplexität der Budgetierung in einem angemessenen Rahmen zu halten. So wird im Rahmen der Budgetierung beispielsweise vernachlässigt, dass die Produktion von Milchprodukten in der Realität einem Kuppelprozess folgt, die Herstellung der einzelnen Produkte also nicht unabhängig voneinander betrachtet werden darf. Darüber hinaus wird von linearen Kostenfunktionen ausgegangen, bei denen die variablen Kosten proportional zur hergestellten Menge steigen.

Schritt 1: Erstellung des Absatzbudgets

Ausgangspunkt für die Erstellung des Gesamtbudgets der Molkerei sind die geplanten Absatz- und Umsatzzahlen. Denn die Produktion richtet sich, wie in vielen Brachen üblich, nach den zu erwartenden Verkaufsmengen. Um diese zu prognostizieren, betrachtet man häufig die Verkaufszahlen vergangener Jahre als Ausgangspunkt und schreibt die Entwicklung auf Basis von aktuellen Einschätzungen über das Verbraucherverhalten fort. Die gegenwärtige wirtschaftliche Lage, die Wettbewerbssituation in der Branche, die Preisstrategie, Werbemaßnahmen und andere Faktoren beeinflussen diese Einschätzung.

Der Marketing- und Vertriebschef der Molkerei Lechtal, Sven Richtermeyer, der bereits Gespräche mit dem Einzelhandel über die voraussichtliche Absatzentwicklung geführt hat, bringt bei der gemeinsamen Besprechung folgende Planzahlen ein. Dabei sind die von ihm prognostizierten Werte grau hinterlegt, die daraus jeweils errechneten Werte finden sich in weiß hinterlegten Feldern.

	A	B	C	D	E
1	Absatzbudget für das Geschäftsjahr 2015				
2					
3		Frischmilch	Butter	Käse	Summe
4	Absatzmenge (in 1.000 kg)	7.300	2.000	5.200	
5	Verkaufspreis je kg (in €)	0,60 €	3,00 €	4,00 €	
6	Erlöse (in 1.000 €)	4.380,00 €	6.000,00 €	20.800,00 €	31.180,00 €

Auf Basis dieser Absatzprognose errechnet sich ein budgetierter Erlös für das Geschäftsjahr 2015 in Höhe von 31,18 Mio. €. Eine kurze Diskussion mit dem Produktionsleiter Johann Bauer zeigt Herrn Richtermeyer, dass die verfügbare Produktionskapazität zur Herstellung dieser Mengen ausreicht.

Schritt 2: Erstellung des Produktionsbudgets

Auf Basis der geplanten Absatzmengen kann nun Johann Bauer das Produktionsbudget erstellen. Dazu muss er neben der Absatzmenge auch die geplanten Lagerbestände zu Beginn und am Ende des Geschäftsjahres berücksichtigen.

	A	B	C	D
1	Produktionsbudget für das Geschäftsjahr 2015			
2				
3	in 1.000 kg	Frischmilch	Butter	Käse
4	Absatzmenge	7.300	2.000	5.200
5	Geplanter Endbestand zum 31.12.	-	5	100
6	Erforderliche Menge	7.300	2.005	5.300
7	Abzüglich Anfangsbestand am 1.1.	-	15	200
8	Fertigungsmenge	7.300	1.990	5.100

Schritt 3: Erstellung des Materialkostenbudgets

Ausgehend von den Fertigungsmengen kann nun der Materialbedarf bestimmt werden. Dieser errechnet sich aus den benötigten Rohmilchmengen je Produkt sowie den benötigten Verpackungsmengen je Produkt. Damit das Materialkostenbudget insgesamt übersichtlich bleibt, werden sowohl die Rohmilch- als auch die Verpackungsmengen in der gleichen Mengeneinheit Tonnen (t) bzw. 1.000 Kilogramm (kg) angegeben.

Der Bedarf an Rohmilch ergibt sich, indem der Bedarf je Tonne für die jeweilige Produktsorte mit der prognostizierten Herstell- bzw. Absatzmenge multipliziert wird. So ergibt sich der Rohmilchbedarf für die geplanten Herstellmengen zu $1 \cdot 7.300 + 8 \cdot 1.990 + 12 \cdot 5.100 = 84.420$ Tonnen Rohmilch. Bei einem Einkaufspreis von 300 € je Tonne betragen die Materialkosten für die geplante Herstellmenge also 25,326 Mio. €.

14.2 Wichtige Verfahren der Budgetierung

	A	B	C	D
1	Materialkostenbudget für das Geschäftsjahr 2015			
2				
3	Mengen in 1.000 kg	Rohmilch	Verpackung	Summe
4	Bedarf je t Frischmilch	1	0,10	
5	Bedarf je t Butter	8	0,05	
6	Bedarf je t Käse	12	0,20	
7	Materialbedarf (Herstellmenge)	84.420	1.850	
8	Materialbedarf (Absatzmenge)	85.700	1.870	
9				
10	Einkaufspreis je t	300 €	50 €	
11	Materialkosten (Herstellmenge)	25.326.000 €	92.475 €	25.418.475 €
12	Materialkosten (Absatzmenge)	25.710.000 €	93.500 €	25.803.500 €

Schritt 4: Erstellung des Fertigungslohnbudgets

Die Tätigkeiten, die den Produkten direkt zugerechnet werden können, werden über die Fertigungslohnbudgets geplant. Johann Bauer unterscheidet in der Molkerei Lechtal zwischen zwei Tätigkeiten, nämlich der direkten Bearbeitung der drei Produktlinien und Kontrolltätigkeiten, die sich den Produkten ebenfalls direkt zurechnen lassen.

	A	B	C	D
1	Fertigungslohnbudget für das Geschäftsjahr 2015			
2				
3	Arbeitszeiten in h	Bearbeitung	Kontrolle	Summe
4	Fertigungszeit je t Frischmilch	0,30	0,20	
5	Fertigungszeit je t Butter	1,20	0,80	
6	Fertigungszeit je t Käse	2,00	1,00	
7	Fertigungszeit (Herstellmenge)	14.778	8.152	
8	Fertigungszeit (Absatzmenge)	14.990	8.260	
9				
10	Lohnkosten je h	20 €	22 €	
11	Fertigungslohn (Herstellmenge)	295.560 €	179.344 €	474.904 €
12	Fertigungslohn (Absatzmenge)	299.800 €	181.720 €	481.520 €

Die direkte Bearbeitungszeit ergibt sich, indem die Fertigungszeiten für die drei Produkte mit den jeweiligen Herstell- bzw. Absatzmengen multipliziert werden. So errechnet sich der Wert in Zelle B7 durch 0,30 · 7.300 + 1,20 · 1.990 + 2,00 · 5.100 = 14.778 Stunden Fertigungszeit für die Herstellmenge. Der gesamte Fertigungslohn für die Herstellmenge, der in Zelle B11 zu sehen ist, ergibt sich durch 14.778 h · 20 €/h = 295.560 €.

Schritt 5: Erstellung des Fertigungsgemeinkostenbudgets

Im Hinblick auf die Fertigungsgemeinkosten schlägt Peter Dehmel, der Controller der Molkerei Lechtal, vor, zwischen variablen und fixen Gemeinkosten zu unterscheiden. Er weiß nämlich, dass der Energieverbrauch von den

Fertigungsmengen abhängt und möchte auf dieser Basis die Energiekosten budgetieren. Abschreibungen, Zins- und Wartungskosten sowie das Gehalt des Produktionsleiters und sonstige Kosten fallen dagegen unabhängig von der hergestellten Menge an. Die Energiekosten werden daher auf Basis der im Produktionsbudget geplanten Fertigungsmengen, der damit verbundenen Verbrauchsmengen und der Energiepreise ermittelt. Dabei geht Peter Dehmel von einem Energieverbrauch von 2,5 Mio. Kilowattstunden (kWh) und einem Strompreis in Höhe von 0,16 €/kWh, insgesamt also 400.000 € aus. Bei allen anderen Werten werden der Einfachheit halber die Vorjahreswerte übernommen.

	A	B
1	**Fertigungsgemeinkostenbudget für das Geschäftsjahr 2015**	
2		
3		
4	Variable Fertigungsgemeinkosten	
5	Energie	400.000 €
6	Fixe Fertigungsgemeinkosten	
7	Abschreibungen	550.000 €
8	Zinskosten	270.000 €
9	Gehälter	160.000 €
10	Sonstige Fertigungsgemeinkosten	240.000 €
11	**Summe**	**1.620.000 €**
12		
13	Basis: Bearbeitungszeit (in h)	14.778
14	Gemeinkostenzuschlagssatz (in €/h)	109,62 €

Das Fertigungsgemeinkostenbudget wird auf Basis der Bearbeitungszeit auf die einzelnen Produkte geschlüsselt. Der Zuschlagssatz beträgt somit 1,62 Mio. €/14.778 h = 109,62 €/h.

Schritt 6: Erstellung des Herstellkostenbudgets

Nun hat Peter Dehmel alle Planzahlen zur Ermittlung der geplanten Herstellkosten. Da die Molkerei Lechtal das Betriebsergebnis auf Basis des Umsatzkos-

	A	B	C	D	E
1	**Herstellkostenbudget für das Geschäftsjahr 2015**				
2					
3	Kosten je t	Frischmilch	Butter	Käse	Summe
4	Materialkosten				
5	Rohmilch	300,00 €	2.400,00 €	3.600,00 €	
6	Verpackung	5,00 €	2,50 €	10,00 €	
7	Fertigungslöhne				
8	Bearbeitung	6,00 €	24,00 €	40,00 €	
9	Kontrolle	4,40 €	17,60 €	22,00 €	
10	Fertigungsgemeinkosten	32,89 €	131,55 €	219,24 €	
11	**Summe**	348,29 €	2.575,65 €	3.891,24 €	
12					
13	**Herstellkosten der Absatzmenge**	2.542.493 €	5.151.294 €	20.234.473 €	27.928.260 €

tenverfahrens ermittelt, berechnet er in einem ersten Schritt die Herstellkosten je Produkt. Diese werden dann auf die abgesetzten Mengen hochgerechnet, um die Herstellkosten der abgesetzten Mengen zu budgetieren.

Für das Produkt Frischmilch errechnen sich die Herstellkosten pro Tonne wie folgt:

Materialkosten				
	Rohmilch	1 t · 300 €/t	=	300,00 €
	Verpackung	0,1 t · 50 €/t	=	5,00 €
Fertigungslöhne				
	Bearbeitung	0,3 h · 20 €/h	=	6,00 €
	Kontrolle	0,2 h · 22 €/h	=	4,40 €
Fertigungsgemeinkosten		0,3 h · 109,62 €/h	=	32,89 €
Summe				348,29 €

Damit ergeben sich die Herstellkosten der Absatzmenge zu 348,29 € · 7.300 t = 2.542.493 €.

Schritt 7: Erstellung der verbleibenden Budgets

Bislang sprachen die Manager der Molkerei Lechtal nur über das Absatzbudget und die produktionsbezogenen Budgets. Darüber hinaus müssen aber auch die übrigen Funktionsbereiche betrachtet werden. Neben den Herstellkosten fallen bei der Molkerei Lechtal Kosten für die Verwaltung, für Marketing und Vertrieb sowie für die Produktentwicklung an. Die budgetierten Kosten werden von allen vier Managern gemeinsam nach einer kurzen Diskussion auf Basis der Vorjahreswerte und der zu erwartenden Änderungen geschätzt.

	A	B
1	Budgets für nicht produktionsbezogene Bereiche für das Geschäftsjahr 2015	
2		
3		
4	Produktentwicklung	130.000 €
5	Marketing und Vertrieb	1.760.000 €
6	Verwaltung	480.000 €
7	**Summe**	**2.370.000 €**

Schritt 8: Erstellung des Ergebnisbudgets

Nun sind alle Informationen verfügbar, um das Ergebnis für das kommende Jahr zu budgetieren. Dieses schlägt sich im Ergebnisbudget nieder, das auch Erfolgsbudget oder Plan-GuV genannt wird.

	A	B	C
1	Ergebnisbudget für das Geschäftsjahr 2015		
2			
3			
4	Erlöse		
5	Frischmilch	4.380.000 €	
6	Butter	6.000.000 €	
7	Käse	20.800.000 €	
8	Summe Erlöse		31.180.000 €
9	Herstellkosten		
10	Frischmilch	2.542.493 €	
11	Butter	5.151.294 €	
12	Käse	20.234.473 €	
13	Summe Herstellkosten		27.928.260 €
14	**Bruttoergebnis**		**3.251.740 €**
15	Produktentwicklungskosten		130.000 €
16	Marketing- und Vertriebskosten		1.760.000 €
17	Verwaltungskosten		480.000 €
18	**Budgetierter Gewinn**		**881.740 €**

Für ein vollständiges Gesamtbudget sind nun noch das Finanzbudget und die budgetierte Bilanz zu erstellen. Das Finanzbudget gibt vor allem Auskunft über einen eventuellen Liquiditätsbedarf. Neben den zahlungswirksamen Größen der Ergebnisplanung finden sich darin vor allem geplante Investitionsvorhaben mit dem entsprechenden Finanzbedarf. Die budgetierte Bilanz gibt einen Überblick über das gebundene Kapital und die Herkunft der Mittel und ist vor allem bei Kreditverhandlungen mit Banken eine wichtige Informationsquelle.

Karin Kühnel ist mit der raschen Erstellung des Gesamtbudgets für das Geschäftsjahr 2015 sehr zufrieden. Sie fragt sich allerdings, ob das manchmal recht pragmatische Vorgehen bei der Ermittlung der Höhe der Budgets insbesondere in den nicht produktionsbezogenen Bereichen ausreicht. Daher bittet sie ihren Controller, Peter Dehmel, ihr eine Übersicht über alternative Möglichkeiten der Budgeterstellung anzufertigen.

Activity-Based Budgeting

Ein vergleichsweise neues Budgetierungsverfahren ist das Activity-Based Budgeting. Dieser Ansatz geht so ähnlich vor, wie wir das im Rahmen der Entwicklung des Gesamtbudgets gesehen haben. Ausgangspunkt sind auch hier die geplanten Nachfragemengen. Allerdings dienen diese nun dazu, die dafür notwendigen Aktivitäten zu bestimmen. Über die Aktivitäten wiederum lassen sich Budgets im Hinblick auf den geplanten Ressourcenverbrauch bestimmen.

Ausgehend von notwendigen Aktivitäten eines Unternehmens werden beim Activity-Based Budgeting Budgets im Hinblick auf den geplanten Ressourcenverbrauch bestimmt.

Die Kosten werden beim Activity-Based Budgeting somit über die kostenstellenübergreifenden Aktivitäten statt über kostenstellenbezogene Einflussgrößen geplant. Der Anwendungsbereich dieses Budgetierungsverfahrens erstreckt sich insbesondere auf die industrielle Fertigung sowie standardisierbare Dienstleistungs- und Verwaltungsprozesse.

Activity-Based Budgeting bei der Molkerei Lechtal

Um die zu erwartenden Kosten für das Produkt „Käse" genauer abschätzen zu können, bittet Frau Kühnel den Produktionsleiter Herrn Bauer darum, auf Basis von Activity-Based Budgeting ein Budget für das Produkt zu erstellen. Herr Bauer weist dabei die einzelnen Tätigkeiten den drei Hauptaufgaben der Herstellung, Verpackung und Kontrolle zu. Basierend auf dem geplanten Ressourcenverbrauch und den sich daraus ergebenden Absatzmengen erhält man folgende Rechnung:

	A	B	C	D
1	**Activity-Based Budgeting am Beispiel Käse**			
2				
3		Herstellen	Verpacken	Kontrolle
4	Zeit je Tonne (in h)	2,00	0,20	1,00
5	Lohnkosten je Stunde	20 €	20 €	22 €
6	Lohnkosten je Tonne	40 €	4 €	22 €
7	Materialkosten je Tonne	3.600 €	10 €	
8	**Gesamte Kosten je Tonne**	3.640 €	14 €	22 €
9				
10				
11	Aktivität	Kosten pro Bezugsgröße	Menge	Budget
12	Herstellen	3.640 €	5.200	18.928.000 €
13	Verpacken	14 €	5.200	72.800 €
14	Kontrollieren	22 €	5.200	114.400 €
15	Zusätzl. Kosten			1.233.000 €
16	**Gesamte Kosten**			**20.348.200 €**

Für das Herstellen einer Tonne des Produktes Käse benötigt man 2 Stunden. Mit einem Stundensatz von 20 € ergibt das pro Tonne Kosten von insgesamt 40 €. Die

Kapitel 14 — Budgetierung

> Herstellung beinhaltet neben den Lohnkosten auch die Materialkosten von 3.600 € pro Tonne Käse. Die Materialkosten errechnen sich dabei wie folgt: 12 t Rohmilch · 300 € = 3.600 €.
> Für das Verpacken einer Tonne Käse benötigt man 0,2 Stunden (oder 12 Minuten). Pro Tonne Käse wird dabei von 0,2 t Verpackungsmaterial ausgegangen, d.h. 0,2 t · 50 €/t = 10 €. Die Kosten für die Kontrolle pro Tonne Käse belaufen sich auf 22 €.
> Nachdem sich Herr Bauer die Meinung von Experten eingeholt hat, schätzt er die zusätzlichen Produktionskosten auf 1.233.000 €. Das Activity-Based Budget setzt sich also aus den Aktivitäten Herstellen, Verpacken, Kontrollieren und den zusätzlichen Kosten zusammen. Die ermittelten Kosten pro Bezugsgröße werden nun mit der Absatzmenge von 5.200 Stück multipliziert, um die einzelnen Budgets zu ermitteln.

Fortschreibungsbudgetierung

Die Fortschreibungsbudgetierung orientiert sich an den Vergangenheitswerten einzelner Budgets. Dabei können bspw. die Planwerte der letzten Periode auf die aktuelle Periode fortgeschreiben werden.

Ein weit verbreitetes Verfahren der Budgetierung ist die Fortschreibungsbudgetierung. Statt aus den Absatz- und Produktionsmengen die Budgets abzuleiten, orientiert man sich dabei einfach an den Vergangenheitswerten. In Unternehmen verwendet man diesen Ansatz häufig für Budgets im Verwaltungsbereich oder bei den Forschungs- und Entwicklungskosten. Außerhalb von Unternehmen kommt das Verfahren bei Haushalten in der öffentlichen Verwaltung zur Anwendung.

Der einfachste Ansatz besteht darin, die Planwerte der letzten Periode auf die aktuelle Periode fortzuschreiben. Alternativ kann man auch die Istwerte der letzten Periode verwenden, sofern sie bei der Budgeterstellung bereits verfügbar sind. Häufig werden die Vergangenheitswerte noch durch einen Zu- oder Abschlag angepasst, der sich beispielsweise an der Inflation oder am Wirtschaftswachstum orientieren kann.

Ein wichtiger Vorteil dieses Budgetierungsverfahrens besteht darin, dass es sehr einfach zu einem Budget führt. Die Akzeptanz eines solchen Ansatzes ist recht hoch, wenn kein unverhältnismäßiger Abschlag vorgenommen wird. Denn viele Mitarbeiter vergleichen unabhängig vom gewählten Ansatz ihr Budget mit dem Vorjahreswert. In der Diskussion über die angemessene Höhe spielt dieser Vergleichswert häufig eine sehr wichtige Rolle.

Ein zentraler Nachteil des Verfahrens besteht darin, dass etwaige Ineffizienzen in den budgetierten Einheiten einfach fortgeschrieben werden. Die Fortschreibungsbudgetierung lässt beispielsweise unberücksichtigt, welche Entwicklungsprojekte in der Forschungs- und Entwicklungsabteilung mit welcher Geschwindigkeit vorangetrieben werden müssen, sondern sie stellt der Forschungs- und Entwicklungsabteilung ein ähnliches Budget wie in der Vorperiode zur Verfügung. Ein etwaiger Ressourcenüberschuss wird also für die laufende Budgetperiode einfach fortgeschrieben.

Fortschreibungsbudgetierung bei der Molkerei Lechtal

Bei der Besprechung des Jahresbudgets der Molkerei Lechtal für das kommende Geschäftsjahr 2015 entwickelt die engere Führungsmannschaft um Karin Kühnel auch genaue Vorstellungen über die Budgets für Forschung und Entwicklung, Marketing und Vertrieb sowie Verwaltung für das folgende Jahr 2016. Da das Team bei seinem Meeting keine genauen Informationen über die Details der geplanten Produktneuentwicklungen hat, entscheidet es, das Budget für Forschung- und Entwicklung entsprechend dem geplanten Umsatzzuwachs ansteigen zu lassen. Genauso geht es bei den anderen nichtproduktionsbezogenen Budgets vor.

	A	B	C
1	**Fortschreibungsbudgetierung am Beispiel der Molkerei**		
2			
3	**Budget für das Geschäftsjahr 2015**		
4	Produktentwicklung	130.000 €	
5	Marketing	1.000.000 €	
6	Vertrieb	760.000 €	
7	Verwaltung	480.000 €	
8			
9		2015	2016
10	Gesamterlöse	31.180.000	32.739.000
11	Produktentwicklung	130.000	136.500
12	in % der Gesamterlöse	0,42	0,42
13	Marketing	1.000.000	1.050.000
14	in % der Gesamterlöse	3,21	3,21
15	Vertrieb	760.000	798.000
16	in % der Gesamterlöse	2,44	2,44
17	Verwaltung	480.000	504.000
18	in % der Gesamterlöse	1,54	1,54

Für das nächste Geschäftsjahr geht es von einem Umsatzzuwachs von 5 % aus. Daher erhöht es für den aktuellen Budgetwert den für das Vorjahr budgetierten Wert der Gesamterlöse in Höhe von 31,18 Mio. € um 5 % und setzt daher 32,74 Mio. € an. Die Budgets für Produktentwicklung, Marketing, Vertrieb und Verwaltung erhöhen sich damit ebenfalls um jeweils 5 %, wie in den Zellen C11, C13, C15 und C17 zu erkennen ist. Der prozentuale Anteil dieser Budgets an den Gesamterlösen bleibt im Jahr 2016 gegenüber dem Jahr 2015 unverändert.

Kapitel 14 — Budgetierung

Praxisbeispiel: Bundeshaushalt

© Deutscher Bundestag / Lichtblick/Achim Melde

Ein weiteres Beispiel für die Anwendung der Fortschreibungsbudgetierung ist der Bundeshaushalt der Bundesrepublik Deutschland. So werden häufig auf Basis der Vorjahreswerte aktuelle Entwicklungen und die daraus resultierenden Änderungen abgeschätzt und zum Gesamthaushalt verdichtet.

	Soll 2013	Eckwerte 2014	Finanzplan 2015	2016	2017
	– in Mrd. Euro –				
Ausgaben	302,0	296,9	299,2	303,4	308,7
Veränderung ggü. Vorjahr in %	–1,6	–1,7	+0,8	+1,4	+1,7
jahresdurchschnittliche Veränderung 2013 bis 2017 in %	+0,54				
Einnahmen	302,0	296,9	299,2	308,4	318,0
Steuereinnahmen	260,6	269,0	278,4	287,5	297,1
Sonstige Einnahmen	24,3	21,5	20,8	20,9	20,9
Nettokreditaufnahme	17,1	6,4	–	–	–
Überschuss	–	–	–	5,0	9,4
strukturelles Defizit	0,34	0,00	–0,06	–0,20	–0,31
in % des BIP					

Quelle: Bundesfinanzministerium, http://www.bundesfinanzministerium.de/Web/DE/Themen/Oeffentliche_Finanzen/Bundeshaushalt/Bundeshaushalt_2014/bundeshaushalt_2014.html, Abruf vom 15.6.2013.

Gemeinkostenwertanalyse

Bislang haben wir Budgetierungsverfahren betrachtet, die im Rahmen des regelmäßig ablaufenden Budgetierungsprozesses angewendet werden können. Darüber hinaus ist es in vielen Unternehmen notwendig, Einsparmöglichkeiten zu überprüfen und zu realisieren. Nur so lässt sich dauerhaft die Wettbewerbsfähigkeit sicherstellen. Hierzu führen Unternehmen wie Siemens, Volkswagen oder die Deutsche Bank in größeren Abständen Kostensenkungsprogramme durch.

Die Gemeinkostenwertanalyse zielt darauf ab, Einsparpotenziale bei den Gemeinkostenbudgets zu realisieren.

Ein Instrument, das im Rahmen solcher Programme eingesetzt wird, ist die Gemeinkostenwertanalyse. Dabei handelt es sich um ein Verfahren, das darauf abzielt, die Gemeinkosten in größerem Umfang zu senken. Die Leistungen sollen dagegen nicht angetastet werden. Es geht darum, Einsparpotenziale bei den Gemeinkostenbudgets zu realisieren, also bei denjenigen Budgets, die nicht unmittelbar auf einen Kostenträger zugerechnet werden können. Dies betrifft insbesondere den Verwaltungsbereich von Unternehmen und Organisationen.

Die Gemeinkostenwertanalyse wird häufig als Projekt unter Mithilfe von Beratern durchgeführt. Sie läuft entsprechend Abbildung 14.2 üblicherweise in drei Phasen ab. In der Vorbereitungsphase werden eine Projektorganisation gebildet sowie die zu untersuchenden Bereiche und ein Zeitplan festgelegt. Darüber hinaus werden die Projektziele in Form von angestrebten Budgeteinsparungen festgelegt.

In der Analysephase wird zunächst ein Katalog aller Leistungen aufgestellt. Handelt es sich bei der untersuchten Einheit beispielsweise um die Controlling-Abteilung, gehören zu diesen Leistungen die Moderation des Planungsprozesses, die Erstellung monatlicher Berichte und die Durchführung von Abweichungsanalysen. Für jede Leistung werden in einem zweiten Schritt die Kosten geschätzt, bevor sie dem Nutzen dieser Leistungen gegenübergestellt werden. Danach werden Einsparungsideen entwickelt. Diese können beispielsweise darin bestehen, bei den monatlichen Berichten die Daten künftig über eine Softwarelösung automatisch aus den Buchhaltungssystemen zu übernehmen statt sie wie bisher per Hand einzugeben. Die Einsparungsideen werden im Hinblick auf ihre Realisierbarkeit geprüft und ggf. in einem Maßnahmenpaket verabschiedet.

In der Realisationsphase schließlich erfolgt die Umsetzung der verabschiedeten Maßnahmen. Diese Phase ist häufig die schwierigste im Rahmen der Gemeinkostenwertanalyse, da sie eine Akzeptanz aller Betroffenen für die entwickelten Maßnahmen erfordert. Insbesondere bei notwendigen Stellenstreichungen ist hierfür ein hohes Maß an Kommunikation mit allen Betroffenen und ggf. mit dem Betriebsrat notwendig.

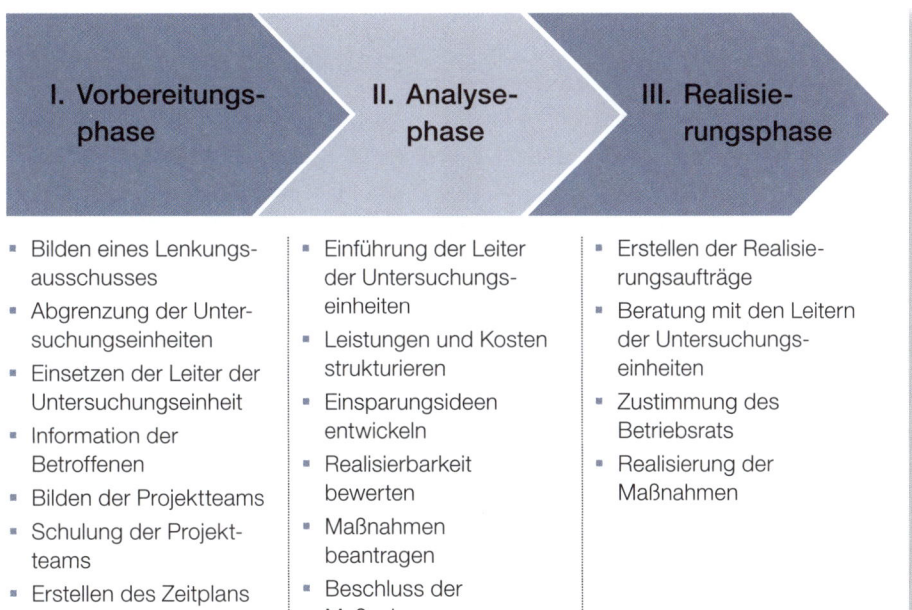

Abbildung 14.2: Ablauf der Gemeinkostenwertanalyse

Mithilfe der Gemeinkostenwertanalyse lassen sich Einsparpotenziale bei den Gemeinkosten realisieren. Da das Verfahren jedoch recht aufwändig ist, macht seine Anwendung nur dann Sinn, wenn die realisierbaren Einsparungen den damit verbundenen Aufwand rechtfertigen. Gemeinkostenwertanalysen werden daher in der Regel nur in größeren Abständen von mehreren Jahren durchgeführt.

Kapitel 14 — Budgetierung

VORWEG GEHEN

Praxisbeispiel: Reduzierung der Gemeinkosten bei RWE

Peter Terium, Vorstandschef beim Energieversorger RWE, kündigte im Frühjahr 2012 eine Verschärfung des Kostensenkungsprogramms an. Mit den zusätzlichen Maßnahmen sollen Einsparungen in Höhe von einer Milliarde Euro in den Jahren 2013 und 2014 erreicht werden. Dabei kommen einige hundert Einzelmaßnahmen zum Einsatz. Ein wichtiges Instrument zur Erreichung dieser Kosteneinsparungen ist die Gemeinkostenwertanalyse. Bereits ein Jahr später, im Mai 2013, konnte RWE verkünden, dass das Kostensenkungsprogramm greift. 200 Millionen Euro seien bereits ein Jahr früher als erwartet eingespart worden.

Abbildung 14.3: Bestandteile des Kostensenkungsprogramms bei RWE

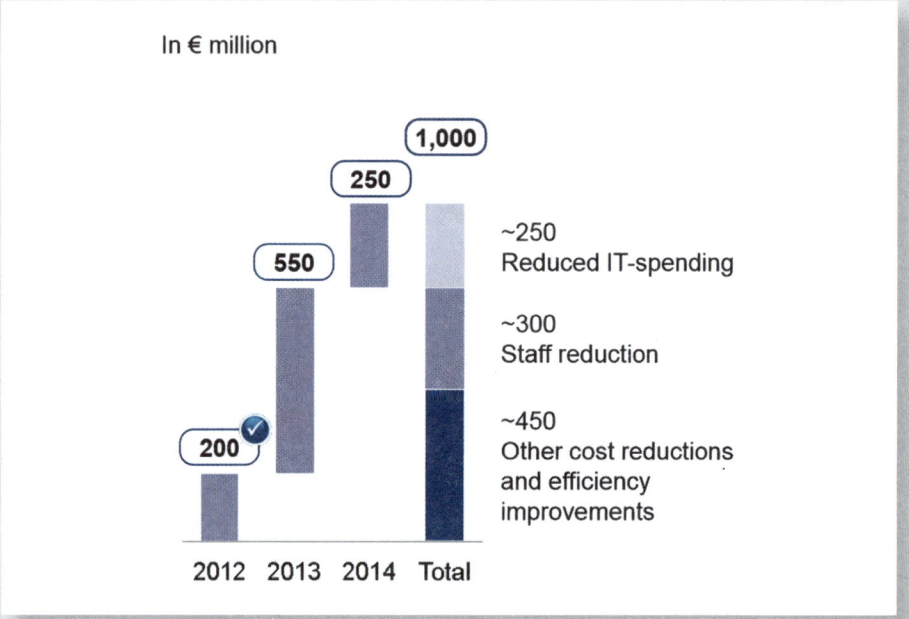

Quelle: https://www.rwe.com/web/cms/mediablob/de/649048/data/105818/53/rwe/investor-relations/RWE-company-presentation-3-Steps-to-long-term-value-2013-05-15.pdf, Abruf vom 15.6.2013.

Zero-Base Budgeting

Beim Zero-Base Budgeting wird die Notwendigkeit aller Aktivitäten des Gemeinkostenbereichs überprüft. Dabei sollen die Leistungen immer von einem Niveau von null neu geplant werden.

Das Zero-Base Budgeting richtet sich genauso wie die Gemeinkostenwertanalyse vor allem auf die Gemeinkosten. Während jedoch bei der Gemeinkostenwertanalyse der Fokus auf der Kosteneinsparung liegt und der Nutzen der Leistungen nicht in Frage gestellt wird, geht das Zero-Base Budgeting umgekehrt vor. Bei diesem Verfahren werden insbesondere der Nutzen von Gemeinkostenleistungen in Frage gestellt und alle Aktivitäten des Gemeinkostenbereichs auf ihre Notwendigkeit hin überprüft. Die Budgetplanung erfolgt also nicht durch Fortschreibung der bisherigen Budgets. Vielmehr werden alle Leistungen ausgehend von einem Niveau von null (Zero-Base) neu geplant.

Mithilfe des Zero-Base Budgeting sollen folgende Ziele erreicht werden.
- Bestmögliche Allokation der verfügbaren Ressourcen auf diejenigen Aktivitäten, die den höchstmöglichen Nutzen bringen.
- Einbindung aller Entscheidungsträger in die Kostenbeurteilung von Aktivitäten und damit in den Planungs- und Budgetierungsprozess.
- Fokussierung des Budgetierungsprozesses auf die Ziele der Organisation.
- Keine Fortschreibung von unnötigen Aufgaben und ineffizienter Aufgabenerfüllung.

Die Vorgehensweise beim Zero-Base Budgeting (Abbildung 14.4) ähnelt derjenigen der Gemeinkostenwertanalyse (Abbildung 14.2). Nach einer vorbereitenden Phase, bei der die Mitarbeiter über die Vorgehensweise informiert und geschult werden, müssen so genannte Entscheidungseinheiten gebildet werden. Das sind häufig die Abteilungen eines Unternehmens. Für jede Entscheidungseinheit findet eine Ist-Analyse statt, in der die Leistungen und Aktivitäten der Entscheidungseinheiten untersucht werden. Für jede Leistung wird geprüft, ob sie überhaupt notwendig ist und ob es Kostensenkungspotenzial gibt. Auf dieser Basis kann jede Entscheidungseinheit eine Entscheidungsvorlage erarbeiten, die in der Regel drei Alternativen vorsieht. Die drei Alternativen beinhalten ein niedriges, ein mittleres und ein hohes Leistungsniveau mit den dazu gehörenden Kosten. Auf dieser Basis kann nun eine Rangordnung aller Alternativen vorgenommen werden. Dieser Rangordnung liegen Kosten-Nutzen-Überlegungen zugrunde. Anschließend kann das Management über die Rangordnung entscheiden und den so genannten Budgetschnitt vollziehen. Dieser legt fest, welche Entscheidungspakete durchgeführt werden und welche nicht. Damit ist das Budget verabschiedet. In den beiden letzten Schritten erfolgen nun noch die Planung der detaillierten Maßnahmen und die laufende Kontrolle der Einhaltung des beschlossenen Budgets.

Abbildung 14.4: Schritte bei der Durchführung des Zero-Base Budgeting

Wegen des hohen Aufwandes ist das Zero-Base Budgeting kein Verfahren, auf dem der jährliche Budgetierungsprozess beruhen kann. Sinnvoll kann sein Einsatz jedoch in Teilbereichen eines Unternehmens und einer Organisation sein, bei denen die bisherigen Leistungen und Aktivitäten in Frage gestellt werden sollen.

14.3 Budgetierung als Instrument der Leistungsmessung

Budgets werden auch als Instrument zur Messung der Leistungen von Entscheidungsträgern eingesetzt.

Vielfach werden Budgets als Instrument zur Messung der Leistungen von Entscheidungsträgern eingesetzt. Der Kostenstellenleiter der IT-Abteilung eines Unternehmens wird beispielsweise danach beurteilt, ob es ihm gelungen ist, sein Kostenbudget einzuhalten. Zu diesem Zweck werden die realisierten Istkosten dem ursprünglich erstellten Budget gegenübergestellt.

Budgetabweichungen

Aus der Gegenüberstellung von realisierten und ursprünglich geplanten Größen ergeben sich Budgetabweichungen. Diese können vorteilhaft sein, wenn beispielsweise die tatsächlichen Marketingkosten geringer als die budgetierten Marketingkosten waren. Umgekehrt können auch negative Budgetabweichungen auftreten. Dies ist der Fall, wenn beispielsweise die tatsächlichen Materialkosten in einer Periode das Materialkostenbudget übersteigen.

Für eine Analyse der Budgetabweichungen ist es wichtig, deren Ursachen zu kennen. Diese lassen sich danach unterscheiden, ob sie vom jeweiligen Budgetverantwortlichen zu vertreten sind oder auf nicht beeinflussbare Größen zurückgehen. Bei einem Möbelhersteller kann ein Überschreiten des Materialkostenbudgets beispielsweise durch einen hohen Verschnitt verursacht werden. Damit wird Material ineffizient genutzt, und die Verantwortung liegt bei demjenigen, der für die Planung des Holzverbrauchs in der Fertigung zuständig ist. Führen dagegen steigende Holzpreise zu einem Überschreiten des Materialkostenbudgets, kann ein Fertigungsplaner nicht dafür verantwortlich gemacht werden.

Häufig ist es nicht leicht, Budgetabweichungen nur auf eine Ursache zurückzuführen. Eine vorteilhafte Abweichung beim Materialkostenbudget des Möbelherstellers könnte beispielsweise neben den beiden bisher betrachteten Ursachen auch darauf zurückzuführen sein, dass die Produktionszahlen aufgrund der sich verschlechternden Auftragslage auf Weisung der Geschäftsleitung reduziert wurden. Da die unterschiedlichen Abweichungsursachen zusammenwirken, ist es häufig nicht möglich, einzelne Ursachen zu isolieren.

Starre und flexible Budgets

Die gerade betrachteten volumenbedingten Budgetabweichungen treten auf, weil Budgets häufig starr geplant werden. Einem starren Budget liegt eine bestimmte prognostizierte Fertigungsmenge zugrunde. Wenn nun eine nachträgliche Erhöhung der Fertigungsmenge erfolgt, fallen mehr variable Kosten an, da diese mit der Erhöhung der Fertigungsmenge ebenfalls steigen. Eine Überschreitung der Fertigungsbudgets ist damit vorprogrammiert.

Will man diese volumenbedingten Budgetabweichungen nicht in Kauf nehmen, bietet sich die Verwendung flexibler Budgets an. Bei diesen Budgets wird kein fester Wert vorgegeben, sondern der Wert in Abhängigkeit von der Fertigungsmenge bestimmt. Eine nachträgliche Erhöhung oder Reduzierung der Fertigungsmenge gegenüber dem ursprünglich bei der Budgetierung festgelegten Wert führt automatisch zu einer entsprechenden Anpassung des Budgets.

Flexible Budgets bei der Molkerei Lechtal

Zum Abschluss des Jahres 2015 vergleicht die Geschäftsleitung der Molkerei Lechtal ihr ursprüngliches Budget mit den tatsächlichen Zahlen. Im Vergleich zu ihrem statischen Budget stellt Frau Kühnel zunächst eine Reihe von Abweichungen zur ursprünglichen Planung fest, die sich im Ergebnis aber fast ausgeglichen haben. Durch das Heranziehen eines flexiblen Budgets wird der Effekt des leicht über den Erwartungen liegenden Absatzes „herausgerechnet". Auf diese Weise kann Frau Kühnel die Effekte der anhaltenden Wirtschaftskrise gut erkennen. So konnte die Molkerei nicht die angestrebten Preise am Markt durchsetzen und musste höhere Rabatte als ursprünglich geplant gewähren. Auch gelang es nicht, die niedrigeren Preise vollständig durch geringere Herstellkosten zu kompensieren. Durch die somit erkaufte Absatzsteigerung konnte aber zumindest das Gesamtergebnis im Vergleich zum Budget gehalten werden.

	A	B	C	D
1	Statisches vs. flexibles Budget am Beispiel Frischmilch			
2				
3	Statisch	Statisches Budget	Ist-Werte	Abweichung
4	Absatzmenge (in t)	7.300	7.460	160
5	Erlöse	4.380.000 €	4.401.400 €	21.400 €
6	Herstellkosten	2.542.493 €	2.563.893 €	- 21.400 €
7	**Bruttoergebnis**	**1.837.507 €**	**1.837.507 €**	**0 €**
8				
9	Flexibel	Flexibles Budget	Ist-Werte	Abweichung
10	Absatzmenge (in t)	7.460	7.460	-
11	Erlöse	4.476.000 €	4.401.400 €	- 74.600 €
12	Herstellkosten	2.598.219 €	2.563.893 €	34.326 €
13	**Bruttoergebnis**	**1.877.781 €**	**1.837.507 €**	**- 40.274 €**

> Aus dem Absatzbudget entnehmen wir die geplante abgesetzte Menge von 7.300 Tonnen Frischmilch. Durch den budgetierten erzielbaren Betrag von 0,60 €/kg ergeben sich geplante Erlöse in Höhe von 4.380.000 €. Die gesamten Herstellkosten lassen sich mithilfe der Daten aus dem weiter oben bereits bestimmten Herstellkostenbudget errechnen: 348,29 € · 7.300 t = 2.542.493 €.
>
> Durch die Wirtschaftskrise und den steigenden Druck auf die Milchpreise konnte der angestrebte Erlös von 0,60 €/kg nicht gehalten werden und sank auf 0,59 €/kg. Daraus ergibt sich ein kumulierter Erlös von 7.460.000 kg · 0,59 €/kg = 4.401.400 €.
>
> Aufgrund verschiedener Einsparungsmaßnahmen innerhalb der Produktion während des Jahres konnten die gesamten Herstellkosten (in Bezug auf die für die tatsächliche Menge hochgerechneten budgetierten Kosten von 2.598.219 €) auf 2.563.893 € gesenkt werden. Dennoch liegt das tatsächliche Bruttoergebnis aufgrund der gesunkenen Preise am Absatzmarkt unter dem geplanten Ergebnis, das sich für die budgetierten Kosten und Erlöse für die tatsächliche Absatzmenge hätte ergeben sollen.
>
> Im Gegensatz zum statischen verdeutlicht das flexible Budget somit, dass die Senkung der Herstellkosten die Ertragssenkung nicht ausgleichen konnte und somit eine unvorteilhafte Abweichung verbleibt.

Bei der flexiblen Budgetierung ist die Unterscheidung zwischen variablen Kosten und fixen Kosten wichtig. Denn die Fixkosten sind von der Herstellmenge unabhängig, während sich die variablen Kosten mit der Herstellmenge ändern. Die flexible Budgetierung setzt also den Einsatz eines Kostenrechnungssystems voraus, mit dem eine Trennung von fixen und variablen Kosten möglich ist.

Ein flexibles Budget bietet den Vorteil, dass die Budgetabweichungen nun nicht mehr durch eine Absatzmengenänderung bedingt sein können. Damit wird eine der möglichen Ursachen von Budgetabweichungen eliminiert und die Abweichungen gewinnen für die Beurteilung der Leistungen der Budgetverantwortlichen an Relevanz. Erkauft wird dies mit einer höheren Komplexität bei der Budgetierung. Ob der Nutzen flexibler Budgets in Form von verbesserten Steuerungsmöglichkeiten und Leistungsbeurteilungen die Kosten für deren Erstellung rechtfertigt, muss im Einzelfall untersucht werden.

Better Budgeting und Beyond Budgeting

Die Budgetierung in Unternehmen und Organisationen sieht sich einer Reihe von Kritikpunkten ausgesetzt. Es gibt die Auffassung, dass sie zu teuer, zu inflexibel im Hinblick auf Änderungen und zu wenig mit strategischen Unternehmenszielen verknüpft sei. Better Budgeting und Beyond Budgeting sind zwei Ansätze, die versuchen, diese Kritik zu adressieren.

Der Ansatz des Better Budgeting geht von einer graduellen Verbesserung der bestehenden Budgetierung aus. Verbesserungsvorschläge beinhalten zum einen Vereinfachungen der Budgetierung beispielsweise durch eine Konzentration auf erfolgskritische Prozesse oder eine Reduzierung des Partizipationsgrades der dezentralen Einheiten. Zum anderen sollen Markt- und Wettbewerberdaten stärker im Prozess der Budgetierung berücksichtigt werden.

Der Ansatz des Beyond Budgeting läuft darauf hinaus, die Budgetierung vollständig abzuschaffen. Stattdessen werden Prinzipien formuliert, die eine flexible Steuerung von Unternehmen und Organisationen auf Basis dezentraler Verantwortung und einer hohen Marktorientierung erlauben sollen. Neben der Vorgabe relativer Leistungsziele, die aus einem Vergleich mit internen oder externen Benchmarks gewonnen werden, wird auch empfohlen, die Leistungsziele flexibel zu halten und sie gegebenenfalls an aktuelle Entwicklungen anzupassen.

Unter welchen Bedingungen diese Ansätze sinnvoll sind, ist bislang noch wenig untersucht worden.

14.4 Verhaltenswirkungen von Budgets

Mithilfe von Budgets können die Aktivitäten von Entscheidungsträgern in Unternehmen und Organisationen effektiv koordiniert werden. Dies funktioniert vor allem deswegen, weil Budgets das Verhalten von Entscheidungsträgern beeinflussen. Häufig wird die Einhaltung vorgegebener Budgets mit finanziellen Anreizen verknüpft, indem beispielsweise die Einhaltung des Budgets mit einem Bonus belohnt wird.

> Da Budgets das Verhalten von Entscheidungsträgern beeinflussen, wird die Einhaltung des Budgets häufig mit einem Bonus belohnt.

Dadurch kann einerseits die koordinierende Wirkung der Budgets erhöht werden. Wenn alle Entscheidungsträger einer Organisation ein großes Interesse an der Einhaltung des Budgets haben, steigt die Wahrscheinlichkeit, dass es am Ende auch eingehalten wird. Andererseits haben diese Anreize einen hohen Einfluss auf den Budgetierungsprozess selbst. Der Kostenstellenleiter der IT-Abteilung hat ein großes Interesse, die budgetierten Kosten zu Beginn des Budgetierungsprozesses möglichst hoch anzusetzen. Denn damit erhöht er die Chance, das Budget am Ende des Jahres nicht zu überschreiten. Um die Wirkung der Budgetierung in Unternehmen und Organisationen zu verstehen, ist es wichtig, diese teilweise komplexen Verhaltenswirkungen zu kennen.

Partizipation in der Budgetierung

Die Leiter dezentraler Einheiten sind häufig an der Erstellung der Budgets beteiligt. Bevor das Budget von der Unternehmensleitung festgelegt wird, werden beispielsweise in divisional gegliederten Unternehmen wie Siemens

Kapitel 14 Budgetierung

oder Metro die Leiter der Divisionen an der Erstellung der Budgets beteiligt. Das Ausmaß, in dem die dezentralen Entscheidungseinheiten in die Festlegung der Budgets eingebunden sind, wird als Partizipation bezeichnet. Dabei können zwei Extremfälle unterschieden werden.

Bei der Top-Down-Budgetierung werden die Budgetvorgaben ohne Partizipation der dezentralen Einheiten von der Unternehmensleitung festgelegt. Diese Vorgehensweise hat den Vorteil, dass strategische Ziele direkt in die Budgetermittlung einbezogen werden können. Die Unternehmensleitung legt also im Rahmen der Budgets fest, was im Unternehmen in der kommenden Budgetperiode geschehen soll.

Die Bottom-Up-Budgetierung dagegen erfolgt durch die dezentralen Entscheidungseinheiten, deren Budgetvorschläge aufeinander abgestimmt und zu einem Gesamtbudget verdichtet werden. Mit diesem Verfahren ist sichergestellt, dass die Budgets aus Sicht der dezentralen Entscheidungseinheiten machbare Ziele beinhalten. Allerdings ist so keine Abstimmung mit den strategischen Zielen des Unternehmens gewährleistet. Darüber hinaus ist die Bottom-Up-Budgetierung besonders anfällig für eine Manipulation der Budgets.

Daher ist in der Praxis ein Mittelweg zwischen diesen beiden extremen Varianten verbreitet, der als Gegenstromverfahren bezeichnet wird. Dabei können zwei Reihenfolgen unterschieden werden. Von Top-Down mit Bottom-Up Abgleich spricht man dann, wenn zuerst eine Vorgabe der Budgets durch die Unterneh-

Empirische Ergebnisse

In einer im Jahr 2006 von Herbert und Maras durchgeführten Studie bei deutschen Unternehmen zeigt sich die Dominanz des Gegenstromverfahrens über alle Unternehmensgrößen (vgl. Abbildung 14.5). Unterschiede gibt es lediglich in der Reihenfolge. Während bei größeren Unternehmen die Vorgaben mehrheitlich zunächst von der Unternehmensleitung kommen und dann unter Beteiligung der dezentralen Einheiten abgeglichen werden, ist es bei kleineren Unternehmen genau umgekehrt.

Abbildung 14.5: Methodische Ableitungsrichtung von Budgets in der Unternehmenspraxis

Quelle: Herbert, H./Maras, D.: Smart Planning and Forecasting – Performance Improvement für die Unternehmenssteuerung, PWC-Studie Frankfurt 2006.

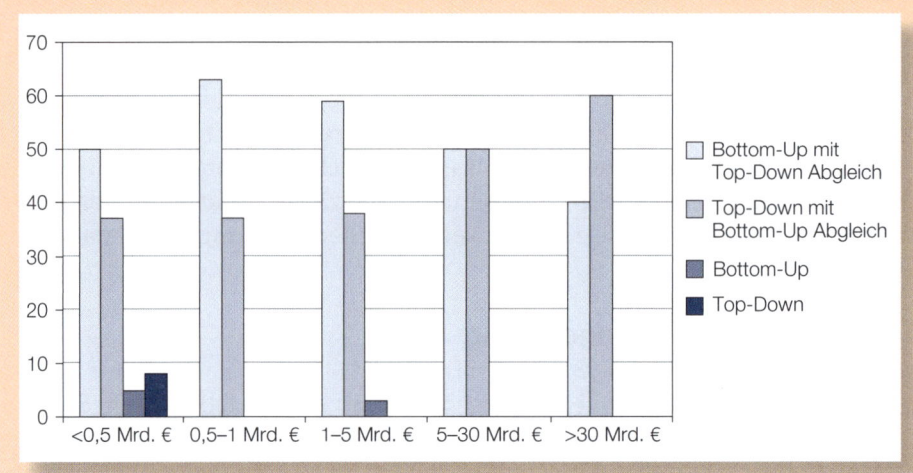

menleitung und anschließend eine Anpassung der Vorgabe unter Beteiligung der dezentralen Einheiten erfolgen. Die umgekehrte Reihenfolge ist Bottom-Up mit Top-Down Abgleich. Dort machen zunächst die dezentralen Einheiten einen Budgetvorschlag, der dann von der Unternehmensleitung konsolidiert wird.

Die Vorteile der partizipativen Budgetierung, also der Einbeziehung dezentraler Entscheidungseinheiten, liegen in der effizienteren Allokation von Ressourcen aufgrund der besseren Einbeziehung des Wissens der dezentralen Entscheidungseinheiten und der höheren Motivation dezentraler Einheiten. Ein Nachteil ist insbesondere der mit dem Budgetierungsprozess verbundene hohe zeitliche und personelle Aufwand.

Budgetmanipulation und wahrheitsgemäße Berichterstattung

In großen multinationalen Unternehmen wie Apple, BASF oder Sony können Budgets nicht allein in der Unternehmenszentrale erstellt werden. Denn dort ist zu wenig Detailwissen beispielsweise über die Absatzmöglichkeiten in bestimmten weltweiten Märkten vorhanden. So kennt die Unternehmenszentrale von Apple im kalifornischen Cupertino nicht die speziellen Marktgegebenheiten für den Verkauf des MacBook in Spanien. Dagegen kann der verantwortliche lokale Marketing- und Vertriebsmanager die möglichen Verkaufszahlen und das notwendige Marketingbudget besser einschätzen.

> Dass in Budgets stille Reserven eingebaut werden, ist ein in der Praxis häufig beobachtbares Phänomen. Dabei werden Erlösbudgets zu niedrig und Kostenbudgets zu hoch angesetzt, um die Budgetziele einfacher zu erreichen. Diese Reserven werden auch als „budgetary slack" oder „budget slack" bezeichnet. Sie führen dazu, dass die Koordinationswirkungen von Budgets geringer werden.

Begriffsvielfalt

Allerdings hat dieser Manager nicht unbedingt ein Interesse daran, sein Wissen über die lokalen Marktgegebenheiten vor Ort an die Unternehmenszentrale in Cupertino weiterzugeben. Wenn er die möglichen Verkaufszahlen mit einem geringeren als dem erwarteten Wert angibt, ist es für ihn leichter möglich, die budgetierten Verkaufserlöse zu übertreffen und damit gegebenenfalls einen höheren Bonus zu verdienen. Der Ansatz eines höheren Marketingbudgets hilft ihm, Budgetreserven zu haben, mit denen er während des Jahres beispielsweise ungeplante Ausgaben bestreiten kann, ohne die Einhaltung des Budgets zu gefährden.

Unternehmen versuchen durch eine Vielzahl an Maßnahmen, die Manipulation von Budgets zu verhindern. Dazu gehört beispielsweise die Beschaffung zusätzlicher Informationsquellen zur Prognose künftiger Geschäftsentwicklungen durch Marktforschungsinstitute oder Beratungsfirmen. Dadurch wird das dezentral vorhandene Wissen um zentrale und externe Informationen ergänzt und eine nicht wahrheitsgemäße Informationsweitergabe erschwert.

Darüber hinaus wird auch bei den Anreizsystemen darauf geachtet, sie so zu gestalten, dass die Anreize für Budgetmanipulationen geringer werden. Ein einfaches Instrument hierfür ist die Gewährung von Boni, die auch von den Ergebnissen anderer Bereiche abhängig sind. In diesem Fall steigt das Interesse, dass die zur Verfügung stehenden Mittel effizient auf alle Bereiche eines Unternehmens aufgeteilt werden, und die Anreize zur Zusammenarbeit werden verstärkt.

Literatur

Eldenburg, Leslie G./Wolcott, Susan K.: Cost Management. Measuring, Monitoring, and Motivating Performance, 2. Auflage, John Wiley, Hoboken 2010, Kapitel 10.

Ewert, Ralf/Wagenhofer Alfred: Interne Unternehmensrechnung, 7. Auflage, Springer, Berlin 2008, S. 393–460.

Friedl, Gunther: Budgetierung, in: Handwörterbuch der Betriebswirtschaft, hrsg. v. Richard Köhler, Hans-Ulrich Küpper und Andreas Pfingsten, 6. Auflage, Schäffer-Poeschel, Stuttgart 2007, Sp. 185-194.

Horngren, Charles T./Datar, Srikant M./Rajan, Madhav V.: Cost Accounting: A Managerial Emphasis, Global Edition, 14. Auflage, Pearson Education, Upper Saddle River 2012, Kapitel 6.

Küpper, Hans-Ulrich/Friedl, Gunther/Hofmann, Christian/Hofmann, Yvette/Pedell, Burkhard: Controlling. Konzeption, Aufgaben, Instrumente, 6. Auflage, Schäffer-Poeschel, Stuttgart 2013, Kapitel 11.

Verständnisfragen

a) Welchen Zwecken dienen Budgets?
b) Welche Schritte sind zur Ableitung eines Gesamtbudgets notwendig?
c) Erläutern Sie die Vorgehensweise beim Activity-Based Budgeting.
d) Worin bestehen methodische Unterschiede zwischen der Fortschreibungsbudgetierung und dem Activity-Based Budgeting?
e) Erläutern Sie Gemeinsamkeiten und Unterschiede zwischen der Gemeinkostenwertanalyse und dem Zero-Base Budgeting.
f) Welche Unterscheidung ist für die Analyse von Budgetabweichungen wichtig?
g) Welche Vor- und Nachteile weisen flexible Budgets auf?
h) Warum unterliegen Budgets der Gefahr einer Manipulation?
i) Welche Formen der Partizipation bei der Budgetierung lassen sich unterscheiden?

Fallbeispiel: Erfolgssteuerung mittels Budgetierung im Krankenhaus Haimstetten GmbH

Die Haimstetten GmbH, ein mittelgroßes Krankenhaus in privater Trägerschaft, hat sich auf die Behandlung von kniekranken Patienten spezialisiert. Das Unternehmen ist in der Lage, den vier unterschiedlichen Krankheitstypen I, II, III und IV eine qualitativ hochwertige Versorgung anzubieten. Die Leistungserstellung ist durch ein Höchstmaß an funktioneller Arbeitsteilung gekennzeichnet. Dabei erhebt die Anamnese zu Beginn der Kniebehandlung die Krankheitsgeschichte des Patienten, an die sich die Diagnose zur Stellung der Indikation und zur Abwägung eines geeigneten Versorgungskonzepts im Hinblick auf die bestmögliche Therapie anschließt.

Ursel Schmitz, Geschäftsführerin der Haimstetten GmbH, will für das anstehende Jahr planen. Dafür greift sie auf die Falldaten des Rechnungswesens und die Informationen zurück, die ihr die betroffenen Funktionsbereiche in Berichten laufend aktualisiert zur Verfügung stellen. Schmitz beginnt ihre Planungen mit der Absatz- bzw. Leistungsprogrammplanung. Das Entgeltsystem im stationären Sektor sieht Festpreise für Krankenhausleistungen vor. Die Fallzahl ist mengenmäßig begrenzt. Da das Krankenhaus Haimstetten einen sehr guten Ruf genießt, kann die maximal angegebene Fallzahl als realistische Größe angenommen werden. Es fällt Schmitz daher relativ leicht, die nachfolgenden Nettoerlöse und Höchstmengen für die vier Krankheitstypen zu bestimmen. Dabei sei angemerkt, dass durch regelmäßige Ersatzinvestitionen die Kapazität über die Jahre aufrecht erhalten werden kann und somit die maximale Fallzahl für das Krankenhaus innerhalb seiner Kapazität liegt. Der Einkauf meldet die unten angegebenen Materialeinzelkosten für Operationsmaterial, welches nicht in das Budget der Investitionen fällt. So kann Schmitz die Bedarfsplanungen für das Operationsmaterial durchführen und das Budget für den Einkaufsbereich festlegen.

	Nettoerlös	Patientenzahl (max.)	Materialeinzelkosten
I	5.500 €	120	30 €
II	9.000 €	75	25 €
III	7.500 €	100	35 €
IV	6.000 €	150	20 €

In den Leistungsbereichen Anamnese, Diagnose und Therapie sieht Schmitz kaum Spielraum für Einsparungen der fixen Kosten oder der variablen Fallkosten. Dennoch glaubt sie, das Kostenniveau des abgelaufenen Geschäftsjahres halten zu können. Der Stand wird wie folgt angegeben:

	Anamnese	Diagnose	Therapie
Fixkosten	50.000 €	150.000 €	300.000 €
Variable Kosten/Min.	3 €	4 €	6 €
Behandlungszeit (Min.)			
I	20	20	60
II	25	15	20
III	15	15	40
IV	10	20	45

Mit den obigen Angaben will Schmitz das Fertigungskostenbudget erstellen und anschließend die Personal- und Investitionsplanung angehen. Erweiterungsinvestitionen lehnt Schmitz wegen der unsicheren Finanzierungssituation ab. Sie nimmt lediglich eine Ersatzinvestition in die Planungen auf und legt das Investitionsbudget dafür pauschal fest. Nach Absprache mit den Ärzten und dem Vergleich mit anderen mittelständischen Krankenhäusern legt Frau Schmitz das Budget für Ersatzinvestitionen mit 300.000 € in Höhe der Aufwendungen fest. Im Personalplan nimmt sie keine Änderungen vor, da sie Neueinstellungen allenfalls zum Ausgleich der relativ hohen Fluktuationsquote bei Pflegekräften der Haimstetten GmbH vorsieht.

Deshalb konzentriert sich Schmitz in der Planung auf die Verwaltung und das Marketing. Interne Kalkulationen lassen in diesen Bereichen Kosteneinsparungspotenziale in Höhe von insgesamt 500.000 € vermuten, wobei beide Bereiche etwa zur Hälfte daran beteiligt sind. Konkret verlangt Schmitz von der Verwaltungsleitung, Frank-Walter Huber, und von der Marketingchefin, Angelika Melker, eine Senkung der jeweiligen Bereichskosten um 25 %, möglichst bei identischem Leistungsniveau. Im Vertrauen auf die Umsetzung der Verwaltungspläne durch Huber und Melker setzt Schmitz ihre Gesamtplanungen mit dem Ergebnisbudget fort.

Zu Beginn stellt Frau Schmitz mit den ihr zur Verfügung stehenden Daten das Patientenzahlbudget auf.

	A	B	C	D	E
1	**Patientenzahlbudget**				
2					
3	**Krankheitstypen**	I	II	III	IV
4	Patientenzahl, max.	120	75	100	150
5	Nettoerlös	5.500 €	9.000 €	7.500 €	6.000 €
6	**Gesamterlöse**	660.000 €	675.000 €	750.000 €	900.000 €
7	**Summe**				2.985.000 €

Durch die wahrscheinliche Realisierung der angestrebten Fallzahl und den ziemlich genau abschätzbaren Materialeinzelkosten bezüglich des Operationsmaterials, kann das Budget für den Einkauf bestimmt werden

	A	B	C	D	E
10	Materialbudget				
11					
12	Krankheitstypen	I	II	III	IV
13	Patientenzahl, max.	120	75	100	150
14	Materialeinzelkosten	30 €	25 €	35 €	20 €
15	Gesamte Kosten	3.600 €	1.875 €	3.500 €	3.000 €
16	Summe				11.975 €

Aus langjähriger Erfahrung können die Parameter der fixen und variablen Kosten sehr genau geschätzt und als Planwert mit in die Kalkulation einbezogen werden. Auf dieser Basis möchte Frau Schmitz nun die Kosten der Krankheitstypen mit Blick auf die einzelnen Leistungsbereiche ermitteln.

	A	B	C	D
19	**Kostenbudget der Krankheitstypen bezogen auf die Leistungsbereiche**			
20				
21	**Krankheitstypen**	**Anamnese**	**Diagnose**	**Therapie**
22	Variable Kosten / Min.	3 €	4 €	6 €
23	Behandlungszeit (Min.)			
24	I	20	20	60
25	II	25	15	20
26	III	15	15	40
27	IV	10	20	45
28	Variable Kosten			
29	I	7.200 €	9.600 €	43.200 €
30	II	5.625 €	4.500 €	9.000 €
31	III	4.500 €	6.000 €	24.000 €
32	IV	4.500 €	12.000 €	40.500 €
33	Fixe Kosten	50.000 €	150.000 €	300.000 €
34	**Gesamte Kosten**	71.825 €	182.100 €	416.700 €
35	**Summe**			670.625 €

Die gesamten variablen Kosten ergeben sich aus den variablen Kosten je Minute, den Arbeitszeiten der Krankheitstypen sowie aus der maximalen Leistungsmenge. Für den Krankheitstyp I im Bereich Anamnese ergibt sich beispielsweise folgende Rechnung: 3 € · 20 min · 120 = 7.200 €. Unter Beachtung aller Krankheitstypen und der fixen Kosten in Höhe von 50.000 € ergeben sich gesamte Kosten in Höhe von 71.825 € für den Bereich Anamnese.

Aus dem bereits erstellten Material- und dem Behandlungskostenbudget ergibt sich nun das Fallkostenbudget des Klinikums Haimstetten

	A	B	C	D	E
37	**Fallkostenbudget**				
38					
39	**Krankheitstypen**	I	II	III	IV
40	Materialbudget	3.600	1.875	3.500	3.000
41	Behandlungskostenbudget	86.000 €	138.000 €	185.000 €	298.750 €
42	**Gesamte Kosten**	89.600 €	139.875 €	188.500 €	301.750 €
43	**Summe**				719.725 €

Für die Personalplanung sieht Frau Schmitz keine Änderungen vor, da sie Neueinstellungen lediglich dann in Betracht zieht, wenn Mitarbeiter das Krankenhaus verlassen. Um die Kapazität des Klinikums konstant zu halten und weiterhin den guten Ruf zu bestätigen, fallen jährliche Ersatzinvestitionen an.

Frau Schmitz ist sich ebenfalls bewusst, dass auch Bereiche, welche nicht direkt mit der Behandlung und Pflege von Patienten in Zusammenhang stehen, von hoher Bedeutung für den Erfolg des Krankenhauseses sind. So greift sie das Budget für die Verwaltung und das Marketing vom letzten Jahr auf, in welchem beide Kosten von jeweils 1.000.000 € aufwiesen. Von der Verwaltungsleitung Frank-Walter Huber und der Vertriebschefin Angelika Melker verlangt Frau Schmitz, bei konstantem Leistungsniveau eine Senkung dieser Kosten um jeweils 25 %, da diese Kosten im Vergleich zu anderen mittelständischen Krankenhäusern bisher relativ hoch sind.

Die Budgets der Verwaltung und des Marketing belaufen sich somit jeweils auf 75 % · 1.000.000 € = 750.000 €.

Aus den Budgets für die Patientenzahl, den Fallkosten und den sonstigen Abteilungen lässt sich nun das Ergebnisbudget aufstellen.

	A	B
56	**Ergebnisbudget**	
57		
58	Gesamterlöse	2.985.000 €
59	Fallkosten	719.725 €
60	**Bruttoergebnis**	**2.265.275 €**
61	Ersatzinvestitionen	300.000 €
62	Verwaltung	750.000 €
63	Marketing	750.000 €
64	**Budgetierter Gewinn**	**465.275 €**

Übungsaufgaben

1. Die „il vino bianco" GmbH stellt zwei verschiedene Sorten Weißwein aus eigenem Anbau her. Die Produktion für die Sorte Riesling wird dieses Jahr auf 150.000 Flaschen geschätzt, und für die Sorte Chardonnay werden 90.000 geplant. Für die leeren Weinflaschen zu Beginn der Produktion muss das Unternehmen mit folgenden Kosten rechnen:
Eine Flasche für Riesling kostet das Unternehmen 0,60 €. Da der Chardonnay in etwas größeren Flaschen abgefüllt wird, muss hier mit 0,75 € pro Flasche gerechnet werden.
Die Lohnkosten, welche vor allem für das Ernten der Trauben entstehen, belaufen sich für den Riesling pro Flasche auf 2,25 € und für eine Flasche Chardonnay auf 2,80 €. Unabhängig von der Sorte werden für eine hergestellte Flasche Wein aus langjähriger Erfahrung zusätzliche Produktionskosten in Höhe von 0,90 € mit einberechnet. Gehen Sie davon aus, dass der Verkaufspreis des Rieslings bei 3,95 € liegt und der Preis des Chardonnays bei 4,79 €.
   a) Berechnen Sie das Lohnkostenbudget für die beiden Sorten und anschließend die gesamten Lohnkosten der Weinherstellung auf Basis der geplanten Produktionsmenge.
   b) Berechnen Sie weiterhin die gesamten Herstellkosten der jeweiligen Produkte sowie die Herstellkosten insgesamt.
   c) Bestimmen Sie die Herstellkosten für eine Flasche Riesling und für eine Flasche Chardonnay. Vergleichen Sie anschließend die Kosten und die Erlöse, die für eine Flasche erzielt werden können.

2. Im Folgenden erhalten Sie Daten der Porzellan & Co KG, welche Ziervasen für ihre Kunden fertigt. Das zu Beginn des Jahres aufgestellte Budget basierte auf den geplanten Verkäufen und Kosten des Unternehmens.

	Budget	bisherige Kosten
Erlöse	13.250.000 €	13.978.750 €
Variable Produktionskosten	4.775.000 €	4.950.000 €
Fixe Produktionskosten	2.110.500 €	2.145.000 €
Variable Vertriebskosten	745.000 €	930.000 €
Fixe Vertriebskosten	1.995.000 €	2.070.000 €
Verwaltungskosten	1.521.500 €	1.690.000 €
Betriebsergebnis	**2.103.000 €**	**2.193.750 €**

   a) Nehmen Sie an, dass sich die Verkaufszahlen gegenüber der Budgetierung erhöht haben, und berechnen Sie die Veränderung der variablen Kosten im Verhältnis zur Umsatzsteigerung.

b) Aufgrund einer überraschend starken Nachfrage konnte die Porzellan & Co KG während des letzten Jahres ihre Verkäufe steigern, obwohl sich ihr Marktanteil von 19 % auf 17 % verringert hat. Bestimmen Sie nun mithilfe des aufgestellten flexiblen Budgets den Einfluss des sinkenden Marktanteils auf das Betriebsergebnis.

3. Einer der drei Mitarbeiter eines kleineren Betriebs zur Herstellung von Fan-Schals hat für die nächsten sechs Monate folgende Verkaufszahlen prognostiziert.

Januar	200 Stück
Februar	320 Stück
März	360 Stück
April	300 Stück
Mai	280 Stück
Juni	250 Stück

Für einen fertigen Schal wird mit einem Verbrauch von 1,5 Rollen Wolle und einer Strickzeit von 20 Minuten gerechnet. Während eine Rolle Wolle durchschnittlich für 2 € gekauft wird, muss für die Mitarbeiter mit einem Stundenlohn in Höhe von 35 € gerechnet werden. Zudem fallen für einen Monat, unabhängig von der hergestellten Menge, fixe Kosten von 750 € an.

Ein Schal kann für 21 € verkauft werden.
a) Ermitteln Sie das Lohnbudget für den Monat Januar.
b) Bestimmen Sie das Materialbudget für die Monate Januar, Februar und März.
c) Berechnen Sie die Produktionskosten für die die Monate Januar bis Juni.
d) Bestimmen Sie hierfür auch die Gewinne pro Monat.

4. Bestimmen Sie für die Molkerei Lechtal die Budgets für die Abteilungen Marketing, Werbung, Verwaltung und Produktentwicklung nach dem Ansatz der Fortschreibungsbudgetierung.

Die Kostenvorgabe für Marketing und Werbung koppeln Sie grundsätzlich an die Gesamtumsätze, die Sie für das Jahr planen. Sie übernehmen daher das Verhältnis zwischen Planerlösen und Marketing beziehungsweise Werbung der Vorperiode, in der Sie Erlöse in Höhe von 25.000.000 € eingeplant hatten. Dieses Geschäftsjahr rechnet die Molkerei mit Gesamterlösen von 31.180.000 €.

In der Verwaltung können Sie dagegen durch die Einführung von SAP eine Kosteneinsparung von 5,70 % realisieren.

Das Budget für die Abteilung der Produktentwicklung legen Sie pragmatisch in Abhängigkeit der Umsätze fest: Da das angewendete Verfahren der

Molkerei bereits sehr ausgereift und profitabel ist, beträgt das Budget der Produktentwicklung 0,5 % der geplanten Umsätze.

Folgende zusätzliche Informationen liegen Ihnen vor:

Budgetbereich	Kostenbudget
Marketing	1.000.000
Werbung	875.000
Verwaltung	480.000
Produktentwicklung	130.000

Kapitel 15   Verrechnungspreise

Kapitelüberblick

15.1 **Kennzeichnung von Verrechnungspreisen und Verrechnungspreissystemen**
   Kennzeichnung von Verrechnungspreisen
   Verrechnungspreise und dezentrale Organisationsstruktur
   Responsibility Accounting
   Idealtypischer Ansatz zur Bestimmung von Verrechnungspreisen
   Bestandteile von Verrechnungspreissystemen

15.2 **Funktionen von Verrechnungspreisen**

15.3 **Betriebswirtschaftliche Methoden zur Ermittlung von Verrechnungspreisen**
   Marktorientierte Verrechnungspreise
   Kostenorientierte Verrechnungspreise
   Verhandlungsbasierte Verrechnungspreise

15.4 **Steuerliche Methoden zur Ermittlung von Verrechnungspreisen**

15.5 **Anzahl der verwendeten Verrechnungspreise**

Lernziele dieses Kapitels

- Was sind Verrechnungspreise und aus welchen Bestandteilen besteht ein Verrechnungspreissystem?

- Wie hängen Verrechnungspreise und Organisationsstrukturen zusammen?

- Welche Funktionen haben Verrechnungspreise und welche Konflikte bestehen zwischen ihnen?

- Welche Methoden zur Ermittlung von Verrechnungspreisen gibt es und wie gehen diese vor?

- Welche Rolle spielen Verrechnungspreise bei der Unternehmensbesteuerung und welche steuerlichen Methoden zur Ermittlung von Verrechnungspreisen gibt es?

- Was sind duale Verrechnungspreise und Zweikreissysteme?

- Wie sind Verrechnungspreissysteme in der Unternehmenspraxis ausgestaltet?

Kapitel 15 Verrechnungspreise

Gestaltung des Verrechnungspreissystems bei der Machine Holding AG

Die Machine Tools GmbH mit Sitz in Nürnberg stellt hochwertige Werkzeugmaschinen her. Bislang werden die Werkzeugmaschinen vollständig in Deutschland gefertigt. Die Geschäftsführerin Stefanie Berger denkt jedoch darüber nach, die Fertigung der Maschinengehäuse in die Slowakei zu verlagern und zu diesem Zweck dort eine Tochtergesellschaft, die Machine Housing s.r.o. (eine slowakische Gesellschaftsform mit beschränkter Haftung), zu gründen. Als Dachgesellschaft über die beiden Unternehmen soll dann in Deutschland die Machine Holding AG gegründet werden. Gemeinsam mit ihrem Controller Toni Hinterseer, der in früheren Tätigkeiten bereits Erfahrungen mit der Gestaltung von Verrechnungspreissystemen gesammelt hat, diskutiert sie, wie diese Absicht umgesetzt werden könnte. Hinterseer argumentiert: „Zunächst müssen wir klären, wofür die Leiter der geplanten Geschäftsbereiche Machine Tools und Machine Housing verantwortlich sein sollen. Wir können an sie entweder nur die Verantwortung für die Kosten in ihren Bereichen oder auch für die Erlöse oder darüber hinaus für sämtliche Investitionsentscheidungen delegieren."

Toni Hinterseer zählt Stefanie Berger die zentralen Punkte auf, die nach der Festlegung dieser grundlegenden Organisationsstrukturen abzuarbeiten sind: „Als nächstes müssen wir die Verrechnungspreise für die Lieferung der Gehäuse von der Machine Housing an die Machine Tools festlegen. Dabei müssen wir besonders umsichtig vorgehen, weil davon die ausgewiesenen Gewinne der Bereiche Machine Tools und Machine Housing sowie das Verhalten der Bereichsleiter abhängig sind. Außerdem müssen wir einige weitere Gestaltungsparameter unseres Verrechnungspreissystems festlegen. Wir müssen z. B. entscheiden, ob die Machine Housing auch andere Unternehmen mit Gehäusen beliefern darf und ob die Machine Tools auch von anderen Unternehmen Gehäuse beziehen darf. Bevor wir endgültig über die Ausgestaltung unseres Verrechnungspreissystems entscheiden, sollten wir unbedingt Florian Wasmeier hinzuziehen. Als Leiter unserer Steuerabteilung hat er den besten Überblick darüber, welche steuerrechtlichen Regelungen beim Leistungsaustausch zwischen der Slowakei und Deutschland einzuhalten sind." Zur Veranschaulichung seiner Ausführungen hat Hinterseer nebenbei folgende Skizze angefertigt:

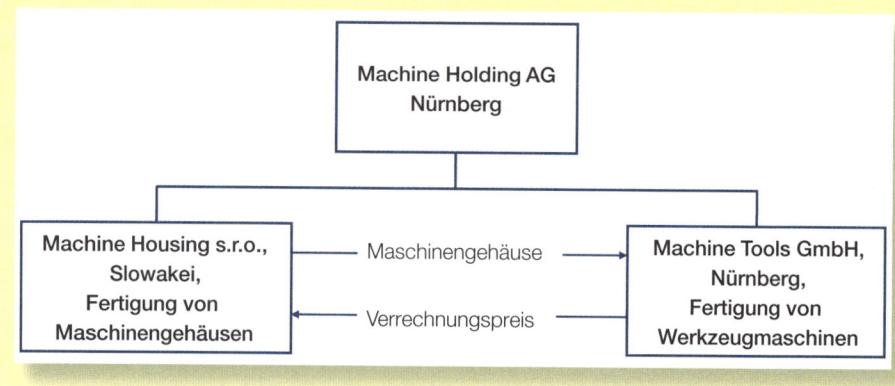

15.1 Kennzeichnung von Verrechnungspreisen und Verrechnungspreissystemen

Kennzeichnung von Verrechnungspreisen

Wie wir am Beispiel der Machine Holding gesehen haben, ist ein Verrechnungspreis ein Wertansatz für eine innerbetriebliche Leistung, in diesem Fall für die Maschinengehäuse, die von der Machine Housing an die Machine Tools geliefert werden. Verrechnungspreise sind durch zwei Merkmale gekennzeichnet:

1. **Wertansatz**: Für die Festlegung der Höhe von Verrechnungspreisen gibt es unterschiedliche Ansätze. Grundlegend lassen sich kostenorientierte, marktorientierte und verhandlungsbasierte Wertansätze unterscheiden.
2. **Innerbetrieblicher Leistungsaustausch**: Dieser kann z. B. zwischen Kostenstellen (zur innerbetrieblichen Leistungsverrechnung zwischen Kostenstellen vgl. Abschnitt 4.4), zwischen Geschäftsbereichen und/oder zwischen rechtlich selbstständigen Konzernunternehmen betrachtet werden. Bei der Machine Holding sind die beiden Geschäftsbereiche rechtlich selbstständige Konzernunternehmen. Verrechnungspreise werden auch für die Inanspruchnahme der Leistungen von zentralen Einheiten angesetzt, die z. B. bei einer Holdinggesellschaft angesiedelt sein können. Typische Beispiele dafür sind eine zentrale Forschung und Entwicklung oder ein zentrales Personalmanagement, deren Leistungen von den dezentralen Geschäftsbereichen in Anspruch genommen werden.

> Ein Verrechnungspreis ist ein Wertansatz für eine innerbetriebliche Leistung.

Praxisbeispiel: Softwareproduktion

Viele Unternehmen haben Tochtergesellschaften in Indien, die Leistungen im Bereich der Softwareproduktion für andere Konzerngesellschaften erbringen. Nicht nur Softwareunternehmen gehen diesen Weg, sondern beispielsweise auch Unternehmen des Maschinenbaus, die dort Steuerungssoftware für ihre Maschinen programmieren. Für die Leistungen dieser Tochtergesellschaften müssen Verrechnungspreise bestimmt werden.

Eine spezielle Form der Verrechnung stellt die **Kostenumlage** bzw. Kostenallokation dar. Bei dieser Form der Leistungsverrechnung werden die Kosten einer leistenden Organisationseinheit, z. B. der Personalabteilung, auf die Organisationseinheiten umgelegt, welche deren Leistungen, z. B. die Gehaltsabrechnung, in Anspruch nehmen. Der Verrechnungspreis ergibt sich, indem die umzulegenden Kosten durch die Leistungsmenge geteilt werden. Kostenumlagen haben wir bereits im Rahmen der innerbetrieblichen Leistungsverrechnung der Kostenstellenrechnung bei den Kostenstellenumlageverfahren (Blockumlage- und Treppenumlageverfahren) in Abschnitt 4.4 kennen gelernt.

Eine Kostenumlage kann auf **Voll- oder Teilkostenbasis** durchgeführt werden. Werden sämtliche Kosten umgelegt (Vollkostenbasis), so wird die leistende Organisationseinheit vollständig entlastet. Die Umlage von Gemeinkosten ist dabei zwangsläufig mit einer Kostenschlüsselung verbunden; insbesondere werden auch die Kosten etwaiger nicht ausgelasteter Kapazitäten umgelegt. Wird dagegen darauf verzichtet, sämtliche Kosten umzulegen (Teilkostenbasis), dann bleibt die leistende Organisationseinheit auf einem Teil ihrer Kosten ‚sitzen'. Werden beispielsweise nur Einzelkosten umgelegt, so verbleiben sämtliche Gemeinkosten bei der leistenden Einheit. Werden darüber hinaus auch die variablen Gemeinkosten umgelegt, so verbleiben nur die Fixkosten bei der leistenden Einheit. Diese Unterschiede bei der Ausgestaltung einer Kostenumlage haben unterschiedliche Auswirkungen auf das Verhalten der für die Organisationseinheiten verantwortlichen Personen und eröffnen somit die Möglichkeit, deren Verhalten zu steuern.

Begriffsvielfalt

Neben dem Begriff ‚Verrechnungspreis' finden sich insbesondere auch die Begriffe ‚Transferpreis' und ‚Lenk- oder Lenkungspreis'. Die Abgrenzung des Begriffs **Transferpreis** wird in der Literatur nicht ganz einheitlich gehandhabt. Teilweise wird der Begriff Transferpreis gleichbedeutend mit Verrechnungspreis verwendet, teilweise wird er lediglich für einen Leistungsaustausch verwendet, der innerhalb einer rechtlich selbstständigen Einheit stattfindet, nicht also für den Leistungsaustausch zwischen rechtlich selbstständigen Konzernunternehmen, der dann nur von dem umfassenderen Begriff Verrechnungspreis abgedeckt wird. Dieser zweiten, engeren Begriffsauffassung von Transferpreisen folgen wir in diesem Kapitel. Verrechnungspreise verwenden wir als Oberbegriff, soweit dies nicht anders vermerkt ist. Der Begriff **Lenkungspreis** bezieht sich dagegen auf eine bestimmte Funktion von Verrechnungspreisen, nämlich knappe Ressourcen des Unternehmens in ihre beste Verwendung zu lenken. In einzelnen Abhandlungen zu Verrechnungspreisen wird die Verwendung des Begriffs ‚Preis' insgesamt mit der Begründung abgelehnt, dass bei der Bewertung eines innerbetrieblichen Leistungsaustauschs keine Preise vorliegen, die sich an einem Markt herausgebildet hätten; stattdessen werden dann Begriffe wie ‚Verrechnungswert' gebraucht. Im englischen Sprachgebrauch wird dagegen im Zusammenhang von Verrechnungspreisen ohne weitere Differenzierung relativ einheitlich der Begriff des ‚**Transfer Pricing**' verwendet.

Verrechnungspreise und dezentrale Organisationsstruktur

Da Verrechnungspreise für den innerbetrieblichen Leistungsaustausch zwischen verschiedenen Organisationseinheiten angesetzt werden, sind diese stets im Zusammenhang mit der bestehenden Organisationsstruktur zu sehen. Verrechnungspreise werden immer dann benötigt, wenn die Organisationsstruktur des Unternehmens dezentralisiert ist und Leistungsaustausch stattfindet. **Dezentralisierung** liegt vor, wenn die Entscheidungsrechte im Unternehmen nicht allein bei der Zentrale liegen, sondern auch untergeordnete Bereiche über Entscheidungsrechte verfügen (vgl. Abbildung 15.1). Die Delegation von Entscheidungsrechten auf untergeordnete Bereiche kann z. B. dann sinnvoll sein, wenn die dezentralen Entscheidungsträger über bessere Informationen verfügen und die Weitergabe dieser Informationen zu aufwändig oder nicht im Interesse der untergeordneten Bereiche ist. Ein weiterer Zweck kann darin bestehen, das zentrale Management zu entlasten. Ab einer gewissen Unternehmenskomplexität ist die Dezentralisierung von Entscheidungsrechten praktisch unvermeidlich. Mögliche Nachteile der Dezentralisierung bestehen darin, dass die untergeordneten Bereiche ihr Verhalten im Hinblick auf die Erreichung der Unternehmensziele nicht optimal abstimmen oder eigene Zielsetzungen verfolgen.

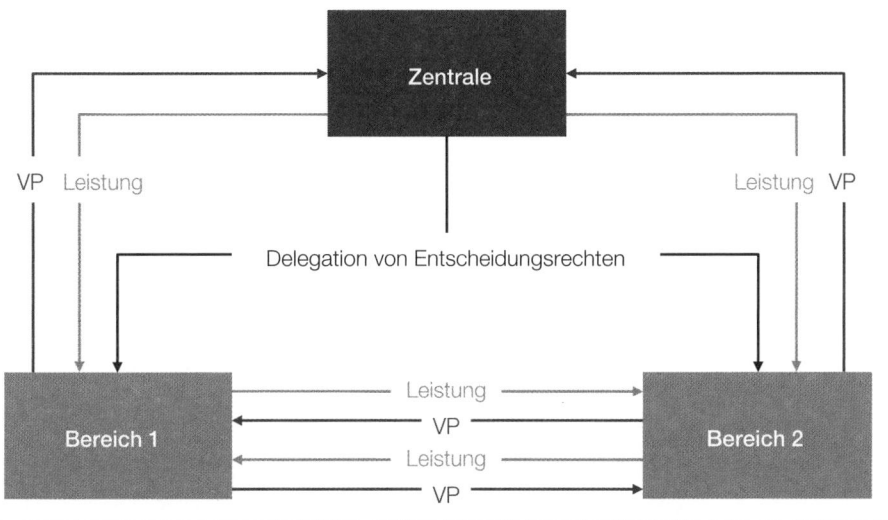

Abbildung 15.1: Dezentralisierung und Verrechnungspreise

Verrechnungspreise für den Leistungsaustausch zwischen dezentralen Einheiten werden sowohl bei funktionalen als auch bei divisionalen Organisationsstrukturen benötigt; bei der funktionalen Form erfolgt eine Strukturierung nach betrieblichen Funktionsbereichen, z. B. Entwicklung, Einkauf, Fertigung, Vertrieb und Logistik; divisionale Formen strukturieren das Unternehmen nach Produkten, Kunden oder Regionen. Eine divisionale Organisationsstruktur wird auch als **Geschäftsbereichsorganisation** bezeichnet.

Die Bedeutung von Verrechnungspreisen steigt tendenziell mit dem Grad der Dezentralisierung von Entscheidungskompetenzen und mit dem Ausmaß der Leistungsverflechtungen zwischen dezentralen Organisationseinheiten untereinander sowie zwischen dezentralen und zentralen Organisationseinheiten. Für die Machine Holding schwebt Geschäftsführerin Stefanie Berger eine Organisation nach den Maschinengehäusen als Vorprodukten und den Werkzeugmaschinen als Endprodukten vor.

Responsibility Accounting

Die Verantwortung von Organisationseinheiten kann unterschiedlich weit gefasst sein. Die Verantwortungsbereiche werden als **Responsibility Center** bezeichnet. Die Abbildung 15.2 gibt einen Überblick über die verschiedenen Centertypen, deren Verantwortung sich unterschiedlich weit erstreckt. Die englischen Begriffe der verschiedenen Centertypen haben sich auch im deutschen Sprachgebrauch eingebürgert. Vom **Cost Center** über das **Profit Center** zum **Investment Center** nimmt der Umfang der Verantwortung des jeweiligen Bereichsleiters zu. Leiter von **Revenue Centern** tragen lediglich die Verantwortung für die Erlöse, nicht für die Kosten. Die Zielsetzung, die der Bereichsleiter verfolgen soll, sowie die Größen, an denen er gemessen wird, orientieren sich am Umfang seiner Verantwortung.

Abbildung 15.2: Typen von Responsibility Centern

Center-Typ	Kennzeichnung
Cost Center	▪ Bereichsleiter haben Verantwortung für **Kosten**. ▪ Bereichsleiter entscheiden über den Ressourceneinsatz und sollen entweder die Kosten für ein gegebenes Outputniveau minimieren oder den Output für ein gegebenes Kostenniveau maximieren. ▪ Performance der Bereichsleiter wird an den Kosten, teilweise auch zusätzlich an der Qualität gemessen. ▪ Wird häufig für Bereiche angewandt, die Güter/Dienstleistungen produzieren.
Revenue Center	▪ Bereichsleiter haben Verantwortung für **Erlöse**. ▪ Bereichsleiter entscheiden über Maßnahmen, die Preise und/oder Absatzmengen betreffen, und sollen den Umsatz maximieren ▪ Je nachdem, ob Bereichsleiter oder die Zentrale für Preisentscheidungen verantwortlich sind, wird die Performance der Bereichsleiter an den Umsatzerlösen oder an der abgesetzten Menge gemessen. ▪ Wird häufig für Bereiche angewandt, die Güter/Dienstleistungen verkaufen, die sie nicht selbst produzieren.
Profit Center	▪ Bereichsleiter haben Verantwortung für **Kosten und Erlöse.** ▪ Bereichsleiter sollen das Ergebnis maximieren und entscheiden i. d. R. über Einsatzgüter, Produktionsprogramm und Preise. ▪ Performance der Bereichsleiter wird i. d. R. an Ergebnisgrößen gemessen. ▪ Wird häufig für Bereiche angewandt, die Güter/Dienstleistungen produzieren *und* verkaufen.
Investment Center	▪ Bereichsleiter haben Verantwortung für **Kosten, Erlöse und Investitionen.** ▪ Bereichsleiter entscheiden i. d. R. zusätzlich über Investitionen bspw. in Anlagen, in Forschung und Entwicklung oder auch in Marketingaktivitäten sowie über Maßnahmen zur Beeinflussung von Lager- und Forderungsbeständen. ▪ Performance der Bereichsleiter wird i. d. R. an Performance-Größen gemessen, die das Ergebnis und das investierte Kapital abbilden. ▪ Wird häufig für Bereiche angewandt, die wie ein Profit Center Güter/Dienstleistungen produzieren und verkaufen und bei denen es sinnvoll ist, dass auch Investitionsentscheidungen dezentral getroffen werden.

Die Beantwortung der Frage, welcher Centertyp von der Unternehmensleitung für einen bestimmten Bereich gewählt wird, hängt davon ab, welche Funktionen in einem Bereich ausgeübt werden und inwieweit die Informationen und Interessen von Zentrale und Bereich eine Dezentralisierung sinnvoll erscheinen lassen. Z. B. hat ein Produktionsleiter einen großen Einfluss auf die Kosten, i. d. R. jedoch einen geringen Einfluss auf die Erlöse, während es bei einem Vertriebsleiter häufig umgekehrt ist. Ein Bereich, der beide Funktionen vereint, hat dagegen sowohl auf Kosten als auch auf Erlöse einen großen Einfluss. Die Dezentralisierung von Investitionskompetenzen ist dann sinnvoll, wenn ein Bereich über bessere Informationen verfügt als die Zentrale und sichergestellt werden kann, dass die Dezentralisierung nicht zu einer Verschlechterung für das gesamte Unternehmen führt. Dies kann z. B. dadurch verursacht werden, dass ein Bereich Investitionen tätigt, welche seine Profitabilität oder seine Risikoposition zu Lasten anderer Bereiche verbessern.

> **Responsibility Center bei der Machine Holding AG**
>
> Stefanie Berger und Toni Hinterseer diskutieren diese Aspekte für die Machine Tools und die Machine Housing und kommen zu dem Ergebnis, dass die beiden Bereiche zunächst als Profit Center geführt werden sollen, da in beiden Bereichen sowohl der Input als auch der Output bewertet werden soll. Die Dezentralisierung von Investitionskompetenzen und damit die Erhöhung der Verantwortung der Bereichsleiter wollen sie zu einem späteren Zeitpunkt erneut diskutieren, wenn sie erste Erfahrungen mit der Bereichsorganisation gesammelt haben.

Die Festlegung von Centertypen gehört zum so genannten **Responsibility Accounting**. Dabei geht es darum, das Verhalten der organisatorischen Teileinheiten eines Unternehmens so zu steuern, dass die Ziele des gesamten Unternehmens optimiert werden. Es soll also verhindert werden, dass aus einer separierten Optimierung von Bereichserfolgen in den Teileinheiten ein aus Unternehmensgesamtsicht suboptimales Ergebnis resultiert. Auf diese grundlegende Problematik der Verhaltenssteuerung von Bereichen sind wir im Rahmen von Kapitel 14 zur Budgetierung bereits eingegangen. Neben der Festlegung der Centertypen gehören zum Responsibility Accounting die Messung und Bewertung der Erfolgsgrößen (**Performance Measurement**) der organisatorischen Teileinheiten mithilfe von Bereichserfolgsrechnungen. Für die Bestimmung der Bereichserfolge ist eine entsprechend segmentierte Unternehmensrechnung erforderlich. Um Zielkongruenz zwischen den Bereichen und dem Gesamtunternehmen herzustellen, werden den Bereichsleitern häufig Ziele vorgegeben, an denen sie gemessen werden (Management by Objectives). Die Erreichung dieser Ziele kann mit Anreizen, z. B. mit variablen Gehaltsbestandteilen, gekoppelt werden. Zielvorgabe und Kopplung mit dem Anreizsystem sind grundsätzlich nur dann sinnvoll, wenn die Bereiche die Ziele auch beeinflussen können.

Die Messung von Bereichserfolgen wird erschwert, wenn **Abhängigkeiten zwischen den Bereichen** bzw. mit der Zentrale bestehen. Derartige Abhängigkeiten können zum einen dadurch bedingt sein, dass mehrere Bereiche zentrale Leistungen und damit Ressourcen in Anspruch nehmen. Dabei stellt sich die Frage, wie die Gemeinkosten diesen Leistungen zugeordnet werden sollen. Bei der Messung der Bereichserfolge spielen Verrechnungspreise eine bedeutende Rolle. Die Wahl der **Verrechnungspreismethode** – und daraus resultierend die Höhe des Verrechnungspreises – beeinflusst, wie Gemeinkosten den Bereichen zugeordnet werden. Zudem entstehen Abhängigkeiten, wenn ein Bereich Leistungen eines anderen Bereichs in Anspruch nimmt; auch hier entscheidet die Wahl der Verrechnungspreise über die Zuordnung von Kosten (und Erlösen) auf die Bereiche. Diese Größen gehen dann in den Bereichserfolg ein. Die Zuordnung von Kosten (und Erlösen) sollte so erfolgen, dass die Bereichsverantwortlichen ihre Entscheidungen möglichst so treffen, wie es für das gesamte Unternehmen optimal ist.

Wenn die Zentrale das Arbeitsverhalten der Bereiche nicht oder nur eingeschränkt beobachten kann, dann ist bei der Festlegung der Verrechnungspreise auch zu beachten, dass diese den Bereichsleitern einen Anreiz geben, sich für die Erreichung der Ziele des gesamten Unternehmens anzustrengen. Das Anreizsystem legt Größen fest, an denen die Bereichsleiter gemessen werden (z. B. Kosten, Gewinn, Deckungsbeitrag), und diese Größen hängen wiederum von den Verrechnungspreisen ab. In vielen Unternehmen ist die Festlegung der Verrechnungspreise daher ein intensiv diskutiertes Thema, insbesondere wenn variable Gehaltsbestandteile der Bereichsleiter von den festgesetzten Verrechnungspreisen abhängen.

Praxisbeispiel: Leistungsbeziehungen im Lufthansa Konzern

Der Lufthansa Konzern lässt sich in die Geschäftsfelder Passage, Cargo, Technik, Catering, IT-Services und Touristik aufteilen. Abbildung 15.3 zeigt die wichtigsten Leistungsbeziehungen zwischen diesen Geschäftsfeldern. Neben dem Kerngeschäft – dem Transport von Passagieren und Gütern – werden auch andere, mit der Luftfahrt verbundene Dienstleistungen angeboten. Diese Leistungen wurden anfangs nur für den internen Gebrauch bereitgestellt, inzwischen werden sie jedoch auch für konzernexterne Kunden angeboten. Für die Leistungen müssen intern Verrechnungspreise bestimmt werden. Die teilweise erheblichen Umsatzanteile interner Kunden verdeutlichen die Bedeutung der internen Leistungsbeziehungen. Verrechnungspreise sind aufgrund dieses Umfangs, des dezentralen Aufbaus des Lufthansa-Konzerns und der Führung durch Zielvorgaben ein wichtiges Instrument der Konzernsteuerung.

15.1 Kennzeichnung von Verrechnungspreisen u. Verrechnungspreissystemen

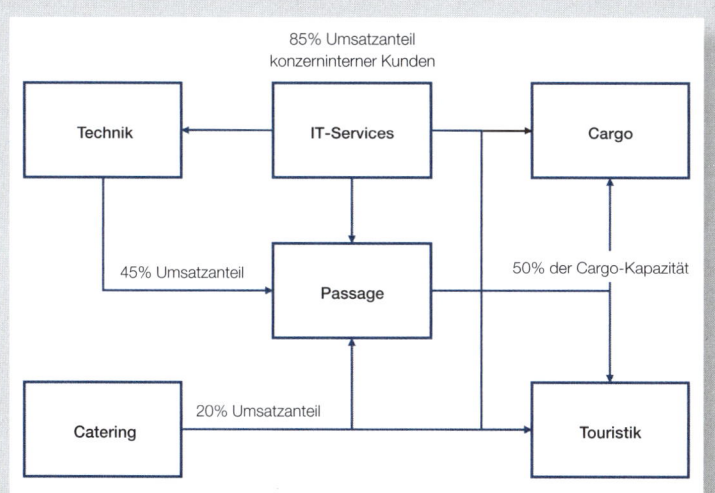

Abbildung 15.3: Leistungsbeziehungen im Lufthansa Konzern

Entscheidungen über die Verhandlung von Verrechnungspreisen mit konzerninternen Lieferanten bzw. Kunden werden an die Geschäftsbereiche delegiert. Marktmechanismen sollen soweit wie möglich auf die unternehmensinternen Leistungsbeziehungen übertragen werden. Dadurch sollen den Geschäftsbereichen Anreize zur Kostenoptimierung gegeben werden. Die Zentrale ergreift bei Unstimmigkeiten die Funktion des Schlichters. Dabei soll sie auch sicherstellen, dass die zwischen den Bereichen vereinbarten Regeln und Preise nicht den Interessen des Konzerns zuwiderlaufen. Erreichen die Geschäftsbereiche in Verhandlungen keine Einigung, so beauftragt der Konzernvorstand das Konzerncontrolling, eine Zwangsschlichtung durchzuführen. Damit dieser Fall möglichst nicht eintritt, wurde festgelegt, dass den verantwortlichen Vorständen der betroffenen Geschäftsbereiche in dem entsprechenden Jahr die Hälfte ihrer variablen Vergütung gestrichen wird.

Quelle: Beißel, Jörg: Verrechnungspreise und wertorientierte Konzernsteuerung bei der Deutschen Lufthansa AG, in: Betriebswirtschaftliche Forschung und Praxis, 57. Jg., 2005, Heft 2, S. 119–136.

Idealtypischer Ansatz zur Bestimmung von Verrechnungspreisen

Grundsätzlich sollten die Verrechnungspreise so festgesetzt werden, dass die Maximierung der Bereichserfolge gleichzeitig den Unternehmenserfolg maximiert. Mit anderen Worten, durch die Wahl der Verrechnungspreise soll Zielkongruenz zwischen den Bereichen und dem Gesamtunternehmen hergestellt werden. Der idealtypische Ansatz, mit dem diese Zielkongruenz erreicht wird, bestimmt den Verrechnungspreis wie folgt:

| Verrechnungspreis | = | Grenzkosten einer intern ausgetauschten Leistungseinheit | + | Opportunitätskosten einer intern ausgetauschten Leistungseinheit |

Der Verrechnungspreis setzt sich aus den Grenzkosten (zu Grenzkosten vgl. Abschnitt 2.2), also den zusätzlichen Kosten, die für eine intern ausgetauschte Leistungseinheit anfallen, und ihren Opportunitätskosten zusammen. Die Opportunitätskosten bezeichnen den durch die Erstellung der intern ausgetauschten Leistungseinheit entgangenen Gewinn und sind generell situationsabhängig (zu Opportunitätskosten vgl. die Abschnitte 2.2 und 9.2). In der Unternehmenspraxis lässt sich dieser idealtypische Ansatz zur Bestimmung von Verrechnungspreisen nicht immer umsetzen, weshalb dann andere Methoden zum Einsatz kommen (vgl. Abschnitt 15.3). Dies verhält sich ähnlich wie bei der Bestimmung von Preisen (vgl. Abschnitt 9.4).

> **Verrechnungspreise der Machine Holding AG bei freien Kapazitäten**
>
> Für die Produktion eines Maschinengehäuses fallen bei der Machine Housing Materialeinzelkosten in Höhe von 240,– €, Stückakkordlohne von 60,– € sowie Verpackungskosten je Stück von 10,– € an. Die gesamten Gemeinkosten sind nach Einschätzung von Toni Hinterseer fix. Stefanie Berger hat in der Zwischenzeit beschlossen, dass die Machine Housing mit den Gehäusen auch externe Kunden beliefern soll, da eine Marktanalyse ein großes Potenzial für dieses Geschäft aufgezeigt hat. Toni Hinterseer spielt zwei Szenarien für die Bestimmung des Verrechnungspreises durch.
> Im ersten Szenario geht Toni Hinterseer davon aus, dass die Kapazität der Machine Housing ausreicht, um die gesamte interne und externe Nachfrage nach Maschinengehäusen zu bedienen. In diesem Fall sind die Opportunitätskosten einer internen Belieferung gleich Null, weil dadurch kein extern verkauftes Gehäuse verdrängt wird. Folglich gilt nach der grundlegenden Verrechnungspreisregel:
>
> Grenzkosten = 240,– € + 60,– € + 10,– € = 310,– € je Gehäuse
>
> Verrechnungspreis = 310,– € + 0,– € = 310,– €

Toni Hinterseer fragt sich, ob die Anwendung der Grundregel aus Gesamtunternehmenssicht optimal ist: Die Machine Tools wird sich entscheiden, die Gehäuse zum Verrechnungspreis von 310,– € intern zu beziehen, wenn sie mit einer Werkzeugmaschine einen Deckungsbeitrag vor Kosten für das Gehäuse von über 310,– € erwirtschaftet und keine externe Beschaffungsmöglichkeit für das Gehäuse zu einem Preis von unter 310,– € besteht. Genau dann, wenn diese beiden Bedingungen erfüllt sind, ist der interne Bezug auch aus Un-

15.1 Kennzeichnung von Verrechnungspreisen u. Verrechnungspreissystemen

ternehmensgesamtsicht vorteilhaft. Ist eine der beiden Bedingungen nicht erfüllt, würde die Machine Tools durch einen internen Bezug ihren eigenen Bereichsdeckungsbeitrag und den Deckungsbeitrag des Gesamtunternehmens verringern. Der Verrechnungspreis von 310,– € führt also zu einem aus Gesamtunternehmenssicht optimalen Entscheidungsverhalten.

Bei einem Verrechnungspreis von 310,– € je Gehäuse erwirtschaftet Machine Housing einen Deckungsbeitrag von 0,– €, ist also indifferent, ob sie die Machine Tools mit Gehäusen beliefert oder nicht. Um der Machine Housing einen Anreiz für die interne Belieferung zu geben, könnte man einen Aufschlag auf die 310,– € vornehmen. Solange dieser nicht so hoch ist, dass der Verrechnungspreis den Preis einer externen Beschaffungsmöglichkeit übersteigt, wird sich Machine Tools für den internen Bezug der Gehäuse entscheiden. Der Verrechnungspreis darf sich also in einer Bandbreite zwischen den Grenzkosten und dem Preis für die externe Beschaffung bewegen.

> **Verrechnungspreise der Machine Holding AG bei Engpässen**
>
> Im zweiten Szenario werden die Kapazitäten der Machine Housing durch die Bedienung der Nachfrage externer Kunden nach Maschinengehäusen vollständig ausgelastet. Für die Bedienung der internen Nachfrage der Machine Tools stehen daher keine freien Kapazitäten zur Verfügung. Auf dem externen Markt lässt sich ein Verkaufspreis von 500,– € je Gehäuse erzielen. Der Verrechnungspreis für die interne Belieferung der Machine Tools mit einem Gehäuse wird daher entsprechend obiger Grundregel wie folgt berechnet:
>
> Opportunitätskosten = 500,– € – 310,– € = 190,– € je Gehäuse
>
> Verrechnungspreis = 310,– € + 190,– € = 500,– € je Gehäuse

Wenn keine freien Kapazitäten bestehen, dann entgehen der Machine Housing durch die interne Belieferung der Machine Tools 190,– € Deckungsbeitrag je Gehäuse, weil ein intern geliefertes Gehäuse ein extern verkäufliches Gehäuse verdrängt. Diese Opportunitätskosten sind bei der Ermittlung des Verrechnungspreises einzubeziehen, der in diesem einfachen Beispiel dem Marktpreis entspricht. Die Grundstruktur dieses Problems kennen wir bereits von der Produktionsprogrammbestimmung bei einer Mehrproduktrestriktion, z. B. in Form eines Produktionsengpasses auf einer Maschine (vgl. Abschnitt 9.3).

Toni Hinterseer möchte nun noch an zwei Fällen überprüfen, ob die Anwendung der grundlegenden Verrechnungspreisregel in diesem Szenario für die Machine Holding tatsächlich zu einem optimalen Ergebnis aus Sicht der Zentrale führt. Zunächst nimmt er an, dass die Machine Tools die Gehäuse alternativ zu einem Stückpreis von 450,– € bei einem Nürnberger Lieferanten einkaufen könnte (diese Annahme ist nur plausibel, wenn Transportkosten oder Marktintransparenz verhindern, dass deswegen auch Machine Housing seinen Verkaufspreis von 500,– € absenken muss). In diesem Fall würde sich der Leiter der Machine Tools für den externen Bezug der Gehäuse entscheiden (vorausgesetzt die Holding lässt diese Möglichkeit zu). Toni Hinterseer fragt sich, ob diese Entscheidung aus Gesamtunternehmenssicht zielkongruent ist, da für die interne Erstellung eines Gehäuses ja nur Kosten von 310,– € anfallen. Der Kostennachteil von 450,– € – 310,– € = 140,– € ist jedoch niedriger als der Deckungsbeitrag von 190,– €, der sich durch externen Verkauf erzielen lässt. Aus Gesamtunternehmenssicht ist es daher die richtige Entscheidung, die Gehäuse für die Machine Tools von dem Nürnberger Lieferanten zu beziehen und die von der Machine Housing produzierten Gehäuse extern zu verkaufen.

Im zweiten Fall geht Toni Hinterseer davon aus, dass die Gehäuse von der Machine Tools extern nur zu einem höheren Preis von 550,– € beschafft werden können (auch diese Annahme kann z. B. mit Transportkosten begründet werden). Die Machine Tools wird sich daher bei einem Verrechnungspreis von 500,– € dazu entscheiden, intern von der Machine Housing zu beziehen, was aus Gesamtunternehmenssicht richtig ist, da der Kostennachteil bei externem Bezug von 550,– € – 310,– € = 240,– € den entgangenen Deckungsbeitrag bei externem Verkauf des Gehäuses durch die Machine Housing von 190,– € übersteigt.

Die Opportunitätskosten und damit die Verrechnungspreise hängen beim idealtypischen Ansatz der Verrechnungspreisbestimmung von den Entscheidungsalternativen und der Knappheitssituation der Kapazitäten ab. Man spricht daher von **knappheitsorientierten Verrechnungspreisen**. Abbildung 15.4 systematisiert die verschiedenen Entscheidungssituationen zur Bestimmung knappheitsorientierter Verrechnungspreise.[1]

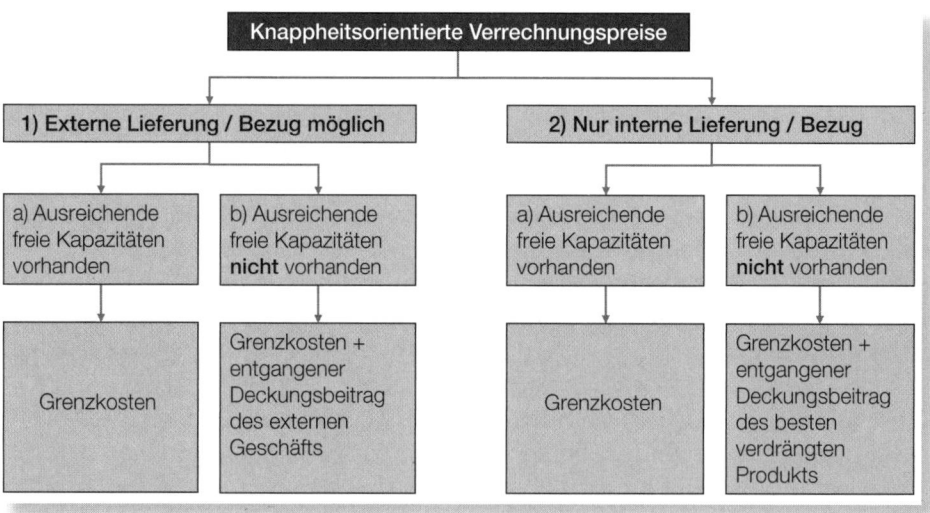

Abbildung 15.4: Systematisierung von Entscheidungssituationen zur Bestimmung knappheitsorientierter Verrechnungspreise

---

[1] Erweiterte Darstellung basierend auf Coenenberg/Fischer/Günther, 2012, S. 746.

Fall 1, bei dem externe Lieferung bzw. externer Bezug möglich ist, haben wir gerade am Beispiel der Machine Holding analysiert. Im Unterfall 1b entspricht der Verrechnungspreis grundsätzlich dem Marktpreis. Fallen bei Einsatzgütern Beschaffungsnebenkosten an, so sind diese zum Beschaffungspreis zu addieren, um die Opportunitätskosten zu ermitteln. Entsprechend sind bei Ausbringungsgütern ggf. Absatznebenkosten zu berücksichtigen.

Auch wenn nur interne Lieferung bzw. interner Bezug möglich ist, entspricht der Verrechnungspreis bei überschüssigen Kapazitäten den Grenzkosten (Unterfall 2a). Anders verhält es sich, wenn die vorhandene Kapazität nicht ausreicht, um die gesamte interne Nachfrage zu bedienen (Unterfall 2b). Dann wird durch die Produktion eines Ausbringungsgutes, welches eine interne Vorleistung benötigt, ein anderes Ausbringungsgut verdrängt. Liegt lediglich eine Kapazitätsrestriktion vor, so entsprechen die Opportunitätskosten dem Deckungsbeitrag des verdrängten Produkts, das gerade nicht mehr oder nicht mehr in vollem Umfang produziert werden kann. Die grundlegende Problemstruktur entspricht derjenigen einer Produktionsprogrammentscheidung bei einer Mehrproduktrestriktion.

Bei der **praktischen Umsetzung der grundlegenden Verrechnungspreisregel** kann eine Reihe von weiteren Problemen auftreten:
- Bei schwankender Kapazitätsauslastung springt der Verrechnungspreis unter Umständen zwischen verschiedenen Werten hin und her, in unserem Beispiel zwischen 500,– € und 310,– €. Häufig bevorzugen Unternehmen jedoch stabile Verrechnungspreise, um den Bereichen eine solide Planungsgrundlage zu geben und um den Aufwand für die Verrechnungspreisbestimmung in Grenzen zu halten. Diese Problematik wird durch die Unsicherheit der Daten verschärft. In der Unternehmenspraxis hat die längerfristige Planung häufig eine größere Bedeutung als kurzfristig wechselnde Kapazitätsengpässe.
- Die Opportunitätskosten lassen sich nicht immer ohne weiteres bestimmen. Dies kann dadurch erschwert werden, dass kein externer Wettbewerbsmarkt für die Leistungen besteht. Der Anbieter der Leistung ist dann unter Umständen kein Preisnehmer, sondern beeinflusst mit der von ihm extern angebotenen Menge den Preis. Damit hängen die Opportunitätskosten von der angebotenen Menge ab. Des Weiteren werden möglicherweise keine vergleichbaren Produkte auf dem externen Markt gehandelt. Auch mögliche Interdependenzen zwischen unterschiedlichen internen Leistungen erschweren die Bestimmung der Opportunitätskosten.
- Bei wirksamen Kapazitätsrestriktionen sind wir mit dem ‚**Dilemma der pretialen Lenkung**' konfrontiert. Die optimalen Verrechnungspreise können dann zwar mithilfe der linearen Programmierung ermittelt werden. Sie werden dabei aber gemeinsam mit den optimalen Transaktionsmengen der innerbetrieblichen Leistungen bestimmt. Kennt man die optimalen Mengen, dann benötigt man keine Verrechnungspreise mehr, um das Koordinationsproblem zu lösen.

- Ein Verrechnungspreis in Höhe der Grenzkosten (bei ausreichend freien Kapazitäten) wird von den Beteiligten nicht unbedingt als gerecht empfunden, da dadurch der gesamte Vorteil einer internen Leistungserstellung dem Bereich zugutekommt, der die Leistung in Anspruch nimmt. Grundsätzlich gilt bei knappheitsorientierten Verrechnungspreisen, dass Gewinne tendenziell den Bereichen zugeordnet werden, bei denen Restriktionen auftreten. Dies schafft für die Bereichsleiter einen Anreiz, künstlich Knappheiten zu erzeugen, z. B. indem sie Investitionen in Kapazitäten unterlassen. Auch möglicherweise vorhandene Anreize der Bereichsleiter, eigene, von den Unternehmenszielen abweichende Zielsetzungen zu verfolgen und ihren Arbeitseinsatz zu reduzieren, werden von knappheitsorientierten Verrechnungspreisen nicht berücksichtigt.

Die geschilderten Probleme führen dazu, dass in der Unternehmenspraxis meist andere Methoden der Verrechnungspreisbestimmung herangezogen werden. Diese Methoden stellen entweder auf Marktinformationen, auf Kosteninformationen aus dem Rechnungswesen oder auf Verhandlungen ab. Dementsprechend werden die ermittelten Verrechnungspreise als marktorientiert, kostenorientiert oder verhandlungsbasiert bezeichnet. Die Methoden können auch kombiniert werden, etwa wenn Kosteninformationen als Ausgangspunkt für Verhandlungen der Bereiche dienen. Es ist wichtig, die idealtypische Verrechnungspreisregel als Referenzpunkt zu verstehen, um die anderen Methoden beurteilen zu können.

Bestandteile von Verrechnungspreissystemen

Verrechnungspreissysteme gehen über die Bestimmung einzelner Verrechnungspreise hinaus. So hatte Toni Hinterseer bereits darauf hingewiesen, dass zu klären sei, ob die Machine Housing auch andere Unternehmen mit Gehäusen beliefern und die Machine Tools auch bei anderen Unternehmen Gehäuse einkaufen dürfe. Auch die Bedeutung steuerrechtlicher Regelungen bei der Gestaltung der Verrechnungspreise hatte er bereits angesprochen. Abbildung 15.5 gibt daran anknüpfend einen Überblick über die zentralen Bestandteile von Verrechnungspreissystemen.[2]

Zu einem Verrechnungspreissystem gehören zunächst einmal seine **Funktionen**. Sollen mit den Verrechnungspreisen die Bereichsgewinne möglichst exakt bestimmt werden, sollen damit Gewinne in steuerlich günstigere Länder verlagert werden oder sollen in erster Linie die Entscheidungen der Bereiche koordiniert werden?

Die Regelung der **Transaktionsfreiheit** bezieht sich auf die Frage, ob die Unternehmensbereiche die interne Leistung alternativ auch von externen Geschäftspartnern beziehen dürfen bzw. an diese liefern dürfen. Für eine interne

---

[2] In Anlehnung an Hummel, 2010, S. 32.

15.1 Kennzeichnung von Verrechnungspreisen u. Verrechnungspreissystemen

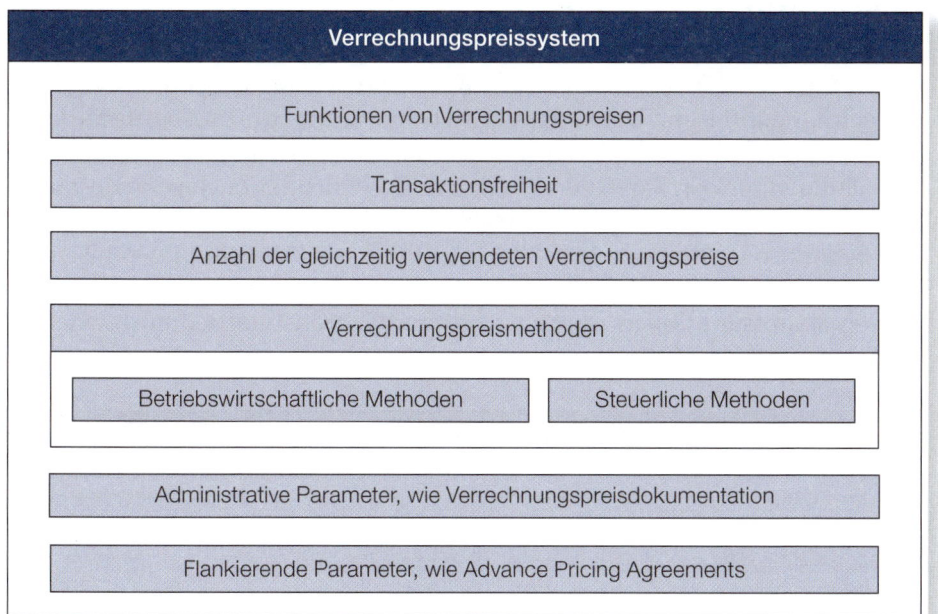

Abbildung 15.5: Bestandteile von Verrechnungspreissystemen

Leistung werden teilweise auch **mehrere Verrechnungspreise** gleichzeitig angesetzt, um die unterschiedlichen Funktionen von Verrechnungspreisen zu erfüllen. So können insbesondere unterschiedliche Verrechnungspreise für die interne Steuerung und für die steuerliche Gewinnermittlung angesetzt werden, wenn die interne Koordinationsfunktion einen anderen Verrechnungspreis erfordert, als ihn das Unternehmen im Rahmen der steuerlichen Gewinnermittlung ansetzen möchte und/oder muss. Hierfür ist dann eine entsprechend ausdifferenzierte Gestaltung des Rechnungswesens als so genanntes Zweikreissystem (two sets of books) erforderlich.

Die angewandten **Verrechnungspreismethoden** bilden den Kern eines Verrechnungspreissystems. Sie bestimmen die Höhe der Verrechnungspreise und lassen sich in betriebswirtschaftliche und steuerliche Methoden unterteilen. Einen weiteren Bestandteil von Verrechnungspreissystemen bilden **administrative Parameter**, wie die Ausgestaltung der **Verrechnungspreisdokumentation**. Die Dokumentation kann durch eine interne Verrechnungspreisrichtlinie bzw. ein Verrechnungspreishandbuch vorgenommen werden und unterliegt steuerrechtlichen Vorschriften. Dazu kommen ggf. noch **flankierende Elemente**, wie ein **Advance Pricing Agreement** (APA). Dabei handelt es sich um eine Übereinkunft zwischen einem Unternehmen und einer oder mehreren Steuerbehörden. Ein APA legt im Vorhinein die Verrechnungspreismethoden für bestimmte Geschäftsvorfälle innerhalb eines bestimmten Zeitraums fest (vgl. Abschnitt 15.4).

15.2 Funktionen von Verrechnungspreisen

Abbildung 15.6 gibt einen Überblick über die wichtigsten Funktionen von Verrechnungspreisen.[3] Diese lassen sich in Haupt- und Nebenfunktionen unterteilen. Während die Hauptfunktionen die eigentlichen Aufgaben von Verrechnungspreisen darstellen, werden die Nebenfunktionen gewissermaßen ‚nebenbei' erfüllt, was nicht unbedingt heißt, dass diesen nur eine untergeordnete Bedeutung zukommt. Je nachdem, ob von der Verrechnungspreisgestaltung in erster Linie interne oder externe Sachverhalte betroffen sind, kann man bei den Hauptfunktionen weiter nach unternehmensinternen und -externen Funktionen differenzieren.

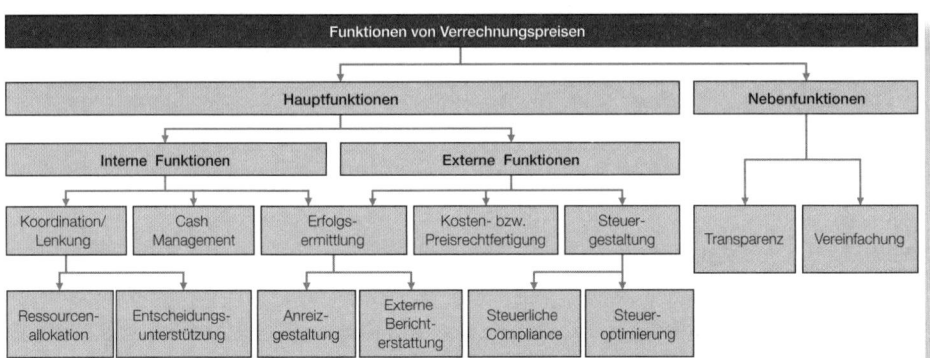

Abbildung 15.6: Funktionen von Verrechnungspreisen

Die **Koordinations- und Lenkungsfunktion** ist den internen Funktionen zuzuordnen. Sie besteht darin, das Entscheidungsverhalten dezentraler Bereiche so aufeinander abzustimmen, dass daraus ein für das gesamte Unternehmen optimales Ergebnis resultiert. Diese Koordinationsfunktion lässt sich gedanklich in eine Funktion der Ressourcenallokation, die aus Sicht des gesamten Unternehmens optimiert werden soll, und eine Funktion der Entscheidungsunterstützung dezentraler Bereiche aufspalten.

Auch das **Cash Management** gehört zu den internen Funktionen. Ist die Verrechnung interner Leistungsströme mit Zahlungen verbunden, wie es im Fall von rechtlich selbstständigen Tochterunternehmen regelmäßig der Fall ist, so bestimmt die Gestaltung der Verrechnungspreise über den Fluss von Finanzmitteln in einem Konzern. Insbesondere im Verhältnis mit ausländischen Tochtergesellschaften kann diesem Aspekt bei Liquiditätsengpässen eine erhebliche Bedeutung zukommen.

Die **Erfolgsermittlung** kann sowohl auf interne als auch auf externe Zwecke ausgerichtet sein. Verrechnungspreise ermöglichen es, den Güterverbrauch und die Gütererstellung von abgegrenzten Bereichen zu bewerten und damit deren Erfolg zu ermitteln. Die Erfolgsermittlungsfunktion kann sowohl intern, etwa im Rahmen der Kostenrechnung, als auch extern bei der Rechnungs-

---

[3] Erweiterte Darstellung basierend auf Hummel, 2010, S. 39.

15.2 Funktionen von Verrechnungspreisen

legung rechtlich selbstständiger Tochtergesellschaften eines Konzerns zum Tragen kommen. Intern kann eine Verknüpfung von Bereichserfolgsgrößen mit dem Anreizsystem der Bereichsleiter hergestellt werden. Dies kann auch erforderlich sein, um das Verhalten der Bereiche im Sinne der Koordinationsfunktion zu beeinflussen; allein deshalb besteht ein enger Zusammenhang zwischen diesen beiden Funktionen.

Bei der Funktion der **Kosten- bzw. Preisrechtfertigung** geht es darum, die Zuordnung von Kosten sowie Kalkulationen gegenüber externen Adressaten zu rechtfertigen. Dies spielt in Netzindustrien wie der Energiewirtschaft und der Telekommunikation, deren Preise teilweise reguliert werden (in Deutschland hauptsächlich von der Bundesnetzagentur) eine erhebliche Rolle. Die Unternehmen reichen zum Zweck der Preisfestsetzung Nachweise über die Kosten in einem regulierten Bereich bei der Regulierungsbehörde ein, deren Höhe auch von den Verrechnungspreisen für aus anderen Bereichen bezogene Leistungen abhängt. Ähnliches gilt für die Kalkulation von Kosten für öffentliche Aufträge sowie für die Berechnung von Schadenhöhen in Versicherungsfällen, z. B. bei Betriebsunterbrechungsschäden.

Die **Steuergestaltungsfunktion** ist eine externe Funktion. Bei grenzüberschreitendem Leistungsaustausch beeinflusst der Verrechnungspreis, in welchem Land Gewinne anfallen. Anstelle von ‚Land' spricht man in diesem Zusammenhang häufig auch von ‚Jurisdiktion', um den Zuständigkeitsbereich von Steuerbehörden zu bezeichnen. Die Teilfunktion der steuerlichen Compliance ist auf die Einhaltung nationaler und supranationaler, z. B. von der OECD verabschiedeter, steuerlicher Regelungen gerichtet. Die Teilfunktion der Steueroptimierung dient dagegen der Minimierung der steuerlichen Belastung durch die Gestaltung der Verrechnungspreise innerhalb des vorgegebenen zulässigen Rahmens. Auch die Ermittlung steuerlicher Bemessungsgrundlagen steht in einem engen Zusammenhang mit der Erfolgsermittlungsfunktion. Auf den grenzüberschreitenden Leistungsaustausch beziehen sich auch noch weitere Funktionen wie die Begrenzung von Wechselkursrisiken, die Reduzierung von Zollzahlungen sowie die Einhaltung von Import- und Exportbeschränkungen.

Zu den **Nebenfunktionen** von Verrechnungspreisen gehören insbesondere die Schaffung von Transparenz über die innerbetrieblichen Leistungsbeziehungen sowie die Vereinfachung der innerbetrieblichen Leistungsverrechnung. So können knappheitsorientierte Verrechnungspreise beispielsweise Schwierigkeiten in der praktischen Umsetzung aufwerfen, die den Einsatz einfacherer Methoden der Verrechnungspreisbestimmung erfordern.

Zwischen den verschiedenen Funktionen von Verrechnungspreisen besteht eine Reihe von potenziellen **Zielkonflikten**. Ein zentraler Zielkonflikt kann beispielsweise zwischen der Koordinationsfunktion und der Erfolgsermittlungsfunktion auftreten. So hatten wir in obigem Beispiel der Machine Holding gesehen, dass bei freien Kapazitäten ein Verrechnungspreis für ein Maschinengehäuse in Höhe der zusätzlichen zahlungswirksamen Kosten (im Beispiel 310,– €) aus Koordinationsgesichtspunkten optimal ist. Die Fixkosten der Machine Housing werden dann aber nicht gedeckt und der Bereich erwirtschaftet einen Verlust, woraus sich ein möglicher Zielkonflikt mit der Erfolgsermittlungsfunktion ergibt. Dieser wird verschärft, wenn das Anreizsystem variable Gehaltsbestandteile des Bereichsleiters der Machine Housing an den Bereichsgewinn koppelt.

Darüber hinaus können zwischen der Funktion der Steuerplanung und den übrigen Funktionen Zielkonflikte auftreten, da diejenigen Verrechnungspreise, welche die Funktion der Steueroptimierung erfüllen, nicht notwendigerweise auch für die Koordination oder die Erfolgsermittlung geeignet sind. Derartige Zielkonflikte bewegen manche Unternehmen dazu, für bestimmte Leistungen mehrere Verrechnungspreise gleichzeitig einzusetzen.

Empirische Ergebnisse

In einer Untersuchung im Jahr 2008 bei Unternehmen mit Sitz in Deutschland und einem Umsatz von über 500 Mio. € fanden Hummel und Pedell (2009) die in Abbildung 15.7 wiedergegebene Bedeutung der verschiedenen Funktionen von Verrechnungspreisen auf einer Skala von 1 (geringes Gewicht) bis 5 (hohes Gewicht), wobei die hellblauen Balken den angestrebten Sollzustand beschreiben und die dunkelblauen Balken den Istzustand abbilden. Im Soll wird der Steuerlichen Compliance gemeinsam mit den Nebenfunktionen Transparenz und Vereinfachung die höchste Bedeutung zugemessen. Die größte Lücke zwischen angestrebtem Soll- und realisiertem Istzustand besteht bei der Transparenz, gefolgt von der Vereinfachung und der Entscheidungsunterstützung.

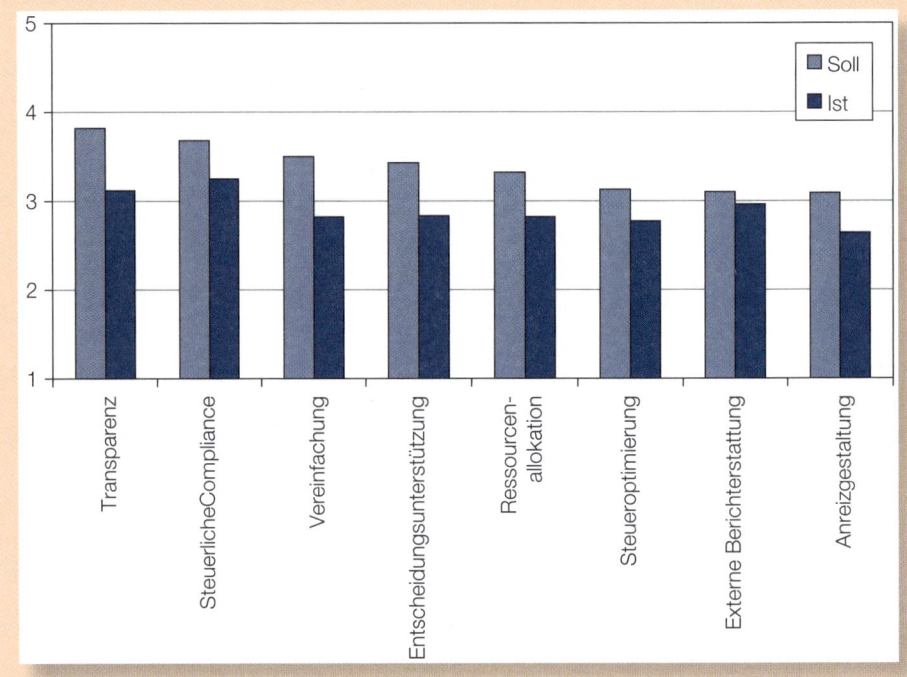

Abbildung 15.7: Funktionen von Verrechnungspreisen in der Unternehmenspraxis

> In einer Untersuchung von Pfaff/Stefani im Jahr 2005 bei an der Schweizer Börse SWX notierten Unternehmen wies die interne Erfolgsermittlung die höchste Bedeutung auf, gefolgt von der Steueroptimierung und der Koordination. Den Ergebnissen beider Untersuchungen ist gemeinsam, dass steuerliche Aspekte bei der Verrechnungspreisgestaltung eine wichtige Rolle spielen.
>
> **Quellen:** Hummel, K./Pedell, B.: Verrechnungspreissysteme in der Unternehmenspraxis, in: Zeitschrift Controlling, 21. Jg., 2009, Heft 11, S. 6-12. Pfaff, D./Stefani, U., Verrechnungspreise in der Unternehmenspraxis – Eine Bestandsaufnahme zu Zwecken und Methoden, in: Zeitschrift Controlling, 18. Jg., 2006, Heft 10, S. 517–524.

15.3 Betriebswirtschaftliche Methoden zur Ermittlung von Verrechnungspreisen

Zu den betriebswirtschaftlichen Methoden, mit denen Verrechnungspreise ermittelt werden können, gehören neben den bereits behandelten knappheitsorientierten Verrechnungspreisen insbesondere marktorientierte, kostenorientierte und verhandlungsbasierte Verrechnungspreise. Wie wir zeigen werden, entsprechen bestimmte marktorientierte bzw. kostenorientierte Verrechnungspreise in einzelnen Situationen den knappheitsorientierten Verrechnungspreisen.

Verrechnungspreise können knappheits-, markt- und kostenorientiert sowie verhandlungsbasiert ermittelt werden.

Marktorientierte Verrechnungspreise

Beim marktorientierten Ansatz der Verrechnungspreisbestimmung werden Verrechnungspreise aus Marktpreisen auf Absatz- oder Beschaffungsmärkten abgeleitet. Folgende **Voraussetzungen** sollten für die Anwendung dieser Methode gegeben sein:
- Eine grundlegende Voraussetzung ist, dass überhaupt entsprechende Güter auf einem externen Markt gehandelt werden und dass diese Güter mit den intern ausgetauschten Gütern (weitestgehend) übereinstimmen: Die Güter sollten (möglichst) homogen sein, um eine volle (weitgehende) Austauschbarkeit herzustellen.
- Der Marktpreis sollte nicht vom Unternehmen bzw. einzelnen Bereichen beeinflussbar sein, da dies die Aussagefähigkeit marktorientierter Verrechnungspreise einschränken würde.

Marktorientierte Verrechnungspreise werden aus Absatz- oder Beschaffungspreisen abgeleitet.

Bei der Ermittlung marktorientierter Verrechnungspreise ist zwischen Ausbringungsgütern und Einsatzgütern zu unterscheiden. Bei Ausbringungsgütern werden entsprechende Güter auf einem Absatzmarkt betrachtet, um den Verrechnungspreis zu ermitteln. Für den Verrechnungspreis von Einsatzgütern sind hingegen entsprechende Güter auf einem Beschaffungsmarkt relevant.

Bei **Ausbringungsgütern** leitet sich der Verrechnungspreis aus dem Absatzpreis ab, wobei ggf. Absatznebenkosten abzuziehen sind, soweit diese bei internem Leistungsaustausch nicht anfallen. Dazu gehören z. B. Kosten für Verpackungen für den externen Versand oder Bonitätsprüfungen externer Kunden.

$$\text{Verrechnungspreis}_{\text{Ausbringungsgut}} = \text{Marktpreis auf Absatzmarkt minus Absatznebenkosten}$$

Abstrahiert man von Absatznebenkosten und sind keine ausreichend freien Kapazitäten vorhanden, um die interne und die externe Nachfrage zu bedienen (Fall 1b in Abb. 15.4), so entspricht der marktorientierte Verrechnungspreis für ein Ausbringungsgut dem knappheitsorientierten Verrechnungspreis. Sind dagegen ausreichend freie Kapazitäten vorhanden, so liegt er über dem knappheitsorientierten Verrechnungspreis. In diesem Fall besteht die Gefahr, dass die Verwendung eines marktorientierten Verrechnungspreises das Volumen des internen Leistungsaustauschs unter das aus Gesamtunternehmenssicht optimale Niveau drückt, es sei denn, der beziehende Bereich hat nicht die Freiheit, die Leistung auch extern zu beziehen.

Bei **Einsatzgütern** leitet sich der Verrechnungspreis entsprechend aus dem Beschaffungspreis ab, wobei hier ggf. Beschaffungsnebenkosten zu addieren sind, die ausschließlich bei externem Bezug der Einsatzgüter anfallen. Dies können z. B. Kosten für bestimmte Tätigkeiten der Wareneingangsprüfung sein, die nur bei externer Beschaffung erforderlich sind.

$$\text{Verrechnungspreis}_{\text{Einsatzgut}} = \text{Marktpreis auf Beschaffungsmarkt + Beschaffungsnebenkosten}$$

Marktorientierter Verrechnungspreis bei der Machine Holding AG

Auf dem externen Markt kann die Machine Housing für ein Maschinengehäuse nach wie vor einen Verkaufspreis von 500,– € erzielen. Dabei fallen für den externen Verkauf spezifische Absatznebenkosten von 30,– € je Gehäuse an. Toni Hinterseer ermittelt daraus folgenden marktorientierten Verrechnungspreis:

$$\text{Verrechnungspreis}_{\text{Ausbringungsgut}} = 500{,}- \text{€} - 30{,}- \text{€} = 470{,}- \text{€}$$

Machine Tools erwirtschaftet pro Werkzeugmaschine aktuell einen Deckungsbeitrag vor Kosten für das Maschinengehäuse in Höhe von 400,– €. Machine Tools wird daher auf den Bezug der Gehäuse verzichten und keine Werkzeugmaschinen produzieren.
Bei ausgelasteten Kapazitäten der Machine Housing wäre dies aus Gesamtunternehmenssicht auch optimal: Bezieht Machine Tools ein Gehäuse von Machine Housing, so wird aus Gesamtunternehmenssicht ein Deckungsbeitrag in Höhe von 400,– €

15.3 Betriebswirtschaftliche Methoden zur Ermittlung von Verrechnungspreisen

> − 310,− € = 90,− € erwirtschaftet. Dieser liegt unter dem Deckungsbeitrag bei externem Verkauf der Maschinengehäuse in Höhe von 470,− € − 310,− € = 160,− €. Wenn die Machine Holding jedoch über ausreichend freie Kapazitäten verfügt, so wäre es für das Unternehmen insgesamt vorteilhaft, wenn Machine Tools die Gehäuse beziehen und Werkzeugmaschinen produzieren würde. Auf diesem Weg wird mit jedem zusätzlichen Gehäuse, das an die Machine Tools geliefert wird, aus Gesamtunternehmenssicht ein zusätzlicher Deckungsbeitrag von 90,− € erwirtschaftet. Die fehlerhafte Entscheidung wird durch den Effekt der so genannten **Double Marginalization** verursacht. Diese besteht darin, dass Machine Tools ihrer Entscheidung nicht die Grenzkosten aus Gesamtunternehmenssicht zugrunde legt, sondern die eigenen Grenzkosten, in welche der Verrechnungspreis eingeht.

Bei überschüssigen Kapazitäten erfüllen marktorientierte Verrechnungspreise die Koordinationsfunktion nicht zufriedenstellend, bei ausgelasteten Kapazitäten dagegen schon. Ein Vorteil marktorientierter Verrechnungspreise besteht in ihrer relativ gut nachvollziehbaren Bestimmung, die nur wenig Raum für Manipulationen lässt. Dadurch halten sich mögliche Konflikte bei der Verrechnungspreisbestimmung in Grenzen. Die Erfolgsermittlungsfunktion erfüllen marktorientierte Verrechnungspreise relativ gut. Der liefernde Bereich hat grundsätzlich die Möglichkeit, seine Fixkosten zu decken und einen Erfolg auszuweisen. Positive Wirkungen der internen Leistungserstellung auf andere Sachverhalte (Synergien), wie die Absicherung gegen unsichere Marktentwicklungen durch den Aufbau interner Kapazitäten, werden von den Marktpreisen allerdings nicht abgebildet, wodurch die Erfolgsermittlungsfunktion eingeschränkt wird.

Für die Bewertung von Beständen des Unternehmens sind marktorientierte Verrechnungspreise ebenfalls nicht geeignet, da sie nicht realisierte Gewinne enthalten können, die in der Bilanz nicht aktiviert werden dürfen. Auch stark schwankende Marktpreise, nicht vollständig homogene Güter sowie unvollkommene Märkte schränken die Anwendbarkeit marktorientierter Verrechnungspreise ein. Wäre ein Markt allerdings vollkommen, so bestünde eigentlich kein Grund für die interne Erstellung der Leistung. Sind die Voraussetzungen für die Ermittlung marktorientierter Verrechnungspreise nicht oder nur relativ schlecht erfüllt oder ist die Ermittlung zu aufwändig, so wird man häufig auf kostenorientierte Verrechnungspreise ausweichen, die sich relativ einfach aus den Informationen des Rechnungswesens ermitteln lassen.

Kostenorientierte Verrechnungspreise

Kostenorientierte Verrechnungspreise lassen sich nach dem verrechneten **Kostenumfang** (Grenzkosten bzw. variable Kosten vs. Vollkosten, ggf. plus Aufschlag) sowie nach der **Bezugsbasis** (Istkosten vs. Standardkosten) unterteilen.

Kostenorientierte Verrechnungspreise lassen sich nach dem verrechneten Kostenumfang sowie nach der Bezugsbasis unterteilen.

Grenzkosten bzw. variable Kosten

Bei einer Ermittlung auf Grenzkostenbasis entspricht die Höhe des Verrechnungspreises den durch die interne Leistung zusätzlich entstehenden Kosten des liefernden Bereichs (zu Grenzkosten vgl. Abschnitt 2.2). Bei linearen Kostenfunktionen sind dies die variablen Stückkosten. Im Beispiel der Machine Housing belaufen sich diese auf 310,– € je Gehäuse.

Bei diesem Preis hat der liefernde Bereich durch den internen Leistungsaustausch keinerlei Vorteil. Um ihm einen Anreiz dafür zu geben, ist zumindest ein kleiner Aufschlag auf die variablen Stückkosten erforderlich, so dass er durch den internen Austausch einen positiven Deckungsbeitrag erzielen kann. Der liefernde Bereich bleibt allerdings auch dann im Wesentlichen auf den Fixkosten ‚sitzen', die Erfolgsermittlungsfunktion wird durch grenzkostenorientierte Verrechnungspreise somit nicht erfüllt. Selbst wenn der Leiter des liefernden Bereichs nicht an seinem Bereichsgewinn gemessen und entlohnt wird, kann sich dies negativ auf seine Motivation auswirken, da niemand gerne als ‚Verlustbringer' eines Unternehmens gelten möchte.

Bei ausreichend freien Kapazitäten entspricht der knappheitsorientierte Verrechnungspreis den Grenzkosten (Fall 1a und Fall 2a in Abb. 15.4); in dieser Situation erfüllen grenzkostenorientierte Verrechnungspreise die Koordinationsfunktion. Sind darüber hinaus die Kostenfunktionen linear, so führt die Verwendung der variablen Stückkosten als Verrechnungspreis zum optimalen Ergebnis. In der Realität sind diese Voraussetzungen jedoch nur relativ selten erfüllt, so dass ein optimales Ergebnis nur für einen sehr engen Geltungsbereich erreicht wird.

Sind die Kostenfunktionen dagegen nicht linear, so variieren die Grenzkosten mit der Menge und der optimale Verrechnungspreis kann daher nur noch gemeinsam mit der optimalen intern zu liefernden Menge bestimmt werden. Kennt man jedoch diese Menge, dann kann die Zentrale dem liefernden Bereich auch direkt vorschreiben, genau diese Menge zu liefern. Eine Dezentralisierung von Entscheidungen an die Bereiche ist dann eigentlich nicht mehr nötig, und der optimale Verrechnungspreis wird daher nicht mehr benötigt (Dilemma der pretialen Lenkung). Sind keine ausreichend freien Kapazitäten vorhanden, so liegen die knappheitsorientierten Verrechnungspreise über den Grenzkosten (Fall 1b und 2b in Abb. 15.4). Grenzkostenorientierte Verrechnungspreise erfüllen in dieser Situation die Koordinationsfunktion nicht.

Ein weiterer Nachteil von grenzkostenorientierten Verrechnungspreisen besteht darin, dass der liefernde Bereich keinen Anreiz für Rationalisierungsmaßnahmen hat, bei denen die variablen Kosten durch Investitionen in Anlagen reduziert werden, die ihrerseits zu Fixkosten führen (z. B. Automatisierung einer Produktionslinie), selbst wenn dies aus Gesamtunternehmenssicht zu Kosteneinsparungen führen würde.

15.3 Betriebswirtschaftliche Methoden zur Ermittlung von Verrechnungspreisen

Vollkosten

Vollkostenbasierte Verrechnungspreise werden gebildet, indem zu den variablen Kosten einer innerbetrieblichen Leistung anteilige Fixkosten addiert werden. Hinsichtlich der Erfolgsermittlungsfunktion ergibt sich daraus der Vorteil, dass die Fixkosten gedeckt werden und beim liefernden Bereich keine Verluste ausgewiesen werden. Allerdings werden auch keine Gewinne erzielt. Vollkostenbasierte Verrechnungspreise sind damit für Profit Center grundsätzlich nicht geeignet; bei Cost Centern ist ihre Verwendung eher angebracht. Für einige Zwecke ist es erforderlich, dass vollkostenbasierte Verrechnungspreise keine Gewinnbestandteile enthalten. Dies gilt für Kosten- bzw. Preisrechtfertigungen im Rahmen öffentlicher Auftragsvergaben, für die Bestimmung von Kosten in entgeltregulierten Netzindustrien wie der Energieversorgung und der Telekommunikation sowie für die Bewertung von Beständen in der Bilanz.

Im Hinblick auf die Koordinationsfunktion sind vollkostenbasierte Verrechnungspreise kritisch zu beurteilen. Durch die Einbeziehung von anteiligen Fixkosten in den Verrechnungspreis werden Kosten, die aus Sicht des liefernden Bereichs und aus Gesamtunternehmenssicht Fixkosten sind, für den beziehenden Bereich zu variablen Kosten. Aus Gesamtunternehmenssicht kann dies zu fehlerhaften Entscheidungen führen (zur Entscheidungswirkung von Vollkosteninformationen vgl. auch Abschnitt 9.2).

> **Vollkostenbasierte Verrechnungspreise bei der Machine Holding AG**
>
> Die Machine Housing hat jährliche Fixkosten von 150.000,– €. Pro Jahr stellt sie 1.000 Maschinengehäuse her. Durch die Schlüsselung der Fixkosten auf die gefertigte Menge ergeben sich Fixkosten je Maschinengehäuse in Höhe von 150,– €. Der vollkostenbasierte Verrechnungspreis für ein Gehäuse setzt sich aus den variablen Kosten je Stück und den geschlüsselten Fixkosten je Stück zusammen:
>
> $$\text{Verrechnungspreis}_{\text{Vollkosten}} = 310{,}- € + 150{,}- € = 460{,}- €$$
>
> Der Bereich Machine Tools kann die Maschinengehäuse wie bisher von einem externen Anbieter für 450,– € je Stück beziehen. Wenn ihm die Zentrale den internen Bezug nicht vorschreibt, wird er die für ihn günstigere Alternative wählen und die Maschinengehäuse extern beziehen. Aus Gesamtunternehmenssicht ist diese Entscheidung jedoch fehlerhaft. Durch den externen Bezug fallen bei der Machine Housing nur die variablen Stückkosten von 310,– € nicht an, die Fixkosten sind – zumindest kurzfristig – nicht abbaubar. Mit jedem Gehäuse, das von der Machine Tools extern bezogen wird, verschlechtert sich das Ergebnis um 460,– € – 310,– € = 150,– €. Dieser Fehler wird dadurch ausgelöst, dass die Machine Tools die 150,– € geschlüsselten Fixkosten je Stück als variabel ansieht und daher als Vergleichsmaßstab für den externen Bezug einen aus Gesamtunternehmenssicht falschen Vergleichsmaßstab heranzieht (460,– € statt korrekterweise 310,– €).

> Auch wenn der Bereich Machine Tools die Gehäuse nicht alternativ von einem externen Anbieter beziehen könnte, kann die Verwendung von vollkostenbasierten Verrechnungspreisen zu fehlerhaften Entscheidungen führen. Nehmen wir an, der Bereich Machine Tools erhält eine Anfrage, ob er kurzfristig eine zusätzliche Werkzeugmaschine zu einen Preis von 2.800,– € produzieren und liefern kann. Nach Abzug der variablen Kosten für die zusätzliche Maschine in Höhe von 2.380,– €, die unmittelbar im Bereich Machine Tools anfallen würden, verbliebe ein Deckungsbeitrag von 420,– €.
>
> Bei einem vollkostenbasierten Verrechnungspreis von 460,– € für ein Maschinengehäuse würde der Bereich Machine Tools auf die Annahme des Auftrags verzichten, da sich sein Ergebnis dadurch um 460,– € – 420,– € = 40,– € verschlechtern würde. Aus Gesamtunternehmenssicht wäre dagegen die Annahme des Auftrags vorteilhaft, da mit diesem ein positiver Deckungsbeitrag in Höhe von 110,– € (2.800,– € – 2.380,– € – 310,– € = 110,– €) erwirtschaftet würde.

Kennt der Bereich Machine Tools die Zusammensetzung des Verrechnungspreises in variable und geschlüsselte fixe Kosten, dann könnte er sich mit dem Anliegen an die Holding wenden, zu intervenieren und den Verrechnungspreis anzupassen. Eine Intervention durch die Holding würde allerdings die Gefahr mit sich bringen, dass die Vorteile einer Dezentralisierung von Entscheidungskompetenzen nicht mehr realisiert werden könnten.

Die mangelhafte Erfüllung der Koordinationsfunktion durch vollkostenbasierte Verrechnungspreise hat tendenziell weniger negative Folgen, wenn ohnehin keine Transaktionsfreiheit für die Bereiche besteht und wenn durch flankierende Maßnahmen sichergestellt werden kann, dass die aus Gesamtunternehmenssicht optimale Menge interner Leistungen ausgetauscht wird. Dezentralisierung von Entscheidungskompetenzen und Koordination spielen dann keine oder zumindest nur eine geringe Rolle. Auch für längerfristige Entscheidungen, bei denen die Fixkosten ganz oder zumindest teilweise als abbaufähig eingestuft werden, sind vollkostenbasierte Verrechnungspreise eher geeignet.

Allerdings weisen vollkostenbasierte Verrechnungspreise neben den Schwächen bei der Koordinationsfunktion noch weitere Nachteile auf. Die Schlüsselung von Fixkosten ist unter Umständen relativ aufwändig. Hierbei sowie bei der Bestimmung der Kostenhöhe insgesamt können darüber hinaus auch Manipulationen auftreten.

Vollkosten plus Aufschlag

Bei Verrechnungspreisen, deren Höhe sich nach den Vollkosten zuzüglich eines Gewinnaufschlags bemisst, steht üblicherweise die Erfolgsermittlungsfunktion im Fokus. Der Unterschied zum Vollkostenansatz besteht darin, dass der liefernde Bereich nicht nur seine Kosten decken, sondern auch einen Gewinn

15.3 Betriebswirtschaftliche Methoden zur Ermittlung von Verrechnungspreisen

erzielen kann. Ein grundlegendes Problem besteht darin, dass die Höhe des Aufschlags und damit die Gewinnaufteilung zwischen den Bereichen im Prinzip nur von der Zentrale festgelegt werden kann. Dadurch tragen die Bereiche dann letztlich doch wieder nicht die Verantwortung für die Gewinne, selbst wenn sie als Profit Center bezeichnet werden. Darüber hinaus kann die Höhe des Gewinnaufschlags letztlich nur willkürlich festgelegt werden. Des Weiteren kann es in mehrstufigen Wertschöpfungsketten mit mehreren Verrechnungen zwischen den verschiedenen Stufen zu Mehrfachbezuschlagungen kommen, welche die Verrechnungspreise zusätzlich in die Höhe treiben. Weiterhin treffen auch auf diesen Ansatz die für den Vollkostenansatz diskutierten Vor- und Nachteile zu.

Praxisbeispiel: Kostenaufschlagsmethode am Beispiel der Lufthansa Cargo

Lufthansa Cargo ist eine der größten Frachtfluggesellschaften im internationalen Luftverkehr und vermarktet unter anderem die verbleibende Frachtkapazität auf den Passagiermaschinen des Lufthansa-Konzerns. Selbst bei Vollauslastung im Passagierbereich bleibt ein erheblicher Teil des Frachtraums ungenutzt. Diese so genannte Belly-Kapazität ist ein Beispiel für ein Kuppelprodukt, dessen Kosten sich nicht zurechnen lassen. Lufthansa Cargo muss dafür einen Verrechnungspreis entrichten. Obwohl sich die Kosten der Kuppelproduktion dem Frachtbereich nicht direkt zurechnen lassen und die Grenzkosten für die Nutzung dieser Kapazitäten sehr niedrig sind, wird die Kostenaufschlagsmethode für die Verrechnung der Belly-Kapazität verwendet.

Foto: Lufthansa Group

Die daraus potenziell resultierenden Nachteile hinsichtlich der Koordinationsfunktion fallen in diesem Fall nicht so stark ins Gewicht, weil Lufthansa Cargo der Passage grundsätzlich die gesamte Belly-Kapazität abkaufen muss und damit das gesamte Absatzrisiko trägt. Der konzerninterne Abnahmezwang wird damit begründet, dass aus Konzernsicht zunächst die Belly-Kapazität vermarktet werden soll, ehe in zusätzliche Frachtkapazitäten investiert wird.

Quelle: Kley, Karl-Ludwig: Verrechnungspreise und Wertmanagement im Aviation-Konzern Deutsche Lufthansa, in: Kostenrechnungspraxis, 45. Jg, 2001, Heft 5, S. 267–274.

Istkosten vs. Standardkosten

Bei den bisher diskutierten kostenorientierten Verrechnungspreisansätzen können für die Berechnung der Höhe des Verrechnungspreises jeweils Istkosten oder Standardkosten herangezogen werden. Wird der Verrechnungspreis auf Basis von **Istkosten** bestimmt, so werden mögliche Ineffizienzen des liefernden Bereichs auf den abnehmenden Bereich weiterverrechnet. Darüber hinaus trägt der abnehmende Bereich auch das Risiko von Kostenschwankungen. Wird der Verrechnungspreis für eine innerbetriebliche Leistung auf Basis der vollen Istkosten bestimmt, so sinkt der Verrechnungspreis aufgrund der Fixkostendegression mit der Leistungsmenge. Benötigen mehrere Bereiche diese Leistung, so besteht für jeden einzelnen Bereich der Anreiz, die Leistung in denjenigen Perioden besonders stark in Anspruch zu nehmen, in denen auch die anderen Bereiche eine große Leistungsmenge abnehmen, da der Verrechnungspreis dann relativ niedrig ist. Derartige Effekte können das Kapazitätsmanagement des liefernden Bereichs erheblich erschweren.

Verrechnungspreise auf Basis von **Standardkosten** bieten dem liefernden Bereich einen deutlich höheren Anreiz für eine effiziente Erstellung der innerbetrieblichen Leistung (zu Standardkosten vgl. Kapitel 10). Das Risiko von Kostenschwankungen liegt mehr oder weniger stark beim liefernden Bereich, je nachdem, wie häufig die Standardkosten angepasst werden. Ein mögliches Problem bei der Verwendung von Standardkosten besteht darin, dass der liefernde Bereich auch das Risiko von nicht ausgelasteten Kapazitäten und damit das Risiko so genannter Leerkosten trägt. Dies kann insofern problematisch sein, als der abnehmende Bereich die Kapazitätsauslastung z. B. durch seine Vertriebsaktivitäten besser beeinflussen kann als der liefernde Bereich.

Hat der liefernde Bereich allerdings die Freiheit, seine Leistungen auch extern zu vermarkten, dann wird dieses Problem abgemildert. Eine zentrale Frage bei der Verwendung von Standardkosten ist, wer diese Kosten festlegt. Ist der liefernde Bereich dafür zuständig, so kann er möglicherweise einen Informationsvorsprung zu seinen Gunsten ausnutzen; kümmert sich die Zentrale darum, so werden die mit einer Dezentralisierung angestrebten Vorteile geschmälert.

Empirische Ergebnisse

> Die Ausgestaltung kostenorientierter Verrechnungspreise haben Hummel und Pedell (2009) erhoben und jeweils nach Verrechnungspreisen für Vorprodukte, Fertigprodukte, Dienstleistungen und Markenrechte differenziert (vgl. Abbildung 15.8). Hinsichtlich des Zeitbezugs und des Rechnungszwecks wurde dabei der Einsatz von Verrechnungspreisen basierend auf Normal-, Ist-, Plan-, Ziel- und anderen Kosten unterschieden. Istkosten werden jeweils am häufigsten herangezogen; ihr Anteil liegt jedoch mit Ausnahme von Dienstleistungen bei unter 50%. Plan-, Normal- und Zielkosten, welche die beschriebenen Nachteile von Istkosten hinsichtlich der Anreize für effizientes Wirtschaften vermeiden, nehmen einen großen Anteil ein.

15.3 Betriebswirtschaftliche Methoden zur Ermittlung von Verrechnungspreisen

Hinsichtlich des Verrechnungsumfangs dominieren vollkostenorientierte Verrechnungspreise. Hält man sich die Nachteile von Vollkosten für die Koordinationsfunktion vor Augen, dann könnte dies darauf zurückzuführen sein, dass die Erfolgsermittlungsfunktion in der Unternehmenspraxis eine wichtige Rolle spielt. Dabei ist auch die steuerliche Zulässigkeit von Bedeutung, auf die wir in Abschnitt 15.4 eingehen.

Wertansatz	Istkosten	Plankosten	Normalkosten	Zielkosten	Andere
Vorprodukte	35 %	24 %	34 %	7 %	0 %
Fertigprodukte	37 %	25 %	29 %	5 %	4 %
Dienstleistungen	54 %	32 %	12 %	3 %	0 %
Markenrechte	43 %	21 %	9 %	4 %	23 %

Verrechnungsumfang	Vollkosten	Teilkosten	Grenzkosten	Andere
Vorprodukte	77 %	20 %	2 %	1 %
Fertigprodukte	77 %	14 %	5 %	5 %
Dienstleistungen	81 %	14 %	4 %	1 %
Markenrechte	69 %	6 %	2 %	22 %

Abbildung 15.8: Ausgestaltung von kostenorientierten Verrechnungspreisen

Quelle: Hummel, K./Pedell, B.: Verrechnungspreissysteme in der Unternehmenspraxis, in: Zeitschrift Controlling, 21. Jg., 2009, Heft 11, S. 6–12.

Verhandlungsbasierte Verrechnungspreise

Verhandlungsbasierte Verrechnungspreise werden durch Verhandlungen zwischen den Bereichen festgelegt. Diese Methode zur Ermittlung von Verrechnungspreisen bringt den höchsten Grad an Dezentralisierung von Entscheidungskompetenzen mit sich. Die Höhe des Verrechnungspreises und damit die Gewinnaufteilung zwischen den Bereichen orientieren sich zwar nicht unmittelbar an Marktpreisen oder Kosten. Diese Größen bilden aber häufig den Ausgangspunkt der Verhandlungen und grenzen den Einigungsbereich ein.

Verhandlungsbasierte Verrechnungspreise werden durch Verhandlungen zwischen den Unternehmensbereichen festgelegt.

Verhandlungsbasierte Verrechnungspreise bei der Machine Holding AG

Die Machine Housing wird kurzfristig nur bereit sein, Maschinengehäuse an die Machine Tools zu liefern, wenn zumindest ihre variablen Stückkosten in Höhe von 310,– € je Gehäuse gedeckt sind. Werden die Gehäuse extern zu 450,– € gehandelt, so zieht es der Bereich Machine Tools bei einem Verrechnungspreis von über 450,– € je Gehäuse vor, die Gehäuse extern zu beschaffen. Der Einigungsbereich für den zu verhandelnden Verrechnungspreis liegt daher in diesem Fall zwischen 310,– € und 450,– €.

> Steht dem Bereich Machine Tools abweichend davon die externe Bezugsmöglichkeit nicht mehr offen, so hängt die Obergrenze des Einigungsbereichs für den Verrechnungspreis von dem Deckungsbeitrag ab, den die Machine Tools mit der Werkzeugmaschine erzielen kann (vor Abzug des an den Bereich Machine Housing zu entrichtenden Verrechnungspreises).

Innerhalb des Einigungsbereichs hängt es von der Verhandlungsmacht und dem Verhandlungsgeschick der beiden Bereiche ab, in welcher Höhe der Verrechnungspreis festgelegt wird und wie damit die Gewinne zwischen den Bereichen aufgeteilt werden. Dies führt dazu, dass die Bereichsleiter sehr stark nach ihrem Verhandlungsgeschick beurteilt werden, was sich auf die Motivation eines Bereichsleiters, der zwar effizient wirtschaftet, aber wenig Verhandlungsgeschick besitzt, negativ auswirken kann. Darüber hinaus besteht für die Bereichsleiter unter Umständen ein Anreiz, sich auf die Verhandlungen zu konzentrieren und ihre eigentlichen Aufgaben zu vernachlässigen.

Der Einigungsbereich hängt von den verfügbaren Alternativen der Bereiche ab. Dies gibt den Bereichen einen Anreiz, ihre eigenen Alternativen in den Verhandlungen möglichst vorteilhaft darzustellen, z. B. indem entsprechende externe Angebote eingeholt werden. Die starke Dezentralisierung von Entscheidungskompetenzen, die mit verhandlungsbasierten Verrechnungspreisen einhergeht, kann einen hohen Motivationseffekt auf die Bereichsleiter ausüben. Verhandlungen über Verrechnungspreise bergen aber auch ein hohes Konfliktpotenzial, insbesondere wenn die Vergütung der Bereichsleiter an ihren Bereichsgewinn gekoppelt ist. Der Verhandlungsprozess kann dadurch sehr aufwändig werden. Aus diesen Gründen werden Verhandlungen häufig unter Moderation der Zentrale durchgeführt.

Foto: Lufthansa Group

Praxisbeispiel: Kombination von Verhandlungen mit anderen Methoden der Verrechnungspreisermittlung bei Lufthansa Technik

Die Lufthansa Technik erzielt einen erheblichen Teil ihrer Umsätze innerhalb des Lufthansa Konzerns. Zu dem Geschäftsfeld gehören die Bereiche Wartung, Flugzeugüberholung, Geräteversorgung und Triebwerk-Services, die alle auch konzerninterne Leistungen erbringen. Der gesamte Umfang der Leistungsbeziehungen zwischen der Lufthansa Technik und der Deutschen Lufthansa AG ist in einem auf unbestimmte Zeit geschlossenen Generalvertrag geregelt. Die Preise für die einzelnen Leistungen werden jährlich neu verhandelt und sollen sich grundsätzlich am externen Markt orientieren.

Bei der Ableitung der Verrechnungspreise aus den Angeboten von Wettbewerbern sind zwei zentrale Probleme zu lösen: die

Abgrenzung vergleichbarer Produkte und die darauf basierende Festlegung der Verrechnungspreise. Werden intern Leistungen erbracht, die über entsprechende Angebote von Konkurrenten hinausgehen, so wird dies teilweise mit Kostenaufschlägen abgebildet. Im Geschäftsbereich Wartung dominiert der Innenumsatz sehr stark, so dass hier die Möglichkeit des Vergleichs mit Fremdanbietern als nicht gegeben angesehen wird, zumal die Lufthansa Technik permanent entsprechende Kapazitäten vorhalten muss. Für den Fall, dass die Inanspruchnahme von Wartungsleistungen deutlich hinter den Planungen zurückbleibt, werden die internen Kunden an den Fixkosten für die nicht ausgelasteten Kapazitäten beteiligt, was auf eine Kostenumlage hinausläuft.

Quelle: Kley, Karl-Ludwig: Verrechnungspreise und Wertmanagement im Aviation-Konzern Deutsche Lufthansa, in: Kostenrechnungspraxis, 45. Jg., 2001, Heft 5,, S. 267–274.

15.4 Steuerliche Methoden zur Ermittlung von Verrechnungspreisen

Einbeziehung der Steuerabteilung der Machine Holding AG in die Verrechnungspreisgestaltung

Nachdem Toni Hinterseer der Geschäftsführerin Stefanie Berger die grundlegenden betriebswirtschaftlichen Methoden der Verrechnungspreisermittlung mir ihren Vor- und Nachteilen präsentiert hat, weist er noch auf die grundlegende steuerliche Problematik von Verrechnungspreisen hin. Bei internationalem Leistungsaustausch wie zwischen der Machine Housing s.r.o. in der Slowakei und der Machine Tools GmbH in Deutschland entscheiden der Verrechnungspreis und die daraus resultierende Gewinnaufteilung auch darüber, wie hoch die steuerlichen Bemessungsgrundlagen in den beiden Ländern ausfallen und wie hoch die Steuerlast der Machine Holding AG insgesamt ist. Grundsätzlich ist es dabei vorteilhaft, wenn ein möglichst großer Anteil der Gewinne in Jurisdiktionen mit einer niedrigen Steuerbelastung anfällt. Nach dem Steuerbericht des Statistischen Amtes der Europäischen Union für 2012 beträgt der Spitzensatz für Unternehmenssteuern in Deutschland 29,8 %, während er sich in der Slowakei auf 19 % beläuft.

Die Gestaltungsspielräume werden jedoch von den Steuerbehörden begrenzt, die nicht alle Verrechnungspreismethoden akzeptieren. Um nicht Gefahr zu laufen, dass Gewinne doppelt besteuert werden, ist es daher wichtig, Methoden einzusetzen, die in allen beteiligten Jurisdiktionen anerkannt werden. Stefanie Berger und Toni Hinterseer beschließen daher, nun auch Florian Wasmeier, den Leiter der Steuerabteilung, einzubeziehen, ehe sie Entscheidungen über die anzuwendenden Verrechnungspreismethoden treffen.

Kapitel 15   Verrechnungspreise

Leitlinie für die Frage nach der steuerlichen Angemessenheit von Verrechnungspreisen ist der Fremdvergleichsgrundsatz.

Verrechnungspreise für konzerninterne grenzüberschreitende Warenlieferungen und Dienstleistungen stellen zunehmend einen Schwerpunkt bei steuerlichen Betriebsprüfungen dar. Leitlinie für die Frage nach der steuerlichen Angemessenheit von Verrechnungspreisen ist der so genannte **Fremdvergleichsgrundsatz** (dealing at arm's length principle). Danach sollen Verrechnungspreise so gestaltet werden, als ob sich die Beteiligten wie voneinander unabhängige Dritte verhalten. Zu den steuerlichen Standardmethoden der Verrechnungspreisermittlung gehören die Preisvergleichsmethode, die Kostenaufschlagsmethode und die Wiederverkaufspreismethode. Diese Methoden sind in Deutschland und nach den rechtlichen Vorgaben vieler Staaten vorrangig anzuwenden. Bei den gewinnorientierten Methoden, zu denen die transaktionsbezogene Nettomargenmethode, die Gewinnaufteilungsmethode sowie die Gewinnvergleichsmethode gehören, ist dies weniger eindeutig. Abb. 15.9 gibt einen Überblick über steuerliche Methoden der Verrechnungspreisermittlung.

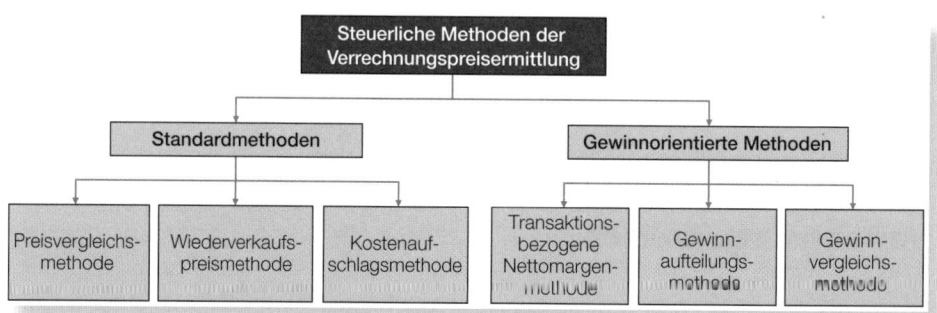

Abb. 15.9: Steuerliche Methoden zur Ermittlung von Verrechnungspreisen

Die **Preisvergleichsmethode** entspricht im Prinzip den marktorientierten Verrechnungspreisen. Dabei können für die konzerninterne Leistung entweder Preise herangezogen werden, zu denen der liefernde oder beziehende Bereich des Konzerns mit unabhängigen Dritten vergleichbare Geschäfte getätigt hat (sogenannter interner Fremdvergleich); oder es werden Marktpreise verwendet, die zwischen zwei unabhängigen Dritten auf dem externen Markt zustande gekommen sind (sogenannter externer Fremdvergleich). Problematisch ist bei dieser Methode die Bestimmung von Vergleichspreisen zwischen bzw. mit fremden Dritten, die hinreichend vergleichbar sind, um sie auf konzerninterne Transaktionen übertragen zu können. Die Vergleichbarkeit ist dabei insbesondere auf Grundlage der übernommenen Funktionen und der getragenen Risiken zu beurteilen.

Bei der **Wiederverkaufspreismethode** wird der Verrechnungspreis für eine konzerninterne Leistung ausgehend von dem Marktpreis bestimmt, den der abnehmende Bereich des Konzerns für den Wiederverkauf der Leistung an einen unabhängigen Dritten erzielt. Von diesem Wiederverkaufspreis wird die marktübliche Marge abgezogen. Die Differenz wird dann als Verrechnungspreis verwendet. Problematisch bei dieser Methode ist insbesondere die Bestimmung der marktüblichen Marge. Diese richtet sich insbesondere nach dem Umfang der Funktionen und Risiken, die bei der jeweiligen Gesellschaft liegen (Funktions- und Risikoverteilung).

15.4 Steuerliche Methoden zur Ermittlung von Verrechnungspreisen

Die **Kostenaufschlagsmethode** haben wir bereits im Rahmen der kostenorientierten Verrechnungspreismethoden behandelt. Anlass für mögliche Streitigkeiten mit den Finanzbehörden kann nicht nur die Bestimmung eines marktüblichen Gewinnaufschlags bieten, sondern auch die Ermittlung der Kostenbasis.

Bei der **transaktionsbezogenen Nettomargenmethode** (Transactional Net Margin Method) wird die Rendite einer einzelnen konzerninternen Transaktion oder einer Gruppe von Transaktionen mit Renditen ähnlicher Unternehmen verglichen. Die Methode ist damit wie die Standardmethoden geschäftsvorfallbezogen. Dabei werden Renditekennzahlen von anderen Unternehmen mit vergleichbaren Geschäftsvorfällen herangezogen, um die steuerliche Angemessenheit von Verrechnungspreisen zu beurteilen. Verglichen werden dabei nicht die Verrechnungspreise selbst, sondern die aus ihnen resultierenden Renditen. Um die Vergleichbarkeit im Hinblick auf die Verrechnungspreise herzustellen, müssten alle anderen Einflussfaktoren auf die Gewinne ‚heraus gerechnet' werden, was praktisch kaum möglich sein wird. Außerdem bestehen häufig Schwierigkeiten bei der Bestimmung von Vergleichsrenditen, weil nicht alle Informationen bekannt sind, die für eine Entscheidung über die Vergleichbarkeit benötigt werden. Daher ist diese Methode steuerlich nur eingeschränkt zulässig.

Die **Gewinnaufteilungsmethode** (Profit Split Method) teilt den erwarteten Gewinn einer konzerninternen Transaktion nach bestimmten Prinzipien auf die beteiligten Unternehmen auf. Dazu ist es notwendig, zunächst den Gewinn, der aus einer konzerninternen Transaktion entsteht, nach einheitlichen Regeln zu bestimmen. Dieser Gewinn wird dann auf alle an der Leistungserstellung beteiligten Gesellschaften aufgeteilt. Für die Gewinnaufteilung gibt es unterschiedliche Methoden, bei denen insbesondere auf die Funktions- und Risikoverteilung sowie auf die Differenzierung in Routine- und Nicht-Routine-Funktionen abgestellt wird. Die Ausübung von Nicht-Routine-Funktionen kennzeichnet in diesem Zusammenhang den sogenannten Entrepreneur.

Zuerst sollen Unternehmen vergütet werden, die nur einen geringen Wertschöpfungsbeitrag leisten; dies geschieht in der Regel auf Basis eines kostenbasierten Ansatzes, der um einen geringen Gewinnaufschlag erhöht wird. Der verbleibende Gewinn (oder ein eventuell entstehender Verlust) ist dann von demjenigen Unternehmen zu tragen, das die wesentlichen Funktionen und Risiken übernommen hat bzw. als Entrepreneur anzusehen ist. Ein Nachteil dieser Methode ist, dass ohne sehr detaillierte Absprachen über die anzuwendenden Gewinnermittlungsvorschriften und über die Aufteilung des Gewinns mit allen beteiligten Finanzverwaltungen die Gefahr eine Doppelbesteuerung besteht.

Bei der **Gewinnvergleichsmethode** (Comparable Profits Method) wird der Gewinn auf Betriebsebene mit den Gewinnen unabhängiger Unternehmen verglichen, die in ähnlichen Branchen ähnliche Tätigkeiten ausüben. Diese Methode hat keinen Bezug zur einzelnen Transaktion und ist daher in Deutschland nicht zulässig. International wird diese Methode teilweise verwendet, um zu entscheiden, ob eine eingehende Prüfung der Verrechnungspreise erfolgen soll.

Empirische Ergebnisse

Abb. 15.10 zeigt Ergebnisse der Studie von Hummel und Pedell (2009) zum Einsatz der Verrechnungspreismethoden in der deutschen Unternehmenspraxis. Die Kostenaufschlagsmethode nimmt dabei eine starke Stellung ein, insbesondere bei Vorprodukten und Dienstleistungen ist sie dominierend. Die Methode ist steuerlich grundsätzlich unproblematisch und lässt sich relativ leicht in die bestehende Zuschlagskalkulation integrieren, was ihren breiten Einsatz erklären könnte. Externe Marktpreise, wie sie die Preisvergleichsmethode und die Wiederverkaufspreismethode erfordern, sind am ehesten für Fertigprodukte vorhanden, so dass der relativ hohe Einsatz der beiden Methoden bei diesen Produkten wenig überraschend ist. Auch verhandlungsbasierte Verrechnungspreise kommen relativ häufig zum Einsatz.

Abb. 15.10: Einsatz von Verrechnungspreismethoden in der Unternehmenspraxis

	Preisvergleichsmethode	Wiederverkaufspreismethode	Kostenaufschlagsmethode	TNMM	Profit Split Methode	Verhandlung	Andere Methode
Vorprodukte	15 %	5 %	54 %	2 %	5 %	14 %	6 %
Fertigprodukte	19 %	24 %	28 %	6 %	9 %	10 %	3 %
Dienstleistungen	14 %	3 %	56 %	1 %	3 %	16 %	7 %
Markenrechte	17 %	6 %	19 %	3 %	11 %	20 %	23 %

(zeilenweise Betrachtung; Mehrfachnennungen möglich; TNMM: transaktionsbezogene Nettomargenmethode)

Ein Instrument zur Vermeidung möglicher Konflikte mit den Finanzbehörden aufgrund der gewählten Verrechnungspreismethoden bei internationalem Leistungsaustausch ist das **Advance Pricing Agreement**. Dabei handelt es sich um „… eine Vereinbarung zwischen einem oder mehreren Steuerpflichtigen und einer oder mehreren Steuerverwaltungen; es legt vor der Verwirklichung von Geschäftsbeziehungen zwischen verbundenen Unternehmen verschiedener Staaten eine dem Fremdvergleich entsprechende Verrechnungspreismethode zur Bestimmung von Verrechnungspreisen für bestimmte Geschäftsvorfälle in einem bestimmten Zeitraum fest."[4] Mögliche Vorteile von Advance Pricing Agreements für den Steuerpflichtigen sind die Vermeidung von Streitigkeiten über Verrechnungspreismethoden und daraus unter Umständen resultierender Doppelbesteuerungen sowie effizientere Betriebsprüfungen. Sie sind allerdings mit hohem zeitlichem und finanziellem Aufwand verbunden, was ihren bislang geringen Verbreitungsgrad erklären dürfte. Darüber hinaus hat der Steuerpflichtige keinen Rechtsanspruch darauf, dass sich die Finanzverwaltungen auf eine Methode verständigen. Für die vom Steuerpflichtigen im

---

[4] Tz. 1.2 Merkblatt für bilaterale und multilaterale Vorabverständigungsverfahren auf der Grundlage der Doppelbesteuerungsabkommen zur Erteilung verbindlicher Vorabzusagen über Verrechnungspreise zwischen international verbundenen Unternehmen (APA-Gr) vom 05. Oktober 2006.

Rahmen dieses Verfahrens vorgelegten Unterlagen besteht zudem kein Verwertungsverbot seitens der Finanzverwaltungen, so dass diese bei einem Scheitern des Verfahrens auch gegen den Steuerpflichtigen verwendet werden können.

15.5 Anzahl der verwendeten Verrechnungspreise

Für dieselbe innerbetriebliche Leistung können auch mehrere Verrechnungspreise verwendet werden. Dabei sind Zweikreissysteme und duale Verrechnungspreise zu unterscheiden.

Bei so genannten **Zweikreissystemen** werden für unterschiedliche Verrechnungspreisfunktionen verschiedene Verrechnungspreise eingesetzt, die sich hinsichtlich ihrer Höhe und/oder der Methode ihrer Ermittlung unterscheiden. Die verschiedenen Ermittlungsmethoden erfüllen die einzelnen Verrechnungspreisfunktionen unterschiedlich gut. So erfüllen z. B. Grenzkosten bei ausreichend freien Kapazitäten die Koordinationsfunktion sehr gut, während sie gegenüber Vollkosten-plus-Verrechnungspreisen Nachteile bei der Erfolgsermittlungsfunktion oder auch hinsichtlich der steuerlichen Angemessenheit aufweisen. In einem Zweikreissystem könnte man dann Grenzkosten für die Koordination und Vollkosten plus Aufschlag für steuerliche Zwecke verwenden. Dies bietet sich insbesondere dann an, wenn der Unterschied zwischen Grenzkosten und Vollkosten-plus-Aufschlag besonders groß ist.

Bei Zweikreissystemen werden für unterschiedliche Verrechnungspreisfunktionen verschiedene Verrechnungspreise eingesetzt.

Insgesamt ist der Einsatz von Zweikreissystemen jedoch relativ selten. Neben dem hohen Aufwand besteht ein möglicher Nachteil darin, dass das Risiko der Nichtanerkennung der steuerlichen Verrechnungspreise durch die Finanzbehörden steigen könnte.

Praxisbeispiel: Softwareproduktion

Bei der Produktion von Software liegen die Grenzkosten für den Vertrieb einer zusätzlichen Lizenz nahe bei null. Der größte Kostenblock fällt vorab für die Entwicklung eines Programms an, die Kosten für die anschließende Distribution sind dagegen sehr gering. Softwareunternehmen nutzen daher im Vergleich zu Unternehmen anderer Branchen relativ häufig Zweikreissysteme.

Duale Verrechnungspreise sind dadurch gekennzeichnet, dass für den liefernden und den abnehmenden Bereich einer innerbetrieblichen Leistung unterschiedliche Verrechnungspreise angesetzt werden. Die Differenz trägt die Zentrale. Ziel ist auch bei dualen Verrechnungspreisen die Reduzierung von Konflikten zwischen den verschiedenen Funktionen von Verrechnungspreisen. Vermutlich aufgrund des höheren Aufwands und aufgrund von möglichen Akzeptanzproblemen werden auch duale Verrechnungspreise in der Unternehmenspraxis lediglich in geringem Umfang eingesetzt.

Bei dualen Verrechnungspreisen werden für liefernden und abnehmenden Bereich unterschiedliche Verrechnungspreise angesetzt.

Literatur

Coenenberg, Adolf G./Fischer, Thomas M./Günther, Thomas: Kostenrechnung und Kostenanalyse, 8. Auflage, Schäffer-Poeschel, Stuttgart 2012, Kapitel 18.

Eldenburg, Leslie G./Wolcott, Susan K.: Cost Management. Measuring, Monitoring, and Motivating Performance, 2. Auflage, John Wiley, Hoboken 2011, Kapitel 15.

Ewert, Ralf/Wagenhofer, Alfred: Interne Unternehmensrechnung, 7. Auflage, Springer, Berlin et al. 2008, Kapitel 18.

Hilton, Ronald W./Platt, David E.: Managerial Accounting: Creating Value in a Global Business Environment, 9. Auflage, McGraw-Hill/Irwin, New York 2011, Kapitel 13.

Horngren, Charles T./Datar, Srikant M./Rajan ,Madhav: Cost Accounting – A Managerial Emphasis, 14. Auflage, Person Education, Upper Saddle River 2012, Kapitel 22.

Hummel, Katrin: Gestaltungsparameter und Einflussfaktoren von Verrechnungspreissystemen, Nomos Baden-Baden 2010.

Küpper, Hans-Ulrich/Friedl, Gunther/Hofmann, Christian/Hofmann, Yvette/Pedell, Burkhard: Controlling – Konzeption, Aufgaben, Instrumente, 6. Auflage Schäffer-Poeschel, Stuttgart 2013, Kapitel 13.

Weber, Jürgen/Schäffer, Utz: Einführung in das Controlling, 13. Auflage, Schäffer-Poeschel, Stuttgart 2011, Kapitel 8.

Verständnisfragen

a) Durch welche Merkmale sind Verrechnungspreise gekennzeichnet?
b) Wie wird eine Kostenumlage durchgeführt und welche Auswirkungen hat sie auf die Kosten, welche die leistende Organisationseinheit zu tragen hat?
c) Welche Arten von Responsibility Centern lassen sich unterscheiden und wodurch sind diese gekennzeichnet?
d) Welche Höhe haben knappheitsorientierte Verrechnungspreise, wenn ausreichend freie Kapazitäten vorhanden sind bzw. wenn keine freien Kapazitäten vorhanden sind?
e) Wie lassen sich die Funktionen von Verrechnungspreisen systematisieren?
f) Unter welchen Bedingungen erfüllen marktorientierte Verrechnungspreise die Koordinationsfunktion?
g) In welchen Situationen erfüllen grenzkostenbasierte Verrechnungspreise die Koordinationsfunktion?
h) Warum kann die Verwendung von vollkostenbasierten Verrechnungspreisen zu fehlerhaften Entscheidungen führen?
i) Welche Verrechnungspreismethoden werden in der Unternehmenspraxis am häufigsten eingesetzt?
j) Was bedeutet der Fremdvergleichsgrundsatz für die steuerliche Angemessenheit von Verrechnungspreisen?
k) Wie unterscheiden sich Zweikreissysteme und duale Verrechnungspreise?

Fallbeispiel: Verrechnungspreisgestaltung im internationalen Produktionsverbund von TRUMPF

Das Unternehmen TRUMPF ist Weltmarkt- und Technologieführer bei Werkzeugmaschinen für die flexible Blech- und Rohrbearbeitung sowie bei Lasern und Lasersystemen für die Fertigungstechnik. TRUMPF ist Anbieter von Prozessstromversorgungen für Hochtechnologieanwendungen in der Elektronik, außerdem entwickelt und fertigt das Unternehmen hochwertige Medizintechnik für Operationssäle und Intensivstationen. TRUMPF erwirtschaftete im Geschäftsjahr 2010/11 mit 9.555 Mitarbeitern weltweit einen Umsatz von 2,3 Mrd. €. Über 15 Fertigungsstandorte weltweit bilden den TRUMPF Produktionsverbund, der durch eine starke Leistungsverflechtung gekennzeichnet ist.

Foto: TRUMPF Gruppe

Für die Verrechnungspreisgestaltung teilt TRUMPF die direkt wertschöpfenden und die unterstützenden Prozesse entlang der Wertschöpfungskette unter Berücksichtigung der übernommenen Funktionen und Risiken in fünf Funktionsbereiche ein (vgl. Abbildung 15.11). Neben Produktions-, Vertriebs- und Dienstleistungsbereichen werden so genannte Produktcenter, welche die Gesamtverantwortung für ein Endprodukt tragen, und so genannte Technologiecenter, die für die Entwicklungsstrategie einer Komponente zuständig sind, unterschieden.

Jedem der Funktionsbereiche sind bestimmte Verrechnungspreismethoden zugeordnet. So besteht die Aufgabe des Dienstleistungsbereichs darin, zentral spezifische Dienstleistungen zu erbringen, welche über Kostenumlagen oder die Kostenaufschlagsmethode intern vergütet werden. Eine Vergütung des Produktionsbereichs erfolgt ebenfalls über die Kostenaufschlagsmethode. Im Vertriebsbereich wird über die Marktbearbeitung in der jeweiligen Vertriebsregion entschieden. Zur Verrechnung der erbrachten Leistungen zwischen Produktcenter und Vertriebsbereich bzw. zwischen Produktions- und Vertriebsbereich wird die Wiederverkaufspreismethode eingesetzt. Als Wiederverkaufspreis wird ein standardisierter Marktpreis verwendet.

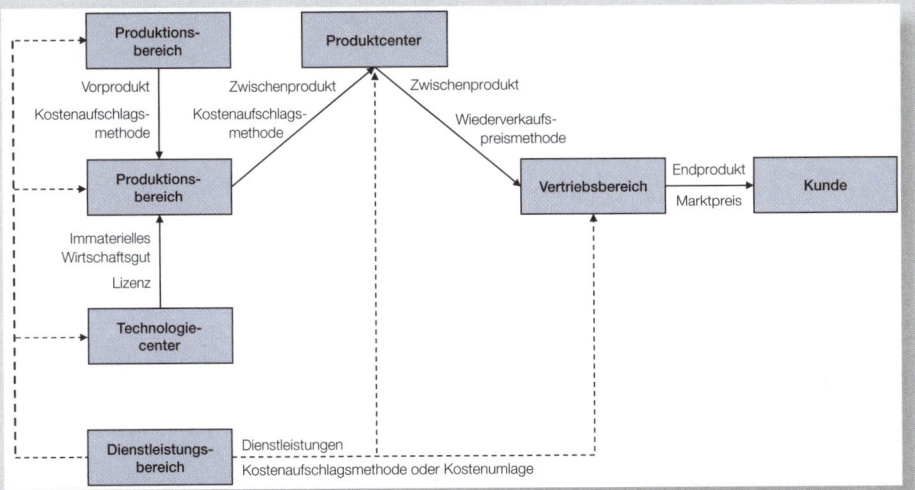

Abbildung 15.11: Grundprinzip der Verrechnungspreisgestaltung bei TRUMPF

Das **Produktcenter** trifft die wesentlichen produktbezogenen Entscheidungen über die gesamte Wertschöpfungskette. Eine Vergütung erfolgt über das in der Wertschöpfungskette verbleibende Residualergebnis, nachdem alle anderen Funktionsbereiche abgerechnet wurden. Das Produktcenter ist vertraglich zwischen Produktions- und Vertriebsbereich geschaltet. Es kauft beim Produktionsbereich und verkauft an den Vertriebsbereich.

Die Verrechnung des internen Leistungsaustauschs zwischen Produktionsbereich und Produktcenter sowie zwischen zwei Produktionsbereichen erfolgt über die Kostenaufschlagsmethode. Grundlage hierfür sind die vollen Herstellkosten im Produktionsbereich. Hinsichtlich des zeitlichen Bezugs werden für den Materialeinsatz Istkosten verwendet und für die Fertigung Standardkosten. Die Verrechnung zu Standardkosten in der Fertigung schafft Anreize zu effizientem Verhalten im liefernden Bereich, da dieser die Differenz von Istkosten zu Standardkosten tragen muss.

Das **Technologiecenter** hat die Entscheidungskompetenz für die Technologien. Die Vergütung erfolgt überwiegend über Fertigungslizenzen, über die das Technologiecenter sämtliche aus einem Entwicklungsprojekt resultierenden Kosten an diejenigen Organisationseinheiten weiterbelastet, die das Entwicklungsergebnis wertschöpfend nutzen. Sofern das Entwicklungsergebnis nicht verwertet werden kann, findet keine Weiterbelastung statt und das Technologiecenter muss die Entwicklungskosten tragen. Über die Erhebung einer Fertigungslizenz werden sämtliche Einzel- und Gemeinkosten, die direkt oder indirekt in vorgelagerten Perioden oder innerhalb der Produktlaufzeit für das Entwicklungsprojekt anfallen, sowie eine angemessene Rendite abgedeckt. Diese Vergütungsform soll die Eigenverantwortlichkeit der Technologiecenter fördern.

Die Darstellung der Funktionsweise des Verrechnungspreissystems und die dabei abzubildende Komplexität der Leistungsverflechtungen werden in Abbildung 15.12 anhand des Beispiels der Produktion einer Laserflachbettmaschine veranschaulicht. Bezüglich des internen Leistungsaustausches kann unterschieden werden zwischen
- Lizenzen, die zwischen Technologiecenter (TC) und Produktionsbereich (Prod.) verrechnet werden,
- Vorprodukten, die in die Herstellung des Zwischenprodukts 5 eingehen, und
- Zwischenprodukten, die in die Herstellung des Endprodukts Laserflachbettmaschine eingehen.

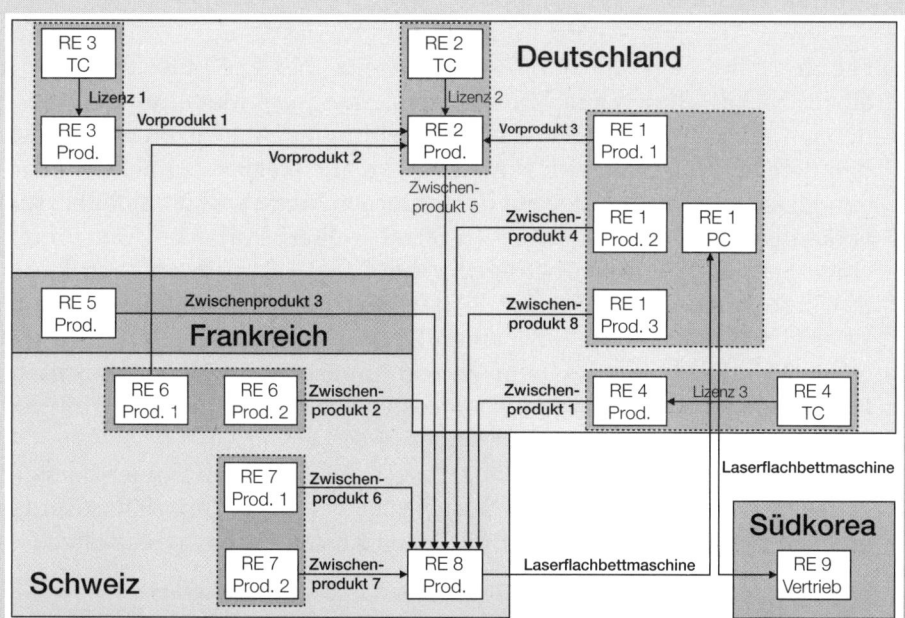

Abbildung 15.12: Lieferstruktur eines Beispielprodukts bei TRUMPF

Die Markierung des Hintergrunds zeigt an, in welchem Land sich der Sitz der Gesellschaften befindet. Eine gestrichelte Umrahmung zeigt an, dass mehrere Funktionsbereiche derselben Rechtseinheit (RE) angehören. Die Rechtseinheiten RE 1 und RE 2 sowie RE 7 und RE 8 sind jeweils an demselben Standort ansässig. Als Sitz der Vertriebsgesellschaft ist hier beispielhaft Südkorea gewählt.

Quelle: Hummel, Katrin/Kriegbaum-Kling, Catharina/Schuhmann, Stefan: Verrechnungspreisgestaltung im internationalen Produktionsverbund – Darstellung am Beispiel der Firma TRUMPF, in: Zeitschrift Controlling, 21. Jg., 2009, Heft 11, S. 598–603.

Übungsaufgaben

1. Die Kraftfahrzeugkomfort AG stellt Autositze her. Die Autositze bauen auf einem Metallrahmen auf. Für die Herstellung des Metallrahmens ist der Bereich R zuständig. Die Weiterverarbeitung zu Autositzen erfolgt durch den Bereich W. Der Bereich R hat zwei Möglichkeiten: Zum einen kann er den Metallrahmen der Sitze auf dem externen Markt an Automobilhersteller verkaufen, welche diese selber zu Sitzen weiterverarbeiten. Der Preis für einen Satz Metallahmen beträgt hierbei 2.000,– €. Zum anderen kann er die Sitze intern an den Bereich W zur Weiterverarbeitung liefern. Bereich W erwirtschaftet je Satz Sitze einen Deckungsbeitrag von 1.500,– €, wenn er die Metallrahmen zu einem Verrechnungspreis in Höhe der variablen Herstellkosten zuzüglich Transportkosten beziehen kann.

Der Bereich R kann in einem Monat insgesamt 800 Metallrahmen herstellen. Zurzeit ist die Kapazität zu 80 % ausgelastet. Bei dieser Kapazitätsauslastung ergeben sich folgende durchschnittlichen Kosten für einen Satz Sitze:

Kostenart	Kosten [€]
Materialeinzelkosten	600,–
Fertigungseinzelkosten	600,–
Anteilige Fixkosten	300,–
Durchschnittskosten je Satz Sitze	**1.500,–**

Wenn die Sitze am externen Markt verkauft werden, übernehmen die Abnehmer die Transportkosten. Die Transportkosten je Satz Sitze von Bereich R zu Bereich W belaufen sich auf 50,– €.

a) Bestimmen Sie den optimalen Verrechnungspreis für den Leistungsaustausch zwischen den Bereichen R und W, unter der Annahme, dass Bereich R seine volle Ausbringungskapazität am externen Markt absetzen kann.

b) Bestimmen Sie den optimalen Verrechnungspreis für den Leistungsaustausch zwischen den Bereichen R und W, unter der Annahme, dass die Ausbringungskapazität von Bereich R derzeit durch Verkäufe am externen Markt nur zu 80 % ausgelastet werden kann.

2. Die Knusper GmbH ist eine Großbäckerei, die unter anderem Tiefkühltorten herstellt. Das Unternehmen ist dezentral organisiert. Die Bereichsmanager dürfen über die Beschaffungs- und Absatzentscheidungen in ihren Bereichen selbst bestimmen. Bereich B stellt Tortenböden her. Bereich T verarbeitet diese weiter zu Tiefkühltorten. Pro Tag benötigt Bereich T 6.000 Tortenböden, die bislang von Bereich B bezogen wurden. Der Leiter von Bereich B hat gerade angekündigt, dass er den Verrechnungspreis für einen Tortenboden in Zukunft von 2,20 € auf 2,40 € erhöhen will, und begründet

diese Erhöhung mit gestiegenen Einkaufspreisen für Zutaten. Die variablen Kosten je Boden betragen 2,10 €; dazu kommen 0,20 € anteilige Fixkosten je Boden, die kurzfristig nicht abbaufähig sind.

Bereich T hat allerdings auch die Möglichkeit, die Tortenböden für 2,20 € je Boden von einem externen Lieferanten zu beziehen, und hat angekündigt, dass er beabsichtigt, von dieser Möglichkeit Gebrauch zu machen. Der Leiter von Bereich B fordert nun von der Geschäftsleitung, den Bereich T zum internen Bezug der Böden zu einem Verrechnungspreis von 2,40 € zu verpflichten.

a) Berechnen Sie für die folgenden drei Fälle, welcher Vorteil bzw. Nachteil sich für den Erfolg pro Tag der Knusper GmbH im Vergleich mit den jeweiligen Alternativen ergibt, wenn der Bereich T die Böden intern von Bereich B bezieht:
- Fall 1: Bereich B hat keine alternative Verwendungsmöglichkeit für seine Produktionskapazitäten, da diese speziell auf die Bedürfnisse von Bereich T zugeschnitten sind.
- Fall 2: Bereich B kann seine Anlagen auch für die Herstellung von Biskuitkeksen nutzen und diese am externen Markt verkaufen, womit er einen Deckungsbeitrag von 3.000,– € erwirtschaften kann.
- Fall 3: Bereich B hat keine alternative Verwendungsmöglichkeit für seine Produktionskapazitäten und der potenzielle externe Lieferant von Bereich T senkt seinen Preis um 15 %.

b) Wie wird die Geschäftsleitung auf die Forderung des Leiters von Bereich B in den drei Fällen reagieren? Begründen Sie Ihre Antwort.

3. Ein Unternehmen besteht aus einem Produktionsbereich P und einem Vertriebsbereich V. Der Produktionsbereich stellt aus Rohstoffen ein Produkt her, das von dem Vertriebsbereich verpackt und vertrieben wird. Der Vertriebsbereich hat folgende Preisabsatzfunktion ermittelt:

$$p(x) = -2,5x + 150 \quad (x = \text{Produktmenge})$$

Die Grenzkostenfunktionen der beiden Bereiche lauten:

$$k_p = \begin{cases} 20 & \text{für } 0 \leq x < 10 \\ 0,2x^2 & \text{für } 10 \leq x \leq 30 \end{cases}$$

$$k_v = 15$$

a) Ermitteln Sie mithilfe eines Optimierungskalküls analytisch den Verrechnungspreis, der bei dezentraler Planung vorgegeben werden müsste, damit sowohl die Abteilungsgewinne als auch der Gesamtgewinn des Unternehmens maximiert werden.
b) Zeigen Sie, welches Ergebnis sich bei einem Verrechnungspreis von 20,– € und bei einem Verrechnungspreis von 90,– € ergibt.

Literaturverzeichnis

Ahmad, Rizal/Neal, Mark: AirAsia: The Sky's the Limit, in: Asia Journal of Management Cases, Vol. 3, 2006, No. 1, S. 25–50.

Anderson, Mark C./Banker, Rajiv D./Janakiraman, Surya N.: Are Selling, General, and Administrative Costs "Sticky"?, in: Journal of Accounting Research, Vol. 41, 2003, No. 1, S. 47–63.

Atkinson, Anthony A./Kaplan, Robert S./Matsumura, Ella Mae/Young, S. Mark: Management Accounting: Information for Decision-Making and Strategy Execution, 6. Auflage, Prentice-Hall, Upper Saddle River 2011.

Bain, Joe S.: Depression Pricing and the Depreciation Function, in: The Quarterly Journal of Economics, Vol. 51, 1937, No. 4, S. 705–715.

Baxendale, Sidney J.: Activity-based Costing for the Small Business: A Primer, in: Business Horizons, Vol. 44, 2001, No. 1, S. 61–68.

Beißel, Jörg: Verrechnungspreise und wertorientierte Konzernsteuerung bei der Deutschen Lufthansa AG, in: Betriebswirtschaftliche Forschung und Praxis, 57. Jg., 2005, Heft 2, S. 119–136.

Bundesverband der Deutschen Industrie: Empfehlungen zur Kosten- und Leistungsrechnung, Band 1, 3. Auflage, Industrie-Förderung GmbH, Köln 1991.

Calleja, Kenneth/Steliaros, Michael/Thomas, Dylan C.: A Note on Cost Stickiness: Some International Comparisons, in: Management Accounting Research, Vol. 17, 2006, No. 2, S. 127–140.

Coenenberg, Adolf G./Haller, Axel/Schultze, Wolfgang: Jahresabschluss und Jahresabschlussanalyse, 22. Auflage, Schäffer-Poeschel, Stuttgart 2012.

Coenenberg, Adolf G./Fischer, Thomas M./Günther, Thomas: Kostenrechnung und Kostenanalyse, 8. Auflage, Schäffer-Poeschel, Stuttgart 2012.

Demski, Joel S.: Managerial Uses of Accounting Information, 2. Auflage, Springer, New York 2008.

Dikolli, Shane S./Sedatole, Karen L.: Delta's New Song: A Case on Cost Estimation in the Airline Industry, in: Issues in Accounting Education, Vol. 19, 2004, No. 3, S. 345–359.

Domschke, Wolfgang/Drexl, Andreas: Einführung in Operations Research, 8. Auflage, Springer, Berlin, Heidelberg, New York 2011.

Eldenburg, Leslie G./Wolcott, Susan K.: Cost Management: Measuring, Monitoring, and Motivating Performance, 2. Auflage, John Wiley, Hoboken 2011.

Emsley, David: Variance Analysis and Performance: Two Empirical Studies, in: Accounting, Organizations and Society, Vol. 25, 2000, No. 1, S. 1–12.

Emsley, David: Redesigning Variance Analysis for Problem Solving, in: Management Accounting Research, Vol. 12, 2001, No. 1, S. 21–40.

Ewert, Ralf/Wagenhofer, Alfred: Interne Unternehmensrechnung, 7. Auflage, Springer, Berlin et al. 2008.

Fischer, Thomas M./Schmitz, Jochen A.: Informationsgehalt und Interpretationsmöglichkeiten des Zielkostenkontrolldiagramms im Target Costing, in: Kostenrechnungspraxis, 38. Jg., 1994, Heft 6, S. 427–433.

Literaturverzeichnis

Franz, Klaus-Peter/Kajüter, Peter: Kostenmanagement in Deutschland, in: Kostenmanagement, hrsg. v. Klaus-Peter Franz und Peter Kajüter, 2. Auflage, Schäffer-Poeschel, Stuttgart 2002, S. 569–585.

Friedl, Gunther/Frömberg, Kerstin/Hammer, Carola/Küpper, Hans-Ulrich/Pedell, Burkhard: Stand und Perspektiven der Kostenrechnung in deutschen Großunternehmen, in: Zeitschrift für Controlling und Management, 53. Jg., 2009, Heft 2, S. 111–116.

Friedl, Gunther/Hammer, Carola/Pedell, Burkhard/Küpper, Hans-Ulrich: How Do German Firms Run Their Cost-Accounting Systems, in: Management Accounting Quarterly, Vol. 10, 2009, No. 2, S. 38–52.

Friedl, Gunther/Hilz, Christian/Pedell, Burkhard: Controlling mit SAP, 6. Auflage, Vieweg, Wiesbaden 2012.

Friedl, Gunther/Küpper, Hans-Ulrich/Pedell, Burkhard: Relevance Added: Combining ABC with German Cost Accounting, in: Strategic Finance, Vol. 86, 2005, No. 12, S. 56–61.

Friedl, Gunther: Budgetierung, in: Handwörterbuch der Betriebswirtschaft, hrsg. v. Richard Köhler, Hans-Ulrich Küpper und Andreas Pfingsten, 6. Auflage, Schäffer-Poeschel, Stuttgart 2007, Sp. 185–194.

Gabutti, Ricardo David/Kunz, Jennifer/Voigt, Carmen: Die Einführung einer mehrdimensionalen Kostenkalkulation am Beispiel der Fresenius Kabi – Betriebsstätten Clinico, in: Zeitschrift für Controlling & Management, 53. Jg., 2009, Heft 1, S. 57–61.

Gauharou, Barbara: Activity-Based Costing at DSL Client Services, in: Management Accounting Quarterly, Vol. 1, 2000, No. 4, S. 4–11.

Harvard Business School Accounting Case – Bridgeton Industries: Automotive Component & Fabrication Plant (HBC 9-190-085)

Herbert, Holger/Maras, Damir: Smart Planning and Forecasting – Performance Improvement für die Unternehmenssteuerung, PWC-Studie, Frankfurt 2006.

Hilton, Ronald W./Platt, David E.: Managerial Accounting, 9. Auflage, McGraw-Hill, Boston et al. 2011.

Hoch, Gero/Heupel, Thomas: Dezentrales anreizorientiertes Kostenmanagement in der mittelständischen Automobilzuliefererindustrie, in: Zeitschrift Controlling, 20. Jg., 2008, Heft 1, S. 23–30.

Horngren, Charles, T./Datar, Srikant M./Rajan, Madhav: Cost Accounting – A Managerial Emphasis, 14. Auflage, Pearson Education, Upper Saddle River 2011.

Horváth, Péter/Mayer, Reinhold: Prozeßkostenrechnung – Der neue Weg zu mehr Kostentransparenz und wirkungsvolleren Unternehmensstrategien, in: Zeitschrift Controlling, Jg. 1, 1989, Heft 4, S. 214–219.

Hoskin, Robert E.: Opportunity Cost and Behavior, in: Journal of Accounting Research, Vol. 21, 1983, No. 1, S. 78–95.

Hummel, Katrin/Pedell, Burkhard: Verrechnungspreissysteme in der Unternehmenspraxis, in: Zeitschrift Controlling, 21. Jg., 2009, Heft 11, S. 6–12.

Hummel, Katrin/Kriegbaum-Kling, Catharina/Schuhmann, Stefan: Verrechnungspreisgestaltung im internationalen Produktionsverbund – Darstellung am Beispiel der Firma TRUMPF, in: Zeitschrift Controlling, 21. Jg., 2009, Heft 11, S. 598–603.

Hummel, Katrin: Gestaltungsparameter und Einflussfaktoren von Verrechnungspreissystemen, Nomos, Baden-Baden 2010.

Kajüter, Peter: Kostenmanagement in der deutschen Unternehmenspraxis – Empirische Befunde einer branchenübergreifenden Feldstudie, in: Zeitschrift für betriebswirtschaftliche Forschung, 57. Jg., 2005, Heft 1, S. 79–100.

Kaplan, Robert S./Cooper, Robin: Cost & Effect – Using Integrated Cost Systems to Drive Profitability and Performance, 2. Auflage, McGraw-Hill, Boston 1998.

Kaplan, Robert S./Norton, David P.: The Balanced Scorecard: Measures That Drive Performance, in: Harvard Business Review, Vol. 70, 1992, No. 1, S. 71–79.

Kaplan, Robert S./Norton, David P.: The Strategy-focused Organization: How Balanced Scorecard Companies Thrive in the New Business Environment, Harvard Business Press, Boston 2001.

Kaplan, Robert S.: Management Accounting in Hospitals: A Case Study, in: hrsg. v. Livingstone, John Leslie und Gunn, Sanford C.: Accounting for Social Goals, Harper and Row, New York et al. 1974, S. 131–148.

Kilger, Wolfang/Pampel, Jochen/Vikas, Kurt: Flexible Plankostenrechnung und Deckungsbeitragsrechnung, 13. Auflage, Gabler, Wiesbaden 2012.

Kley, Karl-Ludwig: Verrechnungspreise und Wertmanagement im Aviation-Konzern Deutsche Lufthansa, in: Kostenrechnungspraxis, 45. Jg., 2001, Heft 5, S. 267–274.

Kremin-Buch, Beate: Strategisches Kostenmanagement: Grundlagen und moderne Instrumente, 4. Auflage, Gabler Verlag, Wiesbaden 2007.

Krumwiede, Kip R.: Rewards and Realities of German Cost Accounting, in: Strategic Finance, Vol. 86, 2005, No. 10, S. 27–34.

Krumwiede, Kip R./Süßmair, Augustin: A Closer Look at German Cost Accounting Methods, in Management Accounting Quarterly, Vol. 10, 2008, No. 1, S. 37–50.

Küpper, Hans-Ulrich/Friedl, Gunther/Hofmann, Christian/Hofmann, Yvette/Pedell, Burkhard: Controlling – Konzeption, Aufgaben, Instrumente, 6. Auflage, Schäffer-Poeschel, Stuttgart 2013.

Küpper, Hans-Ulrich: Analyse der Differenzierung zwischen Standard- und Prognosekostenrechnung, in: Wirtschaftswissenschaftliches Studium, 7. Jg., 1978, Heft 12, S. 562–568.

Lawler, Edward E.: Motivation in Work Organizations, Brooks/Cole Publishing, Monterey 1973.

Lexa, Frank James/Mehta, Tushar/Seidmann, Abraham: Managerial Accounting Applications in Radiology, in: Journal of the American College of Radiology, Vol. 2, 2005, No. 3, S. 262–270.

Liebscher, Dagmar: Interne Leistungsverrechnung an der Universität Mainz, Arbeitspapier der Verwaltung der Johannes Gutenberg Universität Mainz, 2009.

McWatters, Cheryl S./Zimmerman, Jerold L./Morse, Dale C.: Management Accounting – Analysis and Interpretation, Pearson, Harlow 2008.

Mengen, Andreas: Materialkostensenkung in Gewinne umsetzen, in: Zeitschrift für Controlling & Management, 49. Jg., 2005, Heft 7, S. 42–45.

Literaturverzeichnis

Mengen, Andreas/Urmersbach, Kerstin: Prozesskostenrechnung im Industrieunternehmen, in: Zeitschrift für Controlling & Management, 50. Jg., 2006, Heft 4, S. 218–226.

Mia, Lokman/Clarke, Brian: Market Competition, Management Accounting Systems and Business Unit Performance, in: Management Accounting Research, Vol. 10, 1999, No. 2, S. 137–158.

Miller, Jeffrey G./Vollmann, Thomas E.: The Hidden Factory, in: Harvard Business Review, Vol. 63, 1985, No. 5, S. 142–150.

Müller, Martin: Harmonisierung des externen und internen Rechnungswesens – Eine empirische Untersuchung, Deutscher Universitäts-Verlag, Wiesbaden 2006.

Mußhoff, Oliver/Hirschauer, Norbert/Hüttel, Silke: Die Bestimmung optimaler Anbaustrategien – wie berücksichtige ich das Risiko?, in: B&B Agrar, 2005, Heft 1, S. 29–32.

Pfaff, Dieter/Stefani, Ulrike: Verrechnungspreise in der Unternehmenspraxis – Eine Bestandsaufnahme zu Zwecken und Methoden, in: Zeitschrift Controlling, 18. Jg., 2006, Heft 10, S. 517–524.

Porter, Michael E.: Competitive Advantage, Free Press, New York 2004.

PriceWaterhouseCoopers: Kostenmanagement in der Automobilindustrie – Bestandsaufnahme und Zukunftspotentiale, 2007.

Riezler, Stephan: Produktlebenszykluskostenmanagement, in: Kostenmanagement – Wettbewerbsvorteile durch systematische Kostensteuerung, hrsg. v. Franz, Klaus-Peter / Kajüter, Peter, 2. Auflage, Schäffer-Poeschel, Stuttgart 2002, S. 207–223.

Schäffer, Utz/Steiners, Daniel: Wie nutzen Geschäftsführer und Vorstände in deutschen Industrieunternehmen ihre Kostenrechnung?, in: Zeitschrift Controlling, 17. Jg., 2005, Heft 6, S. 321–325.

Schildbach, Thomas/Homburg, Carsten: Kosten- und Leistungsrechnung, 10. Auflage, Lucius&Lucius, Stuttgart 2009.

Schiller, Ulf/Keimer, Imke/Egle, Ulrich/Keune, Hugo: Kostenmanagement in der Schweiz – Eine empirische Studie, in: Zeitschrift Controlling, 19. Jg., 2007, Heft 6, S. 301–307.

Schneider, Willy: McMarketing – Einblicke in die Marketing-Strategie von McDonald's, Gabler Verlag, Wiesbaden 2007.

Schulz, Axel K.-D./Cheng, Mandy M.: Persistence in Capital Budgeting Reinvestment Decisions – Personal Responsibility Antecedent and Information Asymmetry Moderator: A Note, in: Accounting and Finance, Vol. 42, 2002, No. 1, S. 73–86.

Schweitzer, Marcell/Küpper, Hans-Ulrich: Systeme der Kosten- und Erlösrechnung, 10. Auflage, Vahlen, München 2011.

Schweitzer, Marcell/Troßmann, Ernst: Break-Even-Analysen. Methodik und Einsatz, 2. Auflage, Duncker & Humblot, Berlin 1998.

Seidenschwarz & Comp./Pedell, Burkhard: Kostenmanagement in Deutschland – Status, Erwartungen, Potenziale, Seidenschwarz & Comp. GmbH, Starnberg/Stuttgart 2009.

Seidenschwarz, Werner: Target Costing – Ein japanischer Ansatz für das Kostenmanagement, in: Zeitschrift Controlling, 3. Jg., 1991, Heft 4, S. 198–203.

Seidenschwarz, Werner: Target Costing, Vahlen, München 1993.

Smith Bamber, Linda/Hughes, K.E.: Activity-Based Costing in the Service Sector: The Buckeye National Bank, in: Issues in Accounting Education, Vol. 16, 2001, No. 3, S. 381–408.

Staw, Barry M.: Knee-deep in Big Muddy: A Study of Escalating Commitment to a Chosen Course of Action, in: Organizational Behavior and Human Decision Performance, Vol. 16, 1976, No. 1, S. 27–44.

Stedry, Andrew C./Kay, Emanuel: The Effects of Goal Difficulty on Performance: A Field Experiment, in: Behavioral Science, Vol. 11, 1966, No. 6, S. 459–470.

Stoi, Roman/Herbst, Volker: Controlling der Variantenfertigung unter SAP R/3 – Konzeptionelle Umsetzung am Beispiel der Claas Hungaria Kft., in: Information Management & Consulting, 18. Jg., 2003, Heft 4, S. 66–72.

Stoi, Roman: Prozessorientiertes Kostenmanagement in der deutschen Unternehmenspraxis, Vahlen, München 1999.

Vera-Muñoz, Sandra C.: The Effects of Accounting Knowledge and Context on the Omission of Opportunity Costs in Resource Allocation Decisions, in: The Accounting Review, Vol. 73, 1998, No. 1, S. 47–72.

Victoravich, Lisa Marie: When Do Opportunity Costs Count? The Impact of Vagueness, Project Completion Stage, and Management Accounting Experience, in: Behavioral Research in Accounting, Vol. 22, 2010, No. 1, S. 85–108.

Währisch, Michael: Kostenrechnungspraxis in der deutschen Industrie, Gabler, Wiesbaden 1998.

Weber, Jürgen/Janke, Robert: Controlling in Zahlen, Wiley, Weinheim 2013.

Weber, Jürgen/Schäffer, Utz: Einführung in das Controlling, 13. Auflage, Schäffer-Poeschel, Stuttgart 2011.

Weber, Jürgen/Weißenberger, Barbara: Einführung in das Rechnungswesen, 8. Auflage, Schäffer-Poeschel, Stuttgart 2010.

Ziegler, Hasso: Neuorientierung des internen Rechnungswesens für das Unternehmenscontrolling im Hause Siemens, in: Zeitschrift für betriebswirtschaftliche Forschung, 46. Jg., 1994, Heft 2, S. 175–188.

Stichwortverzeichnis

Symbole

80/20-Regel 475
β-Faktor 187

A

Absatzobergrenze 321
Absatzpreisabweichung 363
Abschreibung 173
- arithmetisch-degressive – 178
- digitale – 178
- geometrisch-degressive – 177
- kalkulatorische – 174
- leistungsabhängige – 179
- lineare – 176
Abschreibungsverfahren 174, 181
- leistungsabhängiges – 179
- zeitabhängiges – 176
Abschreibungsverlauf 176
Abweichung
- -en höherer Ordnung 383
Abweichungsanalyse 350, 413, 414
Abweichungsbericht 352
Abzugskapital 185
Activity-Based Budgeting 521
Activity-Based Costing 432, 439
Advance Pricing Agreement (APA) 557, 574
Aggregation 378
Allokationseffekt 452
Allowable Costs 473
Anderskosten 40, 174
Anlagenkosten 173
Anschaffungskosten 183
Anschaffungswert 176
Äquivalenzziffernrechnung 99
Arbeitsplan 215
Auftragskalkulation 77
Aufwand 37
- außerordentlicher – 39
- neutraler – 39
- periodenfremder – 39
- sachzielfremder – 39
Ausbringungsgüter 562
Ausschreibung 333
Auszahlung 36

B

Balanced Scorecard 11
Benchmarking 493
Berufsgenossenschaft
- Beitrag zu -en 170
Beschäftigung 198, 207
Beschäftigungsabweichung 380
Beschäftigungsgrad 198
Betriebsabrechnungsbogen 122
Betriebsbuchhaltung
- – bei Massen- und Sortenfertigung 103
Betriebsstoffe 161
Better Budgeting 531
Beyond Budgeting 531
Bezugsgröße 79, 207
- direkte – 47
- indirekte – 47
- inputorientierte 207
- outputorientierte – 207
Blockumlageverfahren 139
Bottom up-Budgetierung 532
Break-Even-Analyse 275
Break-Even-Gerade 284
Break-Even-Punkt 278
Buchwert 177
Budget 512
- Absatz- 515
- Ergebnis- 520
- Fertigungsgemeinkosten- 517
- Fertigungslohn- 517
- flexibles – 361, 529
- Gesamt- 514
- Herstellkosten- 518
- – manipulation 533

Stichwortverzeichnis

- Materialkosten- 516
- Produktions- 516
- starres – 529
- Verhaltenswirkungen von -s 531

Budgetabweichungen 528
Budgetary slack 533
Budgetierung 511, 531
- – als Leistungsmessung 528
- Aufgaben der – 512
- Bottom up- 532
- Fortschreibungs- 522
- Top down- 532

Budgetierungsprozess 515
Budgetierungstechniken 514
Budgetmanipulation 533
Budget slack 533

C

Capital Asset Pricing Model (CAPM) 187
Cash Management 558
Conjoint-Analyse 483
Cost Center 548
Cost-Volume-Profit Analysis 277

D

Deckungsbeitrag 278, 415
- – je Stück 317
- – nach dem Entkopplungspunkt 330
- relativer – 318

Deckungsbeitragsmodell 279
Deckungsbeitragsrechnung 259
- einstufige – 259
- mehrdimensionale – 420
- mehrstufige – 262, 417

Degressionsbetrag 178
Degressionseffekt 453
Dezentralisierung 546
Dilemma der pretialen Lenkung 555, 564

Divisionsrechnung
- einstufige – 95
- mehrstufige – 96

Double Marginalization 563
Drifting Costs 473
Durchschnittsbestand 412
Durchschnittsmethode 185
Durchschnittspreise
- gleitende – 167
- nachträgliche – 167

Durchschnittsprinzip 54
Durchschnittsverzinsung 411

E

Eigenkapital (EK) 187
Eigenkapitalkostensatz 187
Einsatzgüter 562
Einstandspreise 167
Einzahlung 36
Einzelabweichungen 354
Einzelkosten 45, 78
- Abweichungsanalyse bei – 364
- Fertigungs- 368
- Kontrolle der – 413
- Material- 365
- Standard- 373

Einzel- und Serienfertigung 78
- Betriebsbuchhaltung bei – 92

Endkostenstellen 119, 405
Enterprise Resource Planning (ERP) 158
Entkoppelungspunkt 101
Entscheidung
- -en über die Leistungserstellung 315
- operative – 301

Entscheidungsproblem 312
Entscheidungsprozess 302
Entscheidungsregel
- einfache – 307

Entscheidungswirkungen 312
Entwicklungskosten 74
Erfahrungskurve 210
Erfahrungswerte 215
Erfolgsermittlungsfunktion 558

Erfolgsrechnung 241
- prozesskostenbasierte – 449

Ergebnisrechnung
- – nach dem Gesamtkostenverfahren 245
- – nach dem Umsatzkostenverfahren 247

Erlöse 34
Ertrag 37
Externes Rechnungswesen 6

F

Fertigungsgemeinkosten
- Ausgabenabweichung der – 380
- Effizienzabweichung der – 377
- Preisabweichung der – 376

Fertigungslöhne 170
- Lohnraten 370
- Preisabweichung für – 369
- Verbrauchsabweichung für – 369

Fertigungsmaterial
- Preisabweichung für – 366
- Verbrauchsabweichung für – 366

Fertigungsmaterialkosten
- Ist- und Sollabweichung 384

FIFO-Verfahren 165
Finanzbuchhaltung 158
First In First Out (FIFO) 164
Fixkostendegression 50
Flexible Marginal Costing 395
Fortschreibungsbudgetierung 522
Fortschreibungsmethode 163
Fremdkapital (FK) 187
Fremdkapitalkostensatz 187
Fremdkapitalzinsen 187
Fremdvergleichsgrundsatz 572
Fristigkeit 209
Funktionen-Komponenten-Matrix 484
Funktionsanalyse 215

G

Gehälter 169
Gemeinkosten 45, 78, 124
- Abweichungsanalyse bei – 375
- Aggregation 378
- Benchmarking 375
- fixe – 379
- Homogenisierung 378
- in der Grenzplankostenrechnung 400
- Kontrolle der – 413
- Prozessanalyse 375
- unechte – 45, 161
- variable – 376
- variable Standard- 379

Gemeinkostencontrolling 414
Gemeinkostenwertanalyse 524
Gemeinschaftskontenrahmen (GKR) 159
Gesamtbudget
- Entwicklung eines -s 514

Gesamtkapital (GK) 187
Gesamtkosten 43
Gesamtkosten-Umsatz-Modell 279
Gesamtkostenverfahren 244
- – auf Basis von Voll- und Teilkosten 253

Gesamtzuschlag 79
- wertmäßiger – 80

Gesamtzuschlagssatz
- mengenmäßiger – 80

Geschäftsbereichsorganisation 547
Gewinn 278
Gewinnaufteilungsmethode 573
Gewinngleichung 278
Gewinnschwelle 278
Gewinnvergleichsmethode 573
Gleichteile 368
Gleichungsverfahren 128
Grenzkosten 53, 552, 564
Grenzplankostenrechnung 395
- Abschreibungen 407
- Aufbau der – 396
- Bezugsgrößen 402
- Einzelkosten in der – 398
- Kostenstellen 401

Stichwortverzeichnis

- Merkmale der – 397
- Zinsen 411

Grenzplankosten- und Deckungsbeitragsrechnung 25
Gutschrift-Lastschrift-Verfahren 136

H

Handelsbilanz 181
Handelsmarge 326
Hauptkostenstellen 118
Herstellkosten 74
Herstellungskosten 183
Hilfskostenstellen 118
Hilfslöhne 170
Hilfsstoffe 161
Homogenisierung 378

I

Information
- entscheidungsbeeinflussende – 14
- entscheidungsunterstützende – 14, 306
- qualitative – 306
- quantitative – 306
- Verhaltenswirkungen von – 16

Inkrementalkosten 56
Inkrementalkostenverteilungsmethode 57
Innerbetriebliche Leistungsverrechnung
- Verfahren der – 127

Input-Throughput-Output-System 491
Insourcing 292
Internes Rechnungswesen 6
Into and out of Company 478
Inventurmethode 162
Investitionsrechnung 10
Investment Center 548
Iso-Deckungsbeitragsgerade 322

Istbedarfskoeffizient
- – für Material 365

Istkosten 568
Istkostenrechnung 25
Istpreis 164
Istrechnung 15
Iteratives Verfahren 133

K

Kalkulation 71
- Aufgaben der – 72
- Ausgestaltung der – 72
- – bei Einzel- und Serienfertigung 78
- – bei Massen- und Sortenfertigung 94
- prozesskostenbasierte – 437, 446
- Rechnungszwecke der – 73
- retrograde – 473
- – von Kuppelprodukten 101

Kalkulationsverfahren 76
Kalkulatorische Miete 60, 189
Kalkulatorischer Unternehmerlohn 60, 189
Kalkulatorische Wagniskosten 189
Kalkulatorische Zinsen 60
Kapital
- Abzugs- 185
- betriebsnotwendiges – 185

Kapitalkosten 186
Kapitalkostensatz
- gewichteter – 187

Kennzahlen
- nicht-monetäre – 10

Komplexitätseffekt 454
Kontrolle
- – der Einzelkosten 413
- – der Gemeinkosten 413

Kontrollsystem 348
Koordinations- und Lenkungsfunktion 558
Kosten 34
- erwartete – 352
- fixe – 47, 198
- kalkulatorische – 41, 181

- primäre – 158
- proportionale – 200
- prozessfixe – 442
- prozessvariable – 442
- relevante – 59, 308
- semi-proportionale – 202
- sonstige – 190
- sprungfixe – 203
- überproportionale – 200
- unterproportionale – 200
- variable – 47, 199, 564
- Versunkene – 60

Kostenabweichung 370
- Bewertung von -en 371
- Konsequenzen von -en 373
- Prämierung bei -en 373

Kostenallokation 545
Kostenanfall 475
Kostenarten 157, 189
Kostenartenrechnung 63, 155
- Aufgaben der – 156

Kostenartenverfahren 143
Kostenaufschlagsmethode 573
Kostenbeeinflussbarkeit 475
Kostenbeeinflussung 471
Kostenbegriff
- pagatorischer – 41
- wertmäßiger – 41

Kosten- bzw. Preisrechtfertigung
- Funktion der – 559

Kosteneinflussgröße 47, 198, 208, 438
Kostenfestlegung 475
Kostenführerschaft 18
Kostenfunktion 48, 197, 206
- lineare – 410
- Steigung der – 409

Kostenklassifikation 216
Kostenkontrolle 413, 489
- – auf Basis von Standardkosten 348

Kostenkurve
- tatsächliche – 409

Kostenmanagement 439, 471
Kosten-Nutzen-Abwägungen 12
Kostenobergrenze 477
Kostenplätze 120

Kosten-plus-Kalkulation 472
Kostenprognose 226
Kostenprozessrechnung 439
Kostenrechnung
- Abschreibungsverfahren 181
- Zwecke der – 3

Kostenrechnungsinstrument 470
Kostenstellen 83
- Gliederung der – 115

Kostenstellenblatt 227
Kostenstellenhierarchie 121
Kostenstellenorientierung
- strikte – 413

Kostenstellenplan 116, 121
Kostenstellenrechnung 63, 113
Kostenstruktur 156
Kostenstrukturrisiko 294
Kostenstrukturveränderungen 431
Kostenträger 75
Kostenträgerrechnung 63
Kostenträgerstückrechnung 76
Kostenträgerverfahren 143
Kostentreiber 438
Kostenumlage 545
Kosten- und Erlösrechnung
- Aggregation in der – 22
- Systeme der – 24
- Unsicherheit in der – 23

Kostenverantwortung 439
Kostenvergleichsrechnung 310
Kostenverläufe 197
- elementare – 198

Kostenverrechnung 46
- – bei Einzel- und Serienfertigung 78
- Grundprinzipien der – 53

Kostenverteilung 121
Kostenverursachung
- heterogene – 209
- homogene – 208

Kostenzurechnung 121
Kritische Menge 278
Kundenerfolgsrechnung
- prozesskostenbasierte – 449

Kuppelprodukt 101

Stichwortverzeichnis

Kuppelproduktion 101
- operative Entscheidungen bei – 329

Kuppelproduktionsprozess 56
Kuppelprozesse 101

L

Last In First Out (LIFO) 164
Lebenszykluskostenrechnung 500
Lebenszyklusrechnung 495, 500
Leerkosten 383
Leistungen
- freiwillige betriebliche – 170

Leistungsaustausch
- innerbetrieblicher – 545

Leistungseinheit 179
Leistungsverrechnung 545
- innerbetriebliche – 127, 404

Lenkungspreis 546
Lernkurve 210
Life Cycle Accounting 500
Life Cycle Costing 500
LIFO-Verfahren 166
Lineare Regression 220
- einfache – 220
- multiple – 220

Liquidationserlös 176
Löhne 170
Lohneinzelkosten
- – in der Grenzplankostenrechnung 399

M

Make-or-Buy-Entscheidung 323
Management by Exception 364
Mannjahr 443
Marginal Costing 395
Market into Company 477
Marktrisikoprämie 187
Maschinensatzrechnung 86
Massen- und Sortenfertigung 94
- Betriebsbuchhaltung bei – 103

Master Budget 514

Material 161
Materialeinzelkosten
- in der Grenzplankostenrechnung 398

Materialkosten 161
Materialstückliste 214
Materialverbrauch 162
- Bewertung des -s 164
- mengenmäßiger – 398

Mehrproduktrestriktion 316
- keine wirksame – 316, 325
- wirksame – 318, 325
- zwei wirksame -en 320

Methode der kleinsten Quadrate 220
Miete
- kalkulatorische – 189

N

Nachsteuergewinn 282
Näherungsverfahren 410
Nebenkostenstellen 118
Nettomargenmethode
- transaktionsbezogene 573

Nichtnegativitätsbedingung 321
Normalkostenrechnung 25
Nutzkosten 383
Nutzschwellenanalyse 277
Nutzungsdauer 175, 409

O

Offshoring 323
Operating Leverage 294
Opportunitätskosten 60, 311, 334, 417, 552
Organisationsstruktur
- dezentrale – 546

Out of Company 477
Out of Competitor 478
Out of Standard Costs 478
Outsourcing 292, 323

Stichwortverzeichnis

P

Performance Measurement 549
Periodenerfolg 243
Periodenerfolgsrechnung 244
Periodenkosten 58
Personalkosten 169
Personalnebenkosten 170
Planbezugsgröße 403
Plan-Ist-Abweichung
- budgetbezogene – 362

Plankosten bei Planbeschäftigung 228
Plankostenrechnung 227
Plankostenverrechnungssatz 228, 381
Planrechnung 15
Plan- und Ist-Ausbringungsmenge 363
- Abweichung zwischen – 363

Planungsgegenstand 303
Planungshorizont 304
Planungsprozess 515
Planungsrestriktionen 305
- Einprodukt- 305
- Mehrprodukt- 305

Planungsziel 304
Prämissenkontrolle 355
Preis-Absatz-Funktion 313
Preisbestimmung
- – in der ökonomischen Theorie 333

Preisbildung
- ökonomische – 332
- vereinfachte – 332

Preisentscheidungen 331
- langfristige – 336

Preisnehmer 331
Preissetzer 331
Preisuntergrenze 332
Preisvergleichsmethode 572
Primärkostenverteilung 124
Process Owner 439
Product Reverse Engineering 493
Produktfunktionen 481
- Gewichte der – 483

Produktfunktionsgewicht 483

Produktionsprogramm
- optimales – 316

Produktionsverfahren
- optimales – 324

Produktkalkulation
- – mit Standardkosten 350

Produktkomponenten 481
- Gewichte der – 484
- Kostenanpassungsbedarf 487
- Kostenanteile 487
- Zielkosten 487

Produktkomponentengewicht 484
Produktkosten 58
Profitabilität 417
Profit Center 548
Prognoseerfolgsrechnung 353
Prognosefehler 363
Prognosekosten
- Funktion der – 355

Prognosekostenrechnung 25, 352
Prognoserechnung
- starre – 355

Proportionalitätsprinzip 54
Prozessanalyse 375
Prozesse 450
- kostenstellenübergreifende – 436

Prozesshierarchie 441
Prozesskostenkalkulation 446
Prozesskostenrechnung 25, 429, 435
- Beurteilung 459
- Effekte 451
- Entscheidungen 455
- Entwicklung 430
- Zielsetzung 440

Prozesskostensätze 446

R

Rechengrößen 34
Regressionsanalyse 233
Remanente Kosten 209
Reservebestand 412
Responsibility Accounting 548
Responsibility Center 548

Stichwortverzeichnis

Restwert 176
Restwertmethode 185
Restwertrechnung 102
Retrograde Kalkulation 473
Revenue Center 548
Rohstoffe 161
ROS (Return on Sales) 281
Rückrechnungsmethode 163

S

Scientific Management 21
Selbstkosten 74
Sensitivitätsanalyse 288
Sicherheitskoeffizient 291
Skontrationsmethode 163
Soll-Ist-Abweichung 362
- Ursachenanalyse 364
Sollkosten 349
Sondereinzelkosten
- – in der Grenzplankostenrechnung 400
Sozialversicherungsbeitrag 170
Stand Alone-Kosten 56
Stand Alone-Kostenverteilungsmethode 57
Standardbedarfskoeffizient
- – für Material 367
Standardgemeinkosten
- variable – 379
Standardkosten 348, 568
Standardkostenrechnung 25
- – auf Vollkostenbasis 381
- Beschäftigungsabweichung 382
- Effizienzabweichung 382
- flexible – 352, 361
- Preisabweichung 381
- starre – 352, 359
Standardpreis 164
Standardproduktkosten 373
- Kalkulation der – 373
Standards
- – bei Normalbeschäftigung 359
- – bei Optimalbeschäftigung 358
Steuerbilanz 181
Steuergestaltungsfunktion 559

Stückerfolg 243
Stückerlöse 316
Stückkosten 43, 316
Stufenkosten
- primäre – 96
Stufenplan 230
Sunk Costs 309, 337
Supply Chain 20

T

Target Costing 25, 469
- Beurteilung 493
- Kostenkontrolle 489
- Limitationen 494
- Merkmale 476
- -Prozess 476
Target Pricing 471
Tätigkeitsanalyse 441
Tax Shield 187
Teilkosten 250
Teilkostenrechnung 25, 64, 312
Teilprozesse 437, 441
- Aggregation 444
- leistungsmengeninduzierte – 441
- leistungsmengenneutrale – 442
Teilprozesskostensatz 437, 442
Top down-Budgetierung 532
Tragfähigkeitsprinzip 54
Transaktionsfreiheit 556
Transferpreis 546
Transfer Pricing 546
Treppenumlageverfahren 137

U

Umsatzkostenverfahren 247, 449
- – auf Basis von Voll- und Teilkosten 252
Unsicherheit
- Analyse der – 288
- Entscheidungen bei – 307
Unternehmerlohn
- kalkulatorischer – 189

V

Value Chain 19
Variantenfertigung 368
Variantenkalkulation 457
Variantenteile 368
Variator 230
Verarbeitungskosten 96
Verbrauchsfolgeverfahren 164
Verbundeffekt
- – des Absatzes 317
- negativer – 306
- positiver – 306

Verfahren
- analytische – 214
- statistische – 216

Vermögen
- betriebsnotwendiges – 182

Verrechnungspreisdokumentation 557
Verrechnungspreise 543
- – auf Basis von Istkosten 568
- – auf Basis von Standardkosten 568
- – auf Basis von Vollkosten plus Aufschlag 566
- duale – 575
- Ermittlung von – 561, 571
- Funktionen von – 558
- grenzkostenbasierte – 564
- knappheitsorientierte – 554
- kostenorientierte – 563
- marktorientierte – 561
- verhandlungsbasierte – 569
- vollkostenbasierte – 565

Verrechnungspreismethode 550, 557
Verrechnungspreissystem 556
Verteilungsrechnung
- – nach Marktwerten 102
- – nach Produktionsmengen 102

Vertriebskosten 74
Verursachungsprinzip 53
Verwaltungskosten 74
Vollkosten 250, 565
- plus Aufschlag 566

Vollkosteninformationen 312

Vollkostenrechnung 25, 64, 312, 381
Vorkostenstellen 119
Vorsteuergewinn 282

W

Wagnis 190
Wagniskosten
- kalkulatorische – 189

Weighted Average Cost of Capital (WACC) 186
Wertansatz 545
Wertschöpfungskette 17, 19
- innerbetriebliche – 19
- unternehmensübergreifende – 20

Wertverlust 177
Wertverzehr 173, 174
Wettbewerbsstrategie 17
- Differenzierung 18
- Kostenführerschaft 18

Wiederbeschaffungskosten 183
Wiederverkaufspreismethode 572

Z

Zeit- oder Bewegungsstudie 215
Zeitwert des Geldes 10
Zero-Base Budgeting 526
Zielgewinn 281
Zielkonflikt 559
Zielkosten 472, 478
Zielkostenerreichung 491
Zielkostenfestlegung 493
Zielkostenindex 489
Zielkostenkontrolldiagramm 490
Zielkostenlücke 474
Zielkostenmanagement 471
Zielkostenspaltung 481, 493
Zielkostenzone 491
Zinskosten 181
- – des Anlagevermögens 411
- – des Umlaufvermögens 412

Stichwortverzeichnis

Zinssatz 186
- risikoloser – 187

Zusatzkosten 40
Zuschlagskalkulation 78
- Aufbau einer – 83

Zuschlagssatz 81, 145
Zweckaufwand 39
Zweikreissystem 557, 575
Zwei-Punkt-Methode 217

Das Standardwerk zur Unternehmensführung.

Dieses Lehrbuch

stellt das gesamte Spektrum der modernen Unternehmensführung in verständlicher und praxisorientierter Form dar. Mit zahlreichen Abbildungen, Merksätzen, Anwendungsbeispielen, Leitfragen und Management Summaries wird es höchsten Ansprüchen gerecht.

Aktuelle Themen

- Nachhaltige Unternehmensführung
- Leadership und adaptiv-dezentrale Führung
- Strategische Führung und Strategieumsetzung mit der Balanced Scorecard
- Prozess-, Informations- und Wissensmanagement
- Steuerung des Wandels
- Qualitäts- sowie Chancen- und Risikomanagement
- Immaterielle Vermögenswerte steuern
- Internationale Unternehmensführung

»Die Verbindung von Theorie und Praxis wird durch Beispiele geschaffen, die Denkanstöße für die tägliche Arbeit bilden.«

Dr. Dietmar Voggenreiter, President Audi China, Executive Vice President of Volkswagen Group China

Die ideale Ergänzung:
Dillerup/Stoi (Hrsg.), Fallstudien zur Unternehmensführung

Von Prof. Dr. Ralf Dillerup und Prof. Dr. Roman Stoi.
2. Auflage. 2012. XI, 561 Seiten.
Kartoniert **€ 34,90**
ISBN 978-3-8006-3832-1

Dillerup/Stoi, Unternehmensführung
Von Prof. Dr. Ralf Dillerup und Prof. Dr. Roman Stoi.
4. Auflage. 2013. XVI, 1007 Seiten.
Gebunden **€ 49,80**
ISBN 978-3-8006-4592-3

Bitte bestellen Sie bei Ihrem Buchhändler oder beim:
Verlag Vahlen · 80791 München · Fax (089) 3 81 89-402
Internet: www.vahlen.de · E-Mail: bestellung@vahlen.de

Marketing – der handlungsorientierte Ansatz.

Verständlich und aktuell

Diese managementorientierte Einführung in das Marketing stellt die wesentlichen Instrumente kompakt und gleichzeitig wissenschaftlich fundiert dar. Durch die systematische Vorgehensweise und die handlungsorientierte Darstellung finden Praktiker und Studierende schnell einen Überblick über die Methoden und aktuellen Maßnahmen des Marketings. Das Buch gehört mittlerweile zu den erfolgreichsten Lehrbüchern im deutschsprachigen Raum.

Systematische Inhaltsstruktur

- Manager für Marketing sensibilisieren
- Verständnis für Kunden entwickeln
- Märkte analysieren
- Ziele und Strategien planen
- Maßnahmen gestalten
- Ziele, Strategien und Maßnahmen kontrollieren
- Marketing im Unternehmen verankern

Das Experten-Autorenteam

Prof. Dr. Franz-Rudolf Esch, Oestrich-Winkel,
Prof. Dr. Andreas Herrmann, St. Gallen und
Prof. Dr. Henrik Sattler, Hamburg.

Esch/Herrmann/Sattler, Marketing
Von Prof. Dr. Franz-Rudolf Esch, Prof. Dr. Andreas Herrmann und Prof. Dr. Henrik Sattler
4. Auflage. 2013. XX, 489 Seiten.
Kartoniert **€ 29,80**
ISBN 978-3-8006-4691-3

Bitte bestellen Sie bei Ihrem Buchhändler oder beim:
Verlag Vahlen · 80791 München · Fax (089) 3 81 89-402
Internet· www.vahlen.de · E-Mail: bestellung@vahlen.de

Der 25.000.000.000 Dollar Algorithmus von Google.

Dieses Lehrbuch

führt Studierende der Wirtschaftswissenschaften behutsam in die mathematischen Konzepte ein. Durch viele interessante **Beispiele** aus der Ökonomie, kurze Anekdoten und ein modernes **mehrfarbiges Design** werden die zentralen mathematischen Methoden für ein erfolgreiches Wirtschaftsstudium erläutert. Auch nach dem Studium ist dieses Buch ein wertvoller Begleiter bei der mathematischen Lösung wirtschaftswissenschaftlicher Problemstellungen.

Die Schwerpunkte

- Mathematische Grundlagen
- Lineare Algebra
- Matrizentheorie
- Folgen und Reihen
- Reellwertige Funktionen in einer und mehreren Variablen
- Differential- und Integralrechnung
- Optimierung mit und ohne Nebenbedingungen
- Numerische Verfahren

Die Autoren

Prof. Dr. Michael Merz ist Inhaber des Lehrstuhls für Mathematik und Statistik in den Wirtschaftswissenschaften an der Universität Hamburg. Prof. Dr. Mario V. Wüthrich forscht und lehrt am Department für Mathematik der ETH Zürich.

Merz/Wüthrich, Mathematik für Wirtschaftswissenschaftler
Von Prof. Dr. Michael Merz und
Prof. Dr. Mario V. Wüthrich
2013. XVII, 887 Seiten. Gebunden **€ 49,80**
ISBN 978-3-8006-4482-7

Bitte bestellen Sie bei Ihrem Buchhändler oder beim:
Verlag Vahlen · 80791 München · Fax (089) 3 81 89-402
Internet: www.vahlen.de · E-Mail: bestellung@vahlen.de